Jan Lunze
**Künstliche Intelligenz für Ingenieure**
De Gruyter Studium

# Weitere empfehlenswerte Titel

*Automatisierungstechnik, 3. Auflage*
Jan Lunze, 2012
ISBN 978-3-486-71266-7, e-ISBN 978-3-486-71703-7

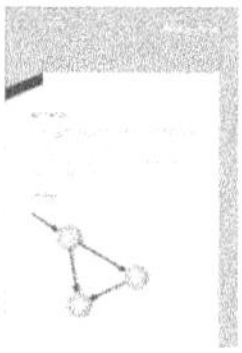

*Ereignisdiskrete Systeme, 2. Auflage*
Jan Lunze, 2012
ISBN 978-3-486-71885-0, e-ISBN 978-3-486-72102-7

*Handbuch der Künstlichen Intelligenz, 5. Auflage*
Günther Görz, Josef Schneeberger, Ute Schmidt (Hrsg.), 2013
ISBN 978-3-486-71307-7, e-ISBN 978-3-486-71979-6,
Set-ISBN 978-3-486-79579-0

*Computational Intelligence, 2. Auflage*
Andreas Kroll, 2016
ISBN 978-3-11-040066-3, e-ISBN 978-3-11-040177-6,
e-ISBN (EPUB) 978-3-11-040215-5

Jan Lunze

# Künstliche Intelligenz für Ingenieure

Methoden zur Lösung ingenieurtechnischer Probleme mit Hilfe von Regeln, logischen Formeln und Bayesnetzen

3., überarbeitete Auflage

DE GRUYTER
OLDENBOURG

**Autor**
Prof. Dr. Jan Lunze
Ruhr-Universität Bochum
Fakultät für Elektrotechnik und Informationstechnik
Universitätsstr. 150
44801 Bochum
lunze@atp.ruhr-uni-bochum.de

ISBN 978-3-11-044896-2
e-ISBN (PDF) 978-3-11-044897-9
e-ISBN (EPUB) 978-3-11-044920-4

**Library of Congress Cataloging-in-Publication Data**
A CIP catalog record for this book has been applied for at the Library of Congress.

**Bibliographic information published by the Deutsche Nationalbibliothek**
Die Deutsche Nationalbibliothek verzeichnet diese Publikation in der Deutschen Nationalbibliografie; detaillierte bibliografische Daten sind im Internet über http://dnb.dnb.de abrufbar.


Druck und Bindung: CPI books GmbH, Leck
♾Printed on acid-free paper
Printed in Germany

www.degruyter.com

# Vorwort

Zur Lösung vieler ingenieurtechnischer Probleme muss man Wissen logisch verarbeiten. So wird aus dem Aufbau eines zu montierenden Gerätes durch logisches Schlussfolgern die Reihenfolge abgeleitet, in der die Teile aneinander zu fügen sind, und daraus die Handlungsfolge für einen Roboter festgelegt. Diagnosesysteme bilden aus Messwerten diskrete Kenngrößen für den aktuellen Prozesszustand und ziehen daraus Schlussfolgerungen über die möglicherweise fehlerbehafteten Komponenten. Intelligente Verkehrsleiteinrichtungen steuern den Straßenverkehr, indem sie aus dem aktuellen Verkehrsaufkommen Geschwindigkeitsvorgaben ableiten und gegebenenfalls Verkehrsströme umleiten.

Um derartige Entscheidungen treffen zu können, ist Wissen über die Problemstellung erforderlich, Beurteilungsvermögen für die möglichen Entscheidungsalternativen sowie die Fähigkeit, Schlussfolgerungen zu ziehen. Die Künstliche Intelligenz liefert wichtige Grundlagen, um technische Anlagen dazu zu befähigen bzw. um Ingenieure beim Entwurf und der Überwachung solcher Anlagen zu unterstützen. Im Unterschied zu der im Ingenieurbereich verbreiteten Vorgehensweise, Aufgaben in numerisch lösbare Probleme zu überführen, eignen sich die in diesem Buch behandelten Methoden vor allem für diskrete Entscheidungsprobleme, die mit symbolischer Informationsverarbeitung gelöst werden. Für die Realisierung der eingangs genannten Systeme werden häufig beide Vorgehensweisen kombiniert.

Dieses Lehrbuch stellt die Grundlagen der Künstlichen Intelligenz für Ingenieure dar. Es gibt eine detaillierte Einführung in die wichtigsten Methoden der Wissensrepräsentation und der Wissensverarbeitung und zeigt, wie diese Methoden in ingenieurtechnischen Anwendungen eingesetzt werden können.

Damit der Brückenschlag von der Denkwelt der Ingenieure zur Herangehensweise der Künstlichen Intelligenz gelingt, wird auf zwei Dinge besonderer Wert gelegt. Erstens konzentriert sich dieses Lehrbuch auf die in der Technik einsetzbaren Methoden. Neben den logischen Grundlagen der Künstlichen Intelligenz werden die in den letzten Jahren entstandenen Verarbeitungsmethoden für Wissen mit Unsicherheiten behandelt und dabei Verbindungen zu den im Ingenieurbereich eingesetzten wahrscheinlichkeitstheoretischen Methoden hergestellt.

Zweitens wird an zahlreichen Beispielen gezeigt, dass es im Tätigkeitsfeld der Ingenieure viele Probleme gibt, die nicht mit den bewährten Methoden der Ingenieurwissenschaften gelöst werden können, sondern Darstellungs- und Verarbeitungsprinzipien für logisches Denken erfordern. Aus diesem Grunde werden in der ingenieurtechnischen Praxis heute Bayesnetze für die Beschreibung ungenau bekannter Ursache-Wirkungsbeziehungen eingesetzt, Fehlerbäumen und logische Modelle für die Fehlerdiagnose, regelbasierte Verfahren zur Lösung von Planungsaufgaben, fuzzylogische Methoden für die Regelung verfahrenstechnischer Prozesse und heuristische Algorithmen für die Routenplanung und die Fahrplangestaltung. Diese und weitere Beispiele sollen die Leser in die Lage versetzen, die Wirksamkeit der hier behandelten

Lösungsansätze für ingenieurtechnische Aufgaben zu beurteilen und neue Anwendungsgebiete zu erschließen.

**Inhalt.** In den ersten zwei Kapiteln wird das Anliegen der Künstlichen Intelligenz erläutert und anhand eines einfachen Beispiels gezeigt, welche grundlegenden Probleme bei der Wissensverarbeitung zu lösen sind. Dann konzentriert sich das Lehrbuch auf drei Schwerpunkte:

- **Suche**: Eine wichtige Grundlage der Künstlichen Intelligenz bilden Algorithmen für die Suche in Graphen, die sich in allgemeinerer Form in der Wissensverarbeitung wiederfinden. Viele Begriffe sowie die grundlegende Architektur von Suchsystemen werden im Kapitel 3 für die Graphensuche eingeführt und in den nachfolgenden Kapiteln für regelbasierte und logikbasierte Systeme erweitert.
- **Logik**: In den Kapiteln 4, 7 und 8 werden Regeln und logische Formeln als grundlegende Repräsentationsformen für Wissen behandelt. Ausführlich wird das Resolutionsprinzip zur Verarbeitung derartigen Wissens erläutert und an Beispielen demonstriert.
- **Verarbeitung unsicheren Wissens**: Die Erweiterung der logikbasierten Methoden für die Darstellung und Verarbeitung von unsicherem Wissen in den Kapiteln 11 bis 13 ist für Ingenieuranwendungen sehr wichtig und führt u. a. auf die in der Praxis vielfach eingesetzten Bayesnetze.

Das Lehrbuch schließt mit einer kurzen Einführung in die Wissensverarbeitung mit strukturierten Objekten und einer Zusammenfassung der Merkmale und der technischen Anwendungsgebiete der Wissensverarbeitung in den Kapiteln 5 und 14. Dort werden auch Begriffe erläutert, die in der modernen Literatur zu finden sind, aber bei der Darstellung der Grundideen zunächst ausgespart wurden.

Für die Künstlichen Intelligenz gilt in besonderem Maße, dass eine Methode nur dann gut ist, wenn sie sich gut implementieren lässt. Dieser Aspekt wird in diesem Buch dadurch hervorgehoben, dass die Erläuterung der Methoden stets in Algorithmen mündet, die problemlos in einer geeigneten Programmiersprache implementiert werden können. Heutige Programmiersprachen verfügen über alle diejenigen Konstrukte, die für Suchverfahren und Symbolmanipulationsmethoden in unterschiedlichen Domänen notwendig sind.

In den Text eingefügt sind zwei Kapitel zur **Softwaretechnik** der Künstlichen Intelligenz. Kapitel 6 zeigt mit einer Einführung in die Programmiersprache LISP, dass die symbolische Informationsverarbeitung in zweckmäßiger Weise auf eine Manipulation von Listen zurückgeführt werden kann. Mit PROLOG wird im Kapitel 9 eine Programmiersprache behandelt, bei der der Interpreter die Suche nach einer Lösung selbst organisiert, so dass die Anwender ihre Probleme nur noch deklarativ zu formulieren brauchen. Beide Kapitel sind keine erschöpfenden Programmieranleitungen, sondern zeigen mit der funktionalen und der logischen Programmierung, welche neuen Programmierstile für die Methoden der Künstlichen Intelligenz zweckmäßig sind. Leser, die sich nur für die Methoden der Künstlichen Intelligenz interessieren, können diese Kapitel ohne Weiteres überspringen.

**Literaturhinweise** am Ende jedes Kapitels weisen auf interessante Originalarbeiten sowie Monografien für ein vertiefendes Studium der behandelten Themen hin. **Übungsaufgaben** regen die Leser dazu an, sich über die hier behandelten Probleme hinaus das Anwendungsgebiet der Künstlichen Intelligenz zu erschließen. Die Lösungen der wichtigsten Aufgaben sind im

Anhang 1 zu finden. Mit der **Projektaufgabe** (Anhang 4) können alle behandelten Methoden an einem durchgängigen Anwendungsbeispiel erprobt und verglichen werden. Die **Fragen zur Prüfungsvorbereitung** unterstützen die Wiederholung des behandelten Stoffes.

**Leser.** Dieses Lehrbuch wendet sich in erster Linie an Ingenieure, die die Methoden der Künstlichen Intelligenz in Kombination mit ingenieurtechnischen Verfahren einsetzen wollen. Die hier vermittelte fachübergreifende Sicht ist notwendig, weil „intelligente Maschinen" nur durch die Kombination von Methoden der Ingenieurwissenschaften mit denen der Informatik entstehen können. Das Buch ist auch für die in der Praxis tätigen Ingenieure gedacht, die die Wissensverarbeitungsmethoden in ihrer Ausbildung nicht kennengelernt haben und sich für eine Erweiterung ihres Methodenspektrums interessieren.

Das Buch setzt nur mathematische Grundkenntnisse und eine gewisse Vertrautheit mit der Programmierung voraus. Die Querbezüge von den Methoden der Künstlichen Intelligenz zu systemtheoretischen Verfahren für die Modellierung und die Analyse kontinuierlicher und ereignisdiskreter dynamischer Systeme gehen über diesen Rahmen hinaus, sind aber für das Verständnis der Hauptteile des Buches nicht notwendig.

**Dritte Auflage.** Für die Neuauflage wurden zahlreiche Textpassagen überarbeitet, neue Übungsaufgaben eingefügt, Beispiele und Abbildungen verbessert. Die Querbezüge von den Methoden der Künstlichen Intelligenz zu ingenieurwissenschaftlichen Methoden wurden vertieft, insbesondere zu den in den Lehrbüchern *Automatisierungstechnik* und *Ereignisdiskrete Systeme*[1] des Autors erläuterten Methoden zur Behandlung wertkontinuierlicher und ereignisdiskreter dynamischer Systeme.

**Danksagung.** Ein Buch an der Grenze zwischen Künstlicher Intelligenz und Ingenieurwissenschaften kann nicht ohne einen intensiven Gedankenaustausch mit Vertretern beider Richtungen entstehen. Besonders erwähnen möchte ich gemeinsame Forschungsprojekte und intensive Diskussionen mit Prof. Dr. MARCEL STAROSWIECKI (Lille), Prof. Dr. MOGENS BLANKE (Lyngby), Prof. Dr.-Ing. VOLKER KREBS (Karlsruhe), Dr. LOUISE TRAVE-MASSUYES (Toulouse), Prof. Dr. PETER STRUSS (München) und Prof. Dr.-Ing. FRANK SCHILLER (Nürnberg). Herr Dr.-Ing. JAN RICHTER (Nürnberg) hat über mehrere Jahre die Übungen zu meiner gleichnamigen Vorlesung gehalten und viele neue Ideen in die Gestaltung der Lehrveranstaltung eingebracht. Einige neue Beispiele sind von ihm sowie von den Herren Dipl.-Ing. RENÉ SCHUH und M. Sc. KAI SCHENK für die Klausuren erarbeitet worden und wurden jetzt in das Lehrbuch übernommen. Weitere Beispiele habe ich für Weiterbildungsveranstaltungen in der Industrie entwickelt, bei denen nicht primär die Methodik an sich, sondern die Anwendungsaspekte der hier behandelten Methoden im Mittelpunkt standen. Auch die Diskussionen mit den Industrievertretern haben wesentlich zur Gestaltung dieses Lehrbuchs beigetragen.

Mein Dank gilt weiterhin Frau ANDREA MARSCHALL, die zahlreiche Bilder überarbeitet hat, sowie dem Verlag De Gruyter Oldenbourg für die stets gute Zusammenarbeit.

Münster, im Oktober 2015 JAN LUNZE

[1] J. Lunze: *Automatisierungstechnik*, Oldenbourg 2012; J. Lunze: *Ereignisdiskrete Systeme*, Oldenbourg 2012

# Inhaltsverzeichnis



## Einführung in die Künstliche Intelligenz

## Teil 1: Problemlösen durch Suche

## Teil 2: Logikbasierte Wissensverarbeitung

## Teil 3: Verarbeitung unsicheren Wissens

## Anhänge

# Verzeichnis der Anwendungsbeispiele

## Intelligente Roboter



## Fertigungsautomatisierung

## Intelligente Messsysteme



## Steuerung verfahrenstechnischer Prozesse



- **Fuzzyregelung eines Behälters**



- **Diagnose einer Flaschenabfüllanlage**



- **Modellierung und Überwachung eines Wasserversorgungssystems**

## Fehlerdiagnose von Fahrzeugkomponenten



## Wissensbasierte Systeme in der Verkehrstechnik

- **Modellierung und Überwachung eines Parkhauses**



## Analyse elektrischer und elektronischer Schaltungen



- **Beschreibung und Analyse digitaler Schaltungen**



- **Beschreibung und Analyse einer Sicherheitsschaltung**



- **Zusammenfassung von Widerstandsnetzwerken**



- **Diagnose einer Lampenschaltung**

## Analyse von Rechnernetzen



## Beispiele aus dem täglichen Leben

# Hinweise zum Gebrauch des Buches

**Formelzeichen.** Die Wahl der Formelzeichen hält sich an folgende Konventionen: Kleine Buchstaben bezeichnen Skalare und Funktionen, z. B. $x$, $a$, $t$, große Buchstaben Zufallsvariablen oder Variablen der Prädikatenlogik, z. B. $X$, $Y$. Mengen sind durch kalligrafische Buchstaben dargestellt: $\mathcal{Q}$, $\mathcal{P}$.

**Programme.** Programmausschnitte und die in den Programmen verwendeten Bezeichnungen sind in `Schreibmaschinenschrift` gesetzt. Für Anweisungen werden folgende Symbole verwendet. $S \leftarrow A$ bedeutet, dass der Wert der Variablen $A$ der Variablen $S$ zugewiesen wird. Für eine Menge $\mathcal{M}$ und eine Variable $X$ bedeutet die Relation $\mathcal{M} \Leftarrow X$, dass der Wert der Variablen $X$ als neues Element in die Menge $\mathcal{M}$ eingetragen wird, und die Relation $X \Leftarrow \mathcal{M}$, dass der Variablen $X$ der Wert eines Elementes aus $\mathcal{M}$ zugewiesen wird, wobei aus dem Text hervorgeht, um welches Element es sich handelt. Diese Anweisungen werden typischerweise für geordnete Mengen $\mathcal{M}$ (Listen) angewendet.

Für die in diesem Buch behandelten Programmiersprachen LISP und PROLOG gibt es frei verfügbare Interpreter, die die Leser nutzen sollten, um die Konzepte beider Sprachen zu verstehen, u. a.

*GNU Common LISP* (`www.gnu.org/software/gcl/`)
*CLISP* (`clisp.cons.org`)
*SWI-PROLOG* (`www.swi-prolog.org`)
*GNU PROLOG* (`www.gprolog.org`).

**Sprache.** Sofern englische Bezeichnungen nicht als feststehende Fachbegriffe im Deutschen eingeführt sind, werden in diesem Lehrbuch deutsche Begriffe verwendet. Wichtige englische Fachbegriffe sind im deutsch-englischen Fachwörterverzeichnis (Anhang 5) aufgeführt.

**Übungsaufgaben.** Die angegebenen Übungsaufgaben sind ihrem Schwierigkeitsgrad entsprechend folgendermaßen gekennzeichnet:

- Aufgaben ohne Markierung dienen der Wiederholung und Festigung des unmittelbar zuvor vermittelten Stoffes. Sie können in direkter Analogie zu den behandelten Beispielen gelöst werden.
- Aufgaben, die mit einem Stern markiert sind, befassen sich mit der Anwendung des Lehrstoffes auf ein praxisnahes Beispiel. Für ihre Lösung werden vielfach außer dem unmittelbar zuvor erläuterten Stoff auch Ergebnisse und Methoden vorhergehender Kapitel genutzt. Die Leser sollen bei der Bearbeitung dieser Aufgaben zunächst den prinzipiellen Lösungsweg

festlegen und erst danach die Lösungsschritte nacheinander ausführen. Die Lösungen dieser Aufgaben sind im Anhang 1 angegeben.

**Weitere Informationen.** Von der Homepage des Lehrstuhls für Automatisierungstechnik und Prozessinformatik der Ruhr-Universität Bochum können weitere Informationen sowie die Abbildungen dieses Buches in A4-Vergrößerung für die Verwendung in der Vorlesung bezogen werden:

`http://www.atp.rub.de/Buch/KI`

# 1 Das Fachgebiet Künstliche Intelligenz

*Dieses Kapitel erläutert die Vision des Fachgebiets „Künstliche Intelligenz" und zeigt, in welchen ingenieurtechnischen Anwendungen die dafür erarbeiteten Methoden erfolgversprechend eingesetzt werden können.*

## 1.1 Anliegen der Künstlichen Intelligenz

**Intelligente technische Systeme.** Von technischen Geräten und Anlagen fordert man heute intelligentes Verhalten. Eine unbemannte Marsexpedition wäre ohne Roboter, die sich selbstständig vor Ort orientieren und Messproben analysieren können, unmöglich. Ähnliches gilt für autonome Unterwasserfahrzeuge in der Tiefsee. Bei dem vom US-Verteidigungsministerium organisierten Wettbewerb *Urban Challenge* mussten sich Fahrzeuge ohne menschliche Eingriffe durch unbekanntes, teilweise unwegsames Gelände bewegen und ihre Intelligenz bei der Suche nach geeigneten Routen und dem Überwinden von Hindernissen unter Beweis stellen. Beim *Robocup* sollen fahrbare Roboter im Team ein Ballspiel gewinnen. Hier kommt es nicht nur auf das Verhalten der einzelnen Roboter an, sondern vor allem auf ihr intelligentes Zusammenspiel im Team. Auch bei Geräten für den häuslichen Gebrauch oder für Freizeitaktivitäten fordern die Nutzer immer mehr Intelligenz, denn sie möchten nicht erst lange Gebrauchsanweisungen lesen oder endlose Menüs durchlaufen, bis das Gerät die gewünschte Funktion zeigt, sondern sie erwarten, dass die Geräte die wichtigsten Entscheidungen in Abhängigkeit von den Einsatzbedingungen selbst treffen und sich Bedürfnissen und Gewohnheiten der Nutzer anpassen.

In den angeführten Beispielen spricht man von intelligenten technischen Systemen, weil die Geräte selbstständig ihre Ziele erkennen und diese durch zweckmäßige Handlungen erreichen.

Sowohl die Ziele als auch die Lösungsschritte hängen von den aktuellen Umgebungsbedingungen ab. Die Geräte arbeiten mit hoher Zuverlässigkeit und ihre Komponenten können sich beim Ausfall selbstständig neu konfigurieren, so dass die Funktionsfähigkeit des Gesamtsystems erhalten bleibt. Intelligente Systeme funktionieren also ohne oder mit nur wenigen Eingriffen des Menschen, weswegen man sie auch als *autonome Systeme* bezeichnet. Dieser Begriff wird für technische Anwendungen vielfach synonym zum Begriff „intelligente Systeme" gebraucht.

Ab welchem Grad von Autonomie man dem System Intelligenz zubilligt, ist nicht genau definiert. Messgeräte werden schon als intelligent bezeichnet, wenn sie über Diagnosefunktionen verfügen, so dass sie außer dem aktuellen Messwert auch eine Information darüber liefern, wie vertrauenswürdig ihr Messwert ist. In Bezug zu den in diesem Buch behandelten Methoden liegt diese Art von Intelligenz allerdings weit unter dem geforderten Niveau und die eingangs genannten Beispiele zeigen besser, um welchen Grad an Intelligenz es geht.

**Elemente intelligenten Verhaltens.** Intelligentes Verhalten wird hier mit der Fähigkeit verbunden, dass das System wenig strukturierte Probleme lösen kann. Als Vorbild dient der Künstlichen Intelligenz (KI) die menschliche Intelligenz, die durch Rechner nachgeahmt werden soll. Menschliche Intelligenz zeichnet sich durch komplexe kognitive Fähigkeiten aus, durch die der Mensch das Wesen einer Sache erkennen und situationsabhängig entscheiden kann. Typische Kennzeichen sind die Fähigkeiten,

- Situationen trotz mehrdeutiger oder widersprüchlicher Informationen zu erkennen,
- Ähnlichkeiten von Situationen, Aufgaben und Lösungswegen trotz großer Unterschiede herauszufinden,
- flexibel und situationsabhängig zu entscheiden und dabei die relative Wichtigkeit verschiedener Elemente einer Situation zu berücksichtigen und günstige Umstände auszunutzen,
- aus Erfahrungen zu lernen.

Intelligenz entsteht also durch das Zusammenwirken kognitiver Prozesse wie Wahrnehmen, Objekterkennen, Lernen, Sprachverstehen, Schlussfolgern und Problemlösen, die in unterschiedlichen Teilgebieten der Künstlichen Intelligenz untersucht werden. Der Mensch nutzt Wissen über den betreffenden Gegenstandsbereich, analysiert sein eigenes Verhalten und verändert es im Sinne einer größeren Wirksamkeit. Das sind Eigenschaften, die man in der Technik auch gern realisieren möchte. Dafür muss man Rechnern das logische Denken beibringen.

In der Psychologie werden nach J. PIAGET zwei Formen der Intelligenz unterschieden. Die *bewusste Intelligenz*, die vor allem im menschlichen Schlussfolgern zum Ausdruck kommt, bezieht sich auf die Lösung explizit gestellter Fragen mit Hilfe von Schlussfolgerungsketten. Ihre Imitation ist das „klassische" Ziel der Künstlichen Intelligenz und der Gegenstand dieses Lehrbuchs. Wissen wird durch Symbole repräsentiert und unter Verwendung von Lösungsstrategien umgeformt.

Demgegenüber äußert sich die *empirische Intelligenz* in sensomotorischen Fähigkeiten. Die Lösung eines Problems wird unbewusst durch Experimentieren (*trial and error*) gefunden. Diese Art von Intelligenz spielt in diesem Buch eine untergeordnete Rolle.

Beide Formen der Intelligenz wirken oft zusammen, wobei die sensomotorischen Fähigkeiten schnelle Ergebnisse durch direkte Zuordnung von „einfachen" Situationen zu „einfachen"

Aktionen oder Schlussfolgerungen bringen, während mit Hilfe der bewussten Intelligenz komplexe Probleme unter Verwendung von Lösungsstrategien behandelt werden. Dieser Einteilung der Intelligenz entspricht die Unterteilung der KI-Methoden in symbolische und subsymbolische. Das Buch konzentriert sich auf die symbolischen Methoden, während die subsymbolischen Methoden insbesondere in der Literatur zu neuronalen Netzen erläutert werden.

**Intelligentes Verhalten von Rechnern.** Wann kann man behaupten, dass sich Rechner intelligent verhalten? Diese Frage hat in der Entwicklung der Künstlichen Intelligenz eine große Rolle gespielt und als Kriterium dafür hat ALAN M. TURING 1950 einen später nach ihm benannten Test vorgeschlagen:

> **Turing-Test**: Eine Person A kommuniziert mit einer Person B und einem Rechner („Person“ C), ohne zu wissen, von wem die Antwort kommt. Wenn die Person A trotz geschickter Fragestellungen nicht eindeutig entscheiden kann, welche Antworten von B und welche von C kommen, kann der Rechner als intelligent bezeichnet werden.

Das Anliegen des Turing-Tests ist noch heute aktuell, denn die Ergebnisse der Künstlichen Intelligenz werden oft im Vergleich zu Intelligenzleistungen des Menschen bewertet. Werden als Anzeichen von Intelligenz beispielsweise die Fähigkeiten angesehen, Wetterprognosen zu stellen, Schach zu spielen, Funktionen zu integrieren, Formeln umzustellen oder Roboter zu steuern, so kann man mit Fug und Recht behaupten, dass es intelligente Rechner gibt. Werden jedoch Fähigkeiten wie Lernen, Erfinden oder gefühlsmäßiges Entscheiden als Kriterien herangezogen, so sind Rechner noch weit davon entfernt, Intelligenz erfordernde Leistungen zu vollbringen.

Diese pragmatische Betrachtungsweise der Künstlichen Intelligenz wird auch in diesem Buch eine Rolle spielen, denn die Nachbildung menschlicher Intelligenz ist für viele der hier behandelten Ideen und Methoden eine wichtige Motivation. Es soll jedoch gleich zu Beginn betont werden, dass die Künstliche Intelligenz nach Grundprinzipien intelligenten Verhaltens sucht, die unabhängig davon sind, ob sie im menschlichen Gehirn oder in einem Rechner ablaufen. Der Rechner soll zwar gleichartige äußere Leistungsmerkmale wie der Mensch erhalten, seine Intelligenz muss aber nicht genauso organisiert sein. Die Entwicklung maschineller Intelligenz hat auf eigene Gesetzmäßigkeiten geführt, die durch die Arbeitsweise moderner Rechner geprägt sind. Die Künstliche Intelligenz wird in diesem Buch als ein Zweig der Ingenieurwissenschaften verstanden, der Intelligenz verstehen will, um einen Betrag zur Konstruktion von Maschinen mit intelligentem Verhalten zu leisten, nicht als eine naturwissenschaftliche Disziplin, die eine Theorie der Intelligenz zum Ziel hat, mit der die Verhaltensformen von Lebewesen erklärt werden können.

Der Turing-Test weist auf die wichtigsten im Folgenden zu behandelnden Themen hin, denn Rechner können ihn nur bestehen, wenn sie

- über Methoden zur Repräsentation von Wissen verfügen,
- Wissen zur Lösung von Problemen verarbeiten können und
- ihr Verhalten durch Lernen einer sich verändernden Umgebung anpassen können.

Vor allem die ersten beiden Punkte werden in diesem Buch behandelt, wobei regelbasierte und logikbasierte Formen der Wissensrepräsentation und die dieses Wissen nutzenden Verarbeitungsprinzipien erläutert werden. Der dritte Punkt spielt bei der Darstellung und Verarbeitung von zeitlich veränderlichem und unsicherem Wissen eine Rolle.

**Ziele des Fachgebiets Künstliche Intelligenz.** Das bisher Gesagte lässt sich folgendermaßen zusammenfassen:

> Das Ziel des Fachgebiets Künstliche Intelligenz ist es, menschliche Erkennungs- und Denkprozesse zu formalisieren und einem Rechner zu übertragen.

Intelligentes Verhalten wird als ein Prozess der Informationsverarbeitung aufgefasst, analysiert und nachgebildet. Dabei wird auf Grund der aggregierten Form, in der die Informationen vorliegen, nicht von Informationsverarbeitung, sondern von Wissensverarbeitung gesprochen.

Um diese Zielstellung zu erfüllen, sind neue Methoden und Organisationsformen der Informationsverarbeitung erforderlich. Wichtige Grundlagen bilden Schlussfolgerungsprozesse für symbolisch dargestelltes Wissen. Intelligenzleistungen beruhen auf der Verknüpfung von Informationen entsprechend ihrem Inhalt (semantische Informationsverarbeitung). Da Rechner Symbole nur in Abhängigkeit von ihrer Form verarbeiten, ohne auf den Inhalt des Wissens Rücksicht zu nehmen, muss untersucht werden, durch welche syntaktisch formulierten Gesetze Intelligenz beschrieben werden kann.

**Teilgebiete der Künstlichen Intelligenz.** Das Gebiet Künstliche Intelligenz ist durch unterschiedliche Lösungsansätze geprägt, die vom Anspruch abgeleitet wurden, bestimmte kognitive Fähigkeiten des Menschen auf dem Rechner nachzubilden. Auf Grund dessen kann es heute in eine Reihe von Teilgebiete unterteilt werden, deren Zielstellungen hier kurz zusammengefasst sind:

- **Problemlösen und maschinelles Beweisen** (*problem solving and theorem proving*). Die Lösung von Problemen soll durch eine Suche im Problemraum gefunden werden. Zu diesem Teilgebiet gehören auch die im Bereich der Technik eingesetzten wissensbasierten Systeme, deren Behandlung einen Schwerpunkt dieses Buches ausmacht.
- **Spracherkennung und Verstehen natürlicher Sprache** (*natural language understanding*). Kontinuierlich gesprochene Sprache soll in eine rechnerinterne Darstellungsform umgesetzt und die Semantik der Aussagen verstanden werden. Dabei sind Störungen zu berücksichtigen, die die Eingangssignale verfälschen, und Mehrdeutigkeiten aufzulösen. Anwendungsreife haben die Ergebnisse bisher vor allem für die Mensch-Maschine-Kommunikation erreicht, bei der eine in natürlicher Sprache gestellte Anfrage in die Anfragesprache einer Datenbank übersetzt wird.
- **Bildverarbeitung und Bilderkennung** (*image processing and vision*). Aus visuellen Informationen, die von einer Fernsehkamera geliefert werden, sollen Objekte und Objektgruppen auf Grund struktureller Merkmale erkannt werden, so dass man eine symbolische Beschreibung des Dargestellten erhält. Es gibt erste praktische Anwendungen in flexiblen Fertigungssystemen, in der Fernerkundung und in der Qualitätskontrolle.
- **Lernen** (*learning*). Wissen soll automatisch mit dem Ziel erworben werden, das Verhalten eines Systems zu verbessern. Dieses schwierige, noch weitgehend ungeklärte Problem

wurde vor allem als Lernen von Beispielen untersucht. Für konnektionistische Systeme wie z. B. neuronale Netze erhält das Problem des Lernens eine spezifische Form, die in der letzten Zeit intensiv untersucht und vor allem bei Klassifikationsaufgaben erfolgreich eingesetzt wurde.

- **Expertensysteme** (*expert systems*). Als eigenständiges Gebiet sind Expertensysteme in letzter Zeit in den Hintergrund getreten. Ihr Anspruch, gebietsspezifisches Wissen rechnerintern zu speichern und zu verarbeiten, um Intelligenz erfordernde Lösungsschritte von Fachleuten eines bestimmten Gebietes nachzuvollziehen, ist aber nach wie vor ein wichtiges Ziel für den Einsatz von KI-Methoden in der Technik. Praktisch interessante Ergebnisse sind Konsultationssysteme für Diagnose- und Konfigurationsaufgaben.
- **Qualitatives Schließen** (*qualitative reasoning*). Dieses Gebiet befasst sich mit der Darstellung und Analyse physikalischer Systeme, wobei im Unterschied zu den Ingenieurwissenschaften nicht eine quantitativ exakte, sondern eine qualitative Beschreibung angestrebt wird. Es wird untersucht, *wie* Ingenieure ihre Aufgaben lösen, also welche Arten von Modellen sie einsetzen, welche Lösungswege sie einschlagen usw. Es muss deshalb nicht nur das Verhalten von Systemen, sondern insbesondere das Wissen über die Funktion der einzelnen Systemkomponenten oder den Zweck und die Einsatzgebiete von Lösungswegen dargestellt und verarbeitet werden. Bei den Methoden zur rechnergestützten Modellbildung treffen sich Methoden aus diesem Teilgebiet der Künstlichen Intelligenz mit ingenieurtechnischen Modellierungsmethoden.
- **Intelligente Roboter** (*robotics*). Roboter sollen so programmiert werden, dass sie selbstständig den Montageplan aufstellen und ausführen können und sich dabei auf taktile und optische Sensoren zur Orientierung stützen. Intelligente Roboter bilden ein wichtiges Anwendungsgebiet der Künstlichen Intelligenz.
- **KI-Hardware und KI-Software.** Neben grundlegenden Symbolmanipulationssprachen sollen spezielle Sprachen geschaffen werden, um Wissen zu repräsentieren und in einer für die Verarbeitung zweckmäßigen Form bereitzustellen. Als Beispiele für KI-Sprachen werden in diesem Buch LISP und PROLOG behandelt (Kap. 6 und 9).

Über diese Teilgebiete hinaus sind weitere Fachgebiete sehr stark von KI-Methoden geprägt und werden mitunter direkt zur Künstlichen Intelligenz gezählt, z. B. Klassifikation und Mustererkennung, automatisches Programmieren, kognitive Psychologie oder Computeralgebra (Formelmanipulation).

Dieses Lehrbuch behandelt mit den Schwerpunkten „Suche“, „Logik“ und „Verarbeitung unsicheren Wissens“ grundlegende Methoden, die in mehreren der genannten Teilgebiete der Künstlichen Intelligenz vorkommen.

**Aufgabe 1.1** *Intelligente Systeme?*

Welche der folgenden Systeme stufen Sie als intelligent bzw. autonom ein?

- IBM-Rechner *Deep Blue*, der 1997 den Schachweltmeister GARRY KASPAROV schlug,
- Staubsauger, die selbsttätig durch die Wohnung fahren (bzw. schweben), um Schmutz zu beseitigen,
- Roboter, die Ärzte bei chirurgischen Eingriffen unterstützen,

- Flaschenabfüllanlagen, die in Brauereien mehr als 13 000 Flaschen pro Stunde abfüllen und etikettieren,
- das Internet, in dem Datenpakete ihren Weg zum Ziel finden und dabei gegebenenfalls langsame oder fehlerhafte Verbindungen meiden,
- Suchprogramme wie *Google*, die auf Anfragen mehr als 1000000 Antworten geben,
- Fotoapparate, die erkennen, welches von mehreren hintereinander angeordneten Objekten aufgenommen werden soll und auf dieses fokussieren,
- Heizungsanlagen, die bei wechselndem Wetter für eine gleichbleibende Zimmertemperatur sorgen.

Überlegen Sie sich, welche Art von Problemen die Systeme lösen müssen, um die angegebenen Leistungsmerkmale aufweisen zu können. □

## 1.2 Ausgangspunkte

Drei Disziplinen haben das Entstehen der Künstlichen Intelligenz als eigenständiges Fachgebiet entscheidend geprägt: die mathematische Logik, die Algorithmentheorie und die Rechentechnik. Die folgenden kurzen Erläuterungen dieser Gebiete enthalten wichtige Fachbegriffe und Ergebnisse, auf die sich die späteren Kapitel beziehen (Abb. 1.1).

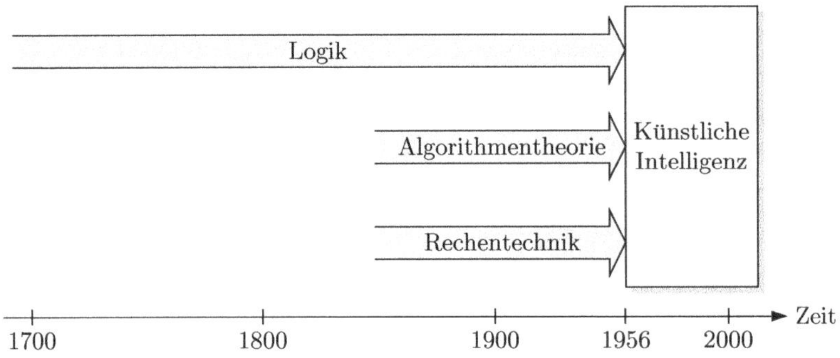


**Abb. 1.1:** Ausgangspunkte für die Entwicklung der Künstlichen Intelligenz

### 1.2.1 Mathematische Logik

**Klassische Logik.** Die mathematische Logik untersucht die „Gesetze des Denkens". Wahre Aussagen sollen aus gegebenen Annahmen (Axiomen) durch eine Art von Berechnung abgeleitet werden. Nach Vorarbeiten, die bis in die Antike zurückreichen, brachte GOTTFRIED WILHELM LEIBNIZ (1646 – 1716) die mathematische Logik einen wichtigen Schritt voran, als er in seiner *Logica Mathematica* (1679) ein System von Grundbegriffen, Verfahren zur Arithmetisierung von Aussagen sowie Verfahren zur rechnerischen Ermittlung des Wahrheitswertes von Aussagen beschrieb. Ihm war bewusst, dass das menschliche Schlussfolgern auf eine mit Zeichen arbeitende Rechenart zurückgeführt werden muss, wie es sie in der Algebra für Zahlen gibt. Es dauerte jedoch noch bis 1847, ehe GEORGE BOOLE (1815 – 1864) eine axiomatische Begründung der Aussagenlogik vorlegte. Elementare Aussagen können durch die Operatoren UND, ODER und NICHT verknüpft werden, wobei der Wahrheitswert des dabei entstehenden Ausdrucks aus den Wahrheitswerten der Elementaraussagen ermittelt werden kann (Abschn. 7.2). Diese Theorie ist heute als boolesche Algebra ein weit verbreitetes Handwerkszeug zur Beschreibung und Analyse von elektrischen Schaltungen, gleichzeitig aber auch die formale Grundlage mathematischer Beweise und der Wahrscheinlichkeitstheorie.

GOTTLOB FREGE (1848 – 1925) gilt als Begründer der modernen axiomatisch-deduktiven Logik, denn er legte in seiner *Begriffsschrift* (1897) den Grundstein für die Prädikatenlogik. Im Vergleich zur Aussagenlogik ermöglicht die Prädikatenlogik die Darstellung allgemeinerer Zusammenhänge über die betrachtete Objektmenge (Abschn. 8.1). BERTRAND A. W. RUSSELL (1872 – 1970) und ALFRED N. WHITEHEAD (1861 – 1947) zeigten in der *Principia Mathematica* (1910), dass große Teile der Logik und Mathematik in einer formalen Sprache dargestellt werden können.

KURT GÖDEL (1906 – 1978) bewies zwei grundlegende Sätze, die auf die Möglichkeiten und Grenzen der Logik hinweisen. Sein Vollständigkeitstheorem zeigt, dass es möglich ist, alle wahren Aussagen der Prädikatenlogik auf syntaktischem Wege herzuleiten. Das heißt, man kann logisches Folgern durch symbolische Operationen ersetzen (Abschn. 7.3). Das Unvollständigkeitstheorem (1932) besagt andererseits, dass das von RUSSELL und WHITEHEAD verfolgte Ziel, die Mathematik als Ganzes axiomatisch zu begründen, nicht erreichbar ist. Aus dem Theorem folgt, dass jedes widerspruchsfreie Axiomensystem unvollständig in dem Sinne ist, dass es Aussagen gibt, die inhaltlich wahr sind, aber nicht aus dem Axiomensystem gefolgert werden können. In diese Situation kommt man, wenn die verwendete Sprache zu mächtig wird, denn dann ist es möglich, Aussagen zu formulieren, die sich selbst widersprechen (Beispiel: „Ich lüge immer.“).

Im Hinblick auf die Zielsetzung der Künstlichen Intelligenz zeigt die mathematische Logik, dass folgerichtiges Denken ein strukturierter Vorgang ist, der zu einem wichtigen Teil durch Gesetze erklärt werden kann. Die Verarbeitung erfolgt entsprechend der äußeren Form der in der Wissensbasis enthaltenen Formeln und ohne Rücksicht auf den Inhalt des dargestellten Wissens (Kap. 7 und 8). Man spricht deshalb von einer *Mechanisierung* der Wissensverarbeitung. Auf diesen Sachverhalt bezieht sich der englische Begriff *mechanical problem solving*. Das System, das Beweise für vorgegebene Behauptungen selbstständig findet, heißt Theorembeweiser oder Inferenzmaschine (im Sinne der logikbasierten Wissensverarbeitung).

**Logikbasierte Wissensverarbeitung.** Die von der klassischen Logik erarbeiteten formalen Sprachen und Schlussfolgerungsregeln wurden durch die Künstliche Intelligenz um Repräsentationsformen für die effektive Verarbeitung des Wissens im Rechner und durch heuristische Methoden der Suchsteuerung ergänzt. Aus diesem umfangreichen Material wird in diesem Buch derjenige Teil behandelt, der für Ingenieure als Anwender der logikbasierten Wissensverarbeitung wichtig ist. Mit der logischen Programmierung (Kap. 9), die auf der im Abschn. 7.4 behandelten Resolutionsmethode aufbaut, steht den Anwendern ein Hilfsmittel zur Verfügung, das ihnen die Implementierung wichtiger Schritte wie die Unifizierung logischer Ausdrücke, die Durchführung von Resolutionsschritten und die Suche nach einem Beweis eines gegebenen

Theorems abnimmt. Die Anwender müssen sich nur um eine zweckmäßige Formulierung ihrer Probleme in der Sprache der Prädikatenlogik bemühen.

Zu wichtigen Erweiterungen der Logik, die durch die Künstliche Intelligenz vorangetrieben wurden, gehören die Verfahren zur Darstellung und Verarbeitung unsicheren Wissens, die für technische Anwendungen eine große Rolle spielen. Mit dem probabilistischen Schließen und den Bayesnetzen werden im Kapitel 12 zwei Vorgehensweisen behandelt, die sich bereits im Ingenieurbereich, beispielsweise für die Lösung von Diagnoseaufgaben, etabliert haben. Sie bilden auch den Anschluss an Markovmodelle, die in der Sprachverarbeitung eingesetzt werden. Auf Grund der Bedeutung, die die Logik als Grundlage der Künstlichen Intelligenz hat, kann das eingangs sehr umfassend dargestellte Ziel dieses Fachgebiets folgendermaßen eingegrenzt werden:

> Der Anspruch der Künstlichen Intelligenz, Methoden und Verfahren zur Darstellung und Verarbeitung von menschlichem Wissen bereitzustellen, bezieht sich im Wesentlichen auf formalisierbares Aussagenwissen.

### 1.2.2 Algorithmentheorie

Die Algorithmentheorie befasst sich mit der Frage, wie komplexe Berechnungen bzw. Entscheidungen auf eine Folge elementarer Umformungen zurückgeführt werden können.

> Unter einem Algorithmus versteht man eine endliche Folge von Instruktionen, durch die aus den Eingabegrößen die Ausgabegrößen bestimmt werden.

Die dabei verwendeten Instruktionen sind nicht auf die im Ingenieurbereich vorherrschenden numerischen Operationen beschränkt, sondern schließen die für die Künstliche Intelligenz wichtigen nichtnumerischen Umformungen ein.

Ein Algorithmus muss stets so formuliert sein, dass die auszuführenden Schritte eindeutig festgelegt sind und dass der Algorithmus ein klar definiertes Ende findet. Diese Forderungen werden hier betont, weil Wissensverarbeitungsprobleme typischerweise nichtdeterministische Schritte enthalten, also Situationen, in denen man mehr als eine Möglichkeit der Fortsetzung der Berechnung hat. Die Erarbeitung eines Lösungsalgorithmus erfordert die Auflösung dieses Nichtdeterminismus, wofür Prinzipien der Suche eingesetzt werden.

**Suche.** Suche bedeutet, dass man ausgehend von einer Situation nacheinander mehrere Nachfolgesituationen erzeugt und überprüft, ob man damit den Lösungsprozess voranbringt. Eine wichtige Grundlage hierfür bilden die im Kap. 3 behandelten Graphensuchalgorithmen.

Suche ist notwendig, weil für Wissensverarbeitungsprobleme i. Allg. nicht bekannt ist, in welcher Reihenfolge die verfügbaren Operatoren anzuwenden sind, damit eine Lösung gefunden wird. Insofern unterscheiden sich Wissensverarbeitungsprobleme grundlegend von Berechnungsaufgaben, für deren Lösung i. Allg. eine geeignete Folge von Berechnungsschritten bekannt ist.

Da die meisten Wissensverarbeitungsprobleme einen sehr großen Suchraum besitzen, bringt der Einsatz von Suchverfahren stets die Gefahr mit sich, dass der Algorithmus die Lösung nicht mit vertretbarem Aufwand findet. Es ist ein wichtiges Ziel der Künstlichen Intelligenz, Algorithmen zu entwickeln, die für die Lösung von Problemen nur relativ wenige Suchschritte benötigen. Damit dies gelingt, müssen Informationen über die Struktur des Suchraums ausgenutzt und die Suche in Gebiete gelenkt werden, in denen die Lösung mit hoher Wahrscheinlichkeit vermutet wird. Ähnlich wie bei der Graphensuche werden dafür Heuristiken eingesetzt. Nicht die Anzahl der ausgeführten Suchschritte ist ein Maß für die Intelligenz des Lösungsalgorithmus, sondern die Fähigkeit, Informationen über die Struktur des Suchraums zu gewinnen und diese Informationen für die möglichst schnelle Erzeugung der Lösung auszunutzen.

In dieser Fähigkeit schlagen sich wichtige Charakteristika des intelligenten menschlichen Vorgehens nieder. Intuition und Kreativität begründen sich auf nichtdeterministischem Verhalten, also gerade nicht auf Algorithmen, in denen alle Nichtdeterminiertheiten des Lösungsweges bereits aufgelöst sind. Der Konflikt zwischen dem nichtdeterministischen Vorgehen intelligenter Menschen und dem Zwang, Rechnern in Algorithmen eindeutige Schrittfolgen vorzugeben, weist auf eine wichtige Grenze hin, wie weit künstliche Intelligenz gehen kann.

**Berechenbarkeit.** Ein wichtiger Begriff, der die prinzipielle Leistungsfähigkeit von Rechnern charakterisiert, ist die Berechenbarkeit von Funktionen. Eine Funktion $f(x)$ heißt berechenbar, wenn es einen Algorithmus gibt, der für eine beliebige Eingabe $x$ aus dem Definitionsbereich der Funktion $f$ nach einer endlichen Anzahl von Schritten den Funktionswert $f(x)$ ausgibt.

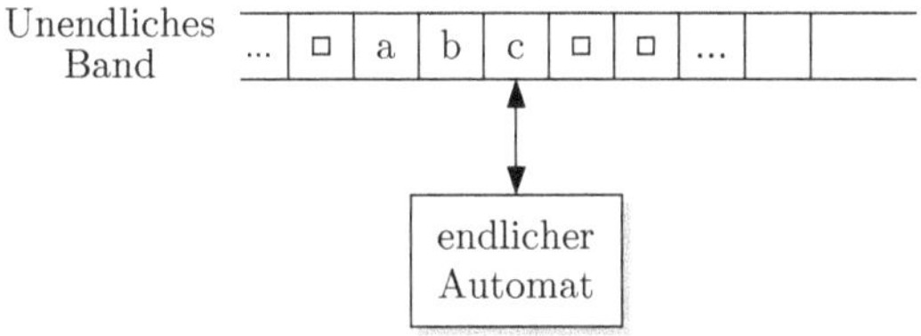


**Abb. 1.2:** Turingmaschine

Grundlegend für eine zweckmäßige Definition dieses Begriffes waren theoretische Überlegungen von ALAN M. TURING (1912 – 1954) über die Frage, wie ein Rechner arbeiten muss, um einen Algorithmus ausführen zu können. Sein als *Turing-Maschine* (1936) bezeichnetes Konzept fasst die Funktionsprinzipien programmgesteuerter Rechner im Hinblick auf die Ausführbarkeit von Algorithmen zusammen. Es ist ein Modell des Rechenvorganges, kein Bauplan für einen Rechner.

Als Turingmaschine wird die in Abb. 1.2 gezeigte Anordnung bezeichnet, bei der ein endlicher Automat vorgefertigte Rechenschritte ausführt, die von den auf einem (unendlich langen) Band aufgezeichneten Symbolen abhängen und die ihrerseits zu neuen Einträgen auf dem Band führen können. Zu jeder Turingmaschine, die durch den Bandinhalt und das Verhalten des Automaten bestimmt ist, gehört also ein Algorithmus, der durch die Turingmaschine abgearbeitet wird. Natürlich sehen unsere heutigen Rechner nicht wie eine Turingmaschine aus, aber das, was unsere Rechner tun können, geht nicht über den Funktionsumfang von Turingmaschinen hinaus.

ALONZO CHURCH (1903 – 1995) stellte 1936 die These auf, dass ein Algorithmus (im allgemeinsten Sinne dieses Begriffes) für zahlentheoretische Probleme nicht mehr kann, als Funktionen zu berechnen, die in endlich vielen Schritten aus vorgegebenen Funktionen (sogenannten rekursiven Funktionen) gebildet werden können. Seine These dreht also das Verhältnis von Algorithmen und Turingmaschinen um:

> CHURCH**sche-These:** Für jeden Algorithmus gibt es eine Turingmaschine, auf der der Algorithmus abgearbeitet wird.

Damit ist klar, was Rechner können, nämlich Algorithmen abzuarbeiten. Unklar bleibt jedoch, welche Art von intelligentem Verhalten man mit Algorithmen erreichen kann.

**Entscheidbare und nicht entscheidbare Probleme.** Die Komplexitätstheorie, deren Grundbegriffe im Folgenden zusammengefasst werden, klassifiziert die Probleme in Bezug auf die „Schwierigkeit“, eine Lösung zu finden. Für das Verständnis der Grundidee genügt es, Entscheidungsprobleme zu betrachten, also Probleme, deren Lösung auf eine der Antworten „ja“ oder „nein“ führt. Beispielsweise ist die Frage „Gibt es in einem Graphen einen Pfad $P(A, B)$ zwischen den Knoten $A$ und $B$?“ ein derartiges Entscheidungsproblem.

Die erste Einteilung bezieht sich auf die Frage, ob die betrachteten Probleme entscheidbar oder nicht entscheidbar sind. Ein Problem heißt *entscheidbar*, wenn es einen Algorithmus gibt, der nach einer endlichen Anzahl von Schritten das Problem löst. Andernfalls heißt das Problem *nicht entscheidbar*. Mit „Problem“ ist bei dieser Definition genauer eine ganze Problemklasse gemeint, beispielsweise die Klasse von Problemen, in beliebigen Graphen zwischen zwei beliebigen Knoten $A$ und $B$ die o. g. Frage nach der Existenz eines Pfades zu beantworten. Dieses Problem ist entscheidbar, denn die im Kapitel 3 behandelten Suchalgorithmen führen immer nach endlich vielen Schritten zu einer Antwort.

Das ist keinesfalls immer so. CHURCH konnte zeigen, dass der Prädikatenkalkül der ersten Stufe (Kap. 8) nicht entscheidbar ist. Damit wies er nach, dass es präzise formulierte mathematische Probleme gibt, für die man keinen allgemeinen Lösungsalgorithmus aufstellen kann und die deshalb prinzipiell nicht in endlich vielen Schritten auf Rechnern lösbar sind. Da derartige logische Probleme einen Teil der in der Künstlichen Intelligenz behandelten Probleme ausmachen, zeigt die Nichtentscheidbarkeit der Prädikatenlogik eine unüberwindbare Grenze für „intelligentes Verhalten“ von Rechnern. Es bleibt allerdings die Frage offen, ob nicht entscheidbare Probleme einen wesentlichen Teil der von Menschen lösbaren Problemklassen ausmachen.

Für nicht entscheidbare Probleme gibt es keinen Algorithmus, der für alle Instanzen dieser Problemklasse nach einer endlichen Anzahl von Lösungsschritten die gesuchte Antwort findet (auch wenn dies für spezielle Instanzen dieser Problemklasse möglich ist). Der häufiger Grund dafür liegt in der Tatsache, dass man für das Problem in seiner schwierigsten Form unendliche viele Lösungsmöglichkeiten betrachten muss. Ein Beispiel ist die im Kap. 8 behandelte Aufgabe, eine in prädikatenlogischer Form formulierte Behauptung zu beweisen. Da diese Formulierung Variablen zulässt, für die man im schlechtestmöglichen Fall in einer unendlich großen

Vielfalt Objekte einsetzen muss, gibt es keinen Algorithmus, der diese Beweisaufgabe für ein beliebiges Problem in endlicher Zeit lösen kann.

**Algorithmische Komplexität.** Die entscheidbaren Probleme werden nach ihrem Schwierigkeitsgrad weiter unterteilt. Da man nicht an der Schwierigkeit einzelner Probleme interessiert ist, sondern bestimmte Klassen von Wissensverarbeitungsproblemen untereinander vergleichen will, soll die Abschätzung des Schwierigkeitsgrades unabhängig von der Implementierung der Lösungsalgorithmen und damit insbesondere unabhängig von der verwendeten Rechnerarchitektur, Programmiersprache, Compiler usw. sein. Der Schwierigkeitsgrad wird deshalb durch die Anzahl der wichtigsten (rechenzeitintensiven) Verarbeitungsschritte ausgedrückt, wobei es insbesondere darauf ankommt herauszufinden, in welchem funktionalen Zusammenhang $T(n)$ die Rechenzeit $T$ mit der Problemgröße $n$ steht. Dabei besteht ein grundlegender Unterschied im Schwierigkeitsgrad von Problemen, bei denen die Funktion $T(n)$ ein Polynom von $n$ ist (z. B. $T(n) = k \cdot n^2$) bzw. eine Exponentialfunktion (z. B. $T(n) = k^n$).

Die Komplexitätsbetrachtung soll insbesondere zeigen, was passiert, wenn man die Problemgröße $n$ vergrößert. Dabei kommt es nicht auf Konstante $k$ an, die in der Funktion $T(n)$ auftreten, sondern nur auf den Charakter der Funktion $T$, den man mit Hilfe der „Groß-O"-Notation (LANDAUsches Symbol[1]) ausdrückt. Um diese Notation einzuführen, werden zwei Funktionen $f, g : \mathbb{N}^+ \rightarrow \mathbb{R}$ betrachtet, wobei $\mathbb{N}^+$ die Menge der positiven ganzen Zahlen symbolisiert. Es gilt

$$f(n) = O(g(n)), \tag{1.1}$$

wenn es zwei reelle Konstante $c_1$ und $c_2$ gibt, so dass für ein genügend groß gewähltes $n_0$ die Ungleichung

$$f(n) \leq c_1 g(n) + c_2 \quad \text{für alle } n \geq n_0 \tag{1.2}$$

gilt. Man sagt, dass ein Algorithmus lineare Komplexität besitzt, wenn sein Aufwand $O(n)$ ist. Auch die Sprechweise: „Der Algorithmus hat den Aufwand $O(n)$." ist gebräuchlich. Graphensuchalgorithmen haben beispielsweise die Komplexität $O(n \cdot \log n)$, das bekannte Problem eines Handelsreisenden eine exponentielle Komplexität $O(c^n)$.

Die Abschätzung soll stets für das schwierigste Problem einer Problemklasse vorgenommen werden. Im Beispiel, die Existenz eines Pfades $P(A, B)$ zwischen zwei Punkten $A$ und $B$ in einem Graphen mit $n$ Knoten nachzuweisen, soll die Abschätzung der Rechenzeit nicht für einen Graphen vorgenommen werden, der nur aus dem gesuchten Pfad besteht und der deshalb nach $n$ Suchschritten terminiert, sondern für einen allgemeinen Graphen der angegebenen Größe. Im Extremfall muss man von allen $n$ Knoten alle abgehenden Kanten daraufhin untersuchen, ob sie zu dem gesuchten Pfad gehören. Da von jedem Knoten $n-1$ Kanten ausgehen können, sind $n \cdot (n-1)$ derartige Suchschritte notwendig, was auf die Komplexität $O(n^2)$ führt, die man allerdings durch verbesserte Lösungsmethoden verkleinern kann.

**Komplexitätsklassen.** Ein Algorithmus gehört zur *Klasse P*, wenn er eine polynomiale Komplexität besitzt. Das heißt, dass es ein Polynom $p(n)$ gibt, so dass $O(n) \leq |p(n)|$ gilt. Die bereits genannten Graphensuchprobleme mit der Komplexität $O(n^2)$ gehören zu dieser Klasse.

Andernfalls gehört das Problem zur *Klasse NP* der Probleme mit exponentieller Komplexität. Ein Beispiel ist das Problem, für einen logischen Ausdruck mit $n$ Aussagesymbolen eine

[1] EDMUND GEORG HERMANN LANDAU (1877 – 1938), deutscher Mathematiker

Belegung der Symbole mit „wahr“ und „falsch“ zu finden, so dass der Ausdruck wahr ist. Da es $2^n$ verschiedene Belegungen gibt, hängt die Rechenzeit exponentiell von der Anzahl $n$ der Aussagesymbole ab.

Eine häufig verwendete weitere Aufteilung der Probleme vom Typ NP beruht auf der Vorstellung von einem nichtdeterministischen Rechner, der eine Lösung errät und überprüft, ob das Geratene tatsächlich eine Lösung ist. Bei der Klasse NP der *nichtdeterministisch polynomialen* Probleme ist dies möglich und die Komplexität des Überprüfungsschrittes polynomial. So kann die exponentielle Komplexität des schon erwähnten Problems, die Erfüllbarkeit eines logischen Ausdrucks mit $n$ Aussagesymbolen zu überprüfen, in das polynomiale Problem überführt werden, für eine geratene Lösung den Wahrheitswert zu berechnen. Wenn eine solche Umformung nicht möglich ist, spricht man von einem NP-harten (NP-vollständigen) Problem.

Zusammengefasst werden Probleme entsprechend ihrer Komplexität in drei Klassen aufgeteilt:

- **Nicht entscheidbare Probleme:** Es gibt keinen Algorithmus, der das Problem in endlich vielen Schritten löst.
- **Probleme der Klasse NP:** Jeder Lösungsalgorithmus hat eine exponentielle Komplexität. Das Problem ist also „schwierig“.
- **Probleme der Klasse P:** Es gibt Lösungsalgorithmen mit polynomialer Komplexität. Das Problem wird auch als „einfach“ oder *„effizient lösbar“* bezeichnet.

Es sei angemerkt, dass Probleme der Klassen NP und P gelöst werden können, wenn ihre durch $n$ ausgedrückte Größe hinreichend klein ist. Bei Wissensverarbeitungsproblemen ist $n$ in vielen Anwendungen jedoch sehr groß ($n > 1000$). Dann kann bereits eine polynomiale Komplexität dazu führen, dass man die Lösung des Problems nicht mehr mit vertretbarem Aufwand an Zeit oder Speicherplatz ermitteln kann.

Will man NP-vollständige Probleme bei begrenzter Rechenzeit und begrenztem Speicherplatz lösen, so stößt man schon bei kleiner Zahl $n$ an unüberwindbare Grenzen. Dies trifft auf viele Wissensverarbeitungsprobleme zu. Aus diesem Grund ist es ein wichtiges Ziel der Künstlichen Intelligenz, die Lösungsalgorithmen um heuristische Elemente zu erweitern, mit denen für typische Probleminstanzen eine effiziente Lösung erreicht wird. Die Heuristik soll – für die Mehrzahl der zu lösenden Probleme – durch die Ausnutzung problemspezifischer Vereinfachungen bzw. Lösungswege eine Reduktion der Komplexität bewirken.

### 1.2.3 Rechentechnik

Die Rechentechnik befasst sich mit der gerätetechnischen Realisierung von Algorithmen. Erste Ideen dazu gehen bis auf CHARLES BABBAGE (1791 – 1871) zurück. Seine Vorstellungen über Rechner mit Programmsteuerung wurden jedoch erst 1934 von KONRAD ZUSE (1910 – 1995) wiederentdeckt und 1937 im Rechner *Z1* erfolgreich angewendet. Die Verwendung des zweiwertigen Zahlensystems bildete für den Aufbau dieses Relaisrechners eine wichtige Grundlage.

Theoretische Arbeiten von JOHN V. NEUMANN (1903 – 1957) führten 1947 zur *Princeton machine*, in der eine pragmatisch abgeleitete Rechnerarchitektur verwirklicht wurde. Die diesem Rechner zu Grunde liegende sequenzielle Abarbeitung von Befehlsfolgen ist das dominierende Prinzip programmgesteuerter Rechner bis zur heutigen Rechnergeneration geblieben.

Interessanterweise wurde bereits von BABBAGE einhundert Jahre vor dem Bau des ersten Rechners darauf hingewiesen, dass die von Rechnern ausführbaren Operationen keineswegs auf Zahlenmanipulationen beschränkt sind, sondern symbolische Operationen umfassen, wie sie heute für die Künstliche Intelligenz grundlegend sind. Die Forschungen auf dem Gebiet der Künstlichen Intelligenz haben zu neuartigen Rechnerarchitekturen geführt, die über die V.-NEUMANN-Maschine hinausgehen.

## 1.3 Kurzer historischer Rückblick

Der folgende Rückblick auf die Entwicklungsetappen ist für das Verständnis der Künstlichen Intelligenz interessant und hilfreich, weil er zeigt, wie das hoch gesteckte Ziel, eine künstliche Intelligenz zu schaffen, schrittweise strukturiert und durch zielgerichtete Fragen untersetzt wurde. Er zeigt auch, wann und wie die in diesem Buch behandelten Methoden entstanden sind.

### 1.3.1 Geburtsstunde: Dartmouth-Konferenz 1956

Die Künstliche Intelligenz bildete sich in den 1950er Jahren als eigenständiges Fachgebiet heraus. Als Geburtsstunde gilt die Dartmouth-Sommerschule 1956. Sie war die erste Konferenz, die Arbeiten zur Künstlichen Intelligenz gewidmet war und auf der auch die Bezeichnung für dieses Fachgebiet eingeführt wurde. Etwa zur gleichen Zeit gründeten MARVIN MINSKY, JOHN MCCARTHY, HERBERT SIMON (1916 – 2001) und ALLEN NEWELL (1927 – 1992) Forschungsgruppen am Massachusetts Institute of Technology, an der Stanford University und der Carnegie Mellon University. Diese Gruppen bestimmten lange Zeit die Entwicklung der Künstlichen Intelligenz und gehören noch heute zu den maßgebenden Gruppen auf diesem Gebiet.

Bemerkenswert ist, dass der Beginn der Künstlichen Intelligenz lange vor der Zeit lag, in der leistungsfähige Rechner allgegenwärtig wurden und in der man sich auf Grund der stürmischen Entwicklung der Rechentechnik ganz natürlich die Frage gestellt hat, wo die Leistungsgrenze für Computer liegen kann. 1956 gab es einige Röhrenrechner von der Größe eines Seminarraums, die nur mit erheblichem Programmieraufwand zu einfachen Zahlenoperationen zu bewegen waren. Es bedurfte also großer wissenschaftlicher Weitsicht und Visionen, in dieser Zeit eine künstliche Intelligenz als Forschungsziel zu proklamieren.

Die weitere Entwicklung des Fachgebiets Künstliche Intelligenz kann in drei Abschnitte eingeteilt werden, die im Folgenden kurz charakterisiert werden.

### 1.3.2 Die klassische Epoche: Spiele und logisches Schließen

In den Anfangsjahren verfolgte die Künstliche Intelligenz das Ziel, universelle Prinzipien herauszufinden, die intelligentem Verhalten zu Grunde liegen. Diese Prinzipien, so hoffte man, würden der Schlüssel für die Nachbildung einer Vielzahl von Intelligenzleistungen sein. Beim

Studium des Schach- und Damespiels wurde offensichtlich, dass die zu lösenden Probleme durch einen Anfangszustand (Ausgangssituation), durch Operationen (mögliche Züge) und durch Bedingungen für das Erreichen des Endzustands („Schach matt") charakterisiert werden können. Durch diese drei Komponenten ist der Problemraum beschrieben, in dem die Lösung gefunden werden muss. Diese grundlegende Erkenntnis wird im Abschn. 4.1 als Zustandsraumdarstellung von Wissensverarbeitungsproblemen genauer erläutert.

Menschliches Vorgehen ist durch die *Suche* nach einem Lösungsweg in diesem Problemraum gekennzeichnet und kann als Suche in Graphen formal dargestellt werden (Kap. 3). Zu den grundlegenden Strategien gehören das Generieren und Testen möglicher Lösungen, die Suche vom Ausgangszustand in Richtung zum Zielzustand (Vorwärtsverkettung), oder rückwärts vom angestrebten Zielzustand zum Ausgangszustand (Rückwärtsverkettung, Kap. 4). In allen Fällen geht es darum, Symbolstrukturen zu erzeugen bzw. zu modifizieren, bis eine Lösung gefunden ist.

Ähnliche Probleme treten beim Aufbau von automatischen Deduktionssystemen auf. Auch hier ist die Suche nach einer Ableitung der Behauptung aus gegebenen Axiomen eine grundlegende Vorgehensweise. 1956 schufen ALLEN NEWELL und HERBERT SIMON mit dem *Logic Theorist* das erste Deduktionssystem auf aussagenlogischer Grundlage. Mit diesem System gelang es ihnen, Sätze aus der *Principia Mathematica* automatisch zu beweisen.

Um die Dimension des Suchraums zu reduzieren, wurde untersucht, inwieweit die Vielzahl logischer Schlussweisen auf möglichst wenige und einfache Schlussfolgerungsregeln zurückgeführt werden kann. Ein wichtiger Schritt dafür war die Veröffentlichung des Resolutionsprinzips durch JOHN A. ROBINSON 1965, das auf einer einzigen Inferenzregel beruht und diese in einer für die rechentechnische Anwendung sehr zweckmäßigen Form darstellt (Abschn. 7.4). Eine auf diesem Prinzip aufbauende Beweismethode im Prädikatenkalkül der ersten Stufe bildet heute die Grundlage der logischen Programmierung, deren wichtigste Programmiersprache PROLOG 1972 von ALAIN M. A. COLMERAUER entwickelt wurde (Kap. 9).

Die in dieser Zeit erarbeiteten Strategien sind tatsächlich grundlegend für die Erzeugung intelligenten Verhaltens. Probleme zu lösen bedeutet, im Raum der möglichen Problemzustände nach einem Lösungsweg zu suchen. Es stellte sich jedoch bald heraus, dass maschinelle Intelligenz nicht allein auf universellen Suchalgorithmen begründet werden kann. Schon bei mittlerem Schwierigkeitsgrad lässt sich eine gegebene Aufgabe auf Grund der kombinatorischen Vielfalt möglicher Problemzustände nur dann lösen, wenn die Suche durch heuristische Verfahren gelenkt wird. Dabei sollen auf Grund von Vermutungen oder Erfahrungen mit der betrachteten Aufgabe Erfolg versprechende Suchrichtungen herausgegriffen werden. Neben der Suche ist deshalb die Darstellung und Ausnutzung problemspezifischen Wissens ein Schlüsselproblem der Künstlichen Intelligenz.

Auch für die Implementierung von KI-Programmen wurden in dieser Zeit wichtige Grundlagen gelegt. JOHN MCCARTHY entwickelte 1958 die Programmiersprache LISP, die heute eine wichtige Sprache für die symbolische Informationsverarbeitung ist (Kap. 6). Als ein entscheidender Schritt erwies sich die Einführung der Listen als grundlegende Datenstruktur für symbolische Operationen.

### 1.3.3 Erste Erfolge: Verstehen natürlicher Sprache

Mitte der 1960er bis Mitte der 1970er Jahre erreichte die Künstliche Intelligenz durch Arbeiten auf den Gebieten der Sprachverarbeitung und des Computersehens Ergebnisse, deren Weiterentwicklung sich heute z. B. in natürlichsprachigen Schnittstellen oder intelligenten Robotersystemen niederschlagen. *SHRDLU* hieß ein bekanntes Programm dieser Zeit. TERRY WINOGRAD entwickelte es, um die in natürlicher Sprache gegebenen Anweisungen in Manipulationen mit Bausteinen einer „Klötzchenwelt" umzusetzen. Die „Klötzchenwelt" (*blocks world*) ist ein in der Künstlichen Intelligenz vielfach diskutiertes Beispiel, bei dem Blöcke (Würfel, Quader, Säulen usw.) nach bestimmten Vorgaben auf einem Tisch neben- bzw. übereinander angeordnet werden (Aufg. 4.1). Das Programm *SHRDLU* erzeugt eine zweckmäßige Darstellung des Wissens über die Bausteine und deren gegenwärtige Lage zueinander in einer Wissensbasis, analysiert die in englischer Sprache eingegebenen Anweisungen und plant die Handlungen mit Hilfe eines automatischen Theorembeweisers.

Frühere Arbeiten von NOAM CHOMSKY hatten gezeigt, dass die syntaktische Zerlegung eines Satzes auf Grund der Grammatik der natürlichen Sprache wichtige Anhaltspunkte für die semantische Analyse liefert. Das Wissen über den Aufbau der natürlichen Sprache wird in semantischen Netzen oder in den 1968 von MARVIN MINSKY eingeführten Frames dargestellt (Kap. 5). Die Sprachforschung führte auf Grammatiken, die in Transitionsnetzen veranschaulicht werden. Derartige strukturierte Darstellungsformen des problemspezifischen Wissens sind noch heute ein Hilfsmittel, um die Komplexität von Suchproblemen wirksam zu reduzieren.

Fortschritte wurden in dieser Zeit auch auf dem Gebiet der Objekterkennung erreicht, bei der Objekte bzw. Situationen entsprechend ihrer Merkmale vorgegebenen Klassen zugeordnet werden. Eine derartige Aufgabe ist z. B. für die Qualitätskontrolle typisch, wo Werkstücke als „gut" oder „fehlerhaft" bewertet werden müssen. Klassifikation und Mustererkennung bilden heute eine eigenständige technische Disziplin, die sehr stark durch Methoden der Künstlichen Intelligenz geprägt ist.

### 1.3.4 Wissensbasierte Systeme und KI-Markt

1965 wurde unter der Leitung von EDWARD A. FEIGENBAUM mit Arbeiten zum Projekt *DENDRAL* begonnen, aus dem später das erste Expertensystem in die Geschichte der Künstlichen Intelligenz hervorgegangen ist. In den 70er Jahren wurden viele ähnliche Projekte mit dem Ziel bearbeitet, auf ausgewählten Gebieten das Entscheidungsverhalten des Fachmanns nachzubilden. Dabei entstand um 1980 mit dem Expertensystem *R1* zur Konfigurierung von *VAX*-Rechnern das erste längerfristig eingesetzte Produkt.

Kennzeichnend für diese Systeme ist eine neue Form der Wissensrepräsentation und der Wissensverarbeitung, bei der das verwendete Wissen nicht mehr in konventionellen Algorithmen verschlüsselt ist, sondern getrennt vom Verarbeitungsalgorithmus in einer Wissensbasis abgelegt wird. Die Trennung von Wissensspeicherung und Wissensverarbeitung trug entscheidend dazu bei, dass die Programmsysteme auch bei relativ umfangreichem Wissen überschaubar blieben.

In den ersten Expertensystemen wurde das Wissen in Form von Regeln notiert und damit eine Idee von EMIL L. POST (1897 – 1954) aus dem Jahr 1943 aufgegriffen, nach der

Zeichenketten mit Hilfe von Ersetzungsregeln ineinander umgeformt werden. Spätere Systeme verwendeten logische Ausdrücke, semantische Netze oder Frames als Grundlage für die Wissensdarstellung. Auf diese Methoden wird ausführlich in diesem Buch eingegangen.

Eine wichtige methodische Erkenntnis der Expertensystemzeit betraf die Tatsache, dass das Wissen der Fachleute häufig erhebliche Unsicherheiten beinhaltet und man deshalb Verfahren für die Verarbeitung derartigen Wissens braucht. Die für das Expertensystem *MYCIN* zur Diagnose von Infektionskrankheiten 1976 entwickelte Methode zur Verarbeitung von Unsicherheiten in Laborwerten und Symptomen wird zwar noch heute angewendet (Abschn. 13.2). Es handelt sich dabei jedoch um eine heuristische Methode, die nach 1990 durch wahrscheinlichkeitstheoretische Methoden aus den Arbeiten von JUDEA PEARL abgelöst wurde. Die in dieser Zeit entwickelten Bayesnetze sind heute ein im Ingenieurbereich häufig angewendetes Hilfsmittel zur Darstellung unsicheren Wissens (Kap. 12).

Mit Untersuchungen zu künstlichen neuronalen Netzen wurde zu dieser Zeit auch der subsymbolische Ansatz der Künstlichen Intelligenz weiterentwickelt, der seit den 1990er Jahren zusammen mit der Fuzzylogik (Abschn. 11.2) und genetischen Algorithmen als Methoden des *Soft computing* bzw. der *Computational intelligence* bezeichnet wird.

Parallel zur Entwicklung der methodischen Grundlagen der Künstlichen Intelligenz wurden Programmiersprachen und Programmiertechniken erarbeitet, die für die symbolische Informationsverarbeitung zugeschnitten sind. Sie ermöglichen ein „experimentierendes" Programmieren, bei dem man relativ schnell einen Prototyp des gesuchten Programms erhält (*rapid prototyping*, vgl. Kap. 6), aus dem durch Testen und Verändern nach und nach das endgültige System entsteht. Dieser Entwicklungsstil für Softwaresysteme soll verhindern, dass man erst nach einem aufwändigen Entwicklungsprozess am vollständigen System erkennt, dass grundlegende Anforderungen verletzt sind.

### 1.3.5 Entwicklungstrend: Kognitive Systeme

Von intelligenten Systemen spricht man heute nicht nur in der Künstlichen Intelligenz, sondern auch in vielen ingenieurtechnischen Gebieten. Dabei zeigt sich, dass erfolgreiche Anwendungen dieser Art eine Zusammenführung von KI-Methoden mit bewährten Methoden der Ingenieurwissenschaften erfordern, so wie es beispielsweise unter dem Stichwort der „kognitiven technischen Systeme" gegenwärtig getan wird. Diese Systeme sollen aus Erfahrungen im Umgang mit ihrer Umgebung lernen. Die dafür eingesetzten Modelle sind eine Kombination von logischen Modellen, wie sie im zweiten und dritten Teil dieses Buches eingeführt werden, mit systemtheoretischen Modellen, die vor allem die dynamischen Eigenschaften der betrachteten Systeme wiedergeben.

Das in der Künstlichen Intelligenz bis zur Expertensystemära verfolgte Ziel, allgemeingültige und in allen Fachgebieten gleichermaßen anwendbare Prinzipien der Wissensverarbeitung zu entwickeln, hat eher zu einer Isolierung dieses Gebietes als zur Entwicklung anwendungsreifer Methoden geführt. In den letzten Jahren ist ein Trend abzusehen, bei dem die KI-Methoden mit klassischen Theorien verknüpft werden, um Fortschritte in Anwendungsgebieten zu erzielen. Dass man bei einer derartigen Zusammenführung nicht mehr eindeutig die KI-Beiträge von denen der Anwendungsdisziplinen unterscheiden kann, ist unbedeutend gegenüber den Fortschritten, die dadurch beispielsweise auf den Gebieten der Sprachverarbeitung und der Szenenanalyse erreicht wurden. Methoden der Verarbeitung unsicheren Wissens, die im Gebiet der Künstlichen Intelligenz entwickelt wurden, werden dort mit Markovmodellen kombiniert, die in der Mathematik und in der Systemtheorie für die Beschreibung dynamischer Vorgänge seit langem entwickelt wurden.

## 1.4 Ingenieurtechnische Anwendungen der Künstlichen Intelligenz

### 1.4.1 Grundstruktur intelligenter technischer Systeme

Wie „intelligent" technische Systeme sind, wird weitgehend durch ihre Steuerung bestimmt. Die in Abb. 1.3 dargestellte Grundstruktur technischer Systeme zeigt eine Rückkopplung, in der ein technisches System mit einer Steuerung verknüpft ist, wobei der in der Abbildung von oben nach unten führende Pfeil Messsignale und der Pfeil von unten nach oben Stellsignale kennzeichnet, über die die Steuerung auf den Prozess eingreift. Mit dem Block „Technischer Prozess" sind die Teile des Gerätes oder der Anlage gemeint, die die physikalischen Wirkprinzipien verkörpern, also bei einem Fahrstuhl der Fahrkorb mit den Schienen, Türen und Motoren, bei einem Roboter der Greifer und die Gelenke mit den entsprechenden Antrieben. Die Steuerung bestimmt, welche „Bewegungsfolgen" im allgemeinsten Sinne des Wortes das technische System ausführt und damit auch, ob es „intelligent" auf äußere Anforderungen reagiert.

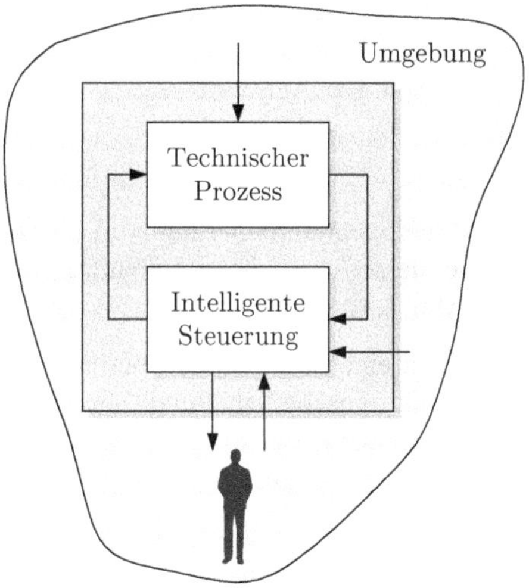


**Abb. 1.3:** Grundstruktur intelligenter technischer Systeme

Die dem Prozess zugrunde liegenden physikalischen Wirkprinzipien sind durch das betrachtete Gerät oder die technische Anlage vorgegeben. Ob sich der Prozess autonom an seine Umgebungsbedingungen anpasst, wird weitgehend durch die Steuerung bestimmt, die für die in diesem Buch betrachteten Einsatzfälle als „intelligente Steuerung" bezeichnet wird.

Eine intelligente Steuerung muss die Stellgrößen in Abhängigkeit von der aktuellen Situation vorgeben, also sowohl den Zustand des technischen Systems als auch die Umgebungsbedingungen beachten, die durch die in der Abbildung eingetragenen Pfeile sowohl auf das technische System als auch auf die Steuerung wirken. Zur Umgebung des technischen Systems gehört auch der Bediener, der mit der Steuerung kommuniziert.

Die Einflüsse der Umwelt auf Geräte und Anlagen werden häufig unter dem allgemeinen Begriff der Störgrößen zusammengefasst. Der Bediener kennt nur einen Teil dieser Einflüsse, denn typischerweise können nicht die Störungen selbst, sondern nur deren Wirkungen auf den Prozess beobachtet werden.

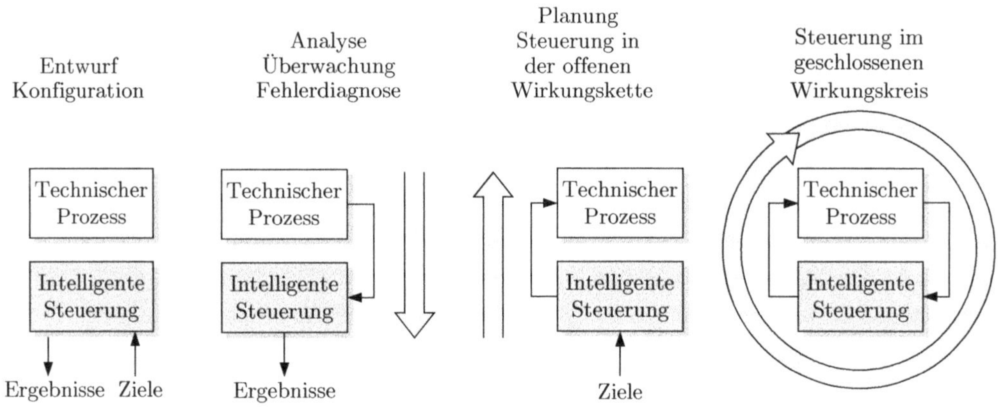


**Abb. 1.4:** Aufgabenklassen

**Aufgabenklassen.** Unter einer intelligenten Steuerung wird hier sehr allgemein ein Rechner verstanden, der den Ingenieur bei dessen Aufgaben unterstützt. Dabei können vier Aufgabenklassen unterschieden werden (Abb. 1.4):

- **Entwurfsaufgaben**: Gesucht ist eine Struktur für einen technischen Prozess, mit der der Prozess, beispielsweise eine elektronische Schaltung, seine Aufgaben erfüllen kann. Beim Entwurf sind die verwendeten Elemente nur wenig eingeschränkt, beispielsweise durch eine Fertigungstechnologie oder eine Schaltungstechnik. Unter einer *Konfiguration* versteht man einen eingeschränkten Entwurfsvorgang, bei dem Elemente aus einem gegebenen Vorrat so kombiniert werden, dass durch das Ergebnis vorgegebene Spezifikationen erfüllt werden. Ein Beispiel dafür ist ein Fahrzeugkonfigurator, bei dem aus einer Vielfalt von Ausstattungsvarianten für gegebene Anforderungen eine Variante ausgewählt wird (Projektaufgabe im Anhang 4). Die „Steuerung" ist hier ein rechnergestütztes System, das ohne Online-Kopplung mit dem zu entwerfenden technischen Prozess arbeitet und deshalb in der Abbildung mit diesem nicht durch Pfeile verbunden ist.
- **Analyse- und Überwachungsaufgaben:** Die Steuerung soll das Verhalten des technischen Prozesses überwachen, um beispielsweise den Betriebszustand zu ermitteln und Fehler zu

erkennen. Dabei hat sie *Klassifikationsaufgaben* zu erfüllen, wenn sie den aktuellen Betriebszustand als „Normalbetrieb“ oder „reduzierter Betrieb“ bewerten soll. Zu den Überwachungsaufgaben zählt auch die Fehlerdiagnose, bei der Fehler im technischen System erkannt und identifiziert werden sollen. Die Steuerung erhält in allen Fällen Messinformationen, gibt aber keine Stellgrößen für den technischen Prozess vor. Die Online-Informationen werden also in der Richtung des Doppelpfeils übermittelt.

- **Planung und Steuerung in der offenen Wirkungskette:** Um vorgegebene Ziele zu erreichen, werden Folgen von Stelleingriffen für den technischen Prozess geplant und aktiviert. Die Steuerung ist über die Stellgrößen einseitig mit dem Prozess gekoppelt.
- **Steuerung im geschlossenen Wirkungskreis:** Damit der Prozess trotz der Einwirkung der Umwelt ein gewünschtes Verhalten besitzt, ermittelt die Steuerung anhand der erhaltenen Messinformationen geeignete Stellgrößen. Prozess und Steuerung arbeiten dabei in einem geschlossenen Wirkungskreis, in dem die Stelleingriffe die gemessenen Größen beeinflussen und diese wiederum einen Einfluss auf die Stellgrößen haben.

Für die Frage, welchen Beitrag die Künstliche Intelligenz zur Realisierung intelligenter Steuerungen leisten kann, spielt der Charakter der Informationen, die zur Lösung dieser Aufgaben eingesetzt werden, eine entscheidende Rolle. Die zu lösenden Probleme können grob in zwei Gruppen eingeteilt werden:

- **Kontinuierliche Steuerungsaufgaben:** Das Verhalten des technischen Systems wird durch zeitkontinuierliche, wertkontinuierliche Größen beschrieben, beispielsweise durch die Bahn, auf der sich der Greifer eines Roboters bewegt. Das Verhalten des Prozesses wird deshalb durch mathematische Modelle beschrieben, die typischerweise die Form von Differentialgleichungen haben. Die Steuerung wirkt über kontinuierliche Stellsignale wie z. B. den Verlauf der Spannung eines Motors auf den Prozess ein.
- **Diskrete Steuerungsaufgaben:** Das Verhalten des technischen Systems wird durch eine Folge diskreter Zustände beschrieben wie beispielsweise die Montagezustände eines Getriebes. Dementsprechend besteht das Wissen über den Prozess aus einer Menge von Objekten und Situationen, deren Beziehungen zueinander durch den technischen Prozess verändert werden. Die Steuerung gibt diskrete Stellwerte vor, indem sie beispielsweise Motoren an- und ausschaltet.

Ein wichtiges Merkmal ingenieurtechnischer Anwendungen besteht darin, dass beide Gruppen von Steuerungsaufgaben in Kombination auftreten, wie auch das für die Erläuterung im Folgenden herangezogene Roboterbeispiel zeigt.

> Um autonome technische Systeme realisieren zu können, ist in vielen Anwendungsgebieten Wissen über kontinuierliche und über diskrete Verhaltensformen technischer Prozesse in Kombination erforderlich.

Die Methoden der Künstlichen Intelligenz, die auf symbolischer Informationsverarbeitung beruhen, werden in der Technik deshalb überwiegend in enger Kopplung mit erprobten Methoden der Ingenieurwissenschaften eingesetzt, die durch numerische Algorithmen implementiert werden.

**Beispiel 1.1** *Intelligente Robotersteuerung*

Das Gebiet der intelligenten Roboter ist ein Anwendungsfeld der Künstlichen Intelligenz, in dem die Anwendungsmerkmale intelligenter technischer Systeme besonders deutlich zum Ausdruck kommen. Intelligente Roboter sollen z. B. umfangreiche Montageaufgaben erfüllen, für die die Roboter selbst die Handlungsfolgen finden und diese in Bewegungsabläufe untersetzen.

Die folgenden Beispiele stammen aus dem Bereich der Montage, wo die Roboter Werkstücke greifen, bewegen, justieren und aneinander fügen müssen. Bei diesen Teilaufgaben muss die Robotersteuerung den Greifer zunächst grob positionieren, wobei Kollisionen mit anderen Werkstücken bzw. Robotern zu vermeiden sind. Für diese Aufgabe ist vor allem Wissen über die Umwelt des Roboters notwendig. Anschließend ist der Greifer durch eine Feinpositionierung an die für den nächsten Arbeitsschritt erforderliche Stelle zu bringen. Dieser Schritt erfolgt unter Nutzung von Sensorsignalen, mit denen die aktuelle und die gewünschte Position verglichen werden können.

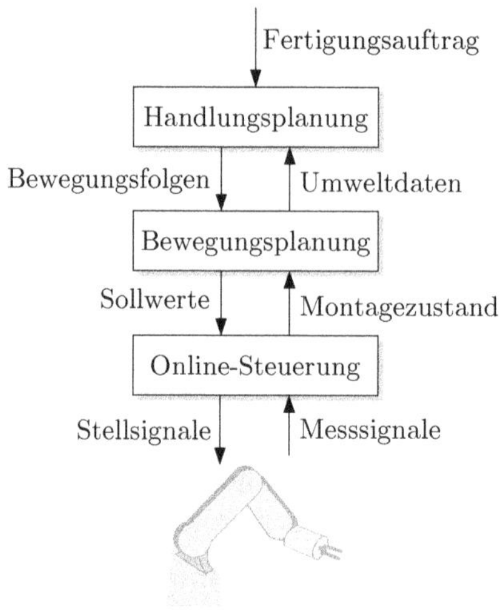


**Abb. 1.5:** Hierarchische Struktur von Robotersteuerungen

Abbildung 1.5 zeigt den hierarchischen Aufbau einer Robotersteuerung.

- Die unterste Ebene bildet die **Online-Steuerung und Regelung** des Roboters, die dafür sorgt, dass der Greifer in einen vorgegebenen Punkt oder entlang einer vorgegebenen Sollkurve fährt und vorgegebene Kräfte auf das Werkstück ausübt. Die Steuerung gibt als Stellsignale die Eingangsspannung der Antriebe vor und erhält vom Roboter die Sensorsignale, die die Position der Gelenke und des Greifers sowie Informationen über die Umwelt des Roboters beschreiben. Die Lösung dieser Aufgaben erfordert hauptsächlich numerische Operationen.
- Die zweite Steuerungsebene dient der **Bewegungsplanung**, durch die in Abhängigkeit vom aktuellen Montagezustand die Sollwerte für die Online-Steuerung ermittelt werden. Gegeben ist eine Bewegungsfolge wie z. B.
  1. Greifer in Position (18, 25) bringen
  2. Bolzen 6x40 greifen
  3. Greifer in Position (12, 3) bringen
  4. Bolzen mit großer Kraft in Bohrung einfügen.

  Ziel der Bewegungsplanung ist es, die Bewegungen, die die Gelenke des Roboters ausführen müssen, zu ermitteln und als Solltrajektorien an die Online-Steuerung zu kommunizieren (Abschn. 3.5).

- In der obersten Ebene wird die durch den Roboter auszuführende Handlungsfolge aus der gegebenen Fertigungsaufgabe ermittelt. Anhand des Montageplanes und der Bauteilmodelle wird festgelegt, in welcher Reihenfolge die Werkstücke aneinander gefügt werden und welche Roboteraktionen dafür erforderlich sind. In der einfachsten Form wird bei der **Handlungsplanung** die o. a. Bewegungsfolge aus der Montageanweisung

  „Bolzen 6x40 in Bohrung 3 einfügen.“

  automatisch ermittelt. Diese Aufgabe kann nur mit symbolischen Methoden gelöst werden.

Die Robotersteuerung ist durch die für hierarchische Steuerungen typischen Merkmale gekennzeichnet und ein gutes Beispiel für das Prinzip der steigenden Intelligenz bei abnehmener Genauigkeit (*Principle of increasing intelligence with decreasing precision*). Von unten nach oben steigt der Abstraktionsgrad der verarbeiteten Daten und vergrößern sich der Entscheidungshorizont und die Zeitabstände, in denen die betreffende Steuerungsebene Aufgaben zu lösen hat. Während auf der unteren Ebene Online-Aufgaben mit numerisch exakten Messwerten und Sollwerten sowie mit einer sehr kleinen Abtastzeit verarbeitet werden, sind für die Bahn- und die Handlungsplanung Informationen notwendig, die symbolischen Charakter haben. Auf dieser Ebene liegt das Hauptanwendungsgebiet der Künstlichen Intelligenz in der Robotik.

Diese Hierarchie setzt sich nach oben fort, wenn mehrere Roboter gesteuert werden sollen, um gemeinsam eine Aufgabe zu lösen. Dann sind zusätzliche Ebenen notwendig, um die Arbeitsteilung zwischen den Robotern festzulegen. Die dort zu lösenden Steuerungsaufgaben betreffen vor allem organisatorische Fragen, für die wiederum logische (und nicht numerische) Operationen notwendig sind. □

### 1.4.2 Intelligente Agenten

Das Gebiet der Künstlichen Intelligenz wurde nicht in erster Linie entwickelt, um ingenieurtechnische Aufgaben zu lösen, auch wenn die Robotik – zumindest bezüglich der Aufgaben der Handlungsplanung – heute als ein Teilgebiet der Künstlichen Intelligenz betrachtet wird. Das Anliegen von KI-Methoden ist viel breiter und betrifft „intelligente Lösungen“ in vielen Gebieten. Dennoch behandelt die Künstliche Intelligenz eine Reihe von Problemen, die entweder direkt aus der Technik stammen oder in die man technische Fragestellungen in einfacher Weise transformieren kann.

Am deutlichsten wird der enge Zusammenhang von Künstlicher Intelligenz und ingenieurtechnischen Anwendungen beim Begriff der *intelligenten Agenten*, der schon in den 1980er Jahren in der Künstlichen Intelligenz eingeführt wurde und in letzter Zeit für eine Zusammenführung unterschiedlicher KI-Ideen wie Sprach- und Situationsverstehen, Problemlösen und Lernen genutzt wird.

> Unter intelligenten Agenten versteht man Systeme, die sich in einer Umgebung autonom verhalten und eigene Ziele verfolgen.

Sie handeln rational in dem Sinne, dass sie die aus ihrer Umgebung empfangenen Informationen nutzen, um die bestmöglichen Entscheidungen zu fällen und dementsprechend auf ihre Umgebung einzuwirken. Deshalb ist auch der Begriff der rationalen Agenten geläufig.

Diese Art von Systemen sind dem Ingenieur so gut bekannt, dass man sich die Frage stellt, worin beispielsweise der Unterschied zwischen intelligenten Agenten und hoch entwickelten

Steuerungssystemen besteht, zumal in mehreren Lehrbüchern der Künstlichen Intelligenz sogar so einfache technische Systeme wie ein Thermostat, der die Zimmertemperatur trotz des Einwirkens von Störungen konstant hält, als Beispiele für intelligente Agenten angeführt werden. Der Unterschied liegt nur in der Art der für die Realisierung eingesetzten Methoden, nicht in der Funktion derartiger Systeme. Während intelligent arbeitende technische Systeme heute zum großen Teil durch numerische Algorithmen gesteuert werden, gründet sich die Intelligenz bei den KI-Agenten auf symbolischer Wissensverarbeitung.

Aber der Übergang ist fließend, wie man an den Methoden für die Verarbeitung unsicheren Wissens im Kap. 12 sieht, die sowohl in der Künstlichen Intelligenz als auch im Ingenieurbereich etabliert sind. So schreiben RUSSEL und NORVIG in ihrem bekannten KI-Einführungsbuch ([102], Seite 55 bzw. 15):

> „*The concept of a controller in control theory is identical to that of an agent in AI... Why, then, are AI and control theory two different fields?*“

Die Antwort liegt in den methodischen Unterschieden: Während sich die Regelungstechnik vor allem mit kontinuierlichen Systemen unter Verwendung von Differentialgleichungen als maßgebendes Beschreibungsmittel beschäftigt, konzentriert sich die Künstliche Intelligenz auf Problemklassen, bei denen das Wissen symbolisch dargestellt und verarbeitet wird. Dieser methodische Unterschied hat zu getrennten Entwicklungen beider Fachgebiete geführt, obwohl diese Gebiete – wie auch andere Ingenieurwissenschaften – die gemeinsame Vision verfolgen, autonom agierende Systeme zu schaffen.

Da bei ingenieurtechnischen Fragestellungen häufig beide Problemklassen in Kombination auftreten, ist es eine für beide Fachgebiete wichtige Aufgabe, die entwickelten Methoden zusammen zu führen. Dieses Ziel steckt auch hinter der Idee der intelligenten Agenten in der Künstlichen Intelligenz, die in dem oben zitierten Lehrbuch so weit verfolgt wird, dass neben logikbasierten Systemen auch Markovketten und Optimierungsprobleme für kontinuierliche Systeme behandelt werden, also Themen, die auf Grund ihrer Entstehungsgeschichte nicht zur Künstlichen Intelligenz gehören, aber zweifellos als wichtige Hilfsmittel für die Schaffung intelligenter technischer Systeme gebraucht werden. In dem zitierten Buch ist die Verschmelzung beider Gebiete also bereits vollzogen.

Der Begriff des intelligenten Agenten wird im Folgenden aus zwei Gründen nicht häufig verwendet. Erstens sind Systeme, die flexibel mit ihrer Umgebung interagieren, unter dem Begriff „eingebettete Systeme“ (reaktives System) im Ingenieurbereich alltäglich. Die meisten in der Technik eingesetzten Rechner sind eingebettet, so dass eine Hervorhebung dieser Tatsache nichts Neues bringt. Ihre Wirkungsweise beruht aber im Gegensatz zu den intelligenten KI-Agenten nicht ausschließlich auf symbolischer Informationsverarbeitung, sondern – wie schon mehrfach gesagt – vor allem auf numerischer Datenverarbeitung.

Zweitens wird im Ingenieurbereich der Begriff des Agenten heute vor allem im Sinne von Softwareagenten verwendet, womit nicht der methodische Kern, sondern die verwendete Softwaretechnik in den Mittelpunkt gerückt wird. Dieses Lehrbuch widmet sich jedoch in erster Linie den methodichen Grundlagen der Künstlichen Intelligenz und geht nur in zweiter Linie auch auf die entsprechende Softwaretechnik ein.

### 1.4.3 Impulse der Künstlichen Intelligenz für die Lösung ingenieurtechnischer Probleme

Der Einsatz von Methoden der Künstlichen Intelligenz in der Technik dient in erster Linie einer Erweiterung der Automatisierung des Entwurfs, der Fertigung und des Betriebes von Maschinen und Anlagen. Aufgaben, die bisher von Konstrukteuren, Entwicklungsingenieuren, Prozessbedienern und dem Wartungs- und Reparaturpersonal ausgeführt wurden, sollen durch Rechner unterstützt oder vollständig übernommen werden. Die in der Künstlichen Intelligenz untersuchten Methoden der symbolischen Informationsverarbeitung sollen die bisher hauptsächlich durch numerische Informationsverarbeitung realisierten Funktionen ergänzen und erweitern.

Die Grundlage der gegenwärtigen rechnergestützten Problemlösung in ingenieurtechnischen Anwendungen wird durch analytische Verfahren geprägt. Das durch die praktischen Zielstellungen und Randbedingungen charakterisierte Problem wird so aufbereitet, dass es analytisch in geschlossener Form oder mit numerischen Methoden, wie z. B. statistische Tests, Simulationsverfahren oder Optimierungsverfahren, gelöst werden kann. Diese Behandlungsform ist Problemen adäquat, bei denen ein detailliertes quantitatives Modell des betrachteten technischen Objektes verfügbar ist.

Demgegenüber sind für Entscheidungsprobleme in komplexen Systemen bzw. auf hohen Entscheidungsebenen (z. B. operative Aufgaben) die Kenntnisse über die technischen Randbedingungen unsicher und unvollständig. Insbesondere gibt es keine analytischen Modelle und die Zielvorgaben sind qualitativ formuliert. Diese Situation trifft vor allem für Aufgaben zu, die heute vom Menschen auf Grund von Erfahrung und Intuition gelöst werden.

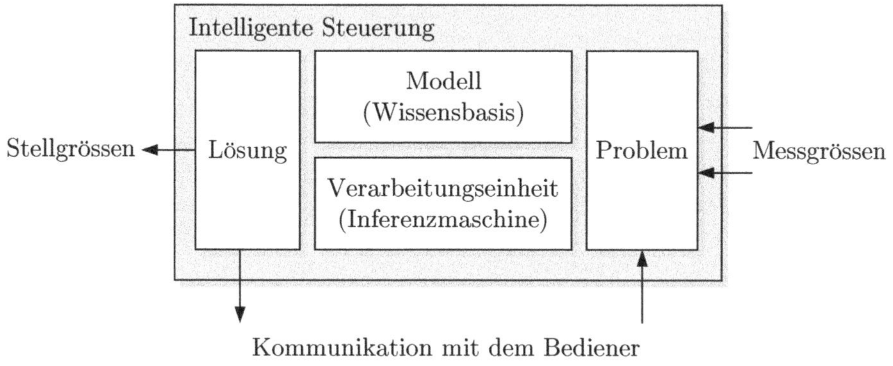


**Abb. 1.6:** Intelligente Steuerung

Die Wissensverarbeitung liefert Werkzeuge, die für Aufgaben eingesetzt werden können, bei denen der technische Prozess durch diskrete logische oder funktionale Zustände und Übergänge zwischen diesen beschrieben wird. Die zu treffenden diskreten Entscheidungen können nur durch Richtlinien eingegrenzt, aber nicht in geschlossener Form ermittelt werden. Die Methoden der Künstlichen Intelligenz können überall dort vorteilhaft eingesetzt werden, wo sich Wissen in Form von Fakten und deren Beziehungen notieren lässt. Wie die zahlreichen Beispiele in diesem Buch zeigen werden, gibt es derartige Probleme in der Technik an sehr vielen

Stellen. Die Formalisierung des gegebenen Problems besteht in der Überführung des für die Lösung einzusetzenden Wissens in eine Wissensbasis, eine Menge von Operationen sowie Anwendungsrichtlinien für diese Operationen (Kontrollstrategien).

Abbildung 1.6 zeigt, wie die mit Methoden der Wissensverarbeitung realisierte intelligente Steuerung strukturiert ist (vgl. Abb. 1.3). Die Messgrößen sowie die Vorgaben des Bedienpersonals definieren das aktuelle Problem, das unter Verwendung der Wissensbasis von einer Inferenzmaschine mit Methoden der Wissensverarbeitung gelöst wird. Die Ergebnisse werden an das Bedienpersonal und in Form von Stellsignalen an den technischen Prozess ausgegeben.

Die Repräsentationsformen für unsicheres Wissen ermöglichen es, Erfahrungswissen in die Verarbeitung einzubeziehen. Da bei komplexen Problemen typischerweise keine exakten bzw. keine optimalen Lösungen angestrebt werden können, sondern mit näherungsweisen oder suboptimalen Lösungen gearbeitet werden muss, spielt die Einbeziehung heuristischer Elemente in die Problemlösung bei vielen technischen Aufgabenstellungen eine entscheidende Rolle. Durch die in diesem Buch behandelten Wissensrepräsentationsformen kann derartiges Wissen anwendbar gemacht werden.

Die größten Herausforderungen beim Bau von intelligenten Systemen entstehen dadurch, dass ein Großteil des Wissens vage und unvollständig ist. Diese Tatsache betrifft sowohl die Modellinformationen als auch die durch Messungen erhaltenen Online-Informationen.

> Nur wenn man eindeutig zwischen dem Vorhandensein oder Nichtvorhandensein von Tatsachen oder Zusammenhängen unterscheiden kann, kann man das Wissen logisch repräsentieren und eindeutige, beweisbar richtige Entscheidungen fällen (vgl. Kap. 7 – 10). Wenn dies nicht geht und man mit vagem Wissen arbeiten muss, gibt es keine beweisbar richtigen Lösungen mehr und man muss sich mit Entscheidungen begnügen, die zweckmäßig sind bzw. für die Mehrzahl der Fälle als richtig betrachtet werden können (Kap. 11 – 13).

Die dafür einsetzbaren Methoden sind maßgebend aus Forschungsarbeiten auf dem Gebiet der Künstlichen Intelligenz entstanden, allerdings unter Nutzung von Methoden der Mathematik (z. B. Wahrscheinlichkeitstheorie), die auch im Ingenieurbereich für ähnliche Aufgaben eingesetzt werden (Schätztheorie, Entscheidungstheorie). Bei der Verarbeitung unsicheren Wissens ist die Überschneidung der Aufgaben und Methoden von Künstlicher Intelligenz und Ingenieurwissenschaften also besonders groß, was die angestrebte Zusammenführung dieser Gebiete erleichtert.

**Einsatzbedingungen von Methoden der Künstlichen Intelligenz im Ingenieurbereich.** Die wichtigsten Hindernisse für den Einsatz von KI-Methoden für ingenieurtechnische Anwendungen entstehen dadurch, dass Ingenieure gewohnt sind, ihre Gedanken in Berechnungsaufgaben zu übersetzen. Zahlenangaben über technische oder physikalische Zusammenhänge werden verknüpft, um ein gesuchtes Ergebnis zu erhalten. Numerische Darstellungen werden selbst dann verwendet, wenn das betrachtete Problem eigentlich einen diskreten Charakter hat. So werden viele diskrete Entscheidungsprobleme zu kontinuierlichen Optimierungsaufgaben „relaxiert". Rechner übernehmen deshalb in Ingenieuranwendungen weitgehend numerische Operationen. Die in den Ingenieurwissenschaften untersuchten Probleme kreisen deshalb um die Konvergenz von Algorithmen und um die Approximationsgenauigkeit von Lösungen, wobei es für die Approximationsgenauigkeit ein „natürliches“ Maß gibt, nämlich die Differenz zwischen dem berechneten Ergebnis und dem wahren Wert.

Im Gegensatz dazu übernehmen Rechner bei den KI-Methoden vor allem symbolische Operationen. Die Hauptprobleme betreffen die Komplexität der Algorithmen, die Korrektheit der Lösungen und die Repräsentation der Probleme durch Symbole und Graphen. Auch bei diesen Repräsentationsformen sind im Ingenieurbereich Näherungen notwendig, aber da die Darstellung symbolisch erfolgt, ist nicht von vornherein klar, wie man Näherungsmaße definieren kann.

> Ingenieurtechnische Anwendungen von KI-Methoden erfordern häufig eine Kombination der Wissensverarbeitung und der im Ingenieurbereich etablierten Methoden der numerischen Datenverarbeitung.

Dabei entstehen *hybride Systeme*, die aus wertkontinuierlich und wertdiskret arbeitenden Komponenten bestehen.

Unabhängig vom Einsatzgebiet haben die numerische und die symbolische Formulierung und Lösung technischer Aufgaben eine Reihe von Gemeinsamkeiten, wenn man die Frage betrachtet, welche Art von Informationen durch den Rechner verarbeitet werden muss und wie der Lösungsweg der genannten Aufgaben gestaltet ist. Charakteristisch ist,

- dass die Entscheidungen sowohl mit numerischen als auch nichtnumerischen Informationen gefällt werden müssen,
- dass das zu erreichende Ziel nicht exakt bestimmt ist, sondern dass häufig ein Kompromiss zwischen unterschiedlichen Teilzielen gesucht werden muss,
- dass Modelle der technischen Anlage die Grundlage für die Lösung aller betrachteten Aufgabenklassen bilden,
- dass die intelligente Steuerung in der Lage sein muss, ihr eigenes Verhalten zu analysieren, Fehler zu erkennen und das eigene Verhalten gegebenenfalls im Sinne einer größeren Wirksamkeit zu verändern.

Die folgenden Kapitel werden zeigen, dass die Wissensverarbeitung ein Weg ist, um die angestrebten Funktionsmerkmale zu realisieren.

**Aufgabe 1.2** *Verhalten eines Geldautomaten*

Wie muss die Steuerung eines Geldautomaten realisiert werden, damit

- der Geldautomat nur dann Geld auszahlt, wenn die Geldkarte gültig ist, die PIN richtig eingegeben wurde, das Konto ausreichend gedeckt ist und der auszuzahlende Betrag eine Maximalgrenze nicht überschreitet und
- der Geldautomat die Geldkarte nur dann zurückgibt, wenn die PIN nicht zum dritten Mal falsch eingegeben wurde?

Überlegen Sie sich, welches allgemeine Wissen die Steuerung für diese Aufgaben benötigt und welche Informationen sie für den konkreten Vorgang aus dem Dialog des Geldautomaten mit dem Nutzer erhält. In welcher Form kann man dieses Wissen aufschreiben? □

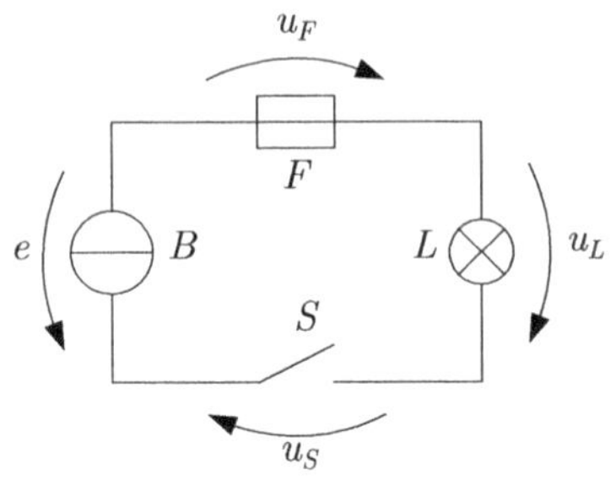


**Abb. 1.7:** Schaltplan einer Heckleuchte

**Aufgabe 1.3** *Fehlerdiagnose einer Heckleuchte*

Stellen Sie sich vor, dass die Heckleuchte Ihres Fahrzeugs nach dem Einschalten nicht funktioniert. In welchen Schritten können Sie Fehler identifizieren und welche Informationen benötigen Sie dafür?

1. Was sind typische Beobachtungen, die Sie für die Fehlerdiagnose nutzen können?
2. Stellen Sie Regeln auf, nach denen Sie aus Ihren Beobachtungen auf Fehler schließen können.
3. Wie können Sie Fehler unter Verwendung des (vereinfachten) Schaltplans aus Abb. 1.7 finden, in dem $B$ eine Batterie, $F$ eine Sicherung, $S$ einen Schalter und $L$ eine Glühlampe bezeichnet?
4. Welche Fehler haben dieselbe Wirkung und wie können Sie sie dennoch auseinanderhalten?

Überlegen Sie sich, welche Schritte (numerische) Berechnungen und welche (symbolische) Schlussfolgerungen beinhalten. □

## 1.5 Möglichkeiten und Grenzen der Künstlichen Intelligenz

**Kann es überhaupt intelligentes Verhalten von Rechnern geben?** Eigentlich ist dies keine Frage, die in diesem Buch beantwortet werden soll, denn der Standpunkt der Ingenieurwissenschaften ist pragmatisch: Es gibt methodische Grundlagen einer künstlichen Intelligenz, die man erlernen und anwenden kann, so dass für Ingenieure die Künstliche Intelligenz ein interessantes Fachgebiet ist, das den Funktionsumfang von rechnergestützten Analyse- und Entwurfssystemen erweitern kann. Dennoch müssen zu Beginn eines Lehrbuchs über Künstliche Intelligenz ein paar Worte zu dieser Frage verloren werden, zumal auch im Ingenieurbereich emotional darüber diskutiert wird.

Über die Frage, ob Rechner intelligent sein können, streiten sich noch immer Philosophen, Psychologen, Kybernetiker und Neurologen. Niemand kann mit Gewissheit sagen, was Intelligenz wirklich ist und niemand kann mit dem Finger auf die Neuronen im Kopf eines Menschen zeigen, in denen die Intelligenz entsteht, und erklären, wie man Intelligenz künstlich herstellen kann.

Ein Ausgangspunkt der Künstlichen Intelligenz ist eine von NEWELL und SIMON[2] 1976 formulierte Hypothese:

[2] HERBERT SIMON (1916 – 2001), „KI-Pionier“, Nobelpreisträger für Ökonomie 1978 für seine Arbeiten zur ökonomischen Modellbildung

**Symbolmanipulationsthese** (*Physical symbol system hypothesis*): Denken kann als Anwendung von Regeln auf symbolisch dargestelltes Wissen modelliert werden.

Mit anderen Worten: Wenn ein Rechner Symbole verarbeiten kann, so kann er auch denken.

Die in diesem Buch beschriebenen Methoden zeigen, dass entsprechend der genannten Hypothese tatsächlich zu einem gewissen Grade intelligentes Verhalten erzeugt werden kann. An Beispielen aus ingenieurtechnischen Anwendungen wird deutlich werden, dass das in diesen Methoden steckende Potenzial für die Lösung neuer technischer Probleme groß und bisher nur zu einem sehr kleinen Teil genutzt ist. Deshalb kann die genannte Hypothese als Grundlage für alle weiteren Betrachtungen verwendet werden. Sie fordert, dass das für die Problemlösung notwendige Wissen in Form von Aussagen („Symbolen") formuliert und der Lösungsprozess als Folge symbolischer Operationen realisiert wird. Intelligentes Verhalten entsteht, wenn man Symbole in einer zweckmäßigen Weise darstellt, anordnet, kombiniert und gegen andere Symbole austauscht.

Die Richtigkeit der Hypothese wird in der Künstlichen Intelligenz seit langer Zeit diskutiert. Von den Gegnern der Hypothese wird hinterfragt, ob die Symbolmanipulation tatsächlich ausreichend sein kann, um intelligentes Verhalten zu erzeugen. Als Argument wird angeführt, dass Erfahrungswissen nicht in der geforderten Weise formalisierbar ist, denn es beinhaltet Assoziationen, durch die eine aktuelle Situation einer bereits erlebten Situation zugeordnet wird. Menschliche Intuition kann man nicht durch logisches Schlussfolgern nachbilden. Das Wissen von Experten beruht auf einer ganzheitlichen (holistischen) Betrachtung des zu untersuchenden Problems und ist deshalb nicht in Form einzelner Symbole darstellbar.

Auch fordert die Turingmaschine (Abb. 1.2), dass jedes Problem bis zu einem Algorithmus aufgearbeitet sein muss, bevor es einem Rechner zur Lösung übertragen werden kann. Kreativität und Intelligenz sind nicht für das deterministische logische Verarbeiten von Anweisungen durch die Maschine notwendig, sondern in der Formulierung des Problems als Symbolmanipulationsaufgabe. Der kreative Prozess im Kopf des Programmierers ist abgeschlossen, wenn der Computer seine Arbeit beginnt.

Dies alles sind Gründe dafür, dass als Entgegnung auf die o. a. Hypothese behauptet wird, dass der *Konnektionismus* die wahre Grundlage intelligenten Verhaltens ist. Unter einer konnektionistischen Wissensdarstellung wird die Repräsentation von Wissen durch ein Netz gekoppelter Elemente verstanden. Das Netz reagiert auf Eingaben mit bestimmten Ausgaben, die durch Mitwirkung einiger oder aller Netzelemente entstehen. Da die Netzelemente unterschiedliches Verhalten haben und in unterschiedlicher Weise miteinander gekoppelt sind, kann das in dem Netz dargestellte Wissen nicht mehr im Einzelnen interpretiert werden. Während bei der symbolischen Repräsentation jedem Symbol bzw. jeder Symbolverkopplung eine Bedeutung zugewiesen werden kann, ist das Wissen in konnektionistischen Systemen verteilt, wobei den Verhaltensformen der Elemente und der Stärke ihrer Kopplung keine für den Anwendungsfall interpretierbare Bedeutung zugewiesen werden kann. Das Wissen ist also nirgendwo explizit gespeichert, sondern in einem Netzwerk als Ganzes zu finden.

Der Konnektionismus stellt der o. a. Hypothese folgende These gegenüber:

**Hypothese des Konnektionismus.** Wenn die Größe des Netzes einen kritischen Wert überschreitet und für den Lernvorgang des Netzes ausreichend gute Algorithmen für die Veränderung der Kopplungsstärke zwischen den Netzelementen verwendet werden, so ist das Netz fähig, zu lernen und sich intelligent zu verhalten.

Diese These ist in den letzten Jahren vor allem mit künstlichen neuronalen Netzen, Assoziativspeichern und *feature maps* untersucht worden. Dabei wurde deutlich, dass die Ablehnung der Symbolmanipulationshypothese nicht die gesamte Zielstellung der Künstlichen Intelligenz in Frage stellt, sondern lediglich fordert, dass neben symbolischen Ansätzen auch konnektionistische gewählt werden müssen, um intelligentes Verhalten mit Rechnern erzeugen zu können. Die Kombination beider Herangehensweisen entspricht der auf S. 2 erwähnten Gliederung der Intelligenz. Außer der bewussten Intelligenz, für die die Symbolmanipulationshypothese zutrifft, gibt es die empirische Intelligenz, auf die sich der konnektionistische Ansatz bezieht.

**Praktische Grenzen der Künstlichen Intelligenz.** Neben den hier zitierten Argumenten, die sich auf den methodischen Ansatz der Künstlichen Intelligenz beziehen, gibt es Grenzen, die durch die Nichtentscheidbarkeit und durch die Komplexität der zu lösenden Probleme bestimmt werden. Während die Nichtentscheidbarkeit von Wissensverarbeitungsproblemen auf eine klar beschriebene Grenze der Künstlichen Intelligenz führt, ist die durch die Komplexität der entscheidbaren Probleme gebildete Grenze auch vom Stand der Rechentechnik abhängig. Allerdings wird auf Grund der exponentiellen Komplexität von Wissensverarbeitungsproblemen diese praktische Grenze schon bei relativ „kleinen" Anwendungsproblemen erreicht und kann nur durch heuristische Erweiterungen der Algorithmen und durch Abstriche an der Güte der Lösung überwunden werden.

## Literaturhinweise

Die Zielstellung und die Erfolgsaussichten der Künstlichen Intelligenz sind u. a. in den lesenswerten Büchern [30, 34, 51] beschrieben. Als Nachschlagewerk kann das Handbuch [2] auch fast dreißig Jahre nach seinem Erscheinen empfohlen werden. Interessenten klassischer Werke der Künstlichen Intelligenz seien auf [35, 76, 82, 114] hingewiesen. In Bezug auf wissensbasierte Systeme sind [21, 50] heute schon zu den Klassikern zu zählen und als erste geschlossene Darstellungen dieses Gebietes immer noch erwähnenswert.

Die geschichtliche Entwicklung der Künstlichen Intelligenz wird u. a. in den Zeitschriftenartikeln [3, 77] sowie im Sonderheft [10] der Zeitschrift *Artificial Intelligence* kritisch beleuchtet, wobei insbesondere in den beiden letzten Literaturstellen auch eine Vorausschau auf die damals für die 1990er Jahre erwarteten Ergebnisse gegeben wird.

Das Unvollständigkeitstheorem ist in [43] bewiesen. Die Ersetzungssysteme wurden von POST in [97] vorgeschlagen. Grundbegriffe der Algorithmentheorie, Komplexitätstheorie und Berechenbarkeit werden beispielsweise in [108] behandelt.

Kritische Analysen der Ziele und Lösungswege der Künstlichen Intelligenz findet man u. a. in [30, 49, 76, 114]. Die *Physical symbol systems hypothesis* wurde in [83] publiziert.

Aktuelle Veröffentlichungen erscheinen u. a. in der Zeitschrift *Artificial Intelligence* sowie in vielen Spezialzeitschriften zu den einzelnen Gebieten wie z. B. *Machine Learning, Theory and Practice of Logic Programming, Approximate Reasoning, Future Generation Computer Systems.* Über aktuelle Ereignisse in der Künstlichen Intelligenz berichtet das *AI Magazine* der *Association for the Advancement of Artificial Intelligence (AAAI).* Die wichtigste Tagung ist die alle zwei Jahre stattfindende *International Joint Conference on Artificial Intelligence* (IJCAI). In Europa wird alle zwei Jahre die *European Conference on Artificial Intelligence* (ECAI) veranstaltet.

Für ingenieurtechnische Anwendungen haben sich in den letzten Jahren eigene Veranstaltungsreihen etabliert und es werden spezielle Zeitschriften herausgegeben. Am bekanntesten sind die Zeitschriften

*Applied Artificial Intelligence*, *Journal of Intelligent Systems* und *Engineering Applications of Artificial Intelligence*. Es spricht für die Integration der KI-Methoden in viele ingenieurtechnische Fachdisziplinen, dass eine Reihe maßgebender Veröffentlichungen zur Anwendung der Künstlichen Intelligenz in der Technik nicht in diesen Journalen, sondern in den einschlägigen Fachzeitschriften der Anwendungsgebiete erschienen sind und erscheinen.

Die Haltung der Ingenieure zur Realisierung und Realisierbarkeit intelligenter Maschinen kommt u. a. durch Äußerungen von NORBERT WIENER (1894 – 1964) in seinem bekannten Buch *Kybernetik* (1948) zum Ausdruck, in dem er ähnliche Ziele wie die der Künstlichen Intelligenz formuliert und darauf verwiesen hat, dass Steuerungen in der Biologie und der Technik mit vergleichbaren Prinzipien realisiert werden können [128]. Auch KARL STEINBUCH (1917 – 2005) vertritt in seinem Buch *Automat und Mensch* die Auffassung, dass man die physiologischen Vorgänge, die dem Denken des Menschen zugrunde liegen, genauso wissenschaftlich untersuchen kann, wie physikalische Vorgänge, die in der Technik genutzt werden [118]. Beziehungen zwischen den Zielen und Methoden der Künstlichen Intelligenz einerseits und systemtheoretisch orientierten Gebieten der Ingenieurwissenschaften andererseits sind beispielsweise in [14] und [70] zu finden.

Grundlegende Aufsätze über Agenten sind in [53] zusammengestellt. Eine Übersicht über aktuelle Forschungen auf dem Gebiet der Multiagentensysteme gibt [125].

Die Grundbegriffe der Automatisierungstechnik, die für den Vergleich mit den intelligenten Agenten der Künstlichen Intelligenz wichtig sind, werden in dem Lehrbuch [71] behandelt. Eine Einführung in die Theorie hybrider (gemischt kontinuierlich-ereignisdiskreter) dynamischer Systeme gibt [73].

# 2 Einführungsbeispiel

*Anhand eines einfachen technischen Beispiels werden in diesem Kapitel die wichtigsten Probleme der Darstellung und der Verarbeitung von Wissen behandelt. Dabei wird auch ein Bezug zwischen der Herangehensweise der Wissensverarbeitung und den klassischen Entscheidungsbäumen hergestellt.*

## 2.1 Qualitative und quantitative Beschreibung eines Wasserversorgungssystems

Um die grundlegenden Probleme der Wissensverarbeitung an einem technischen Objekt zu veranschaulichen, soll im Folgenden ein stark vereinfachtes Wasserversorgungssystem betrachtet werden, das in der Darstellungsweise der Verfahrenstechnik in Abb. 2.1 zu sehen ist. Es besteht aus einem Vorratsbehälter, der von einer Quelle gespeist wird. Die Abnehmer sind über ein Rohrleitungssystem angeschlossen und durch drei Ventile symbolisiert. Die für den Betrieb dieses Versorgungssystems maßgebenden Größen, wie der Wasserstand $h$ im Behälter und der Wasserdruck $p$ beim Abnehmer, hängen untereinander sowie von weiteren Einflussgrößen ab, von denen hier die Ergiebigkeit des Niederschlages im vergangenen Zeitraum, das derzeitige Wetter und die Menge des gegenwärtig verbrauchten Wassers betrachtet werden.

Die genannten Größen lassen sich mit unterschiedlichem Abstraktionsgrad beschreiben. Einerseits kann man sich für die numerischen Werte dieser Größen interessieren, also für die in Metern gemessene Füllhöhe $h$ des Behälters, den in Pascal gemessenen Wasserdruck $p$ an den Ventilen zu den Verbrauchern sowie die in Kubikmeter pro Minute gemessenen Flüsse $q_e$ zum Vorratsbehälter und $q_a$ vom Behälter zu den Verbrauchern. Dann spricht man von einer

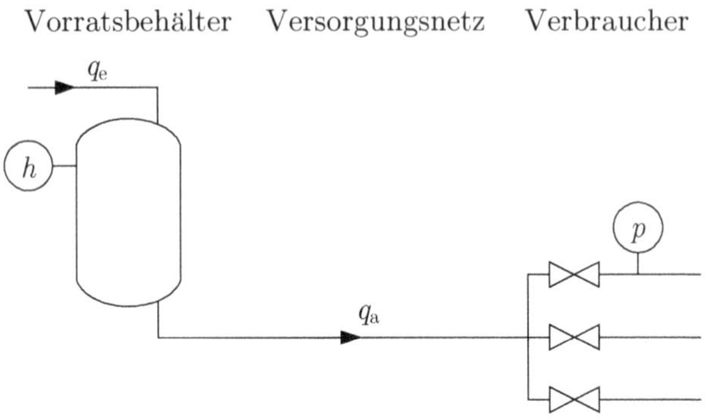


**Abb. 2.1:** Wasserversorgungssystem

quantitativen Betrachtungsweise, da alle Größen durch Zahlenwerte in Verbindung mit der entsprechenden physikalischen Einheit dargestellt werden. Ein Teil der genannten Größen wird beim Betrieb der Anlage mit Hilfe entsprechender Messeinrichtungen bestimmt, von denen zwei durch die Kreise mit den Buchstaben $h$ und $p$ in der Abbildung zu sehen sind.

Andererseits kann man dieselben Größen durch Attribute wie „hoch" oder „niedrig" beschreiben. Diese qualitative Darstellung wird in der Wissensverarbeitung verwendet. Auch für sie gibt es Messeinrichtungen, beispielsweise Füllstandssensoren, die lediglich angeben, ob der aktuelle Flüssigkeitspegel in einem Behälter oberhalb oder unterhalb der Sensorposition liegt und folglich als „hoch" oder als „niedrig" einzustufen ist.

Im Folgenden wird der Unterschied zwischen der quantitativen und der qualitativen Darstellung technischer Systeme anhand des Beispiels ausführlich diskutiert.

**Quantitative Modellierung des Wasserversorgungssystems.** In der Technik ist es üblich, dass man die betrachteten Maschinen und Anlagen durch mathematische Modelle in Form von algebraischen Gleichungen und Differentialgleichungen darstellt. Das Systemverhalten wird durch Signale erfasst, also durch reellwertige, von der Zeit $t$ abhängige Größen, die beim Wasserversorgungssystem durch $h(t)$, $q_e(t)$, $q_a(t)$ und $p(t)$ bezeichnet sind. Der Zusammenhang zwischen quantitativ beschriebenen Größen hängt von den physikalischen Eigenschaften des Systems ab.

Für das Beispiel erhält man folgende Gleichungen. Der Füllstand $h(t)$ verändert sich in Abhängigkeit vom Zu- und Abfluss, wobei die Differentialgleichung

$$\frac{\mathrm{d}h(t)}{\mathrm{d}t} = \frac{1}{A}(q_e(t) - q_a(t)), \qquad h(0) = h_0 \tag{2.1}$$

gilt, in der $h_0$ den Füllstand zum Zeitpunkt $t = 0$ und $A$ den Behälterquerschnitt bezeichnet. Der Wasserdruck $p(t)$ bei den Verbrauchern unterscheidet sich vom hydrostatischen Druck $\rho g h(t)$ am Auslauf des Wasserbehälters um den Druckabfall über der Rohrleitung, durch den die Reibung überwunden wird. Während der hydrostatische Druck vom Wasserstand $h(t)$ abhängt, wird der Druckabfall durch die Wasserentnahme $q_a(t)$ bestimmt. Unter der Annahme einer zum Quadrat der mittleren Fließgeschwindigkeit proportionalen Reibungskraft erhält man aus diesen Überlegungen die Beziehung

$$p(t) = \varrho g h(t) - w \frac{q_{\mathrm{a}}^2(t)}{a^2}, \tag{2.2}$$

wobei $w$ ein dimensionsloser Widerstandsbeiwert, $a$ der Querschnitt der Rohrleitung, $g$ die Erdbeschleunigung und $\varrho$ die Dichte des Wassers ist.

Die angegebenen Gleichungen bilden ein *quantitatives Modell* des Wasserversorgungssystems. Für vorgegebene Füllstandshöhe $h_0$, bekannten Zufluss $q_{\mathrm{e}}(t)$ und bekannte Entnahme $q_{\mathrm{a}}(t)$ kann mit diesem Modell der exakte zeitliche Verlauf der Füllhöhe $h(t)$ und des Wasserdrucks $p(t)$ berechnet werden. Damit man mit diesem Modell arbeiten kann, muss man allerdings

- die Werte aller Parameter $(A, a, w, \varrho, g)$ des Systems,
- den Anfangszustand $(h_0)$ sowie
- den zeitlichen Verlauf aller von außen auf das System einwirkenden Einflussgrößen $(q_{\mathrm{e}}(t), q_{\mathrm{a}}(t))$

kennen. Nur unter dieser Bedingung kann das Modell dazu verwendet werden, das durch die Signale $h(t)$ und $p(t)$ quantitativ beschriebene Systemverhalten zu berechnen.

**Qualitative Modellierung des Wasserversorgungssystems.** Wenn die exakten Werte der das Wasserversorgungssystem beschreibenden Größen $A$, $a$, $w$, $\varrho$, $h_0$, $q_{\mathrm{e}}(t)$ und $q_{\mathrm{a}}(t)$ nicht bekannt sind oder für die Lösung einer Aufgabe nicht gebraucht werden, so müssen bzw. können bei der Modellierung des Systems viele Details vernachlässigt werden. Dann wird beispielsweise der Wasserstand im Vorratsbehälter lediglich als „hoch“ oder „niedrig“ bewertet, wobei die Attribute „hoch“ und „niedrig“ durch einen Schwellwert $s$ festgelegt sind, so dass gilt

$$\begin{aligned} h(t) \geq s &\longrightarrow \text{Der Wasserstand ist hoch.} \\ h(t) < s &\longrightarrow \text{Der Wasserstand ist niedrig.} \end{aligned}$$

An die Stelle der quantitativen Werte treten für die Beschreibung der Systemgrößen dann qualitative Bewertungen. Man spricht deshalb von einer qualitativen Betrachtungsweise bzw. einem *qualitativen Modell.*

Der Zusammenhang zwischen den qualitativ beschriebenen Größen erfolgt nicht mehr durch eine Differentialgleichung, sondern es sind neue Modellformen notwendig. Hier soll zur Motivation der nachfolgenden Kapitel ein Modell des Wasserversorgungssystems angegeben werden, das die Form von Regeln hat.

Unter Verwendung qualitativer Werte für die einzelnen Größen gilt beispielsweise die folgende Ursache-Wirkungsbeziehung:

Ist der Wasserstand im Vorratsbehälter klein,
so ist der Wasserdruck beim Abnehmer klein.

Formalisiert aufgeschrieben heißt das

$$\begin{aligned} R_1: \ &\text{WENN Der Wasserstand ist niedrig.} \\ &\text{DANN Der Wasserdruck ist niedrig.} \end{aligned} \tag{2.3}$$

In dieser Formulierung werden die zwei Fakten „Der Wasserstand ist niedrig.“ und „Der Wasserdruck ist niedrig.“, die qualitative Aussagen über die Größen $h(t)$ und $p(t)$ ausdrücken, in eine WENN-DANN-Beziehung gesetzt. Die Formulierung weicht deshalb von der zuvor angegebenen umgangssprachlichen Formulierung, die die deutsche Grammatik berücksichtigt, ab. Die Regel (2.3) gibt einen Teil der Aussagen in qualitativer Form wieder, die man mit Hilfe von Gl. (2.2) auf quantitativem Wege erhalten kann: bei niedrigem Füllstand $h(t)$ hat der Druck $p(t)$ einen niedrigen Wert.

Hoher Wasserdruck stellt sich ein, wenn der Wasserstand hoch ist und die Abnehmer wenig Wasser entnehmen und folglich der Druckabfall über der Rohrleitung klein ist:

$$\begin{array}{rrl} R_2: & \text{WENN} & \text{Der Wasserstand ist hoch.} \\ & \text{UND} & \text{Die Wasserentnahme ist klein.} \\ & \text{DANN} & \text{Der Wasserdruck ist hoch.} \end{array} \tag{2.4}$$

Dieser Sachverhalt kann qualitativ aus Gl. (2.2) erhalten werden. Auch die Ursache-Wirkungsbeziehungen zwischen dem Wetter, der Wasserentnahme, dem Wasserdruck, der Niederschlagsmenge und dem Wasservorrat können als WENN-DANN-Regeln aufgeschrieben werden:

$$\begin{array}{rrl} R_3: & \text{WENN} & \text{Die Wasserentnahme ist groß.} \\ & \text{DANN} & \text{Der Wasserdruck ist niedrig.} \end{array} \tag{2.5}$$

$$\begin{array}{rrl} R_4: & \text{WENN} & \text{Die Sonne scheint.} \\ & \text{DANN} & \text{Die Wasserentnahme ist groß.} \end{array} \tag{2.6}$$

$$\begin{array}{rrl} R_5: & \text{WENN} & \text{Es ist Regenwetter.} \\ & \text{DANN} & \text{Die Wasserentnahme ist klein.} \end{array} \tag{2.7}$$

$$\begin{array}{rrl} R_6: & \text{WENN} & \text{Der Niederschlag war ergiebig.} \\ & \text{DANN} & \text{Der Wasserstand ist hoch.} \end{array} \tag{2.8}$$

$$\begin{array}{rrl} R_7: & \text{WENN} & \text{Der Niederschlag war gering.} \\ & \text{DANN} & \text{Der Wasserstand ist niedrig.} \end{array} \tag{2.9}$$

Für den Betrieb des Netzes ist außerdem die folgende Regel wichtig:

$$\begin{array}{rrl} R_8: & \text{WENN} & \text{Der Wasserstand ist niedrig.} \\ & \text{UND} & \text{Die Wasserentnahme ist groß.} \\ & \text{DANN} & \text{Das Wasser wird knapp.} \end{array} \tag{2.10}$$

Die Regeln $R_1$ bis $R_8$ stellen ein qualitatives Modell des Wasserversorgungssystems dar. Sie geben Wissen über das Verhalten des Versorgungssystems wieder, das in der Form

$$\text{WENN} \; < \text{Bedingung} > \; \text{DANN} \; < \text{Schlussfolgerung} > \tag{2.11}$$

formuliert ist. Der Bedingungsteil kann mehrere, durch UND verknüpfte Teile enthalten. Die Regeln $R_1$ bis $R_8$ werden als *Wissensbasis* bezeichnet. Sie enthalten Aussagen, die unabhängig vom aktuellen Systemzustand gültig sind.

Gibt man qualitative Werte für einen Teil der in den Regeln vorkommenden Größen vor, so kann man mit der Wissensbasis die qualitativen Werte anderer Größen bestimmen. So kann im niederschlagsfreien Sommer mit Hilfe der Regeln $R_4$, $R_7$ und $R_8$ Wasserknappheit vorausgesagt werden. Andererseits lässt sich aus den Regeln $R_1$, $R_3$ – $R_5$ und $R_7$ ablesen, dass niedriger Wasserdruck bei Sonnenschein nur die Folge einer zeitweise großen Wasserentnahme sein kann, wenn durch ergiebigen Niederschlag der Vorratsbehälter gut gefüllt ist.

**Vergleich von quantitativer und qualitativer Modellierung technischer Systeme.** Die beiden Darstellungsweisen zeigen, dass für technische Systeme sowohl quantitative als auch qualitative Modelle aufgestellt werden können. Welche Betrachtungsweise zweckmäßig ist, hängt von der Problemstellung ab. Soll das Wasserversorgungssystem so ausgelegt werden, dass bei den Abnehmern auch unter extremen Witterungsbedingungen ein genügend hoher Wasserdruck vorliegt, so ist eine quantitative Modellierung und die Analyse des Systemverhaltens im Detail unerlässlich. Ist andererseits in einem bereits installierten System zu diagnostizieren, ob der gegenwärtig schlechte Wasserdruck, der durch eine Alarmmeldung signalisiert wird, durch Wasserknappheit oder durch eine Rohrverstopfung verursacht wird, so ist eine qualitative Betrachtung des Systems angemessen. Man denke nur daran, dass ein Klempner derartige Fehler i. Allg. auf Grund seines Erfahrungswissens behebt und bei der Fehlersuche nicht mit Differentialgleichungen arbeitet.

Trotz des unterschiedlichen Abstraktionsgrades gibt es enge Beziehungen zwischen quantitativen und qualitativen Betrachtungsweisen. Für das Beispiel beschreiben offenbar die Regeln $R_1$ – $R_3$ den durch Gl. (2.2) quantitativ dargestellten Zusammenhang zwischen der Wasserentnahme $q_e(t)$, dem Wasserstand $h(t)$ und dem Wasserdruck $p(t)$. Da sich die Regeln auf qualitative Bewertungen der genannten Signale beziehen, stellen sie natürlich einen viel gröberen Zusammenhang zwischen diesen Größen dar, als die Gleichung. Für viele Problemstellungen reicht diese Darstellung aber aus.

Die anderen Regeln können mit der Differentialgleichung (2.1) in Verbindung gebracht werden. Durch die Regeln $R_4$ und $R_5$ wird der qualitative Wert der Wasserentnahme $q_a(t)$ bestimmt, die Regeln $R_6$ und $R_7$ beschreiben die Anfangshöhe $h_0$ des Wasserstandes, und die Regel $R_8$ besagt, dass bei kleinem $h_0$ und $q_a(t) \gg q_e(t)$ der Wasserstand $h(t)$ bald sehr klein sein wird.

Die Methoden der Künstlichen Intelligenz können bei ingenieurtechnischen Problemen vor allem dort eingesetzt werden, wo qualitative Betrachtungsweisen zum Ziel führen. Das Wasserversorgungssystem sowie zahlreiche später behandelte Beispiele zeigen, dass es in der Technik viele derartige Probleme gibt. Der Übergang von der quantitativen zur qualitativen Betrachtung ist dadurch begründet, dass entweder nicht alle Parameter des quantitativen Modells bekannt sind, dass Erfahrungswissen für die Lösung einer Aufgabe eingesetzt werden soll oder dass die Messgrößen nur eine qualitative Bewertung von Signalen darstellen, wie dies beispielsweise bei Alarmmeldungen der Fall ist.

**Kontinuierliche und diskrete Entscheidungsprobleme.** Die zweite Situation, in der die Wissensverarbeitung eine wichtige Rolle spielt, ist durch diskrete Entscheidungsprobleme gekennzeichnet. Bei dem in Abb. 2.2 gezeigten erweiterten Wasserversorgungssystem werden zwei Speicher genutzt, um einen Wasservorrat anzulegen. Wenn der Behälter $B_1$ gefüllt ist, wird über das Ventil $V_2$ und die Pumpe $P$ der Behälter $B_2$ gefüllt. Zur Versorgung der Verbraucher wird stets derjenige Behälter eingesetzt, dessen Füllhöhe ausreicht, um einen geforderten Mindestdruck bei den Verbrauchern zu erzeugen. Dabei wird auf den Behälter $B_1$ zurückgeschaltet, wenn der Behälter $B_2$ zu weit entleert wurde, um den geforderten Wasserdruck zu erzeugen, während in Zeiten mit kleinem Wasserverbrauch gegebenenfalls wieder auf $B_2$ geschaltet wird, nachdem dort eine ausreichende Füllhöhe erzeugt wurde. Die Ventile $V_i$ können nur ohne Zwischenstellungen auf- oder zugedreht, die Pumpe $P$ nur an- oder abgeschaltet werden.

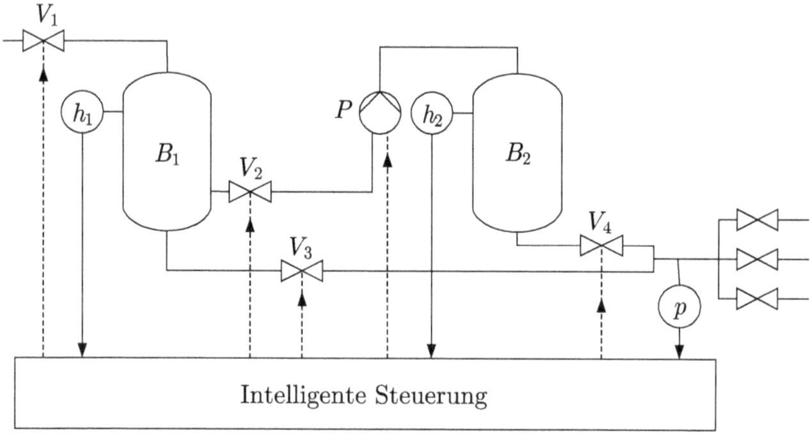


**Abb. 2.2:** Überwachung und Steuerung eines Wasserversorgungssystems

Das gesteuerte Wasserversorgungssystem hat die typische Struktur intelligenter technischer Systeme nach Abb. 1.3 auf S. 17. Der Block „Intelligente Steuerung" muss die diskreten Entscheidungen fällen, welche Ventile zu öffnen bzw. zu schließen sind und ob die Pumpe ein- oder auszuschalten ist. Dafür erhält er von dem zu steuernden Prozess Messwerte über die Füllstände $h_1(t)$ und $h_2(t)$ sowie den Wasserdruck $p(t)$. Seine Entscheidungen beeinflussen die Stellung der Ventile $V_i$ und der Pumpe $P$, was in der Abbildung durch die gestrichelten Pfeile gekennzeichnet ist, während die Messsignale durch die durchgezogenen Pfeile dargestellt sind.

Eine solche Steuerung arbeitet typischerweise mit Entscheidungsregeln wie z. B.

WENN Der Wasserdruck ist niedrig.
UND Der Behälter $B_2$ wird zur Versorgung genutzt.
DANN Schalte auf den Behälter $B_1$ um.

und

WENN Der Wasserstand im Behälter $B_2$ ist niedrig.
UND Der Wasserstand im Behälter $B_1$ steigt.
DANN Öffne das Ventil $V_2$ und schalte die Pumpe $P$ an.

Diese Regeln unterscheiden sich von den Regeln $R_1$ bis $R_8$ in dem Sinne, dass hier im DANN-Teil anstelle von Schlussfolgerungen Aktionen stehen:

$$\text{WENN } < \text{Bedingung} > \text{ DANN } < \text{Aktion} > . \tag{2.12}$$

Wenn die Aktionen ausgeführt werden, ändert sich der Betriebszustand des Wasserversorgungssystems, was sich die Steuerung merken muss, denn der Betriebszustand wird im WENN-Teil von Regeln abgefragt.

Außerdem gibt es Regeln, die verbieten, dass die Ventile $V_3$ und $V_4$ gleichzeitig geöffnet sind bzw. dass die Pumpe $P$ läuft, bevor das Ventil $V_2$ geöffnet wurde. Derartige Forderungen an den Zusammenhang der Ventilstellungen können auch durch binäre Größen $V_i$ für die Ventile dargestellt werden, beispielsweise durch die Gleichung

$$V_3 \wedge V_4 = 0.$$

Bei diskreten Entscheidungsproblemen ist eine regelbasierte Darstellung des zu verarbeitenden Wissens zweckmäßig. Das Ergebnis ist ein diskreter Wert für die Ventilstellungen oder den Pumpenbetrieb. Die Entscheidungen werden in Abhängigkeit von qualitativen Bewertungen der anderen Betriebsgrößen, wie in diesem Beispiel der Füllstände, gefällt, wobei die Regeln und die durch binäre Gleichungen formulierten logischen Randbedingungen verarbeitet werden müssen. Die folgenden Abschnitte und Kapitel zeigen, welche Methoden es dafür gibt.

## 2.2 Einfache Methoden zur Verarbeitung von Regeln

### 2.2.1 Umformung der Wissensbasis

Im Folgenden soll untersucht werden, welche Probleme die Verarbeitung von Wissen in Form von Regeln mit sich bringt, um damit die beiden nachfolgenden Kapitel zur Graphensuche und zu regelbasierten Systemen vorzubereiten. Für diese Untersuchungen müssen die Regeln $R_1$ bis $R_8$ zunächst in einer etwas anderen Form notiert werden. An die Stelle der Aussagen treten Wertzuweisungen und Bedingungen, die in einer Programmiersprache aufgeschrieben werden können. Dafür werden Zeichenkettenvariable eingeführt, die mit einem Wert aus der zugehörigen Wertemenge oder mit der leeren Zeichenkette belegt werden können:

| Variablenname | Wertemenge |
|---|---|
| `Wetter` | `'Sonne', 'Regen'` |
| `Niederschlag` | `'ergiebig', 'gering'` |
| `Wasserstand` | `'niedrig', 'hoch'` |
| `Wasserdruck` | `'niedrig', 'hoch'` |
| `Wasserentnahme` | `'groß', 'klein'` |
| `Vorhersage` | `'Wasser wird knapp'.` |

Die Regeln haben dann die Form

```
WENN Wasserstand == 'niedrig'
DANN Wasserdruck := 'niedrig'

WENN Wasserstand == 'hoch'
 UND Wasserentnahme == 'klein'
DANN Wasserdruck := 'hoch'

WENN Wasserentnahme == 'groß'
```

DANN `Wasserdruck := 'niedrig'`

WENN `Wetter == 'Sonne'`
DANN `Wasserentnahme := 'groß'`

WENN `Wetter == 'Regen'`
DANN `Wasserentnahme := 'klein'`

WENN `Niederschlag == 'ergiebig'`
DANN `Wasserstand := 'hoch'`

WENN `Niederschlag == 'gering'`
DANN `Wasserstand := 'niedrig'`

WENN `Wasserstand == 'niedrig'`
UND `Wasserentnahme == 'groß'`
DANN `Vorhersage := 'Wasser wird knapp'.` (2.13)

Die in Schreibmaschinenschrift gesetzten Tests auf Gleicheit (==) und Wertzuweisungen (:=) können so oder ähnlich in einer Programmiersprache verwendet werden.

Ein wichtiges Problem bei der Verarbeitung der Regeln entsteht aus der Tatsache, dass die Regeln untereinander verkettet sind. Im DANN-Teil einer Regel stehen Aussagen, die im WENN-Teil anderer Regeln geprüft werden. So muss bei Sonnenschein erst die Regel $R_4$ angewendet werden, um auf große Wasserentnahme zu schließen, bevor aus der Regel $R_3$ niedriger Wasserdruck geschlussfolgert werden kann. Noch komplizierter wird die Verschachtelung von Regeln dadurch, dass eine bestimmte Tatsache aus mehreren Regeln folgen kann, wie es im Beispiel für „Wasserdruck ist niedrig" der Fall ist. Im Folgenden werden zwei einfache Methoden angegeben, mit denen Regeln trotz dieser gegenseitigen Abhängigkeiten verarbeitet werden können.

### 2.2.2 Verschachtelung der Regeln in einem Entscheidungsbaum

Eine klassische Methode zur Verschachtelung von Regeln führt auf einen Entscheidungsbaum (Abb. 2.3). Ein Entscheidungsbaum ist ein gerichteter Graph mit zwei Arten von Knoten:

- **Frageknoten**, die durch Kreise markiert sind, symbolisieren Fragen nach dem Wert einer Variablen. Die von diesen Knoten ausgehenden Kanten werden in Abhängigkeit davon verwendet, mit welchem Wert die dem Frageknoten zugeordnete Variable belegt wird.
- **Zuweisungsknoten**, die durch Rechtecke dargestellt sind, beinhalten Wertzuweisungen an Variablen.

Beginnend beim Wurzelknoten wird der Entscheidungsbaum entlang der gerichteten Kanten durchlaufen, wobei die in den Knoten stehenden Fragen beantwortet bzw. die in den Knoten stehenden Anweisungen ausgeführt werden. Der dabei verfolgte Pfad durch den Baum hängt von den Antworten auf die Fragen ab. Dementsprechend wird durch den Entscheidungsbaum festgelegt, unter welchen Bedingungen die einzelnen Anweisungen ausgeführt werden.

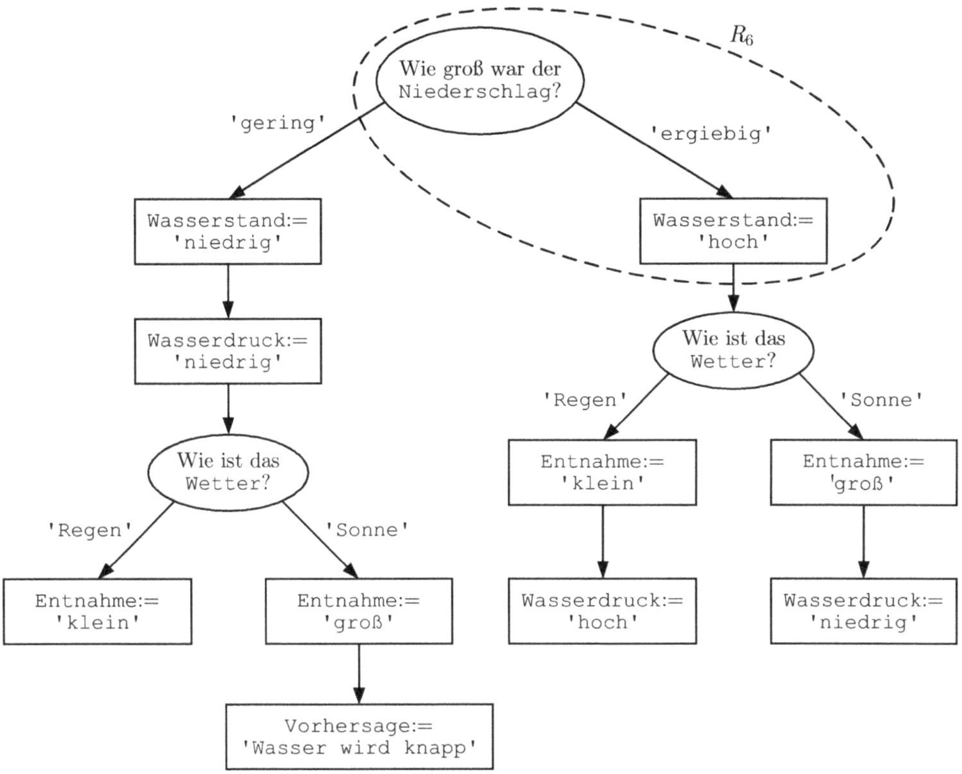


**Abb. 2.3:** Entscheidungsbaum

Bei der Aufstellung des Entscheidungsbaumes müssen Fragen und Schlussfolgerungen so verschachtelt werden, dass für alle möglichen Antworten auf die gestellten Fragen genau ein Pfad entsteht. Für jede durch eine Menge von Regeln dargestellte Wissensbasis ist es möglich – wenngleich auch oftmals schwierig – einen Entscheidungsbaum anzugeben. Andererseits kann jeder Entscheidungsbaum durch Regeln dargestellt werden, wobei die Zuweisungen im DANN-Teil und alle auf dem Pfad vom Wurzelknoten zu dem entsprechenden Zuweisungsknoten durchlaufenen Frageknoten im WENN-Teil der Regel stehen. So lassen sich beispielsweise aus dem markierten rechten Ast des Entscheidungsbaumes in Abb. 2.3 die Regel $R_6$ sowie aus einem größeren Teil des Baumes die neue Regel

$$\begin{array}{rrl} \text{WENN} & \texttt{Niederschlag} == & \texttt{'ergiebig'} \\ \text{UND} & \texttt{Wetter} == & \texttt{'Regen'} \\ \text{DANN} & \texttt{Wasserdruck} := & \texttt{'hoch'} \end{array} \tag{2.14}$$

ablesen. Die Regel (2.14) ist nicht explizit in der Wissensbasis (2.13) enthalten, sondern entsteht aus den Regeln $R_6$ und $R_2$.

Der Entscheidungsbaum stellt einen Algorithmus dar, der direkt in einer Programmiersprache aufgeschrieben werden kann. Während der Abarbeitung des Programms erhalten die Variablen `Wetter` und `Niederschlag` Werte entsprechend der Eingabe des Nutzers. Den Variablen `Wasserstand`, `Wasserdruck` und `Wasserentnahme` werden Werte entsprechend der Regeln $R_1$ bis $R_8$ zugewiesen, deren DANN-Teile in den Anweisungsknoten stehen. Die Variable `Vorhersage` erhält nur auf einem der Wege des Algorithmus einen Wert und bleibt sonst unbelegt.

In dem durch den Entscheidungsbaum repräsentierten Algorithmus erscheinen die Regeln nicht mehr explizit als WENN-DANN-Beziehungen. Stattdessen sind die DANN-Teile als Anweisungen so in den Algorithmus eingefügt, dass sie nur ausgeführt werden, wenn die im WENN-Teil stehende Bedingung erfüllt ist. Im Entscheidungsbaum ist das in den Regeln erfasste Wissen also für eine spezifische Aufgabenstellung aufbereitet. Man spricht deshalb auch von *kompiliertem Wissen*. Der auf dem Entscheidungsbaum basierende Algorithmus enthält daher keine Suchschritte.

Die baumartige Verschachtelung der Fragen und Regeln ist in der numerischen Datenverarbeitung üblich, wo wenige ineinander verknüpfte IF-THEN-ELSE-Konstruktionen auftreten. In der Wissensverarbeitung muss diese Vorgehensweise jedoch sehr kritisch betrachtet werden, da hier die WENN-DANN-Beziehungen nicht zu Programmverzweigungen verwendet werden, sondern die eigentlichen Verarbeitungsschritte enthalten. Stellt man sich eine Wissensbasis der Form $R_1$ bis $R_8$ mit 100 oder gar 1000 Regeln vor, so bringt die Verarbeitung nach einem Entscheidungsbaum offensichtlich folgende **Probleme** mit sich:

- Der Aufwand für die Aufstellung des Entscheidungsbaumes mit der richtigen Verschachtelung der Anfragen und Zuweisungen steigt sehr rasch mit zunehmender Zahl der Regeln und ist ab etwa 20 Regeln manuell kaum durchführbar.
- Bereits kleine Veränderungen der Regeln machen i. Allg. einen vollständigen Umbau des Entscheidungsbaumes notwendig.
- Der Entscheidungsbaum enthält redundante Informationen. Gleichartige Fragen und Regeln erscheinen mehr als einmal. Dies ist in Abb. 2.3 für die Frage nach dem Wetter offensichtlich. Außerdem ist zu erkennen, dass die Regel $R_4$ zwei Anweisungsknoten der Form `Wasserentnahme := 'groß'` erzeugt.
- Während die Wissensbasis unabhängig von der aktuellen Problemstellung und den Kenntnissen des Nutzers gültig ist, lässt sich der Entscheidungsbaum nur dann anwenden, wenn alle Fragen in der angegebenen Reihenfolge beantwortet werden.

So ist der obige Algorithmus nicht anwendbar, wenn der Nutzer die Niederschlagsmenge nicht kennt, denn der Algorithmus bleibt in diesem Fall schon nach der ersten Frage stehen. Demgegenüber können aus der Wissensbasis $R_1$ bis $R_8$ auch dann Schlussfolgerungen gezogen werden, wenn an Stelle der Niederschlagsmenge beispielsweise der Wasserstand im Behälter bekannt ist. Um diese Kenntnis nutzen zu können, müsste ein Entscheidungsbaum aufgestellt werden, in dem nicht als erstes nach der Niederschlagsmenge, sondern nach dem Wasserstand im Behälter gefragt wird.

**Zusammenfassende Charakterisierung der Entscheidungsbaummethode.** Im Vergleich zu den später behandelten Algorithmen für die Verarbeitung von Schlussfolgerungsregeln ist der auf einem Entscheidungsbaum beruhende Algorithmus durch folgende Eigenschaften charakterisiert:

- Die Wissensdarstellung und die Wissensverarbeitung sind ineinander verschachtelt dargestellt.
- Die Dateneingabe und die Verarbeitung der Eingaben sind untereinander verflochten.
- Der Algorithmus muss keine Suchschritte ausführen.

**Aufgabe 2.1** *Aufstellung eines Entscheidungsbaumes*

Stellen Sie mit Hilfe der Regeln $R_1$ bis $R_8$ einen Entscheidungsbaum auf, bei dem auf die Frage nach dem Niederschlag auch mit „ich weiß nicht" geantwortet werden kann und in diesem Fall dann die Frage nach der Höhe des Wasserstandes gestellt wird. □

**Aufgabe 2.2** *Erweiterung des Entscheidungsbaumes*

Verändern bzw. erweitern Sie den Entscheidungsbaum für folgende Fälle:

- Zusätzlich zu den Regeln $R_1$ bis $R_8$ gilt

  WENN Der Wasserstand ist hoch.
  DANN Der Wasservorrat ist ausreichend.

- Zusätzlich zu den Regeln $R_1$ bis $R_8$ gilt

  WENN Der Wasserdruck ist niedrig.
  UND Die Wasserentnahme ist groß.
  DANN Die Wasseraufbereitung muss gesteigert werden.

Können diese Regeln unter Verwendung der Variablen `Vorhersage` für die neuen Schlussfolgerungen in den Entscheidungsbaum eingefügt werden oder müssen neue Variablen eingeführt werden? Wie ist der Entscheidungsbaum zu erweitern? □

**Aufgabe 2.3** *Aufstellung eines Entscheidungsbaumes für die Alarmauswertung*

Gegeben sind folgende Regeln, die das Verhalten eines Behälters im gestörten Betrieb kennzeichnen:

WENN Der Wasserstand ist niedrig.
DANN Der Alarm wird ausgelöst.

WENN Der Wasserstand entspricht dem Sollwert.
DANN Der Alarm wird nicht ausgelöst.

WENN Das Stellventil ist verklemmt.
DANN Der Wasserstand ist niedrig.

WENN Das Stellventil ist nicht verklemmt.
UND Der Regler ist nicht defekt.
DANN Der Wasserstand entspricht dem Sollwert.

WENN Der Regler ist defekt.
DANN Der Wasserstand ist niedrig.

Zeichnen Sie einen Entscheidungsbaum, mit Hilfe dessen Sie feststellen können, ob der Alarm ausgelöst wird. □

### 2.2.3 Anordnung der Regeln als Wissensbasis

Die zweite Methode zur Verarbeitung von Regeln verfolgt das Ziel, die Schwierigkeiten der Verschachtelung von Regeln zu umgehen und die Wissensbasis direkt in der Form (2.13) zu nutzen. Die Regeln werden in `if-then`-Konstrukte einer Programmiersprache umgewandelt, beispielsweise in

```
  If  (Wasserstand == 'niedrig')
then  Wasserdruck := 'niedrig';

  If  ((Wasserstand == 'hoch')
      and (Wasserentnahme == 'klein'))
then  Wasserdruck := 'hoch';

  If  (Wasserentnahme == 'groß')
then  Wasserdruck := 'niedrig';

  If  (Wetter == 'Sonne')
then  Wasserentnahme := 'groß';

  If  (Wetter == 'Regen')
then  Wasserentnahme := 'klein';

  If  (Niederschlag == 'ergiebig')
then  Wasserstand := 'hoch';


  If  (Niederschlag == 'gering')
then  Wasserstand := 'niedrig';

  If  ((Wasserstand == 'niedrig')
      and (Wasserentnahme == 'groß'))
then  Vorhersage := 'Wasser wird knapp'.
```

Die so aufgeschriebenen Regeln können nach der Zuweisung der bekannten Werte an die Variablen `Niederschlag`, `Wetter` oder `Wasserstand` der Reihe nach so lange durchlaufen werden, bis sich keine neuen Aussagen (Wertzuweisungen) mehr ergeben. Da zugelassen werden soll, dass die Regeln in beliebiger Reihenfolge angeordnet sind, ist wegen der gegenseitigen Abhängigkeit der Regeln ein oftmaliges Durchlaufen der gesamten Wissensbasis notwendig. Das wird beispielsweise durch eine Laufanweisung erreicht, bei der die Zyklenzahl gleich der Anzahl der Regeln ist. Mit „Anwendung der Wissensbasis“ wird im Algorithmus 2.1 das Durchlaufen aller o. a. `if-then`-Anweisungen bezeichnet.

---

**Algorithmus 2.1** *Primitive Verarbeitung einer Wissensbasis*

| | |
|---|---|
| **Gegeben:** | Wissensbasis als Menge von `if-then`-Anweisungen |
| **Init:** | Eingabe bekannter Daten |
| 1: | **loop** i=1:Anzahl der Regeln |
| 2: |     Anwendung der Wissensbasis |
| 3: | **end loop** |
| **Ergebnis:** | geschlussfolgerte Werte |

---

In diesem Programm ist die für wissensbasierte Systeme typische Trennung von Wissensbasis und Wissensverarbeitung erkennbar. Der Algorithmus unterscheidet sich vom vorangehenden, auf einem Entscheidungsbaum beruhenden Algorithmus auch dadurch, dass er für unterschiedliche Ausgangsinformationen eingesetzt werden kann. Im Initialisierungsschritt können Werte für beliebige in den Regeln verwendete Variablen vorgegeben werden.

## 2.3 Probleme der Wissensverarbeitung

Der Algorithmus 2.1 zeigt, dass es möglich ist, Regeln ohne vorherige Verschachtelung zu verarbeiten. Im Hinblick auf die Tatsache, dass Wissensbasen i. Allg. hunderte von Regeln enthalten, wirft der Algorithmus aber folgende **Fragen** auf:

- *In welcher Reihenfolge sind die Regeln zweckmäßigerweise anzuwenden?*

  Bei der Beantwortung dieser Frage kommt es nicht nur darauf an, die Regeln systematisch in einer zweckmäßigen Reihenfolge nacheinander anzusprechen. Es muss auch entschieden werden, welche von mehreren anwendbaren Regeln im nächsten Verarbeitungsschritt zu verwenden ist. Diese Entscheidung ist kritisch, wenn die Anwendung einer Regel eine Situation schafft, in der die zuvor erfüllten WENN-Teile anderer Regeln nicht mehr erfüllt sind.

- *Wann ist die Verarbeitung beendet?*

  Es muss kontrolliert werden, von welchem Verarbeitungsschritt ab durch die Anwendung der Regeln kein neues Ergebnis mehr erhalten wird und die Wissensverarbeitung folglich beendet werden kann.

- *Wie kann der Zugriff zu den einzelnen Regeln verbessert werden?*

  Es muss mit möglichst geringem Aufwand bestimmt werden, welche Regeln in einem bestimmten Bearbeitungsstand anwendbar sind. Außerdem ist es bei einer umfangreichen Wissensbasis wichtig, die Verarbeitung auf solche Regeln zu beschränken, die zur Lösung der gestellten Problemstellung beitragen. Das Vernachlässigen unwichtiger Regeln wird als *Pruning* bezeichnet.

Neben diesen Fragen steht bei der Wissensverarbeitung noch eine andere Art der Verarbeitung von `if-then`-Konstrukten im Mittelpunkt, die in der numerischen Datenverarbeitung keine Parallele kennt. Bei den bisher betrachteten Problemen wurden die Regeln in der „richtigen“ Richtung, d. h., vom WENN-Teil zum DANN-Teil, verwendet (*Vorwärtsverkettung*). Es gibt aber Aufgaben wie z. B. die Fehlerdiagnose, bei denen zu einem gegebenen Ereignis (z. B. „Der Wasserdruck ist niedrig.“) die Ursachen gesucht werden. Die Regeln $R_3$ und $R_4$ bzw. $R_1$ und $R_7$ führen für das Beispiel auf die Aussagen „Die Sonne scheint.“ bzw. „Der Niederschlag war gering.“ als mögliche Gründe.

Bei dieser als *Rückwärtsverkettung* bezeichneten Art der Wissensverarbeitung tritt ein schwerwiegendes neues Problem auf. Wie schon das einfache Beispiel zeigt, kann nicht von vornherein endgültig entschieden werden, ob die Anwendung einer Regel das erwartete Ergebnis liefert. So führt die Verkettung der Regeln $R_1$ und $R_7$ auf die Aussage „Der Niederschlag war gering.“, die nicht als Begründung für den geringen Wasserdruck verwendet werden kann, wenn nichts über die Niederschlagsmenge bekannt ist. Die Regelanwendung muss deshalb rückgängig gemacht und eine neue Regelkombination, z. B. $R_3$ und $R_4$, versuchsweise verwendet werden. Ist bekannt, dass die Sonne scheint, so ist eine Folgerungskette $R_4 \rightarrow R_3$ aufgebaut, die eine gültige Ursache-Wirkungsbeziehung beschreibt (Abschn. 4.3).

Die letzten Betrachtungen machen besonders deutlich, dass in der Wissensverarbeitung die *Suche* nach einer Lösung ein typischer Vorgang ist. Die im folgenden Kapitel behandelten Graphensuchalgorithmen bilden deshalb die Grundlage für alle in den darauffolgenden Kapiteln behandelten Methoden der Wissensverarbeitung.

## Literaturhinweise

Methoden zur Lösung von Problemen mit Hilfe von Entscheidungstabellen werden in [55] ausführlich behandelt und wissensbasierten Systemen gegenübergestellt.

Die Verbindung von quantitativen und qualitativen Modellen ist ein in der Informatik und der Systemtheorie gleichermaßen untersuchtes Thema. Im Gebiet der Informatik bezeichnet man zwei Modelle, die dasselbe System auf unterschiedlichem Abstraktionsgrad beschreiben und dabei dasselbe qualitative Verhalten erzeugen, als *bisimilar*. Die Bisimulation wurde vor allem für hybride dynamische Systeme, die aus wertkontinuierlichen und ereignisdiskreten Systemteilen bestehen, untersucht, wobei Bedingungen erarbeitet wurden, unter denen ereignisdiskrete Modelle bisimilar zu kontinuierlichen und hybriden Modellen sind [87]. Systemtheoretische Untersuchungen zu dieser Fragestellung betrafen vor allem quantisierte Systeme, bei denen der Übergang vom quantitativen zum qualitativen Modell durch die Einführung von Signalquantisierern erfolgt [6, 68, 109, 122].

# 3 Graphensuche

*Dieses Kapitel behandelt die Grundidee von Suchalgorithmen am Beispiel der Bestimmung von Pfaden in Graphen und erläutert die gemeinsame Struktur der behandelten Algorithmen. Heuristische Erweiterungen der Suchalgorithmen führen auf den $A^*$-Algorithmus, dessen Wirkungsweise am Beispiel der Bahnplanung von Robotern erläutert wird.*

## 3.1 Grundbegriffe der Graphentheorie

### 3.1.1 Vorgehensweise

Die Suche nach der Lösung eines Wissensverarbeitungsproblems im Raum der Lösungskandidaten ist eine grundlegende Vorgehensweise der Künstlichen Intelligenz. Die wichtigsten Elemente der dabei eingesetzten Suchalgorithmen sind unabhängig von der verwendeten Form der Wissensdarstellung. Sie werden in diesem Kapitel für Graphen erläutert und in den nachfolgenden Kapiteln auf regelbasierte und logikbasierte Systeme übertragen.

Das Kapitel beinhaltet drei Schwerpunkte. Die im Abschn. 3.2 angegebenen Algorithmen zur Bestimmung von Erreichbarkeitsbäumen zeigen, wie eine Suche zu organisieren ist, damit ein Algorithmus auf systematische Weise alle Knoten eines Graphen findet, die vom Startknoten aus erreichbar sind. Diese Methoden werden im Abschn. 3.3 für die Bestimmung von Pfaden zwischen zwei gegebenen Knoten $A$ und $B$ modifiziert. Ein wichtiger Beitrag der Künstlichen Intelligenz zur Graphensuche besteht in Erweiterungen der Suchalgorithmen um heuristische Elemente, die die Suche problemspezifisch beschleunigen sollen. Eine dieser Erweiterungen wird im Abschn. 3.4 behandelt.

### 3.1.2 Ungerichtete Graphen

Die im Folgenden behandelten Suchprobleme betreffen *ungerichtete Graphen*

$$\mathcal{G} = (\mathcal{V}, \mathcal{E}), \tag{3.1}$$

die durch eine Menge $\mathcal{V}$ von Knoten und eine Menge $\mathcal{E}$ von Kanten (Verbindungen) $(i, j)$ mit $i, j \in \mathcal{V}$ beschrieben sind. Es gilt also

$$\mathcal{E} \subseteq \mathcal{V} \times \mathcal{V},$$

wobei $\times$ das kartesische Produkt kennzeichnet. Wenn eine Anwendung keine anderen Bezeichnungen nahelegt, werden die Knoten durchnummeriert:

$$\mathcal{V} = \{1, 2, ..., n\}.$$

Im Folgenden werden ungerichtete Graphen betrachtet, bei denen die Kanten keine Richtung besitzen und folglich die Beziehung $(i, j) = (j, i)$ für alle $i, j \in \mathcal{V}$ gilt. Bei gerichteten Graphen haben die Kanten $(i, j)$ eine Richtung vom Startknoten $i$ zum Zielknoten $j$. Alle in diesem Kapitel für ungerichtete Graphen behandelten Algorithmen lassen sich mit geringen Änderungen auf gerichtete Graphen anwenden.

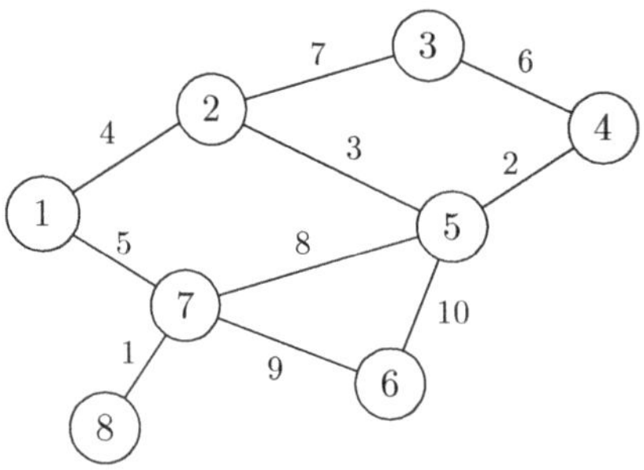


**Abb. 3.1:** Graph

Die vielfältige Verwendung von Graphen beruht auf deren einprägsamer grafischer Darstellung. Wie bei dem in Abb. 3.1 gezeigten Graphen werden die Knoten als Kreise und die Kanten als Linien zwischen den Knoten gezeichnet, wobei der Kante $(j, k) \in \mathcal{E}$ eine Linie zwischen den Knoten $j$ und $k$ entspricht. Bei gerichteten Graphen werden die Kanten durch Pfeile dargestellt. Im Folgenden wird nicht mehr zwischen dem Graphen als Paar (3.1) von zwei Mengen $\mathcal{V}$ und $\mathcal{E}$ und dessen grafischer Repräsentation entsprechend Abb. 3.1 unterschieden. Der Begriff „Graph" bezieht sich aber in vielen Erläuterungen der besseren Anschaulichkeit wegen auf die zeichnerische Darstellung.

Es ist zweckmäßig, den Graphen als eine Liste seiner Kanten zu notieren, weil diese Repräsentation später direkt zu einer Wissensbasis erweitert werden kann. Der in Abb. 3.1 gezeigte Graph ist durch die Kantenmenge

$$\mathcal{E} = \{(8,7),(4,5),(2,5),(2,1),(1,7),(3,4),(3,2),(7,5),(6,7),(6,5)\} \tag{3.2}$$

beschrieben. In der Abbildung ist die laufende Nummer der Kante durch eine Zahl an der entsprechenden Linie vermerkt, um den Ablauf der im Folgenden behandelten Graphensuchalgorithmen nachvollziehbar zu machen.

Für die Behandlung von Problemen der Graphensuche müssen im Folgenden einige Begriffe eingeführt werden.

**Pfad.** Unter einem Pfad (Weg) $P(A, B)$ zwischen den Knoten $A$ und $B$ versteht man eine Folge von Kanten, bei denen der Endknoten jeder Kante mit dem Anfangsknoten der nachfolgenden Kante übereinstimmt und bei denen jeder Knoten nur je einmal als Anfangs- und als Endknoten einer Kante auftritt.[1] Der Pfad beginnt im Knoten $A$ und endet im Knoten $B$. Er wird durch die Folge seiner Kanten notiert:

$$P(A,B) = ((i_0,i_1),\ (i_1,i_2),\ (i_2,i_3),...,(i_{k-1},i_k))$$

mit

$$i_0 = A, \quad i_k = B, \quad i_j \neq i_l \text{ für } j,l = 0,1,...,k \text{ und } j \neq l.$$

Die Anzahl $k$ der Kanten, aus denen ein Pfad $P$ besteht, wird Länge $|P|$ des Pfades genannt. Das gezeigte Beispiel enthält beispielsweise den Pfad

$$P(1,7) = ((1,2),(2,5),(5,7))$$

vom Knoten 1 zum Knoten 7 mit der Länge $|P(1,7)| = 3$.

Führt der Pfad vom Knoten $i_0$ wieder zum Knoten $i_k = i_0$ zurück, so spricht man von einem *Zyklus*, einer Schleife oder einem Kreis. Die Kantenfolge

$$P(1,1) = ((1,2),(2,5),(5,7),(7,1))$$

bildet einen Zyklus der Länge vier. Besteht der Zyklus nur aus einer einzigen Kante, so heißt er *Schlinge* oder Schleife.

**Baum.** Ein Baum ist ein Graph mit einem ausgezeichneten Knoten, dem Wurzelknoten, in dem es vom Wurzelknoten zu jedem anderen Knoten genau einen Pfad gibt. Ein Baum mit $n$ Knoten hat deshalb $n-1$ Kanten (siehe z. B. Abb. 3.2). Der Wurzelknoten wird durch einen Doppelkreis gekennzeichnet.

### 3.1.3 Suchprobleme

Im Folgenden wird das Problem der Erreichbarkeit eines Knotens $B$ von einem Knoten $A$ untersucht. Ein Knoten $B$ heißt vom Knoten $A$ aus *erreichbar*, wenn es einen Pfad $P(A, B)$ gibt. In dem in Abb. 3.1 gezeigten Graphen sind alle Knoten vom Wurzelknoten 1 aus erreichbar.

[1] Bei ungerichteten Graphen kann man, streng genommen, gar nicht von Anfangs- und Endknoten der Kanten sprechen. Diese Begriffe sind hier bezüglich des Durchlaufens des Pfades von $A$ nach $B$ gemeint.

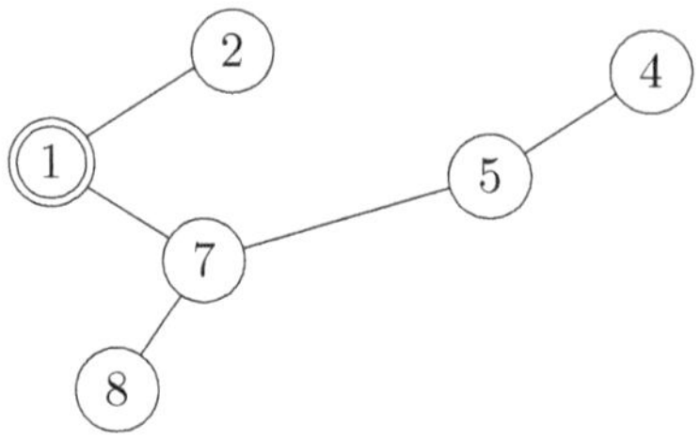


**Abb. 3.2:** Baum mit Wurzelknoten 1

Ein Grundproblem der Graphensuche beschäftigt sich mit der Frage, wie für einen Graphen $\mathcal{G}$ und einen Knoten $A \in \mathcal{V}$ dieses Graphen ein Baum mit $A$ als Wurzelknoten gefunden werden kann, so dass alle von $A$ aus erreichbaren Knoten von $\mathcal{G}$ zu diesem Baum gehören. Dieser Baum heißt *Erreichbarkeitsbaum*. Ein Algorithmus, der in einem beliebigen Graphen mit einem beliebigen Wurzelknoten $A$ alle von $A$ aus erreichbaren Knoten findet, wird *vollständig* genannt.

Viele Graphen besitzen für einen gegebenen Wurzelknoten mehrere Erreichbarkeitsbäume. Alle Erreichbarkeitsbäume enthalten dieselben Knoten und unterscheiden sich lediglich in den Kanten. So sind in den untersten Teilen der Abb. 3.5 und 3.7 zwei unterschiedliche Erreichbarkeitsbäume für den Graphen aus Abb. 3.1 mit dem Wurzelknoten 1 gezeigt.

In diesem Kapitel werden Suchalgorithmen behandelt, mit deren Hilfe die folgenden beiden Probleme gelöst werden können:

- **Bestimmung eines Erreichbarkeitsbaumes:** Für einen Graphen $\mathcal{G} = (\mathcal{V}, \mathcal{E})$ und einen Startknoten $A \in \mathcal{V}$ ist ein Erreichbarkeitsbaum zu bestimmen.
- **Bestimmung eines Pfades:** In einem Graphen $\mathcal{G} = (\mathcal{V}, \mathcal{E})$ ist ein Pfad zwischen einem Startknoten $A \in \mathcal{V}$ und einem Zielknoten $B \in \mathcal{V}$ zu ermitteln.

Es wird sich herausstellen, dass die Algorithmen für die Bestimmung von Erreichbarkeitsbäumen sehr einfach zu Algorithmen für die Pfadsuche erweitert werden können. Im Folgenden wird deshalb zunächst das erste Problem betrachtet.

## 3.2 Bestimmung von Erreichbarkeitsbäumen

### 3.2.1 Tremaux-Algorithmus

Die Grundlage zur Bestimmung von Erreichbarkeitsbäumen bilden Markierungsalgorithmen. Um die von einem Startknoten $A$ aus erreichbaren Knoten zu finden, wird der Graph von $A$ aus systematisch durchsucht. Dabei kann man sich vorstellen, dass sich der Algorithmus durch den Graph hindurch bewegt und alle besuchten Knoten markiert. Bei der Implementierung des Algorithmus bedeutet das „Markieren" beispielsweise, dass der Knoten in die Liste $\mathcal{M}$ aller bereits besuchten Knoten eingetragen wird.

Der im Folgenden angegebene Tremaux-Algorithmus beschreibt die Grundstruktur vieler Graphensuchalgorithmen:

**Algorithmus 3.1** *Tremaux-Algorithmus der Graphensuche*

| | |
|---|---|
| **Gegeben:** | Graph $\mathcal{G} = (\mathcal{V}, \mathcal{E})$<br>Startknoten $A$ |
| 1: | Markiere den Startknoten $A$. |
| 2: | Wähle eine Kante $(i, j)$ mit markiertem Knoten $i$ und unmarkiertem Knoten $j$; wenn es keine solche Kante gibt, beende die Bearbeitung. |
| 3: | Markiere $j$ und setze mit Schritt 2 fort. |
| **Ergebnis:** | Es sind genau die Knoten markiert, die vom Knoten $A$ aus erreichbar sind. |

Aus diesem allgemeinen Vorgehen werden im Folgenden mehrere Suchalgorithmen abgeleitet, die sich in der Art und Weise, wie im Schritt 2 nach einer Kante mit markiertem Startknoten $i$ und unmarkiertem Zielknoten $j$ in der Menge $\mathcal{E}$ gesucht wird, unterscheiden. Dafür wird aus der Menge $\mathcal{M}$ der markierten Knoten ein Knoten $S$ ausgewählt und als *Suchknoten* bezeichnet. Die Bedeutung dieses Knotens versteht man am Einfachsten, wenn man sich vorstellt, dass sich der Algorithmus innerhalb des Graphen entlang der Kanten von Knoten zu Knoten bewegt. Der Suchknoten $S$ beschreibt denjenigen Knoten, in dem sich der Algorithmus zum gegenwärtigen Zeitpunkt befindet. Im Knoten $S$ sucht der Algorithmus nach einer Kante $(S, j)$, die zu einem noch nicht markierten Knoten $j$ führt.

Die wichtigste Aufgabe der Suchsteuerung besteht in der Auswahl des Suchknotens $S$ aus der Menge $\mathcal{M}$ der zum gegenwärtigen Zeitpunkt markierten Knoten. Im Folgenden sollen dafür die für die Wissensverarbeitung wichtigen Verfahren der Geradeaussuche, der Breite-zuerst-Suche und der Tiefe-zuerst-Suche erläutert werden. Auch die im Abschn. 3.4 behandelten Erweiterungen dieser Suchalgorithmen nutzen die Struktur des Tremaux-Algorithmus.

In Erweiterung zu dem angegebenen Algorithmus soll im Folgenden nicht nur die Menge der vom Startknoten $A$ aus erreichbaren Knoten, sondern auch ein Erreichbarkeitsbaum mit dem Wurzelknoten $A$ bestimmt werden. Dieser Baum wird schrittweise aufgebaut und als Menge $\mathcal{B}$ gespeichert.

### 3.2.2 Geradeaussuche

Im einfachsten Falle geschieht die Suche in Form einer Geradeaussuche:

> **Geradeaussuche**: Am Suchknoten $S$ wird eine Kante gewählt, die zu einem noch nicht markierten Knoten $X$ führt. Der Knoten $X$ wird markiert und als neuer Suchknoten verwendet ($S \leftarrow X$). Der Algorithmus endet, wenn es keine Kante gibt, die vom Suchknoten $S$ zu einem noch nicht markierten Knoten führt.

Wichtige Variablen, in denen der Fortgang der Suche gespeichert wird, sind die Folgenden:

- $S$ – Knoten, der als Ausgangspunkt für den nächsten Suchschritt dient (Suchknoten),

- $\mathcal{M}$ – Liste der markierten Knoten,
- $\mathcal{B}$ – Liste von Kanten, die den bereits gefundenen Teil des Erreichbarkeitsbaumes bilden.

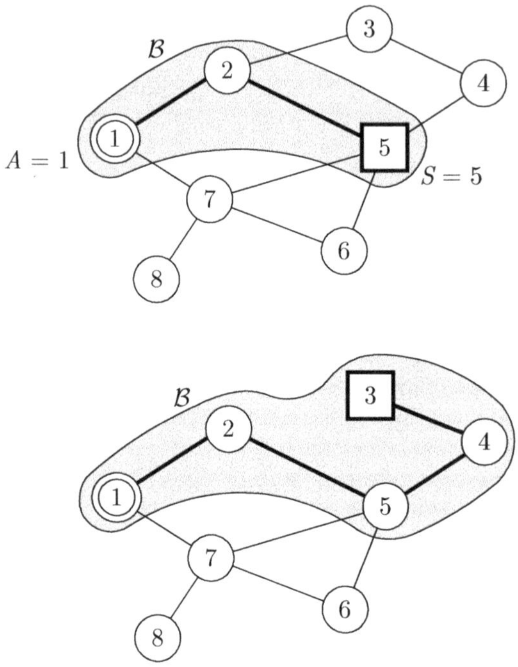


**Abb. 3.3:** Zwischenergebnis (oben) und Ergebnis (unten) der Geradeaussuche

Abbildung 3.3 zeigt den Fortgang der Geradeaussuche für den Beispielgraphen. Der grau umrandete Teilgraph ist der in $\mathcal{B}$ gespeicherte Teil des Graphen $\mathcal{G}$, der als Ergebnis der Geradeaussuche nach zwei Suchschritten (oben) und nach Beendigung des Algorithmus (unten) entsteht. Die Abbildung zeigt, dass nur Knoten markiert werden, die vom Wurzelknoten $A = 1$ aus erreichbar sind, dass aber mit Hilfe der Geradeaussuche nicht alle vom Wurzelknoten 1 aus erreichbaren Knoten gefunden werden. Die dick gezeichneten Kanten sind die während der Suche in die Liste $\mathcal{B}$ eingetragenen Kanten, die dünn gezeichneten Kanten die vom Algorithmus noch nicht untersuchten Kanten. Das Viereck zeigt den aktuellen Suchknoten $S$.

Auf Grund seiner Einfachheit spielt die Geradeaussuche bei regelbasierten Systemen eine wichtige Rolle. Es muss jedoch beachtet werden, dass die Suchstrategie nicht garantiert, dass alle erreichbaren Knoten gefunden werden.

> Die Geradeaussuche ist nicht vollständig, denn sie erzeugt i. Allg. nur einen Teil des Erreichbarkeitsbaumes.

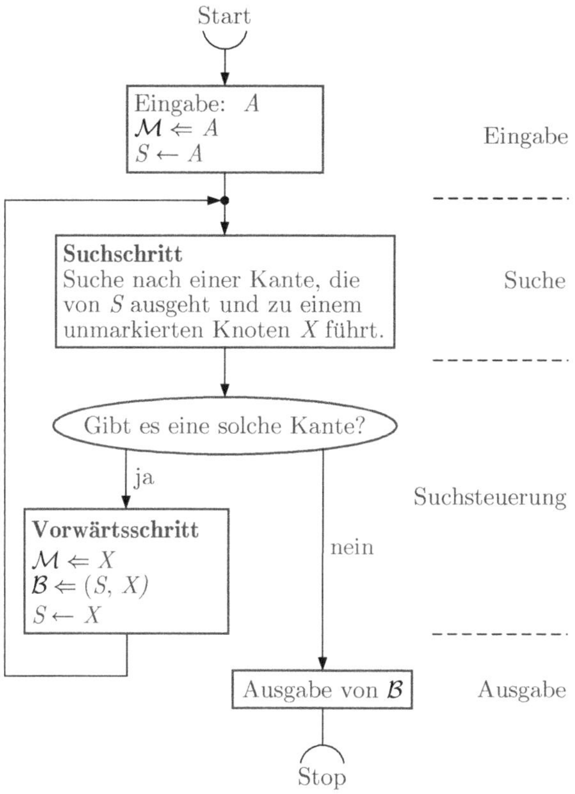


**Abb. 3.4:** Algorithmus der Geradeaussuche

**Algorithmus der Geradeaussuche.** Der Algorithmus der Geradeaussuche ist in Abb. 3.4 dargestellt. Sein wichtigstes Element ist der Suchschritt, bei dem der Graph nach einer vom Suchknoten $S$ ausgehenden Kante $(S, X)$, die zu einem unmarkierten Knoten $X$ führt, durchsucht wird. In diesem Schritt wird die Liste (3.2) elementeweise daraufhin überprüft, ob die betrachtete Kante die Form $(X, S)$ oder $(S, X)$ hat, wobei $X$ ein nicht markierter Knoten ist. Die Suchsteuerung ist sehr einfach: Wurde ein neuer Knoten gefunden, so wird der neue Knoten markiert ($\mathcal{M} \Leftarrow X$), die Kante $(S, X)$ im Baum $\mathcal{B}$ gespeichert ($\mathcal{B} \Leftarrow (S, X)$), der Suchknoten auf diesen Knoten verlegt (Vorwärtsschritt $S \leftarrow X$) und die Suche vom neuen Suchknoten $S$ ausgehend fortgesetzt. Andernfalls endet der Algorithmus mit der Ergebnisausgabe.

Bei dieser und allen weiteren Beschreibungen von Algorithmen wird der Pfeil $\leftarrow$ als Symbol für eine Zuweisung verwendet. Die Beziehung $S \leftarrow X$ besagt also, dass der Wert der Variablen $X$ der Variablen $S$ zugewiesen wird. Der später verwendete Ausdruck $S \leftarrow \mathcal{A}$ bedeutet, dass das erste Element der Liste $\mathcal{A}$ der Variablen $S$ zugewiesen wird. Im Unterschied dazu wird der Doppelpfeil $\Leftarrow$ verwendet, um das Eintragen eines Wertes in eine Liste zu kennzeichnen. $\mathcal{B} \Leftarrow (S, X)$ bedeutet, dass das Paar $(S, X)$ in die Liste $\mathcal{B}$ eingetragen wird, $\mathcal{M} \Leftarrow X$, dass der Knoten $X$ in die Liste $\mathcal{M}$ aufgenommen wird. Die Suche beginnt mit leeren Listen $\mathcal{M}$ und $\mathcal{B}$:

$$\mathcal{M} = \{\,\}, \quad \mathcal{B} = \{\,\}.$$

Der Algorithmus für die Geradeaussuche hat den typischen Aufbau aller Suchalgorithmen. Die zentralen Komponenten heißen „Suchschritt" und „Suchsteuerung". Der Suchschritt betrachtet jede einzelne Kante des Graphen, um eine vom Suchknoten $S$ ausgehende Kante zu finden, deren Endknoten nicht zur Liste $\mathcal{M}$ der markierten Knoten gehört. Die Suchsteuerung wertet das Ergebnis aus, wobei bei der Geradeaussuche nach einem erfolgreichen Suchschritt der Suchknoten verschoben wird („Vorwärtsschritt") und im Misserfolgsfalle die Suche beendet wird. Die im Folgenden behandelten Suchalgorithmen unterscheiden sich von der Geradeaussuche vor allem in der Suchsteuerung, die schrittweise „intelligenter" gestaltet wird.

Charakteristisch für die Geradeaussuche ist, dass die Suchsteuerung lediglich darin besteht, dass jeder neu markierte Knoten sofort als neuer Suchknoten verwendet wird. Die Suche ist unwiderruflich, denn diese Veränderung des Suchknotens kann später nicht wieder rückgängig gemacht werden. Man spricht deshalb von einer irreversiblen Suche.

Im Gegensatz zur Geradeaussuche gestatten die folgenden Algorithmen eine Zurücknahme von Veränderungen des Suchknotens (widerrufliche Suche). Dies ist mit einem größeren Aufwand bei der Suchsteuerung verbunden, garantiert aber, dass alle vom Startknoten $A$ aus erreichbaren Knoten gefunden werden.

**Aufgabe 3.1** *Bestimmung des Erreichbarkeitsbaumes mit der Geradeaussuche*

Verwenden Sie den in Abb. 3.4 dargestellten Algorithmus für die Geradeaussuche, um den im unteren Teil von Abb. 3.3 gezeigten Ausschnitt aus dem Erreichbarkeitsbaum zu bestimmen. Schreiben Sie dabei Schritt für Schritt auf, welche Werte die Variablen $S$, $\mathcal{M}$ und $\mathcal{B}$ haben.

Welchen Teil des Erreichbarkeitsbaumes erhalten Sie, wenn die Suche beim Wurzelknoten $A = 3$ beginnt?

Welche Eigenschaften müssen Graphen besitzen, damit man bei einem beliebig vorgegebenen Wurzelknoten mit Hilfe der Geradeaussuche den vollständigen Erreichbarkeitsbaum erhält? □

### 3.2.3 Breite-zuerst-Suche

Der Mangel der Geradeaussuche entsteht aus der Tatsache, dass in jedem Suchknoten nach nur *einer* Kante zu einem unmarkierten Knoten gesucht wird und alle weiteren derartigen Kanten ignoriert werden. Die Suche ist also nicht vollständig in dem Sinne, dass nicht alle Möglichkeiten ausgeschöpft werden, um vom Suchknoten zu nicht markierten Knoten zu gelangen.

Um diesen Mangel zu beheben, muss man registrieren, welche markierten Knoten noch nicht vollständig nach Kanten zu unmarkierten Knoten abgesucht wurden. Dies geschieht dadurch, dass man die markierten Knoten in aktive und passive Knoten unterteilt:

$$\mathcal{M} = \mathcal{A} \cup \mathcal{P} \tag{3.3}$$

mit

- $\mathcal{A}$ – Liste der aktiven Knoten (markierte Knoten, von denen aus die Suche fortgesetzt werden kann),

- $\mathcal{P}$ – Liste der passiven Knoten (markierte Knoten, die bereits vollständig nach abgehenden Kanten zu unmarkierten Knoten untersucht wurden).

Jeder neu gefundene Knoten wird als aktiv gekennzeichnet, bis alle von ihm ausgehenden Kanten untersucht worden sind und der Knoten daraufhin als passiv gekennzeichnet wird. Auf Grund der Unterteilung in aktive und passive Knoten ist während der Suche stets bekannt, von welchen Knoten aus eine Weitersuche sinnvoll ist bzw. wann die Suche zu keinem neuen Ergebnis mehr führen kann. Algorithmen, die die markierten Knoten in aktive und passive Knoten unterteilen, können deshalb alle erreichbaren Knoten ermitteln.

Bei der Breite-zuerst-Suche wird im Schritt 2 des Tremaux-Algorithmus folgende Strategie verfolgt:

**Breite-zuerst-Suche**: Es werden alle vom Suchknoten $S$ ausgehenden Kanten geprüft, ob sie zu einem noch nicht markierten Knoten führen. Die dabei gefundenen unmarkierten Knoten werden markiert und hinten in die Liste $\mathcal{A}$ der aktiven Knoten eingetragen. Nachdem alle von $S$ ausgehenden Kanten untersucht worden sind, wird der aktuelle Suchknoten $S$ als passiv gekennzeichnet und folglich aus der Liste $\mathcal{A}$ gestrichen. Das erste Element der Liste $\mathcal{A}$ der aktiven Knoten wird als neuer Suchknoten $S$ verwendet. Die Suche endet, wenn die Liste $\mathcal{A}$ leer ist.

Entsprechend dieser Vorgehensweise werden zunächst alle vom Wurzelknoten $A$ ausgehenden Kanten betrachtet, um unmarkierte Knoten zu erkennen. Die im Beispiel auf diese Weise gefundenen Knoten 2 und 7 sind vom Wurzelknoten $A = 1$ aus auf Pfaden erreichbar, die aus lediglich einer Kante bestehen. Sie werden als aktiv gekennzeichnet und in der Abbildung durch dicke Kreise hervorgehoben. Anschließend wird der Startknoten als passiv gekennzeichnet (dünner Doppelkreis), denn alle von ihm ausgehenden Kanten wurden bereits untersucht und das erste Element (Knoten 2) der Liste $\mathcal{A}$ wird als neuer Suchknoten festgelegt (Abb. 3.5 (oben)).

Die Suche wird fortgesetzt, wobei die bisher markierten Knoten 2 und 7 in dieser Reihenfolge als Suchknoten dienen. Wiederum werden alle von diesen Knoten ausgehenden Kanten untersucht, um unmarkierte Knoten zu finden, zu markieren und an das Ende der Liste $\mathcal{A}$ der aktiven Knoten anzuhängen. Alle jetzt neu markierten Knoten sind vom Wurzelknoten $A$ aus auf Pfaden erreichbar, die aus zwei Kanten bestehen (Abb. 3.5 (Mitte)). Alle neu gefundenen Knoten sind aktiv und die Knoten 2 und 7 nun passiv (dünne Kreise).

Bei dieser Suchsteuerung wird immer derjenige aktive Knoten als Suchknoten gewählt, der von allen aktiven Knoten am längsten markiert ist. Dies ist im gegenwärtig betrachteten Zustand der Suche der Knoten 5, der auf Grund der Kantennummerierung vor dem Knoten 3 markiert wurde. Diese Reihenfolge der Suchknoten ergibt sich, weil die Liste $\mathcal{A}$ als Warteschlange (FIFO-Speicher, *first-in first-out memory*) organisiert wird. Das jeweils erste Element dient als neuer Suchknoten und neu markierte Knoten werden an das Ende der Liste eingetragen. Der Algorithmus wird beendet, wenn die Liste $\mathcal{A}$ leer ist, es also keinen aktiven Knoten mehr gibt (Abb. 3.5 (unten)).

Die Breite-zuerst-Suche ist vollständig: Sie erzeugt für alle Graphen einen vollständigen Erreichbarkeitsbaum.

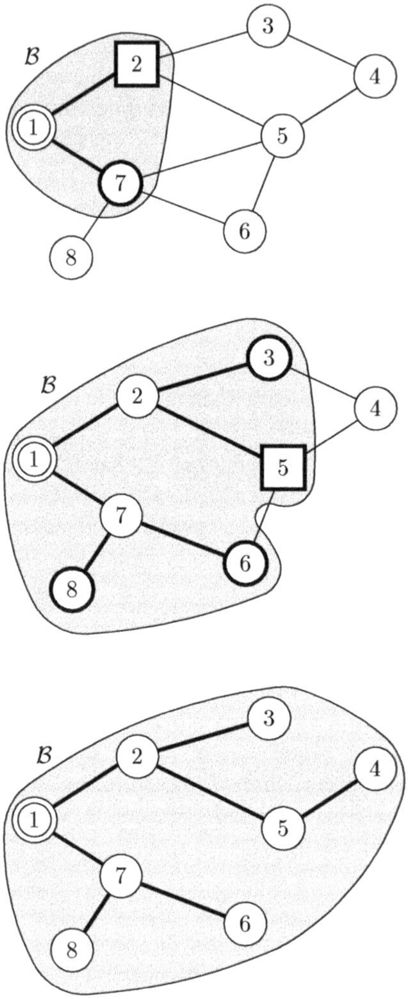


**Abb. 3.5:** Zwischenergebnisse (oben und Mitte) und Ergebnis (unten) der Breite-zuerst-Suche

Das heißt, dass mit der Breite-zuerst-Suche alle Knoten eines Graphen gefunden werden, die vom Wurzelknoten aus erreichbar sind.

Bei der beschriebenen Strategie sucht der Algorithmus an jedem Suchknoten erst in alle Richtungen, bevor er seinen Standpunkt verändert. Durch diese Vorgehensweise ist der Begriff „Breite-zuerst-Suche“ begründet.

Die Breite-zuerst-Suche hat eine wichtige weitere Eigenschaft: Der Erreichbarkeitsbaum wird schrittweise derart gebildet, dass erst alle Pfade mit $k$ Kanten um eine Kante verlängert werden (soweit dies möglich ist), bevor Pfade mit $k + 1$ Kanten verlängert werden.

Als Ergebnis der Breite-zuerst-Suche entsteht ein Erreichbarkeitsbaum, in dem jeder Knoten $i$ mit dem Wurzelknoten $A$ durch den kürzesten aller Pfade $P(A, i)$ verbunden ist, die es im Graphen $\mathcal{G}$ gibt.

Wenn es mehrere Pfade $P(A, i)$ mit der kleinstmöglichen Kantenzahl gibt, so hängt es von der Reihenfolge der Kanten in der Liste $\mathcal{E}$ ab, welcher Pfad im Erreichbarkeitsbaum erscheint (vgl. die Darstellung von $\mathcal{E}$ in der Liste (3.2)).

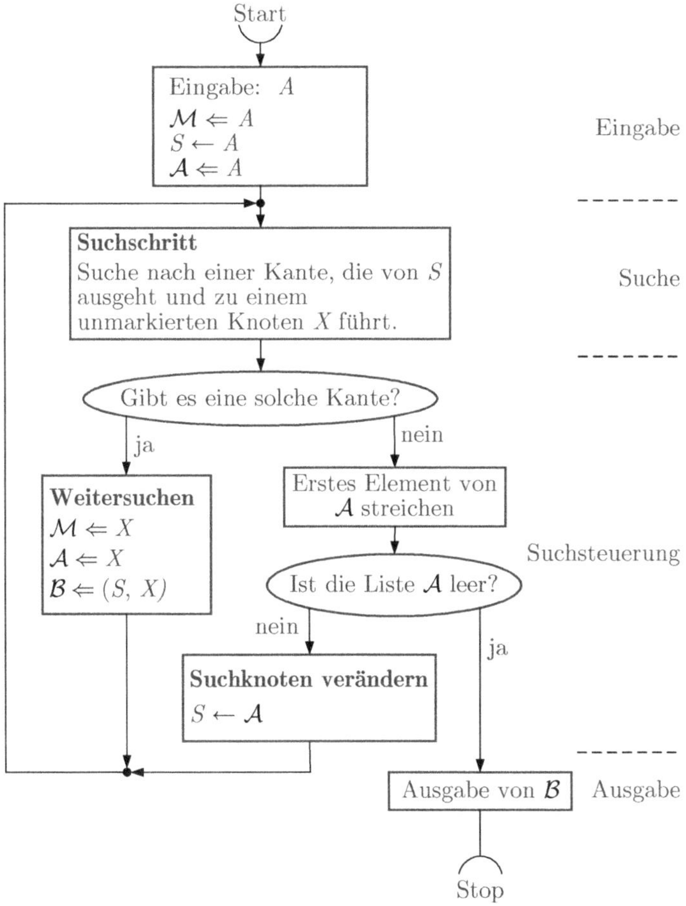


**Abb. 3.6:** Algorithmus der Breite-zuerst-Suche

**Algorithmus der Breite-zuerst-Suche.** Abbildung 3.6 zeigt den Algorithmus zur Breite-zuerst-Suche. Die Liste $\mathcal{A}$ ist eine Warteschlange, in die die neu gefundenen Knoten hinten eingetragen (Weitersuchen: $\mathcal{A} \Leftarrow X$) und der neue Suchknoten $S$ vorn herausgenommen wird (Suchknoten verändern: $S \leftarrow \mathcal{A}$). Der Erreichbarkeitsbaum wird in der Liste $\mathcal{B}$ schrittweise aufgebaut (Weitersuchen: $\mathcal{B} \Leftarrow (S, X)$). Er enthält Kanten zwischen markierten Knoten. Die Liste $\mathcal{M}$ der markierten Knoten wird getrennt geführt, weil dies im Suchschritt eine schnellere Überprüfung der Knotenmarkierung ermöglicht. Die Liste $\mathcal{P}$ der passiven Knoten ist damit überflüssig und erscheint nicht im Algorithmus. Die drei Listen $\mathcal{A}$, $\mathcal{B}$ und $\mathcal{M}$ sind zu Beginn der Suche leer.

Der in der Liste $\mathcal{B}$ gespeicherte Baum enthält alle markierten Knoten. An seiner schrittweisen Erweiterung kann man erkennen, welchen Teil des Graphen der Suchalgorithmus bereits untersucht hat. Der Baum $\mathcal{B}$ wird deshalb als *Suchgraph* oder *Suchbaum* bezeichnet. Der Fortgang der Suche schlägt sich in der schrittweisen Erweiterung des Suchgraphen nieder, wobei der Suchknoten denjenigen aktiven Knoten repräsentiert, an dem der Suchgraph expandiert wird.

Der Ablaufplan gibt das prinzipielle Vorgehen bei der Breite-zuerst-Suche wieder. Für eine effektive Implementierung können bestimmte Details verändert werden. Beispielsweise ist es zweckmäßig, mit den aktiven Knoten auch die Kanten zu speichern, auf denen die aktiven Knoten gefunden wurden, weil man dann im Suchschritt nicht den gesamten Graphen absuchen muss, sondern nur den nach dieser Kante gespeicherten Teil des Graphen. Man erspart sich damit die wiederholte Betrachtung von Kanten, die zu bereits markierten Knoten führen, und erhält dasselbe Ergebnis des Suchschrittes mit kleinerem Rechenaufwand. Auf derartige Einzelheiten wird im Folgenden nicht eingegangen, weil dies für das Verständnis der Suchprinzipien unwichtig ist.

### 3.2.4 Tiefe-zuerst-Suche

Bei der Tiefe-zuerst-Suche wird der Schritt 2 des Tremaux-Algorithmus folgendermaßen ausgeführt:

> **Tiefe-zuerst-Suche**: Am Suchknoten $S$ wird nur nach der ersten Kante $(S, X)$ gesucht, die zu einem noch nicht markierten Knoten $X$ führt. Wenn es eine solche Kante gibt, wird der Knoten $X$ markiert, vorn in die Liste $\mathcal{A}$ der aktiven Knoten eingetragen ($\mathcal{A} \Leftarrow X$) und als neuer Suchknoten gewählt ($S \leftarrow X$). Wenn vom Suchknoten $S$ keine Kante zu einem unmarkierten Knoten ausgeht, wird der Knoten $S$ aus der Liste $\mathcal{A}$ der aktiven Knoten gestrichen und das nunmehr erste Element dieser Liste als neuer Suchknoten verwendet ($S \leftarrow \mathcal{A}$). Die Suche endet, wenn die Liste $\mathcal{A}$ leer ist.

Der Graph wird also zunächst wie bei einer Geradeaussuche durchschritten, bis auf diese Weise kein unmarkierter Knoten mehr gefunden wird (Abb. 3.7 (oben)). Im Gegensatz zur Geradeaussuche wird jetzt die Suche nicht beendet, sondern der Suchknoten Schritt für Schritt auf dem erzeugten Pfad zurückverlegt. Dieser Rückwärtsschritt wird – auch im Deutschen – als *Backtracking* bezeichnet. Nach einem Backtracking wird an einem bereits früher als Suchknoten verwendeten Knoten nach einer weiteren Kante gesucht, die zu einem unmarkierten Knoten führt. Wenn dies erfolgreich ist, wird die Suche wieder wie bei der Geradeaussuche an dem neu markierten Knoten fortgesetzt. Erst wenn auf diese Weise alle markierten Knoten vollständig untersucht wurden und folglich die Liste $\mathcal{A}$ der aktiven Knoten leer ist, ist die Suche beendet (Abb. 3.7 (unten))

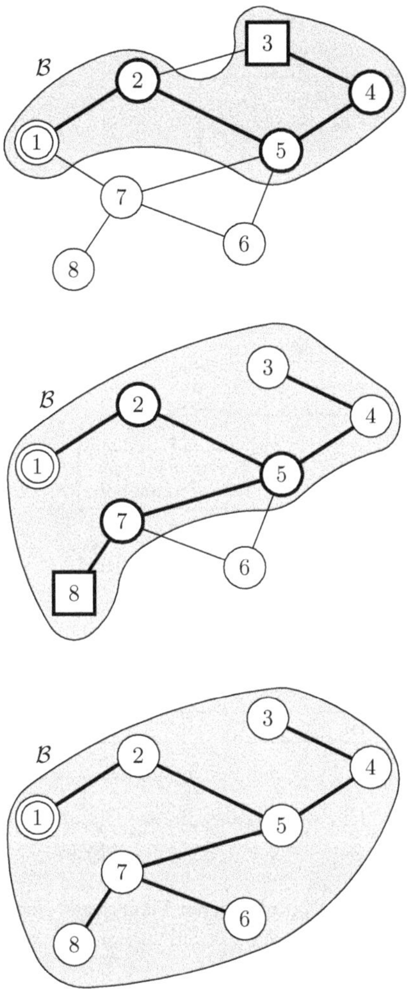


**Abb. 3.7:** Zwischenergebnisse (oben und Mitte) und Ergebnis (unten) der Tiefe-zuerst-Suche

Grundlage für die Suchsteuerung ist wieder die Unterteilung der markierten Knoten in aktive und passive. Abbildung 3.7 (oben) zeigt, dass bis zum ersten Backtracking das Suchergebnis dem der Geradeaussuche entspricht. Alle markierten Knoten sind aktiv, weil von keinem Knoten aus alle Suchrichtungen untersucht wurden. Da man die Anzahl der Kanten, die man vom Wurzelknoten eines Baumes entlangschreiten muss, um einen Knoten $i$ zu erreichen, auch als Tiefe des Knotens $i$ bezeichnet, geht der Algorithmus zuerst in die Tiefe, was auf seinen Namen geführt hat.

**Algorithmus der Tiefe-zuerst-Suche.** Der Programmablaufplan der Tiefe-zuerst-Suche ist in Abb. 3.8 zu sehen. Solange unmarkierte Knoten gefunden werden, verändert der Algorithmus

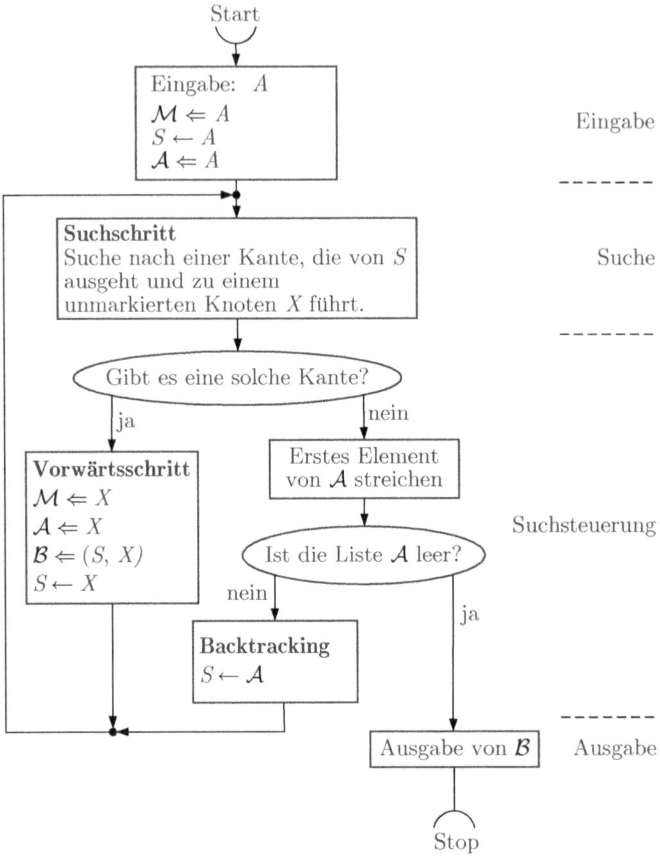


**Abb. 3.8:** Algorithmus der Tiefe-zuerst-Suche

den Suchknoten im Vorwärtsschritt wie bei der Geradeaussuche in Abb. 3.4. Dabei wird der Erreichbarkeitsgraph gebildet, indem jede neu gefundene Kante $(S, X)$ im Baum $\mathcal{B}$ gespeichert wird. Beim Backtracking wird zunächst der erste Knoten der Liste $\mathcal{A}$ gestrichen und danach der erste Knoten als neuer Suchknoten ausgelesen ($S \leftarrow \mathcal{A}$).

Die Tiefe-zuerst-Suche ist vollständig: Sie erzeugt für beliebige Graphen einen vollständigen Erreichbarkeitsbaum.

Es ist interessant zu erkennen, dass sich die Tiefe-zuerst-Suchstrategie von der Breite-zuerst-Suche nur durch die Organisationsform der Liste $\mathcal{A}$ unterscheidet. An Stelle der Warteschlange wird hier ein Stack (LIFO-Speicher, *last-in first-out memory*) verwendet. Der Unterschied im Ergebnis beider Algorithmen deutet auf das später noch ausführlicher behandelte Problem hin, dass die Zweckmäßigkeit einer Suchsteuerung vom Aufbau des Graphen abhängt, worin bei der Graphensuche auch die Nummerierung der Kanten eingeht.

**Aufgabe 3.2** *Tiefe-zuerst-Suche in Graphen*

Wenden Sie die Tiefe-zuerst-Suche auf den Graphen aus Abb. 3.1 unter folgenden Bedingungen an:

1. Streichen Sie die Kante Nr. 3.
2. Streichen Sie die Kanten Nr. 8 und Nr. 9.

Verfolgen Sie dabei die Abarbeitung und vergleichen Sie die Ergebnisse mit denen aus Abb. 3.7. □

### 3.2.5 Eigenschaften der Suchalgorithmen

Die bisher behandelten Algorithmen stellen systematische Verfahren dar, durch die die Kanten eines Graphen in zweckmäßiger Reihenfolge daraufhin untersucht werden, ob sie den bereits erhaltenen Teil des Erreichbarkeitsbaumes erweitern oder nicht. Die Verfahren der Breite-zuerst-Suche und der Tiefe-zuerst-Suche organisieren eine *erschöpfende* Suche, d. h., sie durchsuchen den Graphen vollständig und finden dabei alle erreichbaren Knoten. Die Algorithmen beenden die Suche, sobald gesichert ist, dass alle weiteren Suchschritte nur noch auf markierte Knoten führen und deshalb das Ergebnis nicht mehr verändern können. Allerdings ist die Suche *blind*, denn sie verwendet keine Informationen über den Aufbau des Graphen, die die Suche beschleunigen könnten (vgl. Abschn. 3.4.1).

Diese blinde und gleichzeitig erschöpfende Suche hat ihren Preis: Die Algorithmen sind sehr aufwändig. Der Aufwand kann z. B. durch die Anzahl $N$ der für die Lösung eines Problems notwendigen Suchschritte beschrieben werden. Da eine Aufwandsabschätzung für die Algorithmen unabhängig von der Gestalt des Graphen und der Notierungsreihenfolge der Kanten gelten soll, muss von einem denkbar ungünstigen Graphen ausgegangen werden. Offensichtlich steigt die Anzahl der Suchschritte erheblich, wenn die Anzahl $n$ der Knoten oder $n'$ der Kanten des Graphen erhöht wird. Für die Bestimmung des Erreichbarkeitsbaumes (oder eines Pfades) steigt der Aufwand zwar nur linear mit der Kantenzahl $n'$, denn jede Kante muss höchstens einmal betrachtet werden. Dies bedeutet für die bei Wissensverarbeitungsproblemen typischerweise sehr großen Suchräume aber bereits, dass die Algorithmen für eine blinde, erschöpfende Suche von einer bestimmten Problemgröße an praktisch nicht mehr anwendbar sind.

In der Künstlichen Intelligenz wird deshalb nach Methoden gesucht, mit denen die Suchprobleme problemspezifisch vereinfacht werden können. Man ist nicht in erster Linie daran interessiert, eine für alle Probleme gleichermaßen anwendbare Methode zu finden, sondern die Lösung soll für typische Problemstellungen schnell ermittelt werden. Die Grundlage dafür bilden die im folgenden Abschnitt behandelten heuristischen Verfahren für die Suche von Pfaden in Graphen.

## 3.3 Bestimmung von Pfaden

### 3.3.1 Tiefe-zuerst-Suche von Pfaden

Bei vielen Wissensverarbeitungsproblemen wird untersucht, wie eine gegebene in eine gewünschte Situation überführt werden kann. Dieser Aufgabe entspricht in der Graphentheorie das Problem, einen Pfad zu bestimmen, der einen Startknoten $A$ mit einem Zielknoten $B$ verbindet.

Für die Pfadsuche müssen die bisher behandelten Algorithmen dahingehend erweitert werden, dass zu Beginn außer dem Pfadanfang $A$ auch das Pfadende $B$ eingegeben wird und dass für jeden neu gefundenen Knoten überprüft wird, ob dieser Knoten mit dem Pfadende übereinstimmt. Die Suche ist beendet, wenn entweder der Zielknoten $B$ gefunden wurde oder wenn die Suchergebnisse zeigen, dass der Knoten $B$ nicht vom Knoten $A$ aus erreichbar ist (Beendigung des Algorithmus wie bisher).

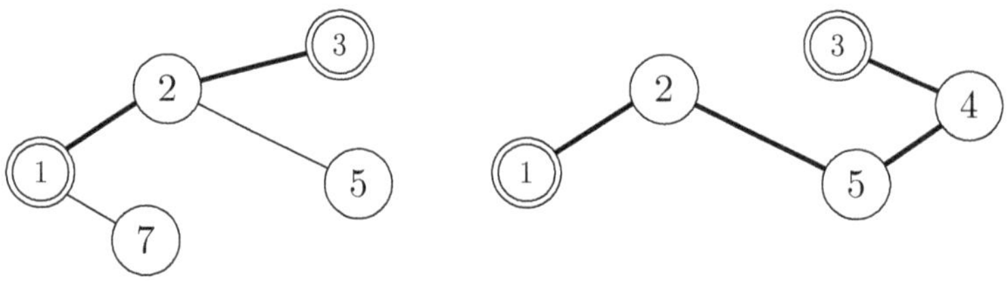


**Abb. 3.9:** Pfade vom Knoten 1 zum Knoten 3, die bei der Breite-zuerst-Suche (links) und bei der Tiefe-zuerst-Suche (rechts) entstehen

Im Folgenden wird diese Erweiterung für die Tiefe-zuerst-Suche vorgenommen. Abbildung 3.10 zeigt den erweiterten Algorithmus.

Wenn der Knoten $B$ erreicht ist, so stehen in der Liste $\mathcal{A}$ gerade diejenigen Knoten, über die der gefundene Pfad $P(A, B)$ verläuft. Die Liste $\mathcal{B}$ muss in diesem Algorithmus nicht gebildet werden. Würde sie wie bisher schrittweise aufgebaut, so enthielte sie nach der Abarbeitung des Algorithmus den Teil des Erreichbarkeitsbaumes, der generiert werden musste, bevor der Pfad $P(A, B)$ gefunden wurde. Entsprechend den im Abschn. 3.6.2 eingeführten Begriffen stünden in dieser Liste der Suchgraph.

Abbildung 3.9 (rechts) zeigt den Pfad $P(1, 3)$, der mit dem erweiterten Algorithmus zur Tiefe-zuerst-Suche ermittelt wurde. Dass dabei nicht der kürzeste Pfad (aber auch nicht der längste) als Ergebnis entsteht, liegt an der Anordnung der Kanten in der Beschreibung des Graphen sowie an der Tatsache, dass bei der Tiefe-zuerst-Suche keine Rücksicht auf die Länge des entstehenden Pfades genommen wird.

Eine ähnliche Erweiterung für die Bestimmung von Pfaden ist für die Breite-zuerst-Suche möglich. Sie soll hier nicht im Einzelnen ausgeführt, sondern den Lesern als Übungsaufgabe überlassen werden. Abbildung 3.9 (links) zeigt das Suchergebnis für den Pfad $P(1, 3)$. Die dünn eingetragenen Kanten gehören zum Suchgraphen $\mathcal{B}$, der erzeugt wurde, bevor der gewünschte Pfad gefunden wurde.

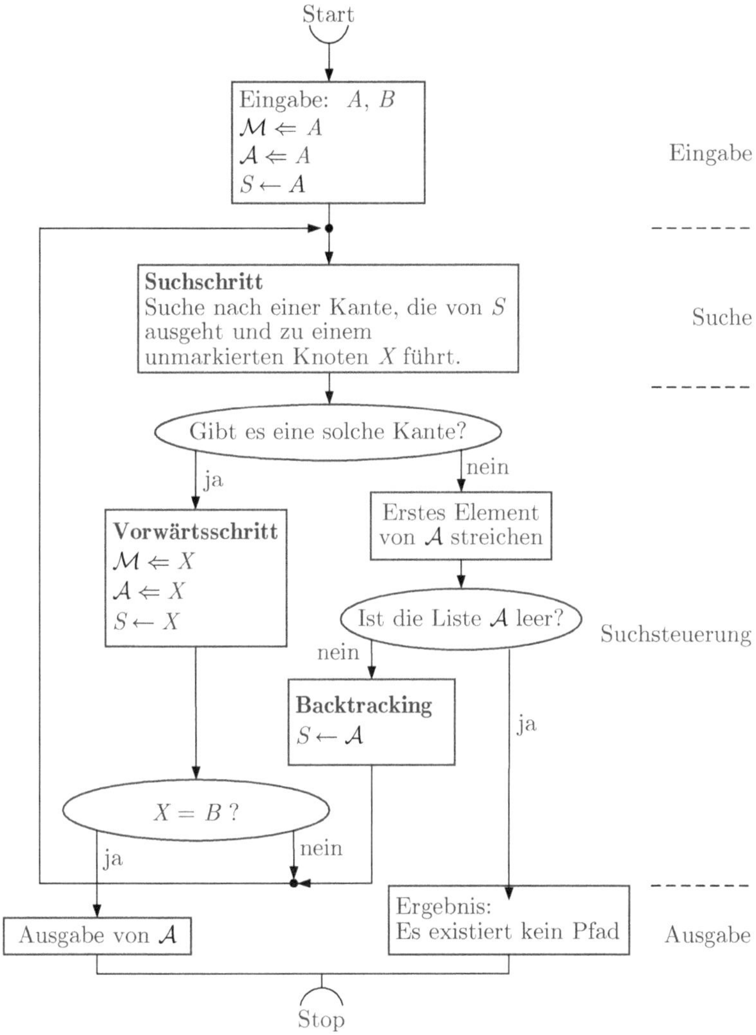


**Abb. 3.10:** Algorithmus der Tiefe-zuerst-Suche eines Pfades

Bei der Breite-zuerst-Suche ist gesichert, dass der gefundene Pfad ein Pfad mit der minimalen Länge ist.

Welcher von möglicherweise mehreren Pfaden gleicher Länge dabei erzeugt wird, hängt von der Reihenfolge ab, in der die Kanten in der Kantenmenge $\mathcal{E}$ stehen.

**Aufgabe 3.3*** *Vergleich von Tiefe-zuerst-Suche und Breite-zuerst-Suche*

In dem in Abb. 3.11 gezeigten Graphen soll ein Pfad vom Startknoten $A$ zum Zielknoten $B$ gefunden werden, wobei der Ablauf und das Ergebnis der Tiefe-zuerst-Suche mit dem der Breite-zuerst-Suche zu vergleichen ist. Führen Sie in jedem der beiden Aufgabenteile folgende Schritte aus:

- Schreiben Sie in jedem Suchschritt den aktuellen Baum $\mathcal{B}$ auf.
- Schreiben Sie in jedem Suchschritt die Listen $\mathcal{A}$ und $\mathcal{M}$ aktiver und markierter Knoten auf.

Die Kantenmenge $\mathcal{E}$ ist entsprechend der kleinsten Nummer der beteiligten Knoten sortiert.

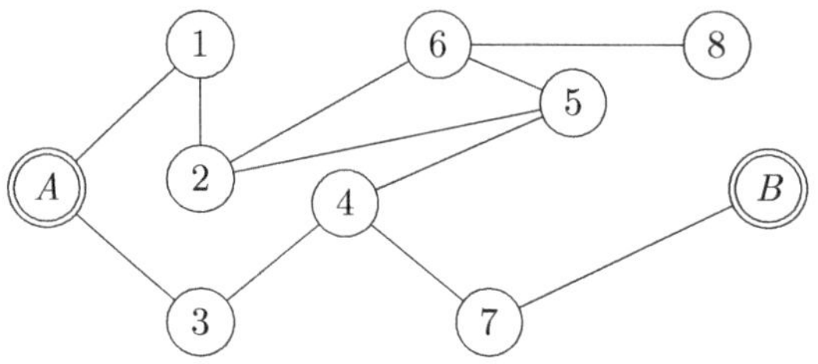


**Abb. 3.11:** Ungerichteter Graph mit Startknoten $A$ und Zielknoten $B$

Wenden Sie beide Suchalgorithmen an und vergleichen Sie die Folge der Suchknoten, die Entwicklung des Baumes $\mathcal{B}$, die Länge des gefundenen Pfades sowie die Anzahl von Knoten in der Liste $\mathcal{M}$ nach dem Abschluss des Algorithmus. Wo kann der gefundene Pfad abgelesen werden? □

### 3.3.2 Optimale Pfade

Bei vielen Suchproblemen gibt es mehrere Lösungen, denn zwei Knoten $A$ und $B$ sind häufig über mehrere unterschiedliche Pfade $P(A, B)$ miteinander verbunden. Die Menge dieser Pfade wird mit $\mathcal{P}(A, B)$ bezeichnet. Das Suchproblem wird deshalb häufig so gestellt, dass nicht ein beliebiger, sondern der kürzeste Pfad $P^*(A, B)$ zu bestimmen ist, wobei unter der Länge $|P(A, B)|$ des Pfades die Anzahl der Kanten (oder Knoten) des Pfades verstanden wird. Die Lösung ist i. Allg. nicht eindeutig, weil es mehrere Pfade mit derselben, kürzesten Länge zwischen $A$ und $B$ geben kann.

**Erweitertes Suchproblem.** In Verallgemeinerung der Länge $|P(A, B)|$ kann eine Kostenfunktion $k_{\mathrm{P}}(P(A, B))$ definiert werden, die sich als Summe der Kosten $k(i, j)$ der im Pfad $P(A, B)$ enthaltenen Kanten $(i, j)$ zusammensetzt:

$$k_{\mathrm{P}}(P(A, B)) = \sum_{(i,j) \in P(A,B)} k(i, j). \tag{3.4}$$

Die Kosten $k(i, j)$ sind im Beispiel aus Abb. 3.12 als Gewichte an die Kanten geschrieben. Das Suchproblem besteht in der Bestimmung eines Pfades zwischen $A$ und $B$ mit den kleinsten Kosten und folglich in der Lösung des Optimierungsproblems

$$k_{\mathrm{P}}^*(A,B) = \min_{P(A,B)\in\mathcal{P}(A,B)} k_{\mathrm{P}}(P(A,B)). \tag{3.5}$$

Der optimale Pfad wird mit $P^*(A,B)$ und dessen Kosten mit $k_{\mathrm{P}}^*(A,B)$ bezeichnet. Typischerweise sind nicht die Kosten $k_{\mathrm{P}}^*(A,B)$, sondern der Pfad mit diesen Kosten als Lösung des Optimierungsproblems gesucht. Man schreibt das Problem deshalb in der Form

$$P^*(A,B) = \arg \min_{P(A,B)\in\mathcal{P}(A,B)} k_{\mathrm{P}}(P(A,B)) \tag{3.6}$$

mit „arg“ als Abkürzung für Argument. Da es in einem Graphen mehrere Pfade mit den Kosten $k_{\mathrm{P}}^*(A,B)$ geben kann, muss man bei $P^*(A,B)$ genauer von *einem* optimalen Pfad sprechen.

Wird als Spezialfall $k(i,j) = 1$ für alle Kanten $(i,j) \in \mathcal{E}$ gewählt, so ist der Pfad mit den minimalen Kosten auch der kürzeste Pfad. Aber auch bei anderen Kosten für die Kanten bezeichnet man den optimalen Pfad als den kürzesten Pfad und verwendet die Begriffe „Kosten“ und „Länge“ eines Pfades als Synonyme.

### 3.3.3 DIJKSTRA-Algorithmus

Man kann das Problem (3.5) natürlich dadurch lösen, dass man die Menge $\mathcal{P}(A,B)$ aller Pfade bestimmt und daraus durch Vergleich der Kosten $k_{\mathrm{P}}(P(A,B))$ einen optimalen Pfad heraussucht. Dies erfordert jedoch einen sehr hohen Aufwand. Im Folgenden wird der von E. W. DIJKSTRA 1959 beschriebene Algorithmus erläutert, bei dem nur einer oder wenige Pfade $P(A,B) \in \mathcal{P}(A,B)$ generiert werden, bevor ein optimaler Pfad $P^*(A,B)$ gefunden ist.

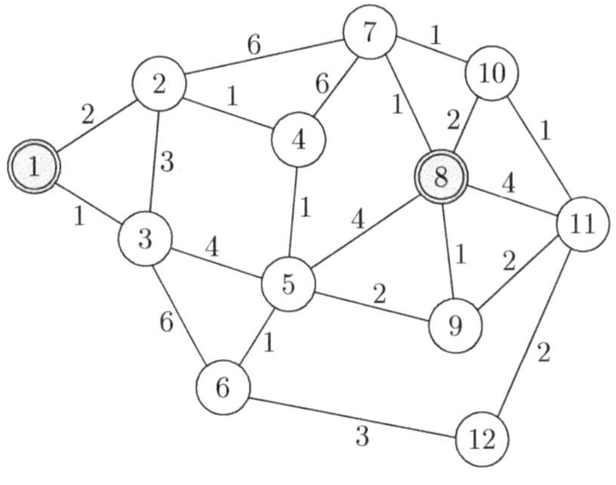


**Abb. 3.12:** Gewichteter Graph

Die Bestimmung optimaler Pfade erfordert einige Erweiterungen des bisher angegebenen Algorithmus zur Pfadsuche. Für jeden neu gefundenen Knoten $X$ wird die Entfernung

$$g(X) = k_{\mathrm{P}}(P(A,X)) \tag{3.7}$$

des Knotens vom Pfadanfang $A$ bestimmt. Sie ist gleich der Länge des im Suchbaum enthaltenen Pfades $P(A, X)$. Die Liste $\mathcal{A}$ enthält jetzt neben den aktiven Knoten $X$ auch deren Bewertung $g(X)$. Sie ist so organisiert, dass der Knoten mit der kleinsten Bewertung $g(X)$ an der ersten Position steht. Im Unterschied zur Breite-zuerst- oder Tiefe-zuerst-Suche ist die Liste $\mathcal{A}$ jetzt also nicht mehr als Warteschlange oder als Stack organisiert, sondern als sortierte Liste, in der die Elemente $X$ ihrer Bewertung $g(X)$ entsprechend angeordnet sind. Da das erste Element der Liste $\mathcal{A}$ als Suchknoten verwendet wird ($S \leftarrow \mathcal{A}$), wird der Suchgraph jeweils an dem Knoten erweitert, der den kürzesten Abstand vom Startknoten $A$ hat.

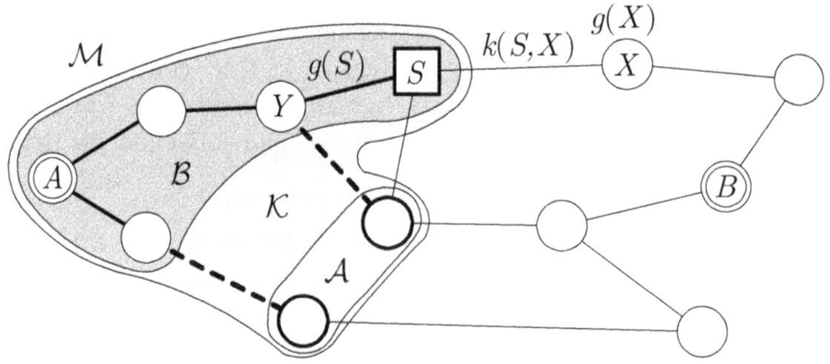


**Abb. 3.13:** Prinzip des Dijkstra-Algorithmus

Während es bei der Pfadsuche bisher gleichgültig war, welcher Pfad $P(A, B)$ vom Wurzelknoten $A$ zu einem erreichbaren Knoten $B$ im Erreichbarkeitsbaum $\mathcal{B}$ enthalten war, kommt es jetzt darauf an, die Kanten für den Baum $\mathcal{B}$ so auszuwählen, dass die Pfadkosten (3.4) minimal sind. Aus diesem Grund können Kanten, über die unmarkierte Knoten gefunden werden, nicht mehr ohne weitere Prüfung in den Lösungsbaum $\mathcal{B}$ eingetragen werden. Der Baum $\mathcal{B}$ enthält deshalb jetzt nicht mehr alle markierten Knoten, sondern nur die passiven Knoten sowie Kanten zwischen passiven Knoten (Abb. 3.13). Die bereits eingeführte Unterteilung der Knoten entsprechend dem aktuellen Suchergebnis hat für die Suche des kürzesten Pfades deshalb folgende zusätzliche Bedeutung:

- **Unmarkierte Knoten:** Knoten $X$, die noch nicht untersucht wurden und für die deshalb nicht bekannt ist, ob es einen Pfad $P(A, X)$ gibt.
- **Aktive Knoten:** Knoten $X$, für die ein Pfad $P(A, X)$ und dessen Länge $g(X)$ bekannt sind, aber der Pfad $P(A, X)$ muss nicht der kürzeste Pfad sein.
- **Passive Knoten:** Knoten $X$, für die ein kürzester Pfad $P^*(A, X)$ bekannt ist.

Der Algorithmus speichert die Zwischenergebnisse dementsprechend in drei Listen:

- $\mathcal{B}$ – Baum mit dem Wurzelknoten $A$, in dem jeder Knoten $X$ mit $A$ über einen optimalen Pfad $P^*(A, X)$ verbunden ist (in der Abbildung durch dick gezeichnete Kanten dargestellt). $\mathcal{B}$ enthält alle passiven Knoten (dünne Kreise).
- $\mathcal{A}$ – Liste der aktiven Knoten. Von diesen Knoten, die in der Abbildung dick umrandet sind, wird die Suche fortgesetzt.

- $\mathcal{K}$ – Liste der Kanten zwischen passiven und aktiven Knoten, die in der Abbildung gestrichelt gezeichnet sind. Für diese Kanten muss noch überprüft werden, ob sie zum Lösungsbaum gehören.

Die Menge $\mathcal{M}$ der markierten Knoten setzt sich entsprechend Gl. (3.3) aus den Mengen der passiven und der aktiven Knoten zusammen. Die passiven Knoten sind die Knoten des Lösungsbaumes $\mathcal{B}$. Die aktiven Knoten sind von den passiven Knoten über eine Kante aus der Menge $\mathcal{K}$ erreichbar. Die Menge $\mathcal{M}$ umfasst alle in den Abbildungen umrandeten Knoten.

Als Suchknoten $S$ wird der erste Knoten der Liste $\mathcal{A}$ gewählt. Wie bei der Breite-zuerst-Suche werden alle von diesem Knoten ausgehenden Kanten untersucht, bevor der Suchknoten verschoben wird. Dabei werden jetzt nicht nur Kanten zu unmarkierten, sondern auch Kanten zu aktiven Knoten $X$ betrachtet und für diese die Bewertung

$$g(X) = g(S) + k(S, X)$$

berechnet. Der Algorithmus wird dann folgendermaßen fortgesetzt (Schritt „Weitersuchen" in Abb. 3.14):

(a) Ist der Knoten $X$ unmarkiert, so wird er markiert und entsprechend seiner Bewertung $g(X)$ in die Liste $\mathcal{A}$ einsortiert. Außerdem wird die Kante $(S, X)$ in die Liste $\mathcal{K}$ eingetragen.

(b) Ist der Knoten $X$ aktiv ($X \in \mathcal{A}$), so wird die neu berechnete Bewertung $g(X)$ mit der in der Liste $\mathcal{A}$ stehenden Bewertung $g'(X)$ verglichen. Gilt $g(X) < g'(X)$, so ist der über die Kante $(S, X)$ führende Pfad $P(A, X)$ kürzer als der in $\mathcal{B}$ und $\mathcal{K}$ enthaltene Pfad. In der Liste $\mathcal{K}$ wird die bisher eingetragene Kante mit dem Endknoten $X$ gegen die neue Kante $(S, X)$ ausgetauscht. In der Liste $\mathcal{A}$ wird der Knoten $X$ entsprechend der Bewertung $g(X)$ neu einsortiert. Gilt hingegen $g(X) \geq g'(X)$, so wird nichts an $\mathcal{B}$ und $\mathcal{K}$ verändert.

Nachdem alle vom Suchknoten $S$ ausgehenden Kanten in dieser Weise untersucht wurden, wird der Knoten $S$ aus der Liste $\mathcal{A}$ gestrichen. Die zu $S$ führende Kante wird aus der Liste $\mathcal{K}$ gestrichen und in $\mathcal{B}$ übernommen. Dann wird die Suche von dem in $\mathcal{A}$ als erstes stehenden Knoten aus fortgesetzt ($S \leftarrow \mathcal{A}$).

Ein optimaler Pfad ist gefunden, wenn das Pfadende $B$ als erstes Element in $\mathcal{A}$ steht. Der im Lösungsbaum $\mathcal{B}$ enthaltene Pfad von $A$ nach $B$ ist dann ein optimaler Pfad $P^*(A, B)$ mit der Länge $g(B)$. Erreicht der Algorithmus vorher einen Zustand, in dem die Liste $\mathcal{A}$ leer ist, so existiert kein Pfad $P(A, B)$.

**Zusammenfassung des Algorithmus.** Abbildung 3.14 zeigt, dass der Dijkstra-Algorithmus eine Erweiterung der Breite-zuerst-Suche darstellt. Der Übersichtlichkeit halber wurden die beiden oben erläuterten Fälle (a) und (b) nicht getrennt beschrieben, sondern der Schritt „Weitersuchen" allgemeiner dargestellt. Die Anweisung $\mathcal{M} \Leftarrow X$ bedeutet das Markieren eines bisher noch unmarkierten Knotens, $\mathcal{A} \Leftarrow (X, g(X))$ das Einsortieren bzw. Verschieben des Paares $(X, g(X))$ in der Liste $\mathcal{A}$ der aktiven Knoten und $\mathcal{K} \Leftarrow (S, X)$ das Eintragen der Kante $(S, X)$ bzw. das Ersetzen einer anderen zu $X$ führenden Kante in der Liste $\mathcal{K}$. Im Vergleich zur Breite-zuerst-Suche (Abb. 3.6) wird eine neue Kante nicht in den Lösungsbaum $\mathcal{B}$, sondern in die Liste $\mathcal{K}$ eingetragen.

Im Schritt „Suchknoten verändern" wird der erste Knoten der Liste $\mathcal{A}$ der aktiven Knoten als neuer Suchknoten bestimmt ($S \leftarrow \mathcal{A}$) und die Kante $(S, Y)$ aus der Menge $\mathcal{K}$ gestrichen

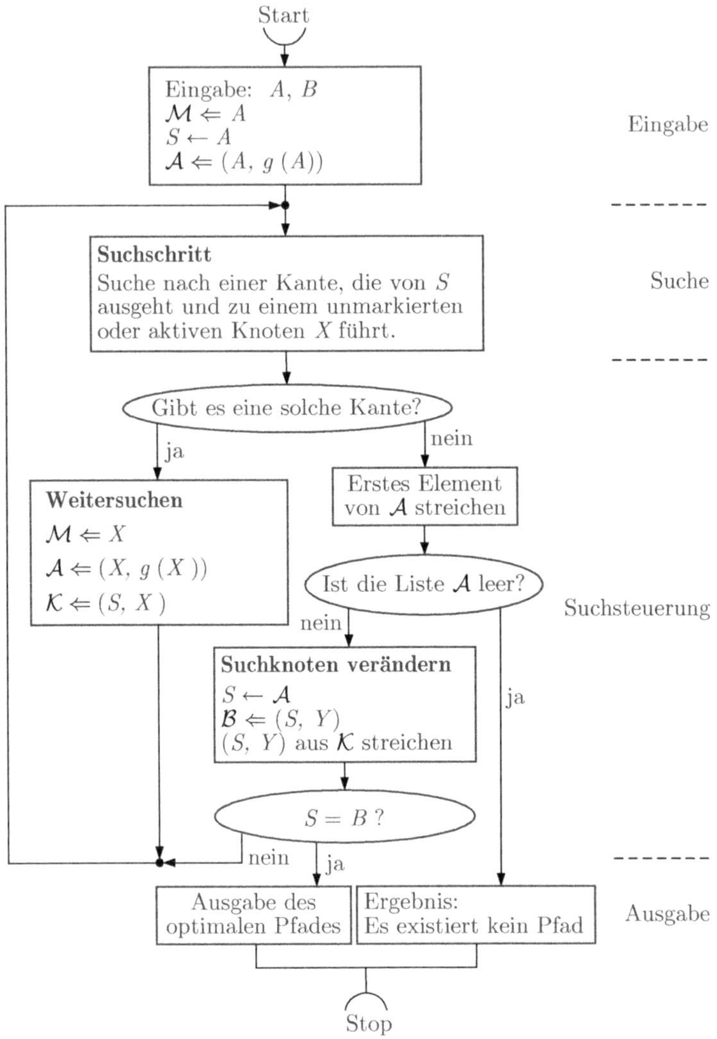


**Abb. 3.14:** Dijkstra-Algorithmus zur Bestimmung optimaler Pfade

und in den Baum $\mathcal{B}$ eingetragen. $Y$ bezeichnet dabei den Knoten, von dem aus eine Kante der Menge $\mathcal{K}$ zum neuen Suchknoten $S$ führt.

Wichtig ist, dass der Algorithmus nicht bereits dann beendet wird, wenn der Knoten $B$ markiert wird, sondern erst, wenn $B$ in der Liste $\mathcal{A}$ an erster Stelle steht und folglich bei der Fortsetzung des Algorithmus als neuer Suchknoten $S$ gewählt würde.

> Der Dijkstra-Algorithmus findet für beliebige Graphen einen optimalen Pfad $P^*(A, B)$, sofern ein derartiger Pfad existiert.

**Beweis.** Es ist zu zeigen, dass nach Beendigung des Algorithmus in der Liste $\mathcal{B}$ ein kürzester Pfad $P^*(A,B)$ steht. Dafür wird bewiesen, dass beim Dijkstra-Algorithmus der Suchgraph $\mathcal{B}$ stets an einem Knoten $S$ erweitert wird, für den der Suchgraph einen optimalen Pfad $P^*(A,S)$ enthält. Das heißt, für den Knoten $S$ gilt

$$g(S) = \min_{P(A,S) \in \mathcal{P}(A,S)} k_{\mathrm{P}}(P(A,S)) = k_{\mathrm{P}}^*(A,S). \tag{3.8}$$

Folglich ist der gesuchte optimale Pfad $P^*(A,B)$ in dem Moment gefunden, in dem der Knoten $B$ in der Liste $\mathcal{A}$ an erster Stelle steht. Die Gültigkeit von Gl. (3.8) wird jetzt durch vollständige Induktion bewiesen.

Im ersten Suchschritt werden alle vom Pfadanfang $A$ auf einer Kante erreichbaren Knoten $X$ markiert und entsprechend der Bewertung $g(X) = k(A,X)$ in die Menge der aktiven Knoten $\mathcal{A}$ eingetragen. Anschließend wird als Suchknoten $S$ derjenige Knoten $X \in \mathcal{A}$ ausgewählt, der die kleinste Bewertung $g(X)$ hat:

$$S = \arg\min_{X \in \mathcal{A}} g(X).$$

Da für alle anderen Knoten $Y$ die Beziehung

$$g(Y) \geq g(S), \quad Y \in \mathcal{A}$$

gilt, können Pfade von $A$ über $Y$ nach $S$ nicht kürzer sein als die Kante $(A,S)$ und es gilt

$$g(S) = k_{\mathrm{P}}^*(A,S).$$

Damit ist die Beziehung (3.8) für den ersten Suchschritt bewiesen.

Als Induktionsvoraussetzung wird nun angenommen, dass für alle in $\mathcal{B}$ eingetragenen Knoten $Y$ die Beziehung (3.8) gilt

$$g(Y) = k_{\mathrm{P}}^*(A,Y) \qquad \text{für alle } Y \in \mathcal{B} \tag{3.9}$$

(Abb. 3.15 (links)) und es wird gezeigt, dass dies weiterhin gilt, nachdem im Schritt „Suchknoten verändern“ der Baum $\mathcal{B}$ durch eine Kante erweitert und ein neuer Suchknoten $S$ gewählt wurde. Zur Unterscheidung von den bisherigen Größen werden die neuen Größen mit $S'$ und $\mathcal{B}'$ bezeichnet (Abb. 3.15 (rechts)).

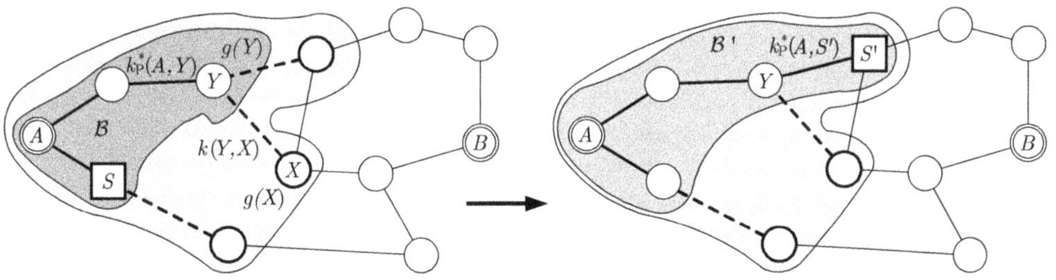


**Abb. 3.15:** Beweis der Korrektheit des Dijkstra-Algorithmus

Für alle zur Menge $\mathcal{A}$ gehörenden Knoten $X$ gibt es einen im Baum $\mathcal{B}$ liegenden Knoten $Y$, für den die Kante $(Y,X)$ in der Menge $\mathcal{K}$ liegt und die Beziehung

$$g(X) = g(Y) + k(Y,X) = k_{\mathrm{P}}^*(A,Y) + k(Y,X)$$

gilt (Abb. 3.15 (links)). Es wird derjenige Knoten $X \in \mathcal{A}$ als nächster Suchknoten $S'$ ausgewählt, der den kleinsten Wert $g(X)$ hat

$$S' = \arg\min_{X \in \mathcal{A}} g(X).$$

Die zu $S'$ führende Kante wird zum Lösungsbaum $\mathcal{B}$ hinzugefügt, so dass der neue Baum $\mathcal{B}'$ entsteht. Für den neuen Suchknoten $S'$ erhält man die Beziehung

$$g(S') = \min_{X \in \mathcal{A}} g(X) = \min_{X \in \mathcal{A}} (k_{\rm P}^*(A, Y) + k(Y, X)) = k_{\rm P}^*(A, S').$$

Das letzte Gleichheitszeichen gilt, weil die Bewertung aller anderen Knoten $X \neq S'$ die Ungleichung $g(X) \geq g(S')$ erfüllt und folglich über diese Knoten kein kürzerer Pfad zu $S'$ führen kann. Also wird auch nach der Veränderung des Suchknotens von $S$ nach $S'$ der Suchgraph an einem Knoten $S'$ erweitert, dessen optimaler Pfad $P^*(A, S')$ im Lösungsbaum liegt und für den Gl. (3.8) gilt. □

**Beispiel 3.1** *Bestimmung eines optimalen Pfades $P^*(A, B)$ mit dem Dijkstra-Algorithmus*

Es soll ein optimaler Pfad zwischen den Knoten $A = 1$ und $B = 8$ in dem in Abb. 3.12 gezeigten Graphen bestimmt werden. Der Algorithmus läuft folgendermaßen ab:

1. Initialisierung:

$$\begin{aligned} \mathcal{M} &= \{1\} \\ S &= 1 \\ \mathcal{A} &= \{1, g(1) = 0\} \\ \mathcal{K} &= \{\} \\ \mathcal{B} &= \{\}. \end{aligned}$$

2. Die Überprüfung aller vom Knoten 1 ausgehenden Kanten in den mit „Suchschritt“ und „Weitersuchen“ bezeichneten Schritten des Dijkstra-Algorithmus führt zur Markierung der Knoten 2 und 3 und somit zu den folgenden Zwischenergebnissen:

$$\begin{aligned} \mathcal{M} &= \{1, 2, 3\} \\ \mathcal{A} &= \{1, g(1) = 0;\ 3, g(3) = 1;\ 2, g(2) = 2\} \\ \mathcal{K} &= \{(1, 2), (1, 3)\}. \end{aligned}$$

Nachdem das erste Element der Liste $\mathcal{A}$ gestrichen ist, wird der Knoten 3 als neuer Suchknoten aus $\mathcal{A}$ ausgelesen und die zugehörige Kante $(1, 3)$ aus $\mathcal{K}$ entfernt und in $\mathcal{B}$ eingetragen:

$$\begin{aligned} S &= 3 \\ \mathcal{A} &= \{3, g(3) = 1;\ 2, g(2) = 2\} \\ \mathcal{K} &= \{(1, 2)\} \\ \mathcal{B} &= \{(1, 3)\}. \end{aligned}$$

Die Kante $(1, 3)$ stellt also einen kürzesten Pfad $P^*(1, 3)$ zwischen den Knoten 1 und 3 dar. In Abb. 3.16 (links) liegen die markierten Knoten in der hellgrau hervorgehobenen Menge. Die Menge $\mathcal{B}$ bildet den dunkelgrauen Teil des Graphen. Die gestrichelte Kante ist das einzige Element der Menge $\mathcal{K}$. An die beiden aktiven Knoten $X = 2$ und $X = 3$ sind die Bewertungen $g(X)$ angetragen.

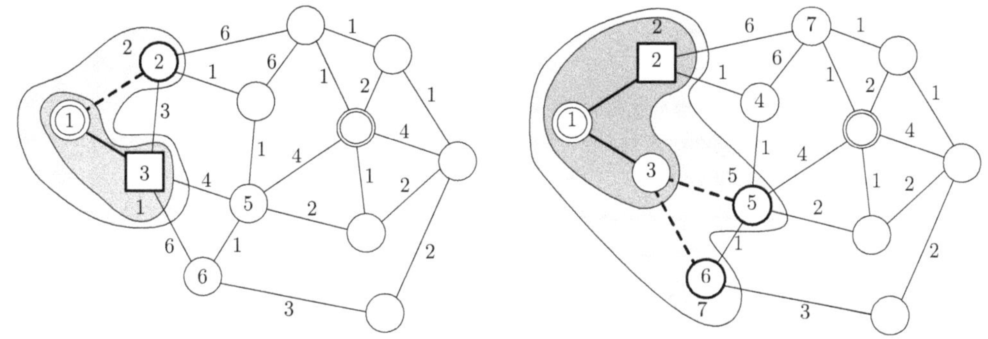

**Abb. 3.16:** Ergebnis des Dijkstra-Algorithmus nach ein bzw. zwei Schritten

3. Die Überprüfung aller vom Knoten $S = 3$ ausgehenden Kanten führt zur Markierung der Knoten 5 und 6:

$$\mathcal{M} = \{1, 2, 3, 5, 6\}.$$

Die Kante $(3, 2)$ ergibt die neue Bewertung $g(2) = 4$ für den Knoten 2, die größer ist als die in $\mathcal{A}$ eingetragene Bewertung $g(2) = 2$, so dass diese Kante nicht weiter beachtet wird:

$$\mathcal{A} = \{3, g(3) = 1;\ 2, g(2) = 2;\ 5, g(5) = 5;\ 6, g(6) = 7\}$$
$$\mathcal{K} = \{(1, 2), (3, 5),\ (3, 6)\}.$$

Nach der Entfernung des ersten Elementes aus der Liste $\mathcal{A}$ erhält man als neuen Suchknoten den Knoten 2 und damit das folgende Zwischenergebnis:

$$\mathcal{M} = \{1, 2, 3, 5, 6\}$$
$$S = 2$$
$$\mathcal{A} = \{2, g(2) = 2;\ 5, g(5) = 5;\ 6, g(6) = 7\}$$
$$\mathcal{K} = \{(3, 5), (3, 6)\}$$
$$\mathcal{B} = \{(1, 3), (1, 2)\}$$

(Abb. 3.16 (rechts)). Die Kante $(2, 3)$ wurde aus dem Suchgraum gestrichen, weil sie bereits untersucht wurde und weder zur Menge $\mathcal{B}$ noch zur Menge $\mathcal{K}$ gehört.

4. Die Erweiterung des Suchgraphen am Knoten $S = 2$ führt auf die neu markierten Knoten 4 und 7, von denen der Knoten 4 auf Grund seiner Bewertung $g(4) = 3$ anschließend als neuer Suchknoten fungiert:

$$\mathcal{M} = \{1, 2, 3, 5, 6, 4, 7\}$$
$$S = 4$$
$$\mathcal{A} = \{4, g(4) = 3;\ 5, g(5) = 5;\ 6, g(6) = 7;\ 7, g(7) = 8\}$$
$$\mathcal{K} = \{(3, 5), (3, 6),\ (2, 7)\}$$
$$\mathcal{B} = \{(1, 3), (1, 2), (2, 4)\}$$

(Abb. 3.17 (links)).

5. Beim nächsten Suchschritt findet man vom Knoten 4 aus zwar keine unmarkierten Knoten, aber die Kante $(4, 5)$ erzeugt einen Pfad $P(1, 5) = ((1, 2), (2, 4), (4, 5))$ zum Knoten 5, der kürzer ist als der bisher bekannte Pfad $P(1, 5) = ((1, 3), (3, 5))$. Deshalb wird in der Liste $\mathcal{K}$ die Kante $(3, 5)$

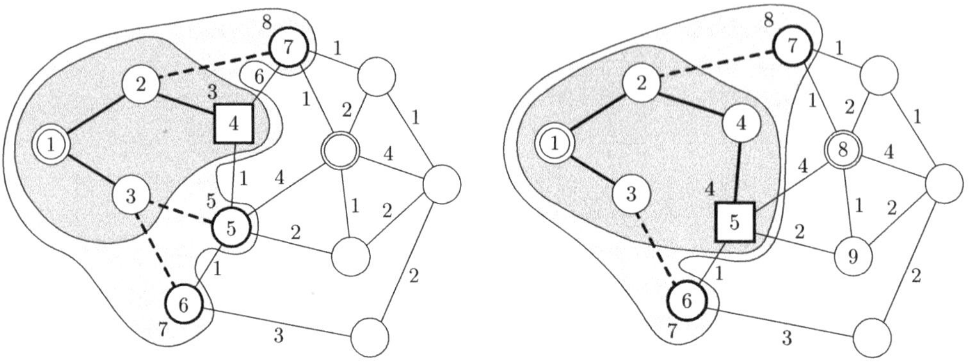


**Abb. 3.17:** Ergebnis des Dijkstra-Algorithmus nach drei bzw. vier Schritten

durch die Kante $(4, 5)$ ersetzt. Gleichzeitig erhält der Knoten 5 die neue Bewertung $g(5) = 4$, mit der er in der Liste $\mathcal{A}$ an zweiter Stelle steht und nach dem Streichen des aktuellen Suchknotens 4 als neuer Suchknoten verwendet wird. Damit wird die Kante $(4, 5)$ von der Menge $\mathcal{K}$ in die Menge $\mathcal{B}$ verschoben (Abb. 3.17 (rechts)):

$$\begin{aligned}
\mathcal{M} &= \{1, 2, 3, 5, 6, 4, 7\}\\
S &= 5\\
\mathcal{A} &= \{5, g(5) = 4;\ 6, g(6) = 7;\ 7, g(7) = 8\}\\
\mathcal{K} &= \{(3, 6), (2, 7)\}\\
\mathcal{B} &= \{(1, 3), (1, 2), (2, 4), (4, 5)\}.
\end{aligned}$$

6. Die Erweiterung des Suchgraphen $\mathcal{B}$ am Knoten $S = 5$ führt zwar schon zum Pfadende $B = 8$, aber der dabei erhaltene Pfad $P(1, 8) = ((1, 2), (2, 4), (4, 5), (5, 8))$ muss nicht ein optimaler Pfad sein. Die Kante $(5, 6)$ ergibt die neue Bewertung $g(6) = 5$, die kleiner ist als die bisherige und derentwegen in der Menge $\mathcal{K}$ die Kante $(3, 6)$ durch $(5, 6)$ ersetzt wird. Nach dem Austausch des Suchknotens wird die Suche mit folgenden Variablenbelegungen fortgesetzt (Abb. 3.18 (links)):

$$\begin{aligned}
\mathcal{M} &= \{1, 2, 3, 5, 6, 4, 7, 8, 9\}\\
S &= 6\\
\mathcal{A} &= \{6, g(6) = 5;\ 9, g(9) = 6;\ 7, g(7) = 8;\ 8, g(8) = 8\}\\
\mathcal{K} &= \{(2, 7), (5, 8), (5, 9)\}\\
\mathcal{B} &= \{(1, 3), (1, 2), (2, 4), (4, 5), (5, 6)\}.
\end{aligned}$$

7. Die weitere Suche ergibt den neu markierten Knoten 12 und den neuen Suchknoten $S = 9$ (Abb. 3.18 (rechts)):

$$\begin{aligned}
\mathcal{M} &= \{1, 2, 3, 5, 6, 4, 7, 8, 9, 12\}\\
S &= 9\\
\mathcal{A} &= \{9, g(9) = 6;\ 7, g(7) = 8;\ 8, g(8) = 8;\ 12, g(12) = 8\}\\
\mathcal{K} &= \{(2, 7), (5, 8), (6, 12)\}\\
\mathcal{B} &= \{(1, 3), (1, 2), (2, 4), (4, 5), (5, 6), (5, 9)\}.
\end{aligned}$$

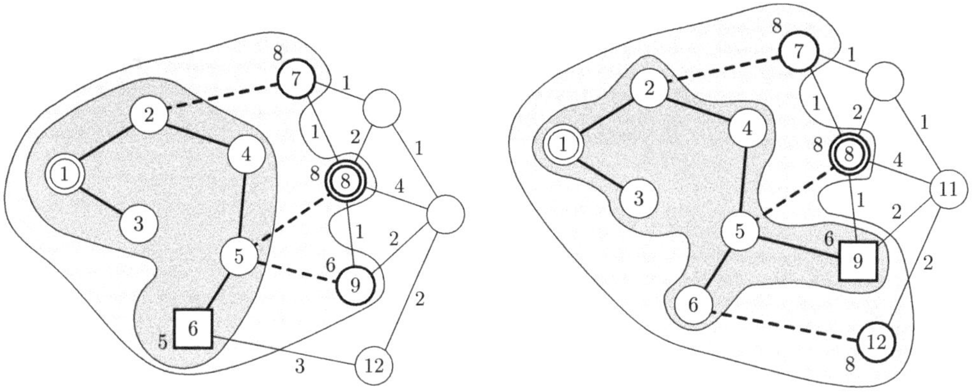

**Abb. 3.18:** Ergebnis des Dijkstra-Algorithmus nach fünf bzw. sechs Schritten

8. Die Suche führt auf den neu markierten Knoten 11 und verändert den Pfad $P(1,8)$, wobei in $\mathcal{K}$ die Kante $(5,8)$ durch $(9,8)$ ersetzt wird. Damit erhält der Knoten 8 die neue Bewertung $g(8) = 7$ und steht nunmehr als erstes Element in der Liste $\mathcal{A}$ der aktiven Knoten. Deshalb wird die Suche mit folgenden Variablenbelegungen beendet (Abb. 3.19 (links)):

$$\mathcal{M} = \{1,2,3,5,6,4,7,8,9,12,11\}$$
$$S = 8$$
$$\mathcal{A} = \{8, g(8) = 7;\ 7, g(7) = 8;\ 12, g(12) = 8;\ 11, g(11) = 8\}$$
$$\mathcal{K} = \{(2,7),(6,12),(9,11)\}$$
$$\mathcal{B} = \{(1,3),(1,2),(2,4),(4,5),(5,6),(5,9),(9,8)\}.$$

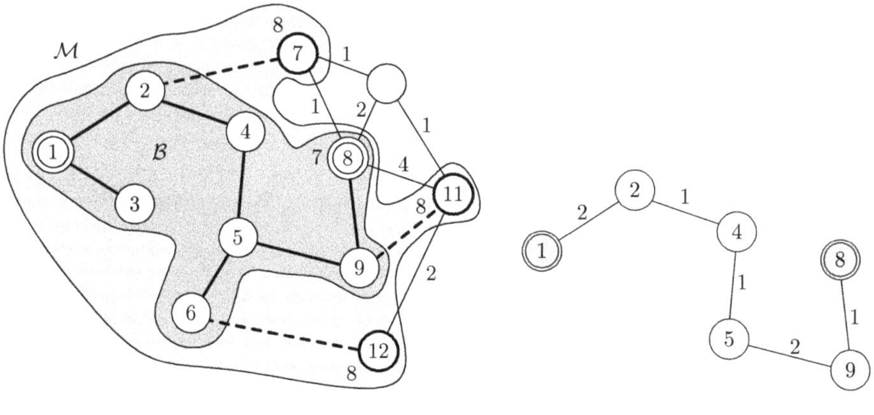


**Abb. 3.19:** Ergebnis des Dijkstra-Algorithmus nach sieben Schritten (links) und optimaler Pfad (rechts)

**Ergebnis:** Der erhaltene optimale Pfad ist in Abb. 3.19 (rechts) gezeigt. Er hat die Länge $g(8) = 7$:

$$P^*(1,8) = ((1,2),(2,4),(4,5),(5,9),(9,8))$$
$$k_P^*(1,8) = 7. \square$$

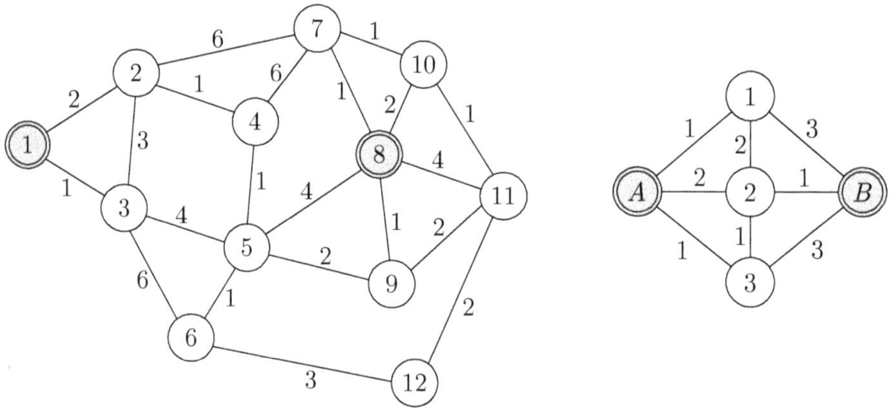


**Abb. 3.20:** Beispiele für die Suche optimaler Pfade

**Aufgabe 3.4*** *Anwendung des Dijkstra-Algorithmus (I)*

Bestimmen Sie in dem in Abb. 3.20 (links) gezeigten Graphen einen optimalen Pfad zwischen den Knoten $A$ und $B$, wobei Sie in jedem Schritt den Suchgraphen zeichnen. □

**Aufgabe 3.5*** *Anwendung des Dijkstra-Algorithmus (II)*

Bestimmen Sie mit dem Dijkstra-Algorithmus im Graphen in Abb. 3.20 (rechts) einen optimalen Pfad zwischen den Knoten $A$ und $B$, wobei Sie für jeden Schritt die durch die Belegung von $S$, $\mathcal{M}$, $\mathcal{A}$, $\mathcal{K}$ und $\mathcal{B}$ bestimmten Zwischenergebnisse des Algorithmus in einer Tabelle aufschreiben. Die Kanten sind entsprechend der Knotenmenge $\mathcal{V} = \{A, B, 1, 2, 3\}$ sortiert. Wie bewerten Sie den Verlauf der Suche? □

**Aufgabe 3.6** *U-Bahn-Fahrt in Barcelona*

Abbildung 3.21 zeigt einen Ausschnitt aus dem Metroplan der Stadt Barcelona mit den wichtigsten Haltestellen. Die Streckenlänge zwischen benachbarten Knotenpunkten sind in Kilometern angegeben, die Reihenfolge der Kanten in der Kantenmenge in Klammern an die Kanten geschrieben. Bestimmen Sie den kürzesten Weg von der Haltestelle *Clot* (Knoten A) zur Haltestelle *Passeig de Gràcia* (Knoten 5) bzw. von *Diagonal* (Knoten 3) nach *Espanyà* (Knoten 8). Betrachten Sie Ihr Ergebnis unter praktischen Gesichtspunkten und beantworten Sie die Frage, ob der von Ihnen ermittelte kürzeste Weg auch der schnellste ist. Welche Fahrtroute würden Sie wählen? □

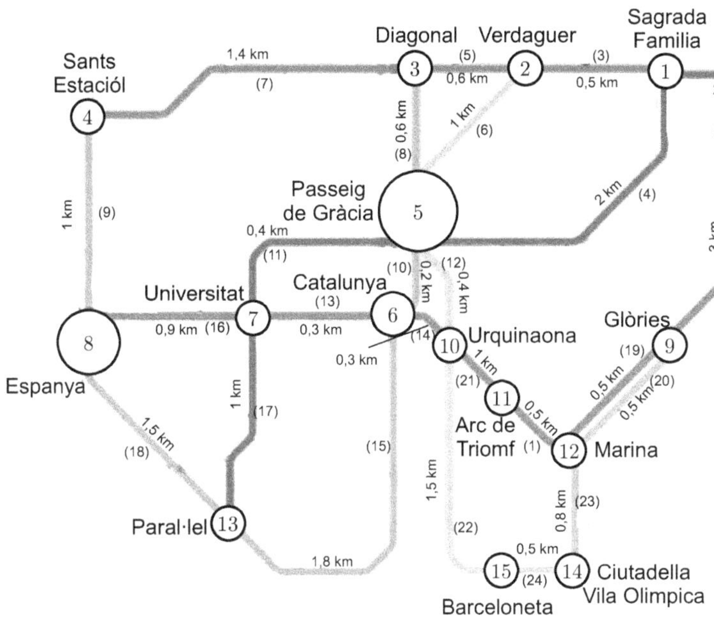


Abb. 3.21: Metro-Plan von Barcelona

### 3.3.4 Gleiche-Kosten-Suche

Über die bisher besprochenen Erweiterungen hinausgehend sind Veränderungen der Suchstrategie möglich, durch die das Auffinden eines optimalen Pfades weiter beschleunigt werden kann. Bei der Gleiche-Kosten-Suche wird die Breite-zuerst-Suche so verändert, dass nicht mehr alle Nachfolgeknoten des Suchknotens markiert und als aktive Knoten gekennzeichnet werden. Statt dessen werden alle von $S$ aus auf einer Kante erreichbaren Nachfolger $X$ mit $g(X)$ bewertet und der Suchgraph nur um diejenige Kante erweitert, die zu dem Nachfolgeknoten $X$ mit der kleinsten Bewertung $g(X)$ führt. Der neue Knoten $X$ wird entsprechend seiner Bewertung $g(X)$ in die Liste $\mathcal{A}$ der aktiven Knoten einsortiert.

Durch diese Veränderung in der Suchorganisation wird erreicht, dass ein optimaler Pfad $P^*(A, B)$ stets als erster aller Pfade $P(A, B) \in \mathcal{P}(A, B)$ gefunden wird und folglich die Suche sofort beendet werden kann, wenn $B$ erreicht ist.

## 3.4 Heuristische Suche

### 3.4.1 Erweiterungsmöglichkeiten der blinden Suche

Die bisher behandelten Verfahren führen eine *blinde Suche* aus, denn die Suchsteuerung hat keine Informationen über den Aufbau des Graphen, der es ihr ermöglichen würde, die Suche in die Richtung zum Zielknoten zu lenken. Auch der Dijkstra-Algorithmus gehört zu dieser Gruppe von Suchalgorithmen. Bei ihm werden zwar die Kanten im Hinblick auf die Frage bewertet, ob sie zu einem optimalen Pfad gehören. Der Algorithmus verfügt jedoch über keine Informationen, die es ihm ermöglichen, bei der Auswahl des nächsten Suchknotens die in Richtung zum Pfadende liegenden Knoten gegenüber den weiter vom Pfadende entfernten Knoten zu bevorzugen.

Im Folgenden wird gezeigt, wie die bisher behandelte blinde Suche zu einer *informierten Suche* erweitert werden kann, die das Suchergebnis schneller findet. Dies gelingt, indem man die Suchsteuerung um heuristische Elemente erweitert, die Informationen über den Aufbau des Graphen auszunutzen. Mit Heuristiken wird das Ziel verfolgt, diejenigen Gebiete des Graphen bei der Suche zu bevorzugen, in denen der Zielknoten (vermutlich) liegt. In dieser Erweiterung der Graphensuche liegt ein wichtiger Beitrag der Künstlichen Intelligenz zur Lösungsmethodik für Suchprobleme.

Die Notwendigkeit dieser Erweiterung wird zunächst an einem Beispiel gezeigt.

**Beispiel 3.2** *Pfadsuche in einem Gitter*

Um zu verdeutlichen, wie groß der Suchgraph bei einer blinden Suche werden kann, soll ein Pfad zwischen zwei Punkten $A$ und $B$ des in Abb. 3.22 dargestellten Gitters bestimmt werden. Die Gitterpunkte sind die Knoten, die Gitterlinien zwischen benachbarten Punkten die Kanten des Suchraums. Alle Kanten haben dieselbe Länge: $k(i, j) = 1$.

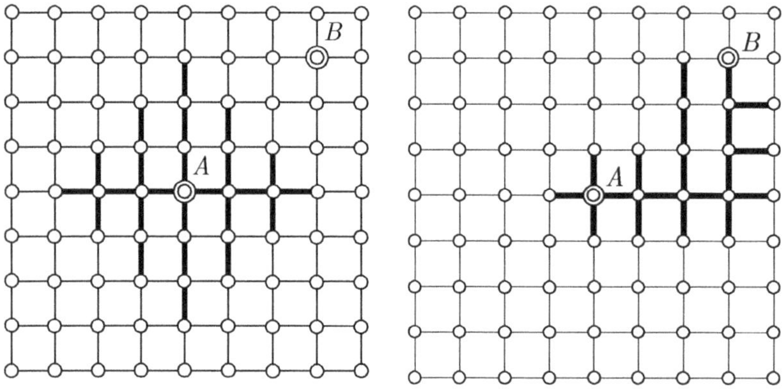


**Abb. 3.22:** Ergebnis der Breite-zuerst-Suche (links) und der heuristischen Suche (rechts) eines Pfades in einem Gitter

Bei einer blinden Suche wie der Breite-zuerst-Suche oder dem Dijkstra-Algorithmus breitet sich der Suchgraph symmetrisch um den Startpunkt $A$ im Suchraum aus. Abbildung 3.22 (links) zeigt den Suchgraphen einer Breite-zuerst-Suche mit den aktiven Knoten, nachdem der Graph von 12 Suchknoten aus analysiert wurde. Derselbe Suchgraph entsteht beim Dijkstra-Algorithmus.

Die im Folgenden eingeführte heuristische Suche soll in der Lage sein, durch Nutzung von Informationen über den Aufbau des Graphen und die Lage der Knoten $A$ und $B$ die Suche entlang einer „Leitrichtung" auszuführen, um damit die in der Nähe eines optimalen Pfades liegenden aktiven Knoten bei der Erweiterung des Suchgraphen zu bevorzugen und beispielsweise den in Abb. 3.22 rechts angegebenen Suchgraphen zu erzeugen. Dieser Suchgraph enthält offensichtlich deutlich weniger Knoten als der im linken Teil gezeigte Graph. □

Die bei der blinden Suche verwendeten Suchsteuerungen lassen Raum für ergänzende Schritte, die auf Grund zusätzlicher Informationen über den Graphen ausgeführt werden und dem Ziel dienen, die Suche in Gebiete des Graphen zu lenken, in der die Lösung vermutet wird. Die Grundlage dafür bildet eine Bewertung aller aktiven Knoten im Hinblick darauf, wie groß die Aussichten auf einen erfolgreichen Abschluss der Suche sind, wenn der Suchgraph an dem jeweiligen Knoten expandiert wird.

Die im Folgenden vorgestellte Verfahrensweise wird als *heuristische Suche* bezeichnet. Ihre Grundzüge werden hier an Problemen der Graphensuche erläutert. Die Einbeziehung heuristischer Elemente wird aber auch in den nachfolgenden Kapiteln zu wissensbasierten Systemen noch eine große Rolle spielen.

**Heuristik.** Der Begriff der Heuristik wird in der Künstlichen Intelligenz als Synonym für „Faustregel", „Trick" oder „Vereinfachung" verwendet. Gemeint sind damit Regeln, die die menschliche Intuition bzw. Erfahrung bezüglich der Lösung eines Problems nachahmen und zu einer Begrenzung bzw. Vereinfachung des Suchgraphen führen oder die Suche in bestimmte Gebiete des Suchraums lenken. Die heuristisch vorgenommenen Eingriffe in die Suchsteuerung können sich auf die Festlegung einer zweckmäßigen Reihenfolge für die Verfolgung von Kanten beschränken, wobei die generelle Lösbarkeit des Problems nicht berührt wird. Durch Heuristik kann der Suchgraph aber auch so stark beschnitten werden, dass das Auffinden der Lösung für die Mehrzahl der Probleme beschleunigt, für spezielle Fälle aber mit einem erhöhten Aufwand verbunden ist und möglicherweise sogar die Lösbarkeit nicht mehr garantiert werden kann.

Heuristiken sind i. Allg. sehr stark auf das betrachtete Suchproblem zugeschnitten. Es können aber allgemeingültige **Ansatzpunkte für ein heuristisches Vorgehen** bei der Graphensuche angegeben werden:

- **Am-besten-Knoten-zuerst-Suche:** Durch Heuristik kann entschieden werden, an welchem Knoten der Suchgraph erweitert wird. An Stelle einer strengen Tiefe/Breite-zuerst-Suche soll stets derjenige Knoten als Suchknoten $S$ verwendet werden, der im Hinblick auf das Suchziel den größten Erfolg verspricht. Wie man ermitteln kann, was „Erfolg versprechend" heißt, wird im folgenden Abschnitt erläutert.
- **Heuristische Auswahl der Kanten:** Durch Heuristik kann entschieden werden, welche von einem gegebenen Knoten ausgehende Kante bei einem Suchschritt verfolgt wird, wenn mehrere Kanten zu noch nicht markierten Knoten führen. In regelbasierten Systemen, in denen die Kanten durch die Anwendung der Regeln entstehen, spielt diese Frage eine große Rolle. Es muss dort heuristisch entschieden werden, welche der anwendbaren Regeln eingesetzt werden soll (Kap. 4).
- **Pruning:** Durch Heuristik kann entschieden werden, welche Knoten bzw. Teilgraphen aus dem Suchgraphen bzw. aus der Menge der aktiven Knoten gestrichen werden können, da der Zielknoten (vermutlich) nicht in diesem Teil des Graphen liegt bzw. nicht von diesen Knoten erreichbar ist. Der Suchbaum wird beschnitten *(pruning)*.

Durch Heuristik wird eine blinde Suche zu einer *informierten Suche* ergänzt. Dafür ist es notwendig, die Struktur des Graphen zu beschreiben.

### 3.4.2 A*-Algorithmus

Dieser Abschnitt erläutert ein heuristisches Suchverfahren, das kürzeste Pfade mit weniger Suchschritten bestimmen kann als der Djikstra-Algorithmus. Dabei werden entsprechend Abb. 3.23 Pfade von Startknoten $A$ über einen aktiven Knoten $X$ zum Zielknoten $B$ betrachtet. Bei diesen Pfaden ist der Anfangsteil $P(A, X)$ bekannt, während der zweite Teil $P(X, B)$ unbekannt ist.

Um aktive Knoten $X$ bei der Suche bevorzugen zu können, die näher am Pfadende $B$ liegen als andere aktive Knoten, muss dem Suchalgorithmus bekannt sein, welche Entfernung die aktiven Knoten $X$ vom Zielknoten $B$ haben. Diese Entfernung kann bei den meisten Suchproblemen nicht exakt angegeben werden, denn für die genaue Bestimmung dieses Abstandes muss i. Allg. der Pfad $P(X, B)$ bekannt sein, was während der Suche nicht der Fall ist. Man kann sich jedoch damit behelfen, die Länge dieses Pfades heuristisch abzuschätzen. Dafür wird die Lage aller aktiven Knoten $X$ in Bezug zu einem optimalen Pfad $P^*(A, B)$ durch eine *Bewertungsfunktion* $f(X)$ charakterisiert, die auch den zweiten (während der Suche noch unbekannten) Teilpfad $P(X, B)$ berücksichtigt.

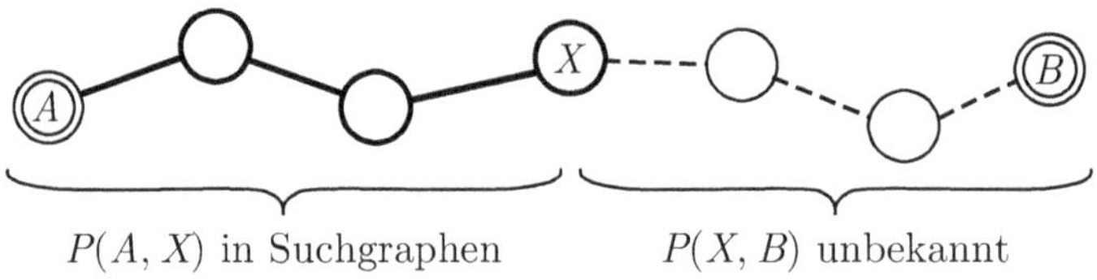


**Abb. 3.23:** Erläuterung der Bewertungsfunktion

In der Bewertungsfunktion

$$f(X) = g(X) + h(X) \tag{3.10}$$

stellen $g(X)$ und $h(X)$ die Kosten der Teilpfade $P(A, X)$ und $P(X, B)$ dar. Der erste Summand $g(X)$ wird für den im Suchgraphen eingetragenen Pfad $P(A, X)$ berechnet:

$$g(X) = k_{\mathrm{P}}(P(A, X)).$$

Der zweite Summand $h(X)$ beschreibt die Länge des noch unbekannten Pfades $P(X, B)$. Er soll ein Schätzwert für die Länge $k_{\mathrm{P}}^*(X, B)$ des kürzesten Pfades von $X$ nach $B$ sein. In der Kenntnis der Funktion $h(X)$ liegt die Zusatzinformation, die der informierte Suchalgorithmus über den Graphen haben muss. Die Funktion $h(X)$ ordnet jedem Knoten $X \in \mathcal{V}$ des Graphen einen Schätzwert für seinen Abstand vom Zielknoten $B$ zu. Wie die später behandelten Beispiele zeigen, hängt es von der Problemstellung ab, wie man die Funktion $h(X)$ festlegt. Es wird jetzt angenommen, dass für jeden Knoten $X \in \mathcal{V}$ der Funktionswert $h(X)$ bekannt ist.

**Algorithmus A.** Der als „Algorithmus A" bezeichnete Suchalgorithmus hat denselben Aufbau wie der Dijkstra-Algorithmus mit dem einzigen Unterschied, dass jetzt die Liste $\mathcal{A}$ der aktiven Knoten nicht entsprechend $g(X)$, sondern entsprechend $f(X)$ sortiert wird. Durch die in $h(X)$

enthaltenen zusätzlichen Informationen über den Restpfad $P(X, B)$ wird das Gebiet des Graphen, in dem der Algorithmus den optimalen Pfad sucht, gegenüber dem Dijkstra-Algorithmus weiter eingeschränkt und das Ergebnis somit i. Allg. mit geringerem Aufwand erzeugt.

Das beschriebene Vorgehen erweitert den Suchgraphen solange, bis der Zielknoten $B$ in der Liste der aktiven Knoten vorn steht, und gibt dann den gefundenen Pfad $P(A, B)$ aus. Da dieses Ergebnis durch die Heuristik $h(X)$ beeinflusst ist, muss es nicht ein optimaler Pfad $P^*(A, B)$ sein, wie das folgende Beispiel zeigt.

**Beispiel 3.3** *Anwendung des Algorithmus A*

Anhand des Graphen aus Abb. 3.24 kann gezeigt werden, dass der Algorithmus A bei Verwendung einer ungeeigneten Heuristik $h(X)$ keinen optimalen Pfad $P^*(A, B)$ findet. In dem Beispiel hat der optimale Pfad

$$P^*(A, B) = ((A, 3), (3, B))$$

die Länge 2.

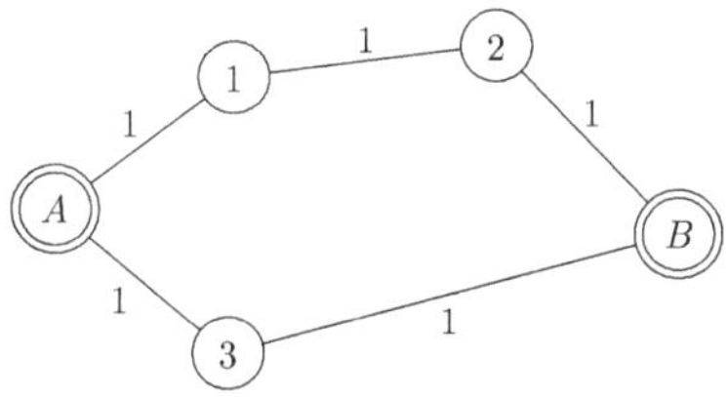


**Abb. 3.24:** Beispiel

Wendet man bei der Suche eine Heuristik an, die durch folgende Funktion $h$ beschrieben ist

| $X$ | $h(X)$ |
|---|---|
| $A$ | 2 |
| $B$ | 0 |
| 1 | 2 |
| 2 | 1 |
| 3 | 3 |

so stehen nach der Abarbeitung der Suchknoten $A$, 1 und 2 die folgenden Knoten in der Liste der aktiven Knoten:

$$\mathcal{A} = \{B, f(B) = 3;\ 3, f(3) = 4\}.$$

Da der Zielknoten $B$ jetzt an erster Stelle steht, ist der Algorithmus mit dem Ergebnis

$$P(A, B) = ((A, 1), (1, 2), (2, B))$$

beendet und hat offensichtlich nicht den optimalen Pfad gefunden. Der Grund liegt darin, dass die heuristische Abschätzung der Länge des Restpfades $P(X, B)$ für den Knoten $X = 3$ mit $h(3) = 3$ wesentlich über der tatsächlichen Länge 1 liegt. Die Heuristik täuscht vor, dass der Pfad über den Knoten 3 länger ist als der zu diesem Zeitpunkt ermittelte Pfad über die Knoten 1 und 2. □

Dieses Beispiel zeigt, dass man mit dem Algorithmus A nur dann einen optimalen Pfad erhält, wenn die heuristische Längenschätzung des Pfades $P(X,B)$ bestimmten Bedingungen genügt. Diese Bedingungen werden im Folgenden eingeführt.

**Algorithmus A*.** Der Algorithmus A kann zur Bestimmung optimaler Pfade eingesetzt werden, wenn die Heuristik $h(X)$ den optimalen Pfad zwischen $X$ und $B$ *unterschätzt*, also eine „optimistische Restkostenabschätzung" vornimmt. Der Suchalgorithmus wird dann als Algorithmus A* bezeichnet:

**A*-Algorithmus:** Ist $h(X)$ für alle $X \in \mathcal{V}$ eine untere Schranke für die Länge $k_P^*(X,B)$ des kürzesten Pfades von $X$ nach $B$

$$h(X) \le k_P^*(X,B), \tag{3.11}$$

dann findet der Algorithmus „A" einen optimalen Pfad $P^*(A,B)$ und wird als Algorithmus A* bezeichnet.

Das heißt, sobald der Knoten $B$ in der Liste $\mathcal{A}$ vorn steht, ist der im Baum $\mathcal{B}$ eingetragene Pfad von $A$ nach $B$ ein optimaler Pfad $P^*(A,B)$.

**Beispiel 3.2 (Forts.)** *Pfadsuche in einem Gitter*

Der Abstand zwischen einem Knoten $X$ und dem Zielpunkt $B$ kann bei der Gittersuche aus den Koordinaten von $X$ und $B$ ermittelt werden, wenn die Position der Knoten in einem $x/y$-Koordinatensystem bekannt ist:

$$X = \begin{pmatrix} x_X \\ y_X \end{pmatrix}, \quad B = \begin{pmatrix} x_B \\ y_B \end{pmatrix}.$$

Die als Manhattan-Distanz bezeichnete Entfernung zweier Knoten berechnet sich aus

$$h(X) = |x_X - x_B| + |y_X - y_B|. \tag{3.12}$$

Dieser Abstand zwischen $X$ und $B$ ist proportional zur Anzahl der Kanten, die der kürzeste Weg $P(X,B)$ zwischen beiden Knoten enthält. Abbildung 3.22 (links) zeigt, dass $h(X)$ nach Gl. (3.12) die Länge der kürzesten Pfade zwischen $X$ und $B$ angibt, wenn der Suchraum wie in diesem Beispiel alle Gitterkanten enthält. Gibt es jedoch Hindernisse, die bestimmte Kanten „sperren", so stellt $h(X)$ eine untere Schranke für die optimale Pfadlänge $k_P^*(X,B)$ dar. Folglich ist Gl. (3.11) in beiden Fällen erfüllt und der erste Pfad $P(A,B)$, den der Algorithmus findet, ist ein optimaler Pfad.

Mit der heuristischen Suche wird der in Abb. 3.22 rechts dargestellte Suchbaum erzeugt. Durch die heuristische Suchsteuerung werden die näher an $B$ liegenden aktiven Knoten gegenüber den anderen aktiven Knoten bei der Auswahl des Suchknotens bevorzugt. Während mit der Breite-zuerst-Suche ein Pfad $P(A,B)$ erst nach dem Markieren von 69 (von 81) Knoten gefunden wird, erhält man die Lösung mit heuristischer Suche bereits nach der Markierung von 18 Knoten. □

**Eigenschaften des A*-Algorithmus.** Eine Heuristik, die die Bedingung (3.11) erfüllt, heißt *zulässige Heuristik* oder zulässige Entfernungsschätzung. Die Ungleichung (3.11) ist trivialerweise für $h(X) = 0$ erfüllt, wofür der A*-Algorithmus dieselbe Suche wie der Dijkstra-Algorithmus ausführt und dementsprechend den kürzesten Pfad zwischen $A$ und $B$ findet. Wenn außerdem alle Kanten die Länge 1 haben, führt der A*-Algorithmus eine Breite-zuerst-Suche durch. Da er in beiden Fällen keine Informationen über den Aufbau des Graphen nutzt (blinde Suche), findet er den Pfad $P^*(A, B)$ erst nach sehr vielen Suchschritten (Abb. 3.22 (links)).

Je größer $h(X)$ ist, umso mehr verändert die Heuristik die Suche gegenüber dem Dijkstra-Algorithmus. Deshalb heißt ein A*-Algorithmus besser informiert als ein zweiter A*-Algorithmus, wenn die in ihm benutzte Funktion $h_1(X)$ gegenüber der im zweiten Algorithmus verwendeten Funktion $h_2(X)$ die Ungleichung

$$h_2(X) \leq h_1(X) \leq k_{\mathrm{P}}^*(X, B) \tag{3.13}$$

erfüllt. Diese Beziehung ist Ausdruck dafür, dass der Algorithmus besser über die Gegebenheiten im Suchraum informiert ist. Ein optimaler Pfad wird in weniger Suchschritten gefunden, d. h., es wird ein Suchgraph mit weniger Knoten generiert (vgl. die beiden Teile von Abb. 3.22).

Obwohl für die im Beispiel 3.2 behandelte Gittersuche der Vorteil einer Suche mit zulässiger Heuristik gegenüber der uninformierten Suche offensichtlich ist, ergibt sich die Frage, ob ein besser informierter Algorithmus generell weniger Suchschritte als ein schlechter informierter Algorithmus benötigt (wie dies die verwendeten Begriffe nahelegen). Diese Frage wird im Folgenden beantwortet.

Da der A*-Algorithmus die Suchorganisation des Dijkstra-Algorithmus übernommen hat, expandiert er den Suchgraphen an allen Knoten $X$, für die

$$f(X) < k_{\mathrm{P}}^*(A, B)$$

gilt und an keinem Knoten $X$, für den die Ungleichung

$$f(X) > k_{\mathrm{P}}^*(A, B)$$

erfüllt ist. Der in Gl. (3.13) betrachtete Algorithmus mit der Heuristik $h_1(X)$ verwendet also alle Knoten $X$ des Graphen als Suchknoten bevor er einen optimalen Pfad gefunden hat, für die die Beziehung

$$f_1(X) = g(X) + h_1(X) < k_{\mathrm{P}}^*(A, B)$$

gilt. Der zweite Algorithmus expandiert den Suchgraphen ebenfalls an allen diesen Knoten, denn mit seiner Heuritisk $h_2(X)$ ist die Bewertungsfunktion für alle diese Knoten $X$ kleiner:

$$\begin{aligned} f_2(X) &= g(X) + h_2(X) \\ &\leq g(X) + h_1(X) \\ &< k_{\mathrm{P}}^*(A, B). \end{aligned}$$

Daraus folgt, dass ein schlechter informierter Algorithmus mindestens so viele Suchschritte ausführt wie ein besser informierter Algorithmus (und damit die eingeführten Begriffe sinnvoll sind).

**Monotone Heuristiken.** Für die Anwendung des A*-Algorithmus muss man eine zulässige Heuristik angeben. Für die Festlegung einer solchen Heuristik ist der Begriff der monotonen Heuristik hilfreich. Dieser Begriff vergleicht die Werte $h(X)$ und $h(X')$ zweier durch eine

Kante $(X, X')$ mit der Länge $k(X, X')$ verbundener Knoten. Die Heuristik $h$ heißt *monoton*, wenn für alle derartigen Knotenpaare die Ungleichung

$$h(X) \leq h(X') + k(X, X')$$

gilt. Man kann sich schnell überlegen, dass monotone Heuristiken zulässig sind, denn bei der Verlängerung des Pfades $P(A, X)$ um die Kante $(X, X')$ erhöht sich die Bewertungsfunktion

$$f(X) \leq f(X'). \tag{3.14}$$

Da dies bei allen Knoten $X$ der Fall ist, wird der optimale Abstand $k^*_{\mathrm{P}}(X, B)$ durch $h(X)$ unterschätzt.

**Beispiel 3.4** *Monotone Heuristik*

Ein Beispiel für eine monotone Heuristik ist der im Beispiel 3.2 verwendete Manhattan-Abstand (3.12). Seine Wirkung kann man sehr anschaulich an der Gittersuche demonstrieren. Sucht man den Pfad $P(A, B)$ ohne Heuristik mit der Breite-zuerst-Suche, so breitet sich der Suchgraph ringförmig um den Startknoten aus (Abb. 3.25 (links)). Durch die gestrichelten Linien sind die Mengen aktiver Knoten $X$ abgegrenzt, für die die Bewertungsfunktion $f(X)$ höchstens den angegebenen Wert hat, wobei für alle Knoten die Beziehung $h(X) = 0$ gilt.

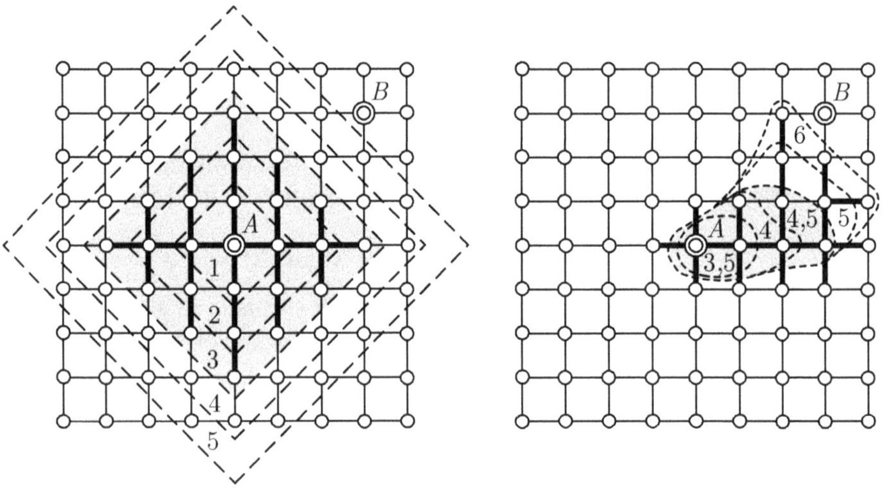


**Abb. 3.25:** Vergleich der Suchergebnisse bei Verwendung zweier unterschiedlicher Heuristiken

Verwendet man hingegen den Manhattan-Abstand zwischen $X$ und $B$ als Heuristik, wobei hier zur besseren Illustration des Einflusses von $h(X)$ auf den Fortschritt der Suche mit dem halben Abstand gearbeitet wird

$$h(X) = \frac{1}{2}\left(|x_X - x_B| + |y_X - y_B|\right),$$

dann verformen sich die Gebiete aktiver Knoten, für die die Bewertungsfunktion unterhalb der angegebenen Werte liegen, in Richtung zum Zielknoten $B$. Mit steigendem Wert von $f(X)$ nähern sich die aktiven Knoten dem Zielpunkt. Da dieser A*-Algorithmus besser informiert ist, als die Breite-zuerst-Suche, gilt für wesentlich weniger Knoten $X$ die Beziehung $f(X) \leq k_{\mathrm{P}}^{*}(A, B)$ und die Suche ist schneller am Ziel (Abb. 3.25 (rechts)). □

Die Abbildung zeigt auch, dass sich bei der Suche der Funktionswert $f(X)$ schrittweise dem Wert $f(B) = k_{\mathrm{P}}^{*}(A, B)$ annähert, so dass auch aus diesen Betrachtungen hervorgeht, dass ein optimaler Pfad gefunden ist, sobald der Algorithmus am Knoten $B$ ankommt.

Der A*-Algorithmus ist ein Beispiel dafür, wie die blinde Suche durch Einbeziehung von heuristischen Bewertungen der Suchergebnisse zur informierten Suche erweitert werden kann. Er zeigt, dass Heuristik nichts Mystisches ist, das häufig aus irgendwelchen Gründen erfolgreich ist, aber in Einzelfällen aus gleichfalls nicht geklärter Ursache zum Versagen des Algorithmus führt. Im Gegenteil: Die im A*-Algorithmus verwendete Heuristik *garantiert*, dass ein optimaler Pfad gefunden wird. Diese Sicherheit leitet sich aus der Forderung (3.11) an die Bewertungsfunktion ab.

**Aufgabe 3.7** *Suche in Gittern mit Hindernissen*

Betrachten Sie das Suchproblem aus Beispiel 3.2 unter der Annahme, dass einige Gitterlinien unterbrochen sind, wie es Abb. 3.26 zeigt, und verwenden Sie die im Beispiel 3.2 angegebene Funktion $h(X)$.

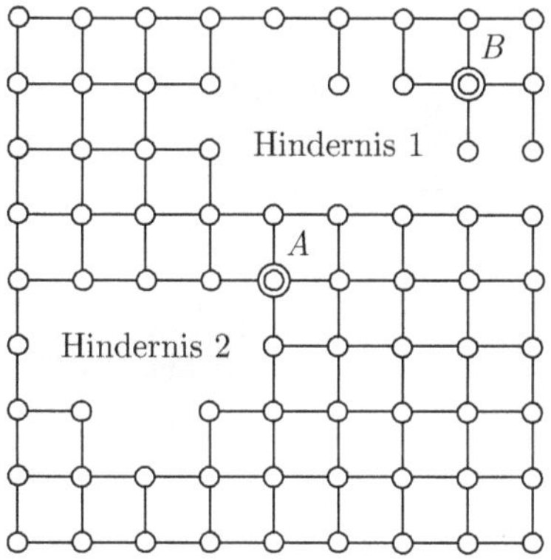


**Abb. 3.26:** Suchraum mit Hindernissen

1. Zeichnen Sie den vom A*-Algorithmus erzeugten Suchgraphen. Wie viele Knoten enthält der Suchbaum? Wie verändert sich der Suchgraph, wenn Sie die Hindernisse schrittweise vergrößern bzw. verkleinern?
2. Wählen Sie unterschiedliche Zielpunkte $C$ in der unteren linken Ecke des Suchraums. Für welche Punkte führt der Lösungspfad $P^{*}(A, C)$ links bzw. rechts um das eingezeichnete Hindernis herum? □

**Aufgabe 3.8*** *Zulässige Heuristiken für den A*-Algorithmus*

Für das in Aufg. 3.5 gestellt Suchproblem durchläuft der Dijkstra-Algorithmus fast den gesamten Graphen, bevor er einen optimalen Pfad gefunden hat. Deshalb soll das Suchproblem jetzt mit dem A*-Algorithmus gelöst werden.

Gegeben ist die folgende Funktion $h(X)$:

| $X$ | A | B | 1 | 2 | 3 |
|---|---|---|---|---|---|
| $h(X)$ | 2 | 0 | 1 | 2 | 3 |

Handelt es sich dabei um eine zulässige Heuristik? Korrigieren Sie die Tabelle gegebenenfalls und lösen Sie das Suchproblem mit dem A*-Algorithmus. Bringt die heuristische Abschätzung der Restkosten eine wesentliche Verkürzung der Suche im Vergleich zum Dijkstra-Algorithmus? □

**Aufgabe 3.9** *Planung einer Fahrtroute in Amsterdam*

Abbildung 3.27 zeigt einen Ausschnitt aus dem Stadtplan von Amsterdam. Die Pfeile kennzeichnen ein Gitter von Einbahnstraßen, in dem man sich mit dem Auto nicht ohne gründliche Wegeplanung bewegen sollte. Die nicht mit einem Pfeil gekennzeichneten Straßen können in beiden Richtungen befahren werden.

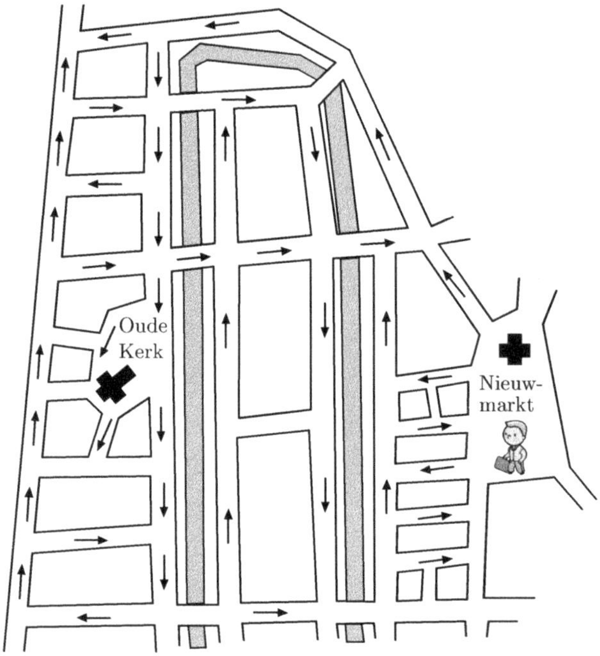


**Abb. 3.27:** Ausschnitt aus dem Stadtplan von Amsterdam

1. Wie muss der Stadtplan in einen gerichteten Graphen transformiert werden, damit die Fahrtroute vom Nieuwmarkt zur Oude Kerk mit Hilfe eines Graphensuchalgorithmus bestimmt werden kann?

2. Wie verhalten sich die Tiefe-zuerst- bzw. die Breite-zuerst-Suche, in deren Suchschritt die Kanten unter Beachtung der Richtung betrachtet werden?
3. Wie verändert sich der Suchgraph, wenn nicht nur dieser Ausschnitt, sondern der gesamte Stadtplan als Suchraum verwendet wird?
4. Welche Heuristik kann verwendet werden, um die Anzahl der Suchschritte im A*-Algorithmus möglichst klein zu machen? □

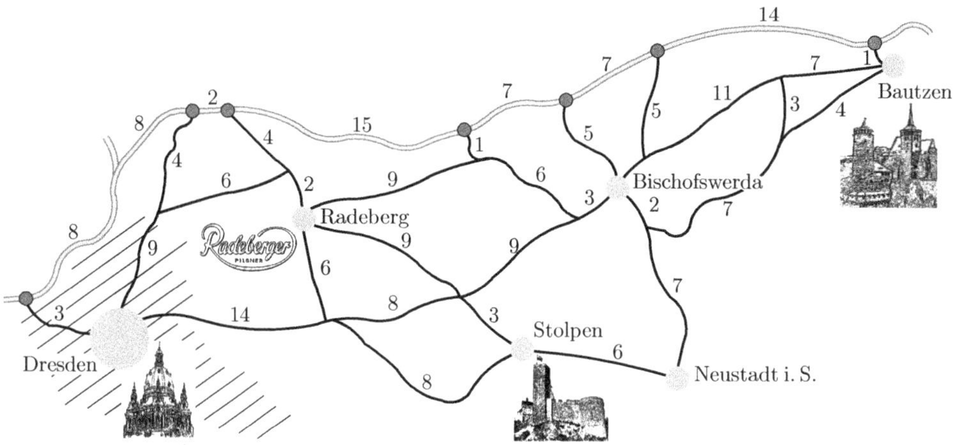


**Abb. 3.28:** Ausschnitt aus einer Landkarte mit Entfernungsangaben in Kilometern

| **Aufgabe 3.10** *Routenplanung im Straßen- und Eisenbahnverkehr* |
|---|

Moderne Navigationssysteme lösen Routenplanungsprobleme, indem sie sie in Graphensuchprobleme überführen. Überlegen Sie sich, wie man in den folgenden Fällen den A*- Algorithmus einsetzen kann.

1. Abbildung 3.28 zeigt den Ausschnitt einer Landkarte, in der die Entferungen zwischen benachbarten Ortschaften und Straßenabzweigungen in Kilometern angegeben sind. Wie kann man das Problem, zwischen zwei Ortschaften die schnellste Route zu finden, in ein Graphensuchproblem umformen? Wie kann man dabei die unterschiedlichen Durchschnittsgeschwindigkeiten auf den Landstraßen und Autobahnen berücksichtigen? Wie sieht die Planungsaufgabe für Fahrradfahrer aus? Was sind zulässige Heuristiken für diese Aufgabe?
2. Bei der Routenplanung für Eisenbahnreisen muss man beachten, dass die Geschwindigkeit vom verwendeten Zug abhängt und schnelle Züge nicht an allen Bahnhöfen halten. Wie geht der Fahrplan in die Planungsaufgabe ein? □

## 3.5 Anwendungsbeispiel: Bahnplanung für Industrieroboter

### 3.5.1 Aufgabenstellung und Lösungsweg

Die Bahnplanung beschäftigt sich mit der Festlegung der Roboterbewegung, bei der der Greifer von einem Start- zu einem Zielpunkt geführt wird. Für die Lösung dieser Aufgabe ist Wissen über den Arbeitsbereich des Roboters und insbesondere über die sich darin befindenden Hindernisse, über den Aufbau des Roboters, über den auszuführenden Montageschritt sowie über Lösungsstrategien für Bahnplanungsaufgaben erforderlich.

Der Arbeitsbereich und die Bewegungsmöglichkeiten des Roboters werden im *Konfigurationsraum* dargestellt. Dabei wird die Position des Greifers nicht in den drei räumlichen Koordinaten $x$, $y$ und $z$, sondern durch die zugehörigen Stellungen der Gelenke und Achsen des Roboters angegeben. Der in Abb. 3.29 (links) dargestellte Roboter hat beispielsweise zwei Freiheitsgrade, denn er kann zwei Gelenke unabhängig voneinander bewegen. Sein Konfigurationsraum ist deshalb zweidimensional mit den beiden Gelenkwinkeln $\phi_1$ und $\phi_2$ als Koordinaten.

Im Konfigurationsraum werden alle diejenigen Punkte als Hindernisse markiert, bei denen der Greifer oder die Gelenke des Roboters mit Werkstücken oder Hindernissen kollidieren.

Die Bahnplanung erfolgt in drei Schritten:

1. Bestimmung des Konfigurationsraums und Transformation der Hindernisse in den Konfigurationsraum,
2. Diskretisierung des Konfigurationsraums für die Lösung der Planungsaufgabe,
3. Suche eines Pfades, der die in den Konfigurationsraum transformierten Start- und Zielpunkte verbindet.

Durch die Diskretisierung wird im zweiten Schritt die kontinuierliche Bewegung des Roboters durch Bewegungsschritte zwischen diskreten Punkten angenähert und die Bewegungsplanung auf ein Graphensuchproblem zurückgeführt. Im dritten Schritt verwenden die meisten Bahnplanungsverfahren den A*-Algorithmus. Dafür muss eine Bewertungsfunktion festgelegt werden, in der die Heuristik für Bahnplanungsprobleme gut zum Ausdruck kommt.

### 3.5.2 Beschreibung kollisionsfreier Bahnen im Konfigurationsraum

Für die Modellierung der kollisionsfreien Bahnen des Roboters wird zunächst der Konfigurationsraum definiert. Dies ist unproblematisch, weil Roboter i. Allg. offene kinematische Ketten ohne Verzweigungen darstellen, deren Glieder durch Gelenke aneinander gereiht sind. Jedes Gelenk kann entweder eine rotatorische oder eine translatorische Bewegung ausführen. Die Stellung der Gelenke ist durch eine Koordinate (Winkel bzw. Entfernung) eindeutig bestimmt.

Um den vom Roboter erreichbaren Teil des Konfigurationsraums abzugrenzen, wird bestimmt, für welche Gelenkkoordinaten sich der Greifer in einer vorgegebenen, durch kartesische Koordinaten beschriebenen Position befindet. Dabei geht man von der dreidimensionalen Darstellung in kartesischen Koordinaten $(x, y, z)$ in eine $m$-dimensionale Darstellung in Konfigurationskoordinaten über, wobei $m$ die Anzahl der Freiheitsgrade (Gelenke) des Roboters ist. Jede Greiferposition in $(x, y, z)$-Koordinaten entspricht mindestens einem, häufig mehreren Punkten im Konfigurationsraum.

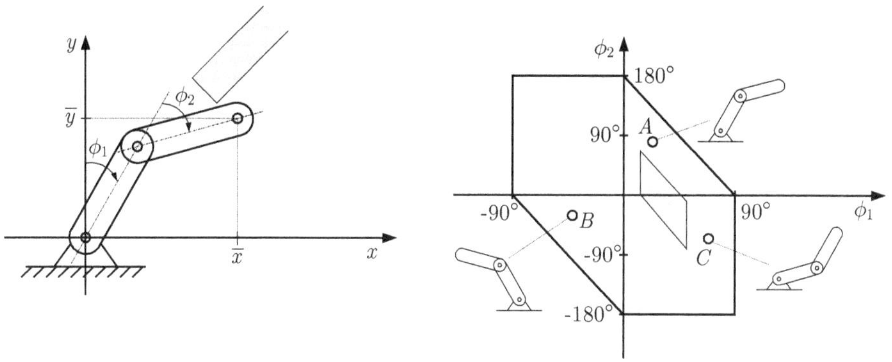


**Abb. 3.29:** Bestimmung des Konfigurationsraums eines Roboters mit zwei Freiheitsgraden

Bei der Transformation der Hindernisse in den Konfigurationsraum betrachtet man – beginnend an der Basis des Roboters – das $i$-te Gelenk ($i = 1, 2, ..., m$), nimmt für die vorangehenden Gelenke 1, 2,..., $i - 1$ eine feste Stellung an und lässt alle folgenden Gelenke $i + 1$, $i + 2, ...$ außer Acht. Nun wird bestimmt, für welche Stellungen des $i$-ten Gelenks der Roboter mit keinen Hindernissen kollidiert. Dabei erhält man Intervalle für die Stellung des $i$-ten Gelenks, die als sicher bezeichnet werden. Diese Betrachtungen wiederholt man für alle sicheren Stellungen der Gelenke 1, 2,..., $i - 1$. Als Ergebnis erhält man die Bereiche des Konfigurationsraums, in denen der Roboter nicht mit den Hindernissen kollidiert. Bei der Bahnplanung muss ein Weg durch diese Bereiche des Konfigurationsraums gesucht werden.

Für statische Hindernisse können die beschriebenen Schritte vor der Inbetriebnahme des Roboters durchgeführt werden, so dass der dafür notwendige Rechenzeitbedarf eine untergeordnete Rolle spielt. Bewegliche Hindernisse müssen jedoch während des Betriebes des Roboters transformiert werden. Die dafür notwendige Rechenzeit geht in die Bahnplanung ein. Zur Beschleunigung der Berechnung wird bei der Transformation i. Allg. nicht mit der exakten Hindernisgeometrie, sondern mit einer Approximation durch Hüllkurven, z. B. durch einhüllende Kugeln, gearbeitet.

**Diskretisierung des Konfigurationsraums.** Für eine effektive Bahnplanung wird der Konfigurationsraum diskretisiert und das Ergebnis durch einen ungerichteten Graphen $\mathcal{G} = (\mathcal{V}, \mathcal{E})$ dargestellt. Die Knoten $i \in \mathcal{V}$ beschreiben die Diskretisierungspunkte. Benachbarte Knoten werden durch Kanten $e \in \mathcal{E}$ verbunden, wenn sich der Roboter von der einen zur anderen Konfiguration bewegen kann. Auf diese Weise entsteht ein Graph mit regelmäßiger Gitterstruktur.

Aus dem Graphen $\mathcal{G}$ werden alle Knoten einschließlich aller von diesen Knoten ausgehenden Kanten entfernt, die den durch Hindernisse gesperrten Konfigurationen entsprechen. Der verbleibende Graph beschreibt kollisionsfreie Wege zwischen sicheren Konfigurationspunkten.

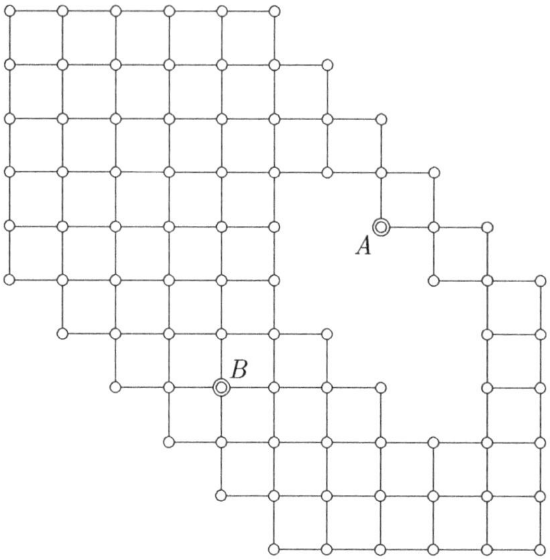


**Abb. 3.30:** Diskrete Darstellung des Konfigurationsraums mit Angabe einer Start- und einer Zielkonfiguration

**Beispiel 3.5** *Bewegungsraum eines Roboters mit zwei Freiheitsgraden*

Die Position des in Abb. 3.29 gezeigten Roboters ist durch die beiden Winkel $\phi_1$ und $\phi_2$ eindeutig beschrieben, so dass dieser Roboter einen zweidimensionalen Konfigurationsraum besitzt.

Jedem durch den Greifer erreichbaren Punkt $(\bar{x}, \bar{y})$ des kartesischen Koordinatensystems kann mindestens ein Punkt $(\phi_1, \phi_2)$ des Konfigurationsraums zugeordnet werden. Für den in Abb. 3.29 (links) angegebenen Punkt $(\bar{x}, \bar{y})$ sind die beiden Konfigurationen $A$ und $C$ möglich, die in Abb. 3.29 (rechts) eingetragen sind.

Der Konfigurationsraum ist beschränkt. Der Einfachheit halber wird angenommen, dass beide Roboterarme gleich lang sind, sich der Roboter nur oberhalb der Grundfläche ($x$-Achse des Koordinatensystems) bewegt und dass das zweite Gelenk bis zu $180^o$ in beide Richtungen verdreht werden kann.

Das Hindernis in Abb. 3.29 (links) hat zur Folge, dass das im Konfigurationsraum schraffiert eingetragene Gebiet zu Kollisionen führt. Bei der in der Abbildung gezeigten Lage des Hindernisses kann nur der Greifer an das Hindernis anstoßen, so dass nur ein verbotenes Gebiet entsteht. Bei einem näher am Roboter gelegenen Hindernis entstehen mehrere verbotene Gebiete, weil auch die Gelenke anstoßen können.

Nach der Diskretisierung, die hier mit einem Diskretisierungsintervall von $18^o$ bzw. $36^o$ für $\phi_1$ bzw. $\phi_2$ durchgeführt wurde, erhält man den in Abb. 3.30 gezeigten Graphen. Jeder Kante zwischen zwei benachbarten Diskretisierungspunkten entspricht die Drehung eines der beiden Gelenke. Aus einem Pfad im Konfigurationsraum kann man folglich eine Folge von Anweisungen für die Robotersteuerung ableiten, mit der der Roboter vom Start- in den Zielpunkt bewegt wird. Wenn die Robotersteuerung mehrere Gelenke gleichzeitig bewegen kann, können zusätzliche Kanten in den diskretisierten Konfigurationsraum eingetragen werden. In dem hier betrachteten zweidimensionalen Raum sind dies die Diagonalen der Quadrate, entlang derer sich der Roboter bei gleichzeitiger Drehung beider Gelenke bewegt. □

### 3.5.3 Planungsalgorithmus

Die Aufgabe der Bahnplanung besteht in der Suche des kürzesten Pfades von einem Startpunkt zu einem Zielpunkt. Für ihre Lösung werden die Kanten des Graphen mit ihrer Länge bewertet. Wird der Konfigurationsraum normiert, so sind bei dem in Abb. 3.30 gezeigten Graphen alle Kanten gleich lang. Bei höherdimensionalen Konfigurationsräumen ergeben sich auch Kanten unterschiedlicher Länge.

Die Planungsaufgabe ist mit den in diesem Kapitel erläuterten Algorithmen lösbar. Für den A*-Algorithmus findet man eine heuristische Schätzung für die Länge $h(X)$ des Restpfades $P(X, B)$ anhand der Koordinaten der Punkte $X$ und $B$ im Konfigurationsraum, wie es im Beispiel 3.2 angegeben ist.

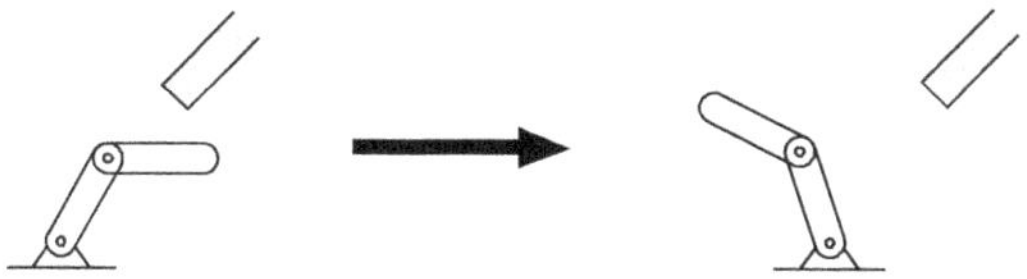

**Abb. 3.31:** Startkonfiguration $A$ und Zielkonfiguration $B$

**Beispiel 3.6** *Bahnplanung für einen Roboter mit zwei Freiheitsgraden*

Für den im Beispiel 3.5 beschriebenen Roboter soll der kürzeste Weg zwischen den in Abb. 3.30 eingetragenen Punkten $A$ und $B$ ermittelt werden, die den in Abb. 3.31 gezeigten Konfigurationen entsprechen. Um das Hindernis zu umgehen, gibt es zwei Wege, die im Konfigurationsraum im Uhrzeigersinn bzw. entgegen dem Uhrzeigersinn um das Hindernis herumführen.

Mit Hilfe des A*-Algorithmus wird ein optimaler Pfad bestimmt, wobei die Heuristik (3.12) eingesetzt wird. In Abb. 3.32 ist der dabei generierte Suchgraph mit Angabe der Bewertung $f(X)$ der Knoten aufgezeichnet. Bei aktiven Knoten $X$ mit gleichem Wert $f(X)$ der Bewertungsfunktion hängt es von der Implementierung des Algorithmus ab, an welchem dieser Knoten der Suchgraph zuerst expandiert wird.

Die dem Pfad von $A$ nach $B$ entsprechende Roboterbewegung ist im unteren Teil von Abb. 3.32 schematisch dargestellt. Das Hindernis wird mit bestimmtem Abstand umfahren, da auf Grund der relativ groben Diskretisierung das Hindernis im Konfigurationsraum größer erscheint, als es tatsächlich ist. Soll ein noch größerer Sicherheitsabstand vom Hindernis eingehalten werden, so kann dies durch eine Vergrößerung des gesperrten Gebietes im Konfigurationsraum erzwungen werden. □

**Aufgabe 3.11** *Bahnplanung für einen Roboter mit zwei Freiheitsgraden*

Wiederholen Sie die Bahnplanung aus Beispiel 3.6 mit verändertem Anfangspunkt $A$ und ermitteln Sie dabei den nächstgelegenen Anfangspunkt, für den die optimale Bewegung das Hindernis „untenherum" umgeht. □

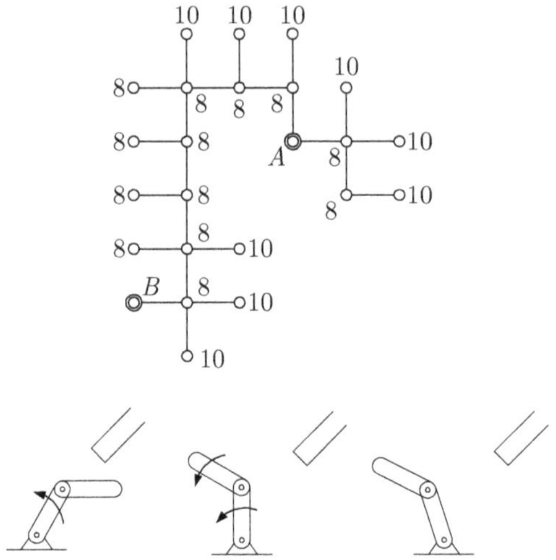


**Abb. 3.32:** Roboterbahn zwischen Startpunkt $A$ und Zielpunkt $B$

### 3.5.4 Erweiterungen

Das beschriebene Vorgehen zeigt, wie eine Bahnplanung mit Hilfe einer graphentheoretischen Interpretation der Aufgabenstellung durchgeführt werden kann. Für Roboter mit vielen Freiheitsgraden und fein diskretisiertem Konfigurationsraum ist die Komplexität des Algorithmus jedoch so hoch, dass die Bahnplanung nicht online erfolgen kann. Dies ist aber notwendig, wenn sich Hindernisse im Arbeitsraum des Roboters bewegen.

Eine Komplexitätsreduktion kann durch ein hierarchisches Vorgehen erreicht werden. Dabei wird die Bahn zunächst in einem sehr grob diskretisierten Konfigurationsraum geplant. Der als Ergebnis entstehende Weg wird anschließend in Teilen des Konfigurationsraums unter Verwendung einer feineren Diskretisierung durch eine lokale Planung verbessert.

Die Komplexität des hierarchischen Planungsalgorithmus ist kleiner als eine Planung, die sofort mit der feinen Diskretisierung arbeitet, da in die globale Planung wesentlich weniger Informationen eingehen. Außerdem müssen dabei nur solche Hindernisse berücksichtigt werden, die die bei der groben Diskretisierung entstehenden Zellen des Konfigurationsraums vollständig überdecken. Kleinere Hindernisse können später bei der lokalen Planung berücksichtigt werden.

Andere Erweiterungen des beschriebenen Vorgehens sind notwendig, wenn der Roboter Objekte durch sehr enge „Gänge" befördern muss. Dann müssen Größe und Lage des Objektes beachtet und das Objekt u. U. gedreht werden, so dass es zwischen Hindernissen hindurchpasst. Auf wie viele Hindernisse dabei zu achten und wie viele Bewegungsrichtungen zu koordinieren sind, weiß jeder, der Möbel eine enge Treppe hinauf- oder hinuntergetragen hat.

## 3.6 Zusammenfassung

### 3.6.1 Problemlösen durch Suche

In diesem Kapitel wurden die wichtigsten Prinzipien erläutert, mit denen man Probleme durch *Suche* lösen kann. Die betrachteten graphentheoretischen Probleme sind dadurch gekennzeichnet, dass es bei vielen Bearbeitungsschritten mehrere Lösungsmöglichkeiten gibt und man nicht sofort endgültig entscheiden kann, welcher Schritt zur Lösung des Problems beiträgt und welche nicht. Beispielsweise weiß man nicht sofort, welche der von einem Suchknoten $S$ ausgehenden Kanten zu einem unmarkierten Knoten auf dem gesuchten Lösungspfad liegt.

Suchprobleme muss man deshalb dadurch lösen, dass man Lösungsmöglichkeiten erzeugt und testet, welche dieser Möglichkeiten zur Lösung des betrachteten Problems beitragen (*generate and test*). Der Erfolg der Suche und der Aufwand für die Bestimmung des Lösungsweges hängen entscheidend von der Organisation der Suche ab, die zwei Elemente beinhaltet:

- **Suchsteuerung.** Da alternative Wege sequenziell auf Erfolg getestet werden, muss sich der Algorithmus merken, von welchen Knoten ausgehend der Suchgraph noch erweitert werden kann (Menge der aktiven Knoten). Außerdem ist die Reihenfolge vorzugeben, in denen die Suchschritte durchzuführen sind. Dies geschieht durch die Suchsteuerung.
- **Heuristische Richtlinien** für die Suche. Da die Suche in Gebiete des Suchraums gelenkt werden soll, in der voraussichtlich die Lösung des Problems liegt, werden die möglichen Lösungswege im Hinblick auf die Aussichten, die Suche unter Verwendung dieser Wege zum Erfolg zu führen, bewertet und sortiert. Es wird heuristisch entschieden, in welchem Knoten der Suchgraph erweitert wird.

Während die Suchsteuerung Informationen über den Suchgraphen, also die bereits ausgeführten Suchschritte, verwaltet und verarbeitet, verwenden die heuristischen Elemente Informationen über den gesamten Suchraum, insbesondere über den noch nicht besuchten Teil des Suchraums.

Suchalgorithmen ohne Heuristik führen eine blinde Suche aus. Durch Verwendung heuristischer Richtlinien wird die blinde Suche zu einer informierten Suche ergänzt.

In den Aufwand für die Lösung des Suchproblems gehen der Aufwand für die Suchorganisation einschließlich der Anwendung der Heuristiken sowie für die Erweiterung des Suchgraphen ein. Je mehr Informationen für die Steuerung ausgenutzt werden, umso größer ist der Aufwand für die Suchorganisation, aber umso weniger Suchschritte werden ausgeführt, bis der Zielpunkt gefunden ist. Für ein gegebenes Suchproblem wird ein möglichst kleiner Gesamtaufwand angestrebt.

### 3.6.2 Struktur und Eigenschaften von Suchsystemen

Die angegebenen Algorithmen führen auf die in Abb. 3.33 gezeigte Architektur. Das Bild weist auf die Trennung von verarbeitenden und speichernden Elementen hin, was später bei regelbasierten und logikbasierten Systemen als Trennung von Wissensrepräsentation und Wissensverarbeitung in Erscheinung treten wird. Die beiden speichernden Komponenten enthalten mit dem Graphen das für alle betrachteten Suchprobleme verwendete Wissen über den Suchraum

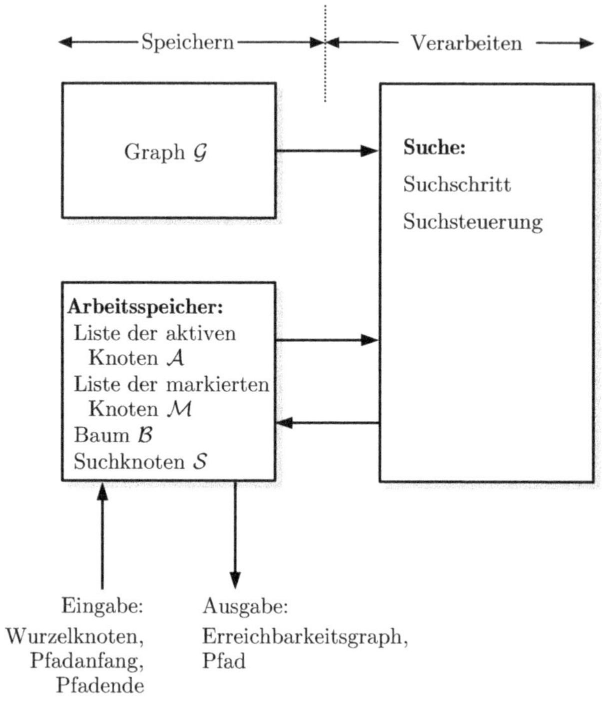


**Abb. 3.33:** Architektur von Suchsystemen

bzw. mit dem Suchgraphen die sich mit dem Fortschreiten der Suche verändernden problemsspezifischen Daten.

Da die meisten Wissensverarbeitungsprobleme durch Suche gelöst werden, sind die dafür verwendeten Algorithmen ähnlich aufgebaut wie Graphensuchalgorithmen. Die hier angegebene Struktur von Suchalgorithmen erscheint deshalb in erweiterter Form mehrfach in den nachfolgenden Kapiteln. Abstrahiert man von den Spezifika der Graphensuche, so erkennt man bereits jetzt, dass für die Lösung von Wissensverarbeitungsproblemen drei Elemente maßgebend sind:

- Der **Arbeitsspeicher** (Datenbasis, *data base*) enthält die konkrete Aufgabenstellung, sowie die während der Lösung erzeugten Zwischenergebnisse, bei der Graphensuche also den eingelesenen Wurzelknoten sowie die aktuellen Zwischenergebnisse der Suche, die u. a. in den Listen $\mathcal{A}$, $\mathcal{M}$ und $\mathcal{B}$ gespeichert sind.
- Als **Operatoren** werden diejenigen Vorschriften bezeichnet, mit denen der nächste Suchschritt ausgeführt werden kann. Bei der Graphensuche bedeutet die Anwendung eines Operators lediglich die Bewegung entlang einer Kante $(S, X)$ vom Suchknoten $S$ zu einem Nachbarknoten $X$. In regelbasierten Systemen dienen die Operatoren zur Generierung des Suchgraphen, da dort der Suchraum nicht explizit als Graph gegeben ist und die Regeln Vorschriften darstellen, nach denen die Kanten $(S, X)$ erzeugt werden (Kap. 4).

- Die **Suchsteuerung** enthält das Wissen darüber, wie aus mehreren möglichen Bewegungsrichtungen eine ausgewählt wird und die restlichen für die spätere Verwendung gespeichert werden. Man spricht in diesem Zusammenhang auch vom „Kontrollwissen" (*control knowledge*).

**Nichtdeterministische Verfahren.** An dieser Stelle soll auf den Begriff des nichtdeterministischen Verfahrens eingegangen werden, der in der Wissensverarbeitung eine große Rolle spielt. Die Bedeutung dieses Begriffes kann man bereits anhand der Graphensuche erklären.

Ohne Verwendung einer speziellen Suchsteuerung beinhaltet der Lösungsweg die Anweisung

„Wähle eine Kante $(i, j)$ mit markiertem Knoten $i$ und unmarkiertem Knoten $j$."

(vgl. Algorithmus 3.1). Dieser Lösungsschritt ist nichtdeterministisch, da er die Auswahl *irgendeiner* Kante mit den angegebenen Eigenschaften beinhaltet. Der Tremaux-Algorithmus ist deshalb eigentlich gar kein Algorithmus, denn er ist keine *eindeutige* Beschreibung von Verarbeitungsschritten, wie man sie von einem Algorithmus fordert.

Da nichtdeterministische Verfahren nicht in Form von Programmen implementiert werden können, ist es notwendig, durch Verwendung einer Suchsteuerung den inhärenten Nichtdeterminismus von Suchproblemen zu beseitigen und zu einer eindeutigen Lösungsvorschrift zu gelangen. Als Mindestanforderung muss die Suchsteuerung sicherstellen, dass Lösungsschritte nicht mehrfach ausgeführt werden. Durch die heuristischen Erweiterungen kann die Suchsteuerung Informationen über die Struktur des Graphen ausnutzen und den Lösungsweg effizient verkürzen.

**Weitere Begriffe.** Einige, später für die Wissensverarbeitung verwendete Begriffe sollen jetzt für die Graphensuche eingeführt bzw. wiederholt werden. Für die Suche stellt der gegebene Graph den *Suchraum* dar. Dieser wird von einem Startknoten $A$ ausgehend systematisch durchschritten. Der dabei durchlaufene Teil des Graphen wird als *Suchgraph* oder wegen seiner Baumstruktur auch als Suchbaum bezeichnet. Im Gegensatz zum Suchraum, der in Form des Graphen von vornherein gegeben ist, wird der Suchgraph schrittweise aufgebaut (vgl. die Liste $\mathcal{B}$ in den angegebenen Algorithmen) und bei jedem Suchschritt am Suchknoten erweitert (expandiert). Nach Abarbeitung der Algorithmen stellt der Suchgraph einen Erreichbarkeitsbaum bzw. einen Teil dessen dar.

Der Begriff des Zustands wird für die Darstellung eines Wissensverarbeitungsproblems später eine große Rolle spielen. Unter dem Zustand werden alle diejenigen Zwischenergebnisse zusammengefasst, die der Suchalgorithmus bis zum aktuellen Verarbeitungsschritt erzeugt hat und die er für seine Fortführung benötigt. Bezogen auf die Graphensuche wird der *Zustand* des Suchproblems zu einem bestimmten Bearbeitungszeitpunkt durch den Suchgraphen $\mathcal{B}$, die Menge $\mathcal{M}$ der markierten Knoten und die Menge $\mathcal{A}$ der aktiven Knoten beschrieben. Unterbricht man den Suchalgorithmus, beispielsweise um den Rechner zeitweise für eine Aufgabe höherer Priorität einzusetzen, so muss man sich diesen Inhalt des Arbeitsspeichers merken, um die Suche später an der Abbruchstelle fortsetzen zu können. Der Arbeitsspeicher beschreibt also zu jedem Zeitpunkt den Zustand des Suchproblems.

## Literaturhinweise

Graphensuchalgorithmen sind in vielen Büchern über Graphentheorie ausführlich beschrieben, u. a. in [33, 124]. In der Künstlichen Intelligenz sind diese Algorithmen vor allem durch heuristische Elemente der Suchsteuerung ergänzt worden, wie dies ausführlich in [90] beschrieben ist. Die auf diese Weise erweiterten Suchalgorithmen sind dann meist sofort für regelbasierte Systeme beschrieben, obwohl die Suchstrategien auch in der Graphensuche eingesetzt werden können. Ausführliche Darstellungen findet man in den KI-Büchern [42, 84, 105].

Der Dijkstra-Algorithmus, der heute ein Standardverfahren zur Bestimmung kürzester Pfade darstellt, wurde erstmals in [28] beschrieben und seither in verschiedenen Details verbessert.

In einer frühen Arbeit [66] zur Bahnplanung für Roboter wurde der *visibility graph* verwendet, mit dessen Hilfe die Bahnplanung im dreidimensionalen Raum anhand der Verbindungslinien der Eckpunkte der Hindernisse ausgeführt wird. Der Konfigurationsraum wurde in [67] eingeführt. Zwei oft zitierte frühe Arbeiten der Künstlichen Intelligenz zur Handlungsplanung von Robotern sind [36, 103].

# 4

# Regelbasierte Wissensverarbeitung

*Die Zustandsraumdarstellung von Wissensverarbeitungsproblemen führt auf eine grafische Repräsentation des Lösungsprozesses, auf die Graphensuchmethoden angewendet werden können. Basierend auf dieser Darstellungsform wird in diesem Kapitel die Wissensverarbeitung durch Vorwärtsverkettung und durch Rückwärtsverkettung von Regeln behandelt und an ingenieurtechnischen Beispielen demonstriert. Daraus werden die Architektur und die Anwendungsbereiche regelbasierter Systeme abgeleitet.*

## 4.1 Zustandsraumdarstellung von Wissensverarbeitungsproblemen

### 4.1.1 Darstellung von Wissen in Form von Regeln

Betrachtet werden Aufgaben, die mit Hilfe von Regeln der Form

WENN <Bedingung> DANN <Schlussfolgerung> (4.1)

oder

WENN <Situation> DANN <Aktion> (4.2)

gelöst werden können. Die Regeln sind aus den Kenntnissen über den betrachteten Gegenstandsbereich abgeleitet oder ahmen das empirische Entscheidungsverhalten des Menschen bei der Lösung einer Aufgabe nach. Um die Regeln anzuwenden, werden die Fakten, die das zu lösende Problem und bereits vorhandene Zwischenlösungen beschreiben, in den Arbeitsspeicher (Datenbasis) geschrieben.

Bei *Schlussfolgerungsregeln* (4.1) steht im WENN-Teil eine Bedingung, deren Gültigkeit für die im Arbeitsspeicher stehenden Fakten geprüft wird. Wenn die Bedingung erfüllt ist, kann die Regel angewendet werden, was bedeutet, dass die Schlussfolgerung als neuer Fakt dem Arbeitsspeicherinhalt *hinzugefügt* wird. Die im Kap. 2 angegebenen Regeln (2.3) – (2.10) für das Wasserversorgungssystem sind Beispiele für Schlussfolgerungsregeln.

Bei Regeln der Form (4.2), die als *Aktionsregeln* bezeichnet werden, beschreibt der WENN-Teil eine Situation. Wenn diese Situation für die im Arbeitsspeicher stehenden Fakten zutrifft, wird der Arbeitsspeicherinhalt mit der im DANN-Teil stehenden Aktion *umgeformt*.

Ein Beispiel für die Verwendung von Aktionsregeln ist die Umformung eines Widerstandsnetzwerkes, die später noch ausführlich behandelt wird (Abschn. 4.2.4). Die Aktionen verändern das Netzwerk, indem beispielsweise eine Reihenschaltung zweier Widerstände durch einen einzelnen Widerstand ersetzt wird, dessen Wert gleich der Summe der Werte der beiden Einzelwiderstände ist. Bei dieser Umformung werden Regeln der Form (4.2) verwendet:

WENN Widerstand $R_1$ und Widerstand $R_2$ liegen in einer Reihenschaltung.
DANN Ersetze beide Widerstände durch den Widerstand $(R_1 + R_2)$.

Diese Regel ist sehr anschaulich. Um sie mit einem Rechner verarbeiten zu können, muss sie jedoch noch in eine strenger formalisierte Form gebracht werden. Es muss in der Situationsbeschreibung genau definiert werden, unter welchen Umständen zwei Widerstände $R_1$ und $R_2$ in Reihe geschaltet sind, und im Aktionsteil muss angegeben werden, welche Daten aus der Beschreibung des Netzwerkes zu löschen und welche Daten neu in den Arbeitsspeicher zu schreiben sind.

Im Allgemeinen können die Regeln sehr komplizierte Formen haben mit verschachtelten Bedingungen im WENN-Teil und komplexen Aktionen im DANN-Teil. Zur Veranschaulichung dessen denke man nur an die Verarbeitung von Bildern, bei denen fotografisch dargestellte Situationen erkannt und in anderen Bildern wiederentdeckt werden sollen.

**Formulierung von Wissensverarbeitungsproblemen.** Ein Wissensverarbeitungsproblem, das unter Verwendung von Regeln formuliert wird, umfasst drei Elemente:

- **Fakten**, die die in der Problemstellung vorausgesetzten Tatsachen darstellen,
- **Regeln** der Form (4.1) oder (4.2), die Schlussfolgerungen angeben bzw. Aktionen beschreiben,
- **Anfragen**, die das zu lösende Problem charakterisieren.

Gesucht sind die Antworten auf die gestellten Fragen, die unter Zuhilfenahme der Regeln aus den bekannten Fakten abgeleitet werden können. Man sagt deshalb auch, dass eine Anfrage das „Ziel“ (*goal*) der Wissensverarbeitung vorgibt.

**Beispiel 4.1** *Überwachung eines Wasserversorgungssystems*

Die angegebenen Elemente eines Wissensverarbeitungsproblems sollen an dem im Kap. 2 behandelten Wasserversorgungssystem veranschaulicht werden. Dabei soll das Problem betrachtet werden, mit Hilfe der Regeln (2.3) – (2.10) eine Aussage über den Wasserdruck abzuleiten. Es ist durch folgende Elemente beschrieben:

- Die Fakten beschreiben das aktuelle Wetter und den Wasservorrat im Behälter, beispielsweise durch die Aussagen

  Der Niederschlag war ergiebig.
  Die Sonne scheint. (4.3)

- Die Regeln haben die im Kap. 2 angegebene Form (2.3) bis (2.10), also beispielsweise

  WENN Der Niederschlag war ergiebig.
  DANN Der Wasserstand ist hoch.

- Die betrachtete Überwachungsaufgabe kann nun als Anfrage formuliert werden:

  Ist die Aussage „Der Wasserdruck ist hoch.“ richtig?

In dieser Darstellung ist die betrachtete Überwachungsaufgabe ein Wissensverarbeitungsproblem. Unter Benutzung der Regeln kann die Antwort auf die gestellte Frage aus den Fakten abgeleitet werden, was in diesem Beispiel sehr einfach ist, aber im Allgemeinen aufwändig sein kann. □

### 4.1.2 Zustandsraumdarstellung

Die im letzten Abschnitt angegebene Darstellung von Wissensverarbeitungsproblemen soll noch etwas verallgemeinert werden, um sie später auch dann einsetzen zu können, wenn das Wissen anders als in Form von Regeln aufgeschrieben ist. In dieser allgemeineren Form stehen an Stelle von Fakten Anfangsbedingungen, an Stelle von Regeln Operatoren und an Stelle von Anfragen Prädikate. Man spricht dann von der *Zustandsraumdarstellung von Wissensverarbeitungsproblemen*, die sich also aus den folgenden drei Elementen zusammensetzt:

- **Anfangsbedingungen** beschreiben die Menge von Tatsachen, die den Ausgangspunkt des zu lösenden Problems charakterisieren.
- **Operatoren** stellen Vorschriften dar, durch deren Anwendung ein Lösungsschritt generiert wird.
- Ein **Zielprädikat** beschreibt, unter welchen Bedingungen das Problem gelöst ist.

Anhand des Beispiels 4.1 kann man sich überlegen, dass diese allgemeineren Bezeichnungen auch auf die in diesem Kapitel betrachtete regelbasierte Wissensdarstellung zutreffen. Wie diese Elemente bei anderen Wissensrepräsentationsformen aussehen, wird in den nachfolgenden Kapiteln gezeigt.

**Suchraum von Wissensverarbeitungsproblemen.** Die Zustandsraumdarstellung führt auf die in Abb. 4.1 gezeigte grafische Interpretation von Wissensverarbeitungsproblemen. Der Anfangszustand wird durch den Wurzelknoten eines gerichteten Graphen repräsentiert, aus dem durch die Anwendung der Operatoren neue Knoten erzeugt werden. Jeder gerichteten Kante entspricht also die Anwendung eines Operators auf den Problemzustand, der durch den Anfangsknoten der Kante dargestellt wird. Der Operator verändert den Problemzustand und erzeugt den neuen, zum Endknoten der Kante gehörenden Problemzustand. Knoten, in denen ein Zielprädikat erfüllt ist, sind durch Doppelkreise hervorgehoben.

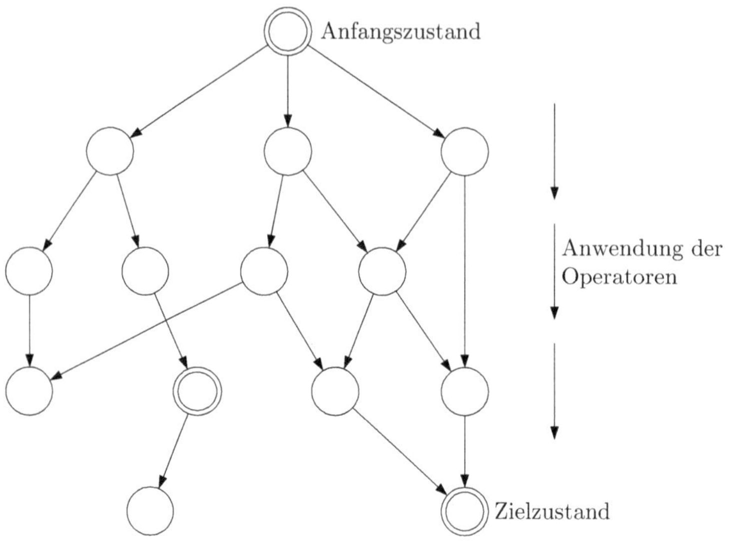


**Abb. 4.1:** Zustandsraumbeschreibung von Wissensverarbeitungsproblemen

Der entstehende Graph ist i. Allg. kein Baum, weil es möglich ist, bestimmte Problemzustände durch unterschiedliche Folgen von Regelanwendungen zu erzeugen. So ist es bei der Zusammenfassung eines Widerstandsnetzwerkes für die Lösung unbedeutend, welche von zwei Reihenschaltungen zuest durch einen Ersatzwiderstand ersetzt wird. In beiden Fällen entsteht nach zwei Schritten derselbe Problemzustand.

Wichtig ist an dieser Stelle zu erkennen, dass jedes Problem durch eine Reihe von Informationen beschrieben wird, aus denen mit Hilfe von Operatoren so lange neue Informationen abgeleitet werden, bis das Problem gelöst ist oder bis man weiß, dass keine Lösung existiert. In welcher Weise die Regeln dabei verkettet werden müssen, steht weder in den Regeln noch im Zielprädikat. Die Lösung muss durch Suche gefunden werden und die Zustandsraumdarstellung ist eine Methode, um den Suchraum zu veranschaulichen.

**Beispiel 4.1 (Forts.)** *Überwachung eines Wasserversorgungssystems*

Abbildung 4.2 zeigt den Zustandsraum für das Wasserversorgungssystem. In jedem Knoten ist eingetragen, welche Aussagen im betreffenden Problemzustand bekannt sind. Im Wurzelknoten sind dies nur die vorgegebenen Tatsachen (4.3). Durch Anwendung der Regeln können aus bekannten Tatsachen neue Aussagen abgeleitet werden. An den Kanten ist vermerkt, durch Anwendung welcher Regel aus Kap. 2 der neue Problemzustand entsteht. Zu einem Knoten führen mehrere Kanten, wenn die zu dem Knoten gehörenden Aussagen auf unterschiedliche Weise generiert werden können. Typisch ist, dass Operatoren (Regeln) mehr als eine Kante des Graphen erzeugen, hier beispielsweise drei Kanten durch die Regel $R_6$. Knoten, die eine Aussage über den Wasserdruck enthalten, erfüllen das Zielprädikat und sind durch Doppelkreise gekennzeichnet. □

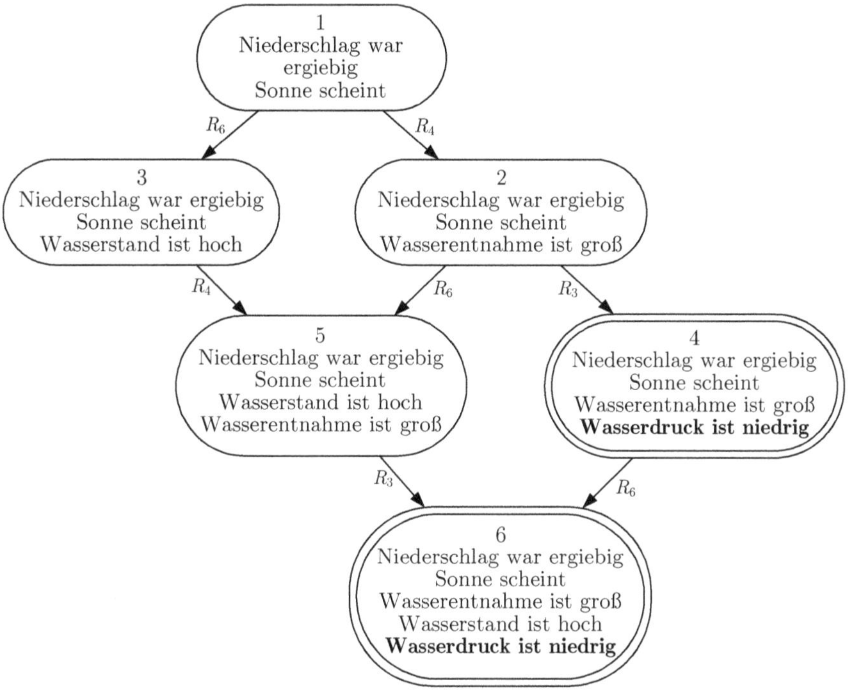


**Abb. 4.2:** Suchraum für das Beispiel „Wasserversorgungssystem“

**Zustand von Wissensverarbeitungsproblemen.** Die Bezeichnung „Zustandsraumdarstellung“ ist vom Begriff des Zustands eines Wissensverarbeitungsproblems abgeleitet. Unter dem *Zustand* eines Wissensverarbeitungsproblems versteht man das im betrachteten Bearbeitungsschritt zu lösende Problem, das durch die im Arbeitsspeicher eingetragenen Fakten und das Zielprädikat definiert ist und damit die „Differenz“ zwischen der vom Zielprädikat geforderten Lösung und den bekannten bzw. bereits erzeugten Fakten charakterisiert. Da sich das Zielprädikat während der Wissensverarbeitung nicht verändert, kann man den Problemzustand mit der Menge der aktuell bekannten Tatsachen gleichsetzen. Mit anderen Worten:

> Der Zustand verkörpert all jene Informationen, die es ermöglichen zu entscheiden, welche Operatoren anwendbar sind.

Grob gesprochen, kann man den Problemzustand mit dem Inhalt des Arbeitsspeichers gleichsetzen bzw. in den Graphen aus Abb. 4.1 und 4.2 mit dem „Inhalt“ eines Knotens.

In diesem Sinne ist der Zustandsbegriff der Künstlichen Intelligenz mit dem im Ingenieurbereich aus der Theorie dynamischer Systeme geläufigen Zustandsbegriff vergleichbar. Dort verkörpert der Zustand $z(k)$ zum Zeitpunkt $k$ eines von außen nicht gestörten Systems all jene Informationen über die bisherige Bewegung, die für die Berechnung der zukünftigen Bewegung notwendig und ausreichend sind. Beschreibt man das System durch eine Gleichung der Form

$$z(k+1) = G(z(k)), \quad z(0) = z_0, \tag{4.4}$$

wobei $z_0$ einen spezifischen Anfangszustand bezeichnet, so sieht man, dass man mit Hilfe der Funktion $G$ aus dem Anfangszustand $z_0$ schrittweise die Zustände $z(1)$, $z(2)$, ..., $z(k)$, ... berechnen kann.

Für den Vergleich zu Wissensverarbeitungsproblemen eignen sich ereignisdiskrete Systeme am besten, weil deren Zustand $z$ nur Werte eines diskreten Wertebereichs annehmen kann. Das Modell nennt man dann einen Automaten und die Funktion $G$ die Zustandsübergangsfunktion.

Die durch Gl. (4.4) beschriebene Bewegung kann man durch einen gerichteten Graphen darstellen, dessen Knoten die Zustände und dessen gerichtete Kanten die Zustandsübergänge bezeichnen. Abbildung 4.1 entspricht dann einem Automatengraphen. An den Kanten stehen dort häufig die Ereignisse, die die entsprechenden Zustandsübergänge auslösen. Setzt man die Bewegung eines dynamischen Systems mit dem Fortschreiten des Lösungsprozesses in der Wissensverarbeitung gleich, so wird die Analogie zwischen beiden Betrachtungen offensichtlich.

Typisch für die Zustandsraumdarstellung von Wissensverarbeitungsproblemen ist die Tatsache, dass viele Zustände nicht einen, sondern mehrere Nachfolgezustände haben. Insofern muss man nichtdeterministische Automaten zum Vergleich heranziehen, bei denen $G$ in Gl. (4.4), streng genommen, keine Funktion, sondern eine Relation ist, die jedem Zustand $z(k)$ eine Menge von möglichen Nachfolgezuständen zuordnet. Der Automatengraph kann sich dann wie der Graph in Abb. 4.1 an den Zuständen verzweigen, was bei der Wissensverarbeitung der Anwendung unterschiedlicher Operatoren und beim Automaten dem Auftreten unterschiedlicher Ereignisse entspricht. So wie der Zustand eines dynamischen Systems beginnend beim Anfangszustand $z_0$ in jedem Zeittakt durch den Systemoperator $G$ in einen neuen Zustand überführt wird, führt die Anwendung der Operatoren eines Wissensverarbeitungsproblems auf eine Veränderung des Problemzustands. Die den jeweils aktuellen Zustand repräsentierenden Informationen sind notwendig und zugleich ausreichend, um den Nachfolgezustand durch Anwendung eines Operators zu erzeugen.

Die Festlegung, was in einem konkreten Problem der Problemzustand ist, ist ein grundlegender Schritt bei der Formulierung und Lösung von Wissensverarbeitungsproblemen, denn der Problemzustand bestimmt, welche Informationen bei der Beschreibung des Problems vorgegeben bzw. während der Problemlösung erzeugt bzw. umgeformt werden müssen. In der rechentechnischen Implementierung ist der Zustand eine Datenstruktur, in der diese Informationen in jedem Bearbeitungsschritt gespeichert werden.

**Darstellung von Regeln als Operatoren.** In der Zustandsraumdarstellung werden die Regeln als Operatoren interpretiert, was die Darstellung von Regeln in der Form

$$R_i: \quad \text{WENN } p_i(z) \text{ DANN } z' = f_i(z) \tag{4.5}$$

nahelegt, wobei $z$ den aktuellen Problemzustand bezeichnet. Der Ausdruck $p_i(z)$ ist ein Prädikat, das für den Problemzustand $z$ den Wert „wahr“ oder „falsch“ hat. Wenn er „wahr“ ist, kann der Problemzustand mit Hilfe der im DANN-Teil angegebenen Funktion $f_i$ in den neuen Problemzustand $z'$ umgeformt werden. Man schreibt dann $z \xrightarrow{R_i} z'$ als Abkürzung dafür, dass durch die Anwendung der Regel $R_i$ aus dem Zustand $z$ der Nachfolgezustand $z'$ entstanden ist.

Diese Darstellung umfasst sowohl Schlussfolgerungsregeln als auch Aktionsregeln. Im ersten Fall beschreibt das Prädikat $p_i$ die Bedingung, unter der eine Schlussfolgerung gilt. Die

Funktion $f_i$ fügt dem Arbeitsspeicher die Schlussfolgerung hinzu und überführt dadurch den aktuellen Problemzustand $z$ in einen neuen Problemzustand $z'$. Bei Aktionsregeln beschreibt das Prädikat $p_i$ die Situation, in der die durch die Funktion $f_i$ beschriebene Aktion angewendet werden darf.

**Aufgabe 4.1*** *Zustandsraum der „Klötzchenwelt“*

Planungsaufgaben sind ein wichtiges Einsatzgebiet von Methoden der Künstlichen Intelligenz in der Technik. Ein Agent, beispielsweise ein Roboter, soll durch eine Folge von Aktionen eine Ausgangssituation in eine gewünschte Endsituation überführen. Dieses Problem wurde in den 1970er Jahren am Beispiel der „Klötzchenwelt“ (*blocks world*) untersucht, wo Bausteine durch einen Roboter in unterschiedlicher Weise gestapelt werden sollen.

Abbildung 4.3 zeigt eine einfache Standardsituation, die man heute eher als einen Ausschnitt aus einem Containerbahnhof auffassen würde. Hier werden nur zwei Operatoren betrachtet:

- WENN Der oberste Stein ist frei. DANN Der oberste Stein wird auf den Tisch gelegt.
- WENN Ein Stein liegt einzeln auf dem Tisch. DANN Der Stein wird auf einen beliebigen Stein obenauf gelegt.

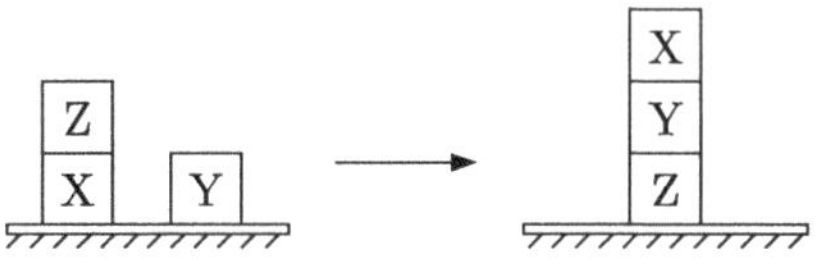


**Abb. 4.3:** Planungsaufgabe

Gesucht ist eine Folge von Bewegungen der Steine, durch die eine gewünschte Anordnung entsteht, beispielsweise der in Abb. 4.3 rechts gezeigte Turm. Stellen Sie dieses Problem im Zustandsraum dar. Wie viele Wege gibt es von der Ausgangs- zur Endsituation? Kann man jede der beiden angegebenen Regeln in jedem Problemzustand anwenden? □

### 4.1.3 Wissensverarbeitung als Graphensuche

Die Zustandsraumdarstellung von Wissensverarbeitungsproblemen führt auf eine Veranschaulichung der Wissensverarbeitung als Suche in einem gerichteten Graphen.

> **Wissensverarbeitungsproblem:** Gesucht ist der Pfad vom Anfangszustand zu einem Problemzustand, der das Zielprädikat erfüllt.

Die Existenz eines solchen Pfades besagt, dass das betrachtete Problem lösbar ist. Die durch den Pfad repräsentierte Folge von Regelanwendungen zeigt, wie das Problem gelöst werden kann.

Die bei der Graphensuche bereits eingeführten Begriffe Suchraum und Suchgraph können jetzt für die Wissensverarbeitung verallgemeinert werden. Die Zustandsraumdarstellung beschreibt den *Suchraum*, der alle erreichbaren Problemzustände umfasst. Im Unterschied zur

Graphensuche ist dieser Graph nicht explizit gegeben, sondern muss mit Hilfe der Operatoren aus dem Anfangszustand schrittweise erzeugt werden. Der Suchraum von Wissensverarbeitungsproblemen besitzt i. Allg. sehr viele Knoten und Kanten.

Der *Suchgraph* (oder Suchbaum) stellt den Teil des Suchraums dar, der beim Problemlösen tatsächlich erzeugt wird. Wie bei der Graphensuche wird er mit fortschreitender Suche nach der Lösung aufgebaut. Da der Suchraum für viele Wissensverarbeitungsprobleme sehr groß ist, braucht man Lösungsmethoden, die nur einen Bruchteil dieses Raumes als Suchgraphen generieren, bevor sie die Lösung gefunden oder erkannt haben, dass keine Lösung existiert.

**Erweiterung der Graphensuche.** Mit dieser Interpretation des Lösungsprozesses als Graphensuche können Wissensverarbeitungsprobleme durch eine Erweiterung der im Kap. 3 behandelten Suchmethoden gelöst werden. Dies wird in den folgenden Abschnitten u. a. dadurch zum Ausdruck gebracht, dass die Lösungsalgorithmen in direkter Analogie zu den Graphensuchalgorithmen aus Kap. 3 dargestellt werden. Dabei müssen im Wesentlichen zwei Erweiterungen der Graphensuche vorgenommen werden:

1. **Erzeugung des Suchgraphen.** Da der Suchraum nicht explizit gegeben ist, muss der Suchgraph durch die Anwendung der Operatoren auf den Anfangszustand bzw. die daraus erzeugten Zustände generiert werden. Dabei wird durch jeden Operator i. Allg. nicht nur eine, sondern mehrere Kanten beschrieben. Andererseits kann es auch Operatoren geben, die für die gegebenen Anfangsbedingungen gar nicht zur Anwendung kommen können. So werden z. B. die sechs Kanten des Suchraums in Abb. 4.2 durch lediglich drei Regeln erzeugt und die anderen fünf Regeln sind für das betrachtete Problem nicht anwendbar.
2. **Erkennen der Zielzustände.** Da der Zielzustand nicht explizit gegeben ist, muss das Zielprädikat auf jeden neu erzeugten Zustand angewendet werden, um zu überprüfen, ob es sich um einen Zielzustand handelt. So kann im Beispiel 4.1 die Suche beendet werden, sobald die Aussage „Der Wasserdruck ist hoch." in der Beschreibung des neu erzeugten Knotens enthalten ist. Abbildung 4.2 zeigt, dass diese Aussage in zwei Problemzuständen vorhanden ist.

Die erste Erweiterung schlägt sich in den Algorithmen darin nieder, dass an Stelle der expliziten Beschreibung des Graphen jetzt die Wissensbasis steht. An Stelle der Suche nach der nächsten vom Suchknoten ausgehenden Kante tritt die Suche nach der nächsten auf den aktuellen Problemzustand $z$ anwendbaren Regel (4.5). Ist eine solche Regel $R_i$ gefunden, wird die im DANN-Teil stehende Funktion $f_i$ aktiviert und damit der neue Problemzustand $z'$ erzeugt. Wie bei der Graphensuche sagt man, dass der Suchgraph an einem aktiven Knoten expandiert und ein neuer Knoten generiert wird. Für diesen Knoten muss wie bei der Graphensuche überprüft werden, ob er bereits bekannt („markiert") ist.

Die zweite Erweiterung betrifft im Beispiel „Wasserversorgungsnetz" nur die Prüfung, ob eine Aussage über den Wasserdruck im Arbeitsspeicher steht. Bei anderen Problemen kann dieser Schritt umfangreichere Analysen des aktuellen Problemzustands beinhalten.

**Zustand des Lösungsalgorithmus.** Die im Abschn. 4.1.2 eingeführte Zustandsraumdarstellung von Wissensverarbeitungsproblemen muss man erweitern, wenn man erkennen will, in welchem Zustand sich der Lösungsprozess befindet. Dafür genügt es nämlich nicht, sich den aktuellen Problemzustand zu merken. Entsprechend den Erläuterungen auf S. 91 muss man auch den Zustand des Suchalgorithmus speichern, der neben dem aktuellen Problemzustand auch Informationen über erfolglose Suchschritte bzw. noch nicht getestete Lösungswege umfasst. Diese zusätzlichen Informationen braucht man für die Suchsteuerung. Die graphentheoretische Interpretation des Wissensverarbeitungsprozesses zeigt, dass man diese Informationen wie bei der Graphensuche in Form des Suchgraphen speichern kann.

**Aufgabe 4.2*** *Dosieren einer Flüssigkeit*

Gegeben sind drei Gefäße mit 8 l, 5 l und 3 l Volumen. Der 8 l-Behälter ist mit Wasser gefüllt. Die Aufgabe besteht darin, durch mehrfaches Umfüllen des Wassers zwei Wassermengen zu je 4 l zu erzeugen. Da an den Behältern keine Füllstände abgelesen werden können, kann das Umfüllen des Wassers aus einem in einen anderen Behälter nur so erfolgen, dass entweder ein Behälter vollständig entleert oder ein Behälter bis zum Rand gefüllt wird.

Lösen Sie diese Aufgabe mit Hilfe der Zustandsraumdarstellung, wobei Sie zweckmäßigerweise in folgenden Schritten vorgehen:

1. Legen Sie die Anfangsbedingungen, die Operatoren und das Zielprädikat fest.
2. Zeichnen Sie den Suchraum des Problems, indem Sie diesen schrittweise durch Anwendung der Operatoren erzeugen.
3. Suchen Sie in dem erhaltenen Graphen einen Pfad vom Startknoten zu einem Zielknoten. □

## 4.2 Problemlösen durch Vorwärtsverkettung von Regeln

### 4.2.1 Vorwärtsverkettung

Das in Form von Regeln aufgeschriebene Wissen enthält eine Anweisung, wie mit diesem Wissen umzugehen ist: WENN der Bedingungsteil erfüllt ist, DANN kann eine Schlussfolgerung gezogen oder eine Aktion ausgeführt werden. Die Regeln haben also eine Richtung, die vom WENN- zum DANN-Teil weist. Deshalb schreibt man Regeln auch mit einem Pfeil:

$$\text{WENN} < \text{Bedingung oder Situation} > \longrightarrow \text{DANN} < \text{Schlussfolgerung oder Aktion} >$$

Die Vorgehensweise, den WENN-Teil einer Regel zu prüfen und gegebenfalls den DANN-Teil anzuwenden, wird als *Vorwärtsverkettung* (*forward chaining*) der Regeln bezeichnet. Sie ist typisch für die Erstellung von Prognosen, die Ableitung von Schlussfolgerungen aus bekannten Tatsachen oder die Konstruktion von Objekten aus gegebenen Elementen. Diese Art der Regelverarbeitung wird in diesem Abschnitt behandelt.

Eine zweite Art der Regelanwendung steht im Mittelpunkt von Abschn. 4.3. Dort werden die Regeln rückwärts verkettet, wobei der Beweis der im DANN-Teil stehenden Schlussfolgerung durch den Beweis der Bedingungen ersetzt wird, unter denen diese Schlussfolgerungen gelten (Rückwärtsverkettung).

### 4.2.2 Verarbeitung von Schlussfolgerungsregeln

Dieser Abschnitt beschäftigt sich mit der Verarbeitung von Schlussfolgerungsregeln (4.1). Diese Regeln haben die Eigenschaft, dass sie zu einer Menge bekannter Aussagen weitere Aussagen hinzufügen. Da von einer widerspruchsfreien Regelmenge ausgegangen wird, gelten alle vor der Regelanwendung bereits bekannten Aussagen weiterhin. Mit Hilfe der Regeln wird also die Menge von Aussagen, deren Gültigkeit bekannt ist, ständig vergrößert. Die Bearbeitung wird beendet, wenn entweder keine neue Aussage mehr gefunden wird oder wenn die Menge der abgeleiteten Aussagen eine gesuchte Aussage (oder deren Gegenteil) enthält.

Unter Verwendung der im vorangegangenen Abschnitt eingeführten grafischen Veranschaulichung der Regelverkettung soll nun aus der Breite-zuerst-Suche für Graphen nach Abb. 3.6 ein Algorithmus zur Vorwärtsverkettung von Regeln abgeleitet werden, wobei der Algorithmus in Abb. 4.4 entsteht. Die Knoten des Suchgraphen werden im Folgenden in der Reihenfolge ihrer Erzeugung nummeriert und durch die Menge der zugehörigen Aussagen dargestellt, beispielsweise durch

$$1 = \{\text{Der Niederschlag war ergiebig., Die Sonne scheint.}\}.$$

Zwei Knoten sind gleich, wenn die zugehörigen Mengen übereinstimmen, wobei es nicht darauf ankommt, in welcher Reihenfolge die Aussagen erzeugt wurden.

Der in Abb. 4.4 gezeigte Algorithmus zur Vorwärtsverkettung von Schlussfolgerungsregeln unterscheidet sich nur in wenigen Details von dem der Breite-zuerst-Suche in Graphen. Gesucht ist ein Pfad zwischen dem wieder mit $A$ bezeichneten Anfangszustand und einem Zustand, der das Zielprädikat $Z$ erfüllt. Nach der Eingabe wird der Anfangszustand $A$ markiert, in die Liste $\mathcal{A}$ der aktiven Zustände eingetragen und als Suchknoten $S$ verwendet.

Im Suchschritt wird die Liste der Regeln von oben nach unten durchgegangen und nach einer Regel $R$ gesucht, deren WENN-Teil durch die zum Knoten $S$ gehörenden Aussagen erfüllt wird und deren DANN-Teil den Knoten $S$ in einen noch nicht markierten Knoten $X$ überführt.

Die Suche ist beendet, wenn der neue Knoten $X$ das Zielprädikat $Z$ erfüllt. Wenn die Warteschlange $\mathcal{A}$ leer ist, ist die Suche ebenfalls beendet, aber in diesem Fall gibt es für das gestellte Problem keine Lösung.

Wenn man wissen will, durch welche Folge von Regeln der Zielknoten erzeugt wurde, um damit den Lösungsweg für das gestellte Problem aufzuzeigen, so muss man im Schritt „Weitersuchen“ jeden neu gefundenen Knoten $X$ zusammen mit seinem Vorgänger $S$ und der für seine Erzeugung verwendeten Regel $R$ in die Liste $\mathcal{B}$ eintragen:

$$\mathcal{B} \Leftarrow (S \xrightarrow{R} X).$$

An dem in dieser Liste enthaltenen Pfad vom Anfangszustand zum Zielzustand steht die Folge von Regeln, mit der das Problem gelöst wurde.

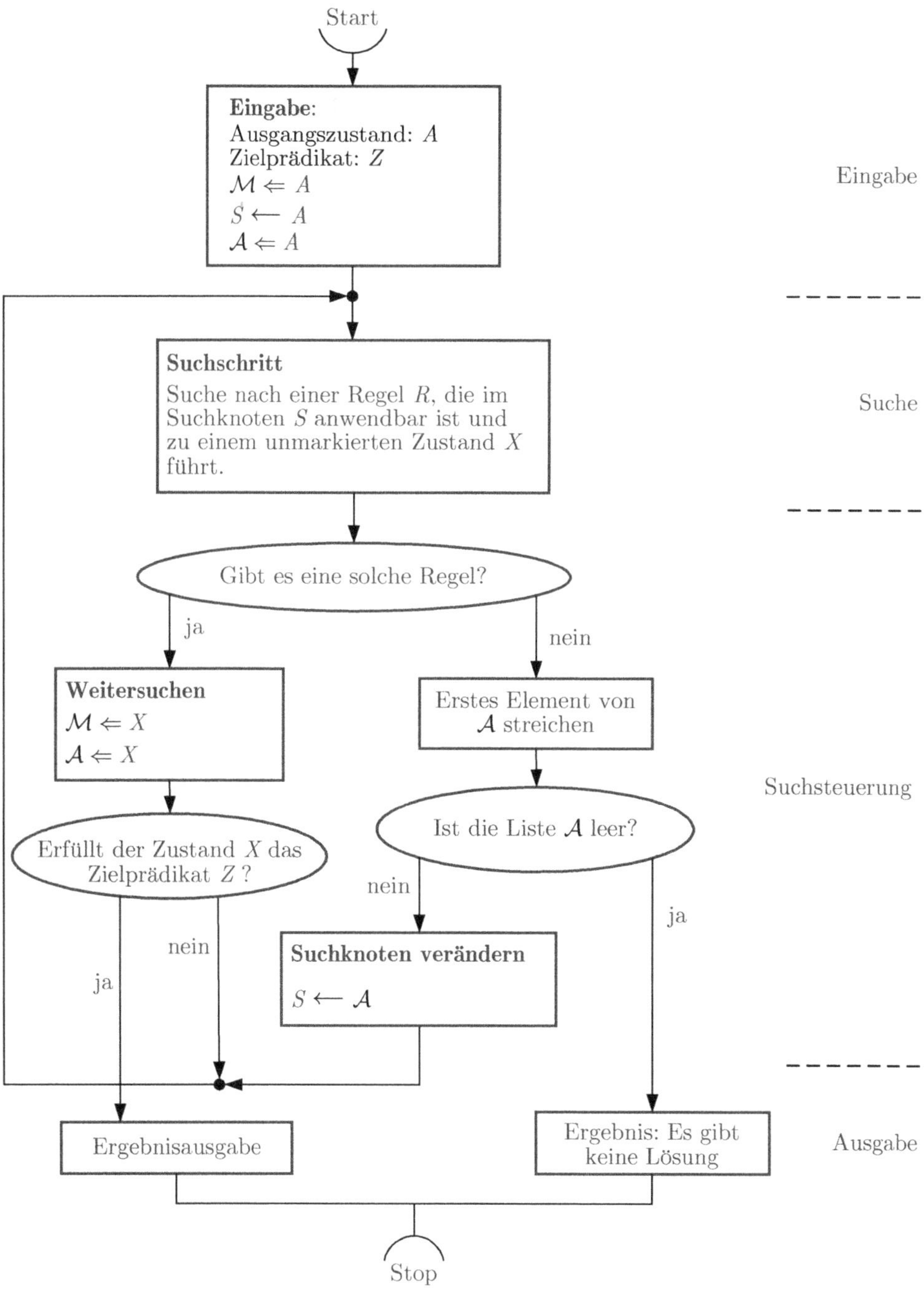


**Abb. 4.4:** Algorithmus zur Vorwärtsverkettung von Regeln mit der Suchstrategie „Breite zuerst“

**Beispiel 4.2** *Analyse des Wasserversorgungssystems*

Für das Wasserversorgungssystem sind die im Anfangszustand

$$1 = \{\text{Der Niederschlag war ergiebig., Die Sonne scheint.}\}$$

zusammengefassten Tatsachen gegeben. Dieser Knoten wird in die Listen $\mathcal{M}$ und $\mathcal{A}$ eingetragen und als Suchknoten $S$ verwendet:

$$\begin{aligned} \mathcal{M} &= \{1\} \\ S &= 1 \\ \mathcal{A} &= \{1\}. \end{aligned}$$

Gesucht ist eine Aussage über den Wasserdruck.

Der Suchschritt ergibt, dass die Regel $R_4$ die erste anwendbare Regel ist. Diese führt auf den Knoten

$$2 = \{\text{Der Niederschlag war ergiebig., Die Sonne scheint., Die Wasserentnahme ist groß.}\},$$

der bisher nicht markiert ist und in die Listen $\mathcal{M}$ und $\mathcal{A}$ eingetragen wird. Da dieser Knoten das Zielprädikat nicht erfüllt, wird entsprechend der Breite-zuerst-Strategie vom alten Suchknoten weitergesucht.

Die nächste anwendbare Regel ist $R_6$. Sie führt auf den Knoten

$$3 = \{\text{Der Niederschlag war ergiebig., Die Sonne scheint., Der Wasserstand ist hoch.}\},$$

der in $\mathcal{M}$ und $\mathcal{A}$ eingetragen wird:

$$\mathcal{M} = \mathcal{A} = \{1, 2, 3\}.$$

Auch der Knoten 3 erfüllt das Zielprädikat nicht.

Im nächsten Suchschritt findet der Algorithmus keine weitere auf den Knoten $S = 1$ anwendbare Regel. Deshalb wird das erste Element aus der Liste $\mathcal{A}$ gestrichen und das neue erste Element ausgelesen: $S = 2$.

Der nächste Suchschritt ergibt die Regel $R_3$, die aus dem Knoten 2 den nächsten Knoten

$$\begin{aligned} 4 = \{&\text{Der Niederschlag war ergiebig., Die Sonne scheint., Die Wasserentnahme ist groß.,} \\ &\text{Der Wasserdruck ist niedrig.}\} \end{aligned}$$

erzeugt. Dieser Knoten enthält eine Aussage über den Wasserdruck und erfüllt folglich das Zielprädikat. Der Algorithmus wird nach der Ergebnisausgabe beendet.

Wenn man den Lösungsbaum in der beschriebenen Weise aufgebaut hat, kann man aus ihm die (hier abgekürzt geschriebene) Folge

$$1 \xrightarrow{R_4} 2 \xrightarrow{R_3} 4$$

ablesen, die besagt, dass die Lösung durch die Anwendung der Regeln $R_4$ und $R_3$ erhalten wurde. □

**Tiefe-zuerst-Suche.** In derselben Weise, wie die Breite-zuerst-Suche auf die Vorwärtsverkettung von Regeln erweitert wurde, lassen sich andere Suchalgorithmen an die Regelverarbeitung anpassen, insbesondere die Tiefe-zuerst-Suche.

**Aufgabe 4.3** *Suchraum für das Beispiel „Wasserversorgungssystem“*

Wenden Sie den Algorithmus zur Vorwärtsverkettung von Regeln entsprechend dem Beispiel 4.2 auf das Wasserversorgungssystem an, wobei Sie bei der Eingabe unterschiedliche Tatsachen vorgeben, z. B.

- Der Niederschlag war gering.
- Der Niederschlag war gering.
  Die Sonne scheint.
- Der Niederschlag war ergiebig.
  Es ist Regenwetter.

Zeichnen Sie die dabei entstehenden Suchgraphen. Wodurch unterscheiden sich die Suchgraphen von den Suchräumen der bearbeiteten Probleme? □

**Aufgabe 4.4** *Erweiterung der Wissensbasis für das Wasserversorgungssystem*

Erweitern Sie die Wissensbasis des Beispiels 4.2 entsprechend Aufgabe 2.2 und wenden Sie den Lösungsalgorithmus auf unterschiedliche Situationen an. Wie verändert sich der Suchgraph? □

**Aufgabe 4.5** *Einfluss der Regelreihenfolge auf den Suchgraphen*

Verändern Sie im Beispiel 4.2 die Reihenfolge, in der die Regeln in der Wissensbasis eingetragen sind, und wenden Sie den Lösungsalgorithmus an. Wie verändern sich die Anzahl der im Suchgraphen enthaltenen Knoten, die Reihenfolge, in der die Knoten generiert werden, und die Anzahl der Suchschritte, die der Algorithmus ausführt? □

**Aufgabe 4.6*** *Regelbasierte Analyse einer Heckleuchte*

Abbildung 1.7 auf S. 26 zeigt den Schaltplan einer Heckleuchte. Wenn der Schalter $S$ geschlossen ist, die Spannungsquelle $B$ eine Spannung $e$ liefert und die Sicherung $F$ in Ordnung ist, liegt eine Spannung $u_{\mathrm{L}}$ an der Glühlampe an und wenn die Glühlampe fehlerfrei ist, brennt sie.

1. Beschreiben Sie die Funktionsweise der Schaltung durch Schlussfolgerungsregeln, wobei Sie die Annahmen, dass die einzelnen Komponenten fehlerfrei arbeiten, explizit im Bedingungsteil der Regeln berücksichtigen.
2. Geben Sie geeignete Anfangsbedingungen vor und analysieren Sie das Verhalten der Schaltung durch Vorwärtsverkettung Ihrer Regeln.
3. Wie kann man mit der von Ihnen aufgeschriebenen Wissensbasis eine Fehlerdiagnose durchführen, um beispielsweise zu erkennen, dass die Ursache für das Versagen der Beleuchtung bei geschlossenem Schalter in einer fehlerhaften Sicherung oder im Stromausfall liegen kann? □

### 4.2.3 Verarbeitung von Aktionsregeln

Die zweite Art von Regeln enthält Aktionen im DANN-Teil, vgl. (4.2). Die Aktionen verändern den Arbeitsspeicherinhalt, wobei dort enthaltene Daten gelöscht, durch neue ergänzt oder durch andere ersetzt werden. Im Unterschied zu Schlussfolgerungsregeln, bei denen mit jeder Regelanwendung Ergänzungen zum Arbeitsspeicherinhalt vorgenommen werden, führen Aktionsregeln zur Veränderung des Arbeitsspeicherinhalts allgemeinerer Art.

Der Lösungsalgorithmus für Schlussfolgerungsregeln unterscheidet sich nur in der Verarbeitung des DANN-Teils der Regel von den zuvor behandelten Algorithmen. Insbesondere kann der in Abb. 4.4 gezeigte Algorithmus für die Vorwärtsverkettung von Aktionsregeln verwendet werden.

### 4.2.4 Beispiel: Zusammenfassung von Widerstandsnetzwerken

Als Beispiel für ein regelbasiertes System mit Aktionsregeln wird die Aufgabe betrachtet, ein elektrisches Widerstandsnetzwerk durch einen einzelnen Widerstand zu ersetzen, der denselben Wert besitzt. Die Berechnung des Gesamtwiderstandes bezüglich eines gegebenen Klemmenpaares soll nicht numerisch für vorgegebene Widerstandswerte, sondern symbolisch unter Bezugnahme auf die Bezeichnungen der Widerstände erfolgen. Das Ergebnis der Umformung soll also kein Widerstandswert, sondern eine Formel sein, die den Ersatzwiderstand $R_{\text{ges}}$ ergibt (Abb. 4.5).

Das Netzwerk wird durch eine Netzliste beschrieben, die bei der Simulation elektronischer Schaltungen üblich ist und hier als Tabelle notiert wird:

| Widerstandsname | Knoten | Knoten |
|---|---|---|
| $R_1$ | 1 | 3 |
| $R_2$ | 1 | 3 |
| $R_3$ | 3 | 4 |
| $R_4$ | 4 | 5 |
| $R_5$ | 4 | 2 |
| $R_6$ | 5 | 2 |
| $R_7$ | 5 | 2 |

Die Umformung soll auf einen Ersatzwiderstand zwischen den Knoten 1 und 2 führen, die als Klemmen des Netzwerke bezeichnet werden.

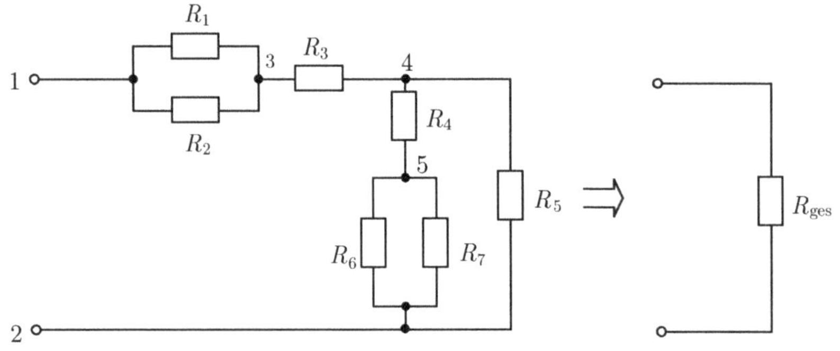


**Abb. 4.5:** Reihen-Parallelschaltung von Widerständen

**Zustandsraumdarstellung.** Der Zustand des hier betrachteten Problems beschreibt die aktuelle Schaltung, zu Beginn also die gegebene Schaltung und später die nach dem letzten Umformungsschritt erhaltene Schaltung. Die Zustandsraumdarstellung umfasst folgende Komponenten:

- **Anfangsbedingungen:** Das Wissensverarbeitungsproblem beginnt mit dem gegebenen Netzwerk, das für das hier betrachtete Beispiel durch die o. a. Netzliste dargestellt ist.
- **Operatoren:** Zur Umformung des Netzwerkes werden zwei Regeln gebraucht, mit denen eine Reihenschaltung bzw. eine Parallelschaltung zweier Widerstände durch einen Ersatzwiderstand mit demselben Wert ersetzt wird. Wie diese Regeln zu formulieren sind, wird weiter unten beschrieben.
- **Zielprädikat:** Die Aufgabe ist gelöst, wenn sich zwischen den Klemmen nur noch ein Widerstand befindet und die Netzliste folglich nur aus einer Zeile besteht:

| Widerstandsname | Knoten | Knoten |
|---|---|---|
| $R_{\mathrm{ers}}$ | 1 | 2 |

**Aktionsregeln zur Netzwerkumformung.** Die Grundlagen für die Aufstellung der Regeln sind aus der Elektrotechnik bekannt: Für die Parallelschaltung zweier Widerstände $R_A$ und $R_B$ ergibt sich der Gesamtwiderstand entsprechend der Beziehung

$$R_{\mathrm{P}} = \frac{R_A\, R_B}{R_A + R_B} = (R_A \parallel R_B), \tag{4.6}$$

wobei im Folgenden die in der Elektrotechnik übliche Abkürzung „||" für die in der Mitte stehende Berechnungsvorschrift verwendet wird. Liegen die Widerstände in Reihe, so ist der Gesamtwiderstand entsprechend

$$R_{\mathrm{R}} = R_A + R_B \tag{4.7}$$

zu berechnen. Im Bedingungsteil der Regeln muss spezifiziert werden, was eine Parallelschaltung bzw. was eine Reihenschaltung ist. Im Aktionsteil müssen die diese Bedingungen erfüllenden Widerstände durch einen einzelnen Widerstand ersetzt werden, dessen Wert sich entsprechend Gln. (4.6) und (4.7) aus den Werten der einzelnen Widerstände zusammensetzt.

Die Wissensbasis hat folgenden Inhalt (Abb. 4.6):

**Regel 1** *Parallelschaltung*

Bedingung: Die Knoten der Widerstände mit den Namen $R_A$ und $R_B$ stimmen paarweise überein. Das heißt, die Netzliste enthält die beiden Zeilen

| Widerstandsname | Knoten | Knoten |
|---|---|---|
| $R_A$ | $x$ | $y$ |
| $R_B$ | $x$ | $y$ |

wobei $x$ und $y$ zwei Knotennamen bezeichnen und die Reihenfolge dieser Namen in der zweiten Zeile vertauscht sein kann.

Aktion: Die Widerstände, die den Bedingungsteil erfüllen, werden durch einen Widerstand ersetzt, dessen Name aus den Namen der beiden Widerstände und dem „||“ -Zeichen gebildet wird und dessen Knoten mit denen der beiden Widerstände übereinstimmen. Die zu $R_A$ und $R_B$ gehörenden Zeilen werden also in der Netzliste durch die Zeile

| Widerstandsname | Knoten | Knoten |
|---|---|---|
| $(R_A \| R_B)$ | $x$ | $y$ |

ersetzt.

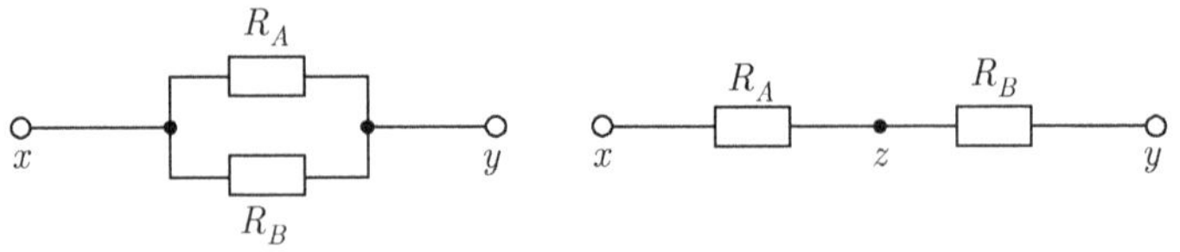


**Abb. 4.6:** Zusammenfassbare Widerstände

**Regel 2** *Reihenschaltung*

Bedingung: Zwei Widerstände mit den Namen $R_A$ und $R_B$ haben einen gemeinsamen Knoten $z$ und getrennte Knoten $x$ und $y$. Es führt kein weiterer Widerstand zum Knoten $z$. Der Knoten $z$ ist keine Klemme des Netzwerkes. In der Netzliste gibt es also die beiden Zeilen

| Widerstandsname | Knoten | Knoten |
|---|---|---|
| $R_A$ | $x$ | $z$ |
| $R_B$ | $y$ | $z$ |

und es gibt keine weitere Zeile, in der $z$ als Knotenname auftritt.

Aktion: Die Widerstände, die den Bedingungsteil erfüllen, werden durch einen Widerstand ersetzt, dessen Name aus den Namen der beiden Widerstände und dem „+“ -Zeichen gebildet wird und der zwischen den Knoten $x$ und $y$ liegt. Die o. a. Zeilen werden in der Netzliste durch die Zeile

| Widerstandsname | Knoten | Knoten |
|---|---|---|
| $(R_A + R_B)$ | $x$ | $y$ |

ersetzt.

**Suchraum.** Mit diesen Regeln kann für das Beispielnetzwerk aus Abb. 4.5 der Suchraum gebildet werden (Abb. 4.7). In der Abbildung sind der Anfangs- und der Endknoten durch Doppel-

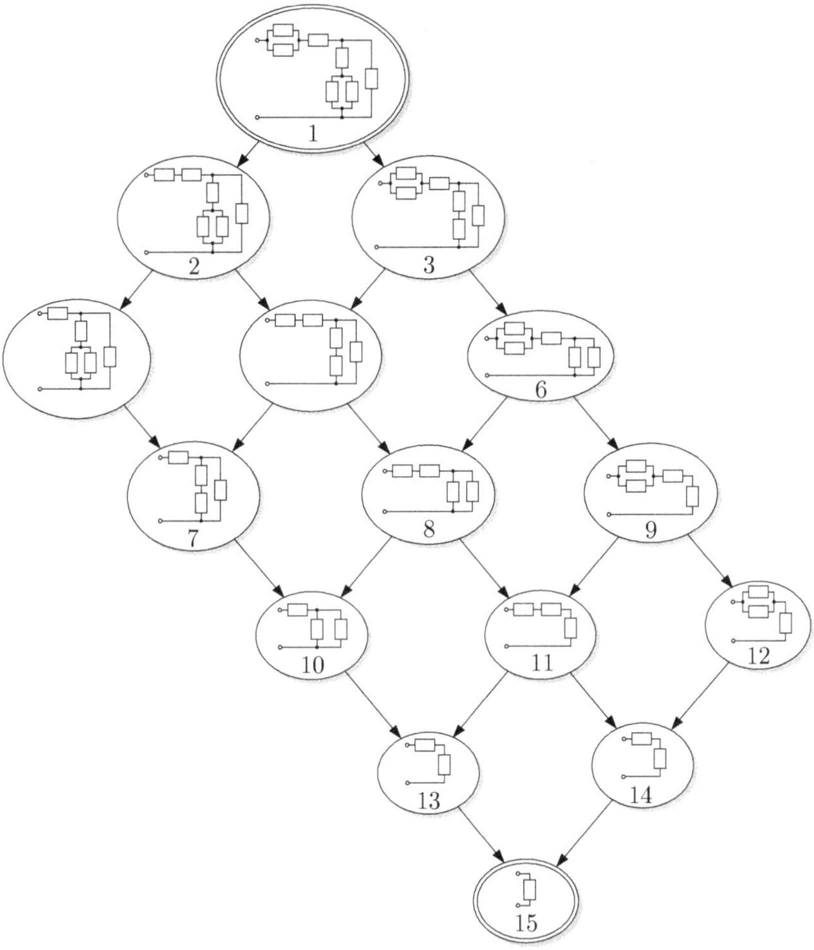


**Abb. 4.7:** Umformung des Widerstandsnetzwerkes

kreise hervorgehoben. Der Graph zeigt, dass es viele Sequenzen von Regelanwendungen gibt, mit denen der Zielzustand erzeugt wird. Dies resultiert aus der Tatsache, dass es in einer Reihen-Parallelschaltung von Widerständen gleichgültig ist, welche Reihen- oder Parallelschaltung als erstes zusammengefasst wird. Bei jeder gewählten Reihenfolge entsteht schließlich derselbe Ersatzwiderstand. Als Konsequenz dessen kann mit der Geradeaussuche gearbeitet werden, weil es nicht vorkommen kann, dass eine Zusammenfassung zweier Widerstände rückgängig gemacht werden muss. Daraus ergibt sich als wichtige Vereinfachung, dass die Liste der aktiven Knoten nicht geführt werden muss (vgl. Geradeaussuche im Abschn. 3.2.2).

Als weitere Vereinfachung tritt hinzu, dass die bei der schrittweisen Zusammenfassung entstehenden Zwischenergebnisse („markierte Knoten") nicht gespeichert werden müssen, da jedes Zwischenergebnis nur einmal auftreten kann und es folglich unmöglich ist, dass – bezogen auf die Graphensuche – ein bereits markierter Knoten durch eine Regelanwendung später noch einmal erzeugt wird. Die spezifische Struktur des Suchraums erlaubt also eine sehr einfache Suchsteuerung.

**Lösungsalgorithmus.** Der Algorithmus zur Zusammenfassung eines Widerstandsnetzwerkes entsteht aus dem Algorithmus für die Geradeaussuche aus Abb. 3.4 auf S. 51, wobei jedem Knoten eine Netzliste zugeordnet ist (Abb. 4.8). Im Suchschritt werden Zeilenpaare der zum Suchknoten gehörenden Netzliste daraufhin überprüft, ob eine der beiden Umformregeln anwendbar ist. Die erste anwendbare Regel wird verwendet, um den neuen, mit $X$ bezeichneten Knoten zu erzeugen.

Auf das Beispielnetzwerk angewendet erzeugt der Algorithmus folgende Zwischenergebnisse, wenn im Suchschritt die betrachteten Zeilenpaare in der Netzliste von oben nach unten durchsucht werden. Zur Verkürzung der Darstellung werden an Stelle der vollständigen Netzliste nur die ersetzten Widerstände angegeben:

| | | |
|---|---|---|
| $R_1$ | 1 | 3 |
| $R_2$ | 1 | 3 |

$\downarrow$ Zusammenfassung einer Parallelschaltung

| | | |
|---|---|---|
| $(R_1 \| R_2)$ | 1 | 3 |

| | | |
|---|---|---|
| $(R_1 \| R_2)$ | 1 | 3 |
| $R_3$ | 3 | 4 |

$\downarrow$ Zusammenfassung einer Reihenschaltung

| | | |
|---|---|---|
| $((R_1 \| R_2) + R_3)$ | 1 | 4 |

| | | |
|---|---|---|
| $R_6$ | 5 | 2 |
| $R_7$ | 5 | 2 |

$\downarrow$ Zusammenfassung einer Parallelschaltung

| | | |
|---|---|---|
| $(R_6 \| R_7)$ | 5 | 2 |

| | | |
|---|---|---|
| $R_4$ | 4 | 5 |
| $(R_6 \| R_7)$ | 5 | 2 |

$\downarrow$ Zusammenfassung einer Reihenschaltung

| | | |
|---|---|---|
| $((R_4 + (R_6 \| R_7))$ | 4 | 2 |

| | | |
|---|---|---|
| $(R_4 + (R_6 \| R_7))$ | 4 | 2 |
| $R_5$ | 4 | 2 |

$\downarrow$ Zusammenfassung einer Parallelschaltung

| | | |
|---|---|---|
| $((R_4 + (R_6 \| R_7)) \| R_5)$ | 4 | 2 |

| | | |
|---|---|---|
| $((R_1 \| R_2) + R_3)$ | 1 | 4 |
| $((R_4 + (R_6 \| R_7)) \| R_5)$ | 4 | 2 |

$\downarrow$ Zusammenfassung einer Reihenschaltung

| | | |
|---|---|---|
| $(((R_1 \| R_2) + R_3)+$ $((R_4 + (R_6 \| R_7)) \| R_5))$ | 1 | 2 |

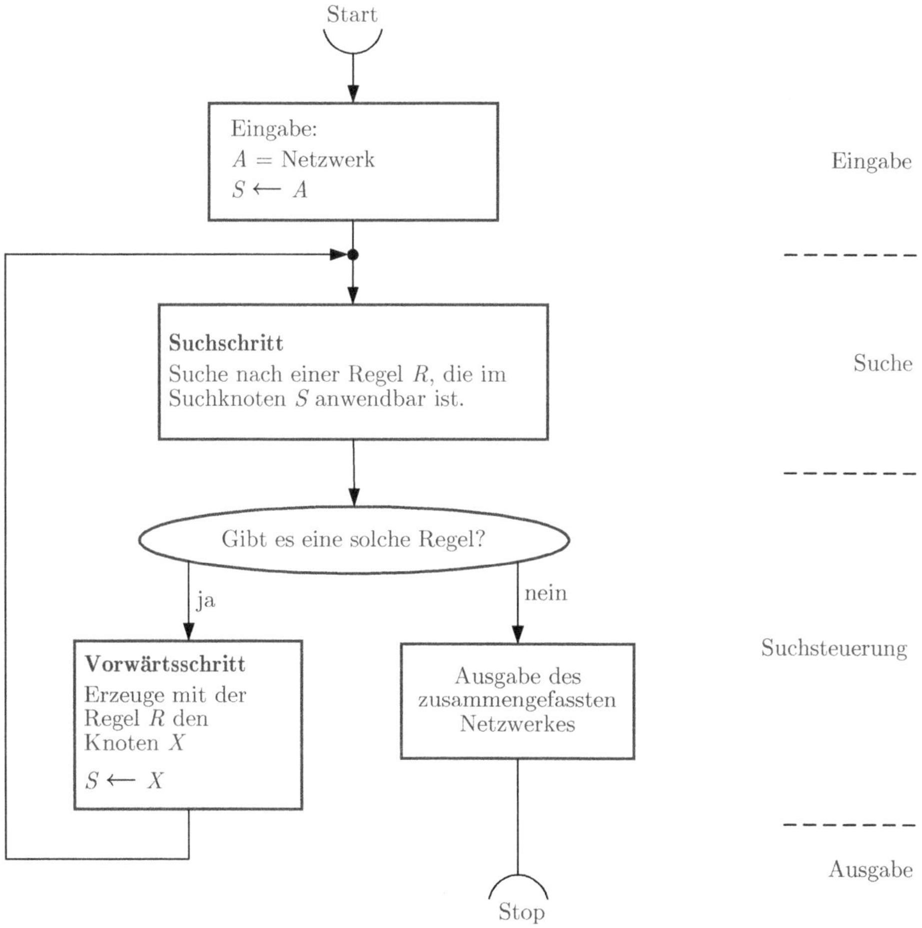
Start
Eingabe:
A = Netzwerk
S ← A
Eingabe
Suchschritt
Suche nach einer Regel R, die im Suchknoten S anwendbar ist.
Suche
Gibt es eine solche Regel?
ja
nein
Vorwärtsschritt
Erzeuge mit der Regel R den Knoten X
S ← X
Ausgabe des zusammengefassten Netzwerkes
Suchsteuerung
Ausgabe
Stop

**Abb. 4.8:** Algorithmus zur Vorwärtsverkettung der Aktionsregeln mit der Geradeaussuchstrategie

Das Ergebnis ist eine Formel zur Berechnung des Gesamtwiderstandes $R_{\mathrm{ges}}$, die nach dem Ausschreiben der Abkürzung '$\|$' die Form

$$R_{\mathrm{ges}} = \frac{R_1 R_2}{R_1 + R_2} + R_3 + \frac{R_5 R_6 R_7 + R_4 R_5 R_6 + R_4 R_5 R_7}{R_6 R_7 + (R_4 + R_5)(R_6 + R_7)} \tag{4.8}$$

hat.

**Erweiterung der Problemstellung.** Bisher wurde angenommen, dass das gegebene Netzwerk eine Reihen-Parallelschaltung von Widerständen zwischen den betrachteten Klemmen darstellt. Aber auch für andere Netzwerke ist das beschriebene Vorgehen anwendbar.

Ist vor Erreichen des Zielzustands bereits keine Regel mehr anwendbar, so kann das gesamte Netzwerk nicht zu einem einzigen Ersatzwiderstand zusammengefasst werden. Die Gründe dafür können sein, dass das Netzwerk keine Reihen-Parallelschaltung darstellt oder dass es Zweige in dem Netzwerk gibt, die das Übertragungsverhalten zwischen den angegebenen Klemmen nicht beeinflussen. Der erste Fall tritt beispielsweise auf, wenn zum Netzwerk aus Abb. 4.5 der Widerstand $R_8$ hinzugefügt wird (Abb. 4.9). Für die vollständige Umformung des Netzwerkes ist eine Erweiterung des Algorithmus um Regeln für die Stern-Dreieck- bzw. Dreieck-Stern-Umformung notwendig (Aufg. 4.8).

Im zweiten Fall gibt es Widerstände, die nicht zum Gesamtwiderstand zwischen den angegebenen Klemmen beitragen. Das Netzwerk in Abb. 4.5 enthält solche Elemente, wenn es bezüglich der Knoten 1 und 4 zu analysieren ist. Dann haben die Widerstände $R_4$ bis $R_7$ auf den Gesamtwiderstand keinen Einfluss. In diesem Fall gibt der Algorithmus zwei Zweige aus, von denen der Widerstand zwischen den Knoten 1 und 4 der gesuchte Gesamtwiderstand ist.

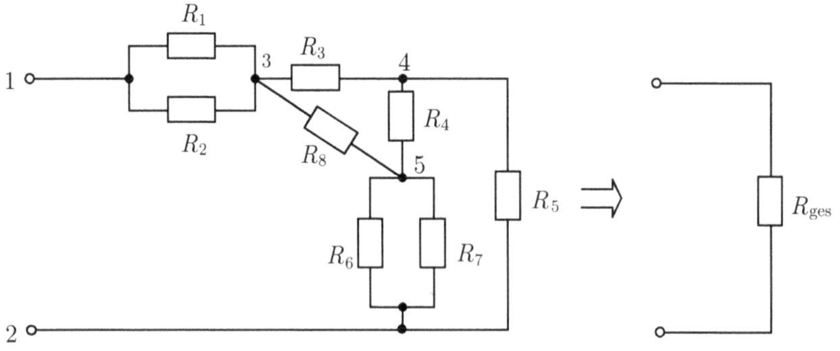


**Abb. 4.9:** Widerstandsnetzwerk mit Dreieckschaltung

| **Aufgabe 4.7** *Zusammenfassung von Widerstandsnetzwerken* |
|---|

Untersuchen Sie, wie sich der Ablauf des Algorithmus verändert, wenn Sie

1. das Netzwerk in entgegengesetzter Reihenfolge ($R_7$, ... , $R_1$) eingeben bzw.
2. das Netzwerk bezüglich der Klemmen 1 und 4 bzw. 1 und 5 zusammenfassen.

Warum treten diese Veränderungen auf? □

**Aufgabe 4.8** *Erweiterung der Zusammenfassung von Widerstandsnetzwerken*

Wie muss der Algorithmus zur Zusammenfassung des Widerstandsnetzwerkes erweitert werden, damit auch Netzwerke mit Dreieck- und Sternschaltungen vollständig vereinfacht werden können?

Kann man weiterhin mit der Geradeaussuche arbeiten? □

### 4.2.5 Kommutative und nichtkommutative regelbasierte Systeme

Die Zusammenfassung des Widerstandsnetzwerkes hat gezeigt, dass es Wissensverarbeitungsprobleme gibt, deren Lösbarkeit nicht von der Reihenfolge abhängt, in der die Regeln angewendet werden. Es kann jede gefundene Reihen- oder Parallelschaltung zweier Widerstände durch ihren Gesamtwiderstand ersetzt werden, ohne dass dadurch die Zusammenfassung anderer parallel oder in Reihe geschalteter Elemente beeinflusst wird. Allerdings ist die beschriebene Vereinfachung des Lösungsalgorithmus nur möglich, wenn es sich bei dem gegebenen Netzwerk um eine Reihen-Parallelschaltung handelt.

Die Anwendbarkeit der Geradeaussuche mit ihrer einfachen Suchsteuerung einerseits und die Grenzen dieses Vorgehens, die durch kompliziertere Netzwerke aufgezeigt wurde, andererseits führen auf die Frage, unter welchen Bedingungen es genügt, bei einem Wissensverarbeitungsproblem die Geradeaussuche einzusetzen. Die Antwort heißt: bei kommutativen regelbasierten Systemen, die im Folgenden charakterisiert werden.

**Kommutative regelbasierte Systeme.** Bei den bisher behandelten Algorithmen wurde im Suchschritt nach der ersten anwendbaren Regel gesucht. Um die Wissensverarbeitung allgemeiner darzustellen, kann man im Suchschritt die Menge aller auf den aktuellen Problemzustand $z$ anwendbaren Regeln bestimmen. Diese Menge wird Konfliktmenge (*conflict set*) $\mathcal{K}(z)$ genannt. Häufig enthält die Menge $\mathcal{K}(z)$ mehr als eine Regel, so dass bei der Fortsetzung des Lösungsprozesses der „Konflikt" entsteht, mehrere anwendbare Regeln zu haben, aber nur eine anwenden zu können. Für Regeln der Form (4.5) ist die Konfliktmenge

$$\mathcal{K}(z) = \{R_i \; : \; p_i(z)\}.$$

die Menge aller Regeln $R_i$, deren Prädikat $p_i(z)$ im aktuellen Problemzustand $z$ erfüllt ist.

Eine wichtige Eigenart der Zusammenfassung von Widerstandsnetzwerken ist es, dass eine Regel $R$, die der Konfliktmenge $\mathcal{K}(z)$ angehört, aber nicht angewendet wurde, nach der Transformation des Zustands $z$ in den Nachfolgezustand $z'$ wieder zur Konfliktmenge $\mathcal{K}(z')$ gehört. Es entsteht also gar kein Konflikt bei der Regelauswahl, denn die Wahl der anzuwendenden Regel ist unkritisch für den weiteren Fortgang des Lösungsprozesses. Es kann deshalb sofort mit der ersten anwendbaren Regel gearbeitet werden, also mit einer Geradeaussuche. Eine Registrierung der bereits durchlaufenen Problemzustände in der Menge $\mathcal{A}$ der aktiven Knoten entfällt. Allerdings muss häufig die Menge $\mathcal{M}$ der markierten Knoten geführt werden, um eine wiederholte Regelanwendung zu verhindern, wie es beispielsweise bei der Analyse des Wasserversorgungssystems möglich war.

Diese wichtigen Eigenschaften werden im Begriff des kommutativen regelbasierten Systems zusammengefasst. Ein regelbasiertes System ist *kommutativ*, wenn es folgende drei Eigenschaften erfüllt:

- Jede Regel $R$ aus der Konfliktmenge $\mathcal{K}(z)$ des Problemzustands $z$ gehört auch zur Konfliktmenge $\mathcal{K}(z')$ des Nachfolgezustands $z'$, der aus $z$ durch Anwendung einer von $R$ verschiedenen Regel $\bar{R} \in \mathcal{K}(z)$ entsteht: $z \stackrel{\bar{R}}{\longrightarrow} z'$.
- Ist das Zielprädikat durch den aktuellen Zustand $z$ erfüllt, so ist es auch im Zustand $z'$ erfüllt, der aus $z$ durch Anwendung einer Regel $R \in \mathcal{K}(z)$ entsteht.
- Der Zustand $z_n$, der aus dem Zustand $z$ durch Anwendung einer beliebigen Folge $R_1, R_2, \ldots, R_n$ von $n$ Regeln $R_i \in \mathcal{K}(z)$ entsteht, ist unabhängig von der Reihenfolge, in der diese $n$ Regeln zur Anwendung gebracht werden (weshalb diese Art von regelbasierten Systemen das Attribut „kommutativ" erhalten hat).

Die letzte Eigenschaft nimmt nur Bezug auf die Regeln der Konfliktmenge $\mathcal{K}(z)$ des ursprünglichen Zustands $z$ und berücksichtigt nicht Regeln, die in den Folgezuständen von $z$ zusätzlich anwendbar sind. Auf Grund der ersten Eigenschaft ist gesichert, dass die Regeln in beliebiger Reihenfolge anwendbar sind, denn die Erfüllung ihres WENN-Teils wird durch die Anwendung anderer Regeln nicht verändert.

Die bisher durchgeführten Überlegungen zeigen, dass bei kommutativen Systemen jede Regelanwendung das Problem näher zu seiner Lösung führt. Der Zustandsraum derartiger Systeme ist so vernetzt, wie es Abb. 4.7 für die Zusammenfassung des Widerstandsnetzwerkes zeigt. „Jeder" Weg vom Anfangszustand führt zum Zielzustand.

Bei kommutativen regelbasierten Systemen kann man jedes Problem mit Hilfe der Geradeaussuche lösen.

Durch die Reihenfolge der Notierung der Regeln, die bei der Geradeaussuche die Reihenfolge ihrer Anwendung bestimmt, wird nicht die Lösbarkeit des Problems, sondern nur die Länge des Lösungsweges beeinflusst. Wichtige Regeln sind zweckmäßigerweise an den Anfang der Wissensbasis zu schreiben.

Wissensverarbeitungsprobleme mit Schlussfolgerungsregeln führen auf kommutative regelbasierte Systeme, weil die Anwendung einer Regel neue Fakten (Schlussfolgerungen) dem Arbeitsspeicher hinzufügt. Wenn der Bedingungsteil einer Regel durch den Arbeitsspeicherinhalt des Problemzustands $z$ erfüllt ist, so ist er auch für den Nachfolgezustand $z'$ erfüllt, der mehr Fakten umfasst. Das Beispiel 4.2 hätte also auch mit einer Geradeaussuche gelöst werden können.

**Nichtkommutative regelbasierte Systeme.** Sehr häufig sind die Bedingungen für die Kommutativität regelbasierter Systeme nicht erfüllt. Regeln, deren Bedingungsteile in einem Bearbeitungsschritt erfüllt waren, sind nach der Anwendung einer anderen Regel nicht mehr anwendbar. Derartige regelbasierte Systeme entstehen beispielsweise bei Entwurfs- oder Konstruktionsaufgaben. Die Ausführung eines Entwurfsschrittes verändert das Entwurfsobjekt so, dass die neue Konfliktmenge einige der früher anwendbaren Regeln nicht mehr enthält.

Bei derartigen Problemen kann der Lösungsweg nicht mehr mit einer unwiderruflichen Suchsteuerung gefunden werden. Es müssen die im Kap. 3 behandelten Suchsteuerungen eingesetzt werden, die ein systematisches Durchlaufen des gesamten Suchraums gewährleisten, wie es beispielsweise in der Vorwärtsverkettung mit Breite-zuerst-Suche in Abb. 4.4 realisiert ist.

**Aufgabe 4.9** *Kommutatives regelbasiertes System?*

Weisen Sie durch Überprüfung der beschriebenen Eigenschaften kommutativer regelbasierter Systeme nach, dass es sich bei dem Problem, eine Reihen-Parallelschaltung von Widerständen zu einem Ersatzwiderstand zusammenzufassen, um ein solches Problem handelt.

Überlegen Sie sich weitere Aufgabenstellungen, die zweckmäßig als regelbasiertes Wissensverarbeitungsproblem gelöst werden, und entscheiden Sie, ob diese Probleme auf ein kommutatives oder ein nicht kommutatives System führen. □

### 4.2.6 Beispiel: Lösung von Packproblemen

Als Beispiel für ein nichtkommutatives System mit Aktionsregeln wird ein Packproblem betrachtet, bei dem ein vorgegebener Raum der Länge $R$ mit Gegenständen vollständig auszufüllen ist (Abb. 4.10). Die Gegenstände seien der Einfachheit halber gleich hoch und gleich breit, aber unterschiedlich lang, wobei die Gegenstände der Gruppe $i$ die Länge $l_i$ haben $(i = 1, 2, ..., m)$. Von jeder Gruppe $i$ steht zu Beginn der Aufgabe eine vorgegebene Anzahl $n_i$ von Gegenständen zur Verfügung.

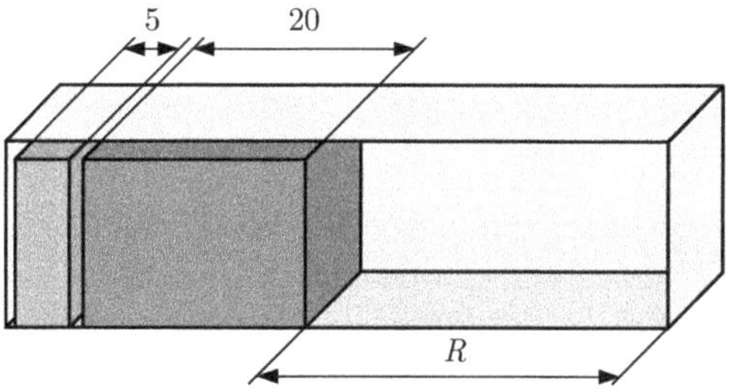


**Abb. 4.10:** Packproblem

Derartige Packprobleme gibt es in der Technik häufig, auch im zwei- oder dreidimensionalen Fall, beispielsweise bei der möglichst dichten Anordnung von Körpern in einem vorgegebenen Raum oder von Stanzmustern auf Blechen bestimmten Formats. Als eindimensionales Problem tritt es z. B. auf, wenn „Geld abgezählt bereitzuhalten" ist, oder wenn die Gesamtarbeitszeit einer Maschine vollständig mit Belegungszeiten für unterschiedliche Werkstücke und Arbeitsgänge ausgefüllt werden soll.

**Zustandsraumdarstellung des Packproblems.** Die Grundlage für die Lösung des Packproblems bildet wieder die Zustandsraumdarstellung.

- **Anfangsbedingungen:** Gegeben sind die Mengen der verfügbaren Elemente sowie die Raumlänge.

- **Operatoren:** Die Operatoren sind durch die u. a. Regeln beschrieben, die besagen, unter welcher Bedingung Elemente in den Packraum gelegt werden.
- **Zielprädikat:** Zielzustände sind durch die Bedingung beschrieben, dass der freie Raum gleich null ist.

Der aktuelle Problemzustand ist durch folgende Daten charakterisiert:

$R$ – Länge des noch auszufüllenden Raumes,
$n_i$ – Anzahl der Elemente der Gruppe $i$, die noch zur Verfügung stehen ($i = 1, ..., m$),
$k_i$ – Anzahl der Elemente der Gruppe $i$, die sich im Packraum befinden ($i = 1, ..., n$).

Zwei Problemzustände sind also gleich, wenn in ihnen dieselben Werte $R$, $n_i$ und $k_i$ ($i = 1, ..., m$) gelten. Dies ist unabhängig davon, in welcher Reihenfolge die Elemente in den Packraum gelegt werden.

Die Regeln für das Packproblem beschreiben, unter welcher Bedingung ein Element der Gruppe $i$ in den Packraum gelegt werden kann und wie sich dabei der Problemzustand ändert. Die Regeln können einheitlich für alle Gruppen $i$ von Gegenständen ($i = 1, 2, ..., m$) notiert werden:

**Bedingungen:** 1. Von den Gegenständen der Gruppe $i$ ist noch mindestens ein Stück vorhanden: $n_i > 0$.

2. Der freie Raum ist mindestens so lang wie die Gegenstände der Gruppe $i$: $R \geq l_i$.

**Aktion:** Lege einen Gegenstand der Gruppe $i$ in den Raum, wodurch die Anzahl $n_i$ der zur Verfügung stehenden Elemente um eins vermindert, die Anzahl $k_i$ der verwendeten Elemente um eins erhöht und der verbleibende Raum $R$ um die Länge des verwendeten Gegenstands verkleinert wird:

$$n_i \leftarrow n_i - 1$$
$$R \leftarrow R - l_i$$
$$k_i \leftarrow k_i + 1.$$

Diese mit Kommentaren versehene Regel kann in der zuvor eingeführten Form geschrieben werden:

$$\text{WENN } n_i > 0, R \geq l_i \text{ DANN } n_i \leftarrow n_i - 1, R \leftarrow R - l_i, k_i \leftarrow k_i + 1.$$

Die Lösung des Packproblems mit Hilfe dieser Regeln soll für ein Beispiel erläutert werden, bei dem die Länge der Elemente mit 50, 25, 15, 5 und 2 Längeneinheiten vorgegeben ist. Das Packproblem kann dann noch durch eine unterschiedliche Anzahl der zur Verfügung stehenden Elemente und unterschiedliche Raumlänge $R$ variiert werden.

Für das Beispiel

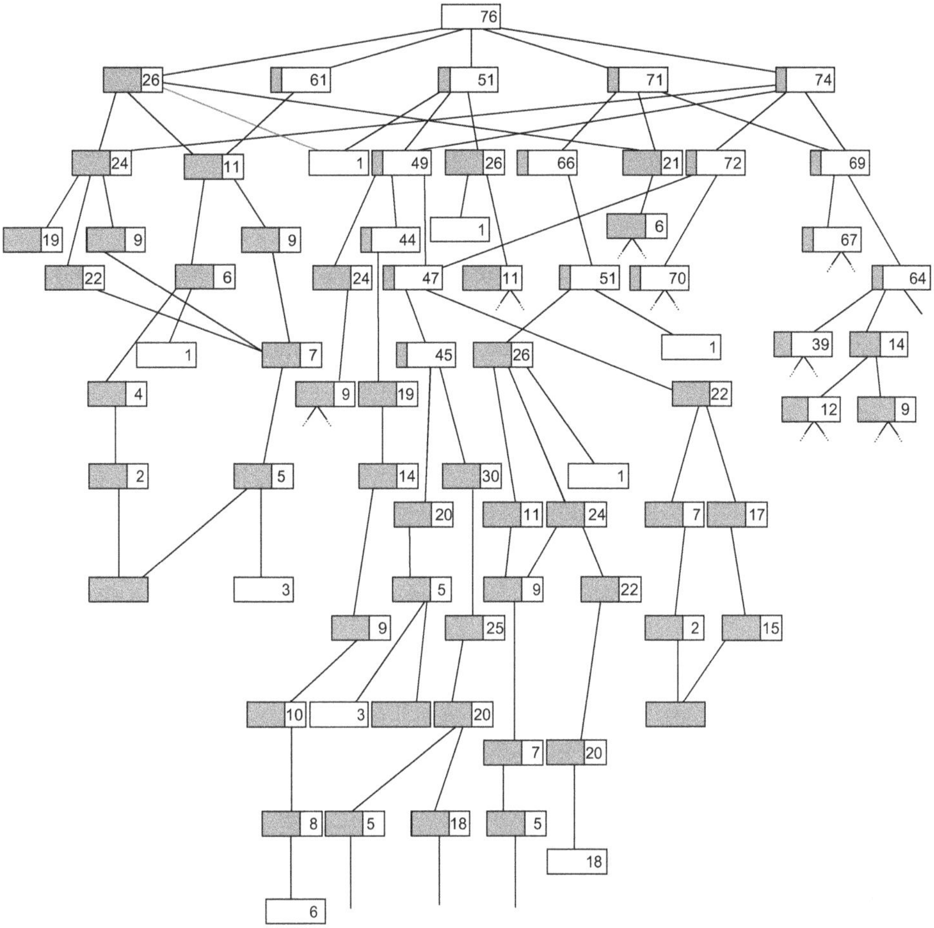


**Abb. 4.11:** Ausschnitt aus dem Suchraum des Packproblems

$$
\begin{aligned}
n_1 &= 2\\
n_2 &= 2\\
n_3 &= 2\\
n_4 &= 4\\
n_5 &= 3\\
R &= 76
\end{aligned}
$$

zeigt Abb. 4.11 einen Ausschnitt des Suchraums. Die Knoten sind aus Platzgründen nur durch den verbleibenden freien Raum gekennzeichnet. Vollständig ausgefüllte Rechtecke stellen Zielzustände dar. Weiße Rechtecke symbolisieren mit Ausnahme des Wurzelknotens Problemzustände, von denen aus das Packproblem nicht gelöst werden kann. Weggelassen wurden die Pfeilspitzen, die alle von oben nach unten weisen.

Die Linien zwischen den Knoten beschreiben die Anwendung einer Regel. Bei vielen Knoten im oberen Teil sind mehrere Regeln anwendbar, so dass sich der Graph an diesen Knoten verzweigt. „Blattknoten“ des Baumes, von denen keine Kanten ausgehen, beschreiben entweder Lösungsknoten oder Knoten, bei denen keine Regel mehr anwendbar ist und die folglich keinen Nachfolgeknoten haben.

Der Suchraum weist mehrere für Wissensverarbeitungsprobleme typische Eigenschaften auf:

- Obwohl das Problem relativ einfach und überschaubar erscheint, entsteht ein Suchraum mit einer sehr großen Anzahl von Knoten und Kanten.
- Es gibt eine große Anzahl von Blattknoten. Diese Knoten befinden sich in unterschiedlicher Entfernung vom Wurzelknoten.
- Lösungsknoten liegen in unterschiedlicher Entfernung vom Wurzelknoten.

**Lösung des Packproblems.** Durch die Veranschaulichung des Suchraums als gerichteten Graphen wird offensichtlich, wie das Packproblem mit Hilfe der Graphensuche gelöst werden kann. Im Folgenden wird die Tiefe-zuerst-Suche eingesetzt (Abb. 4.12).

Jeder Knoten $i$ ist durch die Werte $R$, $n_1, \ldots, n_5$, $k_1, \ldots, k_5$ beschrieben, der Anfangszustand also durch

$$1 = \{R = 76, n_1 = 2, n_2 = 2, n_3 = 2, n_4 = 4, n_5 = 3, k_1 = k_2 = \ldots = k_5 = 0\}.$$

Im Suchschritt werden die o. a. Regeln betrachtet, wobei die Regel für das größte Element zuerst verwendet wird. Das Zielprädikat $R = 0$ wird auf den neuen Knoten $X$ angewendet.

Der vom Algorithmus erzeugte Suchgraph ist in Abb. 4.13 aufgezeichnet. Da die Regeln entsprechend der Größe der Elemente angeordnet sind, wird der verbleibende Raum stets mit dem größtmöglichen Element gefüllt. Weil dabei zweimal Zustände erzeugt werden, bei denen der restliche Raum für das kleinste verfügbare Element zu klein ist, geht die Suche zu vorher bereits erzeugten Zuständen zurück (Backtracking).

In der Abbildung ist in jedem Zustand das zuletzt eingefügte Element sowie der verbleibende Raum angegeben. Das Ergebnis wird durch die Anzahl der im Packraum liegenden Elemente bestimmt:

$$\begin{aligned} k_1 &= 1 \\ k_2 &= 0 \\ k_3 &= 1 \\ k_4 &= 1 \\ k_5 &= 3. \end{aligned}$$

Der in Abb. 4.12 gezeigte Algorithmus kann für beliebige Regeln eingesetzt werden, wenn die Notation der Problemzustände und insbesondere des Anfangszustands sowie die Ergebnisausschriften angepasst werden.

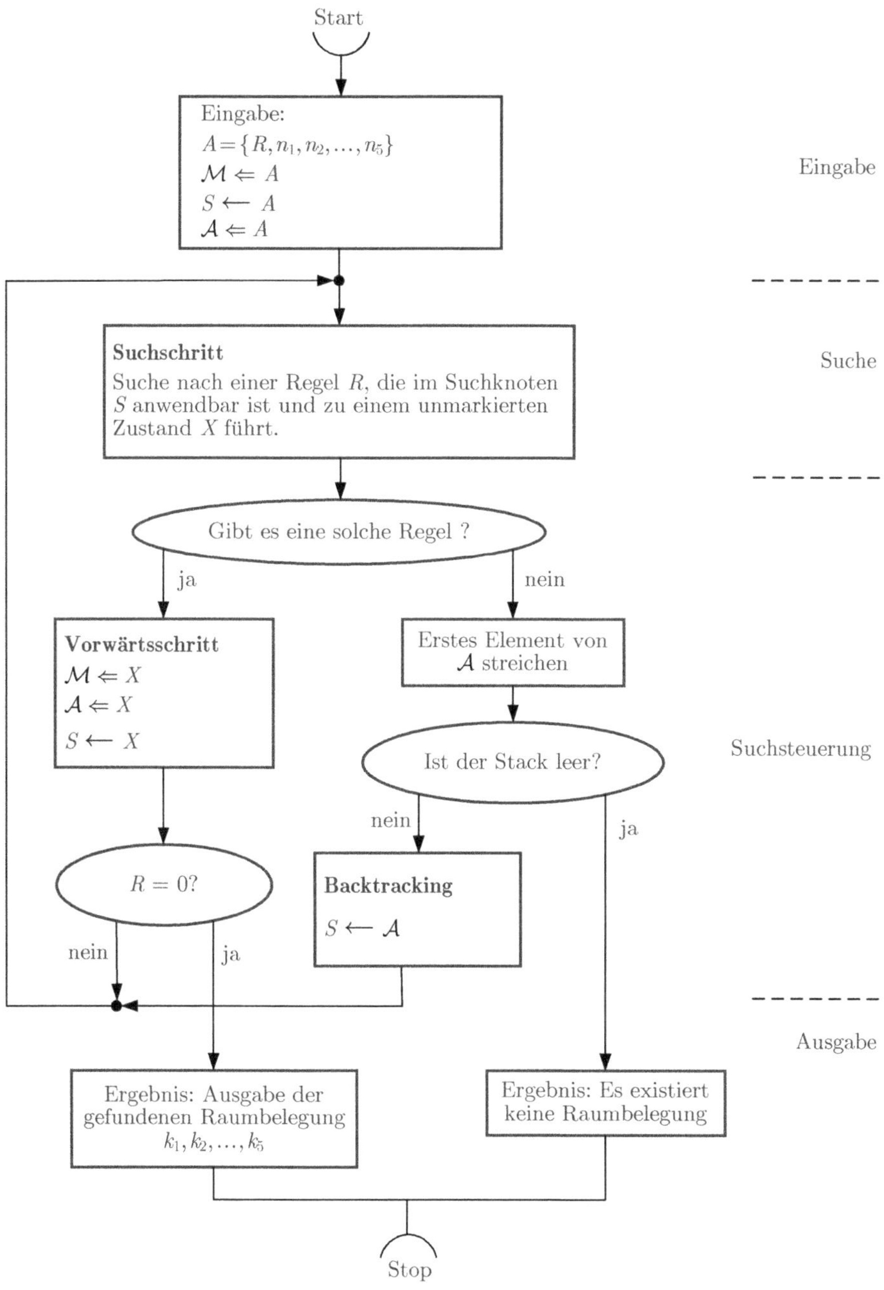


**Abb. 4.12:** Algorithmus zur Vorwärtsverkettung der Aktionsregeln mit der Tiefe-zuerst-Suchstrategie

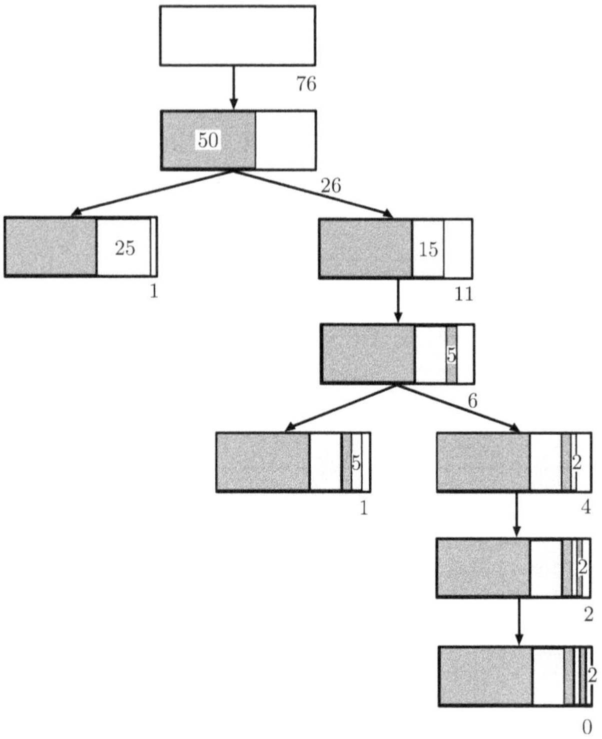


**Abb. 4.13:** Suchgraph für die Lösung des Packproblems mit Kennzeichnung der Länge des hinzugekommenen Elements und des verbleibenden Raumes

**Aufgabe 4.10** *Lösung des Packproblems bei unterschiedlichem Elementevorrat*

Lösen Sie mit Hilfe des Algorithmus aus Abb. 4.12 das Packproblem bei folgendem Elementevorrat:

- $n_1 = n_2 = 0, n_3 = 10, n_4 = 1, n_5 = 10$
- $n_1 = n_2 = n_3 = n_4 = n_5 = 6$
- $n_1 = 1, n_2 = 0, n_3 = 2, n_4 = n_5 = 1.$

Verfolgen Sie, wie der Algorithmus die Lösung findet. Durch welche Heuristiken kann die Suche verkürzt werden? □

**Aufgabe 4.11** *Handlungsplanung von Robotern*

Ein Roboter soll Bolzen in Bohrungen eines Chassis einsetzen. Mit Hilfe der Online-Steuerung sowie der Bahnplanung können folgende drei elementaren Roboteraktionen durchgeführt werden:

- Bewegen des Greifers in eine gegebene $x$-$y$-Position,
- Greifen eines gegebenen Objektes,
- Einfügen eines sich im Greifer befindenden Objektes mit vorgegebener Kraft in eine durch die Koordinaten $x$ und $y$ festgelegte Bohrung.

Bei diesen Beispielen wird der Einfachheit halber davon ausgegangen, dass der Greifer nur in $x$-$y$-Richtung positioniert werden muss und die Robotersteuerung die Höhe des Greifers beim Greifen eines Objektes und Einfügen durch eine sensorgeführte Regelung selbst findet.

Die Handlungsplanung erfolgt nach folgenden umgangssprachlich formulierten Regeln:

**Regel 1** *Fügen*

WENN ein Bolzen in eine Bohrung eingefügt werden soll,
DANN muss die Ausführbarkeit der Fügeoperation geprüft, der Bolzen gegriffen, die Fügekraft festgelegt und der Bolzen in die Bohrung eingefügt werden.

**Regel 2** *Bolzen greifen*

WENN der Greifer leer ist und ein Bolzen gegriffen werden soll,
DANN muss der Greifer in die $(x, y)$-Position des Bolzens gebracht und der Bolzen gegriffen werden.

**Regel 3** *Bolzen einfügen*

WENN ein Bolzen gegriffen ist, die Fügekraft bestimmt ist und der Bolzen in eine Bohrung eingefügt werden soll,
DANN muss der Greifer in die $(x, y)$-Position der Bohrung gebracht und der Bolzen mit gegebener Kraft eingefügt werden.

**Regel 4** *Fügekraft bei Presspassung*

WENN ein Bolzen in eine Bohrung eingefügt werden soll, wobei der Bolzendurchmesser etwas größer als der Bohrungsdurchmesser ist,
DANN muss der Fügevorgang mit einer großen Kraft erfolgen.

**Regel 5** *Fügekraft bei Spielpassung*

WENN ein Bolzen in eine Bohrung eingefügt werden soll, wobei der Bolzendurchmesser höchstens so groß wie der Bohrungsdurchmesser ist,
DANN muss der Fügevorgang mit einer kleinen Kraft erfolgen.

**Regel 6** *Bedingung für Ausführbarkeit der Fügeoperation*

WENN ein Bolzen in eine Bohrung eingefügt werden soll,
DANN darf der Bolzendurchmesser nicht größer als der Bohrungsdurchmesser sein.

Mit diesen Regeln können für Fügeaufgaben Folgen der drei o. a. Roboteraktionen gefunden werden, wobei die genauen Parameter (Durchmesser und Lagekoordinaten der Bolzen und der Bohrungen) als Fakten vorzugeben sind.

Führen Sie die Handbewegungsplanung regelbasiert durch, indem Sie die Regeln formalisieren, durch die Vorgabe von Bolzen und Bohrungen eine Fügeaufgabe formulieren und diese Aufgabe unter Verwendung einer geeignet gewählten Suchstrategie lösen. □

# 4.3 Problemlösen durch Rückwärtsverkettung von Regeln

## 4.3.1 Rückwärtsverkettung

Für Diagnoseaufgaben ist es typisch, dass die im DANN-Teil der Regeln stehenden Schlussfolgerungen bzw. Wirkungen bekannt sind und nach möglichen Ursachen gesucht wird, die im WENN-Teil stehen. Wie das folgende Beispiel zeigt, werden die Regeln bei der Lösung von Diagnoseaufgaben deshalb rückwärts angewendet.

**Beispiel 4.3** *Rückwärtsverkettung von Schlussfolgerungsregeln*

Bei einem Wasserversorgungssystem wird der Fachmann einer Beschwerde über zu niedrigen Wasserdruck nachgehen, indem er mit seinen in Form der Regeln (2.3) bis (2.10) formulierten Erfahrungen versucht, die Ursachen zu ermitteln. Die Regel (2.3)

WENN Der Wasserstand ist niedrig. DANN Der Wasserdruck ist niedrig.

führt auf die Annahme, dass ein niedriger Wasserstand im Behälter die Ursache für den niedrigen Wasserdruck ist. Dabei wird die Regel „von rechts nach links" genutzt und kann keine gesicherte Aussage („Niedriger Wasserstand *ist* die Ursache für niedrigen Druck." ), sondern nur eine Annahme („Niedriger Wasserstand *kann* die Ursache für niedrigen Druck sein.") liefern. Entsprechend der Regel (2.9)

WENN Der Niederschlag war gering. DANN Der Wasserstand ist niedrig.

kann der niedrige Wasserstand auf eine geringe Niederschlagsmenge in der vergangenen Zeit zurückgeführt werden. Ist bekannt, dass es wenig geregnet hat, so ist damit die Folgerungskette vollständig: Aus geringem Niederschlag wird auf niedrigen Wasserstand und aus niedrigem Wasserstand auf niedrigen Wasserdruck geschlossen. Als Ergebnis ist eine (mögliche) Ursache für die Beschwerde in mangelndem Niederschlag zu sehen.

Hat es nun aber in der Vergangenheit viel geregnet oder ist keine Aussage über den Niederschlag möglich, so sind die durch die Regeln motivierten Annahmen nicht beweisbar und es entsteht keine gültige Folgerungskette. In diesem Fall bietet sich ein zweiter Folgerungsweg an. Mit den Regeln (2.5) und (2.6)

WENN Die Wasserentnahme ist groß.
DANN Der Wasserdruck ist niedrig.

WENN Die Sonne scheint.
DANN Die Wasserentnahme ist groß.

wird eine Folgerungskette aufgebaut, die zunächst auf die große Wasserentnahme und schließlich auf das Sonnenwetter als mögliche Ursachen für den niedrigen Wasserdruck führt. Ist nun bekannt, dass die Sonne scheint, so ist damit eine Ursache für den niedrigen Wasserdruck gefunden. □

Die Vorgehensweise, die Regeln „rückwärts" vom DANN- zum WENN-Teil zu verwenden, heißt *Rückwärtsverkettung* (*backward chaining*). Die Regeln wirken jetzt als Operatoren, die eine zu beweisende Schlussfolgerung durch eine oder mehrere zu beweisende Bedingungen ersetzen. Die Schlussfolgerung wird als Ziel (*goal*) interpretiert, die sie ersetzenden Bedingungen als Teilziele.

Im Sinne der Zustandsraumdarstellung des hier zu lösenden Wissensverarbeitungsproblems wird aus der Regel (4.1)

WENN <Bedingung> DANN <Schlussfolgerung>

durch Umkehrung der Operator

WENN <Schlussfolgerung> ist zu beweisen. DANN Beweise die <Bedingung>!

Der Vorgang, mit Hilfe von Regeln ein Ziel durch ein oder mehrere andere Ziele zu ersetzen, wiederholt sich so lange, bis die Teilziele bekannten Tatsachen entsprechen und deshalb erfüllt sind. Durch die Regeln ist dann gesichert, dass mit der Erfüllung aller Teilziele auch das ursprüngliche Ziel erfüllt ist. Gelingt eine solche Rückführung von Teilzielen auf bekannte Aussagen nicht, so muss nach anderen Ersetzungen der Teilziele gesucht werden.

Die Suche nach einer Lösung kann wieder in einem Suchgraphen veranschaulicht werden. In Abb. 4.14 ist in jedem Knoten eingetragen, welche Aussage zu beweisen ist, um das gegebene Ziel „Der Wasserdruck ist niedrig." zu beweisen. Die Kanten sind mit den Regeln markiert, durch die sie erzeugt wurden. Die Abbildung wurde für den Fall aufgestellt, dass die Tatsache „Die Sonne scheint." bekannt ist.

Im allgemeinen Fall kann ein Ziel auch durch mehrere, konjunktiv verknüpfte Aussagen ersetzt werden, wie es z. B. bei der Rückwärtsverkettung der Regel (2.4)

WENN Der Wasserstand ist hoch.
UND Die Wasserentnahme ist klein.
DANN Der Wasserdruck ist hoch.

geschieht. Das Ziel zu beweisen, dass die Aussage „Der Wasserdruck ist hoch." gilt, wird hier durch die beiden Teilziele „Der Wasserstand ist hoch." und „Die Wasserentnahme ist klein." ersetzt.

Charakteristisch für diese Art der Wissensverarbeitung ist, dass sie von dem zu beweisenden Ziel ausgeht und für dieses die möglichen Ursachen ermitteln soll. Es handelt sich dabei um eine durch das Beweisziel gelenkte Verarbeitung (*goal-driven reasoning*). Da jede Regel nur eine *möglicherweise* zutreffende Ursache angibt, ist jede Regelanwendung zunächst nur ein *Versuch*, eine Folgerungskette aufzubauen. Erst wenn die Erfüllung aller dabei erhaltenen Teilziele nachgewiesen ist, ist die Folgerungskette gültig. Die Suche nach einer Lösung muss bei der Rückwärtsverkettung also stets Vorkehrungen für die Rücknahme bereits durchgeführter Transformationen treffen (z. B. Backtracking bei der Tiefe-zuerst-Suche, vgl. Abschn. 3.2.4). Vereinfachungen in der Suchsteuerung wie bei der Vorwärtsverkettung in kommutativen regelbasierten Systemen sind bei rückwärtsverkettenden Systemen nur in Sonderfällen möglich.

**Beispiel 4.3 (Forts.)** *Rückwärtsverkettung von Schlussfolgerungsregeln*

Entsprechend Abb. 4.14 ist jeder Knoten des Suchraums durch die Menge der zur Lösung des Problems zu beweisenden Aussagen gekennzeichnet.

- **Anfangsbedingungen:** Der Anfangszustand

  $$1 = \{\text{Der Wasserdruck ist niedrig.}\}$$

  beschreibt die zu beweisende Behauptung. Die bekannten Tatsachen (Fakten) werden als DANN-Teile zusätzlicher Regeln interpretiert, deren WENN-Teil leer ist, d. h., die DANN-Teile gelten ohne Bedingung.

- **Operatoren:** Die Anwendung einer Regel führt dazu, dass die Schlussfolgerung im DANN-Teil der Regel aus der Beschreibung des Knotens gestrichen und durch den WENN-Teil ersetzt wird.
- **Zielprädikat:** Ein Zielzustand ist erreicht, sobald keine Aussage mehr zu beweisen ist, also ein „leerer" Knoten erreicht ist.

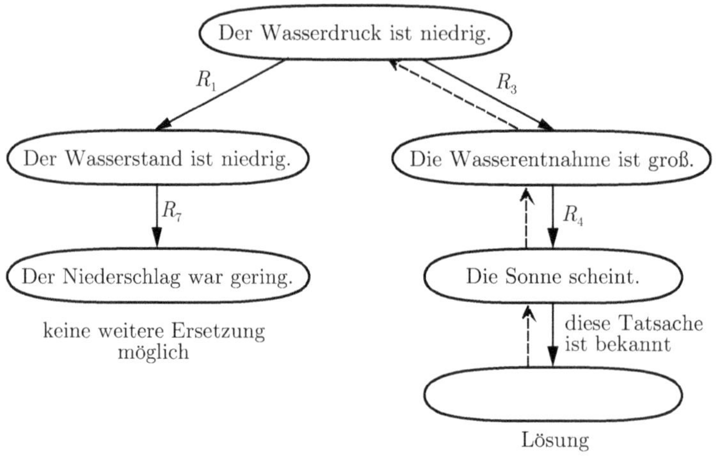


**Abb. 4.14:** Suchgraph bei der Rückwärtsverkettung der Regeln des Wasserversorgungssystems

Als Suchsteuerung wird die Tiefe-zuerst-Suche verwendet. Ist eine Regel anwendbar, so wird geprüft, ob der neue Zustand bereits bekannt (markiert) ist. Die Suche erfolgt dann wie bei Graphen, wobei die Liste $\mathcal{A}$ als Stack organisiert ist.

Der Algorithmus entscheidet nicht nur, ob die Behauptung „Der Wasserdruck ist niedrig." aus den bekannten Tatsachen mit Hilfe der Regeln gefolgert werden kann, sondern er gibt auch den Lösungsweg an. Dieser Weg ist im Stack $\mathcal{A}$ gespeichert, nachdem der Algorithmus beendet ist.

Der Algorithmus findet den Pfad im rechten Teil des Suchraums vom Anfangsknoten zu dem leeren Knoten. Die Behauptung ist folglich aus den gegebenen Tatsachen mit den Regeln $R_3$ und $R_4$ ableitbar und zwar in der Richtung der gestrichelt eingetragenen Pfeile, die die folgende Folgerungskette darstellen:

$$\text{Die Sonne scheint.} \xrightarrow{R_4} \text{Die Wasserentnahme ist groß.} \xrightarrow{R_3} \text{Der Wasserdruck ist niedrig.} \quad \square$$

| **Aufgabe 4.12** *Anwendung der Rückwärtsverkettung* |
|---|

Wenden Sie den Algorithmus zur Rückwärtsverkettung an, um zu überprüfen, ob ein hoher Wasserdruck auf einen ergiebigen Niederschlag und Regenwetter zurückgeführt werden kann. Zeichnen Sie den Suchgraphen, den der Algorithmus erzeugt. □

### 4.3.2 Anwendungsgebiete der Rückwärtsverkettung

Problemlösen durch Rückwärtsverkettung ist vor allem für Schlussfolgerungsregeln (4.1) anwendbar. Jede Schlussfolgerung kann durch die Annahme ersetzt werden, dass die im WENN-Teil der entsprechenden Regel stehenden Bedingungen erfüllt sind.

Kaum anwendbar ist die Rückwärtsverkettung bei Aktionsregeln (4.2). Da die Situation im WENN-Teil der Regel den Problemzustand vor der Ausführung der im DANN-Teil stehenden Aktion betrifft, muss beim Rückwärtsverketten der aktuelle Problemzustand durch die „inverse Aktion" verändert werden. Das heißt, dass ein Zustand $z'$ hergestellt werden muss, der durch die Anwendung der Aktion in den aktuellen Zustand $z$ übergeht. Bei vielen Problemen existiert diese inverse Aktion nicht.

Zur Veranschaulichung dessen sei an das Beispiel „Widerstandsnetzwerk" erinnert. Während die Zusammenfassung von parallel oder in Reihe geschalteter Widerstände eindeutig ist, bedeuten die inversen Aktionen, dass ein gegebener Gesamtwiderstand in zwei parallel bzw. in Reihe geschaltete Widerstände so zu zerlegen ist, dass der Wert des Gesamtwiderstandes erhalten bleibt. Dafür gibt es unendlich viele Möglichkeiten.

Anders ist es bei Fügeprozessen, die durch Roboter ausgeführt werden sollen. Das Problem besteht in der Bestimmung einer geeigneten Fügereihenfolge der Einzelteile, wobei der Problemzustand durch die bereits zusammengebauten Teile beschrieben wird. Der WENN-Teil der Regeln hält fest, unter welchen Bedingungen ein bestimmtes Teil eingebaut werden kann. Zielzustand ist das vollständig montierte Objekt.

Die Handlungsplanung von Robotern kann sehr gut durch Rückwärtsverkettung gelöst werden, was bildlich gesprochen bedeutet, dass das montierte Objekt zerlegt wird. Der Fügeplan entsteht dann durch Umkehrung der Demontageoperationen. Dieses Vorgehen entspricht weitgehend dem menschlichen Vorgehen bei der Demontage eines zu reparierenden Gerätes und anschließender Montage in umgekehrter Reihenfolge.

Rückwärtsverkettende Systeme werden im Kap. 7 auf der Grundlage logischer Wissensrepräsentationsformen und im Kap. 9 bei der Behandlung der Programmiersprache PROLOG noch eine große Rolle spielen.

## 4.4 Architektur und Einsatzgebiete regelbasierter Systeme

### 4.4.1 Allgemeiner Wissensverarbeitungsalgorithmus

Regelbasierte Systeme sind für die Verarbeitung einer großen Zahl von Regeln der Form (4.1) bzw. (4.2) ausgelegt. Jede Regel beschreibt einen Operator, wobei sie die Anwendungsbedingungen und die unter diesen Bedingungen ausführbaren Verarbeitungsschritte festlegt. Bei der Vorwärtsverkettung stellt der WENN-Teil der Regel die Anwendungsbedingungen des Operators dar und der DANN-Teil der Regel beschreibt die in den Arbeitsspeicher einzutragenden Schlussfolgerungen bzw. die auszuführende Veränderung des Arbeitsspeicherinhaltes. Werden die Regeln rückwärts verkettet, so wird durch die Operatoren ein Ziel durch neue Ziele ersetzt. In diesem Fall beschreibt der DANN-Teil der Regeln die Anwendungsbedingung, dass im aktuellen Problemzustand die in den Regeln stehende Schlussfolgerung als ein Teilziel auftreten muss. Der WENN-Teil charakterisiert die auszuführende Operation, die im Ersetzen des betrachteten Teilzieles durch die Bedingungen der entsprechenden Regel besteht.

Alle Operatoren zusammen stellen das Wissen über mögliche Lösungsschritte dar, enthalten jedoch keine expliziten Informationen darüber, in welcher Reihenfolge die Lösungsschritte für ein konkretes Problem angewendet werden sollen. Die wichtigste Aufgabe, die ein regelbasiertes System für eine vorgegebene Problemstellung lösen muss, ist also die Bestimmung der Reihenfolge, in der die Operatoren anzuwenden sind, um die Problemlösung voranzutreiben. Diese Aufgabe kann nur durch Suche gelöst werden.

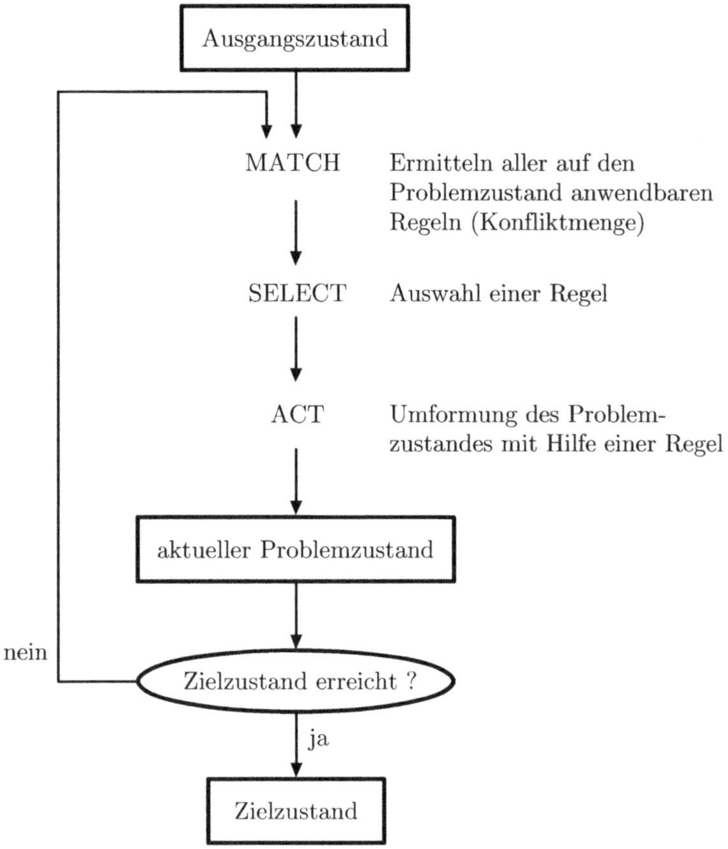


**Abb. 4.15:** Allgemeiner Wissensverarbeitungsmechanismus

Der in Abb. 4.15 dargestellte Algorithmus fasst die in diesem Kapitel beschriebenen Methoden zur Verarbeitung von Regeln zusammen. Er ist so allgemein formuliert, dass er auch auf später behandelte Wissensverarbeitungsmethoden zutrifft, wenn man die hier verwendeten Begriffe in einem weiteren Sinne interpretiert. Drei Schritte werden iterativ durchlaufen, bis das Problem gelöst ist (wobei auch im Deutschen die englischen Begriffe verwendet werden):

1. MATCH: Es wird untersucht, welche Regeln im aktuellen Problemzustand anwendbar sind. Das Ergebnis ist die Konfliktmenge, also die Menge aller anwendbaren Regeln.
2. SELECT: Aus der Konfliktmenge wird diejenige Regel ausgewählt, die angewendet werden soll.
3. ACT: Die ausgewählte Regel wird auf den aktuellen Problemzustand angewendet, wobei der neue Zustand entsteht.

Diese Verarbeitung ist allgemeiner als in den bisher betrachteten Algorithmen, in denen jeweils sofort die erste anwendbare Regel verwendet wurde, die zu einem noch nicht bekannten Problemzustand führt. Der Schritt SELECT ist nichtdeterministisch, denn jede zur Konfliktmenge gehörende Regel kann ausgewählt werden (Konfliktlösung). Erst nachdem festgelegt ist, wie diese Auswahl erfolgen soll, wird aus dem abgebildeten Wissensverarbeitungsmechanismus ein Algorithmus mit vollständig definierten Schritten.

Regelbasierte Systeme verketten die Regeln situationsbezogen (*data-driven*, datengesteuert) und erzeugen den Lösungsweg damit erst zur Laufzeit des Algorithmus. Im Gegensatz dazu wurden bei der Aufstellung des Entscheidungsbaumes die im DANN-Teil der Regeln stehenden Verarbeitungsschritte vor der Laufzeit durch den Programmierer verkettet, so dass das Programm nach der Dateneingabe einen der vorgedachten Wege durchlaufen kann.

Das im SELECT-Schritt für die Auswahl der Regeln verwendete Wissen wird als *Kontrollwissen* (*control knowledge*) bezeichnet. Es beinhaltet – wie bei der Graphensuche – heuristische Elemente, die festlegen, auf welchen Teil des Zustandsraums des zu lösenden Problems die Suche fokussiert wird. Ansatzpunkte für heuristische Entscheidungsregeln sind die folgenden (vgl. Heuristik bei der Graphensuche im Abschn. 3.4.1.):

- **Häufigkeit der Regelanwendung**: Es kann vorgeschrieben werden, dass jede Regel höchstens einmal anzuwenden ist.
- **„Alter" der Daten**: Die den Problemzustand charakterisierenden Daten werden mit der Zeit indiziert, zu der sie erzeugt wurden. Bei der Konfliktlösung werden Regeln bevorzugt, deren Bedingungsteil durch die neuesten Daten erfüllt wird.
- **Spezifik der Regeln**: Regeln, deren Bedingungsteil sich auf spezifische Eigenschaften des Problemzustands beziehen (z. B. weil sie aus sehr vielen Einzelbedingungen bestehen), haben größere Erfolgsaussichten und werden deshalb gegenüber allgemeinen Regeln bevorzugt.

### 4.4.2 Architektur regelbasierter Systeme

Der beschriebene allgemeine Wissensverarbeitungsalgorithmus führt auf die in Abb. 4.16 dargestellte Architektur regelbasierter Systeme:

- Die **Wissensbasis** enthält die im betrachteten Gegenstandsbereich gültigen Regeln und die vom Ziel der Wissensverarbeitung unabhängigen Fakten (Regeln mit stets erfülltem WENN-Teil). In ihr stehen also die „langlebigen", für die Lösung einer ganzen Gruppe von Problemen wichtigen Informationen. Man spricht auch vom bereichsspezifischen Wissen oder „Weltwissen".

- Der die aktuelle Aufgabe beschreibende Ausgangszustand sowie der aktuelle Problemzustand sind im **Arbeitsspeicher** (Datenbasis) abgelegt. Dieser Teil des Speichers enthält also die Informationen, die nur von „kurzfristiger" Bedeutung sind und bei der Regelanwendung verändert werden. Man spricht auch vom fallspezifischen Wissen.
- Die **Inferenzmaschine** übernimmt die Verarbeitung des Wissens. Während die obere Komponente die Auswahl trifft, welche Regel im nächsten Schritt einzusetzen ist, organisiert der Regelinterpreter die Ausführung der Regel und die Aktualisierung des Arbeitsspeicherinhaltes. In Bezug auf Abb. 4.15 werden die Schritte MATCH und SELECT im oberen, ACT im unteren Teil der Inferenzmaschine ausgeführt.

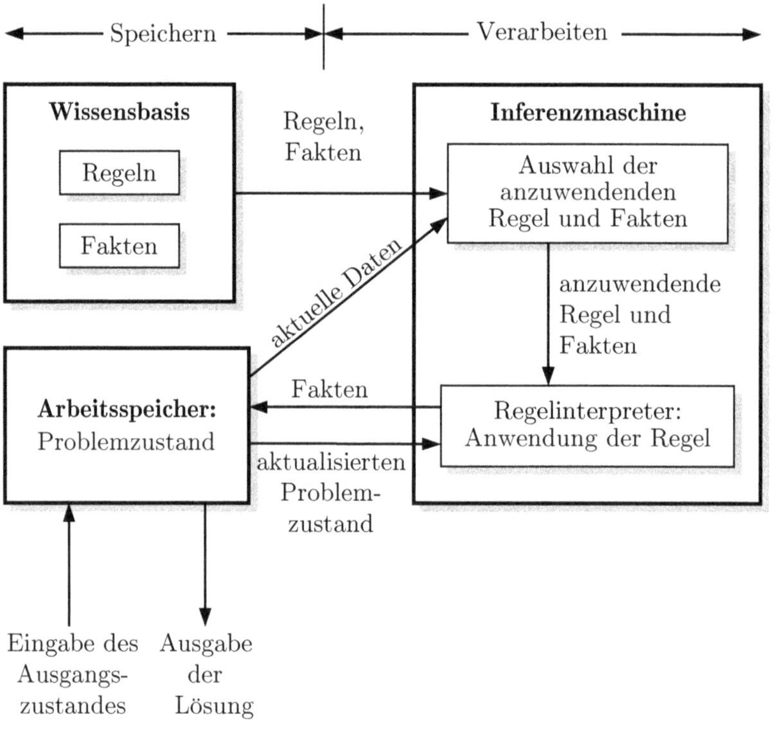


**Abb. 4.16:** Architektur regelbasierter Systeme

Die Bezeichnung „Inferenzmaschine" weist darauf hin, dass die hier für regelbasierte Systeme angegebene Struktur auch für andere Wissensverarbeitungsalgorithmen übernommen werden kann. Dort werden Schlussfolgerungen (Inferenzen) mit Wissen in anderer Darstellung als in Regelform gezogen.

Die angegebene Struktur ist eine Erweiterung der für Graphensuchalgorithmen im Abschn. 3.6.2 angegebenen Architektur. Der Graph, der dort den Suchraum beschreibt, ist hier durch die Wissensbasis ersetzt, mit deren Hilfe der Suchraum erzeugt werden kann. Die Verarbeitungseinheit, die dort im Wesentlichen das Verwalten und Verändern der Listen $\mathcal{A}$, $\mathcal{B}$ und $\mathcal{M}$

umfasste, enthält hier auch den Regelinterpreter, der durch die Anwendung von Regeln einen neuen Problemzustand (Knoten) erzeugt.

### 4.4.3 Einsatzcharakteristika regelbasierter Systeme

Für den Anwender regelbasierter Systeme ist es entscheidend zu wissen, wie man sein Problem aufarbeiten muss, um es regelbasiert lösen zu können und welche Teile eines regelbasierten Systems man selbst schreiben muss bzw. welche als „vorgefertigte" Einheiten von der Informatik zur Verfügung gestellt werden. Die in diesem Kapitel entwickelten Algorithmen haben gezeigt, dass sich von Beispiel zu Beispiel die Wissensbasis und die Beschreibung des Problemzustands verändert haben, während die Inferenzmaschine, insbesondere die in ihr realisierten Suchalgorithmen, von der konkreten Wissensbasis weitgehend unabhängig ist.

Die Dreiteilung des regelbasierten Systems in Wissensbasis, Arbeitsspeicher und Inferenzmaschine ermöglicht es, regelbasierte Systeme ohne Bezug auf ein konkretes Anwendungsproblem zu programmieren und mit „leerer" Wissensbasis dem Anwender zur Verfügung zu stellen. Vorgeschrieben ist dann lediglich eine bestimmte Darstellungsform für die Regeln und Fakten; die Wissensbasis kann entsprechend der konkreten Aufgabe „gefüllt" werden.

**Anwendungsgebiete regelbasierter Systeme.** Schlussfolgerungsregeln (4.1) entstehen bei der Formalisierung des Wissens typischerweise, wenn der Problemzustand Sachverhalte beschreibt. Die Regeln sind deklarativ (*declarative rules*), denn sie stellen Beziehungen zwischen den betrachteten Sachverhalten dar. Die Beschreibung des Wasserversorgungssystems ist ein Beispiel, bei dem derartige Regeln in natürlicher Weise auftreten.

Andererseits entstehen Aktionsregeln (4.2) (*imperative rules*), wenn Handlungsanweisungen gegeben sind oder wenn das empirische Verhalten eines Fachmanns nachgeahmt wird. Als Beispiel sei an die Zusammenfassung des Widerstandsnetzwerkes erinnert.

Die Eignung regelbasierter Systeme zur Lösung von diskreten Entscheidungsproblemen gründet sich auf die Tatsache, dass einem Fachmann die Formulierung von Regeln relativ leicht fällt, weil er jeweils nur für eine ganz bestimmte Situation beschreiben muss, was passiert bzw. wie er sich verhält. Es besteht keine Notwendigkeit, die Regeln zu verschachteln. Änderungen in der Wissensbasis sind sehr einfach durch den Austausch oder eine Veränderung einzener Regeln möglich. Die Verarbeitung erfolgt mit einer vorgegebenen Inferenzmaschine, für die möglicherweise noch die Strategie zur Konfliktlösung im Schritt SELECT (Abb. 4.15) zu formulieren ist.

Als problematisch wird oft empfunden, dass regelbasierte Systeme aus einer Vielzahl von Regeln zusammengesetzt sind, die nur für eng begrenzte Situationen formuliert sind und die deshalb wenige Informationen über die Lösung des gesamten Problems enthalten. Das Anwendungsgebiet muss stark eingeschränkt werden, um die Anzahl der aufzuführenden Regeln in Grenzen (z. B. unter 500) zu halten. Schwierig ist die Formulierung allgemeingültiger Zusammenhänge.

Ein offenes Problem ist die Konsistenz der Regelbasis. Die Regeln dürfen einander nicht widersprechen. Das heißt für Schlussfolgerungsregeln, dass es nicht möglich sein darf, eine über eine bestimmte Regelverkettung erhaltene Schlussfolgerung mit Hilfe einer anderen Teilmenge der Regeln zu widerlegen. Bei Aktionsregeln ist der Begriff der Konsistenz schwieriger zu definieren, denn es kann für bestimmte Probleme zweckmäßig sein, dass sich die in derselben Situation anwendbaren Aktionen mehrerer Regeln in ihrer Wirkung widersprechen oder aufheben. Bei Konstruktionsaufgaben können mit derartigen Regeln unterschiedliche Lösungsversuche beschrieben werden, wie sie für die Tätigkeit eines Ingenieurs typisch sind.

**Merkmale regelbasierter Systeme.** Eine regelbasierte Lösung sollte angestrebt werden, wenn das Problem durch eines der folgenden Merkmale charakterisiert werden kann:

- Das Wissen über den betrachteten Gegenstandsbereich liegt von vornherein in Form von Regeln vor oder kann einfach in diese Form gebracht werden.
- Die Steuerung der Regelanwendung ist kompliziert, so dass die regelbasierte Darstellung große Vorteile gegenüber einer Verschachtelung in einem Entscheidungsbaum bietet.
- Das Programm muss während der Implementierung bzw. während seiner praktischen Anwendung häufig modifiziert werden. Hier macht sich die Eigenschaft regelbasierter Systeme vorteilhaft bemerkbar, dass das Wissen über die auszuführenden Teilschritte leicht von den Kriterien getrennt werden kann, mit deren Hilfe über die Anwendung der einzelnen Teilschritte entschieden wird.

Welche Inferenzrichtung angewendet werden soll, ist von der Art der Problemstellung und der Art der aufgestellten Regeln abhängig. Die behandelten Beispiele legen folgende Richtlinien nahe:

- **Vorwärtsverkettung** ist vor allem dann zweckmäßig, wenn es viele Zielzustände, aber nur einen oder wenige Anfangszustände gibt. Vorwärtsverkettung ist typisch für Vorhersageprobleme. Heuristische Vorgehensweisen lassen sich sowohl durch eine entsprechende Gestaltung des Bedingungsteiles der Regeln als auch durch eine entsprechende Konfliktlösungsstrategie realisieren.
- **Rückwärtsverkettung** ist vor allem zweckmäßig, wenn es einen Zielzustand, aber sehr viele Eingangsdaten gibt. Die verfügbaren Tatsachen, die Gründe für das vorgegebene Ziel sein können, sollen deshalb durch das regelbasierte System in der Weise abgefragt werden, wie es für den Fortgang der Verarbeitung nützlich ist. Rückwärtsverkettung ist typisch für Diagnose- und Analyseaufgaben.

Kommerzielle Programme für regelbasierte Systeme stellen dem Nutzer die Inferenzart frei. Die Wahl der zweckmäßigen Steuerung macht Wissen über die Verarbeitung von Wissen, sogenanntes *Metawissen*, erforderlich. Neben Regeln in der bisher behandelten Form sind auch Regeln über die Steuerung („Metaregeln“) vorzugeben, durch die sich das Verhalten der Inferenzmaschine dem Problem anpasst.

**Problemlösung durch Suche.** Bei Wissensverarbeitungsproblemen tritt die Suche in einer gegenüber den Graphenproblemen erweiterten Form auf. *Suchen* heißt, neue Informationen zu erzeugen und im Hinblick darauf zu testen, ob sie die Lösung des gegebenen Problems darstellen bzw. zur Lösung beitragen können.

Das durch diese Erweiterungen aus der Graphensuche entstehende System zur Wissensverarbeitung wird in Anlehnung an den englischen Begriff *production system* auch als Produktionssystem oder Produktionsregelsystem bezeichnet. Man sollte es aber zur Vermeidung von

Verwechslungen besser „Ersetzungssystem“ nennen, da es Fakten bzw. Diagnoseziele durch neue ersetzt. In diesem Buch wird der Begriff „regelbasiertes System“ bevorzugt.

**Aufgabe 4.13** *Erweiterung der Vorwärtsverkettung*

Im Algorithmus zur Vorwärtsverkettung von Regeln nach Abb. 4.4 wird im Suchschritt nach der ersten anwendbaren Regel gesucht. Wie muss dieser Algorithmus erweitert werden, damit er entsprechend dem allgemeinen Vorgehen nach Abb. 4.15 zunächst die Konfliktmenge bildet und anschließend die anzuwendende Regel auswählt? Welche Heuristiken sind für den SELECT-Schritt zweckmäßig? □

**Aufgabe 4.14** *Stundenplanung*

Für einen Einführungskurs in die Künstliche Intelligenz soll der Stundenplan aufgestellt werden. Der Kurs findet an zwei Tagen zu je 6 Stunden statt und umfasst je 2 Blöcke mit dem Umfang von 1, 2 bzw. 3 Stunden. Die beiden dreistündigen Blöcke sollen nicht am selben Tag stattfinden, um die Teilnehmer nicht zu überfordern. Gehen Sie zunächst davon aus, dass die behandelten Themen in beliebiger Reihenfolge geboten werden können.

1. Geben Sie die Zustandsraumdarstellung dieses Problems an. Schreiben Sie die Regeln, mit denen Sie das Problem lösen wollen, genau auf.
2. Zeichnen Sie den vollständigen Suchraum für die Lösung dieses Problems.
3. Welche Schritte führen Sie in jedem des durch MATCH-SELECT-ACT abgekürzten Wissensverarbeitungszyklus aus? Mit welchen Heuristiken können Sie bei der Auswahl der anzuwendenden Regeln arbeiten?
4. Geben Sie einen Stundenplan an, der die beschriebenen Bedingungen erfüllt.
5. Wie muss man den Lösungsalgorithmus erweitern, wenn der Stundenplan Abhängigkeiten zwischen den Blöcken berücksichtigen muss (Beispiel: die 1-stündigen Übungen sollen stets nach den 2- bzw. 3-stündigen Vorlesungen liegen)? □

**Aufgabe 4.15** *Steuerung einer Verkehrsampel*

Schreiben Sie die Regeln auf, nach denen eine Ampel den Straßenverkehr an einer Kreuzung steuert. Beachten Sie, dass die Regelverarbeitung durch einen Taktgeber oder dadurch angeregt wird, dass Sensoren wartende Fahrzeuge erkennen oder Fußgänger „grün“ anfordern. □

# Literaturhinweise

Regelbasierte Systeme sind als „einfachste“ KI-Systeme in allen Einführungsbüchern zur Künstlichen Intelligenz beschrieben. Als Beispiel werden dort jedoch meist einfache Spiele herangezogen, die wenig Bezug zu technischen Anwendungen haben.

Die Aufgabe 4.2 geht auf eine Anregung aus [129] zurück.

# 5 Wissensverarbeitung mit strukturierten Objekten

*Durch die Repräsentation von Wissen als strukturierte Objekte wird der Zusammenhang zwischen den Wissenselementen in den Mittelpunkt der Verarbeitung gestellt. Dieses Kapitel erläutert mit den semantischen Netzen und den Frames die klassischen Formen, die im objektorientierten Programmierstil eine breite Anwendung gefunden haben.*

## 5.1 Begriffsbildung und strukturierte Objekte

Begriffe und Methoden existieren im menschlichen Bewusstsein nicht als eine Sammlung unabhängiger Elemente, sondern sie sind geordnet und stehen in Beziehungen zueinander. Bekanntlich werden Begriffe mit dem Ziel eingeführt, bestimmte Zusammenhänge zwischen Objekten oder Abläufen zu erfassen. Die Wissensrepräsentation durch strukturierte Objekte nutzt Graphen und Schemata, um Wissenselemente in ihrer gegenseitigen Verflechtung zu erfassen und damit diese Organisationsform des menschlichen Gedächtnisses nachzubilden. Das bedeutet insbesondere, dass die Beziehungen der Objekte untereinander explizit zum Ausdruck gebracht werden. Strukturierte Objekte sind damit eine zu Regeln oder logischen Ausdrücken alternative Darstellungsform des Wissens.

In diesem Kapitel werden mit semantischen Netzen und Frames die wichtigsten Gruppen dieser Wissensrepräsentationsform behandelt. Gemeinsam ist beiden Konzepten, dass die abstrakte Darstellungsform „Objekt“ verwendet wird, um die in einer gegebenen Problemstellung auftretenden Begriffe, Objekte, Methoden, Handlungsfolgen u. a. zu beschreiben.

Strukturierte Objekte werden mit dem Ziel eingesetzt, natürlichsprachig formulierte Informationen in einer durch den Rechner verarbeitbaren Form darzustellen. Deshalb muss zunächst auf die Bildung von Begriffen und die Beziehungen zwischen Begriffen eingegangen werden.

### 5.1.1 Begriffshierarchien und Vererbung von Eigenschaften

Die Bildung von Begriffen ist ein wichtiges Hilfsmittel, um Wissen zu ordnen. Begriffe beschreiben Gegebenheiten der realen Welt, indem sie dieser Gegebenheit bestimmte Eigenschaften (Attribute) zur Unterscheidung von anderen Gegebenheiten zuordnen. Die Attribute haben Werte, die für technische Anwendungen häufig durch Messen bestimmt werden können.

So ist beispielsweise ein Widerstand als elektrisches Bauelement durch seinen Widerstandswert und seine Leistungsaufnahme charakterisiert. Jeder Widerstand ist durch die Attribute „Wert des Widerstandes“ und „Leistung“ gekennzeichnet. Für ein gegebenes Bauelement werden beiden Attributen Werte zugeordnet, z. B. 50 Ohm und 0,1 Watt.

**Taxonomien.** Die für einen Gegenstandsbereich gebildeten Begriffe unterscheiden sich bezüglich ihres Abstraktionsgrades. Individualbegriffe beschreiben eindeutig identifizierbare Gegebenheiten der realen Welt, also beispielsweise ein konkretes Bauelement mit dem Widerstandswert 50 Ohm und einer Leistungsaufnahme von 0,1 Watt. Der Individualbegriff ist dann der Eigenname der betrachteten Gegebenheit, also z. B. der Widerstand „R-8“ einer Schaltung.

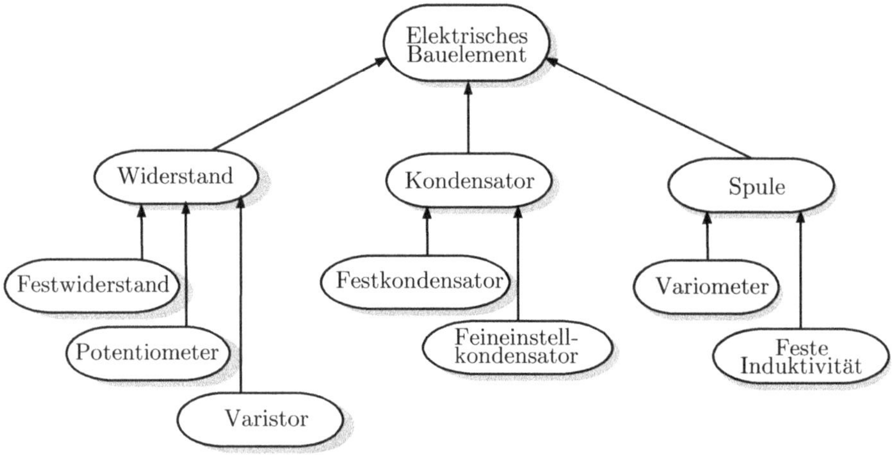


**Abb. 5.1:** Taxonomie für elektrische Bauelemente

Im Gegensatz dazu bezeichnet der Begriff „Widerstand“ die Klasse aller Bauelemente, deren wichtigstes Merkmal es ist, einen elektrischen Widerstand – und keine Induktivität oder Kapazität – im Stromkreis darzustellen. Auf der nächsthöheren Abstraktionsstufe steht der Begriff „Bauelement“. Mit ihm sind Attribute verknüpft, die Widerstände, Kondensatoren und

Spulen gleichermaßen betreffen, z. B. die DIN-Vorschriften, die Herstellerfirmen oder der Teil des Materiallagers, in dem diese Bauelemente zu finden sind.

Begriffe unterschiedlichen Abstraktionsgrades stehen häufig in einer Oberbegriff-Unterbegriff-Relation bzw. Klasse-Instanz-Relation. Oberbegriffe unterscheiden sich von Unterbegriffen in den ihnen zugeordneten Attributen, wobei Unterbegriffe speziellere Eigenschaften als Oberbegriffe fordern. So entstehen Unterbegriffe durch Hinzufügen von Attributen oder durch Einschränkungen des Wertebereichs für Attribute des Oberbegriffes. Beispielsweise bezeichnet der Begriff „Festwiderstand" einen Widerstand, dessen Wert unabhängig von der anliegenden Spannung ist und nicht – wie z. B. bei Potentiometern – verändert werden kann.

Begriffe stellen deshalb eine hierarchisch gegliederte Klasseneinteilung des Gegenstandsbereichs dar. Diese Klasseneinteilung wird auch Taxonomie (*taxonomy*) oder Generalisierungshierarchie (*inclusion hierarchy*) genannt. Ein Beispiel ist in Abb. 5.1 grafisch dargestellt. In dem dort angegebenen Graphen stellt jeder Knoten einen Begriff und jede gerichtete Kante die Oberbegriff-Unterbegriff-Relation dar. Diese Relation wird an den Kanten oft durch „is_a" („ist ein") gekennzeichnet.

Die Taxonomie lässt sich prädikatenlogisch sehr einfach darstellen. Stellt man die Zugehörigkeit eines Bauelementes $X$ zu einer Klasse durch ein Prädikat mit dem Namen der Klasse dar, so gilt beispielsweise

$$\begin{aligned} &\forall X\,(\text{Varistor}(X) \Rightarrow \text{Widerstand}(X)) \\ &\forall X\,(\text{Widerstand}(X) \Rightarrow \text{Elektrisches\_Bauelement}(X)) \\ &\forall X\,(\text{Variometer}(X) \Rightarrow \text{Spule}(X)). \end{aligned} \tag{5.1}$$

Durch diese Darstellung kommt auch zum Ausdruck, dass die Oberbegriff-Unterbegriff-Relation transitiv ist. Aus den Formeln (5.1) und

$$\text{Varistor}(\text{v}_{12})$$

folgt die Gültigkeit von

$$\text{Elektrisches\_Bauelement}(\text{v}_{12}),$$

d. h., der Varistor mit dem Namen $\text{v}_{12}$ ist ein elektrisches Bauelement. Mit dem Modus Ponens der Prädikatenlogik kann die Klassenzugehörigkeit auch für die Variable $X$ bewiesen werden.

**Vererbung von Eigenschaften.** Die Einordnung von Begriffen in eine Taxonomie ermöglicht es, Wissen über Instanzen aus Wissen über die gesamte Klasse derartiger Instanzen abzuleiten. So gelten die für elektrische Bauelemente zutreffenden Industrienormen für Widerstände, Kondensatoren und Spulen gleichermaßen und darüber hinaus auch für jede in der unteren Ebene von Abb. 5.1 angegebene Gruppe derartiger Bauelemente.

Der Mechanismus, durch den die Informationen vom Oberbegriff auf den Unterbegriff übertragen werden, heißt Vererbung (*inheritance*). Er beschreibt Inferenzen, die in jeder Taxonomie möglich sind. In der grafischen Darstellung der Taxonomie stellen die Kanten die Wege dar, auf denen eine Vererbung möglich ist. Ein solcher Graph mit Kanten, die gegenüber Abb. 5.1 die entgegengesetzte Richtung haben, heißt Vererbungsgraph.

Als wichtige Konsequenz der Vererbung muss jede Information nur einmal gespeichert werden, nämlich bei dem in der Hierarchie am höchsten angeordneten Begriff, auf den sie zutrifft.

Ist eine Änderung dieser Information notwendig, so muss diese Veränderung nur an *einer* Stelle vorgenommen werden. Durch die Nutzung der Vererbung werden die Integritätsprobleme gemindert, die bei Datenbanken auftreten, wenn Daten mehrfach gespeichert sind, aber nicht an allen Stellen korrigiert werden.

Das Wissen über einen in einer Taxonomie angeordneten Begriff umfasst neben den explizit für diesen Begriff gespeicherten Informationen alle jene Informationen, die durch Vererbung von anderen Begriffen übernommen werden.

### 5.1.2 Multihierarchien und Sichten

Taxonomien können zu Multihierarchien verallgemeinert werden, bei denen ein Begriff mit mehreren anderen Begriffen in einer Oberbegriff-Unterbegriff-Relation steht und folglich von mehreren Begriffen Informationen erben kann. So interessiert sich der für die Lagerhaltung von Widerständen verantwortliche Mitarbeiter vor allem für die Zuordnung der Widerstandstypen zu den Herstellern, während für den Laboringenieur beim Aufbau einer Schaltung die Widerstände mit einem bestimmten Wert oder einer bestimmten Leistungsaufnahme wichtig sind. In Abhängigkeit vom Standpunkt des Betrachters werden die Widerstände also unterschiedlich in Klassen eingeteilt (Abb. 5.2). Es entsteht eine Multihierarchie, durch die der Tatsache Rechnung getragen wird, dass die Objekte mit unterschiedlicher Zielstellung betrachtet werden. Da der Blick auf die Objekte in der englischsprachigen Literatur mit *view* bezeichnet wird, wird im Deutschen dafür auch der Begriff *Sicht* gebraucht.

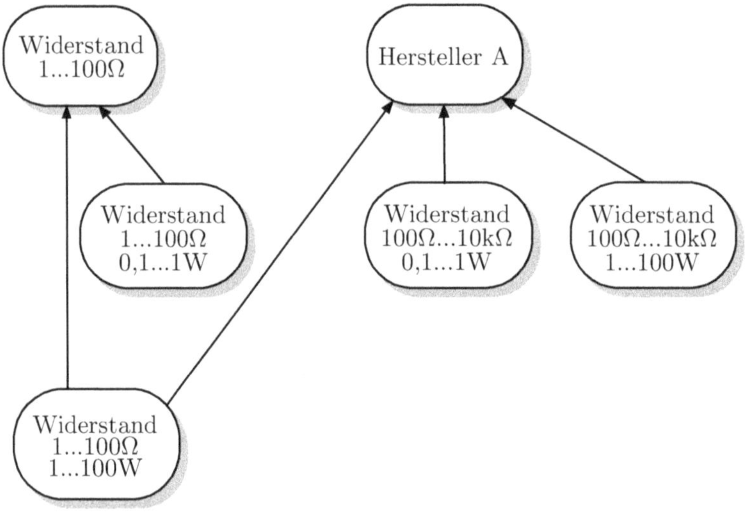


**Abb. 5.2:** Beispiel für eine Multihierarchie

Probleme bei der Anwendung von Generalisierungshierarchien bereitet der Umstand, dass die Vererbung u. U. nicht für alle Unterklassen bzw. Instanzen gültig ist. Es gibt Eigenschaften, die zwar i. Allg. für die Objekte einer Klasse zutreffen, aber für ein spezielles Individuum nicht gelten. Um Fehlschlüsse zu vermeiden, müssen Vorkehrungen getroffen werden, durch die die Vererbung bestimmter Eigenschaften ausgesetzt werden kann. Darauf und auf die Vererbung bestimmter Eigenschaften von Methoden und Prozeduren wird im Zusammenhang mit Frames im Abschn. 5.3 genauer eingegangen.

Die Anordnung der Objekte in Hierarchien lässt zwar nur die eine Relation „is_a" zu, führt jedoch auf eine strenge und gut überschaubare Organisationsform und hat überdies den schon genannten Vorteil der Speicherplatzeinsparung. Sie wird deshalb häufig in Kombination mit anderen Wissensrepräsentationsformen verwendet.

**Aufgabe 5.1** *Generalisierungshierarchie von Bauelementen und Baugruppen*

Technische Anlagen und Geräte sind aus unterschiedlichen Baugruppen zusammengesetzt, die ihrerseits aus Bauelementen bestehen. Nutzen Sie diese Eigenschaft für eine Ihnen gut bekannten Schaltung, Maschine oder Anlage, um deren Bestandteile durch hierarchisch angeordnete Begriffe zu beschreiben. Überlegen Sie sich, welche Informationen von Oberbegriffen auf Unterbegriffe vererbt werden können. Wie unterscheiden sich die Sichten des Konstrukteurs und des Betreibers und wie muss die von Ihnen verwendete Generalisierungshierarchie gegebenenfalls verändert werden, um diesen Betrachtungsweisen gerecht zu werden? □

**Aufgabe 5.2** *Fehlersuche in einem Kraftfahrzeug*

Generalisierungshierarchien werden bei der Fehlerdiagnose eingesetzt, um Fehler zunächst den „großen" Teilsystemen zuzuordnen und um das Diagnoseergebnis dann mit Hilfe von Tests zu verfeinern. Wenn man weiß, welche Komponente eines betrachteten Teilsystems fehlerbehaftet ist, kann man in der Taxonomie auf eine niedere Ebene absteigen. Auf diese Weise schreitet die Diagnose bis zur kleinsten austauschbaren Einheit voran.

Stellen Sie eine Generalisierungshierarchie des Antriebsstranges eines Kraftfahrzeugs auf und überlegen Sie sich, durch welche Tests man von der allgemeinen Aussage „Der Antriebsstrang ist defekt." zum Diagnoseergebnis „Die Zündspule muss ausgetauscht werden." gelangen kann. Begründen Sie, warum durch den Ausschluss eines Fehlers für einen Knoten der Taxonomie der Fehler gleichzeitig für alle untergeordneten Knoten ausgeschlossen werden kann. □

## 5.2 Semantische Netze

### 5.2.1 Syntax und Semantik

Semantische Netze (assoziative Netze, *semantic nets*) sind gerichtete Graphen. Die Knoten repräsentieren die Begriffe (*concepts*), Methoden oder Objekte (*entities*) des betrachteten Gegenstandsbereichs mit deren Eigenschaften. Die gerichteten Kanten bringen die Beziehungen (*relationships*) zwischen den Objekten zum Ausdruck, die in Richtung der Kanten gelten. Der gesamte Graph stellt ein strukturiertes Objekt dar.

Das in Abb. 5.3 dargestellte Beispiel zeigt, dass durch semantische Netze Objekte in ihren vielfältigen Beziehungen zueinander beschrieben werden können. Als Relationen wurden „ist_Teil_von", „hält", „wird_hergestellt_durch" und „steuert" eingeführt.

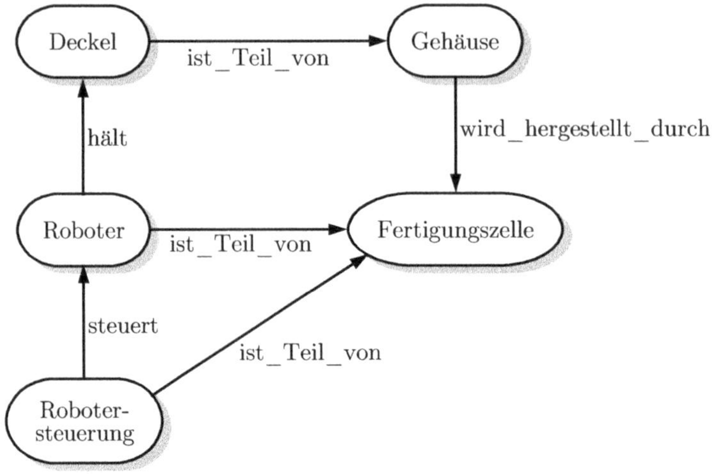


**Abb. 5.3:** Semantisches Netz

Wichtigstes Merkmal der semantischen Netze ist die Tatsache, dass Zusammenhänge zwischen Objekten *explizit* repräsentiert werden. Die Kanten des Graphen vermitteln Assoziationen eines gegebenen Objektes zu anderen Objekten, die mit diesem Objekt in einem sachlichen Zusammenhang stehen.

Auf Grund der Vielfalt der Relationen, die in semantischen Netzen enthalten sein können, gibt es keine allgemeingültigen Inferenzmechanismen. So wird zwar das Gehäuse in Abb. 5.3 in der Fertigungszelle durch Montage der Einzelteile hergestellt. Die Relation „wird_hergestellt_durch" darf aber nicht auf den Deckel übertragen werden, obwohl dieser mit dem Gehäuse in der „ist_Teil_von"-Relation steht. Der Deckel wird nämlich nicht unbedingt auch in dieser Fertigungszelle hergestellt, sondern z. B. als Einzelteil für die Montage des Gehäuses geliefert.

Die Kanten semantischer Netze kennzeichnen Relationen zwischen *zwei* Objekten oder Begriffen. Sie können deshalb durch zweistellige Prädikate dargestellt werden. In Abb. 5.3 gelten folgende prädikatenlogische Aussagen:

ist_Teil_von(Deckel, Gehäuse)
ist_Teil_von(Roboter, Fertigungszelle)
ist_Teil_von(Robotersteuerung, Fertigungszelle)
steuert(Robotersteuerung, Roboter).

Andererseits können zweistellige Prädikate als Kanten eines semantischen Netzes gedeutet werden. Es ist also möglich, aus der logikbasierten Wissensdarstellung ein semantisches Netz zu bilden und umgekehrt.

Im Unterschied zur logikbasierten Wissensdarstellung ist es in semantischen Netzen schwierig, negative Aussagen bzw. solche Aussagen zu formulieren, die sich auf quantisierte Variablen (z. B. $\exists X$ ist_Teil_von($X$, Gehäuse)) beziehen. Derartige Ausdrücke können aber für Schlussfolgerungen über das in semantischen Netzen dargestellte Wissen genutzt werden.

Wichtigstes Anwendungsgebiet der semantischen Netze ist die Sprachverarbeitung, die wesentlich zur Entwicklung dieser Darstellungsform beigetragen hat. Subjekt, Prädikat und Objekt eines Satzes bilden die Knoten eines Netzwerkes, das die durch die Grammatik der natürlichen Sprache begründete Struktur eines Satzes wiedergibt. Um die Bedeutung eines Satzes erkennen zu können, muss für den Satz ein Netz aufgestellt und mit dem Netz zur Deckung gebracht werden, das die allgemeine Satzstruktur repräsentiert. Daraus kann dann abgelesen werden, welches Wort Subjekt, Prädikat bzw. Objekt ist. Diese Zuordnung wird verwendet, um die Semantik des Satzes zu erkennen.

Auch in der Technik eignen sich semantische Netze vor allem dort, wo Wissen zunächst in natürlicher Sprache formuliert ist und die Semantik der einzelnen Sätze in eine verarbeitbare Form überführt werden soll. Dabei haben vor allem solche Netze eine gewisse Bedeutung erlangt, die mit wenigen Relationen auskommen.

**Taxonomien.** Die im Abschn. 5.1.1 eingeführten Taxonomien können als semantisches Netz interpretiert werden, dessen Kanten einheitlich die Oberbegriff-Unterbegriff-Relation darstellt. Diese Relation wird auch vielfach als is_a-Relation („ist-eine"-Relation, abgekürzt auch ISA-Relation) oder ako-Relation (ako steht für *a kind of*) bezeichnet.

### 5.2.2 Kausale Netze

Kausale Netze sind semantische Netze, in denen die Kanten einheitlich die Relation „ist_Ursache_für" beschreiben. Sie sind für Diagnoseaufgaben seit langem als Diagnosebäume im Einsatz. Abbildung 5.4 zeigt ein Beispiel. Dieses Netz beschreibt die Ausbreitung von Fehlerzuständen im Behältersystem aus Abb. 10.10 auf S. 330.

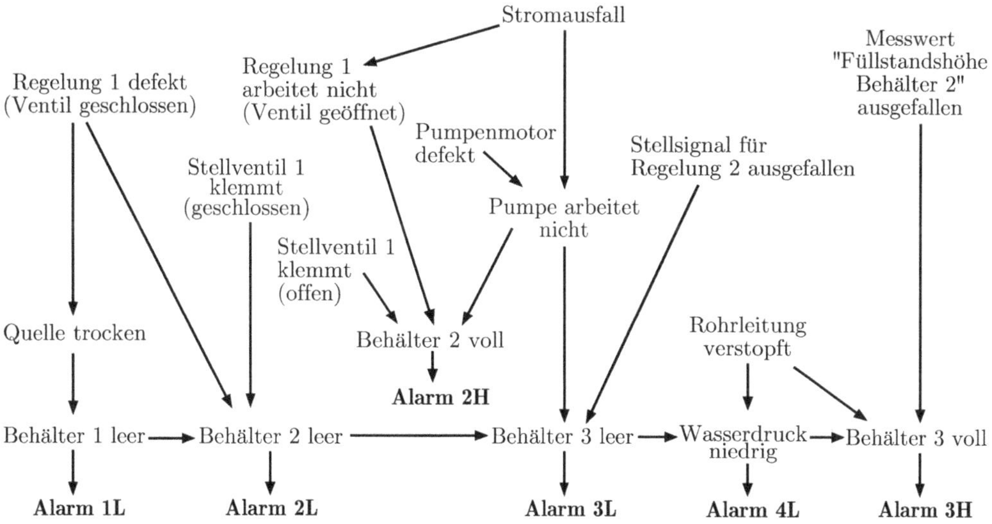


**Abb. 5.4:** Kausales Netzwerk zur Beschreibung der Fehlerausbreitung in einem Behältersystem

Die durch die Kanten dargestellte Relation „ist_Ursache_für" ist transitiv. Das heißt, aus

$$\text{ist\_Ursache\_für}\,(X, Y)$$
$$\text{ist\_Ursache\_für}\,(Y, Z)$$

folgt

$$\text{ist\_Ursache\_für}\,(X, Z),$$

wobei $X$, $Y$ und $Z$ beliebige Knoten des kausalen Netzes bezeichnen. So ist z. B. „Stromausfall" die Ursache von „Pumpe arbeitet nicht" und „Pumpe arbeitet nicht" die Ursache von „Behälter 3 ist leer". Daraus kann gefolgert werden, dass „Stromausfall" die Wirkung „Behälter 3 ist leer" hat.

Die Transitivität der Relation „ist_Ursache_für" wird bei der Simulation des Fehlverhaltens ausgenutzt. So kann mit Hilfe des kausalen Netzes in Abb. 5.4 bestimmt werden, welche Alarmmeldungen durch einen Stromausfall oder durch den Ausfall des Stellsignals der Regelung 2 aktiviert werden.

**Allgemeinere Definition kausaler Netze.** In einer etwas allgemeineren Form kann man jedem Knoten kausaler Netze eine Variable zuordnen, die mehrere Werte annehmen und dementsprechend mehrere Zustände eines Systems darstellen kann.

**Definition 5.1 Kausales Netz**
*Kausale Netze (kausale Graphen) sind azyklische gerichtete Graphen* $\mathcal{G} = (\mathcal{V}, \mathcal{E})$ *mit*

- $\mathcal{V}$ *– Menge von Variablen, die mehrere Zustände annehmen können,*
- $\mathcal{E}$ *– Menge von gerichteten Kanten, die Ursache-Wirkungsbeziehungen beschreiben.*

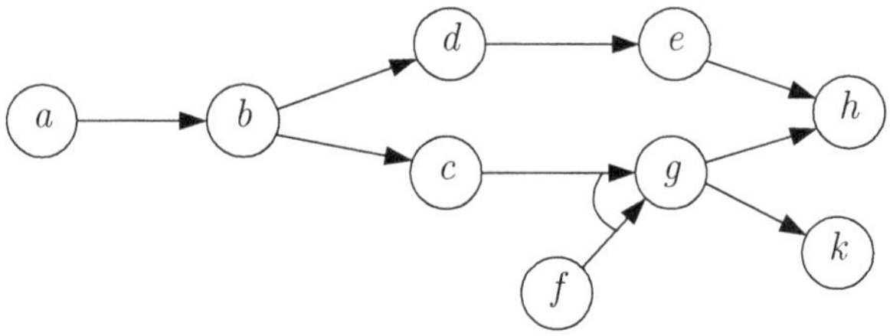


**Abb. 5.5:** Kausales Netz

Im Beispiel in Abb. 5.5 sind die Variablen durch kleine Buchstaben ($a$, $b$, ...) bezeichnet. Im Folgenden wird angenommen, dass diese Variablen Aussagen über den betrachteten Gegenstandsbereich repräsentieren, beispielsweise

$$a = \text{„Die Spannungsquelle arbeitet fehlerfrei."}$$
$$b = \text{„Es liegt die korrekte Betriebsspannung an."}$$

und deshalb nur die beiden Zustände „wahr“ und „falsch“ annehmen können, die durch die Werte T und F repräsentiert werden. Hat ein Knoten den Wahrheitswert „wahr“, so sagt man auch, dass der Knoten *gilt*.

Die Kanten beschreiben direkte kausale Abhängigkeiten. Die Kante $a \to b$ besagt, dass der Zustand der Variablen $a$ einen direkten Einfluss auf den Zustand der Variablen $b$ hat. Dabei werden die Variablen häufig so definiert, dass aufgrund der betrachteten Kante aus dem Wert $a = \mathrm{T}$ der Wert $b = \mathrm{T}$ folgt. Wirken zwei Pfeile ohne Bogen auf dieselbe Variable wie in der Abbildung auf die Variable $h$, so bedeutet dies, dass die Ursachen $(e, g)$ getrennt voneinander einen Einfluss auf die betreffende Variable $(h)$ haben. Sind die Kanten durch einen Bogen miteinander verbunden, so sind die Startknoten dieser Kanten die gemeinsame Ursache für den Zustand der Variablen am Ende des Kantenbündels. Im Beispiel müssen die Knoten $c$ und $f$ gemeinsam wahr sein, damit die Wirkung $g$ eintritt.

Knoten ohne eintreffende Kante heißen auch Startknoten oder Wurzelknoten. Sie stellen die Ursachen für das betrachtete Verhalten dar. Knoten ohne abgehende Kante sind Endknoten, die die letzte Wirkung in Ursache-Wirkungsrichtung beschreiben.

Häufig werden die Ereignisse so formuliert, dass der Zustand „wahr“ der Ursache den Zustand „wahr“ der Wirkung hervorbringt.

**Beispiel 5.1** *Kausale Beschreibung einer Heckleuchte*

Dieses Beispiel zeigt, dass kausale Netze häufig direkt aus einer Analyse der in einem dynamischen System ablaufenden Ursache-Wirkungsbeziehungen abgeleitet werden können. Betrachtet wird die Schaltung einer Heckleuchte in Abb. 1.7 auf S. 26, deren wichtigste Erscheinungen durch die folgenden Aussagen beschrieben werden

| Aussagesymbol | Bedeutung |
|---|---|
| $okB$ | Die Stromversorgung ist in Ordnung. |
| $okF$ | Die Sicherung ist in Ordnung. |
| $okL$ | Die Lampe ist in Ordnung. |
| $e$ | Es liegt die korrekte Betriebsspannung $e$ an. |
| $s$ | Der Schalter ist geschlossen. |
| $u_{\mathrm{L}}$ | Es liegt die korrekte Spannung $u_{\mathrm{L}}$ an. |
| $h$ | Die Lampe leuchtet. |

Die in der Tabelle links stehenden Variablen können die Werte T und F annehmen, die für die Wahrheitswerte „wahr“ und „falsch“ stehen.

Aus der Schaltung kann man die folgenden Ursache-Wirkungsbeziehungen ablesen:

- Wenn die Batterie in Ordnung ist, liegt die korrekte Betriebsspannung $e$ an.
- Wenn der Schalter geschlossen ist, entsteht über ihm kein Spannungsabfall $u_{\mathrm{S}}$.
- Wenn die Sicherung in Ordnung ist, entsteht über ihr kein Spannungsabfall $u_{\mathrm{F}}$.
- Dann liegt an der Lampe eine Spannung $u_{\mathrm{L}}$ an (denn $u_{\mathrm{L}} = e - u_{\mathrm{S}} - u_{\mathrm{F}}$).
- Wenn die Glühlampe in Ordnung ist und eine Spannung $u_{\mathrm{L}}$ anliegt, brennt die Lampe.

Diese Ursache-Wirkungsbeziehungen führen direkt zu dem in Abb. 5.6 gezeigten kausalen Netz. Der linke Teil besagt, dass die korrekte Betriebsspannung anliegt und $e$ den Wert T hat, wenn die Batterie in Ordnung ist und folglich die Variable $okB$ den Wert T hat. Das rechts daneben angeordnete Kantenbündel mit den drei Ursacheknoten $s$, $e$ und $okF$ besagt, dass die korrekte Spannung $u_{\mathrm{L}}$ nur dann an

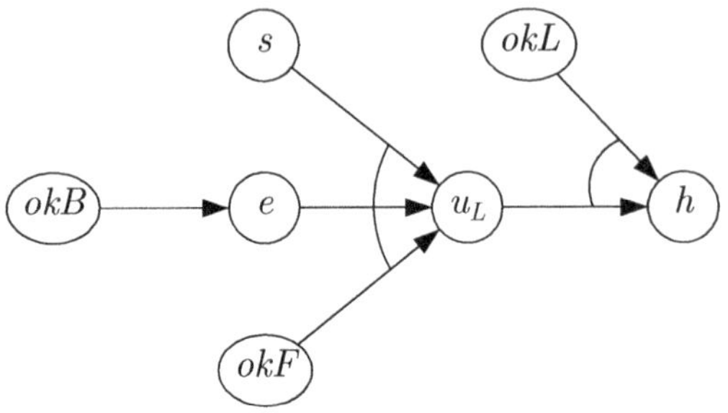


**Abb. 5.6:** Kausales Netz für die Heckleuchte

der Lampe anliegt, wenn sowohl der Schalter geschlossen ist, die richtige Betriebsspannung vorhanden ist und die Sicherung fehlerfrei arbeitet.

Kausale Netze können als Vorstufe für die aussagenlogische Beschreibung von Systemen eingesetzt werden. In Aufg. 7.12 wird ein aussagenlogisches Modells aufgestellt, das das hier gezeigte kausale Netz durch Implikationen beschreibt (vgl. Gl. (A1.1). □

**Systemanalyse mit kausalen Netzen.** Kausale Netze können für unterschiedliche Aufgaben einsetzt werden, insbesondere für die im Folgenden angegebenen zwei.

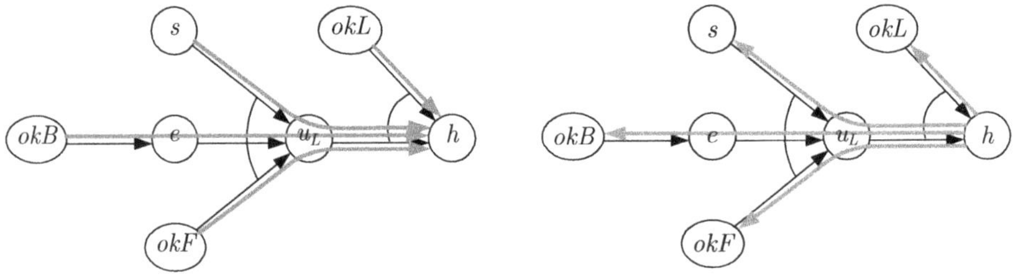


**Abb. 5.7:** Kausales Schließen (links) und diagnostisches Schließen (rechts)

- Erstens kann man mit kausalen Netzen das Verhalten eines Systems vorhersagen. Hierbei geht es um die Folgerung in Richtung der Kanten des Graphen, weshalb man vom *kausalen Schließen* spricht (Abb. 5.7 (rechts)).

  In dem angegebenen Beispiel sind alle Kantenbündel mit einem Bogen zusammengefasst, so dass alle Startknoten den Wahrheitswert „wahr" haben müssen, damit auch der Endknoten $h$ gilt. Wenn es wie in Abb. 5.5 mehrere Kanten zu demselben Knoten gibt, die alternative Ursachen beschreiben, genügt die Gültigkeit eines Teils der Startknoten, damit auch die Endknoten gelten.

- Zweitens kann man kausale Netze für die Fehlerdiagnose nutzen. Hier geht es um das Erkennen und Identifizieren von Fehlern, die Startknoten darstellen, bei bekannten Wirkungen, die durch Endknoten beschrieben sind, also um das Schlussfolgern entgegen der kausalen Richtung des Systems (Abb. 5.7 (links)). Man spricht hierbei vom *diagnostischen Schließen*.

Die Abbildung zeigt einen wichtigen Sachverhalt: Selbst wenn die Ursache-Wirkungsbeziehungen einen eindeutigen Zusammenhang zwischen Ursachen und Wirkungen herstellen, entsteht bei der Fehlerdiagnose die Unbestimmtheit, dass man beim Auftreten von mehreren Ursachen nicht mehr eindeutig aussagen kann, welche fehlende Ursache den Fehler repräsentiert. Dies ist eine wichtige Motivation für die in den Kapiteln 11 bis 13 behandelten Methoden zur Darstellung und Verarbeitung unsicheren Wissens.

Der rechte Teil von Abb. 5.7 illustriert diesen Sachverhalt für die im Beispiel 5.1 behandelte Heckleuchte. Wenn die Leuchte nicht brennt ($h$ = F), so kann aus dem kausalen Netz nicht eindeutig gefolgert werden, ob als Grund dafür die Glühlampe defekt ist ($okL$ = F), der Schalter offen ist ($s$ = F), die Spannungsquelle defekt ist ($okB$ = F) oder die Sicherung durchgebrannt ist ($okF$ = F).

**Anwendungsgebiet kausaler Netze.** Kausale Netze stellen eine zweckmäßige Repräsentation kausaler Zusammenhänge dar, wenn die Ursache-Wirkungsbeziehungen binäre Relationen sind, d. h., sich auf nur je zwei Sachverhalte beziehen. Die angegebene Verallgemeinerung auf Ursache-Wirkungsbeziehungen zwischen mehreren Variablen bzw. zwischen Variablen mit mehr als zwei Werten ist möglich, führt aber häufig zu komplexen Zusammenhängen, bei denen man schwer entscheiden kann, ob die im kausalen Netz repräsentierten Zusammenhänge widerspruchsfrei sind bzw. für den betrachteten Gegenstandsbereich richtig wiedergeben.

Kausale Netze lassen sich direkt mit Graphensuchalgorithmen verarbeiten (vgl. Kap. 3). Für kompliziertere Ursache-Wirkungsbeziehungen muss jedoch auf dioe in den folgenden Kapiteln eingeführten Repräsentationsformen zurückgegriffen werden.

## 5.3 Frames

### 5.3.1 Grundidee der Wissensrepräsentation mit Frames

Die im Folgenden behandelte Repräsentationsform von Wissen geht von der Vorstellung aus, dass neue Wissenselemente entweder als Instanzen bereits vorhandener Begriffe oder durch die Definition eines neuen Begriffes einer bereits vorhandenen Wissensbasis zugeordnet werden. Entsprechend den Erläuterungen im Abschn. 5.1.1 wird ein Begriff durch eine Reihe von Attributen definiert. Gehört eine Gegebenheit zu diesem Begriff, so muss angegeben werden, in welcher Ausprägung die Attribute vorhanden sind. Dabei werden den durch die Begriffsdefinition vorgegebenen Attributen Werte zugeordnet. Dieser Schritt wird als *Instanziierung* bezeichnet.

Die Darstellung von Wissen in Frames nutzt diese Überlegung. Ein Frame (*frame* = Rahmen) ist ein Schema zur Wissensrepräsentation, in dem Begriffe und Objekte durch Attribut-Wert-Paare beschrieben werden. Ein Frame gibt die Attribute vor, die für ein konkretes Objekt mit spezifischen Merkmalswerten zu belegen sind. Dabei wird ein vorgegebenes Attribut als *Slot* und ein eingetragener Wert als *Filler* bezeichnet.

**Beispiel 5.2** *Beschreibung von elektrischen Bauelementen durch Frames*

Für eine Datenbank mit elektrischen Widerständen sind der Widerstandswert, die Leistungsaufnahme, die DIN-Vorschrift und der Hersteller wichtig. Der Begriff „Widerstand“ ist also mit diesen vier Attributen verknüpft, die bei jedem Bauelement in unterschiedlichen Ausprägungen vorhanden sind. Ein Frame für die Darstellung von Widerständen besitzt deshalb die Slots WERT, LEISTUNG, NORM, HERSTELLER. Die Namen der Slots werden im Unterschied zu den später vorgenommenen Eintragungen durch Großbuchstaben gekennzeichnet:

| WIDERSTAND |
|---|
| WERT |
| LEISTUNG |
| NORM |
| HERSTELLER |

(5.2)

In der ersten Zeile steht mit WIDERSTAND die Klasse von Objekten, zu der der Frame gehört. Das angegebene Schema ist für alle zu dieser Klasse gehörenden Objekte gültig.

Ein Widerstand des Typs W10 ist ein Widerstand, der durch Werte für die in (5.2) vorgegebenen Attribute gekennzeichnet ist, wodurch beispielsweise der Frame

| WIDERSTAND W10 | |
|---|---|
| WERT | 1 Ω |
| LEISTUNG | 0,1 W |
| NORM | DIN 14058 |
| HERSTELLER | Widerstandswerke GmbH |

(5.3)

entsteht. Mit demselben leeren Frame und anderen Eintragungen kann der Widerstand vom Typ W1k

| WIDERSTAND W1k | |
|---|---|
| WERT | 1 kΩ |
| LEISTUNG | 0,1 W |
| NORM | DIN 14058 |
| HERSTELLER | Widerstandswerke GmbH |

(5.4)

beschrieben werden. □

**Beispiel 5.3** *Wissensbasis für die Handlungsplanung von Robotern*

Es wird die Aufgabe betrachtet, Bolzen in die Bohrungen eines Chassis einzusetzen. Ein Ausschnitt aus einem Montageplan schreibt folgende Montageoperationen vor:

„Füge einen Bolzen 2x12 in die Bohrung 1 ein.“ (5.5)

„Füge einen Bolzen 4x30 in die Bohrung 2 ein.“ (5.6)

„Füge einen Bolzen 6x40 in die Bohrung 3 ein.“ (5.7)

„Füge einen Bolzen 2x12 in die Bohrung 4 ein.“ (5.8)

Für die genaue Parametrierung der Roboteraktionen müssen die Positionen der einzelnen Werkstücke bekannt sein. Diese Informationen seien in dem bereits angegebenen Frame für den Bolzen 6x40 sowie den folgenden Frames zusammengefasst:

| OBJEKT Bolzen_4x30 |
|---|
| DURCHMESSER 4,0mm<br>LÄNGE 30,0mm<br>GREIFPOSITION X= 22.0cm<br>GREIFPOSITION Y= 28.0cm |

| OBJEKT Bolzen_2x12 |
|---|
| DURCHMESSER 2,0mm<br>LÄNGE 12,0mm<br>GREIFPOSITION X= 53.0cm<br>GREIFPOSITION Y= 27.0cm |

Außerdem muss das Chassis mit den für die Fügevorgänge wichtigen geometrischen Abmessungen beschrieben werden. Dabei wird angenommen, dass der Referenzpunkt des Chassis im Koordinatenursprung ($x = 0, y = 0$) des Roboterkoordinatensystems liegt und somit die Positionen der Bohrungen auf dem Chassis gleich den absoluten Positionen im Roboterkoordinatensystem sind.

| OBJEKT Chassis |
|---|
| BOHRUNG Bohrung 1<br>DURCHMESSER 2.0mm<br>X-KOORDINATE 3.0cm<br>Y-KOORDINATE 5.0cm<br>BOHRUNG Bohrung 2<br>DURCHMESSER 4.0mm<br>X-KOORDINATE 7.0cm<br>Y-KOORDINATE 9.0cm<br>BOHRUNG Bohrung 3<br>DURCHMESSER 6.0mm<br>X-KOORDINATE 12.0cm<br>Y-KOORDINATE 3.0cm<br>BOHRUNG Bohrung 4<br>DURCHMESSER 2.0mm<br>X-KOORDINATE 13.0cm<br>Y-KOORDINATE 3.0cm |

### 5.3.2 Anordnung von Frames in Generalisierungshierarchien

Durch die Vorgabe von Attributen wird bei der Verwendung von Frames eine Klassifikation der Objekte einer bestimmten Klasse vorgenommen, denn damit wird festgelegt, wie die Elemente dieser Objektklasse zu beschreiben sind. Der Aufbau des Frames wird also durch die betrachtete Objektklasse bestimmt, während jeder ausgefüllte Frame ein Element dieser Klasse beschreibt.

Diese implizite Klassifikation kann durch Verweise auf Oberklassen bzw. Unterklassen deutlich gemacht werden. Dabei entsteht eine Hierarchie, die es gestattet, Eigenschaften zu vererben (vgl. Abschn. 5.1.1). Die Stellung eines Frames im Vererbungsgraphen ist im folgenden Beispiel in den Slots SUPERCLASS und SUBCLASS festgehalten:

| WIDERSTAND W10 | |
|---|---|
| SUPERCLASS | Widerstand |
| WERT | $10\,\Omega$ |
| LEISTUNG | 0,1 W |

(5.9)

Für den Widerstand als elektrisches Bauelement kann der Frame

| BAUELEMENT Widerstand | |
|---|---|
| SUPERCLASS | Bauelement |
| SUBCLASS | W10 |
| HERSTELLER | Widerstandswerke GmbH |

(5.10)

aufgestellt werden. Von diesem Frame wird an den Frame (5.9) die Angabe des Herstellers vererbt (Abb. 5.8)

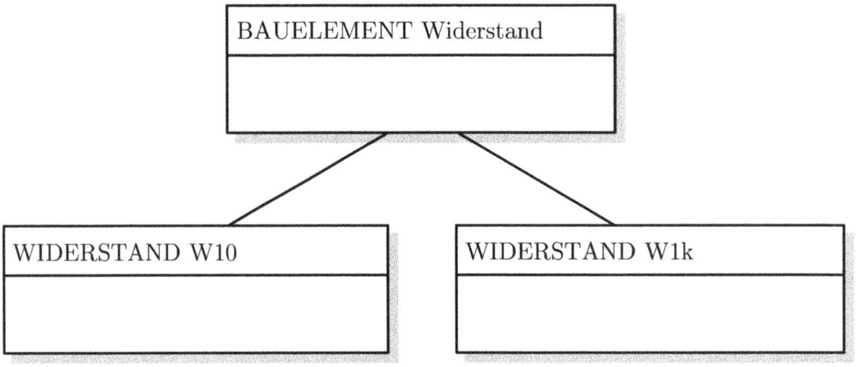


**Abb. 5.8:** Hierarchische Anordnung von Frames

### 5.3.3 Erweiterungsmöglichkeiten

Um die durch Frames gegebenen Möglichkeiten der Wissensdarstellung ausbauen zu können, muss zunächst eine Untergliederung der Slots vorgenommen werden. Die Slots werden in Aspekte (*facets*) unterteilt, wodurch die Filter entsprechend ihrem Ursprung unterschieden werden. Häufig verwendete Aspekte sind

| | |
|---|---|
| VALUE | Aspekt für die Angabe des Wertes |
| DEFAULT | Aspekt für die Angabe einer Vorbelegung, die immer dann zu verwenden ist, wenn der VALUE-Aspekt leer ist. |

(5.11)

Beispielsweise kann bei Widerständen in der Regel davon ausgegangen werden, dass es sich um Kohleschichtwiderstände handelt, was durch die Vorbelegung des Attributs BAUART zum Ausdruck kommt:

$$\begin{array}{ll} \text{BAUART} & \\ \quad \text{VALUE} & \\ \quad \text{DEFAULT} & \text{Kohleschichtwiderstand} \end{array} \tag{5.12}$$

Nur wenn bekannt ist, dass diese Annahme nicht zutrifft, wird ein Wert in den VALUE-Aspekt eingetragen und damit der Vorbelegungswert revidiert:

$$\begin{array}{ll} \text{BAUART} & \\ \quad \text{VALUE} & \text{Drahtwiderstand} \\ \quad \text{DEFAULT} & \text{Kohleschichtwiderstand} \end{array} \tag{5.13}$$

Beim Auslesen der Information wird zunächst überprüft, ob im VALUE-Aspekt eine Eintragung vorhanden ist.

Diese Vorgehensweise ist zweckmäßig, wenn während der Lösung eines Problems neue, unvollständig ausgefüllte Frames erzeugt werden. Solange im VALUE-Aspekt nichts steht, gilt der Vorbelegungswert aus dem Aspekt DEFAULT.

**„Dämone".** Die zweite wichtige Erweiterung der Frame-Darstellung entsteht, wenn außer Daten auch Prozeduren bzw. deren Aufrufe in den Slots untergebracht werden. So muss der Maximalstrom eines Widerstands im Frame gar nicht angegeben werden, wenn er im Bedarfsfall aus anderen Angaben ermittelt werden kann. Die dafür notwendigen Bildungsvorschriften werden in Form von Beschaffungsprozeduren im IF-NEEDED-Aspekt eingetragen. Für das Beispiel bedeutet die Eintragung

$$\begin{array}{ll} \text{MAXIMALSTROM} & \\ \quad \text{VALUE} & \\ \quad \text{IF-NEEDED} & \text{Prozedur „Stromberechnung“,} \end{array} \tag{5.14}$$

dass der Maximalstrom, wenn er nicht im VALUE-Aspekt angegeben ist, durch die Prozedur „Stromberechnung" bestimmt werden kann. Diese Prozedur greift auf die Slots „LEISTUNG" und „WERT" zu und bestimmt aus den dort vorhandenen Eintragungen den gesuchten Maximalstrom entsprechend der Formel

$$\text{Maximalstrom} = \sqrt{\frac{\text{Leistung}}{\text{Wert}}}. \tag{5.15}$$

Mit den Erweiterungen (5.12) und (5.14) entsteht aus (5.9) der Frame

| WIDERSTAND | W10 |
|---|---|
| SUPERCLASS | Widerstand |
| WERT | $10\,\Omega$ |
| LEISTUNG | 0,1 W |
| BAUART | |
| VALUE | |
| DEFAULT | Kohleschichtwiderstand |
| MAXIMALSTROM | |
| VALUE | |
| IF-NEEDED | Prozedur „Stromberechnung“ |

(5.16)

Das Vorhandensein von Funktionen, die beim Zugriff auf einen Slot automatisch aktiviert werden, ist typisch für die Framedarstellung von Wissen. Diese automatisch aufgerufenen Funktionen werden auch als Dämonen (*demons*) bezeichnet (in Anlehnung an Ungeheuer, die auf ihre Einsatzchance lauern und bei Ereignissen in ihrer Nähe aktiv werden).

Außer Beschaffungsdämonen werden oft Funktionen verwendet, die bei der Veränderung eines Fillers die dadurch notwendige Aktualisierung anderer Filler bewirken. Sie stehen im IF-ADDED-Aspekt. Gibt es z. B. einen Slot, in dem die Güteklasse des Bauelementes eingetragen wird, so können durch einen für diesen Slot definierten IF-ADDED-Dämon Vorbelegungswerte im Slot SPANNUNGSFESTIGKEIT entsprechend der angegebenen Güteklasse eingetragen werden.

**Wissensrepräsentation durch Frames.** Diese Erläuterungen zeigen, dass sich das in Frames enthaltene Wissen aus folgenden Bestandteilen zusammensetzt:

- explizit dargestelltes Wissen (Slot-Bezeichnungen, Inhalt des Aspekts VALUE),
- Vorbelegungswerte (Aspekt DEFAULT),
- vererbte Eigenschaften,
- durch Dämonen ermitteltes Wissen.

Im Unterschied zum explizit dargestellten Wissen wird das zu den drei letzten Kategorien gehörende Wissen auch als *Metawissen* bezeichnet, denn es enthält „Wissen über das explizit dargestellte Wissen“.

### 5.3.4 Vergleich von Frames mit anderen Wissenrepräsentationsformen

In Bezug zur Datenbank-Terminologie ergeben sich folgende Entsprechungen:

| Frames | Datenbank |
|---|---|
| Frame | Datenstruktur |
| Objekt | Rekord |
| Slot | Attribut |
| Filler | Wert |

Wichtigste Erweiterung der Wissensdarstellung durch Frames gegenüber Datenbanken ist die Möglichkeit, Funktionen in den Frames unterzubringen und damit prozedurales Wissen zu repräsentieren.

Gegenüber den semantischen Netzen besitzen Frames eine viel weiter ausgebaute Strukturierung der Darstellung der einzelnen Elemente. Allerdings ist die Beschreibung der Relationen zwischen den Objekten in der Framedarstellung i. Allg. auf die Generalisierungshierarchie beschränkt. Die Vererbung kann durch Vorbelegungswerte bzw. Dämonen in sehr einfacher Weise modifiziert bzw. eingeschränkt werden.

Strukturierte Objekte stellen eine assoziative Wissensdarstellungsform dar, bei denen die Zusammenhänge der Objekte bzw. der zu einem Objekt gehörenden Eigenschaften betont werden. Das Wissen wird in strukturierter Form erfasst, wobei der Schwerpunkt bei semantischen Netzen auf der expliziten Darstellung der Relationen zwischen den Objekten liegt, während in Frames die Aussagen über Objekte einer Klasse detailliert erfasst werden. Für die Implementierung dieser Wissensdarstellungsform ist die durch die einmalige Erfassung jeder Information erreichte Speicherplatzeffektivität und das dadurch geminderte Integritätsproblem der Wissensbasis von Vorteil.

Frames lassen sich flexibel an die Spezifika des betrachteten Anwendungsgebiets anpassen. Sie führen auf durchsichtig strukturierte Wissensbasen. Aus diesen Gründen bilden Frames die Grundlage vieler Wissensrepräsentationssprachen. Häufig werden sie in Verbindung mit Regeln, die in den Frames eingetragen sind, sowie einer Generalisierungshierarchie, in der die Frames angeordnet sind, verwendet.

Im Gegensatz zur logikbasierten Wissensverarbeitung gibt es bis auf die Vererbung keine allgemeingültigen Inferenzmechanismen, da die Objekte in vielfältigen, durch die Darstellungsform „strukturiertes Objekt“ nicht eingeschränkten Relationen zueinander stehen können. Deshalb sind in Wissensrepräsentationssprachen, die auf strukturierten Objekten aufbauen, nur Vererbungsmechanismen implementiert, und der Nutzer muss weitere Inferenzregeln selbst programmieren.

Die Grundidee, Wissen durch Objekte und deren Beziehungen darzustellen, wird in der objektorientierten Programmierung genutzt. Dort wird die Idee, die Speicherung von Daten durch prozedurale Elemente wie z. B. Dämonen zu erweitern, weiter ausgebaut. Die Wissenspräsentation durch strukturierte Objekte hat dort eine bereits Anwendung gefunden, ohne dass den Programmierern der Ursprung dieser Ideen in der Künstlichen Intelligenz bewusst ist.

**Aufgabe 5.3** *Strukturierung der Modellbibliothek für einen Containerbahnhof*

Auf einem Containerbahnhof sollen Container zwischen Schienen- und Sraßenfahrzeugen umgeladen werden. Container können auch zwischengelagert werden. Der aktuelle Bestand an Containern soll in einer Datenbank nachgeführt werden, die aus hierarchisch angeordneten Frames besteht.

1. Stellen Sie eine Taxonomie für die Container auf, mit Hilfe derer sie in der Datenbank die Vererbung von Informationen organisieren können.
2. Wie sehen die Frames aus, die Sie zur Beschreibung der Container einsetzen? Definieren Sie Vorbelegungswerte und nutzen Sie Dämonen, um die Dateneingabe zu vereinfachen und die Konsistenz der Datenbank zu sichern. □

**Aufgabe 5.4** *Wissenbasis für ein Reglerentwurfssystem*

Für den rechnergestützten Entwurf von Regelungssystemen gibt es Programmpakete, die aus unterschiedlichen Modulen bestehen. In jedem Modul ist ein Algorithmus implementiert, der für einen Entwurfsschritt unter Angabe der entsprechenden Daten aufgerufen werden muss. Folgende Module seien verfügbar:

- Optimalreglerentwurf: Für gegebene Systemmatrizen $\boldsymbol{A}$ und $\boldsymbol{B}$ und Wichtungsmatrizen $\boldsymbol{Q}$ und $\boldsymbol{R}$ berechnet dieser Modul die Reglermatrix $\boldsymbol{K}$. Er wird durch $OPT(\boldsymbol{A}, \boldsymbol{B}, \boldsymbol{Q}, \boldsymbol{R})$ aufgerufen.
- Simulationsuntersuchung eines dynamischen Systems: Für gegebene Systemmatrizen $\boldsymbol{A}$ und $\boldsymbol{B}$ wird als Systemantwort die Übergangsfunktion berechnet. Er wird durch $SIM(\boldsymbol{A}, \boldsymbol{B})$ aufgerufen.
- Stabilitätsanalyse: Für gegebene Systemmatrix $\boldsymbol{A}$ berechnet der Modul den Stabilitätsgrad. Er wird durch $STAB(\boldsymbol{A})$ aufgerufen.
- Modell des Regelkreises: Für das Modell $(\boldsymbol{A}, \boldsymbol{B})$ der Regelstrecke und die Reglermatrix $\boldsymbol{K}$ berechnet dieser Modul das Modell $(\bar{\boldsymbol{A}}, \bar{\boldsymbol{B}})$ des geschlossenen Regelkreises. Er wird durch $GRK(\boldsymbol{A}, \boldsymbol{B}, \boldsymbol{K})$ aufgerufen.

Stellen Sie diese Informationen über die Moduln durch Frames dar, die in einer Generalisierungshierarchie angeordnet sind. Beschreiben Sie durch Regeln, unter welchen Bedingungen die Module aufgerufen werden können, und tragen Sie diese Regeln in die Frames ein. Kann man die Wissensbasis durch eine hierarchische Anordnung der Frames strukturieren? Wie kann man die Wissensbasis für die Organisation eines Entwurfssystems anwenden? □

## Literaturhinweise

Semantische Netze gehen auf die Arbeiten von QUILLIAN zurück [98] und finden vor allem in der Sprachverarbeitung Anwendung. Frames wurden von MINSKY eingeführt [79]. Sie bilden die Grundlage vieler in technischen Anwendungen eingesetzter Wissensrepräsentationsformalismen. Ausführliche Beispiele dafür können dem Sammelband [38] entnommen werden. Die Verarbeitung von Frames in der Programmiersprache LISP wird in [69] vorgeführt.

6

# Funktionale Programmierung in LISP

*Bei der Programmiersprache LISP werden alle Verarbeitungsschritte auf die Manipulation von Listen zurückgeführt. Dieses Kapitel stellt die Grundoperationen dieser Sprache vor und zeigt, wie mit diesen Operationen Suchalgorithmen implementiert werden können.*

## 6.1 Einführung in die funktionale Programmierung

### 6.1.1 Grundidee von LISP

LISP (*List Processing Language*) ist eine Programmiersprache für Probleme der nichtnumerischen Informationsverarbeitung. Sie ermöglicht die Verarbeitung symbolischer Datenstrukturen.

Die Entwicklung der Sprache begann bereits Ende der 50er Jahre des 20. Jahrhunderts, als J. McCarthy die erste LISP-Version zur Implementierung eines Deduktionssystems vorstellte [75]. Mit *LISP 1.5* wurde 1961 die erste anerkannte Sprachdefinition vorgelegt, aus der *Common LISP* als allgemein akzeptierter Standard geschaffen wurde [117]. Die in diesem Kapitel angegebenen Beispiele können mit *Common LISP*-Interpretern nachvollzogen werden.

Wichtige Überlegungen, die der Entwicklung der Programmiersprache LISP zu Grunde liegen, haben ihren Ursprung in der Algorithmentheorie. Wie bei numerischen Problemen stellt sich in der symbolischen Informationsverarbeitung die Frage nach der Berechenbarkeit einer Lösung: Gibt es für ein Problem eine Vorschrift, nach der mit endlich vielen Rechenoperationen die Lösung gefunden werden kann? Wichtigstes Ergebnis der Algorithmentheorie ist die

Aussage, dass die Klasse der berechenbaren Funktionen durch die Klasse der partiell rekursiven Funktionen gebildet wird. Ohne dass hier auf Einzelheiten näher eingegangen werden kann, soll diese Tatsache erwähnt werden, denn die Verwendung rekursiver Funktionen und der für die Notierung allgemeiner Funktionen verwendete Lambdakalkül sind wichtige Merkmale von LISP.

Dieses Kapitel ist eine Einführung in die Grundlagen von LISP, die die Leser in den ersten beiden Abschnitten an die Ideen der funktionalen Programmierung und rekursiven Darstellung von Funktionen heranführt und in den nachfolgenden Abschnitten die Elemente von *Common LISP* vorstellt. Als Beispiel wird ein Algorithmus der Graphensuche behandelt.

**Funktionale Sprachen.** LISP ist eine funktionale Sprache bei der Listen als Funktionsaufrufe interpretiert werden:

`(OPERATOR OPERAND_1 OPERAND_2 ...).` (6.1)

Das erste Element gibt den Namen der Funktion an und die weiteren Elemente bezeichnen die Argumente (Operanden) der Funktion. Auf Grund der in der Funktionsdefinition festgelegten Schritte wird aus den Werten der Operanden ein Funktionswert berechnet, der den Wert des Ausdrucks (6.1) darstellt.

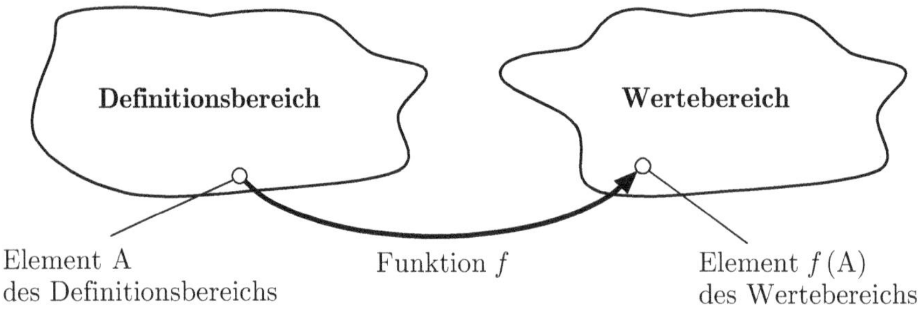


**Abb. 6.1:** Funktion als Zuordnungsvorschrift

Der Begriff „Funktion" wird in gleicher Weise verwendet, wie er aus der Algebra bekannt ist. Eine Funktion ist eine Vorschrift, die den Elementen des Definitionsbereichs eindeutig ein Element des Wertebereichs zuordnet (Abb. 6.1). So ordnen die algebraischen Funktionen $f(x) = x^2$ oder $g(t) = 2\sin t + 7$ jedem für die Argumente $x$ bzw. $t$ gegebenen Wert entsprechend der angegebenen Formel die Werte $f(x)$ bzw. $g(t)$ zu.

In LISP treten jedoch i. Allg. keine reellen Zahlen, sondern Listen von Elementen als Argumente und als Funktionswerte auf. Auf diesen Unterschied zu algorithmischen Programmiersprachen, wie die im Ingenieurbereich geläufigen Sprachen C, FORTRAN oder PASCAL, soll ausdrücklich hingewiesen werden, denn in den folgenden einleitenden Bemerkungen muss – obwohl es für LISP untypisch ist – auf weitere numerische Beispiele Bezug genommen werden.

**Funktionale Programmierung.** Das Programmieren in LISP besteht im Aufschreiben von Funktionsdefinitionen. Ausgehend von den Elementarfunktionen, deren Bedeutung durch den LISP-Interpreter festgelegt ist, werden einfache Funktionen und unter Verwendung dieser kompliziertere Funktionen definiert. Dieses Vorgehen soll zunächst wieder an einfachen algebraischen Funktionen erläutert werden.

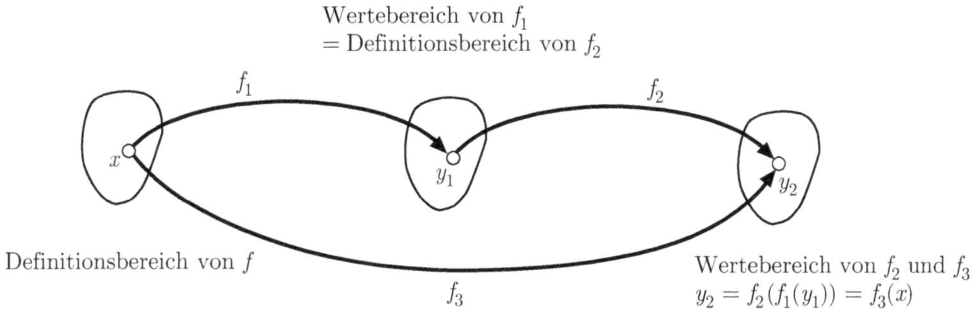


**Abb. 6.2:** Zwei verkettete Funktionen

Mit zwei gegebenen Funktionen $f_1(x) = x^2$ und $f_2(t) = 2t + 3$ kann eine neue Funktion $f_3(x)$ gebildet werden, indem der Funktionswert $f_1(x)$ als Argument $t$ der zweiten Funktion verwendet wird:

$$f_3(x) = f_2(f_1(x)) \tag{6.2}$$

(Abb. 6.2). Dies ist zwar gleichbedeutend mit

$$f_3(x) = 2x^2 + 3, \tag{6.3}$$

aber für komplizierte Funktionen ist das Zusammensetzen der neuen Funktion $f_3$ aus zwei bereits bekannten (und getesteten) Funktionen $f_1$ und $f_2$ entsprechend Gl. (6.2) einfacher und übersichtlicher als deren kompakte Darstellung durch Gl. (6.3).

Für LISP-Programme ist diese Verschachtelung von Funktionen typisch. Ein LISP-Programm besteht aus einer Sammlung von Funktionsdefinitionen, in denen die Namen anderer Funktionen auftreten. Das Programm wird aufgerufen, indem eine Funktion auf vorgegebene Argumentwerte zur Anwendung gebracht wird. Entsprechend ihrer Definition aktiviert die aufgerufene Funktion andere Funktionen, bis der Wert der aufgerufenen Funktion gefunden ist.

Um zu zeigen, wie dabei im Einzelnen vorgegangen wird, wird auf die Darstellung (6.2) für $f_3$ zurückgegriffen. In C, FORTRAN oder PASCAL werden die Funktionen $f_1$ und $f_2$ dadurch verschachtelt, dass das Ergebnis der Anwendung von $f_1$ auf einen gegebenen Wert $x$ zunächst einer Variablen $y_1$ zugewiesen und danach die Funktion $f_2$ mit dem Wert von $y_1$ als Argument aufgerufen wird:

$$y_1 = f_1(x), \qquad y_2 = f_2(y_1). \tag{6.4}$$

Nach der Programmabarbeitung bleiben die Werte von $y_1$ und $y_2$ als Inhalte derjenigen Speicherplätze erhalten, die mit diesen Namen bezeichnet sind.

Für LISP untypisch und im „reinen“ LISP verboten sind Zuweisungen der Form (6.4) von Werten an globale Variablen, deren Wert nach Abarbeitung der Funktionen im Speicher verbleiben. Derartige Zuweisungen werden als *Seiteneffekte* bezeichnet. An ihrer Stelle werden in LISP die Funktionen wie in Gl. (6.2) direkt verschachtelt. Der Interpreter gibt nach dem Aufruf von $f_3$ für einen Wert $x$ den Funktionswert $f_3(x)$ aus. Die im Programm verwendeten Variablen erhalten dabei zeitweise einen Wert, sind aber nach der Auswertung des Funktionsaufrufes wieder unbelegt. Man spricht aus diesem Grunde nicht von einer Wertzuweisung, sondern von einer *Bindung* der Variablen an einen Wert.

In einem Programm ohne Seiteneffekte hängt der Wert des Gesamtausdrucks nur von den Argumenten ab. Das Programm hat keine Speicherfähigkeit in dem Sinne, dass nach einer Anwendung bestimmte Werte erhalten bleiben und die nächste Funktionsauswertung beeinflussen. Dieses Nichtvorhandensein von Seiteneffekten ist ganz im Sinne des Begriffes „Funktion“, der ja eine *eindeutige* Zuordnung eines Funktionswertes zu den gegebenen Argumentwerten bezeichnet. Diese Zuordnung hängt nicht davon ab, für welche Argumente die Funktion in einem vorherigen Berechnungsschritt verwendet wurde.

Um Funktionen in der beschriebenen Weise aufbauen zu können, muss LISP über Möglichkeiten verfügen, Funktionen zu definieren. Der Lambdakalkül und die rekursive Darstellung von Funktionen sind zwei wichtige Hilfsmittel dafür, wie die folgenden Abschnitte zeigen werden

### 6.1.2 Rekursive Funktionen

Typisch für LISP (und die im Kap. 9 behandelte logische Programmierung) ist die rekursive Darstellung von Funktionen (bzw. Prädikaten). Dass diese Darstellungsform zweckmäßig ist, wird an vielen Beispielen offenkundig werden. Hier soll zunächst wieder ein einfaches Beispiel aus der Mathematik herangezogen werden, um diese Darstellungsform zu erläutern.

Die Grundidee der Rekursion besteht in der Darstellung einer gegebenen Funktion $f(x)$ mit Hilfe einer anderen Funktion $g$, in die Funktionswerte von $f$ als Argumente eingehen:

$$f(x) = g(x, f(x'), f(x''), \ldots). \tag{6.5}$$

Für die Berechnung des Funktionswertes $f(x)$ hat die rekursive Darstellung von $f$ immer dann Vorteile, wenn $g$ eine einfach zu berechnende Funktion ist und die Berechnung von $x'$, $x''$ usw. aus $x$ sowie die Bestimmung der Funktionswerte $f(x')$, $f(x'')$ usw. einfacher als die Berechnung von $f(x)$ ist. Es sei darauf hingewiesen, dass die in (6.5) angegebene Definition der Funktion $f$ nicht zirkulär ist, denn $f(x)$ wird nicht durch $f(x)$ selbst, sondern nur in Abhängigkeit von einfacheren Ausdrücken $f(x')$, $f(x'')$ usw. beschrieben.

**Beispiel 6.1** *Differentiation einer Funktion*

Soll eine Summe $k_1(x) + k_2(x)$ differenziert werden, so kann dies entsprechend der Summenregel der Differentialrechnung auf die Differentiation der beiden Summanden $k_1(x)$ und $k_2(x)$ zurückgeführt werden:

$$\frac{\mathrm{d}}{\mathrm{d}x}(k_1(x) + k_2(x)) = \frac{\mathrm{d}}{\mathrm{d}x}k_1(x) + \frac{\mathrm{d}}{\mathrm{d}x}k_2(x). \tag{6.6}$$

Im Vergleich zu Gl. (6.5) ist für die Funktion

$$f = \text{„Bilde die Ableitung nach } x\text{"}$$

die Funktion $g$ die Addition und $x' = k_1(x)$ und $x'' = k_2(x)$. Die Funktion „Bilde die Ableitung nach $x$", die in der Aufgabenstellung auf eine Summe von Funktionen angewendet werden soll (linke Seite von (6.6)), ist dargestellt als Summe der Ergebnisse, die aus der Anwendung derselben Funktion auf die beiden Summanden erhalten wird.

Die getrennte Anwendung der Funktion „Bilde die Ableitung nach $x$" auf die Summanden $k_1(x)$ und $k_2(x)$ kann weitere Rekursionen hervorrufen. Für $f_1(x) = f_{11}(x)f_{12}(x)$ gilt die Produktregel der Differentialrechnung

$$\frac{\mathrm{d}}{\mathrm{d}x}(k_1(x)k_2(x)) = \left(\frac{\mathrm{d}}{\mathrm{d}x}k_1(x)\right) k_2(x) + k_1(x)\left(\frac{\mathrm{d}}{\mathrm{d}x}k_2(x)\right). \tag{6.7}$$

Die Rekursion bricht ab, wenn die zu differenzierenden Funktionen so einfach geworden sind, dass ihre Ableitungen bekannt sind, z. B. bei

$$\frac{\mathrm{d}}{\mathrm{d}x}k = 0 \ (k = \text{konst.}), \qquad \frac{\mathrm{d}}{\mathrm{d}x}x = 1, \qquad \frac{\mathrm{d}}{\mathrm{d}x}x^n = nx^{n-1}. \tag{6.8}$$

Mit Hilfe der rekursiven Beziehungen (6.6) und (6.7) und der Abbruchbedingung (6.8) kann die Differentiation

$$\frac{\mathrm{d}}{\mathrm{d}x}(x^2 + 3x)$$

unter Verwendung der Funktion $\frac{\mathrm{d}}{\mathrm{d}x}$ folgendermaßen ausgeführt werden:

$$\begin{aligned}
\frac{\mathrm{d}}{\mathrm{d}x}(x^2 + 3x) &= \frac{\mathrm{d}}{\mathrm{d}x}(x^2) + \frac{\mathrm{d}}{\mathrm{d}x}(3x) \\
&= 2x + \frac{\mathrm{d}}{\mathrm{d}x}(3)x + 3\frac{\mathrm{d}}{\mathrm{d}x}(x) \\
&= 2x + 0x + 3 \cdot 1 \\
&= 2x + 3.
\end{aligned}$$

Da in einem Programm jeweils nur ein Aufruf der Funktion „Bilde die Ableitung nach $x$" auf einmal abgearbeitet werden kann, müssen die Zwischenergebnisse gespeichert werden. Dadurch entsteht die folgende Schachtelung von Funktionsaufrufen, die mit EINGABE bezeichnet sind, und Ergebnisausgaben, die durch AUSGABE dargestellt sind:

$$\begin{array}{l}
\text{EINGABE} \ \frac{\mathrm{d}}{\mathrm{d}x}(x^2 + 3x) \\
\quad \text{EINGABE} \ \frac{\mathrm{d}}{\mathrm{d}x}(x^2) \\
\quad \text{AUSGABE} \ 2x \\
\quad \text{EINGABE} \ \frac{\mathrm{d}}{\mathrm{d}x}(3x) \\
\qquad \text{EINGABE} \ \frac{\mathrm{d}}{\mathrm{d}x}(3) \\
\qquad \text{AUSGABE} \ 0 \\
\qquad \text{EINGABE} \ \frac{\mathrm{d}}{\mathrm{d}x}(x) \\
\qquad \text{AUSGABE} \ 1 \\
\quad \text{AUSGABE} \ 3 \\
\text{AUSGABE} \ 2x + 3.
\end{array}$$

Die Ausgaben der Funktionsaufrufe werden entsprechend der angewendeten Rekursionsbeziehung zum Ergebnis zusammengesetzt.

Die hier behandelte Differentiation ist übrigens eine typische Aufgabe der *symbolischen* Informationsverarbeitung, denn aus einer gegebenen Funktion $k(x)$ wird die Ableitung $k'(x)$ (als Funktion) berechnet. In der numerischen Mathematik werden demgegenüber nur für bestimmte Werte $\hat{x}$ die Werte des Differentialquotienten $k'(\hat{x})$ ermittelt. □

Das Beispiel verdeutlicht, dass sich die Definition jeder rekursiven Funktion aus zwei Teilen zusammensetzt.

1. Ein oder mehrere *Abbruchbedingungen* (z. B. (6.8)) werden aktiviert, wenn die Funktion auf so einfache Argumentwerte anzuwenden ist, dass der Funktionswert bestimmt werden kann, ohne die Funktion nochmals aufzurufen.
2. Ist keine Abbruchbedingung erfüllt, so kommt der *Rekursionsschritt* (z. B. (6.6), (6.7)) zur Anwendung, durch den der Funktionswert für das gegebene Argument in Abhängigkeit von den Funktionswerten einfacherer Argumentwerte dargestellt wird. Dabei ruft sich die Funktion selbst wieder auf. Dieser Aufruf beinhaltet jedoch einfachere Operationen als der vorherige.

Jede Rekursion beinhaltet also einen Schritt „in Richtung Abbruchbedingung“.

Die rekursive Programmierung dient der Reduzierung eines komplexen Problems auf den einfachsten Fall. Ihre Anwendung setzt voraus, dass das gegebene Problem der Dimension $n$ auf ein genau gleichartiges Problem der Dimension $n' < n$ zurückgeführt werden kann.

## 6.2 Syntax von LISP

### 6.2.1 Listen

Ausdrücke und Daten werden in LISP einheitlich in Form von Listen geschrieben. Um Listen definieren zu können, müssen zunächst die Atome von LISP und die symbolischen Ausdrücke eingeführt werden.

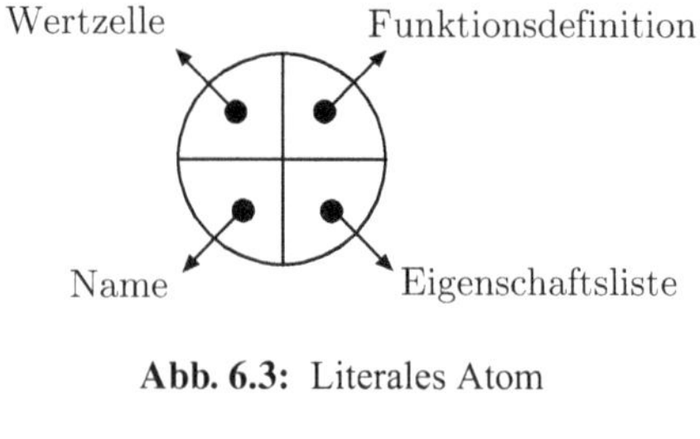


**Abb. 6.3:** Literales Atom

**Literale Atome** sind Folgen von Buchstaben und Ziffern (und einigen Sonderzeichen), deren erstes Zeichen ein Buchstabe ist, z. B. `ATOM`, `KANTE_8`, `Q4F`, `MOTOR`. Numerische Atome sind ganze Zahlen und Gleitkommazahlen.

In der rechnerinternen Darstellung entspricht jedem literalen Atom eine Datenstruktur mit vier Zeigern. Je ein Zeiger weist auf die Speicherzelle, in der

- der Name des Atoms,
- der Wert des Atoms,
- die Eigenschaftsliste sowie
- die Definition der Funktion steht, die den Namen des Atoms trägt (Abb. 6.3).

Obwohl jedes Atom im Speicher nur einmal vorkommt, kann es auf Grund dieser Vierteilung sowohl als Datum, als Variable wie auch als Funktionsname verwendet werden und es hängt von der Verwendungsart ab, ob sich die Verarbeitung des Atoms auf seinen Namen, seinen Wert, seine Funktionsdefinition oder seine Eigenschaftsliste bezieht. Die dafür notwendigen Operationen werden später im Einzelnen erläutert.

Den Atomen `NIL` und `T` sind standardmäßig die Werte `NIL` (leere Liste) und `T` (true) zugeordnet, während an die Wertzelle aller anderen Atome beliebige Ausdrücke gebunden werden können.

**Symbolische Ausdrücke** (*symbolic expressions*) sind folgendermaßen definiert:

- Literale Atome und Zahlen sind symbolische Ausdrücke.
- Sind `X` und `Y` symbolische Ausdrücke, so ist das gepunktete Paar (`X.Y`) ein symbolischer Ausdruck.

Entsprechend der zweiten Regel verbindet ein gepunktetes Paar zwei symbolische Ausdrücke zu einer neuen Einheit. Im einfachsten Falle besteht ein gepunktetes Paar aus zwei Atomen, z. B. (`KANTE.KANTENNUMMER`), (`MOTOR.TYP`). In der rechnerinternen Darstellung entspricht das gepunktete Paar einem Zeiger, der auf eine Doppelzelle zeigt. Die Doppelzelle enthält die Adressen der beiden symbolischen Ausdrücke, die in dem gepunkteten Paar stehen (Abb. 6.4). Der Punkt des gepunkteten Paares kann als Trennwand der Doppelzelle gedacht werden. Die beiden Elemente des gepunkteten Paares werden als Kopf und Schwanz, als erstes Element und Restliste oder als „der `CAR`" und „der `CDR`" bezeichnet. Die beiden letzten Begriffe werden später noch erläutert.

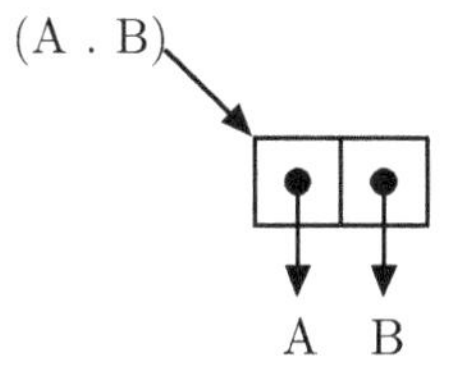


**Abb. 6.4:** Darstellung eines gepunkteten Paares

**Listen** sind symbolische Ausdrücke der Form

$$\texttt{(ELEMENT\_1 . (ELEMENT\_2....(ELEMENT\_N . NIL)...))} \tag{6.9}$$

z. B. `(A. (B. (C.NIL)))`. Sie werden in der einfacheren Form[1]

$$\texttt{(ELEMENT\_1 ELEMENT\_2...ELEMENT\_N)} \tag{6.10}$$

also z. B. `(A B C)` geschrieben, wobei die Elemente durch Leerzeichen voneinander getrennt sind. Ihre interne Darstellung als binärer Baum entspricht aber ihrer ursprünglichen Interpretation als verschachtelte gepunktete Paare, deren letztes Element `NIL` ist (Abb. 6.5). Im Weiteren wird vor allem mit Listen der Form (6.10) gearbeitet, bei Erläuterungen aber häufig auf die aus (6.9) abgeleitete grafische Darstellung zurückgegriffen. Die leere Liste `()` wird mit `NIL` bezeichnet.

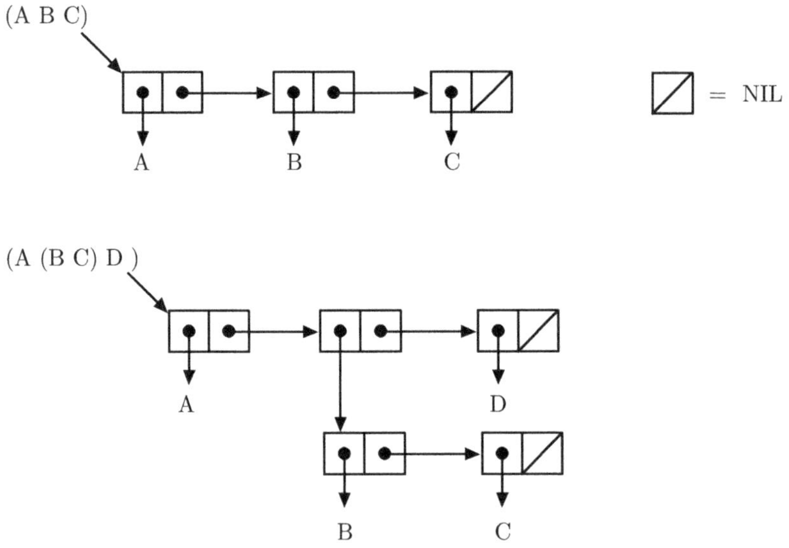


**Abb. 6.5:** Darstellung der Liste `(A B C)` und `(A (B C) D)`

Die Definition der symbolischen Ausdrücke lässt viele unterschiedliche Verschachtelungen gepunkteter Paare zu. Dementsprechend vielfältig sind auch die Formen verschachtelter Listen. Beispiele dafür sind

```
(BAUM WURZELKNOTEN (KANTE_1 KANTE_2) (KANTE_3 (KANTE_4)))
(+ 2 3)
((A B) C (D (E F)))
```

[1] Um Verwechslungen mit der LISP-Syntax zu vermeiden, werden bei Programmtexten die Interpunktionszeichen weggelassen.

(Abb. 6.5 und 6.6). Obwohl Listen besonders gut für die Darstellung von Baumstrukturen geeignet sind, stellen sie eine universelle Datenstruktur dar, die an die meisten Probleme der symbolischen Informationsverarbeitung angepasst werden kann. Die Anzahl der Listenelemente und die verwendeten Listenebenen sind theoretisch unbegrenzt und müssen bei der Verarbeitung der Liste nicht explizit angegeben werden.

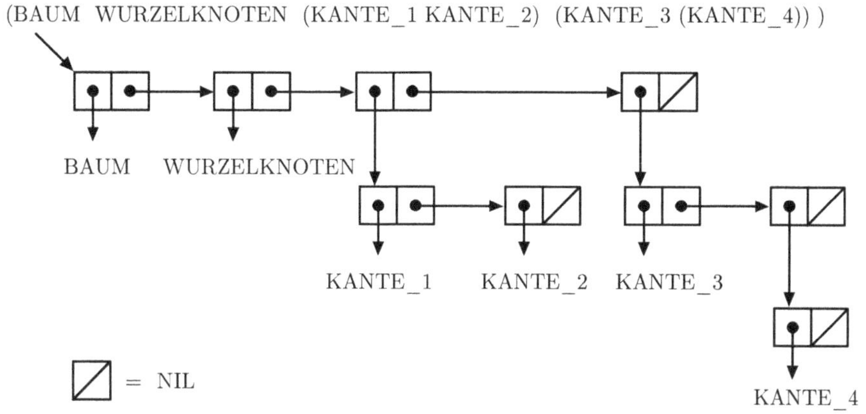


**Abb. 6.6:** Darstellung eines Baumes

### 6.2.2 LISP-Ausdrücke

**Auswertung von LISP-Ausdrücken.** Wenn es nicht besonders vermerkt ist, wird jeder symbolische Ausdruck als Funktionsaufruf gedeutet und ausgewertet. In dieser Weise verwendete Atome und Listen werden auch als *Terme* bezeichnet. Die Ausführung (*execution*) eines Programms wird in LISP *Auswertung* (*evaluation*) genannt, denn als Ergebnis der Abarbeitung der in der Funktionsdefinition festgelegten Schritte entsteht ein Wert. Bei den im Folgenden betrachteten Programmbeispielen wird dieser Wert hinter einem Pfeil $\Rightarrow$ angegeben. Das heißt, dass der LISP-Interpreter auf die Eingabe des betrachteten Ausdrucks mit dem hinter dem Pfeil stehenden Wert antwortet. Den Lesern wird empfohlen, die folgenden Beispiele am Rechner selbst auszuprobieren.

Für die Auswertung von Termen werden im Folgenden die wichtigsten Regeln angegeben und erläutert.

**Auswertungsregel 1** *Der Wert einer Zahl ist die Zahl selbst.*

**Auswertungsregel 2** *Der Wert eines Atoms ist das Objekt, das der Wertzelle des Atoms zugewiesen ist.*

Ein literales Atom wird also wie eine Variable behandelt, deren Wert in der Wertzelle steht (Abb. 6.3). Ist das Atom eine Zahl, so ist durch die LISP-Implementierung gesichert, dass diese Zahl selbst in der Wertzelle des numerischen Atoms steht.

Wurde beispielsweise die Liste `(A B C)` in die Wertzelle des Atoms `LISTE_1` eingetragen, so antwortet der Interpreter auf die Eingabe `LISTE_1` mit der Ausschrift der Liste `(A B C)` auf dem Bildschirm:

```
LISTE_1                (6.11)
⇒ (A B C)
```

**Auswertungsregel 3** *In einem Term*

```
(OPERATOR OPERAND_1 OPERAND_2...)        (6.12)
```

*wird der Operator auf die Operanden angewendet, wobei die Operanden vorher von links nach rechts ausgewertet werden.*

Listen werden also als Funktionsaufruf gedeutet, wobei das erste Listenelement als Operatorname und die weiteren Listenelemente als Argumente interpretiert werden:

`(OPERATOR OPERAND_1 OPERAND_2...)`.

LISP-Operationen werden somit in einer der polnischen Notation vergleichbaren Art geschrieben (Präfix-Notation). Der LISP-Interpreter gibt den Funktionswert zurück.

```
(+ 3 5)
⇒ 8
(* 3.05 7)
⇒ 21.35
```

Das hier für numerische Operationen gezeigte Vorgehen wird in vielen späteren Beispielen für symbolische Operationen verwendet.

Als Operanden können außer Atomsymbolen und Zahlen auch Terme stehen. Bevor der Operator angewendet wird, werden die Werte der als Argumente stehenden Terme entsprechend den Auswertungsregeln bestimmt. Deshalb stehen in dem Moment, in dem der Operator zur Anwendung gebracht wird, als Argumente keine Funktionen mehr, sondern die Werte, die sich aus diesen Funktionen ergeben. Beim Aufruf einer Funktion werden also nicht die Namen der formalen Parameter mit den Namen im Funktionsaufruf gleichgesetzt (*call by name*), sondern es werden die Werte der Argumente berechnet, an die formalen Parameter übergeben und mit den formalen Parametern weitergerechnet (*call by value*).

Steht beispielsweise an Stelle von `OPERAND_1` in (6.12) ein Term der Form

`(OPERATOR_1 OPERAND_11 OPERAND_12)`,

so wird der Wert dieses Terms entsprechend der dritten Auswertungsregel berechnet, bevor der `OPERATOR` aus (6.12) angewendet wird. Dieses Vorgehen entspricht der von numerischen Rechnungen her geläufigen Verfahrensweise. Im Ausdruck $(5\ + (3 * 6))$ bzw. $(+\ 5\ (*\ 3\ 6))$ wird auf Grund der Klammernsetzung zuerst das Produkt $3 * 6 = 18$ gebildet und erst danach der Operator „+“ angewendet, um zu 5 den Wert 18 der zweiten Klammer zu addieren. Der Wert des Gesamtausdrucks ist 23.

### 6.2.3 Spezielle Auswertungsregeln

Während alle vom Nutzer definierten Funktionen nach den Auswertungsregeln 1 bis 3 verarbeitet werden, gibt es für einige der im LISP-Interpreter vordefinierten Funktionen spezielle Auswertungsvorschriften, von denen einige jetzt vorgestellt werden. Die mit diesen Funktionen gebildeten Ausdrücke werden als *special forms* bezeichnet.

**Auswertungsregel 4** *Im Term*

(**SETQ** `OPERAND_1 OPERAND_2`) (6.13)

*bezeichnet* `SETQ` *die Funktion „Setquote“, durch die der Wert von* `OPERAND_2` *in die Wertzelle von* `OPERAND_1` *geschrieben wird.* `OPERAND_1` *muss ein Atomsymbol sein. Er wird nicht ausgewertet.* `OPERAND_2` *ist ein beliebiger Term. Das Ergebnis der Anwendung von* `SETQ` *ist der Wert von* `OPERAND_2`.

Der Interpreter gibt also nicht nur den Wert zurück, der unter Anwendung der Auswertungsregeln auf `OPERAND_2` ermittelt wurde, sondern weist diesen Wert gleichzeitig der Wertzelle von `OPERAND_1` zu. Dieser Seiteneffekt entspricht der von algorithmischen Programmiersprachen bekannten Zuweisung eines Wertes zu einer Variablen. Die Anwendung der Funktion `SETQ` in

```
(SETQ X 2)        (6.14)
⇒ 2
```

ist vergleichbar mit der FORTRAN- oder C-Anweisung `X=2`. Wird nun `X` aufgerufen, so wird der Wert 2 zurückgegeben

```
X
⇒ 2
```

(Auswertungsregel 1, Abb. 6.7 (links)). Wie bereits erwähnt, sind Seiteneffekte in LISP allerdings untypisch und werden selten verwendet.

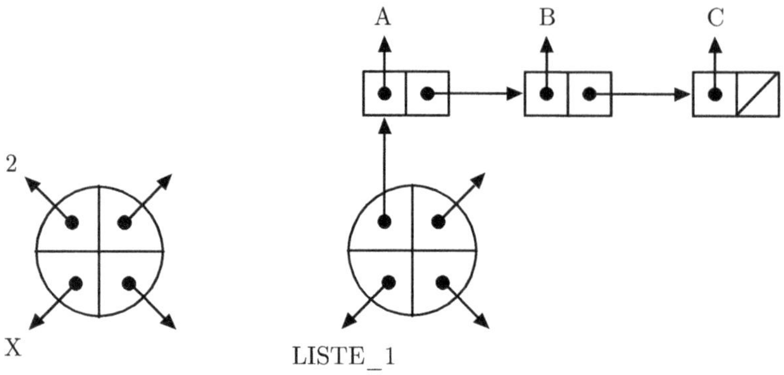


**Abb. 6.7:** Seiteneffekte von SETQ

**Auswertungsregel 5** *Der Wert des Termes*

(**QUOTE** `OPERAND_1`) (6.15)

`'OPERAND_1` (6.16)

*ist gleich dem unausgewerteten* `OPERAND_1`.

In abgekürzter Schreibweise hat der Ausdruck (6.15) die Form (6.16), d. h., an Stelle von `QUOTE` und den zugehörigen Klammern kann der Apostroph stehen.

Durch `QUOTE` wird das in den Auswertungsregeln 1 bis 3 stehende Prinzip, von allen Termen stets den Wert zu verwenden, durchbrochen:

```
(QUOTE A)
⇒ A
(QUOTE (C D E F))
⇒ (C D E F)
```

Der Interpreter sucht weder im ersten Beispiel nach dem in der Wertzelle des Atoms `A` eingetragenen Objekt, noch versucht er im zweiten Beispiel, die Funktion `C` auf die Werte von `D`, `E` und `F` anzuwenden.

Die `QUOTE`-Funktion dient der Unterscheidung zwischen Daten und Funktionen. Ohne `QUOTE` wird jeder symbolische Ausdruck als Term gedeutet und ausgewertet; mit `QUOTE` wird ein Ausdruck in der aufgeschriebenen Form verwendet. Der Unterschied wird durch die Aufrufe

```
(QUOTE X)
⇒ X
X
⇒ 2
```

deutlich. `QUOTE` in (6.15) wirkt auch auf alle weiteren in `OPERAND_1` stehenden Klammern.

Weitere Beispiele für die Auswertung von Termen nach den Auswertungsregeln 4 und 5 sind die Folgenden (vgl. Abb. 6.7 (rechts)):

```
(SETQ LISTE_1 '(A B C))                (6.17)
⇒ (A B C)
LISTE_1
⇒ (A B C)
'LISTE_1
⇒ LISTE_1
```

Da jede Zahl sowohl als Name als auch als Wert verwendet werden kann, kann man sich `QUOTE` bei Zahlen sparen:

```
(SETQ X 2)
⇒ 2
(SETQ X '2)
⇒ 2
```

**Arbeitsweise des LISP-Interpreters.** Die Auswertungsregeln von LISP-Ausdrücken bilden die Grundlage der Arbeitsweise des LISP-Interpreters. Der Interpreter liest einen symbolischen Ausdruck `(READ)`, wertet diesen Ausdruck aus `(EVAL)` und gibt den erhaltenen Wert aus `(PRINT)`. Man sagt deshalb, dass der LISP-Interpreter in einer `READ-EVAL-PRINT`-Schleife arbeitet.

Die Trennung des Einlesens und Auswertens der Ausdrücke bedeutet, dass zunächst der vollständige Ausdruck eingelesen wird und dass die anschließende Auswertung keineswegs beim ersten Symbol beginnt. Entsprechend der Auswertungsregel 3 werden zunächst die Operanden mit dem am weitesten links stehenden beginnend ausgewertet. Da als Operanden wiederum symbolische Ausdrücke stehen können, macht dies gegebenenfalls die Auswertung anderer Ausdrücke notwendig. Dadurch führt die „einfache" `READ-EVAL-PRINT`-Schleife auf eine möglicherweise lange Folge von Funktionsauswertungen. In den folgenden Abschnitten werden viele Beispiele diese Arbeitsweise des LISP-Interpreters veranschaulichen.

### 6.2.4 Verarbeitung von Listen

LISP-Interpreter verfügen über *Elementarfunktionen* (Standardfunktionen, *built-in functions*) zum Aufbau von Listen und zum Zugriff auf Listenelemente. Die wichtigsten sind im Folgenden aufgeführt.

- `(`**CAR** `LISTE)` (6.18)

Diese Funktion dient dem Zugriff auf das erste Element einer Liste. So ist der Wert von `(CAR '(A B C))` das erste Element der Liste `(A B C)`, also `A`

```
(CAR '(A B C))
⇒ A
```

Die Liste (A B C) erscheint „gequotet", weil die Liste mit den Elementen „A", „B" und „C" – und nicht eine Liste mit den an A, B und C gebundenen Werten – gemeint ist. Auf Grund der Seiteneffekte von (6.17) gilt

```
(CAR LISTE_1)
⇒ A
```

Besteht der Operand LISTE in (6.18) aus mehreren Teillisten, so kann das Ergebnis auch eine Liste sein:

```
(CAR '((A B) (C D) E))
⇒ (A B)
```

Für die leere Liste ergibt die Funktion CAR vereinbarungsgemäß die leere Liste:

```
(CAR NIL)
⇒ NIL
```

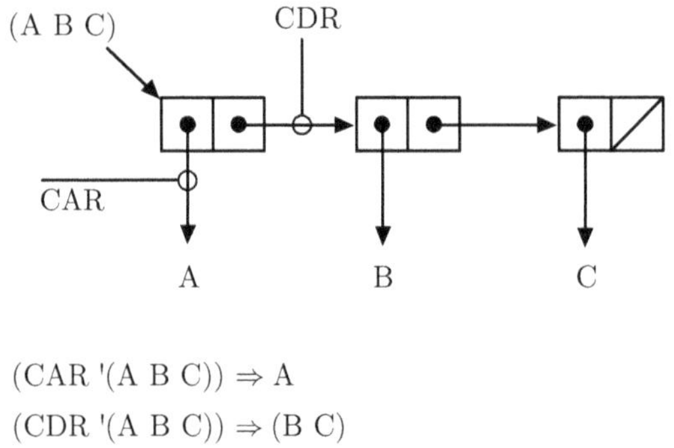


**Abb. 6.8:** Veranschaulichung der Operationen CAR und CDR

- (**CDR** LISTE) (6.19)

Mit dieser Funktion wird auf die Restliste einer Liste zugegriffen. Für die Liste (A B C) ist A das erste Element („der CAR") und (B C) die Restliste („der CDR"). Folglich liefert (CDR '(A B C)) als Wert die Liste (B C) (Abb. 6.8). In geschachtelten Listen wird in gleicher Weise verfahren.

```
(CDR '((A B) (C D) E))
⇒ ((C D) E)
(CDR '(A B ((C D) E)))
⇒ (B ((C D) E))
(CDR '(((A B) (C D) E)))
⇒ NIL
```

Im letzten Beispiel ist das Ergebnis die leere Liste, weil die angegebene Liste als erstes und einziges Element die Liste `((A B) (C D) E)` besitzt und die Funktion `CDR` der leeren Liste vereinbarungsgemäß die leere Liste zuordnet:

```
(CDR NIL)
⇒ NIL
```

In der internen Listendarstellung stellen `CAR` und `CDR` Zeiger dar, und zwar `CAR` den Zeiger auf das erste Element und `CDR` den Zeiger auf die Restliste (Abb. 6.8).

Für gestaffelte Listen muss der Zugriff auf ein bestimmtes Element durch Verschachtelung von `CAR` und `CDR` erfolgen:

```
(CAR (CDR '((A B) (C D) E)))
⇒ (C D)
```

Dafür sind u. a. folgende Abkürzungen gebräuchlich:

| | | |
|---|---|---|
| (**CADR** LISTE) | ist dasselbe wie | (CAR (CDR LISTE)) |
| (**CADAR** LISTE) | ist dasselbe wie | (CAR (CDR (CAR LISTE))) |
| (**CAADR** LISTE) | ist dasselbe wie | (CAR (CAR (CDR LISTE))) |

Zu beachten ist die Reihenfolge der Auswertung der `CAR`'s und `CDR`'s. Dies wird durch die folgenden Beispiele veranschaulicht, die auch anhand von Abb. 6.5 nachvollzogen werden können:

```
(SETQ LISTE_2 '(A (B C) D))
⇒ (A (B C) D)
(CADR LISTE_2)
⇒ (B C)
(CADDR LISTE_2)
⇒ D
(CDDR LISTE_2)
⇒ (D)
(CADDDR LISTE_2)
⇒ NIL
(CDDDR LISTE_2)
⇒ NIL
```

- `(`**CONS** `OPERAND_1 OPERAND_2)` (6.20)

Diese Funktion `CONS` (*constructor*) dient der Bildung des gepunkteten Paares `(OPERAND_1 . OPERAND_2)`. Es gilt

```
(CONS 'A 'B)
⇒ (A . B)
```

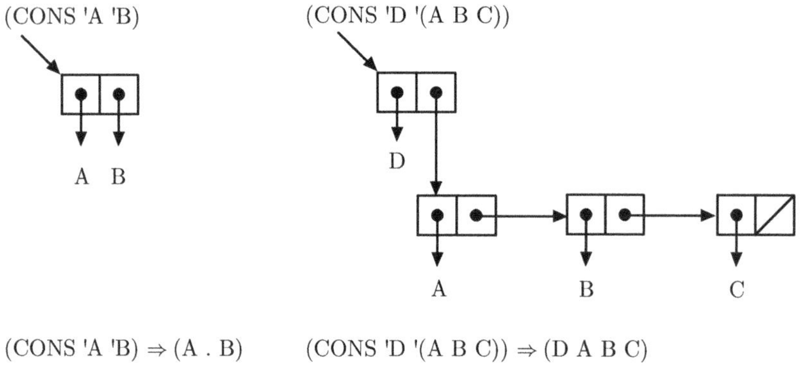
(CONS 'A 'B)
A
B
(CONS 'D '(A B C))
D
A
B
C
(CONS 'A 'B) ⇒ (A . B)
(CONS 'D '(A B C)) ⇒ (D A B C)

**Abb. 6.9:** Veranschaulichung der Operation `CONS`

Im Allgemeinen wird `CONS` mit einer Liste als `OPERAND_2` angewendet. Das Ergebnis ist dann die um `OPERAND_1` erweiterte Liste (Abb. 6.9).

```
(CONS 'A '(B C))
⇒ (A B C)
(CONS '(A) '((B C)))
⇒ ((A) (B C))
```

Wird `X` aus (6.15) mit `LISTE_1` aus (6.17) verknüpft, gilt

```
(CONS X LISTE_1)
⇒ (2 A B C)
```

- `(`**LIST** `OPERAND_1 OPERAND_2 ...)` (6.21)

Diese Funktion bewirkt die Zusammenfassung einer beliebigen Anzahl von Operatoren in einer Liste. Die Operanden können beliebig viele Atome oder Listen sein.

```
(LIST 'A 'B 'C)
⇒ (A B C)
(LIST '(A) '((B) C))
⇒ ((A) ((B) C))
(LIST 'A)
⇒ (A)
```

**Typprädikate.** Für die Datenstrukturen „Atom“, „Zahl“ und „Liste“ gibt es Prädikate, die diese Datenstrukturen erkennen. Der Wert dieser Prädikate ist `T` (*true*, ja) oder `NIL` (*false*, nein).

- (**ATOM** `OPERAND`) (6.22)

Mit dieser Funktion wird getestet, ob `OPERAND` ein Atom ist, zum Beispiel

```
(ATOM 'A)
⇒ T
(ATOM '(A B))
⇒ NIL
(ATOM X)          (vgl. (6.15))
⇒ T
```

- (**NULL** `OPERAND`) (6.23)

Mit dieser Funktion wird getestet, ob `OPERAND` die leere Liste ist, zum Beispiel

```
(NULL '(A B))
⇒ NIL
(NULL LISTE_1)
⇒ NIL                (vgl. (6.15))
(NULL (ATOM 'A))
⇒ NIL
(NULL NIL)
⇒ T
(NULL (CDR '(A)))
⇒ T                  da (CDR '(A)) die leere Liste ist.
```

- (**EQUAL** `OPERAND_1 OPERAND_2`) (6.24)

Diese Funktion testet `OPERAND_1` und `OPERAND_2` auf strukturelle Gleichheit. Nach (6.17) und

```
SETQ LISTE_2 '(A B C))
⇒ (A B C)                                                    (6.25)
(SETQ LISTE_3 LISTE_2)
⇒ (A B C)                                                    (6.26)
```

sind drei in ihrer äußeren Repräsentation gleiche Listen entstanden.

```
LISTE_1
 ⇒ (A B C)
LISTE_2
⇒ (A B C)
LISTE_3
 ⇒ (A B C)
```

Deshalb gilt

```
(EQUAL LISTE_1 LISTE_2)
⇒ T
(EQUAL LISTE_2 LISTE_3)
⇒ T
```

Für das Prädikat `EQUAL` ist gleichgültig, dass in der internen Darstellung nur `LISTE_2` und `LISTE_3` identisch sind (Abb. 6.10). Für `LISTE_1` wurden andere Speicherzellen verkettet, obwohl deren Inhalt auf dieselben Atome `A`, `B` und `C` verweist.

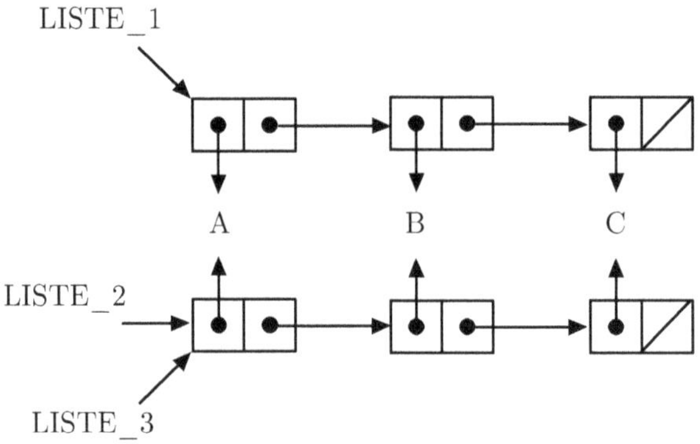


**Abb. 6.10:** Interne Darstellung von `LISTE_1`, `LISTE_2`, `LISTE_3`

**Weitere Funktionen für die Listenverarbeitung.** Außer den bereits beschriebenen Funktionen gibt es eine Reihe weiterer Standardfunktionen, von denen hier einige aufgeführt werden:

- (**REVERSE** `LISTE`) (6.27)

`REVERSE` kehrt die Reihenfolge der Listenelemente um

```
(REVERSE '(A B C D))
⇒ (D C B A)
```

aber nicht die Listenelemente selbst, sofern diese Listen sind.

```
(REVERSE '(A (B C) D))
⇒ (D (B C) A)
```

- (**MEMBER** `ELEMENT LISTE`) (6.28)

`MEMBER` durchsucht die `LISTE` nach dem ersten Vorkommen von `ELEMENT` und gibt die Restliste zurück, in der `ELEMENT` als erstes Element steht.

```
(MEMBER 'B '(A B C))
⇒ (B C)
(MEMBER 'D '(A (D B) D E))
⇒ (D E)
```

### 6.2.5 Definition von Funktionen

Für die Definition von Funktionen durch den Programmierer wird eine dem Lambdakalkül vergleichbare Schreibweise verwendet. Die Funktionsdefinition erscheint als Lambdaausdruck der Form

(**LAMBDA** `PARAMETERLISTE AUSDRUCK`), (6.29)

wobei die Parameterliste die Argumente der in `AUSDRUCK` beschriebenen Funktion enthält. Als `AUSDRUCK` stehen ein oder mehrere LISP-Ausdrücke. Der Wert des letzten Ausdrucks wird als Wert von (6.29) zurückgegeben.

Soll die Funktion dazu dienen, das zweite Element einer Liste herauszugreifen, so heißt der Lambdaausdruck

```
(LAMBDA (LISTE) (CADR LISTE))
```

Um ihn auf die Liste `(A B C)` anzuwenden, wird die Schreibweise (6.12) verwendet, in der der Lambdaausdruck als Operator steht:

```
((LAMBDA (LISTE) (CADR LISTE)) '(A B C))
⇒ B
```
(6.30)

Bei der Auswertung wird der Wert `(A B C)` des Arguments an den Parameter `LISTE` gebunden und damit die Operation `(CADR LISTE)` ausgeführt. Das Ergebnis `B` ist der Wert des Lambdaausdrucks.

In der bisherigen Form sind die Funktionen nicht benannt und wurden aufgeschrieben, um sie sofort auf gegebene Werte anzuwenden. Für eine häufige Verwendung können ihre Definitionen an Atome gebunden werden, wobei die Funktionszelle des betreffenden Atoms einen Verweis auf den entsprechenden Lambdaausdruck erhält (Abb. 6.3). Diese Bindung erfolgt durch die Funktion DEFUN:

(**DEFUN** ATOM PARAMETERLISTE AUSDRUCK) (6.31)

So kann die Funktion ZWEITES_ELEMENT durch

```
(DEFUN ZWEITES_ELEMENT (LISTE) (CADR LISTE))
⇒ ZWEITES_ELEMENT
```
(6.32)

definiert werden. ZWEITES_ELEMENT stellt nun einen Operator dar, der in Termen der Form (6.12) stehen kann.

```
(ZWEITES_ELEMENT '(A B C))
⇒ B
(ZWEITES_ELEMENT '((A) (B C) D)))
⇒ (B C)
```

### 6.2.6 Bedingte Anweisungen und Let-Konstruktionen

COND-Ausdrücke entsprechen bedingten Anweisungen der algorithmischen Programmiersprachen, insbesondere CASE-Anweisungen. Sie haben die Form

```
(COND (PRAEDIKAT_1 AUSDRUCK_11 ... AUSDRUCK_1K)
      (PRAEDIKAT_2 AUSDRUCK_21 ... AUSDRUCK_2L)
      ...
      (PRAEDIKAT_M AUSDRUCK_M1 ... AUSDRUCK-MN)).
```
(6.33)

**Auswertungsregel 6** *Zur Berechnung des Wertes des Terms (6.33) werden die Prädikate* PRAEDIKAT_1 ... PRAEDIKAT_M *der Reihe nach ausgewertet, bis ein Prädikat einen von* NIL *verschiedenen Wert liefert. Wird ein solches Prädikat gefunden, so werden die im selben Term stehenden Ausdrücke der Reihe nach ausgewertet. Der Wert des* COND*-Terms ist der Wert des letzten Teilterms.*

Wird kein Prädikat gefunden, das einen von NIL verschiedenen Wert ergibt, so wird kein Ausdruck ausgewertet und der COND-Term hat den Wert NIL.

Als Beispiel soll eine Funktion definiert werden, die prüft, ob in der als Argument auftretenden Liste das erste Element „A" oder „B" heißt und in diesem Falle die Liste selbst, andernfalls NIL zurückgibt.

```
(DEFUN AB_LISTE (LISTE)
      (COND ((EQUAL (CAR LISTE) 'A) LISTE)
            (COND ((EQUAL (CAR LISTE) 'B) LISTE)
            (T NIL)))
⇒ AB_LISTE
```

Als Prädikate treten

```
(EQUAL (CAR LISTE) 'A) LISTE)
(EQUAL (CAR LISTE) 'B)
T
```

auf. Da T den Wert T (verschieden von NIL) hat, ist das dritte Prädikat stets erfüllt.

Ist bereits das erste Prädikat erfüllt, weil das erste Element der Liste „A“ heißt, so wird der Wert von LISTE (also das verwendete Argument selbst) als Wert der Funktion AB_LISTE zurückgegeben. Dasselbe gilt, wenn das erste Element „B“ heißt. Nur wenn diese beiden Fälle nicht eingetreten sind, wird die dritte COND-Zeile ausgewertet und der Funktionswert auf NIL gesetzt:

```
(AB_LISTE '(B C D))
⇒ (B C D)
(AB_LISTE '(A B C))
⇒ (A B C)
(AB_LISTE '(DAB))
⇒ NIL
```

Der Leser kann sich anhand der Auswertungsregel 6 leicht überlegen, dass die Funktion unverändert bleibt, wenn die dritte COND-Klausel (T NIL) weggelassen wird.

**Let-Konstruktionen.** Bei der Definition von Funktionen kann es zweckmäßig sein, lokale Variablen zu verwenden. Dies sind Variablen, die nicht Argumente der Funktion sind, aber innerhalb der Definition verwendet werden. Soll beispielsweise die Restliste von ARGUMENT mit REVERSE umgekehrt werden, sofern ARGUMENT mehr als ein Element besitzt, und andernfalls T zurückgegeben werden, so hat der entsprechende COND-Ausdruck die Gestalt

```
(COND ((NULL (CDR ARGUMENT)) T)
      (T (REVERSE (CDR ARGUMENT))) ).
```

Bei der Auswertung des COND-Termes wird zunächst das erste Prädikat geprüft, wobei als erstes (CDR ARGUMENT) auszuwerten ist. Gibt es keine Restliste, so wird T zurückgegeben und die COND-Klausel ist vollständig abgearbeitet. Andernfalls wird in der zweiten COND-Klausel der Ausdruck (CDR ARGUMENT) noch einmal aufgerufen und die Restliste umgedreht.

Durch die Verwendung lokaler Variabler soll das Ergebnis des ersten Aufrufes von (CDR ARGUMENT) an eine Variable gebunden und damit die nochmalige Auswertung desselben Ausdrucks eingespart werden. Dies geschieht in LET-Konstruktionen

```
(LET  ((VARIABLE_1 AUSDRUCK_1)
       (VARIABLE_2 AUSDRUCK_2)
       ...
       (VARIABLE_N AUSDRUCK_N) )
      LET_KÖRPER )                                    (6.34)
```

Als VARIABLE_1 ... VARIABLE_N können beliebige literale Atome verwendet werden. Sie erhalten die durch die nebenstehenden Ausdrücke berechneten Werte. Die Variablen gelten nur innerhalb des LET-Körpers, der durch eine oder mehrere Ausdrücke gebildet wird. Mit dieser LET-Konstruktion kann der oben angegebene COND-Ausdruck folgendermaßen geschrieben werden:

```
(LET ((RESTLISTE (CDR ARGUMENT)))
     (COND ((NULL RESTLISTE) T)
           (T (REVERSE RESTLISTE)) )
```

Es ist zu sehen, dass der Ausdruck (CDR ARGUMENT) nur einmal auszuwerten ist. Das Ergebnis wird an das Atom RESTLISTE gebunden und unter Zugriff darauf weiter verarbeitet.

Die LET-Konstruktion erhöht vor allem dann die Abarbeitungsgeschwindigkeit, wenn die eingesparten Funktionsaufrufe sehr komplexe Funktionen betreffen.

## 6.3 Programmbeispiel: Tiefe-zuerst-Suche in Graphen

### 6.3.1 Programmelemente

Die Programmierung in LISP soll veranschaulicht werden, indem ein LISP-Programm für die Bestimmung des Erreichbarkeitsbaumes in einem gerichteten Graphen durch Tiefe-zuerst-Suche (Abschn. 3.2.4) geschrieben wird. Zur Darstellung des Graphen wird jede Kante als zweielementige Liste notiert, deren erstes Element den Startknoten und deren zweites Element den Zielknoten der Kante bezeichnet, z. B. (2 3), (1 5) usw. Der gerichtete Graph ist eine Liste derartiger Teillisten:

```
(SETQ BEISPIELGRAPH '((2 3) (1 5) (3 1) (1 4) (5 6) (4 2)
                      (6 5) (6 3) (6 4)))
⇒ ((2 3) (1 5) ... (6 3) (6 4))
```

Im Folgenden werden für alle bei der Suche verwendeten Teilschritte LISP-Funktionen definiert. Die Definitionen gelten für einen allgemeinen Graphen, der in der angegebenen Weise notiert ist, und sie werden am Beispielgraphen erprobt.

**Suchschritt.** Der Suchschritt beinhaltet die Bestimmung der ersten (bzw. der nächsten) Kante des Graphen, die von einem gegebenen Knoten ausgeht und zu einem noch nicht markierten Knoten führt. In den Abb. 3.8 und 6.11 ist dieser Schritt in dem mittleren Kasten enthalten.

Der Suchschritt wird in zwei Teilschritten ausgeführt. Im ersten Schritt wird mit der Funktion `NAECHSTE_KANTE` in einem Graphen (oder Teilgraphen) nach der ersten Kante gesucht, die vom `STARTKNOTEN` ausgeht:

```
(DEFUN NAECHSTE_KANTE (GRAPH STARTKNOTEN)                          (6.35)
      (COND ((NULL GRAPH) NIL)
            ((EQUAL STARTKNOTEN (CAAR GRAPH)) GRAPH)
            (T (NAECHSTE_KANTE (CDR GRAPH) STARTKNOTEN)) )).
```

In der bedingten Anweisung werden nacheinander zwei Abbruchbedingungen untersucht und dann der rekursive Aufruf der Funktion angegeben:

- *1. Abbruchbedingung*: Ist der Graph durch den rekursiven Aufruf auf die leere Liste geschrumpft, so wurde keine vom `STARTKNOTEN` ausgehende Kante gefunden und es wird `NIL` zurückgegeben.
- *2. Abbruchbedingung*: Geht die erste Kante von `STARTKNOTEN` aus, so stellt der `GRAPH` (und nicht nur die erste Kante) den Funktionswert dar. Der Anfangsknoten der ersten Kante ist auf Grund der Notierungsweise des Graphen gleich dem Wert von `(CAAR GRAPH)`, z. B.

  ```
  (CAAR BEISPIELGRAPH)
  ⇒ 2
  ```

- *Rekursionsschritt:* Sind die ersten beiden Abbruchbedingungen nicht erfüllt, so geht die erste Kante des Graphen nicht von `STARTKNOTEN` aus. Die Funktion `NAECHSTE_KANTE` wird deshalb mit dem um eine Kante verkürzten `GRAPH` wieder aufgerufen und der Wert dieses Aufrufes als Wert des aktuellen Funktionsaufrufes verwendet. Die Verkürzung des Graphen geschieht durch `(CDR GRAPH)`.

Bei jedem Rekursionsaufruf verkürzt sich der betrachtete Graph um eine Kante. Ist die erste Abbruchbedingung `(NULL GRAPH)` erfüllt, so wurde der im ersten Funktionsaufruf gegebene Graph vollständig durchsucht, ohne eine entsprechende Kante zu finden.Wenn man die hier für gerichtete Graphen definierte Funktion auf ungerichtete Graphen erweitern will, muss man in die COND-Konstruktion eine weitere Zeile einfügen, in der der Startknoten als Endknoten (CADAR GRAPH) der ersten Kante auftritt.

Wichtig für die weitere Verarbeitung ist, dass die Funktion `NAECHSTE_KANTE` entweder `NIL` oder den Restgraphen zurückgibt, in dem die gesuchte Kante als erstes Element steht.

```
(NAECHSTE_KANTE BEISPIELGRAPH 3)
⇒ ((3 1) (1 4) (5 6) (4 2) (6 5) (6 3) (6 4))

(NAECHSTE_KANTE BEISPIELGRAPH 4)
⇒ ((4 2) (6 5) (6 3) (6 4))                                        (6.36)
```

Im zweiten Schritt wird für die gefundene Kante überprüft, ob der Endknoten bereits in der Liste `MARKIERTEKNOTEN` enthalten ist. `MARKIERTEKNOTEN` ist eine Liste von Knotennamen, die in der folgenden Funktionsdefinition durch den formalen Parameter `LISTE` repräsentiert wird.

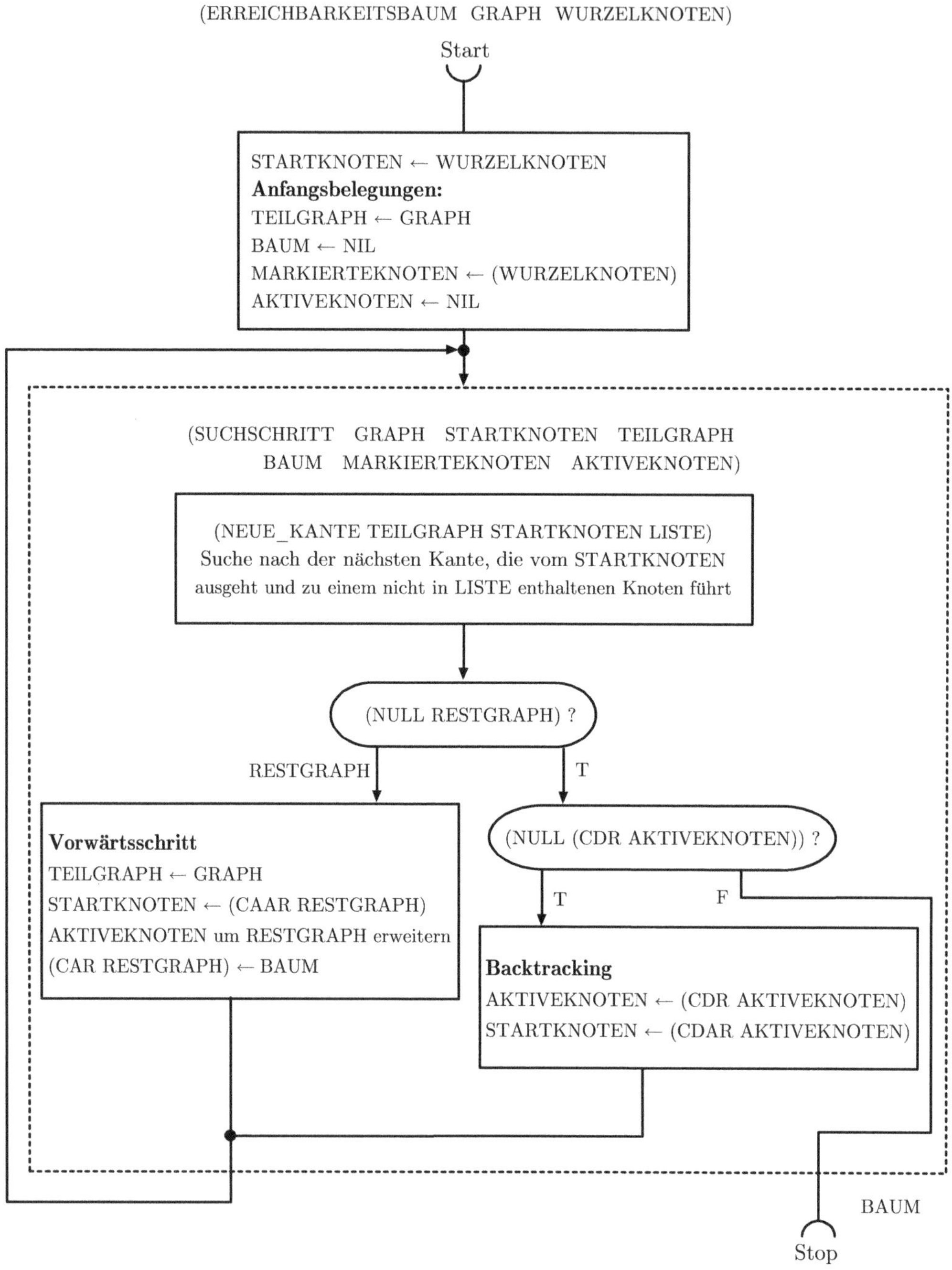
(ERREICHBARKEITSBAUM GRAPH WURZELKNOTEN)
Start
STARTKNOTEN ← WURZELKNOTEN
Anfangsbelegungen:
TEILGRAPH ← GRAPH
BAUM ← NIL
MARKIERTEKNOTEN ← (WURZELKNOTEN)
AKTIVEKNOTEN ← NIL
(SUCHSCHRITT GRAPH STARTKNOTEN TEILGRAPH
BAUM MARKIERTEKNOTEN AKTIVEKNOTEN)
(NEUE_KANTE TEILGRAPH STARTKNOTEN LISTE)
Suche nach der nächsten Kante, die vom STARTKNOTEN
ausgeht und zu einem nicht in LISTE enthaltenen Knoten führt
(NULL RESTGRAPH) ?
RESTGRAPH
T
Vorwärtsschritt
TEILGRAPH ← GRAPH
STARTKNOTEN ← (CAAR RESTGRAPH)
AKTIVEKNOTEN um RESTGRAPH erweitern
(CAR RESTGRAPH) ← BAUM
(NULL (CDR AKTIVEKNOTEN)) ?
T
F
Backtracking
AKTIVEKNOTEN ← (CDR AKTIVEKNOTEN)
STARTKNOTEN ← (CDAR AKTIVEKNOTEN)
BAUM
Stop

**Abb. 6.11:** Tiefe-zuerst-Suche

Die Überprüfung der Eintragung eines Knotens in den Baum erfolgt durch die Funktion `SCHON_MARKIERT`, die ein Prädikat darstellt, weil sie entweder `T` (ja) oder `NIL` (nein) zurückgibt:

```
(DEFUN SCHON_MARKIERT (KNOTEN BAUM))                    (6.37)
              (COND ((MEMBER KNOTEN LISTE) T)))
```

Wird zum Test dieser Funktion angenommen, dass die Knoten 3, 6, 5 und 1 bereits in `MARKIERTEKNOTEN` eingetragen sind

```
(SETQ MARKIERTEKNOTEN '(3 6 5 1))
⇒ (3 6 5 1)
```

dann zeigen die folgenden Aufrufe von `SCHON_MARKIERT`, dass der Knoten 6 markiert und der Knoten 4 nicht markiert ist. Auch wenn die verwendete Liste noch leer ist, antwortet die Funktion `SCHON_MARKIERT` in der gewünschten Weise:

```
(SCHON_MARKIERT 6 MARKIERTEKNOTEN)
⇒ T
(SCHON_MARKIERT 4 MARKIERTEKNOTEN)
⇒ NIL
(SCHON_MARKIERT 1 MARKIERTEKNOTEN)
⇒ NIL
```

Die beiden durch die Funktionen `NAECHSTE_KANTE` und `SCHON_MARKIERT` beschriebenen Schritte werden in der Funktion `NEUE_KANTE` kombiniert, um in einem gegebenen Graphen `GRAPH` eine Kante zu suchen, die vom `STARTKNOTEN` ausgeht und noch nicht in einer `LISTE` eingetragen ist:

```
(DEFUN NEUE_KANTE (GRAPH STARTKNOTEN LISTE)                    (6.38)
 (COND ((NULL GRAPH) NIL)
       (T (LET ((RESTGRAPH (NAECHSTE_KANTE GRAPH STARTKNOTEN)))
               (COND ((SCHON_MARKIERT (CADAR RESTGRAPH) LISTE)
                      (NEUE_KANTE (CDR RESTGRAPH) STARTKNOTEN
                        LISTE))
                      (T RESTGRAPH) )))))
```

In der `LET`-Konstruktion wird an die lokale Variablen `RESTGRAPH` der Wert der Funktion `NAECHSTE_KANTE` gebunden. Entsprechend der Definition (6.36) ist dieser Wert gleich dem Restgraphen, dessen erste Kante vom `STARTKNOTEN` ausgeht. In der ersten `COND`-Klausel wird geprüft, ob der Endknoten `(CADAR RESTGRAPH)` dieser ersten Kante schon markiert ist. Ist dies der Fall, muss weitergesucht werden, was durch den Aufruf der Funktion `NEUE_KANTE` geschieht, wobei als der zu durchsuchende Graph der um die erste Kante verkürzte `RESTGRAPH` auftritt. Ist der Knoten nicht markiert, so ist entsprechend der zweiten `COND`-Klausel der Restgraph der Wert der Funktion `NEUE_KANTE`. Dies gilt auch, wenn durch die Funktion NAECHSTE_KANTE gar kein Restgraph gefunden und NIL ausgegeben wurde. Der Wert von NEUE_KANTE ist dann ebenfalls NIL.

Der Rekursionsabbruch von NEUE_KANTE ist erreicht, wenn der Graph, in dem nach einer Kante gesucht wird, auf die leere Liste geschrumpft ist.

Die folgenden Beispiele zeigen die Anwendung der Funktion (6.38). Im ersten Aufruf wird nach der ersten Kante gesucht, die vom Knoten 3 ausgeht, wobei noch keine Knoten markiert sind

```
(NEUE_KANTE BEISPIELGRAPH 3 NIL)
⇒ ((3 1) (1 4) (5 6) (4 2) (6 5) (6 3) (6 4))
```

Der Funktionswert ist der Restgraph, dessen erste Kante (3 1) die gesuchte Kante darstellt. Im zweiten Beispiel wird angenommen, dass die bereits früher angegebenen vier Knoten in MARKIERTEKNOTEN eingetragen sind. Dann zeigt der folgende Funktionsaufruf, dass es am Knoten 3 keine Kante zu einem nicht markierten Knoten gibt

```
MARKIERTEKNOTEN
⇒ (3 6 5 1)
(NEUE_KANTE BEISPIELGRAPH 3 MARKIERTEKNOTEN)
⇒ NIL
```

Das dritte Beispiel zeigt, dass die Kante von 6 nach 4 zu einem noch nicht markierten Knoten führt

```
(NEUE_KANTE BEISPIELGRAPH 6 MARKIERTEKNOTEN)
⇒ ((6 4))
```

Die doppelten Klammern entstehen, weil der Restgraph eine Liste darstellt, die in diesem Fall als einziges Element die Liste (6 4) enthält.

**Suchorganisation.** Unter Verwendung der Tiefe-zuerst-Suchsteuerung kann mit der Funktion NEUE_KANTE die Funktion SUCHSCHRITT definiert werden, die in Abb. 6.11 die gestrichelt umrandeten Operationen umfasst:

```
(DEFUN SUCHSCHRITT (GRAPH STARTKNOTEN TEILGRAPH                    (6.39)
                     BAUM MARKIERTEKNOTEN AKTIVEKNOTEN)
  (LET ((RESTGRAPH (NEUE_KANTE TEILGRAPH STARTKNOTEN
             MARKIERTEKNOTEN)))
    (COND ((NULL RESTGRAPH)
          (COND ((NULL AKTIVEKNOTEN BAUM
                (T (SUCHSCHRITT GRAPH
                                 (CAAAR AKTIVEKNOTEN)
                                 (CDAR AKTIVEKNOTEN)
                                 BAUM
                                 MARKIERTEKNOTEN
```

```
                          (CDR AKTIVEKNOTEN)))))
        (T (SUCHSCHRITT GRAPH
                          (CADAR RESTGRAPH)
                          GRAPH
                          (CONS (CAR RESTGRAPH) BAUM)
                          (CONS (DADAR RESTGRAPH) MARKIERTEKNOTEN)
                          (CONS RESTGRAPH AKTIVEKNOTEN)))))).
```

Entsprechend der Tiefe-zuerst-Suchsteuerung wird jeder durch `NEUE_KANTE` erreichte neue Knoten `(CADAR RESTGRAPH)` im nächsten Suchschritt als `STARTKNOTEN` verwendet und der noch nicht durchsuchte `RESTGRAPH` in die als Stack organisierte Liste `AKTIVEKNOTEN` eingetragen:

```
    (CONS RESTGRAPH AKTIVEKNOTEN)
```

Das Eintragen der für den Vorwärtsschritt verwendeten Kante in `BAUM` erfolgt durch `(CONS (CAR RESTGRAPH) BAUM)` (s. „Vorwärtsschritt" in (6.39)). Der Baum wird dabei wie der Graph als eine Liste von Kanten aufgebaut.

Wird vom aktuellen Startknoten aus keine neue Kante gefunden, so wird ein früher erreichter Knoten als aktueller Startknoten verwendet und der mit diesem Startknoten noch nicht betrachtete Restgraph durchsucht (Backtracking). Alle dafür notwendigen Informationen können aus der Liste `AKTIVEKNOTEN` entnommen werden. Der „obenauf liegende" Restgraph enthält als Anfangsknoten der ersten Kante denjenigen Knoten, von dem aus weitergesucht werden muss. Dieser Knoten wird durch `(CAAAR AKTIVEKNOTEN)` gebildet. Der weiter zu durchsuchende Restgraph ergibt sich aus dem ersten Element von `AKTIVEKNOTEN` unter Weglassen der ersten Kante, denn diese ist ja schon in `BAUM` eingetragen: `(CDAR AKTIVEKNOTEN)`. Die erste Zeile des Stacks wird gelöscht, indem `(CDR AKTIVEKNOTEN)` als neuer Stack im rekursiven Aufruf verwendet wird. Ist der Stack leer, so ist der Erreichbarkeitsbaum vollständig bestimmt.

Obwohl der Stack auf den gesamten Restgraphen verweist und nicht nur eine Kantennummer enthält, sind für den Stack nur so viele Doppelzellen notwendig, wie Restgraphen gespeichert sind. Der Stack besteht ja nur aus „Zeigern" auf diejenigen Elemente des Graphen, mit denen die gespeicherten Restgraphen beginnen (Abb. 6.12). Wird `AKTIVEKNOTEN` ausgedruckt, so werden die gesamten mit diesen Pfeilen beginnenden Listen ausgegeben, z. B.

```
  AKTIVEKNOTEN
  ⇒
  (((1 5)(3 1)(1 4)(5 6)(4 2)(6 5)(6 3)(6 4))   zweiter Restgraph
   ((3 1)(1 4)(5 6)(4 2)(6 5)(6 3)(6 4)) )      erster Restgraph.
```

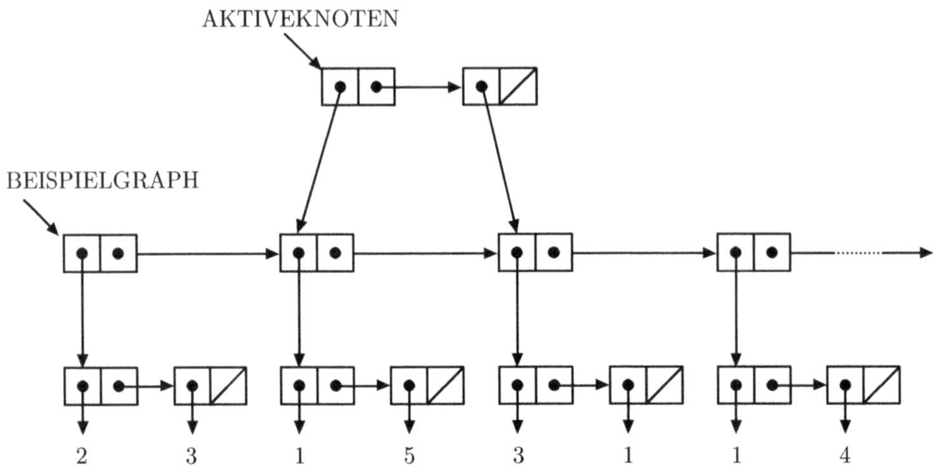


**Abb. 6.12:** Interne Repräsentation von `BEISPIELGRAPH` und `AKTIVEKNOTEN`

### 6.3.2 Zusammenfassung zur Funktion „Erreichbarkeitsbaum“

Die bisher definierten Funktionen beinhalten alle für die Suche notwendigen Teilschritte. Um den Aufruf von `SUCHSCHRITT` zu vereinfachen, wird die folgende Funktion definiert:

```
(DEFUN ERREICHBARKEITSBAUM (GRAPH WURZELKNOTEN)          (6.40)
    (SUCHSCHRITT GRAPH WURZELKNOTEN GRAPH NIL
        (LIST WURZELKNOTEN) NIL))
```

Auf das Beispiel angewendet heißt der Aufruf jetzt beispielsweise

```
(ERREICHBARKEITSBAUM BEISPIELGRAPH 1)          (6.41)
⇒ ((4 2) (6 4) (6 3) (5 6) (1 5))
```

Um die Suche und insbesondere die dabei auftretenden rekursiven Aufrufe vollständig zu verstehen, möge der Leser die Abarbeitung dieses Funktionsaufrufes nachvollziehen. Im ausgegebenen Funktionswert stehen die Kanten in umgekehrter Reihenfolge, in der sie bei der Tiefe-zuerst-Suche gefunden wurden.

Das vollständige Programm setzt sich damit aus den o. a. Funktionsdefinitionen zusammen (Programm 6.1). Der Programmaufruf erfolgt entsprechend (6.41). Als erstes Argument ist der vollständige Graph einzugeben. Im Beispiel wurde der Graph vorher an die Wertzelle von `BEISPIELGRAPH` gebunden, so dass im Programmaufruf selbst nur der Name des Atoms `BEISPIELGRAPH` steht.

**Programm 6.1** *Tiefe-zuerst-Suche des Erreichbarkeitsbaumes*

Das Programm besteht aus den Funktionsdefinitionen (6.36) bis (6.41)

```
(DEFUN ERREICHBARKEITSBAUM (GRAPH WURZELKNOTEN)
      (SUCHSCHRITT GRAPH WURZELKNOTEN GRAPH NIL ... )
(DEFUN SUCHSCHRITT (GRAPH STARTKNOTEN TEILGRAPH
                BAUM MARKIERTEKNOTEN AKTIVEKNOTEN)
      (LET ((RESTGRAPH (NEUE_KANTE TEILGRAPH STARTKNOTEN) ...
(DEFUN NEUE_KANTE (GRAPH STARTKNOTEN LISTE)
      (COND ((NULL GRAPH) NIL) ...
(DEFUN NAECHSTE_KANTE (GRAPH STARTKNOTEN)
      (COND ((NULL GRAPH) NIL) ...
(DEFUN SCHON_MARKIERT (KNOTEN BAUM)
      (COND ((MEMBER KNOTEN LISTE) T)))
```

Die Verschachtelung der Funktionen wird durch folgenden Aufrufbaum verdeutlicht:

```
                                                   ↗ NAECHSTE_KANTE
ERREICHBARKEITSBAUM → SUCHSCHRITT → NEUE_KANTE <
                                                   ↘ SCHON_MARKIERT
```

Das Programm ist zu verstehen, ohne dass man den Programmablauf im Einzelnen untersucht. Jede Funktion stellt für sich eine Einheit dar, die geschrieben, geprüft und in andere Funktionen eingebaut werden kann. Demgegenüber muss man sich bei prozedural geschriebenen C-, PASCAL- oder JAVA-Programmen immer den Ablauf des Programms und die dabei erzeugten Variableninhalte vor Augen halten, wenn man derartige Programme testen und korrigieren will.

**Aufgabe 6.1** *Analyse des Programms 6.1*

Verfolgen Sie die Programmabarbeitung des Suchalgorithmus in folgenden Schritten:

1. Starten Sie den LISP-Interpreter.
2. Laden Sie das Programm 6.1
3. Schalten Sie die Trace-Funktion für die Funktion `SUCHSCHRITT` ein. Bei der Programmabarbeitung erscheint nun bei jedem Aufruf der Funktion `SUCHSCHRITT` eine Ausschrift, auf der zu erkennen ist, mit welcher Argumentbindung die Funktion aufgerufen wird.
4. Verfolgen Sie die Programmabarbeitung nach dem Aufruf

   ```
   (ERREICHBARKEITSBAUM BEISPIELGRAPH 1)
   ```

5. Schalten Sie den Trace-Vorgang aus und für eine andere Funktion, z. B. `SCHON_MARKIERT`, ein und kontrollieren Sie die Abarbeitung dieser Funktion. □

**Aufgabe 6.2** *Anwendung des Programms 6.1*

Abbildung 5.4 zeigt ein kausales Netzwerk, das die Ausbreitung von Fehlern im Behältersystem in Abb. 2.1 beschreibt. Dieses Netzwerk stellt einen gerichteten Graphen dar.

1. Führen Sie Bezeichnungen für die Knoten ein, die Sie als literale Atome in LISP verwenden können, z. B. `STROMAUSFALL`, `BEHAELTER_1_LEER`, `ALARM_1_L` und tragen Sie den Graphen als Liste in die Wertzelle von `KAUSALES_NETZWERK` ein.
2. Bestimmen Sie unter Verwendung der Funktion `ERREICHBARKEITSBAUM`, welche Atome nach dem Eintritt des Fehlers „Stromausfall" bzw. „Stellventil 1 klemmt (geschlossen)" auftreten.
3. Schreiben Sie eine LISP-Funktion, die aus dem Wert der Funktion `ERREICHBARKEITSBAUM` die Alarmmeldungen aussortiert und ausgibt.
   Hinweis: Stellen Sie die Liste der möglichen Alarmmeldungen auf und untersuchen Sie mit einer neu zu schreibenden Funktion, welche Alarmmeldungen in dem Erreichbarkeitsbaum auftreten. Fassen Sie diese Alarmmeldungen zu einer Liste zusammen, die den Wert der neuen Funktion bildet. □

**Aufgabe 6.3** *Suche in ungerichteten Graphen*

Erweitern Sie das Programm 6.1 so, dass es für die Suche des Erreichbarkeitsbaumes in ungerichteten Graphen verwendet werden kann. □

**Aufgabe 6.4** *Breite-zuerst-Suche*

Verändern Sie das Programm 6.1 so, dass es eine Breite-zuerst-Suche ausführt, und testen Sie das veränderte Programm am Graphen aus Abb. 3.1. □

**Aufgabe 6.5** *Vorwärtsverkettung von Regeln*

Schreiben Sie ein LISP-Programm zur Vorwärtsverkettung von Regeln und testen Sie am Beispiel des Wasserversorgungssystems die Funktionsfähigkeit des Programms (für die Regeln siehe (2.3) – (2.10) auf S. 33). □

**Aufgabe 6.6** *Handlungsplanung für einen Containerbahnhof*

Wie in Aufgabe 4.1 wird das Stapeln von Containern auf einem Containerbahnhof betrachtet. Von einem Portalkran kann stets nur ein Container bewegt werden. Obenauf liegende Container können gegriffen und auf anderen Containern oder freien Plätzen des Lagers abgelegt werden. Schreiben Sie ein LISP-Programm, mit dem Sie die Arbeitsfolgen des Portalkrans planen bzw. simulieren können.

1. Definieren Sie eine Datenstruktur, in der Sie die auf dem Lagerplatz liegenden Container als strukturierte Liste beschreiben können.
2. Definieren Sie Funktionen, mit denen Sie
   - prüfen können, ob ein Container `X` obenauf liegt,

- bestimmen können, welche Container obenauf liegen,
- feststellen können, ob ein Container `X` auf einem Container `Y` liegt,
- bestimmen können, welche Plätze für Container noch frei sind,
- die Bewegung eines freien Containers von seinem bisherigen Platz zu einem anderen Platz darstellen können.

3. Erweitern Sie das Programm so, dass Sie neu eintreffende Container nach geeignet gewählten Kriterien auf dem Containerbahnhof lagern bzw. bestimmte Container vom Lagerplatz abholen können, wobei Sie gegebenenfalls vorher andere Container umlagern, um die abzuholenden Container frei zu bekommen. □

## 6.4 Merkmale der Programmiersprache LISP

Abschließend sollen die Merkmale von LISP zusammengestellt werden, die im Vergleich zu den in der Technik häufig angewendeten algorithmischen Sprachen wichtig sind. Sie zeichnen LISP als Sprache für symbolische Informationsverarbeitungsprobleme aus und treffen auch auf andere Programmiersprachen der Künstlichen Intelligenz zu.

- Auf Grund der **dynamischen Speicherplatzverwaltung** ist es nicht notwendig, durch Deklarationen Speicherplatz für Variablen zu reservieren. Dies ist besonders günstig für Probleme der symbolischen Informationsverarbeitung, in denen, wie z. B. bei der Suche in Graphen, nicht abgeschätzt werden kann, wie lang Listen oder Felder werden können. Durch die dynamische Speicherplatzverwaltung wird Listen wie `AKTIVEKNOTEN` oder `BAUM` der jeweils notwendige Platz zugewiesen und nicht mehr benötigte Speicherzellen werden für andere Listen freigegeben.
- Die Datenstrukturen werden nicht deklariert. Der LISP-Interpreter kontrolliert die Datentypen während der Abarbeitung des Programms. Dadurch wird das Programm kürzer und die Programmentwicklung schneller. Die Datentypen sind im Programm durch entsprechende Prädikate prüfbar.
- LISP hat eine **einheitliche Syntax** für Daten und Programme. Beides wird als Listen notiert. Funktionen können deshalb als Daten aufgefasst werden. Das hat zur Folge, dass Funktionen während der Arbeit des Programms als „Daten“ gebildet und zur Laufzeit des Programms selbst aktiviert werden können. LISP-Programme können sich deshalb selbst verändern. Dies ist eine Voraussetzung für die Realisierung wichtiger Merkmale der Künstlichen Intelligenz.
- LISP stellt eine **interaktive Programmierumgebung** zur Verfügung. Einzelne Funktionen können eingegeben, getestet und verändert werden. Im Gegensatz dazu muss bei den meisten anderen Programmiersprachen zunächst das vollständige Programm geschrieben und später verändert werden.

**Syntaktische Gleichheit von Daten und Programmteilen.** Die syntaktische Gleichheit von Daten und Programmteilen soll an dem folgenden einfachen Beispiel demonstriert werden, weil sie zu den hervorragenden Merkmalen vieler KI-Sprachen gehört. Das betrachtete Problem gehört zu dem Beispiel „Wasserversorgungssystem". Die Regel (2.3) kann in LISP in der Form

```
(IF (EQUAL WASSERSTAND 'NIEDRIG) (SETQ WASSERDRUCK 'NIEDRIG))
```

geschrieben werden, wobei die LISP-Standardfunktion `IF` verwendet wird. Diese Funktion hat die allgemeine Form

```
(IF <Test> <THEN-Teil> <ELSE-Teil>)                    (6.42)
```

deren Bedeutung als IF-THEN-ELSE-Konstruktion offensichtlich ist. Durch

```
(SETQ REGEL_1 '(IF (EQUAL WASSERSTAND 'NIEDRIG)          (6.43)
                   (SETQ WASSERDRUCK 'NIEDRIG) ))
```

wird die Regel an das Atom `REGEL_1` gebunden. Die formale Gleichheit von Programmen und Daten kann nun ausgenutzt werden, um einerseits aus `REGEL_1` abzulesen, welche Variablen im IF-Teil der Regel steht, und andererseits die Regel selbst zur Anwendung zu bringen.

Um zu erkennen, welche Variablen belegt sein muss, um die Regel anwenden zu können, kann man durch

```
(CADADR REGEL_1)
⇒ WASSERSTAND
```

erkennen, dass die Variable `WASSERSTAND` in den WENN-Teil eingeht. In ähnlicher Weise kann ermittelt werden, dass sich der DANN-Teil auf `WASSERDRUCK` bezieht:

```
(CADR (CADDR REGEL_1))
⇒ WASSERDRUCK
```

Die Regel wird in diesen beiden Fällen als Daten der entsprechenden LISP-Ausdrücke behandelt.

Andererseits kann die `REGEL_1` selbst zur Anwendung gebracht werden. Nach der Bindung von `NIEDRIG` an `WASSERSTAND`

```
(SETQ WASSERSTAND 'NIEDRIG)
⇒ NIEDRIG
```

folgt entsprechend der Regel (6.43) der qualitative Wert „niedrig" für den Wasserdruck. Da die Regel in die Wertzelle des Atoms `REGEL_1` geschrieben wurde, erfolgt ihre Aktivierung durch die Funktion `EVAL`, die das an die Wertzelle gebundene Objekt als Ausdruck interpretiert und auswertet. Während der Aufruf des Atoms nur die Ausgabe der Regel bewirkt

```
REGEL_1
⇒ (IF (EQUAL WASSERSTAND (QUOTE NIEDRIG))
   (SETQ WASSERDRUCK (QUOTE NIEDRIG)))
```

führt EVAL zur Auswertung der Regel

```
(EVAL REGEL_1)
⇒ NIEDRIG
```

und dem im DANN-Teil angegebenen Seiteneffekt

```
WASSERDRUCK
⇒ NIEDRIG
```

Hier wird die REGEL_1 offensichtlich als Programm verwendet, durch das dem Atom WASSERDRUCK der Wert NIEDRIG in die Wertzelle geschrieben wird.

## Literaturhinweise

Eine ausführliche Einführung in LISP findet der Leser in [130]. Fortgeschrittenen LISP-Programmierern seien die Einführungen in „gutes“ LISP-Programmieren und Zusammenstellungen von LISP-Programmen [16, 85] nachdrücklich empfohlen. *Common LISP* ist in [117] definiert. Die Erweiterung der LISP-Definition zum sogenannten *ANSI Common LISP*, in der vor allem objektorientierte Elemente berücksichtigt wurden, erfolgt in der zweiten Auflage dieses Werkes.

# 7 Aussagenlogik

*Dieses Kapitel gibt eine Einführung in die Grundlagen der mathematischen Logik und zeigt mit dem Resolutionskalkül der Aussagenlogik eine Beweismethode, die sich rechentechnisch einfach implementieren lässt. Als wichtiges Anwendungsgebiet wird die Verifikation von Steuerungen behandelt.*

## 7.1 Einführung in die logikbasierte Wissensverarbeitung

Ein wichtiges Merkmal menschlicher Intelligenz ist die Fähigkeit, neues Wissen aus bekannten Tatsachen durch logische Schlüsse abzuleiten. Logikbasierte Wissensverarbeitungssysteme sollen die dabei verwendeten Schlussweisen nachvollziehen. Sie werden auch als Inferenzsysteme im engeren Sinne bezeichnet.

Die Erweiterung der regelbasierten auf die logikbasierte Wissensverarbeitung ist notwendig, um allgemeingültige Aussagen darstellen und verarbeiten zu können. Die im Kap. 4 behandelten Regeln konnten nur auf konkrete Objekte, z. B. die Widerstände $R_1$ und $R_2$, angewendet werden. Es war zwar möglich, die Regeln für die Zusammenfassung einer Reihen- oder Parallelschaltung für beliebige Widerstände $X$ und $Y$ zu formulieren. Für die Anwendung der Regeln mussten $X$ und $Y$ aber mit Widerstandsnamen belegt sein. Demgegenüber erlaubt es die logikbasierte Wissensverarbeitung, Variablen für Objekte einzuführen und die mit diesen Variablen formulierten allgemeingültigen Aussagen zu verarbeiten.

Die folgenden Beispiele verdeutlichen die Notwendigkeit derartiger Variabler:

- Es soll etwas über eine Eigenschaft ausgesagt werden, ohne die Dinge, die diese Eigenschaft besitzen, genau zu benennen: Wenn beliebige Widerstände $X$ und $Y$ sowie $Y$ und

$Z$ in Reihe liegen, so bilden diese Widerstände $X$, $Y$ und $Z$ eine aus drei Widerständen bestehende Reihenschaltung.

- Es soll etwas über die Eigenschaften von Dingen ausgesagt werden, von denen bekannt ist, dass sie eine andere Eigenschaft besitzen: Wenn $X$ ein linearer Widerstand ist, $Y$ der durch ihn fließende Strom und $Z$ die über ihm abfallende Spannung, so sind $Y$ und $Z$ proportional (Ohmsches Gesetz).
- Es soll ausgesagt werden, dass eine von mehreren möglichen Eigenschaften zutrifft: In einer Reihen-Parallelschaltung von Widerständen liegen zwei Widerstände $X$ und $Y$ entweder in Reihe, sind parallel geschaltet oder können nicht zusammengefasst werden.
- Es soll ausgesagt werden, dass eine Aussage nicht zutrifft: In einer Reihen-Parallelschaltung gibt es keinen Widerstand $X$, dessen Anschlüsse beide am selben Knoten angeschlossen sind.

Die Grundlagen der logikbasierten Wissensverarbeitung werden in diesem und dem nachfolgenden Kapitel erläutert. Dieses Kapitel gibt eine Einführung in die Aussagenlogik und beschreibt mit der Resolutionsregel den grundlegenden Verarbeitungsschritt logischer Ausdrücke. Dabei werden noch keine Variablen eingeführt. Dies geschieht im Kapitel 8, in dem die hier erläuterten Beweismethoden auf prädikatenlogische Ausdrücke mit Variablen erweitert werden.

## 7.2 Grundlagen der Aussagenlogik

### 7.2.1 Aussagen und logische Ausdrücke

Die Aussagenlogik untersucht den Wahrheitswert zusammengesetzter Aussagen in Abhängigkeit von den Wahrheitswerten der Einzelaussagen. Unter einer *Aussage* wird ein Satz verstanden, der eine Behauptung über Objekte und deren Beziehungen ausdrückt und der den Wahrheitswert „wahr“ oder „falsch“ haben kann.

**Beispiel 7.1** *Beschreibung eines Parkplatzes*

Als begleitendes Beispiel für die Einführung in die Aussagenlogik soll der in Abb. 7.1 gezeigte Parkplatz betrachtet werden. Unabhängig von der Fahrzeugbelegung können folgende Aussagen gemacht werden:

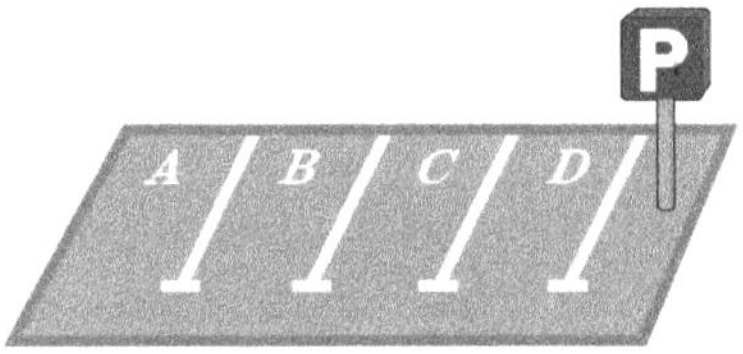


**Abb. 7.1:** Parkplatz mit vier Stellplätzen

$$a = \text{„Der Stellplatz A ist frei.“} \quad (7.1)$$
$$b = \text{„Der Stellplatz B ist frei.“} \quad (7.2)$$
$$c = \text{„Der Stellplatz C ist frei.“} \quad (7.3)$$
$$d = \text{„Der Stellplatz D ist frei.“} \quad (7.4)$$
$$z = \text{„Es sind zwei Stellplätze frei.“} \quad (7.5)$$
$$o = \text{„Der Parkplatz ist vollständig besetzt.“} \quad (7.6)$$

Für die in der Abbildung gezeigte Situation sind offenbar die ersten fünf Aussagen wahr und die letzte Aussage falsch. Auf den Wahrheitswert kommt es aber zunächst gar nicht an. Wichtig ist, dass die auf der rechten Seite stehenden Beschreibungen einen Sachverhalt darstellen, der durch die auf der linken Seite angegebenen Symbole repräsentiert wird. Jede Zeile stellte eine Aussage dar, denn die durch den entsprechenden Satz ausgedrückte Behauptung kann den Wahrheitswert „wahr“ oder „falsch“ haben. □

Aussagen bilden die Atome, also die nicht weiter zerlegbaren Bestandteile logischer Ausdrücke. Man bezeichnet sie auch als Primformeln.

Es wird sich im Weiteren schnell zeigen, dass es bei der logischen Verarbeitung nicht auf den Inhalt der Aussagen ankommt, sondern nur auf deren Wahrheitswert. An Stelle der in den Beispielen rechts stehenden Sätze werden im Folgenden deshalb nur die auf der linken Seite stehenden *Aussagesymbole* betrachtet, die die rechts stehenden Aussagen repräsentieren. Die Verwendung dieser Symbole zeigt sehr deutlich, dass man bei der logischen Verarbeitung vollkommen vom Inhalt der Aussagen abstrahiert.

Die Menge aller bei einem bestimmten Problem verwendeten Aussagesymbole wird mit $\Sigma$ bezeichnet. Ihre Elemente werden typischerweise durch kleine Buchstaben dargestellt. Da man das Verarbeitungsergebnis aber natürlich wieder in der realen Welt interpretieren will, kann man an Stelle der hier verwendeten Buchstaben für die Aussagesymbole auch Buchstabenfolgen einführen, mit Hilfe deren man sich an die Bedeutung der Aussage erinnert, z. B.

$$Afrei = \text{„Der Stellplatz A ist frei.“}$$
$$PlatzVoll = \text{„Der Parkplatz ist vollständig besetzt.“}$$

**Wahrheitswert.** Nach dem Prinzip der Zweiwertigkeit wird jeder Aussage genau einer der beiden Wahrheitswerte „wahr“ (true, T, 1) oder „falsch“ (false, F, 0) zugeordnet. Es gibt also keine Aussage, die gleichzeitig wahr und falsch ist (Prinzip vom ausgeschlossenen Widerspruch), noch gibt es Aussagen, die keinen dieser beiden Wahrheitswerte haben (Prinzip vom ausgeschlossenen Dritten):

> Eine Aussage ist ein Satz, der wahr oder falsch ist.

Dies bedeutet jedoch nicht, dass man den Wahrheitswert jeder Aussage kennt. Im Gegenteil, die Logik beschäftigt sich hauptsächlich mit der Frage, wie man anfänglich unbekannte Wahrheitswerte von Aussagen und von den mit diesen Aussagen gebildeten logischen Ausdrücken ermitteln kann.

Die Zuordnung des Wahrheitswertes zu Aussagen heißt *Belegung*, Bewertung oder Interpretation. Sie wird durch eine Funktion

$$B : \Sigma \to \{\mathrm{T}, \mathrm{F}\}$$

ausgedrückt, die jedem Aussagesymbol den Wahrheitswert T oder F zuordnet. So heißt

$$B(a) = \mathrm{T}, \qquad B(z) = \mathrm{F},$$

dass die Aussage $a$ wahr und die Aussage $z$ falsch ist.

**Logische Ausdrücke.** Aussagesymbole werden durch die Junktoren (Verknüpfungsoperatoren)

$\wedge$ UND (konjunktive Verknüpfung, Konjunktion)
$\vee$ ODER (disjunktive Verknüpfung, Disjunktion)
$\neg$ NICHT (Negation)

verknüpft. $\neg A$ wird als das Komplement von $A$ bezeichnet[1] . Als Abkürzung bestimmter durch $\wedge$, $\vee$ und $\neg$ konstruierbarer Aussageverbindungen werden weitere Junktoren eingeführt, von denen die folgenden häufig verwendet werden:

$\Rightarrow$ IMPLIZIERT (Implikation)
$\Leftrightarrow$ IST ÄQUIVALENT ZU (Äquivalenz).

**Definition 7.1 (Logischer Ausdruck)**
*Unter einem logischen Ausdruck wird eine Verknüpfung von Aussagen verstanden, die nach folgenden Regeln entstanden ist:*

- *Ist $p \in \Sigma$ ein Aussagesymbol, dann ist $p$ ein logischer Ausdruck.*
- *Ist $p$ ein logischer Ausdruck, so ist $(\neg p)$ ein logischer Ausdruck.*
- *Sind $p$ und $q$ logische Ausdrücke, so sind $(p \vee q)$, $(p \wedge q)$, $(p \Rightarrow q)$ und $(p \Leftrightarrow q)$ logische Ausdrücke.*

Außer dem Begriff „logischer Ausdruck“ sind auch die Bezeichnungen Formel, wohlgeformte Formel (*well-formed formula (wff)*) oder Satz gebräuchlich.

Um Klammern in logischen Ausdrücken zu vermeiden, wird vereinbart, dass die Prioritäten der Operationen beginnend mit der höchsten Priorität wie folgt geordnet sind: $\neg$, $\wedge$, $\vee$, $\Rightarrow$, $\Leftrightarrow$. Das heißt, die Ausdrücke

$$((\neg(a \wedge b)) \Rightarrow (c \wedge d)) \quad \text{und} \quad ((((a \wedge b) \vee c) \vee (\neg d)) \Leftrightarrow e)$$

besagen dasselbe wie

$$\neg(a \wedge b) \Rightarrow c \wedge d \quad \text{und} \quad a \wedge b \vee c \vee \neg d \Leftrightarrow e.$$

[1] Die in Großbuchstaben gesetzten Werte zeigen, wie die Junktoren ausgesprochen werden.

**Beispiel 7.1 (Forts.)** *Beschreibung eines Parkplatzes*

Aus den in Gln. (7.1) – (7.6) eingeführten Aussagesymbolen können z. B. folgende logische Ausdrücke gebildet werden:

$a \wedge c \Rightarrow z$ Die Aussagen „Der Stellplatz A ist frei." UND „Der Stellplatz C ist frei." IMPLIZIEREN die Aussage „Es sind zwei Stellplätze frei.".

$\neg(a \wedge b \wedge c \wedge d) \Rightarrow o$ Die Verneinung der Konjunktion „Der Stellplatz A ist frei." UND „Der Stellplatz B ist frei." UND „Der Stellplatz C ist frei." UND „Der Stellplatz D ist frei" IMPLIZIERT die Aussage „Der Parkplatz ist vollständig besetzt.".

$\neg a \wedge \neg b \Rightarrow z$ Die Verneinung der Aussage „Der Stellplatz A ist frei." UND die Verneinung der Aussage „Der Stellplatz B ist frei." IMPLIZIEREN die Aussage „Es sind zwei Stellplätze frei.".

Durch die drei o. a. Regeln ist nur vorgeschrieben, *wie* Ausdrücke gebildet werden können. Unberührt bleibt die Frage, ob die erhaltenen Ausdrücke inhaltlich wahr oder falsch sind. Für den Parkplatz geht aus der angegebenen Bedeutung der Formeln hervor, dass die ersten beiden Ausdrücke wahr sind, während der dritte Ausdruck falsch ist. □

**Bedeutung der Junktoren.** Die Wirkung der Junktoren auf den Wahrheitswert der Ausdrücke ist durch die folgende Wahrheitstafel definiert. In ihr stehen $p$ und $q$ für aussagenlogische Ausdrücke. Die Wahrheitstafel gibt an, in welcher Weise der Wahrheitswert eines Ausdrucks von den Wahrheitswerten seiner Elemente $p$ und $q$ abhängt. Dabei wird das Symbol $B$ über die bisherige Bedeutung hinaus auch zur Kennzeichnung des Wahrheitswertes von Ausdrücken verwendet:

| $B(p)$ | $B(q)$ | $B(p \wedge q)$ | $B(p \vee q)$ | $B(\neg p)$ | $B(p \Rightarrow q)$ | $B(p \Leftrightarrow q)$ |
|---|---|---|---|---|---|---|
| T | T | T | T | F | T | T |
| T | F | F | T | F | F | F |
| F | T | F | T | T | T | F |
| F | F | F | F | T | T | T |

(7.7)

Die Tabelle zeigt, dass der Wahrheitswert eines Ausdrucks von den Wahrheitswerten der verknüpften Elemente abhängig ist und wie er bei Kenntnis von deren Wahrheitswerten gebildet werden kann. Man beachte, dass der Wahrheitswert der Implikation ($p \Rightarrow q$) – im Gegensatz zum umgangssprachlichen Gebrauch des Wortes „bewirkt" – auf T festgelegt ist, wenn $p$ falsch und $q$ wahr ist. Wie das folgende Beispiel zeigt, ist diese Definition sinnvoll.

**Beispiel 7.1 (Forts.)** *Beschreibung eines Parkplatzes*

Bei der Beschreibung des Parkplatzes gilt die Implikation

$$(a \wedge b) \Rightarrow z,$$

die besagt, dass zwei Stellplätze frei sind, wenn die Stellplätze A und B frei sind. Das heißt, es gilt

$$B((a \wedge b) \Rightarrow z) = \mathrm{T},$$

so dass für diese Implikation eine Situation entsprechend der ersten, dritten und vierten Zeile der Wahrheitstafel auftreten kann. Die erste Zeile mit $p = a \wedge b$ und $q = z$ entspricht der Situation, an die man als erstes denkt: Die Aussagen $a$ und $b$ sind gemeinsam wahr, also die Stellplätze A und B frei, und dann ist auch die Aussage $z$ wahr, denn es sind unter dieser Voraussetzung zwei Stellplätze frei. Die dritte und vierte Zeile betreffen die Situation, dass der Ausdruck $a \wedge b$ nicht wahr ist, also die Stellplätze A und B nicht gemeinsam frei sind. Dann kann die Aussage $z$ sowohl wahr als auch falsch sein, ohne dass die Implikation den Wahrheitswert T verliert. Dies ist inhaltlich richtig, denn ob zwei Stellplätze frei sind oder nicht, hängt nicht nur von der Belegung der Stellplätze A und B des Parkplatzes ab. Wenn die Stellplätze C und D belegt sind, gilt $B(z) =$ F, andernfalls $B(z) =$ T. Die Gültigkeit der Implikation lässt beide Möglichkeiten offen.

Das Beispiel zeigt auch, wie man vorgehen muss, wenn der Parkplatz nur die beiden Stellplätze A und B besitzt und folglich die Situation der dritten Zeile der Wahrheitstafel gar nicht auftreten kann. Dann muss man bei einer genauen Beschreibung der Parkplatznutzung nicht aufschreiben, dass die zwei freien Plätze A und B bewirken, dass zwei Stellplätze frei sind, sondern dass *genau dann* zwei Stellplätze frei sind, wenn die Plätze A und B nicht belegt sind. Dies wird durch die Äquivalenz

$$(a \wedge b) \Leftrightarrow z$$

ausgedrückt, deren Gültigkeit nur die erste und vierte Zeile der Wahrheitstafel zulässt. □

Die Wahrheitstafel zeigt außerdem, dass die Junktoren $\wedge$ und $\vee$ kommutativ, assoziativ und idempotent sind. Das heißt, es gilt beispielsweise

$$a \wedge b = b \wedge a \qquad \text{Kommutativität}$$
$$a \vee (b \vee c) = (a \vee b) \vee c \qquad \text{Assoziativität}$$
$$a \wedge a = a \qquad \text{Idempotenz.}$$

Innerhalb von Konjunktionen und Disjunktionen kommt es also nicht auf die Reihenfolge der Aussagesymbole an und mehrfach auftretende Symbole können entfernt werden.

In der Literatur werden in der obersten Zeile der Wahrheitstafel häufig die Aussagesymbole ohne dem „$B$“ für Belegung angeführt. Es soll hier jedoch stets darauf hingewiesen werden, dass in der Tabelle nicht der Inhalt der Aussagesymbole, sondern deren Wahrheitswert steht. Bei der booleschen Algebra ist dies anders. Dort stehen die Symbole für binäre Variablen, deren Wert in der Wahrheitstafel aufgeführt ist. Dort gibt die Tabelle tatsächlich Gleichungen an wie beispielsweise $p =$ T, während der entsprechende Eintrag hier als $B(p) =$ T zu lesen ist. Was eine Gleichheit von aussagenlogischen Ausdrücken bedeutet, wird im Abschn. 7.2.3 behandelt.

Im Folgenden wird davon ausgegangen, dass alles, was über den betrachteten Gegenstandsbereich bekannt ist, in einer gültigen Formel $f$ aufgeschrieben wurde. Das heißt erstens, dass alle gleichzeitig geltenden Ausdrücke konjunktiv in einer einzigen Formel zusammengefasst sind. Zweitens heißt dies, dass die Ausdrücke so formuliert wurden, dass die Formel $f$ wahr ist ($B(f) =$ T), was man gegebenenfalls durch eine Negation falscher Ausdrücke erreichen kann.

### 7.2.2 Semantik logischer Ausdrücke

Die aussagenlogischen Ausdrücke wurden im vorangegangenen Abschnitt eingeführt, um Objekte der Realität und deren Beziehungen in einer klar definierten Form zu beschreiben. Dabei wurden die Bildungsregeln gültiger Ausdrücke behandelt (*Syntax* der Aussagenlogik), die zunächst nichts über den Wahrheitswert dieser Aussagen in Bezug zu einem betrachteten Gegenstandsbereich wiedergeben. Um Verarbeitungsregeln aufstellen zu können, nach denen logische Ausdrücke umgeformt und neue Ausdrücke gebildet werden können, muss als nächstes geklärt werden, welche Bedeutung (*Semantik*) die nach diesen Regeln gebildeten Ausdrücke haben.

Der Zusammenhang zwischen Syntax und Semantik logischer Ausdrücke wird durch die Interpretation der Aussagesymbole und deren Verknüpfungen als Beschreibung von Objekten und deren Beziehungen in der Realität vermittelt (Abb. 7.2). Im Beispiel 7.1 stehen die Symbole $a, b, \ldots, o$ für Atome und $\neg(a \wedge b \wedge c \wedge d) \Rightarrow o$ usw. für logische Ausdrücke, während die rechts davon stehenden Sätze die Interpretation dieser logischen Formeln als Beschreibung des Parkplatzes angeben. Diese Interpretation schlägt sich in der Zuordnung der Wahrheitswerte zu den Aussagesymbolen und den Ausdrücken nieder. Wenn der Stellplatz A frei ist, gilt $B(a) =$ T, andernfalls $B(a) =$ F usw.

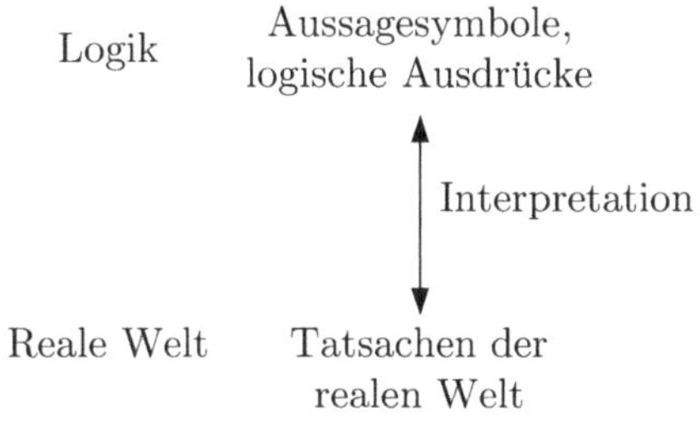


**Abb. 7.2:** Syntax und Semantik der Aussagenlogik

Wie Abb. 7.2 zeigt, stellt die Interpretation also einen Zusammenhang zwischen der realen Welt und der „Welt" der logischen Formeln her. Ohne die Interpretation kann man auf der Ebene der Logik beliebige Aussagesymbole und Ausdrücke nach den Regeln von Definition 7.1 einführen. Welche Aussagesymbole und Ausdrücke wahr bzw. falsch sind, kann erst entschieden werden, wenn man diese logischen Ausdrücke durch eine Interpretation mit der realen Welt verbindet und dabei erkennt, welche von ihnen Tatsachen repräsentieren und welche nicht.

Die Rolle der Interpretation wird im folgenden Beispiel dadurch gezeigt, dass den logischen Ausdrücken aus dem Parkplatzbeispiel eine andere Bedeutung und damit eine andere „reale Welt" zugewiesen wird.

**Beispiel 7.2** *Beschreibung einer 2-aus-3-Sicherheitsschaltung*

Logische Formeln ohne Interpretation repräsentieren kein Wissen. Erst wenn man jedem Aussagesymbol ein Objekt der realen Welt zuordnet, kann man entscheiden, ob dieses Aussagesymbol „wahr" oder „falsch" ist und welche logischen Ausdrücke gelten. Andererseits gibt es zu einer Menge logischer Ausdrücke, die man als „wahr" definiert, reale „Welten", die diesen Ausdrücken entsprechen.

Dieser Sachverhalt wird jetzt dadurch veranschaulicht, dass für die im Beispiel 7.1 eingeführten Aussagesymbole eine andere Interpretation eingeführt wird, durch die sie nicht mehr Aussagen über die Belegung eines Parkplatzes, sonderen Aussagen über eine 2-aus-3-Logik repräsentieren. Damit wird zu denselben gültigen Ausdrücken eine andere reale Welt definiert.

Bei sicherheitsrelevanten Schaltungen verwendet man eine 2-aus-3-Logik, um Fehler zuverlässig zu erkennen. Diese Logik hat die drei Eingangssignale $s_1$, $s_2$ und $s_3$, die unabhängig voneinander ermittelte Messwerte desselben Signals darstellen. Mindestens zwei dieser drei Signale müssen einen kritischen Wert überschreiten, damit die betrachtete Logikschaltung einen Fehler anzeigt.

Zur Beschreibung der Schaltung werden folgende Aussagesymbole eingeführt:

$a$ = „Der Wert des Signals $s_1$ liegt über dem kritischen Wert."
$b$ = „Der Wert des Signals $s_2$ liegt über dem kritischen Wert."
$c$ = „Der Wert des Signals $s_3$ liegt über dem kritischen Wert."
$z$ = „Die Sicherheitsschaltung signalisiert einen Fehler."

Damit haben die im Beispiel 7.1 eingeführten Ausdrücke hier die folgende Bedeutung:

$a \wedge c \Rightarrow z$ Die Aussagen „Der Wert des Signals $s_1$ liegt über dem kritischen Wert." UND „Der Wert des Signals $s_3$ liegt über dem kritischen Wert." IMPLIZIEREN die Aussage „Die Sicherheitsschaltung signalisiert einen Fehler.".

$\neg a \wedge \neg b \Rightarrow z$ Die Verneinung der Aussage „Der Wert des Signals $s_1$ liegt über dem kritischen Wert." UND die Verneinung der Aussage „Der Wert des Signals $s_2$ liegt über dem kritischen Wert." IMPLIZIEREN die Aussage „Die Sicherheitsschaltung signalisiert einen Fehler.".

Genauso wie beim Parkplatz hat der Ausdruck $a \wedge c \Rightarrow z$ den Wahrheitswert „wahr" und der Ausdruck $\neg a \wedge \neg b \Rightarrow z$ den Wahrheitswert „falsch". □

Dieses Beispiel zeigt zwei wichtige Eigenschaften der logischen Wissensrepräsentation. Erstens erhalten die Aussagen und Ausdrücke erst durch eine Interpretation einen Wahrheitswert. Ohne die Interpretation kann man nicht entscheiden, ob beispielsweise der Ausdruck $a \wedge c \Rightarrow z$ wahr oder falsch ist. Der Leser kann sich leicht Interpretationen überlegen, bei denen dieser Ausdruck – im Unterschied zu den beiden bisher behandelten Beispielen – falsch ist.

Zweitens zeigen dieses und das vorherige Beispiel gemeinsam, dass eine bestimmte Formelmenge in unterschiedlichen Diskursbereichen gelten können. Dann werden zwar dieselben logischen Formeln verwendet, aber das dargestellte Wissen betrifft vollkommen andere Tatsachen der realen Welt.

**Modelle logischer Ausdrücke.** Um den Begriff der Semantik noch genauer zu definieren, wird im Folgenden der Begriff „Modell" eines logischen Ausdrucks $f$ eingeführt. Es wird eine Formel $f$ betrachtet, in der die Aussagesymbole der Menge $\Sigma$ vorkommen, wobei nicht notwendigerweise alle Aussagesymbole tatsächlich in $f$ auftreten müssen. Gesucht wird nach einer Belegung $B : \Sigma \rightarrow \{\mathrm{T}, \mathrm{F}\}$, für die der Ausdruck $f$ wahr ist: $B(f) = \mathrm{T}$. Eine solche Belegung heißt Modell.

**Definition 7.2 (Modell)**
*Eine Belegung $B : \Sigma \to \{T, F\}$, für die der aus den Aussagesymbolen der Menge $\Sigma$ gebildete logische Ausdruck $f$ wahr ist, heißt Modell von $f$.*

Da hier wieder der Buchstabe $B$ sowohl zur Kennzeichnung der Belegung der Aussagesymbole als auch für die Belegung der Formel $f$ verwendet wird, sei besonders darauf hingewiesen, dass ein Modell die Belegung aller Aussagesymbole der Menge $\Sigma$ vorgibt und dass diese Vorgabe so erfolgen soll, dass damit die Formel $f$ „wahr" ist.

Ein Modell wird aufgeschrieben, indem man die Belegung aller Aussagesymbole notiert. So hat die mit den Aussagesymbolen aus $\Sigma = \{a, b\}$ gebildete Formel $a \vee b$ das Modell

$$M = (B(a) = \mathrm{T}, B(b) = \mathrm{T}).$$

Zu einem logischen Ausdruck $f$ gehören häufig mehrere Modelle, die man in der Menge $\mathcal{M}(f)$ zusammenfasst. Für die angegebene Formel heißt diese Menge

$$\mathcal{M}(a \vee b) = \{(B(a) = \mathrm{T}, B(b) = \mathrm{T}),\ (B(a) = \mathrm{T}, B(b) = \mathrm{F}),\ (B(a) = \mathrm{F}, B(b) = \mathrm{T})\}.$$

Jedes in dieser Menge enthaltene Tupel beschreibt ein Modell.

Im Zusammenhang mit dem Modellbegriff der Logik sind eine Reihe nicht einfach zu verstehender Sprechweisen geläufig. So sagt man, dass die durch $M$ dargestellte Belegung $B$ ein Modell der Formel $f$ ist, dass $M$ die Formel $f$ erfüllt, dass $B$ eine erfüllende Belegung von $f$ ist oder dass $f$ im Modell $M$ wahr ist. Allen Sprechweisen gemeinsam ist, dass das Modell die Wahrheitswerte für alle Aussagesymbole der verwendeten Menge $\Sigma$ vorschreibt. An Stelle des Begriffes „Modell" verwendet man auch die Bezeichnung „Welt": Man sucht eine Welt, in der die Formel $f$ gilt.

**Wahrheitstafelmethode zur Bestimmung von Modellen.** Die Aufgabe, zu einer Formel $f$ die Menge $\mathcal{M}(f)$ der Modelle zu bestimmen, kann man mit Hilfe der Wahrheitstafel lösen. Es wird sich zwar herausstellen, dass dies eine sehr aufwändige Methode ist, aber sie erklärt sehr anschaulich den Modellbegriff.

Die Methode ist sehr einfach: Man schreibt alle möglichen Belegungen der Aussagesymbole der betrachteten Menge $\Sigma$ auf und bestimmt für diese Belegungen den Wahrheitswert des Ausdrucks $f$. Streicht man dann alle Zeilen der Wahrheitstafel, in denen $f$ „falsch" ist, so bleiben diejenigen Belegungen der Aussagesymbole übrig, die die Modelle von $f$ sind.

**Algorithmus 7.1** *Bestimmung der Modelle mit Hilfe der Wahrheitstafel*

**Gegeben:** Menge $\Sigma$ der Aussagesymbole
Formel $f$

1. Bestimme alle Belegungen $B : \Sigma \to \{\mathrm{T}, \mathrm{F}\}$ und ordne sie in einer Wahrheitstafel an.
2. Bestimme für alle Belegungen den Wahrheitswert von $f$.
3. Streiche alle Zeilen der Wahrheitstafel, für die $B(f) = \mathrm{F}$ gilt.

**Ergebnis:** Jede verbliebene Zeile der Wahrheitstafel beschreibt ein Modell von $f$.

**Beispiel 7.3** *Bestimmung der Modelle für den Parkplatz*

Es wird jetzt die Menge $\Sigma = \{a, b, c, z\}$ der im Beispiel 7.1 definierten Aussagesymbole betrachtet und nach den Modellen der Formel

$$a \wedge b \wedge (b \wedge c \Rightarrow z)$$

gesucht. Dafür wird die folgende Wahrheitstafel aufgestellt:

| $B(a)$ | $B(b)$ | $B(c)$ | $B(z)$ | $B(a \wedge b)$ | $B(b \wedge c)$ | $B(b \wedge c \Rightarrow z)$ | $B(f)$ |
|---|---|---|---|---|---|---|---|
| T | T | T | T | T | T | T | T |
| T | T | T | F | T | T | F | F |
| T | T | F | T | T | F | T | T |
| T | T | F | F | T | F | T | T |
| T | F | T | T | F | F | T | F |
| T | F | T | F | F | F | T | F |
| T | F | F | T | F | F | T | F |
| T | F | F | F | F | F | T | F |
| F | T | T | T | F | T | T | F |
| F | T | T | F | F | T | F | F |
| F | T | F | T | F | F | T | F |
| F | T | F | F | F | F | T | F |
| F | F | T | T | F | F | T | F |
| F | F | T | F | F | F | T | F |
| F | F | F | T | F | F | T | F |
| F | F | F | F | F | F | T | F |

(7.8)

Auf der linken Seite der Tabelle stehen die $2^4 = 16$ möglichen Belegungen der Aussagesymbole $a$, $b$, $c$ und $z$. Auf der rechten Seite wird der Wahrheitswert der o. a. Formel $f$ schrittweise gebildet. Eine Belegung der Aussagesymbole ist genau dann ein Modell von $f$, wenn in der letzten Spalte der Wahrheitswert T steht, was in den drei hervorgehobenen Zeilen der Fall ist. Der betrachtete Ausdruck hat also drei Modelle, die die folgenden Modelle bilden:

$$\mathcal{M}(a \wedge b \wedge (b \wedge c \Rightarrow z)) = \{(B(a) = \mathrm{T}, B(b) = \mathrm{T}, B(c) = \mathrm{T}, B(z) = \mathrm{T}),$$

$$(B(a) = \mathrm{T}, B(b) = \mathrm{T}, B(c) = \mathrm{F}, B(z) = \mathrm{T}),$$
$$(B(a) = \mathrm{T}, B(b) = \mathrm{T}, B(c) = \mathrm{F}, B(z) = \mathrm{F})\}.$$

Mit der im Beispiel 7.1 für den Parkplatz eingeführten Interpretation beschreibt das erste Modell die erwartete „Welt“, in der die drei Stellplätze A, B und C frei sind und (deshalb) auch die Aussage gilt, dass zwei Stellplätze frei sind. Man sieht jedoch, dass man genauer „mindestens zwei Stellplätze sind frei“ sagen müsste, wenn man, wie in der betrachteten Formel angegeben, die Aussage $z$ aus $b$ und $c$ impliziert.

Das zweite Modell besagt, dass die Stellplätze A und B frei und der Stellplatz C belegt ist, aber dennoch die Aussage $z$ richtig ist. Dass dieses Modell gilt, ist eine Folge der Definition der Implikation, die zulässt, dass die linke Seite $b \wedge c$ der Implikation falsch ist, dennoch aber die rechte Seite $z$ wahr ist.

Das dritte Modell, bei dem ebenfalls die Stellplätze A und B frei sind, aber dennoch die Aussage $z$, dass zwei Stellplätze frei sind, den Wahrheitswert „falsch“ hat, zeigt, dass die angegebene Formel nicht alles das ausdrückt, was eigentlich ausgesagt werden soll. Man muss in der Formel genauer aufschreiben, wann die Aussage $z$ gilt, nämlich

$$b \wedge c \vee a \wedge b \vee a \wedge c \Rightarrow z$$

oder sogar

$$b \wedge c \vee a \wedge b \vee a \wedge c \Leftrightarrow z.$$

Ersetzt man die Implikation $b \wedge c \Rightarrow z$ in der Formel $f$ durch einen dieser Ausdrücke, dann entfällt das dritte Modell, was inhaltlich sinnvoll ist. Die Modelle von $f$ stimmen dann mit den „Welten“ überein, die die Formel $f$ darstellen soll.

**Diskussion.** Jedes Modell erklärt die Bedeutung der für den Parkplatz aufgeschriebenen Formeln. Erst durch die Ermittlung der Modelle wurde für das Beispiel offensichtlich, dass die Formeln mit der für den Parkplatz eingeführten Interpretation nicht genau das ausgesagt haben, was sie aussagen sollten und dementsprechend eine Erweiterung notwendig war.

Die Aussagesymbole wurden zwar so gewählt, dass man durch sie an ihre Bedeutung für den Parkplatz erinnert wird. Aber hier trügt der Schein. Es ändert sich überhaupt nichts an der Bedeutung (Modell) der Formel, wenn man sie mit vollkommen anderen Symbolen aufschreibt, beispielsweise so:

$$pp01 \wedge aQ16 \wedge (aQ16 \wedge Pique8 \Rightarrow August).$$

Das Modell bleibt dasselbe (mit veränderten Aussagesymbolen) und deshalb auch die Bedeutung der Formel. Die Logikverarbeitung hält sich niemals an die Namen der Aussagen. □

Der Algorithmus 7.1 hat die Komplexität $O(2^n)$, wobei $n$ die Anzahl der Aussagesymbole bezeichnet. Die exponentielle Komplexität entsteht aus dem exponentiellen Zusammenhang zwischen der Anzahl von unterschiedlichen Belegungen $B$ und der Anzahl $n$ von Aussagesymbolen.

Der Algorithmus verdeutlicht sehr gut, was Modelle logischer Ausdrücke aussagen, aber er ist auf Grund seiner Komplexität nur für Probleme mit sehr wenigen Aussagesymbolen einsetzbar. Allerdings kann man geschickter vorgehen, als die gesamte Wahrheitstafel aufzustellen. Im Beispiel 7.3 beschränkt der Ausdruck $a \wedge b$ aus dem linken Teil der betrachteten Formel die Wahrheitstafel auf die ersten vier Zeilen. Man kann die Wahrheitstafel deshalb im ersten Schritt bereits auf diesen kleinen Teil der angegebenen Tabelle verkürzen.

**Klassifikation logischer Ausdrücke.** Entsprechend der Anzahl der Modelle lassen sich logische Formeln in folgende Klassen einteilen (Abb. 7.3):

- Ein Ausdruck $f$ heißt *erfüllbar*, wenn er mindestens ein Modell besitzt ($\mathcal{M}(f) \neq \emptyset$).
- Ein Ausdruck heißt *falsifizierbar*, wenn es eine Belegung gibt, für die der Ausdruck falsch ist ($\mathcal{M}(\neg f) \neq \emptyset$).
- Ein Ausdruck heißt *allgemeingültig* oder wahr, wenn er bei allen Belegungen wahr ist ($\mathcal{M}(\neg f) = \emptyset$). Allgemeingültige Ausdrücke werden als *Tautologien* bezeichnet.
- Ein Ausdruck $f$ heißt *unerfüllbar* oder widersprüchlich, wenn er für keine Belegung wahr ist ($\mathcal{M}(f) = \emptyset$). Derartige Ausdrücke werden *Kontradiktion* oder Widerspruch genannt.

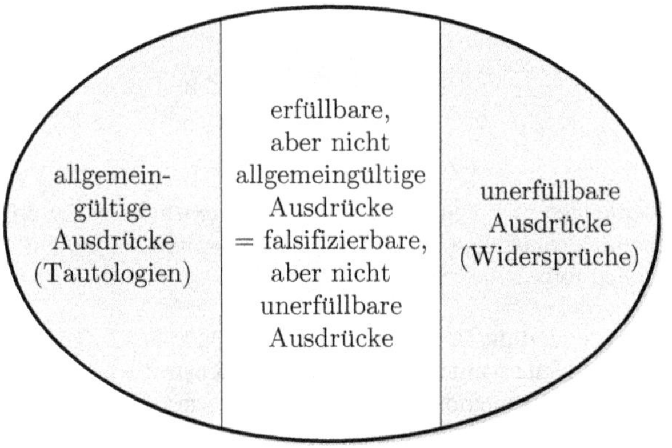


**Abb. 7.3:** Klassifikation logischer Ausdrücke

Dabei gilt:

> Der Ausdruck $f$ ist genau dann allgemeingültig, wenn $\neg f$ unerfüllbar ist.
> Der Ausdruck $f$ ist genau dann erfüllbar, wenn $\neg f$ falsifizierbar ist.

Die Menge aller aussagenlogischen Ausdrücke lässt sich entsprechend Abb. 7.3 in drei disjunkte Mengen einteilen, wobei die Menge der erfüllbaren, aber nicht allgemeingültigen Ausdrücke auch als die Menge der falsifizierbaren, aber nicht unerfüllbaren Ausdrücke bezeichnet werden kann. Alle erfüllbaren Ausdrücke gehören in die linken beiden Teilmengen der Abbildung, alle falsifizierbaren Ausdrücke in die rechten beiden Teilmengen.

Beispiele für eine Tautologie und einen Widerspruch sind $(p \vee \neg p)$ bzw. $(p \wedge \neg p)$, wie die folgende Wahrheitstafel zeigt:

| $B(p)$ | $B(p \vee \neg p)$ | $B(p \wedge \neg p)$ |
|---|---|---|
| T | T | F |
| F | T | F |

(7.9)

Tautologien und Kontradiktionen sagen nichts über den sich hinter den Aussagesymbolen verbergenden Gegenstandsbereich aus, denn sie sind für alle bzw. keine Belegung wahr. Die für die Wissensverarbeitung interessante Klasse logischer Ausdrücke ist die Menge der erfüllbaren, nicht allgemeingültigen Formeln, die aus der Menge aller Belegungen eine Teilmenge auswählen, für die sie wahr sind (mittlere Menge in Abb 7.3).

Die Einordnung eines logischen Ausdrucks $f$ in eine der drei Gruppen erfordert die Lösung des Erfüllbarkeitsproblems für $f$ und $\neg f$:

> **Erfüllbarkeitsproblem:** Für einen Ausdruck $f$ ist zu entscheiden, ob es eine Belegung $B$ gibt, für die $f$ wahr ist.

Dieses Problem kann mit der Wahrscheinlichkeitstafelmethode gelöst werden. Es gehört zur Klasse der NP-vollständigen Probleme.

**Aufgabe 7.1** *Klassifikation aussagenlogischer Ausdrücke*

Prüfen Sie, welche der folgenden Aussagen Tautologien sind:

1. $a \wedge (\neg a)$
2. $(a \wedge b) \Rightarrow (a \wedge (b \vee (\neg a)))$
3. $(a \Rightarrow (b \vee c)) \vee (c \Rightarrow (a \vee b))$.

Geben Sie für die folgenden Formeln an, ob sie allgemeingültig, erfüllbar, falsifizierbar oder unerfüllbar sind:

4. $p \Rightarrow p$
5. $p \wedge q \Rightarrow q$
6. $a \vee b \wedge \neg a$
7. $(\neg a \vee b \vee c) \wedge (a \vee \neg b \vee c) \wedge (a \vee b \vee \neg c)$. □

**Abb. 7.4:** Zwei Belegungen des Parkplatzes

**Aufgabe 7.2** *Parkplatzmodelle*

Geben Sie eine Formel $f$ an, deren Modellmenge $\mathcal{M}(f)$ genau zwei Modelle enthält. Die Interpretation der Modelle soll die beiden in Abb. 7.4 gezeigten „Belegungen" des Parkplatzes darstellen. □

**Aufgabe 7.3** *Darstellung von Wissen durch aussagenlogische Ausdrücke*

Schreiben Sie folgende Tatsachen als aussagenlogische Ausdrücke auf, wobei Sie die von Ihnen verwendeten Aussagesymbole genau definieren:

1. Die Ausgangsspannung eines XOR-Gliedes ergibt sich als XOR-Verknüpfung[2] der beiden Eingangsspannungen.
2. Wenn die Grafikkarte des Rechners fehlerhaft ist, ist die Bildschirmausgabe nicht lesbar.
3. Von den drei Fehlern „Das Ventil ist offen blockiert.“, „Das Ventil ist in der Mittelstellung blockiert.“ und „Das Ventil ist im geschlossenen Zustand blockiert.“ können niemals zwei gleichzeitig auftreten. □

### 7.2.3 Logische Gesetze

Es gibt logische Ausdrücke $f_1$, $f_2$, die für jede Belegung ihrer Aussagesymbole denselben Wahrheitswert besitzen. Man nennt diese Ausdrücke *logisch äquivalent* (oder semantisch äquivalent). Da sie aus Sicht der Aussagenlogik dasselbe ausdrücken, schreibt man zwischen ihnen ein Gleichheitszeichen:

$$f_1 = f_2.$$

Alternativ dazu ist auch die Darstellung

$$f_1 \equiv f_2$$

geläufig. Da beide Seiten der Gleichung für alle Belegungen der vorkommenden Aussagesymbole denselben Wahrheitswert und folglich auch dieselbe Modellmenge $\mathcal{M}(f_1) = \mathcal{M}(f_2)$ haben, kann man diesen Sachverhalt auch mit Hilfe des Äquivalenzoperators darstellen:

$$f_1 \Longleftrightarrow f_2.$$

Beispielsweise gelten folgende Gleichheiten:

$$p \Rightarrow q \;=\; q \vee \neg p \tag{7.10}$$

$$p \Leftrightarrow q \;=\; (q \vee \neg p) \wedge (p \vee \neg q). \tag{7.11}$$

Dass beide Seiten tatsächlich gleich sind, kann man sehr leicht mit Hilfe der Wahrheitstafel nachweisen:

| $B(p)$ | $B(q)$ | $B(p \Rightarrow q)$ | $B(q \vee \neg p)$ |
|---|---|---|---|
| T | T | T | T |
| T | F | F | F |
| F | T | T | T |
| F | F | T | T |

[2] Die XOR-Verknüpfung (exklusives Oder, „entweder oder“) hat genau dann den Wert 1, wenn eine ungerade Anzahl der binären Eingänge den Wert 1 hat.

Offensichtlich gilt $B(p \Rightarrow q) = B(q \vee \neg p)$ für alle Belegungen von $p$ und $q$. Dasselbe gilt für die zweite Gleichung.

**Umformung logischer Ausdrücke.** Der praktische Nutzen äquivalenter logischer Ausdrücke besteht darin, dass man sie als Rechenregeln zur Umformung logischer Ausdrücke verwenden kann. Man bezeichnet sie deshalb auch als *logische Gesetze*. Viele von ihnen sind Ingenieuren als Rechenregeln aus der booleschen Algebra bekannt.

Der Unterschied zwischen aussagenlogischen Gesetzen und den Rechenregeln der booleschen Algebra ist nur bei sehr genauem Hinsehen offensichtlich: Während in der Logik die Verknüpfung logischer Symbole verändert wird, ohne dabei den Wahrheitswert des Ausdrucks zu verändern, wird in der booleschen Algebra ein algebraischer Ausdruck mit binären Variablen umgeformt, ohne den Wert des Ausdrucks zu verändern.

Unabhängig von diesem feinen Unterschied gelten in beiden Gebieten die Gesetze von DE MORGAN[3]

$$\neg(p \wedge q) = \neg p \vee \neg q \tag{7.12}$$

$$\neg(p \vee q) = \neg p \wedge \neg q. \tag{7.13}$$

Für logische Umformungen sind auch die Beziehungen

$$p \wedge p = p \tag{7.14}$$

$$p \vee p = p \tag{7.15}$$

$$\neg(\neg p) = p\,, \tag{7.16}$$

die Assoziativgesetze

$$p_1 \wedge (p_2 \wedge p_3) = (p_1 \wedge p_2) \wedge p_3 \tag{7.17}$$

$$p_1 \vee (p_2 \vee p_3) = (p_1 \vee p_2) \vee p_3, \tag{7.18}$$

die Distributivgesetze

$$p_1 \wedge (p_2 \vee p_3) = (p_1 \wedge p_2) \vee (p_1 \wedge p_3) \tag{7.19}$$

$$p_1 \vee (p_2 \wedge p_3) = (p_1 \vee p_2) \wedge (p_1 \vee p_3) \tag{7.20}$$

sowie die „Kürzungsregeln“

$$(p_1 \wedge p_2) \vee (p_1 \wedge \neg p_2) = p_1 \tag{7.21}$$

$$(p_1 \vee p_2) \wedge (p_1 \vee \neg p_2) = p_1 \tag{7.22}$$

nützlich. Auf Grund der Assoziativgesetze können die Klammern um gleichartige Operationen weggelassen werden.

Im Folgenden werden mit „T“ und „F“ nicht nur die Wahrheitswerte, sondern auch Tautologien bzw. Widersprüche bezeichnet. Mit dieser Vereinbarung kann die Wahrheitstafel (7.9) in der Form

[3] AUGUSTUS DE MORGAN (1806 – 1871), britischer Mathematiker

$$p \vee \neg p = \mathrm{T} \tag{7.23}$$
$$p \wedge \neg p = \mathrm{F} \tag{7.24}$$

geschrieben werden. Es gelten ferner folgende Beziehungen

$$p \wedge \mathrm{F} = \mathrm{F} \tag{7.25}$$
$$p \vee \mathrm{T} = \mathrm{T}. \tag{7.26}$$

Es sei hier ausdrücklich darauf hingewiesen, dass man mit logischen Gesetzen nur die Form ändern kann, in der Wissen dargestellt wird, aber das Wissen nicht in dem Sinne verarbeitet, dass man aus bekanntem Wissen neues Wissen ableitet und damit Probleme löst. Für das Problemlösen ist der Aussagenkalkül notwendig, der im Abschn. 7.3 behandelt wird.

### 7.2.4 Logische Ausdrücke in Klauselform

Im Weiteren werden Ausdrücke von besonderer Bedeutung sein, die eine disjunktive Verknüpfung negierter oder unnegierter Aussagesymbole darstellen. Diese Ausdrücke heißen „Ausdrücke in Klauselform" oder kurz *Klauseln*. Beispiele sind

$$a_1 \vee a_3$$
$$p \vee q \vee \neg r.$$

Die Aussagesymbole mit oder ohne Negationszeichen nennt man *Literale* und bezeichnet sie typischerweise mit großen Buchstaben. Der Ausdruck

$$A \vee B$$

ist also eine Klausel mit zwei Literalen, wobei $A$ und $B$ durch negierte oder unnegierte Aussagesymbole ersetzt werden können. Die Ausdrücke

$$a \vee \neg q$$
$$\neg r \vee \neg s$$

haben diese Form.

Die im Abschn. 7.2.3 behandelten logischen Gesetze können verwendet werden, um jede Formel in eine Klausel oder eine konjunktive Verknüpfung mehrerer Klauseln zu überführen. Beispielsweise gilt

$$\begin{aligned}(p \vee \neg r) \Rightarrow q &= q \vee \neg(p \vee \neg r)\\ &= q \vee (\neg p \wedge r)\\ &= (q \vee \neg p) \wedge (q \vee r)\end{aligned}$$

(vgl. Gln. (7.10), (7.13), (7.16) und (7.20)). Die Formel $(p \vee \neg r) \Rightarrow q$ kann also als Konjunktion der Klauseln $q \vee \neg p$ und $q \vee r$ geschrieben werden.

Die Darstellung einer Formel als Konjunktion von Klauseln hat in der booleschen Algebra ihre Analogie in der Darstellung boolescher Ausdrücke in der konjunktiven Normalform. Von dort ist bekannt, dass jede Formel in diese Normalform überführt werden kann. Dies gilt auch für aussagenlogische Ausdrücke:

> Jeder logische Ausdruck lässt sich in eine äquivalente Konjunktion disjunktiv verknüpfter Literale (Klauseln) umformen.

Diese Tatsache wird später ausgenutzt, wenn man von allen logischen Ausdrücken fordert, dass sie in Klauselform aufgeschrieben sind. Der einheitlichen Darstellung der Ausdrücke als Vorteil für ihre Verarbeitung steht allerdings der Nachteil gegenüber, dass bei der Überführung logischer Ausdrücke in ihre konjunktive Normalform die Anzahl der Literale erheblich (exponentiell) anwachsen kann.

Die Umformung eines logischen Ausdrucks in eine konjunktive Verknüpfung von Klauseln geschieht mit dem folgenden Algorithmus:

---

**Algorithmus 7.2** *Überführung aussagenlogischer Ausdrücke in Klauselform*

**Gegeben:** Aussagenlogischer Ausdruck

1. Beseitige mit den Beziehungen (7.10) und (7.11) Implikationen und Äquivalenzen.
2. Forme mit den Gesetzen (7.12), (7.13) und (7.16) den Ausdruck so um, dass das Negationszeichen direkt vor den Aussagesymbolen steht.
3. Erzeuge unter Verwendung der Distributionsgesetze (7.19), (7.20) die konjunktive Normalform.

**Ergebnis:** Ausdruck, der aus konjunktiv verknüpften Klauseln besteht.

---

**Aufgabe 7.4** *Umformung von Ausdrücken in Klauselform*

Überführen Sie mit Hilfe von Algorithmus 7.2 folgende Formeln in eine oder mehrere konjunktiv verknüpfte Klauseln:

1. $a_1 \wedge a_3 \wedge b \Rightarrow d$
2. $a \wedge b \Rightarrow d \wedge e$
3. $(\neg a \vee b) \wedge c \Rightarrow d \wedge \neg e$
4. $a \wedge b \Longleftrightarrow c \vee d$
5. $p \wedge (q \Rightarrow r) \Rightarrow s.$ □

**Aufgabe 7.5** *Logische Umformung der „Parkplatzformel“*

Zeigen Sie, dass die im Beispiel 7.4 eingeführte Formel (7.30) mit Hilfe von logischen Gesetzen in die Form (7.35) überführt werden kann. □

## 7.3 Aussagenkalkül

### 7.3.1 Folgerungen

Dieser Abschnitt zeigt, wie aus Wissen, das durch einen aussagenlogischen Ausdruck dargestellt wird, neues Wissen durch Schlussfolgern gewonnen werden kann. Alle vorhergehenden Abschnitte dieses Kapitels dienten der Einführung der Sprache der Aussagenlogik, in der Sachverhalte repräsentiert werden. Jetzt wird gezeigt, wie dieses Wissen verarbeitet werden kann. Dabei entsteht der Aussagenkalkül, also eine Menge von Schlussfolgerungsregeln, mit denen aus gegebenen Ausdrücken andere Ausdrücke abgeleitet werden können.

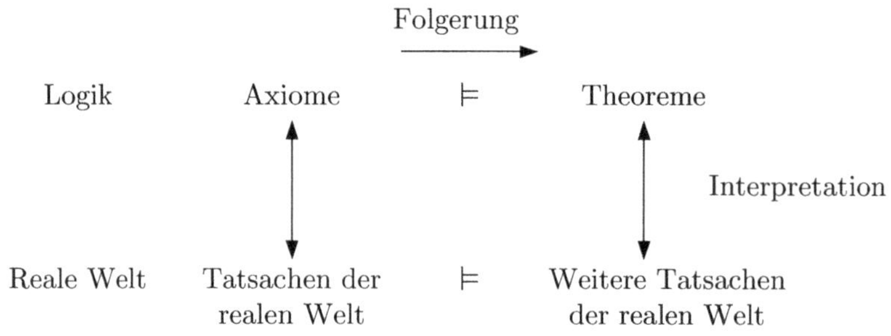


**Abb. 7.5:** Folgerungen

Die logische Wissensverarbeitung befasst sich mit der Frage, wie man vom linken Teil in Abb. 7.5 zum rechten Teil kommen kann. Es wird die Situation betrachtet, dass eine Menge von logischen Ausdrücken gegeben ist, von denen man auf Grund ihrer Interpretation weiß, dass sie wahr sind. Diese Ausdrücke heißen *Axiome*. Durch logische Folgerungen sollen daraus andere Ausdrücke entstehen, von denen man auf Grund der Gültigkeit der Axiome weiß, dass sie wahr sind. Dieser Schritt ist in Abb. 7.5 durch das Zeichen $\models$ gekennzeichnet. Die dabei entstehenden Ausdrücke werden als *Theoreme* (Sätze) bezeichnet.

Die logische Wissensverarbeitung zeigt also, dass aus wahren Ausdrücken (Axiomen) auf den Wahrheitswert anderer Ausdrücke (Theoreme) geschlossen werden kann. Im Unterschied zu logischen Gesetzen geht es dabei nicht um eine Umformung von Ausdrücken in äquivalente Ausdrücke, sondern um die Bestimmung des Wahrheitswertes *anderer* Ausdrücke.

Eine wichtige Eigenschaft der Folgerung besteht darin, dass dieser Verarbeitungsschritt korrekt ist, wie später ausführlich erläutert wird. Das heißt, dass entsprechend der verwendeten Interpretation den Theoremen wahre Tatsachen der realen Welt entsprechen. Mit der logikbasierten Wissensverarbeitung kann man also durch die Beschreibung eines Teiles der in der realen Welt vorhandenen Tatsachen durch Axiome sowie durch die Ableitung von Theoremen das Vorhandensein weiterer Tatsachen der realen Welt beweisen.

Da man eine Menge von Ausdrücken durch eine konjunktive Verknüpfung zu einer einzigen Formel zusammenfassen kann, wird die beschriebene Aufgabe zunächst so betrachtet, dass durch Schlussfolgern (Inferenz) aus *einer* wahren Formel $f$ *ein* neuer wahrer Ausdruck $s$ (Folgerung) ermittelt werden soll. Dafür wird der Begriff der Folgerung wie folgt definiert:

**Definition 7.3 (Folgerung)**
*Eine Formel $s$ heißt Folgerung aus der Formel $f$, wenn jedes Modell von $f$ auch ein Modell von $s$ ist*

$$\mathcal{M}(f) \subseteq \mathcal{M}(s). \tag{7.27}$$

*Man schreibt dann*

$$f \models s. \tag{7.28}$$

Eine Folgerung $s$ ist also ein logischer Ausdruck, der für alle Belegungen der in $s$ vorkommenden Aussagesymbole, für die die Formel $f$ wahr ist, ebenfalls wahr ist. Man sagt auch, dass die Wahrheit von $s$ in der Wahrheit von $f$ enthalten ist. Die Umkehrung wird nicht gefordert, d. h., der Ausdruck $s$ darf nicht nur für die die Formel $f$ erfüllenden Belegungen wahr sein, sondern auch für weitere Belegungen.

Wenn eine Aussage $s$ allgemeingültig ist, so schreibt man

$$\models s. \tag{7.29}$$

Diese Formel besagt, dass die Belegung der in $s$ vorkommenden Aussagesymbole durch keine auf der linken Seite des Folgerungssymbols $\models$ stehende Formel eingeschränkt wird.

Für zwei Ausdrücke $f$ und $s$ kann man mit einer einfachen Erweiterung der Wahrheitstafelmethode (Algorithmus 7.1) überprüfen, ob $s$ eine Folgerung von $f$ ist. Nachdem man alle Modelle von $f$ ermittelt hat, testet man, ob für alle diese Belegungen auch die Formel $s$ wahr ist.

**Beispiel 7.4** *Folgerungen über die Nutzung des Parkplatzes*

Die im Beispiel 7.3 eingeführte Formel

$$f = a \wedge b \wedge (b \wedge c \vee a \wedge b \vee a \wedge c \Rightarrow z) \tag{7.30}$$

hat zwei Modelle, die hier als Auszug aus der Wahrheitstafel (7.8) dargestellt sind:

| $B(a)$ | $B(b)$ | $B(c)$ | $B(z)$ | $B(f)$ |
|---|---|---|---|---|
| T | T | T | T | T |
| T | T | F | T | T |

(7.31)

Jede Formel, die für die beiden links angegebenen Belegungen der Aussagesymbole $a$, $b$, $c$ und $z$ wahr ist, ist eine Folgerung aus $f$. Beispiele sind

$$z$$
$$b \wedge z$$
$$a \vee b \vee c$$
$$c \vee b \wedge \neg c,$$

wie man sich durch Einsetzen in die Wahrheitstafel klar machen kann. Man kann also schreiben $f \models z$, $f \models a \vee b \vee c$ usw. Aus Sicht der Logik ist es nicht wichtig, ob die gebildeten Ausdrücke einen für den Parkplatz interessanten oder sinnvollen Inhalt haben. Gesichert ist, dass diese Ausdrücke wahr sind. □

**Aufgabe 7.6** *Folgerung*

Entscheiden Sie mit der Wahrheitstafelmethode, ob für die im Folgenden angegebenen logischen Ausdrücke die Beziehung $f = s$ oder $f \models s$ gilt:

| | $f$ | $s$ |
|---|---|---|
| 1. | $p \Rightarrow q$ | $\neg q \Rightarrow \neg p$ |
| 2. | $r \wedge (r \Rightarrow s)$ | $s$ |
| 3. | $(r \vee \neg s) \Rightarrow r$ | $r \vee s$ |
| 4. | $t \wedge u \wedge v$ | $t \wedge v$ |

□

### 7.3.2 Ableitungsregeln der Aussagenlogik

Die Wahrheitstafelmethode (Algorithmus 7.1) für die Bildung von Folgerungen einzusetzen ist sehr rechenaufwändig. Deshalb werden in diesem Abschnitt Ableitungsregeln angegeben, die diesen Weg wesentlich vereinfachen.

Bevor wichtige Ableitungsregeln erläutert werden, muss noch eine neue Darstellungsform der Formel $f$ eingeführt werden. Wie im Abschn. 7.2.1 angegeben wurde, können alle über den betrachteten Gegenstandsbereich bekannten Tatsachen durch eine einzige Formel $f$ repräsentiert werden. Da diese Formel typischerweise viel länger ist als in den bisher betrachteten Beispielen, zerlegt man die Formel in konjunktiv verknüpfte Ausdrücke $f_1$, $f_2$,..., $f_n$ und arbeitet im Folgenden nicht mehr mit einer einzigen Formel $f$, sondern mit der Menge dieser Ausdrücke. Für diese entweder zur Menge $\{f_1, f_2, ..., f_n\}$ zusammengefassten oder untereinander geschriebenen Ausdrücke

$$\begin{array}{c} f_1 \\ f_2 \\ \vdots \\ f_n \end{array}$$

wird Folgendes vereinbart:

- Die Menge $\{f_1, f_2, ..., f_n\}$ bzw. die untereinander geschriebenen Formeln $f_i$ sind eine abgekürzte Schreibweise für die Formel

  $$f = f_1 \wedge f_2 \wedge ... \wedge f_n,$$

  d. h., die einzeln aufgeschriebenen Ausdrücke sind stets als konjunktive Verknüpfung zu interpretieren, ohne dass das Operationszeichen $\wedge$ geschrieben wird.
- Alle aufgeschriebenen Ausdrücke haben den Wahrheitswert T.

Auf Grund dieser Vereinbarungen schreibt man die Folgerung (7.28) jetzt in der Form

$$\{f_1, f_2, ..., f_n\} \models s. \tag{7.32}$$

Die Formel $s$ folgt aus der Formelmenge $\{f_1, f_2, ..., f_n\}$ genau dann, wenn für alle Belegungen der in den Ausdrücken $f_1, f_2, ..., f_n$ vorkommenden Aussagesymbole, für die die Beziehungen

$$B(f_1) = \mathrm{T}, ..., \ B(f_n) = \mathrm{T}$$

gelten, auch

$$B(s) = \mathrm{T}$$

gilt.

**Ableitungsregeln.** Die bisher beschriebene Vorgehensweise, mit der Wahrheitstafel die Gültigkeit einer Schlussfolgerung $s$ zu überprüfen oder – wie im Beispiel 7.4 – aus der Wahrheitstafel Folgerungen abzulesen, ist sehr umständlich, weil sie das Durchprobieren aller möglicher Belegungen beinhaltet. Ableitungsregeln vereinfachen diese Schritte, indem sie aus dem Aufbau der in der Menge $\{f_1, f_2, ..., f_n\}$ vorkommenden Formeln Schlussfolgerungen ablesen. An Stelle der Beziehung (7.32) schreibt man dann

$$\{f_1, f_2, ..., f_n\} \vdash s \qquad \text{oder} \qquad \begin{array}{c} f_1 \\ f_2 \\ \vdots \\ f_n \\ \hline s \end{array} \tag{7.33}$$

Die Formeln $f_1, ..., f_n$ werden als die Prämissen und die abgeleitete Formel $s$ als die Konklusion bezeichnet.

Man spricht bei dem Ergebnis von einer *Ableitung* und nicht von einer Folgerung und verwendet das Zeichen $\vdash$ an Stelle von $\models$, weil das Ergebnis $s$ nicht aus einer Analyse der Modelle der Formeln $f_i$, sondern anhand des syntaktischen Aufbaus der Formeln gebildet wird. Natürlich ist es eine wichtige Eigenschaft der hier behandelten Ableitungsregeln, dass die abgeleiteten Ausdrücke auch logische Folgerungen sind (was noch zu beweisen ist!). Man sagt dann, dass die Ableitungsregeln *korrekt* sind.

Im Folgenden werden vier Ableitungsregeln (Inferenzregeln) behandelt, von denen die erste die Grundlage für die später behandelte Resolutionsmethode legt.

**Modus Ponens** (Abtrennregel)

$$\begin{array}{l} p \Rightarrow q \\ p \\ \hline q \end{array} \qquad \text{oder} \qquad \{p \Rightarrow q,\ p\} \vdash q \qquad \text{oder} \qquad \begin{array}{l} B(p \Rightarrow q) = \mathrm{T} \\ B(p) = \mathrm{T} \\ \hline B(q) = \mathrm{T} \end{array} \tag{7.34}$$

„Wenn die Implikation 'aus $p$ folgt $q$' gilt UND $p$ wahr ist, so ist auch $q$ wahr.“

Die drei angegebenen Schreibweisen sagen dasselbe aus[4].

[4] Die hier angegebene Ableitungsregel wird in der deutschen wie in der englischen Literatur meist mit dem lateinischen Namen *Modus Ponens* verwendet.

Entsprechend dem Modus Ponens muss man in der Formelmenge $\{f_1, f_2, ..., f_n\}$ nach zwei Formeln suchen muss, von denen die eine die Form $p \Rightarrow q$ hat und die zweite den Ausdruck $p$ darstellt. Wenn man diese Formeln gefunden hat, so weiß man, dass der Ausdruck $q$ wahr ist. Dabei müssen $p$ und $q$ keine Aussagesymbole sein, sondern können beliebig komplizierte logische Ausdrücke repräsentieren.

**Beispiel 7.5** *Ableitungen über die Nutzung des Parkplatzes*

Um die Anwendung des Modus Ponens zu erläutern, wird die Formel (7.30) mit dem Algorithmus 7.2 in

$$f = a \wedge b \wedge (b \wedge c \Rightarrow z) \wedge (a \wedge b \Rightarrow z) \wedge (a \wedge c \Rightarrow z) \tag{7.35}$$

umgeformt und als Menge konjunktiv verknüpfter Formeln geschrieben:

$$\begin{array}{l} a \\ b \\ b \wedge c \Rightarrow z \\ a \wedge b \Rightarrow z \\ a \wedge c \Rightarrow z. \end{array}$$

In der Formelmenge findet man den Ausdruck

$$a \wedge b \Rightarrow z$$

und kann aus den beiden Ausdrücken $a$ und $b$ die Formel

$$a \wedge b$$

aufstellen. Der Modus Ponens (7.34) besagt nun, dass aus diesen beiden Formeln der Ausdruck $z$ abgeleitet werden kann:

$$\frac{\begin{array}{l} a \wedge b \Rightarrow z \\ a \wedge b \end{array}}{z} \quad \text{bzw.} \quad \{a \wedge b \Rightarrow z,\ a \wedge b\} \vdash z.$$

Aus der Wahrheitstafel (7.31) geht hervor, dass die abgeleitete Aussage $z$ tatsächlich für alle Modelle der Formel (7.35) wahr ist. Wichtig ist, dass diese wahre Aussage hier ohne die aufwändige Berechnung der Modelle der Formel $f$ erhalten wurde. □

Dass der Modus Ponens eine korrekte Ableitungsregel ist, erkennt man an der folgenden Wahrheitstafel:

| $B(p)$ | $B(q)$ | $B(p \wedge (p \Rightarrow q))$ |
|---|---|---|
| T | T | T |
| T | F | F |
| F | T | F |
| F | F | F |

(7.36)

Für die Prämissen $p$ UND $p \Rightarrow q$, die nach Voraussetzung wahr sind, gibt es nur ein Modell, das grau unterlegt ist. In diesem Modell gilt der Ausdruck $q$, was die Korrektheit des Modus Ponens beweist.

Es ist wichtig zu verstehen, dass das Zeichen $\vdash$ im Modus Ponens (7.34) eine Ableitung kennzeichnet und nicht durch das Gleichheitszeichen ersetzt werden kann, denn wie die Wahrheitstafel (7.36) zeigt, gilt die Gleichung

$$p \wedge (p \Rightarrow q) = q$$

nicht. Dafür müssten in der zweiten und dritten Spalte dieselben Belegungen stehen. Der wichtige Unterschied zwischen einer logischen Äquivalenz $=$, wie sie diese Gleichung angibt, und einer Ableitung $\vdash$ resultiert aus der Tatsache, dass man bei einer Ableitung voraussetzt, dass die Prämisse wahr ist und man folglich nicht beliebige Belegungen, sondern nur die Modelle der Prämisse betrachtet. Eine logische Umformung ist demgegenüber für alle Belegungen gültig, also auch für Belegungen, die keine Modelle darstellen.

**Weitere Ableitungsregeln.** Beispiele für weitere Ableitungsregeln sind die folgenden:

- **Modus Tollens**: Diese Inferenzregel besagt, dass eine Aussage, die sowohl die negierte als auch die nichtnegierte Aussage $q$ impliziert, nicht wahr sein kann:

$$\begin{array}{l} p \Rightarrow q \\ \underline{p \Rightarrow \neg q} \\ \neg p. \end{array} \tag{7.37}$$

- **Kettenregel:** Mehrere Implikationen können folgendermaßen miteinander verknüpft werden:

$$\begin{array}{l} p \Rightarrow q \\ \underline{q \Rightarrow r} \\ p \Rightarrow r. \end{array} \tag{7.38}$$

- **Faktorisierung:** Diese Regel wird genutzt, um überflüssige Aussagesymbole aus Klauseln zu entfernen:

$$\begin{array}{l} \underline{p \vee p} \\ p. \end{array} \tag{7.39}$$

  Bei dieser Regel sind Prämisse und Konklusion sogar logisch äquivalent ($p \vee p = p$).

Die hier angegebenen Ableitungsregeln zeigen, dass es möglich ist, wahre Ausdrücke zu erzeugen, ohne auf den Inhalt der gegebenen und der gefolgerten Ausdrücke zu achten. Die Inferenzregeln beziehen sich nur auf die äußere Form (syntaktische Struktur) der Ausdrücke. Sie können deshalb in einen Algorithmus überführt und „automatisch“ angewendet werden. Um dieses Ziel zu erreichen, sind jedoch noch einige Umformungen der Problemstellung und Erweiterungen notwendig, auf die im nächsten Abschnitt eingegangen wird.

**Aufgabe 7.7** *Implikation, Folgerung und Ableitung*

Erläutern Sie den Unterschied der folgenden Ausdrücke:

$$\begin{array}{l} p \Rightarrow q \\ p \models q \\ p \vdash q. \quad \square \end{array}$$

**Aufgabe 7.8** *Beweis der Ableitungsregeln*

Beweisen Sie mit Hilfe der Wahrheitstafelmethode, dass die Ableitungsregeln (7.37) und (7.38) korrekt sind. □

### 7.3.3 Beweis aussagenlogischer Ausdrücke

**Aussagenkalkül.** Die in den vorangegangenen Abschnitten eingeführten aussagenlogischen Ausdrücke als Sprache und die Ableitungsregeln zur Verarbeitung dieser Sprache bilden den Aussagenkalkül (*propositional calculus*). Der Begriff des Kalküls[5] weist darauf hin, dass der Wahrheitswert von Ausdrücken bzw. dass wahre Aussagen aus gegebenen wahren Aussagen *berechnet* werden. Die Inferenzregeln spielen dabei dieselbe Rolle wie Rechenregeln in der Arithmetik.

Der Aussagenkalkül wird i. Allg. für folgende Aufgabenstellung angewendet:

**Beweisaufgabe**

| | |
|---|---|
| Gegeben: | Menge wahrer Ausdrücke (Axiome) |
| | Ausdruck mit unbekanntem Wahrheitswert (Behauptung) |
| Gesucht: | Beweis dafür, dass die Behauptung den Wahrheitswert T hat. |

Die Axiome sind die Ausdrücke, von denen man weiß oder annimmt, dass sie den Wahrheitswert T besitzen. Der gesuchte Beweis soll zeigen, dass die Behauptung wahr ist. Ein Beweis ist eine Folge von Ableitungsschritten, die mit der Axiomenmenge beginnen und später auch die bereits abgeleiteten Ausdrücke mit einschließen und in deren Ergebnis die Behauptung entsteht.

Während des Beweises werden aus der Axiomenmenge mit Hilfe von Ableitungsregeln wahre Ausdrücke erzeugt, bis entweder die Behauptung gefunden wurde oder keine neuen wahren Ausdrücke mehr ableitbar sind. Jeder Ausdruck, der aus der Axiomenmenge gefolgert wird, wird als *Theorem* bezeichnet.

**Beispiel 7.6** *Vorhersage des Verhaltens des Wasserversorgungssystems*

Im Folgenden wird am Beispiel des Wasserversorgungssystems aus Kap. 2 ein etwas umfangreicherer Beweis vorgeführt und gezeigt, welche Schwierigkeiten bei der Umsetzung des Beweisverfahrens in einen Algorithmus auftreten.

Um das Wissen über das Wasserversorgungssystem in aussagenlogischer Form notieren zu können, müssen folgende Aussagen definiert werden:

[5] In dieser Bedeutung in der deutschen Sprache als Maskulinum verwendet: *der* Kalkül

$$\left.\begin{array}{rcl} a_1 & = & \text{„Der Wasserstand ist niedrig."} \\ a_2 & = & \text{„Der Wasserdruck ist niedrig."} \\ a_3 & = & \text{„Der Wasserstand ist hoch."} \\ a_4 & = & \text{„Die Wasserentnahme ist klein."} \\ a_5 & = & \text{„Der Wasserdruck ist hoch."} \\ a_{10} & = & \text{„Die Wasserentnahme ist groß."} \\ a_{11} & = & \text{„Die Sonne scheint."} \\ a_{12} & = & \text{„Es ist Regenwetter."} \\ a_{13} & = & \text{„Der Niederschlag war ergiebig."} \\ a_{14} & = & \text{„Der Niederschlag war gering."} \\ a_{15} & = & \text{„Das Wasser wird knapp."} \end{array}\right\} \tag{7.40}$$

Welchen Wahrheitswert diese Aussagen haben, hängt von der betrachteten Situation ab.

Die Regeln (2.3) – (2.10) können als Implikationen notiert werden

$$a_1 \Rightarrow a_2 \tag{7.41}$$

$$a_3 \wedge a_4 \Rightarrow a_5 \tag{7.42}$$

$$a_{10} \Rightarrow a_2 \tag{7.43}$$

$$a_{11} \Rightarrow a_{10} \tag{7.44}$$

$$a_{12} \Rightarrow a_4 \tag{7.45}$$

$$a_{13} \Rightarrow a_3 \tag{7.46}$$

$$a_{14} \Rightarrow a_1 \tag{7.47}$$

$$a_1 \wedge a_{10} \Rightarrow a_{15}, \tag{7.48}$$

die alle als Axiome verwendet werden, weil sie das Verhalten des Wasserversorgungssystems beschreiben und deshalb unabhängig davon gültig sind, welche Belegung die Aussagesymbole (7.40) haben.

Es soll nun bewiesen werden, dass bei geringem Niederschlag und sonnigem Wetter das Wasser knapp wird. In das beschriebene Schema gebracht, heißt die Aufgabe:

| | | |
|---|---|---|
| Gegeben: | (7.41) – (7.48) | |
| | $a_{11}$ | (7.49) |
| | $a_{14}$ | (7.50) |
| Gesucht: | Beweis der Gültigkeit von $a_{15}$. | |

Für den hier gesuchten Beweis sind außer den Formeln (7.41) – (7.48) auch die Aussagen $a_{11}$ und $a_{14}$ Axiome, denn auch die Gültigkeit dieser Aussagen ist in der Beweisaufgabe vorgegeben.

Mit Hilfe der Inferenzregel (7.34) kann dieser Beweis folgendermaßen geführt werden:

1. Wegen (7.49) und (7.44) gilt
$$\{a_{11}, (a_{11} \Rightarrow a_{10})\} \vdash a_{10}.$$
2. Wegen (7.50) und (7.47) gilt
$$\{a_{14}, (a_{14} \Rightarrow a_1)\} \vdash a_1.$$
3. Da beide abgeleitete Aussagen gleichzeitig gelten, gilt auch $(a_{10} \wedge a_1)$.
4. Wegen der Gültigkeit von $(a_{10} \wedge a_1)$ und (7.48) gilt
$$\{(a_{10} \wedge a_1), (a_{10} \wedge a_1 \Rightarrow a_{15})\} \vdash a_{15}.$$

Diese Schritte zeigen, dass die Aussage $a_{15}$ aus der Axiomenmenge abgeleitet werden kann, was man zusammenfassend in der Form

$$\{(7.41) - (7.50)\} \vdash a_{15}$$

aufschreiben kann. Da alle Ableitungsschritte korrekt sind, sind die erhaltenen Aussagen auch Folgerungen aus der Axiomenmenge, so dass man auch

$$\{(7.41) - (7.50)\} \models a_{15}$$

schreiben darf, womit der gesuchte Beweis erbracht ist. □

Das Beispiel zeigt einerseits, wie mit Hilfe von Inferenzregeln und logischen Gesetzen der Beweis „mechanisch", d. h. ohne Rücksicht auf die Bedeutung der Ausdrücke, geführt wird. Andererseits macht es deutlich, dass man sich die Beweisschritte „zusammensuchen" muss. Um diese Suche vom Rechner ausführen zu lassen, sind noch einige Umformungen des Problems notwendig. Die erste Umformung betrifft die Gestaltung des Beweises als Widerspruchsbeweis, die zweite die Darstellung der Abtrennregel als Resolutionsschritt. Beide Umformungen werden im Abschn. 7.4 behandelt.

### 7.3.4 Eigenschaften des Aussagenkalküls

Der Aussagenkalkül macht es möglich, für eine gegebene Menge wahrer Ausdrücke neue Ausdrücke zu finden, die ebenfalls wahr sind. Bei dieser Aufgabe muss zwischen zwei bereits verwendeten Begriffen streng unterschieden werden.

- Eine **Folgerung** ist ein Ausdruck, der für alle Belegungen der Aussagesymbole, für die die gegebene Axiomenmenge wahr ist, ebenfalls wahr ist. Er ist semantisch richtig.
- Eine **Ableitung** ist eine Formel, die durch Anwendung einer Inferenzregel aus der Axiomenmenge entsteht. Man erhält sie auf syntaktischem Weg ohne Beachtung der Semantik.

Wichtig für die Anwendung des Aussagenkalküls sowie des später eingeführten Prädikatenkalküls sind die nachfolgend aufgeführten Eigenschaften, die besagen, dass alle abgeleiteten Ausdrücke auch Folgerungen darstellen und alle Folgerungen abgeleitet werden können.

|| Der Aussagenkalkül ist korrekt, vollständig und entscheidbar.

- Unter der **Korrektheit** versteht man, dass die mit Hilfe der Inferenzregeln aus wahren Ausdrücken abgeleiteten Formeln für den betrachteten Gegenstandsbereich Folgerungen, also inhaltlich zutreffende Aussagen, darstellen:

$$f \vdash s \Rightarrow f \models s.$$

  Diese Tatsache wurde für den Modus Ponens mit Hilfe der Wahrheitstafel bewiesen.

- Die **Vollständigkeit** bedeutet, dass jedes aus einer Axiomenmenge folgende Theorem mit Hilfe der Inferenzregeln des Aussagenkalküls abgeleitet werden kann:

$$f \models s \Rightarrow f \vdash s.$$

Jede Folgerung kann also auf syntaktischem Wege erzeugt werden und man muss nicht die Wahrheitstafelmethode anwenden.

- Die **Entscheidbarkeit** besagt, dass es einen Algorithmus gibt, der für eine beliebige Axiomenmenge und einen beliebigen Ausdruck nach einer endlichen Anzahl von Schritten feststellt, ob dieser Ausdruck aus der Axiomenmenge gefolgert werden kann oder nicht.

Die Eigenschaften der Korrektheit und der Vollständigkeit zusammengenommen fasst man unter dem Begriff der *Äquivalenz von Syntax und Semantik* zusammen.

Die Entscheidbarkeit des Aussagenkalküls hat zur Folge, dass für jede Axiomenmenge und jede Behauptung nach einer endlichen Anzahl von Ableitungsschritten bekannt ist, ob die Behauptung wahr oder falsch ist. Die „endliche Anzahl" kann aber sehr groß, u. U. zu groß für eine praktische Anwendung sein. Die Beweisaufgabe ist nämlich NP-vollständig. Allerdings hat das hier angegebene Vorgehen gegenüber der Wahrheitstafelmethode den großen Vorteil, dass die für den Beweis irrelevanten Axiome aus der Betrachtung ausgeschlossen bleiben, was die Anzahl der tatsächlich für den Beweis verwendeten Formeln in vielen Fällen stark reduziert, so dass die im schlimmsten Fall exponentielle Komplexität bei vielen Anwendungen nicht wirksam wird.

### 7.3.5 Formale Systeme der Aussagenlogik

Mit den in den letzten Abschnitten erläuterten Begriffen und Bezeichnungen kann man jetzt den Begriff des formalen Systems einführen. Unter einem formalen System versteht man ein System, das Symbolketten nach bestimmten Regeln verarbeitet, um aus einer gegebenen Menge von Zeichenketten neue Zeichenketten abzuleiten. Ein formales System ist durch das Quadrupel

$$\boxed{\text{Formales System:} \quad F = (\Sigma, \mathcal{F}, \mathcal{A}, \mathcal{R})} \tag{7.51}$$

definiert mit

- $\Sigma$ – Menge von Aussagesymbolen und Junktoren (Alphabet),
- $\mathcal{F} \subset \Sigma^*$ – Menge wohldefinierter Formeln,
- $\mathcal{A} \subset \mathcal{F}$ – Menge von Axiomen,
- $\mathcal{R}$ – Menge von Ableitungsregeln.

Die Menge $\Sigma$ enthält in dieser Definition nicht nur alle verwendeten Aussagesymbole, sondern auch die Junktoren $(\wedge, \vee, \neg, \Rightarrow, \Leftrightarrow)$. Mit $\Sigma^*$ wird die Menge aller Zeichenketten bezeichnet, die man durch beliebiges Hintereinanderschreiben der Elemente von $\Sigma$ erhält. Daraus wird die Menge $\mathcal{F}$ derjenigen Zeichenketten herausgenommen, die entsprechend Definition 7.1 gebildet sind. $\mathcal{F}$ enthält also alle logischen Ausdrücke, die man mit dem Alphabet $\Sigma$ bilden kann.

Einige dieser Formeln werden als Axiome vorgegeben und zur Menge $\mathcal{A}$ zusammengefasst. Mit den Regeln aus der Menge $\mathcal{R}$ kann man aus diesen Formeln andere Formeln ableiten, wobei die Menge $\mathcal{R}$ typischerweise den Modus Ponens (7.34) und gegebenenfalls weitere Regeln wie (7.37) – (7.39) enthält. Unterschiedliche formale Systeme der Aussagenlogik unterscheiden sich in den angegebenen vier Elementen, also beispielsweise durch die verwendeten Aussagesymbole oder durch die Menge der Axiome.

Die Definition (7.51) des formalen Systems fasst in kompakter Form zusammen, was man unter einem logischen System versteht. In diesem Buch werden noch mehrere weitere formale Systeme eingeführt werden, die sich nicht nur in den konkreten Mengen $\Sigma$ oder $\mathcal{A}$ unterscheiden, sondern in den Bildungsregeln für die Menge $\mathcal{F}$ der wohldefinierten Formeln und in den Ableitungsregeln. So ist bei einem Resolutionssystem vorgeschrieben, dass die Formeln in Klauselform aufgeschrieben werden müssen und nur eine einzige Ableitungsregel, nämlich die Resolutionsregel, angewendet werden darf. In der Prädikatenlogik wird die Formelmenge auf logische Ausdrücke mit Prädikaten erweitert. In der mehrwertigen Logik und der probabilistischen Logik wird die Menge der möglichen Wahrheitswerte erweitert und dementsprechend die Menge $\mathcal{R}$ der Ableitungsregeln angepasst.

In der Literatur werden die Begriffe „Kalkül" und „formales System" synonym gebraucht. Man sagt also auch, dass ein Kalkül durch das Quadrupel (7.51) definiert ist. Im Sinne der Künstlichen Intelligenz, die autonom arbeitende Systeme schaffen will, ist der zweite Begriff anschaulicher, weil er darauf hinweist, dass durch das angegebene Quadrupel ein System definiert wird, das aus gegebenem Wissen der Form $\mathcal{A}$ anderes Wissen auf syntaktischem Wege erzeugen kann.

## 7.4 Problemlösen durch Resolution

### 7.4.1 Resolutionsprinzip der Aussagenlogik

Das Resolutionsprinzip (*resolution principle*) führt auf eine für die Implementierung besonders zweckmäßige Vorgehensweise des Theorembeweisens. Es wird im Folgenden für die Aussagenlogik behandelt. Anschließend wird erläutert, wie mit diesem Prinzip und zweckmäßigen Suchstrategien effiziente Beweisverfahren aufgebaut werden können.

Die Resolution beruht auf der Abtrennregel (7.34), wobei vorausgesetzt wird, dass die zu verarbeitenden Ausdrücke in Klauselform gegeben sind. Dies ist eine stets erfüllbare Voraussetzung, denn jeder logische Ausdruck kann in seiner konjunktiven Normalform aufgeschrieben werden. Die Resolutionsregel wird für zwei in Klauselform gegebene Ausdrücke formuliert, deren Literale mit $A$, $B_i$ und $C_i$ bezeichnet sind:

**Satz 7.1 Resolutionsregel** (*resolution rule of inference*)
*Aus zwei wahren Klauseln* $A \vee B_1 \vee \ldots \vee B_n$ *und* $\neg A \vee C_1 \vee \ldots \vee C_m$ *mit komplementären Literalen* $A$ *und* $\neg A$ *kann die Klausel* $B_1 \vee \ldots \vee B_n \vee C_1 \vee \ldots \vee C_m$ *abgeleitet werden:*

$$\frac{\begin{array}{c} A \vee B_1 \vee B_2 \vee \ldots \vee B_n \\ \neg A \vee C_1 \vee C_2 \vee \ldots \vee C_m \end{array}}{B_1 \vee \ldots \vee B_n \vee C_1 \vee \ldots \vee C_m} \qquad (7.52)$$

Die ersten beiden Klauseln werden als Elternklauseln, das Ergebnis als Resolvente bezeichnet. Die Literale $A$ und $\neg A$ heißen Resolutionsliterale. Sie sind komplementär, weil eines von beiden negiert auftritt.

Die Resolutionsregel kann auch als eine Methode zur Ersetzung von Literalen interpretiert werden. Vergleicht man die erste Elternklausel mit der Resolvente, so sieht man, dass durch den Resolutionsschritt das Literal $A$ in der Elternklausel durch die Disjunktion $C_1 \vee C_2 \vee \ldots \vee C_m$ ersetzt wird.

Durch die Voraussetzung, nur Ausdrücke in Klauselform zuzulassen, sind komplementäre Aussagen $A$ und $\neg A$ einfach zu finden, denn sie unterscheiden sich nur um das Negationszeichen. Die Resolvente ergibt sich durch disjunktive Verknüpfung der Literale beider Klauseln unter Weglassen von $A$ bzw. $\neg A$. [6]

**Beweis der Resolutionsregel.** Der Einfachheit halber wird die Resolutionsregel für die beiden Klauseln

$$\begin{array}{c} A \vee B \\ \neg A \vee C \end{array}$$

bewiesen. Den Beweis für die Klauseln mit mehr als zwei Literalen erhält man durch Ersetzen von $B$ und $C$ durch Disjunktionen mit mehreren Literalen. Die gegebenen Klauseln sind nach Voraussetzung wahr, also auch deren Konjunktion, für die gilt

$$\begin{aligned}
(A \vee B) \wedge (\neg A \vee C) &= (A \wedge \neg A) \vee (A \wedge C) \vee (B \wedge \neg A) \vee (B \wedge C) \\
&= ((A \wedge C) \vee (B \wedge C)) \vee (B \wedge \neg A) \\
&= ((A \vee B) \wedge (A \vee C) \wedge (C \vee B) \wedge C) \vee (B \wedge \neg A) \\
&= ((A \vee B) \wedge C) \vee (B \wedge \neg A) \\
&= (A \vee B) \wedge (A \vee B \vee \neg A) \wedge (C \vee B) \wedge (C \vee \neg A) \\
&= (A \vee B) \wedge (\neg A \vee C) \wedge (B \vee C).
\end{aligned}$$

Bei diesen Umformungen wurden mehrfach die Distributionsgesetze (7.19) und (7.20) angewendet und Terme der Form $A \vee \neg A = \mathrm{T}$ bzw. $A \wedge \neg A = \mathrm{F}$ weggelassen. In der erhaltenen Konjunktion stehen links die gegebenen Klauseln, die nach Voraussetzung wahr sind. Also muss $B \vee C$ wahr sein, womit die Resolutionsregel bewiesen ist.

Natürlich kann man die Korrektheit der Resolutionsregel auch mit Hilfe einer Wahrheitstafel zeigen (Aufg. 7.9). □

[6] Man spricht auch davon, dass man die komplementären Literale „herauskürzt".

Der Beweis der Resolutionsregel zeigt, dass durch eine Resolutionsableitung nur Behauptungen bewiesen werden, die logisch wahr sind. Jede Resolutionsableitung ist folglich *korrekt*.

**Beispiel 7.7** *Anwendung der Resolutionsregel*

Es seien folgende Axiome gegeben (für eine mögliche Interpretation für das Wasserversorgungsnetz siehe (2.4), (7.40) und (7.42)):

$$a_4 \tag{7.53}$$

$$a_3 \tag{7.54}$$

$$a_5 \vee \neg a_3 \vee \neg a_4 \tag{7.55}$$

Zu beweisen ist, dass $a_5$ gilt.

Die Formeln (7.53) und (7.55) haben mit $a_4$ und $\neg a_4$ komplementäre Literale. Deshalb kann die Resolutionsregel angewendet werden:

$$\frac{\begin{array}{l} a_4 \\ a_5 \vee \neg a_3 \vee \neg a_4 \end{array}}{a_5 \vee \neg a_3}$$

Im zweiten Schritt wird die Resolutionsregel auf die Formel (7.54) und die soeben erhaltene Resolvente angewendet:

$$\frac{\begin{array}{l} a_3 \\ a_5 \vee \neg a_3 \end{array}}{a_5}$$

Damit ist die Behauptung bewiesen.

**Diskussion.** Man könnte annehmen, dass man denselben Beweis genauso einfach mit dem Modus Ponens führen kann, wenn man das dritte Axiom als Implikation schreibt, wodurch die Axiomenmenge in

$$a_4$$

$$a_3$$

$$a_4 \wedge a_3 \Rightarrow a_5$$

übergeht. Hier ist jedoch zunächst ein Zwischenschritt notwendig, bei dem aus der Gültigkeit der ersten beiden Axiome auf die Gültigkeit der Konjunktion $a_4 \wedge a_3$ geschlossen wird. Erst danach kann der Modus Ponens angewendet werden. Dass dieser Zwischenschritt bei der Resolutionsmethode nicht erforderlich ist und durch eine zweimalige Resolution ersetzt wird, ist für die Programmierung des Beweisverfahrens eine wichtige Vereinfachung. □

Ein mit Hilfe des Resolutionsprinzips geführter Beweis wird als *Resolutionsableitung* bezeichnet.

Wenn man eine endliche Menge $\mathcal{A}$ von Axiomen betrachtet, so kann man mit Hilfe der Resolutionsregel daraus eine endliche Menge $\mathcal{R}$ von Resolventen ableiten. Die Gesamtmenge $\mathcal{A} \cup \mathcal{R}$ dieser Formeln wird die *Resolutionshülle* von $\mathcal{A}$ genannt:

$$H(\mathcal{A}) = \mathcal{A} \cup \mathcal{R}.$$

Alle Formeln dieser Menge sind wahr, denn sie repräsentieren entweder ein Axiom oder eine Formel, die mit der (korrekten) Resolutionsregel abgeleitet wurde.

Andererseits ist die Resolution *nicht vollständig*. Das heißt, nicht jede Klausel, die in Bezug auf eine gegebene Axiomenmenge wahr ist, kann durch Resolution abgeleitet werden und gehört deshalb zur Resolutionshülle der Axiomenmenge. So ist es beispielsweise nicht möglich, die Tautologie $p \vee \neg p$ aus der Axiomenmenge des Beispiels 7.7 mit der Resolutionsregel zu erzeugen.

**Aufgabe 7.9** *Beweis der Resolutionsregel*

Beweisen Sie unter Verwendung einer Wahrheitstafel die Resolutionsregel

$$\begin{array}{c} A \vee B \\ \neg A \vee C \\ \hline B \vee C \end{array}$$

und zeigen Sie dabei, dass die Resolution eine Inferenzregel darstellt und keine Gleichung ist, dass also $(A \vee B) \wedge (\neg A \vee C) \; = (B \vee C)$ *nicht* gilt. □

### 7.4.2 Widerspruchsbeweis

Es wird sich als zweckmäßig erweisen, die im Abschn. 7.3.3 gegebene Beweisaufgabe nicht durch einen direkten Beweis zu lösen, bei dem die Behauptung aus den Axiomen gefolgert wird, wie dies bisher stets getan wurde, sondern durch einen Widerspruchsbeweis. Dafür wird die negierte Behauptung zur Menge der Axiome hinzugefügt und gezeigt, dass die auf diese Weise entstandene erweiterte Formelmenge widersprüchlich ist. Da vorausgesetzt wird, dass die Axiomenmenge widerspruchsfrei ist, ist die Erzeugung des Widerspruchs aus der erweiterten Formelmenge ein Beweis für die Gültigkeit der (nicht negierten) Behauptung.

Der Widerspruchsbeweis ist eine Anwendung der im Abschn. 7.2.2 genannten Tatsache, dass eine Formel $f$ genau dann allgemeingültig ist, wenn der Ausdruck $\neg f$ unerfüllbar ist.

Die Beweisaufgabe wird also in folgender Form gelöst:

**Widerspruchsbeweis:** Füge die negierte Behauptung zur Axiomenmenge hinzu und beweise, dass die so erhaltene Formelmenge unerfüllbar (widersprüchlich) ist:

$$\left.\begin{array}{r} \text{Axiomenmenge} \\ \text{negierte Behauptung} \end{array}\right\} \vdash \diamond$$

„Widersprüchlich" heißt, dass die konjunktive Verknüpfung aller gegebenen Formeln den Wahrheitswert „falsch" besitzt.

In der hier betrachteten Formelmenge, die ausschließlich aus Klauseln besteht, äußert sich der Widerspruch in der leeren Klausel. Diese entsteht in einem Resolutionsschritt, bei dem in der Resolutionsregel (7.52) keine Literale $B_i$ und $C_i$ vorkommen, also ein Schritt der Form

$$\begin{array}{c} A \\ \neg A \\ \hline \diamond \end{array}$$

durchgeführt wird. Da bei einem solchen Resolutionsschritt unter dem Strich „nichts“ steht, wird das Symbol $\diamond$ zur Darstellung der leeren Klausel eingeführt. Die beiden untereinander geschriebenen Klauseln $A$ und $\neg A$ repräsentieren die Formel $A \wedge \neg A$, die offenkundig nicht erfüllbar ist. Folglich entspricht die leere Klausel $\diamond$ dem Widerspruch.

**Beispiel 7.8** *Widerspruchsbeweis*

Das im Beispiel 7.7 behandelte Problem bezieht sich auf die Axiome

$$a_4$$
$$a_3$$
$$a_5 \vee \neg a_3 \vee \neg a_4$$

und die Behauptung $a_5$. Beim Widerspruchsbeweis wird die negierte Aussage $\neg a_5$ zur Axiomenmenge hinzugefügt, so dass die erweiterete Formelmenge

$$a_4 \tag{7.56}$$
$$a_3 \tag{7.57}$$
$$a_5 \vee \neg a_3 \vee \neg a_4 \tag{7.58}$$
$$\neg a_5 \tag{7.59}$$

entsteht. Die leere Klausel kann mit der Resolutionsregel in folgenden Schritten abgeleitet werden:

1. Aus den Klauseln (7.58) und (7.59) folgt

$$\begin{array}{l} a_5 \vee \neg a_3 \vee \neg a_4 \\ \neg a_5 \\ \hline \neg a_3 \vee \neg a_4 . \end{array}$$

2. Die Resolvente wird mit der Klausel (7.57) zur Resolution gebracht:

$$\begin{array}{l} \neg a_3 \vee \neg a_4 \\ a_3 \\ \hline \neg a_4 . \end{array}$$

3. Schließlich erhält man unter Verwendung der Klausel (7.57) die leere Klausel:

$$\begin{array}{l} \neg a_4 \\ a_4 \\ \hline \diamond . \end{array}$$

Damit ist die Aussage $a_5$ bewiesen.

**Diskussion.** Der hier aufgeführte Beweisweg unterscheidet sich von dem im Beispiel 7.7 für dieselbe Aufgabe angegebenen Lösungsweg nur in einem kleinen, aber wichtigen Punkt. Während im vorhergehenden Beispiel nach einer Anwendung der Resolutionsregel mit dem Ziel gesucht wurde, die Behauptung $a_5$ als Resolvente zu erzeugen, bestand hier das Resolutionsziel in der Erzeugung der leeren

Klausel. Dieser Unterschied erscheint bei der hier verwendeten, durch ein Aussagesymbol dargestellten Behauptung als unwesentlich. Wenn die Behauptung jedoch eine umfangreiche Formel ist, die in der Klauseldarstellung vielleicht sogar mehrere gleichzeitig geltende Disjunktionen umfasst, so ist für die Erzeugung der Behauptung eine schwierige Steuerung des Inferenzprozesses erforderlich. Demgegenüber verfolgt der Widerspruchsbeweis mit der Bildung der leeren Klausel ein für alle Beweisprobleme einheitliches Ziel, das einfach überprüfbar ist. □

**Aufgabe 7.10** *Logische Begründung des Widerspruchsbeweises*

Die logische Begründung dafür, dass man den Beweis der Behauptung $b$ aus den zur Formel $f$ zusammengefassten Axiomen als Widerspruchsbeweis führen kann, kann folgendermaßen gegeben werden:

- Der Deduktionssatz besagt, dass die Folgerung $f \models b$ genau dann gilt, wenn der Ausdruck $f \Rightarrow b$ allgemeingültig ist (was man als $\models (f \Rightarrow b)$ schreiben kann.)
- Der Ausdruck $f \Rightarrow b$ ist genau dann allgemeingültig, wenn seine Negation $\neg(f \Rightarrow b) = f \wedge \neg b$ unerfüllbar ist.

Also kann man die Gültigkeit von $f \models b$ dadurch beweisen, dass man die Unerfüllbarkeit von $f \wedge \neg b$ zeigt.

Schreiben Sie eine Axiomenmenge sowie eine Behauptung in Klauselform auf und zeigen Sie, dass für dieses Beispiel die beiden o. a. Überlegungen richtig sind. □

### 7.4.3 Resolutionskalkül

Die in den beiden vorangegangenen Abschnitten beschriebenen Vorgehensweisen werden zum Resolutionskalkül zusammengefasst. Dieser Kalkül erfordert,

- dass alle logischen Ausdrücke als Klauseln geschrieben werden,
- dass die Beweisaufgabe so gestellt wird, dass die negierte Behauptung $\neg s$ zur Axiomenmenge $f$ hinzugefügt und die Unerfüllbarkeit der dabei entstehenden Formelmenge gezeigt wird ($f \wedge \neg s = \text{F}$),
- dass mit der Resolutionsregel nur eine einzige Inferenzregel verwendet wird.

Ein Beweis ist dabei eine Folge von Resolutionsschritten, die zur leeren Klausel führen. Dementsprechend ist ein *Resolutionssystem* ein formales System (7.51) mit der genannten Einschränkung der Formelmenge $\mathcal{F}$ auf Klauseln und der Resolutionsregel als einzigem Element der Menge $\mathcal{R}$ der Inferenzregeln.

Diese Vorgehensweise ist im folgenden Algorithmus zusammengefasst. Da die negierte Behauptung widerlegt werden soll und dies unter Verwendung der Resolution geschieht, heißt das Verfahren auch Resolutionswiderlegung (*resolution refutation*). Im folgenden Algorithmus wird mit dem Arbeitsspeicher der Speicherbereich bezeichnet, den der Algorithmus für Zwischenergebnisse nutzt.

**Algorithmus 7.3** *Resolutionswiderlegung*

**Gegeben:** Axiomenmenge
Behauptung

1. Trage die Axiome und die negierte Behauptung in Klauselform in den Arbeitsspeicher ein.
2. Wähle aus dem Arbeitsspeicher zwei Klauseln mit komplementären Literalen aus. Wenn es keine solche Klauseln gibt, beende den Algorithmus (Beweis ist nicht möglich).
3. Wende die Resolutionsregel auf die ausgewählten zwei Klauseln an.
4. Wenn die Resolvente die leere Klausel $\diamond$ darstellt, beende den Algorithmus (die Behauptung ist bewiesen).

   Andernfalls trage die Resolvente in den Arbeitsspeicher ein und setze mit Schritt 2 fort.

**Ergebnis:** Beweis der Behauptung (sofern ein solcher Beweis existiert).

Der kritische Punkt dieses Algorithmus ist der Schritt 2, bei dem in geeigneter Weise aus dem Arbeitsspeicher zwei Klauseln mit komplementären Literalen ausgewählt werden müssen. Dabei wird das Ziel verfolgt, möglichst schnell die leere Klausel zu erzeugen. Dass dabei ein Suchproblem zu lösen ist und welche Heuristiken man dafür einsetzen kann, wird im Folgenden erläutert.

**Eigenschaften des Resolutionskalküls.** Die Eigenschaften des Resolutionskalküls leiten sich aus denen des Aussagenkalküls ab. Diese Eigenschaften bleiben erhalten, weil die Forderung, alle Ausdrücke als Klauseln zu schreiben, und die Durchführung des Beweises als Widerspruchsbeweis mit der Resolutionsregel keine Einschränkungen darstellen:

> Der Resolutionskalkül der Aussagenlogik ist korrekt, widerspruchsvollständig und entscheidbar.

- Der Resolutionskalkül ist korrekt, weil die Resolutionsregel korrekt ist und folglich alle Resolventen aus den Axiomen logisch folgen. Gelingt der Widerspruchsbeweis, so ist die Behauptung $s$ logisch aus den Axiomen $f$ ableitbar, weil die Unerfüllbarkeit der Formel $f \wedge \neg s$ äquivalent mit der Folgerung $f \models s$ ist.
- Der Resolutionskalkül ist widerspruchsvollständig, weil mit der Resolutionsregel ein Widerspruch abgeleitet werden kann, wenn die Klauselmenge widersprüchlich ist. Die Resolutionshülle der um die negierte Behauptung erweiterten Axiomenmenge enthält dann die leere Klausel.

- Der Resolutionskalkül ist entscheidbar, weil es nur eine endliche Anzahl möglicher Resolutionsschritte gibt, so dass nach einer endlichen Anzahl von Verarbeitungsschritten der Widerspruch (und damit der Beweis der Behauptung) erzeugt ist oder kein Widerspruch (und kein Beweis) existiert.

Die Resolutionsregel ist widerspruchsvollständig, aber nicht vollständig. Das heißt, dass es Axiomenmengen gibt, für die unter Verwendung der Resolutionsregel nicht alle Folgerungen abgeleitet werden können. Es ist jedoch möglich, jede gültige Behauptung dadurch zu beweisen, dass mit der negierten Behauptung ein Widerspruch erzeugt wird. Um diesen feinen Unterschied zu veranschaulichen, wird das Problem betrachtet, die Gültigkeit von $p \vee \neg p$ zu beweisen. Obwohl es nicht gelingt, diese Klausel durch Resolution aus der Axiomenmenge abzuleiten (Unvollständigkeit der Resolution), kann der Widerspruchsbeweis sofort erbracht werden (Widerspruchsvollständigkeit). Die negierte Behauptung $\neg p \wedge p$ erweitert eine beliebige Axiomenmenge um die zwei Klauseln $\neg p$ und $p$, aus denen durch Resolution sofort die leere Klausel folgt.

**Aufgabe 7.11** *Darstellung der Resolutionswiderlegung im Zustandsraum*

Die Suche nach einem Beweis mit Hilfe der Resolutionsmethode kann mit der im Kapitel 4 eingeführten Zustandsraumbeschreibung von Problemen dargestellt werden. Dabei wird der Problemzustand durch die Axiome, die negierte Behauptung sowie alle abgeleiteten Klauseln repräsentiert. Als Operator fungiert die Resolutionsregel (7.52).

1. Zeichnen Sie die Suchräume für die Beispiele 7.7 und 7.8.
2. Wodurch sind Zielzustände gekennzeichnet?
3. Wie groß sind die Suchräume?
4. Mit welchen Heuristiken kann der Suchraum eingeschränkt werden?
5. Der Algorithmus 7.3 soll durch ein System realisiert werden, das die Architektur und Merkmale eines regelbasierten Systems hat. Welche Inhalte haben die einzelnen Komponenten? Ist das System ein kommutatives regelbasiertes System? □

**Aufgabe 7.12*** *Aussagenlogische Beschreibung einer Heckleuchte*

Beschreiben Sie die Funktionsweise der in Abb. 1.7 auf S. 26 dargestellten Heckleuchte durch aussagenlogische Ausdrücke, wobei Sie die fehlerfreie Funktion der Komponenten durch separate Aussagen darstellen. Beweisen Sie mit dem Resolutionskalkül, dass die Lampe brennt, wenn die Spannungsquelle, die Lampe und die Sicherung in Ordnung sind und der Schalter geschlossen ist. Können Sie auch beweisen, dass die Lampe nicht brennt, wenn sie fehlerhaft ist? □

**Aufgabe 7.13** *Eigenschaften des Resolutionskalküls der Aussagenlogik*

Erläutern Sie die Eigenschaften des Resolutionskalküls anhand des Problems, aus der Gültigkeit der Aussagen $a$ und $b$ die Gültigkeit der Aussage $a \vee b$ zu beweisen. □

### 7.4.4 Steuerung des Inferenzprozesses

Um einen Beweis zu führen, muss für den Schritt 2 im Algorithmus 7.3 genau angegeben werden, wie die als nächstes zur Resolution zu bringenden Klauseln mit komplementären Literalen im Arbeitsspeicher auszuwählen sind. Die formale Ähnlichkeit dieses Schrittes mit Schritt 2 des Tremaux-Algorithmus der Graphensuche (Algorithmus 3.1 auf S. 49) zeigt, dass auch hier eine Suche stattfindet. In den bisher behandelten sehr einfachen Beispielen konnte diese Frage ohne Probleme beantwortet werden, weil die Klauselmenge nur wenige Resolutionsschritte zuließ. Für größere Beweisaufgaben ist jedoch ein systematisches Verfahren für die Auswahl der Klauseln erforderlich.

Um zu einem Beweisverfahren zu kommen, muss man die durch die Resolution festgelegte Beweismethode noch um eine Suchsteuerung ergänzen, so dass plakativ ausgedrückt das Folgende gilt:

|| Beweisverfahren = Resolutionsregel + Suchsteuerung

Für die Suchsteuerung treten zwei Freiheiten auf, die in der logischen Programmierung (Abschn. 8.3.1) als Indeterminiertheiten bezeichnet werden:

- Wenn die Klausel $A \vee B \vee C$ als Elternklausel in einer Resolution verwendet werden soll, so ist zu entscheiden, welches der Literale $A, B, C$ mit Hilfe der Resolution durch Literale einer anderen Klausel ersetzt werden soll.
- Für ein gegebenes Literal einer Klausel, also z. B. $A$, ist zu entscheiden, welche von möglicherweise mehreren Klauseln, die das Literal $\neg A$ enthalten, mit der gegebenen Klausel zur Resolution gebracht werden soll.

Für die Beantwortung dieser beiden Fragen sind unterschiedliche Heuristiken einsetzbar, die sich auf die Form der Klauseln und ihre Herkunft (Axiom, Behauptung oder Resolvente) beziehen. Wichtig bei der Wahl der Suchsteuerung ist, dass die Vollständigkeit des Beweisverfahrens erhalten bleibt. Da der Resolutionskalkül vollständig ist, erhält man ein vollständiges Beweisverfahren, wenn auch die Suchstrategie in dem im Kap. 3 erläuterten Sinn vollständig ist.

**Ableitungsgraph.** Die unterschiedlichen Suchstrategien können am besten anhand des Ableitungsgraphen erklärt werden. Die Knoten dieses Graphen stellen die Klauseln dar und die Kanten die „Eltern-Kind-Beziehung", wobei jeweils zwei gerichtete Kanten die beiden Elternklauseln mit der Resolvente verbinden. Abbildung 7.6 zeigt ein Beispiel, bei dem die Knoten für die Axiome und die negierte Behauptung in der obersten Zeile angeordnet sind.

Der Ableitungsgraph veranschaulicht die Herkunft der Klauseln, die in dem jeweils betrachteten Resolutionsschritt verknüpft werden. Da der Resolutionskalkül der Aussagenlogik korrekt und widerspruchsvollständig ist, kommt im Ableitungsgraphen die leere Klausel immer dann vor, wenn die Behauptung aus den Axiomen gefolgert werden kann.

Der Ableitungsgraph enthält, wenn er alle mit der Resolutionsregel durchführbaren Schritte wiedergibt, die Resolutionshülle der in der oberen Zeile angegebenen Formelmenge.

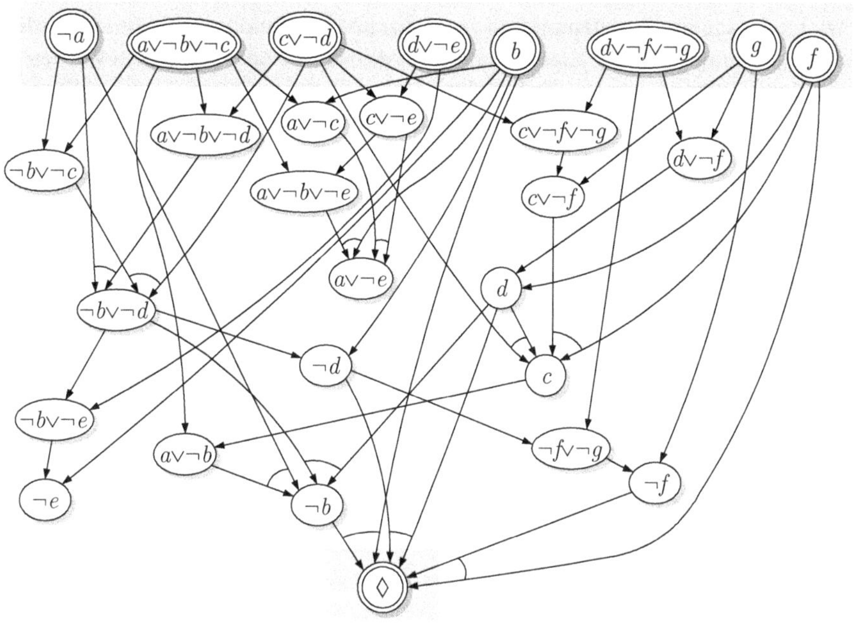


**Abb. 7.6:** Ableitungsgraph

**Suchstrategien.** Der Ableitungsgraph stellt den Suchraum für das Beweisverfahren dar. Ziel der im Folgenden aufgeführten Heuristiken für die Suchsteuerung ist es, den Suchraum einzuschränken, ohne die Vollständigkeit des Beweisverfahrens zu gefährden. Folgende Heuristiken haben eine größere Bedeutung erlangt:

- Die **Unit-preference-Strategie** bevorzugt Resolutionen, bei denen eine der Elternklauseln aus nur einem Literal besteht (solche Klauseln werden *unit* genannt). Dadurch wird das Ziel verfolgt, Resolventen zu erzeugen, die aus weniger Literalen als die Elternklauseln bestehen und damit dem Ziel, die leere Klausel zu erzeugen, „näher“ sind. Da bei dieser Strategie bestimmte Resolutionen anderen nur bevorzugt, diese aber nicht ausgeschlossen werden, ist das Beweisverfahren bei Verwendung dieser Suchstrategie vollständig.
- Die **Input-preference-Strategie** bevorzugt Resolutionen, bei denen eine Elternklausel aus der Axiomenmenge stammt (also einen *input* (Eingabe) darstellt). Auch hiermit bleibt das Beweisverfahren vollständig.
- Die **Set-of-support-Strategie** (Widerlegung aus der Stützmenge, Stützmengenresolution) benutzt die Tatsache, dass der Widerspruch nur gefunden werden kann, wenn die negierte Behauptung in die Resolution einbezogen wird. Die Resolution wird deshalb stets auf eine der Klauseln gerichtet, die von der negierten Behauptung „abstammen“. Das heißt, dass eine Elternklausel aus der Stützmenge (*set of support*) stammt, die aus der negierten Behauptung und allen von der negierten Behauptung abstammenden Klauseln besteht. Diese Strategie beschränkt die Anzahl der möglichen Resolutionsschritte erheblich. Das Beweisverfahren bleibt aber widerspruchsvollständig.

Ein wichtiger anderer Ansatzpunkt für heuristische Entscheidungen während der Resolution besteht in der Frage, welche Klauseln aus dem Arbeitsspeicher gestrichen werden können, weil sie für den weiteren Fortgang der Resolution ohne Bedeutung sind. Damit soll sowohl eine Reduktion des Speicherplatzes als auch eine Verkürzung der Zeit für die Suche nach Klauseln mit komplementären Literalen erreicht werden. Offensichtliche Beispiele für zu streichende Klauseln sind Tautologien sowie Klauseln, deren Literale in anderen Klauseln keine Komplementäre haben oder mit allen diesen Klauseln schon zur Resolution gebracht wurden. Die dafür notwendige Übersicht über die Klauseln erhält man durch deren Anordnung in einem Klauselgraph (*connection graph*).

Auch können spezifischere Klauseln gestrichen werden, wenn die allgemeinen Klauseln im Arbeitsspeicher verbleiben. Beispielsweise hat die Klausel $a \vee b$ keine Bedeutung für die Beweisführung, wenn außerdem die Klauseln $a$ und $b$ existieren. Man spricht dann von einer *Subsumption* von $a \vee b$ durch $a$ und $b$. Auch bei der Anwendung dieser „Streichregel" bleibt das Beweisverfahren vollständig.

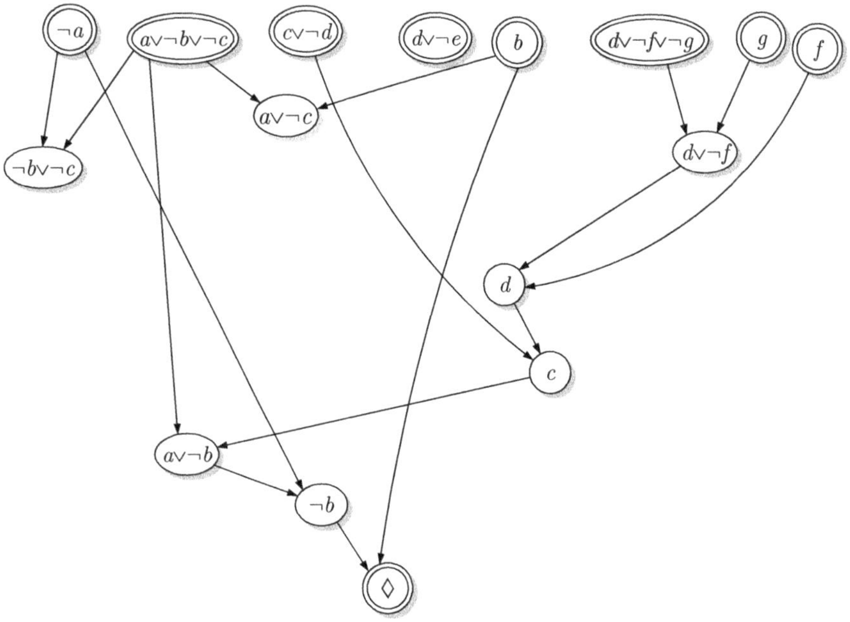


**Abb. 7.7:** Ableitungsgraph bei Verwendung der Unit-preference-Strategie

**Beispiel 7.9** *Vergleich heuristischer Suchsteuerungen*

Gegeben sind

$$\begin{array}{rl} \text{die Axiome} & a \vee \neg b \vee \neg c \\ & c \vee \neg d \\ & d \vee \neg e \\ & b \\ & d \vee \neg f \vee \neg g \\ & g \\ & f \\ \text{sowie die negierte Behauptung} & \neg a. \end{array}$$

Ein Teil der mit diesen Formeln möglichen Ableitungen ist im Ableitungsgraphen in Abb. 7.6 dargestellt. Die leere Klausel kann auf mehreren Wegen erzeugt werden. Der Graph zeigt, dass die Komplexität der Resolutionswiderlegung nicht nur durch die Anzahl der Axiome bedingt ist, sondern dass sich der Suchraum auch dadurch immer weiter aufspannt, dass die durch die Resolutionsschritte neu entstehenden Klauseln die Anzahl der möglichen Resolutionschritte erhöhen.

- Unter Verwendung der o. a. Steuerstrategien werden unterschiedliche Teile des gezeigten Ableitungsgraphen generiert. Werden entsprechend der Unit-preference-Strategie Resolutionsschritte mit mindestens einer einelementigen Klausel bevorzugt, so entsteht der Ableitungsgraph in Abb. 7.7. In diesem Beispiel wird in jedem Resolutionsschritt eine einelementige Klausel eingesetzt. Es sind weitere Schritte möglich, aber nicht gezeichnet, weil hier die leere Klausel bereits gefunden wurde.

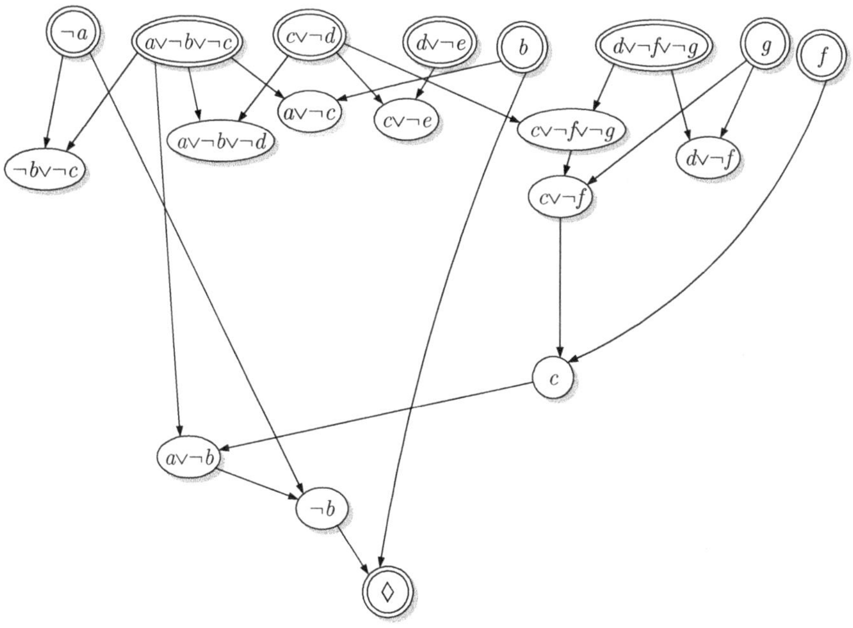


**Abb. 7.8:** Ableitungsgraph bei Verwendung der Input-preference-Strategie

- Die Input-preference-Strategie führt auf die in Abb. 7.8 dargestellten Resolutionsschritte, bei denen zunächst alle Resolutionen mit zwei „Input"-Klauseln ausgeführt wurden. Gegenüber Abb. 7.6 sind alle Resolutionsschritte weggefallen, die Resolventen untereinander verknüpfen.
- Bei Anwendung der Set-of-support-Strategie enthält der Ableitungsgraph nur solche Resolutionsschritte, bei denen eine Elternklausel von der negierten Behauptung „abstammt", also über einen Pfad (rückwärts) mit der negierten Behauptung verbunden ist. (Abb. 7.9).

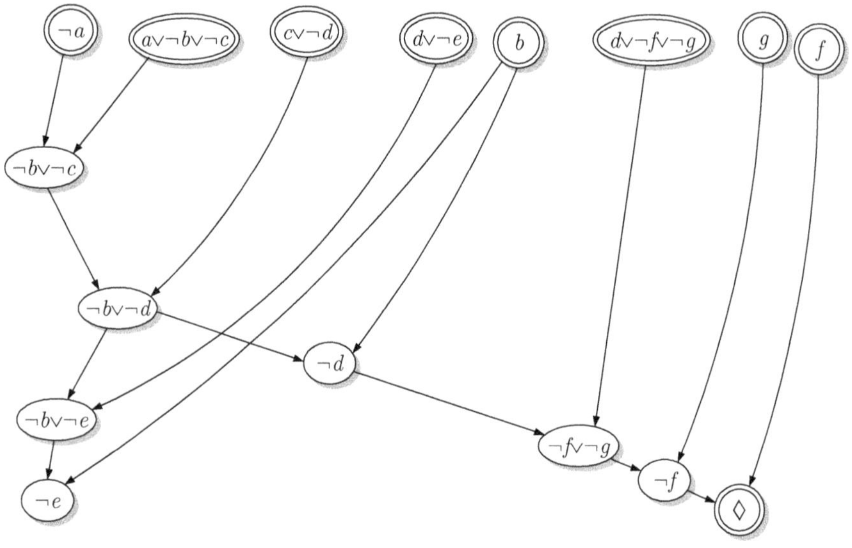


**Abb. 7.9:** Ableitungsgraph bei Verwendung der Set-of-support-Strategie

Die Bilder zeigen, dass die Set-of-support-Strategie gegenüber der Input-preference-Strategie zusätzliche Einschränkungen des Ableitungsgraphen bewirkt. □

**Aufgabe 7.14** *Vergleich heuristischer Suchsteuerungen*

Untersuchen Sie das Beispiel 7.9 bezüglich weiterer Resolutionsschritte.

1. Abbildung 7.6 gibt den Suchraum unvollständig wieder. Welche weiteren Resolutionsschritte sind möglich?
2. Welche weiteren Schritte sind in den Abb. 7.7 bis 7.9 unter Beachtung der drei Heuristiken möglich?
3. Wie verändert sich der Ableitungsgraph bei der Set-of-Support-Strategie, wenn die Axiome anders sortiert werden und wenn einheitlich das jeweils am weitesten links stehende Axiom als Elternklausel für die Resolution verwendet wird? □

**Aufgabe 7.15*** *Vergleich unterschiedlicher Suchstrategien*

Gegeben sind folgende Axiome:

$$p \Rightarrow q$$
$$t \Rightarrow s$$
$$\neg r$$
$$(\neg r \wedge \neg p) \Rightarrow \neg s$$
$$t$$

Es ist zu beweisen, dass die Behauptung $p$ gilt.

1. Formen Sie die Ausdrücke in Klauseln um.
2. Leiten Sie alle aus den Axiomen folgenden logischen Ausdrücke ab und zeichnen Sie den zugehörigen Ableitungsgraphen.
3. Führen Sie den Beweis unter Anwendung der Unit-preference-Strategie, der Input-preference-Strategie sowie der Set-of-support-Strategie und kennzeichnen Sie jeweils denjenigen Teil des im ersten Schritt ermittelten Ableitungsgraphen, der bei Verwendung dieser Suchstrategien als Suchgraph gebildet wird. Bei welcher Suchstrategie erhält man den Beweis mit den wenigsten Inferenzen? □

**Aufgabe 7.16** *Widerspruchsvollständigkeit der Resolutionswiderlegung*

Erläutern Sie mit Hilfe der Axiomenmenge

$$p$$
$$\neg p \vee q$$

und der Behauptung $q \vee r$, dass das Beweisverfahren, das auf der Resolutionsregel und der Set-of-Support-Suchstrategie beruht, zwar nicht vollständig, aber widerspruchsvollständig ist. □

## 7.5 Anwendungsbeispiel: Verifikation von Steuerungen

Ein wichtiges technisches Anwendungsgebiet der Logik ist die Verifikation von Steuerungen. Dabei soll geprüft werden, ob das aus einem technischen Prozess und einer Steuerungseinrichtung bestehende Gesamtsystem die gestellten Spezifikationen erfüllt (Abb. 7.10 (links)). Dafür wird das dynamische Verhalten des gesteuerten Prozesses durch die Folge der Zustände beschrieben, die man beispielsweise durch einen im rechten Teil der Abbildung gezeigten Graphen darstellen kann. Die Knoten $z_i$ des Graphen beschreiben die Zustände und die gerichteten Kanten die möglichen Zustandsübergänge. In der Automatentheorie wird ein solcher Graph als Zustandsgraph oder Automatengraph bezeichnet.

Zur Beschreibung des Systemverhaltens wird jedem Zustand $z_i$ eine logische Formel $\mathcal{F}(z_i)$ zugeordnet, die je nach der verwendeten Darstellungsweise ein logischer Ausdruck oder eine Menge von Klauseln ist. Die Verifikation besteht in der Überprüfung, ob diese Formeln für alle Zustände die Spezifikation erfüllen.

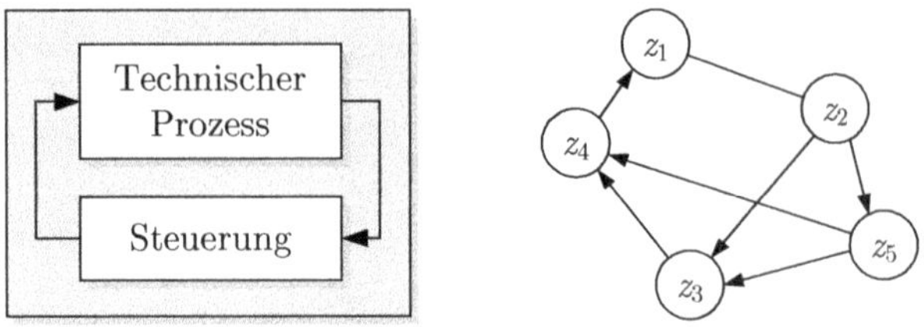


**Abb. 7.10:** Verifikation von Steuerungen

Im Folgenden wird angenommen, dass der Zustandsgraph gegeben ist. Er wird typischerweise aus einer Beschreibung des technischen Prozesses und der Steuerung auf formalem Wege gewonnen, beispielsweise durch die Verknüpfung der beide Komponenten beschreibenden Automaten. Die Spezifikation ist durch eine Formel $s$ dargestellt, die in jedem Zustand gelten soll, d. h., es wird gefordert, dass das System die Bedingung

$$\mathcal{F}(z_i) \models s \quad \text{für alle } i$$

erfüllt. Entsprechend der Definition 7.3 muss jedes Modell von $\mathcal{F}(z_i)$ auch ein Modell von $s$ sein, damit diese Forderung erfüllt ist. Die Verifikation wird also durch eine Überprüfung aller Modelle der den Zuständen zugeordneten Formeln ausgeführt, was auf die auch im Deutschen verwendete Bezeichnung *Model Checking* führt.

Die in diesem Kapitel behandelten Methoden haben gezeigt, wie man diese Aufgabe löst: Man fügt die negierte Spezifikation $\neg s$ zur Formelmenge $\mathcal{F}(z_i)$ hinzu und beweist, dass die dabei entstehende Formelmenge widersprüchlich ist. Dies führt bei der Verifikation häufig auf sehr einfache Aufgaben, weil die Menge $\mathcal{F}(z_i)$ typischerweise wenige Klauseln enthält. Die Verifikationsaufgabe wird aber wesentlich schwieriger, wenn die Spezifikation nicht durch eine Formel $s$ beschrieben wird, die durch alle Zustände $z_i$ einzeln zu erfüllen ist, sondern sich auf die Folge von Zuständen bezieht, weil beispielsweise gefordert wird, dass ein Getränkeautomat erst das Geld für ein Getränk kassiert, bevor er in einem späteren Zustand das gewünschte Getränk ausgibt.

**Beispiel 7.10** *Verifikation einer Ampelsteuerung*

Es wird die Steuerung der beiden in Abb. 7.11 dargestellten Verkehrsampeln betrachtet, bei der die Ampel an der Straßenkreuzung nach einem Takt gesteuert wird, während die Fußgängerampel nur dann die Fahrbahn zeitweise sperrt, wenn ein Fußgänger dies wünscht. Der Zustand der Ampeln wird durch Aussagesymbole $fgrün$, $fgelb$, $frot$, $frotgelb$ und $kgrün$, $kgelb$, $krot$, $krotgelb$ beschrieben, wobei sich die Bedeutung der Aussagen aus den gewählten Symbolen ablesen lässt:

$fgrün$ = „Die Fußgängerampel ist für die Fahrzeuge grün."
$kgrün$ = „Die Ampel an der Kreuzung ist grün."
usw.

Die Spezifikation fordert, dass die Fußgängerampel nicht den durch die Kreuzungsampel freigegebenen Verkehrsfluss behindert. Es muss in allen Zuständen also gelten:

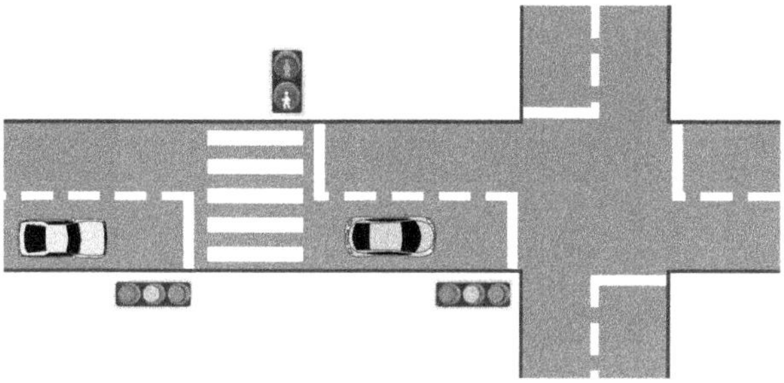

**Abb. 7.11:** Zwei gesteuerte Ampeln

$$s = \neg((fgelb \vee frot \vee frotgelb) \wedge kgrün).$$

Es wird eine Steuerung betrachtet, die für die Kreuzungsampel nach einem Zeittakt die übliche Zustandssequenz $krot - krotgelb - kgrün - kgelb - krot$ erzeugt und die Fußgängerampel nur dann von $fgrün$ in $fgelb$ umschalten lässt, wenn die Kreuzungsampel im Zustand $kgelb$ ist. Der dadurch entstehende Zustandsgraph für die beiden Ampeln ist in Abb. 7.12 gezeigt.

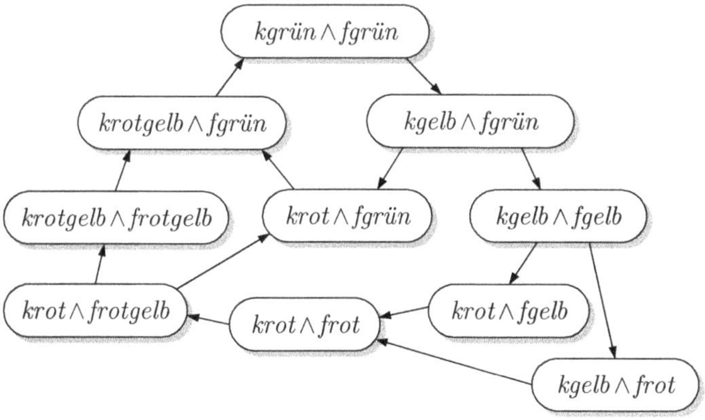


**Abb. 7.12:** Modell der zwei Ampeln

Zusätzlich zu den in der Abbildung angegebenen Formeln, die spezifisch für die angebenen Zustände sind, gilt für alle Zustände gemeinsam eine Formelmenge, die aussagt, dass beide Ampeln immer nur in einem der Zustände „grün“, „gelb“, „rot“ oder „rotgelb“ sein können

$$\begin{aligned} & krot \wedge \neg krotgelb \wedge \neg kgrün \wedge \neg kgelb \\ \vee\; & \neg krot \wedge krotgelb \wedge \neg kgrün \wedge \neg kgelb \\ \vee\; & \neg krot \wedge \neg krotgelb \wedge kgrün \wedge \neg kgelb \\ \vee\; & \neg krot \wedge \neg krotgelb \wedge \neg kgrün \wedge kgelb \end{aligned}$$

und dasselbe für die Fußgängerampel.

Das Model Checking erfolgt dadurch, dass die negierte Spezifikation

$$\neg s = ((fgelb \vee frot \vee frotgelb) \wedge kgrün)$$

nacheinander für alle Zustände zu den in den betreffenden Zustand gültigen Formeln hinzugefügt und die leere Klausel erzeugt wird. Für den Zustand $krot \wedge frot$ muss dabei die Widersprüchlichkeit der Formelmenge

$$\begin{array}{l} krot \\ frot \end{array}$$

$$\begin{array}{l} krot \vee krotgelb \vee kgrün \vee kgelb \\ \neg krot \vee \neg krotgelb \\ \neg krot \vee \neg kgrün \\ \neg krot \vee \neg kgelb \\ \neg krotgelb \vee \neg kgrün \\ \neg krotgelb \vee \neg kgelb \\ \neg kgrün \vee \neg kgelb \end{array}$$

$$\begin{array}{l} frot \vee frotgelb \vee fgrün \vee fgelb \\ \neg frot \vee \neg frotgelb \\ \neg frot \vee \neg fgrün \\ \neg frot \vee \neg fgelb \\ \neg frotgelb \vee \neg fgrün \\ \neg frotgelb \vee \neg fgelb \\ \neg fgrün \vee \neg kgelb \end{array}$$

$$\begin{array}{l} fgelb \vee frot \vee frotgelb \\ kgrün \end{array}$$

bewiesen werden, wobei die letzten zwei Zeilen die negierte Spezifikation wiedergeben. Die darüber stehenden Formeln beschreiben in Klauselform, dass beide Ampeln zu jedem Zeitpunkt nur in einem ihrer Zustände sein können. Der Widerspruch entsteht aus den Formeln $kgrün$, $\neg krot \vee \neg kgrün$ und $krot$. Auf ähnlichem Wege kann die Gültigkeit der Spezifikation für alle anderen Zustände nachgewiesen werden. □

**Aufgabe 7.17*** *Verifikation der Steuerung eines Geldautomaten*

Zeichnen Sie den Zustandgraphen eines Geldautomaten, wie Sie ihn von der Bedienung her kennen und verifizieren Sie, dass die in der Aufgabe 1.2 auf S. 25 vorgegebenen Spezifikationen für den von Ihnen modellierten Geldautomaten eingehalten werden. Welche Heuristik ist für die Durchführung des Beweises zweckmäßig? Durch welche Maßnahmen kann die Darstellung des Zustandsgraphen und der Spezifikation gegenüber der im Beispiel 7.10 verwendeten Form vereinfacht werden? □

## Literaturhinweise

Die Wahrheitstafel wurde 1921 von POST eingeführt [96].

Das Resolutionsprinzip wurde 1965 von ROBINSON in [100] vorgeschlagen. Eines der ersten Bücher zur logikbasierten Wissensverarbeitung wurde 1973 von CHANG und LEE geschrieben [15]. Seit dieser Zeit sind die logischen Grundlagen der Künstlichen Intelligenz in allen Lehrbüchern sowie in Monografien über dieses Gebiet dargelegt, u. a. in [5, 7, 27, 32, 40, 42, 61, 84, 102, 107]. Für Einzelheiten zur Korrektheit, Vollständigkeit und Entscheidbarkeit des Aussagenkalküls siehe z. B. [27]. Der *connection graph* wurde in [61] eingeführt.

Heuristische Suchstrategien für die Beweisverfahren wurden in [131, 132] vorgeschlagen. Eine Übersicht über die hier behandelten und weitere Verfahren ist in [40] zu finden.

Die Verifikation diskreter Systeme durch Model Checking ist ausführlich in [1] beschrieben.

# 8 Prädikatenlogik

*Die Prädikatenlogik bietet die Möglichkeit, allgemeingültige Ausdrücke zu formulieren, die für eine Klasse von Individuen gelten. Dieses Kapitel zeigt, wie der Resolutionskalkül dementsprechend erweitert werden muss und welchen Vorteil diese Erweiterung gegenüber der aussagenlogischen Behandlung technischer Probleme mit sich bringt.*

## 8.1 Grundlagen der Prädikatenlogik

### 8.1.1 Prädikate, logische Ausdrücke und Aussageformen

Die Erweiterung der Aussagenlogik zur Prädikatenlogik verfolgt zwei Ziele. Erstens soll es möglich sein, Variablen für die Individuen eines Gegenstandsbereichs einzuführen, um Aussagen formulieren zu können, die sich nicht nur auf Einzelobjekte, sondern auf eine ganze Klasse von Objekten beziehen. In der Aussagenlogik kann man dies nur, indem man den betreffenden Sachverhalt für alle Objekte einzeln beschreibt. Jetzt sollen sich Aussagen auf Variablen beziehen, für die man die einzelnen Objekte nacheinander einsetzen kann. Zweitens soll es bei prädikatenlogischen Ausdrücken möglich werden, die Struktur der Aussagen bei der Verarbeitung zu berücksichtigen.

Die *Terme* der Prädikatenlogik sind Bezeichnungen für die Dinge des betrachteten Grundbereichs (Individuenbereichs) $\mathcal{I}$, aus dem die Objekte stammen, über die etwas ausgesagt wird. Terme sind Konstante, Variablen oder Funktionen:

- **Konstante** (Entitäten) benennen konkrete Dinge des Individuenbereichs. So steht z. B. aggregat1 für eine bestimmte Maschine oder alarm5 für eine bestimmte Alarmmeldung. Die Menge der Konstanten wird mit $\mathcal{K}$ bezeichnet, ihre Elemente typischerweise mit kleinen Buchstaben.
- **Variablen** (Individuenvariablen) repräsentieren ein beliebiges Element des Grundbereichs, ohne dieses explizit zu benennen. In diesem Kapitel werden kursive Großbuchstaben wie $X, Y$ und $Z$ zur Bezeichnung von Variablen verwendet.
- **Funktionen** $f(t_1, \ldots, t_n)$ beschreiben Zuordnungen zwischen Objekten. Dabei sind die Argumente $t_1, \ldots, t_n$ Terme, denen durch die Funktion $f$ ein Objekt des Grundbereichs zugewiesen wird. So ordnet z. B. die Funktion $ziel(X)$ jeder Kante $X$ eines gerichteten Graphen den Endknoten der Kante $X$ zu. Funktionen werden durch kleine kursive Buchstaben symbolisiert.

Unter einem *Prädikat* versteht man eine Aussage über die Objekte des Grundbereichs und deren Beziehungen zueinander, die auf das Erfülltsein einer Eigenschaft dieser Objekte zurückgeführt wird. Ein Prädikat

$$\mathrm{P}(t_1, \ldots, t_n) \tag{8.1}$$

wird als Aussage „Die Eigenschaft P gilt für die Terme $t_1, \ldots, t_n$" gedeutet. P heißt Funktor (Prädikatsymbol, Prädikatname).

In der Prädikatenlogik stellen die Prädikate (8.1) die Atome der logischen Ausdrücke dar. Ein Ausdruck nach Gl. (8.1) heißt deshalb auch Primformel. Sind alle Argumente $t_i$ eines Prädikats Konstante, so stellt der Ausdruck $\mathrm{P}(t_1, \ldots, t_n)$ eine Aussage dar, die wie eine Aussage der Aussagenlogik einen Wahrheitswert hat. Durch ihre Darstellung mit Hilfe des Prädikats ist bei dieser Aussage jedoch – im Unterschied zu den Atomen der Aussagenlogik – die innere Struktur bekannt, denn es ist offensichtlich, welcher Prädikatsname verwendet wird und auf welche Argumente er angewendet wird. Diese Information sagt mehr aus als ein einzelnes Aussagesymbol, das in der Aussagenlogik zur Darstellung desselben Sachverhaltes verwendet wird.

Stehen Variablen in einer Primformel, so besitzt die Formel keinen Wahrheitswert, denn der Inhalt der Formel ändert sich je nach der Belegung der Variablen mit den Konstanten des Individuenbereichs. Man nennt die Formel dann eine *Aussageform*.

Um Variablen von Prädikatsnamen und Konstanten zu unterscheiden, werden in den Beispielen Variablen durch kursive Großbuchstaben und Prädikatsnamen und Konstante durch steile Buchstaben oder Zeichenketten symbolisiert.

**Beispiel 8.1** *Prädikatenlogische Beschreibung eines Rechnernetzes*

In dem in Abb. 8.1 gezeigten Rechnernetz sind für die Kommunikationsverbindungen die Kopplungen zwischen den Computern $\mathrm{c}_i$ und den Switches $\mathrm{s}_i$ durch Prädikate darzustellen. Die Rechner haben die Namen Mars, Venus und Jupiter. Der Grundbereich besteht aus den Konstanten

$$\mathcal{K} = \{\mathrm{c}_1, \mathrm{c}_2, \mathrm{c}_3, \mathrm{s}_1, \mathrm{s}_2, \mathrm{mars}, \mathrm{venus}, \mathrm{jupiter}\},$$

die die Netzknoten und die Rechner bezeichnen.

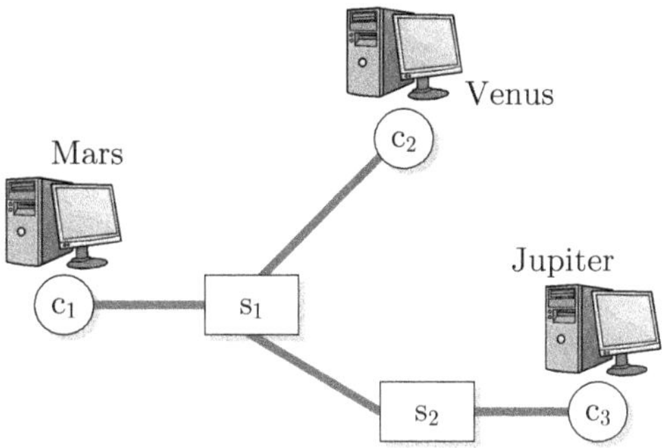


**Abb. 8.1:** Einfaches Rechnernetz

Das einstellige Prädikat Rechner($X$) wird eingeführt, um darzustellen, welche Elemente der Menge $\mathcal{K}$ einen Rechnernamen bezeichnen:

$$\begin{aligned}&\text{Rechner(mars)}\\&\text{Rechner(venus)}\\&\text{Rechner(jupiter)}.\end{aligned}$$

Die aufgeführten Aussagen sind wahr.

Mit dem Prädikat

$$\text{Kante}(X,\ Y) \tag{8.2}$$

wird eine Verbindung zwischen den durch die Variablen $X$ und $Y$ dargestellten Knoten beschrieben. Die Primformel (8.2) ist eine Aussageform und keine Aussage, weil sie Variablen enthält. Sie hat deshalb keinen Wahrheitswert. Wenn man die Variablen mit Konstanten der Menge $\mathcal{K}$ belegt, erhält man beispielsweise folgende Aussagen, die wahr sind:

$$\text{Kante}(\mathrm{c}_1, \mathrm{s}_1) \tag{8.3}$$

$$\text{Kante}(\mathrm{s}_1, \mathrm{c}_2) \tag{8.4}$$

$$\text{Kante}(\mathrm{s}_1, \mathrm{s}_2) \tag{8.5}$$

$$\text{Kante}(\mathrm{s}_2, \mathrm{c}_3). \tag{8.6}$$

Mit Kante($\mathrm{c}_1, \mathrm{s}_2$) kann aus der Primformel (8.2) aber auch eine falsche Aussage entstehen.

Die Funktion $f$ wird verwendet, um den Rechnern den Knoten des Rechnernetzes zuzuordnen, an dem sie angeschlossen sind:

$f =$ (8.7)

| Rechnername | Knotenname |
|---|---|
| mars | $\mathrm{c}_1$ |
| venus | $\mathrm{c}_2$ |
| jupiter | $\mathrm{c}_3$ |

Das heißt, es gilt beispielsweise $\mathrm{c}_1 = f(\text{mars})$. □

**Wahrheitswert.** Sind sämtliche Argumente $t_1, \ldots, t_n$ eines Prädikats mit Konstanten belegt, so hat P($t_1, \ldots, t_n$) entweder den Wahrheitswert T oder F. Für die Zuordnung des Wahrheitswertes zu den Aussagen kann dasselbe Symbol $B$ wie bei der Aussagenlogik verwendet werden, so dass für das Beispiel

$$B(\text{Kante}(\text{c}_1,\,\text{s}_1)) = \text{T}$$
$$B(\text{Kante}(\text{c}_1,\,\text{s}_2)) = \text{F}$$

gilt.

In die Definition eines Prädikats geht die Anzahl der Argumente ein, die als Stelligkeit bezeichnet wird. Einstellige Prädikate $\text{P}(t_1)$, wie z. B. Rechner$(X)$, können verwendet werden, um die im Grundbereich $\mathcal{I}$ vorhandenen Objekte in disjunkte Mengen $\mathcal{M}_1$ und $\mathcal{M}_2$, sogenannte Sorten, zu unterteilen. $X$ gehört zu $\mathcal{M}_1$, wenn $\text{P}(X)$ wahr ist, andernfalls zu $\mathcal{M}_2$:

$$\mathcal{M}_1 = \{X : \text{P}(X) = \text{T}\} \tag{8.8}$$
$$\mathcal{M}_2 = \{X : \text{P}(X) = \text{F}\}. \tag{8.9}$$

**Prädikatenlogische Ausdrücke.** Die Prädikate können mit denselben Junktoren $\wedge$, $\vee$, $\neg$, $\Rightarrow$ und $\Leftrightarrow$ verknüpft werden wie Aussagen der Aussagenlogik. Die Junktoren haben auch dieselbe Bedeutung für den Wahrheitswert (vgl. (7.7)). Darüber hinaus gibt es *Quantoren*, die die Gültigkeit der in den Prädikaten stehenden Variablen spezifizieren:

$\forall\, X$ „Für alle $X$ gilt:" (All-Quantor)
$\exists\, X$ „Es existiert ein $X$, für das gilt:" (Existenz-Quantor).

Bezeichnet $\text{N}(X)$ das Prädikat „$X$ ist eine natürliche Zahl." und positiv$(X)$ das Prädikat „$X$ ist eine positive reelle Zahl.", so gilt offenbar

$\forall X\ \text{N}(X) \Rightarrow \text{positiv}(X)$
„Für alle $X$ gilt: Wenn $X$ eine natürliche Zahl ist, so ist $X$ eine positive reelle Zahl."

Ein Beispiel für die Verwendung des Existenz-Quantors ist

$\exists X\ \text{Kante}(\text{c}_1, X)$.
„Es gibt einen Knoten $X$, zu dem eine Kante von $\text{c}_1$ führt."

(vgl. Gl. (8.2)).

In der Prädikatenlogik der ersten Stufe, auf die sich alle folgenden Ausführungen beziehen, dürfen nur Individuenvariable quantifiziert werden und es ist nicht zugelassen, mit unbekannten Beziehungen X zwischen Objekten zu arbeiten wie in

$\exists\text{X}\ \text{X}(\text{n}_1, \text{n}_2)$
„Es gibt ein Prädikat X, das für $\text{n}_1$ und $\text{n}_2$ wahr ist."

Es wird zwischen freien und gebundenen Variablen unterschieden. Eine Variable ist gebunden, wenn sie sich im Gültigkeitsbereich eines Quantors befindet, der sich auf diese Variable bezieht. Andernfalls heißt die Variable frei.[1]

[1] Eine für Ingenieure geläufige Analogie findet man in der Integralrechnung. In dem Ausdruck $\int_0^x f(\tau)\,\text{d}\tau$ ist die Variable $\tau$ gebunden und die Variable $x$ frei, so dass das Ergebnis eine Funktion von $x$, aber keine Funktion von $\tau$ ist.

Die *Ausdrücke* der Prädikatenlogik setzen sich nach folgenden Regeln aus Prädikaten, Termen, Junktoren und Quantoren zusammen (vgl. Definition 7.1 auf S. 188):

- Ist P der Funktor eines $n$-stelligen Prädikats und sind $t_1, \ldots, t_n$ Terme, so ist $\mathrm{P}(t_1, t_2, \ldots, t_n)$ ein Ausdruck.
- Ist $p$ ein Ausdruck, so ist $\neg p$ ein Ausdruck.
- Sind $p$ und $q$ Ausdrücke, so sind $(p \wedge q)$, $(p \vee q)$, $(p \Rightarrow q)$ und $(p \Leftrightarrow q)$ Ausdrücke.
- Ist $p$ ein Ausdruck mit der freien Variablen $X$, so sind $(\forall X\ p)$ und $(\exists X\ p)$ Ausdrücke.

Auf Klammern wird in prädikatenlogischen Ausdrücken soweit wie möglich verzichtet.

Der Gültigkeitsbereich von Variablen ist der betreffende Ausdruck. Innerhalb eines Ausdrucks bezeichnen Variablen gleichen Namens dasselbe Objekt. Demgegenüber ist über die Beziehung zwischen den Variablen gleichen oder verschiedenen Namens in unterschiedlichen Ausdrücken nichts bekannt. Die Namen der Variablen können beliebig vertauscht werden. Dies nutzt man aus, um durch eine Veränderung von Variablennamen zu verhindern, dass verschiedene Variablen auf Grund ihres zufälligerweise gleich gewählten Namens bei einer Kombination von Ausdrücken fälschlicherweise gleichgesetzt werden.

Zusätzlich zu den für die Aussagenlogik angegebenen logischen Gesetzen gelten in der Prädikatenlogik Gesetze, die sich auf die Quantoren beziehen, beispielsweise die folgenden:

$$
\begin{aligned}
\neg(\forall X\ \mathrm{P}(X)) &= \exists X\ (\neg \mathrm{P}(X)) \\
\neg(\exists X\ \mathrm{P}(X)) &= \forall X\ (\neg \mathrm{P}(X)) \\
(\forall X\ \mathrm{P}(X)) \wedge (\forall X\ \mathrm{Q}(X)) &= \forall X\ (\mathrm{P}(X) \wedge \mathrm{Q}(X)).
\end{aligned}
$$

**Aussageformen.** Ausdrücke mit freien Variablen stellen *Aussageformen* dar, die keinen Wahrheitswert besitzen. Werden freie Variablen durch Konstante des Individuenbereichs ersetzt, entsteht aus der Aussageform eine Aussage mit genau einem der Wahrheitswerte „wahr“ oder „falsch“. So ist der Ausdruck Kante$(X, Y)$ eine Aussageform, aus der mit $X = \mathrm{c}_1$ und $Y = \mathrm{s}_1$ die wahre Aussage Kante$(\mathrm{c}_1, \mathrm{s}_1)$ oder mit $X = \mathrm{c}_1$ und $Y = \mathrm{s}_2$ die falsche Aussage Kante$(\mathrm{c}_1, \mathrm{s}_2)$ entsteht (Abb. 8.1).

Eine Aussageform heißt allgemeingültig, wenn sie für alle Interpretationen der freien Variablen als Dinge des Grundbereichs zu einer wahren Aussage führt. positiv$(X)$ ist eine solche allgemeingültige Aussageform, wenn als Individuenbereich die Menge der natürlichen Zahlen zugrunde gelegt wird ($\mathcal{I} = \mathbb{N}$). Da die mathematisch exakte Einführung der *Belegung* einer Aussageform die vorherige Definition weiterer Begriffe notwendig macht, soll hier lediglich darauf hingewiesen werden, dass dieser Begriff für Ausdrücke mit freien Variablen nur angewendet werden kann, wenn die Aussageform allgemeingültig ist und folglich ihr Wahrheitswert nicht davon abhängt, welche Konstanten für die Variablen eingesetzt werden.

**Beispiel 8.1 (Forts.)** *Prädikatenlogische Beschreibung eines Rechnernetzes*

Um eine Verbindung zwischen zwei Rechnern herstellen zu können, muss es im betrachteten Rechnernetz einen Pfad vom Knoten des ersten Rechners zum Knoten des zweiten Rechners geben. Um dies zu beschreiben, wird das Prädikat Pfad eingeführt:

$$\forall X\ \forall Y \quad \text{Kante}(X,Y) \Rightarrow \text{Pfad}(X,Y) \tag{8.10}$$

$$\forall X\ \forall Y\ \forall Z \quad \text{Pfad}(X,Y) \wedge \text{Kante}(Y,Z) \Rightarrow \text{Pfad}(X,Z). \tag{8.11}$$

Die erste Formel besagt, dass es einen Pfad zwischen den Knoten $X$ und $Y$ gibt, wenn es eine Kante zwischen diesen Knoten gibt. Die zweite Formel beschreibt die Tatsache, dass es einen Pfad zwischen den Knoten $X$ und $Z$ gibt, wenn es einen Pfad von $X$ zu einem Knoten $Y$ gibt und eine Kante zwischen $Y$ und $Z$. Zwei Rechner mit den Namen $R_1$ und $R_2$ sind über das Netz verbunden, wenn es zwischen den ihnen zugeordneten Knoten $f(R_1)$ und $f(R_2)$ einen Pfad gibt:

$$\forall R_1\ \forall R_2\ \text{Rechner}(R_1) \wedge \text{Rechner}(R_2) \wedge \text{Pfad}(f(R_1), f(R_2)) \Rightarrow \text{verbunden}(R_1, R_2). \tag{8.12}$$

Diese Ausdrücke zeigen sehr anschaulich, dass man Beziehungen, die für sehr viele Objekte zutreffen, unter Verwendung der in der Prädikatenlogik zugelassenen Variablen sehr effizient formulieren kann. Um dieselben Sachverhalte mit aussagenlogischen Mitteln darzustellen, müsste man nicht nur für die Beschreibung der Kanten durch die Gln. (8.3) – (8.6), sondern auch für alle möglichen Pfade getrennte Aussagesymbole einführen, beispielsweise

$$c1s1 = \text{„Es gibt einen Pfad zwischen } \mathrm{c}_1 \text{ und } \mathrm{s}_1.\text{“}$$
$$s1s2 = \text{„Es gibt einen Pfad zwischen } \mathrm{s}_1 \text{ und } \mathrm{s}_2.\text{“}$$
usw.

und anschließend für alle Pfade einzeln aufschreiben, welche Kanten welche Pfade bilden.

Die Pfaddarstellung (8.10), (8.11) erfolgt durch Implikationen, die – wie es für die Aussagenlogik ausführlich erläutert wurde (vgl. Beispiel 7.1) – sich nicht in dem Sinne umkehren lassen, dass aus der Existenz eines Pfades auf die Existenz von Kanten geschlossen werden kann. Wenn man weiß, dass es einen Pfad zwischen den Knoten $X$ und $Y$ gibt und auf die dafür vorhandenen Kanten schließen will, so muss man die angegebenen Beziehungen „umdrehen“, was auf den Ausdruck

$$\forall X\ \forall Y\ \ (\text{Pfad}(X,Y) \Rightarrow \text{Kante}(X,Y) \vee (\exists Z\ \text{Pfad}(X,Z) \wedge \text{Kante}(Z,Y))) \tag{8.13}$$

führt. □

### 8.1.2 Prädikatenlogische Ausdrücke in Klauselform

Wie in der Aussagenlogik spielen Ausdrücke in Klauselform eine besondere Rolle, da aus ihnen Schlussfolgerungen besonders effizient hergeleitet werden können. Klauseln sind Ausdrücke der Form

$$A_1 \vee A_2 \vee \ldots \vee A_n, \tag{8.14}$$

wobei die Symbole $A_i$ Literale, also negierte oder unnegierte Atome der Form (8.1), darstellen. Sämtliche Variablen sind durch All-Quantoren gebunden, die beim Aufschreiben der Klauseln weggelassen werden. Da beliebige prädikatenlogische Ausdrücke in eine Menge von Klauseln umgeformt werden können, ist die Einschränkung der Ausdrücke auf Klauselform keine Einschränkung der Ausdruckskraft der Prädikatenlogik.

Es wird vereinbart, dass alle aufgeschriebenen Klauseln allgemeingültige Aussageformen sind, jede Klausel also so zu verwenden ist, als ob vor ihr für alle Variablen der All-Quantor steht und bei einer beliebigen Belegung der Variablen mit Konstanten aus dem betrachteten Individuenbereich eine wahre Aussage entsteht.

Um auf diese Standardform prädikatenlogischer Ausdrücke zu kommen, muss man drei Umformungsschritte durchführen:

---

**Algorithmus 8.1** *Überführung prädikatenlogischer Ausdrücke in Klauselform*

**Gegeben:** Prädikatenlogischer Ausdruck

1. Forme den Ausdruck in eine Prenex-Form um, bei der alle Quantoren ganz links stehen.
2. Überführe den verbleibenden Ausdruck ohne Quantoren unter Verwendung von Algorithmus 7.2 in seine konjunktive Normalform.
3. Eliminiere die Existenzquantoren, indem die betreffenden Variablen durch Funktionen der übrigen Variablen dargestellt werden. Diesen Umformungsschritt bezeichnet man als „Skolemisierung“.

**Ergebnis:** Konjunktiv verknüpfte Klauseln

---

**Beispiel 8.2** *Umformung eines prädikatenlogischen Ausdrucks in Klauselform*

Algorithmus 8.1 wird jetzt für den prädikatenlogischen Ausdruck (8.13) angewendet.

1. Bei diesem Beispiel können die Quantoren ohne weitere Veränderung des Ausdrucks nach links verschoben werden:

$$\forall X\ \forall Y\ \exists Z\ \ (\text{Pfad}(X,Y) \Rightarrow \text{Kante}(X,Y) \vee (\text{Pfad}(X,Z) \wedge \text{Kante}(Z,Y)))\,. \tag{8.15}$$

2. Mit Hilfe des Algorithmus 7.2 erhält man die Beziehung

$$\begin{aligned}&\text{Pfad}(X,Y) \Rightarrow \text{Kante}(X,Y) \vee (\text{Pfad}(X,Z) \wedge \text{Kante}(Z,Y))\\ &= \text{Kante}(X,Y) \vee (\text{Pfad}(X,Z) \wedge \text{Kante}(Z,Y)) \vee \neg\text{Pfad}(X,Y)\\ &= (\text{Kante}(X,Y) \vee \text{Pfad}(X,Z) \vee \neg\text{Pfad}(X,Y))\\ &\quad \wedge (\text{Kante}(X,Y) \vee \text{Kante}(Z,Y) \vee \neg\text{Pfad}(X,Y)).\end{aligned}$$

3. Der Existenzquantor für die Variablen $Z$ kann dadurch entfernt werden, dass man die Variablen durch eine Funktion $Z = f(X,Y)$ in Abhängigkeit von der auf der Ebene dieses Existenzquantors noch freien Variablen $X$ und $Y$ darstellt:

$$\begin{aligned}\forall X\ \forall Y\quad &(\text{Kante}(X,Y) \vee \text{Pfad}(X, f(X,Y)) \vee \neg\text{Pfad}(X,Y))\\ &\wedge (\text{Kante}(X,Y) \vee \text{Kante}(f(X,Y),Y) \vee \neg\text{Pfad}(X,Y)).\end{aligned}$$

Die Wahl von $Z$ kann der Funktion $f$ entsprechend von den Variablen $X$ und $Y$ abhängen, aber der Existenzquantor verlangt, dass es zu jedem Paar $X, Y$ ein derartiges $Z$ gibt. Diese Zuordnung wird durch die Funktion $f$ ausgedrückt.

In den Klauseln, die wie in der Aussagenlogik untereinander geschrieben werden, wird der All-Quantor weggelassen, so dass die hier betrachtete Formel (8.15) in Klauselform folgendermaßen aussieht:

$$\text{Kante}(X, Y) \vee \text{Pfad}(X, f(X, Y)) \vee \neg\text{Pfad}(X, Y)$$
$$\text{Kante}(X, Y) \vee \text{Kante}(f(X, Y), Y) \vee \neg\text{Pfad}(X, Y). \;\square$$

### 8.1.3 Semantik prädikatenlogischer Ausdrücke

Wie in der Aussagenlogik wird die Bedeutung logischer Ausdrücke der Prädikatenlogik durch die Zuordnung von Elementen eines Individuenbereichs zu den in den Ausdrücken vorkommenden Konstanten und Variablen zum Ausdruck gebracht (Interpretation) und schlägt sich in den Wahrheitswerten der Aussagen nieder. Diese Zuordnung kann wegen des Vorhandenseins von Variablen sehr vielfältig sein. Eine Primformel $\text{P}(t_1, ..., t_n)$ hat bekanntlich nur dann einen Wahrheitswert, wenn alle Terme $t_1, ..., t_n$ mit Konstanten belegt sind. Die Zuordnung von Konstanten zu den Argumenten kann über viele Stufen erfolgen, weil die Terme $t_i$ Funktionen anderer Funktionen sein können, deren Argumente schließlich universell quantisierte Variablen sind.

Was man tun muss, um Modelle eines prädikatenlogischen Ausdrucks $f$ zu finden oder – wie beim Widerspruchsbeweis – die Unerfüllbarkeit eines Ausdrucks nachzuweisen, wird im Folgenden an der Klauseldarstellung des Ausdrucks soweit beschrieben, wie es für das Verständnis des Prädikatenkalküls notwendig ist. Man führt beides auf die Betrachtung von *Grundklauseln* zurück. Dies sind Klauseln, in denen allen Variablen eine Konstante aus dem Grundbereich zugeordnet ist. Man kann sich nun vorstellen, dass man alle aus einer Formel mit Variablen erzeugbaren Grundklauseln bildet und für alle Belegungen der darin auftretenden Primformeln den Wahrheitswert des betrachteten Ausdrucks $f$ bestimmt. Je nach dem Untersuchungsziel kann man auf diese Weise die Modelle der Formel $f$ ermitteln bzw. überprüfen, ob die Formel $f$ erfüllbar ist.

Es ist offensichtlich, dass diese Vorgehensweise noch viel komplexer ist als die Wahrheitstafelmethode für die Ermittlung von Modellen aussagenlogischer Ausdrücke, denn hier entsteht die Komplexität nicht nur aus der Vielfalt von Belegungen von Aussagesymbolen, sondern vorher bereits durch die Vielzahl der in einer Formel enthaltenen Grundklauseln. Damit ist klar, dass bei prädikatenlogischen Formeln die Verwendung von Inferenzregeln für das Beweisen eines Theorems noch zwingender ist als in der Aussagenlogik.

**Aufgabe 8.1** *Prädikatenlogische Wissenspräsentation*

Stellen Sie folgende Sachverhalte als prädikatenlogische Ausdrücke dar:

- In einer verfahrenstechnischen Anlage können die Reaktoren gefüllt oder leer sein.
- In einer elektrischen Schaltung sind an allen Knoten, die nicht die Klemmen der Schaltung darstellen, mindestens zwei Bauelemente angeschlossen.
- Jedes Fahrzeug besitzt einen Motor. Wenn das Fahrzeug einen Benzinmotor ohne Direkteinspritzung hat, besitzt es einen Vergaser.

Überlegen Sie sich weitere Sachverhalte, bei deren prädikatenlogischer Formulierung Variablen zweckmäßig eingesetzt werden können. Wie kann man diese Sachverhalte aussagenlogisch darstellen? □

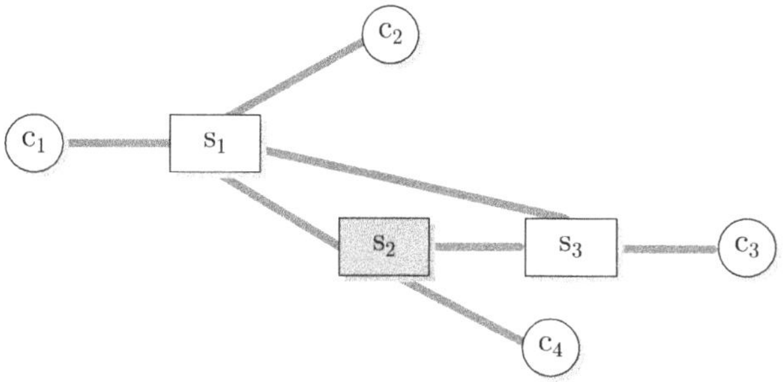


**Abb. 8.2:** Unsicheres Kommunikationsnetz

**Aufgabe 8.2*** *Sicherheit von Rechnernetzen*

Die Sicherheit der Informationsübertragung gegenüber Angreifern hängt in Rechnernetzen von allen beteiligten Komponenten ab: Rechnern, Übertragungswegen, Switches. Wenn auch nur eine auf einem Übertragungsweg liegende Komponente das geforderte Sicherheitsniveau nicht erreicht, ist der gesamte Übertragungsweg unsicher.

Stellen Sie diesen Sachverhalt prädikatenlogisch für das in Abb. 8.2 gezeigte Rechnernetz dar, so dass man mit Ihrer Beschreibung beweisen kann, dass es zwischen den Komponenten $c_1$ und $c_2$ einen sicheren Übertragungsweg gibt, zwischen den Komponenten $c_3$ und $c_4$ jedoch nicht. Wie kann man den Sachverhalt aussagenlogische formulieren? Vergleichen Sie die aussagenlogische mit der prädikatenlogischen Darstellung. □

**Aufgabe 8.3** *Stellplatzverwaltung in einem Parkhaus*

Abbildung 8.3 zeigt den Stellplatzplan eines Parkhauses. Durch Sensoren ist zu jeder Zeit bekannt, welche Stellflächen mit Fahrzeugen belegt sind.

1. Beschreiben Sie die aktuelle Belegung des Parkhauses mit einem geeignet definierten Prädikat „belegt“.
2. Definieren Sie ein Prädikat „grün“, das beschreibt, dass die Ampel an der Einfahrt immer dann auf grün geschaltet wird, wenn mindestens ein Stellplatz frei ist.
3. Erweitern Sie ihre prädikatenlogische Beschreibung des Parkhauses so, dass vermietete Stellplätze nur mit Fahrzeugen des Mieters belegt werden und folglich die Parkhausampel auf rot geschaltet wird, wenn nur noch vermietete Stellplätze frei sind.
4. Vermietete Stellplätze können während der Urlaubszeit des Mieters anderweitig genutzt werden. Erweitern Sie Ihre Beschreibung so, dass dies möglich ist.
5. Fahrzeuge mit Anhänger und Wohnmobile benötigen zwei hintereinander liegende Stellplätze. Definieren Sie ein Prädikat, mit dem geprüft werden kann, ob für Anhängerfahrzeuge entsprechende Stellplätze frei sind. □

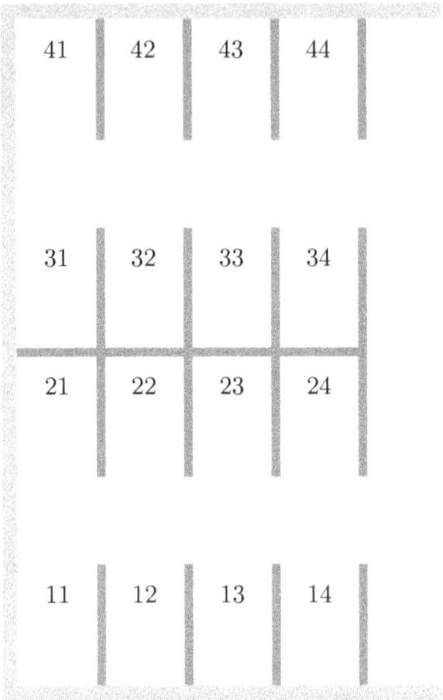


**Abb. 8.3:** Grundriss eines Parkhauses

# 8.2 Prädikatenkalkül

## 8.2.1 Resolutionsregel der Prädikatenlogik

Die für die Aussagenlogik in Gl. (7.52) angegebene Resolutionsregel

$$\frac{\begin{array}{c} A \vee B_1 \vee B_2 \vee \ldots \vee B_n \\ \neg A \vee C_1 \vee C_2 \vee \ldots \vee C_m \end{array}}{B_1 \vee \ldots \vee B_n \vee C_1 \vee \ldots \vee C_m}$$

gilt formal auch für prädikatenlogische Klauseln. Vorausgesetzt wird wie bisher, dass die Literale $A$ und $\neg A$ bis auf das Negationszeichen gleich sind. Klauseln mit komplementären Literalen findet man in der Prädikatenlogik aber häufig nicht in der vorhandenen Klauselmenge, sondern man muss sie erst erzeugen, wie das folgende Beispiel zeigt.

**Beispiel 8.3** *Kommunikationswege in einem Rechnernetz*

Für das im Beispiel 8.1 auf S. 232 betrachtete Rechnernetz soll jetzt gezeigt werden, dass es einen Pfad vom Knoten $c_1$ zum Knoten $s_1$ gibt. Dies kann offensichtlich sehr einfach unter Verwendung der Axiome

$$\begin{array}{l} \text{Kante}(c_1, s_1) \\ \text{Pfad}(X, Y) \vee \neg\text{Kante}(X, Y) \end{array}$$

geschehen, von denen das zweite die Klauseldarstellung der Pfaddefinition (8.10) ist. Die Resolutionsregel kann allerdings nicht sofort angewendet werden, weil in

$$\begin{array}{l}\text{Kante}(\mathrm{c}_1, \mathrm{s}_1)\\ \neg\text{Kante}(X, Y) \vee \text{Pfad}(X, Y)\end{array}$$

die Literale $\text{Kante}(\mathrm{c}_1, \mathrm{s}_1)$ und $\neg\text{Kante}(X, Y)$ nicht komplementär sind. Wenn man sich allerdings ins Gedächtnis zurückruft, dass die zweite Klausel für alle Belegungen der Variablen $X$ und $Y$ gilt, weil die Quantoren $\forall X\ \forall Y$ aus Gl. (8.10) nur vereinbarungsgemäß weggelassen wurden, so kann man die Aussage dieser Klausel dadurch spezieller machen, dass man die Variable $X$ mit dem Wert $\mathrm{c}_1$ und die Variable $Y$ mit dem Wert $\mathrm{s}_1$ belegt. Da die Klausel für beliebige Werte dieser Variablen gilt, ist sie auch für die genannten Variablenwerte richtig. Nach dieser Ersetzung heißen die Klauseln

$$\begin{array}{l}\text{Kante}(\mathrm{c}_1, \mathrm{s}_1)\\ \neg\text{Kante}(\mathrm{c}_1, \mathrm{s}_1) \vee \text{Pfad}(\mathrm{c}_1, \mathrm{s}_1)\end{array}$$

und die Resolution

$$\begin{array}{l}\text{Kante}(\mathrm{c}_1, \mathrm{s}_1)\\ \neg\text{Kante}(\mathrm{c}_1, \mathrm{s}_1) \vee \text{Pfad}(\mathrm{c}_1, \mathrm{s}_1)\\ \hline \text{Pfad}(\mathrm{c}_1, \mathrm{s}_1)\end{array}$$

ergibt das gesuchte Ergebnis $\text{Pfad}(\mathrm{c}_1, \mathrm{s}_1)$. □

Die Erweiterung der Resolutionsregel auf die Prädikatenlogik betrifft also die Behandlung der Variablen und Funktionen in den Literalen. Variablen können durch andere Terme ersetzt werden, weil dabei die Gültigkeit der Aussageform erhalten bleibt.

**Unifikation.** Eine Substitution $\sigma$, durch die zwei Literale komplementär gemacht werden, heißt *Unifikation*. Bei der Unifikation dürfen nur Variablen substituiert werden, während Konstante und Funktionssymbole unverändert bleiben müssen. Natürlich darf auch der Prädikatsname nicht verändert werden.

Die Substitution von Variablen unterliegt keinen Einschränkungen. Die Terme, mit denen Variablen belegt werden, können geschachtelte Funktionen enthalten. Verschiedene Variablen können auch durch denselben Term ersetzt werden. Es muss lediglich darauf geachtet werden, dass in dem eine Variable ersetzenden Term dieselbe Variable nicht wieder auftritt, was man durch Umbenennung von Variablen verhindern kann.

Eine Substitution $\sigma$ wird durch eine Liste beschrieben, in der die Variablen und die für diese Variablen einzusetzenden Terme stehen. Man sage dann, dass die Variablen durch die angegebenen Terme *instantiiert* werden. Um Verwechselungen zu vermeiden, welche Variablen in welchem Literal zu ersetzen ist, werden die Variablen in den beiden betrachteten Literalen vor der Substitution gegebenenfalls umbenannt.

Wenn durch die Substitution komplementäre Literale entstehen, so nennt man die Substitution *Unifikator* oder Substitutionsliste. Beispielsweise lassen sich die Literale

$$\text{P}(X, f(Y)) \quad \text{und} \quad \text{P}(g(Z), f(a))$$

durch folgende Substitutionen unifizieren

$$\begin{array}{ll}\sigma_1: X/g(Z), & Y/a\\ \sigma_2: X/g(b), & Y/a,\ Z/b\\ \sigma_3: X/g(f(a)), & Y/a,\ Z/f(a),\end{array}$$

denn die unifizierten Primformeln, die man mit $\text{P}(X, f(Y))_\sigma$ bzw. $\text{P}(g(Z), f(a))_\sigma$ bezeichnet, erfüllen die Gleichungen

$$\begin{aligned}
\mathrm{P}(X, f(Y))_{\sigma_1} &= \mathrm{P}(g(Z), f(a)) &&= \mathrm{P}(g(Z), f(a))_{\sigma_1} \\
\mathrm{P}(X, f(Y))_{\sigma_2} &= \mathrm{P}(g(b), f(a)) &&= \mathrm{P}(g(Z), f(a))_{\sigma_2} \\
\mathrm{P}(X, f(Y))_{\sigma_3} &= \mathrm{P}(g(f(a)), f(a)) &&= \mathrm{P}(g(Z), f(a))_{\sigma_3}.
\end{aligned}$$

Da die Variablen durch Terme ersetzt werden, die wiederum Variablen enthalten können, muss eine Aussageform nicht wie im Beispiel 8.3 durch die Substitution zu einer Aussage reduziert werden, sondern die Resolution kann auch mit Literalen, die Variablen enthalten, ausgeführt werden. Im ersten Beispiel bleibt mit $Z$ eine Variable in den unifizierten Prädikaten erhalten.

Bei der Unifikation ist man daran interessiert, den *allgemeinsten Unifikator* zu ermitteln, also diejenige Substitutionsliste, für die die Aussage der betrachteten Literale so allgemein wie möglich bleibt. Für das Beispiel ist $\sigma_1$ der allgemeinste Unifikator. Ihn erhält man mit dem folgenden Unifikationsalgorithmus.

---

**Algorithmus 8.2** *Unifikation zweier Literale*

---

**Gegeben:** Literale $A = \mathrm{P}_A(s_1, \ldots, s_m)$ und $B = \mathrm{P}_B(t_1, \ldots, t_n)$, deren Variablen unterschiedlich benannt sind

1. Überprüfe die Prädikatsnamen beider Literale. Wenn sie unterschiedlich sind ($\mathrm{P}_A \neq \mathrm{P}_B$) oder eine unterschiedliche Stelligkeit besitzen ($m \neq n$), lassen sich die Literale nicht unifizieren.

2. Unifiziere die Terme $s_i$ und $t_i$ für $i = 1, 2, ..., n$ folgendermaßen:

   • Wenn $s_i$ und $t_i$ Konstante sind, so sind sie genau dann unifiziert, wenn sie denselben Namen haben; andernfalls lassen sich die Literale $A$ und $B$ nicht unifizieren.

   • Ist $s_i$ eine Variable und $t_i$ ein Term (oder umgekehrt), so sind $s_i$ und $t_i$ nach der Substitution $s_i/t_i$ unifiziert.

   • Sind $s_i = f_s(u_1, ..., u_p)$ und $t_i = f_t(v_1, ..., v_q)$ Funktionen, so lassen sie sich nur unifizieren, wenn sie denselben Namen ($f_s = f_t$) und dieselbe Stelligkeit haben ($p = q$). Unter dieser Voraussetzung werden $s_i$ und $t_i$ unifiziert, indem ihre Argumente $u_i$ und $v_i$, $i = 1, 2, ..., p$ nacheinander entsprechend Schritt 2 unifiziert werden.

**Ergebnis:** Allgemeinste Substitutionsliste, durch die die Literale $A$ und $B$ unifiziert werden (sofern eine solche existiert).

---

Durch die in dem Algorithmus verwendeten Unifikationsregeln ist gesichert, dass der allgemeinste Unifikator gefunden wird. Das heißt insbesondere, dass in den Substitutionen Variablen nur dann mit Konstanten instanziiert werden, wenn es für die Gleichheit der Literale unumgänglich ist.

**Resolutionsregel der Prädikatenlogik.** Wenn die komplementären Literale unifiziert sind, kann die Resolutionsregel angewendet werden. Die bei der Unifikation durchgeführten Substitutionen wirken sich auf die gesamten Klauseln aus, also auch auf die Literale $B_1, ..., B_n$ und $C_1, ..., C_m$, was in der folgenden Darstellung der Resolutionsregel durch die Klammer um die Resolvente gekennzeichnet wird.

**Satz 8.1 Resolutionsregel der Prädikatenlogik**
*Aus zwei wahren Klauseln $A \vee B_1 \vee \ldots \vee B_n$ und $\neg D \vee C_1 \vee \ldots \vee C_m$, deren Literale $A$ und $\neg D$ durch die Substitution $\sigma$ unifiziert werden können ($A_\sigma = D_\sigma$), kann die Klausel $(B_1 \vee \ldots \vee B_n \vee C_1 \vee \ldots \vee C_m)_\sigma$ abgeleitet werden:*

$$\frac{\begin{array}{c} A \vee B_1 \vee B_2 \vee \ldots \vee B_n \\ \neg D \vee C_1 \vee C_2 \vee \ldots \vee C_m \end{array}}{(B_1 \vee \ldots \vee B_n \vee C_1 \vee \ldots \vee C_m)_\sigma} \quad \text{mit } (A_\sigma = D_\sigma) \tag{8.16}$$

Die Erweiterung der Resolutionsregel von der Aussagenlogik auf die Prädikatenlogik kommt darin zum Ausdruck, dass sowohl die Elternklauseln als auch die Resolvente Variablen enthalten können. Als Axiome und Schlussfolgerungen können deshalb nicht nur Aussagen, sondern auch Aussageformen auftreten. Resolutionsableitungen können also Ausdrücke sein, die für alle Objekte des gegebenen Gegenstandsbereichs gelten.

Beim Resolutionsverfahren prädikatenlogischer Klauseln kann es vorkommen, dass gleichartige Terme mehr als einmal in der Resolvente stehen. Die Resolvente hat dann z. B. die Form $A \vee B \vee B \vee C$. Derartige Klauseln kann man vereinfachen, denn es gilt $A \vee B \vee B \vee C = A \vee B \vee C$. Diesen Vorgang nennt man *Faktorisierung* (vgl. Gl. (7.39) auf S. 207). Er kann auch dann angewendet werden, wenn die zu „kürzenden" Literale durch eine Unifikation erzeugt werden:

$$\frac{A \vee D \vee B_1 \vee B_2 \vee \ldots \vee B_n}{(A \vee B_1 \vee B_2 \vee \ldots \vee B_n)_\sigma} \quad \text{mit } A_\sigma = D_\sigma. \tag{8.17}$$

Um auf der Grundlage der Resolutionsregel ein vollständiges Beweisverfahren ableiten zu können, muss die Resolutionsregel um die Faktorisierung erweitert werden. Wenn im Folgenden von der Resolutionsregel gesprochen wird, so ist damit stets deren Erweiterung um die Faktorisierung gemeint. Bei Beschränkung der Axiome auf Hornklauseln (s. Abschn. 8.3.1) erübrigt sich dies allerdings.

### 8.2.2 Resolutionskalkül

Der Resolutionskalkül behandelt die auf S. 208 angegebene Beweisaufgabe für prädikatenlogische Ausdrücke, die in Klauselform gegeben sind. Der Beweis wird als Widerspruchsbeweis geführt, mit der Resolutionsregel als einziger Ableitungsregel. Die Resolutionswiderlegung erfolgt wie bei der Aussagenlogik mit Hilfe von Algorithmus 7.3 auf S. 218.

Der Resolutionskalkül der Prädikatenlogik ist also die direkte Erweiterung des im Abschn. 7.4.3 beschriebenen Kalküls der Aussagenlogik, wobei die Erweiterung die Behandlung der Variablen und Funktionen betrifft. Dementsprechend sind Resolutionssysteme der Prädikatenlogik formale Systeme (7.51) mit der genannten Erweiterung der zugelassenen Formelmenge $\mathcal{F}$ und der dafür notwendigen Erweiterung der Resolutionsregel um die Unifikation.

Die theoretische Begründung des Kalküls und der Nachweis seiner Eigenschaften ist auf Grund dieser Erweiterungen wesentlich schwieriger, als beim Resolutionskalkül der Aussagenlogik und wird hier übergangen. Der Resolutionskalkül hat folgende Eigenschaften:

> Der Resolutionskalkül der Prädikatenlogik ist korrekt, widerspruchsvollständig, aber nicht entscheidbar.

Das heißt, dass mit Hilfe der Inferenzregeln ausschließlich wahre Aussagen abgeleitet werden und es möglich ist, die Gültigkeit jeder wahren Aussage bzw. allgemeingültigen Aussageform mit einem Widerspruchsbeweis herzuleiten. Aber es gibt keinen Algorithmus, der für einen beliebigen Ausdruck in endlich vielen Schritten feststellen kann, ob der Ausdruck eine allgemeingültige Aussageform bzw. eine wahre Aussage ist. Das heißt, dass in der praktischen Durchführung eines Beweises eine von den folgenden beiden Situationen auftritt:

- Wenn die Behauptung wahr ist, so wird auf Grund der Widerspruchsvollständigkeit nach einer endlichen Anzahl von Resolutionsschritten die leere Klausel erzeugt.
- Wenn die Behauptung falsch ist, so kann es auf Grund der fehlenden Entscheidbarkeit passieren, dass das Beweisverfahren nicht terminiert. Man weiß dann nicht, ob die Behauptung falsch ist oder ob der Beweis bei einer Fortsetzung der Bearbeitung noch gefunden wird.

Die zweite Situation kann man dadurch umgehen, dass man das Beweisverfahren auf die Behauptung anwendet, die durch Negation der Behauptung des ersten Beweisversuches entsteht. Damit kann man aber nur unerfüllbare Formeln als solche erkennen. Ist die Behauptung erfüllbar, aber nicht allgemeingültig, gibt es keinen Widerspruchsbeweis. Man bezeichnet den Resolutionskalkül der Prädikatenlogik deshalb auch als *halbentscheidbar*.

Bei der Beweisdurchführung können dieselben Suchstrategien angewendet werden wie in der Aussagenlogik. Bei der Subsumption können Primformeln $\mathrm{P}(a)$ mit Konstanten gestrichen werden, wenn ihre allgemeinere Form $\mathrm{P}(X)$ ebenfalls in der Klauselmenge vorkommt.

**Beispiel 8.3 (Forts.)** *Kommunikationswege in einem Rechnernetz*

Es soll jetzt bewiesen werden, dass es in dem betrachteten Rechnernetz eine Verbindung zwischen den Rechnern Mars und Venus gibt:

$$\text{Behauptung:}\quad \mathrm{verbunden(mars, venus)}.$$

Die für den Beweis erforderlichen Axiome werden hier noch einmal in Klauselform zusammengestellt:

$$\mathrm{Rechner(mars)} \tag{8.18}$$
$$\mathrm{Rechner(venus)} \tag{8.19}$$
$$\mathrm{Rechner(jupiter)}$$
$$\mathrm{Kante}(\mathrm{c}_1, \mathrm{s}_1) \tag{8.20}$$
$$\mathrm{Kante}(\mathrm{s}_1, \mathrm{c}_2) \tag{8.21}$$

$$\text{Kante}(s_1, s_2)$$
$$\text{Kante}(s_2, c_3)$$
$$\neg\text{Kante}(X, Y) \vee \text{Pfad}(X, Y) \tag{8.22}$$
$$\neg\text{Pfad}(X, Y) \vee \neg\text{Kante}(Y, Z) \vee \text{Pfad}(X, Z) \tag{8.23}$$
$$\neg\text{Rechner}(R_1) \vee \neg\text{Rechner}(R_2) \vee \neg\text{Pfad}(f(R_1), f(R_2)) \vee \text{verbunden}(R_1, R_2). \tag{8.24}$$

Dabei wird die Funktion $f$ nach Definition (8.7) verwendet.

1. Bei Anwendung der Set-of-Support-Strategie beginnt der Widerspruchsbeweis mit der negierten Behauptung
$$\neg\text{verbunden}(\text{mars}, \text{venus})$$
und der Klausel (8.24). Diese beiden Klauseln erhalten nach der Unifikation von
$$\text{verbunden}(\text{mars}, \text{venus}) \quad \text{und} \quad \text{verbunden}(R_1, R_2)$$
mit Hilfe der Substitution
$$\sigma_1 : R_1/\text{mars}, \quad R_2/\text{venus}$$
komplementäre Literale, so dass der Resolutionsschritt
$$\begin{array}{l} \text{verbunden}(R_1, R_2) \vee \neg\text{Rechner}(R_1) \vee \neg\text{Rechner}(R_2) \vee \neg\text{Pfad}(f(R_1), f(R_2)) \\ \neg\text{verbunden}(\text{mars}, \text{venus}) \\ \hline (\neg\text{Rechner}(R_1) \vee \neg\text{Rechner}(R_2) \vee \neg\text{Pfad}(f(R_1), f(R_2)))_{\sigma_1} \\ = \neg\text{Rechner}(\text{mars}) \vee \neg\text{Rechner}(\text{venus}) \vee \neg\text{Pfad}(f(\text{mars}), f(\text{venus})) \end{array}$$
durchgeführt werden kann.
2. Die Resolvente wird von links nach rechts mit den Klauseln (8.18) und (8.19) abgearbeitet, wobei die Inferenzschritte
$$\begin{array}{l} \neg\text{Rechner}(\text{mars}) \vee \neg\text{Rechner}(\text{venus}) \vee \neg\text{Pfad}(f(\text{mars}), f(\text{venus})) \\ \quad \text{Rechner}(\text{mars}) \\ \hline \neg\text{Rechner}(\text{venus}) \vee \neg\text{Pfad}(f(\text{mars}), f(\text{venus})) \end{array}$$
und
$$\begin{array}{l} \neg\text{Rechner}(\text{venus}) \vee \neg\text{Pfad}(f(\text{mars}), f(\text{venus})) \\ \quad \text{Rechner}(\text{venus}) \\ \hline \neg\text{Pfad}(f(\text{mars}), f(\text{venus})) \end{array}$$
ausgeführt werden.
3. Die neue Zielklausel kann mit Hilfe der Funktion (8.7) in
$$\neg\text{Pfad}(c_1, c_2) \tag{8.25}$$
umgeformt werden. Zusammen mit der Klausel (8.22) erhält man nach der Unifikation
$$\sigma_2 : \ X/c_1, \ \ Y/c_2$$
die Resolvente
$$\begin{array}{l} \neg\text{Pfad}(c_1, c_2) \\ \quad \text{Pfad}(X, Y) \vee \neg\text{Kante}(X, Y) \\ \hline (\neg\text{Kante}(X, Y))_{\sigma_2} \\ = \neg\text{Kante}(c_1, c_2), \end{array}$$
die mit keinem Axiom zur Resolution gebracht werden kann.

4. Deshalb muss für die Zielklausel (8.25) eine andere Klausel mit komplementärem Literal gesucht werden, wobei man die Klausel (8.23) und die Unifikation

$$\sigma_3 : X/\mathrm{c}_1, \quad Z/\mathrm{c}_2$$

findet:

$$\begin{array}{l} \neg\mathrm{Pfad}(\mathrm{c}_1, \mathrm{c}_2) \\ \ \ \mathrm{Pfad}(X, Z) \vee \neg\mathrm{Pfad}(X, Y) \vee \neg\mathrm{Kante}(Y, Z) \\ \hline (\neg\mathrm{Pfad}(X, Y) \vee \neg\mathrm{Kante}(Y, Z))_{\sigma_3} \\ = \neg\mathrm{Pfad}(\mathrm{c}_1, Y) \vee \neg\mathrm{Kante}(Y, \mathrm{c}_2). \end{array}$$

Dieser Resolutionsschritt ist ein Beispiel dafür, dass die Elternklauseln und die Resolvente auch freie Variablen, wie in diesem Fall die Variable $Y$, enthalten können. Die Substitution erstreckt sich in der zweiten Klausel auf alle Vorkommen von $X$ und $Z$.

5. Für das erste Literal in der aktuellen Zielklausel findet man in der Klausel (8.22), in der man zunächst die Variablen umbenennt

$$\mathrm{Pfad}(X_1, Y_1) \vee \neg\mathrm{Kante}(X_1, Y_1),$$

nach der Substitution

$$\sigma_4 : X_1/\mathrm{c}_1, \quad Y_1/Y$$

ein komplementäres Literal, so dass der folgende Resolutionsschritt ausgeführt wird:

$$\begin{array}{l} \neg\mathrm{Pfad}(\mathrm{c}_1, Y) \vee \neg\mathrm{Kante}(Y, \mathrm{c}_2) \\ \ \ \mathrm{Pfad}(\mathrm{c}_1, Y) \vee \neg\mathrm{Kante}(\mathrm{c}_1, Y) \\ \hline \neg\mathrm{Kante}(Y, \mathrm{c}_2) \vee \neg\mathrm{Kante}(\mathrm{c}_1, Y). \end{array}$$

6. Im nächsten Schritt wird die Zielklausel mit Hilfe des Axioms (8.21) nach der Substitution

$$\sigma_5 : Y/\mathrm{s}_1$$

verkürzt:

$$\begin{array}{l} \neg\mathrm{Kante}(\mathrm{s}_1, \mathrm{c}_2) \vee \neg\mathrm{Kante}(\mathrm{c}_1, \mathrm{s}_1) \\ \ \ \mathrm{Kante}(\mathrm{s}_1, \mathrm{c}_2) \\ \hline \neg\mathrm{Kante}(\mathrm{c}_1, \mathrm{s}_1). \end{array}$$

7. Die verbliebene Zielklausel ergibt mit dem Axiom (8.20) die leere Klausel

$$\begin{array}{l} \neg\mathrm{Kante}(\mathrm{c}_1, \mathrm{s}_1) \\ \ \ \mathrm{Kante}(\mathrm{c}_1, \mathrm{s}_1) \\ \hline \diamond \end{array}$$

womit die Behauptung bewiesen ist. □

### 8.2.3 Merkmale von Resolutionssystemen

Das Resolutionsprinzip entstand unter der Voraussetzung, dass Axiome und Behauptung in Klauselform aufgeschrieben sind. Daraus resultieren folgende Merkmale der Resolutionssysteme, die vor allem für deren rechentechnische Realisierung wichtig sind:

- Es ist nur eine einzige Ableitungsregel notwendig. Die Suchsteuerung erfolgt über die Auswahl der der Resolution zu unterwerfenden Klauseln.
- Die Resolution ist korrekt, d. h., sie erzeugt nur Klauseln, die logisch aus den Axiomen folgen.
- Mit dem Resolutionsprinzip lassen sich widerspruchsvollständige Beweisverfahren erstellen, die nach endlich vielen Schritten den Widerspruch ◇ erzeugen, wenn die gegebene Behauptung wahr ist und der Beweis als Widerspruchsbeweis geführt wird. Ist die Behauptung falsch, so kann es auf Grund der Unentscheidbarkeit der Prädikatenlogik dazu kommen, dass das Resolutionssystem nie aufhört zu arbeiten (genügend Speicherplatz vorausgesetzt), also weder die Behauptung beweist noch den Beweisversuch erfolglos beendet.

Das dritte Merkmal bedeutet auch, dass jeder Beweis, der durch Deduktion möglich ist, auch durch Resolution gefunden werden kann. Die Set-of-support-Strategie der logischen Programmierung führt allerdings nicht auf ein vollständiges Beweisverfahren (Abschn. 7.4.4).

Als Mangel von Resolutionssystemen wirken sich die Einfachheit der Ableitungsregel und die vorausgesetzte Klauselform dadurch aus, dass zur Beschreibung jedes Problemzustands u. U. eine große Zahl von Klauseln notwendig ist, obwohl derselbe Problemzustand viel kürzer durch prädikatenlogische Ausdrücke (ohne deren Beschränkung auf Klauselform) darstellbar wäre.

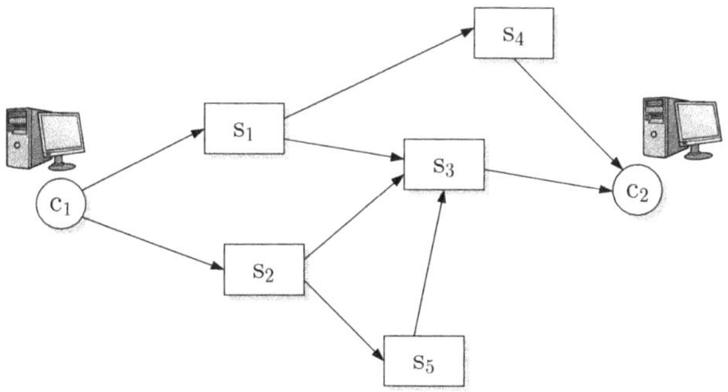


**Abb. 8.4:** Kommunikationsnetz zwischen zwei Rechnern

| **Aufgabe 8.4** *Routing in einem Rechnernetz* |
|---|

Beschreiben Sie das in Abb. 8.4 gezeigte Kommunikationsnetz und beweisen Sie, dass es mindestens eine Verbindung zwischen den beiden angegebenen Rechnern gibt. Wiederholen Sie den Beweis, nachdem Sie Ihre Beschreibung des Netzes so erweitert haben, dass Sie ausgewählte Switches als überlastet markiert haben und dass die als überlastet gekennzeichneten Switches bei der Suche nach einer Verbindung herausgelassen werden. □

**Aufgabe 8.5** *Prädikatenlogische Beschreibung einer logischen Schaltung*

Ein komponentenorientiertes Modell einer Schaltung besteht aus der Beschreibung der Komponenten und einer Darstellung der Schaltungsstruktur. Stellen Sie ein prädikatenlogisches Modell der in Abb. 8.5 gezeigten Schaltung in folgenden Schritten auf:

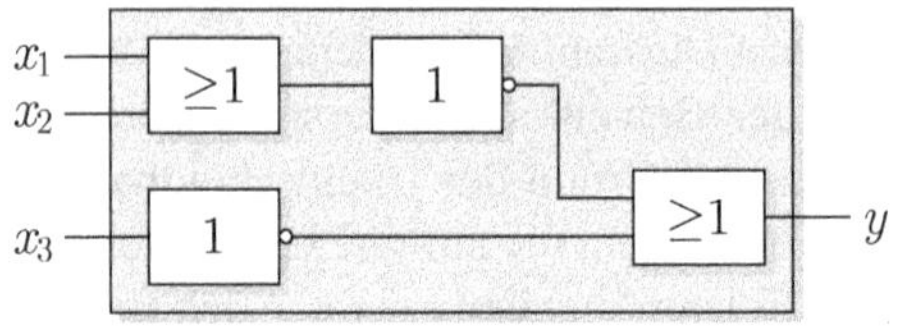


**Abb. 8.5:** Logische Schaltung

1. Beschreiben Sie das Verhalten von NOT- und OR-Gliedern.
2. Beschreiben Sie, wie derartige Glieder in der in Abb. 8.5 gezeigten Schaltung verknüpft sind.
3. Weisen Sie den Eingangssignalen $x_1$, $x_2$ und $x_3$ binäre Werte zu.
4. Beweisen Sie, dass das Ausgangssignal $y$ den aus diesen Werten für $x_1$, $x_2$ und $x_3$ entstehenden Wert für $\neg(x_1 \vee x_2) \vee \neg x_3$ hat. □

**Aufgabe 8.6*** *Nutzungsüberwachung des Sicherheitsgurtes*

In vielen Fahrzeugen wird eine Alarmmeldung ausgelöst, wenn ein Insasse seinen Sicherheitsgurt nicht angelegt hat. In zukünftigen Systemen werden die betreffenden Personen sogar mit ihrem Namen angesprochen. Die Funktion der dafür notwendigen Überwachungseinrichtung soll durch prädikatenlogische Ausdrücke beschrieben werden, die sich auf Daten eines Gewichtssensors für den Sitz und einer Einrichtung stützen, die erkennt, ob der Sicherheitsgurt ordnungsgemäß in das Gurtschloss eingerastet ist.

Das Auslösen einer Alarmmeldung wird durch die folgenden prädikatenlogischen Ausdrücke beschrieben:

$$\text{Insasse (Name, Gewicht, angeschnallt)} \Rightarrow \text{Alarm(Name, aus)} \qquad (8.26)$$
$$\text{Insasse (Name, kl\_10kg, Gurt)} \Rightarrow \text{Alarm(Name, aus)} \qquad (8.27)$$
$$\neg\text{ok(Sensoren)} \Rightarrow \text{Alarm(Name, aus)} \qquad (8.28)$$
$$\text{Insasse(Name, gr\_10k, n\_angeschnallt)} \wedge \text{ok(Sensoren)} \Rightarrow \text{Alarm(Name, an)} \qquad (8.29)$$

Die Implikation (8.26) besagt, dass kein Alarm ausgelöst wird, wenn der Insasse seinen Sicherheitsgurt angelegt hat. Wird das minimale Gewicht von 10 kg durch den Insassen unterschritten (8.27) oder sind die Sensoren nicht in Ordnung (8.28), so gibt es ebenfalls keine Alarmmeldung. Ist der Insasse schwerer als 10 kg, sein Sicherheitsgurt nicht angelegt und die Sensoren des Fahrzeugs in Ordnung, so wird entsprechend der Implikation (8.29) eine Alarmmeldung ausgelöst.

Als Fakten sind bekannt, dass sich zwei Insassen im Fahrzeug befinden (siehe Tabelle 8.1) und dass die Sensoren des Fahrzeugs in Ordnung sind. Um zu untersuchen durch welche Insassen eine Alarmmeldung ausgelöst wird, sollen folgende Teilaufgaben gelöst werden.

1. Beschreiben Sie die oben angegeben Fakten in prädikatenlogischer Form als Klauseln mit den in den Gln. (8.26) – (8.29) verwendeten Prädikaten.

**Tabelle 8.1.** Insassen des Fahrzeuges

| Insasse | Name | Gewicht | Sicherheitsgurt |
|---|---|---|---|
| 1. | Karl | größer als 10 kg | nicht angeschnallt |
| 2. | Hans | kleiner als 10 kg | angeschnallt |

2. Fassen Sie die aus Teilaufgabe 1 aufgestellten Fakten mit der in den Gln. (8.26) – (8.29) angegebenen Definition der Alarmmeldung, nach einer Umformung in Klauselform, zu einer Axiomenmenge zusammen.
3. Beweisen Sie unter Verwendung des Resolutionskalküls, dass die Alarmmeldung durch den Insassen Karl ausgelöst wird. Wie verändert sich die Axiomenmenge für Teilaufgabe 2? Wählen Sie für die Beweisführung dieser Teilaufgabe und der folgenden eine geeignete Heuristik zur Suchsteuerung (welche?).
4. Beweisen Sie unter Verwendung des Resolutionskalküls, dass die Alarmmeldung durch den Insassen Hans nicht ausgelöst wird.

## 8.3 Resolutionswiderlegung in der logischen Programmierung

### 8.3.1 Resolutionsregel für Hornklauseln

Die logische Programmierung, auf die im Kap. 9 ausführlich eingegangen wird, beruht auf dem Resolutionsprinzip. Mit dem Ziel einer einfachen Implementierung des Interpreters und einer speicherplatzsparenden Suchsteuerung wird dieses Prinzip dort unter zusätzlichen Voraussetzungen angewendet, die jetzt erläutert werden.

**Hornklauseln.** Die für die Darstellung der Axiome und des Theorems zugelassenen Klauseln werden auf solche mit Hornform eingeschränkt. Hornklauseln[2] sind Klauseln, die höchstens ein positives Literal besitzen, also die Form

$$B \vee \neg A_1 \vee \neg A_2 \vee \ldots \vee \neg A_n \tag{8.30}$$

haben. In der angegebenen Formel sind $A_1$, ... , $A_n$ und $B$ Atome (also Literale ohne Negationszeichen). Klauseln dieser Art sind äquivalent zu den Implikationen

$$B \Leftarrow A_1 \wedge A_2 \wedge \ldots \wedge A_n \tag{8.31}$$

(vgl. (7.10)), die als Hornformeln bezeichnet und in der angegebenen Richtung geschrieben werden, um ihre Ähnlichkeit zur Darstellung (8.30) und zu der später eingeführten PROLOG-Notation zu verdeutlichen. Das Literal $B$ wird als Klauselkopf, die Verknüpfung der Literale $A_i$ als Klauselkörper (Klauselrumpf) bezeichnet. Klauseln, die wie die in (8.31) stehende genau ein positives Literal haben, werden *definit* genannt.

Ein Fakt $B$, der nur aus einem positiven Literal besteht, hat als Implikation geschrieben die Form

$$B \Leftarrow .$$

[2] benannt nach dem amerikanischen Mathematiker ALFRED HORN (1918 – 2001), der in seinem Aufsatz [52] diese Klasse aussagenlogischer Ausdrücke behandelte.

**Widerspruchsbeweis mit Hornklauseln.** Zu beweisen ist die Gültigkeit einer Behauptung der Form

$$A_1 \wedge A_2 \wedge \ldots \wedge A_k. \tag{8.32}$$

Der Widerspruchsbeweis geht von der negierten Aussage

$$\neg A_1 \vee \neg A_2 \vee \ldots \vee \neg A_k \tag{8.33}$$

aus, die als Implikation die Form

$$\Leftarrow A_1 \wedge A_2 \wedge \ldots \wedge A_k \tag{8.34}$$

hat. Ziel ist es, die leere Aussage $\diamond$ zu erzeugen, die als Implikation geschrieben ein Implikationszeichen $\Leftarrow$ ohne Literale auf beiden Seiten darstellt:

$$\Leftarrow .$$

Der Widerspruch wird mit der Set-of-Support-Strategie gesucht. Ausgangspunkt ist die zu beweisende Klausel (8.34), die als *Zielklausel* bezeichnet und im Folgenden ohne den Implikationspfeil geschrieben wird. Die Resolutionsregel ist dabei stets für eine Zielklausel der Form

$$A \wedge B_1 \wedge B_2 \wedge \ldots \wedge B_n \tag{8.35}$$

und ein Axiom der Form

$$D \Leftarrow C_1 \wedge C_2 \wedge \ldots \wedge C_m \tag{8.36}$$

anzuwenden. Diese Klauseln können zur Resolution gebracht werden, wenn durch eine Substitution $\sigma$ die Gleichheit von $A$ und $D$ hergestellt werden kann:

$$A_\sigma = D_\sigma. \tag{8.37}$$

Dann folgt aus diesen Klauseln unter Beachtung der Substitution die neue Hornformel

$$(C_1 \wedge C_2 \wedge \ldots \wedge C_m \wedge B_1 \wedge B_2 \wedge \ldots \wedge B_n)_\sigma. \tag{8.38}$$

**Satz 8.2 Resolutionsregel für Hornklauseln**
*Aus zwei Hornklauseln $A \wedge B_1 \wedge B_2 \wedge \ldots \wedge B_n$ und $D \Leftarrow C_1 \wedge C_2 \wedge \ldots \wedge C_m$, für die durch eine Substitution $\sigma$ die Gleichheit der Literale $A_\sigma = D_\sigma$ erzeugt werden kann, kann die Klausel $(C_1 \wedge C_2 \wedge \ldots \wedge C_m \wedge B_1 \wedge B_2 \wedge \ldots \wedge B_n)_\sigma$ abgeleitet werden:*

$$\frac{\begin{array}{c} A \wedge B_1 \wedge B_2 \wedge \ldots \wedge B_n \\ D \Leftarrow C_1 \wedge C_2 \wedge \ldots \wedge C_m \end{array}}{(C_1 \wedge C_2 \wedge \ldots \wedge C_m \wedge B_1 \wedge B_2 \wedge \ldots \wedge B_n)_\sigma} \quad \text{mit } (A_\sigma = D_\sigma). \tag{8.39}$$

Entsprechend der Resolutionsregel wird das Literal $A$ in der Zielklausel durch den Körper der Klausel (8.36) unter Beachtung der für die Unifikation notwendigen Substitution $\sigma$ ersetzt.

Die Resolvente ist der Ausgangspunkt für den nächsten Resolutionsschritt, in dem nach einer Ersetzung für das nun als erstes stehende Literal $(C_1)_\sigma$ gesucht wird. Der Beweis ist erbracht, wenn die leere Klausel erzeugt ist.

Jeder Resolutionsschritt wird entsprechend der Set-of-Support-Strategie stets mit einer Zielklausel (ohne Implikationszeichen) und einer Klausel der Axiomenmenge (mit Implikationszeichen) ausgeführt und resultiert in einer neuen Zielklausel. In beiden Klauseln sind vor dem Resolutionsschritt alle Variablen so umzubenennen, dass keine gleichen Namen auftreten. $\sigma$ ist der allgemeinste Unifikator des Atoms $A$ und des Klauselkopfes $D$.

In der Zielklausel (8.34) wie auch in den Axiomen der Form (8.31) treten nur positive Literale auf, so dass im Folgenden der Begriff Literal stets gleichbedeutend mit dem Begriff Atom ist.

In dieser Darstellung der Resolutionsregel sind zwei für die logische Programmierung typische Vereinbarungen berücksichtigt:

- Auf Grund der Set-of-Support-Strategie enthält eine der beiden Elternklauseln kein positives Literal (also keinen Implikationspfeil und keine linke Seite).
- Die Zielklausel wird stets von links nach rechts abgearbeitet, d. h. bei jedem Beweisschritt wird immer das am weitesten links stehende Literal $A$ durch den Rumpf einer Klausel ersetzt, dessen Klauselkopf $D$ mit dem Literal $A$ unifiziert werden kann.

Gibt es keine Klausel, durch die das am weitesten links stehende Literal ersetzt werden kann, so ist die Behauptung (8.34) nicht beweisbar. Gibt es mehrere Klauseln, so wird zunächst die in der Axiomenmenge zuerst gefundene (also in der Axiomenliste weiter oben stehende) Klausel in die Resolution eingesetzt.

**Beispiel 8.4** *Resolutionsableitung mit Hornklauseln*

In der hier eingeführten Notation (8.31) haben die im Beispiel 7.9 angegebenen Formeln die Form

$$a \Leftarrow b \wedge c$$
$$c \Leftarrow d$$
$$d \Leftarrow e$$
$$b \Leftarrow$$
$$d \Leftarrow f \wedge g$$
$$g \Leftarrow$$
$$f \Leftarrow$$

Zu beweisen ist die Aussage $a$, die negiert als Zielklausel

$$\Leftarrow a \qquad (8.40)$$

verwendet wird. Der Beweis nach der o. a. Suchstrategie verläuft folgendermaßen, wobei der Implikationspfeil in der Zielklausel wieder weggelassen wird:

1. Das einzige Literal der Zielklausel (8.40) wird mit Hilfe der Resolutionsregel durch den Rumpf der Klausel $a \Leftarrow b \wedge c$ ersetzt, wodurch als neue Zielklausel

$$b \wedge c$$

entsteht.

2. Es wird nach einer Ersetzung von $b$ gesucht, weil dieses Aussagesymbol am weitesten links steht, und die Klausel $b \Leftarrow$ zur Resolution herangezogen. Nun heißt das Ziel
$$c.$$
3. Mit der Klausel $c \Leftarrow d$ erhält man das neue Ziel
$$d.$$
4. Im nächsten Resolutionsschritt wird mit der Klausel $d \Leftarrow e$ gearbeitet, weil sie von den beiden Klauseln mit dem Kopf $d$ in der Axiomenliste weiter oben steht. Das neue Ziel
$$e$$
kann nicht ersetzt werden. Deshalb kehrt die Suche zur vorhergehenden Zielklausel $d$ zurück.
5. Jetzt wird $d$ mit Hilfe der Klausel $d \Leftarrow f \wedge g$ in das neue Ziel
$$f \wedge g$$
überführt.
6. Mit der Klausel $f \Leftarrow$ verkürzt sich das Ziel auf
$$g$$
7. Mit der Klausel $g \Leftarrow$ entsteht der gesuchte Widerspruch
$$\diamond.$$

Damit ist die Behauptung $a$ bewiesen.

Der in Abb. 8.6 gezeigte Ableitungsgraph unterscheidet sich von dem in Abb. 7.9 auf S. 224 gezeigten Graphen, weil bei der hier behandelten Ableitung für Hornklauseln die zusätzliche Heuristik verwendet wurde, die Literale der Zielklausel stets von links nach rechts abzuarbeiten. □

### 8.3.2 Beweisverfahren der logischen Programmierung

In diesem Abschnitt werden die Eigenschaften und die Struktur von Beweisverfahren für Hornklauseln zusammengefasst. Beides ergibt sich aus dem früher für allgemeine Klauseln behandelten Vorgehen unter Beachtung der zusätzlichen Einschränkungen, die bei Klauseln in Hornform gemacht werden.

**Eigenschaften von Beweisverfahren für Hornklauseln.** Die Beschränkung von Klauseln auf Hornform hat wichtige Konsequenzen für die Vollständigkeit der Beweisverfahren, insbesondere bei der Nutzung der im Abschn. 7.4.4 eingeführten Heuristiken für die Suchsteuerung. Die Input-preference-Strategie kann als Input-Resolution angewendet werden, bei der in jedem Resolutionsschritt eine Elternklausel aus der Wissensbasis stammen muss. Dies bedeutet

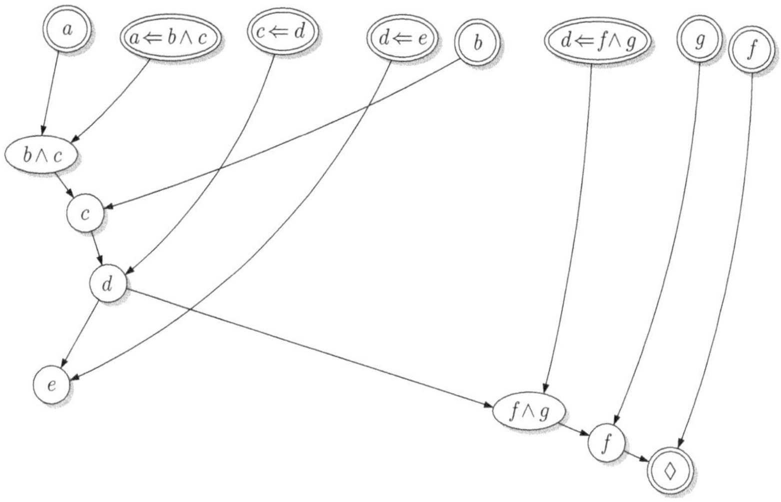


**Abb. 8.6:** Ableitungsgraph für den Beweis der Behauptung $a$ mit der Hornklauselresolution

eine wichtige Einschränkung des Suchraums, bei der jedoch die Widerspruchsvollständigkeit erhalten bleibt.

Die Set-of-Support-Strategie wird zur *linearen Resolution* eingeschränkt, bei der mit der jeweils gerade hergeleiteten Klausel weitergearbeitet wird. Nur wenn dies nicht möglich ist, kehrt die Suche zu einer vorher erzeugten Klausel zurück und sucht nach einer alternativen Ersetzung des am weitesten links stehenden Atoms. Auf Grund der Beschränkung der Formeln auf Hornklauseln steigt die Komplexität des Beweisproblems nur linear mit der Größe der Wissensbasis.

Die so entstehende Suchstrategie wird *SLD-Resolution*[3] genannt.

> Die feste Abarbeitung der Atome der Zielklausel von links nach rechts und die Verwendung der jeweils zuletzt erzeugten Resolvente als neue Zielklausel ist für Hornklauseln widerspruchsvollständig.

Da es sich bei den Axiomen der bisher behandelten Beispiele um aussagenlogische Implikationen handelte, entfiel bei der Resolution die Unifizierung, die bei prädikatenlogischen Ausdrücken in jedem Resolutionsschritt enthalten ist. Weil dieser zusätzliche Schritt die hier behandelte Suchstrategie nicht beeinflusst, muss das Beweisverfahren nur um die Unifikation ergänzt werden, um auch in der Prädikatenlogik anwendbar zu sein.

**Theorembeweiser für Hornklauseln.** Der vollständige Suchalgorithmus des Theorembeweises ist in Abbildung 8.7 angegeben. Seine Ähnlichkeiten zur Tiefe-zuerst-Suche in Graphen ist offensichtlich. Als aktuelles Ziel $A$ wird stets das erste Atom der aktuellen Zielklausel verwendet.

[3] *SLD = Selection rule driven linear resolution for definite clauses*

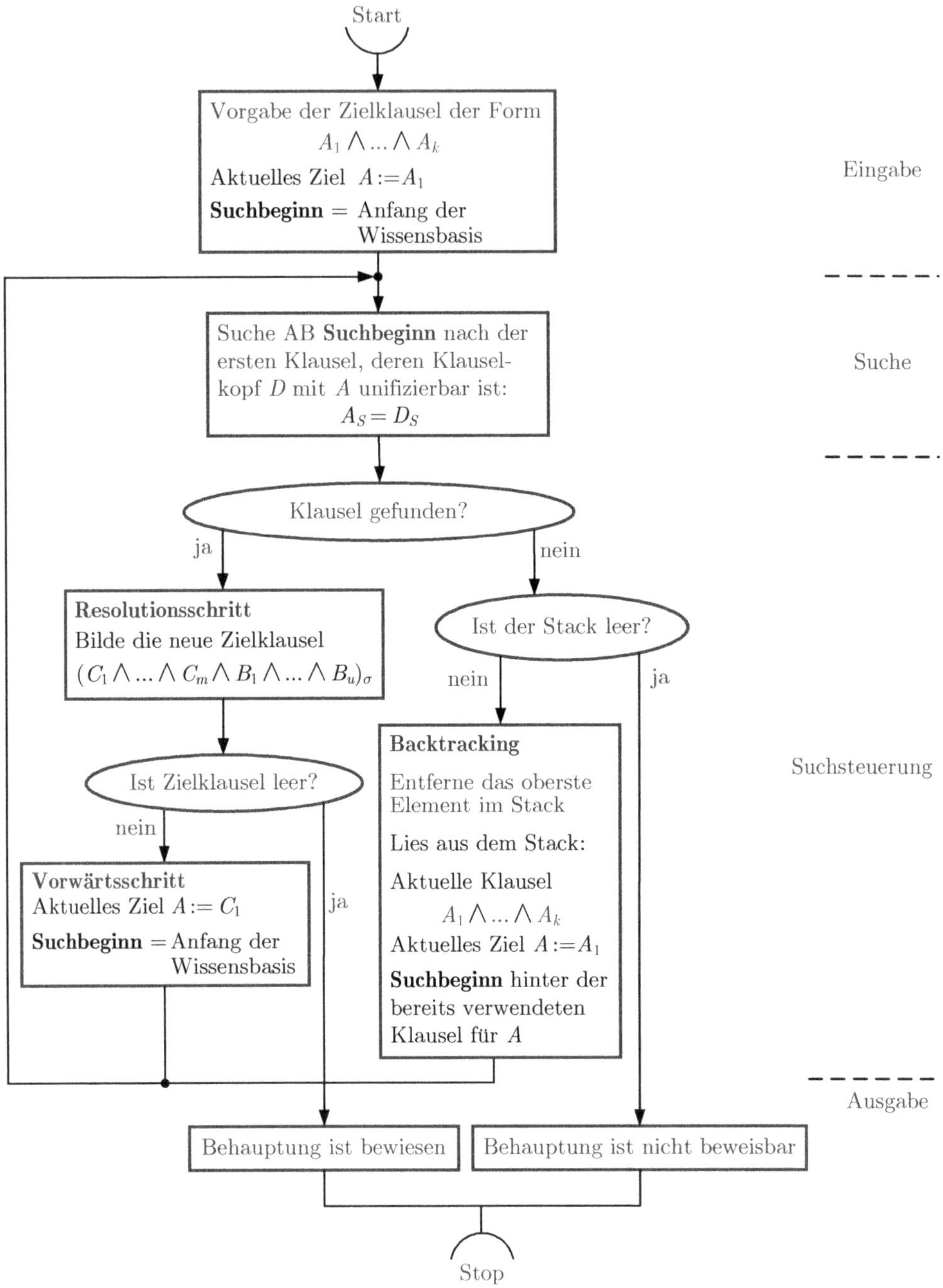
Start
Vorgabe der Zielklausel der Form
$A_1 \wedge ... \wedge A_k$
Aktuelles Ziel $A := A_1$
Suchbeginn = Anfang der Wissensbasis
Eingabe
Suche AB Suchbeginn nach der ersten Klausel, deren Klauselkopf $D$ mit $A$ unifizierbar ist:
$A_S = D_S$
Suche
Klausel gefunden?
ja
nein
Resolutionsschritt
Bilde die neue Zielklausel
$(C_1 \wedge ... \wedge C_m \wedge B_1 \wedge ... \wedge B_u)_\sigma$
Ist der Stack leer?
nein
ja
Backtracking
Entferne das oberste Element im Stack
Lies aus dem Stack:
Aktuelle Klausel
$A_1 \wedge ... \wedge A_k$
Aktuelles Ziel $A := A_1$
Suchbeginn hinter der bereits verwendeten Klausel für $A$
Suchsteuerung
Ist Zielklausel leer?
nein
ja
Vorwärtsschritt
Aktuelles Ziel $A := C_1$
Suchbeginn = Anfang der Wissensbasis
Ausgabe
Behauptung ist bewiesen
Behauptung ist nicht beweisbar
Stop

**Abb. 8.7:** Beweisverfahren der logischen Programmierung

Um das Backtracking realisieren zu können, wird das Ergebnis der Resolution in einem Stack gespeichert. Für eine effiziente Implementierung muss außer der aktuellen Zielklausel auch diejenige Klausel im Stack vermerkt werden, mit der die Resolution ausgeführt wurde, damit nach einem Backtracking die Axiomenliste nicht wieder von oben beginnend, sondern ab dieser Klausel nach einem Axiom abgesucht wird, mit dem das Ziel $A$ ersetzt werden kann. Diese Stelle in der Liste der Axiome wird als Entscheidungspunkt bezeichnet.

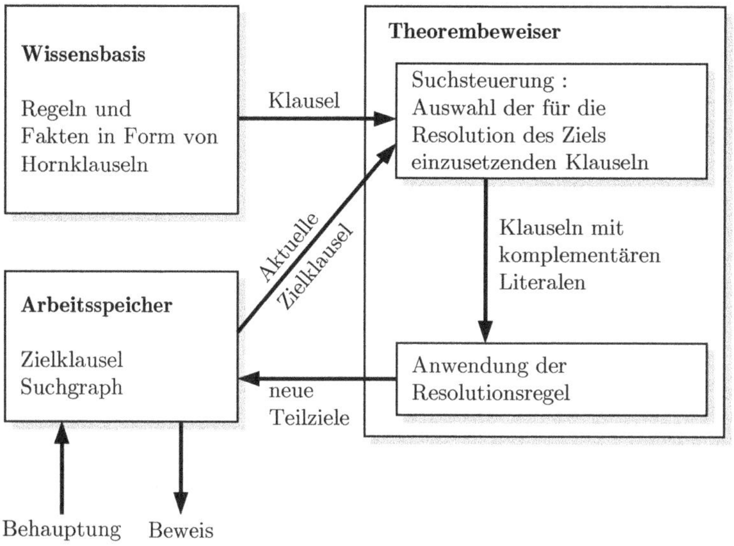


**Abb. 8.8:** Regelbasiertes System zum Theorembeweisen mit Hornklauseln

Die Erläuterungen haben gezeigt, dass der Theorembeweiser die Struktur eines regelbasierten Systems aufweist. In der Wissensbasis stehen die das Problem beschreibenden Fakten und Regeln. Die Suchsteuerung liest aus dem Arbeitsspeicher das zu erfüllende Ziel aus und sucht in der Wissensbasis nach einer mit diesem Ziel in der Resolution anwendbaren Klausel. Das Klauselpaar wird dem Regelinterpreter übergeben, der die durch die Resolutionsregel beschriebene Operation ausführt. Das Ergebnis wird in den Arbeitsspeicher eingetragen (Abb. 8.8).

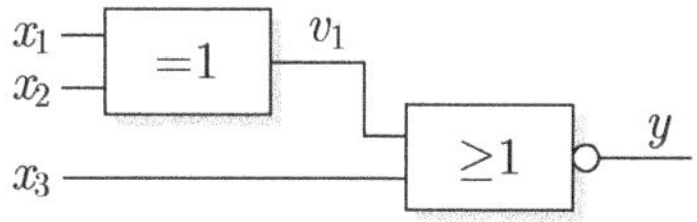


**Abb. 8.9:** Digitale Schaltung mit XOR- und NAND-Glied

**Aufgabe 8.7** *Beschreibung einer digitalen Schaltung durch Hornklauseln*

Beschreiben Sie die Funktionsweise der in Abb. 8.9 gezeigten Schaltung durch Hornklauseln. Kann man die Beschreibung vereinfachen, wenn man beliebige Klauseln zulässt? □

## 8.4 Logik als Grundlage der Wissensrepräsentation und der Wissensverarbeitung

### 8.4.1 Modellierung technischer Systeme durch logische Ausdrücke

Die Logik ist eine sehr allgemeine Sprache zur Repräsentation von Wissen, mit der man viele Sachverhalte ausdrücken kann. Man hat allerdings nur wenige Möglichkeiten, das Wissen strukturiert darzustellen. Klassen, Hierarchien und Strukturen müssen durch Prädikate beschrieben werden, was umständlich und wenig problemspezifisch ist. Hier ist eine Kombination mit den im Kap. 5 beschriebenen Methoden hilfreich.

Für technische Anwendung mit umfangreichen Wissensbasen ist es notwendig, strukturelle Einschränkungen bei den Suchstrategien vorzunehmen, um die Inferenzmethoden effizient und gegebenenfalls auch echtzeitfähig zu machen. Die Beschränkung der Formeln auf Hornklauseln ist ein Schritt in diese Richtung. Weitere Verbesserungen können mit der Ausnutzung der kausalen Struktur technischer Systeme erreicht werden.

**Verarbeitung von Implikationen.** In technischen Anwendungen wird das Wissen über den betrachteten Gegenstandsbereich häufig in Form von Ursache-Wirkungsbeziehungen formuliert, für deren Darstellung sich Implikationen

$$\underbrace{a_1 \wedge a_2 \wedge \ldots \wedge a_n}_{\text{Ursachen}} \Rightarrow \underbrace{b_1 \vee b_2 \vee \ldots \vee b_m}_{\text{Wirkungen}}$$

besonders gut eignen. Auf der linken Seite stehen die Ursachen (Voraussetzungen), auf der rechten Seite Wirkungen, die disjunktiv verknüpft sind und von denen folglich nicht alle gleichzeitig als Wirkung der linken Seite auftreten müssen. Als Klausel umgeformt führen derartige Formeln auf Ausdrücke der Form

$$\underbrace{\neg a_1 \vee \neg a_2 \vee \ldots \vee \neg a_n}_{\text{Ursachen}} \vee \underbrace{b_1 \vee \ldots \vee b_m}_{\text{Wirkungen}}.$$

Bei Hornklauseln, die für die logische Programmierung eine besondere Bedeutung haben, tritt nur ein positives Literal auf,

$$\neg a_1 \vee \neg a_2 \vee \ldots \vee \neg a_n \vee b,$$

was als Implikation geschrieben auf

$$a_1 \wedge a_2 \wedge \ldots \wedge a_n \Rightarrow b$$

führt. Diese Formeln eignen sich für die Darstellung von Ursache-Wirkungsbeziehungen mit einer Wirkung.

**Darstellung kausaler Systeme.** Bei der Verwendung von Implikationen zur Beschreibung kausaler Systeme liegt der Trugschluss nahe, dass der Pfeil in der Implikation $p \Rightarrow q$ die Ursache-Wirkungsrichtung beschreibt. Diese Implikation kann zwar bei der Modellierung technischer Systeme für die Darstellung einer Ursache-Wirkungsbeziehung („Die Ursache $p$ impliziert die Wirkung $q$.“) eingesetzt werden, aber diese Formel gibt nicht, wie es beabsichtigt ist, eine Wirkungsrichtung wieder. Entsprechend Gl. (7.10) ist die genannte Implikation äquivalent zur Disjunktion $q \vee \neg p$, die offensichtlich keine Richtung besitzt, und man kann diese Gleichung sogar noch zur Beziehung

$$p \Rightarrow q \;=\; q \vee \neg p \;=\; \neg q \Rightarrow \neg p$$

erweitern, bei der auf der rechten Seite eine Implikation mit der „umgekehrten Richtung“ der linken Implikation steht und aus der man bei einer kausalen Interpretation $\neg q$ als Ursache für $\neg p$ ablesen würde.

> Implikationen eignen sich zur Darstellung von Ursache-Wirkungsbeziehungen in technischen Systemen; sie geben aber die Wirkungsrichtung von der Ursache zur Wirkung nicht wieder.

### 8.4.2 Beispiel: Prädikatenlogische Beschreibung von Planungsaufgaben

Ein typisches Anwendungsgebiet der Künstlichen Intelligenz bilden Planungsaufgaben, bei denen eine Folge von Aktionen gesucht ist, die eine Ausgangssituation in eine gewünschte Zielsituation überführt. Derartige Aufgaben werden in diesem Buch an mehreren Stellen behandelt, wobei die Handlungsplanung von Robotern als typische technische Anwendung von Planungsaufgaben untersucht wird, u. a. in der Aufgabe 4.11 (Zustandsraum der Handlungsplanung), im Abschn. 9.5.3 (Implementierung der Handlungsplanung in PROLOG) und im Beispiel 5.3 (Aufbau einer objektorientierten Wissensbasis). Im Folgenden wird gezeigt, dass sich Planungsaufgaben sehr gut durch prädikatenlogische Ausdrücke beschreiben lassen, wobei die Tatsache genutzt wird, dass die in der Prädikatenlogik zugelassenen Variablen eine sehr allgemeine und gleichzeitig kompakte Darstellung von Situationen und von Aktionen ermöglichen.

Die hier behandelte Repräsentationsform und der Lösungsweg für Planungsaufgaben verwendet die im System *STRIPS* eingeführte Vorgehensweise. *STRIPS*[4] ist ein klassisches System zur Lösung von Planungsaufgaben, das bis heute als Vorbild für Planungsalgorithmen gilt. Es kombiniert die im Abschn. 4.1.3 für regelbasierte Systeme behandelte Suche im Zustandsraum des Planungsproblems mit der prädikatenlogischen Darstellung des aktuellen Planungszustands und des angestrebten Zielzustands.

Planungsaufgaben sind durch die folgenden drei Elemente charakterisiert:

- eine Ausgangssituation,
- Aktionen, mit denen die aktuelle Situation verändert werden kann und
- eine gewünschte Zielsituation.

Die Aktionen sind durch die Bedingungen beschrieben, die für die Ausführung erfüllt sein müssen, und durch die Wirkung der betreffenden Aktion. Gesucht ist eine Folge von Aktionen, die die Ausgangssituation in die Zielsituation überführt, wobei bei jedem Schritt die für die betreffende Aktion gestellten Bedingungen erfüllt sein müssen.

[4] *Stanford Research Institute Problem Solver*

Die drei Komponenten der Aufgabenstellung entsprechen den Bestandteilen der im Abschn. 4.1.2 eingeführten Zustandsraumdarstellung von Problemen. Deshalb kann das Planungsproblem mit den dort behandelten Methoden in ein Graphensuchproblem überführt und dementsprechend gelöst werden. Die Eigenart des Planungssystems *STRIPS* besteht in der Tatsache, dass die aktuelle Situation, die Zielsituation sowie die Aktionen durch prädikatenlogische Ausdrücke beschrieben werden, was im Folgenden an einem Beispiel erläutert wird. Die prädikatenlogische Beschreibung einer Situation besteht aus einer Menge $\mathcal{S}$ von Klauseln. Aktionen äußern sich in der Veränderung der Menge $\mathcal{S}$, wobei Klauseln gestrichen und neue Klauseln hinzugefügt werden. Die Aktion kann nur ausgeführt werden, wenn die Klauselmenge $\mathcal{S}$ bestimmte Bedingungen erfüllt.

Aktionen sind deshalb durch folgende Komponenten dargestellt:

Name-der-Aktion $(Aktionsparameter)$

Bedingung : Prädikatenlogischer Ausdruck $B$, der von der aktuellen Situation erfüllt sein muss

Aktion : • streichen: Klauseln, die aus $\mathcal{S}$ gestrichen werden
• hinzufügen: Klauseln, die zu $\mathcal{S}$ hinzugefügt werden.

Der Bedingungsteil einer Aktion ist erfüllt, wenn der Ausdruck $B$ aus der Beschreibung der aktuellen Situation folgt:

$$\mathcal{S} \models B. \tag{8.41}$$

Der Ausdruck $B$ ist typischerweise durch eine Menge von Klauseln dargestellt, die alle in der Situation $\mathcal{S}$ erfüllt sein müssen. Zum Nachweis der Beziehung (8.41) wird die negierte Behauptung $\neg B$ zur Klauselmenge $\mathcal{S}$ hinzugefügt und ein Widerspruchsbeweis geführt.

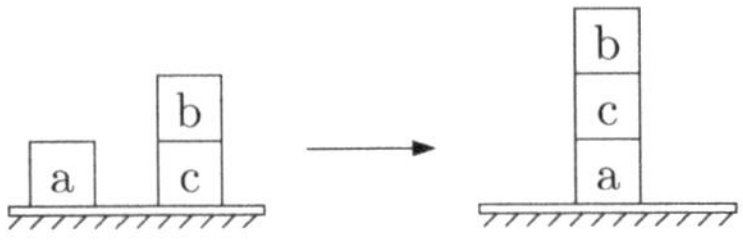


**Abb. 8.10:** Planungsaufgabe

**Beispiel 8.5** *Handlungsplanung für einen Roboter*

Es wird die Aufgabe betrachtet, die im linken Teil von Abb. 8.10 gezeigte Ausgangssituation in die rechts dargestellte Zielsituation zu überführen, wobei ein Roboter die Blöcke einzeln umsetzen kann. Unter Verwendung der Prädikate „unten" für einen auf dem Boden liegenden Block, „auf" für zwei aufeinander liegende Blöcke und „frei" für einen obenauf liegenden Block ist die Planungaufgabe durch die Klauseln

$$\begin{array}{c} \text{unten}\,(a) \\ \text{unten}\,(c) \\ \text{auf}\,(b,c) \\ \text{frei}\,(a) \\ \text{frei}\,(b) \end{array} \quad \longrightarrow \quad \begin{array}{c} \text{unten}\,(a) \\ \text{auf}\,(c,a) \\ \text{auf}\,(b,c) \\ \text{frei}\,(b) \end{array} \tag{8.42}$$

beschrieben. Der Roboter kann zwei verschiedene Aktionen ausführen, die durch die parametrierten Regeln „stapeln" von $Block_1$ auf $Block_2$ und „ablegen" von $Block_1$, der derzeit auf $Block_2$ liegt, auf den Boden definiert sind:

$$\begin{aligned}
&\text{stapeln}\,(Block_1, Block_2)\\
&\qquad \text{Bedingung}: \ \text{frei}\,(Block_1)\\
&\qquad\qquad\qquad\quad\ \ \text{frei}\,(Block_2)\\
&\qquad \text{Aktion}: \bullet\ \text{streichen:} \quad \text{frei}\,(Block_2)\\
&\qquad\qquad\qquad\qquad\qquad\qquad\ \ \text{unten}(Block_1)\\
&\qquad\qquad\qquad \bullet\ \text{hinzufügen:}\ \ \text{auf}\,(Block_1, Block_2)
\end{aligned}$$

$$\begin{aligned}
&\text{ablegen}\,(Block_1, Block_2)\\
&\qquad \text{Bedingung}: \ \text{frei}\,(Block_1)\\
&\qquad\qquad\qquad\quad\ \ \text{auf}\,(Block_1, Block_2)\\
&\qquad \text{Aktion}: \bullet\ \text{streichen:} \quad \text{auf}\,(Block_1, Block_2)\\
&\qquad\qquad\qquad \bullet\ \text{hinzufügen:}\ \ \text{unten}\,(Block_1)\\
&\qquad\qquad\qquad\qquad\qquad\qquad\ \ \text{frei}\,(Block_2)
\end{aligned}$$

Wenn bei der Aktion „stapeln" die Variable $Block_1$ einen Block bezeichnet, der auf einem anderen Block liegt, so entfällt das Streichen der Klausel „unten", weil diese Klausel dann gar nicht in der Situationsbeschreibung vorkommt.

Die Planungsaufgabe (8.42) kann durch Vorwärtsverkettung der als Regeln interpretierten Aktionen gelöst werden, wobei alle im Kap. 3 eingeführten Suchstrategien angewendet werden können. Dabei werden die Aktionen entsprechend den Situationen, auf die sie angewendet werden sollen, parametriert.

In *STRIPS* verwendet man allerdings die im Folgenden auf das Beispiel angewendete Suchstrategie, bei der die Aktionen durch eine Analyse der „Differenz" zwischen der aktuellen Situation und der Zielsituation parametriert werden, wobei eine Aktion ausgewählt wird, die möglichst viel dazu beiträgt, dass das Planungsproblem dem Zielzustand näher kommt. Deshalb sind die Parameter der Aktionen vor ihrer Anwendung bereits mit Konstanten belegt.

1. Ein Vergleich der in der Aufgabenstellung (8.42) angegebenen Start- und Zielsituationen zeigt, dass der Block a unten liegen bleiben soll und dass zum Stapeln von c auf a zunächst der Block c „frei" sein muss. Deshalb wird als erstes die Aktion

$$\begin{aligned}
&\text{ablegen}\,(\text{b}, \text{c})\\
&\qquad \text{Bedingung}: \ \text{frei}\,(\text{b})\\
&\qquad\qquad\qquad\quad\ \ \text{auf}\,(\text{b}, \text{c})\\
&\qquad \text{Aktion}: \bullet\ \text{streichen:} \quad \text{auf}\,(\text{b}, \text{c})\\
&\qquad\qquad\qquad \bullet\ \text{hinzufügen:}\ \ \text{unten}\,(\text{b})\\
&\qquad\qquad\qquad\qquad\qquad\qquad\ \ \text{frei}\,(\text{c})
\end{aligned}$$

ausgeführt, die aus der parametrierten Beschreibung der Aktion „ablegen" dadurch entsteht, dass die Variable $Block_1$ durch b und $Block_2$ durch c substituiert wird.

Bei der Prüfung des Bedingungsteils entsprechend Gl. (8.41) gehören zur Menge $S$ die in der Aufgabenstellung (8.42) stehende Beschreibung der Ausgangssituation:

$$\begin{aligned}
&\text{unten}\,(\text{a})\\
&\text{unten}\,(\text{c})\\
&\text{auf}\,(\text{b}, \text{c})\\
&\text{frei}\,(\text{a})\\
&\text{frei}\,(\text{b}).
\end{aligned}$$

Der Bedingungsteil

$$B = \text{frei}\,(\text{b}) \wedge \text{auf}\,(\text{b}, \text{c})$$

wird negiert

$$\neg B = \neg\text{frei}\,(\text{b}) \vee \neg\text{auf}\,(\text{b}, \text{c})$$

und zur Klauselmenge hinzugefügt. Die Ableitung der leeren Klausel ist hier sehr einfach.

Die Wirkung der Aktion wird durch das Streichen der Klausel

$$\text{auf}\,(\text{b}, \text{c})$$

und den Neueintrag der Klauseln

$$\begin{array}{l} \text{unten}\,(\text{b}) \\ \text{frei}\,(\text{c}) \end{array}$$

beschrieben, wodurch die neue Situation

$$\begin{array}{l} \text{unten}\,(\text{a}) \\ \text{unten}\,(\text{b}) \\ \text{unten}\,(\text{c}) \\ \text{frei}\,(\text{a}) \\ \text{frei}\,(\text{b}) \\ \text{frei}\,(\text{c}) \end{array}$$

entsteht.

2. Ein Vergleich der aktuellen Situation mit der gewünschten Zielsituation führt dazu, dass als nächster Schritt der Block c auf den Block a gelegt wird, was durch die parametrierte Aktion

$$\begin{array}{rll} \multicolumn{3}{l}{\text{stapeln}\,(\text{c}, \text{a})} \\ \text{Bedingung}: & \text{frei}\,(\text{c}) & \\ & \text{frei}\,(\text{a}) & \\ \text{Aktion}: & \bullet\ \text{streichen:} & \text{frei}\,(\text{a}) \\ & & \text{unten}(\text{c}) \\ & \bullet\ \text{hinzufügen:} & \text{auf}\,(\text{c}, \text{a}) \end{array}$$

geschieht. Die Prüfung des Bedingungsteils ist wieder sehr einfach und die Umformung der Situation führt auf

$$\begin{array}{l} \text{unten}\,(\text{a}) \\ \text{unten}\,(\text{b}) \\ \text{auf}\,(\text{c}, \text{a}) \\ \text{frei}\,(\text{b}) \\ \text{frei}\,(\text{c}) \end{array}$$

3. Als nächstes wird der Block b auf den Block c gelegt, wodurch die Zielsituation entsteht:

$$\begin{array}{rll} \multicolumn{3}{l}{\text{stapeln}\,(\text{b}, \text{c})} \\ \text{Bedingung}: & \text{frei}\,(\text{b}) & \\ & \text{frei}\,(\text{c}) & \\ \text{Aktion}: & \bullet\ \text{streichen:} & \text{frei}\,(\text{c}) \\ & & \text{unten}(\text{b}) \\ & \bullet\ \text{hinzufügen:} & \text{auf}\,(\text{b}, \text{c}) \end{array}$$

Die Parametrierung der Aktionen konnte bei diesem einfachen Beispiel so durchgeführt werden, dass die gesuchte Aktionsfolge ohne Backtracking entstand. Dies ist bei schwierigeren Aufgaben nicht möglich, so dass dort auch bei der in *STRIPS* angewendeten Suchstrategie eine „richtige“ Suche durchzuführen ist. □

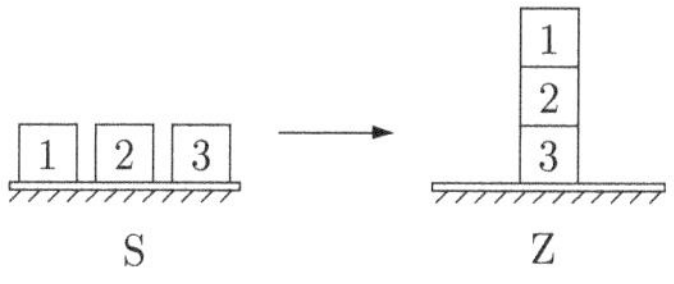


**Abb. 8.11:** Planungsaufgabe für zwei Roboter

| **Aufgabe 8.8** *Handlungsplanung für zwei kooperierende Roboter* |
|---|

Die in Abb. 8.11 gezeigte Aufgabe soll durch zwei Roboter gelöst werden, die nacheinander die Blöcke 1, 2 und 3 von ihrem gegenwärtigen Lager $S$ zum Zielort $Z$ transportieren und dort in der angegebenen Reihenfolge stapeln. Da an den Orten $S$ und $Z$ wenig Platz ist, kann sich dort immer nur einer der beiden Roboter aufhalten, während auf dem Weg zwischen beiden Orten so viel Platz ist, dass die Roboter aneinander vorbeifahren können.

Lösen Sie das Planungsproblem nach dem Vorbild von Beispiel 8.5, wobei Sie die Aufgabe zunächst für einen Roboter formulieren und später so erweitern, dass zwei Roboter eingesetzt werden können und in der Lösung der Planungsaufgabe tatsächlich beide Roboter zum Einsatz kommen. □

| **Aufgabe 8.9** *Handlungsplanung für einen Serviceroboter* |
|---|

Serviceroboter sollen in altersgerecht eingerichteten Wohnungen hilfebedürftigen Menschen bei häuslichen Arbeiten helfen. Dafür müssen sich die Roboter in der betreffenden Wohnung orientieren können, was im einfachsten, hier untersuchten Fall mit Hilfe eines Grundrisses der Wohnung passieren soll. Formulieren Sie die Steuerungsaufgabe, den Roboter von seinem aktuellen Platz zu einem anderen Platz zu bewegen, als ein Planungsproblem, wobei Sie in folgenden Schritten vorgehen:

1. Zeichnen Sie den Grundriss Ihrer Wohnung.
2. Beschreiben Sie prädikatenlogisch die Bewegungsmöglichkeiten des Roboters, wobei Sie möglichst einfache Darstellungsformen verwenden. Beispielsweise soll das Prädikat „Nachbarraum“ durch zwei Räume erfüllt werden, die durch eine gemeinsame Tür miteinander verbunden sind.
3. Beschreiben Sie die Bewegungen, die der Roboter ausführen kann, durch ein oder mehrere parametrierte Aktionen.
4. Stellen Sie eine Planungsaufgabe und lösen Sie sie.
5. Erweitern Sie das Planungsproblem so, dass der Roboter eine vorgegebene Folge von Orten nacheinander aufsucht. □

### 8.4.3 Vergleich von regelbasierter und logikbasierter Wissensverarbeitung

Die logikbasierte Wissensverarbeitung wurde mit der Motivation eingeführt, die Verarbeitung von WENN-DANN-Beziehungen weiter als in regelbasierten Systemen zu formalisieren und insbesondere die Möglichkeit zu schaffen, Individuenvariablen einzuführen. Die prinzipiellen Unterschiede zwischen der regelbasierten und der logikbasierten Wissensverarbeitung werden im Folgenden zusammengefasst. Zur Vereinfachung beziehen sich die folgenden Überlegungen bei logischen Formeln stets auf Implikationen

$$p \Rightarrow q,$$

da dort die Parallele zu Schlussfolgerungsregeln

WENN <Bedingung> DANN <Schlussfolgerung>

und Aktionsregeln

WENN <Situation> DANN <Aktion>

besonders offensichtlich ist.

**Forderung nach Widerspruchsfreiheit der Wissensbasis.** Der erste Unterschied besteht in der Schärfe des in Regeln bzw. Implikationen dargestellten Wissens. In Implikationen gibt die linke Seite eine *hinreichende* Bedingung dafür an, dass die rechte Seite gilt. Ist bekannt, dass die Aussage $p$ wahr ist, so sagt die Implikation, dass auch die Aussage $q$ wahr ist.

Im Gegensatz dazu beschreiben Regeln, in welcher Situation es *zweckmäßig* ist, eine bestimmte Schlussfolgerung zu ziehen bzw. eine beschriebene Aktion auszuführen. Die Regeln geben also Empfehlungen für Lösungsschritte. Diese Empfehlungen sind nur unter der angegebenen Bedingung bzw. in der beschriebenen Situation gültig bzw. möglich. Der WENN-Teil der Regel gibt folglich eine *notwendige* Bedingung für die Anwendbarkeit der rechten Seite der Regel an.

Aus diesem Grunde können in Regelbasen widersprüchliche Schlussfolgerungen bzw. Aktionen stehen. Das heißt, die Schlussfolgerungen bzw. Aktionen von Regeln, deren linke Seiten gleichzeitig erfüllt sind, stellen unvereinbare Aussagen dar bzw. die Anwendung der einen Aktion bewirkt gerade das Gegenteil der anderen Aktion. Dieser Widerspruch wird bei der Verarbeitung der Regeln im Schritt SELECT gelöst, indem aus der Konfliktmenge genau eine der anwendbaren Regeln ausgewählt wird.

Im Gegensatz dazu muss bei einer Wissensbasis, die aus logischen Formeln besteht, gesichert sein, dass kein Widerspruch auftritt. Alle Schlussfolgerungen gelten gleichzeitig. Suche ist bei der logikbasierten Wissensverarbeitung nicht notwendig, um die „richtigen“ Schlussfolgerungen zu finden, sondern um die Folge derjenigen Schlussfolgerungen zu finden, die zur Lösung des Problems führt. Ist eine Wissensbasis widersprüchlich, so ist sie nutzlos, denn aus ihr ist jede beliebige Aussage ableitbar.

**Verwendung von Variablen.** Der zweite Unterschied zwischen Regeln und Implikationen betrifft die Verarbeitung. Regeln können nur dadurch verwendet werden, dass sie auf eine konkrete Situation, d. h. auf einen gegebenen Inhalt des Arbeitsspeichers, angewendet werden. Es erfolgt ein Mustervergleich (MATCH), bei dem überprüft wird, welche Regeln anwendbar sind. Durch die Anwendung einer Regel wird der Arbeitsspeicherinhalt verändert.

Obwohl beispielsweise die Regeln für die Zusammenfassung von Widerständen im Abschn. 4.2.3 für beliebige parallel oder in Reihe geschaltete Widerstände formuliert sind, können sie nur auf konkrete Widerstände angewendet werden. Das heißt, die Variablen müssen mit Werten belegt sein, damit die Aktion „Zusammenfassung einer Reihenschaltung“ ausgeführt werden kann.

Im Gegensatz dazu können logische Formeln auch dann mit Inferenzregeln verarbeitet werden, wenn nicht alle freien Variablen gebunden sind. Um zu erkennen, welche logischen Formeln für eine Ableitung miteinander kombiniert werden können, müssen Literale unifiziert werden. Auf diese Weise können aus allgemeingültigen Aussageformen neue Aussageformen abgeleitet werden.

**Verwendung der Negation.** Der dritte Unterschied betrifft die Negation der in der Wissensbasis stehenden Eintragungen. Bei Regeln ist eine solche Negation nicht möglich. Es kann also beispielsweise nicht das Gegenteil der Regel für die Zusammenfassung einer Reihenschaltung von Widerständen gebildet und dabei ausgesagt werden, wann zwei in Reihe geschaltete Widerstände *nicht* zusammengefasst werden sollen. Für die logische Darstellung des Wissens ist die Negation genau erklärt. Gilt die Implikation $p \Rightarrow q$, so ist auch die Implikation $\neg q \Rightarrow \neg p$ gültig, wovon man sich z. B. durch eine Wahrheitstafel überzeugen kann.

**Architektur regelbasierter und logikbasierter Systeme.** Die Architekturen der für die regelbasierte bzw. logikbasierte Verarbeitung entstehenden Systeme weisen große Ähnlichkeit auf. Der Grund dafür liegt in der Tatsache, dass regelbasierten Systemen wie auch logikbasierten Systemen die Struktur eines Suchsystems zugrunde liegt. Man kann logikbasierte Systeme deshalb auch im Zustandsraum darstellen, wodurch die strukturellen Ähnlichkeiten klar herausgestellt werden (siehe Aufgabe 7.11).

### 8.4.4 Erweiterungsmöglichkeiten der klassischen Logik

Für viele Anwendungen, insbesondere auch im ingenieurtechnischen Bereich, sind die durch die klassische Logik gebotenen Möglichkeiten der Darstellung und Verarbeitung von Wissen nicht ausreichend. So kann man Aussagen nicht immer mit genau einem der beiden Wahrheitswerte „wahr“ oder „falsch“ versehen, weil beispielsweise Erfahrungen eines Fachmanns zwar häufig zutreffen, aber keinesfalls immer gelten. Bei der Betrachtung technologischer Prozesse spielen zeitliche Änderungen von Messgrößen eine entscheidende Rolle für die Lösung von Problemen. Diese Änderungen machen jedoch eine Nachführung der Wissensbasis an den aktuellen Prozesszustand notwendig. Die Axiome sind dann zeitabhängig.

Aus diesen Gründen sind Erweiterungen der klassischen Logik notwendig, beispielsweise in folgende Richtungen:

- Erweiterungen des Sprachumfanges durch Einführung neuer logischer Operatoren

- Modale Logik: „Es ist möglich, dass ... gilt."
- Autoepistemische Logik: „Ich glaube, dass ... gilt."
- Temporale Logik: Berücksichtigung zeitlicher Relationen zwischen den Aussagen
- Unscharfe Logik: Bewertung des Wahrheitswertes einer Aussage z. B. mit Hilfe eines Zahlenwertes

- Erweiterung der Axiomenmenge: Es werden alle Aussagen als wahr angenommen, die mit der Axiomenmenge nicht im Widerspruch stehen.
- Erweiterung der Ableitungsregeln: Es sind alle Schlüsse möglich, bei denen das Ergebnis nicht im Widerspruch zur Axiomenmenge steht oder sofern bestimmte Theoreme nicht als gültig nachgewiesen sind.

Bei derartigen Erweiterungen gehen grundlegende Eigenschaften der klassischen Logik verloren, so dass die Frage, mit welchen Algorithmen gegebene Ausdrücke verarbeitet werden können, neu untersucht werden muss. Insbesondere geht die Monotonieeigenschaft der klassischen Logik verloren. Diese Eigenschaft besagt, dass die Vergrößerung der Axiomenmenge nur zu einer Vergrößerung der Menge der aus diesen Axiomen ableitbaren Theoremen führt.

In den nachfolgenden Kapiteln werden diejenigen Erweiterungen der klassischen Logik behandelt, die für technische Anwendungen eine besondere Bedeutung haben. Kapitel 10 beschreibt das nichtmonotone Schließen und stellt ein System vor, mit dem die Wahrheitswerte abgeleiteter Ausdrücke in Abhängigkeit von der Axiomenmenge kontrolliert werden können. Dieses System wird ATMS (*assumption-based truth maintenance system*) genannt. In den Kapiteln 11 – 13 werden mehrere Erweiterungen der Logik behandelt, durch die es möglich ist, unsicheres Wissen darzustellen und zu verarbeiten.

## Literaturhinweise

Die Standardform prädikatenlogischer Formeln wurde 1960 in [22] eingeführt. Algorithmen zur Umformung von Ausdrücken in Klauselform sind z. B. in [18, 84] angegeben.

CHURCH und TURING bewiesen 1936 unabhängig voneinander, dass der Prädikatenkalkül erster Ordnung nicht entscheidbar ist [17, 123]. Allerdings gibt es Verfahren für den Beweis einer wahren Behauptung. Diese Verfahren terminieren jedoch i. Allg. nicht, wenn die Behauptung falsch ist. Man nennt deshalb die Prädikatenlogik *halbentscheidbar*. Da die Prädikatenlogik nicht entscheidbar ist, ist dies jedoch das bestmögliche Ergebnis, was man erhalten kann.

GÖDEL bewies in [43] mit dem Unvollständigkeitstheorem, dass jedes hinreichend mächtige formale System entweder widersprüchlich oder unvollständig ist. Das heißt, dass man entweder die Axiomenmenge so groß macht, dass man aus ihr Widersprüche ableiten kann, oder dass die Axiomenmenge keinen Widerspruch enthält, es aber Ausdrücke gibt, für die man weder beweisen kann, dass sie gelten noch dass sie falsch sind. Eine gute Erläuterung dieses Sachverhaltes kann man in [106], S. 140 nachlesen, die Entstehungsgeschichte dieses Ergebnisses in [113].

Dass es derartige Sätze geben kann, kann man sich anhand des Satzes „Alles was ich sage, ist unwahr." veranschaulichen. Der Satz enthält eine Aussage über den Wahrheitswert dieses Satzes, also eine Rückbezüglichkeit, die es unmöglich macht, den darin liegenden Widerspruch aufzulösen. Dass dies nur für „hinreichend mächtige" formale Systeme gilt, zeigt die im Kap. 7 behandelte Aussagenlogik, bei der für widerspruchsfreie Axiomenmengen für jede Behauptung bewiesen werden kann, ob die Behauptung wahr oder falsch ist.

Die SLD-Resolution wurde 1974 in [60] erstmals beschrieben.

Eine Einführung in die Sicherheit von Rechnersystemen, die in der Aufgabe 8.2 behandelt wird, gibt [86].

Das klassische Planungssystem *STRIPS*, dessen Grundidee im Abschn. 8.4.2 erläutert wurde, ist in [37] beschrieben. Eine ausführliche Einführung in die Lösung von Planungsaufgaben gibt [41].

# 9 Logische Programmierung in PROLOG

*Der Interpreter der Programmiersprache PROLOG ist ein Theorembeweiser für Hornklauseln. Dieses Kapitel gibt eine Einführung in die logische Programmierung und illustriert diesen Progammierstil an technischen Anwendungsbeispielen.*

## 9.1 Einführung in die logische Programmierung

Auf die Motivation der Verwendung der Prädikatenlogik als Grundlage für eine Programmiersprache wurde im Abschnitt 7.4 ausführlich eingegangen. Dabei wurde gezeigt, dass sich das von J. A. ROBINSON 1965 entwickelte Resolutionsprinzip gut für eine rechentechnische Implementierung eignet. Die Problembeschreibung erfolgt durch prädikatenlogische Ausdrücke in Hornform

$$B \Leftarrow A_1 \wedge A_2 \wedge \ldots \wedge A_n. \qquad (9.1)$$

Der Theorembeweiser kann so implementiert werden, dass er auf eine beliebige Wissensbasis, die das problemspezifische Wissen als eine Menge von Hornklauseln enthält, angewendet werden kann.

Diese Überlegung liegt der Programmiersprache PROLOG (*Programming in Logic*) zugrunde. Das zu lösende Problem wird durch Axiome in die Wissensbasis eingetragen und als Behauptung formuliert. Der PROLOG-Interpreter ist ein automatischer Theorembeweiser, der selbstständig nach einem Beweis der Behauptung sucht. Für den Anwender besteht nur noch die Aufgabe der Problemformulierung.

Die erste Implementierung von PROLOG erfolgte 1972 durch A. COLMERAUER. Theoretische Arbeiten zu den Grundformen der logischen Programmierung wurden durch R. KOWALSKI initiiert. Ähnlich wie bei LISP gibt es bisher keinen verbindlichen Standard für diese Programmiersprache, aber die meisten Implementierungen richten sich nach den Vorgaben von W. F. CLOCKSIN und C. S. MELLISH in [18]. Dabei werden „PROLOG“ und „logische Programmierung“ oft als Synonyme verwendet, obwohl PROLOG eigentlich nur eine von mehreren logischen Programmiersprachen darstellt.

Zur Beschreibung von PROLOG wird im Abschnitt 9.2 die Syntax dieser Programmiersprache eingeführt, wobei nur die später verwendeten Elemente behandelt werden. Anschließend wird PROLOG aus der Sicht des Anwenders betrachtet, der sein Problem so zu formulieren hat, dass es durch einen Theorembeweiser gelöst werden kann. Da Einzelheiten des Resolutionsprinzips im Abschn. 7.4 beschrieben wurden, muss auf die Anwendung der Resolutionsregel und die darin enthaltene Unifizierung hier nur in Bezug auf deren Wirkungen bei der Programmabarbeitung eingegangen werden.

## 9.2 Syntax von PROLOG

Die Terme der Prädikatenlogik sind in PROLOG folgendermaßen dargestellt:

- **Konstante** sind durch Zeichenketten, die mit einem kleinen Buchstaben beginnen, und durch ganze Zahlen oder Gleitkommazahlen dargestellt, z. B. `n1, knoten, 2, 0.38.`
- **Variablen** werden durch Zeichenketten, die mit einem großen Buchstaben oder „_“ beginnen, bezeichnet, z. B. `Knoten, _knoten, Element-1, Restliste.`
- **Strukturen** haben die Form

  ```
  funktor(Argument-1, Argument-2, ...)
  ```
  (9.2)

  wobei der Funktor mit einem kleinen Buchstaben beginnt und als Argumente Konstanten, Variablen oder Strukturen zugelassen sind, z. B.

  ```
  kante(n1, n2).
  not(pfad(X, n2)).
  ```

Hornformeln (9.1) werden in der Form

```
B :- A_1, A_2, ..., A_n.
```
(9.3)

geschrieben, wobei `B` und `A_1, ..., A_n` Strukturen bezeichnen. Entsprechend der PROLOG-Syntax wird jede Programmzeile durch einen Punkt abgeschlossen.[1] Gleichung (9.3) wird als Programmklausel bezeichnet. Die allgemeingültige Aussageform (8.11) mit den freien Variablen `X, Y, Z` kann also durch

[1] Um Verwechselungen zu vermeiden, wird im Folgenden die Interpunktion bei abgesetzten Formeln und Programmzeichen weggelassen.

```
pfad(X, Z) :- pfad(X, Y), kante(Y, Z).
```

in PROLOG ausgedrückt werden.

Bei Fakten (unbedingten Ausdrücken) entfällt die rechte Seite von (9.3):

```
B.
```
(9.4)

wie z. B. in

```
kante(n1, n2).
widerstand(r1, 1, 2).
```

Der zu beweisende Ausdruck (8.32) wird Anfrage genannt und in der Form

```
?- A_1, A_2,...,A_k.
```
(9.5)

geschrieben, wobei mit `A_1, ..., A_k` wieder Strukturen bezeichnet sind.

Logisches Programmieren bedeutet also das Aufschreiben einer Problemstellung durch

- **Fakten** der Form (9.4)
- **Regeln** der Form (9.3)
- **Anfragen** der Form (9.5).

Es hat sich auch eingebürgert, die Anfrage (9.5) als Aufruf des Programms, das aus den Fakten und Regeln (9.3), (9.4) besteht, zu bezeichnen.

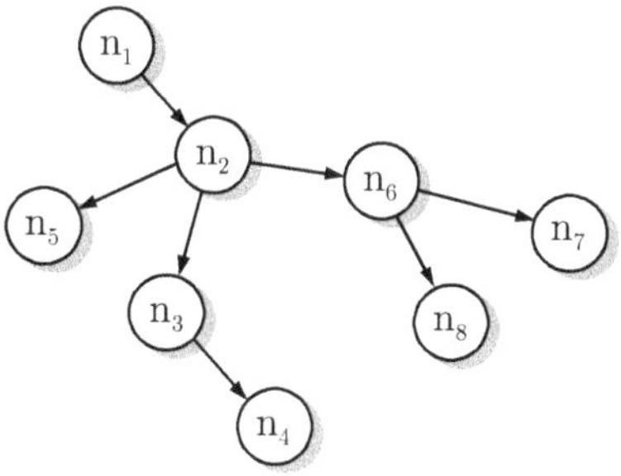


**Abb. 9.1:** Zyklenfreier Graph

**Beispiel 9.1** *Graphensuche*

In dem gerichteten, zyklenfreien Graphen aus Abb. 9.1 soll die Existenz eines Pfades zwischen den Knoten $n_1$ und $n_5$ nachgewiesen werden. Dafür werden die Kanten des Graphen durch Klauseln der Form

$$\text{Kante}(n_1, n_2)$$
$$\text{Kante}(n_2, n_3)$$

usw.

als Fakten, die Pfaddefinition (8.10), (8.11) als Regeln und die Behauptung Pfad($n_1, n_3$) als Anfrage formuliert, wodurch das Programm 9.1 entsteht.

**Programm 9.1** *Pfade in zyklenfreien Graphen*

**Fakten: Beschreibung des Graphen**

```
kante(n1, n2).
kante(n2, n3).
kante(n2, n5).
kante(n2, n6).
kante(n3, n4).
kante(n6, n7).
kante(n6, n8).
```

**Regeln: Definition von Pfaden**

```
pfad(X, Y) :- kante(X, Y).
pfad(X, Y) :- kante(X, Z), pfad(Z, Y).
```

**Anfrage**

```
?- pfad(n1, n5).
```

Die Fakten beschreiben den Graphen aus Abb. 9.1. Die Regeln definieren den graphentheoretischen Begriff „Pfad“ . Beides ist von der Anfrage unabhängig und hätte denselben Inhalt, wenn an Stelle des Pfades zwischen $n_1$ und $n_5$ nach dem Pfad zwischen $n_4$ und $n_6$ gefragt würde. □

## 9.3 Abarbeitung logischer Programme

### 9.3.1 Semantik logischer Programme

Bevor auf die Abarbeitung von PROLOG-Programmen Schritt für Schritt eingegangen wird, müssen einige Bemerkungen zur Semantik logischer Programme gemacht werden. Die im Kap. 8 den logischen Ausdrücken unterlegte Semantik betraf stets die *Beschreibung* eines Objektes oder Sachverhaltes. So wurden die Regeln (8.10) und (8.11), die im Programm 9.1 in PROLOG-Notation wiedergegeben sind, folgendermaßen interpretiert:

> „Es gibt einen Pfad vom Knoten $X$ zum Knoten $Y$, wenn es eine Kante vom Knoten $X$ zum Knoten $Y$ gibt.“

bzw.

> „Es gibt einen Pfad vom Knoten X zum Knoten Y, wenn es eine Kante vom Knoten X zu einem Knoten Z und einen Pfad vom Knoten Z zum Knoten Y gibt.“

Dieser Inhalt der logischen Ausdrücke wird als *deklarative Semantik* bezeichnet. Entsprechend dieser Semantik definieren logische Ausdrücke Begriffe und Zusammenhänge und gestatten es, die Beschreibung von Eigenschaften und Sachverhalten auf ihre Wahrheit zu überprüfen. Das PROLOG-Programm enthält dafür Programmklauseln für Axiome und eine Behauptung. Die Behauptung ist wahr, wenn sich aus der um die negierte Behauptung erweiterten Axiomenmenge ein Widerspruch ableiten lässt. Die deklarative Semantik logischer Ausdrücke ist unabhängig von der Reihenfolge, in der die Klauseln im Programm stehen: Entweder es gibt den Widerspruch oder es gibt ihn nicht.

Für die Abarbeitung der PROLOG-Programme wird den Programmklauseln jedoch eine *prozedurale Semantik* unterlegt. Die Klauseln (8.10) und (8.11) bzw. die entsprechenden Programmzeilen werden folgendermaßen gelesen:

> „Um die Behauptung zu beweisen, dass es einen Pfad vom Knoten $X$ zum Knoten $Y$ gibt, muss die Existenz einer Kante vom Knoten $X$ zum Knoten $Y$ nachgewiesen werden.“

bzw.

> „Um die Behauptung zu beweisen, dass es einen Pfad vom Knoten $X$ zum Knoten $Y$ gibt, muss die Existenz einer Kante vom Knoten $X$ zu einem Knoten $Z$ nachgewiesen und die Behauptung bewiesen werden, dass es einen Pfad vom Knoten $Z$ zum Knoten $Y$ gibt.“

Nach dieser Semantik beschreibt die Definition (9.3) eines Prädikats eine Prozedur mit dem Namen `B` und dem Prozedurkörper `A_1, A_2, ..., A_n`, der eine Menge von neuen Prozeduraufrufen darstellt. Die Klausel (9.3) besagt also:

> „Um die Prozedur `B` abzuarbeiten, rufe nacheinander die Prozeduren `A_1, A_2, ..., A_n` auf.“

Auf Grund der prozeduralen Semantik von Programmklauseln ist der PROLOG-Interpreter so implementiert, dass der Beweis einer gegebenen Behauptung konstruktiv erbracht wird. Das heißt, dass während der Beweisführung für die in den Klauseln auftretenden Variablen Variablenbindungen konstruiert werden, für die die negierte Behauptung widerlegt werden kann. Obwohl der Interpreter also die Anfrage (9.5) „Gilt der Ausdruck $A_1 \wedge A_2, \wedge \ldots \wedge A_k$?“ nur mit „ja“ oder „nein“ beantwortet, erzeugt er während der Bearbeitung der Anfrage Variablenbelegungen, für die die Anfrage zutrifft (bzw. entsprechend des geführten Widerspruchsbeweises die negierte Anfrage widerlegt ist). Man kann diese Variablenbelegung vom Programm ausgeben lassen und erhält damit einen konstruktiven Beweis. Dies wird in vielen Beispielen ausgenutzt.

### 9.3.2 Steuerfluss bei der Verarbeitung logischer Programme

Der PROLOG-Interpreter verwendet die Resolutionsregel (8.39) mit der im Abschn. 7.4 beschriebenen Steuerung. Die im jeweiligen Abarbeitungsschritt zu beweisende Formel wird als „Ziel“ bezeichnet. Dementsprechend spricht man auch von der „Zielklausel“ bzw. von einer

„Menge“ von Zielen, womit die Menge der Literale der Zielklausel gemeint ist. Mit den in der Resolutionsregel (8.39) auf S. 250 verwendeten Bezeichnungen heißt die aktuelle Zielklausel

```
A, B_1, B_2,..., B_n.
```
(9.6)

Bezüglich der Steuerung muss sich der Programmierer nur zwei Prinzipien merken:

- **„Von links nach rechts“:** Von einer gegebenen Menge von Zielen wird das am weitesten links stehende Ziel zuerst bewiesen, in der Zielklausel (9.6) also `A`. Nur wenn dieser Beweis gelingt, wird versucht, die weiter rechts stehenden Ziele zu beweisen.
- **„Von oben nach unten“:** Für ein gegebenes Ziel `A` wird das Programm von oben nach unten nach einer Klausel mit dem Klauselkopf `D` durchsucht, der mit `A` unifiziert werden kann. Ist eine solche Klausel gefunden, so wird `A` durch den Rumpf der gefundenen Klausel ersetzt, nachdem die durch die Unifikation vorgegebene Substitution vorgenommen wurde. Nur wenn dieser Weg nicht zum Beweis von `A` führt, wird nach der nächsten Klausel gesucht, mit der `A` ersetzt werden kann.

Diese Vorgehensweise stimmt genau mit der in der Resolutionsregel (8.39) verwendeten Schreibweise überein: In der Zielklausel $A \wedge B_1 \wedge \ldots$ wird das Literal $A$ durch die Konjunktion $C_1 \wedge C_2 \wedge \ldots$ ersetzt, nachdem die Substitution $\sigma$ durchgeführt wurde.

**Beispiel 9.1 (Forts.)** *Graphensuche*

Auf Grund dieser Regeln entsteht ein Steuerfluss, der für das Programm 9.1 in Abb. 9.2 dargestellt ist:

1. Für die Ersetzung des Ziels `pfad(n1, n5)` stehen zwei Klauseln zur Verfügung. Davon wird zunächst die erste verwendet. Der Klauselkopf kann durch die Substitution `(X=n1 Y=n5)` mit dem Ziel unifiziert werden. Das neue Ziel heißt `kante(n1, n5)`. Der Interpreter hat registriert, dass die Resolution mit der ersten Pfadklausel erfolgt ist und weitere Klauseln zur Verfügung stehen. Man sagt auch, er setzt einen „Entscheidungspunkt“ .
2. Für das Ziel `kante(n1, n5)` gibt es keine Resolution, da kein Kopf einer Programmklausel mit diesem Ziel unifiziert werden kann. Die Bearbeitung geht zu dem im 1. Schritt betrachteten Ziel zurück (Backtracking).
3. Für das Ziel `pfad(n1, n5)` wird die nächste Ersetzung gesucht. Da die erste Pfadklausel schon verwendet wurde, wird das Ziel durch die Substitution `(X=n1 Y=n5)` mit dem Kopf der zweiten Pfadklausel unifiziert. Das neue Ziel heißt `kante(n1, Z), pfad(Z, n5)`. Bei der Unifizierung wurden nur an `X` und `Y` Werte gebunden. Die Variable `Z` ist noch ungebunden.
4. Von den zwei aktuellen Zielen `kante(n1, Z)` und `pfad(Z, n5)` wird zuerst das linke bearbeitet. Die erste Ersetzungsmöglichkeit findet der PROLOG-Interpreter in der ersten Programmzeile mit der Substitution `Z=n2`. Die Substitution muss in der gesamten Zielklausel vorgenommen werden. Da `kante(n1, n2)` ein Fakt ist und keine neuen Teilziele erzeugt, verbleibt als aktuelles Ziel `pfad(Z, n5)`. Der Interpreter registriert, dass die Resolution mit der ersten Definition des Prädikats „kante“ erfolgt ist und gegebenenfalls weitere Klauseln mit demselben Klauselkopf für den Beweis zur Verfügung stehen.
5. Das Ziel `pfad(n2, n5)` wird auf Grund der ersten Pfadklausel durch `kante(n2, n5)` ersetzt. Die hierfür notwendige Substitution `(X=n2, Y=n5)` ist vollkommen unabhängig von den im zweiten und dritten Schritt gemachten Substitutionen, denn die Variablen gelten stets nur für die aktuelle Anwendung der Klauseln. Eine bestimmte Klausel kann mehrfach hintereinander mit unterschiedlichen Variablenbelegungen verwendet werden. Das neue Ziel ist `kante(n2, n5)`.

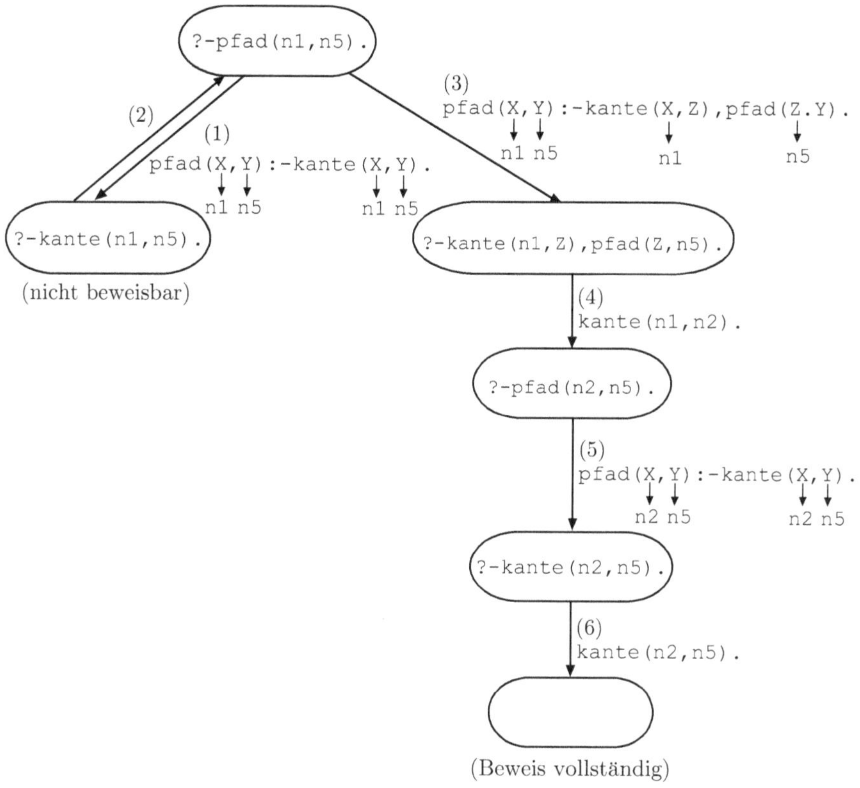


**Abb. 9.2:** Suchgraph für die Anfrage `?-pfad(n1,n5).`

6. Das Ziel `kante(n2, n5)` steht als Fakt im Programm. Durch Resolution entsteht die leere Klausel. Die Anfrage „Gibt es einen Pfad von $n_1$ nach $n_5$ wird" mit „ja" beantwortet.

Abbildung 9.2 veranschaulicht diesen Beweisweg. Der Interpreter führt eine Tiefe-zuerst-Suche nach einem Zustand aus, der durch die leere Menge noch zu erfüllender Ziele gekennzeichnet ist. Damit verbunden ist eine Bewegung innerhalb des gegebenen Graphen in Abb. 9.1, der einer Tiefe-zuerst-Suche im Sinne der Graphensuche entspricht. □

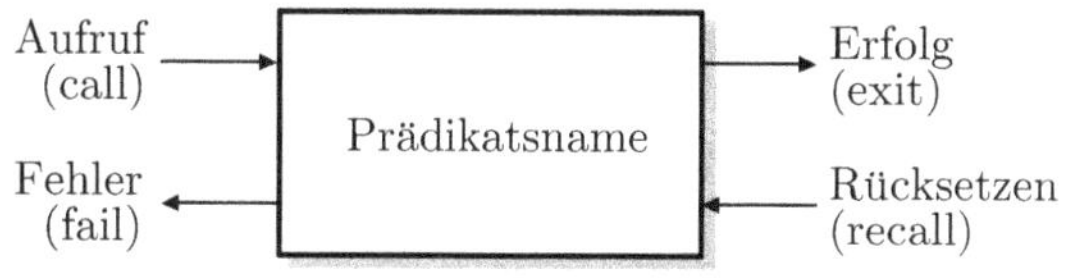


**Abb. 9.3:** Boxenmodell für einen Prozeduraufruf

**Das Boxenmodell der Programmabarbeitung.** Für die Veranschaulichung des Programmablaufs gibt es eine Darstellungsform, die sich auf die Verkettung der einzelnen Klauseln während der Programmabarbeitung bezieht und damit zum Verständnis der prozeduralen Semantik beiträgt. Jede Prozedur wird durch einen Kasten (*box*) dargestellt. Zwei Eingänge verdeutlichen die Wege, auf denen die Klausel aufgerufen werden kann. Ein Betreten der Box über den *call*-Eingang erfolgt, wenn die Prozedur neu aufgerufen wird. Der *recall*-Eingang („Rücksetzen") wird verwendet, wenn ein nachfolgendes Ziel nicht erfüllbar ist und deshalb beim Backtracking eine weitere Lösung von der Prozedur gefordert wird. Bei beiden Arten des Aufrufes erweist sich die Prozedur entweder als erfolgreich oder als nicht erfolgreich, so dass der Kasten über die Ausgänge *exit* bzw. *fail* verlassen wird.

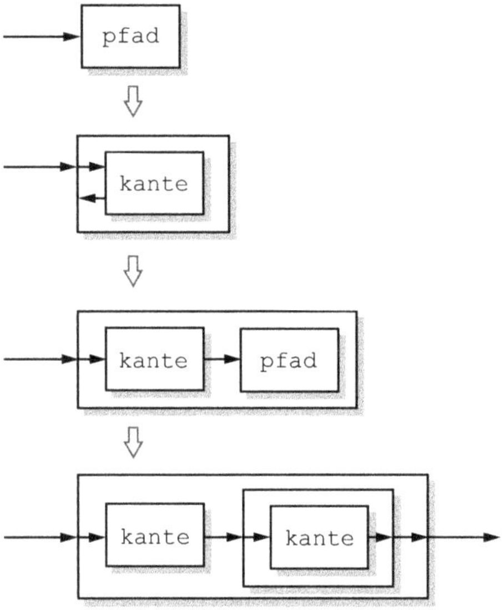


**Abb. 9.4:** Darstellung des Programmablaufes

**Beispiel 9.1 (Forts.)** *Graphensuche*

Der so dargestellte Ablauf des Programms 9.1 ist in Abb. 9.4 angegeben. Durch die Anfrage wird die Prozedur „pfad" aufgerufen. Entsprechend ihrer Definition beinhaltet sie den Aufruf von „kante" (1. Schritt). Da dies mit den in Abb. 9.4 nicht angegebenen Argumenten fehlschlägt (2. Schritt), wird die durch die zweite „pfad"-Klausel beschriebene Ersetzung von „pfad" durch „kante" und „pfad" vorgenommen (3. Schritt). „kante" ist erfolgreich (4. Schritt) und ruft die Prozedur „pfad" auf, die wieder durch „kante" ersetzt wird (5. Schritt) und damit erfolgreich ist (6. Schritt). □

Konjunktiv verknüpfte Ziele erscheinen in diesem Modell als Kettenschaltung der entsprechenden Blöcke. Ist ein nachfolgendes Ziel nicht erfüllt, wird der vorhergehende Block über den Eingang „Rücksetzen" wieder aufgerufen.

Die Anwendung einer Klausel ist durch eine „Verfeinerung" eines Blockes verdeutlicht. Die rechte Seite der Klausel wird in Form von Blöcken in den entsprechenden Kasten eingetragen. Im „Fehler"-Fall wird nach einer anderen Verfeinerung gesucht, und, erst wenn dies nicht möglich ist, der Block über den Ausgang „Rücksetzen“ verlassen. Das Modell macht die Abarbeitungsstrategie „von links nach rechts“ und „von oben nach unten“ deutlich. Es wird in Debuggern von PROLOG-Interpretern eingesetzt.

### 9.3.3 Interpretation des Ergebnisses

Während die positive Beantwortung einer Anfrage bedeutet, dass es für die angegebene Behauptung einen Beweis gibt, ist die Interpretation der Antwort „nein“ nicht so offensichtlich. Der Interpreter sollte besser „ich weiß nicht“ antworten, denn seine Antwort „nein“ bedeutet lediglich, dass er mit Hilfe der vorhandenen Programmklauseln und seiner Suchstrategie keinen Beweis für die Behauptung finden kann.

Durch eine geeignete Problemformulierung muss gesichert sein, dass das betrachtete Problem vollständig durch das logische Programm wiedergegeben wird (*Closed-world assumption*). Darüber hinaus muss bei der Problemspezifikation beachtet werden, dass der PROLOG-Interpreter eine festgelegte Lösungsstrategie verwendet. Nur bei adäquater Problemformulierung bedeutet die Antwort „nein“ tatsächlich, dass die Behauptung nicht gilt.

**Beispiel 9.2** *Falsche Problemformulierung*

Die Ausdrücke (8.10) und (8.11) zur Definition von „Pfad“ können in der Form

$$\begin{aligned} \text{Pfad}(X,Z) &\Leftarrow \text{Pfad}(X,Y) \wedge \text{Kante}(Y,Z) \\ \text{Pfad}(X,Y) &\Leftarrow \text{Kante}(X,Y) \end{aligned}$$

geschrieben werden. Die Vertauschung der Reihenfolge der Klauseln und der Literale innerhalb der ersten Klausel hat gegenüber der ursprünglichen Definition dieses Prädikats nichts an der deklarativen Semantik der Pfaddefinition geändert.

Werden jedoch die Pfadklauseln im Programm 9.1 vertauscht,

```
pfad(X, Z) :- pfad(X, Y), kante(Y, Z).
pfad(X, Y) :- kante(X, Y).
```

so verändert dies den Programmablauf. Auf Grund der Anfrage

```
?- pfad(n1, n5).
```

erzeugt der PROLOG-Interpreter entsprechend den angegebenen Abarbeitungsregeln die folgende Folge von Zielklauseln

```
pfad(Z, n5), kante(n1, Z).
pfad(Z1, n5), kante(Z, Z1), kante(n1, Z).
pfad(Z2, n5), kante(Z1, Z2), kante(Z, Z1), kante(n1, Z).
usw.,
```

wobei die Variablennamen `Z, Z1, Z2` eingeführt werden, um die einzelnen Instanzen der Variablen `Z` in der ersten `pfad`-Klausel unterscheidbar zu machen.

Dieser Programmablauf macht deutlich, dass die Veränderung der Reihenfolge der Klauseln und deren Literale zu einer neuen prozeduralen Semantik führt. Der PROLOG-Interpreter erzeugt eine sich ständig vergrößernde Menge von Zielen, bis der Speicherplatz erschöpft ist und die Programmabarbeitung mit einer Fehlermeldung beendet wird.

Dieses Beispiel weist darauf hin, dass der Programmierer nicht nur auf die deklarative, sondern auch auf die prozedurale Semantik seiner Programmzeilen achten muss. Bei rekursiven Definitionen von Prädikaten muss die Klausel für den Rekursionsabbruch vor der Rekursionsbeziehung stehen. Darüber hinaus muss versucht werden, die Rekursionsbeziehung so zu gestalten, dass der Rekursionsaufruf als letztes Element in der Klausel steht. □

**Aufgabe 9.1** *Steuerfluss bei logischen Programmen*

Starten Sie den PROLOG-Interpreter und geben Sie das Programm 9.1 ein. Die folgenden Übungen dienen dem Kennenlernen des Steuerflusses.

1. Die Anfrage
   ```
   ?- kante(n2, X).
   ```
   beantwortet der Interpreter mit
   ```
   X = n3
   ```
   denn `kante(n2, n3)` ist die erste Klausel, mit der die Anfrage unifiziert werden kann, wobei die Substitution `X=n3` verwendet wird. Wenn Sie jetzt ein Semikolon `;` eingeben, so sucht der PROLOG-Interpreter nach weiteren Lösungen (als ob es die erste Lösung nicht gegeben hat). Begründen Sie, warum der Interpreter die nachfolgenden Lösungen in der Reihenfolge
   ```
   X = n5;
   X = n6;
   no
   ```
   ausgibt.
2. Verwenden Sie die Anfrage
   ```
   ?- kante(X, Y).
   ```
   und veranlassen Sie den PROLOG-Interpreter wieder durch Eingabe des Semikolons zur Suche weiterer Lösungen. Wodurch ist die Reihenfolge der Lösungen begründet?
3. Wiederholen Sie diese Aufgabe mit der Anfrage
   ```
   ?- kante(X, Y), kante(Y, Z).
   ```
   Was bedeutet diese Anfrage in Bezug auf den gegebenen Graphen? Interpretieren Sie die Lösungen. Wodurch kommt zum Ausdruck, dass der Interpreter die Ziele „von links nach rechts" erfüllt? (Hinweis: Beachten Sie, dass ein von Ihnen eingegebenes Semikolon bewirkt, dass der *letzte* Unifikationsschritt verworfen wird.)
4. Schalten Sie die Trace-Funktion des PROLOG-Interpreters durch
   ```
   ?- trace.
   ```
   ein und verfolgen Sie die Programmabarbeitung auf Grund der Anfrage
   ```
   ?- pfad(n1, n5).
   ```
   Interpretieren Sie die Bildschirmausschriften im Sinne der Abb. 9.2 und des Boxenmodells nach Abb. 9.4.
5. Wiederholen Sie die Übung mit der Anfrage
   ```
   ?- pfad(n1, X).
   ```
   Interpretieren Sie diese Anfrage und die erhaltenen Lösungen. Was ist der grundlegende Unterschied zwischen den beiden letzten Anfragen? □

# 9.4 Programmelemente

In diesem Abschnitt werden weitere Einzelheiten von PROLOG behandelt, die für das Verständnis der später aufgeführten Programmbeispiele wichtig sind.

## 9.4.1 Listen

Bezieht sich ein Prädikat auf eine unbekannte bzw. sich verändernde Anzahl von Argumenten, so werden die Argumente zu Listen zusammengefasst. So kann z. B. die Eigenschaft eines Objektes, zu einer Menge zu gehören, durch ein Prädikat ausgedrückt werden, ohne dass angegeben wird, wie viele Elemente die Menge hat.

Listen sind – anders als bei LISP – durch eckige Klammern begrenzt und die Elemente durch Kommata getrennt, z. B.

```
[Element_1, Element_2, Element_3].
```

Die Aufteilung der Liste in den Listenkopf „`Element_1`" und die Restliste `[Element_2, Element_3]` kann durch den Separator „|" erfolgen, wodurch die Liste in ihren Kopf und ihre Restliste zerlegt wird: `[Listenkopf|Restliste]` (vgl. in LISP „den CAR" und „den CDR" ). `[ ]` ist die leere Liste.

**Beispiel 9.3** *Listenverarbeitung*

Das Prädikat „element_der_Menge" zeigt, wie Listen verarbeitet werden:

```
element_der_Menge(X, [X|Y]).
element_der_Menge(X, [Y|Z]) :- element_der_Menge(X, Z).    (9.7)
```

Die erste Klausel drückt aus, dass ein Element `X` zu einer Menge gehört, wenn es das erste Element der Menge ist. So kann die Anfrage

```
?- element_der_Menge(a, [a, b, c]).
```

mit der ersten Klausel von (9.7) durch `X=a` und `Y=[b,c]` unifiziert werden. Bei

```
?- element_der_Menge(b, [a, b, c]).
```

ist keine Unifizierung mit der ersten Klausel aus (9.7) möglich, denn aus dem Vergleich der ersten Argumente folgt die Substitution `X=b`, während die zweiten Argumente nur bei `X=a` und `Y=[b, c]` gleich sind. Aber die zweite Klausel ist anwendbar. Mit `X=b, Y=a` und `Z=[b, c]` wird die Anfrage auf das neue Ziel

```
?- element_der_Menge(b, [b, c]).
```

reduziert, das mit der ersten Klausel von (9.7) unifiziert werden kann: `(X=b, Y=[c])`. Damit ist die Anfrage erfolgreich (Antwort „yes" ). □

Die erste Klausel in (9.7) kann übersichtlicher mit der *anonymen* Variablen „_" geschrieben werden. Da die Restliste `Y` nicht weiter verwendet wird, muss sie nicht an eine dem Programmierer bekannte Variable gebunden werden:

```
element_der_Menge(X, [X|_]).
```

Man erspart sich dabei die Einführung von Namen für Variablen, die man nicht weiter verarbeiten will.

**Beispiel 9.3 (Forts.)** *Listenverarbeitung*

Die Bildung von neuen Listen kann mit Hilfe des Prädikats „verk_Liste“ (verkettete Liste) demonstriert werden. Dieses Prädikat ist dreistellig und gilt, wenn die an dritter Stelle stehende Liste durch das Anhängen der zweiten Liste an die erste entsteht.

```
verk_Liste([ ], X, X).
verk_Liste([Y|Z], X, [Y|W]) :- verk_Liste(Z, X, W).            (9.8)
```

Soll die Liste `X` an die leere Liste angehängt werden, so ist das Ergebnis die Liste `X` selbst. Zwei Listen `[Y|Z]` und `X` ergeben die verkettete Liste `[Y|W]`, wenn `X` an `Z` angehängt auf `W` führt. Die zweite Klausel führt also das Problem, `X` an die Liste `[Y|Z]` anzuhängen, auf das einfachere Problem zurück, `X` an die kürzere Liste `Z` anzuhängen. Die erste Klausel beschreibt die Abbruchbedingung, die verwendet wird, wenn durch die Anwendung dieser Rekursion die erste Liste leer geworden ist. □

**Beispiel 9.4** *Verkettung zweier Listen*

Die Anwendung des Prädikats „verk_Liste“ in seiner prozeduralen Interpretation soll anhand der Anfrage

```
?- verk_Liste([a, b], [c, d], Ergebnis).
```

illustriert werden. `Ergebnis` bezeichnet eine Variable, die mit der Liste `[a, b, c, d]` belegt ist, wenn die Anfrage abgearbeitet ist. Diese Belegung wird auf folgendem Wege ermittelt:

1. Die Ersetzung der Anfrage ist nur mit der zweiten Klausel in (9.8) möglich. Die dafür notwendige Substitution soll mit einer „1“ als Kennzeichen für den ersten Resolutionsschritt versehen werden: `X1=[c, d], Y1=a, Z1=[b]` und

   ```
   Ergebnis=[a|W1]                                  (9.9)
   ```

   Die Variable `W1` ist noch ungebunden. Die Umbenennung der Variablen gehört zum Resolutionsschritt und wird vom Interpreter ausgeführt. Das neue Ziel heißt

   ```
   verk_Liste([b], [c, d], W1).
   ```

2. Es kann wieder nur die zweite Zeile von (9.8) verwendet werden, wobei die Substitutionen `X2=[c, d], Y2=b, Z2=[ ]` und

   ```
   W1=[b|W2]                                        (9.10)
   ```

   notwendig sind. `W1` wird jetzt an `[b|W2]` gebunden, aber `W2` ist noch ohne Bindung. Das neue Ziel heißt

   ```
   verk_Liste([ ], [c, d], W2).
   ```

3. Das aktuelle Ziel ist auf Grund der ersten Zeile von (9.8) mit

   `W2=[c, d]` (9.11)

   erfüllt. Damit ist die Anfrage mit „ja“ beantwortet. Gleichzeitig ist aber die Variable `Ergebnis` an diejenige Liste gebunden, die das Prädikat `verk_Liste` mit den beiden gegebenen Listen `[a, b]` und `[c, d]` erfüllt. Aus den Beziehungen (9.9) bis (9.11) ergibt sich durch sukzessives Einsetzen

   `Ergebnis = [a, b, c, d].`

Bei der Listenverarbeitung wird deutlich, dass die Unifizierung einem Mustervergleich (*matching*) entspricht. Die Anfrage wurde mit der zweiten Klausel in (9.8) unifiziert, indem die Liste `[a,b]` und die Variable `Ergebnis` entsprechend den in (9.8) stehenden Mustern in `[Y|Z]` mit `Y=a` und `Z=[b]` aufgeteilt wurden. □

Die Verfolgung der Programmabarbeitung hat gezeigt, dass die Variablen in (9.8) in jedem Schritt in einer anderen Weise verwendet wurden. Die Variablen `X, Y, Z` und `W` traten in den einzelnen Aufrufen von `verk_Liste` als unterschiedliche Variablen `X1, X2, Y1, Y2` usw. auf. Dabei bezeichnen PROLOG-Variablen nicht, wie Variablen algorithmischer Programmiersprachen, eine Speicherzelle, in die beliebig oft neue Werte eingetragen werden können, sondern sie referieren bestimmte Objekte, die einmal an die Variablen gebunden und nicht verändert werden.

### 9.4.2 Rekursive Programmierung

Die rekursive Programmierung ist – ähnlich wie bei LISP – das wichtigste Programmierprinzip. Die Definition der Prädikate erfolgt so, dass die Prädikate auf sich selbst mit veränderten Argumenten zurückgeführt werden. Eine Abbruchbedingung beschreibt das Prädikat für den einfachsten Aufbau der Argumente.

Wie dies für das Prädikat „verk_Liste“ aussieht, wurde im Beispiel 9.3 verfolgt. Durch die zweite Zeile von (9.8) wird das Problem, zwei Listen `[Y|Z]` und `X` zu verketten, auf die Verkettung einer kürzeren Liste `Z` mit `X` zurückgeführt. Ist die kürzere Liste schließlich leer, so folgt das Ergebnis unmittelbar aus der ersten Klausel. Der Interpreter verfolgt die einzelnen Rekursionsschritte und die dabei erreichten Variablenbindungen und setzt die Instanziierungen der Variablen sukzessiv vom letzten zum ersten Aufruf ein. In gleicher Weise wirkt die Definition des Prädikats „pfad“ im Programm 9.1.

Auf Grund der Steuerstrategie des PROLOG-Interpreters muss auf die richtige Anordnung der Abbruchbedingung (vor oder nach der allgemeinen Definition des Prädikats) geachtet werden. Werden beide Klauseln vertauscht, so findet der Interpreter wie im Beispiel 9.2 den Abbruch nicht. Die prozedurale Semantik eines PROLOG-Programms hängt von der Reihenfolge der Notierung der Klauseln ab.

### 9.4.3 Built-in-Prädikate

Der PROLOG-Interpreter verfügt über eine Reihe von Prädikaten, deren Bedeutung festliegt (Built-in-Prädikate). Diese Prädikate betreffen vor allem elementare Operationen mit Listen und Zahlen, die Arbeit mit Dateien, Eingabe- und Ausgabeoperationen und Möglichkeiten zur Steuerung und zum Verfolgen der Programmabarbeitung bei der Programmierung. Alle diese Operationen sind als Prädikate formuliert, die erfüllt bzw. nicht erfüllt sind, wenn die betreffende Operation ausgeführt ist. Für viele dieser Prädikate gibt es Ausnahmeregelungen bezüglich ihrer Behandlung beim Backtracking. Im Folgenden sind einige der wichtigsten Built-in-Prädikate angegeben.

Bei der Programmabarbeitung sind vordefinierte Prädikate häufig schneller als die vom Programmierer definierten. Das liegt daran, dass viele dieser Prädikate prozedural ausgewertet werden. Das heißt, der Aufruf des Prädikats bewirkt die Abarbeitung einer Prozedur, die die der Semantik des Prädikats entsprechenden Operationen enthält. So wird beispielsweise durch die Anfrage

```
?- member(a, [a, b, c]).
```

eine Prozedur gestartet, die überprüft, ob das erste Argument `a` des Prädikats in der als zweites Argument angegebenen Liste `[a, b, c]` vorkommt. Diese Prozedur geht die Liste elementeweise durch und überprüft, ob das betrachtete Element mit dem ersten Element des Prozeduraufrufes übereinstimmt. Im Unterschied dazu wurde das Prädikat `element_der_Menge`, das dieselbe Bedeutung wie `member` hat, durch die Klauseln (9.7) auf logischem Wege definiert. Die Abarbeitung dieses Prädikats erfolgt in den im Abschn. 9.4.1 angegebenen Suchschritten und ist deshalb langsamer als die prozedurale Auswertung von `member`.

#### Verarbeitung von Listen

Neben dem oben eingeführten Prädikat `member` gibt es u. a. die folgenden Prädikate zur Verarbeitung von Listen:

- `length(Liste, X)`
  (Länge einer Liste), ist erfüllt, wenn `X` mit der Anzahl der Elemente von `Liste` unifiziert ist.
- `sort(Liste, X)`
  (Sortieren einer Liste) ist erfüllt, wenn `X` mit der sortierten Liste unifiziert werden kann, wobei doppelt auftretende Elemente in `X` nur einfach vorkommen.
- `msort(Liste, X)`
  (Sortieren einer Liste) wie bei `sort`, nur dass Duplikate erhalten bleiben.
- `append(Liste_1, Liste_2, X)`
  (Verketten von Listen), ist erfüllt, wenn `X` mit der Liste unifiziert ist, die durch das Aneinanderhängen von `Liste_1` und `Liste_2` entsteht.

### Vergleichsoperationen

Die folgenden Vergleichsoperationen sind als sogenannte Infix-Operationen geschrieben, bei denen der Prädikatsname zwischen den Argumenten steht. Die Beziehung `X=Y` ist also nur eine andere (und anschaulichere) Schreibweise für `=(X, Y)`. Wichtig sind folgende Vergleichsoperationen:

- $\mathtt{X} = \mathtt{Y}$ (9.12)
  (Gleichheit), ist erfüllt, wenn `X` und `Y` unifiziert werden können.
- `X is Y`
  (Gleichheit von Zahlen) ist erfüllt, wenn `X` gleich dem arithmetischen Ausdruck `Y` ist.
- $\mathtt{X} \neq \mathtt{Y}$
  (Ungleichheit) ist erfüllt, wenn `X` und `Y` nicht unifizierbar sind.

### Eingabe- und Ausgabeoperationen

Die folgenden Prädikate sind erfüllt, wenn Eingabe- bzw. Ausgabeoperationen abgeschlossen sind:

- `read(X)`
  (Einlesen) ist erfüllt, wenn die beim Aufruf ungebundene Variable `X` durch einen eingegebenen Term belegt ist.
- `write(E1)`
  (Ausdrucken) ist erfüllt, wenn der angegebene Term `E1` ausgegeben wurde.
- `nl`
  *(newline)* ist erfüllt, wenn die Ausgabe auf eine neue Zeile umgeschaltet wurde.

### Steuerung der Programmabarbeitung

Der Steuerfluss kann durch folgende Prädikate beeinflusst werden:

- `fail`
  (Backtracking) ist ein Prädikat, das niemals erfüllt ist und ein Backtracking verursacht.
- `true`
  (wahres Prädikat) ist stets erfüllt (und kann i. Allg. weggelassen werden).

- !
  (*cut*) bewirkt, dass das Backtracking nicht weiter als bis zu der angegebenen Stelle ausgeführt wird.

Da das letzte Prädikat besonders wichtig ist, werden seine Wirkungen und Einsatzmöglichkeiten im Folgenden ausführlicher erläutert.

### Das Prädikat „!"

Der PROLOG-Interpreter führt ohne zusätzliche Steuereingriffe eine vollständige Tiefe-zuerst-Suche nach der Lösung aus. Damit verbunden ist die Registrierung aller Entscheidungspunkte, zu denen die Steuerung bei einem Backtracking zurückkehren kann. Ist aber offensichtlich, dass die Suche nicht über eine Lösung oder einen Misserfolg hinaus weitergeführt werden muss, so kann der Programmierer den Suchbaum mit Hilfe des Built-in-Prädikats *cut* beschneiden.

Durch *cut* wird der Interpreter veranlasst, die bis zu dem Ausrufezeichen erfüllten Ziele der betreffenden Prozedur nicht noch einmal zu betrachten. Ist die Suche einmal über `!` hinausgegangen, so wird bei einem Backtracking höchstens bis zu `!` zurückgesprungen. Auf Grund dieser vom Programmierer veranlassten Verkürzung der Suche kann der Interpreter alle vor `!` liegenden Entscheidungspunkte aus dem Speicher löschen. Durch die Verwendung von `!` wird die Programmabarbeitung nicht nur schneller, sondern benötigt auch weniger Speicherplatz. Im Boxenmodell (Abb. 9.3) bedeutet `!` am Ende einer Klausel, dass der der Klausel zugeordnete Kasten keinen Eingang „Rücksetzen" hat.

Durch den mit `!` verbundenen Eingriff in die Steuerung wird u. U. bewirkt, dass Lösungen, die logisch aus der Wissensbasis folgen, nicht mehr abgeleitet werden können. Der Programmierer muss sich deshalb sicher sein, dass trotz der Verwendung von `!` die gesuchte Lösung gefunden werden kann. In einigen Anwendungen ist es aber sogar inhaltlich notwendig, durch den cut-Operator die Suche zu beschneiden. Auf drei dieser Fälle wird im Folgenden eingegangen.

**Abbruch zur Kennzeichnung der einzigen Lösung.** Im ersten Einsatzfall bestätigt *cut*, dass die angewendete Klausel richtig ist und auf die einzige Lösung führt. Der Interpreter soll die alternativen Klauseln nicht ausprobieren, selbst wenn keine Lösung mit der Klausel, in der `!` steht, gefunden wurde.

**Beispiel 9.5** *Abbruch der Programmabarbeitung durch cut*

Ein Beispiel dafür ist die von algorithmischen Programmiersprachen her bekannte IF-THEN-ELSE-Konstruktion. Sollen z. B. zwei Knoten `X` und `Y` eines Graphen dahingehend bewertet werden, ob sie durch eine Kante oder durch einen Pfad mit mehr als einer Kante verbunden sind, so wird die folgende Regel angewendet: Wenn die Knoten `X` und `Y` durch eine Kante verbunden sind, so ist das Abstandsmaß gleich 1; andernfalls setze das Abstandsmaß auf 2, sofern ein Pfad existiert.

```
abstandsmass(X, Y, 1) :- kante(X, Y), !.
abstandsmass(X, Y, 2) :- pfad(X, Y).
```

Durch `!` ist „1" die einzige Lösung für solche Knoten `X` und `Y`, zwischen denen eine Kante existiert. Für den durch die „Kante"-Klauseln aus dem Programm 9.1 beschriebenen Graphen erhält man

```
?- abstandsmass(n1, n2, Mass).      Anfrage
⇒ Mass = 1                          } Antwort
no
```

Ohne *cut* könnte bei einem Backtracking auch `abstandsmass(X, Y, 2)` als Lösung bewiesen werden, obwohl dies der Begriffsbestimmung widerspricht. Der Dialog hätte dann folgendes Aussehen

```
?- abstandsmass(n1, n2, Mass).      Anfrage
⇒ Mass = 1 ;                        (Nutzereingabe „;" bewirkt die
  Mass = 2                          Suche nach weiteren Lösungen)
no
```

Die Einfügung von `!` ist in diesem Fall notwendig, um die Bedeutung des Prädikats `abstandsmass` richtig festzulegen. □

**Kombination der Operatoren *cut* und *fail*.** Das Prädikat *cut* im Zusammenhang mit *fail* beendet die Suche nach einer Lösung und führt auf die Nichterfüllung eines Ziels. `!` wird ähnlich wie im ersten Fall angewendet, um anzuzeigen, dass es keine Lösung gibt, wenn die Suche bis `!` gekommen ist.

**Beispiel 9.6** *Definition des Prädikats „ungleich"*

Ein Beispiel ist die Definition von `ungleich`:

```
ungleich(X, Y) :- X = Y, !, fail.
ungleich(X, Y).                                    (9.13)
```

Gilt `X=Y` (vgl. (9.12)), so geht die Steuerung über `!` hinweg und führt auf die Nichterfüllung des Ziels `ungleich(X, Y)` infolge von `fail`. Der cut-Operator verhindert die Anwendung der zweiten Klausel, die aussagt, dass `X` und `Y` bedingungslos ungleich sind.

In Verbindung mit `fail` wird der *cut*-Operator `!` i. Allg. bei sich ausschließenden Zielen, wie z. B. der Feststellung von Gleichheit oder Ungleichheit von Argumenten, verwendet. □

**Abbruch der Suche nach der ersten Lösung.** Durch *cut* wird angezeigt, dass es ausreicht, *eine* Lösung zu finden. So könnte in den jeweils ersten Klauseln der Definitionen für `pfad` und `element_der_Menge` im Programm 9.1 bzw. 9.7 der *cut*-Operator eingefügt werden, z. B.

```
pfad(X, Y) :- kante(X, Y), !.
```

weil diese Klauseln Abbruchbedingungen einer rekursiven Definition darstellen und bei Erfüllung dieser Klauseln die einzige Lösung gefunden wurde. Der Operator `!` verhindert hier nutzloses Weitersuchen und beschleunigt damit die Programmabarbeitung, ist aber nicht notwendig für die Ermittlung der gesuchten Lösung.

## Das Prädikat „not"

In die Definition (8.30) der Hornklauseln geht die Forderung ein, dass die auf der rechten Seite stehenden Prädikate ohne Negationszeichen auftreten müssen. Weil die Negation in jeder Programmiersprache gebraucht wird, besitzen die meisten PROLOG-Interpreter ein Built-in-Prädikat `not`, dessen Semantik nicht die logische Negation ist, sondern der von klassischen Programmiersprachen bekannten Semantik entspricht und folgendermaßen begründet ist. Ein Prädikat `p` ist erfüllbar, wenn es Argumentwerte gibt, für die eine Definitionsklausel von `p` wahr ist. Die Negation wird als Verneinung dessen definiert: `not(p(X_1, ..., X_n))` ist wahr, wenn es keine Argumentwerte `X_1, ..., X_n` gibt, für die das Prädikat `p` wahr ist. Die prozedurale Semantik der Negation von `p` ist also das Fehlschlagen des Versuches, das Prädikat `p` zu erfüllen. Man spricht deshalb bei `not` von der Negation durch Fehlschlag (*negation as failure*).

`not` hat gegenüber der logischen Negation $\neg$ also eine eingeschränkte Bedeutung. So ist die Aussage

$$\mathrm{P}(X) \Leftarrow \neg\mathrm{Q}(X)$$

in der Prädikatenlogik gleichbedeutend mit der Aussage $\neg\mathrm{P}(X) \vee \neg\mathrm{Q}(X)$. Aus dieser Aussage kann die Gültigkeit von $\mathrm{P}(X)$ *nicht* gefolgert werden, wenn über $\mathrm{Q}(X)$ nichts bekannt ist. In PROLOG wird die angegebene Implikation in

```
p(X) :- not(q(X)).
```

übersetzt und die Anfrage `?-p(X).` mit `yes` beantwortet, wenn `q(X)` nicht aus den Programmklauseln ableitbar ist. Im Unterschied zur deklarativen Semantik der Implikation, auf Grund der nicht über $\mathrm{P}(X)$ ausgesagt werden kann, macht der PROLOG-Interpreter eine Aussage über den Wahrheitswert von `p(X)`.

Auf Grund dieser Interpretation darf das Prädikat `not` nicht auf Prädikate mit uninstanziierten Variablen angewendet werden. Das zu negierende Prädikat ist so zu schreiben, dass der Interpreter zur Suche nach Variablenbindungen aufgefordert wird, mit denen das Prädikat erfüllt ist.

**Beispiel 9.7** *Verwendung des Prädikats „not"*

In der Anfrage

```
?- not(X = n3), kante(n2, X).
```

– „Gibt es einen von `n3` verschiedenen Knoten `X`, zu dem von `n2` aus eine Kante führt?" – wird das Prädikat `not` mit der ungebundenen Variablen `X` verwendet. Der Interpreter versucht zuerst, `X=n3` zu beweisen. Das gelingt in diesem Beispiel ganz einfach dadurch, dass `n3` an `X` gebunden wird. Also ist `not(X=n3)` nicht erfüllbar. Die Anfrage wird (fälschlicherweise) mit `no` beantwortet.

Wird das Problem, ohne seine deklarative Bedeutung zu verändern, in

```
?- kante(n2, X), not(X = n3).
```

– „Gibt es eine Kante vom Knoten n2 zu einem Knoten X, der nicht gleich der Knoten n3 ist?“ – umgeformt, so durchsucht der Interpreter zuerst die Wissensbasis nach einer Kante von n2 zu einem anderen Knoten X und prüft erst danach, ob X von n3 verschieden ist. Dabei wird not stets mit gebundener Variabler X aufgerufen. Mit den Fakten aus dem Programm 9.1 wird im ersten Schritt n3 an X gebunden. Dafür ist aber das zweite Ziel not(n3=n3) nicht erfüllt. Nach Backtracking zum ersten Ziel wird kante(n2, n5) in der Wissensbasis gefunden und X mit n5 instanziiert. Für diesen Wert ist not(n5=n3) erfüllt. Also wird die Anfrage mit yes beantwortet. □

**Aufgabe 9.2** *Inferenzen mit ungebundenen Variablen*

Diese Aufgabe zeigt, dass der PROLOG-Interpreter Anfragen auch dann verarbeiten kann, wenn für die in der Anfrage enthaltenen Variablen auch während der Programmabarbeitung keine Variablenbindung möglich ist.

1. Schreiben Sie ein Programm, das nur aus der Definition (9.7) und der Anfrage
   ```
   ?- element_der_Menge(X, Y).
   ```
   besteht.
2. Bringen Sie das Programm zur Ausführung und veranlassen Sie den Interpreter durch Eingabe des Semikolons, eine Reihe von Antworten auf diese Anfrage zu ermitteln. Interpretieren Sie die Lösungen. Wodurch ist es möglich, dass das Programm Lösungen erzeugt, ohne dass eine konkrete Menge Y oder ein konkretes Element X vorgegeben ist?
3. Schalten Sie die Trace-Funktion durch die Anfrage
   ```
   ?- trace.
   ```
   ein und verfolgen Sie die Programmabarbeitung für die o. a. Anfrage. □

**Aufgabe 9.3*** *Listenverarbeitung in PROLOG*

Das Prädikat teile_Liste teilt das erste Argument (beliebige Liste) in zwei etwa gleiche lange Listen (zweites und drittes Argument) auf, wenn man das erste Argument von teile_Liste als Eingabe und das zweite und dritte Argument als Ausgabe des Prädikats betrachtet.

```
teile_Liste([] , [] , []).                              % 1.Zeile
teile_Liste([X], [X], []).                              % 2.Zeile
teile_Liste([X,Y|Liste], [X|Liste1], [Y|Liste2]):-      % 3.Zeile
   teile_Liste(Liste, Liste1, Liste2).                  % 4.Zeile
```

Im Folgenden soll der Quellcode näher untersucht werden.

1. Erklären Sie die Bedeutung aller angegebenen Zeilen.
2. Was erhält man für die Variablen X und Y als Antwort auf die Anfrage
   ```
   ?- teile_Liste([a,b,c,d,e], X, Y).
   ```
3. Schreiben Sie ein PROLOG-Programm, das für eine beliebige Liste L als erstes Argument und die Variable Y als zweites Argument mit
   ```
   ?- eins(L, Y).
   ```

aufgerufen wird und als Antwort die Variable `Y` mit dem ersten Element der Liste `L` belegt. Welches Ergebnis erhalten Sie, wenn an `L` in dem angegebenen Aufruf die Liste `[2 a y 6]` gebunden ist?

**Aufgabe 9.4** *Beschreibung eines Inverters*

Ein Inverter ist eine elektronische Schaltung mit einem binären Eingangssignal $x$ und einem binären Ausgangssignal $y$, für das der boolesche Ausdruck $y = \neg x$ gilt. Beschreiben Sie dieses Glied durch PROLOG-Klauseln und definieren Sie die Gleichheit von Signalwerten durch ein Prädikat `gleich`. Beweisen Sie die Behauptung, „Wenn $x$ der Wert am Eingang des Inverters ist und $y$ der Wert am Ausgang, dann sind beide Werte nicht gleich.“ Wie behandelt der PROLOG-Interpreter die Negation des Prädikates „gleich“? □

## 9.5 Programmbeispiele

Die folgenden Beispiele für logische Programme sollen den deskriptiven Programmierstil und die Art und Weise veranschaulichen, in der Probleme aus vorangegangenen Kapiteln mit PROLOG gelöst werden können.

### 9.5.1 Bestimmung von Pfaden in gerichteten Graphen

Die Definition des Prädikats `pfad` im Programm 9.1 war auf zyklenfreie Graphen zugeschnitten. Um einen Pfad in Graphen mit Zyklen bestimmen zu können, sind Erweiterungen notwendig, durch die während der Suche des Pfades ausgeschlossen wird, dass eine hinzugenommene Kante zu einem bereits im Pfad enthaltenen Knoten führt. Die im Kap. 3 behandelten Methoden der Graphensuche markieren zu diesem Zweck die bereits besuchten Knoten und verhindern dadurch, dass ein Knoten mehrfach im Erreichbarkeitsbaum oder im Pfad auftritt. Diese Methode wird hier jetzt dadurch angewendet, dass eine Liste mit den bereits markierten Knoten eingeführt wird.

In der Erweiterung der Definition von `pfad` aus dem Programm 9.1 werden in der Liste `Teilpfad` die Knoten zusammengestellt, die auf dem betrachteten Pfad vor dem `Startknoten` liegen:

```
pfad(Teilpfad, Startknoten, Zielknoten) :-
   kante(Startknoten, Zielknoten).

pfad(Teilpfad, Startknoten, Zielknoten) :-
   kante(Startknoten, Zwischenknoten),
   not(Zwischenknoten = Startknoten),
   not(Zwischenknoten = Zielknoten),
   not(element_der_Menge(Zwischenknoten, Teilpfad)),
   pfad([Startknoten|Teilpfad], Zwischenknoten, Zielknoten).
```
(9.14)

Die Schleifenfreiheit wird dadurch erreicht, dass die neue Kante keine Schlinge um den `Startknoten` sein und der `Zwischenknoten` nicht zu `Teilpfad` gehören darf. Die Forderung, dass der `Zwischenknoten` nicht gleich dem `Zielknoten` sein darf, wird erhoben, da für diesen Fall die erste Klausel zutrifft. Bei der wiederholten Verwendung der `pfad`-Definition, z. B. bei der Suche aller Pfade zwischen zwei gegebenen Knoten, muss gesichert werden, dass die zweite Klausel nicht mit `Zwischenknoten=Zielknoten` erfüllt wird. Als neues Ziel verbleibt die Bildung eines Pfades vom `Zwischenknoten` zum `Zielknoten`, der den um den Zwischenknoten verlängerten Teilpfad nicht berühren darf (Abb. 9.5).

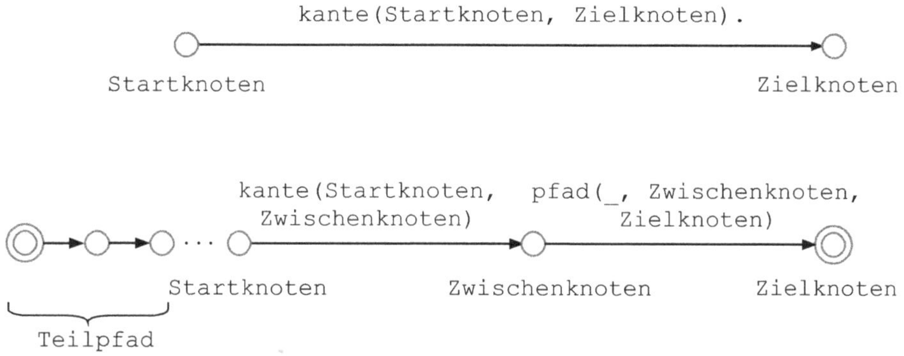


**Abb. 9.5:** Definition des Prädikats „`pfad`"

Mit der Beschreibung des Graphen wie im Programm 9.1 und dem Aufruf

```
?- pfad([ ], n1, n5).
⇒ yes
```
(9.15)

wird die Existenz eines Pfades von `n1` nach `n5` nachgewiesen. Die Variable `Teilpfad` wird im Programmaufruf mit der leeren Liste `[ ]` instanziiert und bei jedem Rekursionsschritt um den aktuellen `Startknoten` verlängert. Wenn die Abbruchbedingung (erste Klausel) erfüllt ist, stehen in `Teilpfad` die vom Pfad berührten Knoten bis auf die letzten zwei.

Mit der Definition (9.14) kann der für den Existenzbeweis gefundene Pfad ausgegeben werden, wenn in die Abbruchbedingung eine entsprechende `write`-Anweisung eingefügt wird. Die Position, an die dieses Prädikat zu setzen ist, ergibt sich aus der Tatsache, das nur in dem Moment, in dem die Abbruchbedingung erfüllt ist, das Argument `Teilpfad` an die Zwischenknoten des Pfades gebunden ist. Die erste Klausel von (9.14) muss deshalb in

```
pfad(Teilpfad, Startknoten, Zielknoten) :-
  kante(Startknoten, Zielknoten),
  write([Zielknoten|[Startknoten|Teilpfad]]),
  nl.
```
(9.16)

verändert werden. Auf die Anfrage (9.15) wird dann die Liste `[n5, n2, n1]` ausgedruckt, bevor die Antwort `yes` erscheint:

```
?- pfad([ ], n1, n5).
⇒ [n5, n2, n1]
  yes
```

Das heißt, dass es einen Pfad zwischen `n1` und `n5` gibt und dass der für den Beweis gebildete Pfad über den Zwischenknoten `n2` führt.

Bei vielen Anwendungen soll der gefundene Pfad nicht ausgegeben, sondern als Argument in andere Prädikataufrufe eingesetzt werden. Dafür muss das Prädikat `pfad` um eine Stelle erweitert werden, an die in der Abbruchbedingung die in der Druckanweisung angegebene Liste aller Pfadknoten gebunden werden wird.

```
pfad([Zielknoten|[Startknoten|Teilpfad]],
     Teilpfad, Startknoten, Zielknoten) :-
   kante(Startknoten, Zielknoten).
pfad(Pfad, Teilpfad, Startknoten, Zielknoten) :-
   kante(Startknoten, Zwischenknoten),
   not(Zwischenknoten = Startknoten),
   not(Zwischenknoten = Zielknoten),
   not(element_der_Menge(Zwischenknoten, Teilpfad)),
   pfad(Pfad, [Startknoten|Teilpfad], Zwischenknoten,
     Zielknoten).
```

(9.17)

Mit dem Aufruf

```
?- pfad(Pfad, [ ], n1, n5).
⇒ Pfad = [n5, n2, n1]
  yes
```

(9.18)

wird der Pfad wie bisher gebildet und in der ersten `pfad`-Klausel auf das erste Argument übertragen. Nach der Erfüllung des Ziels im Aufruf (9.18) ist `Pfad` mit `[n5, n2, n1]` belegt und wird als Instanziierung dieser im Aufruf nicht instanziierten Variablen ausgegeben.

Die neue Pfaddefinition soll nun auf den Graphen aus Abb. 9.1 angewendet werden. Im Programm 9.2 ist das dafür notwendige PROLOG-Programm zusammengefasst. Auf die angegebene Anfrage antwortet der PROLOG-Interpreter mit

```
?- pfad(Pfad, [ ], n1, n7).
⇒ Pfad = [n7, n6, n2, n1]
  yes
```

**Programm 9.2** *Tiefe-zuerst-Suche von Pfaden*

**Fakten: Beschreibung des Graphen**

```
kante(n1, n2).
kante(n2, n3).
kante(n2, n5).
kante(n2, n6).
kante(n3, n4).
kante(n6, n7).
kante(n6, n8).
kante(n6, n3).
kante(n6, n4).
```

**Regeln: Definition von „Pfad"**

```
pfad([Zielknoten|[Startknoten|Teilpfad]], Teilpfad,
     Startknoten, Zielknoten) :-
  kante(Startknoten, Zielknoten).

pfad(Pfad, Teilpfad, Startknoten, Zielknoten) :-
  kante(Startknoten, Zwischenknoten),
  not(Zwischenknoten = Startknoten),
  not(Zwischenknoten = Zielknoten),
  not(element_der_Menge(Zwischenknoten, Teilpfad)),
  pfad(Pfad, [Startknoten|Teilpfad], Zwischenknoten, Zielknoten).

element_der_Menge(X, [X|_]).
element_der_Menge(X, [Y|Z]) :- element_der_Menge(X, Z).
```

**Anfrage**

```
?- pfad(Pfad, [ ], n1, n7).
```

**Diskussion.** Die Zweckmäßigkeit der Verwendung von PROLOG für das behandelte graphentheoretische Problem in Bezug auf den Programmieraufwand ist offensichtlich. Die Suchstrategie „Tiefe-zuerst" ergibt sich aus der Suchsteuerung des PROLOG-Interpreters und muss nicht vom PROLOG-Anwender programmiert werden. Durch das PROLOG-Programm wird vom Knoten `n2` aus erst der Schritt zum Knoten `n3` vollzogen. Da die weitere Suche nicht zum Ziel führt, wird ein Backtracking veranlasst und vom Knoten `n2` aus die Kante zum Knoten `n5` und später zum Knoten `n6` benutzt. Von diesem Programmablauf kann sich der Leser durch Benutzung der Trace-Funktion (vgl. Aufgabe 9.1) überzeugen.

Die Pfaddefinition enthält ein Beispiel für die doppelte Verwendbarkeit von Prädikaten. In der ersten Klausel wird der Aufruf der Prozedur `kante` *vergleichend* gebraucht. Für die gebundenen Variablen `Startknoten` und `Zielknoten` ist beim Aufruf `kante(Startknoten, Zielknoten)` zu überprüfen, ob es genau diese Klausel in der Wissensbasis gibt. Dagegen wird dasselbe Prädikat in der zweiten Pfadklausel verwendet, um eine Kante zwischen einem vorgegebenen `Startknoten` und einem unbekannten `Zwischenknoten` zu suchen. Die Variable `Zwischenknoten` ist beim Aufruf des Prädikats noch ungebunden. Das Prädikat wird *synthetisierend* verwendet, um eine entsprechend der Wissensbasis mögliche Bindung der

Variablen `Zwischenknoten` zu erreichen. Die Interpretation der Prädikatsdefinitionen als Prozeduren (vgl. Abschn. 9.2) bedeutet also nicht, dass erklärt werden muss, welche Variablen beim Prozeduraufruf mit Werten belegt als „Inputvariable" fungieren und welche während der Abarbeitung der Prozedur als „Outputvariable" gebunden werden.

Das Programm 9.2 zeigt noch ein zweites Merkmal der logischen Programmierung. Mit der Pfaddefinition aus dem Programm 9.1 wäre der Nachweis eines Pfades im Graphen nach Abb. 3.1 nicht möglich, weil der Interpreter in einer Schleife des Graphen „steckenbleiben" würde. Beim Aufruf

```
?- pfad(1, 2).
```

würde diese Pfaddefinition bei Verwendung der Graphenbeschreibung aus dem Programm 9.2 auf folgende neue Ziele führen:

```
?- pfad(1, 2).
?- pfad(5, 2).        nach Verwendung von      kante(1, 5)
?- pfad(6, 2).                                 kante(5, 6)
?- pfad(5, 2).                                 kante(6, 5)
?- pfad(6, 2).                                 kante(5, 6)
?- pfad(5, 2).                                 kante(6, 5)
usw.
```

Das Steckenbleiben in der Schleife des Graphen entspricht der zyklischen Wiederholung der noch zu erfüllenden Ziele. Es ist zu erkennen, dass der Interpreter zwar eine Tiefe-zuerst-Suche ausführt, aber dabei nicht kontrolliert, ob er zu einem Problemzustand zurückkehrt, den er bereits früher erreicht hatte. Die bei der Tiefe-zuerst-Suche in Graphen besprochenen Vorkehrungen zur Vermeidung von Schleifen sind also nicht auf die Arbeitsweise des PROLOG-Interpreters übertragbar, sondern müssen durch den Programmierer in die Definition der Prädikate einbezogen werden. Der Programmierer muss an den Stellen, an denen das Programm möglicherweise in eine Schleife hineinlaufen kann, kontrollieren, ob ein Zustand zum wiederholten Male erzeugt wird.

**Aufgabe 9.5** *Anwendung des Programms 9.2*

1. Rufen Sie den PROLOG-Interpreter auf und geben Sie das Programm 9.2 ein. Starten Sie das Programm durch die Anfrage

   ```
   ?- pfad(Pfad, [], X, Y).
   ```

   und interpretieren Sie das Ergebnis. Warum wird der Pfad entgegen der Pfeilrichtung der Kanten ausgegeben?
2. Schalten Sie die Trace-Funktion des PROLOG-Interpreters durch

   ```
   ?- trace.
   ```

   ein und verfolgen Sie die Programmabarbeitung, die sich bei der o. a. Anfrage ergibt. Begründen Sie die Arbeitsweise mit Hilfe des Steuerflusses von PROLOG.

3. Verändern Sie das Programm so, dass bei der Anfrage

```
?- pfad(Pfad, [], n1, n6).
```

die Knoten des Pfades in Richtung vom Startknoten `n1` zum Zielknoten `n6` ausgegeben werden. Überprüfen Sie Ihre Programmänderung und verfolgen Sie die Programmabarbeitung mit Hilfe der Trace-Funktion.

4. Definieren Sie das Prädikat `pfad1` mit den drei Argumenten „Startknoten" , „Zielknoten" und „Pfad" so, dass an Stelle des Aufrufs

```
?- pfad(Pfad, [], n1, n6).
```

mit dem Aufruf

```
?- pfad1(n1, n6, Pfad).
```

gearbeitet werden kann.

5. Streichen Sie aus dem Programm 9.2 in der Definition des Prädikats `pfad` die Zeile

```
not(Zwischenknoten = Zielknoten),
```

rufen Sie das Programm mit

```
?- pfad(Pfad, [], n2, n3).
```

auf und veranlassen Sie den Interpreter nach der ersten Lösung durch Eingabe eines Semikolons zur Weitersuche. Warum führt das Programm auf die Lösung

```
Pfad = [3, 6, 5, 1, 3, 2],
```

die offensichtlich falsch ist, denn der ausgegebene Pfad enthält den Knoten `3` zweimal? □

**Aufgabe 9.6** *Definition graphentheoretischer Begriffe in PROLOG*

1. Definieren Sie unter Verwendung der Prädikate aus dem Programm 9.2 das Prädikat `Schleife`, mit dem Sie in sich geschlossene Pfade bestimmen können, und testen Sie diese Definition.
2. Wie können Pfade bestimmt werden, die vorgegebene Knoten *nicht* berühren?
   Hinweis: Überlegen Sie sich, wie Sie durch einen geschickten Aufruf des Prädikats `pfad` diese Aufgabe ohne Veränderung der Prädikatsdefinition lösen können.
3. Wie können Pfade bestimmt werden, die durch vorgegebene Knoten (und evtl. weitere Knoten) verlaufen?
4. Können die `pfad`-Klauseln auch verwendet werden, um zu testen, ob ein Pfad, der als Liste von Knotennamen vorgegeben ist, im betrachteten Graphen existiert? □

### 9.5.2 Zusammenfassung eines Widerstandsnetzwerkes

Als zweites Beispiel soll ein Programm zur symbolischen Zusammenfassung einer Reihen-Parallelschaltung von Widerständen geschrieben werden. Für dieses Problem wurde im Abschn. 4.2.3 eine regelbasierte Lösung angegeben, die hier implementiert werden soll.

Das gegebene Netzwerk wird durch eine Liste von Widerständen dargestellt, von denen jeder Widerstand durch seinen Namen und die Bezeichnung der Netzwerkknoten in der Form `[Name_des_Widerstandes, Knoten_1, Knoten_2]` repräsentiert wird. Für die Umformung ist noch die Angabe des Klemmenpaares des Ersatzwiderstandes durch die Variablen `Klemme_1` und `Klemme_2` erforderlich.

Der Ersatzwiderstand entsteht durch die schrittweise Zusammenfassung von Reihenschaltungen und Parallelschaltungen, bis das so erhaltene Ersatznetzwerk nur noch aus einem einzigen Element besteht. Dafür wird das Prädikat `ersatznetzwerk` wie folgt definiert:

```
ersatznetzwerk([[Ersatzwiderstand, _, _]], _, _) :-
   nl, write('Ersatzwiderstand:'), nl,
   write(Ersatzwiderstand),!.
ersatznetzwerk(Altes_Netzwerk, Klemme_1, Klemme_2) :-
   zusf_Parallelsch(Altes_Netzwerk, Neues_Netzwerk),
   ersatznetzwerk(Neues_Netzwerk, Klemme_1, Klemme_2).
ersatznetzwerk(Altes_Netzwerk, Klemme_1, Klemme_2) :-
   zusf_Reihensch(Altes_Netzwerk, Klemme_1, Klemme_2,
    Neues_Netzwerk),
   ersatznetzwerk(Neues_Netzwerk, Klemme_1, Klemme_2).
ersatznetzwerk(Altes_Netzwerk, Klemme_1, Klemme_2) :-
   nl, write('Keine vollstaendige Zusammenfassung moeglich'),
   nl, write('Restnetzwerk:'), nl,
   write (Altes_Netzwerk).
```

(9.19)

In der zweiten und dritten Klausel wird ausgesagt, dass das Netzwerk `Altes_Netzwerk` durch Zusammenfassung zweier Widerstände in ein einfacheres Netzwerk `Neues_Netzwerk` übergeführt werden kann. Die erste Klausel beendet die Umformung, wenn das Netzwerk nur noch aus einem einzigen Element besteht. Dieses Element ist eine dreielementige Liste mit dem Namen des Ersatzwiderstandes und den beiden Klemmen. Die Liste kann folglich mit

```
[[Ersatzwiderstand, _, _]]
```

unifiziert werden.

Die vierte Klausel bewirkt den Abbruch der Rechnung, wenn keine weitere Zusammenfassung möglich ist, und gibt das vereinfachte, aber nicht auf einen einzigen Ersatzwiderstand reduzierte Netzwerk aus.

Im logischen Programm müssen nun die Regeln aufgeschrieben werden, die die Zusammenfassung von Reihen- oder Parallelschaltungen erklären. Eine Parallelschaltung zweier Widerstände liegt vor, wenn die das Netzwerk darstellende Liste `Altes_Netzwerk` zwei Elemente `[Wid_1, Knoten_11, Knoten_12]` und `[Wid_2, Knoten_21, Knoten_22]` enthält, deren Knoten paarweise übereinstimmen. Diese beiden Elemente sind aus dem alten Netzwerk zu löschen und das neue Element

```
[[Wid_1, ii, Wid_2], Knoten_11, Knoten_12]
```

in das Netzwerk aufzunehmen, wobei `ii` das Symbol für eine Parallelschaltung ist:

(9.20)

```
zusf_Parallelsch(Altes_Netzwerk, Neues_Netzwerk) :-
  element_der_Menge([Wid_1, Knoten_11, Knoten_12],
   Altes_Netzwerk),
  element_der_Menge([Wid_2, Knoten_21, Knoten_22],
   Altes_Netzwerk),
  knoten_Parallelsch(Knoten_11, Knoten_12, Knoten_21,
   Knoten_22),
  loeschen([Wid_1, Knoten_11, Knoten_12], Altes_Netzwerk,
     [ ], Altes_Netzwerk_1),
  loeschen([Wid_2, Knoten_21, Knoten_22], Altes_Netzwerk_1,
   [ ], Altes_Netzwerk_2),
  Neues_Netzwerk = [[[Wid_1, ii, Wid_2], Knoten_11,
   Knoten_12]| Altes_Netzwerk_2].

knoten_Parallelsch(A, B, A, B).
knoten_Parallelsch(A, B, B, A).
```
(9.21)

Während die ersten drei Literale auf der rechten Seite von (9.20) eine Situation beschreiben, erklären die folgenden Prädikataufrufe, was in dieser Situation zu tun ist. Das Prädikat `loeschen` bildet aus `Alte_Liste` durch Weglassen von `Element` die `Neue_Liste`, wobei das Zusammensetzen der neuen Liste ähnlich der Bildung des Pfades in einer Hilfsliste erfolgt, die im Aufruf mit `[ ]` belegt und in der Abbruchbedingung auf `Neue_Liste` übertragen wird:

```
loeschen(Element, [Element|Restliste], Hilfsliste, Neue_Liste)
:- verk_Liste(Restliste, Hilfsliste, Neue_Liste), !.

loeschen(Element, [Erstes_Element|Restliste], Hilfsliste,
  Neue_Liste) :-
  loeschen(Element, Restliste, [Erstes_Element|Hilfsliste],
   Neue_Liste).
```
(9.22)

Das Prädikat `zusf_Reihensch` ist in ähnlicher Weise wie `zusf_Parallelsch` definiert, wobei jedoch zu beachten ist, dass die Zusammenfassung nur dann möglich ist, wenn der die beiden Widerstände verbindende Knoten keine Klemme ist oder weitere Widerstände berührt:

```
zusf_Reihensch(Altes_Netzwerk, Klemme_1, Klemme_2,
   Neues_Netzwerk) :-
  element_der_Menge([Wid_1, Knoten_11, Knoten_12],
   Altes_Netzwerk),
```

```
element_der_Menge([Wid_2, Knoten_21, Knoten_22],
  Altes_Netzwerk),
knoten_Reihensch(Knoten_11, Knoten_12, Knoten_21,
  Knoten_22, A, B, C),
not(weiterer_Zweig(Altes_Netzwerk, Wid_1, Wid_2, C)),
not(C=Klemme_1),
not(C=Klemme_2),
loeschen([Wid_1, Knoten_11, Knoten_12], Altes_Netzwerk,
  [ ], Altes_Netzwerk_1),
loeschen([Wid_2, Knoten_21, Knoten_22], Altes_Netzwerk_1,
  [ ], Altes_Netzwerk_2),
Neues_Netzwerk =
  [[[Wid_1, +, Wid_2], A, B]|Altes_Netzwerk_2].          (9.23)
```

Die Verträglichkeit der Knoten wird durch das Prädikat `knoten_einer_Reihensch` mit denselben Abkürzungen `X`, `Y` und `Z` wie in Abb. 4.6 überprüft:

```
knoten_Reihensch(X, Z, Z, Y, X, Y, Z) :- not(X = Y).
knoten_Reihensch(X, Z, Y, Z, X, Y, Z) :- not(X = Y).
knoten_Reihensch(Z, X, Z, Y, X, Y, Z) :- not(X = Y).
knoten_Reihensch(Z, X, Y, Z, X, Y, Z) :- not(X = Y).          (9.24)
```

Mit `weiterer_Zweig` wird überprüft, ob im Netzwerk außer den Widerständen mit den Namen `Wid_1` und `Wid_2` noch ein weiterer Widerstand mit `Knoten` verbunden ist.

```
weiterer_Zweig([[Widerstand, Knoten_1, Knoten_2]|_],Wid_1,
    Wid_2, Knoten) :-
  gemeinsamer_Knoten(Knoten_1, Knoten_2, Knoten),
  not(Widerstand = Wid_1),
  not(Widerstand = Wid_2), !.
weiterer_Zweig([_|Restliste], Wid_1, Wid_2, Knoten) :-
  weiterer_Zweig(Restliste, Wid_1, Wid_2, Knoten).          (9.25)

gemeinsamer_Knoten(Z,_,Z).                                  (9.26)
gemeinsamer_Knoten(_,Z,Z).
```

Die Klauseln (9.19) bis (9.26) stellen die Regeln des logischen Programms dar. Das Netzwerk wird beim Aufruf als `Altes_Netzwerk` eingegeben.

Man könnte das Netzwerk als zusätzlichen Fakt in das Programm einfügen und mit der Anfrage dann die Klemmen festlegen, für die die Zusammenfassung erfolgen soll (Aufgabe 9.8). Beim Programm 9.3 wird das Netzwerk in der Anfrage vorgegeben.

Um die Abarbeitung verfolgen zu können, wurden zusätzliche Druckanweisungen eingefügt. Der Interpreter antwortet dann mit folgenden Ausschriften:

**Programm 9.3** *Zusammenfassung eines Widerstandsnetzwerkes*

**Klauseln (9.19) bis (9.26)**

**Definition des Ersatznetzwerkes**

```
ersatznetzwerk([[Ersatzwiderstand, Klemme_A, Klemme_B]], ...
```

**Zusammenfassung einer Parallelschaltung**

```
zusf_Parallelsch(Altes_Netzwerk, Neues_Netzwerk) ...
knoten_Parallelsch(X, Y, X, Y) ...
```

**Zusammenfassung einer Reihenschaltung**

```
zusf_Reihensch(Altes_Netzwerk, Klemme_1, Klemme_2, ...
knoten_Reihensch(X, Z, Z, Y, X, Y, Z) ...
weiterer_Zweig([[Widerstand, Knoten_1, Knoten_2]|_], ...
gemeinsamer_Knoten(Z, _, Z). ...
```

**Veränderung des Netzwerkes**

```
loeschen(Element, [Element|Restliste], Hilfsliste, Neue_Liste)...
```

**Hilfsprädikate**

```
element_der_Menge(X, [X|_]).
element_der_Menge(X, [_|Y]) :- element_der_Menge(X, Y).
verk_Liste([ ], X, X).
verk_Liste([Y|Z], X, [Y|W]) :- verk_Liste(Z, X, W).
```

**Anfrage**

```
?- ersatznetzwerk([[r1, 1, 3], [r2, 1, 3], [r3, 3, 4],
                   [r4, 4, 5], [r5, 4, 2], [r6, 5, 2],
                   [r7, 5, 2]], 1, 2).
```

```
?- ersatznetzwerk([[r1, 1, 3,], [r2, 1, 3], [r3, 3, 4],
[r4, 4, 5], [r5, 4, 2], [r6, 5, 2], [r7, 5, 2]], 1, 2).
Zusammenfassung einer Parallelschaltung
[[r1, ii, r2], 1, 3]
Zusammenfassung einer Parallelschaltung
[[r6, ii, r7], 5, 2]
Zusammenfassung einer Reihenschaltung
[[[r6, ii, r7], +, r4], 2, 4]
Zusammenfassung einer Parallelschaltung
[[[[r6, ii, r7] +, r4], ii, r5], 2, 4]
Zusammenfassung einer Reihenschaltung
[[[[[r6, ii, r7], +, r4], ii, r5], +, r3], 2, 3,]
Zusammenfassung einer Reihenschaltung
[[[[[[r6, ii, r7], +, r4], ii, r5], +, r3], +, [r1, ii, r2]],
2, 1]
```

```
Ersatzwiderstand:
[[[[[r6, ii, r7], +, r4], ii, r5], +, r3], +, [r1, ii, r2]]

yes
```

**Aufgabe 9.7** *Anwendung des Programms 9.3*

1. Wenden Sie das Programm auf das Netzwerk aus Abb. 4.5 an, wenn der Widerstand $R_4$ weggelassen wird. Wie verändert sich die Reihenfolge der Zusammenfassung?
2. Fassen Sie das Netzwerk unter der Bedingung mit dem Programm zusammen, dass der Widerstand $R_8$ zwischen den Knoten 3 und 5 eingefügt wird. Welche Klausel führt zur Beendigung des Programms? □

**Aufgabe 9.8** *Erweiterung des Programms 9.3*

1. Wo wurden in das Programm 9.3 Druckanweisungen eingefügt, um die o. a. Ausschriften zu erhalten? Wie sehen diese Druckanweisungen als Prädikate geschrieben aus?
2. Wie kann man die Netzwerkbeschreibung als Fakt in das Programm einfügen, so dass in der Anfrage nur noch die Klemmen festgelegt werden, bezüglich derer die Zusammenfassung erfolgen soll?
3. Erweitern Sie das Programm um Stern-Dreieck-Umformungen und testen Sie das Programm entsprechend Aufgabe 9.7, Teil 2. □

### 9.5.3 Handlungsplanung für Roboter

In diesem Abschnitt wird ein Programm entwickelt, das das in der Aufgabe 4.11 auf S. 120 beschriebene Problem der Handlungsplanung für Roboter löst. Die in der Aufgabe gegebenen Regeln sind Aktionsregeln der Form (4.2), deren Anwendung den aktuellen Zustand des Planungsproblems in einen neuen Zustand überführt. Es soll eine Folge von Roboteraktionen gefunden werden, mit denen die im Beispiel 5.3 auf S. 144 angegebenen Fertigungsaufträge erfüllt werden. Im Folgenden wird gezeigt, dass sich die angegebenen Informationen direkt in die Regeln bzw. Anfragen des PROLOG-Programms 9.4 überführen lassen.

Für die Beschreibung der Werkstücke werden die Prädikate `bolzen` und `bohrung` eingeführt, deren Argumente in der angegebenen Reihenfolge Bezeichnung, Durchmesser, Länge und die Greifpositionen $x$ und $y$ der Bolzen bzw. Bezeichnung, Durchmesser und Lagekoordinaten $x$ und $y$ der Bohrungen beschreiben:

```
bolzen(bolzen_6x40, 6, 40, 18, 25).
bolzen(bolzen_4x30, 4, 30, 22, 28).                     (9.27)
bolzen(bolzen_2x12, 2, 12, 53, 27).

bohrung(bohrung_1, 2, 3, 5).
bohrung(bohrung_2, 4, 7, 9).                            (9.28)
bohrung(bohrung_3, 6, 12, 3).
bohrung(bohrung_4, 2, 13, 3).
```

Um die elementaren Roboteraktionen von der Steuerungsebene der Handlungsplanung aufrufen zu können, müssen Parameter aus (9.27) und (9.28) ausgelesen und die entsprechende Anweisung zusammengestellt werden. Dies wird in den Definitionen der Prädikate `greifer_positionieren`, `greifen` und `objekt_einfuegen` beschrieben:

```
greifer_positionieren(X_Position, Y_Position) :-
   nl, write('Greifer in Position bringen: '), nl,
   write(X_Position), nl, write(Y_Position), nl.        (9.29)

greifen(Objekt) :-
   nl, write(Objekt), write(' greifen'), nl.            (9.30)

objekt_einfuegen(Objekt, Bohrung, Kraft) :-
   nl, write(Objekt), write(' in '),
   write(Bohrung), write(' einfuegen'), nl,
   write('Krafteinstellung: '), write(Kraft), nl.       (9.31)
```

Das von der Handlungsplanung an die Bahnplanung bzw. die Online-Steuerung übermittelte Kommando (vgl. Abb. 1.5) wird im Programm durch eine `write`-Operation symbolisiert.

Die Regeln für die Handlungsplanung sind in den Prädikaten `fuegen`, `bolzen_greifen`, `bolzen_einfuegen`, `kraft_einstellen` und `ausfuehrbarkeit_pruefen` wiedergegeben. Damit ergibt sich die im Programm 9.4 zusammengestellte Wissensbasis.

**Programm 9.4** *Handlungsplanung intelligenter Roboter*

**Beschreibung der Werkstücke**

Prädikate `bolzen` und `bohrung` nach (9.27), (9.28)

**Beschreibung elementarer Roboteraktionen**

Prädikate `greifer_positionieren`, `greifen` und `objekt_einfuegen` nach (9.29), (9.30), (9.31)

**Regeln für die Handlungsplanung**

```
fuegen(Bolzen, Bohrung) :-
  ausfuehrbarkeit_testen(Bolzen, Bohrung),
  bolzen_greifen(Bolzen),
  kraft_einstellen(Bolzen, Bohrung, Kraft),
  bolzen_einfuegen(Bolzen, Bohrung, Kraft),
  nl, write('Fuegeoperation beendet'), nl.

bolzen_greifen(Bolzen) :-
  bolzen(Bolzen, _, _, X_Position, Y_Position),
  greifer_positionieren(X_Position, Y_Position),
  greifen(Bolzen).

bolzen_einfuegen(Bolzen, Bohrung, Kraft) :-
  bohrung(Bohrung, _, X_Position, Y_Position),
  greifer_positionieren(X_Position, Y_Position),
  objekt_einfuegen(Bolzen, Bohrung, Kraft).

kraft_einstellen(Objekt, Bohrung, Kraft) :-
  bolzen(Objekt, Bolzendurchmesser, _, _, _),
  bohrung(Bohrung, Bohrdurchmesser, _, _),
  Bolzendurchmesser = Bohrdurchmesser,
  Kraft = presspassung_Grosse_Kraft_aufwenden, !.

kraft_einstellen(Objekt, Bohrung, Kraft) :-
  bolzen(Objekt, Bolzendurchmesser, _, _, _),
  bohrung(Bohrung, Bohrdurchmesser, _, _),
  Bolzendurchmesser < Bohrdurchmesser,
  Kraft = wenig_Kraft_aufwenden.

ausfuehrbarkeit_testen(Bolzen, Bohrung) :-
  bolzen(Bolzen, Bolzendurchmesser, _, _, _),
  bohrung(Bohrung, Bohrdurchmesser, _, _),
  not(Bolzendurchmesser > Bohrdurchmesser), !.

ausfuehrbarkeit_testen(Bolzen, Bohrung) :-
  nl, write('Fuegeoperation kann nicht ausgefuehrt werden'),
  fail.
```

Das Programm wird durch die PROLOG-Notierung der Aufgaben (5.5) – (5.8) aufgerufen, wodurch für die Aufgabe (5.6) folgender Dialog entsteht:

```
?- fuegen(bolzen_4x30, bohrung_2).
   Greifer in Position bringen:
   22
   28

   bolzen_4x30 greifen

   Greifer in Position bringen:
   7
   9

   bolzen_4x30 in bohrung_2 einfuegen
   Krafteinstellung: presspassung_Grosse_Kraft_aufwenden

   Fuegeoperation beendet

   yes
```

Die Aufgabe

„Füge einen Bolzen 4x30 in die Bohrung 1 ein."

ist nicht lösbar, weil der Bolzen in eine Bohrung mit zu kleinem Durchmesser eingefügt werden soll:

```
?- fuegen(bolzen_4x30, bohrung_1).
   Fuegeoperation kann nicht ausgefuehrt werden
   no
```

Dieses Beispiel veranschaulicht das grundsätzliche Vorgehen bei der Handlungsplanung von Robotern. Auf mögliche Erweiterungen wird z. B. in Aufgabe 9.9 hingewiesen.

**Aufgabe 9.9** *Erweiterung von Beispiel 5.3*

Testen und erweitern Sie das Beispiel 5.3, indem Sie sich zunächst überlegen, welche Regeln für die Lösung der nachfolgenden Teilaufgaben verwendet bzw. neu in die Wissensbasis geschrieben werden müssen. Nutzen bzw. erweitern Sie anschließend das Programm 9.4 dementsprechend und testen Sie Ihre Lösung.

1. Welche Handlungspläne ergeben sich, wenn ein Bolzen 4x30 in die Bohrung 3 bzw. ein Bolzen 2x12 in die Bohrungen 1 und 4 eingefügt werden sollen?
2. Wie kann die Montageaufgabe, je einen Bolzen 2x12 in alle Bohrungen mit dem Durchmesser von 2,0 mm zu stecken, am einfachsten formuliert werden?

3. Wie müssen die Regeln zur Handlungsplanung geändert werden, wenn der Roboter die auszuführenden Fügeaufgaben selbstständig erkennen soll?
   Hinweis: Erweitern Sie die Beschreibung des Chassis so, dass zu jeder Bohrung angegeben wird, welcher Bolzen in diese Bohrung zu stecken ist. Ergänzen Sie dann die Wissensbasis für die Handlungsplanung um eine Regel, nach der die auszuführenden Fügeaufgaben aus der erweiterten Beschreibung des Chassis ermittelt werden.
4. Erweitern Sie die Wissensbasis für die Handlungsplanung so, dass der Roboter angewiesen werden kann, nach Einfügen des Bolzens 6x40 in die Bohrung 3 auf den Bolzen ein Zahnrad aufzusetzen. □

**Aufgabe 9.10** *Stapeln von Containern*

Gegeben sind die Container $A$, $B$, $C$, $D$ und $E$, die über- bzw. nebeneinander liegen, wobei im Folgenden nicht die genaue Position der Container, sondern nur die Tatsache, welche Container auf welchem anderen liegen, betrachtet wird. Der Roboter soll zwei vorgegebene Container aufeinanderschichten, z. B. $C$ auf $D$, wobei $D$ auf dem Boden liegt. Ermitteln Sie in folgenden Schritten einen Algorithmus für die Handlungsplanung:

1. Überlegen Sie, wie die aktuelle Position der Container mit Hilfe eines einzigen Prädikats auf$(X, Y)$ beschrieben werden kann.
2. Geben Sie die Regeln an, nach denen der Roboter den Container $X$ auf $Y$ stapelt, wobei er gegebenenfalls vorher beide Container von darüberliegenden befreit. Definieren Sie das Prädikat platziere$(X, Y)$ durch Verwendung dieser Regeln so, dass es genau dann erfüllt ist, wenn $Y$ auf dem Boden und $X$ auf $Y$ liegt.
3. Schreiben Sie ein entsprechendes PROLOG-Programm und testen Sie es. □

**Aufgabe 9.11** *Ressourcenzuteilung in einer Fertigungszelle*

Abbildung 9.6 zeigt eine Fertigungszelle mit vier Robotern, die jeweils die beiden benachbarten Arbeitsplätze bedienen können. Auf die Plätze A, B, C und D werden Werkstücke gelegt, die in Abhängigkeit von ihrer Größe durch einen Roboter bearbeitet werden können oder die gleichzeitige Aktivitäten von zwei Robotern erfordern.

Es soll das Ressourcenzuteilungsproblem gelöst werden, bei dem für eine vorgegebene Position von Werkstücken beider Größen ermittelt werden muss, welcher Roboter welches Werkstück bearbeitet. Schreiben Sie ein Programm, das diese Aufgabe löst bzw. die Unlösbarkeit des Zuteilungsproblems erkennt. □

**Aufgabe 9.12*** *Einfache Auswertung von Alarmen*

Ein verfahrenstechnisches System besteht aus vier Tanks, die möglicherweise ein Leck haben können. Wenn ein Leck aufgetreten ist, fällt der Füllstand des betreffenden Behälters. Wenn der Füllstand niedrig ist, wird ein Alarm ausgelöst.

1. Stellen Sie den gegebenen Sachverhalt in prädikatenlogischer Form dar.
2. Nehmen Sie an, dass im Tank 1 ein Leck aufgetreten ist, und beweisen Sie mit Hilfe der Resolutionsmethode, dass dann ein Alarm ausgelöst wird.

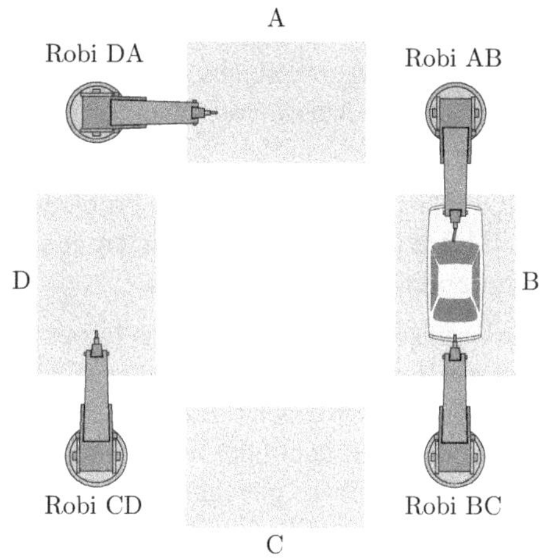


**Abb. 9.6:** Fertigungszelle mit vier Robotern

3. Schreiben Sie Ihre Wissensbasis in PROLOG-Syntax auf und beweisen Sie mit Hilfe Ihres Programms, dass der Alarm aufgetreten ist. □

**Aufgabe 9.13*** *Logikbasierte Diagnose eines Behältersystems*

In dem im Abschn. 10.5 beschriebenem Behältersystem sind Fehler zu diagnostizieren. Die Beziehung (10.14) beschreibt ein Modell, in dem die Aussagesymbole $F_i$ Fehler und $M_i$ Alarmmeldungen repräsentieren.

Schreiben Sie ein PROLOG-Programm, mit dessen Hilfe Sie untersuchen können

- welche Alarmmeldungen von den einzelnen Fehlern ausgelöst werden,
- welcher Fehler eine gegebene Kombination von Alarmmeldungen ausgelöst hat,
- welche Fehler anhand von Alarmmeldungen eindeutig bzw. nicht eindeutig identifiziert werden können. □

## 9.6 Anwendungsgebiete von PROLOG

Die Idee der logischen Programmierung besteht darin, das betreffende Problem durch logische Implikationen zu beschreiben, die logischen Implikationen prozedural zu interpretieren und mit Hilfe einer festgelegten Ablaufsteuerung den Beweis einer gegebenen Aussage zu suchen. PROLOG ist deshalb vor allem für Aufgaben einzusetzen, die ein oder mehrere der folgenden Merkmale aufweisen:

- Das Problem kann gut durch Implikationen (z. B. Handlungsanweisungen, Schlussfolgerungen) oder Relationen (z. B. Zusammengehörigkeit von Objekten, Eigenschaften oder Aktionen) formuliert werden.

- Die Aufgabenformulierung enthält allgemeingültige Aussagen, die für eine bestimmte Klasse von Objekten des betrachteten Diskursbereichs zutreffen. Hier wirkt sich der Vorteil der Prädikatenlogik, Aussagen über eine Klasse von Objekten mit Hilfe von Variablen formulieren zu können, aus.
- Die Suchstrategie des PROLOG-Interpreters ist dem Problem angepasst, d. h., eine algorithmische Formulierung führt auf denselben oder einen ähnlichen Programmablauf wie der durch den PROLOG-Interpreter erzeugte.
- Eine einfache Veränderbarkeit des Programms soll das Experimentieren mit unterschiedlichen Sachverhalten und deren Beziehungen ermöglichen. Es soll schnell ein Prototyp des Problemlösungsalgorithmus gefunden werden (*rapid prototyping*). Ob dieser in der späteren Anwendungsphase in PROLOG verwendet oder in einer klassischen Programmiersprache reimplementiert wird, ist für die Testphase gleichgültig.

Derartige Aufgaben finden sich vor allem in der symbolischen Informationsverarbeitung. Im Folgenden werden zwei wichtige Einsatzgebiete charakterisiert.

**Regelbasierte Systeme.** Gemeinsam mit dem PROLOG-Interpreter bildet das logische Programm ein arbeitsfähiges regelbasiertes System. PROLOG ist deshalb eine wichtige Implementierungssprache für alle Aufgaben, die durch regelbasierte Wissensverarbeitung gelöst werden können:

- Das Erfahrungswissen eines Fachmanns kann häufig als WENN-DANN-Beziehungen formuliert und in PROLOG-Klauseln überführt werden. In welchen Situationen welche Handlungsanweisungen des Fachmanns eingesetzt werden müssen, ist schwer überschaubar, so dass es keine detaillierten Lösungsstrategien für die einzelnen Anfragen gibt. Auf Veränderbarkeit des Programms muss deshalb in der Testphase besonderer Wert gelegt werden.
- In der Sprachverarbeitung werden Grammatiken in Form von Regeln formuliert. Diese können durch Implikationen dargestellt und als logisches Programm notiert werden.
- PROLOG kann relativ einfach an relationale Datenbanken angeschlossen werden und eignet sich deshalb zur Implementierung intelligenter Datenbanksysteme.

**Lösung von Suchproblemen.** PROLOG vereinfacht durch die im Interpreter implementierte Suchstrategie die Lösung von Suchproblemen.

- Graphentheoretische Probleme und alle in solche Probleme überführbaren Aufgabenstellungen lassen sich gut als logische Programme formulieren, denn die aus der Graphentheorie bekannten Begriffsdefinitionen können direkt als Definitionen von Prädikaten notiert werden, wie die PROLOG-Beschreibung des Begriffes „Pfad" gezeigt hat. Die Suche nach Teilgraphen oder Mustern in Graphen, die den Definitionsklauseln für graphentheoretische Begriffe genügen, wird vom PROLOG-Interpreter selbst organisiert.
- Für Probleme, die sich wie z. B. Planungsprobleme durch Variantenrechnungen lösen lassen, kann der Suchraum mit der im Interpreter realisierten Suchstrategie durchlaufen werden.

**Probleme bei der Anwendung von PROLOG.** Heutigen PROLOG-Implementierungen wird für umfangreiche Aufgabenstellungen eine Reihe von Mängeln nachgesagt, die sich je nach den Spezifika der einzelnen Einsatzfälle mehr oder weniger stark auswirken. Für technische Anwendungen sind zwei Argumente von besonderer Bedeutung:

- Die Abarbeitungszeit für ein logisches Programm ist vor allem von der Anzahl der vom Interpreter gezogenen logischen PROLOG-Inferenzen je Sekunde abhängig. Während die ersten PROLOG-Implementierungen auf 8-Bit-Rechnern nur 200 LIPS (*logical inferences per second*) realisierten, ermöglichen Implementierungen auf 32-bit-Rechnern heute schon weit mehr als 100 000 LIPS, so dass für technische Anwendungen bereits heute die Abarbeitungsgeschwindigkeit der PROLOG-Programme nur bei umfangreichen Echtzeitaufgaben kritisch ist.
- Noch nicht befriedigend gelöst sind Verknüpfungen von PROLOG mit algorithmischen Programmiersprachen sowie Datenankopplungen von PROLOG-Programmen an eine Echtzeitdatenerfassung, wie es für den Einsatz regelbasierter Systeme in der Technik notwendig ist.

Auf Grund der gegenwärtig schnellen Entwicklung auf dem Gebiet der logischen Programmierung ist zu erwarten, dass diese Mängel schon in absehbarer Zeit für den Anwender in den Hintergrund treten werden. PROLOG spielt jedoch in der Technik als Wissensrepräsentationssprache ein untergeordnete Rolle, aber die Inferenzverfahren der Logik kommen an vielen Stellen in Kombination mit anderen Verfahren zum Einsatz.

## Literaturhinweise

Für eine umfassende Einführung in die Programmiersprache PROLOG wird auf die Bücher [12, 18] verwiesen.

PROLOG-Interpreter kann man sich unter `www.swi-prolog.org`, `www.gprolog.org`, `www.sics.se/quintus` oder `www.ifcomputer.de` herunterladen.

# 10 Nichtmonotones Schließen und ATMS

*Bei sich zeitlich veränderndem Wissen hängt die Menge der beweisbaren Behauptungen vom betrachteten Kontext ab. Dieses Kapitel beschreibt eine Methode, mit der man Änderungen der Wahrheitswerte der Axiome und der Schlussfolgerungen zweckmäßig speichern und verarbeiten kann. Unter Verwendung dieser Methode wird ein Verfahren für die Fehlerdiagnose entwickelt.*

## 10.1 Probleme und Lösungswege für die Verarbeitung unsicheren Wissens

Bisher wurde davon ausgegangen, dass für alle betrachteten Sachverhalte eindeutig entschieden werden kann, ob sie wahr oder falsch sind. Diese Voraussetzung kann in vielen Anwendungsfällen nicht erfüllt werden, insbesondere dann, wenn Erfahrungswissen dargestellt und verarbeitet wird. Aussagen gelten dann nur für viele, aber nicht für alle betrachteten Fälle; Vorhersagen können nicht mit Sicherheit, sondern nur mit einer bestimmten Wahrscheinlichkeit getroffen werden. Für diese Art von Wissen müssen die bisher eingeführten Formen der Wissensrepräsentation und -verarbeitung erweitert werden.

Im ersten Abschnitt dieses Kapitels wird auf die Notwendigkeit der Darstellung und Verarbeitung unsicheren Wissens eingegangen und ein Überblick über die damit zusammenhängenden Probleme und Lösungsansätze gegeben. Anschließend wird mit dem System ATMS gezeigt, wie man auf sich verändernde Axiomenmengen reagieren kann, ohne für jede Axiomenmenge erneut alle Schlussfolgerungsschritte zu durchlaufen. Nach einem kurzen Hinweis auf symbolische Methoden im Abschn. 11.1 behandeln die folgenden Kapitel Methoden, die auf quantitativen Bewertungen der Unbestimmtheit des Wissens beruhen. Diese Methoden lassen sich grob in Verfahren auf der Grundlage unscharfer Mengen (Abschn. 11.2), wahrscheinlichkeitstheoretische Verfahren (Abschn. 12.1), Verfahren unter Nutzung der Evidenztheorie (Abschn. 13.1) sowie heuristische Verfahren (Abschn. 13.2) unterteilen.

### 10.1.1 Quellen für die Unbestimmtheiten der Wissensbasis

Für den Umgang mit Wissen ist es notwendig, sich zunächst über die Ursachen der Unbestimmtheit Klarheit zu verschaffen, um anhand dessen die Zweckmäßigkeit der später vorgestellten Ansätze für unterschiedliche Einsatzgebiete beurteilen zu können. Dabei müssen zwei Fälle unterschieden werden: Die zu beschreibenden Sachverhalte können inhärente Unbestimmtheiten aufweisen oder die Unbestimmtheiten können aus einer Vereinfachung der Betrachtungen entstehen, die auf Grund der Problemkomplexität notwendig ist. Auf beide Fälle wird jetzt getrennt eingegangen. In technischen Anwendungen können diese Unbestimmtheiten sowohl in Messgrößen auftreten, die das aktuelle Systemverhalten beschreiben, als auch in den Modellen, die das Verhalten des technischen Systems repräsentieren.

**Unbestimmtheiten der Problemstellung.** Wissen ist unsicher, wenn nicht eindeutig entschieden werden kann, ob eine oder mehrere Aussagen über einen gegebenen Sachverhalt zutreffen oder nicht. Den Aussagen kann also nicht, wie es die klassische Logik fordert, eindeutig einer der Wahrheitswerte „wahr" oder „falsch" zugeordnet werden. Deshalb muss die Wissenspräsentation Instrumente vorsehen, mit denen man den Grad des Zutreffens der Aussagen festhalten kann. Außer den Begriffen der Unbestimmtheit oder Unsicherheit des Wissens spricht man auch von einer Ungewissheit als die Unfähigkeit, Sachverhalte eindeutig zu bestimmten Kategorien zuzuordnen. Im Folgenden werden vor allem die Begriffe „unbestimmtes Wissen" und „unsicheres Wissen" verwendet. Wenn es nicht um die spezielle Terminologie einzelner Verfahren geht, werden die Bezeichnungen „unsicheres Wissen", „unbestimmtes Wissen" und „Ungewissheiten" synonym gebraucht.

Unbestimmtheiten in der Problemstellung können subjektive oder objektive Gründe haben. Subjektive Unbestimmtheiten treten auf, wenn die Bedeutung von Begriffen nicht exakt definiert und deshalb personengebunden unterschiedlich verwendet wird oder wenn der Mensch sich bei „Messungen" auf seine Sinnesorgane verlassen muss, wodurch subjektiv unterschiedliche Werte entstehen. Objektive Unbestimmtheiten betreffen Sachverhalte, für die zwar eine präzise Interpretation existiert, aber auf Grund eines Informationsmangels nicht entschieden werden kann, ob die Interpretation im aktuellen Fall zutrifft oder nicht. Messfehler, Parameterunbestimmtheiten oder numerische Ungenauigkeiten sind Gründe dafür.

In technischen Anwendungen treten objektive und subjektive Unbestimmtheiten häufig in Kombination auf. Die folgenden Beispiele geben typische Situationen wieder, in denen das Wissen Unbestimmtheiten bezüglich seiner Gültigkeit aufweist:

- Es treten **nichtmetrische Größen** auf. Aussagen wie „Der Niederschlag war ergiebig." oder „Der Bohrer ist stark verschlissen." enthalten die Maßangaben „ergiebig" bzw. „stark verschlissen", die nicht genau definiert sind, so dass über das Zutreffen bzw. Nichtzutreffen der angegebenen Aussagen nicht eindeutig entschieden werden kann. Diese Situation tritt sehr häufig bei qualitativen Betrachtungen auf, die sich auf Charakteristika einer bestimmten Situation an Stelle von exakten Messgrößen beziehen. Für die Darstellung der dabei verwendeten unscharfen Begriffe eignet sich die im Abschn. 11.2 behandelte Methode der Wissensrepräsentation durch unscharfe Mengen.

- **Allgemeingültige Aussagen** treffen zwar auf die Mehrzahl der betrachteten Fälle zu, es ist jedoch nie auszuschließen, dass sie für Einzelfälle nicht richtig sind. Da es nicht möglich ist, alle Bedingungen, unter denen die Aussagen gelten, anzugeben oder alle Ausnahmen einzeln aufzuzählen, bleiben Vorbehalte bezüglich der Gültigkeit allgemeingültiger Aussagen, die quantitativ ausgedrückt und bei der Verarbeitung berücksichtigt werden müssen.
- Die Aussagen beinhalten **Vermutungen**, Heuristiken oder Erfahrungswerte und sind deshalb mit Unbestimmtheiten behaftet.

Den genannten Situationen ist gemeinsam, dass keine Aussagen gemacht werden können, von denen exakt bekannt ist, ob sie wahr oder falsch sind. Es fehlt die Information, um diese Entscheidung treffen zu können. Mit zunehmender Kenntnis des Gegenstandsbereichs kann der Wahrheitswert einzelner Aussagen u. U. später exakt festgelegt werden.

**Näherungsweise Problembeschreibung.** Die zweite Gruppe unsicherer Aussagen entsteht, wenn das behandelte Problem so komplex ist, dass es mit näherungsweise gültigen Aussagen gelöst werden soll. Im Gegensatz zu den vorher behandelten Situationen kann durchaus angenommen werden, dass alle für eine exakte Problembeschreibung notwendigen Informationen vorliegen. Würde man jedoch alle diese Informationen tatsächlich verwenden, so wäre das Problem so komplex, dass es nicht mit erträglichem Aufwand gelöst werden kann. Eine Verringerung des Detailliertheitsgrades oder der Genauigkeitsansprüche kann in diesen Fällen die Problemkomplexität und damit den Lösungaufwand erheblich vereinfachen. Dass diese Situation gerade bei technischen Anwendungen sehr häufig zu Unbestimmtheiten des Wissens führt, veranschaulichen die folgenden Beispiele:

- **Vereinfachte Problembeschreibung.** Der betrachtete Gegenstandsbereich ist nicht exakt abgrenzbar. Werden beispielsweise Anlagen wie ein Dampferzeuger oder eine Destillationskolonne betrachtet, so wird in der Regel der Einfluss vernachlässigt, den die mit diesen Anlagen verkoppelten anderen Anlagenteile wie z. B. die dem Dampferzeuger nachgeschaltete Turbine oder Aggregate zur Bereitstellung von Hilfsenergie haben. Wie gut Aussagen über das Verhalten des Dampferzeugers mit der Realität übereinstimmen, hängt davon ab, wie stark eigene Anlagenteile auf den Dampferzeuger zurückwirken. Jede Aussage zum Dampferzeuger ist folglich mit einer Unbestimmtheit behaftet.
- **Modellunbestimmtheiten.** Jedes Modell besitzt Ungenauigkeiten. Diese Tatsache ist jedem Ingenieur bekannt, der Modelle aufgestellt und dabei versucht hat, höchstmögliche Präzision zu erreichen. Zielgerichtet eingeführte Vereinfachungen bei der Betrachtung einer technischen Anlage sind zwingend notwendig, um ein aussagefähiges Modell mit vertretbarem Aufwand aufstellen und bei Analyse-, Simulations- oder Entwurfsaufgaben einsetzen zu können. Diese Vereinfachungen ziehen zwangsläufig Modellfehler nach sich, die sich in Abweichungen der durch das Modell beschriebenen und der in der Realität beobachteten Zusammenhänge oder Verhaltensweisen äußern.

Gemeinsam ist diesen Situationen, dass Unbestimmtheiten bezüglich der Gültigkeit der gemachten Aussagen bewusst in Kauf genommen werden, um die Problemstellung und den Lösungsweg zu vereinfachen. Bei ingenieurtechnischen Anwendungen muss stets ein Kompromiss zwischen dem Lösungsaufwand und der Qualität der Lösung eines Problems gefunden werden.

In ingenieurtechnischen Anwendungen ist Wissen mit Unbestimmtheiten kein „minderwertiges" Wissen, sondern der Schlüssel zur erfolgreichen Lösung vieler Aufgaben liegt gerade in der Verwendung zweckmäßiger Näherungen unter Beachtung der dabei vorhandenen Unsicherheiten.

**Arten unsicheren Wissens.** In seiner sprachlichen Darstellung in Form von Sätzen erscheint unsicheres Wissen vor allem in zwei Formen:

- **Unsichere Aussagen:** Die Aussagen beziehen sich auf klar definierte Begriffe, aber ihre Gültigkeit ist unsicher. Beispielsweise beinhaltet die Aussage „Die Temperatur der Flüssigkeit beträgt 35°C" einen eindeutig definierten Sachverhalt. Aber es kann umstritten sein, ob diese Aussage in einem Experiment zu einer gegebenen Zeit zutreffend ist. Unsicher ist also der Wahrheitswert der Aussage, nicht deren Inhalt.
- **Unscharfe Aussagen:** Die Aussagen verwenden ungenau definierte Begriffe, aber ihre Gültigkeit ist sicher. Im Beispiel des Wasserversorgungssystems ist unbestritten, dass die Aussage „Bei hoher Wasserentnahme ist der Wasserdruck niedrig." richtig ist. Diese Aussage bezieht sich jedoch auf die qualitativen Werte „hoch" und „niedrig", die insofern unscharf sind, als dass nicht genau definiert ist, welche Wasserentnahmemenge als „hoch" und welcher Wasserdruck als „niedrig" einzustufen ist. Die Unbestimmtheit liegt in der inhaltlichen Bedeutung der betrachteten Aussage.

Obwohl in dieser Aufstellung zwischen unsicheren und unscharfen Aussagen unterschieden wird, wird im Folgenden häufig die Bezeichnung „unsicheres Wissen" als Oberbegriff für beide Arten verwendet. In der englischsprachigen Literatur hat man versucht, unterschiedliche Bezeichnungen einzuführen. Die Unbestimmtheit der Aussagen wird mit *uncertainty* bezeichnet und das Schlussfolgern mit derartigen Aussagen als *approximate reasoning*, während für die Unschärfe der Aussage der Begriff *vagueness* und für Schlussfolgern mit dieser Art von Aussagen die Begriffe *plausible reasoning* oder *commonsense reasoning* stehen. Allerdings verwenden viele Autoren die Begriffe synonym.

Es sei an dieser Stelle auch betont, dass sich die Begriffe des unsicheren Wissens bzw. der Unsicherheit einer Wissensbasis auf die mangelnde Gewissheit beziehen, mit der Wissenselemente den betrachteten Gegenstandsbereich beschreiben und nichts mit dem Begriff Sicherheit (*safety, security*) im Sinne sicherheitstechnischer Betrachtungen zu tun haben.

### 10.1.2 Probleme der Darstellung und der Verarbeitung unsicheren Wissens

Es sind vor allem drei Fragen, die im Zusammenhang mit der Darstellung und Verarbeitung unsicheren Wissens beantwortet werden müssen:

- *Wie kann die Unbestimmtheit bzw. Unschärfe des Wissens beschrieben werden?*

  Diese Frage betrifft die Erfassung des Grades der Zugehörigkeit eines Messwertes zu einer Klasse von Messwerten (beispielsweise des Messwertes „Wasserstand" zur Klasse der „hohen Wasserstände"), des Grades des Zutreffens einer qualitativen Aussage für eine konkrete Situation oder die Darstellung unscharfer Begriffe, wie sie in den umgangssprachlich häufig verwendeten Worten wie „ungefähr", „gering", „fast immer" oder „selten" zum Ausdruck kommen.

- *Wie kann die Unbestimmtheit des Wissens beim Schlussfolgern berücksichtigt werden?*

  Unsichere Prämissen führen zwangsläufig auf unsichere Schlussfolgerungen. Die Abtrennregel gilt dann nicht mehr in der im Kap. 7 angegebenen „scharfen" Form und muss für unsicheres Wissen erweitert werden. Dafür ist zu untersuchen, wie sich die Unbestimmtheit der Axiome in den Unbestimmtheiten der Schlussfolgerungen niederschlägt.

- *Wann treten bei unsicherem Wissen Widersprüche auf?*

  In der klassischen Logik ist der Widerspruch eindeutig definiert. Aber wie kann er definiert werden, wenn das Wissen unsicher ist? Diese Frage ist nicht eindeutig zu beantworten, weil es bei unsicherem Wissen die Regel ist, dass gegenteilige Aussagen je zu einem gewissen Grade richtig sind oder als richtig angenommen werden können. So kann bei einer Fehlerdiagnose mit einer bestimmten Wahrscheinlichkeit darauf geschlossen werden, dass die zu einer Alarmmeldung führende Störung durch einen Stromausfall hervorgerufen wurde, und dass mit einer anderen Wahrscheinlichkeit gerade das Gegenteil der Fall ist, nämlich kein Stromausfall vorliegt, sondern eine elektrisch betriebene Pumpe mit zu hoher Drehzahl arbeitete.

Diese Fragen werden im Folgenden für unterschiedliche Ansätze der Verarbeitung unsicheren Wissens beantwortet. Bezüglich der Inferenz konzentrieren sich die Ausführungen auf die Erweiterung der Abtrennregel auf unsicheres Wissen, weil diese Regel – wie im Kap. 7 gezeigt wurde – eine zentrale Rolle in der logikbasierten Wissensverarbeitung spielt und in der Regelverarbeitung in ähnlicher Form auftritt.

Neben diesen Fragestellungen bezüglich der Methodik der Wissensverarbeitung ist in Bezug auf Anwendungen die Frage zu stellen

- *Wie kann anwendungsspezifisches Wissen so formalisiert werden, dass es den Methoden der unsicheren Wissensverarbeitung zugänglich ist?*

  Dieses Problem wird in Abb. 10.1 für technische Anwendungen veranschaulicht, in der die intelligente Steuerung aus Abb. 1.3 auf S. 17 für die Verarbeitung unsicheren Wissens dargestellt ist. Die Doppelpfeile beschreiben den Austausch von unsicheren Aussagen, die in einer in diesem Kapitel behandelten Form dargestellt sind. Neben den in der Wissenbasis enthaltenen Axiomen, die ein Modell des betrachteten technischen Systems repräsentieren, werden Axiome verarbeitet, die von aktuellen Messwerten abgeleitet sind. Für Anwendungen ist nun zu entscheiden, wie Messwerte in unsichere Aussagen zu überführen und wie die Schlussfolgerungen für die Anwendung zu interpretieren sind. Diese Schritte sind als Blöcke „Formalisierung“ und „Interpretation“ in Abb. 10.1 eingetragen. Es wird sich zeigen, dass die Eignung der in diesem Kapitel behandelten Methoden für eine konkrete Anwendung vor allem davon abhängt, wie gut sich das vorhandene unsichere Wissen mit der jeweiligen Methode formalisieren lässt und wie aussagefähig die erhaltenen Schlussfolgerungen für den Anwendungsfall sind.

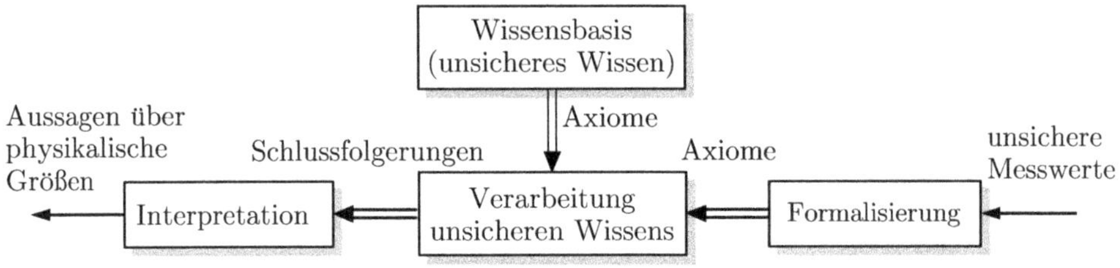


**Abb. 10.1:** Verarbeitung unsicheren Wissens

### 10.1.3 Überblick über die Behandlungsmethoden für unsicheres Wissen

Für eine Übersicht über die Verfahren ist eine Unterteilung in symbolische und numerische Verfahren hilfreich, obwohl der Übergang zwischen beiden Gruppen fließend ist.

**Symbolische Verfahren.** Die symbolischen Verfahren beruhen auf einer Erweiterung der klassischen Logik, wobei neue Wahrheitswerte, neue Formen logischer Ausdrücke sowie neue Schlussfolgerungsregeln eingeführt werden. Die Unbestimmtheit des Wissens wird dabei als eine Unkenntnis des Wahrheitswertes von Aussagen aufgefasst.

- Beim **nichtmonotonen Schließen** wird darauf Rücksicht genommen, dass der Wahrheitswert einiger Aussagen nicht bekannt ist bzw. sich verändern kann. Aussagen dieser Art werden als Annahmen bezeichnet. Wie in den nachfolgenden Abschnitten erläutert wird, kann man registrieren, wie der Wahrheitswert von abgeleiteten Ausdrücken von den Wahrheitswerten der Annahmen abhängt. Dabei wird offensichtlich, wie sich die Unbestimmtheit der Wahrheitswerte der Axiome zu einer Unbestimmtheit der Wahrheitswerte der Behauptungen fortpflanzt. Bei dieser Erweiterung der klassischen Logik bleibt jedoch der Umstand bestehen, dass der Wahrheitswert entweder „wahr“ oder „falsch“ sein muss und es nicht möglich ist, den Grad des Zutreffens einer Annahme genauer auszudrücken.
- Die **Defaultlogik** (*default logic*) wurde entwickelt, um Schlussfolgerungen auch dann zu ermöglichen, wenn nicht genau bekannt ist, ob alle Prämissen erfüllt sind. Eine Schlussfolgerung ist auch dann zugelassen, wenn die Gültigkeit einer oder mehrerer Prämissen

zwar nicht bekannt ist, jedoch nicht im Widerspruch zu den Axiomen steht. Diese Vorgehensweise ist durch die *Closed-world assumption* motiviert. Da die Axiomenmenge voraussetzungsgemäß alle relevanten Aussagen über den Diskursbereich enthält, darf sie durch Hinzunahme solcher Axiome erweitert werden, mit denen kein Widerspruch innerhalb der Axiomenmenge auftritt. Bei dieser Logik wird die Unbestimmtheit bezüglich des Wahrheitswertes von Ausdrücken dadurch reduziert, dass Aussagen als gültig betrachtet werden, wenn sie nicht im Widerspruch zu den als gültig bekannten Ausdrücken stehen.

- In der **mehrwertigen Logik** wird der Wahrheitsbegriff erweitert, so dass an die Stelle der zwei Wahrheitswerte „wahr“ und „falsch“ der klassischen Logik jetzt drei oder mehr Wahrheitswerte treten (Abschn. 11.1). Die unterschiedlichen Wahrheitswerte werden als Grad des Zutreffens einer Aussage aufgefasst. Beispielsweise können bei einer vierwertigen Logik die vier Wahrheitswerte als „wahr“, „wahrscheinlich wahr“, „wahrscheinlich falsch“ und „falsch“ interpretiert werden. Obwohl die Wahrheitswerte meist durch Zahlen repräsentiert werden, zählt man die mehrwertige Logik zu den symbolischen Verfahren, weil die Wahrheitswerte bestimmte, durch die Art der Logik festgelegte Stufen annehmen können und nicht beliebige reelle Werte.

**Numerische Verfahren.** Bei numerischen Verfahren wird der Wahrheitswert zahlenmäßig beschrieben, wobei mit einem zwischen 0 und 1 liegenden Wahrheitswert eine teilweise Gültigkeit von Aussagen ausgedrückt wird. Aus dem Grad der Gültigkeit der Prämissen wird der Grad der Gültigkeit der Schlussfolgerung berechnet.

- Unscharfe Aussagen werden vor allem unter Verwendung der **Theorie der unscharfen Mengen** dargestellt, bei denen ein reeller Wert der Zugehörigkeitsfunktion die zu einer Menge gehörenden Elemente charakterisiert (Abschn. 11.2).
- Bei den **wahrscheinlichkeitstheoretischen Verfahren** wird die Gültigkeit der Aussagen durch die Wahrscheinlichkeit beschrieben, mit der eine Aussage auf ein gegebenes Ereignis zutrifft (Abschn. 12.1).
- Bei der **Evidenztheorie** werden Schranken für die Wahrscheinlichkeit der Gültigkeit von Aussagen verwendet, um die Unbestimmtheit des Wissens darzustellen (Abschn. 13.1).
- Für Expertensysteme wurden eine Vielzahl **heuristischer Verfahren** entwickelt, die nicht auf einer fundierten Theorie, sondern auf intuitiv zweckmäßigen Darstellungsformen der Unbestimmtheit und plausibler Verrechnung dieser Zahlen beim Schlussfolgern beruhen. Als Beispiel dafür wird im Abschn. 13.2 die Vorgehensweise im Expertensystem *MYCIN* beschrieben.

## 10.2 Darstellung veränderlichen Wissens

Gegenstand dieses Kapitels sind Probleme der logischen Wissensverarbeitung, bei denen sich der Wahrheitswert einiger Axiome verändert, wodurch sich auch die Menge der aus den Axiomen gezogenen Folgerungen ändert. In dieser Situation muss folgende Frage beantwortet werden:

> Wie kann man kontrollieren, welche Folgerungen von der Änderung der Axiomenmenge betroffen sind?

In den Abschnitten 10.3 und 10.4 wird ein System mit der Bezeichnung ATMS vorgestellt, das die Gültigkeit der Theoreme in Abhängigkeit von den Wahrheitswerten der Axiome verwaltet. Anhand eines Beispiels wird im Abschnitt 10.5 das Einsatzgebiet dieses Systems gezeigt. Abschnitt 10.6 verwendet das ATMS, um eine Methode zur modellbasierten Fehlerdiagnose zu implementieren.

Bei der Betrachtung der logikbasierten Wissensverarbeitung in den Kapiteln 7 und 8 wurde gezeigt, wie aus gegebenen Aussagen mit bekanntem Wahrheitswert „wahr" (Axiomen) neue Aussagen mit dem Wahrheitswert „wahr" (Theoreme) abgeleitet werden können. Dabei wurde davon ausgegangen, dass die Axiome das betrachtete Problem vollständig beschreiben und deshalb weder neue Axiome hinzukommen noch vorhandene Axiome gestrichen werden können.

Viele Problemstellungen sind jedoch dadurch charakterisiert, dass nicht alle Voraussetzungen bekannt sind bzw. dass mit sich zeitlich verändernden Annahmen gearbeitet wird. Ein typisches Beispiel dafür ist eine Diagnoseaufgabe, bei der die Ursachen für ein fehlerhaftes Verhalten einer Anlage ermittelt werden sollen. Oft sind neben der eigentlichen Störursache auch die aktuellen Betriebsbedingungen nicht oder nicht vollständig bekannt, so dass Annahmen darüber gemacht und gegebenenfalls später wieder verworfen werden. Auch können während der Bearbeitung einer Aufgabe neue Informationen bekannt werden, die die bisher gezogenen Schlussfolgerungen in Frage stellen. Zusätzlich erhaltene Alarmmeldungen können dazu führen, dass Fehlermöglichkeiten, die für die bisher vorliegenden Alarme in Betracht kamen, verworfen werden müssen.

Die Gründe für die Veränderung der Axiomenmenge eines Wissensverarbeitungsproblems liegen also entweder in zeitlichen Veränderungen des betrachteten Objektes, in der Tatsache, dass Folgerungen unter Verwendung von Annahmen gezogen werden, oder in der Notwendigkeit, Widersprüche zu beseitigen. Diese Gründe werden im Folgenden kurz erläutert.

**Zeitlich veränderlicher Betrachtungsgegenstand.** Betrifft ein Problem einen sich zeitlich verändernden technischen Prozess, so beschreiben die Axiome den Prozesszustand zu einem bestimmten Zeitpunkt. Um die zeitlichen Änderungen zu berücksichtigen, müssen die Axiome dem Prozess nachgeführt werden. So muss beispielsweise die als Axiom verwendete Aussage

> „Der Wasserdruck ist hoch."

nach einiger Zeit durch das neue Axiom

> „Der Wasserdruck überschreitet den oberen Grenzwert."

ersetzt werden. Bei diesen Betrachtungen ist ausgeklammert, dass es im Gebiet der temporalen Logik Möglichkeiten gibt, die Zeit explizit anzugeben, so dass sich die Axiome auf einen bestimmten Zeitpunkt beziehen und für andere Zeitpunkte „automatisch" keine Gültigkeit haben.

Hier werden die Konsequenzen untersucht, die Axiome mit veränderlichem Wahrheitswert für den Problemlösungsprozess mit sich bringen.

**Nichtmonotones Schließen.** In vielen praktischen Anwendungen müssen Probleme gelöst werden, die nicht bis in alle Einzelheiten bekannt sind. Die klassische Logik hilft an dieser Stelle nicht weiter, denn aus den Implikationen

$$\begin{aligned} A &\Rightarrow B \\ \neg A &\Rightarrow \neg B \end{aligned}$$

kann weder auf $B$ noch auf $\neg B$ geschlossen werden, wenn nicht angegeben ist, ob $A$ „wahr" oder „falsch" ist.

In diesen Situationen kann man sich dadurch helfen, dass man die Axiomenmenge um Ausdrücke erweitert, von denen man *annimmt*, dass sie wahr sind. So kann z. B. vermutet werden, dass $A$ wahr ist, solange nicht bekannt ist, dass das Gegenteil $\neg A$ zutrifft. Mit der Annahme $A$ kann aus der ersten Implikation die Aussage $B$ gefolgert werden:

$$\left.\begin{array}{rcr} A & & \\ A & \Rightarrow & B \\ \neg A & \Rightarrow & \neg B \end{array}\right\} \models B.$$

Wird später jedoch bekannt, dass $A$ falsch ist, so sind nicht nur die Annahme $A$ und die mit dieser Annahme gemachte Schlussfolgerung $B$ falsch, sondern es muss $\neg A$ als zusätzliches Axiom eingeführt werden. Aus der veränderten Axiomenmenge kann dann $\neg B$, also das Gegenteil des bisherigen Ergebnisses, gefolgert werden:

$$\left.\begin{array}{rcr} \neg A & & \\ A & \Rightarrow & B \\ \neg A & \Rightarrow & \neg B \end{array}\right\} \models \neg B.$$

Dieses Beispiel macht deutlich, dass Schlussfolgerungen, die auf Annahmen beruhen, beim Bekanntwerden neuer Tatsachen möglicherweise wieder zurückgezogen werden müssen. Zusätzliche Axiome führen nicht nur zu zusätzlichen Theoremen, sondern auch zur Revision der bisher gezogenen Schlussfolgerungen, wenn sie im Widerspruch zu bisher getroffenen Annahmen stehen. Man nennt diese Art der Logik *nichtmonoton*, da eine Erweiterung der Axiomenmenge nicht zwangsläufig zu einer (monotonen) Vergrößerung der Menge der Schlussfolgerungen führt.

Demgegenüber ist die in den Kapiteln 7 und 8 behandelte klassische Logik monoton, denn nach einem Hinzufügen neuer Axiome bleiben alle bereits vorhandenen Folgerungen gültig. Die Menge der Formeln, die aus den Axiomen abgeleitet werden kann, vergrößert sich oder bleibt unverändert. Mit dem auf S. 215 eingeführten Begriff der Resolutionshülle $H$, die alle aus einer Menge $\mathcal{A}$ von Axiomen ableitbaren Klauseln enthält, kann die Monotonie in der Form

$$H(\mathcal{A}_1) \supseteq H(\mathcal{A}_2) \quad \text{für } \mathcal{A}_1 \supseteq \mathcal{A}_2 \tag{10.1}$$

dargestellt werden.

Beim nichtmonotonen Schließen gilt weder diese Beziehung noch ihr Gegenteil, denn es kann keine allgemeingültige Relation zwischen der Menge der aus zwei verschiedenen Axiomenmengen ableitbaren Ausdrücke angegeben werden.

**Behandlung von Widersprüchen.** Bei großen Wissensbasen kann nicht ohne Weiteres überprüft werden, ob die Axiomenmenge widerspruchsfrei ist. Werden Axiome aus gemessenen Daten gewonnen, so können Messfehler die Ursache für Widersprüche sein. Entstehen Axiome aus Annahmen, so kann es sein, dass die Menge dieser Annahmen und weiterer Axiome inkonsistent ist. Oft werden diese Widersprüche erst offensichtlich, wenn Schlussfolgerungen gezogen werden, die offenkundig den Axiomen oder anderen Schlussfolgerungen widersprechen. In diesem Fall muss man die sich widersprechenden Axiome verändern oder streichen, um den Widerspruch zu beseitigen, und das Wissensverarbeitungsproblem mit der veränderten Axiomenmenge neu lösen.

**Fakten, Annahmen und abgeleitete Ausdrücke.** Aus den vorangehenden Bemerkungen wird ersichtlich, dass es wichtig ist, zwischen Axiomen mit feststehendem Wahrheitswert und solchen mit möglicherweise wechselndem Wahrheitswert zu unterscheiden. Deshalb werden die Axiome in Fakten und Annahmen unterteilt:

- **Fakten** sind Ausdrücke, deren Wahrheitswert „wahr" vorgegeben ist und sich für das betrachtete Problem nicht verändern kann. Obwohl natürlich die Schlussfolgerungen vom Vorhandensein oder der Abwesenheit bestimmter Fakten abhängen, müssen diese Abhängigkeiten nicht durch den Problemlöser protokolliert werden, denn der Wahrheitswert von Fakten steht fest.
- **Annahmen** sind Ausdrücke, deren Wahrheitswert vom betrachteten Kontext abhängt und sich deshalb verändern kann. Die Abhängigkeit der Folgerungen vom Wahrheitswert der Annahmen muss deshalb registriert werden.

Eine Gruppe von Annahmen, die gleichzeitig getroffen werden, heißt *Kontext*. Die zu einem Kontext gehörende Axiomenmenge besteht aus den Fakten sowie aus den in diesem Kontext gültigen Annahmen.

Sowohl bei den Fakten als auch bei den Annahmen handelt es sich um Ausdrücke, deren Wahrheitswert vorgegeben wird. Davon zu unterscheiden sind Ausdrücke, deren Wahrheitswert aus den Fakten und Annahmen abgeleitet wird. In der klassischen Logik heißen diese Ausdrücke Theoreme. Da hier mit einer sich verändernden Axiomenmenge gearbeitet wird, spricht man allgemeiner von abgeleiteten Ausdrücken.

- **Abgeleitete Ausdrücke** (Schlussfolgerungen) sind Ausdrücke, deren Wahrheitswert von den Wahrheitswerten der Annahmen abhängt.

In einem gegebenen Kontext setzt sich die Menge der Folgerungen aus den abgeleiteten Ausdrücken zusammen, die in diesem Kontext den Wahrheitswert „wahr" haben. Die anderen abgeleiteten Ausdrücke haben in diesem Kontext den Wahrheitswert „falsch" oder einen unbekannten Wahrheitswert.

Im Folgenden ist zu untersuchen, wie sich die Veränderung des Kontextes auf den Wahrheitswert der abgeleiteten Ausdrücke auswirkt.

Eine denkbare Lösung dieses Problems besteht natürlich darin, das Inferenzsystem auf die jeweils gültige Axiomenmenge anzuwenden, wodurch man alle Folgerungen erhält, die für die gültige Axiomenmenge möglich sind. Die im Vergleich zu einem vorangegangenen Problem nicht mehr gültigen Folgerungen gehören dann nicht mehr zur Menge der abgeleiteten Ausdrücke.

Dies ist jedoch kein effizienter Weg, wenn man annehmen kann, dass sich die Menge der abgeleiteten Ausdrücke auf Grund einer Verschiebung des Kontextes nur wenig verändert und viele Schlussfolgerungen erhalten bleiben. Im Mittelpunkt der nachfolgenden Betrachtungen steht deshalb ein Verfahren, das die Abhängigkeit des Wahrheitswertes der abgeleiteten Ausdrücke von den Wahrheitswerten der Annahmen protokolliert. Aus dem Zusammenhang zwischen Annahmen und abgeleiteten Ausdrücken kann dann abgelesen werden, wie sich Veränderungen des Kontextes auf die Menge der Folgerungen auswirken.

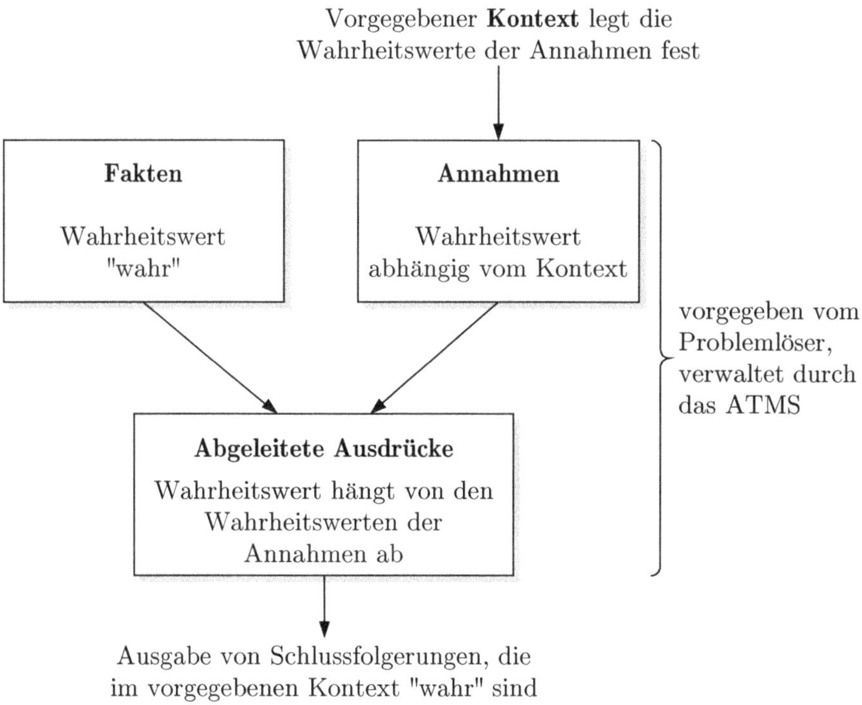


**Abb. 10.2:** Verwaltung von Wahrheitswerten bei wechselndem Kontext

Dieses Verfahren geht davon aus, dass ein Problemlöser bestimmt, welche Schlussfolgerungen aus den Fakten und den Annahmen gezogen werden können. Das Ergebnis dessen wird so gespeichert, dass es für vorgegebene Kontexte abgerufen werden kann (Abb. 10.2). Das

System, das die vom Problemlöser erhaltenen Informationen speichert, heißt *Assumption-based Truth Maintenance System* (ATMS).[1] Seine Arbeitsweise wird in den folgenden Abschnitten erläutert.

## 10.3 Grundidee des ATMS

### 10.3.1 Begründungen

Die Grundidee des ATMS wird zunächst für Probleme erläutert, bei denen die Axiomenmenge aus den Literalen

$$\begin{array}{c} A_1 \\ A_2 \\ A_3 \\ \vdots \end{array} \tag{10.2}$$

und aussagenlogischen Implikationen

$$A_1 \wedge \ldots \wedge A_n \Rightarrow B \tag{10.3}$$

besteht. Die Erweiterung dieser Methode auf beliebige Formeln wird im Abschn. 10.4 behandelt.

Aus den Literalen (10.2) und den Implikationen (10.3) können mit Hilfe eines Problemlösers Folgerungen abgeleitet werden, die wiederum Literale sind. So kann aus den Aussagen

$$\begin{array}{c} A_1 \\ A_4 \end{array} \tag{10.4}$$

und der Implikation

$$A_1 \wedge A_4 \ \Rightarrow A_5 \tag{10.5}$$

die Gültigkeit der Aussage $A_5$ gefolgert werden. Der Problemlöser erkennt, dass der logische Schluss

$$\{A_1,\ A_4,\ A_1 \wedge A_4 \ \Rightarrow A_5\} \models A_5 \tag{10.6}$$

möglich ist.

Im ATMS soll gespeichert werden, dass entsprechend der Folgerung (10.6) die Gültigkeit der Ausdrücke $A_1$, $A_4$ und $A_1 \wedge A_4 \Rightarrow A_5$ auf die Gültigkeit von $A_5$ führt, was man durch die Beziehung

$$< (A_1, A_4, A_1 \wedge A_4 \Rightarrow A_5) \rightarrow A_5 >$$

[1] Eine schlechte Übersetzung ist „Annahmenbasiertes Begründungsverwaltungssystem“ oder „Wahrheitswertverwaltungssystem“. Im Folgenden wird das System kürzer als „ATMS“ bezeichnet.

ausdrückt. Wenn es für die Anwendung selbstverständlich ist, dass die angegebene Implikation gilt, so muss man nur speichern, dass die Gültigkeit von $A_1$ und $A_4$ die Gültigkeit von $A_5$ nach sich zieht:

$$< (A_1, A_4) \rightarrow A_5 > . \tag{10.7}$$

Um einen derartigen Sachverhalt zu beschreiben, wird der Begriff der *Begründung* (*justification*) eingeführt. Begründungen haben die Form

$$\langle (f_1, \ldots, f_n) \rightarrow s \rangle. \tag{10.8}$$

Sie sagen aus, dass eine Formel $s$ den Wahrheitswert „wahr" hat, wenn die Formeln $f_1, \ldots, f_n$ „wahr" sind. Welche Formeln aus der Menge von Ausdrücken, die für die Ableitung von $s$ gebraucht werden, in der Begründung stehen, hängt vom Anwendungsfall ab. Das ATMS bezieht sich nur auf die in der Begründung stehenden Ausdrücke.

### 10.3.2 ATMS-Graph

Die Abhängigkeit zwischen den Wahrheitswerten von Ausdrücken kann durch einen gerichteten Graphen veranschaulicht werden, der für alle Ausdrücke einen Knoten und für alle Begründungen gerichtete Kanten besitzt. Die Knotennamen und die durch die Knoten dargestellten Ausdrücke werden im Folgenden synonym verwendet. Die Formulierung „Der Knoten $K$ gilt." heißt demzufolge, dass der zum Knoten $K$ gehörende Ausdruck $K$ „wahr" ist.

Die Kanten verbinden die auf der linken Seite der Begründung stehenden Aussagen mit der auf der rechten Seite stehenden Schlussfolgerung. Um zu kennzeichnen, dass die Gültigkeit der Schlussfolgerung durch das gleichzeitige Auftreten der in einer Begründung links stehenden Ausdrücke bedingt ist, werden die von $f_1$, ..., $f_n$ nach $s$ gerichteten Kanten als UND-Kanten bezeichnet und durch einen Bogen miteinander verbunden (Abb. 10.3). Die Kanten haben dieselbe Richtung wie der in der Begründung (10.8) enthaltene Pfeil. Aus Platzgründen kann dieser Pfeil weggelassen und vereinbart werden, dass alle Kanten in den Abbildungen stets von oben nach unten gerichtet sind.

Gibt es die weitere Begründung

$$\langle (A_2,\ \neg A_7,\ \neg A_9) \rightarrow A_5 \rangle \tag{10.9}$$

für die Gültigkeit von $A_5$, die z. B. aus den zusätzlichen Annahmen

$$\begin{array}{c} A_2 \\ \neg A_7 \\ \neg A_9 \end{array}$$

und dem Fakt

$$A_2 \wedge \neg A_7 \wedge \neg A_9 \;\Rightarrow\; A_5 \tag{10.10}$$

hervorgeht, so entstehen drei zusätzliche UND-Kanten von den Knoten $A_2$, $\neg A_7$ und $\neg A_9$ nach $A_5$ (Abb. 10.3). Die UND-Kantenbündel sind untereinander disjunktiv verknüpft und werden deshalb als ODER-Kanten bezeichnet, denn sie verdeutlichen unabhängige Folgerungswege.

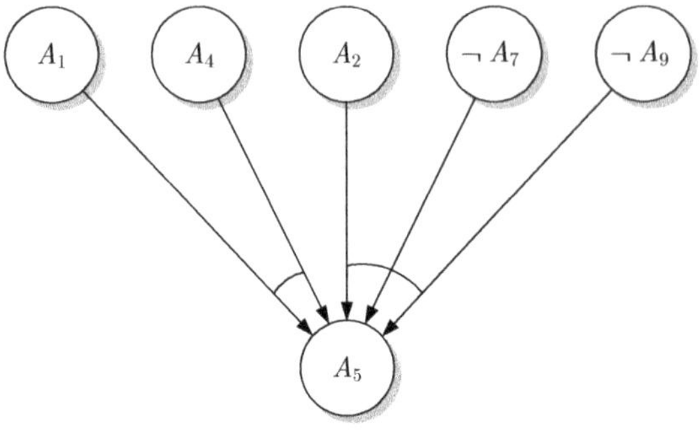


**Abb. 10.3:** UND-ODER-Graph zur Darstellung der Abhängigkeit des Wahrheitswertes der Aussage $A_5$ von den Wahrheitswerten der Aussagen $A_1$, $A_2$, $A_4$, $\neg A_7$ und $\neg A_9$

Der in Abb. 10.3 gezeigte Graph kann beliebig erweitert werden, wenn weitere Begründungen bekannt sind. Dabei kann auch die abgeleitete Aussage $A_5$ als Begründung für die Gültigkeit einer anderen Aussage auftreten, so dass der Graph nach „unten" erweitert wird. Der Leser möge sich beispielsweise überlegen, wie die Begründungen

$$\langle (A_1,\ A_5) \to A_{10} \rangle$$
$$\langle (A_5,\ A_{18}) \to A_{10} \rangle$$
$$\langle (A_4) \to A_1 \rangle$$

den Graphen aus Abb. 10.3 vergrößern. Für ein umfangreicheres Beispiel wird auf Abb. 10.11 verwiesen, wobei man zunächst über die Markierung der Knoten hinwegsehen sollte.

Der auf diese Weise entstehende UND-ODER-Graph wird im Folgenden als ATMS-Graph bezeichnet. In ihm sind alle Aussagen explizit durch Knoten repräsentiert. Jede Begründung wird durch ein Bündel von UND-Kanten veranschaulicht.

Eine erste Einteilung der Knoten kann auf Grund ihrer Stellung innerhalb des Graphen vorgenommen werden:

- Wurzelknoten des Graphen stellen Fakten und Annahmen dar, also diejenigen Aussagen, deren Wahrheitswert durch die Problemstellung vorgegeben ist.
- Alle anderen Knoten repräsentieren abgeleitete Aussagen, also Aussagen, deren Wahrheitswert mit Hilfe von Begründungen aus den Fakten und Annahmen abgeleitet ist.

### 10.3.3 Lokale und globale Umgebungen

Der Wahrheitswert einer Aussage hängt von der Stellung des Knotens innerhalb des Graphen ab. Um dies darzustellen, werden die Begriffe der lokalen und globalen Umgebung eingeführt.

**Lokale Umgebungen.** Betrachtet wird ein zusammengehöriges Bündel von UND-Kanten, die zum Knoten $K$ führen. Die Menge der Knoten, von denen diese UND-Kanten ausgehen, wird als eine lokale Umgebung des Knotens $K$ bezeichnet. Im Allgemeinen führen mehrere Kantenbündel zu demselben Knoten $K$, so dass der Knoten $K$ mehrere lokale Umgebungen besitzt.

Bezogen auf den Graphen stellen die lokalen Umgebungen also Mengen von Vorgängerknoten des betrachteten Knotens $K$ dar. Fakten und Annahmen haben keine lokalen Umgebungen, weil sie Wurzelknoten des Graphen sind.

**Globale Umgebungen.** Die globalen Umgebungen eines Knotens $K$ beschreiben die Mengen derjenigen Annahmen, von denen der Wahrheitswert des Ausdrucks $K$ abhängt. Die globalen Umgebungen werden an die Knoten geschrieben (Abb. 10.4).

Da Fakten gültige Aussagen sind und ihr Wahrheitswert von keiner anderen Aussage abhängt, haben sie eine leere globale Umgebung, die durch $\{\emptyset\}$ gekennzeichnet wird. $\{\emptyset\}$ bedeutet, dass *keine* Bedingungen erfüllt sein müssen, damit der zu dem Knoten gehörende Ausdruck „wahr“ ist.

Knoten mit der globalen Umgebung $\{\emptyset\}$ sind Fakten.

Bei Annahmen bildet die entsprechende Annahme selbst – mit einem davorgestellten Fragezeichen geschrieben – die globale Umgebung. Ist $A_2$ in Abb. 10.3 eine Annahme, so erscheint sie im Graphen als Knoten mit der globalen Umgebung $\{\{?A_2\}\}$. Dass $\{?A_2\}$ in eine weitere geschweifte Klammer eingeschlossen wird, ist dadurch begründet, dass Knoten i. Allg. mehrere globale Umgebungen haben können, die durch die äußeren Klammern zu einer Menge zusammengefasst werden.

Wird eine Annahme in einen Fakt umgewandelt, weil sich inzwischen herausgestellt hat, dass die Annahme in allen betrachteten Kontexten gilt, so wird die globale Umgebung des entsprechenden Knotens durch $\{\emptyset\}$ ersetzt.

Für abgeleitete Aussagen können mehrere globale Umgebungen existieren.

Jede globale Umgebung gibt eine Menge von Annahmen an und besagt, dass der durch den Knoten dargestellte Ausdruck den Wahrheitswert „wahr“ hat, wenn *alle* in dieser globalen Umgebung vorkommenden Annahmen den Wahrheitswert „wahr“ haben.

Hat der Knoten mehrere globale Umgebungen, so ist er wahr, wenn in mindestens einer globalen Umgebung alle Annahmen wahr sind.

Hat ein Knoten die globale Umgebung $\{\emptyset\}$, so gilt die ihm zugeordnete Aussage unabhängig davon, welche Annahmen getroffen werden. Die in der Axiomenmenge vorkommenden Fakten sind, wie bereits gesagt, durch Knoten mit einer solchen globalen Umgebung dargestellt. Auch abgeleitete Ausdrücke mit einer solchen globalen Umgebung gelten unabhängig vom Kontext und werden ebenfalls als Fakten bezeichnet.

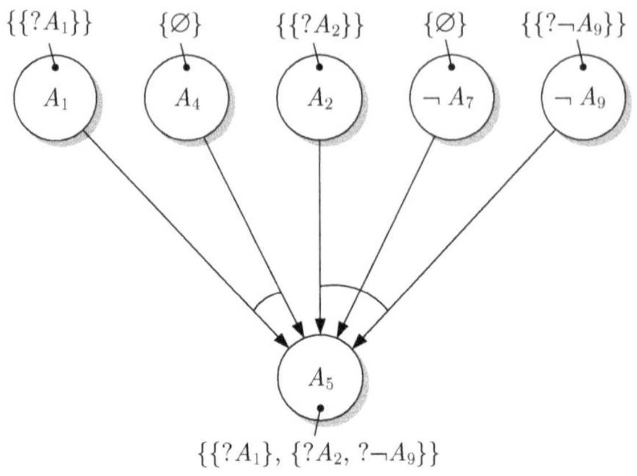


**Abb. 10.4:** UND-ODER-Graph mit Kennzeichnung der globalen Umgebungen

Abbildung 10.4 zeigt ein Beispiel. Die Aussagen $A_1$, $A_2$ und $\neg A_9$ sind Annahmen und haben die globale Umgebung $\{\{?A_1\}\}$, $\{\{?A_2\}\}$ bzw. $\{\{?\neg A_9\}\}$. Die beiden anderen Wurzelknoten repräsentieren Fakten und haben folglich die globale Umgebung $\{\emptyset\}$. Die Aussage $A_5$ gilt, wenn entweder die Annahme $A_1$ oder die Annahmen $A_2$ und $\neg A_9$ gelten. Der Knoten $A_5$ besitzt deshalb zwei globale Umgebungen, die zur zweielementigen Menge $\{\{?A_1\},\ \{?A_2,\ ?\neg A_9\}\}$ zusammengefasst sind. An dieser globalen Umgebung sieht man, dass die doppelten Klammern entstehen, weil globale Umgebungen durch Mengen von Mengen repräsentiert werden.

**Berechnung der globalen Umgebungen.** Es ergibt sich die Frage, wie innerhalb eines größeren Graphen die globalen Umgebungen bestimmt werden können. Die Antwort darauf erhält man, wenn man sich die Bedeutung der globalen Umgebungen benachbarter Knoten überlegt. Der Graph in Abb. 10.4 entstand aus den Begründungen (10.7) und (10.9). Aus (10.7) kann die Aussage $A_5$ nur gefolgert werden, wenn die Annahme $A_1$ den Wahrheitswert „wahr" hat, denn gilt $A_1$ nicht, so lässt die Begründung (10.7) keinen Schluss zu. Die globale Umgebung des Knotens $A_1$ überträgt sich folglich auf den Knoten $A_5$.

Andererseits kann $A_5$ aus der Begründung (10.9) genau dann gefolgert werden, wenn angenommen wird, dass $A_2$ und $\neg A_9$ gelten. Also übertragen sich die globalen Umgebungen der Knoten $A_2$ und $\neg A_9$ auf den Knoten $A_5$ und bilden dort gemeinsam eine globale Umgebung. Da die beiden Begründungen (10.7) und (10.9) unabhängig voneinander auf $A_5$ schließen lassen, führen sie auf zwei globale Umgebungen.

Dieses Beispiel zeigt, dass eine globale Umgebung eines Knotens $K$ gebildet wird, indem Vorgängerknoten von $K$ betrachtet werden, die gemeinsam in einer lokalen Umgebung $\mathcal{L}$ von $K$ vorkommen. Wird zunächst angenommen, dass alle diese Vorgängerknoten $K_1, ..., K_n$ nur je eine globale Umgebung $\mathcal{U}_i$ $(i = 1, 2, ..., n)$ besitzen, so ergibt die Vereinigung dieser globalen Umgebungen eine globale Umgebung $\mathcal{P}$ von $K$:

$$\mathcal{P} = \mathcal{U}_1 \cup \mathcal{U}_2 \cup ... \cup \mathcal{U}_n.$$

Besitzt $K$ mehrere lokale Umgebungen $\mathcal{L}_1, ..., \mathcal{L}_l$, so entstehen daraus mehrere globale Umgebungen $\mathcal{P}_1, ..., \mathcal{P}_l$.

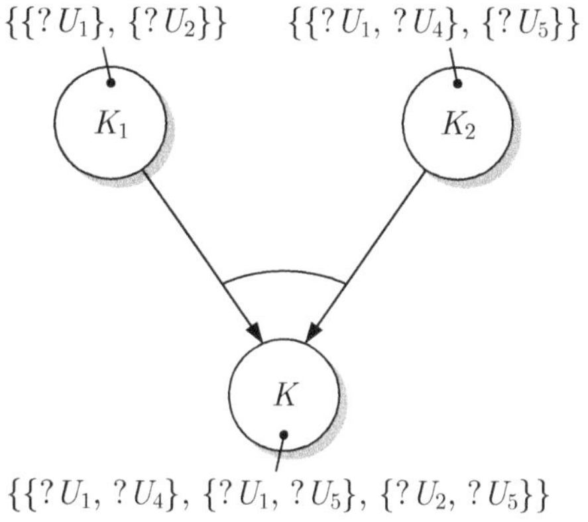


**Abb. 10.5:** Beispielgraph zur Behandlung mehrfacher globaler Umgebungen

Die Bildung der globalen Umgebungen des Knoten $K$ wird noch etwas aufwändiger, wenn die Vorgängerknoten von $K$ selbst mehrere globale Umgebungen besitzen und wenn Annahmen in diesen globalen Umgebungen mehrfach vorkommen. Die dann notwendigen Berechnungsschritte werden jetzt anhand des Beispiels in Abb. 10.5 erläutert. Der Graph sagt aus, dass die Aussage $K_1$ gilt, wenn entweder die Annahme $U_1$ oder die Annahme $U_2$ gilt. Die Aussage $K_2$ gilt, wenn entweder die Annahmen $U_1$ und $U_4$ gleichzeitig gelten oder wenn die Annahme $U_5$ gilt. Da $K$ nur dann aus der durch den Graphen dargestellten Begründung

$$\langle (K_1,\ K_2) \rightarrow K \rangle$$

gefolgert werden kann, wenn sowohl $K_1$ als auch $K_2$ wahr ist, muss

$$B((U_1 \vee U_2) \wedge ((U_1 \wedge U_4) \vee U_5)) = \mathrm{T}$$

gelten, damit $K$ wahr ist. Dieser logische Ausdruck kann folgendermaßen umgeformt werden:

$$\begin{aligned} & (U_1 \vee U_2) \wedge ((U_1 \wedge U_4) \vee U_5) \\ & = (U_1 \wedge U_4) \vee (U_1 \wedge U_5) \vee (U_1 \wedge U_2 \wedge U_4) \vee (U_2 \wedge U_5) \qquad (10.11) \\ & = (U_1 \wedge U_4) \vee (U_1 \wedge U_5) \vee (U_2 \wedge U_5). \qquad (10.12) \end{aligned}$$

Sinn der Umformung ist es, eine möglichst einfache Darstellung der Bedingungen zu erhalten, unter denen die abgeleitete Aussage $K$ gilt. Die letzte Zeile entspricht den drei globalen Umgebungen

$$\{\{?U_1, ?U_4\},\ \{?U_1, ?U_5\},\ \{?U_2, ?U_5\}\}.$$

Diese Umgebungsangabe ist minimal in dem Sinne, dass die Umgebungen *unterschiedliche* Kombinationen von Annahmen, also unterschiedliche Kontexte, beschreiben. Ist beispielsweise der betrachtete Kontext durch die Gültigkeit der Annahmen $U_1$, $U_5$ und $U_6$ gekennzeichnet, so gilt in ihm die Aussage $K$, weil in diesem Kontext die in der zweiten globalen Umgebung enthaltenen Annahmen $U_1$ und $U_5$ gültig sind.

Wie das beschriebene Beispiel zeigt, ist zwar die logische Verknüpfung der einzelnen Annahmen $U_i$ die Grundlage für die Berechnung der globalen Umgebung von $K$, die dabei verwendeten Berechnungsschritte können jedoch als Mengenoperationen dargestellt werden. Der erste Schritt betrifft die Bestimmung des durch das Zeichen $\otimes$ dargestellten Produktes globaler Umgebungen. Das Produkt $\mathcal{U}_1 \otimes \mathcal{U}_2$ der globalen Umgebungen $\mathcal{U}_1$ und $\mathcal{U}_2$ entsteht, indem Vereinigungsmengen je eines Elementes aus $\mathcal{U}_1$ und aus $\mathcal{U}_2$ gebildet und alle diese Vereinigungsmengen in einer Menge zusammengefasst werden. Es gilt also

$$\begin{aligned} \mathcal{P} &= \mathcal{U}_1 \otimes \mathcal{U}_2 \otimes \ldots \otimes \mathcal{U}_n \\ &= \{\mathcal{E}_1 \cup \ldots \cup \mathcal{E}_n \mid \mathcal{E}_i \in \mathcal{U}_i\}. \end{aligned}$$

Zu beachten ist dabei, dass die Elemente $\mathcal{E}_i$ der Mengen $\mathcal{U}_i$ selbst Mengen sind. So entsteht beispielsweise aus den Umgebungen $\mathcal{U}_1 = \{\{?U_1\}, \{?U_2\}\}$ und $\mathcal{U}_2 = \{\{?U_1, ?U_4\}, \{?U_5\}\}$ das Produkt

$$\mathcal{U}_1 \otimes \mathcal{U}_2 = \{\{?U_1, ?U_4\}, \{?U_1, ?U_5\}, \{?U_1, ?U_2, ?U_4\}, \{?U_2, ?U_5\}\}.$$

Die erhaltenen Mengen entsprechen den einzelnen Gliedern der Beziehung (10.11).

Der zweite Schritt beinhaltet die Minimierung dieses Ausdrucks im Sinne der Obermengenrelation $\supseteq$. Gilt für zwei Mengen $\mathcal{M}_1$ und $\mathcal{M}_2$ die Beziehung $\mathcal{M}_1 \supseteq \mathcal{M}_2$, so kann $\mathcal{M}_1$ aus dem Produkt $\mathcal{P}$ gestrichen werden. Die logische Begründung dafür besteht darin, dass die in $\mathcal{M}_1$ bzw. $\mathcal{M}_2$ enthaltenen Elemente zwei disjunktiv verknüpfte Konjunktionen darstellen, von denen der „längere" Term gestrichen werden kann, denn es gilt für beliebige Aussagen $p$ und $q$

$$p \vee (p \wedge q) = p.$$

Im Beispiel kann die dritte Menge gestrichen werden, weil sie eine Obermenge der ersten ist. Das Ergebnis heißt

$$\{\{?U_1, ?U_4\}, \{?U_1, ?U_5\}, \{?U_2, ?U_5\}\}.$$

Wird diese Minimierung durch den Operator „min" dargestellt, so umfasst der zweite Schritt die Bildung von

$$\min \{\mathcal{E}_1 \cup \ldots \cup \mathcal{E}_n \mid \mathcal{E}_i \in \mathcal{U}_i\}.$$

Der folgende Algorithmus erweitert dieses Vorgehen für den Fall, dass der Knoten $K$ nicht nur eine, sondern $l$ lokale Umgebungen besitzt. Mit $\mathcal{P}_j$ wird die für die $j$-te lokale Umgebung gebildete minimierte globale Umgebung von $K$ bezeichnet.

**Algorithmus 10.1** *Bildung der globalen Umgebungen eines Knotens*

**Gegeben:** Knoten $K$ mit den lokalen Umgebungen $\mathcal{L}_1, \ldots, \mathcal{L}_l$

1. Für jede lokale Umgebung $\mathcal{L}_j$ $(j = 1, \ldots, l)$ wird die Menge

$$\mathcal{P}_j = \min \{\mathcal{E}_1 \cup \ldots \cup \mathcal{E}_n \mid \mathcal{E}_i \in \mathcal{U}_i\}$$

berechnet, wobei $\mathcal{U}_i$ $(i = 1, \ldots, n)$ die Menge der globalen Umgebungen des $i$-ten Knotens bezeichnet, der in der lokalen Umgebung $\mathcal{L}_j$ von $K$ enthalten ist.

2. Die Menge $\mathcal{P}$ der globalen Umgebungen des Knotens $K$ ergibt sich aus $\mathcal{P}_1, \mathcal{P}_2, \ldots, \mathcal{P}_l$ durch Minimierung der Vereinigungsmenge:

$$\mathcal{P} = \min (\mathcal{P}_1 \cup \mathcal{P}_2 \cup \ldots \cup \mathcal{P}_l).$$

**Ergebnis:** Menge $\mathcal{P}$ der globalen Umgebungen des Knotens $K$.

Für gegebene Mengen von Annahmen, Fakten und Begründungen kann das ATMS mit diesem Algorithmus die globalen Umgebungen aller Kanten berechnen.

## 10.4 Erweiterungen

### 10.4.1 Verwaltung logischer Ausdrücke

Die bisherigen Ausführungen haben gezeigt, dass das ATMS die Abhängigkeit der Wahrheitswerte unterschiedlicher Formeln beschreibt, wobei die Knoten des ATMS-Graphen bisher nur Elementaraussagen darstellten. Eine wichtige Erweiterung dieses Gedankens ist möglich, wenn man zulässt, dass die Knoten beliebige logische Ausdrücke darstellen. Dies soll anhand des Beispiels 7.7 auf S. 214 genauer erklärt werden.

**Beispiel 10.1** *ATMS-Graph*

Gegeben sind die Axiome aus Beispiel 7.7:

$$a_4$$
$$a_3$$
$$a_5 \vee \neg a_3 \vee \neg a_4.$$

Mit Hilfe der Resolutionsregel kann aus der ersten und der dritten Formel die Beziehung

$$a_5 \vee \neg a_3$$

und anschließend mit dem zweiten Axiom die Aussage

$$a_5$$

abgeleitet werden.

Werden für alle aufgeführten Ausdrücke Knoten eingeführt, so können die mit Hilfe der Resolutionsregel erhaltenen Beziehungen zwischen diesen Formeln durch Kanten in derselben Weise dargestellt werden, wie es im vorhergehenden Abschnitt für die durch Implikationen verknüpften Aussagen geschehen ist. Abbildung 10.6 zeigt das Ergebnis. Werden nun $a_3$ und $a_4$ als Annahmen und die dritte Formel als Fakt deklariert – was für das den Formeln zugrunde liegende Wasserversorgungssystem sinnvoll ist – so kann mit denselben Berechnungsschritten wie im vorhergehenden Abschnitt festgestellt werden, für welche Kontexte die Aussage $a_5$ gilt. Die globale Umgebung des Knotens $a_5$ besagt, dass die Aussage $a_5$ nur dann gefolgert werden kann, wenn die Annahmen $a_3$ und $a_4$ zutreffen. □

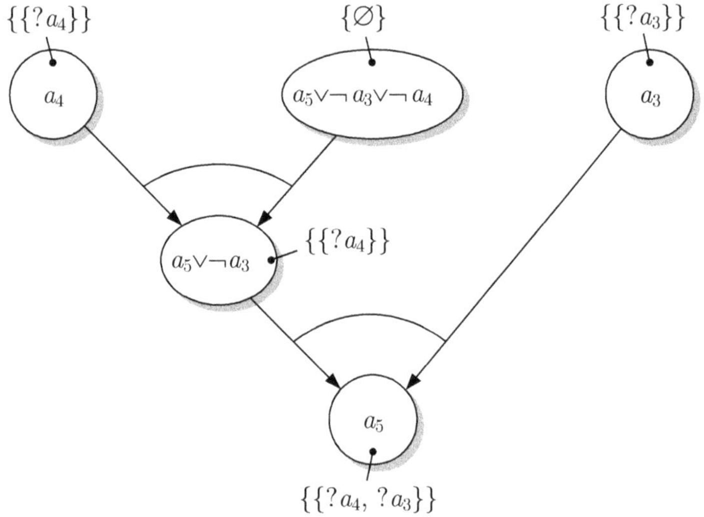


**Abb. 10.6:** ATMS-Graph für das Beispiel

Dieses Beispiel macht deutlich, dass ein ATMS auf beliebige Formeln angewendet werden kann. Im vorangegangenen Abschnitt entstanden die Begründungen aus Implikationen

$$A_1 \wedge A_2 \wedge \ldots \wedge A_n \Rightarrow B, \tag{10.13}$$

die benutzt wurden, um aus den durch die Literale $A_1, \ldots, A_n$ beschriebenen Aussagen die Aussage $B$ zu folgern. Aus (10.13) kann direkt eine Begründung der Form (10.8) abgeleitet werden und zwar

$$\langle (A_1, A_2, \ldots, A_n) \rightarrow B \rangle.$$

Bei dem oben angegebenen Beispiel entstand die Begründung

$$\langle (a_4,\ a_5 \vee \neg a_3 \vee \neg a_4) \ \rightarrow\ a_5 \vee \neg a_3 \ \rangle$$

durch die Anwendung der Resolutionsregel. Diese Begründung enthält die als Klausel geschriebene Implikation, während die vorherige Begründung die auf die Gültigkeit von $B$ führende Implikation nicht enthält. Beide Wege, Begründungen zu bilden, sind möglich.

Das Beispiel zeigt, dass die Idee des ATMS-Graphen für beliebige logische Ausdrücke angewendet werden kann. Auch ist es ohne Weiteres möglich, prädikatenlogische Beziehungen im ATMS zu speichern.

### 10.4.2 Behandlung logischer Widersprüche

Als zweite Erweiterung des ATMS wird eine Methode eingeführt, um Widersprüche aufzudecken. Im einfachsten Fall kann es vorkommen, dass zwei in ihrer Bedeutung entgegengesetzte Annahmen auftreten, die beispielsweise durch die komplementären Literale $A$ und $\neg A$ dargestellt sind. Dies ist nicht problematisch, solange $A$ und $\neg A$ einzeln in den globalen Umgebungen der abgeleiteten Knoten vorkommen, was heißt, dass bestimmte Formeln nur dann gelten, wenn $A$ richtig ist, während andere Formeln unter der Annahme $\neg A$ gültig sind. Beispiele für derartige Formeln sind in Abb. 10.7 die Formeln $F_1$ und $F_2$.

Ein Widerspruch tritt erst dann auf, wenn $A$ und $\neg A$ gleichzeitig in einer globalen Umgebung erscheinen, wie dies beim Knoten $F_3$ in Abb. 10.7 der Fall ist. Diese globale Umgebung ist offensichtlich nicht erfüllbar, denn $A$ und $\neg A$ können nicht gleichzeitig als wahr angenommen werden. Folglich ist die globale Umgebung $\{?A, ?\neg A\}$ nicht erfüllbar. Sie kann aus der Menge der globalen Umgebungen von $F_3$ gestrichen werden, wodurch bei diesem Beispiel die leere Menge $\{\}$ entsteht.

Die Umgebung $\{\}$ bedeutet, dass es *keine* Bedingung gibt, unter der der Knoten gilt.

|| Knoten mit der globalen Umgebung $\{\}$ sind ungültig.

Es muss beachtet werden, dass die Umgebung $\{\}$ nicht dasselbe wie die Umgebung $\{\emptyset\}$ ist, denn $\{\emptyset\}$ sagt ja gerade das Gegenteil von $\{\}$ aus: Die Formel mit der globalen Umgebung $\{\emptyset\}$ gilt *ohne* Bedingungen (also immer), die Formel mit der globalen Umgebung $\{\}$ unter keiner Bedingung (also nie).

**Kennzeichnung semantischer Widersprüche.** Die bisher beschriebene Behandlung von Widersprüchen kann erweitert werden, indem sich semantisch widersprechende Formeln explizit als Widerspruch gekennzeichnet werden. Das geschieht durch Einführung des $false$-Knotens für den Widerspruch.

Abbildung 10.8 zeigt ein Beispiel. Aus inhaltlichen Gründen sei bekannt, dass die Formeln $F_1$ und $F_2$ im Widerspruch zueinander stehen, so dass sie durch ein UND-Kantenbündel mit dem Widerspruchsknoten verbunden werden. Die Berechnung der globalen Umgebung $\{\{?A, ?B\}\}$ des Knotens $false$ zeigt nun, dass auf Grund des Widerspruchs von $F_1$ und $F_2$ die Annahmen $A$ und $B$ nicht gleichzeitig gelten dürfen, sich also als inkonsistent erweisen. Auch für den Knoten $F_3$ entsteht die globale Umgebung $\{\{?A, ?B\}\}$. Wäre der Widerspruchsknoten nicht eingeführt worden, so ließe sich aus dem ATMS-Graphen als Ergebnis ablesen, dass $F_3$ in allen Kontexten gilt, in denen die Annahmen $A$ und $B$ gleichzeitig gültig sind. Dabei wäre nicht zu erkennen, dass diese Annahmen gemeinsam zu Schlussfolgerungen führen,

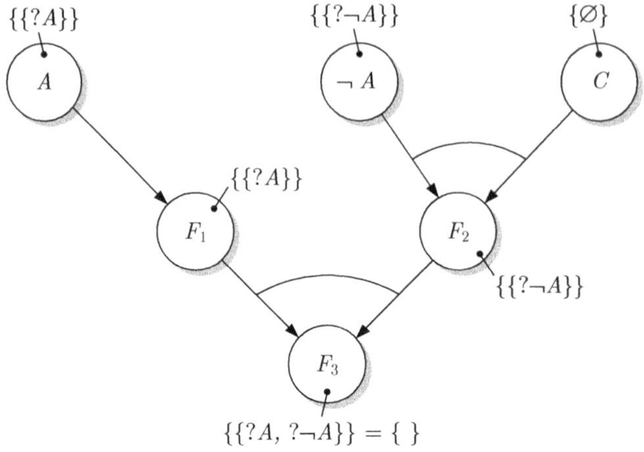


**Abb. 10.7:** ATMS-Graph mit ungültiger Formel

die unverträglich sind. Nach Einführung des Widerspruchsknotens wird aus der für den *false*-Knoten berechneten globalen Umgebung jedoch ersichtlich, dass $A$ und $B$ niemals gemeinsam vorausgesetzt werden dürfen und deshalb $F_3$ in keinem zulässigen Kontext wahr ist.

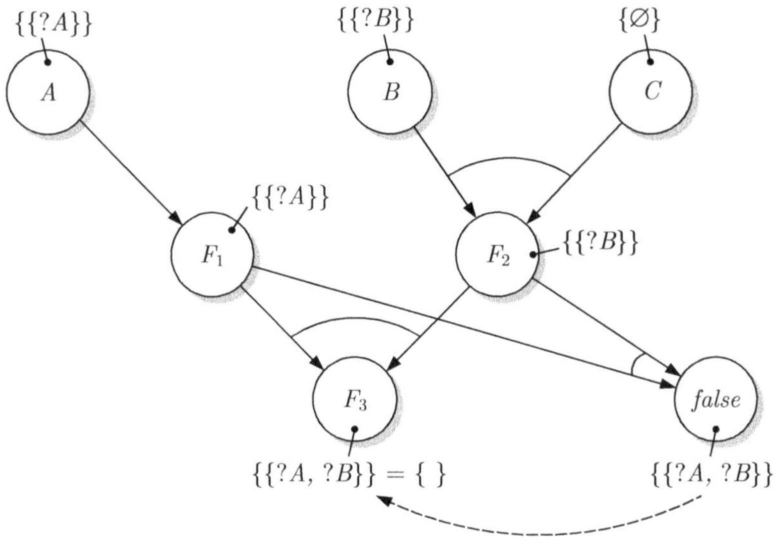


**Abb. 10.8:** ATMS-Graph mit expliziter Angabe eines Widerspruchs

Im ATMS werden die globalen Umgebungen des Knotens *false* als *unvereinbare Annahmen* bezeichnet. Unvereinbare Annahmen sind bei der Bestimmung von globalen Umgebungen zu berücksichtigen. Sobald eine globale Umgebung eines Knotens Obermenge einer globalen Umgebung des $false$-Knotens ist, wird diese Umgebung gestrichen. Dies kann – wie in Abb. 10.8 beim Knoten $F_3$ – zu leeren globalen Umgebungen {} führen, die die Ungültigkeit der entsprechenden Formel anzeigen.

---

**Algorithmus 10.2** *Bildung der globalen Umgebungen eines Knotens unter Beachtung von Widersprüchen*

---

**Gegeben:** Knoten $K$ mit den lokalen Umgebungen $\mathcal{L}_1, \dots, \mathcal{L}_l$

1. Für jede lokale Umgebung $\mathcal{L}_j$ $(j = 1, \dots, l)$ wird

$$\mathcal{P}_j = \min \ \{\mathcal{E}_1 \cup \dots \cup \mathcal{E}_n \mid \mathcal{E}_i \in \mathcal{U}_i\}$$

berechnet, wobei $\mathcal{U}_i$ $(i = 1, \dots, n)$ die Menge der globalen Umgebungen des $i$-ten Knotens bezeichnet, der in der lokalen Umgebung $\mathcal{L}_j$ von $K$ liegt.

2. Aus $\mathcal{P}_j$ $(j = 1, ..., l)$ sind diejenigen Teilmengen zu streichen, die Obermengen einer globalen Umgebung des Knotens $false$ sind.

3. Die Menge $\mathcal{P}$ der globalen Umgebungen des Knotens $K$ ergibt sich aus $\mathcal{P}_1, \mathcal{P}_2, \dots, \mathcal{P}_l$ durch Minimierung der Vereinigungsmenge:

$$\mathcal{P} = \min \ (\mathcal{P}_1 \cup \mathcal{P}_2 \cup \dots \cup \mathcal{P}_l).$$

**Ergebnis:** Menge $\mathcal{P}$ der globalen Umgebungen des Knotens $K$, die keine unvereinbaren Annahmen enthalten.

---

Der Algorithmus 10.1 muss deshalb um einen Schritt erweitert werden, in dem diejenigen globalen Umgebungen gestrichen werden, die unvereinbare Annahmen enthalten. Der erweiterte Algorithmus kann (ohne Schritt 2) auch zur Bildung der globalen Umgebung des Widerspruchsknotens verwendet werden.

Der Algorithmus muss gegebenenfalls mehrfach hintereinander angewendet werden, um Widersprüche vollständig zu beseitigen. Wenn eine Annahme einzeln als globale Umgebung des $false$-Knotens auftritt, wird sie im Schritt 2 in eine ungültige Aussage umgewandelt. Dadurch wird sie auch aus anderen globalen Umgebungen des $false$-Knotens gestrichen, so dass dort neue einelementige Umgebungen und folglich zusätzliche ungültige Aussagen entstehen können.

### 10.4.3 Zusammenspiel von Problemlöser und ATMS

Für die Feststellung, welche Formeln aus einer Axiomenmenge abgeleitet werden können, braucht man einen Problemlöser. Dieser erkennt, welche Formel $s$ aus anderen Formeln $f_1$, ..., $f_n$ folgt. Das Ergebnis ist eine Menge von Begründungen der Form (10.8). Das ATMS übernimmt die Aufgabe, aus diesen Begründungen und der Angabe, welche Formeln Annahmen sind, zu bestimmen, in welchen Kontexten die abgeleiteten Ausdrücke gültig sind.

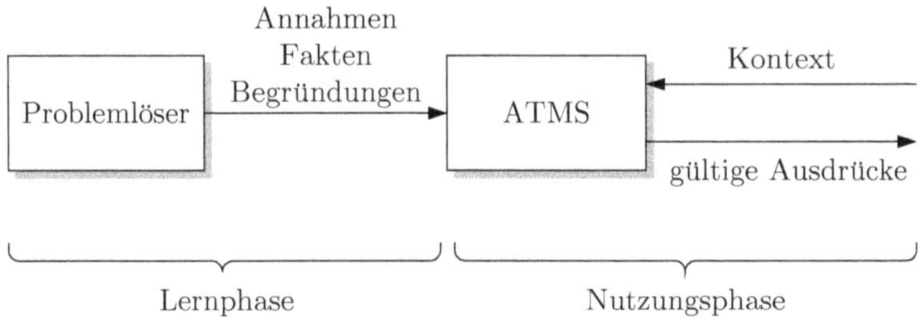


**Abb. 10.9:** Problemlösen mit ATMS

Das Zusammenspiel zwischen einem Problemlöser und einem ATMS wird in Abb. 10.9 gezeigt.

- In der **Lernphase** speichert das ATMS die vom Problemlöser gegebenen Fakten, Annahmen und Begründungen. Das Ergebnis ist ein ATMS-Graph.
- In der **Nutzungsphase** wird dem ATMS ein Kontext vorgegeben, für den das ATMS die gültigen Formeln ermittelt und Widersprüche aufdeckt.

Das ATMS zieht keine Schlussfolgerungen, sondern wendet die ihm in Form von Begründungen vorgegebenen Folgerungswege an. Es darf also nicht als Ersatz für einen Problemlöser betrachtet werden.

**Grundoperationen des ATMS.** Die Grundoperationen, die für die Realisierung eines ATMS notwendig sind, müssen folgende Schritte durchführen:

- Bildung von Knoten für alle betrachteten Ausdrücke,
- Verknüpfung der Knoten durch Kanten entsprechend den gegebenen Begründungen,
- Berechnung von lokalen und globalen Umgebungen für die Knoten unter Berücksichtigung von Widersprüchen,
- Aktualisierung der globalen Umgebungen, wenn Aussagen verworfen oder in Fakten umgewandelt werden.

Das Folgende fasst diese Grundoperationen in zwei Algorithmen zusammen.

Der erste Algorithmus betrifft den Aufbau des ATMS-Graphen für die vom Problemlöser gelieferten Begründungen (Lernphase des ATMS).

**Algorithmus 10.3** *Aufbau des ATMS-Graphen*

**Gegeben:** Ein ATMS-Graph (gegebenenfalls der „leere“ Graph)
Begründung $\langle (f_1, \ldots, f_n) \rightarrow s \rangle$

1. Überprüfe, ob für die Ausdrücke $f_1, \ldots, f_n$ und $s$ bereits Knoten vorhanden sind und führe gegebenenfalls derartige Knoten neu ein.
2. Führe ein Bündel von UND-Kanten zwischen $f_1, \ldots, f_n$ und $s$ ein. Dies ist gleichbedeutend mit der Bildung der neuen lokalen Umgebung $\{f_1, \ldots, f_n\}$ für den Knoten $s$, der die Menge der möglicherweise bereits vorhandenen lokalen Umgebungen von $s$ um ein Element vergrößert.
3. Berechne die globale Umgebung von $s$ entsprechend Algorithmus 10.2.
4. Berechne für alle Knoten $K_i$, in deren lokaler Umgebung $s$ steht, neue globale Umgebungen, in denen nun nicht mehr $s$, sondern die globalen Umgebungen von $s$ enthalten sind. Anschließend sind für alle Knoten, in deren lokalen Umgebungen $K_i$ steht, neue globale Umgebungen zu bestimmen usw.

**Ergebnis:** ATMS-Graph, in den die gegebene Begründung eingearbeitet ist.

Dieser Algorithmus muss für jede Begründung neu durchlaufen werden. Die Neuberechnung der globalen Umgebungen im Schritt 4 betrifft alle Knoten, die von $s$ aus auf Kanten im ATMS-Graphen erreichbar sind. Veränderungen der globalen Umgebung sind außerdem erforderlich, wenn bei diesen Berechnungen neue globale Umgebungen für den $false$-Knoten entstehen.

Der zweite Algorithmus dient zur Ermittlung gültiger Ausdrücke für einen vorgegebenen Kontext (Arbeitsphase des ATMS).

**Algorithmus 10.4** *Auslesen gültiger Ausdrücke aus dem ATMS-Graphen*

**Gegeben:** ATMS-Graph
Kontext

1. Überprüfe anhand der globalen Umgebung des $false$-Knotens, ob der Kontext zulässig ist.
2. Ersetze die globale Umgebung der im Kontext enthaltenen Annahmen durch $\{\emptyset\}$. Damit sind diese Annahmen in Fakten umgewandelt.
3. Überprüfe für alle abgeleiteten Ausdrücke, die von den im Kontext enthaltenen Annahmen erreichbar sind, ob sich die Menge der globalen Umgebungen in $\{\emptyset\}$ vereinfachen lässt und der entsprechende Ausdruck folglich gültig ist.

**Ergebnis:** Menge der im vorgegebenen Kontext gültigen Ausdrücke.

Dieser Algorithmus kann vereinfacht werden, wenn für einen vorgegebenen Ausdruck überprüft werden soll, ob er im angegebenen Kontext wahr ist.

## 10.5 Anwendungsbeispiel: Analyse eines verfahrenstechnischen Prozesses

### 10.5.1 Aussagenlogisches Modell

Zur Veranschaulichung der Arbeitsweise des ATMS wird das in Abb. 10.10 gezeigte Behältersystem betrachtet. Durch die Pumpe soll der im Bild angedeutete Höhenunterschied zwischen dem zweiten und dritten Behälter überwunden werden. Regelkreise, die die Ventilstellung bzw. die Drehzahl der Pumpe verändern, sorgen im Normalbetrieb für Wasserstände in den Behältern 2 und 3, die von der Wasserentnahme unabhängig sind.

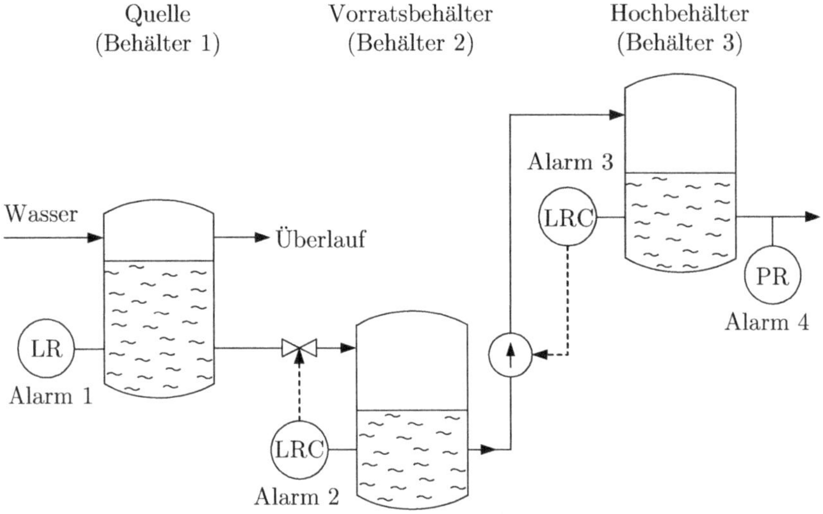


**Abb. 10.10:** Behältersystem

Es soll untersucht werden, in welcher Weise die im System auftretenden Fehler $F_i$ durch Alarmmeldungen $M_i$ angezeigt werden. Fehler und Alarmmeldungen werden durch folgende Aussagen beschrieben:

$F_1$ = „Die Quelle ist trocken.“

$F_2$ = „Das Ventil ist im offenen Zustand blockiert.“

$F_3$ = „Das Ventil ist im geschlossenen Zustand blockiert.“

$F_7$ = „Der Strom ist ausgefallen.“

$F_8$ = „Der Pumpenmotor ist defekt.“

$$
\begin{aligned}
M_1 &= \text{„Der Wasserstand im Behälter 1 ist zu niedrig."} \\
M_2 &= \text{„Der Wasserstand im Behälter 2 ist zu niedrig."} \\
M_3 &= \text{„Der Wasserstand im Behälter 3 ist zu niedrig."} \\
M_5 &= \text{„Der Wasserstand im Behälter 2 ist zu hoch."}
\end{aligned}
$$

Tritt der betreffende Fehler bzw. die Alarmmeldung auf, so wird der Aussage der Wahrheitswert „wahr" zugeordnet.

Um die Fortpflanzung der Störung des Normalbetriebes der Anlage von der Eingriffsstelle des Fehlers zu den Alarmmeldungen beschreiben zu können, sind weitere Aussagen notwendig. Erstens hängt das Verhalten des Behältersystems davon ab, wie hoch die Füllstände der Behälter zum Zeitpunkt des Fehlereintritts sind. Dies soll durch zwei „Zustandsgrößen" beschrieben werden:

$$
\begin{aligned}
Z_1 &= \text{„Der Wasserstand im Behälter 1 ist niedrig."} \\
Z_3 &= \text{„Der Wasserstand im Behälter 2 ist niedrig."}
\end{aligned}
$$

Diese Größen beschreiben die Wasserstände *vor* dem Fehlereintritt. Ist $Z_1$ wahr, so heißt das, dass der Wasserstand im Behälter 1 vor dem Fehlereintritt niedrig war, aber noch nicht die für das Auslösen einer Alarmmeldung notwendige Schranke unterschritten hat. Ist $Z_1$ falsch, so ist der Wasserstand so hoch, dass sich der Fehler $F_1$ innerhalb der betrachteten Zeitspanne nach dem Fehlereintritt nicht wesentlich auf die anderen Behälter auswirkt. Die Zustände werden also eingeführt, um die Auswirkung unterschiedlicher Füllstände vor dem Fehlereintritt auf die Fehlerwirkungen zu berücksichtigen.

Zweitens werden für die Beschreibung der in der Anlage ablaufenden Prozesse Aussagen über Sachverhalte gebraucht, die das Verhalten der Anlage qualitativ beschreiben, ohne dass sie selbst Fehler oder Alarme sind:

$$
\begin{aligned}
K_1 &= \text{„Der Behälter 1 ist leer."} \\
K_2 &= \text{„Der Behälter 2 ist leer."} \\
K_3 &= \text{„Der Behälter 2 ist voll."} \\
K_4 &= \text{„Die Regelung des Behälters 2 ist ausgefallen."} \\
K_5 &= \text{„Die Pumpe ist ausgefallen."} \\
K_6 &= \text{„Der Behälter 3 ist leer."} \\
K_9 &= \text{„Die Regelung des Behälters 3 ist ausgefallen."}
\end{aligned}
$$

Mit $K_1$, $K_2$ und $K_6$ sind Behälterstände gemeint, die zum Auslösen der Alarme $A_1$ bis $A_3$ führen.

Unter Verwendung der eingeführten Aussagesymbole lassen sich die in der Anlage nach dem Eintritt eines Fehlers ablaufenden Ursache-Wirkungsbeziehungen durch folgende Formeln beschreiben:

$$
\begin{array}{rcl}
Z_1 \wedge F_1 & \Rightarrow & K_1 \\
K_1 & \Rightarrow & M_1 \\
Z_3 \wedge K_1 & \Rightarrow & K_2 \\
Z_3 \wedge F_3 & \Rightarrow & K_2 \\
K_2 & \Rightarrow & M_2 \\
F_7 & \Rightarrow & K_4 \\
F_7 & \Rightarrow & K_9 \\
F_7 & \Rightarrow & K_5 \\
Z_1 \wedge Z_3 \wedge K_4 & \Rightarrow & K_2
\end{array}
\qquad
\begin{array}{rcl}
K_9 & \Rightarrow & K_6 \\
K_5 & \Rightarrow & K_6 \\
F_8 & \Rightarrow & K_5 \\
K_6 & \Rightarrow & M_3 \\
K_2 & \Rightarrow & K_6 \\
K_5 & \Rightarrow & K_3 \\
K_3 & \Rightarrow & M_5 \\
F_2 & \Rightarrow & K_3 .
\end{array}
\tag{10.14}
$$

Die Formeln lassen sich leicht interpretieren. Die erste Formel besagt, dass bei niedrigem Wasserstand im Behälter 1 ($Z_1$) der Fehler 1 (trockene Quelle, $F_1$) dazu führt, dass der Behälter 1 nach einer kurzen Zeit leer ist ($K_1$). In Vorbereitung der folgenden Analysen sei den Lesern empfohlen, sich von der Richtigkeit der angegebenen Formeln zu überzeugen.

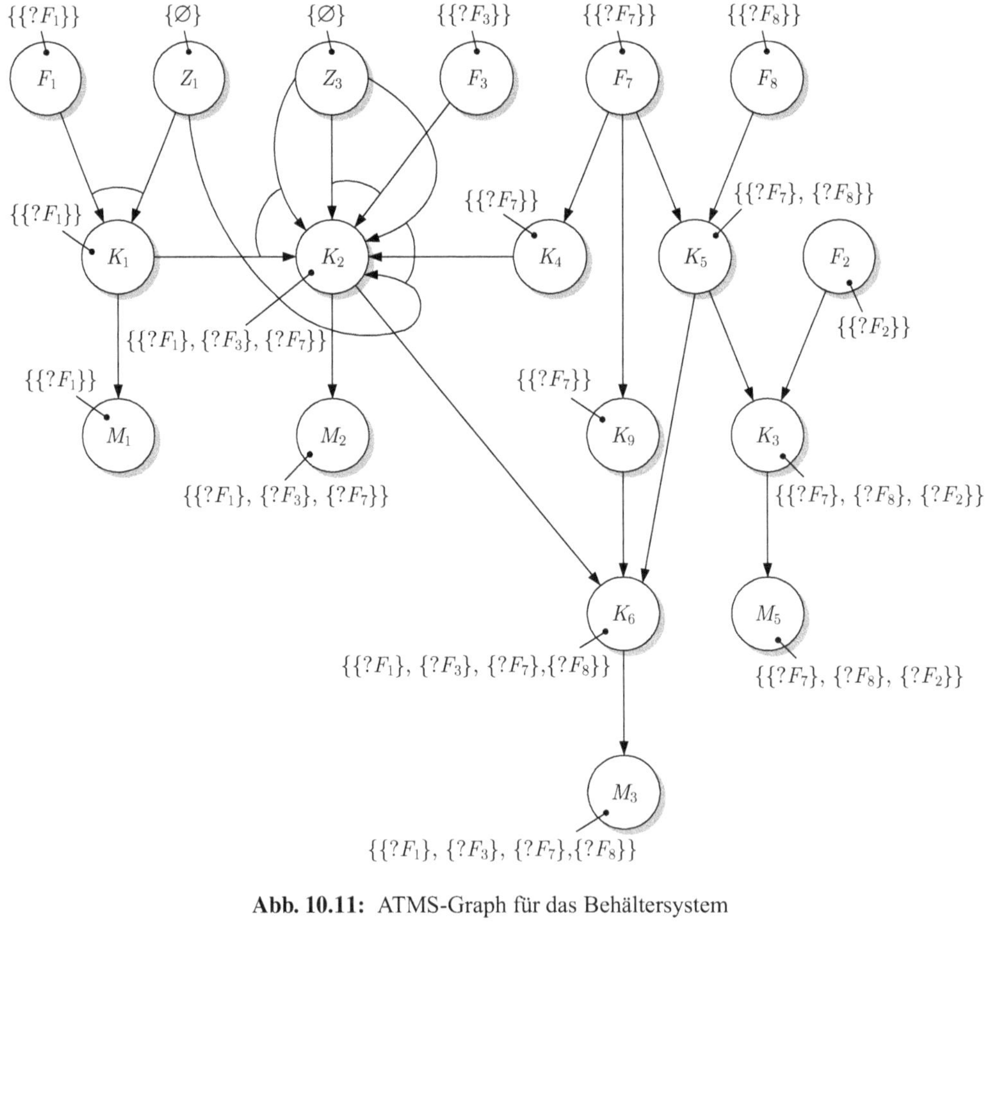


**Abb. 10.11:** ATMS-Graph für das Behältersystem

### 10.5.2 Bildung des ATMS-Graphen

Mit Hilfe dieser Formelmenge soll das Verhalten der Anlage für unterschiedliche Fehler untersucht werden. Dabei ist die Frage, welche Axiome als Fakten und welche als Annahmen deklariert werden, vom Standpunkt des Untersuchenden abhängig. Im Folgenden werden die Zustände als Fakten und alle Fehler als Annahmen betrachtet.

Der ATMS-Graph wird schrittweise dadurch gebildet, dass dem ATMS die Fakten und Annahmen und dann die aus den Implikationen entstehenden Begründungen mitgeteilt werden. So entsteht z. B. aus der ersten Implikation die Begründung

$$\langle (Z_1, F_1) \rightarrow K_1 \rangle,$$

denn nach dem Modus Ponens folgt aus der Gültigkeit von $Z_1$ und $F_1$ wegen der Modellformel $Z_1 \wedge F_1 \Rightarrow K_1$ die Gültigkeit von $K_1$. Diese Begründung schlägt sich im ATMS-Graphen in einem Paar von UND-Kanten von den Knoten $Z_1$ und $F_1$ zum Knoten $K_1$ nieder. Mit der Eintragung neuer Kanten werden gleichzeitig die lokalen und globalen Umgebungen der betroffenen Knoten bestimmt bzw. aktualisiert (vgl. Algorithmus 10.3). Der vollständige ATMS-Graph ist in Abb. 10.11 zu sehen.

**Analyse des ATMS-Graphen.** Für die Frage, welche Alarmmeldungen durch Fehler ausgelöst werden, sind die globalen Umgebungen der Knoten $M_i$ wichtig. Beispielsweise besagt die globale Umgebung $\{\{?F_1\}\}$ des Knotens $M_1$, dass die Meldung $M_1$ nur dann aktiviert wird, wenn die Annahme $F_1$ wahr ist, d. h. wenn der Fehler $F_1$ auftritt. Am Knoten $M_2$ steht die globale Umgebung $\{\{?F_1\}, \{?F_3\}, \{?F_7\}\}$. Sie zeigt, dass der Alarm $M_2$ auftritt, wenn mindestens einer der Fehler $F_1$, $F_3$ oder $F_7$ das Systemverhalten stört. In ähnlicher Weise können die globalen Umgebungen der anderen Knoten $M_i$ interpretiert werden. Daraus kann eine Tabelle erstellt werden, die angibt, welche Meldungen bei welchen Fehlern auftreten:

| | $F_1$ | $F_3$ | $F_7$ | $F_8$ | $F_2$ |
|---|---|---|---|---|---|
| $M_1$ | ✓ | | | | |
| $M_2$ | ✓ | ✓ | ✓ | | |
| $M_3$ | ✓ | ✓ | ✓ | ✓ | |
| $M_5$ | | | ✓ | ✓ | ✓ |

Die Spalten dieser Tabelle beschreiben die *Fehlersignatur*, also diejenigen Alarme, die durch einen Fehler ausgelöst werden. Die Tabelle, die als Fehlersignaturmatrix bezeichnet wird, besagt, dass jeder Fehler eine andere Kombination von Alarmmeldungen erzeugt und folglich eindeutig aus den Alarmmeldungen identifiziert werden kann.

**Erweiterung um den Widerspruchsknoten.** Der ATMS-Graph nach Abb. 10.11 enthält Aussagen, die inhaltlich im Widerspruch zueinander stehen. So können offenbar die Fehler $F_2$ und $F_3$ nicht gleichzeitig auftreten, und auch die Erscheinungen $K_2$ und $K_3$ schließen sich aus. Diese Tatsache kann im ATMS-Graphen berücksichtigt werden, wenn der $false$-Knoten eingeführt und durch UND-Kantenpaare mit den genannten Knoten verbunden wird. Dadurch entsteht Abb. 10.12.

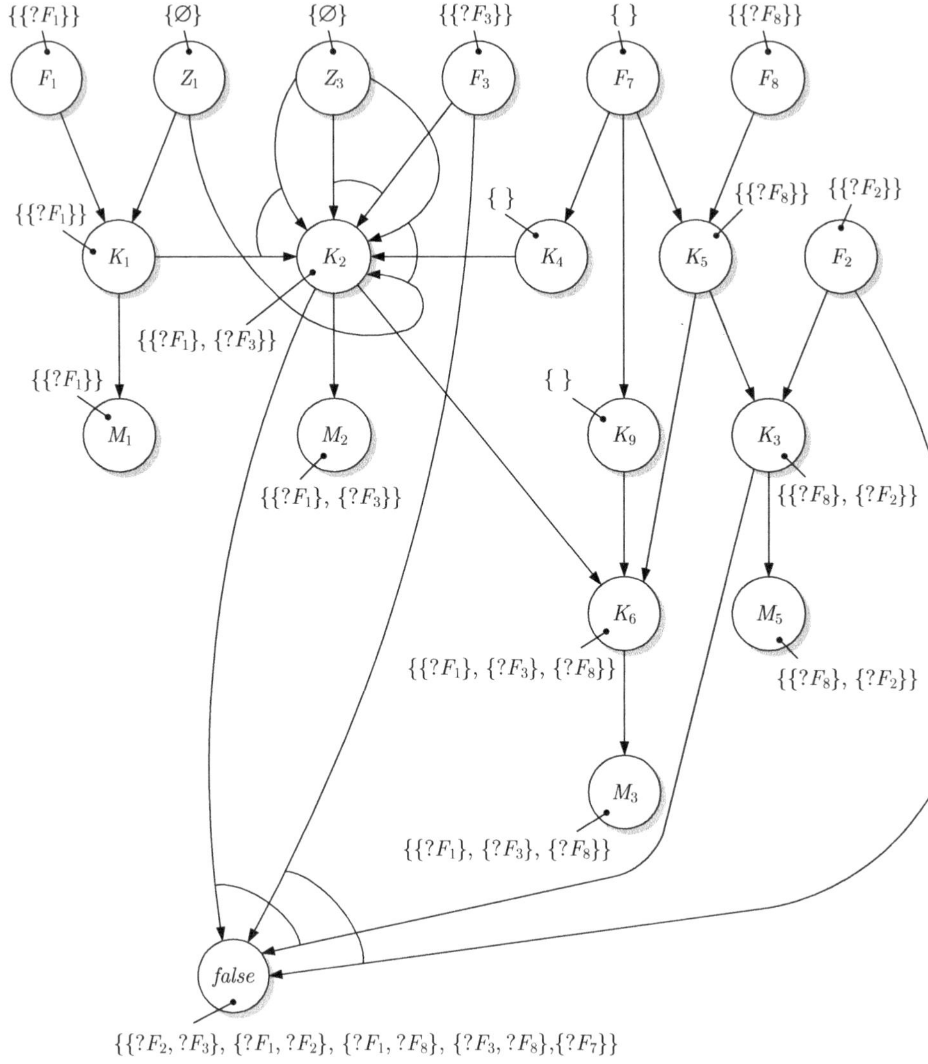


**Abb. 10.12:** ATMS-Graph für das Behältersystem mit eingetragenen Widersprüchen

Die globalen Umgebungen des *false*-Knotens zeigen, welche Annahmen widersprüchlich sind und deshalb in den angegebenen Kombinationen nicht gleichzeitig wahr sein können. Das Paar $F_2$, $F_3$ wurde als widersprüchlich gekennzeichnet. Da beide Aussagen Annahmen darstellen, erscheinen sie auch als globale Umgebungen des *false*-Knotens. Die nächsten drei Umgebungen sagen aus, dass die Annahmen $F_1$ und $F_2$, $F_1$ und $F_8$, $F_3$ und $F_8$ unvereinbar sind. Der Grund hierfür liegt in der Tatsache, dass aus diesen Annahmen die beiden widersprüchlichen Aussagen $K_2$ und $K_3$ folgen.

Mit der Unvereinbarkeit der genannten Annahmen ist natürlich nicht gesagt, dass die zugehörigen Fehler an der Anlage nicht gleichzeitig auftreten können. Diese unvereinbaren Annahmen zeigen lediglich, dass das verwendete Modell für diese Fehlerkombinationen zu widersprüchlichen Schlussfolgerungen führt und folglich für diese Annahmenkombination nicht anwendbar ist. Zur Analyse des Anlagenverhaltens bei diesen Fehlerkombinationen müsste ein anderes (genaueres) Modell aufgestellt werden.

Die letzte globale Umgebung $\{?F_7\}$ des Widerspruchsknotens zeigt, dass die Annahme $F_7$ allein zu widersprüchlichen Schlussfolgerungen führt. Das Modell ist in seiner jetzigen Form also nicht für die Untersuchung der Auswirkungen des Fehlers $F_7$ geeignet (Wer von den verehrten Lesern hatte diesen Widerspruch bei der Analyse des Modells (10.14) erkannt?) Aus diesem Grund stehen an den Knoten $F_7$, $K_4$ und $K_9$ jetzt keine globalen Umgebungen mehr, was durch $\{\}$ symbolisiert wird. Dies weist darauf hin, dass diese Aussagen stets den Wahrheitswert „falsch" haben. Es bleibt den Lesern überlassen, das verwendete Modell so zu verändern, dass es auch für $F_7$ gültig ist.

### 10.5.3 Analyse und Prozessüberwachung mit dem ATMS

Der ATMS-Graph soll jetzt für unterschiedliche Aufgaben eingesetzt werden.

**Verhalten des Behältersystems beim Fehler $F_1$.** Um zu untersuchen, wie sich das Behältersystem unter der Wirkung des Fehlers $F_1$ verhält, wird dieser Fehler als Fakt eingegeben, wodurch die globale Umgebung des Knotens $F_1$ in $\{\emptyset\}$ umgewandelt wird. Diese Veränderung zieht weitere Änderungen des Graphen nach sich (Abb. 10.13). So erhalten die Knoten $K_1$ und $M_1$ jetzt ebenfalls die globale Umgebung $\{\emptyset\}$ und werden damit zu Fakten. Dasselbe gilt für die Knoten $K_2, M_2, K_6$ und $M_3$. Bei diesen Knoten ergibt sich die neue globale Umgebung durch Ersetzen von $\{?F_1\}$ durch $\{\emptyset\}$ und anschließendes Minimieren der Umgebung. Auf die Anlage bezogen heißt das, dass durch den Fehler $F_1$ die Alarmmeldungen $M_1, M_2$ und $M_3$ aktiviert werden.

Da die Umwandlung von $F_1$ in einen Fakt auch die globale Umgebung des Widerspruchsknotens verändert, hat sie weitere Konsequenzen. Am $false$-Knoten steht jetzt die Menge $\{\{?F_2\}, \{?F_8\}, \{?F_7\}\}$. Diese globalen Umgebungen besagen, dass $F_2$ und $F_8$ Annahmen darstellen, die zu Widersprüchen mit den als Fakten im Graphen eingetragenen Aussagen führen. Inhaltlich ist dies z. B. daran zu erkennen, dass mit $F_2$ oder $F_8$ auch die Alarmmeldung $M_5$ wahr wird, die inhaltlich im Widerspruch zur Meldung $M_3$ steht. Das ATMS setzt auf Grund der globalen Umgebungen des Widerspruchsknotens die Annahmen $F_2$ und $F_8$ auf „falsch", indem diese Knoten die globale Umgebung $\{\}$ erhalten. Damit werden globale Umgebungen weiterer Knoten verändert (Abb. 10.13).

**Diagnose des Behältersystems.** Es soll untersucht werden, wie mit Hilfe des ATMS-Graphen in Abb. 10.12 aus gegebenen Alarmmeldungen der Fehler ermittelt werden kann. Es sei zunächst bekannt, dass der Alarm $M_2$ eingetreten ist. Aus dem ATMS-Graphen kann abgelesen

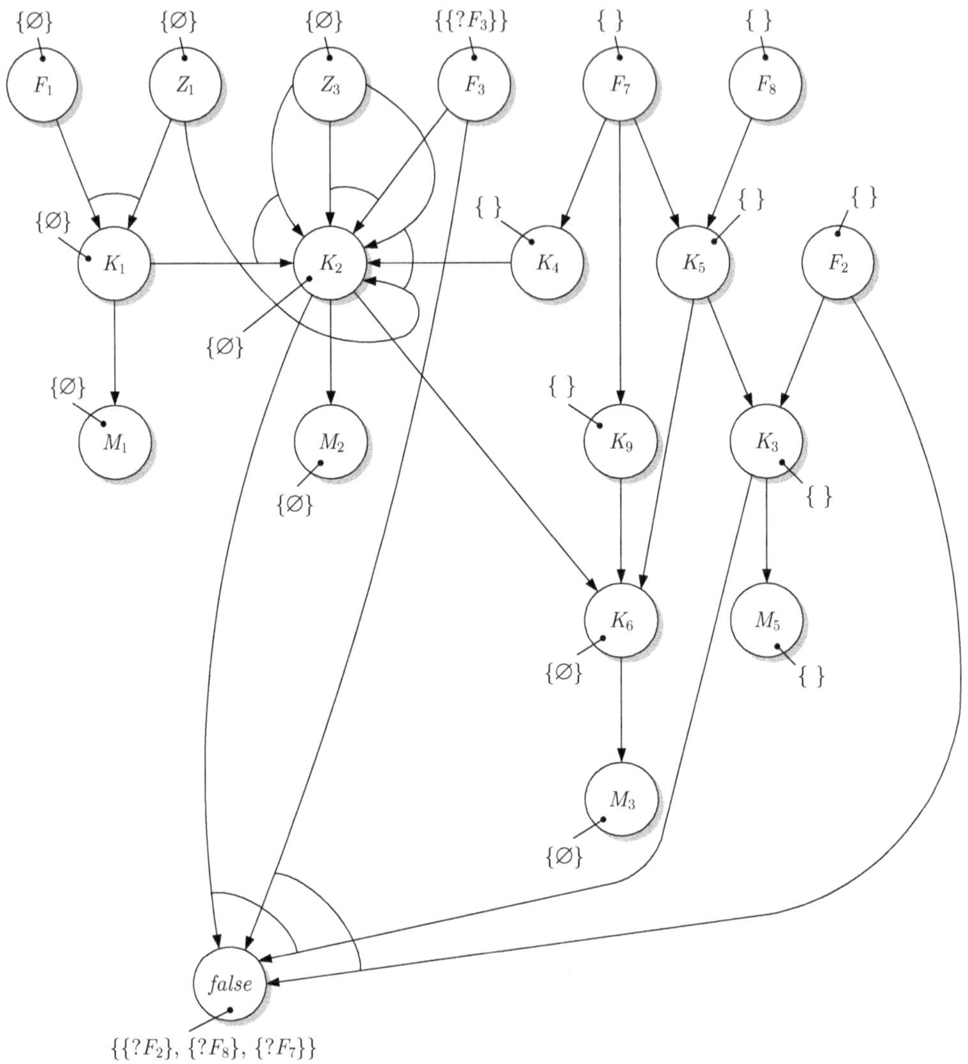


**Abb. 10.13:** ATMS-Graph für das Behältersystem für den Fehlerfall $F_1$

werden, dass diese Alarmmeldung eintritt, wenn entweder der Fehler $F_1$ oder der Fehler $F_3$ aufgetreten ist. Die Alarmursache kann also bereits auf diese beiden Fehler eingeschränkt werden.

Ist nun außerdem bekannt, dass der Alarm $M_1$ nicht ausgelöst wird, so bedeutet dies, dass $\neg M_1$ ein Fakt ist. Im ATMS-Graphen wird ein zusätzlicher Knoten $\neg M_1$ generiert, der mit dem Knoten $M_1$ einen syntaktisch erkennbaren Widerspruch bildet. Auf Grund der neuen UND-Kanten von $M_1$ und $\neg M_1$ nach *false* entsteht $\{?F_1\}$ als neue globale Umgebung des Widerspruchsknotens und wird als globale Umgebung anderer Knoten gestrichen. Folglich kann die

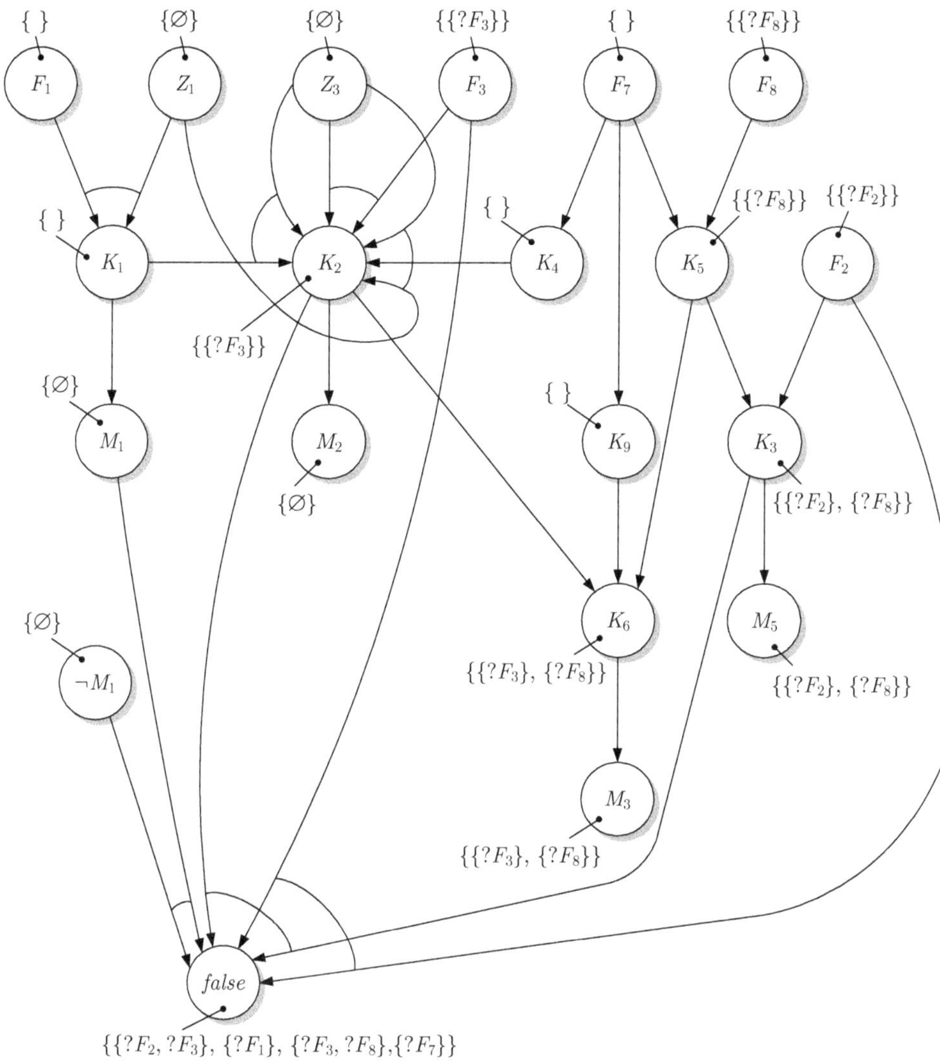


**Abb. 10.14:** ATMS-Graph für das Behältersystem nach Aktivierung der Alarmmeldungen $M_2$ und Nichteintreten der Alarmmeldung $M_1$

Annahme $F_1$ nicht mehr wahr sein (Abb. 10.14). Von den beiden Fehlerkandidaten $F_1$ und $F_3$ bleibt nur $F_3$ übrig, womit die Diagnoseaufgabe gelöst ist.

Die am Beispiel gezeigte Vorgehensweise für die Fehlerdiagnose wird im nächsten Abschnitt ausführlich erläutert.

**Aufgabe 10.1** *Verhalten des Wasserversorgungssystems*

Analysieren Sie das Wasserversorgungssystem mit Hilfe der im Beispiel 7.6 auf S. 208 angegebenen Aussagen in folgenden Schritten:

1. Schreiben Sie die Folgerungen, die Sie mit Hilfe der Ausdrücke (7.41) – (7.48) erhalten können, als Begründungen auf.
2. Klassifizieren Sie die Aussagesymbole in sinnvoller Weise als Annahmen und Fakten.
3. Zeichnen Sie den dazugehörigen ATMS-Graphen.
4. In welchen Kontexten sind die Aussagen $a_3$ und $a_{15}$ wahr? Interpretieren Sie die Ergebnisse.
5. Welche Aussagen widersprechen sich semantisch? Tragen Sie diese Widersprüche in den ATMS-Graphen ein. Welche Kontexte führen zu unvereinbaren Annahmen? □

**Aufgabe 10.2*** *Anwendung des ATMS auf ein Behältersystem*

Abbildung 10.15 zeigt einen verfahrenstechnischen Prozess mit den zwei Behältern T1 und TB, die übereinander angeordnet und über ein Ventil $b$ miteinander verbunden sind. In den Behältern sind Sensoren angebracht. Im Behälter T1 wird gemessen, ob der Behälter leer ist – dann ist das Aussagesymbol $a$ wahr. Im Behälter TB wird gemessen, ob der Behälter voll ist ($c$) bzw. ob er leer ist ($d$). Die Sensorsignale und die Stellung $b$ des Ventils werden durch eine Auswertelektronik in folgende Aussagen überführt:

$$\begin{aligned} a &= \text{„Der Behälter T1 ist leer.“} \\ b &= \text{„Das Ventil ist offen.“} \\ c &= \text{„Der Behälter TB ist voll.“} \\ d &= \text{„Der Behälter TB ist leer.“} \end{aligned}$$

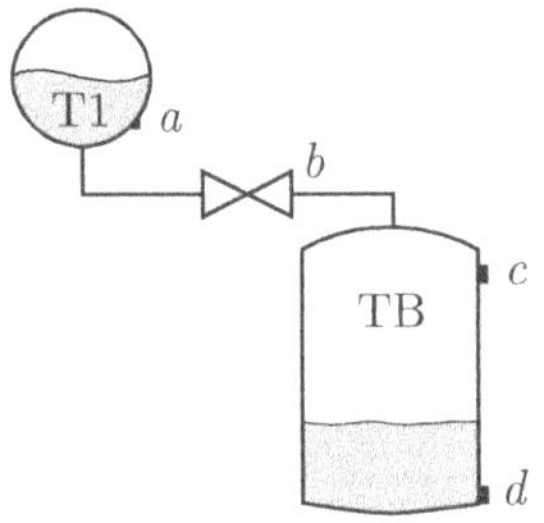


**Abb. 10.15:** Behälter T1 und TB mit Ventil und Füllstandssensoren

Das Verhalten des Behältersystems wird nun unter der Annahme untersucht, dass das Ventil in gewünschter Weise gestellt wird, und anschließend eine hinreichend lange Zeit gewartet wird, bevor die Sensorsignale ausgewertet werden. Die Wartezeit ist hinreichend groß, so dass bei genügend Wasservorrat im Behälter T1 der Behälter TB bei geöffnetem Ventil voll läuft. Das Modell des Behältersystems enthält deshalb folgende Formeln:

$$\neg a \wedge b \Rightarrow c$$
$$c \Rightarrow \neg d$$
$$d \Rightarrow \neg c.$$

1. Stellen Sie den ATMS-Graphen auf, wobei die Elementaraussagen $\neg a$, $b$ und $d$ zu Annahmen erklärt werden. Bestimmen Sie für jeden Knoten des ATMS-Graphen die globale Umgebung.
2. Welche Bedeutung haben die Knoten der zweiten Ebene des Graphen?
3. Welche Annahmen sind unvereinbar?
4. Gehen Sie davon aus, dass Sie sicher wissen, dass der Tank T1 nicht leer ist. Aus Messung des Füllstandes in TB wissen Sie, dass dieser Behälter nicht voll ist. Welche Schlussfolgerungen gibt Ihnen das ATMS für diesen Kontext aus?
5. Nun besagt eine verlässliche Messung, dass der Behälter TB voll ist. Welche Schlussfolgerungen können Sie jetzt ziehen?

Welche der betrachteten Diagnoseaufgaben können Sie mit Hilfe des Widerspruchsknotens lösen? Welche Erweiterungen sind notwendig, um eine Fehleridentifikation durchzuführen? □

## 10.6 Fehlerdiagnose mit ATMS

### 10.6.1 Modellbasierte Diagnose

Diagnoseaufgaben beschäftigen sich mit der Frage, ob ein technischer Prozess einem Fehler unterliegt (Fehlererkennung) und wenn dies der Fall ist, welche Komponente fehlerbehaftet ist (Fehlerlokalisierung, Fehlerisolation) und welcher Fehler eingetreten ist (Fehleridentifikation). Dieser Abschnitt behandelt ein modellbasiertes Diagnoseverfahren, das mit Hilfe eines ATMS realisiert werden kann. Damit wird ein wichtiges technisches Anwendungsgebiet des nichtmonotonen Schließens genauer dargestellt.

**Modellbasierte Diagnose.** Bei der modellbasierten Diagnose wird das Modell der technischen Anlage explizit genutzt, um den Fehler in der Anlage zu finden. Wie in Abb. 10.16 gezeigt, wird untersucht, inwieweit ein Anlagenmodell das aktuelle Verhalten wiedergibt, das sich in der mit $OBS$ (für *observations*) bezeichneten Formelmenge über die Messwerte äußert. Das Modell setzt sich aus einer Formelmenge $SD$ (*system description*) mit der Beschreibung des Verhaltens der Komponenten und einer Menge $COMP$ (*components*) von Ausdrücken über den Fehlerzustand der einzelnen Komponenten zusammen. Gelten die Modellgleichungen nicht, so ist dies ein Hinweis auf das Vorhandensein von Fehlern. Durch Modifikation des Modells, insbesondere der Formeln aus der Menge $COMP$ über den Fehlerzustand wird dann versucht, den Widerspruch zwischen dem Verhalten des Modells und dem des realen Systems zu beseitigen und aus den dafür notwendigen Veränderungen auf den Fehler zu schließen. Das Ergebnis ist häufig eine Menge $\mathcal{F}$ von möglichen Fehlern, die den wahren Fehler $f$ einschließen soll.

Ein wichtiges Motiv für diese Vorgehensweise besteht in der Tatsache, dass der erfahrene Ingenieur einen Fehler nicht nur dann diagnostizieren kann, wenn er die betreffende Anlage gut kennt und über langjährige Diagnoseerfahrungen verfügt. Eine Diagnose ist auch dadurch

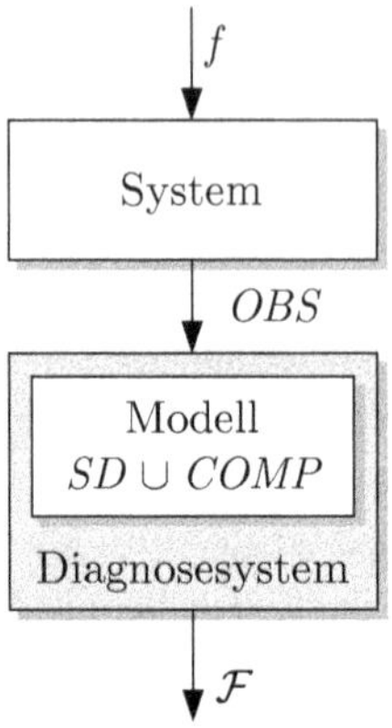


**Abb. 10.16:** Modellbasierte Diagnose

möglich, dass der Ingenieur aus dem Bauplan der Anlage und aus den aktuellen Messinformationen auf den Ausfall einer bestimmten Komponente schließt. Einen wichtigen Hinweis auf Fehler gibt die Diskrepanz zwischen dem Verhalten der Anlage und dem Modellverhalten. Wenn das modellbasierte Diagnoseverfahren im Wesentlichen auf der Übereinstimmung (Konsistenz) oder Nichtübereinstimmung der gemessenen und vorhergesagten Werte beruht, spricht man von *konsistenzbasierter Diagnose*. Das im Folgenden beschriebene Verfahren gehört zu dieser Gruppe.

Die allgemeine Vorgehensweise der modellbasierten Diagnose besteht in folgenden Schritten:

1. **Vergleich von beobachtetem und vorhergesagtem Verhalten:** Die Abweichung der mit dem Modell vorhergesagten Werte von den Messgrößen, die bei wissensbasierten Verfahren als Diskrepanz bezeichnet wird, ist ein Indikator für das Vorhandensein eines Fehlers (Fehlerdetektion).

2. **Veränderung des Modells:** Aus der Art und Größe der Abweichungen wird auf diejenigen Änderungen des Modells geschlossen, durch die die Abweichung ausgeglichen werden kann.

3. **Vergleich des beobachteten Verhaltens mit dem Verhalten des veränderten Modells:** Tritt auch nach der Veränderung des Modells eine Abweichung auf, so wird das Modell weiter entsprechend Schritt 2 modifiziert.

4. **Ermittlung des Fehlers:** Wenn eine Konsistenz von den Beobachtungen mit dem veränderten Modell hergestellt ist, wird aus den Veränderungen am Modell, die im Schritt 2 vorgenommen werden mussten, der Fehler ermittelt (Fehleridentifikation).

Die folgenden Randbedingungen vieler technischer Anwendungen zeichnen Diagnoseaufgaben als ein Gebiet aus, auf dem wissensbasierte Systeme von besonderer Bedeutung sind:

- Zu diagnostizieren sind diskrete Erscheinungen wie „Ausfall eines Messglieds“, „Rohrleitungsbruch“, „Stromausfall“ sowie Beziehungen zwischen diesen, z. B. „Kabelbruch verursacht Stromausfall“. Den betrachteten Fehlern im Prozess entsprechen relativ große Parameteränderungen bzw. Strukturänderungen im Prozessmodell. Außerdem können Fehler häufig aus relativ groben Messungen von Eingangs- und Ausgangssignalen der Anlage erkannt werden. Folglich sind für viele Diagnoseaufgaben keine detaillierten Modelle, sondern qualitative Modelle ausreichend, die als Regeln oder logische Formeln notiert werden.
- Die Lösung von Diagnoseaufgaben erfordert ein Schlussfolgern entgegen der Wirkungsrichtung des Prozesses, denn es soll von bekannten Wirkungen auf unbekannte Ursachen geschlossen werden. Deklaratives Wissen über die in der technischen Anlage vorhandenen Ursache-Wirkungsbeziehungen, wie es durch qualitative Modelle dargestellt wird, ist zur Lösung dieser Aufgabe gut geeignet. Demgegenüber sind analytische Modelle und insbesondere deren prozedurale Darstellung in Simulationsprogrammen wenig geeignet, um aus dem bekannten Verlauf der Ausgangsgröße eines Prozesses auf Fehler zu schließen.

**Konsistenzbasierte und abduktive Diagnoseverfahren.** Die gegenwärtig entwickelten Verfahren unterscheiden sich vor allem bezüglich der Forderungen, die an die Übereinstimmung von Modell und Anlage gestellt werden. Bei der *konsistenzbasierten Diagnose* wird gefordert, dass die Beobachtungen den mit dem Modell gemachten Vorhersagen des Systemverhaltens nicht widersprechen. Andernfalls muss das Modell solange verändert werden, bis keine Widersprüche mehr auftreten.

Ein Verfahren dieser Art wird im Abschn. 10.6.2 vorgestellt. In der Literatur wird dieses Diagnoseprinzip durch die Forderung veranschaulicht, dass die Formelmenge

$$SD \cup OBS \cup COMP \tag{10.15}$$

widerspruchsfrei sein soll.

In Erweiterung der Forderung nach Widerspruchsfreiheit wird bei der *abduktiven Diagnose* gefordert, dass das beobachtete Verhalten aus dem Modell *erklärt* werden kann. An Stelle der Konsistenz der Formelmenge (10.15) wird die schärfere Forderung erhoben, dass die Fehler aus dem Modell $SD$ und den Komponentenbeschreibungen $COMP$ gefolgert werden können. Das Modell muss also solange verändert werden, bis aus ihm genau die Aussagemenge $OBS$ erzeugt werden kann, die die Ausgangsgrößen der technischen Anlage wiedergibt:

$$SD \cup COMP \models OBS. \tag{10.16}$$

Das Modell $SD \cup COMP$ soll also dieselben Erscheinungen erzeugen wie sie an der Anlage beobachtet wurden. Die Fehler sind durch die in der Menge $COMP$ gestrichenen OK-Annahmen repräsentiert.

Um wieder das Prinzip eines Widerspruchsbeweises anwenden zu können, kann man das Problem (10.16) in das äquivalente Problem überführen nachzuweisen, dass die Menge

$$SD \cup COMP \cup \neg OBS \tag{10.17}$$

widerspruchsfrei ist, wobei $\neg OBS$ die Menge aller negierten Aussagen über die Messgrößen bezeichnet.

**Beispiel 10.2** *Modellbasierte Diagnose einer Heckleuchte*

Um die in Abb. 1.7 auf S. 26 gezeigte Heckleuchte diagnostizieren zu können, braucht man die folgende Formelmenge, die sich auf die auf S. 141 eingeführten Aussagesymbole bezieht.

$$\left.\begin{array}{c} okB \Rightarrow e \\ okF \wedge e \wedge s \Rightarrow u_L \\ okL \wedge u_L \Rightarrow h \\ s \end{array}\right\} \quad SD$$

$$\left.\begin{array}{r} okB \\ okL \\ okF \end{array}\right\} \quad COMP$$

$$\neg h \} \quad OBS$$

Die Menge $SD$ beschreibt das Verhalten der Heckleuchte, die Menge $COMP$ die Funktionstüchtigkeit der wichtigsten Komponenten und die Menge $OBS$ die Beobachtung, dass die Lampe nicht brennt.

Bei der konsistenzbasierten Diagnose fordert man, dass die angegebene Formelmenge widerspruchsfrei ist. Diese Bedingung ist hier verletzt, weil aus der Menge $SD \cup COMP$ die Aussage $h$ gefolgert werden kann, die im Widerspruch zur Beobachtung $\neg h$ steht. Die konsistenzbasierte Diagnose fordert deshalb die Rücknahme einer oder mehrerer Annahmen über die Fehlerfreiheit, die in der Menge $COMP$ stehen. So ist die hier angegebene Formelmenge nach dem Streichen des Axioms $okB$ widerspruchsfrei.

Bei der abduktiven Diagnose muss entsprechend Gl. (10.16) die Beobachtung aus der Menge $SD \cup COMP$ gefolgert werden können. Dafür reicht die hier angegebene Formelmenge nicht aus, denn das Modell $SD$ muss jetzt auch das Verhalten der Heckleuchte im Fehlerfall beschreiben, so dass $\neg h$ gefolgert werden kann, beispielsweise mit Hilfe der Formel

$$\neg okL \Rightarrow \neg h,$$

die nun zum Model $SD$ hinzugenommen wird. Wird dann in $COMP$ die Aussage $okL$ durch $\neg okL$ ersetzt, so kann die Beobachtung $\neg h$ gefolgert werden. □

### 10.6.2 Diagnoseprinzip GDE

Beim Diagnoseprinzip GDE (*General Diagnostic Engine*) werden die Aufgaben der Fehlererkennung und der Fehlerlokalisierung betrachtet, wobei von der folgenden Überlegung ausgegangen wird. Das erwartete Ergebnis der Diagnose sind Aussagen darüber, ob ein Fehler eingetreten ist und wo der Fehler gegebenenfalls zu suchen ist. Um diese Aussagen machen zu können, muss nicht in erster Linie bekannt sein, *wie* sich das System im Fehlerfalle verhält, sondern es muss lediglich festgestellt werden, *dass* das Systemverhalten gestört ist. Das Diagnoseprinzip GDE arbeitet deshalb mit einem Modell, das das Verhalten der Anlage im *fehlerfreien* Zustand beschreibt, und löst die Diagnoseaufgabe durch Auswertung des Widerspruchs, der nach dem Fehlereintritt zwischen dem beobachteten Verhalten und dem mit Hilfe des Modells vorhergesagten Verhalten besteht.

Da es im Fehlerfall in erster Linie um die Fehlerlokalisierung geht, wird das Diagnoseprinzip GDE auf Modelle angewendet, die aus einer komponentenorientierten Modellbildung hervorgehen und bei denen sich Fehler folglich in einer Veränderung des Komponentenverhaltens äußern. Im einfachsten Fall wird jede Komponente durch einen logischen Ausdruck beschrieben. Wichtig für das Diagnoseprinzip GDE ist, dass in diesen Ausdrücken explizite Annahmen über die Fehlerfreiheit der Komponenten enthalten sind, beispielsweise $okL$ für die Fehlerfreiheit der Lampe. Vergleicht man nun das Modell bei Gültigkeit aller Annahmen über die Fehlerfreiheit der Komponenten mit dem beobachteten Systemverhalten und stellt einen Widerspruch fest, dann hat man nachgewiesen, dass das System fehlerbehaftet ist (Fehlererkennung). Indem man nun einzelne oder mehrere Annahmen über die Fehlerfreiheit der Komponenten zurüchzieht, kann man versuchen, den logischen Widerspruch zu beseitigen und aus den zurückgezogenen Annahmen auf die Komponentenfehler zu schließen (Fehlerlokalisierung).

Entsprechend dem beschriebenen Grundgedanken führt die Diagnose auf Mengen von Annahmen, wobei gesichert ist, dass das gleichzeitige Verwerfen aller in einer gemeinsamen Menge vorkommenden Annahmen den Widerspruch zwischen vorhergesagtem und beobachtetem Verhalten auflöst. Die einzelnen Annahmemengen beschreiben unterschiedliche Fehlerkombinationen, von denen jede eine Lösung der Diagnoseaufgaben darstellt. Fehler, die durch keine Annahmenmenge beschrieben werden, sind mit Sicherheit nicht im System aufgetreten (sofern das Modell eine ausreichende Genauigkeit aufweist). Alle anderen Fehler können auf Grund der Beobachtungen nicht ausgeschlossen werden, sind also möglicherweise die Ursache für das fehlerhafte Verhalten und werden deshalb als *Fehlerkandidaten* bezeichnet.

### 10.6.3 Realisierung von GDE mit einem ATMS

Da sich für die Verarbeitung von Annahmen das ATMS besonders gut eignet, ist es naheliegend, ein solches System für die Realisierung des Diagnoseprinzips GDE zu verwenden. Wie dies im Einzelnen geschehen kann, wird im Folgenden beschrieben.

**Qualitative Modellierung des fehlerfreien Systemverhaltens.** Ausgangspunkt ist ein Modell der betrachteten technischen Anlage, in dem die Annahmen über die Fehlerfreiheit der einzelnen Komponenten explizit aufgeführt sind. Im Folgenden wird mit einer aussagenlogischen Darstellung gearbeitet, bei der diese Annahmen durch ein „ok" im entsprechenden Aussagesymbol gekennzeichnet sind. Beispielsweise wird die Aussage, dass die Lampe 1 fehlerfrei arbeitet, durch

$$okL_1 = \text{„Die Lampe 1 arbeitet fehlerfrei."}$$

abgekürzt. Die Menge $COMP$ enthält also die „ok-Annahmen" über die Komponenten des zu diagnostizierenden Systems. Als Diagnoseergebnis erhält man die Menge der fehlerbehafteten Komponenten.

Das Modell beschreibt diejenigen Zusammenhänge zwischen den Signalen der Anlage, die für den fehlerfreien Fall gelten. Die (qualitativen) Signalwerte sind durch Aussagesymbole wie beispielsweise

$$M_1 = \text{„Der Wasserstand ist hoch."}$$

dargestellt. Im folgenden Beispiel stellen die Modellformeln Implikationen dar, die angeben, unter welchen Annahmen bestimmte Ursache-Wirkungsbeziehungen in dem betrachteten System ablaufen.

**Beispiel 10.3** *Beschreibung der fehlerfreien Arbeitsweise einer Lampenschaltung*

Es wird die in Abb. 10.17 dargestellte Lampenschaltung betrachtet, bei der $E$ die Spannung der Batterie $B$, $U_1$ die Spannung über der Lampe $L_1$ und $U_2$ die Spannung über der Lampe $L_2$ bezeichnen.

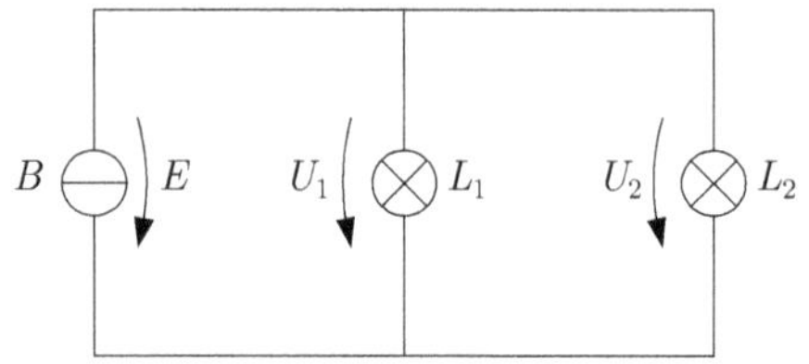


**Abb. 10.17:** Schaltplan einer Beleuchtungseinrichtung

Bei der komponentenorientierten Modellierung werden die mit $B$ bezeichnete Spannungsquelle sowie die mit $L_1$ und $L_2$ bezeichneten Lampen als Komponenten der Schaltung aufgefasst. Da auch ein Leitungsbruch bei der Diagnose in Betracht gezogen werden soll, werden die Leitungen zwischen der Spannungsquelle und der Lampe 1 sowie zwischen beiden Lampen als separate Komponenten $R_1$ und $R_2$ verwendet. Die drei genannten Spannungen sowie die „Helligkeit" $H_1$ bzw. $H_2$ der Lampen sind die bei der Diagnose zu untersuchenden Signale.

Für die Diagnose wird ein qualitatives Modell benötigt. Die qualitative Beschreibung der Signalwerte zum betrachteten Zeitpunkt erfolgt durch Aussagen, die der Einfachheit halber dieselben Namen $e$, $u_1$, $h_1$, $u_2$ und $h_2$ wie die Signale erhalten und wahr sind, wenn das betreffende Signal nicht gleich null ist. Es wird also nur zwischen zwei Signalpegeln unterschieden, wobei der Wert null bedeutet, dass keine (ausreichende) Spannung anliegt bzw. die Lampe nicht leuchtet.

Die Annahme der Funktionstüchtigkeit der fünf Komponenten wird mit $okB$, $okR_1$, $okL_1$, $okR_2$ und $okL_2$ abgekürzt, wobei vereinbart wird, dass diese Aussagen genau dann den Wahrheitswert T haben, wenn die betreffende Komponente fehlerfrei arbeitet.

Das Modell umfasst folgende fünf Ausdrücke, die das fehlerfreie Verhalten der fünf Komponenten wiedergeben:

$$okB \Rightarrow e \tag{10.18}$$

$$okR_1 \wedge e \Rightarrow u_1 \tag{10.19}$$

$$okL_1 \wedge u_1 \Rightarrow h_1 \tag{10.20}$$

$$okR_2 \wedge u_1 \Rightarrow u_2 \tag{10.21}$$

$$okL_2 \wedge u_2 \Rightarrow h_2. \tag{10.22}$$

Würde der Stromkreis als zusätzliches Element einen Schalter enthalten, so würde auch die Aussage $s_1$, die bei geschlossenem Schalter den Wahrheitswert T hat, in das Modell eingehen. An Stelle von (10.19) stünde dann die Formel

$$e \wedge s_1 \wedge okR_1 \Rightarrow u_1. \quad \square \tag{10.23}$$

**Bildung des ATMS-Graphen.** Aus den Modellgleichungen erhält man die Begründungen, die für den Aufbau des ATMS-Graphen notwendig sind, z. B. aus der Formel (10.19) die Begründung

$$\langle (e, okR_1) \rightarrow u_1 \rangle$$

(vgl. Abschn. 10.3). Für die Annahmen zur Fehlerfreiheit der Komponenten werden globale Umgebungen eingeführt, die bis auf ein vorangestelltes Fragezeichen dieselben Namen wie die

Annahmen haben. Treten Fakten in dem Modell auf, so erhalten die betreffenden Knoten die globale Umgebung $\{\emptyset\}$. Mit dem schrittweisen Aufbau des ATMS-Graphen entsprechend dem Algorithmus 10.3 auf S. 329 werden die globalen Umgebungen aller abgeleiteten Aussagen gebildet. Aus dem Graphen kann abgelesen werden, unter welchen Annahmen die einzelnen Aussagen den Wahrheitswert T haben.

**Fehlererkennung.** Der Vergleich von Modell- und Systemverhalten wird vorgenommen, indem die Aussagen, die für das aktuelle Systemverhalten wahr sind, als Fakten markiert werden. Stehen diese Aussagen im Widerspruch zu Modellaussagen, so werden für die die Messung beschreibenden Aussagesymbole neue Knoten in den ATMS-Graphen eingetragen und zusammen mit den widersprüchlichen Modellaussagen durch UND-Kanten mit dem $false$-Knoten verbunden. Dadurch bilden die Annahmen, unter denen die betreffenden Modellaussagen wahr sind, globale Umgebungen des $false$-Knotens. Sobald also der Widerspruchsknoten eine nichtleere globale Umgebung besitzt, ist bekannt, dass ein Fehler aufgetreten ist (Fehlererkennung).

**Fehlerlokalisierung.** Für die Fehlerlokalisierung werden aus den globalen Umgebungen des Widerspruchsknotens die Fehlerhypothesen erzeugt. Um diesen Schritt zu erläutern, wird zunächst angenommen, dass am $false$-Knoten nur eine einzige globale Umgebung auftritt, die $\{\{?okK_1, ?okK_2\}\}$ heißt. Diese globale Umgebung besagt, dass die gemeinsame Gültigkeit der beiden Annahmen $okK_1$ und $okK_2$ den Widerspruch hervorbringt. Wird also mindestens eine der beiden Annahmen verworfen, so existiert der Widerspruch nicht mehr. Aus der globalen Umgebung $\{\{?okK_1, ?okK_2\}\}$ des Widerspruchsknotens erhält man deshalb die Fehlerkandidaten $\{?okK_1\}$ und $\{?okK_2\}$. Drückt die Annahme $okK_1$ aus, dass die Komponente 1 fehlerfrei ist, so ist der Fehlerkandidat $\{?okK_1\}$ so zu interpretieren, dass ein Fehler in der Komponente 1 aufgetreten ist, also die Annahme $okK_1$ der Fehlerfreiheit dieser Komponente verworfen wird.

Mit dem Wort Fehler*kandidat* wird darauf hingewiesen, dass aus den Beobachtungen nur darauf geschlossen werden kann, dass *jede* der angegebenen Fehlermengen den Widerspruch erklärt, aber nicht entschieden werden kann, welche Fehlermenge tatsächlich aufgetreten ist. Durch den Begriff des *minimalen* Fehlerkandidaten wird betont, dass aus den angegebenen Mengen kein Fehler entfernt werden kann, ohne dass ein Widerspruch zwischen vorhergesagtem und beobachtetem Verhalten bestehen bleibt.

Hat der $false$-Knoten mehr als eine globale Umgebung, beispielsweise die beiden globalen Umgebungen

$$\{\{?okK_1, ?okK_2\}, \{?okK_1, ?okK_3\}\},$$

so lassen sich alle auftretenden Widersprüche nur dann lösen, wenn aus jeder globalen Umgebung mindestens eine Annahme verworfen wird. Um die Fehlerkandidaten zu bestimmen, müssen minimale Annahmenmengen gefunden werden, die aus jeder globalen Umgebung mindestens ein Element enthalten. Für das angegebene Beispiel sind die minimalen Fehlerkandidaten

$$\{?okK_1\}, \{?okK_2, ?okK_3\}.$$

Jede Obermenge davon, also z. B. $\{?okK_1, ?okK_2\}$, erfüllt auch die angegebene Bedingung, ist aber nicht mehr minimal im genannten Sinne, denn die Untermenge $\{?okK_1\}$ erfüllt die angegebene Bedingung ebenfalls.

**Beispiel 10.4** *Diagnose einer Lampenschaltung*

Es wird die im Beispiel 10.3 beschriebene Lampenschaltung betrachtet und untersucht, wie mit dem Diagnoseprinzip GDE die Ursachen für das Verlöschen der Lampe 1 gefunden werden können. Das Modell führt auf den in Abb. 10.18 gezeigten ATMS-Graphen. Die bei der Modellierung eingeführten fünf Annahmen über die Funktionsfähigkeit der fünf Komponenten der Lampenschaltung erhalten die globalen Umgebungen $\{\{?okB\}\}$, $\{\{?okR_1\}\}$, $\{\{?okL_1\}\}$, $\{\{?okR_2\}\}$ und $\{\{?okL_2\}\}$. Der Übersichtlichkeit wegen wurden in Abb. 10.18 nur an den Knoten für $h_1$ und $h_2$ die globalen Umgebungen angetragen.

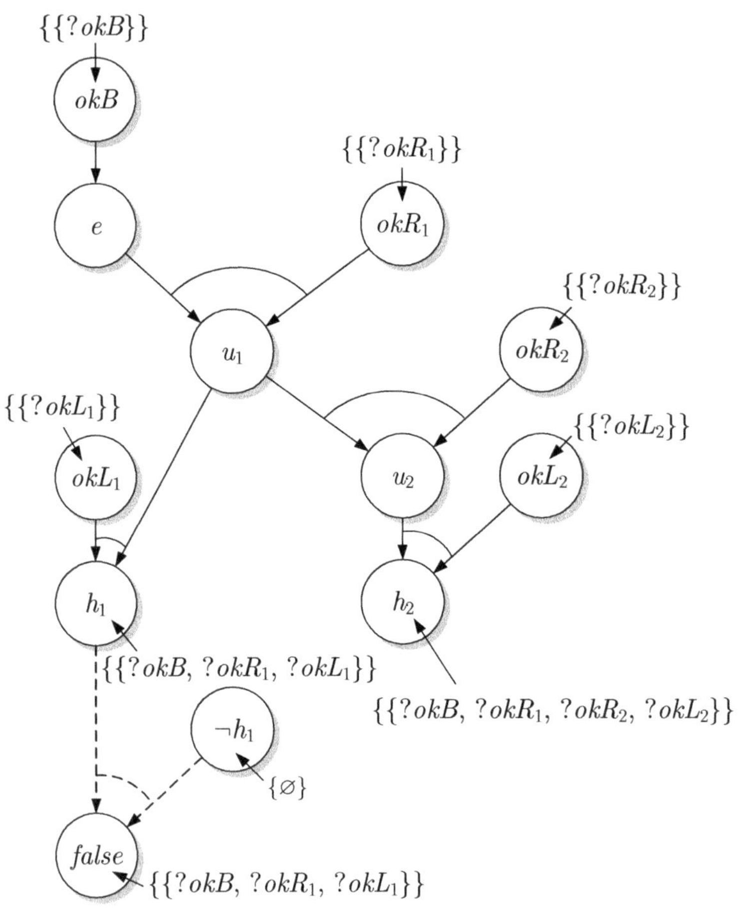


**Abb. 10.18:** ATMS-Graph für das Diagnosebeispiel

Der ATMS-Graph beschreibt die Vorhersage des Verhaltens der Schaltung, indem er angibt, dass die Aussage $h_1$ genau dann wahr ist, wenn die Annahmen $okB$, $okR_1$ und $okL_1$ wahr sind: Die Lampe 1 brennt, wenn die Spannungsquelle, die Leitung zur Lampe 1 und die Lampe 1 funktionstüchtig sind.

Wird jetzt beobachtet, dass die Lampe 1 nicht brennt, so entsteht ein Widerspruch zwischen der Vorhersage $h_1$ und der Beobachtung $\neg h_1$. Teilt man dem ATMS die Beobachtung mit, so wird im ATMS-Graphen der Knoten $\neg h_1$ eingeführt und als Fakt gekennzeichnet. Es entsteht die gestrichelt eingetragene Verbindung zum Widerspruchsknoten, auf Grund derer dort die globale Umgebung $\{\{?okB, ?okR_1, ?okL_1\}\}$ erscheint (siehe Algorithmus 10.2 auf S. 327).

Dies hat für die Diagnose zwei Konsequenzen. Erstens wird durch den Widerspruch offensichtlich, dass ein Fehler aufgetreten ist (Fehlererkennung). Zweitens wird offenkundig, wo der Fehler aufgetreten sein kann (Fehlerlokalisierung). Für dieses Beispiel zeigt die globale Umgebung des Widerspruchsknotens, dass entweder die Batterie oder die Leitung zur Lampe 1 oder die Lampe 1 fehlerhaft sind, denn die minimalen Fehlerkandidaten heißen

$$\{?okB\},\ \{?okR_1\},\ \{?okL_1\}.$$

Es können auch mehrere dieser Komponenten gleichzeitig defekt sein.

Besagt die zweite Beobachtung, dass auch die Lampe 2 nicht brennt, so wird der Knoten $\neg h_2$ in den ATMS-Graphen eingetragen. Damit muss die globale Umgebung des Widerspruchsknotens neu berechnet werden, wobei man die zwei globalen Umgebungen

$$\{\{?okB, ?okR_1, ?okR_2, ?okL_2\},\ \{?okB, ?okR_1, ?okL_1\}\} \tag{10.24}$$

und daraus die minimalen Fehlerkandidaten

$$\{?okB\}, \{?okR_1\}, \{?okR_2, ?okL_1\}, \{?okL_2, ?okL_1\}$$

erhält. Die Mengen $\{?okB, ?okL_2\}$ oder $\{?okR_1, ?okL_1, ?okL_2\}$ sind auch mögliche Fehlermengen, jedoch keine minimalen. Andererseits können durch die Fehlermenge $\{?okR_2\}$ nicht alle aufgetretenen Widersprüche erklärt werden, denn wird die Annahme $okR_2$ als falsch angenommen, so sagt das Modell immer noch $h_1$ voraus (Abb. 10.18). Die Leitung zur Lampe 2 kann also nicht alleinige Ursache für den beobachteten Ausfall beider Lampen sein.

Das erhaltene Ergebnis ist plausibel: Wenn beide Lampen nicht brennen, so ist entweder die Batterie oder die Leitung zwischen Batterie und Lampe 1 defekt oder die Lampe 1 und die Leitung zwischen beiden Lampen sind kaputt, oder beide Lampen sind durchgebrannt. Eine weitere Einschränkung der Fehler ist auf Grund der bisher verarbeiteten Beobachtungen nicht möglich.

**Erweiterung.** Hat das System äußere Einflussgrößen wie z. B. einen Schalter, der an- oder ausgeschaltet sein kann, dann gibt es für die Diagnose zwei mögliche Vorgehensweisen. Wenn die Schalterstellung bekannt ist, kann sie als Fakt verwendet werden. Der ATMS-Graph verändert sich nur geringfügig und die Diagnose verläuft wie gehabt. Ist die Schalterstellung nicht bekannt, dann kann sie wie eine Annahme behandelt werden. Die Lösung der Diagnoseaufgabe beinhaltet dann möglicherweise als „Fehler" die Angabe, dass die Annahme, der Schalter sei eingeschaltet, verworfen werden muss. Das heißt, dass die Lösung der Diagnoseaufgabe auch eine Einschränkung für den Wert der Eingangsgröße liefert (Aufgabe 10.3). □

Das Beispiel hat gezeigt, dass die Anwendung des Diagnoseprinzips GDE lediglich ein Modell erfordert, das die betrachtete Anlage im fehlerfreien Zustand beschreibt. Die in die Diagnose einzubeziehenden Fehlermöglichkeiten sind durch Annahmen, die die Fehlerfreiheit der einzelnen Anlagenteile betreffen, in das Modell aufzunehmen. Für diese Vorgehensweise eignen sich vor allem Modelle, die aus einer komponentenorientierten Modellbildung hervorgegangen sind. Die beschriebene Vorgehensweise ist jedoch nicht auf qualitative Modelle beschränkt, denn die Annahmen über die Fehlerfreiheit des Systems können sich beispielsweise auch auf exakt vorgegebene Parameterwerte oder auf die Gültigkeit von Differentialgleichungen beziehen.

### 10.6.4 Erweiterungen

**Berücksichtigung „konsistenter“ Messwerte.** Bisher wurden bei der Diagnose nur Beobachtungen ausgewertet, die mit den Vorhersagen im Widerspruch standen. Bei der Diagnose liefert aber auch die Beobachtung, dass Messwerte mit den vorhergesagten Werten in Übereinstimmung stehen, eine Fehlereinschränkung. Dafür muss der Schritt der Fehlerlokalisierung entsprechend erweitert werden, und zwar so, dass nicht mehr nur die globalen Umgebungen des Widerspruchsknotens, sondern auch die globalen Umgebungen derjenigen Knoten verarbeitet werden, deren Gültigkeit durch die Beobachtungen bestätigt wird.

**Beispiel 10.4 (Forts.)** *Diagnose einer Lampenschaltung*

Tritt bei der Beleuchtung die durch $\neg h_1$ und $h_2$ dargestellte Situation auf, dann ist wiederum $\neg h_1$ im Widerspruch zur Vorhersage $h_1$ und kann wie bisher mit Hilfe einer UND-Kante zum $false$-Knoten verarbeitet werden, aber $h_2$ stimmt mit der vorhergesagten Messgröße überein. Aus dem Messwert $\neg h_1$ allein waren als Diagnoseergebnis die minimalen Fehlermengen $\{?okB\}$, $\{?okR_1\}$ und $\{?okL_1\}$ entstanden. Aus der globalen Umgebung

$$\{\{?okB, ?okR_1, ?okR_2, ?okL_1\}\}$$

der Aussage $h_2$ kann man andererseits folgern, dass die Annahmen $okB, okR_1, okR_2$ und $okL_2$ wahr sein müssen, denn andernfalls wäre $h_2$ nicht wahr, was der zweiten Beobachtung widersprechen würde. Vergleicht man beide Aussagen, so sieht man, dass die Fehlermengen $\{?okB\}$ und $\{?okR_1\}$ nun nicht mehr in Betracht kommen. Als einziger Fehlerkandidat bleibt $\{?okL_1\}$ übrig: Die Lampe 1 ist defekt.
□

Die globalen Umgebungen der „bestätigten“ Knoten kann man zu einer Menge vereinigen, indem man analog zum $false$-Knoten einen $true$-Knoten einführt, der über UND-Kanten mit allen denjenigen Knoten verbunden wird, deren Gültigkeit durch Beobachtungen bestätigt wurde. Jede zusätzliche „konsistente“ Messung führt dann zur Erweiterung des UND-Kantenbündels, wobei eine neue Kante vom Knoten des neuen Messwertes zum $true$-Knoten zu dem bereits bestehenden UND-Kantenbündel hinzugenommen wird. Die globalen Umgebungen des $true$-Knotens beschreiben Annahmen, die gleichzeitig wahr sein müssen. Kombiniert man dieses Ergebnis mit den minimalen Fehlermengen, die man aus den globalen Umgebungen des Widerspruchsknotens ableiten kann, so erhält man das Diagnoseergebnis.

**Einbeziehung von Fehlermodellen in die Diagnose.** Das Prinzip, Fehler mit dem Zurückziehen von Annahmen gleichzusetzen, birgt eine Fehlerquelle in sich, die am Beispiel 10.3 sehr einfach veranschaulicht werden kann.

**Beispiel 10.5** *Erweiterung der Diagnose einer Lampenschaltung*

In Erweiterung des Beispiels wird jetzt an Stelle der Formeln (10.18) – (10.22) das Modell

$$okB \iff e \tag{10.25}$$

$$okR_1 \Rightarrow (e \iff u_1) \tag{10.26}$$

$$okL_1 \Rightarrow (u_1 \iff h_1) \tag{10.27}$$

$$okR_2 \Rightarrow (u_1 \iff u_2) \tag{10.28}$$

$$okL_2 \Rightarrow (u_2 \iff h_2) \tag{10.29}$$

verwendet, in dem die fehlerfreie Arbeitsweise der einzelnen Elemente ausführlicher als bisher beschrieben wird. Der Ausdruck (10.25) besagt, dass die Betriebsspannung $e$ *genau dann* vorhanden ist, wenn die Spannungsquelle fehlerfrei arbeitet. Die Formel (10.26) gibt den Sachverhalt wieder, dass bei fehlerfreier Leitung ($okR_1$) die korrekte Spannung $u_1$ genau dann anliegt, wenn die Spannungsquelle die korrekte Spannung $e$ liefert.

Die Beziehung (10.26) ist äquivalent zu

$$\begin{aligned} okR_1 \wedge e &\Rightarrow u_1 \qquad (10.30)\\ okR_1 \wedge \neg e &\Rightarrow \neg u_1 \end{aligned}$$

und die Formel (10.29) kann in

$$\begin{aligned} okL_2 \wedge u_2 &\Rightarrow h_2\\ okL_2 \wedge \neg u_2 &\Rightarrow \neg h_2 \qquad (10.31) \end{aligned}$$

umgeformt werden. Wie bisher zeigt das Modell, dass für fehlerfreie Komponenten ($okB$, $okR_1, okL_1$, $okR_2$, $okL_2$) die Aussagen $h_1$ und $h_2$ über die fehlerfreie Funktion der Schaltung gefolgert werden können.

Wird jetzt beobachtet, dass die Lampe 1 nicht brennt ($\neg h_1$) und gleichzeitig die Lampe 2 brennt ($h_2$), so erhält man aus dem angegebenen Modell eine Reihe von Fehlerkandidaten, unter anderem

$$\{?okR_1, ?okL_2\}. \qquad (10.32)$$

Diese Menge von Annahmen ist ein Fehlerkandidat, weil das Modell (10.25) – (10.29) zusammen mit den Aussagen $okB$, $\neg okR_1$, $okL_1$, $okR_2$, $\neg okL_2$ keinen Widerspruch zu den Beobachtungen $\neg h_1$, $h_2$ erzeugt, denn unter der Annahme $\neg okR_1$ kann aus der Formel (10.30) nicht mehr $u_1$ und mit (10.27) nicht mehr $h_1$ gefolgert werden, während die Formel (10.31) wegen $\neg okL_2$ nicht auf $\neg h_2$ führen kann.

Sieht man sich die angegebene Fehlermöglichkeit genauer an, so erkennt man, dass sie zwar aus logischer Sicht richtig ist, aus technischer Sicht jedoch absurd. Das Diagnoseergebnis bedeutet, dass sich die Lampe 2 insofern fehlerhaft verhält, als dass sie ohne Anliegen einer Spannung $u_2$ leuchtet. □

Dieses Beispiel zeigt einen Mangel des Diagnoseprinzips GDE, der auf den Unterschied von logischer Negation der Modellformeln und der „physikalischen Negation“, den ein Fehler innerhalb der Anlage verursacht, zurückzuführen ist. Die durch den Diagnosealgorithmus im Modell vorgenommene logische Negation bedeutet, dass eine oder mehrere Formeln den Wahrheitswert F erhalten und folglich Widersprüche zwischen den Modellaussagen und den Beobachtungen aufgelöst werden. Die „Negation“ von Modellformeln bedeutet bei der hier verwendeten Art der Modellierung, dass logische Ausdrücke des Modells wirkungslos werden. Im Beispiels waren dies die Implikationen (10.30) und (10.31), deren linke Seiten unter den betrachteten Fehlerkandidaten den Wahrheitswert F bekommen.

Das Auftreten eines Fehlers in einer technischen Anlage bedeutet jedoch nicht, dass sich die Anlage nicht mehr so wie früher und deshalb *beliebig* anders verhält. Jeder Ingenieur weiß, dass Fehler i. Allg. auf eine oder mehrere neue Verhaltensformen führen. Die „physikalische Negation“ der Annahme des fehlerfreien Zustands muss deshalb im Modell durch das Ersetzen von Formeln für den fehlerfreien Betrieb durch Formeln für den fehlerhaften Betrieb nach sich ziehen.

Eine Abhilfe wird dadurch erreicht, dass man nicht nur mit der Annahme, dass *kein* Fehler eingetreten ist, arbeitet, sondern unterschiedliche Fehlermodelle vorsieht. Jede Komponente wird dann durch mehrere Modellgleichungen beschrieben. Die Annahmen in den Modellgleichungen kennzeichnen unterschiedliche Fehler bzw. mit unterschiedlichem Gültigkeitsbereich den fehlerfreien Zustand. Dadurch werden Informationen über das mögliche Fehlverhalten erfasst und bei der Diagnose verwendet.

**Beispiel 10.5 (Forts.)** *Erweiterung der Diagnose einer Lampenschaltung*

Es wird jetzt an Stelle von (10.19) mit den Formeln

$$
\begin{aligned}
okR_1 \wedge e &\Rightarrow u_1 \\
\neg okR_1 &\Rightarrow \neg u_1 \\
\neg e &\Rightarrow \neg u_1
\end{aligned}
$$

oder, äquivalent dazu, mit

$$(okR_1 \wedge e) \Longleftrightarrow u_1$$

gearbeitet. Diese Formeln erfassen sowohl die fehlerfreien als auch die fehlerbehafteten Arbeitsweisen der Lampe. Die Diagnose besteht nun darin, aus den alternativen Annahmen $okR_1$ und $\neg okR_1$ eine Annahme so herauszusuchen, dass das Modell und die Beobachtungen konsistent sind. Die angegebenen Formeln zeigen, dass je nachdem, ob die Gültigkeit von $okR_1$ oder von $\neg okR_1$ angenommen wird, eine Formel „eingeschaltet" und gleichzeitig eine andere Formel „ausgeschaltet" wird. □

Arbeitet man mit der *Closed-world assumption* (Annahme der Weltabgeschlossenheit), derzufolge sämtliche alternativen Verhaltensformen, die für die Diagnose relevant sind, durch das Modell erfasst sind, so kann die Aussagefähigkeit der Diagnose erweitert werden. Während bisher nur Komponenten benannt wurden, in denen der Fehler aufgetreten sein kann, ist es unter dieser Annahme möglich, auch Komponenten zu benennen, die mit Sicherheit nicht fehlerbehaftet sind: Wenn alle Fehlerbeschreibungen den Beobachtungen widersprechen, ist die betreffende Komponente fehlerfrei.

**Ermittlung von Messvorschlägen.** Das Diagnoseprinzip GDE enthält in seiner ursprünglichen Form noch einen weiteren Schritt, durch den Vorschläge für Messungen an dem zu diagnostizierenden System gemacht werden. „Messen" heißt, dass zusätzliche Beobachtungen des Systemverhaltens in die Diagnose einbezogen werden. Wie das Beleuchtungsbeispiel gezeigt hat, können zusätzliche Aussagen die Menge der Fehlerkandidaten verkleinern. Man spricht dann von einer inkrementellen Diagnose, bei der das Diagnoseergebnis durch zusätzliche Beobachtungen verfeinert wird. Ein solches schrittweise Vorgehen ist typisch für die Prozessdiagnose, bei denen die nacheinander eingehenden Messgrößen verarbeitet und das Diagnoseergebnis den aktuellen Informationen angepasst wird.

Bei der Festlegung weiterer Messungen ist man an Beobachtungen interessiert, die die bisher ermittelten Fehlermengen möglichst wirkungsvoll einschränken. Hinweise auf die Auswahl der Beobachtungen geben die globalen Umgebungen der Aussagen, deren Wahrheitswert man durch Beobachtungen bestimmen kann.

**Beispiel 10.4 (Forts.)** *Diagnose einer Lampenschaltung*

Zur Verbesserung des Diagnoseergebnisses soll ein Messvorschlag gemacht werden. Dafür wird beispielsweise der Verdacht geäußert, dass die Batterie oder die Leitung zwischen Batterie und Lampe 1 defekt ist. Aus dem ATMS-Graphen ist offensichtlich, dass dieser Verdacht durch die Messung der

Spannung $u_1$ bestätigt oder verworfen werden kann, denn die Aussage $u_1$ hat die globale Umgebung $\{\{?okB, ?okR_1\}\}$.

Misst man die Spannung und stellt fest, dass die Aussage $u_1$ falsch ist, so verändert sich die globale Umgebung des Widerspruchsknotens auf $\{\{?okB, ?okR_1\}\}$. Das heißt, es gibt die beiden minimalen Fehlerkandidaten $\{?okB\}$ und $\{?okR_1\}$, also entweder ist die Batterie oder die Leitung defekt. Ergibt hingegen die Messung, dass die Aussage $u_1$ wahr ist, dann ergibt die Verarbeitung der globalen Umgebung am $u_1$-Knoten, dass Batterie und Leitung keine Fehlerkandidaten sein können. □

**Aufgabe 10.3** *Diagnose einer Lampenschaltung*

1. Wiederholen Sie die Diagnose aus dem Beispiel 10.4, wenn Sie nacheinander folgende Beobachtungen machen:
   a) $\neg u_1$
   b) $\neg u_2$.
2. Erweitern Sie das Beispiel 10.4, indem Sie in die Leitung $R_1$ einen Schalter einbauen, so dass an Stelle der bisher verwendeten Modellgleichung (10.19) die Formel (10.23) gilt. Wie verändert sich der ATMS-Graph?
3. Führen Sie die Diagnose für die erweiterte Schaltung für die im Beispiel 10.4 angegebenen Beobachtungen unter der Annahme aus, dass bekannt ist, dass der Schalter geschlossen ist. Verfolgen Sie die Diagnose mit Hilfe des erweiterten ATMS-Graphen.
4. Betrachten Sie jetzt das erweiterte Beispiel unter der Annahme, dass Ihnen nicht bekannt ist, ob der Schalter geschlossen ist. Wie verändert sich das Diagnoseergebnis? In welchem Diagnoseschritt würden Sie als „Messung" empfehlen, die Schalterstellung zu ermitteln? Wie lässt sich diese Empfehlung mit Hilfe des ATMS-Graphen begründen? □

**Aufgabe 10.4** *Erweiterung der Diagnose der Heckleuchte*

Nimmt man an, dass das im Beispiel 10.4 verwendete Modell sämtliche Ursache-Wirkungsbeziehungen innerhalb der betrachteten Schaltung beschreibt (*Closed-world assumption*), dann können die Implikationen (10.18) – (10.22) in Äquivalenzen überführt werden:

$$okB \iff e \tag{10.33}$$
$$okR_1 \wedge e \iff u_1 \tag{10.34}$$
$$okL_1 \wedge u_1 \iff h_1 \tag{10.35}$$
$$okR_2 \wedge u_1 \iff u_2 \tag{10.36}$$
$$okL_2 \wedge u_2 \iff h_2. \tag{10.37}$$

Durch die Beziehung (10.37) wird beispielsweise ausgesagt, dass die Aussage $h_2$ genau dann gilt, wenn die Aussagen $u_2$ und $okL_2$ wahr sind.

1. Formen Sie diese Äquivalenzen in Klauseln um.
2. Zeichnen Sie den ATMS-Graphen.
3. Lösen Sie die Diagnoseaufgabe, wenn die Gültigkeit von $\neg h_1$ und $h_2$ beobachtet wurde. Begründen Sie, warum im Gegensatz zu der auf S. 349 durchgeführten Diagnose jetzt der physikalisch unsinnige Fehlerkandidat (10.32) nicht mehr auftritt. Vergleichen Sie dabei die beiden für die Diagnose verwendeten Modelle sowie die daraus entstehenden ATMS-Graphen miteinander. □

**Aufgabe 10.5** *Diagnose einer logischen Schaltung*

Betrachten Sie eine logische Schaltung mit den Eingängen $x_1$, $x_2$, $x_3$ und den Ausgängen $y_1$, $y_2$. Die Schaltung beinhaltet vier Logikblöcke, die durch die folgenden booleschen Gleichungen beschrieben sind

$$\begin{aligned} s_1 &= x_1 \wedge x_2 \\ s_2 &= x_2 \vee x_3 \\ y_1 &= s_1 \wedge s_2 \\ y_2 &= \neg(s_1 \vee x_3), \end{aligned}$$

wobei die Größen $s_1$ und $s_2$ interne Signale bezeichnen.

1. Zeichnen Sie ein Blockschaltbild der Schaltung. Welche Logikblöcke enthält die Schaltung?
2. Stellen Sie ein qualitatives Modell der Schaltung für die Diagnose auf, indem Sie die gegebenen booleschen Gleichungen in aussagenlogische Ausdrücke überführen und explizite Annahmen über die Fehlerfreiheit der Komponenten einführen. Formen Sie diese Ausdrücke in Klauseln um.
3. Zeichnen Sie den ATMS-Graphen des Modells.
4. Geben Sie Werte für die drei Eingangsgrößen vor. Nehmen Sie Werte für die Ausgangsgrößen an und überprüfen Sie im ATMS-Graphen, ob diese Werte mit den vorhergesagten übereinstimmen. Wenn ein Fehler aufgetreten ist, bestimmen Sie die minimalen Fehlermengen und versuchen Sie zu ermitteln, welche der inneren Größen $s_1, s_2$ Sie messen müssen, um herauszufinden, welcher der Logikblöcke fehlerhaft ist. □

# Literaturhinweise

Die in diesem Buch behandelten Methoden zur Verarbeitung unsicheren Wissens bilden einen Ausschnitt aus einem Repertoire von Methoden, das in vielen unterschiedlichen Disziplinen erarbeitet wurde: Entscheidungstheorie, Statistik, Logik, Philosophie, *Management Science* und *Operations Research*. Dementsprechend vielfältig sind die Begriffe, die in diesem Zusammenhang eingeführt wurden.

Die Abhängigkeit der Wahrheitswerte von Aussagen untereinander wurde seit langem untersucht. So fassten STALLMAN und SUSSMAN widersprüchliche Aussagen zu sogenannten *nogoods* zusammen [116]. Der erste Vorschlag für ein Truth-Maintenance System wurde von DOYLE 1979 gemacht [29]. Die Grundidee ist vergleichbar mit dem hier behandelten ATMS, das später von DEKLEER vorgeschlagen und weiterentwickelt wurde [23, 25]. Seit dieser Zeit ist das Problem der Verwaltung von Begründungen intensiv untersucht worden, wobei vor allem nichtmonotone Logiken im Mittelpunkt des Interesses standen. Die Begründungen werden dort gegenüber (10.8) zu

$$\langle (f_1, \ldots, f_n) \mid (g_1, \ldots, g_m) \;\rightarrow\; s \rangle \tag{10.38}$$

erweitert, wobei $g_1, \ldots, g_m$ Formeln beschreiben, die nicht im Widerspruch zu den wahren Aussagen stehen dürfen, wenn $s$ auf Grund der Gültigkeit von $f_1, \ldots, f_n$ wahr sein soll. Die Begründung (10.38) von $s$ wird deshalb ungültig, sobald eine der Aussagen $g_1, \ldots, g_m$ den Wahrheitswert „falsch" erhält oder wenn andere Aussagen wahr werden, die im Widerspruch zu $g_1, \ldots, g_m$ stehen. Um die erweiterten Begründungen darstellen zu können, erhält jeder Knoten nicht nur eine, sondern zwei lokale Umgebungen. Neben der Umgebung für $f_1, \ldots, f_n$ umfasst die zweite Umgebung die Knoten $g_1, \ldots, g_m$.

In den zitierten Originalarbeiten werden die Grundgedanken der Systeme an sehr einfachen Beispielen aus dem täglichen Leben illustriert. Für technische Anwendungen aussagekräftiger sind die in [38] enthaltenen Aufsätze zum ATMS.

Eine Zusammenstellung wichtiger Originalarbeiten zur wissensbasierten Diagnose gibt der Sammelband [46]. Die Anfänge der modellbasierten Diagnose auf dem Gebiet der Künstlichen Intelligenz reichen bis zum Anfang der achtziger Jahre zurück, wobei zunächst Constraints zur Beschränkung der Werte der Eingangs- und Ausgangssignale im Nominalfall verwendet wurden [20]. Dann legten GENESERETH, REITER sowie DEKLEER und WILLIAMS den Diagnoseverfahren Struktur- und Komponentenbeschreibungen zugrunde, in denen Annahmen über die Funktionsfähigkeit der Komponenten explizit angegeben waren [26, 39, 99]. Das in diesen Arbeiten vorgeschlagene Vorgehen ist im Abschn. 10.6.2 beschrieben. Die Erweiterung des Diagnoseprinzips GDE unter Verwendung von Fehlermodellen wurde in [121] vorgeschlagen.

# 11 Mehrwertige und unscharfe Logik

*Durch die Erweiterung der zweiwertigen auf mehrwertige Logiken kann der Wahrheitswert zur Beschreibung der Gewissheit eingesetzt werden, mit dem logische Ausdrücke gelten. Bei der unscharfen Logik liegt die Unbestimmheit von Wissen im Grad der Zugehörigkeit, mit der Elemente einer Grundmenge zu Mengen und deren Relationen gehören.*

## 11.1 Mehrwertige Logiken

### 11.1.1 Logische Ausdrücke der dreiwertigen Logik

Mehrwertige Logiken wurden entwickelt, um Unbestimmtheiten bezüglich des Wahrheitswertes auszudrücken. Dabei gibt man das Prinzip der Zweiwertigkeit der klassischen Logik auf und arbeitet mit mehr als zwei Wahrheitswerten. Diese Vorgehensweise eröffnet eine Vielzahl von Möglichkeiten, neue Wahrheitswerte zu definieren und Inferenzregeln einzuführen. In diesem Abschnitt wird am Beispiel der dreiwertigen Logik gezeigt, welche prinzipiellen Erweiterungen diese nichtklassischen Logiken gegenüber der klassischen Logik bringen.

In der dreiwertigen Logik wird mit den Wahrheitswerten

$$\begin{array}{ll} 1 & \text{wahr} \\ \frac{1}{2} & \text{ungewiss} \\ 0 & \text{falsch} \end{array}$$

gearbeitet, wobei neben den Werten 0 und 1, die in der klassischen Logik den Werten F und T entsprechen, der Wert $\frac{1}{2}$ eingeführt wird, um unsichere Aussagen zu kennzeichnen.

Es werden dieselben Aussageverknüpfungen wie in der klassischen Logik verwendet. Neu eingeführt werden muss dafür die Bedeutung dieser Verknüpfungen für die Aussagen mit ungewissem Wahrheitswert, wobei es sinnvoll ist zu fordern, dass die neu eingeführten Definitionen mit denen der klassischen Logik in den Fällen übereinstimmen, in denen die Aussagen nur mit „wahr" oder „falsch" belegt sind. Die folgende Tabelle zeigt eine derartige Erweiterung der Wahrheitstafel (7.7):

| $B(p)$ | $B(q)$ | $B(p \wedge q)$ | $B(p \vee q)$ | $B(\neg p)$ | $B(p \Rightarrow q)$ | $B(p \Leftrightarrow q)$ |
|---|---|---|---|---|---|---|
| 1 | 1 | 1 | 1 | 0 | 1 | 1 |
| 1 | $\frac{1}{2}$ | $\frac{1}{2}$ | 1 | 0 | $\frac{1}{2}$ | $\frac{1}{2}$ |
| 1 | 0 | 0 | 1 | 0 | 0 | 0 |
| $\frac{1}{2}$ | 1 | $\frac{1}{2}$ | 1 | $\frac{1}{2}$ | 1 | $\frac{1}{2}$ |
| $\frac{1}{2}$ | $\frac{1}{2}$ | $\frac{1}{2}$ | $\frac{1}{2}$ | $\frac{1}{2}$ | 1 | 1 |
| $\frac{1}{2}$ | 0 | 0 | $\frac{1}{2}$ | $\frac{1}{2}$ | $\frac{1}{2}$ | $\frac{1}{2}$ |
| 0 | 1 | 0 | 1 | 1 | 1 | 0 |
| 0 | $\frac{1}{2}$ | 0 | $\frac{1}{2}$ | 1 | 1 | $\frac{1}{2}$ |
| 0 | 0 | 0 | 0 | 1 | 1 | 1 |

(11.1)

Der Inhalt der Tabelle kann durch folgende analytischen Ausdrücke wiedergegeben werden:

$$\begin{aligned} B(p \wedge q) &= \min\,(B(p), B(q)) && (11.2)\\ B(p \vee q) &= \max\,(B(p), B(q)) && (11.3)\\ B(\neg p) &= 1 - B(p) && (11.4)\\ B(p \Rightarrow q) &= \min\,(1,\ 1 + B(q) - B(p)) && (11.5)\\ B(p \Leftrightarrow q) &= 1 - |B(p) - B(q)|. && (11.6) \end{aligned}$$

Ein wesentlicher Unterschied der mehrwertigen zur klassischen Logik wird in folgendem Beispiel offensichtlich. Aus der Definition der Negation folgt

$$\begin{aligned} B(p \vee \neg p) &= \max\,(B(p), B(\neg p)) \\ &= \max\,(B(p), 1 - B(p)) \\ &= \begin{cases} 1 & \text{für} \quad B(p) = 1 \quad \text{oder} \quad B(p) = 0 \\ \frac{1}{2} & \text{für} \quad B(p) = \frac{1}{2}. \end{cases} \end{aligned} \qquad (11.7)$$

Die Disjunktion $p \vee \neg p$ ist in der mehrwertigen Logik also keine Tautologie, wie es aus der klassischen Logik bekannt ist (vgl. Gl. (7.23)). Analog erhält man

$$B(p \wedge \neg p) = \min(B(p), 1 - B(p)) \neq 0 \quad \text{für } B(p) \neq 0 \text{ oder } B(p) \neq 1. \qquad (11.8)$$

Die gleichzeitige Gültigkeit von $p$ und $\neg p$ ist also i. Allg. kein Widerspruch.

Nicht alle Sätze der klassischen Logik lassen sich für die mehrwertige Logik erweitern, so dass nicht alle aus der klassischen Logik bekannten Umformregeln in den mehrwertigen Logiken gelten. So ist durch die Beziehung (11.5) die Implikation zusätzlich zur Disjunktion und Negation definiert, während in der klassischen Logik die Implikation gemäß Gl. (7.10) durch die Negation und die Disjunktion darstellbar ist:

$$p \Rightarrow q = q \vee \neg p.$$

Für $B(p) = B(q) = \frac{1}{2}$ ist $B(p \Rightarrow q) = 1$, aber $B(q \vee \neg p) = \frac{1}{2}$.

### 11.1.2 Ableitungsregel und Theorembeweisen

**Modus Ponens der dreiwertigen Logik.** Auch für die Ableitungsregeln muss beim Übergang von der klassischen zur mehrwertigen Logik eine Erweiterung vorgenommen werden. Dabei ist insbesondere festzulegen, welchen Wahrheitswert die Schlussfolgerung haben soll, wenn der Wahrheitswert der Prämissen kleiner als eins ist. Es muss also die erste Zeile der Wahrheitstafel (7.36) auf die Fälle erweitert werden, bei denen die Belegungen $B(p \Rightarrow q)$ oder $B(p)$ oder beide gleich $\frac{1}{2}$ sind.

Aus der Tabelle (11.1) ist zu erkennen, dass die Erweiterung nicht eindeutig durch die Definition der Junktoren festgelegt ist. Die Belegungen $B(p \Rightarrow q) = 1$ und $B(p) = \frac{1}{2}$ treten in der vierten und fünften Zeile auf, wobei im ersten Fall $B(q) = 1$ und im zweiten Fall $B(q) = \frac{1}{2}$ gilt. In der Inferenzregel wird deshalb ausgesagt, dass der Wahrheitswert $B(q)$ der Schlussfolgerung $q$ *mindestens* gleich $\frac{1}{2}$ ist:

Modus Ponens der dreiwertigen Logik:

$$\begin{array}{l} B(p \Rightarrow q) \geq \frac{1}{2} \\ B(p) \geq \frac{1}{2} \\ \hline B(q) \geq \min\left(B(p \Rightarrow q),\ B(p)\right). \end{array} \qquad (11.9)$$

Im Vergleich zur Abtrennregel (7.34) der Aussagenlogik ist zu erkennen, dass jetzt für die Ausdrücke $p \Rightarrow q$ und $q$ an Stelle des Wahrheitswertes T nur ein Wahrheitswert von mindestens $\frac{1}{2}$ gefordert wird.

Zusammengefasst führt die dreiwertige Logik auf ein formales System (7.51), bei dem den Formeln der Axiomenmenge $\mathcal{A}$ einer der beiden Wahrheitswerte $\frac{1}{2}$ oder 1 zugeordnet ist und bei der der Modus Ponens in der erweiterten Form (11.9) als Ableitungsregel verwendet wird.

Mit diesen Festlegungen der Junktoren und der Abtrennregel kann in Analogie zum Aussagenkalkül der Wahrheitswert von Behauptungen aus dem Wahrheitswert von Axiomen gefolgert werden. Das folgende Beispiel veranschaulicht dies.

**Beispiel 11.1** *Vorhersage des Verhaltens des Wasserversorgungssystems*

Für das im Beispiel 7.6 beschriebene und in Abb. 2.1 auf S. 32 dargestellte einfache Wasserversorgungssystem soll jetzt in Erweiterung zu dem früher behandelten Fall untersucht werden, mit welchem Wahrheitswert die Aussage „Das Wasser wird knapp“ zutrifft, wenn nur eine vage Aussage über den vorangegangenen Niederschlag gemacht werden kann. Im Beispiel 7.6 wurden folgende Aussagen eingeführt:

$$\begin{aligned} a_1 &= \text{„Der Wasserstand ist niedrig.“} \\ a_{10} &= \text{„Die Wasserentnahme ist groß.“} \\ a_{11} &= \text{„Die Sonne scheint.“} \\ a_{14} &= \text{„Der Niederschlag war gering.“} \\ a_{15} &= \text{„Das Wasser wird knapp.“} \end{aligned}$$

Im Folgenden wird angenommen, dass die Implikationen (7.41) – (7.48) den Wahrheitswert 1 haben, also insbesondere

$$B(a_{11} \Rightarrow a_{10}) = 1 \tag{11.10}$$

$$B(a_{14} \Rightarrow a_1) = 1 \tag{11.11}$$

$$B(a_1 \wedge a_{10} \Rightarrow a_{15}) = 1 \tag{11.12}$$

gilt. Ferner ist genau bekannt, dass die Sonne scheint

$$B(a_{11}) = 1, \tag{11.13}$$

aber nicht genau bekannt, ob der Niederschlag ergiebig war:

$$B(a_{14}) = \frac{1}{2}. \tag{11.14}$$

Gesucht ist der Wahrheitswert von $a_{15}$.

Mit Hilfe der Abtrennregel (11.9) kann diese Aufgabe folgendermaßen gelöst werden:

1. Aus den Formeln (11.13) und (11.10) erhält man
$$B(a_{10}) = 1. \tag{11.15}$$
Da beide Voraussetzungen den Wahrheitswert 1 haben, stimmt dieses Ergebnis mit dem aus Beispiel 7.6 überein.
2. Aus (11.14) und (11.11) folgt
$$B(a_1) \geq \frac{1}{2}. \tag{11.16}$$
Die Unbestimmtheit bezüglich der Gültigkeit von $a_{14}$ überträgt sich auf den Wahrheitswert von $a_1$.
3. Für die Konjunktion $a_1 \wedge a_{10}$ folgt aus (11.15) und (11.16) gemäß Gl.(11.1) der Wahrheitswert
$$B(a_1 \wedge a_{10}) = \frac{1}{2}. \tag{11.17}$$
4. Aus den Bewertungen (11.12) und (11.17) erhält man mit Hilfe der Abtrennregel
$$B(a_{15}) \geq \frac{1}{2}. \tag{11.18}$$

Dieses Ergebnis zeigt, wie sich die Unbestimmtheit des Wahrheitswertes des Axioms $a_{14}$ auf das Ergebnis $a_{15}$ überträgt. Die Vorhersage gilt mit einem ungewissen Wahrheitswert. □

**Eigenschaften des Kalküls der dreiwertigen Logik.** Eine zweckmäßige Implementierung des Theorembeweisers für die mehrwertige Logik ist schwieriger als die eines Beweisverfahrens für die klassische Logik, weil es nur unter bestimmten Voraussetzungen möglich ist, die aus dem Kap. 7 bekannten Umformungen anzuwenden, also alle Axiome in Klauselform zu überführen, die Abtrennregel in eine der Resolutionsregel ähnliche Form zu bringen und den Beweis als Widerspruchsbeweis zu führen. Ein weiterer Unterschied betrifft die Tatsache, dass die hier verwendete Abtrennregel nicht $B(q)$, sondern eine untere Schranke dieses Wahrheitswertes liefert.

Dies hat eine weitere Konsequenz: Beim Aussagenkalkül ist es gleichgültig, auf welchem von mehreren Ableitungswegen eine Behauptung bewiesen wird, denn zum Nachweis der Behauptung ist es ausreichend, *einen* Weg zu finden. Bei der mehrwertigen Logik kann es vorkommen, dass eine Behauptung auf unterschiedlichen Folgerungswegen mit unterschiedlicher Gewissheit bewiesen werden kann. Wie in diesem Fall die auf unterschiedlichen Ableitungswegen erhaltenen Wahrheitswerte einer Schlussfolgerung $q$ zu einem einzigen Wahrheitswert zusammengesetzt werden müssen, geht aus folgendem Beispiel hervor, bei dem die Aussage $q$ sowohl aus

$$\begin{array}{l} B(p \Rightarrow q) \\ B(p) \\ \hline B(q) \geq \min\,(B(p \Rightarrow q), B(p)) \end{array}$$

als auch aus

$$\begin{array}{l} B(r \Rightarrow q) \\ B(r) \\ \hline B(q) \geq \min\,(B(r \Rightarrow q), B(r)) \end{array}$$

folgt. Da beide Schlussfolgerungen eine untere Schranke für den Wahrheitswert liefern, gilt

$$B(q) \geq \max\,[\min\,(B(p \Rightarrow q), B(p)),\ \min\,(B(r \Rightarrow q), B(r))]. \qquad (11.19)$$

Der Wahrheitswert $B(q)$ der Schlussfolgerung wird also durch den größeren der aus den beiden Ableitungswegen erhaltenen Schranken bestimmt. Die Gewissheit nimmt zu, wenn neue Ableitungswege für $q$ gefunden werden.

### 11.1.3 Erweiterung von dreiwertiger auf mehrwertige Logiken

Die in diesem Abschnitt für die dreiwertige Logik angesprochenen Erweiterungen gelten in ähnlicher Weise auch für andere mehrwertige Logiken. Die Wahrheitswerte können in unterschiedlicher Weise abgestuft werden, wobei man sie in der Regel auf das Intervall $[0, 1]$ beschränkt. Für die Berechnung der Wahrheitswerte von zusammengesetzten Aussagen bzw. von Schlussfolgerungen sind vielfältige Ansätze bekannt. Im Hinblick auf die in den nachfolgenden

Abschnitten behandelten Verfahren zur Verarbeitung unsicheren Wissens ist es bemerkenswert, dass die Abtrennregel auch bei allgemeinen mehrwertigen Logiken in der Form

$$\begin{array}{l} B(p \Rightarrow q) \geq a \\ B(p) \geq b \\ \hline B(q) \geq \min\,(a, b) \end{array} \tag{11.20}$$

geschrieben werden kann. Dabei wird der Wahrheitswert der Schlussfolgerung in Abhängigkeit von unteren Schranken für die Wahrheitswerte der Prämissen angegeben.

**Aufgabe 11.1** *Modus Ponens der dreiwertigen Logik*

Erweitern Sie die Wahrheitstafel (7.36) für die dreiwertige Logik. Welche Zeilen sind für die Aufstellung der Abtrennregel maßgebend? Für welche Belegungen von $p \Rightarrow q$ und $p$ stimmen diese Zeilen mit Gl. (11.9) überein und für welche nicht? □

**Aufgabe 11.2** *Diagnose des Wasserversorgungssystems*

Betrachten Sie eine ähnliche Situation wie im Beispiel 11.1, wobei jetzt jedoch nicht alle Formeln (7.41) – (7.48), die das Verhalten des Wasserversorgungssystems beschreiben, den Wahrheitswert 1 haben.

1. Lösen Sie die Aufgabe aus Beispiel 11.1 unter der zusätzlichen Annahme, dass das Axiom $a_{11} \Rightarrow a_{10}$ den Wahrheitswert $\frac{1}{2}$ bzw. 0 hat. Ändert sich dadurch der Wahrheitswert der Behauptung $a_{15}$ gegenüber dem Beispiel?
2. Untersuchen Sie, auf welchen Wegen aus den Implikationen (7.41) – (7.48) und den zusätzlichen Axiomen

$$\begin{aligned} B(a_1) &= 1 \\ B(a_{11}) &= 1 \end{aligned}$$

die Behauptung $a_2$ bewiesen werden kann. Welchen Wahrheitswert hat $a_2$, wenn

$$B(a_1 \Rightarrow a_2) = \frac{1}{2}$$

gilt und alle anderen Implikationen den Wahrheitswert 1 haben? □

## 11.2 Wissensverarbeitung mit unscharfen Mengen

### 11.2.1 Unscharfe Mengen

In diesem Abschnitt werden Methoden zur Wissensrepräsentation und -verarbeitung behandelt, die auf der Theorie der unscharfen Mengen (*fuzzy sets*) beruhen. Dafür wird zunächst der Begriff der unscharfen Mengen eingeführt und in Vorbereitung dessen der (klassische) Mengenbegriff wiederholt.

Eine *Menge* ist die Zusammenfassung von Objekten zu einem Ganzen. Beispielsweise ist $\mathcal{K}$ die Menge aller Nachbarknoten von $\mathrm{s}_1$ im Rechnernetz aus Abb. 8.1 auf S. 233:

$$\mathcal{K} = \{\mathrm{c}_1, \mathrm{c}_2, \mathrm{s}_2\}.$$

Führt man eine Grundmenge $\mathcal{G}$ ein, die alle betrachteten Objekte umfasst, so kann jede Menge $\mathcal{M}$ unter Verwendung einer charakteristischen Funktion $\lambda_M$ definiert werden, die für die Elemente der Menge $\mathcal{M}$ den Wert eins und für alle anderen Elemente der Grundmenge den Wert null hat:

$$\mathcal{M} = \{x \in \mathcal{G} : \lambda_M(x) = 1\}.$$

Beispielsweise ist die Menge $\mathcal{K}$ mit Hilfe der charakteristischen Funktion $\lambda_K$ durch

$$\mathcal{K} = \{x \in \mathcal{G} : \lambda_K(x) = 1\} \tag{11.21}$$

festgelegt. Die Funktion $\lambda_K(x)$ hat den Wert eins für alle Knoten $x$, die Nachbarknoten von $\mathrm{s}_1$ sind, wobei die Grundmenge $\mathcal{G}$ in diesem Beispiel die Menge aller Knoten des Graphen ist.

Als zweites Beispiel seien alle Druckmesswerte $p$ in der Menge $\mathcal{A}$ zusammengefasst, die über einem Schwellwert $\bar{p}$ liegen:

$$\mathcal{A} = \{p \in \mathrm{I\!R}^+ : \lambda_A(p) = 1\}. \tag{11.22}$$

Die charakteristische Funktion hat die Bedeutung „ist größer als $\bar{p}$“:

$$\lambda_A(p) = \begin{cases} 1 & \text{wenn } p > \bar{p} \\ 0 & \text{sonst.} \end{cases}$$

Da als Druckwert jede positive Zahl in Frage kommt, ist die Grundmenge $\mathcal{G}$ die Menge $\mathrm{I\!R}^+$ aller positiven reellen Zahlen.

**Mengenoperationen.** Von den für Mengen definierten Operationen werden für die nachfolgende Erweiterung auf unscharfe Mengen die Vereinigung, die Durchschnittsbildung und die Komplementbildung der Mengen

$$\mathcal{M}_1 = \{x : \lambda_1(x) = 1\} \quad \text{und} \quad \mathcal{M}_2 = \{x : \lambda_2(x) = 1\}$$

gebraucht. In den Definitionen von $\mathcal{M}_1$ und $\mathcal{M}_2$ sowie in den folgenden Beziehungen ist zur Vereinfachung der Darstellung die Bedingung $x \in \mathcal{G}$ weggelassen. Wichtig ist, dass Mengenoperationen in boolesche Operationen für die charakteristischen Funktionen $\lambda_1$ und $\lambda_2$ übergehen:

$$\text{Komplement:} \quad \bar{\mathcal{M}}_1 = \{x : \neg\lambda_1(x) = 1\} \tag{11.23}$$

$$\text{Durchschnitt:} \quad \mathcal{M}_1 \cap \mathcal{M}_2 = \{x : \lambda_1(x) \wedge \lambda_2(x) = 1\} \tag{11.24}$$

$$\text{Vereinigung:} \quad \mathcal{M}_1 \cup \mathcal{M}_2 = \{x : \lambda_1(x) \vee \lambda_2(x) = 1\}. \tag{11.25}$$

Aus diesen Definitionen folgen zwei wichtige Eigenschaften:

$$\mathcal{M}_1 \cup \bar{\mathcal{M}}_1 = \mathcal{G} \tag{11.26}$$

$$\mathcal{M}_1 \cap \bar{\mathcal{M}}_1 = \emptyset. \tag{11.27}$$

Charakteristisch für die Mengendarstellung ist, dass für jedes Element der Grundmenge eindeutig gesagt werden kann, ob es einer bestimmten Menge $\mathcal{M}$ zugeordnet ist oder nicht. Diese scharfe Entscheidung entspricht der Eindeutigkeit, mit der die charakteristische Funktion $\lambda_M$ für ein gegebenes $x$ den Wert null oder eins hat.

**Unscharfe Mengen.** An Stelle der charakteristischen Funktion $\lambda$ wird eine *Zugehörigkeitsfunktion* (*membership function*) eingeführt, die für alle Elemente der Grundmenge $\mathcal{G}$ den Grad der Zugehörigkeit zu einer betrachteten Menge $\mathcal{M}$ festlegt. Diese Funktion wird durch das Symbol $\mu_M$ dargestellt, dessen Index die betrachtete Menge bezeichnet. Der Wertebereich dieser Funktion ist das Intervall $[0, 1]$, wobei $\mu_M(x) = 0$ bedeutet, dass $x$ nicht zur Menge $\mathcal{M}$ gehört. $\mu_M(x) > 0$ heißt, dass $x$ zu $\mathcal{M}$ gehört, wobei der Grad der Zugehörigkeit mit dem Wert von $\mu_M(x)$ steigt. $\mu_M(x) = 1$ besagt, dass das Element $x$ sicher zur Menge $\mathcal{M}$ gehört. Um eine unscharfe Menge darzustellen, muss also für jedes Element der Wert der Zugehörigkeitsfunktion angegeben werden.

**Definition 11.1** *Für eine Grundmenge $\mathcal{G}$ und Zugehörigkeitsfunktion $\mu_M$ ist eine* unscharfe Menge $\mathcal{M}_\mathrm{u}$ *durch*

$$\mathcal{M}_\mathrm{u} = \{(x, \mu_M(x)) : x \in \mathcal{G}, \mu_M(x) \in [0, 1]\} \tag{11.28}$$

*erklärt.*

Die unscharfe Menge wird also durch Wertepaare beschrieben, wobei das erste Element des Paares ein Element der Grundmenge und das zweite Element den Wert der Zugehörigkeitsfunktion darstellt. Man sollte deshalb besser von „unscharf beschriebener Menge“ sprechen, aber die Begriffe unscharfe Menge oder Fuzzy-Menge haben sich eingebürgert.

Das Beispiel (11.21) muss auf eine unscharfe Menge erweitert werden, wenn nicht nur die direkten Nachbarn von $\mathrm{s}_1$, sondern alle in der Nähe von $\mathrm{s}_1$ liegenden Knoten zu einer Menge zusammengefasst werden sollen. Welcher Knoten $x$ „nahe“ bei $\mathrm{s}_1$ liegt, kann zwar anhand der Länge des kürzesten Pfades von $x$ nach $\mathrm{s}_1$ entschieden werden. Die Vorgabe eines Grenzwertes würde aber unberücksichtigt lassen, dass es in größeren Rechnernetzen für einige Knoten mehrere Wege zu $\mathrm{s}_1$ gibt, was durchaus für die Bewertung der Entfernung von $x$ und $\mathrm{s}_1$ maßgebend sein kann (vgl. heuristische Graphensuche im Abschn. 3.4). Unter Berücksichtigung dieser Umstände werden z. B. die im Folgenden verwendeten Werte der Zugehörigkeitsfunktion festgelegt und die unscharfe Menge

$$\mathcal{K}_\mathrm{u} = \{(\mathrm{c}_1, 1), (\mathrm{c}_2, 1), (\mathrm{s}_2, 1), (\mathrm{c}_3, 0{,}3)\} \tag{11.29}$$

gebildet. Die Menge $\mathcal{K}_\mathrm{u}$ besagt, dass alle Knoten mehr oder weniger nahe bei $\mathrm{s}_1$ liegen. Das „mehr oder weniger“ wird durch den Wert der Zugehörigkeitsfunktion $\mu_K(x)$ ausgedrückt. Für die Elemente der (scharfen) Menge $\mathcal{K}$ ist $\mu_K(x) = 1$.

Für das Beispiel (11.22) ist eine Erweiterung auf die unscharfe Menge

$$\mathcal{A}_\mathrm{u} = \{(p, \mu_A(p))\} \tag{11.30}$$

naheliegend, bei der nicht mehr nur alle über dem Schwellwert $\bar{p}$ liegenden Werte von $p$, sondern alle „sehr großen" Werte in einer Menge zusammengefasst werden. Diese Menge wird $\mathcal{A}_\mathrm{u}$ genannt. An Stelle der charakteristischen Funktion $\lambda_A$ wird jetzt mit der Zugehörigkeitsfunktion $\mu_A$ gearbeitet, die in Abb. 11.1 grafisch dargestellt ist. Auf der Abszisse sind die positiven Zahlen als mögliche Messwerte aufgetragen. Die Zugehörigkeitsfunktion ist hier so gewählt, dass

$$\mu_A(p) = 1 \quad \text{für} \quad p > \bar{p}$$

gilt und alle Elemente von $\mathcal{A}$ mit der Zugehörigkeit eins zur Menge $\mathcal{A}_\mathrm{u}$ gehören. Für Werte unterhalb des Schwellwertes $\bar{p}$ wird die Zugehörigkeit mit wachsendem Abstand zu $\bar{p}$ kleiner. Alle Werte kleiner als $\tilde{p}$ gehören nicht zu $\mathcal{A}_\mathrm{u}$.

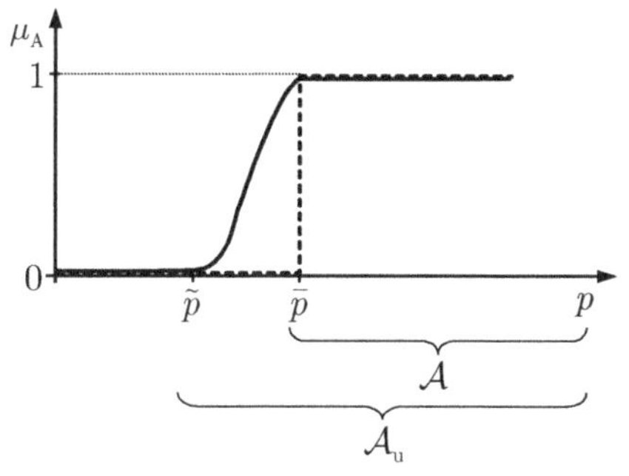


**Abb. 11.1:** Zugehörigkeitsfunktion der unscharfen Menge „gefährlicher" Druckwerte

Der Unterschied zwischen der (scharfen) Menge $\mathcal{A}$ und der unscharfen Menge $\mathcal{A}_\mathrm{u}$ wird besonders deutlich, wenn man $\mathcal{A}$ als unscharfe Menge mit der in Abb. 11.1 gestrichelt eingetragenen Zugehörigkeitsfunktion auffasst. Im Unterschied zur Menge $\mathcal{A}$ enthält die unscharfe Menge $\mathcal{A}_\mathrm{u}$ auch die im Intervall zwischen $\tilde{p}$ und $\bar{p}$ liegenden Werte von $p$ mit $\mu_A(p) > 0$, wobei allerdings der Grad der Zugehörigkeit mit größer werdender Entfernung zu $\bar{p}$ abnimmt.

Streng genommen gehören entsprechend der Definition 11.1 alle Elemente des Grundbereichs zur unscharfen Menge. Man bezeichnet alle Elemente, für die die Zugehörigkeitsfunktion nicht verschwindet, als Stützmenge (*support*). Umgangssprachlich meint man die Stützmenge, wenn man von der unscharfen Menge spricht, weil man die Elemente mit verschwindender Zugehörigkeitsfunktion ignorieren kann.

**Operationen für unscharfe Mengen.** Bei der Erweiterung der Mengenoperationen (11.23) – (11.25) muss festgelegt werden, wie die Zugehörigkeitsfunktionen zu verknüpfen sind, wenn das Komplement einer unscharfen Menge bzw. der Durchschnitt und die Vereinigung zweier unscharfer Mengen

$$\mathcal{M}_1 = \{(x, \mu_1(x))\} \quad \text{und} \quad \mathcal{M}_2 = \{(x, \mu_2(x))\}$$

gebildet werden. Dafür gibt es unterschiedliche Ansätze. Hier wird mit den von ZADEH vorgeschlagenen Definitionen gearbeitet, die auf Maximum- und Minimum-Operationen beruhen:

$$\text{Komplement:} \quad \bar{\mathcal{M}}_1 = \{(x, \bar{\mu_1}(x)) : \bar{\mu_1}(x) = 1 - \mu_1(x)\} \tag{11.31}$$

$$\text{Durchschnitt:} \quad \mathcal{M}_1 \cap \mathcal{M}_2 = \{(x, \mu_\cap(x)) : \mu_\cap = \min\,(\mu_1(x), \mu_2(x))\} \tag{11.32}$$

$$\text{Vereinigung:} \quad \mathcal{M}_1 \cup \mathcal{M}_2 = \{(x, \mu_\cup(x)) : \mu_\cup = \max\,(\mu_1(x), \mu_2(x))\}. \tag{11.33}$$

Aus diesen Definitionen folgt, dass der Grad der Zugehörigkeit zur Durchschnittsmenge $\mathcal{M}_1 \cap \mathcal{M}_2$ nicht größer ist als zu den Mengen $\mathcal{M}_1$ bzw. $\mathcal{M}_2$. Der Grad der Zugehörigkeit zur Vereinigungsmenge $\mathcal{M}_1 \cup \mathcal{M}_2$ ist mindestens so groß wie zu jeder der beiden Mengen $\mathcal{M}_1$ bzw. $\mathcal{M}_2$. Diese Eigenschaften sind in Abb. 11.2 grafisch dargestellt.

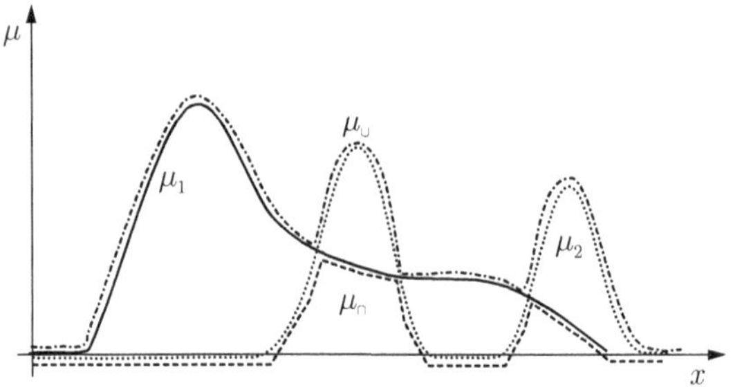


**Abb. 11.2:** Zugehörigkeitsfunktionen $\mu_1$ und $\mu_2$ der Mengen $\mathcal{M}_1$ und $\mathcal{M}_2$ sowie $\mu_\cup$ und $\mu_\cap$ der Vereinigung bzw. des Durchschnitts beider Mengen

Diese wie auch andere gebräuchliche Definitionen der drei Mengenoperationen haben zwei wichtige Eigenschaften. Erstens stimmen die hier für unscharfe Mengen definierten Operationen mit (11.23) – (11.25) überein, wenn der Wertebereich $[0, 1]$ der Zugehörigkeitsfunktionen auf den Wertebereich $\{0, 1\}$ der charakteristischen Funktion reduziert wird. Zweitens folgt aus diesen Definitionen, dass die Beziehungen (11.26) und (11.27) für unscharfe Mengen i. Allg. *nicht* gelten! Das heißt, die Elemente $x$ von $\mathcal{M}_1 \cup \bar{\mathcal{M}}_1$ haben nicht alle den Zugehörigkeitswert $\mu_\cup(x) = 1$ und die Elemente von $\mathcal{M}_1 \cap \bar{\mathcal{M}}_1$ nicht alle den Wert $\mu_\cap(x) = 0$.

### 11.2.2 Unscharfe Mengen in der Wissensrepräsentation

Unscharfe Mengen werden eingesetzt, wenn die Unbestimmtheit des Wissens durch die Verwendung von nicht exakt definierten Begriffen verursacht wird. Auf Grund dieser Unbestimmtheit gibt es Sachverhalte, für die nicht eindeutig entschieden werden kann, ob auf sie der verwendete Begriff zutrifft oder nicht.

Diese Situation tritt in technischen Anwendungen häufig auf. Spricht man, wie im zweiten Beispiel, von „gefährlichen" Werten des Druckes, so ist es schwierig, dies in einer vom Rechner verarbeitbaren Form auszudrücken. Häufig behilft man sich damit, einen Schwellwert $\bar{p}$ festzulegen und alle darüber liegenden Werte als gefährlich einzustufen. Wie das Beispiel zeigt, führt die Verwendung unscharfer Mengen auf eine bessere Darstellung der Eigenschaft „gefährlich".

Für technische Anwendungen ist es typisch, dass Parameter- oder Signalwerte mit den unscharfen Begriffen charakterisiert werden. Als Grundmenge $\mathcal{G}$ tritt dann die Menge aller physikalisch realisierbaren Werte auf, also in der Mehrzahl der Fälle ein Intervall. Über dieses

Intervall wird die Zugehörigkeitsfunktion definiert, die im Folgenden meist in grafischer Form angegeben ist. Die dadurch beschriebene unscharfe Menge enthält unendlich viele Elemente.

Entsprechend der Definition der unscharfen Mengen kann die Zugehörigkeit eines gegebenen Messwertes (oder z. B. auch eines verbal beschriebenen Arbeitspunktes) zu einer oder mehreren Mengen bestimmt werden. Gemäß Abb. 11.3 gehört der Messwert $p = 1735\,\text{hPa}$ mit den Werten 0,8 und 0,2 zu den unscharfen Mengen der gefährlichen bzw. ungefährlichen Druckwerte. Die Zuordnung von unscharfen Mengen zu gegebenen (exakten) Werten nennt man auch *Fuzzifizierung*.

Die folgenden zwei Schritte dienen einer Verbesserung der Anschaulichkeit, mit der Wissen durch unscharfe Mengen dargestellt werden kann. Erstens werden die Namen der unscharfen Mengen aus der Eigenschaft abgeleitet, die den Elementen der Menge gemeinsam ist. Deshalb wird z. B. an Stelle von $\mathcal{A}_{\text{u}}$ mit der Bezeichnung GEFÄHRLICH gearbeitet, also an Stelle von Gl. (11.30)

$$\text{GEFÄHRLICH} = \{(p, \mu_A(p)) : \mu_A(p) \text{ aus Abb. 11.1}\} \tag{11.34}$$

geschrieben. Das Komplement $\bar{\mathcal{A}}_{\text{u}}$, das entsprechend Gl. (11.31) gebildet werden kann, enthält alle Druckwerte, die ungefährlich sind. Diese Menge wird deshalb mit dem Namen UNGEFÄHRLICH versehen:

$$\text{UNGEFÄHRLICH} = \{(p, \mu_U(p)) : \mu_U(p) = 1 - \mu_A(p)\}. \tag{11.35}$$

Damit hat jeder Messwert $p$ einen von null verschiedenen Wert der Zugehörigkeitsfunktion entweder bezüglich der unscharfen Menge GEFÄHRLICH oder UNGEFÄHRLICH oder bezüglich beider Mengen.

Zweitens wird die Zuordnung eines gegebenen Messwertes $p$ zu einer unscharfen Menge durch eine Aussage der Form

> „$p$ gehört der unscharfen Menge GEFÄHRLICH mit dem Wert $\mu_A(p)$ der Zugehörigkeitsfunktion an."

beschrieben und die Aussage durch

$$p_{\text{L}} = \text{GEFÄHRLICH} \quad \text{mit Wahrheitswert } \mu_A(p) \tag{11.36}$$

abgekürzt, wobei man die Gl. (11.36) nur verwendet, wenn $\mu_A(p) > 0$ gilt. Das heißt, dass der Variablen $p_{\text{L}}$ die Eigenschaft von $p$ zugeordnet ist. Die Variable $p_{\text{L}}$ kann folglich die Werte GEFÄHRLICH oder UNGEFÄHRLICH annehmen. Man bezeichnet sie als *linguistische Variable*. Zu jedem Messwert $p$ gehören ein oder mehrere Werte der linguistischen Variablen $p_{\text{L}}$.

**Beispiel 11.2** *Verarbeitung von Fehlern bei einer Druckmessung*

Wird ein Druck von $p = 2435$ hPa gemessen, so ist dieser Wert nach Abb. 11.3 zweifelsfrei gefährlich:

$$p_{\text{L}} = \text{GEFÄHRLICH} \quad \text{mit Wahrheitswert } 1{,}0.$$

Für den Druck $p = 1735$ hPa treffen die Bewertungen „gefährlich" und „ungefährlich" jeweils mit einem bestimmten Wahrheitswert zu, denn dieser Druck liegt im Grenzbereich. Folglich gilt sowohl

$$p_{\text{L}} = \text{GEFÄHRLICH} \quad \text{mit Wahrheitswert } 0{,}8$$

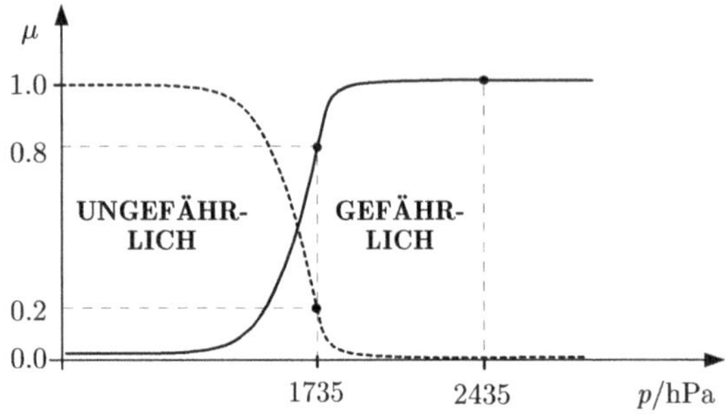


**Abb. 11.3:** Gefährliche und ungefährliche Druckwerte

als auch

$$p_{\mathrm{L}} = \text{UNGEFÄHRLICH} \quad \text{mit Wahrheitswert } 0{,}2. \square$$

Problematisch ist die Wahl der Zugehörigkeitsfunktion, da der Wert der Zugehörigkeitsfunktion für ein bestimmtes Element keine von der konkreten Anwendung unabhängige Bedeutung hat – im Gegensatz zu einer wahrscheinlichkeitstheoretischen Bewertung, die die relative Häufigkeit beschreibt, mit der der betrachtete Wert auftritt. Da man bei vielen Anwendungen jedoch festgestellt hat, dass sich die mit Hilfe von unscharfen Mengen erhaltenen Ergebnisse bei einer Veränderung der Zugehörigkeitsfunktionen wenig verändern, wird sehr häufig mit Zugehörigkeitsfunktionen gearbeitet, deren grafische Darstellung auf Dreiecke oder Trapeze führt (Abb. 11.4) und die mit wenigen Daten beschreibbar sind.

Für die Wahl der Zugehörigkeitsfunktion gibt es wenige Vorschriften. Es muss *nicht* gesichert sein, dass für einen Wert $x$ die Summe aller Zugehörigkeitswerte eins ist. In Bezug auf Abb. 11.4 gilt also

$$\mu_{\mathrm{KLEIN}}(x) + \mu_{\mathrm{MITTELGROSS}}(x) + \mu_{\mathrm{GROSS}}(x) = 1.$$

Es ist aber zweckmäßig, allen Elemente der Grundmenge wenigstens in einer unscharfen Menge einen von null verschiedenen Wert der Zugehörigkeitsfunktion zuzuordnen oder darüber hinausgehend dafür Sorge zu tragen, dass die o.g. Summe mindestens den Wert 0,5 hat.

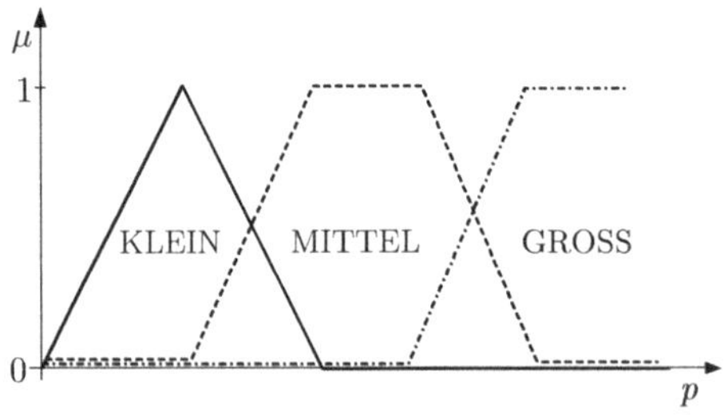


**Abb. 11.4:** Beispiele für Zugehörigkeitsfunktionen zur Darstellung der unscharfen Mengen der kleinen, mittelgroßen bzw. großen Werte von $p$

Wie in den angeführten Beispielen werden unscharfe Mengen im Folgenden verwendet, um unscharf definierte Begriffe darzustellen. Die Verknüpfung der Begriffe wird als scharf (sicher, bestimmt) betrachtet, obwohl unscharfe Mengen in einer Erweiterung der folgenden Betrachtungen auch zur Beschreibung unsicherer Zusammenhänge verwendet werden können.

### 11.2.3 Unscharfe Logik

**Unscharfe Aussagen.** Es ist nun die Frage zu beantworten, wie die mit linguistischen Variablen formulierten Aussagen verarbeitet werden können. Diese Frage kann in weitgehender Analogie zur Aussagenlogik beantwortet werden, wobei die Erweiterung in der Verarbeitung der aus der Zugehörigkeitsfunktion abgeleiteten Wahrheitswerte liegt.

Als erstes muss der Begriff der *unscharfen Aussage* (linguistischen Elementaraussage) eingeführt werden. Im Folgenden werden Aussagen der Form (11.36) betrachtet, also z. B.

$$p_{\mathrm{L}} = \text{GEFÄHRLICH} \qquad \text{mit Wahrheitswert 0,8.}$$

Diese Beziehung kann natürlich im Sinne der klassischen Aussagenlogik als Aussage

„$p_{\mathrm{L}}$ hat den Wert GEFÄHRLICH mit dem Wahrheitswert 0,8."

interpretiert werden, die in Abhängigkeit vom Messwert $p$ entweder „wahr" oder „falsch" ist. Dies würde jedoch bedeuten, dass gleichartige Aussagen für alle denkbaren Wert der Zugehörigkeitsfunktion aufgestellt werden müssten. Zweckmäßiger ist es deshalb, die o. a. Gleichung als Aussage

$$p_{\mathrm{u}} = \text{„}p_{\mathrm{L}} = \text{GEFÄHRLICH"}$$

zu interpretieren und dieser Aussage den Wahrheitswert 0,8 zuzuordnen:

$$B(p_{\mathrm{u}}) = 0{,}8.$$

Es wird also mit einer Aussage gearbeitet, deren Belegung sich in Abhängigkeit vom Messwert $p$ ändert. Man spricht deshalb bei dieser Aussage von einer unscharfen Aussage. Ihr Wahrheitswert liegt im Intervall [0, 1] und beschreibt, wie gut die Aussage für den betrachteten Sachverhalt zutrifft.

Im Unterschied zur mehrwertigen Logik kann hier der Wahrheitswert jeden reellen Wert im angegebenen Intervall annehmen. Er wird anhand gegebener unscharfer Mengen dadurch bestimmt, dass der Wert $\mu_A(x)$ der Zugehörigkeitsfunktion des Wertes $x$ zur unscharfen Menge $\mathcal{A}$ als Wahrheitswert der Aussage interpretiert wird, dass einer linguistischen Variablen $x_{\mathrm{L}}$ der Wert $A$ zugeordnet ist.

Unscharfe Aussagen können auch andere Vergleichsoperationen als das Gleichheitszeichen enthalten. Es ist also auch möglich, die unscharfe Aussage

$$p_{\mathrm{L}} < \text{GROSS}$$

in der oben angegebenen Weise zu interpretieren und mit einem Wahrheitswert zu belegen, der z. B. aus der Definition der unscharfen Mengen MITTELGROSS und KLEIN entsteht

(Abb. 11.4). Dafür ist es notwendig, die „<“-Operation zu definieren, beispielsweise dadurch, dass der o. a. Aussage der maximale Zugehörigkeitswert zu den Mengen MITTELGROSS und KLEIN als Wahrheitswert zugeordnet wird.

**Unscharfe Ausdrücke.** Die Verknüpfung unscharfer Aussagen durch die Junktoren $\neg$, $\wedge$ und $\vee$ wird in Anlehnung an die Mengenoperationen (11.31) – (11.33) definiert. Da die Aussage

$$p_{\mathrm{u}} = „p_{\mathrm{L}} = \text{GEFÄHRLICH}“$$

gleichbedeutend ist mit

$$p \in \mathcal{A}_{\mathrm{u}}$$

(vgl. (11.36)), besagt die negierte Aussage

$$\neg p_{\mathrm{u}} = \neg(„p_{\mathrm{L}} = \text{ GEFÄHRLICH}“),$$

dass $p$ „nicht“ zu $\mathcal{A}_{\mathrm{u}}$ gehört (vgl. (11.31)). Diese Aussage wird so interpretiert, dass der Messwert $p$ zum Komplement von $\mathcal{A}_{\mathrm{u}}$ gehört und der Wahrheitswert der negierten unscharfen Aussage folgendermaßen definiert:

$$B(\neg p_{\mathrm{u}}) = 1 - B(p_{\mathrm{u}}). \tag{11.37}$$

In dieser Beziehung stellt $p_{\mathrm{u}}$ eine beliebige unscharfe Aussage mit dem Wahrheitswert $B(p_{\mathrm{u}})$ dar.

Ähnliche Überlegungen führen auf folgende Definitionen für die konjunktive und disjunktive Verknüpfung unscharfer Aussagen $p_{u1}$ und $p_{u2}$:

$$B(p_{u1} \wedge p_{u2}) = \min\,(B(p_{u1}), B(p_{u2})) \tag{11.38}$$

$$B(p_{u1} \vee p_{u2}) = \max\,(B(p_{u1}), B(p_{u2})). \tag{11.39}$$

Da bezüglich der Verwendung des Wahrheitswertes Parallelen zur mehrwertigen Logik bestehen, kann die Ähnlichkeit dieser Definitionen zu den Definitionen (11.4), (11.2) und (11.3) nicht verwundern. Es gibt jedoch für beide Verfahren auch andere Bildungsvorschriften für diese Operationen. In jedem Falle wird gefordert, dass die Definitionen mit denen der klassischen Logik übereinstimmen, wenn die Aussagen die Wahrheitswerte 0 oder 1 haben. Diese Forderung ist bei den Gln. (11.37) – (11.39) erfüllt.

**Modus Ponens der unscharfen Logik.** In den folgenden Betrachtungen wird davon ausgegangen, dass die Axiome in der Form von Implikationen

$$p_{\mathrm{u}} \Rightarrow q_{\mathrm{u}}$$

bzw. als unbedingt gültige unscharfe Ausdrücke

$$p_{\mathrm{u}}$$

vorliegen. Dabei ist es keine Einschränkung der Allgemeinheit, dass auf beiden Seiten des Implikationspfeiles nur jeweils ein unscharfer Ausdruck steht, denn logische Verknüpfungen unscharfer Aussagen können entsprechend (11.37) – (11.39) zu einem Ausdruck zusammengefasst werden.

Die Erweiterung der Abtrennregel (7.34) auf die unscharfe Logik ist damit in derselben Weise möglich wie in der mehrwertigen Logik. Die Abtrennregel (11.9) gilt auch hier:

Modus Ponens der unscharfen Logik:

$$\begin{array}{l} B(p_\mathrm{u} \Rightarrow q_\mathrm{u}) \geq a \\ B(p_\mathrm{u}) \geq b \\ \hline B(q) \geq \min\,(a, b). \end{array} \tag{11.40}$$

Mit denselben Argumenten wie bei der mehrwertigen Logik kann auch hier gezeigt werden, dass die Zusammenfassung der über unterschiedliche Ableitungswege erhaltenen Wahrheitswerte die Maximum-Operation erfordert und Gl. (11.19) gilt:

$$B(q_\mathrm{u}) = \max\,(\min\,(B(p_\mathrm{u} \Rightarrow q_\mathrm{u}), B(q_\mathrm{u})),\ \min\,(B(r_\mathrm{u} \Rightarrow q_\mathrm{u}), B(r_\mathrm{u}))). \tag{11.41}$$

**Beispiel 11.3** *Diagnose des Wasserversorgungssystems*

Zur Illustration der bisherigen Ausführungen wird die im Beispiel 11.1 auf Seite 358 behandelte Diagnoseaufgabe mit Hilfe der unscharfen Logik untersucht. Da die im Kap. 2 für das Wasserversorgungssystem eingeführten Bewertungen „groß“, „ergiebig“, „gering“ für die Wasserentnahme und den Wasserstand im Behälter qualitativ sind und nicht exakt bestimmten Messwerten zugeordnet werden können, ist die Definition von unscharfen Mengen für diese Größen sinnvoll.

Wie dies geschehen kann, ist in Abb. 11.5 gezeigt. Für den Wasserstand sind Zugehörigkeitsfunktionen festzulegen, die die auf der Abszisse aufgetragenen Wasserstände den Mengen NIEDRIG und HOCH zuordnen. In der Abbildung ist der Wasserstand so normiert, dass er zwischen 0 und 1 liegt. Die für diese beiden Mengen in der Abbildung gezeigten Zugehörigkeitsfunktionen überlappen sich nicht, denn die im Kap. 2 aufgestellten Regeln treffen nur auf das außerhalb des Normalbereichs liegende Verhalten des Wasserversorgungssystems zu. Zwischen NIEDRIG und HOCH kann man eine unscharfe Menge NORMAL anordnen, die allerdings für die Regeln nicht gebraucht wird.

In gleicher Weise können die unscharfen Mengen NIEDRIG und HOCH für den Wasserdruck, GROSS und KLEIN für die Wasserentnahme, ERGIEBIG und GERING für den Niederschlag und SONNE und REGEN für das Wetter festgelegt werden. Die Bewertung des Wetters ist ein Beispiel dafür, dass unscharfe Mengen auch für nichtmetrische Größen definiert werden können, wobei es allerdings in diesem Fall schwierig ist, den Definitionsbereich der Zugehörigkeitsfunktionen $\mu_\mathrm{SONNE}(Wetter)$ und $\mu_\mathrm{REGEN}(Wetter)$ eindeutig festzulegen. Man geht dann besser davon aus, dass die Zugehörigkeit des aktuellen Wetters zu den Kategorien SONNE und REGEN intuitiv mit Werten zwischen 0 und 1 beschrieben wird.

Nachdem diese unscharfen Mengen festgelegt sind, können die Regeln (2.3) – (2.10) direkt in Implikationen der unscharfen Logik umgeschrieben werden. Der Wert der Zugehörigkeitsfunktion kann als Wert der linguistischen Variablen $Wasserstand_\mathrm{L}$ verstanden werden, so dass die im WENN-Teil der ersten Regel stehende Bedingung in die unscharfe Aussage

$$Wasserstand_\mathrm{L} = \mathrm{NIEDRIG}$$

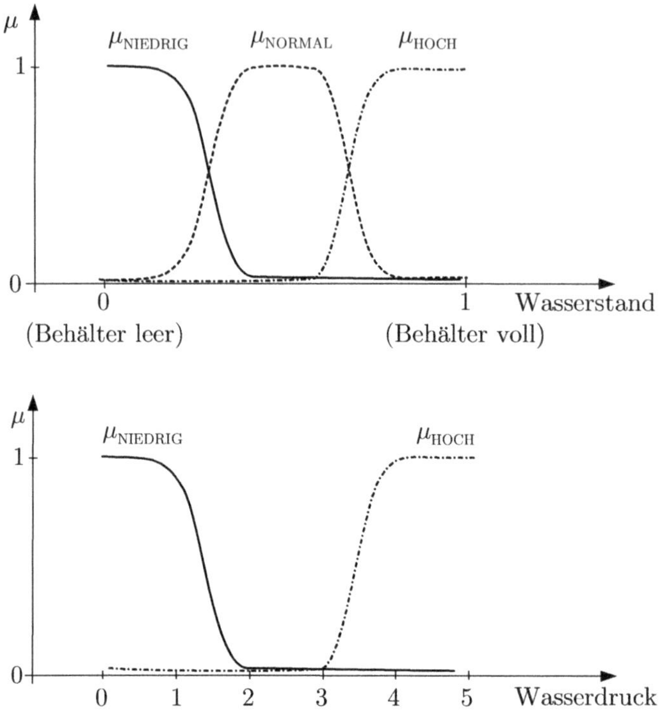


**Abb. 11.5:** Definition unscharfer Mengen zur qualitativen Beschreibung des Verhaltens des Wasserversorgungssystems

übergeht. Welchen Wahrheitswert $B(Wasserstand_{\mathrm{L}} = \text{NIEDRIG})$ diese Aussage hat, kann für einen vorgegebenen Messwert aus der Zugehörigkeitsfunktion bestimmt werden. Als Implikation der unscharfen Logik geschrieben heißt die erste Regel

$$Wasserstand_{\mathrm{L}} = \text{NIEDRIG} \Rightarrow Wasserdruck_{\mathrm{L}} = \text{NIEDRIG}. \quad (11.42)$$

Kürzt man die unscharfen Aussagen in derselben Weise wie im Beispiel 7.6 mit den Formelzeichen $a_1,..., a_{15}$ ab, so entstehen aus den Regeln (2.3) – (2.10) dieselben Implikationen (7.41) – (7.48) wie in der aussagenlogischen Behandlung dieses Beispiels, von denen hier die Formeln

$$a_1 \Rightarrow a_2 \quad (11.43)$$

$$a_{10} \Rightarrow a_2 \quad (11.44)$$

$$a_{11} \Rightarrow a_{10} \quad (11.45)$$

gebraucht werden. Der Unterschied liegt in der Behandlung der Formeln. Während in der Aussagenlogik davon ausgegangen wird, dass den Aussagen einer der Wahrheitswerte T oder F zugeordnet wird, wird in der unscharfen Logik der Wahrheitswert durch eine Zahl zwischen 0 und 1 bewertet. Aus der Festlegung der unscharfen Mengen, die als Grundlage für die Verwendung von linguistischen Variablen definiert wurden, geht hervor, welchen Wahrheitswert die Axiome haben.

Wie im Beispiel 11.1 wird angenommen, dass die Implikationen (7.41) – (7.48) den Wahrheitswert 1 haben. Es soll entschieden werden, inwieweit niedriger Wasserdruck auf niedrigen Wasserstand und sonniges Wetter zurückgeführt werden kann. Ist der Wasserbehälter zu 80% gefüllt, so ist und die Aussage $a_1$ mit dem Wahrheitswert

$$B(a_1) = 0{,}7 \tag{11.46}$$

gültig (vgl. Abb. 11.5). Das Wetter kann mit einem Wahrheitswert von 0,8 als sonnig bezeichnet werden:

$$B(a_{11}) = 0{,}8. \tag{11.47}$$

Die Behauptung heißt $a_2$. Wie groß ist ihr Wahrheitswert?

Zur Beantwortung dieser Frage ist die folgende Beweisaufgabe zu lösen:

Gegeben: Axiome (11.43) – (11.47)
Gesucht: $B(a_2)$.

Die Lösung erhält man in folgenden Schritten:

1. Die Anwendung des Modus Ponens der unscharfen Logik auf die Axiome (11.43) und (11.46) ergibt

$$\begin{array}{l} B(a_1 \Rightarrow a_2) = 1 \\ B(a_1) = 0{,}7 \\ \hline B(a_2) \geq 0{,}7. \end{array}$$

Damit ist bewiesen, dass $a_2$ mit einem Wahrheitswert von mindestens 0,7 gilt.

2. Ein zweiter Ableitungsweg von $a_2$ verwendet die Axiome (11.45), (11.47) und (11.44), womit gilt

$$\begin{array}{ll} B(a_{11} \Rightarrow a_{10}) & = 1 \\ B(a_{11}) & = 0{,}8 \\ \hline B(a_{10}) & \geq 0{,}8 \end{array}$$

und

$$\begin{array}{ll} B(a_{10} \Rightarrow a_2) & = 1 \\ B(a_{10}) & = 0{,}8 \\ \hline B(a_2) & \geq 0{,}8. \end{array}$$

3. Fasst man die Ergebnisse beider Ableitungswege zusammen, so gilt

$$B(a_2) \geq 0{,}8, \tag{11.48}$$

vgl. (11.41). Das Ergebnis besagt, dass die Aussage

$$a_2 = \text{„}Wasserdruck_{\mathrm{L}} = \text{NIEDRIG“} \tag{11.49}$$

mit einem Wahrheitswert von mindestens 0,8 gilt. □

Dieses Beispiel zeigt, wie mit unscharfen Aussagen gearbeitet werden kann. Für die Interpretation des Ergebnisses bleibt jedoch die Frage offen, welcher Messwert für den Wasserdruck auf Grund der unscharfen Aussage (11.49), (11.48) zu erwarten ist: Wie kann die Aussage, dass der Wasserdruck mit dem Wahrheitswert 0,8 NIEDRIG ist, quantifiziert werden? Diese Frage wird im folgenden Abschnitt beantwortet.

### 11.2.4 Fuzzifizierung und Defuzzifizierung

Für die unscharfe Wissensverarbeitung kann Abb. 10.1 in Abb. 11.6 umgezeichnet werden. Die intelligente Steuerung wird hier durch den Begriff „Fuzzyregler“ ersetzt, weil diese Anordnung vor allem für die im Abschn. 11.2.5 beschriebene Regelung praktische Anwendung gefunden hat. Die Formalisierung des gegebenen Wissens, das typischerweise aktuelle Messwerte betrifft, erfolgt durch die Fuzzifizierung. Dieser Schritt wurde im Abschn. 11.2.2 erläutert. In ihm werden exakten physikalischen Größen qualitative Werte zugeordnet, die durch unscharfe Mengen beschrieben sind.

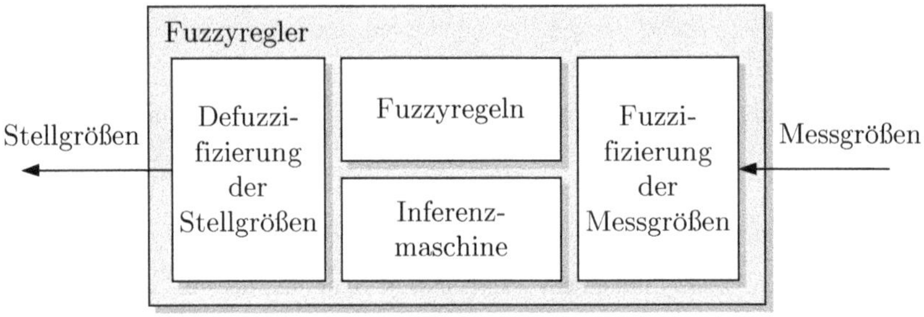


**Abb. 11.6:** Fuzzyregler

Der umgekehrte Schritt der Interpretation unscharfer Aussagen beinhaltet die Zuordnung von Zahlenwerten der Grundmenge zu qualitativen Werten, die mit einem bestimmten Wahrheitswert zutreffen. Er wird als Defuzzifizierung bezeichnet. Es muss beispielsweise entschieden werden, welcher Wasserdruck zu erwarten ist, wenn als Lösung der Diagnoseaufgabe die unscharfe Aussage (11.49) gefunden wurde. Auf diesen Schritt wird im Folgenden eingegangen. Dabei wird zunächst der einfache Fall betrachtet, dass für eine linguistische Variable genau ein linguistischer Wert mit einem Wahrheitswert größer als null zutrifft, wie dies in Gl. (11.49) der Fall ist. Bereits für diesen einfachen Fall gibt es mehrere Defuzzifizierungsmethoden, deren Anwendungsgebiete am Ende dieses Abschnittes diskutiert werden.

**Gewichtete Zugehörigkeitsfunktion.** Als erstes muss bei der Defuzzifizierung berücksichtigt werden, dass die betrachtete Aussage den Wahrheitswert

$$B(Wasserdruck = \text{NIEDRIG}) = 0{,}8$$

besitzt. Dies wird getan, indem die Zugehörigkeitsfunktion der unscharfen Menge

$$\text{NIEDRIG} = \{(x, \mu_{\text{NIEDRIG}}(x))\}$$

entweder mit dem Wahrheitswert 0,8 multipliziert oder beim Wert 0,8 „abgeschnitten“ wird (Abb. 11.7), was sich formal folgendermaßen beschreiben lässt.

Gegeben ist eine linguistische Aussage

$$x_{\text{L}} = \text{E} \tag{11.50}$$

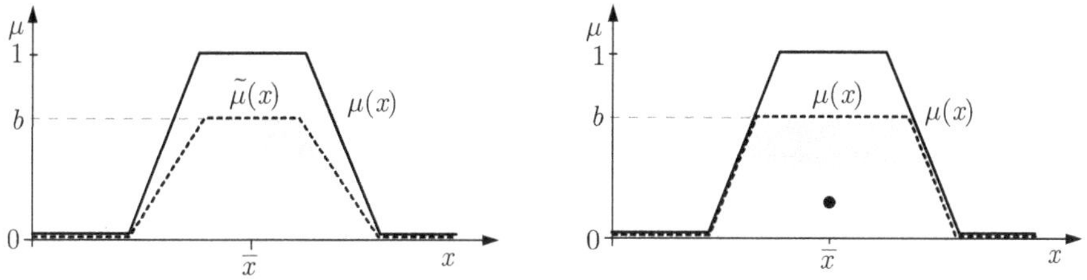


**Abb. 11.7:** Gewichtete Zugehörigkeitsfunktion

mit dem Wahrheitswert

$$B(x_{\mathrm{L}} = \mathrm{E}) = b. \tag{11.51}$$

Diese unscharfe Aussage bezieht sich auf die unscharfe Menge E, die für die Variable $x$ definiert ist und die Eigenschaft E beschreibt:

$$\mathrm{E} = \{(x, \mu(x))\}. \tag{11.52}$$

Dann ist die gewichtete Zugehörigkeitsfunktion bei der *Skalierungsmethode* durch

$$\tilde{\mu}(x) = b\,\mu(x) \tag{11.53}$$

und bei der *Minimummethode* durch

$$\tilde{\mu}(x) = \min\,(b, \mu(x)) \tag{11.54}$$

definiert.

Die gewichtete Zugehörigkeitsfunktion berücksichtigt den Wahrheitswert der betrachteten unscharfen Aussage über den Wert der Variablen $x$. Der Wert $\tilde{\mu}(\bar{x})$ beschreibt, wie genau durch die unscharfe Aussage ausgedrückt wird, dass die Variable $x$ den Wert $\bar{x}$ besitzt. Ist $b < 1$, so gilt $\tilde{\mu}(\bar{x}) < 1$ für alle $\bar{x}$.

**Defuzzifizierung.** In vielen Anwendungen ist es erforderlich, dieses Ergebnis in *einem* Zahlenwert für die Variable $x$ zusammenzufassen. So muss beispielsweise bei einem Fuzzyregler genau ein Wert für die Stellgröße berechnet werden (Abschn. 11.2.5). Für diese Zusammenfassung ist die *Schwerpunktmethode* am weitesten verbreitet. Es wird der Schwerpunkt der Fläche unter der Kurve von $\tilde{\mu}(x)$ gebildet und die $x$-Koordinate des Flächenschwerpunktes als Zahlenwert für $x$ verwendet (Abb. 11.7). Das Ergebnis $\bar{x}$ kann folgendermaßen dargestellt werden:

Defuzzifizierung mit der Schwerpunktmethode:

$$\bar{x} = \frac{\int_{x_{\mathrm{u}}}^{x_{\mathrm{o}}} x\,\tilde{\mu}(x)\,\mathrm{d}x}{\int_{x_{\mathrm{u}}}^{x_{\mathrm{o}}} \tilde{\mu}(x)\,\mathrm{d}x}. \tag{11.55}$$

Dabei beschreibt $[x_{\mathrm{u}}, x_{\mathrm{o}}]$ die Grundmenge, über der die Zugehörigkeitsfunktion $\tilde{\mu}(x)$ definiert ist.

Die Defuzzifizierung muss erweitert werden, wenn mehr als eine Aussage für die Variable $x$ zutrifft, weil beispielsweise der Druck $x$ sowohl zur Menge GEFÄHRLICH als auch zur Menge UNGEFÄHRLICH gehört. An Stelle von (11.50) gelten jetzt $m$ unscharfe Aussagen mit unterschiedlichem Wahrheitswert gleichzeitig:

$$\begin{aligned} x_{\mathrm{L}} &= \mathrm{E}_1, \quad & B(x_{\mathrm{L}} = \mathrm{E}_1) = b_1 \\ x_{\mathrm{L}} &= \mathrm{E}_2, \quad & B(x_{\mathrm{L}} = \mathrm{E}_2) = b_2 \\ & \dots & \\ x_{\mathrm{L}} &= \mathrm{E}_m, \quad & B(x_{\mathrm{L}} = \mathrm{E}_m) = b_m. \end{aligned}$$

Diese unscharfen Aussagen beziehen sich auf die unscharfen Mengen,

$$\mathrm{E}_i = \{(x, \mu_i(x))\},$$

die unterschiedliche Eigenschaften $\mathrm{E}_i$ beschreiben.

Für jede unscharfe Menge wird die gewichtete Zugehörigkeitsfunktion $\tilde{\mu}_i$ berechnet, wobei einheitlich entweder die Skalierungsmethode (11.53) oder die Minimummethode (11.54) zur Anwendung kommt. Um zu einer zahlenmäßigen Aussage über $x$ zu gelangen, werden diese Zugehörigkeitsfunktionen entsprechend

$$\hat{\mu}(x) = \max\left(\tilde{\mu}_1(x), \tilde{\mu}_2(x), \dots, \tilde{\mu}_m(x)\right) \tag{11.56}$$

zur *aggregierten Zugehörigkeitsfunktion* $\hat{\mu}(x)$ zusammengefasst. Auf $\hat{\mu}(x)$ wird dann die Schwerpunktmethode angewendet, so dass sich der den $m$ unscharfen Aussagen zugeordnete Wert $\bar{x}$ aus

$$\bar{x} = \frac{\int_{x_{\mathrm{u}}}^{x_{\mathrm{o}}} x\, \hat{\mu}(x)\, \mathrm{d}x}{\int_{x_{\mathrm{u}}}^{x_{\mathrm{o}}} \hat{\mu}(x)\, \mathrm{d}x} \tag{11.57}$$

ergibt (Abb. 11.8).

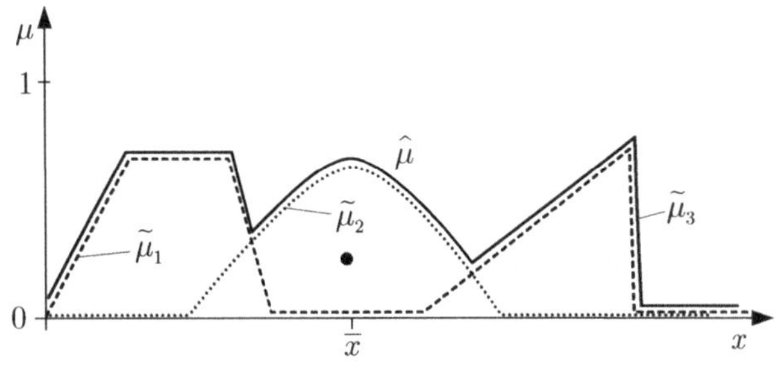


**Abb. 11.8:** Anwendung der Schwerpunktmethode

Wird bei der Berechnung der gewichteten Zugehörigkeitsfunktion die Skalierungsmethode (Produktmethode) (11.53) und für die Aggregierung die Maximummethode (11.56) angewendet, so gilt

$$\tilde{\mu}(x) = \max_{i=1,\ldots,m} (b_i \, \mu_i(x)) \tag{11.58}$$

und man spricht auch von *Max-Prod-Inferenz*. Wird andererseits die Minimummethode (11.54) verwendet, so erhält man die aggregierte Zugehörigkeitsfunktion aus

$$\tilde{\mu}(x) = \max_{i=1,\ldots,m} (\min(b_i, \; \mu_i(x))) \tag{11.59}$$

und spricht von *Max-Min-Inferenz*.

**Beispiel 11.3 (Forts.)** *Diagnose des Wasserversorgungssystems*

Für die Defuzzifizierung der Aussage

$$a_2 = (Wasserdruck_{\mathrm{L}} = \text{NIEDRIG}),$$

die den Wahrheitswert

$$B(a_2) \geq 0{,}8$$

hat, wird als erstes die gewichtete Zugehörigkeitsfunktion

$$\tilde{\mu}_{\mathrm{NIEDRIG}}(Wasserdruck) = 0{,}8 \, \mu_{\mathrm{NIEDRIG}}(Wasserdruck)$$

nach der Skalierungsmethode gebildet. Anschließend wird entsprechend Gl. (11.55) der Wert

$$Wasserdruck = 0{,}6$$

als Schwerpunktskoordinate ermittelt (Abb. 11.5). Dieser Wert für den Wasserdruck repräsentiert zahlenmäßig das Ergebnis der Diagnoseaufgabe.

**Diskussion.** Das Beispiel illustriert das in Abb. 11.6 dargestellte Vorgehen. Die Wissensbasis enthält die in unscharfer Logik formulierten Implikationen, die das Verhalten des Wasserversorgungssystems beschreiben. Für gegebene Messwerte für den Wasserstand und das Wetter erhält man durch Fuzzifizierung unscharfe Aussagen für diese Beobachtungen. Alle diese unscharfen Aussagen bilden gemeinsam die Axiome der betrachteten Problemstellung.

Die daraus erhaltenen Schlussfolgerungen haben ebenfalls die Form unscharfer Aussagen. Durch Defuzzifizierung erhält man jedoch Zahlenwerte für die interessierenden physikalischen Größen. Obwohl die Darstellung und Verarbeitung des Wissens auf unscharfer Logik beruht, sind Ausgangs- und Endpunkt der Problembearbeitung exakte Werte der physikalischen Größen. Das Ergebnis wird bei dieser Diagnoseaufgabe nicht auf den Prozess zurückgeführt, so dass der Block in Abb. 11.6 besser die Bezeichnung „Fuzzydiagnosesystem" erhalten müsste. □

### 11.2.5 Anwendungsbeispiel: Fuzzyregelung

Die Fuzzyregelung ist ein Gebiet, in dem die Anwendung von Methoden der Wissensverarbeitung in der Technik besonders weit gediehen ist. Sie verkörpert eine erfolgreiche Realisierung des Grundanliegens der Künstlichen Intelligenz, Erfahrungswissen des Menschen im Rechner darzustellen und für die Lösung von Problemen zu nutzen. Bei einer Fuzzyregelung wird das Wissen eines erfahrenen Anlagenbedieners bezüglich der Steuerung einer technischen Anlage in Form von Regeln formuliert. Dieses Wissen ist die Grundlage, um aus aktuell gemessenen Werten der zu regelnden Größen Steuereingriffe abzuleiten, auf Grund derer die Regelgrößen vorgegebene Werte annehmen. Da die Regeln unscharfe Aussagen beinhalten, die mit Hilfe unscharfer Mengen formuliert werden, spricht man von einer Fuzzyregelung. Diese Anwendung wird im Folgenden anhand einer Füllstandsregelung erläutert (Abb. 11.9).

**Regelungsaufgabe.** Regelungen werden verwendet, um wichtige Prozessgrößen trotz des Einwirkens von Störungen $d(t)$ auf einem vorgegebenen Sollwert $w$ zu halten. Soll beispielsweise der Flüssigkeitsstand $h(t)$ in einem Behälter auf Grund einer Flüssigkeitsentnahme $d(t)$ nicht auf Dauer absinken, so muss die entnommene Menge dem Behälter wieder zugeführt werden. Der Regler ermittelt aus dem aktuellen Wert $y(t)$ der Regelgröße und dem Sollwert $w$ die Regelabweichung

$$e(t) = w - y(t) \tag{11.60}$$

und bestimmt daraus den aktuellen Wert $u(t)$ der Stellgröße mit dem Ziel, die Regelabweichung zu verkleinern und schließlich ganz zu beseitigen (Abb. 11.9). Das zu regelnde System wird als Regelstrecke bezeichnet.

Der Regler wird durch ein Reglergesetz $k(e)$ beschrieben, demzufolge der zum Zeitpunkt $t$ einzustellende Wert der Stellgröße $u(t)$ in Abhängigkeit von der aktuellen Regelabweichung $e(t)$ berechnet wird:

$$u(t) = k(e(t)). \tag{11.61}$$

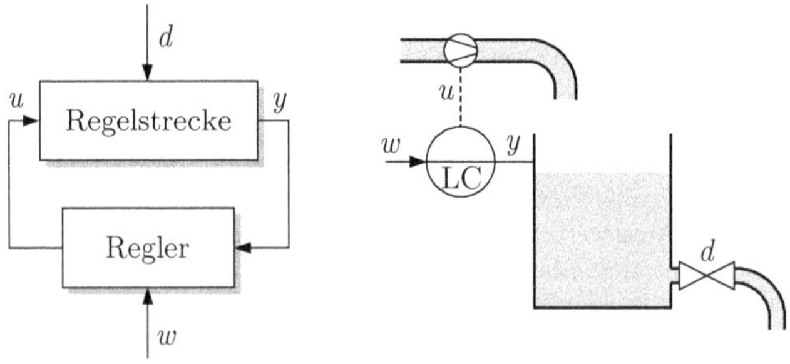


**Abb. 11.9:** Blockschaltbild von Regelkreisen (links) und Füllstandsregelung (rechts)

Bei einer zeitdiskreten Realisierung des Reglers mit Hilfe eines Rechners wird die Stellgröße nur zu den diskreten Abtastzeitpunkten $t = kT$ $(k = 0, 1, ...)$ auf diese Weise ermittelt und zwischen den Abtastzeitpunkten konstant gehalten:

$$\begin{aligned} u(kT) &= k(e(kT)) \\ u(t) &= u(kT) \qquad \text{für} \quad kT \leq t < (k+1)T. \end{aligned} \tag{11.62}$$

Die Wirkungsweise einer Regelung lässt sich leicht an einem linearen Reglergesetz $k(e) = k_{\mathrm{P}}e$ erläutern. Die Stellgröße wird hier proportional zur Regelabweichung gewählt (P-Regler). Derartige Regler verwirklichen das heuristische Vorgehen:

Je größer die Regelabweichung ist, umso größer ist die Stellgröße.

Es wird sich zeigen, dass derartige heuristische Regeln die Grundlage der Fuzzyregelung sind und dass daraus ein statischer Regler mit einem nichtlinearen Reglergesetz (11.61) entsteht.

Das Charakteristische der Fuzzyregelung im Unterschied zu analytisch entworfenen Reglern ist der Weg, auf dem das Reglergesetz festgelegt wird. Durch die Aufstellung von Implikationen in unscharfer Logik ist es möglich, das Wissen des erfahrenen Anlagenfahrers, der bisher den betrachteten Prozess geregelt hat, so zu formalisieren, dass daraus ein Reglergesetz $k$ entsteht.

**Grundstruktur und Entwurf der Fuzzyregelung.** Der Fuzzyregler arbeitet in der in Abb. 11.6 gezeigten Grundstruktur. In der Wissensbasis ist beschrieben, wie der Regler auf die Regelabweichung reagieren soll. Die Wissensbasis besteht aus Implikationen der unscharfen Logik, deren linke Seiten sich auf gemessene Größen wie die Regelabweichung beziehen und deren rechte Seiten die Stellgröße festlegen:

$$\begin{aligned}&< \text{Unscharfe Aussage über Messgrößen} > \\ &\Rightarrow\; < \text{Unscharfe Aussage über die Stellgröße} > .\end{aligned} \tag{11.63}$$

Diese Implikationen werden oft auch als Regeln bezeichnet, da sie häufig zunächst umgangssprachlich als WENN-DANN-Beziehungen formuliert werden. Die Verarbeitung der Implikationen (11.63) erfolgt mit Hilfe der unscharfen Logik. Aus der unscharfen Aussage über die aktuelle Regelabweichung werden unscharfe Aussagen über die zu verwendende Stellgröße abgeleitet und der aktuelle Wert $u(kT)$ der Stellgröße daraus durch die Defuzzifizierung gewonnen.

**Reglergesetz des Fuzzyreglers.** Für die Wirkung des Fuzzyreglers im Regelkreis ist maßgebend, wie die vier in Abb. 11.6 gezeigten Reglerkomponenten gemeinsam aus einem Wert $e(kT)$ der Regelabweichung einen Wert $u(kT)$ der Stellgröße berechnen. Im Folgenden wird an einem Beispiel gezeigt, dass sich dieser Zusammenhang durch eine nichtlineare Funktion $k$ beschreiben lässt.

Da die Implikationen (11.63) Messgrößen direkt mit Stellgrößen in Beziehung setzen, ist bei der Verarbeitung der Regeln (11.63) jeweils nur ein Inferenzschritt notwendig und es entstehen keine Schlussfolgerungsketten. Es ist aber zu beachten, dass für eine gegebene Regelabweichung $e(kT)$ mehr als eine Implikation angewendet werden kann, wenn der Messwert $e(kT)$ zu mehr als einer unscharfen Menge gehört. Die dabei erhaltenen Ergebnisse sind entsprechend (11.41) zusammenzufassen. Die Defuzzifizierung erfolgt entsprechend Abschn. 11.2.4.

**Beispiel 11.4** *Fuzzyregelung des Behälterfüllstandes*

Am Beispiel der in Abb. 11.9 gezeigten Füllstandsregelung wird im Folgenden erläutert, wie das nichtlineare Reglergesetz zustande kommt. Dabei werden auch die Probleme sichtbar, die beim Entwurf des Fuzzyreglers zu lösen sind.

Der Wertebereich für die Regelabweichung wird entsprechend Abb. 11.10 in vier Bereiche unterteilt, in denen der Wert von $e(kT)$ als „negativ", „gut", „hoch" und „sehr hoch" bezeichnet wird. Die Einteilung des Wertebereichs für die Stellgröße erfolgt in drei Bereiche, denen „kein", ein „kleiner" bzw. ein „großer" Stelleingriff entspricht. Obwohl für die hier betrachtete Regelungsaufgabe die Ungleichung $u(t) > 0$ gilt, wird die Zugehörigkeitsfunktion $\mu_{\mathrm{NULL}}(u)$ auch für negative Werte von $u$ definiert, damit der Schwerpunkt der Fläche unter der Kurve $\mu_{\mathrm{NULL}}(u)$ bei $u = 0$ liegt.

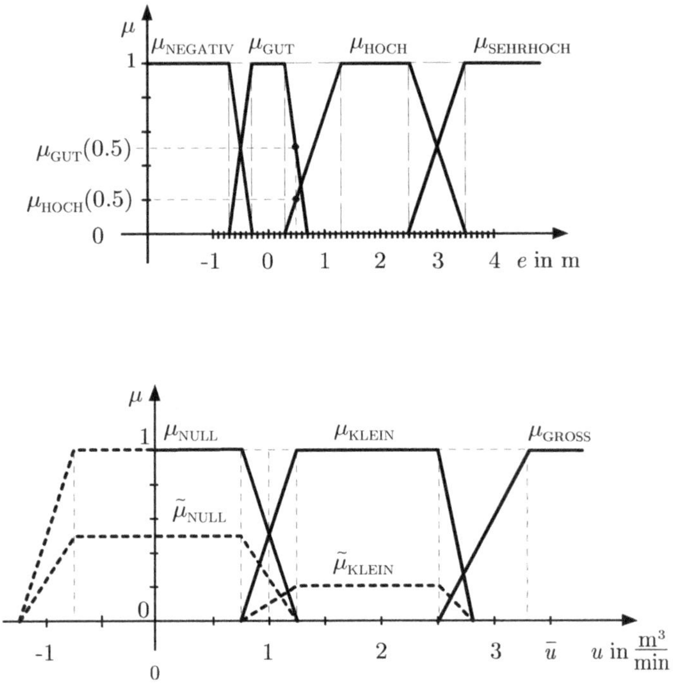


**Abb. 11.10:** Zugehörigkeitsfunktionen der unscharfen Mengen zur Beschreibung der Regelabweichung (oben) und der Stellgröße (unten)

In der Wissensbasis für diesen Regler ist festgelegt, dass bei guter Regelabweichung „kein" Stelleingriff erfolgt, bei hoher Regelabweichung die Stellgröße „klein" und bei sehr hoher Regelabweichung die Stellgröße „groß" ist (d. h., das Ventil wird gar nicht, wenig bzw. weit geöffnet). Da die Regelung bei zu hohem Flüssigkeitspegel $e < 0$ wirkungslos ist, wird negativen Regelabweichungen die Stellgröße „Null" zugeordnet. In der Wissensbasis sind $e_{\mathrm{L}}$ und $u_{\mathrm{L}}$ linguistische Variablen, die die qualitativen Werte der Regelabweichung bzw. der Stellgröße beschreiben. Die Wissensbasis enthält folgende Implikationen:

$$\begin{aligned} e_{\mathrm{L}} = \text{ NEGATIV } &\Rightarrow u_{\mathrm{L}} = \text{ NULL} \\ e_{\mathrm{L}} = \text{ GUT } &\Rightarrow u_{\mathrm{L}} = \text{ NULL} \\ e_{\mathrm{L}} = \text{ HOCH } &\Rightarrow u_{\mathrm{L}} = \text{ KLEIN} \\ e_{\mathrm{L}} = \text{ SEHRHOCH } &\Rightarrow u_{\mathrm{L}} = \text{ GROSS.} \end{aligned} \tag{11.64}$$

Es wird angenommen, dass diese Ausdrücke der unscharfen Logik den Wahrheitswert 1 haben.

Das Reglergesetz $u = k(e)$ kann nun dadurch ermittelt werden, dass für jeden Zahlenwert für $e$ der durch den Fuzzyregler gelieferte Zahlenwert für $u$ berechnet wird. Der Rechenweg soll für den Wert $e = 0{,}5$ erläutert werden. Er umfasst folgende Schritte:

1. **Fuzzifizierung:** Zu $e = 0{,}5$ gehören die Werte

$$\mu_{\mathrm{GUT}}(0{,}5) = 0{,}48, \qquad \mu_{\mathrm{HOCH}}(0{,}6) = 0{,}2$$

(Abb. 11.10). Das heißt, es gelten die Aussagen

$$\begin{aligned} e_{\mathrm{L}} &= \text{GUT} \quad \text{mit Wahrheitswert } \mathcal{B}(e_{\mathrm{L}} = \text{GUT}) = 0{,}48 \\ e_{\mathrm{L}} &= \text{HOCH} \quad \text{mit Wahrheitswert } \mathcal{B}(e_{\mathrm{L}} = \text{HOCH}) = 0{,}2. \end{aligned} \tag{11.65}$$

2. **Wissensverarbeitung:** Aus den Axiomen (11.64) und (11.65) kann mit Hilfe der Abtrennregel (11.40) der unscharfen Logik aus der zweiten Implikation und der ersten Aussage bzw. der dritten Implikation und der zweiten Aussage gefolgert werden, dass folgende Beziehungen gelten:

$$\begin{aligned} u_{\mathrm{L}} &= \text{NULL} \quad \text{mit Wahrheitswert } \mathcal{B}(u_{\mathrm{L}} = \text{NULL}) = 0{,}48 \\ u_{\mathrm{L}} &= \text{KLEIN} \quad \text{mit Wahrheitswert } \mathcal{B}(u_{\mathrm{L}} = \text{KLEIN}) = 0{,}2. \end{aligned}$$

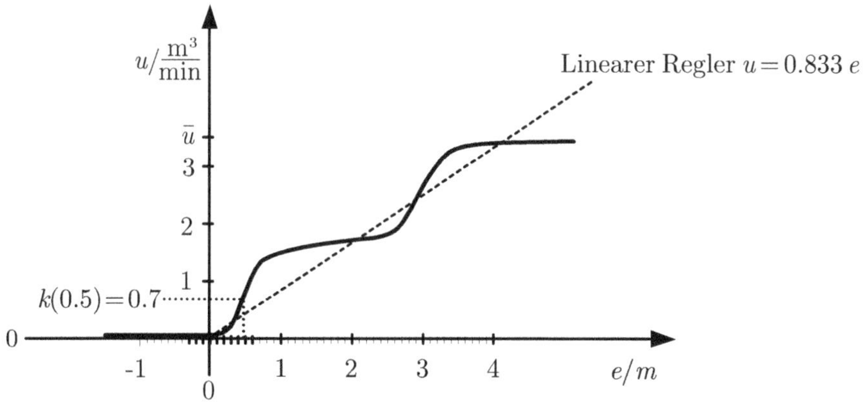


**Abb. 11.11:** Grafische Darstellung des Reglergesetzes

3. **Defuzzifizierung:** Aus diesen Schlussfolgerungen werden entsprechend der Skalierungsmethode (11.53) zunächst die gewichteten Zugehörigkeitsfunktionen

$$\begin{aligned} \tilde{\mu}_{\mathrm{NULL}}(u) &= 0{,}48\,\mu_{\mathrm{NULL}}(u), \\ \tilde{\mu}_{\mathrm{KLEIN}}(u) &= 0{,}2\,\mu_{\mathrm{KLEIN}}(u) \end{aligned}$$

gebildet (gestrichelte Linien in Abb. 11.10). Dann werden beide Funktionen entsprechend Gl. (11.56) zur aggregierten Zugehörigkeitsfunktion

$$\hat{\mu}(u) = \max\left(\tilde{\mu}_{\mathrm{NULL}}(u),\, \tilde{\mu}_{\mathrm{KLEIN}}(u)\right)$$

zusammengefasst. Der Schwerpunkt der Fläche unter dieser Kurve liegt bei $u = 0{,}7$. Damit ist der Wert des Reglergesetzes für die Regelabweichung $e = 0{,}5$ festgelegt:

$$k(0{,}5) = 0{,}7.$$

Wiederholt man die Rechnung für andere Werte von $e$ und trägt das Ergebnis grafisch auf, so erhält man Abb. 11.11. Der Regler hat ein stark nichtlineares Verhalten. Diese Eigenschaft wird besonders deutlich, wenn man die grafische Darstellung des Fuzzyreglers mit der eines linearen Reglers vergleicht, der gestrichelt in Abb. 11.11 eingetragen wurde.

Das schrittweise Nachvollziehen aller Rechenschritte, die bei der Fuzzyregelung ausgeführt werden müssen, macht auch die Interpolationsfähigkeit des Fuzzyreglers deutlich. Für reelle Werte der Regelabweichung, denen mehrere qualitative Werte zugeordnet sind, stehen mehrere Implikationen der Wissensbasis „in Konkurrenz" zueinander. Der Grad, mit dem jede Implikation in die Bestimmung der Stellgröße eingeht, ist abhängig von dem Grad, mit dem die auf der linken Seite der Implikation stehende Aussage auf den aktuellen Messwert zutrifft, denn in diesem Grad gehen die unterschiedlichen Zugehörigkeitsfunktionen in die aggregierte Zugehörigkeitsfunktion ein und beeinflussen die Lage des Schwerpunkts, aus dem bei der Defuzzifizierung der Wert der Stellgröße bestimmt wird.

Abbildung 11.12 zeigt das Verhalten des geschlossenen Regelkreises. Die Kurven wurden unter der Annahme berechnet, dass der Behälter einen Querschnitt von $1\mathrm{m}^2$ besitzt, die Zeit in Minuten gemessen wird, als Maßeinheit für die Stellgröße $u$ und die Störung $d$ $\frac{\mathrm{m}^3}{\mathrm{min}}$ gewählt wurde und für die Füllstandshöhe

$$\bar{h} = 10\,\mathrm{m}, \quad h(0) = 2\,\mathrm{m}$$

gilt.

Die obere Kurve zeigt den zeitlichen Verlauf der Wasserentnahme (Störung $d(t)$), die mittlere Kurve den Verlauf der Füllstandshöhe $h(t)$ und die untere Kurve die Stellgröße $u(t)$. Es ist zu erkennen, dass der Behälter in den ersten drei Minuten bis auf eine bleibende Regelabweichung von 0,3 m gefüllt wird. Diese Regelabweichung bleibt bestehen, da dieser Wert für die Regelabweichung als „gut" bewertet wird, wie die Definition der unscharfen Menge für die Regelabweichung zeigt. Deshalb gibt der Regler für $|e| \leq 0{,}3\,\mathrm{m}$ die Stellgröße $u = 0$ aus.

Zwischen den Zeitpunkten 5 min und 17 min fällt der Füllstand infolge der Wasserentnahme ab. Ohne Regelung würde der Behälter schnell leer laufen. Die Regelung sorgt dafür, dass sich nur ein zeitweiliger Regelfehler von etwa 2 m einstellt. Wie aus dem Verlauf der Stellgröße ersichtlich ist, reagiert der Regler zunächst mit einer Stellgröße von $1{,}7\frac{\mathrm{m}^3}{\mathrm{min}}$, die dem Wert des „Plateaus" der Reglerkennlinie entspricht (Abb. 11.11). Bei größerer Regelabweichung steigt die Stellgröße, bis ein Gleichgewicht zwischen der Störung und der Stellgröße erreicht ist. Die bleibende Regelabweichung ist mit über 2 m erheblich. Nach „Abschalten" der Störung füllt der Regler den Behälter in kurzer Zeit, bis nur noch die genannte Regelabweichung verbleibt.

Das Vorhandensein der bleibenden Regelabweichung ist charakteristisch für statische Regler (11.61). Die Größe der Regelabweichung hängt von der Wahl der unscharfen Mengen und der Regeln ab. Die bleibende Regelabweichung kann nur durch Verwendung der integrierten Regelabweichung (11.66) als zusätzliche Reglereingangsgröße beseitigt werden.

Das Verhalten des Regelkreises kann insbesondere durch Veränderung der Zugehörigkeitsfunktionen „fein eingestellt" werden (Aufgabe 11.3). Dabei können das dynamische Verhalten des Regelkreises und die Größe der bleibenden Regelabweichung von 0,3 m bzw. 2 m beeinflusst werden. □

**Erweiterungen.** Die Grundstruktur des Fuzzyreglers nach Abb. 11.6 kann problemlos erweitert werden, wenn mehr als nur die Regelabweichung $e$ als Reglereingang zur Verfügung steht. Häufig trifft der Anlagenfahrer seine Entscheidung nicht nur anhand der Differenz zwischen dem vorgegebenen und dem tatsächlichen Wert der Regelgröße, sondern auch in Abhängigkeit von weiteren messbaren Größen, die den aktuellen Zustand der Regelstrecke beschreiben. Die Implikationen (11.63) beziehen sich dann auf der linken Seite nicht nur auf die Regelabweichung, sondern auch auf unscharfe Aussagen über die anderen Messgrößen.

Eine zweite Erweiterung ist notwendig, wenn der Regler dynamische Anteile aufweisen soll. Da der Fuzzyregler selbst einen statischen Regler (11.61) darstellt (siehe Beispiel 11.4),

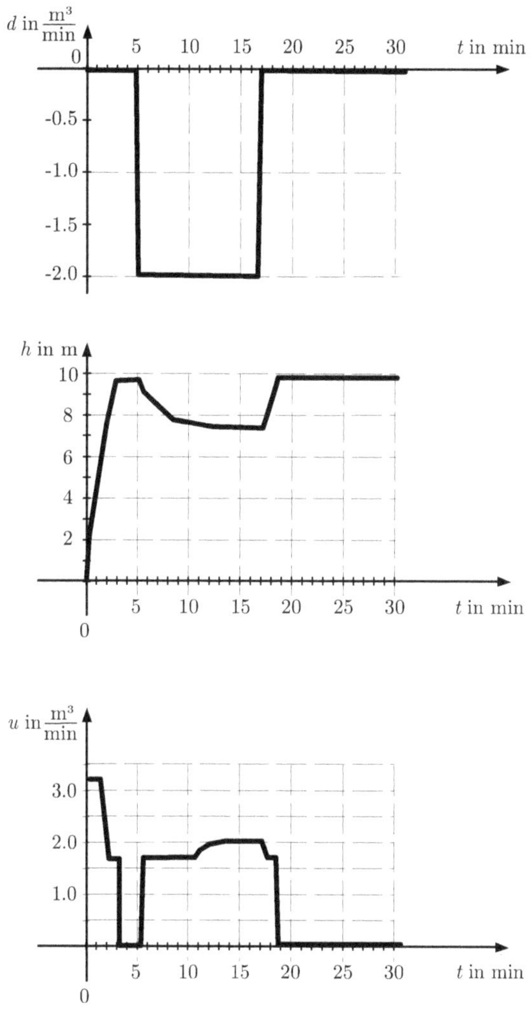


**Abb. 11.12:** Verhalten des geschlossenen Regelkreises

müssen die dynamischen Elemente durch eine Vorverarbeitung der Eingangssignale realisiert werden. Bei vielen Anwendungen besteht die Reglerdynamik aus einem Integrator, der aus der Regelabweichung $e$ das Integral

$$e_{\mathrm{I}}(t) = e(0) + \int_0^t e(\tau)\, d\tau \tag{11.66}$$

bildet. Der Fuzzyregler erhält dann neben der Regelabweichung $e(t)$ die integrierte Regelabweichung $e_{\mathrm{I}}(t)$ als zusätzliche Eingangsgröße, so dass er nicht mehr nur proportionales, sondern auch integrales Verhalten besitzt (PI-Regler). Wie aus der Regelungstheorie bekannt ist, sichert der PI-Regler in einem stabilen Regelkreis, dass für konstante Störungen $d(t) = \bar{d}$ und Sollwerte $w(t) = \bar{w}$ die Regelabweichung vollständig abgebaut wird ($e(t) \rightarrow 0$).

**Anwendungsgebiete der Fuzzyregelung.** Hauptanwendungsgebiet der Fuzzyregelung sind Prozesse mit schwach ausgeprägten dynamischen Eigenschaften. Es müssen ausreichende Erfahrungen aus der manuellen Regelung des Prozesses vorliegen. Die Regelungsaufgabe darf keine hohen Ansprüche an die Regelgüte stellen.

Um diese Merkmale zu erläutern, seien Gegenbeispiele genannt. Wird an Stelle des einfachen invertierten Pendels aus Aufgabe 11.5 mit einem Doppelpendel gearbeitet, bei dem an der Spitze der ersten Stange eine zweite Stange beweglich angebracht ist, so ist eine Fuzzyregelung nicht einsetzbar. Höchstens Artisten gelingt es, dieses zweifache Pendel in der senkrechten Lage zu stabilisieren. Es fehlt deshalb die Erfahrung aus der manuellen Steuerung, die in der Wissensbasis des Reglers ihren Niederschlag finden soll. Andererseits lässt sich das Pendel gut durch ein analytisches Modell beschreiben, so dass das Problem mit den gut ausgearbeiteten Entwurfsverfahren für lineare Regelungen gelöst werden kann.

Die Regelung von Robotern ist ein anderes Beispiel, bei dem Fuzzyregler keine Verbreitung finden. Dabei ist insbesondere an die exakte Positionierung des Robotergreifers gedacht, also an eine Regelungsaufgabe, bei der höchste Präzision verlangt wird. Soll diese Aufgabe für einen Leichtbauroboter gelöst werden, so muss die Durchbiegung des Armes, die von der Armstellung und von der sich im Greifer befindenden Last abhängt, berücksichtigt werden. Für diese Regelungsaufgabe reicht es nicht mehr aus, mit qualitativen Werten der Regelgröße und Stellgröße zu arbeiten. Auch liegen keine Erfahrungen mit der manuellen Steuerung vor.

Diese Beispiele verdeutlichen, dass für den Einsatz der Fuzzyregelung besonders solche Regelungsaufgaben prädestiniert sind, die keine hohen Güteforderungen beinhalten und bei denen sich das Verhalten der Regelstrecke durch einfach überschaubare Ursache-Wirkungs-Ketten beschreiben lässt. Dies sind Prozesse, die auch manuell gesteuert werden können und für die somit die für den Einsatz der Fuzzyregelung notwendigen Erfahrungen vorliegen.

**Aufgabe 11.3** *Entwurf eines Fuzzyreglers*

Unter dem Entwurf eines Fuzzyreglers versteht man die Anpassung des Reglergesetzes an die Eigenschaften der Regelstrecke, wobei die maßgebenden Entwurfsfreiheiten in der Wahl der Zugehörigkeitsfunktionen und der Defuzzifizierungsmethode liegen.

1. Verändern Sie die im Beispiel 11.4 verwendeten Zugehörigkeitsfunktionen, indem sie den Bereich für „gute“ Regelabweichungen verbreitern und den Bereich für die Stellgröße „Null“ verkleinern. Wie verändert sich daraufhin das Reglergesetz?
2. Wie kann die in Abb. 11.12 gezeigte bleibende Regelabweichung verkleinert werden?
3. Verwenden Sie an Stelle der Max-Prod-Inferenz jetzt die Max-Min-Inferenz und beobachten Sie, wie sich dadurch das Reglergesetz verändert.
4. Wie verhält sich der Regler, wenn die Zugehörigkeitsfunktion der für die Stellgröße definierten unscharfen Menge NULL nicht symmetrisch zu $u = 0$ gewählt wird? □

**Aufgabe 11.4** *Erweiterung des Fuzzyreglers für den Behälterfüllstand*

Erweitern Sie den Fuzzyregler aus Beispiel 11.4, wenn außer der Regelabweichung $e(kT)$ auch die integrierte Regelabweichung (11.66) als Reglereingang zur Verfügung steht.

1. Wie muss die Fuzzifizierung und die Wissensbasis erweitert werden?
2. Welches Verhalten hat der Regelkreis?
3. Erklären Sie, weshalb bei dem erweiterten Regler keine bzw. nur eine sehr kleine bleibende Regelabweichung auftritt. □

**Aufgabe 11.5** *Fuzzyregelung eines aufrechtstehenden Pendels*

Ein anschauliches Testobjekt der Regelungstechnik ist das aufrechtstehende Pendel (auch „invertiertes Pendel" genannt), bei dem eine auf einem Wagen montierte Stange durch geeignete Bewegung des Wagens in senkrechter Lage zu halten ist (Abb. 11.13). Aus regelungstechnischer Sicht beinhaltet diese Aufgabe die Stabilisierung einer instabilen Regelstrecke durch eine Regelung. Läge von dem Pendel ein analytisches Modell vor, so wäre es kein Problem, mit analytischen Entwurfsverfahren ein geeignetes Reglergesetz zu bestimmen.

Eine Motivation für den Einsatz eines Fuzzyreglers besteht darin, dass der Regler durch einen Menschen ersetzt werden kann und es dem Menschen schon nach kurzer Zeit gelingt, die Stange zu stabilisieren. Jeder kann es mit einer Stange ausprobieren, die er auf dem Handteller balanciert. Messgröße sind der Winkel $\phi$ der Stange, die Geschwindigkeit $\dot{\phi}$, mit der die Stange fällt, sowie die Position $x$ und Geschwindigkeit $\dot{x}$ des Wagens (bzw. des Handtellers). Diese Größen werden per Augenmaß qualitativ bewertet. Stellgröße ist die den Wagen (oder Handteller) beschleunigende Kraft $F$.

1. Stellen Sie die Regeln zunächst für den einfacheren Fall auf, dass die Stange balanciert werden soll, aber die Position des Wagens beliebig ist.
2. Versuchen Sie anschließend, die Regeln zu erweitern, wobei Sie nun auch die Position des Wagens bei der Ermittlung der Stellgröße berücksichtigen.

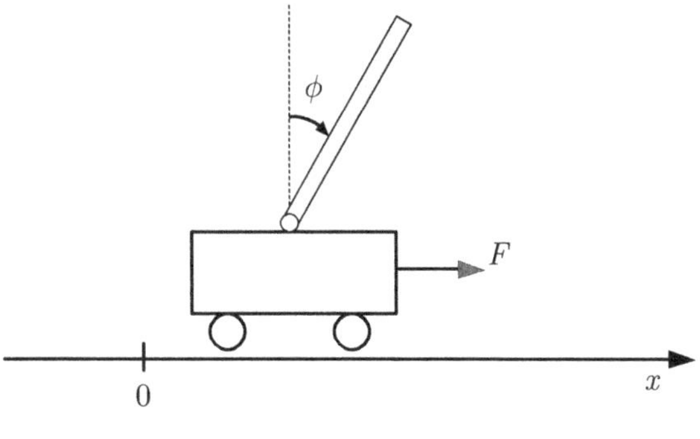


**Abb. 11.13:** Invertiertes Pendel

3. Betrachten Sie die folgende Erweiterung der Aufgabenstellung: Da der Fuzzyregler vier Eingangsgrößen erhält, ist die aufzustellende Regelmenge sehr groß. Eine Zerlegungsmöglichkeit besteht in der Einführung einer „Korrekturgröße", die aus der Position und der Geschwindigkeit des Wagens bestimmt wird und angibt, welcher Winkel für die Stange angestrebt wird. Steht nämlich der Wagen zu weit links, so muss die Stange zuerst nach rechts geneigt werden, damit der Wagen nach

rechts auf die gewünschte Position gefahren werden kann. Diese Forderung kann durch die Korrekturgröße ausgedrückt werden. Die Regeln für den Fuzzyregler gehören dann zu zwei Mengen. In der ersten Menge wird aus der Wagenposition und der Wagengeschwindigkeit die Korrekturgröße gebildet. In der zweiten Regelmenge wird aus der Korrekturgröße sowie dem Winkel und der Winkelgeschwindigkeit der Stange die Stellgröße ermittelt. Stellen Sie beide Mengen von Regeln auf. □

## Literaturhinweise

Unscharfe Mengen wurden von ZADEH 1965 eingeführt [134] und vor allem seit den achtziger Jahren in vielen Bereichen der Modellierung, Vorhersage und Simulation eingesetzt. Die Grundlagen dieser Theorie können auch in [135] nachgelesen werden. Anwendungen in der Systemanalyse sind in [11] beschrieben. Eine Beschreibung von Expertensystemen auf der Grundlage der Theorie der unscharfen Mengen findet man in [81]. Einen kritischen Vergleich der unscharfen Logik und der klassischen Logik gibt [31].

Eine der ersten Arbeiten zur Verwendung der unscharfen Logik in der Regelungstechnik stammt von MAMDANI und wurde 1975 veröffentlicht [74]. Einführungen in die Fuzzyregelung geben [56] und [65]. Hervorzuheben sind Arbeiten, die die Art der eingesetzten Regeln über die Form (11.63) hinaus erweitern und dafür entsprechende Inferenzalgorithmen angeben. Beispielsweise dient die Hyperinferenz der Einbeziehung negativer Regeln, also solcher Regeln, die aussagen, was der Regler in einer angegebenen Situation *nicht* tun darf bzw. soll [56].

# 12 Probabilistische Logik und Bayesnetze

*Wahrscheinlichkeitstheoretische Modelle enthalten Informationen über die Häufigkeit, mit der Ereignisse gemeinsam auftreten und auf Grund derer aus dem Auftreten eines Teils dieser Ereignisse mit einer gewissen Sicherheit auf das Vorhandensein der anderen Ereignisse geschlossen werden kann. Allerdings kann man diese Informationen nur dann modular in Schlussfolgerungsketten nutzen, wenn Ereignisse bedingt stochastisch unabhängig sind, was durch Bayesnetze zum Ausdruck gebracht wird.*

## 12.1 Wahrscheinlichkeitstheoretische Modelle

### 12.1.1 Übersicht über die wahrscheinlichkeitstheoretische Behandlung unsicheren Wissens

Die Wahrscheinlichkeitsrechnung beschäftigt sich mit Ereignissen, deren Auftreten ungewiss ist. Durch eine Bewertung der Häufigkeit, mit der Ereignisse allein oder gemeinsam auftreten, wird die Gewissheit quantifiziert, dass ein Ereignis zum betrachteten Zeitpunkt vorkommt. Diese Idee wird in der Wissensverarbeitung auf die Gültigkeit von Aussagen übertragen, indem man die Wahrscheinlichkeit dafür angibt, dass Aussagen den Wahrheitswert „wahr" haben.

In diesem Kapitel werden wahrscheinlichkeitstheoretische Modelle eingeführt. Diese Modelle stellen wahrscheinlichkeitstheoretische Informationen so dar, dass aus der Wahrscheinlichkeit für die Gültigkeit der Axiome die Wahrscheinlichkeit der Gültigkeit von Folgerungen berechnet werden kann.

Ausgangspunkt ist eine Menge $\Sigma$ von Aussagesymbolen. Durch das wahrscheinlichkeitstheoretische Modell wird allen Konjunktionen dieser Aussagen und deren Negation ein Wert im Intervall $[0, 1]$ so zugeordnet, dass die Summe aller dieser Werte gleich eins ist. Wie später noch genauer erläutert wird, beschreibt diese Abbildung die Verbundwahrscheinlichkeitsverteilung für die Aussagen der Menge $\Sigma$, denn die betrachteten Konjunktionen repräsentieren Ereignisse, die sich gegenseitig ausschließen. Da alle logischen Ausdrücke in ihre disjunktive Normalform umgeformt werden können, lässt sich aus dieser Verbundwahrscheinlichkeitsverteilung die Wahrscheinlichkeit für einen beliebigen aussagenlogischen Ausdruck berechnen, in dem die Aussagesymbole der Menge $\Sigma$ vorkommen. Die im Abschn. 12.2 beschriebene probabilistische Logik nutzt diese Verbundwahrscheinlichkeitsverteilung bzw. daraus abgeleitete bedingte Wahrscheinlichkeiten, um aus beobachteten Ereignissen die Wahrscheinlichkeit für das Auftreten anderer Ereignisse zu folgern, wobei alle Ereignisse aussagenlogisch beschrieben sind.

Diese direkte Methode für die Definition eines wahrscheinlichkeitstheoretischen Modells ist nur für eine kleine Anzahl $m$ von Aussagesymbolen anwendbar, denn die Bestimmung der Verbundwahrscheinlichkeitsverteilung erfordert die Festlegung der Wahrscheinlichkeit von $2^m$ Ereignissen. Für eine größere Anzahl $m$ von Aussagesymbolen kann das wahrscheinlichkeitstheoretische Modell deshalb nur dann formuliert werden, wenn man auf Grund der gegenseitigen Abhängigkeit bzw. Unabhängigkeit der Aussagen die Berechnung und Darstellung der Verbundwahrscheinlichkeitsverteilung vereinfachen kann. Die Grundlage dafür bilden die Bayesnetze, die im Abschn. 12.3 eingeführt werden. Bayesnetze geben an, wie die Verbundwahrscheinlichkeitsverteilung aller Aussagesymbole aus Wahrscheinlichkeitsverteilungen berechnet werden kann, die sich auf nur wenige Aussagesymbole beziehen und folglich durch eine lokale Betrachtung der Knoten des Bayesnetzes ermittelt werden können.

Der folgende Abschnitt gibt eine Einführung in die wahrscheinlichkeitstheoretischen Modelle. Die dabei verwendeten Grundbegriffe und Symbole der Wahrscheinlichkeitstheorie sind im Anhang 2 zusammengestellt.

### 12.1.2 Aussagenlogische Beschreibung zufälliger Ereignisse

Wahrscheinlichkeitstheoretische Betrachtungen gehen von der Vorstellung aus, dass ein „Experiment" durchgeführt wird, im Ergebnis dessen Ereignisse auftreten, die entsprechend der im Anhang 2 wiederholten Terminologie der Wahrscheinlichkeitstheorie durch Mengen von Elementarereignissen (z. B. $\mathcal{A}$, $\mathcal{B}$) beschrieben werden. Wenn als Experimentergebnis ein Elementarereignis $\omega_i \in \Omega$ auftritt, das zur Menge $\mathcal{A}$ gehört, so ist das zufällige Ereignis $\mathcal{A}$ aufgetreten. Die Wahrscheinlichkeit $\text{Prob}\,(\mathcal{A})$ beschreibt – für unendlich viele Experimente – die relative Häufigkeit, mit der als Experimentergebnis das Ereignis $\mathcal{A}$ auftritt.

Im Folgenden werden die Ereignisse $\mathcal{A}$ durch Aussagen $p_{\mathcal{A}}$ beschrieben, deren Wahrheitswert $B(p_{\mathcal{A}})$ als zweiwertige Zufallsvariable aufgefasst wird: $(B(p_{\mathcal{A}}) \in \{\mathrm{T}, \mathrm{F}\})$. Die Wahrscheinlichkeit $\text{Prob}\,(\mathcal{A})$ des Auftretens des Ereignisses $\mathcal{A}$ ist dann identisch mit der Wahrscheinlichkeit $\text{Prob}\,(B(p_{\mathcal{A}}) = \mathrm{T})$, mit der die zugehörige Aussage $p_{\mathcal{A}}$ den Wahrheitswert T hat.

Dieser Schritt vom zweiwertigen Wahrheitswert einer Aussage zur Wahrscheinlichkeit, dass die betreffende Aussage den Wahrheitswert „wahr" hat, ist ähnlich dem Übergang von zweiwertigen zu mehrwertigen Wahrheitswerten im Abschn. 11.1, nur dass jetzt der „mehrwertige Wahrheitswert" einer Aussage die Bedeutung der relativen Häufigkeit hat und einen beliebigen reellen Wert im Intervall $[0, 1]$ annehmen kann. Man bezeichnet die im Folgenden entwickelte Logik deshalb als *probabilistische Logik*.

Da man die Wahrscheinlichkeit nur dann als Maß für die Unbestimmtheit von Wissen verwenden darf, wenn alle Voraussetzungen der Wahrscheinlichkeitstheorie erfüllt sind, muss der Begriff der Wahrscheinlichkeit einer Aussage im Folgenden schrittweise eingeführt werden.

**Stichprobenraum.** Die Grundlage für die Verwendung der Wahrscheinlichkeitstheorie zur Darstellung und Verarbeitung unsicheren Wissens bildet die Definition eines Stichprobenraums $\Omega$, dessen Elemente durch Aussagen beschrieben sind. Hat man $m$ Aussagen $p_1, p_2, ..., p_m$, von denen im Ergebnis eines Experiments stets genau eine den Wahrheitswert T erhält, während sämtliche anderen Aussagen falsch sind, so setzt sich der Stichprobenraum aus den Elementarereignissen $\omega_1, \omega_2, ..., \omega_m$ zusammen, die durch die Aussagen $p_1, p_2, ..., p_m$ beschrieben werden. Das Ereignis $\omega_i$ ist genau dann eingetreten, wenn $p_i$ den Wahrheitswert T hat.

Im Allgemeinen werden sich jedoch die Aussagen $p_1, p_2, ..., p_m$, die zur Beschreibung eines Problems herangezogen werden, nicht gegenseitig ausschließen, so dass mehrere Aussagen gleichzeitig wahr sein können. Die Aussagen $p_i$ beschreiben folglich keine Elementarereignisse, sondern (allgemeine) zufällige Ereignisse $\mathcal{A}_i$. Mit Hilfe dieser Aussagen kann jedoch in Analogie zu Gl. (A2.6) ein *vollständiges System unvereinbarer Ereignisse* gebildet werden. Dafür muss zunächst untersucht werden, wie das zu $\mathcal{A}$ komplementäre Ereignis sowie die Summe bzw. das Produkt zweier Ereignisse $\mathcal{A}_1$ und $\mathcal{A}_2$ aussagenlogisch dargestellt werden können.

Sind $p_{\mathcal{A}}$, $p_{\mathcal{A}_1}$ und $p_{\mathcal{A}_2}$ Aussagen, die genau dann den Wahrheitswert „wahr“ haben, wenn die Ereignisse $\mathcal{A}$, $\mathcal{A}_1$ bzw. $\mathcal{A}_2$ eingetreten sind, so führen die Definitionsgleichungen (A2.1) – (A2.3) auf die folgenden Beziehungen:

$$\text{Komplementäres Ereignis:} \quad p_{\bar{\mathcal{A}}} = \neg p_{\mathcal{A}} \tag{12.1}$$

$$\text{Summe von Ereignissen:} \quad p_{\mathcal{A}_1 \cup \mathcal{A}_2} = p_{\mathcal{A}_1} \vee p_{\mathcal{A}_2} \tag{12.2}$$

$$\text{Produkt von Ereignissen:} \quad p_{\mathcal{A}_1 \cap \mathcal{A}_2} = p_{\mathcal{A}_1} \wedge p_{\mathcal{A}_2}. \tag{12.3}$$

Die Aussagen $p_{\bar{\mathcal{A}}}$, $p_{\mathcal{A}_1 \cup \mathcal{A}_2}$ und $p_{\mathcal{A}_1 \cap \mathcal{A}_2}$ sind genau dann wahr, wenn das komplementäre Ereignis $\bar{\mathcal{A}}$, die Summe $\mathcal{A}_1 \cup \mathcal{A}_2$ bzw. das Produkt $\mathcal{A}_1 \cap \mathcal{A}_2$ eingetreten ist.

Aus den $m$ Aussagen $p_1, p_2, ..., p_m$ werden nun $\bar{m} = 2^m$ Konjunktionen gebildet, in denen alle Aussagen $p_i$ entweder negiert oder unnegiert vorkommen. Diese Konjunktionen beschreiben die Produktereignisse aus Gl. (A2.6), die Elementarereignisse $\omega_i$ darstellen und deshalb mit $p_{\omega_i}$ bezeichnet werden:

$$\begin{aligned} p_{\omega_1} &= p_1 \wedge p_2 \wedge ... \wedge p_m \\ p_{\omega_2} &= \neg p_1 \wedge p_2 \wedge ... \wedge p_m \\ &\vdots \\ p_{\omega_{\bar{m}}} &= \neg p_1 \wedge \neg p_2 \wedge ... \wedge \neg p_m. \end{aligned} \tag{12.4}$$

Diese Aussagen sind unvereinbar, d. h., es gilt

$$p_{\omega_i} \wedge p_{\omega_j} = \mathrm{F} \quad \text{für alle} \quad \omega_i \neq \omega_j. \tag{12.5}$$

Eine häufig verwendete Darstellung der Elementarereignisse $\omega_i$ erhält man, wenn man die Belegungen der Aussagen $p_1,..., p_m$, die dem Eintreten von $\omega_i$ entsprechen, in einem Vektor anordnet. Man schreibt

$$\omega_1 = \begin{pmatrix} B(p_1) = \mathrm{T} \\ B(p_2) = \mathrm{T} \\ \vdots \\ B(p_m) = \mathrm{T} \end{pmatrix} \quad \text{oder abgekürzt} \quad \omega_1 = \begin{pmatrix} \mathrm{T} \\ \mathrm{T} \\ \vdots \\ \mathrm{T} \end{pmatrix}$$

für das in der ersten Zeile von Gl. (12.4) stehende Ereignis $\omega_1$. Der Stichprobenraum $\Omega$ besteht dann aus $2^m$ derartigen Vektoren

$$\Omega = \left\{ \begin{pmatrix} \mathrm{T} \\ \mathrm{T} \\ \vdots \\ \mathrm{T} \end{pmatrix}, \begin{pmatrix} \mathrm{F} \\ \mathrm{T} \\ \vdots \\ \mathrm{T} \end{pmatrix}, \begin{pmatrix} \mathrm{T} \\ \mathrm{F} \\ \vdots \\ \mathrm{T} \end{pmatrix}, \begin{pmatrix} \mathrm{F} \\ \mathrm{F} \\ \vdots \\ \mathrm{T} \end{pmatrix}, \ldots, \begin{pmatrix} \mathrm{F} \\ \mathrm{F} \\ \vdots \\ \mathrm{F} \end{pmatrix} \right\}.$$

**Beispiel 12.1** *Aussagenlogische Beschreibung zufälliger Ereignisse im Wasserversorgungssystem*

Für das Wasserversorgungssystem wurden im Beispiel 11.1 elf Aussagen $a_1,..., a_5$ und $a_{10}, ..., a_{15}$ eingeführt, mit denen das Verhalten des Systems beschrieben werden kann. Unter einem Experiment im wahrscheinlichkeitstheoretischen Sinn wird nun verstanden, dass das Wasserversorgungssystem zu einem bestimmten Zeitpunkt betrachtet wird und die elf Aussagen entsprechend den Beobachtungen mit Wahrheitswerten belegt werden. Das Ergebnis ist eine von $2^{11} = 2048$ möglichen Belegungen, von denen jede ein Elementarereignis beschreibt. So ist das Elementarereignis $\omega_1$ genau dann eingetreten, wenn der Ausdruck

$$p_{\omega_1} = a_1 \wedge a_2 \wedge a_3 \wedge ... \wedge a_{15}$$

den Wahrheitswert T hat. In der Vektorschreibweise ist $\omega_1$ durch

$$\omega_1 = \begin{pmatrix} B(a_1) = \mathrm{T} \\ B(a_2) = \mathrm{T} \\ \vdots \\ B(a_{15}) = \mathrm{T} \end{pmatrix} \quad \text{oder abgekürzt durch} \quad \omega_1 = \begin{pmatrix} \mathrm{T} \\ \mathrm{T} \\ \vdots \\ \mathrm{T} \end{pmatrix}$$

dargestellt. Weitere Beispiele sind

$$p_{\omega_{349}} = \neg a_1 \wedge a_2 \wedge \ldots \wedge \neg a_{15}, \quad p_{\omega_{1256}} = a_1 \wedge \neg a_2 \wedge \ldots \wedge \neg a_{15}$$

also,

$$\omega_{349} = \begin{pmatrix} B(a_1) = \mathrm{F} \\ B(a_2) = \mathrm{T} \\ \vdots \\ B(a_{15}) = \mathrm{F} \end{pmatrix}, \quad \omega_{1256} = \begin{pmatrix} B(a_1) = \mathrm{T} \\ B(a_2) = \mathrm{F} \\ \vdots \\ B(a_{15}) = \mathrm{F} \end{pmatrix}.$$

Aus der in Gl. (7.40) angegebenen Semantik der Aussagen geht hervor, dass nicht alle Elementarereignisse tatsächlich auftreten können, da beispielsweise die Aussagen $a_1$ und $a_3$ nicht gleichzeitig wahr sein können. Das heißt, in $\Omega$ sind Elementarereignisse $\omega$ aufgenommen, die niemals eintreten.

Um die Anzahl der Elementarereignisse für das Beispiel einzuschränken, wird angenommen, dass der Wasserstand nur als „niedrig“ oder „hoch“ bewertet werden kann und folglich

$$a_3 = \neg a_1$$

gilt (zur Gleichheit von Aussagen siehe Abschn. 7.2.3). Ähnlich wird mit dem Wasserdruck, der Wasserentnahme, dem Niederschlag und dem Wetter verfahren, so dass wegen

$$\begin{aligned} a_5 &= \neg a_2 \\ a_{10} &= \neg a_4 \\ a_{11} &= \neg a_{12} \\ a_{13} &= \neg a_{14} \end{aligned}$$

nur noch mit den Aussagen $a_1, a_2, a_4, a_{12}, a_{14}$ und $a_{15}$ gerechnet werden muss ($m = 6$). Damit reduziert sich die Stichprobenraum $\Omega$ auf $2^6 = 64$ Elemente. Diese Elemente werden im Folgenden durch den Vektor der Wahrheitswerte beschrieben, die den sechs verbliebenen Aussagen zugeordnet und folgendermaßen angeordnet sind:

$$\omega_0 = \begin{pmatrix} \mathrm{F} \\ \mathrm{F} \\ \mathrm{F} \\ \mathrm{F} \\ \mathrm{F} \\ \mathrm{F} \end{pmatrix}, \quad \omega_1 = \begin{pmatrix} \mathrm{F} \\ \mathrm{F} \\ \mathrm{F} \\ \mathrm{F} \\ \mathrm{F} \\ \mathrm{T} \end{pmatrix}, \ldots, \quad \omega_{63} = \begin{pmatrix} \mathrm{T} \\ \mathrm{T} \\ \mathrm{T} \\ \mathrm{T} \\ \mathrm{T} \\ \mathrm{T} \end{pmatrix}.$$

Die für das Beispiel interessanten Ereignisse werden als Teilmengen des Stichprobenraums festgelegt. Mit $\mathcal{A}_1$ soll das Ereignis bezeichnet werden, bei dem der Wasserstand niedrig ist und folglich die Aussage $a_1$ gilt. Offensichtlich enthält die Menge $\mathcal{A}_1$ alle diejenigen Elementarereignisse, deren erste Komponente den Wahrheitswert T hat:

$$\mathcal{A}_1 = \left\{ \omega_{32} = \begin{pmatrix} \mathrm{T} \\ \mathrm{F} \\ \mathrm{F} \\ \mathrm{F} \\ \mathrm{F} \\ \mathrm{F} \end{pmatrix}, \omega_{33} = \begin{pmatrix} \mathrm{T} \\ \mathrm{F} \\ \mathrm{F} \\ \mathrm{F} \\ \mathrm{F} \\ \mathrm{T} \end{pmatrix}, \omega_{34} = \begin{pmatrix} \mathrm{T} \\ \mathrm{F} \\ \mathrm{F} \\ \mathrm{F} \\ \mathrm{T} \\ \mathrm{F} \end{pmatrix}, \ldots, \omega_{63} = \begin{pmatrix} \mathrm{T} \\ \mathrm{T} \\ \mathrm{T} \\ \mathrm{T} \\ \mathrm{T} \\ \mathrm{T} \end{pmatrix} \right\}.$$

Dem Ereignis $\mathcal{A}_1$ ist die Disjunktion der zu den Elementarereignissen $\omega_{32}, ..., \omega_{63}$ gehörenden Ausdrücke zugeordnet:

$$\begin{aligned} p_{\mathcal{A}_1} = \; & (a_1 \wedge \neg a_2 \wedge \neg a_4 \wedge \neg a_{12} \wedge \neg a_{14} \wedge \neg a_{15}) \quad \vee \\ & (a_1 \wedge \neg a_2 \wedge \neg a_4 \wedge \neg a_{12} \wedge \neg a_{14} \wedge a_{15}) \quad \vee \\ & \ldots \quad \vee \\ & (a_1 \wedge a_2 \wedge a_4 \wedge a_{12} \wedge a_{14} \wedge a_{15}). \end{aligned}$$

Durch logisch äquivalente Umformung dieser Disjunktion erhält man $p_{\mathcal{A}_1} = a_1$. Das Ereignis $\mathcal{A}_1$ ist also genau dann eingetreten, wenn im Ergebnis des Experiments die Aussage $a_1$ den Wahrheitswert T hat. Genau das sollte ja durch die Definition des Ereignisses $\mathcal{A}_1$ erreicht werden. Der „Umweg“ über die Definition des Stichprobenraums zeigt, dass die in einem Anwendungsfall definierten Aussagen i. Allg. zwar zufällige Ereignisse, nicht jedoch unvereinbare Elementarereignisse sind. Wie später gezeigt wird, sind die Wahrscheinlichkeiten ihres Auftretens deshalb nicht unabhängig voneinander.

In ähnlicher Weise werden die Ereignisse $\mathcal{A}_2, \mathcal{A}_4, \mathcal{A}_{12}, \mathcal{A}_{14}$ und $\mathcal{A}_{15}$ definiert. □

### 12.1.3 Wahrscheinlichkeit logischer Ausdrücke

Der Wahrscheinlichkeitsbegriff lässt sich direkt auf die durch Aussagen beschriebenen Ereignisse anwenden. Die Wahrscheinlichkeit für die Gültigkeit der Aussage $p_{\mathcal{A}}$ ist gleich der Wahrscheinlichkeit des Eintretens des Ereignisses $\mathcal{A}$

$$\text{Prob}\,(B(p_{\mathcal{A}})=\text{T}) = \text{Prob}\,(\mathcal{A}). \tag{12.6}$$

An Stelle von $\text{Prob}\,(B(p_{\mathcal{A}})=\text{T})$ wird im Folgenden einfacher $\text{Prob}\,(p_{\mathcal{A}})$ geschrieben und an Stelle von $\text{Prob}\,(B(p_{\mathcal{A}}) = \text{F})$ einfacher $\text{Prob}\,(\neg p_{\mathcal{A}})$.

Für das komplementäre Ereignis (12.1) erhält man aus Gl. (A2.14) die Beziehung

$$\text{Prob}\,(\neg p_{\mathcal{A}}) = 1 - \text{Prob}\,(p_{\mathcal{A}}). \tag{12.7}$$

Für das sichere Ereignis

$$p_{\mathcal{A}} \vee p_{\bar{\mathcal{A}}} = p_{\mathcal{A}} \vee \neg p_{\mathcal{A}} = \text{T}$$

gilt

$$\text{Prob}\,(p_{\mathcal{A}} \vee p_{\bar{\mathcal{A}}}) = 1,$$

was übrigens im Gegensatz zur mehrwertigen Logik steht (vgl. Gl. (11.7)). Das unmögliche Ereignis

$$p_{\mathcal{A}} \wedge p_{\bar{\mathcal{A}}} = p_{\mathcal{A}} \wedge \neg p_{\mathcal{A}} = \text{F}$$

tritt mit der Wahrscheinlichkeit

$$\text{Prob}\,(p_{\mathcal{A}} \wedge p_{\bar{\mathcal{A}}}) = 0$$

auf.

Da $\text{Prob}\,(p_{\mathcal{A}})$ als „Wahrheitswert" der Aussage $p_{\mathcal{A}}$ interpretiert werden kann und damit gewisse Ähnlichkeiten zur mehrwertigen Logik offensichtlich werden, liegt die Vermutung nahe, dass die Beziehungen (11.2) – (11.6) auf die probabilistische Logik übertragen werden können, um auch hier aus den Wahrheitswerten zweier Aussagen auf den Wahrheitswert der konjunktiven oder disjunktiven Verknüpfung dieser Aussagen zu schließen. Diese Vermutung ist jedoch falsch!

> Da der „Wahrheitswert" hier die Wahrscheinlichkeit für die Gültigkeit von Aussagen beschreibt, ist es i. Allg. nicht möglich, aus dem Wahrheitswert zweier Aussagen den Wahrheitswert der Verknüpfung dieser Aussagen zu berechnen.

Der Grund dafür liegt in der Tatsache, dass die Wahrscheinlichkeiten $\text{Prob}\,(\mathcal{A})$ und $\text{Prob}\,(\mathcal{B})$ für zwei Ereignisse $\mathcal{A}$ und $\mathcal{B}$ nichts über die Wahrscheinlichkeiten $\text{Prob}\,(\mathcal{A}\cap\mathcal{B})$ oder $\text{Prob}\,(\mathcal{A}\cup\mathcal{B})$ für das gleichzeitige Auftreten dieser Ereignisse aussagen. Dafür müsste man wissen, aus welchen Elementarereignissen sich die Ereignisse $\mathcal{A}$ und $\mathcal{B}$ zusammensetzen und mit welcher Wahrscheinlichkeit die Elementarereignisse auftreten.

Für die aussagenlogische Darstellung der Ereignisse folgt aus Gl. (A2.15) die Beziehung

$$\text{Prob}\,(p_{\mathcal{A}} \vee p_{\mathcal{B}}) = \text{Prob}\,(p_{\mathcal{A}}) + \text{Prob}\,(p_{\mathcal{B}}) - \text{Prob}\,(p_{\mathcal{A}} \wedge p_{\mathcal{B}}), \tag{12.8}$$

d. h., außer den Wahrscheinlichkeiten Prob $(p_{\mathcal{A}})$ und Prob $(p_{\mathcal{B}})$ für die Gültigkeit der Aussagen $p_{\mathcal{A}}$ und $p_{\mathcal{B}}$ muss die Wahrscheinlichkeit Prob $(p_{\mathcal{A}} \wedge p_{\mathcal{B}})$ für die gemeinsame Gültigkeit beider Aussagen bekannt sein, wenn der „Wahrheitswert“ Prob $(p_{\mathcal{A}} \vee p_{\mathcal{B}})$ der Disjunktion $p_{\mathcal{A}} \vee p_{\mathcal{B}}$ berechnet werden soll.

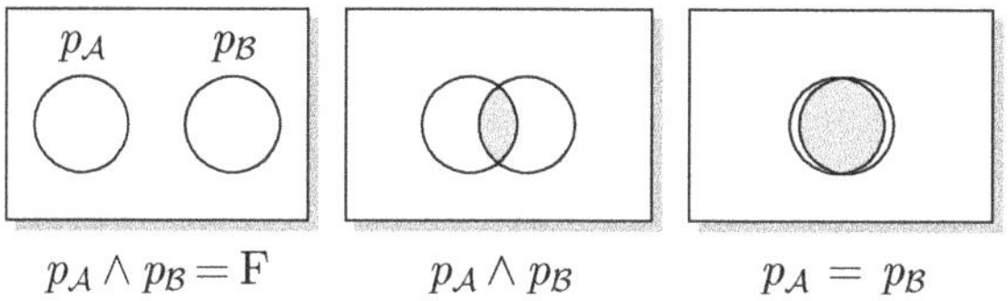


**Abb. 12.1:** Fallunterscheidung bezüglich der Gültigkeit der Aussagen $p_{\mathcal{A}}$ und $p_{\mathcal{B}}$

Abbildung 12.1 begründet diese Notwendigkeit. Die Rechtecke beschreiben den Stichprobenraum $\Omega$ und die beiden Kreise die Mengen von Elementarereignissen $\omega \in \Omega$, die auftreten müssen, damit die Aussagen $p_{\mathcal{A}}$ bzw. $p_{\mathcal{B}}$ den Wahrheitswert „wahr“ haben. Wenn $p_{\mathcal{A}}$ und $p_{\mathcal{B}}$ gemeinsame Elementarereignisse enthalten wie im mittleren Teil der Abbildung, so gilt $\mathcal{A} \cap \mathcal{B} \neq \emptyset$ und folglich Prob $(p_{\mathcal{A}} \wedge p_{\mathcal{B}}) > 0$. Sind $\mathcal{A}$ und $\mathcal{B}$ disjunkt wie im linken Abbildungsteil, so folgen aus $p_{\mathcal{A}} \wedge p_{\mathcal{B}} = \mathrm{F}$ die Beziehungen

$$\begin{aligned} \mathrm{Prob}\,(p_{\mathcal{A}} \vee p_{\mathcal{B}}) &= \mathrm{Prob}\,(p_{\mathcal{A}}) + \mathrm{Prob}\,(p_{\mathcal{B}}) \\ \mathrm{Prob}\,(p_{\mathcal{A}} \wedge p_{\mathcal{B}}) &= 0. \end{aligned}$$

Diese Gleichungen gelten insbesondere für die durch die Aussagen $p_{\omega_i}$ beschriebenen Elementarereignisse, die nach Voraussetzung unvereinbar sind. Beschreiben $p_{\mathcal{A}}$ und $p_{\mathcal{B}}$ wie im rechten Teil der Abbildung dieselben Ereignisse, so gilt

$$\mathrm{Prob}\,(p_{\mathcal{A}} \wedge p_{\mathcal{B}}) = \mathrm{Prob}\,(p_{\mathcal{A}} \vee p_{\mathcal{B}}) = \mathrm{Prob}\,(p_{\mathcal{A}}) = \mathrm{Prob}\,(p_{\mathcal{B}}).$$

Aus diesen drei Fällen wird offensichtlich, dass aus den Wahrscheinlichkeiten für die Gültigkeit der Aussagen $p_{\mathcal{A}}$ und $p_{\mathcal{B}}$ nicht auf die Wahrscheinlichkeit der Gültigkeit logischer Ausdrücke wie beispielsweise $p_{\mathcal{A}} \vee p_{\mathcal{B}}$ geschlossen werden kann.

Hier sieht man einen wichtigen Unterschied zwischen der probabilistischen Logik einerseits und der im Abschn. 11.2 behandelten Fuzzylogik sowie den heuristischen Verarbeitungsregeln für unsicheres Wissen aus Abschn. 13.2 andererseits. Bei den Methoden aus den Kapiteln 11 und 13 ist es möglich, aus Angaben über die Gewissheit, mit der einzelne Aussagen den Wahrheitswert „wahr“ haben, auf die Gewissheit der Gültigkeit von Verknüpfungen dieser Aussagen zu schließen. Dieser Unterschied resultiert aus der Tatsache, dass bei der Wahrscheinlichkeitstheorie dem Gewissheitsmaß „Wahrscheinlichkeit“ die klar definierte Semantik „relative Häufigkeit“ zugeordnet ist, während bei der Fuzzylogik und den heuristischen Methoden für die Zugehörigkeitsfunktion $\mu$ bzw. den Konfidenzfaktor $CF$ keine klare Semantik definiert ist und man die Berechnungsvorschriften (11.38) und (13.20) beliebig festlegen kann.

**Wahrscheinlichkeitsverteilung logischer Ausdrücke.** Da die bisherigen Erläuterungen gezeigt haben, welche Schlussfolgerungen aus der wahrscheinlichkeitstheoretischen Beschreibung von Ereignissen *nicht* gezogen werden können, stellt sich die Frage, wie ein wahrscheinlichkeitstheoretisches Modell aussehen muss, damit man mit ihm die Gültigkeit von beliebigen logischen Ausdrücken ermitteln kann.

> Ein vollständiges wahrscheinlichkeitstheoretisches Modell wird durch die gemeinsame Wahrscheinlichkeitsverteilung aller verwendeten Aussagen $p \in \Sigma$ festgelegt.

Für drei Aussagen $p_1$, $p_2$ und $p_3$ umfasst die gemeinsame Wahrscheinlichkeitsverteilung (Verbundwahrscheinlichkeitsverteilung) die folgenden $2^3 = 8$ Werte

$$\begin{aligned}
&\text{Prob}\,(p_1 \wedge p_2 \wedge p_3)\\
&\text{Prob}\,(p_1 \wedge p_2 \wedge \neg p_3)\\
&\text{Prob}\,(p_1 \wedge \neg p_2 \wedge p_3)\\
&\text{Prob}\,(p_1 \wedge \neg p_2 \wedge \neg p_3)\\
&\text{Prob}\,(\neg p_1 \wedge p_2 \wedge p_3)\\
&\text{Prob}\,(\neg p_1 \wedge p_2 \wedge \neg p_3)\\
&\text{Prob}\,(\neg p_1 \wedge \neg p_2 \wedge p_3)\\
&\text{Prob}\,(\neg p_1 \wedge \neg p_2 \wedge \neg p_3),
\end{aligned} \tag{12.9}$$

die sich auf die nach Gl. (12.4) gebildeten Konjunktionen beziehen. Als gemeinsame Wahrscheinlichkeitsverteilung (Verbundwahrscheinlichkeitsverteilung) geschrieben ist auch die Schreibweise $\text{Prob}\,(p_1, p_2, p_3)$ für den ersten und $\text{Prob}\,(p_1, p_2, \neg p_3)$ für den zweiten Wert geläufig, bei der die Aussagen wie bei Wahrscheinlichkeitsangaben üblich durch Kommas getrennt sind. Es gilt also

$$\begin{aligned}
\text{Prob}\,(p_1 \wedge p_2 \wedge p_3) &= \text{Prob}\,(p_1, p_2, p_3)\\
\text{Prob}\,(p_1 \wedge p_2 \wedge \neg p_3) &= \text{Prob}\,(p_1, p_2, \neg p_3)\\
&\text{usw.}
\end{aligned}$$

Aus der Verbundwahrscheinlichkeitsverteilung können alle Randwahrscheinlichkeiten und bedingten Wahrscheinlichkeiten berechnet werden, z. B. die folgenden

$$\begin{aligned}
\text{Prob}\,(p_1) &= \text{Prob}\,(p_1 \wedge \neg p_2 \wedge \neg p_3) + \text{Prob}\,(p_1 \wedge \neg p_2 \wedge p_3)\\
&\quad + \text{Prob}\,(p_1 \wedge p_2 \wedge \neg p_3) + \text{Prob}\,(p_1 \wedge p_2 \wedge p_3)\\
\text{Prob}\,(p_1 \wedge p_2) &= \text{Prob}\,(p_1 \wedge p_2 \wedge \neg p_3) + \text{Prob}\,(p_1 \wedge p_2 \wedge p_3)\\
\text{Prob}\,(p_2 \,|\, p_1) &= \frac{\text{Prob}\,(p_1 \wedge p_2)}{\text{Prob}\,(p_1)}\\
\text{Prob}\,(p_3 \,|\, p_1 \wedge p_2) &= \frac{\text{Prob}\,(p_1 \wedge p_2 \wedge p_3)}{\text{Prob}\,(p_1 \wedge p_2)}.
\end{aligned}$$

Wird ein Problem durch $m$ Aussagen beschrieben, so müssen also $2^m$ Werte für die Verbundwahrscheinlichkeiten bekannt sein, die die Wissensbasis für die Lösung des betrachteten Problems bilden. Dies hat zwei Konsequenzen bezüglich der Anwendbarkeit wahrscheinlichkeitstheoretischer Methoden in der Wissensverarbeitung:

- Die Komplexität der Speicherung der gemeinsamen Wahrscheinlichkeitsverteilung und der Berechnung der Randwahrscheinlichkeiten und bedingten Wahrscheinlichkeiten nach den o. a. Vorschriften steigt exponentiell mit der Anzahl $m$ der Aussagen und ist für typische Anwendungen mit $m > 10$ nicht beherrschbar.
- Die geforderten Informationen über $2^m$ Werte für die Verbundwahrscheinlichkeitsverteilung sind i. Allg. nicht verfügbar. Der Mensch kann typischerweise etwas über Zusammenhänge zwischen zwei oder wenigen Ereignissen aussagen, also über Wahrscheinlichkeiten $\text{Prob}\,(p_1 \wedge p_2)$ oder $\text{Prob}\,(p_1 \mid p_2)$, nicht jedoch über den Zusammenhang aller $m$ Ereignisse untereinander.

Deshalb zeigt Abschn. 12.3, unter welchen Voraussetzungen auch Wahrscheinlichkeitsaussagen über zwei bzw. wenige Ereignisse für die Lösung von Aufgaben eingesetzt werden können und nicht $2^m$ Werte für die gemeinsame Wahrscheinlichkeitsverteilung bekannt sein müssen.

**A-priori- und A-posteriori-Wahrscheinlichkeiten.** Das wahrscheinlichkeitstheoretische Modell, das die gemeinsame Wahrscheinlichkeitsverteilung aller verwendeten Aussagen repräsentiert, beschreibt die relative Häufigkeit, mit der logische Ausdrücke bei unendlich vielen Experimenten gültig sind. Es stellt das allgemeingültige Wissen über die betrachtete Problemklasse dar. Mit Hilfe dieses Wissens wird nun ein konkretes Experiment betrachtet, aus dem für eine Teilmenge von Aussagen $p_1$, $p_2$,..., $p_l$ die Wahrheitswerte hervorgehen. Die Aufgabe der Wissensverarbeitung ist es, aus dem allgemeingültigen Wissen und aus den für den betrachteten Einzelfall zutreffenden Aussagen auf die Gültigkeit einer oder mehrerer Ausdrücke $q$ zu schließen.

Bei dieser Aufgabe wird der Begriff der Wahrscheinlichkeit – im mathematisch definierten wie auch im umgangssprachlichen Sinne – in zwei Bedeutungen gebraucht.

- **A-priori-Wahrscheinlichkeit:** Einerseits werden Aussagen über die Auftretenswahrscheinlichkeit gemacht, die unabhängig von einem konkreten Experiment sind und die den „Durchschnitt" aller Experimente betreffen. Diese Angaben sind von vornherein (a-priori) bekannt und werden als A-priori-Wahrscheinlichkeiten bezeichnet. Für die Aussage $q$ wird die A-priori-Wahrscheinlichkeit durch $\text{Prob}\,(q)$ symbolisiert.
- **A-posteriori-Wahrscheinlichkeit:** Andererseits werden Wahrscheinlichkeitsaussagen gemacht, die ein konkretes Experiment betreffen. Die in diesem Experiment gemachten Beobachtungen $p_1$, $p_2$,..., $p_l$ verändern die Wahrscheinlichkeit, mit der die Aussage $q$ gilt. Es ist jetzt nicht mehr die A-priori-Wahrscheinlichkeit $\text{Prob}\,(q)$ maßgebend, sondern die bedingte Wahrscheinlichkeit $\text{Prob}\,(q \mid p_1 \wedge p_2 \wedge \ldots \wedge p_l)$, die angibt, mit welcher relativen Häufigkeit die Aussage $q$ bei denjenigen Experimenten gültig ist, bei denen $B(p_1 \wedge p_2 \wedge \ldots \wedge p_l) = \text{T}$ ist. Diese bedingte Wahrscheinlichkeit wird A-posteriori-Wahrscheinlichkeit von $q$ genannt, denn sie gibt an, was im Nachhinein (a-posteriori) über die Gültigkeit von $q$ bekannt ist.

Zur Unterscheidung zwischen beiden Wahrscheinlichkeitsaussagen wird in der Wissensverarbeitung das Symbol $\mathrm{Bel}\,(p)$ für die A-posteriori-Wahrscheinlichkeit der Aussage $p$ eingeführt, das als Abkürzung für *belief* steht. Für ein Experiment mit den Beobachtungen $p_1, \ldots, p_l$ gilt

$$\begin{aligned} \mathrm{Bel}\,(p_1) &= 1 \\ &\vdots \\ \mathrm{Bel}\,(p_l) &= 1. \end{aligned} \tag{12.10}$$

**Bedingte Wahrscheinlichkeit.** Die Definition (A2.17) der bedingten Wahrscheinlichkeit kann direkt für Ereignisse $\mathcal{A}$ und $\mathcal{B}$ übernommen werden, die durch die Aussagen $p_{\mathcal{A}}$ und $p_{\mathcal{B}}$ beschrieben sind:

$$\mathrm{Prob}\,(p_{\mathcal{A}} \mid p_{\mathcal{B}}) = \frac{\mathrm{Prob}\,(p_{\mathcal{A}} \wedge p_{\mathcal{B}})}{\mathrm{Prob}\,(p_{\mathcal{B}})}.$$

Die Größe $\mathrm{Prob}\,(p_{\mathcal{A}} \mid p_{\mathcal{B}})$ bezeichnet die Wahrscheinlichkeit, mit der die Aussage $p_{\mathcal{A}}$ wahr ist, wenn bekannt ist, dass bei dem betrachteten Versuch die Aussage $p_{\mathcal{B}}$ gilt. In ihr ist das Vorwissen über das Eintreten des durch die Aussage $p_{\mathcal{B}}$ beschriebenen Ereignisses berücksichtigt.

Empirisches Wissen muss immer als eine bedingte Wahrscheinlichkeit formuliert werden, nämlich als die Wahrscheinlichkeit für das Auftreten des durch die Aussage $p_{\mathcal{A}}$ beschriebenen Ereignisses in dem durch die Aussage $p_{\mathcal{K}}$ beschriebenen Kontext $\mathcal{K}$:

$$\mathrm{Prob}\,(p_{\mathcal{A}} \,|\, p_{\mathcal{K}}).$$

Wenn man einen veränderten Kontext $\mathcal{K}'$ betrachtet, ändert sich i. Allg. die Wahrscheinlichkeit für das Auftreten von $p_{\mathcal{A}}$ und dies spiegelt sich darin wieder, dass jetzt die bedingte Wahrscheinlichkeit $\mathrm{Prob}\,(p_{\mathcal{A}} \,|\, p_{\mathcal{K}'})$ maßgebend ist.

Streng genommen, sind also alle aus Experimenten gewonnenen Werte *bedingte* Wahrscheinlichkeiten, bei denen man die Experimentbedingungen hinter den Bedingungsstrich schreiben muss. Wenn es sich allerdings um allgemeine Sachverhalte handelt, die alle Experimente und deren Auswertung betreffen, lässt man diese Angabe hinter dem Bedingungsstrich weg. Ein Beispiel für derartige Angaben sind der Aufbau einer technischen Anlage, der bei allen Betrachtungen unverändert bleibt und nicht hinter den Bedingungsstrich aller Wahrscheinlichkeiten geschrieben wird.

**Aufgabe 12.1** *Fehlerdiagnose mit unsicheren Symptomen*

Viele Diagnoseaufgaben müssen mit unsicherem Wissen gelöst werden. Überlegen Sie sich anhand von Beispielen, warum bei technischen Anlagen Fehler die für die Diagnose gemessenen Signale und Alarmmeldungen nicht mit Sicherheit, sondern i. Allg. nur mit einer bestimmten Wahrscheinlichkeit hervorbringen. Von welchen technischen Randbedingungen hängt diese Wahrscheinlichkeit in Ihren Beispielen ab? □

## 12.2 Probabilistische Logik

### 12.2.1 Modus Ponens der probabilistischen Logik

Es wird jetzt untersucht, wie man aus der Gültigkeit von Aussagen $p_1,..., p_l$ auf die Gültigkeit einer anderen Aussage $q$ schließen kann. In der Aussagenlogik ist dies mit Hilfe des Modus Ponens (7.34) möglich, wenn man weiß, dass die Implikation

$$p_1 \wedge p_2 \wedge ... \wedge p_l \Rightarrow q$$

gilt. Im Folgenden soll jedoch die Situation betrachtet werden, in der diese Implikation „nicht genau" gilt und statt dessen nur die bedingte Wahrscheinlichkeit

$$\text{Prob}\,(q \mid p_1, p_2, ..., p_l)$$

bekannt ist. Diese bedingte Wahrscheinlichkeit gibt die Wahrscheinlichkeit für die Gültigkeit der Implikation an. Die im Folgenden beschriebene Schlussfolgerungsregel ist eine Erweiterung der Abtrennregel (7.34) auf die probabilistische Logik.

Da für $p = p_1 \wedge p_2 \wedge ... \wedge p_l$ wegen (12.10) auch

$$\text{Bel}\,(p) = 1$$

gilt und $\text{Prob}\,(q \mid p)$ das Maß für die Gültigkeit der Implikation

$$p \Rightarrow q$$

ist, hat der Modus Ponens der probabilistischen Logik die Form

$$\begin{array}{r} \text{Prob}\,(q \mid p) = a \\ \text{Bel}\,(p) = 1 \\ \hline \text{Bel}\,(q) = a. \end{array} \qquad (12.11)$$

Dass diese Inferenzregel eine direkte Erweiterung der Abtrennregel der klassischen Logik darstellt, sieht man besonders gut, wenn man den „klassischen" Modus Ponens in der Form (7.34)

$$\begin{array}{r} B(p \Rightarrow q) = \text{T} \\ B(p) = \text{T} \\ \hline B(q) = \text{T} \end{array}$$

schreibt.

Bezieht sich die Beobachtung auf das gleichzeitige Eintreten der durch die Aussagen $p_1$, $p_2$,..., $p_l$ beschriebenen Ereignisse, so kann die Inferenzregel (12.11) durch die Substitution $p = p_1 \wedge p_2 \wedge ... \wedge p_l$ auf diesen Fall erweitert werden:

Modus Ponens der probabilistischen Logik:

$$\begin{array}{l} \text{Prob}\,(q \,|\, p_1 \wedge p_2 \wedge \ldots \wedge p_l) = a \\ \text{Bel}\,(p_1) = 1 \\ \text{Bel}\,(p_2) = 1 \\ \vdots \\ \text{Bel}\,(p_l) = 1 \\ \hline \text{Bel}\,(q) = a. \end{array} \qquad (12.12)$$

Diese Ableitungsregel setzt voraus, dass *alle* $l$ Aussagen $p_1$,..., $p_l$ und keine weitere Aussage durch Beobachtungen bestätigt wurden und folglich mit Sicherheit „wahr" sind. Für die Anwendung dieser Regel muss die bedingte Wahrscheinlichkeit $\text{Prob}\,(q \,|\, p_1 \wedge p_2 \wedge \ldots \wedge p_l)$ bekannt sein.

Grafisch kann diese Inferenzregel in Anlehnung an den ATMS-Graphen durch ein UND-Kantenbündel von den Knoten der Aussagen $p_1, \ldots, p_l$ zum Knoten $q$ veranschaulicht werden. Das Kantenbündel wird mit der bedingten Wahrscheinlichkeit $\text{Prob}\,(q \,|\, p_1 \wedge \ldots \wedge p_l)$ gewichtet. Jeder Knoten erhält als Wert die A-posteriori-Wahrscheinlichkeit der zugeordneten Aussage. Den in der Abtrennregel (12.12) dargestellten Zusammenhang zwischen den Werten $\text{Bel}\,(p_i)$ und $\text{Bel}\,(q)$ zeigt Abb. 12.2, wobei die Klammer um die UND-Kanten weggelassen wurde, weil in den Graphen dieses Kapitels alle Kantenbündel als UND-Verknüpfung zu interpretieren sind.

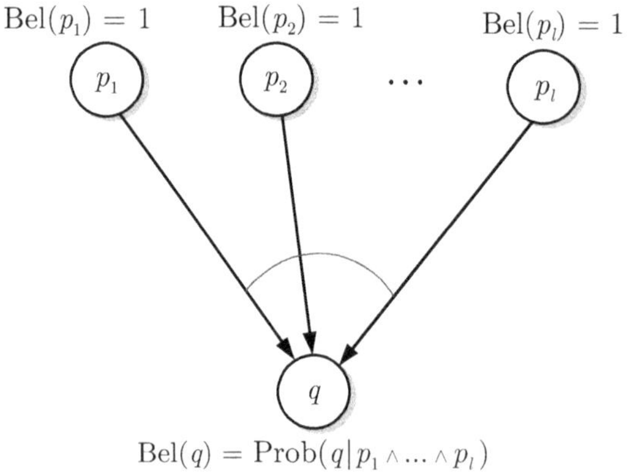


**Abb. 12.2:** Veranschaulichung der Abtrennregel der probabilistischen Logik

Selbstverständlich dürfen die Aussagen auch negiert in der Inferenzregel (12.12) auftreten. Wird beispielsweise beobachtet, dass das Ereignis $p$ nicht auftritt ($\text{Bel}\,(\neg p) = 1$), so kann mit Hilfe der bedingten Wahrscheinlichkeit $\text{Prob}\,(q \,|\, \neg p)$ auf die Gültigkeit von $q$ geschlossen werden:

$$\text{Bel}\,(q) = \text{Prob}\,(q \,|\, \neg p).$$

**Beispiel 12.2** *Vorhersage des Verhaltens des Wasserversorgungssystems*

Es wird in Anlehnung an das Beispiel 11.1 untersucht, inwieweit die Aussage $a_{15}$ = „Das Wasser wird knapp." zutrifft, wenn beobachtet wurde, dass die Sonne scheint und folglich

$$\text{Bel}\,(a_{11}) = 1 \tag{12.13}$$

gilt. Als Wissen über das Verhalten des Wasserversorgungssystems sei u. a. die bedingte Wahrscheinlichkeit

$$\text{Prob}\,(a_{15} \mid a_{11}) = 0{,}15$$

gegeben. Dieser Wert besagt, dass für das Wasserversorgungssystem an Sonnentagen mit der Wahrscheinlichkeit von 0,15 die Aussage $a_{15}$ = „Das Wasser wird knapp." zutrifft. Diese Wahrscheinlichkeit ist typischerweise höher als die A-priori-Wahrscheinlichkeit von $a_{15}$, deren Wert beispielsweise gleich 0,05 ist und der besagt, dass an 5% aller Tage (eines Jahres) die Aussage $a_{15}$ wahr ist.

Entsprechend Gl. (12.12) erhält man aus der Beobachtung (12.13) die Schlussfolgerung

$$\text{Bel}\,(a_{15}) = \text{Prob}\,(a_{15} \mid a_{11}) = 0{,}15.$$

**Diskussion.** Die Bedeutung des Ergebnisses ergibt sich aus der in der Wahrscheinlichkeitstheorie festgelegten Semantik: An 15% der Sonnentage (d. h. im Mittel an jedem siebenten Sonnentag) wird das Wasser knapp.

Es ist typisch, dass sich die berechnete A-posteriori-Wahrscheinlichkeit von der A-priori-Wahrscheinlichkeit wesentlich unterscheidet. In diesem Unterschied schlägt sich die Information nieder, die durch das betrachtete „Experiment" zusätzlich zur A-priori-Wahrscheinlichkeit ausgewertet wird.

Wäre zusätzlich zu (12.13) auch noch bekannt, dass der Niederschlag ergiebig war und somit

$$\text{Bel}\,(a_{13}) = 1$$

gilt, so müsste für die Anwendung der Ableitungsregel (12.12) die bedingte Wahrscheinlichkeit

$$\text{Prob}\,(a_{15} \mid a_{11} \wedge a_{13})$$

bekannt sein. Ist beispielsweise

$$\text{Prob}\,(a_{15} \mid a_{11} \wedge a_{13}) = 0{,}10$$

ermittelt worden, so liefert die Abtrennregel das Ergebnis

$$\text{Bel}\,(a_{15}) = 0{,}10.$$

Die A-posteriori-Wahrscheinlichkeit Bel $(a_{15})$ ist im zweiten Fall kleiner als im ersten Fall, was plausibel ist, da nach ergiebigem Niederschlag die Wahrscheinlichkeit für eine Wasserknappheit kleiner als im Durchschnitt ist. „Durchschnitt" heißt hier, dass alle Fälle betrachtet werden, in denen $a_{11}$ gilt, unabhängig davon, ob $a_{13}$ wahr oder falsch ist. □

**Anwendung des Modus Ponens der probabilistischen Logik.** Der Modus Ponens kann für mehrere Aussagen angewendet werden, die unter denselben Bedingungen $p_1, p_2, ..., p_l$ gelten. Betrachtet man beispielsweise außer der Aussage $q$ noch ein zweites Ereignis, das durch die Aussage $r$ beschrieben ist, so lässt sich auch hier der Modus Ponens (12.11) anwenden, wenn die bedingte Wahrscheinlichkeit Prob $(r \mid p_1 \wedge p_2 \wedge ... \wedge p_l)$ bekannt ist. Man erhält

$$\text{Bel}\,(r) = \text{Prob}\,(r \mid p_1 \wedge p_2 \wedge ... \wedge p_l).$$

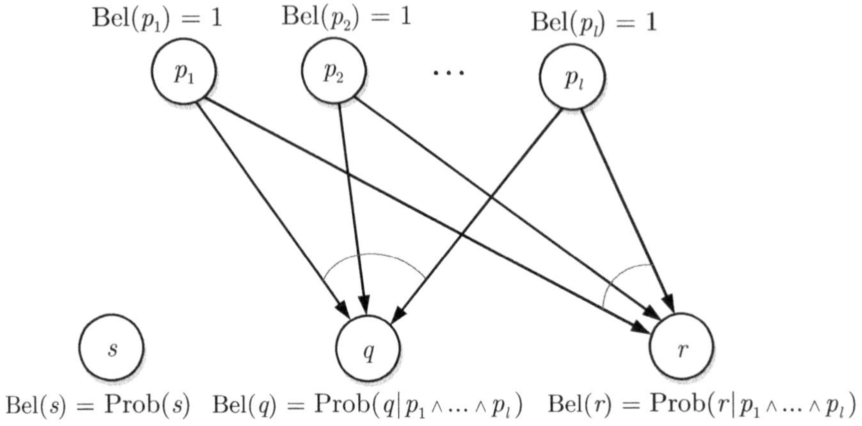


**Abb. 12.3:** Anwendung der Abtrennregel der probabilistischen Logik

Im Graphen in Abb. 12.2 wird dafür ein Bündel von UND-Kanten von $p_1$,..., $p_l$ zum neuen Knoten $r$ eingetragen, wodurch Abb. 12.3 entsteht.

Als drittes wird das Ereignis $s$ betrachtet, das von der Aussagen $p_1$,..., $p_l$ unabhängig ist und für das deshalb

$$\text{Prob}\,(s \,|\, p_1 \wedge ... \wedge p_l) = \text{Prob}\,(s)$$

gilt. Auch hierfür kann der Modus Ponens angewendet werden. Auf Grund der Unabhängigkeit der Ereignisse hat jedoch die A-posteriori-Wahrscheinlichkeit denselben Wert wie die A-priori-Wahrscheinlichkeit: Bel $(s)$ = Prob $(s)$. Grafisch veranschaulicht gibt es keine Verbindungen zwischen $p_1$,..., $p_l$ und $s$ (Abb. 12.3). Das Experiment liefert in diesem Fall keine zusätzlichen Anhaltspunkte für das Auftreten des durch die Aussage $s$ beschriebenen Ereignisses.

Im Mittelpunkt der weiteren Betrachtungen stehen jedoch Aussagen, die abhängige Ereignisse beschreiben:

$$\text{Prob}\,(s) \neq \text{Prob}\,(s \,|\, p_1, ..., p_l).$$

Die Beobachtung, dass die Aussagen $p_1$,..., $p_l$ wahr sind, gibt dann Anhaltspunkte für die Gültigkeit bzw. Ungültigkeit der Aussage $s$. Sowohl in der Wahrscheinlichkeitstheorie als auch in der probabilistischen Logik werden deshalb die Aussagen $p_i$ als *Evidenzen* und $q$ als *Hypothese* bezeichnet. Bel $(q)$ ist ein Maß dafür, mit welcher Sicherheit aus der Gültigkeit der Evidenzen $p_1 \wedge \ldots \wedge p_l$ auf die Gültigkeit der Hypothese geschlossen werden kann.

Der Spezialfall, dass die Implikation $p \Rightarrow q$ exakt gilt, tritt genau dann auf, wenn die durch $p$ und $q$ beschriebenen Ereignisse $\mathcal{P}$ und $\mathcal{Q}$ die Relation

$$\mathcal{Q} \supseteq \mathcal{P} \tag{12.14}$$

erfüllen. Folglich gilt

$$\text{Prob}\,(p \Rightarrow q) = 1 \qquad \text{genau dann wenn} \qquad \text{Prob}\,(q \,|\, p) = 1$$

ist. Wird $p$ beobachtet, so erhält man aus Gl. (12.11) das Ergebnis Bel $(q) = 1$, was dem aus der klassischen Logik bekannten Ergebnis entspricht.

Auf Grund der Beziehung

$$\text{Prob}\,(q \mid p) + \text{Prob}\,(\neg q \mid p) = 1, \tag{12.15}$$

die man aus Gl. (A2.18) ableiten kann, ist mit $\text{Bel}\,(q)$ auch $\text{Bel}\,(\neg q)$ bekannt. Für die A-posteriori-Wahrscheinlichkeit von $\neg q$ bei Kenntnis von $p$ gilt entsprechend (12.11) und (12.15)

$$\text{Bel}\,(\neg q) = \text{Prob}\,(\neg q \mid p) = 1 - \text{Prob}\,(q \mid p) = 1 - \text{Bel}\,(p). \tag{12.16}$$

Die probabilistische Logik führt auf eine Verallgemeinerung des auf S. 357 eingeführten Begriffes des formalen Systems. Hier besteht die Axiomenmenge $\mathcal{A}$ nicht nur aus einer Sammlung von Formeln, sondern die logischen Ausdrücke haben auch einen Wahrheitswert. Die Menge $\mathcal{R}$ der Ableitungsregeln enthält nur den in Gl. (12.12) angegebenen Modus Ponens der probabilistischen Logik. Welche spezifischen Eigenschaften sich aus dieser Erweiterung ergeben, zeigt der nachfolgende Abschnitt.

### 12.2.2 Fehlende Modularität der probabilistischen Logik

Die wahrscheinlichkeitstheoretischen Grundlagen der probabilistischen Logik führen dazu, dass die aus der klassischen Logik bekannte *Modularität* der Wissensverarbeitung verloren geht. In der klassischen Logik kann aus der Implikation $p \Rightarrow q$ auf die Gültigkeit von $q$ geschlossen werden, wenn bekannt ist, dass $p$ gilt. Diese Folgerung ist unabhängig davon, ob außer von $p$ auch die Wahrheitswerte anderer Aussagen bekannt sind. Alle in der Wissensbasis stehenden Implikationen gelten unabhängig voneinander und der Modus Ponens kann für alle Implikationen unabhängig voneinander angewendet werden.

In der probabilistischen Logik ist die Situation anders. Die bedingte Wahrscheinlichkeit $\text{Prob}\,(q \mid p)$ beschreibt, mit welcher Wahrscheinlichkeit die Aussage $q$ gilt, wenn bekannt ist, dass die Aussage $p$ wahr ist und nichts darüber hinaus bekannt ist. Sie sagt etwas Ähnliches aus wie die Implikation $p \Rightarrow q$, denn aus der Gültigkeit von $p$ kann mit der Wahrscheinlichkeit

$$\text{Bel}\,(q) = \text{Prob}\,(q \mid p)$$

auf die Gültigkeit von $q$ geschlossen werden. Der entscheidende Unterschied zwischen der bedingten Wahrscheinlichkeit und der Implikation besteht darin, dass die Schlussfolgerung jetzt vom Kontext abhängt.

> Die bedingte Wahrscheinlichkeit $\text{Prob}\,(q \mid p)$ ist nur unter der wichtigen Voraussetzung aussagefähig, dass außer der Gültigkeit der Aussage $p$ nichts über die Gültigkeit anderer Aussagen bekannt ist, die mit der Aussage $q$ in irgendeinem Zusammenhang stehen.

Die genannte Voraussetzung wird häufig nicht präzise angegeben und die bedingte Wahrscheinlichkeit dann oft falsch verwendet. Ist nämlich bekannt, dass außer $p$ auch noch die Aussage $r$ gilt, so kann auf Grund von $\text{Prob}\,(q \mid p)$ gar nichts gefolgert werden. Um aus der Information, dass $p$ und $r$ eingetreten sind, auf $q$ schließen zu können, muss die bedingte Wahrscheinlichkeit $\text{Prob}\,(q \mid p \wedge r)$ bekannt sein, und es gilt dann

$$\text{Bel}\,(q) = \text{Prob}\,(q \mid p \wedge r).$$

Nur in dem speziellen Fall, dass das durch die Aussage $q$ beschriebene Ereignis unabhängig von dem durch $r$ beschriebenen Ereignis ist, gilt

$$\text{Bel}\,(q) = \text{Prob}\,(q \mid p \wedge r) = \text{Prob}\,(q \mid p),$$

d. h., die Kenntnis von $r$ verändert die A-posteriori-Wahrscheinlichkeit für die Gültigkeit der Aussage $q$ nicht (vgl. Gl. (A2.20)).

Diese Tatsache zeigt, dass der durch $\text{Prob}\,(q \mid p)$ beschriebene Zusammenhang zwischen $p$ und $q$ nicht kontextunabhängig ist.

> Der Kontext beschreibt, von welchen Ereignissen bekannt ist, dass sie eingetreten bzw. nicht eingetreten sind. Er ist entscheidend dafür, aus welcher bedingten Wahrscheinlichkeit Schlussfolgerungen gezogen werden können.

Wenn bekannt ist, dass die Aussagen $p_1, ..., p_l$ wahr sind, dann gilt die Aussage $q$ mit der Wahrscheinlichkeit

$$\text{Prob}\,(q \mid \underbrace{p_1, p_2, ..., p_l}_{\text{Kontext}}).$$

**Beispiel 12.3** *Vergleich von klassischer und probabilistischer Logik*

Ein wichtiges Merkmal der logikbasierten Wissensverarbeitung besteht in der Möglichkeit, aus einer Menge von Axiomen wie z. B.

$$\begin{array}{l} p \\ p \Rightarrow q \\ q \Rightarrow r \end{array}$$

*schrittweise* Folgerungen zu ziehen und damit Ergebnisse zu erhalten, die nicht in einem, sondern nur in einer Folge von Inferenzschritten ableitbar sind. Im Beispiel kann die Gültigkeit von $r$ in zwei getrennten Schritten nachgewiesen werden

$$\begin{array}{l} 1.\ \{p, p \Rightarrow q\} \models q \\ 2.\ \{q, q \Rightarrow r\} \models r. \end{array}$$

Diese Folgerungskette ist in Abb. 12.4 (a) veranschaulicht.

Nun liegt die Vermutung nahe, dass in der probabilistischen Logik ähnlich verfahren werden kann. An Stelle der o. a. Axiome sei bekannt

$$\begin{aligned} \text{Bel}\,(p) &= 1 \\ \text{Prob}\,(q \mid p) &= a \\ \text{Prob}\,(r \mid q) &= b. \end{aligned}$$

Interpretiert man den Modus Ponens (12.11) als eine Berechnungsvorschrift

$$\text{Bel}\,(q) = \text{Prob}\,(q \mid p) \cdot \text{Bel}\,(p),$$

in der auf der rechten Seite das Produkt der bedingten Wahscheinlichkeiten für den Zusammenhang zwischen $p$ und $q$ sowie die A-posteriori-Wahrscheinlichkeit von $p$ stehen, so können durch seine zweimalige Anwendung folgende Schlüsse gezogen werden (Abb. 12.4 (b)):

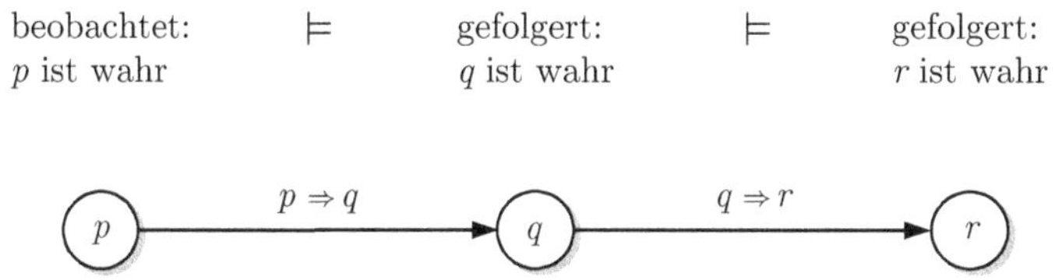


(a) Folgerungskette der klassischen Logik

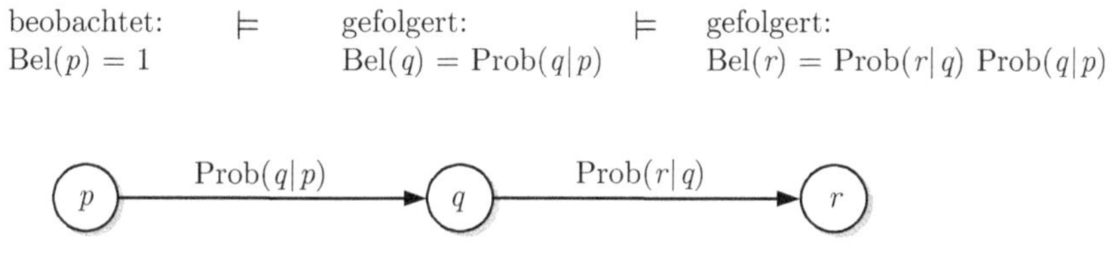


(b) Folgerungskette der probabilistischen Logik, die nur unter der Bedingung $\text{Prob}(r|p)=\text{Prob}(r|q)\cdot\text{Prob}(q|p)$ gilt

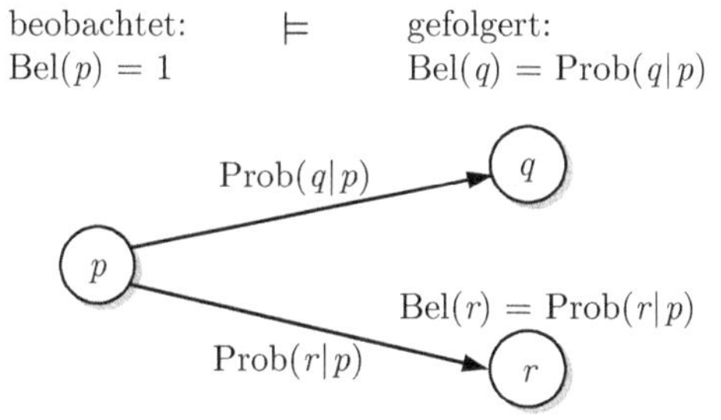


(c) Folgerungen der probabilistischen Logik, die stets gelten

**Abb. 12.4:** Schlussfolgerungen in klassischer und in probabilistischer Logik

1. $\{\text{Bel}\,(p) = 1,\ \text{Prob}\,(q\,|\,p) = a\} \models \text{Bel}\,(q) = \text{Prob}\,(q\,|\,p)\cdot\text{Bel}\,(p) = a$
2. $\{\text{Bel}\,(q) = a,\ \text{Prob}\,(r\,|\,q) = b\} \models \text{Bel}\,(r) = \text{Prob}\,(r\,|\,q)\cdot\text{Bel}\,(q) = ab.$

Diese Vorgehensweise ist jedoch i. Allg. falsch! Wenn wie in der als Beispiel gewählten Situation das durch die Aussage $p$ beschriebene Ereignis beobachtet wurde, ist die A-posteriori-Wahrscheinlichkeit für die Gültigkeit der Aussage $r$ durch

$$\text{Bel}\,(r) = \text{Prob}\,(r\,|\,p)$$

gegeben. Ist $\text{Prob}\,(r\,|\,p)$ – wie es hier angenommen wurde – nicht bekannt, sondern die Wahrscheinlichkeit $\text{Prob}\,(r\,|\,q)$, so kann über $\text{Bel}\,(r)$ *nichts* ausgesagt werden. $\text{Prob}\,(r\,|\,p)$ kann i. Allg. nicht aus $\text{Prob}\,(q\,|\,p)$ und $\text{Prob}\,(r\,|\,q)$ berechnet werden (Abb. 12.4 (c)). □

Beim Übergang von sicherem zu unsicherem Wissen geht die Modularität der klassischen Logik verloren.

> Schlussfolgerungen können in der probabilistischen Logik i. Allg. nicht schrittweise abgeleitet werden.

Unsicheres Wissen macht es also notwendig, alle relevanten Wissenselemente bei der Bestimmung einer Schlussfolgerung einzusetzen. Wenn wie in Abb. 12.2 $l$ Aussagen $p_i$, $(i = 1, 2, ..., l)$ in einer unsicheren Weise auf die Schlussfolgerung $q$ führen, so muss die bedingte Wahrscheinlichkeitsverteilung für das Auftreten von $q$ unter allen Bedingungen bekannt sein, die mit den Aussagen $p_i$, $(i = 1, 2, ..., l)$ ausgedrückt werden können. Die Komplexität ist exponentiell: $2^l$.

Solange nicht bekannt ist, dass bestimmte Informationen für die betrachtete Schlussfolgerung irrelevant sind, müssen sie beachtet werden. Nur wenn Ausdrücke stochastisch unabhängig sind, ist es auch bei unsicherem Wissen möglich, Schlussfolgerungsketten aufzubauen. Derartige Situationen werden im Abschn. 12.3 betrachtet.

### 12.2.3 Bayessche Inferenzregel

Bedingte Wahrscheinlichkeiten beschreiben das gemeinsame Auftreten zweier oder mehrerer Ereignisse. Stehen diese Ereignisse in Ursache-Wirkungsbeziehungen, so lässt sich ihr gemeinsames Auftreten am besten durch bedingte Wahrscheinlichkeiten der Form

$$\text{Prob}\,(\text{Wirkung} \mid \text{Ursache})$$

darstellen, denn es ist i. Allg. bekannt, mit welcher Wahrscheinlichkeit eine gegebene Ursache eine bestimmte Wirkung nach sich zieht. Wird nun aber die Wirkung beobachtet und ist die Ursache zu ermitteln, wie dies bei Diagnoseaufgaben der Fall ist, so muss die bedingte Wahrscheinlichkeit

$$\text{Bel}\,(\text{Ursache}) = \text{Prob}\,(\text{Ursache} \mid \text{Wirkung})$$

berechnet werden. Wie dies möglich ist, wird im Folgenden beschrieben.

Es ist ein ähnliches Problem wie im vorangegangenen Abschnitt zu lösen:

> Gegeben ist ein wahrscheinlichkeitstheoretisches Modell in der Form $\text{Prob}\,(q \mid p)$ sowie eine Beobachtung $q$. Gesucht ist die sich daraus ergebende A-posteriori-Wahrscheinlichkeit für die Aussage $p$.

Die Ableitungsregel (12.11) ist hier nicht anwendbar, weil dafür die bedingte Wahrscheinlichkeit $\text{Prob}\,(p \mid q)$ bekannt sein müsste, wie dies im linken Teil von Abb. 12.5 dargestellt ist. Die Folgerungsrichtung von $q$ nach $p$ ist jetzt der „Modellrichtung" entgegengesetzt, die von $p$ nach $q$ führt.

Die Lösung der Aufgabe erhält man aus dem Satz von BAYES[1], wenn neben der bedingten Wahrscheinlichkeit $\text{Prob}\,(q \mid p)$ auch die A-priori-Wahrscheinlichkeiten $\text{Prob}\,(p)$ und $\text{Prob}\,(q)$ bekannt sind. Dann gilt entsprechend Gl. (A2.24)

---

[1] THOMAS BAYES (1702 – 1761), englischer Mathematiker und presbyterianischer Pfarrer

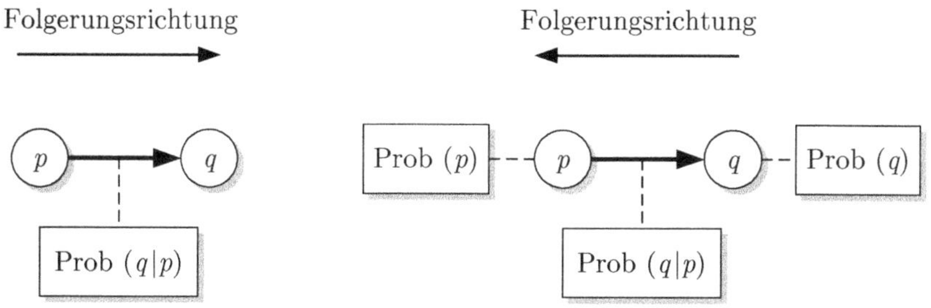


$$\mathrm{Bel}(p) = 1 \models \mathrm{Bel}(q) = \mathrm{Prob}(q \mid p) \qquad \mathrm{Bel}(p) = \frac{\mathrm{Prob}(q \mid p) \cdot \mathrm{Prob}(p)}{\mathrm{Prob}(q)} \dashv \mathrm{Bel}(q) = 1$$

**Abb. 12.5:** Bayessche Inferenzregel

$$\mathrm{Bel}\,(p) = \mathrm{Prob}\,(p \mid q) = \frac{\mathrm{Prob}\,(q \mid p)\ \mathrm{Prob}\,(p)}{\mathrm{Prob}\,(q)}. \tag{12.17}$$

Dieses Ergebnis lässt sich in der bayesschen Inferenzregel zusammenfassen, die auch als bayessche Inversionsregel bezeichnet wird, weil sie die Richtung der bedingten Wahrscheinlichkeit umkehrt.

Bayessche Inferenzregel:

$$\begin{array}{l} \mathrm{Bel}\,(q) = 1 \\ \mathrm{Prob}\,(p) \\ \mathrm{Prob}\,(q) \\ \mathrm{Prob}\,(q \mid p) \\ \hline \mathrm{Bel}\,(p) = \dfrac{\mathrm{Prob}\,(q \mid p)\ \mathrm{Prob}\,(p)}{\mathrm{Prob}\,(q)}. \end{array} \tag{12.18}$$

Die Regel setzt voraus, dass die Aussage $q$ aufgrund der Beobachtungen mit Sicherheit gilt und dass die Wahrscheinlichkeiten $\mathrm{Prob}\,(p)$, $\mathrm{Prob}\,(q)$ und $\mathrm{Prob}\,(q \mid p)$ bekannt sind. Dann kann geschlussfolgert werden, dass die Aussage $p$ mit der unter dem Strich angegebenen A-posteriori-Wahrscheinlichkeit $\mathrm{Bel}\,(p)$ gilt.

Die für die Anwendung dieser Regel notwendigen Kenntnisse sind im rechten Teil von Abb. 12.5 grafisch veranschaulicht. Außer der bedingten Wahrscheinlichkeit muss man wissen, mit welchen A-priori-Wahrscheinlichkeiten die Aussagen $p$ und $q$ auftreten. Diese Wahrscheinlichkeiten sind den Knoten des Graphen zugeordnet.

Stellt $q$ eine Beobachtung dar, die das gleichzeitige Auftreten von $l$ durch die Aussagen $q_1$, $q_2$,..., $q_l$ beschriebenen Ereignissen betrifft, so kann die Inferenzregel erweitert werden, indem man $q$ durch die Konjunktion

$$q = q_1 \wedge q_2 \wedge \ldots \wedge q_l$$

ersetzt. Selbstverständlich können in der Inferenzregel auch negierte Aussagen auftreten, mit denen man aus dem Nichtauftreten eines Ereignisses auf das Auftreten anderer Ereignisse schließt.

**Diskussion.** In die Aussagenlogik übersetzt besagt das hier behandelte Problem, dass man die Implikation $p \Rightarrow q$ und die Gültigkeit von $q$ kennt und etwas über den Wahrheitswert von $p$ wissen möchte. In dieser Situation liefert die Abtrennregel (7.34) kein Ergebnis! Nur wenn man das gegebene Modell in

$$p \Rightarrow q \;=\; q \vee \neg p \;=\; \neg q \Rightarrow \neg p$$

umrechnet und an Stelle von $q$ die Beobachtung $\neg q$ macht, kann man die Folgerung $\neg p$ ziehen.

In der probabilistischen Logik gilt nun keine der beiden Implikationen $p \Rightarrow q$ und $\neg q \Rightarrow \neg p$ mit Sicherheit, aber beide gelten „ein bisschen". Aus der Beobachtung $q$ kann deshalb mit der Ableitungsregel (12.18) etwas über die Gültigkeit von $p$ ausgesagt werden, wenn man außerdem weiß, mit welcher relativen Häufigkeit die Ereignisse $p$ und $q$ auftreten. Dies ist ein weiterer Hinweis darauf, dass bedingte Wahrscheinlichkeiten keine Ursache-Wirkungsbeziehungen, sondern Relationen zwischen den betrachteten Aussagen darstellen und deshalb „invertierbar" sind.

### 12.2.4 Lösung von Diagnoseaufgaben

Ein wichtiges technisches Anwendungsgebiet der bayesschen Inferenzregel ist die Fehlerdiagnose, bei der Wissen, das in kausaler Wirkungsrichtung notiert ist, entgegen der kausalen Richtung angewendet werden muss. Um einen direkten Bezug zwischen der Ableitungsregel und den in Diagnoseaufgaben betrachteten Fehlern und Symptomen herzustellen, werden die Aussagen $p$ und $q$ aus dem vorangegangenen Abschnitt hier durch die Aussage $f$ für einen Fehler und $s$ für ein Symptom ersetzt. Für die Diagnose muss man wissen, mit welcher Wahrscheinlichkeit $\text{Prob}\,(s \mid f)$ das Symptom $s$ durch den Fehler $f$ hervorgerufen wird, und man will beim Auftreten des Symptoms $s$ berechnen, mit welcher A-posteriori-Wahrscheinlichkeit $\text{Bel}\,(f) = \text{Prob}\,(f \mid s)$ der Fehler $f$ eingetreten ist (Abb. 12.6).

Die Anwendung der bayesschen Inferenzregel (12.18) führt auf die Beziehung

$$\text{Bel}\,(f) = \text{Prob}\,(f \mid s) = \frac{\text{Prob}\,(s \mid f) \cdot \text{Prob}\,(f)}{\text{Prob}\,(s)}, \tag{12.19}$$

in der der Term $\text{Prob}\,(s)$ eliminiert werden soll, weil man bei Diagnoseaufgaben häufig Kenntnisse über den Fehler und die Fehlerwirkung, nicht jedoch über die Häufigkeit des Auftretens des Symptoms hat. Mit Hilfe von

$$\text{Prob}\,(s) = \text{Prob}\,(s \mid f) \cdot \text{Prob}\,(f) + \text{Prob}\,(s \mid \neg f) \cdot \text{Prob}\,(\neg f)$$

erhält man die Beziehung

$$\text{Bel}\,(f) = \frac{\text{Prob}\,(s \mid f) \cdot \text{Prob}\,(f)}{\text{Prob}\,(s \mid f) \cdot \text{Prob}\,(f) + \text{Prob}\,(s \mid \neg f) \cdot \text{Prob}\,(\neg f)},$$

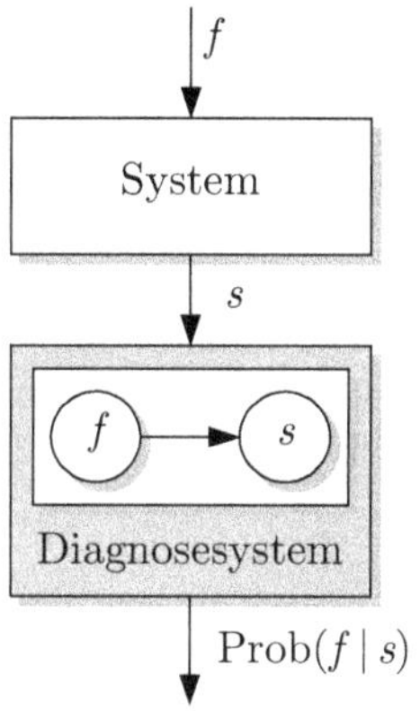


**Abb. 12.6:** Modellbasierte Diagnose mit probabilistischer Logik

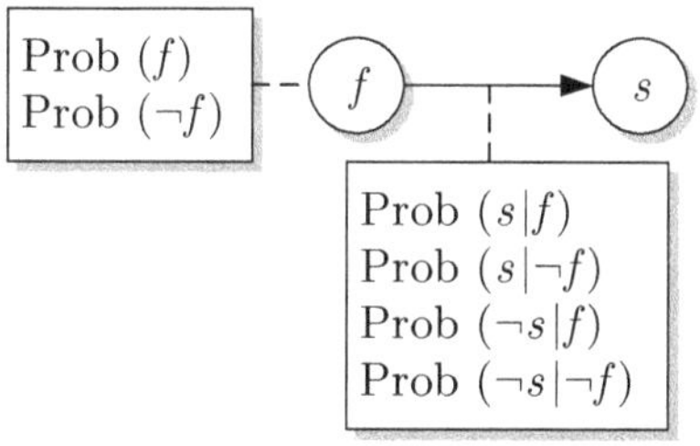


**Abb. 12.7:** Kausale Beschreibung der Wirkung eines Fehlers

in der die A-priori-Wahrscheinlichkeit $\text{Prob}\,(s)$ nicht mehr vorkommt, dafür aber die Wahrscheinlichkeits*verteilung* für die Fehler-Symptom-Beziehung bekannt sein muss.

In Anlehnung an die bayessche Inferenzregel geschrieben heißt dieser Sachverhalt:

Bayessche Diagnoseregel:

$$\begin{array}{l} \text{Bel}\,(s) = 1 \\ \text{Prob}\,(f), \text{Prob}\,(\neg f) \\ \text{Prob}\,(s \mid f), \text{Prob}\,(s \mid \neg f) \\ \hline \text{Bel}\,(f) = \dfrac{\text{Prob}\,(s \mid f) \cdot \text{Prob}\,(f)}{\text{Prob}\,(s \mid f) \cdot \text{Prob}\,(f) + \text{Prob}\,(s \mid \neg f) \cdot \text{Prob}\,(\neg f)}. \end{array} \tag{12.20}$$

Dieser Satz hat zwei wichtige Konsequenzen in Bezug auf die für die Diagnose notwendigen Kenntnisse (Abb. 12.7):

- Als Modell für das zu diagnostizierende System wird die bedingte Wahrscheinlichkeitsverteilung für die Fehler-Symptom-Beziehung verwendet, für die die beiden Werte $\text{Prob}\,(s \mid f)$ und $\text{Prob}\,(s \mid \neg f)$ bekannt sein müssen. Die anderen beiden Werte dieser Wahrscheinlichkeitsverteilung können dann berechnet werden:

$$\begin{aligned} \text{Prob}(\neg s \mid f) &= 1 - \text{Prob}(s \mid f) \\ \text{Prob}(\neg s \mid \neg f) &= 1 - \text{Prob}(s \mid \neg f). \end{aligned}$$

Es reicht nicht aus, $\text{Prob}(s \mid f)$ *oder* $\text{Prob}(s \mid \neg f)$ zu kennen.

- In das Diagnoseergebnis geht die A-priori-Wahrscheinlichkeit $\text{Prob}(f)$ für den Fehler ein, die beschreibt, mit welcher Wahrscheinlichkeit der Fehler $f$ auftritt, unabhängig davon, ob das Symptom $s$ aufgetreten ist oder nicht. Diese Information muss für die Lösung der Diagnoseaufgaben bekannt sein, auch wenn sie in der Praxis schwierig zu beschaffen ist.

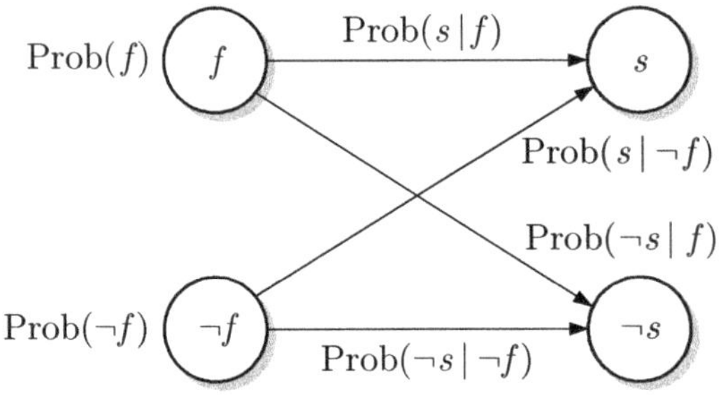


**Abb. 12.8:** Lösung einer Diagnoseaufgabe mit der bayesschen Inferenzregel (12.20)

Die bayessche Diagnoseregel merkt man sich am besten anhand von Abb. 12.8, in der die Aussagen $f$ und $\neg f$ sowie $s$ und $\neg s$ durch separate Knoten repräsentiert werden. Die A-priori-Wahrscheinlichkeiten $\text{Prob}(f)$ und $\text{Prob}(\neg f)$ beschreiben, mit welchen Wahrscheinlichkeiten die beiden linken Knoten gelten. Diese Wahrscheinlichkeiten ergeben multipliziert mit den Wichtungen der vier gezeigten Kanten die Wahrscheinlichkeit für das Auftreten des Symptoms:

$$\begin{aligned} \text{Prob}(s) &= \text{Prob}(s \mid f) \cdot \text{Prob}(f) + \text{Prob}(s \mid \neg f) \cdot \text{Prob}(\neg f) \\ \text{Prob}(\neg s) &= \text{Prob}(\neg s \mid f) \cdot \text{Prob}(f) + \text{Prob}(\neg s \mid \neg f) \cdot \text{Prob}(\neg f). \end{aligned}$$

Die Diagnoseregel (12.20) zeigt, wie bei Kenntnis von $s$ (oder in analoger Weise aufgeschrieben bei Kenntnis von $\neg s$) auf die Wahrscheinlichkeit für das Auftreten des Fehlers $f$ geschlossen werden kann.

**Beispiel 12.4** *Fehlerdiagnose eines Motorkühlsystems*

Es soll die Wahrscheinlichkeit für einen Fehler im Motorkühlsystem ermittelt werden, wenn am Armaturenbrett durch eine Kontrolllampe signalisiert wird, dass die Kühlwassertemperatur einen Grenzwert überschritten hat. In diesem Beispiel bezeichnet $f$ den Fehler im Kühlsystem und $s$ das Auftreten eines Alarms auf dem Armaturenbrett.

Die meisten Fahrer glauben an einen sicheren Zusammenhang zwischen beiden Ereignissen und schließen deshalb rückwärts vom Auftreten des Alarms auf den Fehler im Kühlsystem. Allerdings kann die Alarmierung auch durch einen Fehler in der Temperaturüberwachung ausgelöst werden und andersherum bei einem Fehler im Kühlsystem die Alarmierung ausbleiben. Der Zusammenhang zwischen $f$ und $s$ ist also unsicher, wobei hier mit folgenden bedingten Wahrscheinlichkeiten gerechnet wird:

$$\begin{aligned} \text{Prob}\,(\neg s \mid \neg f) &= 0{,}995 \\ \text{Prob}\,(s \mid f) &= 0{,}9995 \\ \text{Prob}\,(s \mid \neg f) &= 0{,}005 \\ \text{Prob}\,(\neg s \mid f) &= 0{,}0005. \end{aligned}$$

Diese Zahlen zeigen, dass in diesem Beispiel die Häufigkeit, mit der ein Fehler nicht durch einen Alarm signalisiert wird, zehnmal geringer ist als die Alarmierung ohne Fehler im Kühlsystem.

Für die Lösung der Diagnoseaufgabe muss auch die A-priori-Fehlerwahrscheinlichkeit

$$\text{Prob}\,(f) = 0{,}001$$

bekannt sein, die so interpretiert werden kann, dass bei jeder 1000-ten Fahrt ein Fehler im Kühlsystem auftritt. Es ist zu berechnen, mit welcher Wahrscheinlichkeit ein Fehler eingetreten ist, wenn die Kontrolllampe leuchtet.

Die Lösung erhält man durch Einsetzen der Zahlenwerte in Gl. (12.20):

$$\begin{aligned} \text{Prob}\,(f \mid s) &= \frac{\text{Prob}\,(s \mid f) \cdot \text{Prob}\,(f)}{\text{Prob}\,(s \mid f) \cdot \text{Prob}\,(f) + \text{Prob}\,(s \mid \neg f) \cdot \text{Prob}\,(\neg f)} \\ &= \frac{0{,}9995 \cdot 0{,}001}{0{,}9995 \cdot 0{,}001 + 0{,}005 \cdot 0{,}999} \\ &= \frac{0{,}0009995}{0{,}0059945} \\ &= 0{,}167. \end{aligned}$$

Das Ergebnis besagt, dass nur in etwa 17% der Fälle, in denen die Kontrolllampe einen Fehler anzeigt, das Kühlsystem tatsächlich fehlerbehaftet ist. Für sich genommen, erscheint diese Zahl sehr klein zu sein und sie ist es auch, wenn man bedenkt, dass unter den hier verwendeten Annahmen 83% aller Autofahrer auf Grund der Alarmierung mit fehlerfreiem Kühlsystem eine Werkstatt aufsuchen. Die Alarmierung hat aber die Wahrscheinlichkeit für den Fehler vom A-priori-Wert $0{,}001$ auf den A-posteriori-Wert $0{,}167$ erhöht (also auf das 167-fache).

Es bleibt den Lesern als Übungsaufgabe überlassen, die Aufgabe mit veränderten bedingten Wahrscheinlichkeiten und A-priori-Fehlerwahrscheinlichkeit zu wiederholen und dabei zu ermitteln, wie genau Überwachungssysteme arbeiten müssen, damit die Wahrscheinlichkeit für Fehlalarme auf ein tolerierbares Maß verkleinert wird. Im Übrigen sollte man sich diese Rechnung vor Augen halten, wenn man im ICE hinter einem Lokführer sitzt, der von einer Automatenstimme ununterbrochen auf „Fehler" hingewiesen wird, bevor man in dieser Situation aus Angst die Notbremse zieht. □

**Aufgabe 12.2** *Diagnose mit sehr unsicheren Symptomen*

Die bedingten Wahrscheinlichkeiten $\text{Prob}\,(s \mid f)$ und $\text{Prob}\,(\neg s \mid \neg f)$ beschreiben, wie gut das Symptom $s$ das Vorhandensein des Fehlers $f$ kennzeichnet. Betrachten Sie den Extremfall, bei dem beide Wahrscheinlichkeiten den Wert 0,5 haben und berechnen Sie die A-priori-Wahrscheinlichkeit $\text{Prob}\,(s)$ für das Auftreten des Symptoms $s$ sowie die A-posteriori-Wahrscheinlichkeit $\text{Bel}\,(f)$ für das Auftreten des Fehlers $f$, wenn das Symptom $s$ beobachtet wurde. Wie verändern sich beide Werte, wenn die Aussagekraft des Symptoms verbessert wird, also die beiden angegebenen bedingten Wahrscheinlichkeiten die Werte $0{,}95$ bzw. $0{,}995$ haben?

**Aufgabe 12.3*** *Reifenpanne*

Wenden Sie die bayessche Diagnoseregel für die Diagnose einer Reifenpanne in den folgenden Situationen an.

1. Die Fehler-Symptom-Beziehung ist bei einem laut platzenden Fahrradreifen eindeutig: Das Symptom $s$ (Geräusch des Platzens) weist ohne Unbestimmtheiten auf den Fehler $f$ (Schlauch ist defekt) hin.
2. Die Situation ist nicht so eindeutig, wenn man zu seinem Fahrrad kommt und einen platten Reifen sieht. Hier kann das Auftreten des Symptoms $s$ = „Der Reifen ist platt." auf mindestens zwei Fehler zurückgeführt werden, nämlich auf ein Loch im Schlauch $(f_1)$ oder auf ein defektes Ventil $(f_2)$, und man muss die bayessche Diagnoseregel auf zwei Fehler erweitern.

Stellen Sie beide Situationen entsprechend Abb. 12.7 dar und überlegen Sie sich, wie Sie die vorkommenden Wahrscheinlichkeitsverteilungen bestimmen können. □

**Aufgabe 12.4*** *Fehlerdiagnose einer Heckleuchte mit probabilistischer Logik*

Es soll das Verhalten der in Abb. 1.7 auf S. 26 gezeigten Heckleuchte analysiert werden, wobei zur Vereinfachung der Berechnungen nur die beiden Fehlerquellen $okB$ und $okL$ berücksichtigt werden sollen. A-priori sei bekannt, dass die Spannungsversorgung einmal jährlich ausfällt und die Lampe alle fünf Jahre kaputt geht. Mit 0,1% Wahrscheinlichkeit brennt die Lampe auf Grund anderer Fehlerursachen nicht.

1. Welche Wahrscheinlichkeiten müssen bekannt sein, um diese Aufgabe zu lösen?
2. Berechnen Sie die Wahrscheinlichkeit dafür, dass der Grund für den Ausfall der Lampe in der Stromversorgung bzw. in einer defekten Lampe liegt. □

### 12.2.5 Aussagekraft probabilistischer Folgerungen

Für die Aussagekraft von Schlussfolgerungen $q$ ist nicht der Wert der Wahrscheinlichkeit von $q$ an sich, sondern der Vergleich dieser mit anderen Größen wichtig. Als Vergleichsmaß dient die Wahrscheinlichkeit des Gegenteils $\neg q$. Das Verhältnis der A-priori-Wahrscheinlichkeiten

$$\boxed{\text{A-priori-Chance:}\quad O(q) = \frac{\mathrm{Prob}\,(q)}{\mathrm{Prob}\,(\neg q)} = \frac{\mathrm{Prob}\,(q)}{1 - \mathrm{Prob}\,(q)}} \tag{12.21}$$

heißt in der englischsprachigen Literatur *odds* und wird mit *Chance* übersetzt. In gleicher Weise wird die A-posteriori-Wahrscheinlichkeit $\mathrm{Bel}\,(q) = \mathrm{Prob}\,(q\,|\,p)$ ins Verhältnis zur A-posteriori-Wahrscheinlichkeit von $\neg q$ gesetzt:

$$\boxed{\text{A-posteriori-Chance:}\quad O(q\,|\,p) = \frac{\mathrm{Bel}\,(q)}{\mathrm{Bel}\,(\neg q)} = \frac{\mathrm{Prob}\,(q\,|\,p)}{\mathrm{Prob}\,(\neg q\,|\,p)}.} \tag{12.22}$$

Soll von der A-posteriori-Chance wieder zu den Wahrscheinlichkeiten übergegangen werden, so ist die Beziehung

$$\text{Bel}\,(q) = \text{Prob}\,(q \,|\, p) = \frac{O(q \,|\, p)}{1 + O(q \,|\, p)}$$

zu verwenden.

Aus Gl. (12.17) und der Beziehung

$$\text{Prob}\,(\neg q \,|\, p) = \frac{\text{Prob}\,(p \,|\, \neg q)\;\text{Prob}\,(\neg q)}{\text{Prob}\,(p)}$$

erhält man einen Zusammenhang von $O(q)$ und $O(q \,|\, p)$

$$O(q \,|\, p) = \frac{\text{Prob}\,(p \,|\, q)}{\text{Prob}\,(p \,|\, \neg q)} O(q),$$

der unter Verwendung des Wahrscheinlichkeitsverhältnisses (*likelihood ratio*)

$$\boxed{\text{Wahrscheinlichkeitsverhältnis :} \quad \lambda(p \,|\, q) = \frac{\text{Prob}\,(p \,|\, q)}{\text{Prob}\,(p \,|\, \neg q)}} \tag{12.23}$$

als

$$O(q \,|\, p) = \lambda(p \,|\, q)\, O(q) \tag{12.24}$$

geschrieben werden kann. Gleichung (12.24) drückt den bayesschen Satz durch die A-priori-Chance $O(q)$ und die A-posteriori-Chance $O(q \,|\, p)$ aus. Das Wahrscheinlichkeitsverhältnis $\lambda(p \,|\, q)$ setzt die Häufigkeit, mit der die Aussagen $p$ und $q$ gemeinsam auftreten, zur Häufigkeit, mit der nur die Aussage $p$ auftritt, ins Verhältnis. Stellt die Aussage $q$ einen Fehler $f$ und die Aussage $p$ ein Symptom $s$ dar, so beschreibt $\lambda(s \,|\, f)$ die Zuverlässigkeit, mit der das Symptom $s$ das Auftreten des Fehlers $f$ anzeigt.

Die Größe $\lambda(p \,|\, q)$ hat den Wertebereich $0 ... \infty$. Je größer $\lambda(p \,|\, q)$ ist, umso zuverlässiger kann die Gültigkeit der Aussage $p$ als ein Indikator für die Gültigkeit der Aussage $q$ verwendet werden. Für $\lambda(p \,|\, q) > 1$ ist die A-posteriori-Chance für das Auftreten von $q$ größer als die A-priori-Chance ($O(q \,|\, p) > O(q)$). Das heißt, die Beobachtung des Ereignisses $p$ deutet darauf hin, dass auch das Ereignis $q$ eingetreten ist. Gilt $\lambda(p \,|\, q) < 1$, so wird durch das Auftreten von $p$ angezeigt, dass $q$ nicht eingetreten und folglich $\neg q$ wahr ist. Im Falle $\lambda(p \,|\, q) = 1$ gilt $O(q \,|\, p) = O(q)$, d. h., die Kenntnis von $p$ sagt nichts über das Auftreten von $q$ aus.

**Beispiel 12.4 (Forts.)** *Fehlerdiagnose eines Motorkühlsystems*

Für das Motorkühlsystem beschreibt das Wahrscheinlichkeitsverhältnis (12.23), wie gut die Anzeige auf dem Armaturenbrett den Fehler im Kühlsystem signalisiert. Mit den angegebenen Werten erhält man

$$\lambda(s \,|\, f) = \frac{\text{Prob}\,(s \,|\, f)}{\text{Prob}\,(s \,|\, \neg f)} = \frac{0{,}9995}{0{,}005} = 199{,}9.$$

Das heißt, die Chance für das Auftreten des Fehlers $f$ steigt auf den 200-fachen Wert, wenn die Anzeige leuchtet. □

### 12.2.6 Anwendungsgebiete der probabilistischen Logik

Der Modus Ponens der probabilistischen Logik und die bayessche Inferenzregel können eingesetzt werden, wenn der Zusammenhang zwischen zwei Aussagen $p$ und $q$ nicht vollkommen sicher ist und folglich nicht durch die Implikation $p \Rightarrow q$ dargestellt werden kann. An Stelle der sicheren Aussage $p \Rightarrow q$ wird jetzt die bedingte Wahrscheinlichkeit $\text{Prob}\,(q \mid p)$ zur Beschreibung des Zusammenhangs von $p$ und $q$ verwendet. Da dies eine unsichere Beschreibung ist, kann bei Beobachtung des Sachverhaltes $p$ nur mit der A-posteriori-Wahrscheinlichkeit $\text{Bel}\,(q)$ auf die Gültigkeit der Aussage $q$ geschlossen werden.

Eine Verallgemeinerung für den Fall, dass die Beobachtung nicht durch eine einzelne Aussage $p$, sondern durch mehrere Aussagen $p_1$, $p_2$,..., $p_l$ beschrieben wird, wurde bereits behandelt. In diesem Fall muss $\text{Prob}\,(q \mid p_1 \wedge p_2 \wedge ... \wedge p_l)$ für die Beschreibung des unsicheren Zusammenhangs der Beobachtungen (Evidenzen) und der Folgerung (Hypothese) herangezogen werden.

Die bisher behandelten Methoden der probabilistischen Logik können also überall dort eingesetzt werden, wo bedingte Wahrscheinlichkeiten aus der Struktur der betrachteten technischen Anlage abgeleitet oder aus Messreihen berechnet werden können. Dies gelingt bei „kleineren“ Problemen, bei denen die möglichen Beobachtungen in *direkte* Beziehung zu den abzuleitenden Aussagen gesetzt werden können, so wie es in Abb. 12.4 (c) für die Aussagen $p$, $q$ und $r$ veranschaulicht ist.

Bei vielen technischen Anwendungen ist es jedoch notwendig, die sich in der Anlage abspielenden Ursache-Wirkungsbeziehungen schrittweise zu untersuchen. Für einen sehr einfachen Fall ist diese Vorgehensweise in Abb. 12.4 (b) dargestellt. Die Zusammenhänge der durch die Aussagen $p$ und $q$ bzw. $q$ und $r$ beschriebenen Ereignisse werden getrennt voneinander untersucht, um die bedingten Wahrscheinlichkeiten $\text{Prob}\,(q \mid p)$ und $\text{Prob}\,(r \mid q)$ zu ermitteln. Bei der Analyse des Systems müssen dann Folgerungsketten aufgebaut werden, um aus der Gültigkeit von $p$ zunächst auf die Gültigkeit von $q$ und danach aus der Gültigkeit von $q$ auf die Gültigkeit von $r$ zu schließen. Wie es anhand von Abb. 12.4 bereits erläutert wurde, ist dieses Vorgehen allerdings mit den bisher behandelten Methoden der probabilistischen Logik nicht realisierbar, da die bedingten Wahrscheinlichkeiten kontextabhängig gelten. Die folgenden Abschnitte werden zeigen, unter welchen zusätzlichen Bedingungen dieses Vorgehen dennoch möglich ist.

**Aufgabe 12.5*** *Fehleranalyse einer Fertigungszelle*

Eine Fertigungszelle hat ein Überwachungssystem, das Fehler signalisiert. Ermitteln Sie unter den folgenden Bedingungen die A-posteriori-Wahrscheinlichkeit für das Auftreten eines Fehlers, wenn das Überwachungssystem einen Alarm auslöst:

- Es sind 0,02% aller Fertigungszellen fehlerhaft.
- Das Überwachungssystem findet den Fehler mit 99,9%-iger Sicherheit und löst bei 1% der fehlerfreien Anlagen einen Fehlalarm aus.

Begründen Sie durch die Betrachtung von 10 000 Fertigungszellen, warum es zu diesem (schlechten) Diagnoseergebnis kommt. □

# 12.3 Bayesnetze

## 12.3.1 Abhängige und unabhängige Ereignisse

Die vorhergehenden Abschnitte haben gezeigt, wie die Unbestimmtheit von Wissen mit wahrscheinlichkeitstheoretischen Methoden behandelt werden kann. Eine wichtige Erkenntnis besagt, dass man bei der Verarbeitung unsicheren Wissens den Kontext als Ganzes einbeziehen muss und sich unsicheres Wissen deshalb i. Allg. nicht modular verarbeiten lässt, es sei denn, man weiß, dass Schlussfolgerungen von bestimmten Elementen dieses Kontextes stochastisch unabhängig sind.

Die stochastische Unabhängigkeit ist die Grundlage der in diesem Abschnitt eingeführten Bayesnetze. Es wird sich zeigen, dass es die *bedingte stochastische Unabhängigkeit* von Aussagen möglich macht, das Wissen in strukturierter Form grafisch darzustellen und diese Struktur bei der Ermittlung der A-posteriori-Wahrscheinlichkeit auszunutzen. Dadurch entsteht die gewünschte Modularität in der Repräsentation und in der Verarbeitung unsicheren Wissens.

Bayesnetze sind gerichtete Graphen, deren Knoten die Aussagen und deren Kanten die stochastischen Abhängigkeiten zwischen den Aussagen repräsentieren. Im Folgenden werden die Elemente dieser Graphen eingeführt. Bayesnetze heißen in der Literatur auch Abhängigkeitsgraphen, *influence diagram, Bayesian networks* oder *belief networks.*

**Erweiterte Notation für Wahrscheinlichkeitsverteilungen.** Wie die bayessche Diagnoseregel gezeigt hat, reicht es i. Allg. nicht, wenn man Wahrscheinlichkeiten für Aussagen oder bedingte Wahrscheinlichkeiten für Aussageverknüpfungen kennt, sondern es müssen Wahrscheinlichkeitsverteilungen bekannt sein, die aus Werten für die Wahrscheinlichkeit aller mit den betrachteten Aussagen und deren Negationen gebildeten Konjunktionen bestehen.

Um die Notation zu vereinfachen und dadurch die Idee der Bayesnetze klarer darstellen zu können, wird im Folgenden direkt mit den im Abschn. 12.1.2 eingeführten Zufallsvariablen $B(p)$ gearbeitet, denen durch das betrachtete „Experiment" der Wahrheitswert des Aussagesymbols $p$ zugeordnet wird. Diese Zufallsvariable werden durch die zu den Aussagen gehörenden Großbuchstaben abgekürzt: z. B. $P = B(p)$ mit $P \in \{\mathrm{T}, \mathrm{F}\}$.

Die Wahrscheinlichkeitsverteilung für die Aussage $p$ besteht aus den Werten $\mathrm{Prob}\,(p)$ und $\mathrm{Prob}\,(\neg p)$, die jetzt als die Wahrscheinlichkeiten $\mathrm{Prob}\,(P = \mathrm{T})$ und $\mathrm{Prob}\,(P = \mathrm{F})$ geschrieben werden. Im Folgenden werden also drei Schreibweisen

$$
\begin{aligned}
\mathrm{Prob}\,(p) &= \mathrm{Prob}\,(B(p) = \mathrm{T}) = \mathrm{Prob}\,(P = \mathrm{T}) \\
\mathrm{Prob}\,(\neg p) &= \mathrm{Prob}\,(B(p) = \mathrm{F}) = \mathrm{Prob}\,(P = \mathrm{F})
\end{aligned}
$$

verwendet, die dasselbe aussagen. Für die Verteilung, die in diesem einfachen Fall aus den beiden angegebenen Werten besteht, wird abgekürzt $\mathrm{Prob}\,(P)$ geschrieben. Um klarzustellen, welches Wissen für die Lösung einer Aufgabe notwendig ist, werden in den meisten Beispielen aber alle Werte der Wahrscheinlichkeitsverteilungen einzeln aufgeführt.

Für den Ausdruck $p \wedge q$ besteht die Wahrscheinlichkeitsverteilung $\mathrm{Prob}\,(P, Q)$ aus den vier Werten

$$
\begin{aligned}
\mathrm{Prob}\,(P = \mathrm{T}, Q = \mathrm{T}) &= \mathrm{Prob}\,(p \wedge q) \\
\mathrm{Prob}\,(P = \mathrm{T}, Q = \mathrm{F}) &= \mathrm{Prob}\,(p \wedge \neg q)
\end{aligned}
$$

$$\text{Prob}\,(P = \text{F}, Q = \text{T}) \;=\; \text{Prob}\,(\neg p \wedge q)$$
$$\text{Prob}\,(P = \text{F}, Q = \text{F}) \;=\; \text{Prob}\,(\neg p \wedge \neg q).$$

In der Theorie der Bayesnetze wird diese Verteilung auch als $\text{Prob}\,(p, q)$ geschrieben, womit die Wahrscheinlichkeit für die Gültigkeit aller vier Kombinationen von unnegierten und negierten Aussagen gemeint ist. Diese Schreibweise stimmt nicht ganz mit der für die Verteilung (12.9) auf S. 392 eingeführten Notation überein, bei der $\text{Prob}\,(p, q)$ dasselbe wie $\text{Prob}\,(p \wedge q)$ bedeutet und damit einen ausgewählten Wahrscheinlichkeitswert beschreibt.

Während $\text{Prob}\,(P, Q)$ die Wahrscheinlichkeitsverteilung für alle Wertekombinationen der Variablen $P$ und $Q$ bezeichnet, symbolisiert $\text{Prob}\,(P, Q = q)$ die Verteilung bei vorgegebenem Wert $q \in \{\text{T}, \text{F}\}$ für die Variable $Q$. Der Buchstabe $q$ wird in diesem Fall nicht nur als Aussagesymbol, sondern als Wahrheitswert für die Aussage $q$ verwendet. In welcher Bedeutung $q$ eingesetzt wird, geht aus dem Zusammenhang hervor.

**Abhängige Ereignisse.** Die in Abb. 12.2 auf S. 396 beschriebene Abhängigkeit des Ereignisses $q$ von Ereignissen $p_i$, $(i = 1, 2, ..., l)$ wird in Bayesnetzen unter Verwendung der Zufallsvariablen $Q$ und $P_i$, $(i = 1, 2, ..., l)$ in der in Abb. 12.9 für $l = 2$ gezeigten Form dargestellt. Dabei werden in Bayesnetzen die Kanten, die gemeinsam zu einem Knoten führen, nicht durch einen Kreisbogen miteinander verbunden, wie es beispielsweise in ATMS-Graphen getan wird, weil bei unsicheren Zusammenhängen zwischen einem Knoten und seinen Elternknoten ohnehin immer *alle* Elternknoten gemeinsam als Prämisse für eine Folgerung zu betrachten sind. Der linke Teil von Abb. 12.9 zeigt die Notation der Bayesnetze, im rechten Teil ist ausführlich aufgeschrieben, welche Wahrscheinlichkeiten damit gemeint sind.

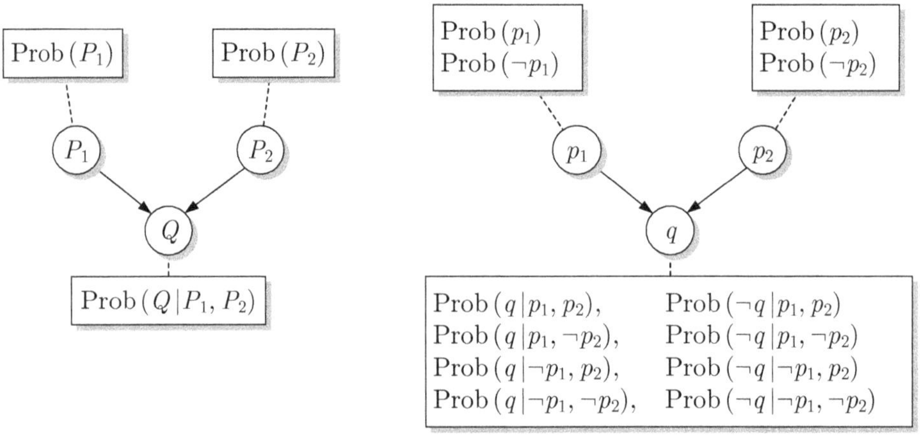


**Abb. 12.9:** Beispiel für ein einfaches Bayesnetz

Der Wahrheitswert der Aussage $q$ hängt entsprechend dem gezeigten Graphen von der Gültigkeit der Aussagen $p_1$ und $p_2$ ab. Zum Knoten $Q$ gehört deshalb die bedingte Wahrscheinlichkeitsverteilung $\text{Prob}\,(Q \mid P_1, P_2)$, die aus den im rechten Teil der Abbildung aufgeführten acht

Werten besteht. Dabei können bekanntlich die rechten vier Werte aus den linken vier Werten berechnet werden, beispielsweise entsprechend

$$\text{Prob}(\neg q \mid p_1, p_2) = 1 - \text{Prob}(q \mid p_1, p_2).$$

Aber das ist eine Einzelheit, die man für die Bestimmung der Verteilung ausnutzen kann und die bei den jetzigen Betrachtungen zur Abhängigkeit von Ereignissen unwichtig ist.

Da die Knoten $P_1$ und $P_2$ keine Vorgängerknoten haben, müssen für die Aussagen $p_1$ und $p_2$ die A-priori-Wahrscheinlichkeiten $\text{Prob}(P_1)$ und $\text{Prob}(P_2)$ angegeben werden.

Je mehr Kanten auf den Knoten $Q$ weisen, umso mehr Argumente hat die Wahrscheinlichkeitsverteilung, die zu diesem Knoten gehört. Bezeichnet man mit $\mathcal{V}(Q)$ die Menge derjenigen Knoten, von denen eine Kante zum Knoten $Q$ führt, so kann man die zum Knoten $Q$ gehörende bedingte Wahrscheinlichkeitsverteilung abgekürzt als

$$\text{Prob}(Q \mid \mathcal{V}(Q))$$

schreiben.

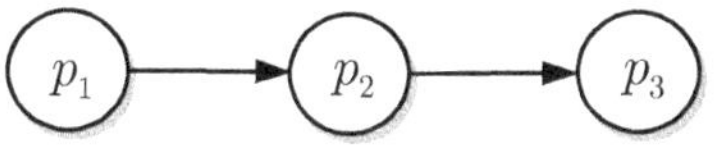


**Abb. 12.10:** Bedingt unabhängige Ereignisse

**Bedingt unabhängige Ereignisse.** Durch eine Folge von Kanten wird in einem Bayesnetz dargestellt, dass Ereignisse nicht direkt, sondern nur indirekt über andere Ereignisse zusammenhängen. In Abb. 12.10 blockiert die Kenntnis von $p_2$ die Abhängigkeit zwischen den Größen $p_1$ und $p_3$ in dem Sinne, dass in der zum Knoten $p_3$ gehörenden bedingten Wahrscheinlichkeit die Aussage $p_1$ nicht mehr im Bedingungsteil auftritt. Wenn bekannt ist, mit welcher Wahrscheinlichkeit die Aussage $p_2$ gilt, dann kann die Wahrscheinlichkeit für $p_3$ bestimmt werden, unabhängig davon, was man über $p_1$ weiß.

> Wenn Ereignisse wie in Abb. 12.10 verknüpft sind und man weiß, mit welcher Wahrscheinlichkeit die Aussage $p_2$ gilt, dann sind Informationen über den Wahrheitswert von $p_1$ irrelevant für die Gültigkeit der Aussage $p_3$.

Wahrscheinlichkeitstheoretisch wird dieser Sachverhalt durch die bedingte stochastische Unabhängigkeit ausgedrückt:

**Definition 12.1 (Bedingte stochastische Unabhängigkeit)**
*Die Zufallsvariablen $P_1$ und $P_3$ heißen bedingt unabhängig bei Kenntnis der Zufallsvariablen $P_2$, wenn die Beziehung*

$$\text{Prob}(P_3 \mid P_1, P_2) = \text{Prob}(P_3 \mid P_2) \qquad (12.25)$$

*für alle Wertekombinationen gilt, für die* $\text{Prob}(P_1, P_2) > 0$ *ist.*

Gleichung (12.25) ist eine abgekürzte Schreibweise für die acht Gleichungen

$$\begin{aligned}
\text{Prob}\,(P_3 = \text{T} \mid P_1 = \text{T}, P_2 = \text{T}) &= \text{Prob}\,(P_3 = \text{T} \mid P_2 = \text{T}) \\
\text{Prob}\,(P_3 = \text{F} \mid P_1 = \text{T}, P_2 = \text{T}) &= \text{Prob}\,(P_3 = \text{F} \mid P_2 = \text{T}) \\
&\vdots \\
\text{Prob}\,(P_3 = \text{F} \mid P_1 = \text{F}, P_2 = \text{F}) &= \text{Prob}\,(P_3 = \text{F} \mid P_2 = \text{F}).
\end{aligned}$$

Diese Eigenschaft symbolisiert man auch durch $(P_1 \perp P_3 \mid P_2)$, was anschaulich die Unabhängigkeit von $P_1$ und $P_3$ unter der Bedingung zeigt, dass die Variable $P_2$ bekannt ist. Für die bedingte stochastische Unabhängigkeit haben sich auch die Sprechweisen eingebürgert, dass die Aussage $p_2$ die stochastische Abhängigkeit zwischen $p_1$ und $p_3$ „blockiert" bzw. dass die Aussage $p_2$ die Aussagen $p_1$ und $p_3$ „separiert".

Die bedingte Unabhängigkeit ist symmetrisch, d. h., wenn $P_1$ und $P_3$ bei Kenntnis von $P_2$ unabhängig sind, so sind es auch $P_3$ und $P_1$:

$$(P_1 \perp P_3 \mid P_2) \iff (P_3 \perp P_1 \mid P_2).$$

Dies ist zu erwarten, weil man bedingte Wahrscheinlichkeiten „herumdrehen" kann, wie es die bayessche Inversionsregel (12.18) zeigt.

Unter der Bedingung (12.25) erhält man die Wahrscheinlichkeitsverteilung aller drei Größen aus der Beziehung

$$\begin{aligned}
\text{Prob}\,(P_1, P_2, P_3) &= \text{Prob}\,(P_3 \mid P_2, P_1) \cdot \text{Prob}\,(P_2, P_1) \\
&= \text{Prob}\,(P_3 \mid P_2) \cdot \text{Prob}\,(P_2 \mid P_1) \cdot \text{Prob}\,(P_1),
\end{aligned} \tag{12.26}$$

die zeigt, dass man für ein vollständiges wahrscheinlichkeitstheoretisches Modell nicht mehr die gemeinsamen Verteilungen aller Ereignisse benötigt, sondern nur die gemeinsamen Verteilungen der im Bayesnetz durch eine Kante verbundenen Ereignisse. Diese Konsequenz ist in Abb. 12.11 dargestellt, wobei wieder im linken Teil die abgekürzte Schreibweise und im rechten Teil die ausführliche Schreibweise verwendet wird.

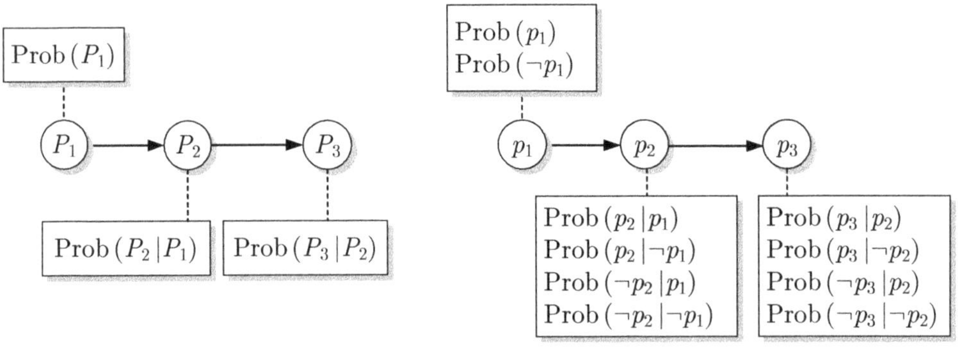


**Abb. 12.11:** Informationen über bedingt unabhängige Ereignisse

Die Abbildung zeigt den direkten Bezug zwischen der grafischen Darstellung und der damit ausgedrückten Abhängigkeit bzw. Unabhängigkeit zwischen der Ereignissen. Die Kante $p_1 \to p_2$ bedeutet, dass die Ereignisse $p_1$ und $p_2$ voneinander abhängen und man deshalb die bedingte Wahrscheinlichkeit $\text{Prob}\,(P_2 \mid P_1)$ ermitteln muss. Die Kante $p_2 \to p_3$ zeigt, dass das Ereignis $p_3$ vom Ereignis $p_2$ abhängt. Da es keine Kante von $p_1$ nach $p_3$ gibt, muss nur die bedingte Wahrscheinlichkeit $\text{Prob}\,(P_3 \mid P_2)$ bestimmt werden. Für den Knoten $p_1$, der keinen Vorgängerknoten hat, muss die A-priori-Wahrscheinlichkeit $\text{Prob}\,(P_1)$ angegeben werden. Diese Informationen zusammen reichen aus, um die Verbundwahrscheinlichkeit (12.26) zu berechnen.

Im rechten Teil der Abbildung ist angegeben, wie die abgekürzte Schreibweise des linken Abbildungsteiles zu interpretieren ist. Ein Vergleich mit Abb. 12.9 zeigt, dass es die bedingte stochastische Unabhängigkeit zulässt, die Zusammenhänge zwischen den Ereignissen getrennt voneinander zu betrachten und damit die „Komplexität" der festzulegenden bedingten Wahrscheinlichkeiten zu reduzieren. Aus den im rechten Teil angegebenen Wahrscheinlichkeiten kann die Verbundwahrscheinlichkeit der drei Ereignisse entsprechend Gl. (12.26) berechnet werden, was ausgeschrieben auf folgende Beziehungen führt:

$$\begin{aligned}
\text{Prob}\,(p_1, p_2, p_3) &= \text{Prob}\,(p_3 \mid p_2) \cdot \text{Prob}\,(p_2 \mid p_1) \cdot \text{Prob}\,(p_1) \\
\text{Prob}\,(\neg p_1, p_2, p_3) &= \text{Prob}\,(p_3 \mid p_2) \cdot \text{Prob}\,(p_2 \mid \neg p_1) \cdot \text{Prob}\,(\neg p_1) \\
\text{Prob}\,(\neg p_1, p_2, \neg p_3) &= \text{Prob}\,(\neg p_3 \mid p_2) \cdot \text{Prob}\,(p_2 \mid \neg p_1) \cdot \text{Prob}\,(\neg p_1) \\
&\text{usw.}
\end{aligned}$$

Auf den linken Teil der Abbildung übertragen, entspricht diesen Gleichungen die folgende ausführliche Darstellung von Gl. (12.26):

$$\begin{aligned}
&\text{Prob}\,(P_1 = \text{T}, P_2 = \text{T}, P_3 = \text{T}) \\
&\quad = \text{Prob}\,(P_3 = \text{T} \mid P_2 = \text{T}) \cdot \text{Prob}\,(P_2 = \text{T} \mid P_1 = \text{T}) \cdot \text{Prob}\,(P_1 = \text{T}) \\
&\text{Prob}\,(P_1 = \text{F}, P_2 = \text{T}, P_3 = \text{T}) \\
&\quad = \text{Prob}\,(P_3 = \text{T} \mid P_2 = \text{T}) \cdot \text{Prob}\,(P_2 = \text{T} \mid P_1 = \text{F}) \cdot \text{Prob}\,(P_1 = \text{F}) \\
&\text{Prob}\,(P_1 = \text{F}, P_2 = \text{T}, P_3 = \text{F}) \\
&\quad = \text{Prob}\,(P_3 = \text{F} \mid P_2 = \text{T}) \cdot \text{Prob}\,(P_2 = \text{T} \mid P_1 = \text{F}) \cdot \text{Prob}\,(P_1 = \text{F}) \\
&\text{usw.}
\end{aligned}$$

**Stochastische Unabhängigkeit und bedingte stochastische Unabhängigkeit.** Es gibt einen wichtigen Unterschied zwischen der in Bayesnetzen dargestellten bedingten Unabhängigkeit nach Gl. (12.25) und der (unbedingten) stochastischen Unabhängigkeit, die für die hier betrachteten Variablen $P_1$ und $P_3$ durch

$$\text{Prob}\,(P_3 \mid P_1) = \text{Prob}\,(P_3) \tag{12.27}$$

zum Ausdruck kommt. Sind $P_1$ und $P_3$ nur bedingt unabhängig, so gilt für sie die Gl. (12.27) in der Regel nicht. Andererseits folgt aus Gl. (12.27) die Eigenschaft (12.25).

Die bedingte Unabhängigkeit $(P_1 \perp P_3 \mid P_2)$ bezieht sich auf den Fall, dass der Wert der Variablen $P_2$ bekannt ist. Sie besagt, dass dann die *zusätzliche* Kenntnis des Wertes von $P_1$ die

A-posteriori-Wahrscheinlichkeit von $P_3$ nicht beeinflusst. Im Gegensatz dazu hat bei stochastischer Unabhängigkeit nach Gl. (12.27) auch bei Unkenntnis von $P_2$ die Variable $P_1$ keinen Einfluss auf die Wahrscheinlichkeit von $P_3$.

**Beispiel 12.5** *Bedingt unabhängige Ereignisse bei einem Messgerät*

Ein Messgerät, das aus einem Sensor und einem Verstärker besteht, liefert im fehlerfreien Betrieb die zur Messgröße $m$ proportionale Ausgangsspannung $p$ (Abb. 12.12). Im Folgenden wird nur zwischen verschwindenden und nicht verschwindenden Werten dieser beiden Signale sowie der Eingangsspannung $e$ des Messverstärkers unterschieden und dafür mit den Aussagen

$m$ = „Das Sensorsignal ist größer als null."
$e$ = „Das Eingangssignal des Messverstärkers ist größer als null."
$p$ = „Der Messgeräteausgang ist größer als null."

gearbeitet. Im fehlerfreien Zustand bestehen zwischen diesen Aussagen die Beziehungen

$$m \Leftrightarrow e \quad \text{und} \quad e \Leftrightarrow p, \tag{12.28}$$

denn die Aussagen $e$ und $p$ sind genau dann wahr, wenn die Aussage $m$ bzw. $e$ wahr ist.

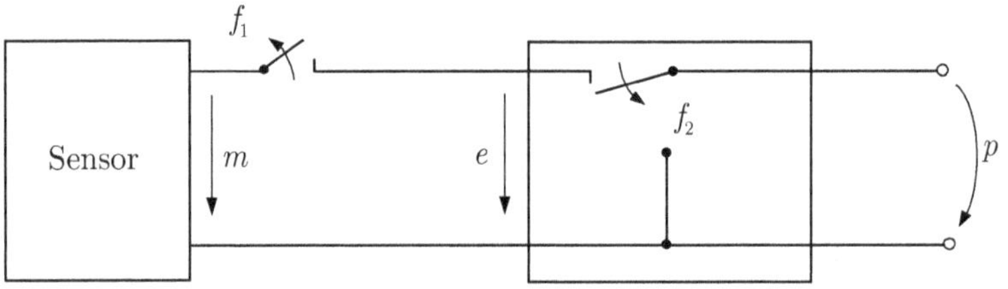


**Abb. 12.12:** Fehlerquellen in einem Messgerät

Der sichere Zusammenhang (12.28) geht verloren, wenn man das Messgerät unter dem Einfluss von Fehlern untersucht, wobei im Folgenden die Fehler $f_1$ (Leitungsbruch) und $f_2$ (Kurzschluss) betrachtet werden, die beide die Ausgangsspannung der jeweiligen Komponente auf null setzen. Wenn das Sensorsignal nicht gleich null ist, also die Aussage $m$ gilt, so ist nur dann die Verstärkereingangsspannung ungleich null und die Aussage $e$ gilt, wenn der Fehler $f_1$ nicht auftritt. Gleiches gilt für den Zusammenhang zwischen $e$ und $p$. Für eine wahrscheinlichkeitstheoretische Beschreibung werden deshalb die stochastischen Variablen $M$, $E$ und $P$ eingeführt.

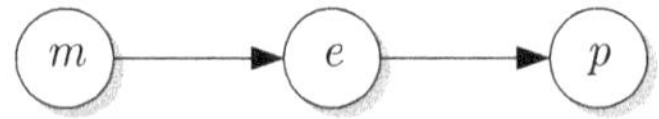


**Abb. 12.13:** Bedingt unabhängige Ereignisse für das Messgerät

Aus der Schaltung des Messgeräts geht hervor, dass die stochastischen Variablen $P$ und $M$ bei Kenntnis von $E$ bedingt stochastisch unabhängig sind (Abb. 12.13). Kennt man nämlich die Eingangsspannung des Messverstärkers, so kann man die Ausgangsspannung $p$ berechnen, unabhängig davon, welchen Wert das Sensorsignal $s$ hat und ob der Fehler $f_1$ aufgetreten ist. Es gilt deshalb

$$\text{Prob}\,(P \mid M, E) = \text{Prob}\,(P \mid E) \quad \text{für } \text{Prob}\,(M, E) > 0.$$

Damit ist das Messgerät ein gutes Beispiels dafür, dass man bei technischen Systemen die bedingte stochastische Unabhängigkeit zwischen externen und internen Größen anhand der Schaltung oder der Struktur des Systems erkennen kann. Wenn man die Ereignisse entsprechend der kausalen Wirkungsrichtung ordnet, erhält man wie bei diesem Messgerät bedingt stochastisch unabhängige Ereignisse.

Bei der Analyse eines aus mehreren Teilsystemen bestehenden Systems muss man überprüfen, dass Ereignisse, die in einem Teilsystem bedingt stochastisch unabhängig sind, nicht über andere Teilsysteme in eine Abhängigkeit zueinander gebracht werden, wodurch die gewünschte bedingte stochastische Unabhängigkeit zunichte gemacht würde. Innerhalb des Messgerätes hat der Ausgang $p$ keinen Einfluss auf den Sensorwert $m$. Eine solche Abhängigkeit kann aber innerhalb einer technischen Anlage, zu der das Messgerät gehört, beispielsweise durch eine Regelung nach Abb. 12.20 auf S. 426 erzeugt werden, die die bedingte stochastische Unabhängigkeit möglicherweise zerstört. □

**Markoveigenschaft dynamischer Systeme.** Die Eigenschaft der bedingten stochastischen Unabhängigkeit ist Ingenieuren aus der Systemdynamik bekannt. In den dort aufgestellten Zustandsraummodellen tritt sie als Markoveigenschaft in Erscheinung. Ein System besitzt diese Eigenschaft, wenn sein Zustand $\boldsymbol{x}$ zum Zeitpunkt $t_{k+1}$ nur von seinem Zustand zum vorhergehenden Zeitpunkt $t_k$ abhängt, d. h., wenn die Übergangswahrscheinlichkeit zwischen den Zuständen $\boldsymbol{x}(t_k)$ und $\boldsymbol{x}(t_{k+1})$ unabhängig von Zuständen zu weiter zurückliegenden Zeitpunkten $t_{k-1}, t_{k-2}, ...$ ist:

$$\text{Prob}\,(\boldsymbol{x}(t_{k+1}) \mid \boldsymbol{x}(t_k), \boldsymbol{x}(t_{k-1}), \boldsymbol{x}(t_{k-2}), ...) = \text{Prob}\,(\boldsymbol{x}(t_{k+1}) \mid \boldsymbol{x}(t_k)).$$

In Zustandsraummodellen gilt das Bayesnetz aus Abb. 12.11 also im zeitlichen Sinne. Der zukünftige Zustand $p_3 = \boldsymbol{x}(t_{k+1})$ ist bei Kenntnis des gegenwärtigen Zustands $p_2 = \boldsymbol{x}(t_k)$ stochastisch unabhängig vom vergangenen Zustand $\boldsymbol{x}(t_{k-1})$:

$$(\boldsymbol{x}(t_{k+1}) \perp \boldsymbol{x}(t_{k-1}) \mid \boldsymbol{x}(t_k)).$$

## 12.3.2 Darstellung wahrscheinlichkeitstheoretischer Modelle durch Bayesnetze

In Bayesnetzen treten die zuvor behandelten Darstellungsweisen für abhängige und unabhängige Ereignisse kombiniert auf.

**Definition 12.2 (Bayesnetz)**
*Ein Bayesnetz ist ein azyklischer gerichteter Graph* $\mathcal{B} = (\mathcal{P}, \mathcal{E}, \text{Prob}\,)$ *mit folgenden Eigenschaften:*

- *Jeder Knoten* $P_i \in \mathcal{P}$ *repräsentiert eine Zufallsvariable (Aussage).*
- *Gerichtete Kanten* $e \in \mathcal{E}$ *verbinden abhängige Zufallsvariablen.*
- *Jedem Knoten* $P_i \in \mathcal{P}$ *ist die bedingte Wahrscheinlichkeitsverteilung* $\text{Prob}\,(P_i \mid \mathcal{V}(P_i))$ *zugeordnet, die die Aussage des Knotens* $P_i$ *unter der Bedingung der Gültigkeit aller unmittelbaren Vorgängerknoten* $P_j \in \mathcal{V}(P_i)$ *beschreibt.*

Die Knoten werden entweder wie in der Definition mit den Großbuchstaben $P_i$ für die zugehörigen Zufallsvariablen oder durch die Kleinbuchstaben $p_i$ für die entsprechenden Aussagen bezeichnet. Beide Notationen sind verständlich und werden im Folgenden verwendet.

Die wichtigste Aussage eines Bayesnetzes besteht darin, dass viele Knotenpaare *nicht* durch Kanten verbunden und dass die entsprechenden Aussagen folglich bedingt stochastisch unabhängig sind. Deshalb kann man aus einem Bayesnetz die Verbundwahrscheinlichkeitsverteilung aller Aussagen (Knoten) bestimmen. Hat das Netz die Knotenmenge $\{P_1, ..., P_m\}$, so gilt als Verallgemeinerung von Gl. (12.26)

$$\boxed{\text{Prob}\,(P_1, ..., P_m) = \prod_{i=1}^{m} \text{Prob}\,(P_i \,|\, \mathcal{V}(P_i)),} \tag{12.29}$$

wobei $\mathcal{V}(P_i)$ die Menge der Vorgängerknoten von $P_i$ bezeichnet. Man nennt diese wichtige Formel die *Kettenregel der Bayesnetze*. Sie gibt an, wie die Verbundwahrscheinlichkeit $\text{Prob}\,(P_1, ..., P_m)$ in bedingte Wahrscheinlichkeiten $\text{Prob}\,(P_i \,|\, \mathcal{V}(P_i))$, $(i = 1, 2, ..., m)$ faktorisiert werden kann.

Bayesnetze reduzieren die Komplexität der Darstellung wahrscheinlichkeitstheoretischer Modelle. An Stelle die $2^m$ Werte der Verbundwahrscheinlichkeitsverteilung $\text{Prob}\,(P_1, ..., P_m)$ zu speichern, müssen nur die $m$ bedingten Wahrscheinlichkeiten $\text{Prob}\,(P_i \,|\, \mathcal{V}(P_i))$, $(i = 1, ..., m)$ ermittelt und gespeichert werden. Im ersten Fall ist die Komplexität exponentiell in Bezug zur Anzahl $m$ von Aussagen, im zweiten Fall nur exponentiell bezüglich der Anzahl $k$ von Elementen der Mengen $\mathcal{V}(P_i)$. Wenn jeder Knoten $k$ Vorgänger hat, setzen sich die bedingten Wahrscheinlichkeitsverteilungen an allen Knoten (bis auf die Wurzelknoten) aus $2^k$ Werten zusammen, woraus sich für die Komplexität für die Speicherung des Netzes (näherungsweise) der Wert $m \cdot 2^k$ ergibt. Diese Komplexität wird mit Verringerung von $k$ exponentiell kleiner und hat nur noch den Wert $m$, wenn im Extremfall alle Variablen $P_i$ stochastisch unabhängig sind.

Auch die Berechnung von Wahrheitswerten hat eine lineare Komplexität. Für vorgegebene Wahrheitswerte $p_1$,...,$p_m$ der im Bayesnetz stehenden Aussagen kann die Wahrscheinlichkeit

$$\text{Prob}\,(P_1 = p_1, P_2 = p_2, ..., P_m = p_m)$$

entsprechend Gl. (12.29) aus einem Produkt mit $m$ Faktoren bestimmt werden. Die algorithmische Komplexität steigt also nur linear mit der Anzahl der Knoten. Anders sieht es allerdings bei der Berechnung von bedingten Wahrscheinlichkeiten aus, die exponentielle Komplexität aufweist, weil man dort alle Kombinationen von Wahrheitswerten $p_1, p_2, ..., p_m$ betrachten muss.

Neben dieser Komplexitätsreduktion spricht für die Anwendung der Bayesnetze die Transparenz, mit der die Verteilung $\text{Prob}\,(P_1, ..., P_m)$ durch das Netz repräsentiert wird. Für eine große Anzahl $m$ der Aussagen ist es unmöglich, alle Werte der Verbundwahrscheinlichkeitsverteilung festzulegen, während die faktorisierte Darstellung lediglich die Bestimmung von bedingten Wahrscheinlichkeitsverteilungen mit wenigen Variablen notwendig macht. Später wird gezeigt, dass das Bayesnetz außerdem zu einer Reduktion des Aufwandes bei der Wissensverarbeitung führt.

**Beispiel 12.6** *Bayesnetz*

Abbildung 12.14 zeigt ein Bayesnetz mit acht Knoten. Jedem Knoten $p_i$ ist die bedingte Wahrscheinlichkeitsverteilung $\text{Prob}\,(P_i \mid \mathcal{V}(P_i))$ zugeordnet, was in der Abbildung nicht gezeigt ist. Beispielsweise gehört zum Knoten $p_8$ die bedingte Wahrscheinlichkeitsverteilung $\text{Prob}\,(P_8 \mid P_6)$, die aus den vier Werten

$$\begin{array}{rl} \text{Prob}\,(p_8 \,|\, p_6), & \text{Prob}\,(\neg p_8 \,|\, p_6) \\ \text{Prob}\,(p_8 \,|\, \neg p_6), & \text{Prob}\,(\neg p_8 \,|\, \neg p_6) \end{array}$$

besteht. Für den Knoten $p_6$ ist dies die bedingte Wahrscheinlichkeit $\text{Prob}\,(P_6 \,|\, P_4, P_5)$, die sich aus acht Wahrscheinlichkeitswerten zusammensetzt. Den Aussagen $p_1$ und $p_2$ sind die A-priori-Wahrscheinlichkeiten $\text{Prob}\,(P_1)$ bzw. $\text{Prob}\,(P_2)$ zugeordnet, weil diese Knoten keine Vorgänger haben.

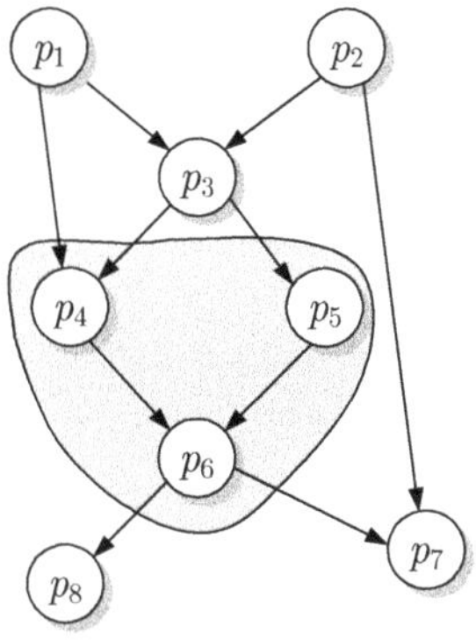


**Abb. 12.14:** Bayesnetz

Jeder Knoten ist von allen indirekten Vorgängerknoten bedingt stochastisch unabhängig. Dies ermöglicht eine lokale Sichtweise bei der Ermittlung der Wahrscheinlichkeiten. So muss für die Festlegung der Verteilung $\text{Prob}\,(P_6 \mid P_4, P_5)$ nur der Zusammenhang zwischen den Ereignissen $p_4$, $p_5$ und $p_6$ betrachtet werden (grau hinterlegter Bereich des Bayesnetzes in Abb. 12.14).

Die im Bayesnetz enthaltenen Informationen führen entsprechend Gl. (12.29) auf folgende Verbundwahrscheinlichkeitsverteilung:

$$\begin{aligned} &\text{Prob}\,(P_1, P_2, P_3, P_4, P_5, P_6, P_7, P_8) \\ &= \text{Prob}\,(P_1) \cdot \text{Prob}\,(P_2) \cdot \text{Prob}\,(P_3 \,|\, P_1, P_2) \cdot \text{Prob}\,(P_4 \,|\, P_1, P_3) \cdot \text{Prob}\,(P_5 \,|\, P_3) \\ &\quad \cdot \text{Prob}\,(P_6 \,|\, P_4, P_5) \cdot \text{Prob}\,(P_7 \,|\, P_2, P_6) \cdot \text{Prob}\,(P_8 \,|\, P_6). \end{aligned}$$

Die strukturierte Darstellung dieser Verbundwahrscheinlichkeitsverteilung bringt eine erhebliche Reduktion der für die Festlegung ihrer Werte notwendigen Informationen mit sich. Um

$$\text{Prob}\,(P_1, P_2, P_3, P_4, P_5, P_6, P_7, P_8)$$

direkt aufzuschreiben, muss man $2^8 = 128$ Wertekombinationen der Variablen $P_1$, $P_2$,..., $P_8$ betrachten. Da die Summe aller Wahrscheinlichkeitswerte gleich eins sein muss, sind es genauer gesagt nur 127 Werte.

Für die Faktoren ist dies wesentlich weniger, nämlich je ein Wert für die A-priori-Wahrscheinlichkeiten $\text{Prob}(P_1)$ und $\text{Prob}(P_2)$, je zwei Werte für die bedingten Wahrscheinlichkeiten $\text{Prob}(P_5 \mid P_3)$ und $\text{Prob}(P_8 \mid P_6)$ und je vier Werte für die verbleibenden vier bedingten Wahrscheinlichkeitsverteilungen, insgesamt also nur 22 Werte! □

**Beispiel 12.7** *Wahrscheinlichkeitstheoretisches Modell eines Messgerätes*

Für das im Beispiel 12.5 erläuterte Messgerät kann man aus dem Modell (12.28) des fehlerfreien Systems das folgende Modell des fehlerbehafteten Messgeräts ableiten:

$$\begin{aligned} m \wedge \neg f_1 &\Rightarrow e \\ f_1 &\Rightarrow \neg e \\ \neg m &\Rightarrow \neg e \end{aligned} \quad \text{und} \quad \begin{aligned} e \wedge \neg f_2 &\Rightarrow p \\ f_2 &\Rightarrow \neg p \\ \neg e &\Rightarrow \neg p. \end{aligned} \tag{12.30}$$

Aus diesem logischen Modell soll jetzt das wahrscheinlichkeitstheoretische Modell des Messgeräts mit den stochastischen Variablen $M$, $F_1$, $E$, $F_2$ und $P$ abgeleitet werden. Die A-priori-Wahrscheinlichkeiten für das Auftreten der Fehler und für die Situation, dass die Messgröße $m$ von null verschieden ist, werden mit

$$\begin{aligned} \text{Prob}(m) &= a \\ \text{Prob}(f_1) &= b \\ \text{Prob}(f_2) &= c \end{aligned}$$

bezeichnet.

Das logische Modell (12.30) gibt den Sachverhalt wieder, dass der Fehler $f_1$ nur den Zusammenhang zwischen $m$ und $e$ und der Fehler $f_2$ nur die Wirkung von $e$ auf $p$ verändert. Da man außerdem davon ausgehen kann, dass beide Fehler stochastisch unabhängig sind, also nicht der eine Fehler einen Einfluss auf das Auftreten des anderen Fehlers hat, führt die Struktur des logischen Modells (12.30) auf das Bayesnetz in Abb. 12.15. Das Bayesnetz gibt den technischen Sachverhalt wieder, dass bei Kenntnis von $e$ der Fehler $f_1$ und das Sensorsignal $m$ keinen Einfluss auf die Ausgangsgröße $p$ haben. Im Folgenden wird gezeigt, wie die für das Bayesnetz noch fehlenden bedingten Wahrscheinlichkeiten $\text{Prob}(E \mid M, F_1)$ und $\text{Prob}(P \mid E, F_2)$ bestimmt werden können.

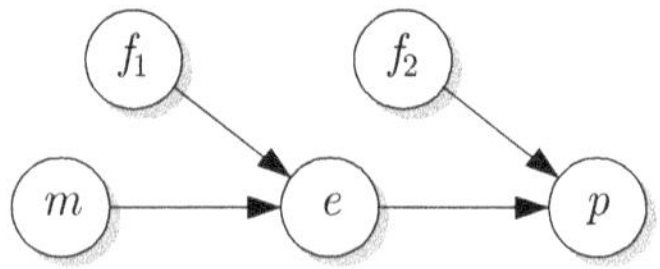


**Abb. 12.15:** Bayesnetz für das Messgerät

Es wird zunächst erläutert, wie die Spalte $\text{Prob}(E, M, F_1)$ in der folgenden Tabelle zustande kommt. Als erstes werden die Modelle für die im logischen Modell (12.30) links stehenden Implikationen bestimmt, weil nur für diese Belegungen eine positive Wahrscheinlichkeit entstehen kann und in allen anderen Zeilen in der Spalte für $\text{Prob}(E, M, F_1)$ Nullen stehen. Die Wahrscheinlichkeitswerte für die Modelle ergeben sich aus der Multiplikation der A-priori-Wahrscheinlichkeiten $\text{Prob}(m)$ bzw. $\text{Prob}(\neg m)$ mit $\text{Prob}(f_1)$ bzw. $\text{Prob}(\neg f_1)$.

| $M$ | $E$ | $F_1$ | $\text{Prob}\,(M, E, F_1)$ | $\text{Prob}\,(M, F_1)$ | $\text{Prob}\,(E \mid M, F_1)$ |
|---|---|---|---|---|---|
| F | F | F | $a(1-b)$ | $a(1-b)$ | 1 |
| F | F | T | $ab$ | $ab$ | 1 |
| F | T | F | 0 | $a(1-b)$ | 0 |
| F | T | T | 0 | $ab$ | 0 |
| T | F | F | 0 | $(1-a)(1-b)$ | 0 |
| T | F | T | $(1-a)b$ | $(1-a)b$ | 1 |
| T | T | F | $(1-a)(1-b)$ | $(1-a)(1-b)$ | 1 |
| T | T | T | 0 | $(1-a)b$ | 0 |

Aus der Spalte $\text{Prob}\,(E, M, F_1)$ erhält man die Verbundwahrscheinlichkeit $\text{Prob}\,(M, F_1)$ durch Addition der Zeilen für $E = \text{F}$ und $E = \text{T}$, also beispielsweise

$$\begin{aligned}\text{Prob}\,(M = \text{F}, F_1 = \text{F}) &= \text{Prob}\,(M = \text{F}, E = \text{F}, F_1 = \text{F}) + \text{Prob}\,(M = \text{F}, E = \text{T}, F_1 = \text{F}) \\ &= a(1-b).\end{aligned}$$

Die gesuchte bedingte Wahrscheinlichkeitsverteilung $\text{Prob}\,(E \mid M, F_1)$ in der letzten Spalte entsteht dann durch Division der beiden vorherigen Spalten:

$$\text{Prob}\,(E \mid M, F_1) = \frac{\text{Prob}\,(E, M, F_1)}{\text{Prob}\,(M, F_1)}.$$

Es mag erstaunlich sein, dass die bedingten Wahrscheinlichkeiten für die Modelle der Implikationen von (12.30) gleich eins sind. Der Grund liegt darin, dass bei diesen Untersuchungen angenommen wird, dass die Fehlerwirkung eindeutig ist, also der Fehler $f_1$ mit Sicherheit zu einer verschwindenden Eingangsspannung $e$ des Messverstärkers führt und, andersherum, die Eingangsspannung des Messverstärkers nur dann verschwindet, wenn entweder das Sensorsignal gleich null ist oder der Fehler $f_1$ aufgetreten ist. In einer Erweiterung könnte man hier Wahrscheinlichkeiten dafür „unterbringen", dass die Eingangsspannung $e$ null ist, obwohl weder der Fehler $f_1$ noch der Signalwert null für das Sensorsignal aufgetreten sind, weil es weitere Fehler geben kann, die die Spannung $e$ auf null setzen.

Dieselben Ergebnisse erhält man für die bedingte Wahrscheinlichkeit $\text{Prob}\,(P \mid E, F_2)$, die ebenfalls für alle Belegungen der Modelle der rechten Implikationen aus (12.30) gleich eins sind.

Das wahrscheinlichkeitstheoretische Modell des Messgeräts erhält man aus dem Bayesnetz entsprechend Gl. (12.29) wie folgt:

$$\begin{aligned}\text{Prob}\,(M, E, P, F_1, F_2) &= \text{Prob}\,(P \mid E, F_2) \cdot \text{Prob}\,(E \mid M, F_1) \\ &\quad \cdot \text{Prob}\,(F_1) \cdot \text{Prob}\,(F_2) \cdot \text{Prob}\,(M),\end{aligned}$$

wobei die in der ersten Zeile stehenden bedingten Wahrscheinlichkeiten oben abgeleitet und die A-priori-Wahrscheinlichkeiten der zweiten Zeile mit $a$, $b$ und $c$ bezeichnet wurden. Da die bedingten Wahrscheinlichkeiten für einige Kombinationen der Wahrheitswerte von $m$, $e$ und $p$ verschwinden, verschwindet auch die Verbundwahrscheinlichkeitsverteilung für einige Werte der Argumente. Für einige der anderen Argumentwerte ist das Modell in der folgenden Tabelle angegeben:

| $M$ | $E$ | $P$ | $F_1$ | $F_2$ | $\text{Prob}(P \mid E, F_2)$ | $\text{Prob}(E \mid M, F_1)$ | $\text{Prob}(M, E, P, F_1, F_2)$ |
|---|---|---|---|---|---|---|---|
| F | F | F | F | F | 1 | 1 | $(1-a)(1-b)(1-c)$ |
| F | F | T | F | T | 1 | 1 | $(1-a)(1-b)c$ |
| ⋮ | ⋮ | | | | | | |
| T | F | T | F | T | 1 | 1 | $a(1-b)c$ |
| ⋮ | ⋮ | | | | | | |

### 12.3.3 Modellbildung mit Bayesnetzen

Dieser Abschnitt zeigt, wie man Bayesnetze systematisch aufstellen kann. Dafür muss man zunächst die für den Gegenstandsbereich relevanten Ereignisse durch Aussagen $p_i$, ($i = 1, 2, ..., m$) beschreiben. Dann analysiert man die gegenseitigen Abhängigkeiten der Ereignisse und notiert das Ergebnis als Bayesnetz. Aus dem Graphen geht hervor, welche bedingten Wahrscheinlichkeitsverteilungen man ermitteln muss, um ein vollständiges wahrscheinlichkeitstheoretisches Modell zu erhalten.

Diese Modellbildungsschritte sind im folgenden Algorithmus zusammengefasst:

---

**Algorithmus 12.1** *Modellbildung mit Bayesnetzen*

**Gegeben:** Verbale Problembeschreibung

1: Bilde die Menge aller relevanten Aussagen.

2: Wähle eine Ordnung $\{p_1, ..., p_m\}$ der Aussagen.

3: Zeichne Knoten für alle Aussagen.

4: Für $i = 1, 2, ..., m$:
Wähle die Elternknoten von $p_i$ aus der Menge $\{p_1,..., p_{i-1}\}$ so aus, dass die Aussage $p_i$ bei Kenntnis der ausgewählten Aussagen unabhängig von den restlichen Knoten der Menge $\{p_1,..., p_{i-1}\}$ ist, und zeichne gerichtete Kanten von den ausgewählten Knoten zum Knoten $p_i$.

5: Für $i = 1, 2, ..., m$:
Bestimme die Wahrscheinlichkeitsverteilung $\text{Prob}(P_i \mid \mathcal{V}(P_i))$ und ordne sie dem Knoten $p_i$ zu.

**Ergebnis:** Bayesnetz

---

Für eine gegebene Aussagenmenge ist die Darstellung der gegenseitigen Abhängigkeiten durch ein Bayesnetz nicht eindeutig. Abbildung 12.16 illustriert dies für ein Problem mit acht Aussagen. Im linken Teil der Abbildung ist die Menge der verwendeten Aussagen noch ohne ihren Zusammenhang dargestellt. Das mittlere Bayesnetz entsteht, wenn man im Schritt 2 des Algorithmus die Aussagen ihrer Nummerierung entsprechend ordnet, während das rechte Netz

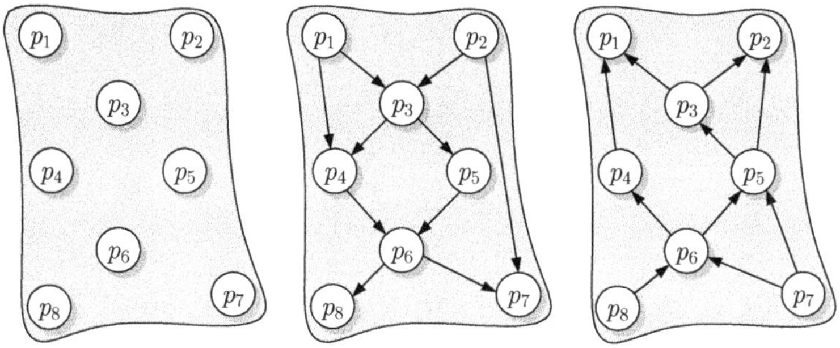


**Abb. 12.16:** Unterschiedliche Darstellungsweisen der Verbundwahrscheinlichkeitsverteilung $\text{Prob}\,(p_1, p_2, ..., p_8)$

von der umgekehrten Ordnung ausgeht. Man darf die Kanten im Bayesnetz natürlich nicht willkürlich wählen, sondern anhand der bedingten stochastischen Unabhängigkeiten der Aussagen. Dass durch eine unterschiedliche Ordnung der Ereignisse bei denselben stochastischen Unabhängigkeiten unterschiedliche Bayesnetze entstehen, zeigt das folgende Beispiel, bei dem der Übersichtlichkeit halber nur drei Ereignisse verknüpft werden.

**Beispiel 12.8** *Modellbildung mit Bayesnetzen*

Es wird ein Problem betrachtet, das mit den Aussagen $p$, $q$ und $r$ formuliert werden kann. Eine Analyse hat ergeben, dass die Aussagen $p$ und $q$ stochastisch unabhängig sind:

$$\text{Prob}\,(P, Q) = \text{Prob}\,(P) \cdot \text{Prob}\,(Q). \tag{12.31}$$

Gesucht ist ein Bayesnetz, das diese Unabhängigkeit ausnutzt und ansonsten beliebige stochastische Abhängigkeiten zulässt.

Werden im Schritt 2 des Algorithmus 12.1 die Aussagesymbole in der Reihenfolge $r$, $q$, $p$ geordnet, dann hat der Knoten $r$ keinen Vorgängerknoten und der Knoten $q$ erhält den Vorgängerknoten $r$. Betrachtet man jetzt die Aussage $p$, so könnte es in der allgemeinsten Form die bedingte Wahrscheinlichkeit $\text{Prob}\,(P \mid Q, R)$ geben, für die von den Knoten $r$ und $q$ je eine Kante zum Knoten $p$ gezeichnet werden müsste. Auf Grund der bekannten stochastischen Unabhängigkeit (12.31) gilt jedoch

$$\text{Prob}\,(P \mid Q, R) = \text{Prob}\,(P \mid R),$$

so dass man nur von $r$ eine Kante zu $p$ zeichnen muss. Es entsteht das in Abb. 12.17 links dargestellte Bayesnetz, demzufolge die Verbundwahrscheinlichkeitsverteilung aller drei Ereignisse in der Form

$$\text{Prob}\,(P, Q, R) = \text{Prob}\,(P \mid R) \cdot \text{Prob}\,(Q \mid R) \cdot \text{Prob}\,(R)$$

dargestellt wird.

Ordnet man jetzt die Aussagen in der Reihenfolge $p$, $q$, $r$, so hat der Knoten $p$ keinen Vorgänger und es gibt auf Grund der bekannten stochastischen Unabhängigkeit keine Kante von $p$ zu $q$. Die Aussage $r$ hängt von beiden Knoten ab. Dadurch entsteht das mittlere Bayesnetz, für das die Verbundwahrscheinlichkeitsverteilung aller drei Aussagen in der Form

$$\text{Prob}\,(P, Q, R) = \text{Prob}\,(R \mid P, Q) \cdot \text{Prob}\,(Q) \cdot \text{Prob}\,(P)$$

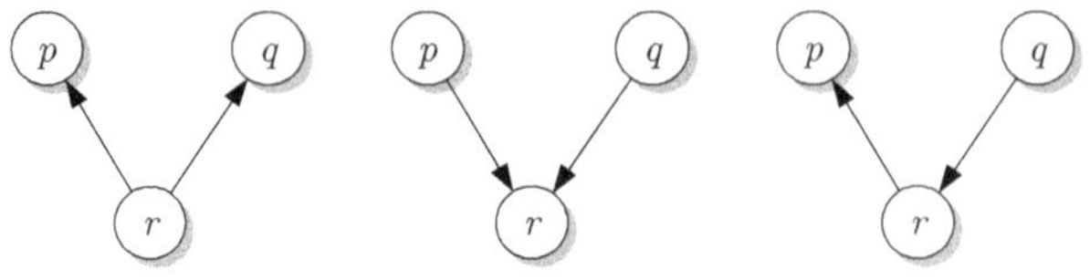


**Abb. 12.17:** Mehrdeutigkeit der Bayesnetze

faktorisiert ist.

Schließlich kommt man bei der Anordnung $q$, $r$, $p$ der Aussagesymbole auf das rechts gezeigte Bayesnetz mit der Verbundwahrscheinlichkeit

$$\text{Prob}\,(P, Q, R) = \text{Prob}\,(P \mid R) \cdot \text{Prob}\,(R \mid Q) \cdot \text{Prob}\,(Q).$$

**Interpretation der erhaltenen Bayesnetze.** Die Netze erfordern unterschiedliche Kenntnisse, obwohl sie dieselbe Verbundwahrscheinlichkeitsverteilung repräsentieren. Das linke und das rechte Netz besagen, dass es bei Kenntnis von $r$ nichts hilft, etwas über $q$ zu wissen, wenn man die Wahrscheinlichkeit für das Auftreten von $p$ berechnen will. Die Aussage über $p$ folgt aus der über $r$ und der bedingten Wahrscheinlichkeit zwischen beiden Größen. Das mittlere Bayesnetz zeigt, dass man sowohl etwas über $p$ als auch über $q$ wissen muss, wenn man die Wahrscheinlichkeit für $r$ bestimmen will. Dabei besagt die fehlende Kante zwischen $p$ und $q$, dass es nichts nützt, etwas über $p$ zu wissen, wenn etwas über $q$ ausgesagt werden soll (was die Annahme der stochastischen Unabhängigkeit beider Aussagen wiedergibt).

Das Beispiel zeigt, dass es bei unveränderten Annahmen über die stochastische Unabhängigkeit von Ereignissen mehrere Bayesnetze geben kann, die dieselbe Verbundwahrscheinlichkeitsverteilung repräsentieren, sich jedoch bezüglich der Kenntnisse über bedingte Wahrscheinlichkeiten, die den Knoten zugeordnet sind, unterscheiden. In Anwendungen wird man sich diejenige Darstellung heraussuchen, für die man die geforderten Verteilungen am einfachsten ermitteln kann. □

**Modellbildung technischer Systeme.** Bei technischen Systemen werden Bayesnetze häufig verwendet, um Ursache-Wirkungsbeziehungen zu beschreiben. Dabei dienen diese Netze vor allem zur statischen Modellbildung, also der Beschreibung von Ereignissen, die zum selben Zeitpunkt oder mit einer für die Modellierung unwichtigen Zeitverzögerung auftreten.[2]

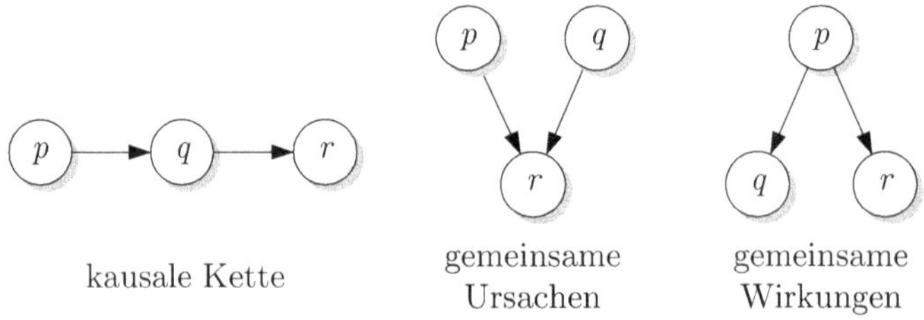


**Abb. 12.18:** Typische Elemente eines Bayesnetzes

[2] Die Erweiterung der Bayesnetze für dynamische Systeme führt auf stochastische Automaten [72].

Der wichtigste Schritt besteht in der Zerlegung der Ursache-Wirkungsbeziehungen in unabhängige kausale Vorgänge, die durch separate Teile eines Bayesnetzes dargestellt werden. Er kann durch eine theoretische Prozessanalyse ausgeführt werden, bei der man die physikalischen Eigenschaften des Systems untersucht, um kausale Wirkungsketten zu erkennen. Dabei entstehen häufig die in Abb. 12.18 gezeigten Konstrukte, von denen das linke eine kausale Ursache-Wirkungskette mit den Ereignissen $p$, $q$ und $r$ darstellt. Das mittlere Bayesnetz zeigt, dass die Ereignisse $p$ und $q$ gemeinsam das Ereignis $r$ hervorrufen, während im rechten Teil das Ereignis $p$ zwei Wirkungen hat.

Andererseits kann man durch eine Analyse von Experimentdaten bedingte stochastische Unabhängigkeiten identifizieren (experimentelle Prozessanalyse). Dieser Weg wird insbesondere bei Lernalgorithmen ausgenutzt, mit denen man ein Bayesnetz online an Messgrößen anpasst.

Bei der Interpretation der Ergebnisse muss man folgendes beachten:

> Korrelationen von Ereignissen stellen nicht zwangsläufig kausale Beziehungen dar, während kausale Beziehungen stets zu Korrelationen führen.

Abbildung 12.19 illustriert diese Tatsache anhand von zwei Graphen, die aus den kausalen Beziehungen der Ereignisse abgeleitet sind. Die in den grau hinterlegten Teilen der Graphen stehenden Ereignisse $q$ und $r$ treten korreliert (also häufig gemeinsam) auf, so dass die Datenanalyse die Ungleichungen

$$\text{Prob}\,(Q \mid R) \neq \text{Prob}\,(Q) \quad \text{und} \quad \text{Prob}\,(R \mid Q) \neq \text{Prob}\,(R)$$

ergibt.

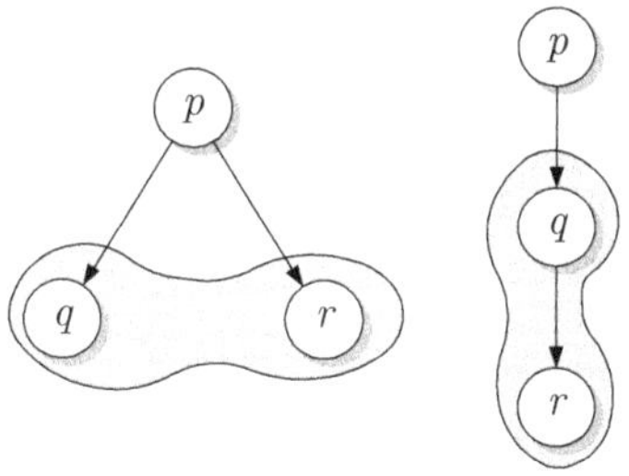


**Abb. 12.19:** Korrelation und Kausalität

Die Korrelation bedeutet nicht zwangsläufig, dass eines der Ereignisse die Ursache für das andere ist. Im linken Teil der Abbildung gibt es eine gemeinsame Ursache $p$, die $q$ und $r$ mit den Wahrscheinlichkeiten $\text{Prob}\,(Q \mid P)$ bzw. $\text{Prob}\,(R \mid P)$ hervorruft. Hier ist weder $q$ die Ursache für $r$ noch ist $r$ die Ursache für $q$. Die Korrelation der Ereignisse $q$ und $r$ ist darauf zurückzuführen, dass beide Ereignisse eine gemeinsame Ursache haben. Die Ereignisse $q$ und $r$ sind in diesem, aus den kausalen Beziehungen abgeleiteten Bayesnetz nicht durch eine Kante verbunden, aber das Netz kann, wie es im Beispiel 12.8 gezeigt wurde, so umgeformt werden, dass $q$ und $r$ direkt verbunden sind. In diesem Fall repräsentiert die Kante $q \to r$ keine kausale Abhängigkeit.

Andererseits zeigt der rechte Teil der Abbildung, dass das gemeinsame Auftreten von $q$ und $r$ auf eine kausale Ursache-Wirkungsbeziehung zurückgeführt sein kann, bei der das Ereignis $q$ das Ereignis $r$ auslöst. Bei der in diesem Teil der Abbildung dargestellten Wirkungskette ist das Ereignis $r$ vom Ereignis $p$ bei Kenntnis von $q$ bedingt stochastisch unabhängig:

$$\text{Prob}\,(R \mid P, Q) = \text{Prob}\,(R \mid Q).$$

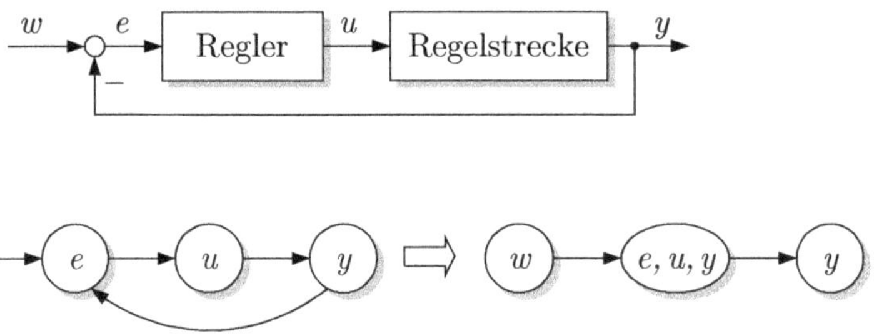


**Abb. 12.20:** Regelkreis

Kritisch für die bei der Modellbildung gesuchte stochastische Unabhängigkeit sind Regelungen, bei denen ein gemessenes Signal $y$ über einen Regler auf die Eingangsgröße $u$ des geregelten Systems (Regelstrecke) zurückgeführt wird (Abb. 12.20). Diese Rückführung bewirkt, dass alle im Regelkreis vorhandenen Signale untereinander verkoppelt sind und folglich alle Ereignisse, die sich auf diese Signale beziehen, stochastisch voneinander abhängen. Hier kann man bedingt unabhängige Ereignisse nur dann finden, wenn man die Signale $e$, $u$ und $y$ zusammenfasst und Ereignisse definiert, die diese drei Signale gemeinsam beschreiben. Ein Ereignis, das die Ausgangsgröße $y$ betrifft, kann dann von Aussagen über die Führungsgröße $w$ bei Kenntnis der Aussagen über $e$, $u$ und $y$ stochastisch unabhängig sein.

**Beispiel 12.9** *Modellierung einer Flaschenabfüllanlage*

Bei der in Abb. 12.21 vereinfacht dargestellten Flaschenabfüllanlage werden leere Flaschen durch eine Abfülleinrichtung mit einer vorgegebenen Menge von Flüssigkeit gefüllt. Anschließend wird der Füllstand in der Flasche kontrolliert, bevor die Flasche verschlossen und zum Etikettieren weiter transportiert wird.

Um mit dem hier aufzustellenden Modell Fehler identifizieren zu können, werden der Methode aus Abschn. 10.6 folgend explizite Annahmen über die Fehlerfreiheit der Teilschritte des Abfüllprozesses eingeführt:

$$\begin{aligned}
Flasche_ok &= \text{„Es wird die richtige Flasche zur Abfüllung transportiert."} \\
Füllung_ok &= \text{„Die Flasche ist ordnungsgemäß gefüllt."} \\
Abfüllung_ok &= \text{„Die Abfülleinrichtung arbeitet ordnungsgemäß."} \\
Flaschenkontrolle_ok &= \text{„Die Kontrolle des Füllstands hat keinen Fehler festgestellt."} \\
Abfüllkontrolle_ok &= \text{„Die Kontrolle des Abfüllungvorgangs hat keinen Fehler festgestellt."}
\end{aligned}$$

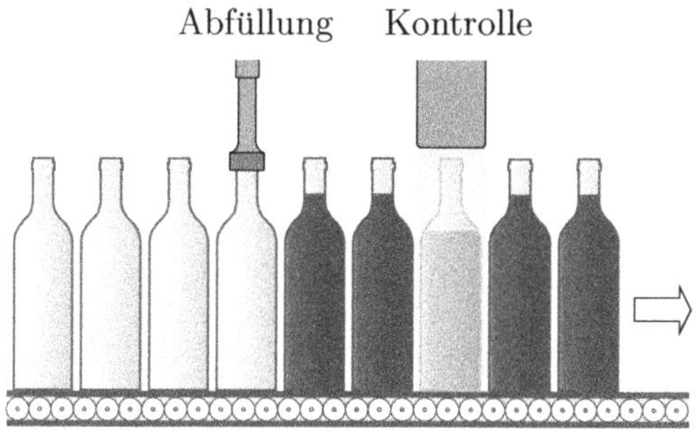


**Abb. 12.21:** Flaschenabfüllung

Damit man das Bayesnetz zeichnen kann, muss man feststellen, welche Ereignisse von welchen anderen Ereignissen bedingt unabhängig sind. Dabei ist es zweckmäßig, im zweiten Schritt von Algorithmus 12.1 die Ereignisse in der Flussrichtung des betrachteten Prozesses zu ordnen, so dass $Flasche\_ok$ ein Wurzelknoten des Graphen ist (Abb. 12.22).

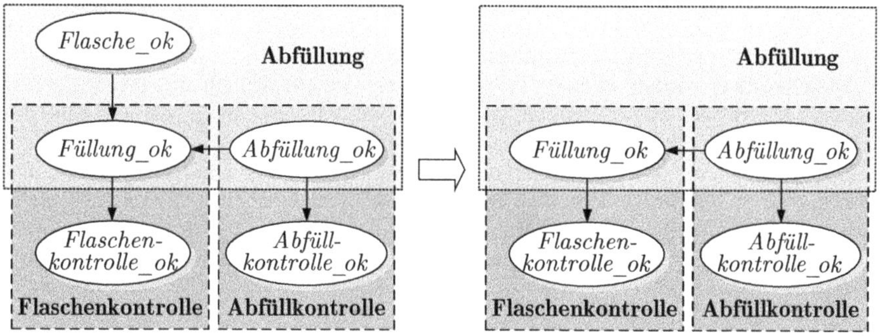


**Abb. 12.22:** Bayesnetz für die Flaschenabfüllung

Die Flasche ist ordnungsgemäß abgefüllt, wenn die richtige Flasche (Flasche mit dem richtigen Volumen) gefüllt wurde und die Abfülleinrichtung ordnungsgemäß gearbeitet hat. Zum Ereignis $Füllung\_ok$ gibt es deshalb je eine Kante von $Flasche\_ok$ und von $Abfüllung\_ok$. Das Ereignis $Flaschenkontrolle\_ok$ ist bei Kenntnis von $Füllung\_ok$ von den Ereignissen $Flasche\_ok$ und $Abfüllung\_ok$ stochastisch unabhängig, denn wenn die Flasche ordnungsgemäß gefüllt ist, muss sie das richtige Volumen haben und die Abfülleinrichtung fehlerfrei funktionieren. Andererseits ist das Ergebnis $Abfüllkontrolle\_ok$, das von der Überwachung der Abfülleinrichtung erzeugt wird, unabhängig von der Flasche und der Flaschenkontrolle.

Die genannten Abhängigkeiten und Unabhängigkeiten führen auf das im linken Teil von Abb. 12.22 gezeigte Bayesnetz.

**Diskussion.** Dieses Beispiel zeigt, wie sich die Modularität technischer Prozesse in der Modularität von Bayesnetzen niederschlägt. Die betrachtete (vereinfachte) Flaschenabfüllung besteht aus den Prozessen „Abfüllung", „Flaschenkontrolle" und „Abfüllkontrolle", deren Ereignisse intern stochastisch voneinander abhängen. Untereinander sind die Prozesse jedoch nur über ausgewählte Ereignisse verkoppelt, was in Abb. 12.22 durch die umrandeten Teile des Bayesnetzes veranschaulicht wird.

Wenn man die Verbundwahrscheinlichkeitsverteilung der fünf betrachteten Aussagen ohne die Strukturierung durch das Bayesnetz angeben will, so muss man $2^5 = 32$ Werte für Wahrscheinlichkeiten bestimmen. Für das Bayesnetz sind folgende Wahrscheinlichkeiten anzugeben

$$\begin{aligned}
&\text{Prob}\,(Flasche_ok)\\
&\text{Prob}\,(\neg Flasche_ok)\\
&\text{Prob}\,(Füllung_ok \mid Flasche_ok, Abfüllung_ok)\\
&\text{Prob}\,(Füllung_ok \mid Flasche_ok, \neg Abfüllung_ok)\\
&\text{Prob}\,(Füllung_ok \mid \neg Flasche_ok, Abfüllung_ok)\\
&\vdots\\
&\text{Prob}\,(Abfüllungskontrolle_ok \mid Abfüllung_ok),
\end{aligned}$$

insgesamt 18 Werte. Wenn man berücksichtigt, dass bestimmte Werte aus anderen berechnet werden können, reduziert sich die Forderung auf neun Wahrscheinlichkeiten. Für die Anwendung spielt aber weniger die Reduzierung des geforderten Datenmaterials eine Rolle als die Strukturierung, derzufolge bei der Festlegung von Wahrscheinlichkeitsverteilungen nur zwei oder drei Aussagen gemeinsam zu betrachten sind.

Wenn man jede Variable mit 3 Werten beschreibt (z. B. Flaschenfüllung richtig, Flaschenfüllung zu niedrig, Flaschenfüllung zu hoch), dann muss man 243 Werte für die Verbundwahrscheinlichkeit vorgeben, aber nur 59 Werte für das Bayesnetz.

Die Modularität ermöglicht es auch, Teilprozesse und deren Beschreibung zu verändern, ohne das Bayesnetz als Ganzes neu zu strukturieren. Wenn man beispielsweise durch eine Kontrolle der zu füllenden Flaschen sicherstellt, dass sich nur Flaschen mit dem geforderten Volumen im Abfüllprozess befinden, dann weiß man sicher, dass das Ereignis $Flasche\_ok$ den Wahrheitswert „wahr" hat und für das Modell keine Variable mehr darstellt. Dies bedeutet, dass in der Abfüllung das Ereignis $Füllung\_ok$ nur noch vom Ereignis $Abfüllung\_ok$ abhängt und dass das Ereignis $Flasche\_ok$ nicht mehr im Modell auftaucht (Abb. 12.22 (rechts)). Die Änderung des Bayesnetzes betrifft nur den Teilprozess „Abfüllung". □

**Praktische Hinweise.** Bei allen behandelten Modellbildungswegen müssen Werte für die geforderten Wahrscheinlichkeitsverteilungen festgelegt werden, wobei man aufgefordert ist, die Wahrscheinlichkeiten durch einen reellen Zahlenwert genau zu spezifizieren. Da man sich in der Praxis häufig sehr unsicher bezüglich eines angemessenen Wertes ist, sollen die folgenden Hinweise weiterhelfen.

- Das Wichtigste ist, dass die Werte der Wahrscheinlichkeitsverteilung richtig geordnet sind. Wenn beispielsweise das Ereignis $p$ eine mögliche Ursache für das Ereignis $q$ ist, so muss $\text{Prob}\,(Q = \text{T} \mid P = \text{T})$ größer sein als $\text{Prob}\,(Q = \text{T} \mid P = \text{F})$.
- Die Größenordnung der Werte ist wichtig, nicht ihr genauer Zahlenwert. Eine Fehlerwahrscheinlichkeit von $\text{Prob}\,(F = \text{T}) = 0{,}02\%$ ist ungefähr dasselbe wie $\text{Prob}\,(F = \text{T}) = 0{,}03\%$, aber viel weniger als die Wahrscheinlichkeit $\text{Prob}\,(F = \text{T}) = 0{,}2\%$, wie die Aufgabe 12.5 zeigt.
- Man sollte einer bestimmten Wahrscheinlichkeit nur dann den Wert null geben, wenn der Zusammenhang zwischen den betrachteten Ereignissen tatsächlich unmöglich ist. Eine verschwindende Wahrscheinlichkeit hat zur Folge, dass für die betrachteten Werte der Zufallsvariablen die im Bayesnetz eingetragene Kante nicht wirksam ist und deshalb bei einer

Analyse vollkommen herausfällt. Bei unwahrscheinlichen, aber nicht unmöglichen Zusammenhängen ist es besser, an Stelle von null einen (sehr) kleinen Wahrscheinlichkeitswert anzusetzen.

**Aufgabe 12.6*** *Darstellung wahrscheinlichkeitstheoretischer Modelle durch Bayesnetze*

Welche wahrscheinlichkeitstheoretischen Modelle werden durch die drei Bayesnetze aus Abb. 12.23

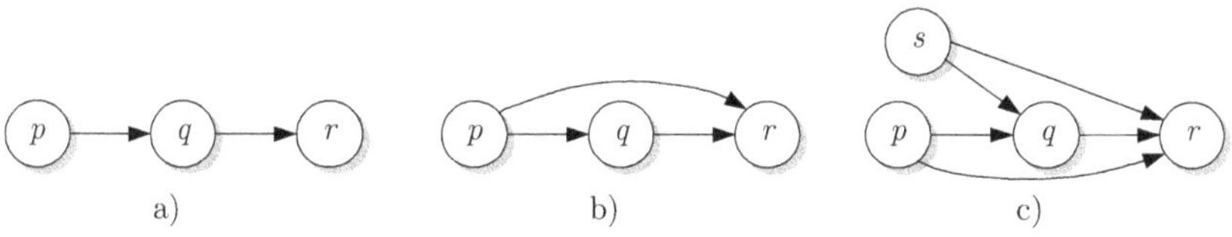


**Abb. 12.23:** Drei Bayesnetze

dargestellt. Diskutieren Sie die Unterschiede der drei Modelle. □

**Aufgabe 12.7*** *Abhängige und unabhängige Ereignisse bei der Flaschenabfüllung*

Überlegen Sie sich Ereignisse bei der Flaschenabfüllung, die entsprechend Abb. 12.19 entweder korreliert, aber nicht kausal abhängig sind bzw. in Ursache-Wirkungsketten auftreten. □

### 12.3.4 Kausales Schließen mit Bayesnetzen

Dieser Abschnitt zeigt, dass Bayesnetze nicht nur die Darstellung von unsicherem Wissen strukturieren, sondern auch eine schrittweise Verarbeitung dieses Wissens ermöglichen. Die bei der probabilistischen Logik fehlende Modularität der Verarbeitung wird auf Grund der durch Bayesnetze wiedergegebenen bedingten Unabhängigkeiten von Ereignissen zurückgewonnen.

Da Bayesnetze die Verbundwahrscheinlichkeitsverteilung aller betrachteten Aussagen darstellen, können aus ihnen beliebige bedingte Wahrscheinlichkeiten berechnet werden. Um die strukturierte Vorgehensweise zu demonstrieren, wird jetzt die Aufgabe betrachtet, die A-priori-Wahrscheinlichkeit aller Ereignisse zu bestimmen.

**Bestimmung der A-priori-Wahrscheinlichkeit der Ereignisse.** Es wird folgende Aufgabe betrachtet:

Für ein Bayesnetz $\mathcal{B} = (\mathcal{P}, \mathcal{E}, \text{Prob})$ ist ein Algorithmus gesucht, mit dem man die A-priori-Wahrscheinlichkeit $\text{Prob}(P_i)$ aller Aussagen $P_i \in \mathcal{P}$ bestimmen kann.

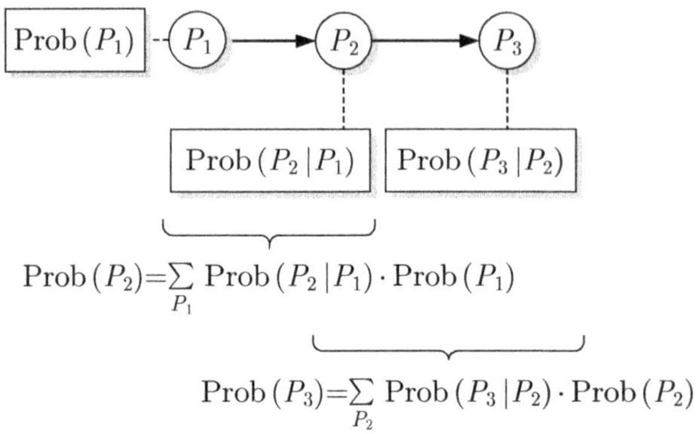


**Abb. 12.24:** Schrittweise Bestimmung der Wahrscheinlichkeitsverteilung $\mathrm{Prob}\,(P_3)$

Die strukturierte Vorgehensweise für diese Aufgabe wird anhand des einfachen Netzes aus Abb. 12.24 erläutert. Zu bestimmen ist die A-priori-Wahrscheinlichkeitsverteilung $\mathrm{Prob}\,(P_3)$, die sich aus der Verbundwahrscheinlichkeitsverteilung durch „wegsummieren" der nicht betrachteten Ereignisse ergibt:

$$\mathrm{Prob}\,(P_3) = \sum_{P_1, P_2 \in \{\mathrm{T,F}\}} \mathrm{Prob}\,(P_1, P_2, P_3).$$

Diese Gleichung müsste man genauer in der Form

$$\mathrm{Prob}\,(P_3 = p_3) = \sum_{p_1, p_2 \in \{\mathrm{T,F}\}} \mathrm{Prob}\,(P_1 = p_1, P_2 = p_2, P_3 = p_3) \quad \text{für alle } p_3 \in \{\mathrm{T,F}\}$$

schreiben, aber im Folgenden wird die abgekürzte Schreibweise verwendet, die ebenfalls verständlich ist. Entsprechend dem Bayesnetz gilt

$$\mathrm{Prob}\,(P_1, P_2, P_3) = \mathrm{Prob}\,(P_3 \,|\, P_2) \cdot \mathrm{Prob}\,(P_2 \,|\, P_1) \cdot \mathrm{Prob}\,(P_1),$$

so dass sich die gesuchte Wahrscheinlichkeitsverteilung aus

$$\mathrm{Prob}\,(P_3) = \sum_{P_2 \in \{\mathrm{T,F}\}} \mathrm{Prob}\,(P_3 \,|\, P_2) \sum_{P_1 \in \{\mathrm{T,F}\}} \mathrm{Prob}\,(P_2 \,|\, P_1) \cdot \mathrm{Prob}\,(P_1)$$

ergibt. Die zweite Summe stellt die Wahrscheinlichkeitsverteilung $\mathrm{Prob}\,(P_2)$ dar

$$\mathrm{Prob}\,(P_2) = \sum_{P_1 \in \{\mathrm{T,F}\}} \mathrm{Prob}\,(P_2 \,|\, P_1) \cdot \mathrm{Prob}\,(P_1),$$

womit man das gesuchte Ergebnis aus

$$\mathrm{Prob}\,(P_3) = \sum_{P_2 \in \{\mathrm{T,F}\}} \mathrm{Prob}\,(P_3 \,|\, P_2) \cdot \mathrm{Prob}\,(P_2)$$

erhält. Wie in der Abbildung gezeigt, kann man die betrachtete Aufgabe also dadurch lösen, dass man zunächst die Wahrscheinlichkeit $\text{Prob}\,(P_2)$ berechnet, wofür nur die den Knoten $P_1$ und $P_2$ zugeordneten Informationen aus dem Bayesnetz notwendig sind. Anschließend wird mit dem dabei erhaltenen Ergebnis und den zum Knoten $P_3$ gehörenden Informationen aus dem Bayesnetz die gesuchte Wahrscheinlichkeitsverteilung $\text{Prob}\,(P_3)$ bestimmt.

Die beschriebene Vorgehensweise ist dadurch charakterisiert, dass die Verarbeitung in Richtung der Kanten des Bayesnetzes erfolgt, was mit der Vorwärtsverkettung von Regeln vergleichbar ist. Aus der A-priori-Wahrscheinlichkeit des Wurzelknotens $P_1$ werden schrittweise die A-priori-Wahrscheinlichkeiten der Nachfolgeknoten $P_2$ und $P_3$ ermittelt. Wenn man die Kanten als kausale Wirkungen der Ereignisse auffasst, was für viele technische Anwendungen berechtigt ist, erfolgt die Wissensverarbeitung in kausaler Wirkungsrichtung, weshalb sie als *kausales Schließen* bezeichnet wird.

Hat ein Knoten $P_i$ nicht nur einen, sondern die Menge $\mathcal{V}(P_i)$ von Vorgängerknoten, so muss man alle Knoten dieser Menge in die Summation einbeziehen

Kausales Schließen :

$$\text{Prob}\,(P_i) = \sum_{P_{j_1},\dots,P_{j_k} \in \{\text{T},\text{F}\}} \text{Prob}\,(P_i \mid \underbrace{P_{j_1},\dots,P_{j_k}}_{\mathcal{V}(P_i)}) \cdot \text{Prob}\,(P_{j_1}) \cdot \ldots \cdot \text{Prob}\,(P_{j_k}), \qquad (12.32)$$

wobei die Elemente der Menge $\mathcal{V}(P_i)$ mit $P_{j_1},\dots, P_{j_k}$ bezeichnet sind. Gleichung (12.32) kann rekursiv angewendet werden, weil Bayesnetze azyklische Graphen sind, so dass man bei den Wurzelknoten beginnend die Gleichung nacheinander auf die einzelnen Knoten anwenden kann und dabei immer alle zu multiplizierenden Werte kennt. Die verwendete Ordnung der Knoten wird als *kausale Ordnung* bezeichnet. Im Folgenden wird stets angenommen, dass die Nummerierung der Knoten eine kausale Ordnung angibt, so dass zur Menge $\mathcal{V}(P_i)$ der Vorgängerknoten von $P_i$ nur Knoten mit kleinerem Index als $i$ gehören.

**Bestimmung der A-posteriori-Wahrscheinlichkeit.** Die bisher beschriebene Vorgehensweise kann problemlos erweitert werden, wenn Beobachtungen über die Wurzelknoten des Bayesnetzes vorliegen und die A-posteriori-Wahrscheinlichkeit der anderen Ereignisse zu bestimmen ist. Betrachtet man wieder zunächst das einfache Netz aus Abb. 12.24, so ist die Beobachtung $\text{Bel}\,(P_1)$ gegeben und die Schlussfolgerungen $\text{Bel}\,(P_2)$ und $\text{Bel}\,(P_3)$ sind gesucht. Wenn das Ereignis $p_1$ eingetreten ist, gilt

$$\text{Bel}\,(P_1 = \text{T}) = 1 \quad \text{und} \quad \text{Bel}\,(P_1 = \text{F}) = 0,$$

wenn das Ereignis nicht eingetreten ist,

$$\text{Bel}\,(P_1 = \text{T}) = 0 \quad \text{und} \quad \text{Bel}\,(P_1 = \text{F}) = 1.$$

Im ersten Fall ist die A-posteriori-Wahrscheinlichkeit für das Ereignis $p_2$ durch die bedingte Wahrscheinlichkeit für das gemeinsame Auftreten beider Ergebnisse gegeben

$$\text{Bel}\,(P_2 = \text{T}) = \text{Prob}\,(P_2 = \text{T} \mid P_1 = \text{T}),$$

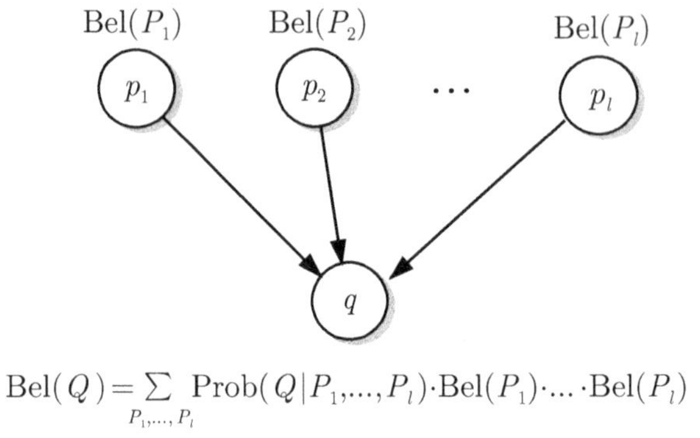


**Abb. 12.25:** Veranschaulichung der Abtrennregel für Bayesnetze

im zweiten Fall durch

$$\text{Bel}\,(P_2 = \text{T}) = \text{Prob}\,(P_2 = \text{T} \mid P_1 = \text{F}).$$

Beide Fälle kann man folgendermaßen zusammenfassen:

$$\text{Bel}\,(P_2 = \text{T}) = \sum_{P_1 \in \{\text{T,F}\}} \text{Prob}\,(P_2 = \text{T} \mid P_1) \cdot \text{Bel}\,(P_1).$$

Eine ähnliche Formel gilt für Bel $(P_2 = \text{F})$. Allgemeiner dargestellt, gilt die Beziehung (12.32), wenn Prob $(P_i)$ durch Bel $(P_i)$ ersetzt wird:

$$\text{Bel}\,(P_i) = \sum_{P_{j_1},\dots,P_{j_k} \in \{\text{T,F}\}} \text{Prob}\,(P_i \mid \underbrace{P_{j_1}, \dots, P_{j_k}}_{\mathcal{V}(P_i)}) \cdot \text{Bel}\,(P_{j_1}) \cdot \dots \cdot \text{Bel}\,(P_{j_k}). \tag{12.33}$$

Daraus erhält man den Modus Ponens der Bayesnetze, der sich auf die in Abb. 12.25 dargestellte Situation bezieht, bei der das Ereignis $q$ von den Ereignissen $p_1$,..., $p_l$ abhängt und von allen anderen Ereignissen bedingt stochastisch unabhängig ist:

Modus Ponens der Bayesnetze:

$$\begin{array}{l} \text{Bel}\,(P_1) \\ \text{Bel}\,(P_2) \\ \vdots \\ \text{Bel}\,(P_l) \\ \text{Prob}\,(Q \mid P_1, \dots, P_l) \\ \hline \text{Bel}\,(Q) = \sum_{P_1,\dots,P_l \in \{\text{T,F}\}} \text{Prob}\,(Q \mid P_1, \dots, P_l) \cdot \text{Bel}\,(P_1) \cdot \dots \cdot \text{Bel}\,(P_l). \end{array} \tag{12.34}$$

Diese Ableitungsregel besagt, dass man die A-posteriori-Wahrscheinlichkeit Bel $(Q)$ entsprechend der unter dem Strich stehenden Formel berechnen kann, wenn alle über dem Strich stehenden Daten vorhanden sind. Dabei bezeichnen $P_i$ und $Q$ die zu den Aussagen $p_i$ und $q$

gehörenden Zufallsvariablen. Der Unterschied zum Modus Ponens der probabilistischen Logik (Gl. (12.12) auf S. 396) besteht darin, dass jetzt nicht mehr $\text{Bel}\,(P_i) = 1$ gelten muss, sondern die verwendeten Werte $\text{Bel}\,(P_i)$, $(i = 1, 2, ..., l)$ aus Berechnungen ermittelt werden können.

Die Anwendung dieser Inferenzregel ist möglich, wenn für die Wurzelknoten $P_i$, $(i = 1, ..., k)$ des Bayesnetzes die A-posteriori-Wahrscheinlichkeitsverteilung $\text{Bel}\,(P_i)$ bekannt ist. Dann kann $\text{Bel}\,(P_i)$ für alle anderen Knoten schrittweise mit dem folgenden Algorithmus berechnet werden:

**Algorithmus 12.2** *Kausales Schließen mit Bayesnetzen*

**Gegeben:** Bayesnetz mit kausal geordneter Knotenmenge $\mathcal{P} = \{P_1, ..., P_m\}$,
$\text{Bel}\,(P_i)$ für die Wurzelknoten $P_i$, $(i = 1, ..., k)$

1: Für $i = k+1, k+2, ..., m$:
Berechne $\text{Bel}\,(P_i)$ mit Gl. (12.34)

**Ergebnis:** $\text{Bel}\,(P_i)$ für alle $P_i \in \mathcal{P}$

Wenn für Wurzelknoten $p_i$ nicht beobachtet wurde, ob das Ereignis $p_i$ eingetreten ist oder nicht, kann der Algorithmus mit dem Wert $\text{Bel}\,(P_i) = \text{Prob}\,(P_i)$ für diese Knoten initialisiert werden.

**Beispiel 12.10** *Vorhersage des Verhaltens des Wasserversorgungssystems*

Im Folgenden wird die im Beispiel 7.6 mit aussagenlogischer Wissensrepräsentation durchgeführte Analyse des Wasserversorgungssystems unter Verwendung eines Bayesnetzes wiederholt. Aus der Definition (7.40) werden folgende Aussagen herausgegriffen:

$$\begin{aligned} a_1 &= \text{„Der Wasserstand ist niedrig."} \\ a_2 &= \text{„Der Wasserdruck ist niedrig."} \\ a_{10} &= \text{„Die Wasserentnahme ist groß."} \\ a_{11} &= \text{„Die Sonne scheint."} \\ a_{14} &= \text{„Der Niederschlag war gering."} \\ a_{15} &= \text{„Das Wasser wird knapp."} \end{aligned}$$

An Stelle der aussagenlogischen Beziehungen

$$\begin{aligned} a_1 &\Rightarrow a_2 \\ a_{10} &\Rightarrow a_2 \\ a_{11} &\Rightarrow a_{10} \\ a_{14} &\Rightarrow a_1 \\ a_1 \wedge a_{10} &\Rightarrow a_{15} \end{aligned}$$

wird jetzt das in Abb. 12.26 gezeigte Bayesnetz verwendet, zu dem die A-priori-Wahrscheinlichkeiten

$$\begin{aligned} \text{Prob}\,(A_{11} = \text{T}) &= 0{,}4 \\ \text{Prob}\,(A_{14} = \text{T}) &= 0{,}3 \end{aligned}$$

und die bedingten Wahrscheinlichkeiten

$$\begin{array}{ll}
\text{Prob}\,(A_{10} = \text{T} \,|\, A_{11} = \text{T}) = 0{,}8 & \text{Prob}\,(A_{10} = \text{T} \,|\, A_{11} = \text{F}) = 0{,}2 \\
\text{Prob}\,(A_{1} = \text{T} \,|\, A_{14} = \text{T}) = 0{,}9 & \text{Prob}\,(A_{1} = \text{T} \,|\, A_{14} = \text{F}) = 0{,}2 \\
\text{Prob}\,(A_{2} = \text{T} \,|\, A_{10} = \text{T}, A_1 = \text{T}) = 1 & \text{Prob}\,(A_{2} = \text{T} \,|\, A_{10} = \text{F}, A_1 = \text{T}) = 0{,}8 \\
\text{Prob}\,(A_{2} = \text{T} \,|\, A_{10} = \text{T}, A_1 = \text{F}) = 0{,}5 & \text{Prob}\,(A_{2} = \text{T} \,|\, A_{10} = \text{F}, A_1 = \text{F}) = 0{,}2 \\
\text{Prob}\,(A_{15} = \text{T} \,|\, A_{10} = \text{T}, A_1 = \text{T}) = 0{,}8 & \text{Prob}\,(A_{15} = \text{T} \,|\, A_{10} = \text{F}, A_1 = \text{T}) = 0{,}6 \\
\text{Prob}\,(A_{15} = \text{T} \,|\, A_{10} = \text{T}, A_1 = \text{F}) = 0 & \text{Prob}\,(A_{15} = \text{T} \,|\, A_{10} = \text{F}, A_1 = \text{F}) = 0
\end{array}$$

gehören. Das Netz wird mit Hilfe des Algorithmus 12.2 analysiert.

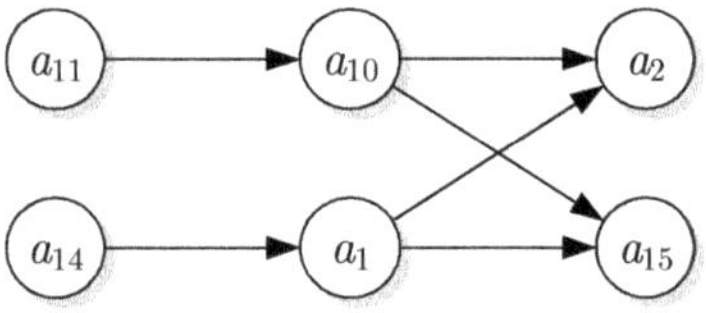


**Abb. 12.26:** Bayesnetz für das Wasserversorgungssystem

Im ersten Fall wird angenommen, dass keine Beobachtungen über das Wassernetz vorliegen und die A-priori-Wahrscheinlichkeiten entsprechend Gl. (12.32) zu berechnen sind. Dabei erhält man schrittweise die folgenden Ergebnisse:

$$\begin{aligned}
\text{Prob}\,(A_{10} = \text{T}) &= \text{Prob}\,(A_{10} = \text{T} \,|\, A_{11} = \text{T}) \cdot \text{Prob}\,(A_{11} = \text{T}) \\
&\quad + \text{Prob}\,(A_{10} = \text{T} \,|\, A_{11} = \text{F}) \cdot \text{Prob}\,(A_{11} = \text{F}) \\
&= 0{,}8 \cdot 0{,}4 + 0{,}2 \cdot 0{,}6 \\
&= 0{,}44 \\
\text{Prob}\,(A_{10} = \text{F}) &= 0{,}56
\end{aligned}$$

$$\begin{aligned}
\text{Prob}\,(A_{1} = \text{T}) &= \text{Prob}\,(A_{1} = \text{T} \,|\, A_{14} = \text{T}) \cdot \text{Prob}\,(A_{14} = \text{T}) \\
&\quad + \text{Prob}\,(A_{1} = \text{T} \,|\, A_{14} = \text{F}) \cdot \text{Prob}\,(A_{14} = \text{F}) \\
&= 0{,}9 \cdot 0{,}3 + 0{,}2 \cdot 0{,}7 \\
&= 0{,}41 \\
\text{Prob}\,(A_{1} = \text{F}) &= 0{,}59
\end{aligned}$$

$$\begin{aligned}
\text{Prob}\,(A_{2} = \text{T}) &= \text{Prob}\,(A_{2} = \text{T} \,|\, A_{10} = \text{T}, A_1 = \text{T}) \cdot \text{Prob}\,(A_{10} = \text{T}) \cdot \text{Prob}\,(A_{1} = \text{T}) \\
&\quad + \text{Prob}\,(A_{2} = \text{T} \,|\, A_{10} = \text{T}, A_1 = \text{F}) \cdot \text{Prob}\,(A_{10} = \text{T}) \cdot \text{Prob}\,(A_{1} = \text{F}) \\
&\quad + \text{Prob}\,(A_{2} = \text{T} \,|\, A_{10} = \text{F}, A_1 = \text{T}) \cdot \text{Prob}\,(A_{10} = \text{F}) \cdot \text{Prob}\,(A_{1} = \text{T}) \\
&\quad + \text{Prob}\,(A_{2} = \text{T} \,|\, A_{10} = \text{F}, A_1 = \text{F}) \cdot \text{Prob}\,(A_{10} = \text{F}) \cdot \text{Prob}\,(A_{1} = \text{F}) \\
&= 1 \cdot 0{,}44 \cdot 0{,}41 + 0{,}5 \cdot 0{,}44 \cdot 0{,}59 + 0{,}8 \cdot 0{,}56 \cdot 0{,}41 + 0{,}2 \cdot 0{,}56 \cdot 0{,}59 \\
&= 0{,}56 \\
\text{Prob}\,(A_{2} = \text{F}) &= 0{,}44
\end{aligned}$$

$$\begin{aligned}
\text{Prob}\,(A_{15} = \text{T}) &= 0{,}28 \\
\text{Prob}\,(A_{15} = \text{F}) &= 0{,}72.
\end{aligned}$$

Die berechneten A-priori-Wahrscheinlichkeiten beschreiben die Häufigkeit für das Auftreten der Ereignisse im (jährlichen) Durchschnitt. Im Mittel wird also an $56\%$ aller Tage der Wasserdruck zu niedrig sein und bei $28\%$ der Tage besteht die Gefahr, dass das Wasser knapp wird.

Wenn beobachtet wird, dass die Sonne scheint und der vergangene Niederschlag gering war

$$\text{Bel}\,(A_{11} = \text{T}) = 1, \qquad \text{Bel}\,(A_{14} = \text{T}) = 1,$$

so kann durch kausales Schließen die A-posteriori-Wahrscheinlichkeit für alle anderen Ereignisse bestimmt werden. Eine ähnliche Rechnung wie die oben angegebene führt auf die folgenden Ergebnisse:

$$\begin{aligned} \text{Bel}\,(A_{10} = \text{T}) &= 0{,}8 \\ \text{Bel}\,(A_{1} = \text{T}) &= 0{,}9 \\ \text{Bel}\,(A_{2} = \text{T}) &= 0{,}91 \\ \text{Bel}\,(A_{15} = \text{T}) &= 0{,}68. \end{aligned}$$

Durch die in diese Berechnung einfließenden aktuellen Beobachtungen ändern sich die Zahlenwerte gegenüber der A-priori-Wahrscheinlichkeit erheblich. □

**Aufgabe 12.8** *Verhaltens des Wasserversorgungssystems bei Regenwetter*

Wiederholen Sie die Analyse aus dem Beispiel 12.10 für den Fall, dass es regnet und der Niederschlag ergiebig bzw. gering war. □

**Aufgabe 12.9*** *Fehleranalyse eines Dieselmotors*

Es soll untersucht werden, wie häufig ein Dieselmotor durch abgenutzte Dichtungen $f$ ausfällt. Dafür haben statistische Untersuchungen die folgenden Ergebnisse geliefert:

- Die A-priori-Wahrscheinlichkeit, dass sich die Dichtungen innerhalb einer Betriebsdauer von 5000 Stunden abnutzen liegt bei 10%.
- Die Wahrscheinlichkeit, dass abgenutzte Dichtungen zu einem Ölstand im Motor führen, der unter die geforderte Mindesthöhe sinkt $(s_1)$, liegt bei 80%. Wenn die Dichtungen nicht abgenutzt sind, beträgt die Wahrscheinlichkeit dafür immer noch 30%.
- Ein zu niedriger Ölstand führt in 98% der Fälle zu einem festgelaufenen Motor $(s_2)$. Ist der Ölstand nicht zu niedrig, beträgt die Wahrscheinlichkeit 10%.
- Dass ein Motor festgelaufen ist, erkennt man sofort $(m)$. Ansonsten beträgt die Wahrscheinlichkeit eines defekten Fahrzeugantriebes 5%.

Lösen Sie zur Analyse des Dieselmotors die folgenden Aufgaben:

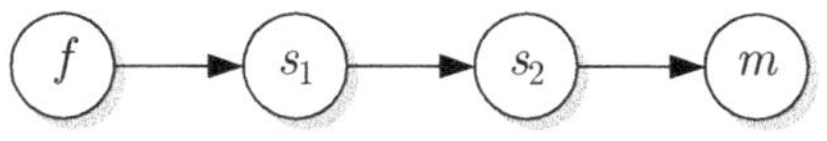


**Abb. 12.27:** Bayesnetz für die Analyse des Dieselmotors

1. In Abb. 12.27 ist das Bayesnetz für die oben genannten Beziehungen dargestellt. Welche Voraussetzungen wurden getroffen, damit dieses Bayesnetz den Dieselmotor richtig wiedergibt?
2. Bestimmen Sie die A-priori-Wahrscheinlichkeit für eine Betriebsdauer von 5000 Stunden, dass der Antrieb defekt ist $(M)$.
3. Bestimmen Sie die A-posteriori-Wahrscheinlichkeit, mit der der Antrieb defekt ist $(m)$, wenn bekannt ist, dass die Dichtungen abgenutzt sind $(f)$. □

**Aufgabe 12.10** *Verhalten eines Messgeräts*

Berechnen Sie für das Messgerät aus dem Beispiel 12.5, wie oft der Ausgang verschwindet ($\neg p$) und wie oft dieser Wert auf ein verschwindendes Sensorsignal ($\neg m$) zurückgeführt werden kann. □

**Aufgabe 12.11*** *Ausfallverhalten der Heckleuchte*

Für die in Abb. 1.7 auf S. 26 gezeigte Heckleuchte wurde in Aufg. 7.12 die aussagenlogische Beschreibung (A1.1) angegeben, die die auf S. 141 eingeführten Aussagesymbole verwendet.

1. Zeichnen Sie das Bayesnetz der Heckleuchte. Unter welchen Voraussetzunge gilt dieses Bayesnetz? Welche Wahrscheinlichkeitsverteilungen muss dafür man kennen?
2. Vergleichen Sie das Bayesnetz mit einem kausalen Netz der Heckleuchte.
3. Berechnen Sie für unterschiedliche Szenarien die Wahrscheinlichkeit, mit der die Beleuchtung ausfällt ($\neg h$). Jedes Szenario ist durch Annahmen über die Fehler beschrieben, wobei in jedem Fall angenommen wird, dass der Schalter geschlossen ist. Zeigen Sie, dass Sie Ihr Ergebnis durch schrittweise Anwendung des als Bayesnetz formulierten Modells erhalten. □

### 12.3.5 Diagnostisches Schließen mit Bayesnetzen

Das im letzten Abschnitt behandelte kausale Schließen nutzt die Informationen des Bayesnetzes für die spezielle Situation, dass sich die Beobachtungen auf die Wurzelknoten des Netzes beziehen. Die mit einem Bayesnetz lösbaren Probleme sind jedoch viel allgemeiner, wie die folgenden Erläuterungen zeigen.

**Evidenzbasiertes Schließen.** In Abhängigkeit von den aktuellen Beobachtungen kann man die Knotenmenge $\mathcal{P}$ des Bayesnetzes in drei Teilmengen zerlegen:

$$\mathcal{P} = \mathcal{E} \cup \mathcal{Z} \cup \{X\}$$

mit

- $\mathcal{E}$ – Menge der Evidenzen (gemessene Größen, Beobachtungen, Symptome),
- $\mathcal{Z}$ – Menge der internen Größen,
- $X$ – die gesuchte Größe.

Von den in der Menge $\mathcal{E}$ enthaltenen Aussagen ist der Wahrheitswert durch Beobachtung bzw. Messung bekannt. Gesucht ist die A-posteriori-Wahrscheinlichkeit für das Auftreten der Größe $X$.

Das Bayesnetz enthält außer diesen Größen weitere Knoten, die in der Menge $\mathcal{Z}$ zusammengefasst sind. Diese Aussagen betreffen den internen Zustand des Netzes, der bei der Lösung der Aufgabe beachtet werden muss, aber in der Lösung nicht vorkommen soll. Das Ergebnis ist die Wahrscheinlichkeit

$$\mathrm{Bel}\,(X) = \mathrm{Prob}\,(X \mid \mathcal{E}),$$

mit der die Aussage $X$ wahr ist, wenn die durch die Menge $\mathcal{E}$ gegebenen Beobachtungen bekannt sind (Abb. 12.28). Durch die Beobachtung wird den in der Menge $\mathcal{E}$ zusammengefassten Aussagen entweder der Wahrheitswert „wahr" oder „falsch" zugeordnet, was in

$$\mathrm{Bel}\,(E), \qquad E \in \mathcal{E}$$

zum Ausdruck kommt.

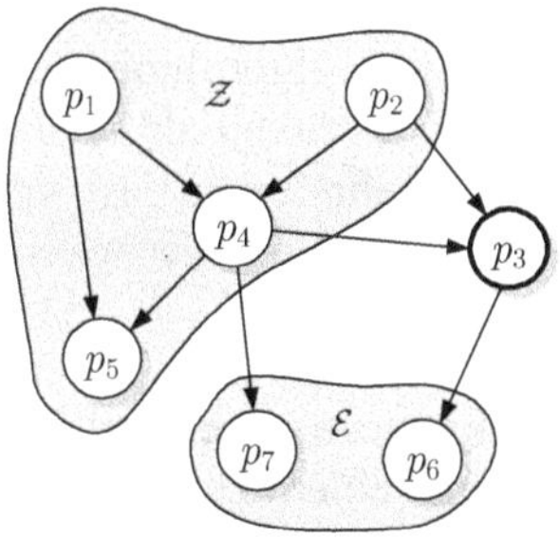


**Abb. 12.28:** Typische Aufgabenstellung, die mit Bayesnetzen gelöst wird

Wie die Abbildung zeigt, erfolgt das Schließen jetzt sowohl in Richtung als auch entgegen der Richtung der Kanten des Bayesnetzes, weil sich die Beobachtung auf beliebige Knoten bezieht. Der direkte Weg zur Bestimmung von $\mathrm{Prob}\,(X \mid \mathcal{E})$ führt über die Verbundwahrscheinlichkeitsverteilung aller Aussagen, wobei man die Argumente dieser Verteilung entsprechend der o. a. Zerlegung der Knotenmenge ordnet:

$$\mathrm{Prob}\,(X, E_1, E_2, ..., E_k, Z_1, Z_2, ..., Z_l).$$

$k$ ist die Anzahl der Evidenzen und $l$ die Anzahl der internen Knoten. Das gesuchte Ergebnis erhält man, wenn man für die Variablen $E_i$ den Wahrheitswert $e_i$ einsetzt, der sich aus der Beobachtung ergibt, und über alle Wahrheitswertekombinationen der Variablen $Z_i$ summiert:

$$\begin{aligned} \mathrm{Bel}\,(X) &= \mathrm{Prob}\,(X \mid \mathcal{E}) \qquad (12.35)\\ &= \frac{1}{N} \sum_{Z_1,...,Z_l \in \{\mathrm{T},\mathrm{F}\}} \mathrm{Prob}\,(X, E_1 = e_1, E_2 = e_2, ..., E_k = e_k, Z_1, Z_2, ..., Z_l) \end{aligned}$$

mit

$$N = \sum_{X, Z_1, ..., Z_l \in \{\mathrm{T}, \mathrm{F}\}} \mathrm{Prob}\,(X, E_1 = e_1, E_2 = e_2, ..., E_k = e_k, Z_1, Z_2, ..., Z_l).$$

Der Nenner $N$ beschreibt die A-priori-Wahrscheinlichkeit für das Auftreten der Beobachtung.

Die hier angegebene Problemstellung kann so verallgemeinert werden, dass der Wahrheitswert einer Menge $\mathcal{X}$ von Aussagen gesucht ist. Der prinzipielle Lösungsweg bleibt dabei derselbe.

**Komplexität.** Gleichung (12.35) zeigt, dass man die hier gestellte sehr allgemeine Aufgabe mit Hilfe von Bayesnetzen lösen kann. Sie zeigt aber nicht, wie man dabei die Struktur des Bayesnetzes ausnutzen kann, um zu umgehen, dass man die Verbundwahrscheinlichkeitsverteilung tatsächlich ausrechnen muss, bevor man die angegebenen Summen bildet. Dieses strukturierte Vorgehen ist notwendig, weil Probleme der hier behandelten Art i. Allg. NP-vollständig sind. Wenn man keine Unabhängigkeiten ausnutzen kann, hat die Berechnung von $\mathrm{Bel}\,(X)$ bei einem Netz mit $m$ Knoten die Komplexität $O(m \cdot 2^m)$, weil man für $2^m$ Kombinationen von Wahrheitswerten Produkte der Länge $m$ bilden muss.

Durch geschicktes Zusammenfassen der Produkte und Summen, die man bei der Berechnung von $\mathrm{Bel}\,(X)$ bilden muss, kann man die algorithmische Komplexität reduzieren. Derartige Vereinfachungen sind sowohl von der Netzstruktur als auch davon abhängig, an welchen Stellen sich die Knoten der Menge $\mathcal{E}$ und $X$ befinden, so dass wenige allgemeingültige Richtlinien gegeben werden können. Die grundlegende Vorgehensweise wird deshalb im Folgenden am Beispiel von Diagnoseaufgaben gezeigt.

**Diagnostisches Schließen.** Bei Diagnoseaufgaben stellt das Bayesnetz typischerweise die Ursache-Wirkungsbeziehungen von den Fehlern zu den Symptomen in kausaler Richtung dar. Die Diagnose beinhaltet dann das Schließen entgegen der Kantenrichtung von den Symptomen zu den Fehlern (Abb. 12.29), was mit der Rückwärtsverkettung von Regeln vergleichbar ist. In dem gezeigten Beispiel sind die Fehler $f_1$ und $f_2$ die unbekannten Ursachen für die durch die Aussagen $s_1$ und $s_2$ dargestellten Beobachtungen. Die Ursache-Wirkungsbeziehungen zwischen den Fehlern und den gemessenen Symptomen sind durch ein Netz beschrieben, das auch die zur Menge

$$\mathcal{Z} = \{p_1, p_2, p_3, p_4, p_5\}$$

zusammengefassten internen Größen einschließt. Gesucht ist die A-posteriori-Wahrscheinlichkeitsverteilung

$$\mathrm{Bel}\,(F_1, F_2) = \mathrm{Prob}\,(F_1, F_2 \,|\, S_1 = s_1, S_2 = s_2), \qquad F_1, F_2 \in \{\mathrm{T}, \mathrm{F}\}$$

der Fehler bei bekannten Wahrheitswerten $s_1$ und $s_2$ der Symptome.

Auch hier erhält man die Lösung nach Gl. (12.35). Vereinfachungen der Berechnung sind insbesondere dann möglich, wenn das Netz einfach verbunden ist, d. h., wenn wie im folgenden Beispiel von jedem Knoten zu jedem anderen Knoten höchstens ein Pfad existiert.

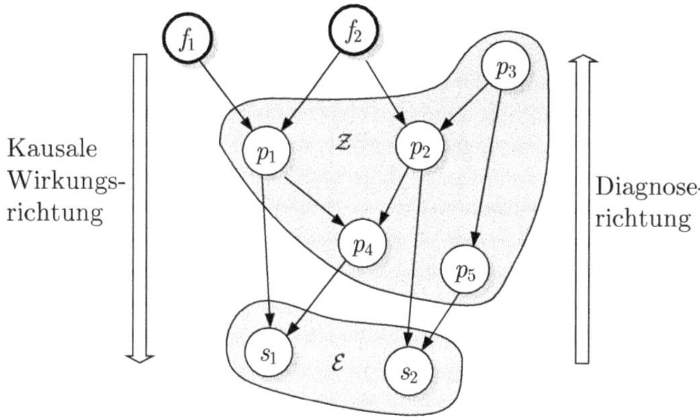


**Abb. 12.29:** Diagnose mit kausalem Modell

**Beispiel 12.11** *Diagnose der Flaschenabfüllanlage*

In der im Beispiel 12.9 beschriebenen Flaschenabfüllanlage soll der Fehler gefunden werden, nachdem die Flaschenkontrolle einen Fehler anzeigt, aber die Abfüllkontrolle keinen Fehler feststellen konnte:

$$\text{Bel}\,(Flaschenkontrolle\_ok = \text{F}) = 1, \qquad \text{Bel}\,(Abfüllkontrolle\_ok = \text{T}) = 1.$$

Diese Symptome können durch eine Flasche falscher Größe oder durch einen Fehler in der Abfüllung hervorgerufen werden, der nicht durch die Abfüllkontrolle erkannt wurde. Zur Vereinfachung der Darstellung werden die im Beispiel 12.9 eingeführten Aussagen durch die Symbole $p_1, ..., p_5$ abgekürzt, so dass das Bayesnetz das in Abb. 12.30 gezeigte Aussehen erhält. Die Beobachtungen führen dann auf $\text{Bel}\,(P_5 = \text{F}) = 1$ und $\text{Bel}\,(P_4 = \text{T}) = 1$ und es ist der Wert von $\text{Bel}\,(P_1)$ gesucht.

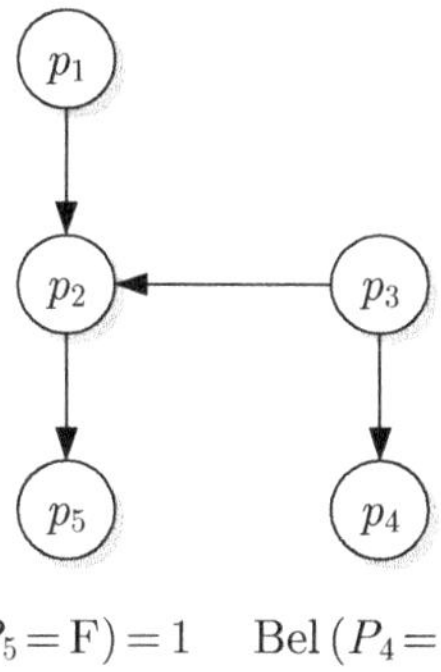


**Abb. 12.30:** Bayesnetz der Flaschenabfüllanlage

Es sind folgende bedingten Wahrscheinlichkeiten gegeben:

$$
\begin{array}{ll}
\text{Prob}\,(P_1 = \text{T}) = 0{,}999 & \text{Prob}\,(P_3 = \text{T}) = 0{,}9999 \\
\text{Prob}\,(P_2 = \text{T} \mid P_1 = \text{T}, P_3 = \text{T}) = 0{,}998 & \text{Prob}\,(P_2 = \text{T} \mid P_1 = \text{T}, P_3 = \text{F}) = 0{,}2 \\
\text{Prob}\,(P_2 = \text{T} \mid P_1 = \text{F}, P_3 = \text{T}) = 0{,}3 & \text{Prob}\,(P_2 = \text{T} \mid P_1 = \text{F}, P_3 = \text{F}) = 0 \\
\text{Prob}\,(P_5 = \text{T} \mid P_2 = \text{T}) = 0{,}99 & \text{Prob}\,(P_5 = \text{T} \mid P_2 = \text{F}) = 0{,}01 \\
\text{Prob}\,(P_4 = \text{T} \mid P_3 = \text{T}) = 0{,}999 & \text{Prob}\,(P_4 = \text{T} \mid P_3 = \text{F}) = 0{,}001.
\end{array}
$$

Für die Verbundwahrscheinlichkeitsverteilung wird aus dem Bayesnetz folgende Beziehung abgelesen:

$$
\begin{aligned}
&\text{Prob}\,(P_1 = \text{T}, P_2, P_3, P_4 = \text{T}, P_5 = \text{F}) \\
&= \text{Prob}\,(P_1 = \text{T}) \cdot \text{Prob}\,(P_2 \mid P_1 = \text{T}, P_3) \cdot \text{Prob}\,(P_3) \cdot \text{Prob}\,(P_4 = \text{T} \mid P_3) \cdot \text{Prob}\,(P_5 = \text{F} \mid P_2).
\end{aligned}
$$

Daraus erhält man die bedingte Wahrscheinlichkeitsverteilung

$$
\begin{aligned}
\text{Bel}\,(P_1 = \text{T}) &= \text{Prob}\,(P_1 = \text{T} \mid P_4 = \text{T}, P_5 = \text{F}) \\
&= \frac{\sum_{P_2, P_3} \text{Prob}\,(P_1 = \text{T}, P_2, P_3, P_4 = \text{T}, P_5 = \text{F})}{\sum_{P_1, P_2, P_3} \text{Prob}\,(P_1, P_2, P_3, P_4 = \text{T}, P_5 = \text{F})}.
\end{aligned}
$$

Die Summe im Zähler kann man auf Grund der Struktur des Netzes folgendermaßen vereinfachen:

$$
\begin{aligned}
&\sum_{P_2, P_3} \text{Prob}\,(P_1 = \text{T}, P_2, P_3, P_4 = \text{T}, P_5 = \text{F}) \\
&= \sum_{P_2, P_3} \text{Prob}\,(P_1 = \text{T}) \cdot \text{Prob}\,(P_2 \mid P_1 = \text{T}, P_3) \cdot \text{Prob}\,(P_3) \cdot \text{Prob}\,(P_4 = \text{T} \mid P_3) \cdot \text{Prob}\,(P_5 = \text{F} \mid P_2) \\
&= \text{Prob}\,(P_1 = \text{T}) \sum_{P_2} \text{Prob}\,(P_5 = \text{F} \mid P_2) \sum_{P_3} \text{Prob}\,(P_2 \mid P_1 = \text{T}, P_3) \cdot \text{Prob}\,(P_3) \cdot \text{Prob}\,(P_4 = \text{T} \mid P_3) \\
&= \text{Prob}\,(P_1 = \text{T}) \sum_{P_2} \text{Prob}\,(P_5 = \text{F} \mid P_2) \cdot S_1(P_2)
\end{aligned}
$$

mit

$$
S_1(P_2) = \sum_{P_3} \text{Prob}\,(P_2 \mid P_1 = \text{T}, P_3) \cdot \text{Prob}\,(P_3) \cdot \text{Prob}\,(P_4 = \text{T} \mid P_3).
$$

Indem man die Summe $S_1$ separat berechnet und speichert, reduziert man die durchzuführenden Multiplikationen von $4 \cdot 4 = 16$ auf $2 \cdot 2 = 4$ für die Bildung der zwei Summen $S_1(P_2 = \text{T})$ und $S_1(P_2 = \text{F})$ zuzüglich 2 für die Berechnung des Gesamtausdrucks, also insgesamt 6. Bei größeren Netzen ist die Reduktion wesentlich größer.

Eine ähnliche Reduktion erhält man auch für die Berechnung des Nenners, für den man auch den Fall $P_1 = \text{F}$ betrachten muss.

Für die angegebenen Zahlenwerte entsteht das folgende Ergebnis:

$$
\text{Bel}\,(F_1 = \text{T}) = 0{,}94.
$$

Der Fehler ist also offenbar eine Flasche falscher Größe. □

**Beispiel 12.12** *Diagnose der Heckleuchte*

Abbildung 12.31 zeigt das Bayesnetz für die Heckleuchte aus Abb. 1.7 auf S. 26. Die Bedeutung der darin verwendeten Aussagesymbole ist auf S. 141 erklärt. Es wird die Situation betrachtet, dass der Schalter geschlossen ist (Bel $(s) = 1$) und die Lampe nicht brennt (Bel $(\neg h) = 1$). Gesucht ist die A-posteriori-Wahrscheinlichkeit für den Ausfall der Batterie ($\neg okB$).

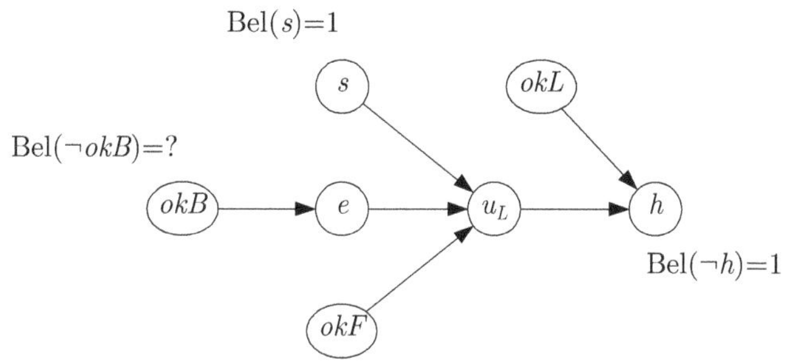


**Abb. 12.31:** Diagnoseaufgabe

Die Schwierigkeit der Lösung besteht erstens in der Tatsache, dass das in Ursache-Wirkungsrichtung beschriebene wahrscheinlichkeitstheoretische Modell in Diagnoserichtung eingesetzt werden soll, und zweitens, dass unbekannte Fehler $okL$ und $okF$ aufgrund ihrer A-priori-Wahrscheinlichkeit und der Schalter aufgrund der Kenntnis seines Schaltzustands berücksichtigt werden müssen.

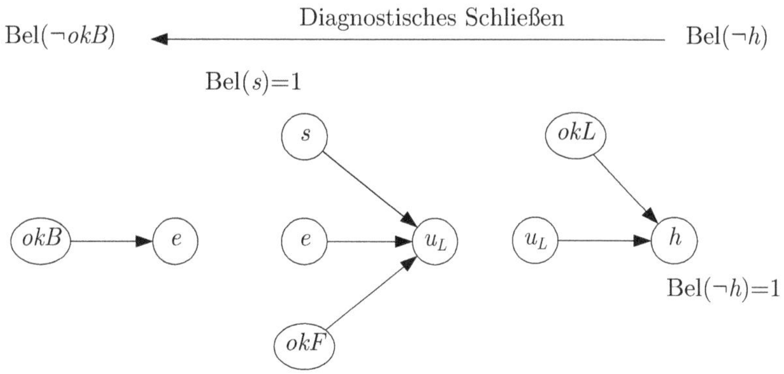


**Abb. 12.32:** Schrittweise Lösung der Diagnoseaufgabe

Im ersten Schritt werden aus dem Bayesnetz die Knoten für $s$, $okF$ und $okL$ eliminiert, indem die zu den Knoten $u_{\mathrm{L}}$ und $h$ gehörenden bedingten Wahrscheinlichkeiten auf die bedingten Wahrscheinlichkeiten Prob $(H \mid U_{\mathrm{L}})$ bzw. Prob $(U_{\mathrm{L}} \mid E)$ reduziert werden:

$$\mathrm{Prob}\,(H \mid U_{\mathrm{L}}) = \sum_{OkL \,\in\, \{\mathrm{T},\mathrm{F}\}} \mathrm{Prob}\,(H \mid U_{\mathrm{L}}, OkL) \cdot \mathrm{Prob}\,(OkL)$$

$$\mathrm{Prob}\,(U_{\mathrm{L}} \mid E) = \sum_{OkF \,\in\, \{\mathrm{T},\mathrm{F}\}} \mathrm{Prob}\,(U_{\mathrm{L}} \mid E, OkF, S = \mathrm{T}) \cdot \mathrm{Prob}\,(OkF).$$

In der zweiten Zeile werden auf der rechten Seite nur bedingte Wahrscheinlichkeiten eingesetzt, für die $S = \mathrm{T}$ gilt, weil bekannt ist, dass der Schalter geschlossen ist. Das Ergebnis der Rechnung ist das vereinfachte Bayesnetz aus Abb. 12.33.

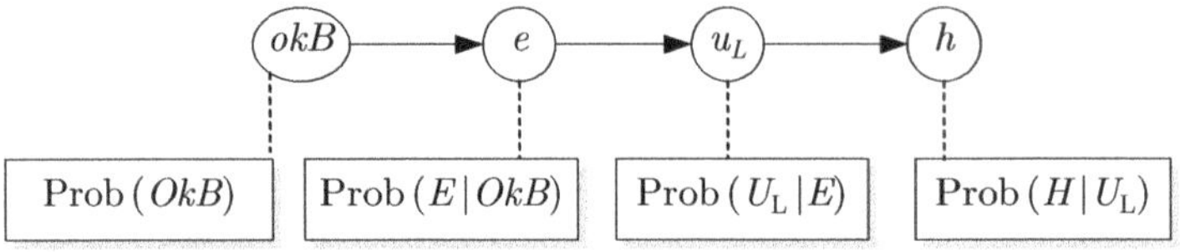


**Abb. 12.33:** Vereinfachtes Bayesnetz

Um die Diagnoseaufgabe mit dem vereinfachten Bayesnetz zu lösen, werden die zwischen $okB$ und $h$ liegenden Knoten nacheinander eliminiert. Im ersten Schritt

$$\mathrm{Prob}\,(H \mid E) = \sum_{U_\mathrm{L} \in \{\mathrm{T},\mathrm{F}\}} \mathrm{Prob}\,(H \mid U_\mathrm{L}) \cdot \mathrm{Prob}\,(U_\mathrm{L} \mid E)$$

wird eine direkte Beziehung zwischen $H$ und $E$ hergestellt, was bedeutet, dass der Knoten $u_\mathrm{L}$ aus dem Bayesnetz verschwunden ist. Im zweiten Schritt

$$\mathrm{Prob}\,(H \mid OkB) = \sum_{E \in \{\mathrm{T},\mathrm{F}\}} \mathrm{Prob}\,(H \mid E) \cdot \mathrm{Prob}\,(E \mid OkB)$$

entsteht eine direkte Beziehung zwischen $H$ und $OkB$, so dass die Diagnoseaufgabe jetzt mit der Bayesschen Diagnoseregel (12.20) gelöst werden kann:

$$\begin{aligned} \mathrm{Bel}\,(OkB) &= \mathrm{Prob}\,(OkB \mid H) \\ &= \frac{\mathrm{Prob}\,(H \mid OkB) \cdot \mathrm{Prob}\,(OkB)}{\sum_{OkB \in \{\mathrm{T},\mathrm{F}\}} \mathrm{Prob}\,(H \mid OkB) \cdot \mathrm{Prob}\,(OkB)}. \end{aligned}$$

Da die Wahrscheinlichkeit für $\neg okB$ gesucht ist, wird die letzte Gleichung für $OkB = \mathrm{F}$ ausgewertet:

$$\mathrm{Bel}\,(\neg okB) = \frac{\mathrm{Prob}\,(\neg h \mid \neg okB) \cdot \mathrm{Prob}\,(\neg okB)}{\mathrm{Prob}\,(\neg h \mid okB) \cdot \mathrm{Prob}\,(okB) + \mathrm{Prob}\,(\neg h \mid \neg okB) \cdot \mathrm{Prob}\,(\neg okB)}.$$

Wichtig für den Lösungsweg ist, dass in jedem Berechnungsschritt nur die zu den unmittelbar benachbarten Knoten gehörenden Wahrscheinlichkeitsaussagen verwendet werden. Aus der strukturierten Darstellung des Modells durch das Bayesnetz entsteht ein strukturiertes Vorgehen, bei dem in keinem Schritt das vollständige Modell gebraucht wird. □

**Aufgabe 12.12** *Diagnose der Flaschenabfüllanlage*

Wiederholen Sie die Fehlerdiagnose für die Flaschenabfüllung, nachdem Sie die im Beispiel 12.11 angegebenen bedingten Wahrscheinlichkeiten drastisch verändert haben, und vergleichen Sie Ihr Ergebnis mit dem Ergebnis aus dem Beispiel in Bezug auf die Abhängigkeit der A-posteriori-Wahrscheinlichkeit des Fehlers von diesen Daten. □

**Aufgabe 12.13** *Vorhersage des Verhaltens des Wasserversorgungssystems*

Verwenden Sie das im Beispiel 12.10 entwickelte Bayesnetz zur Diagnose des Fehlers, der einen niedrigen Wasserdruck hervorgerufen hat: Bel $(A_2 = \mathrm{T})$. □

**Aufgabe 12.14*** *Zuverlässigkeitsanforderungen an eine Sicherheitsüberwachung*

In dieser Aufgabe werden Sicherheitsüberwachungen mit unterschiedlicher Informationsstruktur verglichen. Das Prinzip aller drei Anordnungen besteht darin, dass ein Signal überwacht wird, das beim Auftreten eines Fehlers $f$ einen Grenzwert überschreitet. Der Fehler und die betrachteten Signale werden durch die Aussagen $f$, $s_1$, $s_2$ und $s_3$ dargestellt, die den Wahrheitswert „wahr" haben, wenn der Fehler eingetreten bzw. die Signale den Grenzwert überschritten haben. Die Aussage $a$ ist wahr, wenn die Schaltung den Fehler erkannt hat.

Die Logikschaltung, die die Sensorsignale auswertet, wird vereinfachend als vollkommen zuverlässig angenommen, d. h., sie erfüllt mit Sicherheit ihre Funktion.

1. Bei der ersten Anordnung wird nur ein Sensor verwendet, der die Grenzwertüberschreitung mit der Wahrscheinlichkeit $\mathrm{Prob}\,(s_1 \mid f) = a$ erkennt. Wenn das Messsignal den Grenzwert überschreitet, gibt die Überwachungsschaltung einen Alarm aus.
2. Bei der zweiten Anordnung wird die im Beispiel 7.2 auf S. 191 beschriebene 2-aus-3-Logik verwendet, wobei drei Sensoren unabhängig voneinander das Signal überwachen und jeder Sensor mit der Wahrscheinlichkeit $a$ die Grenzwertüberschreitung erkennt.
3. Im dritten Fall wird wieder die 2-aus-3-Logik verwendet, aber die Signale kommen von nur einem Sensor (Signal $s_1$) sowie zwei zusätzlichen Auswerteeinheiten, die die Überschreitung des Grenzwertes durch das Signal $s_1$ des Sensors mit der Wahrscheinlichkeit $b$ erkennen.

Zeichnen Sie für alle drei Anordnungen das Bayesnetz und bestimmen Sie die Wahrscheinlichkeit, mit der die Sicherheitsüberwachung einen Alarm ausgibt, wenn ein Fehler eingetreten ist. Vergleichen Sie die Zuverlässigkeit der drei Anordnungen. Bewerten Sie Ihr Ergebnis im Hinblick auf die in der Sicherheitstechnik erhobene Forderung, dass einer 2-aus-3-Logik Messwerte von unterschiedlichen, häufig sogar mit unterschiedlichen Messprinzipien arbeitenden Messeinrichtungen zugeführt werden müssen. □

### 12.3.6 Erweiterung der Bayesnetze

Bayesnetze wurden in diesem Kapitel eingeführt, um die Verknüpfung von Aussagen darzustellen. Die Knoten bezogen sich deshalb bisher auf zweiwertige Zufallsvariable, die den Wahrheitswert der Aussagen repräsentierten. In der Literatur ist diese Idee in mehrere Richtungen verallgemeinert worden, um Anwendungen kompakter durch Bayesnetze darstellen zu können. Auf diese Erweiterungen wird hier kurz hingewiesen.

Die erste Erweiterung führt dazu, dass die Knoten des Netzes beliebige stochastische Variablen $X$ bezeichnen, die Werte aus einer (endlichen) diskreten Menge annehmen können. Den Knoten ist dann die Wahrscheinlichkeitsverteilung $\mathrm{Prob}\,(X \mid \mathcal{V}(X))$ zugeordnet, die gegebenenfalls aus einer sehr großen Anzahl von Werten besteht.

Die zweite Erweiterung betrifft die Tatsache, dass nicht mehr einzelne Variablen, sondern Mengen von Variablen bezüglich ihrer gegenseitigen Abhängigkeit untersucht werden. Mit $\mathcal{X}$ wird die Menge aller betrachteten Zufallsvariablen bezeichnet

$$\mathcal{X} = \{X_1, X_2, \ldots, X_n\}.$$

Dementsprechend wird $\text{Prob}\,(X_1, \ldots, X_n)$ durch $\text{Prob}\,(\mathcal{X})$ abgekürzt. Bei der Betrachtung der Unabhängigkeit werden drei disjunkte Variablenmengen $\mathcal{X}_1, \mathcal{X}_2, \mathcal{X}_3$ herausgegriffen, für die folgende Beziehungen gelten:

$$\mathcal{X}_i \cap \mathcal{X}_j = \emptyset \quad \text{für} \quad i \neq j$$
$$\mathcal{X}_1 \subseteq \mathcal{X},\ \mathcal{X}_2 \subseteq \mathcal{X},\ \mathcal{X}_3 \subseteq \mathcal{X}.$$

Mit $\text{Prob}\,(\mathcal{X}_1)$ wird die gemeinsame Wahrscheinlichkeitsverteilung der Variablen aus der Menge $\mathcal{X}_1$ und mit $\text{Prob}\,(\mathcal{X}_1 \mid \mathcal{X}_2)$ die bedingte Wahrscheinlichkeitsverteilung der Variablen aus $\mathcal{X}_1$ unter der Bedingung, dass die Variablen aus $\mathcal{X}_2$ vorgegebene Werte haben, verstanden usw. Dementsprechend wird der Begriff der bedingten stochastischen Unabhängigkeit verallgemeinert:

Die Menge $\mathcal{X}_1$ und $\mathcal{X}_3$ zufälliger Variabler heißen *bedingt unabhängig bei gegebenen Werten der Variablen aus* $\mathcal{X}_2$, wenn gilt

$$\text{Prob}\,(\mathcal{X}_3 \mid \mathcal{X}_1, \mathcal{X}_2) = \text{Prob}\,(\mathcal{X}_3 \mid \mathcal{X}_2) \tag{12.36}$$

für alle $\mathcal{X}_1, \mathcal{X}_2$ mit $\text{Prob}\,(\mathcal{X}_1, \mathcal{X}_2) > 0$. Damit können die für Bayesnetze angegebenen Beziehungen und Algorithmen für Variablenmengen verallgemeinert werden.

**Aufgabe 12.15*** *Bayesnetz für das Wasserversorgungssystem*

Stellen Sie das Bayesnetz für das Wasserversorgungssystem auf, wobei Sie zur Vereinfachung der Betrachtungen die im Beispiel 7.6 auf S. 208 definierte Menge von Aussagesymbolen zu den Aussagen $Niederschlag$, $Wetter$, $Wasserstand$, $Wasserentnahme$, $Wasserdruck$ und $Vorhersage$ mit naheliegenden Bedeutungen zusammenfassen.

1. Stellen Sie das Bayesnetz auf.
2. Welche Angaben sind notwendig, um die gemeinsame Wahrscheinlichkeitsverteilung aller Aussagen ermitteln zu können?
3. Welche A-posteriori-Wahrscheinlichkeiten hat die Aussagen $Vorhersage$ bei Sonnenschein bzw. Regenwetter? □

## 12.4 Zusammenfassung und Wertung

Dieses Kapitel hat gezeigt, wie Methoden der Informatik und der Mathematik kombiniert werden können, um auf effiziente Verfahren zur Darstellung und Verarbeitung von unsicherem Wissen zu kommen. Die Wahrscheinlichkeitstheorie ist das theoretische Fundament, auf dem die Unbestimmtheit des Wissens erfasst und verarbeitet wird. Die in der Informatik entwickelten graphentheoretischen Methoden zur Strukturierung des Wissens machen diese Vorgehensweise für Problemstellungen mit vielen Wissenselementen anwendbar.

**Semantik wahrscheinlichkeitstheoretischer Methoden.** Die probabilistische Logik und die Bayesnetze übernehmen von der Wahrscheinlichkeitstheorie die Semantik der Wahrscheinlichkeit als Maßzahl für die Unbestimmtheit des Wissens und das theoretische Fundament für die Verarbeitung der Wahrscheinlichkeit bei Inferenzen.

> Der wesentliche Vorteil des wahrscheinlichkeitstheoretischen Ansatzes gegenüber anderen Verfahren liegt in der klar definierten Semantik der Wahrscheinlichkeit als Maß für die Unbestimmtheit des Wissens.

Die Unsicherheit des Wissens über Ereignisse wird durch die relative Häufigkeit beschrieben, mit der Ereignisse auftreten. Diese Häufigkeit kann man messen – oder man kann zumindest gedanklich nachvollziehen, wie diese Maßzahl zustande kommt.

Dies hat eine wichtige Konsequenz: Es ist nicht nur möglich, für die bekannten Ereignisse A-priori-Wahrscheinlichkeiten vorzugeben, sondern es ist insbesondere möglich, die aus der Wissensverarbeitung erhaltenen A-posteriori-Wahrscheinlichkeiten für das Auftreten der Schlussfolgerungen technisch zu interpretieren. So beschreibt die A-posteriori-Wahrscheinlichkeit eines Fehlers die Häufigkeit, mit der der Fehler in der durch die Messungen charakterisierten Situation auftritt. Eine vergleichbar direkte Interpretation ist beispielsweise für den Wahrheitswert von 0,4 in der mehrwertigen Logik nicht gegeben.

Ein zweites aus der Wahrscheinlichkeitstheorie resultierendes Merkmal besteht darin, dass die Vorschriften zur Berechnung der Wahrscheinlichkeit von Schlussfolgerungen nicht aus mehr oder weniger willkürlich festgelegten Beziehungen resultieren, sondern aus den Voraussetzungen der Wahrscheinlichkeitstheorie abgeleitet sind. Diese Vorschriften sind die Grundlage dafür, dass die Bedeutung der Wahrscheinlichkeit als relative Häufigkeit des Auftretens der Ereignisse auch für die Ableitungen erhalten bleibt.

Insbesondere zeigt die Wahrscheinlichkeitstheorie, wie mit der Abhängigkeit unsicherer Daten umgegangen werden muss. Die Unabhängigkeit bzw. bedingte Unabhängigkeit von Ereignissen ist die Voraussetzung dafür, dass Kenntnisse über „lokale“ Zusammenhänge miteinander verknüpft tatsächlich den „globalen“ Zusammenhang der Ereignisse beschreiben. Die durch bedingte Unabhängigkeiten entstehenden Vereinfachungen spiegeln sich in der Struktur der Bayesnetze wider.

Die Wahrscheinlichkeitstheorie beschreibt die Struktur des Schlussfolgerns, denn sie zeigt, dass und wie Daten über unsichere Zusammenhänge kontextabhängig dargestellt und verarbeitet werden müssen. Das wichtigste Hilfsmittel ist dabei der Begriff der bedingten Wahrscheinlichkeit. In $\text{Prob}\,(\mathcal{A} \mid \mathcal{B})$ stellt das Ereignis $\mathcal{B}$ den Kontext dar, in dem eine Aussage über das Auftreten des Ereignisses $\mathcal{A}$ gemacht wird. In diesem Kapitel wurde ausführlich erläutert, dass eine Veränderung des Kontextes durch das Bekanntwerden des Ereignisses $\mathcal{C}$ die Wahrscheinlichkeit von $\mathcal{A}$ beeinflusst, was sowohl eine Erhöhung als auch eine Verkleinerung der A-posteriori-Wahrscheinlichkeit bedeuten kann, denn es ist vom Anwendungsfall abhängig, welches Relationszeichen zwischen den bedingten Wahrscheinlichkeiten steht:

$$\text{Prob}\,(\mathcal{A} \mid \mathcal{B}) \overset{\geq}{\underset{\leq}{=}} \text{Prob}\,(\mathcal{A} \mid \mathcal{B}, \mathcal{C}).$$

Auf der linken Seite dieser Beziehung steht die Wahrscheinlichkeit für das Ereignis $\mathcal{A}$, wenn bekannt ist, dass das Ereignis $\mathcal{B}$ aufgetreten ist, aber nichts weiter bekannt ist. Auf der rechten

Seite steht die Wahrscheinlichkeit von $\mathcal{A}$ für den Fall, dass man weiß, dass die beiden Ereignisse $\mathcal{B}$ und $\mathcal{C}$ eingetreten sind. Das wahrscheinlichkeitstheoretische Schließen ist nichtmonoton in dem Sinne, dass sich die A-posteriori-Wahrscheinlichkeit beim schrittweise Bekanntwerden von Ereignissen mal vergrößert und dann wieder verkleinert, wenn beispielsweise

$$\mathrm{Prob}\,(\mathcal{A}) < \mathrm{Prob}\,(\mathcal{A}\,|\,\mathcal{B}) > \mathrm{Prob}\,(\mathcal{A}\,|\,\mathcal{B},\mathcal{C})$$

gilt. Dies spiegelt die Erfahrung des Ingenieurs bei der Lösung technischer Probleme wieder, wenn beispielsweise bei einer Fehlerdiagnose nacheinander einzelne Symptome auftreten, die einen Fehler mehr oder weniger wahrscheinlich erscheinen lassen. Die dabei entstehende schwankende Gewissheit über das Vorhandensein eines Fehlers zeigt die Nichtmonotonie der probabilistischen Logik.

**Probleme der Wissensrepräsentation auf wahrscheinlichkeitstheoretischer Grundlage.** Die Beschreibung der Unbestimmtheit durch Wahrscheinlichkeiten kann in den meisten Anwendungen nicht so erfolgen, dass die in der Wahrscheinlichkeitstheorie getroffenen Voraussetzungen erfüllt sind.

> Die Annahmen der Wahrscheinlichkeitstheorie führen auf Voraussetzungen, die in vielen Anwendungen nicht eingehalten werden können, weil die Unbestimmtheit des Wissens über ein technisches Objekt in der Regel viel größer ist, als es in der Wahrscheinlichkeitstheorie angenommen wird.

Eine Konsequenz aus den Voraussetzungen der Wahrscheinlichkeitsrechnung besteht in der Kopplung der Unbestimmtheit einer Aussage und der Unbestimmtheit der komplementären Aussage. Dies wird in den Beziehungen

$$\begin{aligned}\mathrm{Prob}\,(p_{\mathcal{A}}) + \mathrm{Prob}\,(\neg p_{\mathcal{A}}) &= 1\\ \mathrm{Prob}\,(p_{\mathcal{A}}\,|\,p_{B}) + \mathrm{Prob}\,(\neg p_{\mathcal{A}}\,|\,p_{B}) &= 1\end{aligned}$$

besonders deutlich. Ist also die Gültigkeit der Aussage $p_{\mathcal{A}}$ unbekannt, so muss $\mathrm{Prob}\,(p_{\mathcal{A}}) = \mathrm{Prob}\,(\neg p_{\mathcal{A}}) = 0{,}5$ gesetzt werden.

In der praktischen Anwendung widersprechen diese Bedingungen der subjektiv empfundenen Unbestimmtheit, denn die Zuweisung einer kleinen Auftretenswahrscheinlichkeit für ein Ereignis ist nicht immer mit der Zuweisung einer großen Wahrscheinlichkeit für das komplementäre Ereignis gekoppelt. Man möchte entweder beiden Ereignissen eine kleine Wahrscheinlichkeit zuweisen, weil man sich über den betreffenden Sachverhalt – und zwar sowohl bezüglich seines Auftretens als auch seines Nichtauftretens – besonders unsicher ist, oder es gibt zwar Anhaltspunkte für das Auftreten des Ereignisses $\mathcal{A}$, aber keinerlei Anhaltspunkte für das Nichtauftreten dieses Ereignisses. Sind andererseits die Ereignisse $\mathcal{A}$ und $\mathcal{B}$ „schwach gekoppelt“, so möchte man sowohl der Wahrscheinlichkeit für das Auftreten als auch der Wahrscheinlichkeit für das Nichtauftreten von $\mathcal{A}$ unter der Bedingung $\mathcal{B}$ einen kleinen Wert zuweisen, was der o. a. Beschränkung widerspricht.

Der Grund für diese Diskrepanz liegt in der Tatsache, dass mit der Wahrscheinlichkeitstheorie die *Unbestimmtheit* des Auftretens eines Ereignisses beschrieben werden kann, diese Methode aber in den hier skizzierten Anwendungen zur Darstellung von *Unwissenheit* über den betrachteten Sachverhalt verwendet wird. Es ist eben nicht nur unsicher, ob das Ereignis $\mathcal{A}$ oder dessen Gegenteil auftritt, sondern es ist unbekannt, ob dieses Ereignis überhaupt für die Beschreibung des betrachteten Sachverhaltes wesentlich ist.

Unter Beachtung dieser Vor- und Nachteile wahrscheinlichkeitstheoretischer Betrachtungen gegenüber anderen Methoden zur Verarbeitung unsicheren Wissens liegt das Anwendungsgebiet der probabilistischen Logik bei Sachverhalten, die durch wenige Ereignisse und Ereignisketten, aber viele Realisierungen beschrieben werden. In diesen Situationen kann die Wahrscheinlichkeit der einzelnen Ereignisse sowie die bedingte Wahrscheinlichkeit von Ereigniskombinationen tatsächlich „gemessen" oder abgeschätzt werden, weil Erfahrungen oder Messreihen von einer großen Zahl von „Experimenten" vorliegen. Die in der Wahrscheinlichkeitstheorie gemachten Voraussetzungen sind dort in guter Näherung erfüllt.

Die im folgenden Kapitel beschriebenen Methoden beruhen auf einer weit weniger ausgearbeiteten mathematischen Theorie. Insbesondere ist die Semantik der eingeführten Maßzahlen für die Unbestimmtheit des Wissens nicht genau definiert. Auch die Vorschriften zur Berechnung der Unbestimmtheiten von Schlussfolgerungen beruhen auf mehr oder weniger heuristisch eingeführten Annahmen und Vorschriften. Der Grund für ein relativ breites Interesse an diesen Verfahren liegt in den hier genannten Problemen des Einsatzes wahrscheinlichkeitstheoretischer Verfahren. Weniger klar formulierte Voraussetzungen lassen sich leichter „erfüllen".

## Literaturhinweise

Zum wahrscheinlichkeitstheoretischen Ansatz der Verarbeitung unsicheren Wissens gibt es eine große Zahl von Veröffentlichungen. Allerdings gehen viele dieser Arbeiten nicht über grundlegende Betrachtungen hinaus, die für Ingenieure, die die Wahrscheinlichkeitstheorie in vielfältiger Weise anzuwenden gewohnt sind, nicht detailliert genug sind. Aus diesem Grund sei besonders auf die Bücher [91, 92] und [62] hingewiesen, in denen dieses Gebiet mit der notwendigen Tiefe dargestellt wird. Die von NILSSON 1986 in [84] vorgeschlagene probabilistische Logik ist auch in der Monografie [40] nachzulesen.

Für ausführliche Erläuterungen zu Bayesnetzen wird auf das schon erwähnte Buch von PEARL [91] hingewiesen. Die Originalarbeit von BAYES ist [4]. Als neue Einführungen in Bayesnetze können [19, 57, 59] sowie [102] empfohlen werden. [95] (Band 2) gibt eine breite Beschreibung der wahrscheinlichkeitstheoretischen Methoden in der Wissensverarbeitung. Als Beispiele für ingenieurtechnische Anwendungen zeigen [8] und [93] die Bayesnetze für ein elektrisches Übertragungsnetz bzw. ein Lkw-Bremssystem.

Außer den Bayesnetzen gibt es weitere wahrscheinlichkeitstheoretische Modellformen, die auf grafisch dargestellten Unabhängigkeiten zwischen den beteiligten Aussagen beruhen, beispielsweise *Markovnetze* oder *Gaußnetze*. Die zuerst genannten Netze haben ungerichtete Kanten und zeigen damit die Symmetrie der Abhängigkeiten und Unabhängigkeiten zwischen den Aussagen explizit. Gaußnetze erweitern das hier für Zufallsvariable mit diskretem Wertebereich beschriebene Vorgehen auf kontinuierliche Variablen, wobei die bedingten Wahrscheinlichkeiten durch Gaußfunktionen dargestellt werden [64, 127]. Eine gute Übersicht über diese Modellformen gibt die Monografie [59], in der auch gezeigt wird, wie die Parameter dieser Modelle durch Lernverfahren aus Experimentdaten ermittelt werden können.

Ingenieurtechnische Anwendungen der Bayesnetzen können mit der *Bayes Net Toolbox* für *MATLAB* erprobt werden.

# 13

# Heuristische Verfahren zur Darstellung und zur Verarbeitung unsicheren Wissens

*Heuristische Verfahren verwenden Kennwerte für die Unbestimmtheit bzw. Plausibilität, mit denen Aussagen gelten, und verknüpfen diese zu Kenngrößen für die Gültigkeit von Schlussfolgerungen. Mit der Evidenztheorie und Verarbeitungsvorschriften von Expertensystemen beschreibt dieses Kapitel Vorgehensweisen, die im Bereich der Wissensverarbeitung eine breitere Anwendung gefunden haben.*

## 13.1 Wissensverarbeitung auf der Grundlage der Evidenztheorie

Die Evidenztheorie wurde von DEMPSTER und SHAFER entwickelt, um Aussagen über unbekannte Sachverhalte verarbeiten zu können, wobei die Aussagen gewisse richtige Teilinformationen enthalten.

Die Evidenztheorie geht von ähnlichen Voraussetzungen wie die Wahrscheinlichkeitstheorie aus. Deshalb werden im Folgenden auch weitgehend dieselben Begriffe und Formelzeichen verwendet. Der wichtige Unterschied zwischen beiden Ansätzen besteht darin, dass es die Evidenztheorie ermöglicht, Aussagen über die Sicherheit des Eintretens eines Ereignisses $\mathcal{A}$ getrennt von Aussagen über die Möglichkeit des Eintretens zu verarbeiten. Dabei wird sich herausstellen, dass die neu eingeführten Maßzahlen obere bzw. untere Grenzwerte für die Wahrscheinlichkeit $\mathrm{Prob}\,(\mathcal{A})$ darstellen und somit ein direkter Bezug zur Wahrscheinlichkeit des Ereignisses $\mathcal{A}$ hergestellt werden kann.

### 13.1.1 Grundlagen der Evidenztheorie

Wie in der Wahrscheinlichkeitstheorie wird im Folgenden davon ausgegangen, dass für ein Experiment eine Menge sich gegenseitig ausschließender Ergebnisse gegeben ist. Diese Menge entspricht dem aus der Wahrscheinlichkeitsrechnung bekannten Begriff des Stichprobenraums $\Omega$ und wird in der Evidenztheorie auch Zustandsraum genannt. Wichtig ist wieder die Voraussetzung, dass jedes Experiment zu genau einem Ergebnis $\omega \in \Omega$ führt. Die Definition von Ereignissen entspricht ebenfalls der der Wahrscheinlichkeitsrechnung. Die Ereignisse $\mathcal{A}_i$ sind Teilmengen des Stichprobenraums $\Omega$.

Die Evidenztheorie befasst sich nun mit folgender Situation:

> **Evidenztheorie:** Gegeben sind Informationen über das Auftreten von Ereignissen $\mathcal{A}_i$. Gesucht sind Schlussfolgerungen darüber, welches Elementarereignis $\omega \in \Omega$ zum Auftreten dieser Ereignisse geführt hat.

Da die Ereignisse Mengen von Elementarereignissen darstellen, liefern sie Hinweise darüber, welche Elementarereignisse als Ergebnis des betrachteten Experiments in Frage kommen. Diese Hinweise werden *Evidenzen* genannt. Sie stellen offensichtlich eine unvollständige Information für die Lösung der betrachteten Aufgabe dar, die auch durch eine Aussage der Form „Das gesuchte Elementarereignis gehört zur Menge $\mathcal{A}$." ausgedrückt werden kann. Dabei ist $\mathcal{A}$ ein Element der Potenzmenge $2^{\Omega}$ (der Menge aller Teilmengen von $\Omega$).

Wäre die Wahrscheinlichkeit $\text{Prob}\,(\omega_i)$ des Auftretens jedes Elementarereignisses $\omega_i \in \Omega$ bekannt, so könnte die Wahrscheinlichkeit für das Auftreten jedes Ereignisses $\mathcal{A}$ bestimmt werden:

$$\text{Prob}\,(\mathcal{A}) = \sum_{\omega_i \in \mathcal{A}} \text{Prob}\,(\omega_i).$$

Bei der Evidenztheorie wird jedoch nicht vorausgesetzt, dass die Wahrscheinlichkeiten

$$\text{Prob}\,(\omega_i), \quad (i = 1, ..., n)$$

bekannt sind, sondern es wird untersucht, wie aus der Kenntnis von $\text{Prob}\,(\mathcal{A})$ für unterschiedliche Ereignisse $\mathcal{A}$ auf die Wahrscheinlichkeit $\text{Prob}\,(\omega_i)$ für das Eintreten der Elementarereignisse $\omega_i$ geschlossen werden kann.

**Basiswahrscheinlichkeit von Ereignissen.** An Stelle der Wahrscheinlichkeit $\text{Prob}\,(\mathcal{A})$ wird in der Evidenztheorie mit der Basiswahrscheinlichkeit $m(\mathcal{A})$ (*basic probability assignment*, Basismaß) gearbeitet. $m$ ist eine Funktion, die jedem Ereignis $\mathcal{A} \in 2^{\Omega}$ einen Zahlenwert im Intervall $[0, 1]$ zuordnet, also eine Verteilung der Basiswahrscheinlichkeit über alle möglichen Ereignisse beschreibt. Die Funktion $m : 2^{\Omega} \rightarrow [0, 1]$ hat folgende Eigenschaften zu erfüllen:

$$m(\emptyset) = 0 \qquad (13.1)$$

$$\sum_{\mathcal{A} \subseteq \Omega} m(\mathcal{A}) = 1. \qquad (13.2)$$

Die zweite Bedingung zeigt, dass die Basiswahrscheinlichkeit $m(\mathcal{A})$ schwächere Voraussetzungen erfüllen muss als die Wahrscheinlichkeit $\text{Prob}\,(\mathcal{A})$. Die Ereignisse $\mathcal{A}$, für die $m(\mathcal{A}) > 0$ gilt, werden Fokalelemente von $m$ genannt.

Für die praktische Anwendung ist die Interpretation der Basiswahrscheinlichkeit $m(\mathcal{A})$ wichtig. Sie gibt an, wie groß die Evidenz dafür ist, dass das Ergebnis $\omega$ des betrachteten Experiments zur Menge $\mathcal{A}$ gehört und dass die Menge $\mathcal{A}$ die kleinste angebbare Menge ist, zu der $\omega$ gehört. Das heißt, die vorliegende Information lässt keine Unterscheidung zwischen den Elementen $\omega \in \mathcal{A}$ im Hinblick auf den Ausgang des Experiments zu und es besteht ein „simultaner Verdacht", dass das Experimentergebnis $\omega$ zum Ereignis $\mathcal{A}$ gehört. Wenn also

$$m(\tilde{\mathcal{A}}) = 1$$

für ein bestimmtes Ereignis $\tilde{\mathcal{A}}$ und $m(\mathcal{A}) = 0$ für alle anderen Ereignisse $\mathcal{A} \neq \tilde{\mathcal{A}}$ gilt, dann gehört das Experimentergebnis $\omega$ mit Sicherheit zur Menge $\tilde{\mathcal{A}}$, aber es gibt keine Informationen darüber, welches Element von $\tilde{\mathcal{A}} = \{\omega_1, \omega_2, ..., \omega_n\}$ das Ergebnis des Experiments beschreibt.

Aus dieser Interpretation geht hervor, dass $m(\Omega)$ ein Maß für die Unwissenheit über den Experimentausgang darstellt. Mit der Sicherheit $m(\Omega)$ kann lediglich die triviale Aussage gemacht werden, dass $\omega$ innerhalb des Stichprobenraums $\Omega$ liegt, aber keine Teilmenge von $\Omega$ angegeben werden kann, für die bekannt ist, dass sie $\omega$ enthält. Gilt insbesondere $m(\Omega) = 1$, so ist über das Ergebnis des Experiments gar nichts bekannt.

**Weitere Evidenzmaße.** Aus der Basiswahrscheinlichkeit können zwei weitere Kennwerte gebildet werden, die den Grad der Sicherheit bzw. den Grad der Möglichkeit beschreiben, dass das Experimentergebnis $\omega$ zu einer Menge $\mathcal{A}$ gehört. Die Funktion Bel (*belief*, Glaubensfunktion, Glaubwürdigkeitsfunktion) beschreibt die „akkumulierte Evidenz", mit der $\omega \in \mathcal{A}$ gilt. Sie ist folgendermaßen definiert:

$$\text{Bel}\,(\mathcal{A}) = \sum_{\mathcal{X} \subseteq \mathcal{A}} m(\mathcal{X}). \qquad (13.3)$$

Diese Definition geht von der Tatsache aus, dass die den Untermengen $\mathcal{X}$ von $\mathcal{A}$ zugeordneten Basiswahrscheinlichkeiten zur Sicherheit dafür beitragen, dass $\omega$ zu $\mathcal{A}$ gehört. Drei Eigenschaften, die aus dieser Definition folgen, verdeutlichen dies:

$$\begin{aligned} \text{Bel}\,(\emptyset) &= 0 \\ \text{Bel}\,(\Omega) &= 1 \\ \text{Bel}\,(\mathcal{X} \cup \mathcal{Y}) &\geq \text{Bel}\,(\mathcal{X}) + \text{Bel}\,(\mathcal{Y}) - \text{Bel}\,(\mathcal{X} \cap \mathcal{Y}). \end{aligned} \qquad (13.4)$$

Mit Bel $(\bar{\mathcal{A}})$ kann eine Maßzahl berechnet werden, die den Zweifel an der Gültigkeit der Beziehung $\omega \in \mathcal{A}$ beschreibt, denn sie gibt an, mit welcher Sicherheit das Experimentergebnis $\omega$ zur Komplementärmenge $\bar{\mathcal{A}}$ von $\mathcal{A}$ gehört.

Die zweite Maßzahl Pl (*plausibility function*, Plausibilitätsfunktion) beschreibt, inwieweit das Experimentergebnis $\omega$ *möglicherweise* in einer Menge $\mathcal{A}$ liegt:

$$\text{Pl}\,(\mathcal{A}) = \sum_{\mathcal{X} \cap \mathcal{A} \neq \emptyset} m(\mathcal{X}). \qquad (13.5)$$

Diese Maßzahl hat folgende Eigenschaften:

$$\begin{aligned} \text{Pl}\,(\emptyset) &= 0 \\ \text{Pl}\,(\Omega) &= 1. \end{aligned}$$

Da außerdem

$$\mathrm{Pl}\,(\mathcal{A}) = 1 - \mathrm{Bel}\,(\bar{\mathcal{A}})$$

gilt, kann die Differenz $\mathrm{Bel}\,(\mathcal{A}) - \mathrm{Pl}\,(\mathcal{A})$ als Gradmesser für die Unwissenheit darüber angesehen werden, ob $\omega$ zu $\mathcal{A}$ gehört. Aus den beiden angegebenen Definitionen folgt die Beziehung

$$\mathrm{Bel}\,(\mathcal{A}) \leq \mathrm{Pl}\,(\mathcal{A}), \tag{13.6}$$

die plausibel ist, denn eine quantitative Charakterisierung dafür, dass $\omega$ möglicherweise zur Menge $\mathcal{A}$ gehört, muss größer sein als ein Maß für die Sicherheit, mit der $\omega$ zu $\mathcal{A}$ gehört.

**Vergleich mit der Wahrscheinlichkeit als Unbestimmtheitsmaß.** Für die beiden Kenngrößen Bel und Pl kann ein direkter Bezug zur Wahrscheinlichkeit $\mathrm{Prob}\,(\mathcal{A})$ hergestellt werden. $\mathrm{Bel}\,(\mathcal{A})$ und $\mathrm{Pl}\,(\mathcal{A})$ geben eine obere bzw. untere Schranke für die Wahrscheinlichkeit an, dass das Ergebnis des Experiments in $\mathcal{A}$ liegt:

$$\boxed{\mathrm{Bel}\,(\mathcal{A}) \leq \mathrm{Prob}\,(\mathcal{A}) \leq \mathrm{Pl}\,(\mathcal{A}).} \tag{13.7}$$

Für die Eignung der eingeführten Kenngrößen zur Beschreibung der Unbestimmtheit von Wissen spricht der folgende Vergleich mit der Wahrscheinlichkeit. Wie im Abschn. 12.4 erläutert wurde, erweist sich die durch

$$\mathrm{Prob}\,(\mathcal{A}) + \mathrm{Prob}\,(\bar{\mathcal{A}}) = 1$$

ausgedrückte strenge Kopplung der Wahrscheinlichkeiten eines Ereignisses und dessen Komplement für die Anwendung als problematisch. Wie aus den Definitionen (13.3) und (13.5) hervorgeht, gilt für die hier verwendeten Maßzahlen hingegen

$$\mathrm{Bel}\,(\mathcal{A}) + \mathrm{Bel}\,(\bar{\mathcal{A}}) \leq 1 \tag{13.8}$$

$$\mathrm{Pl}\,(\mathcal{A}) + \mathrm{Pl}\,(\bar{\mathcal{A}}) \geq 1. \tag{13.9}$$

Ist keinerlei Sicherheit für die Gültigkeit von $\omega \in \mathcal{A}$ gegeben und gilt folglich $\mathrm{Bel}\,(\mathcal{A}) = 0$, so muss damit nicht zwangsläufig $\mathrm{Bel}\,(\bar{\mathcal{A}}) > 0$ gelten, also eine Sicherheit für die Zugehörigkeit von $\omega$ zur Komplementärmenge $\bar{\mathcal{A}}$ gegeben sein. Ist einfach gar nichts darüber bekannt, so können beide Maßzahlen gleich (oder näherungsweise gleich) null sein. Unbestimmtheit über das Eintreten eines Ereignisses kann also von Unwissenheit unterschieden werden. Für totale Unbestimmtheit wird

$$\mathrm{Bel}\,(\mathcal{A}) = \mathrm{Pl}\,(\mathcal{A}) = 0{,}5$$

gesetzt, für totale Unwissenheit

$$\mathrm{Bel}\,(\mathcal{A}) = 0, \quad \mathrm{Pl}\,(\mathcal{A}) = 1.$$

Andererseits folgt aus $\mathrm{Bel}\,(\mathcal{A}) = 1$ die Beziehung $\mathrm{Bel}\,(\bar{\mathcal{A}}) = 0$, was auch plausibel ist.

„Wahrscheinlichkeitstheoretische Bedingungen“ liegen vor, wenn die Basiswahrscheinlichkeit $m$ nur für Elementarereignisse $\omega_i$ von null verschieden ist, d. h., wenn die Beziehungen

$$\begin{aligned} m(\{\omega_i\}) &\geq 0 \quad \text{für} \quad \omega_i \in \Omega \\ m(\mathcal{A}) &= 0 \quad \text{für alle mehrelementigen Mengen } \mathcal{A} \end{aligned}$$

gelten. Dann erhält man

$$m(\{\omega_i\}) = \mathrm{Prob}\,(\{\omega_i\})$$

und die Gleichungen (13.4), (13.6) – (13.9) gelten mit dem Gleichheitszeichen.

### 13.1.2 Dempster-Regel

Mit $m_1$ und $m_2$ werden im Folgenden zwei Basiswahrscheinlichkeitsverteilungen bezeichnet, die auf Grund unabhängiger Beobachtungen aufgestellt wurden. Sie können z. B. aus den Messungen zweier Größen hervorgehen, die dasselbe Experiment betreffen. Die Werte $m_1(\mathcal{A})$ und $m_2(\mathcal{A})$ seien für alle $\mathcal{A} \in 2^{\Omega}$ bekannt. Gesucht ist eine Basiswahrscheinlichkeitsverteilung $m$, die beide Informationen berücksichtigt.

Die Bildungsvorschrift für $m$ wird folgendermaßen festgelegt:

Dempster-Regel:

$$m(\mathcal{A}) = \begin{cases} \dfrac{\sum\limits_{\mathcal{X}\cap\mathcal{Y}=\mathcal{A}} m_1(\mathcal{X})\, m_2(\mathcal{Y})}{1 - \sum\limits_{\mathcal{X}\cap\mathcal{Y}=\emptyset} m_1(\mathcal{X})\, m_2(\mathcal{Y})} & \text{für } \mathcal{A} \in 2^{\Omega},\ \mathcal{A} \neq \emptyset \\ 0 & \text{für } \mathcal{A} = \emptyset. \end{cases} \tag{13.10}$$

In der englischsprachigen Literatur wird sie als *Dempster's rule of combination* (Dempster-Regel) bezeichnet. Die entsprechend Gl. (13.10) aus $m_1$ und $m_2$ berechnete Funktion $m$ heißt auch orthogonale Summe von $m_1$ und $m_2$, was durch

$$m = m_1 \oplus m_2$$

symbolisiert wird. Die orthogonale Summe ist kommutativ und assoziativ:

$$\begin{aligned} m_1 \oplus m_2 &= m_2 \oplus m_1 \\ (m_1 \oplus m_2) \oplus m_3 &= m_1 \oplus (m_2 \oplus m_3). \end{aligned}$$

Der im Nenner von Gl. (13.10) auftretende Ausdruck

$$\sum_{\mathcal{X}\cap\mathcal{Y}=\emptyset} m_1(\mathcal{X})\, m_2(\mathcal{Y}) = k \tag{13.11}$$

ist ein Maß für die Widersprüchlichkeit der beiden durch $m_1$ und $m_2$ beschriebenen Informationen über das Ergebnis des Experiments. Gilt $k = 1$, so sind die Evidenzen $m_1$ und $m_2$ unvereinbar. Ist andererseits $k = 0$, so tritt kein Widerspruch auf.

Auf Grund der durch die Division durch $1 - k$ ausgeführten Normierung erfüllt die orthogonale Summe $m$ die geforderten Eigenschaften (13.1) und (13.2) einer Basiswahrscheinlichkeitsverteilung.

### 13.1.3 Erweiterung der Aussagenlogik mit Hilfe der Evidenztheorie

Für die Erweiterung der Aussagenlogik zur Darstellung und Verarbeitung unsicheren Wissens mit Hilfe der Evidenztheorie wird wie in der probabilistischen Logik davon ausgegangen, dass die Ereignisse $\mathcal{A}_i$ durch aussagenlogische Ausdrücke $p_i$ beschrieben sind, die genau dann wahr sind, wenn das zugehörige Ereignis $\mathcal{A}_i$ eingetreten ist. Für die folgenden Betrachtungen ist die im Abschn. 12.1.3 angegebene Darstellungsform zweckmäßig, bei der jedes Elementarereignis durch einen Vektor mit den Wahrheitswerten der Aussagen $p_1$, $p_2$,..., $p_m$ repräsentiert wird. Es wird vorausgesetzt, dass jedes Elementarereignis durch genau einen derartigen Vektor beschrieben ist. Gibt es $m$ Elementaraussagen, so umfasst der Stichprobenraum $2^m$ Elementarereignisse.

Der Grundidee der Evidenztheorie folgend wird nun die Aufgabe betrachtet, aus Evidenzen für die Gültigkeit logischer Ausdrücke Evidenzen für die Gültigkeit von Schlussfolgerungen zu berechnen. Um die Evidenztheorie in der im vorangegangenen Abschnitt dargestellten Form auf dieses Problem anwenden zu können, muss ermittelt werden, welches Ereignis durch die Gültigkeit eines gegebenen logischen Ausdrucks dargestellt wird. Dann können die angegebenen Berechnungsvorschriften direkt angewendet werden.

Die Festlegung der zu gegebenen Ausdrücken gehörenden Ereignisse wird zunächst an einem Beispiel vorgeführt.

**Beispiel 13.1** *Definition von Ereignissen durch logische Ausdrücke*

Es wird ein Problem untersucht, bei dem es nur die beiden Aussagen $p$ und $q$ gibt. Der Stichprobenraum $\Omega$ setzt sich aus vier Elementen zusammen, wobei gilt

$$\Omega = \left\{ \begin{pmatrix} B(p) = \mathrm{F} \\ B(q) = \mathrm{F} \end{pmatrix}, \begin{pmatrix} B(p) = \mathrm{F} \\ B(q) = \mathrm{T} \end{pmatrix}, \begin{pmatrix} B(p) = \mathrm{T} \\ B(q) = \mathrm{F} \end{pmatrix}, \begin{pmatrix} B(p) = \mathrm{T} \\ B(q) = \mathrm{T} \end{pmatrix} \right\}$$

oder abgekürzt

$$\Omega = \left\{ \omega_1 = \begin{pmatrix} \mathrm{F} \\ \mathrm{F} \end{pmatrix}, \omega_2 = \begin{pmatrix} \mathrm{F} \\ \mathrm{T} \end{pmatrix}, \omega_3 = \begin{pmatrix} \mathrm{T} \\ \mathrm{F} \end{pmatrix}, \omega_4 = \begin{pmatrix} \mathrm{T} \\ \mathrm{T} \end{pmatrix} \right\}.$$

Ist nun bekannt, dass die Aussage $p$ gilt, so ist dies gleichbedeutend mit dem Auftreten des Ereignisses

$$\mathcal{A}_p = \{\omega_3, \omega_4\},$$

denn in beiden Elementarereignissen gilt $B(p) = \mathrm{T}$, was der Beobachtung entspricht. Das Ereignis $\mathcal{A}_p$ beschreibt die Menge der Modelle des gegebenen Ausdrucks $p$. Für den Ausdruck $(p \Rightarrow q)$ heißt das zugehörige Ereignis

$$\mathcal{A}_{p \Rightarrow q} = \{\omega_1, \omega_2, \omega_4\}.\square$$

**Modus Ponens der Evidenztheorie.** Es wird jetzt der Fall betrachtet, dass mehrere logische Ausdrücke gegeben sind, deren Gültigkeit durch Basiswahrscheinlichkeitsverteilungen beschrieben ist. Dabei wird ähnlich wie bei den wahrscheinlichkeitstheoretischen Betrachtungen durch die Basiswahrscheinlichkeit $m(p)$ ein Maß für die Glaubwürdigkeit angegeben, mit der der Ausdruck $p$ den Wahrheitswert T hat. Wie in der Aussagenlogik gibt es nur die Wahrheitswerte T und F.

Der Ausdruck

$$p \Rightarrow q \quad \text{mit} \quad 0{,}8$$

besagt, dass der Erfüllungsmenge des Ausdrucks $p \Rightarrow q$ die Basiswahrscheinlichkeit 0,8 und dem gesamten Zustandsraum entsprechend Gl. (13.2) die Basiswahrscheinlichkeit $1-0{,}8 = 0{,}2$ zugeordnet wird:

$$m(\mathcal{X}) = \begin{cases} 0{,}8 \text{ für } \mathcal{X} = \left\{ \begin{pmatrix} \text{T} \\ \text{T} \end{pmatrix}, \begin{pmatrix} \text{F} \\ \text{T} \end{pmatrix}, \begin{pmatrix} \text{F} \\ \text{F} \end{pmatrix} \right\} \\ 0{,}2 \text{ für } \mathcal{X} = \Omega. \end{cases}$$

Diese Zuordnung entspricht der Grundidee der Evidenztheorie, wonach aus der Gültigkeit des Ausdrucks $p \Rightarrow q$ nur auf die Menge der Modelle, nicht jedoch auf die Gültigkeit einzelner Modelle geschlossen werden kann. Andererseits können auch Belegungen außerhalb der Modellmenge nicht bezüglich ihres Wahrheitswertes unterschieden werden. Der Wert 0,2 wird folglich als Grad der Unwissenheit der Menge $\Omega$ zugewiesen.

Sind weitere Ausdrücke mit den ihnen zugeordneten Evidenzen gegeben, so kann die Evidenz für Aussagenmengen berechnet werden, die zur Erfüllungsmenge der Konjunktion zweier oder mehrerer Ausdrücke gehört. Die Berechnung dieser Evidenzen erfolgt mit der Dempster-Regel (13.10). Dafür wird angenommen, dass die Ausdrücke unabhängige Beobachtungen repräsentieren und die für sie gegebenen Basiswahrscheinlichkeitsverteilungen folglich zur orthogonalen Summe zusammengefasst werden können. Wie dies geschieht und auf welche rechentechnischen Probleme diese Zusammenfassung führt, zeigt das folgende Beispiel.

**Beispiel 13.2** *Schlussfolgerungen unter Berücksichtigung von Evidenzen*

Gegeben sind die beiden unsicheren Ausdrücke

$$\begin{aligned} p \Rightarrow q &\quad \text{mit} \quad 0{,}8 \\ p &\quad \text{mit} \quad 0{,}6. \end{aligned}$$

Gesucht ist die Evidenz für die Gültigkeit von $q$ (vgl. Modus Ponens). Da nur zwei Aussagen auftreten, kann mit den Bezeichnungen aus Beispiel 13.1 gearbeitet werden. Die unsichere Implikation $p \Rightarrow q$ enthält die Basiswahrscheinlichkeitsverteilung

$$m_1(\mathcal{X}) = \begin{cases} 0{,}8 \text{ für } \mathcal{X} = \left\{ \begin{pmatrix} \text{T} \\ \text{T} \end{pmatrix}, \begin{pmatrix} \text{F} \\ \text{T} \end{pmatrix}, \begin{pmatrix} \text{F} \\ \text{F} \end{pmatrix} \right\} \\ 0{,}2 \text{ für } \mathcal{X} = \Omega \end{cases}$$

und die Aussage $p$ die Funktion

$$m_2(\mathcal{X}) = \begin{cases} 0{,}6 \text{ für } \mathcal{X} = \left\{ \begin{pmatrix} \text{T} \\ \text{T} \end{pmatrix}, \begin{pmatrix} \text{F} \\ \text{T} \end{pmatrix} \right\} \\ 0{,}4 \text{ für } \mathcal{X} = \Omega. \end{cases}$$

Beide Funktionen können entsprechend der Gl. (13.10) folgendermaßen zur orthogonalen Summe $m = m_1 \oplus m_2$ zusammengefasst werden:

$$m(\mathcal{X}) = \begin{cases} 0{,}48 \text{ für } & \mathcal{X} = \left\{ \begin{pmatrix} \mathrm{T} \\ \mathrm{T} \end{pmatrix} \right\} \\ 0{,}32 \text{ für } & \mathcal{X} = \left\{ \begin{pmatrix} \mathrm{T} \\ \mathrm{T} \end{pmatrix}, \begin{pmatrix} \mathrm{F} \\ \mathrm{F} \end{pmatrix}, \begin{pmatrix} \mathrm{F} \\ \mathrm{T} \end{pmatrix} \right\} \\ 0{,}12 \text{ für } & \mathcal{X} = \left\{ \begin{pmatrix} \mathrm{T} \\ \mathrm{T} \end{pmatrix}, \begin{pmatrix} \mathrm{T} \\ \mathrm{F} \end{pmatrix} \right\} \\ 0{,}08 \text{ für } & \mathcal{X} = \Omega. \end{cases}$$

Die erste Zeile entsteht für $\mathcal{A} = \left\{ \begin{pmatrix} \mathrm{T} \\ \mathrm{T} \end{pmatrix} \right\}$ aus Gl. (13.10)

$$\begin{aligned} m\left(\left\{ \begin{pmatrix} \mathrm{T} \\ \mathrm{T} \end{pmatrix} \right\}\right) &= \frac{\sum_{\mathcal{X} \cap \mathcal{Y} = \left\{ \begin{pmatrix} \mathrm{T} \\ \mathrm{T} \end{pmatrix} \right\}} m_1(\mathcal{X})\, m_2(\mathcal{Y})}{1-k} \\ &= m_1\left(\left\{ \begin{pmatrix} \mathrm{T} \\ \mathrm{T} \end{pmatrix}, \begin{pmatrix} \mathrm{F} \\ \mathrm{T} \end{pmatrix}, \begin{pmatrix} \mathrm{F} \\ \mathrm{F} \end{pmatrix} \right\}\right) m_2\left(\left\{ \begin{pmatrix} \mathrm{T} \\ \mathrm{T} \end{pmatrix}, \begin{pmatrix} \mathrm{T} \\ \mathrm{F} \end{pmatrix} \right\}\right) \\ &= 0{,}48, \end{aligned}$$

wobei $k = 0$ gilt, da es keine Mengen $\mathcal{X}$ und $\mathcal{Y}$ gibt, für die $m_1(\mathcal{X})$ und $m_2(\mathcal{Y})$ definiert sind und für die außerdem $\mathcal{X} \cap \mathcal{Y} = \emptyset$ gilt. Zwischen den Evidenzen $m_1$ und $m_2$ tritt also kein Widerspruch auf. Die anderen Werte von $m(\mathcal{X})$ kann man in gleicher Weise ermitteln.

Das Ergebnis zeigt, dass $q$ mit einer Evidenz von 0,48 gilt, denn der Wert $m(\mathcal{X}) = 0{,}48$ bezieht sich auf ein Ereignis $\mathcal{X}$, für das $B(q) = \mathrm{T}$ gilt. Außerdem unterstützen die anderen Zeilen für $m$ die Glaubwürdigkeit von $q$, denn in den dort angegebenen Mengen gibt es auch ein oder mehrere Modelle, in denen $B(q) = \mathrm{T}$ gilt. Diese Glaubwürdigkeit wird durch die Maßzahlen Bel und Pl beschrieben. Sie werden hier entsprechend der Definition (13.3) und (13.5) für

$$\mathcal{A} = \left\{ \begin{pmatrix} \mathrm{T} \\ \mathrm{T} \end{pmatrix}, \begin{pmatrix} \mathrm{F} \\ \mathrm{T} \end{pmatrix} \right\}$$

berechnet, denn dieses Ereignis enthält alle Modelle, für die Bel $(q) = \mathrm{T}$ gilt.

Aus Gl. (13.3) erhält man

$$\begin{aligned} \mathrm{Bel}\left(\left\{ \begin{pmatrix} \mathrm{T} \\ \mathrm{T} \end{pmatrix}, \begin{pmatrix} \mathrm{F} \\ \mathrm{T} \end{pmatrix} \right\}\right) &= \sum_{\mathcal{X} \subseteq \left\{ \begin{pmatrix} \mathrm{T} \\ \mathrm{T} \end{pmatrix}, \begin{pmatrix} \mathrm{F} \\ \mathrm{T} \end{pmatrix} \right\}} m(\mathcal{X}) \\ &= m\left(\left\{ \begin{pmatrix} \mathrm{T} \\ \mathrm{T} \end{pmatrix} \right\}\right) \\ &= 0{,}48 \end{aligned}$$

und aus (13.5)

$$\begin{aligned} \mathrm{Pl}\left(\left\{ \begin{pmatrix} \mathrm{T} \\ \mathrm{T} \end{pmatrix}, \begin{pmatrix} \mathrm{F} \\ \mathrm{T} \end{pmatrix} \right\}\right) &= \sum_{\mathcal{X} \cap \left\{ \begin{pmatrix} \mathrm{T} \\ \mathrm{T} \end{pmatrix}, \begin{pmatrix} \mathrm{F} \\ \mathrm{T} \end{pmatrix} \right\} \neq \emptyset} m(\mathcal{X}) \\ &= m\left(\left\{ \begin{pmatrix} \mathrm{T} \\ \mathrm{T} \end{pmatrix} \right\}\right) + m\left(\left\{ \begin{pmatrix} \mathrm{T} \\ \mathrm{T} \end{pmatrix}, \begin{pmatrix} \mathrm{F} \\ \mathrm{F} \end{pmatrix}, \begin{pmatrix} \mathrm{F} \\ \mathrm{T} \end{pmatrix} \right\}\right) + \end{aligned}$$

$$+ m\left(\left\{\begin{pmatrix}\mathrm{T}\\ \mathrm{T}\end{pmatrix}, \begin{pmatrix}\mathrm{T}\\ \mathrm{F}\end{pmatrix}\right\}\right) + m(\Omega)$$
$$= 1.$$

Es spricht also nichts gegen die Möglichkeit, dass $q$ wahr ist, und die Sicherheit dafür ist 0,48. □

Das Beispiel zeigt auch, dass bei der Berechnung der orthogonalen Summe $m(\mathcal{X})$ aus $n$ Ausdrücken bis zu $2^n$ unterschiedliche Mengen $\mathcal{X}$ berücksichtigt werden müssen, also die Formel (13.10) sehr oft angewendet werden muss. Darüber hinaus treten bei der Auswertung der Summe im Zähler der rechten Seite von Gl. (13.10) u. U. sehr viele Summanden auf. Die Komplexität der Anwendung der Evidenztheorie steigt exponentiell mit der Anzahl der Axiome und ist ohne Näherungen schon bei wenigen Ausdrücken nicht mehr beherrschbar.

**Zusammenfassung und Wertung.** Der wesentliche Vorteil, den die Evidenztheorie gegenüber anderen Methoden für die Verarbeitung unsicheren Wissens bietet, besteht in der getrennten Behandlung von Unbestimmtheit und Unkenntnis über das Eintreten von Ereignissen. Der durch die Basiswahrscheinlichkeitsverteilung beschriebene Glaubenswert für die Wahrheit logischer Ausdrücke wird Mengen von Elementarereignissen zugeordnet, die per Definition gegenseitig unvereinbare Ergebnisse des Experiments darstellen, also sich gegenseitig ausschließen. Durch die Maße Bel und Pl werden obere bzw. untere Schranken für die Wahrscheinlichkeit eines Ereignisses betrachtet. Die Wahrscheinlichkeit als Maß für die Unbestimmtheit bezüglich des Eintretens eines Ereignisses wird in ein Intervall eingeschlossen, in dessen Breite die Unkenntnis über das Auftreten des Ereignisses zum Ausdruck kommt.

Wesentliche Schwierigkeiten entstehen für die Anwendung dieser Theorie aus der Komplexität der Algorithmen und – wie bei den meisten Verfahren zur Darstellung unsicheren Wissens – aus der unklaren Semantik der Maßzahlen. Zwar gibt es die Relation (13.7), über die die Kenngrößen $\mathrm{Bel}\,(\mathcal{A})$ und $\mathrm{Pl}\,(\mathcal{A})$ mit der Wahrscheinlichkeit $\mathrm{Prob}\,(\mathcal{A})$ des Ereignisses $\mathcal{A}$ in Beziehung gesetzt wird. Die praktische Interpretation der erhaltenen Zahlenwerte wie z. B. im Beispiel 13.2

$$\mathrm{Bel}\left(\left\{\begin{pmatrix}\mathrm{T}\\ \mathrm{T}\end{pmatrix}, \begin{pmatrix}\mathrm{F}\\ \mathrm{T}\end{pmatrix}\right\}\right) = 0{,}48$$

bleibt jedoch problematisch.

**Aufgabe 13.1** *Sensorfusion mit Hilfe der Evidenztheorie*

Unter einer Sensorfusion versteht man das Zusammenführen von Messwerten, die durch unterschiedliche Sensoren über dasselbe technische Objekt erzeugt werden. Davon verspricht man sich eine Verbesserung der Messgenauigkeit, was in dieser Aufgabe mit Hilfe der Evidenztheorie untersucht werden soll.

Im einfachsten Fall betrachtet man zwei Sensoren, die einen diskreten Messwert aus der Menge $\Omega = \{0, 1, 2, ..., 10\}$ ausgeben, allerdings mit (erheblichen) Messfehlern. Wenn zwei Sensoren zwar denselben Messwert 6 angeben, aber nur eine Zuverlässigkeit von 50% haben, kann dies durch die Basiswahrscheinlichkeiten

$$m_1(6) = 0{,}5 \quad m_1(\Omega) = 0{,}5$$
$$m_2(6) = 0{,}5 \quad m_2(\Omega) = 0{,}5$$

ausgedrückt werden. Welche Kenngrößen $m_1 \oplus m_2$ erhält man hieraus für den gemeinsamen Messwert 6 und den Messbereich $\Omega$? Wie verändert sich dieses Ergebnis, wenn die Sensoren unterschiedliche Messwerte liefern bzw. wenn der Messwert nicht nur von zwei, sondern von drei oder vier Sensoren geliefert wird? □

## 13.2 Heuristische Methoden

In der Literatur zu Expertensystemen wurden zahlreiche Methoden angegeben, bei denen die Unbestimmtheit von Wissen durch Unbestimmtheitsfaktoren beschrieben wird. Das wichtigste Motiv für die Entwicklung dieser Methoden lieferte die Tatsache, dass wichtige Voraussetzungen, die den bisher beschriebenen Methoden zugrunde liegen, in den betrachteten Anwendungsgebieten der Expertensysteme nicht erfüllt waren. Die Datensätze waren nicht umfangreich genug, um „richtige" Statistik machen zu können. Hinzu kam, dass die Wissensbasen wenigstens teilweise auf Grund von Befragungen von Experten erstellt wurden und somit vorwiegend Erfahrungswissen enthielten, das nicht wahrscheinlichkeitstheoretisch bewertet werden kann.

Das Ziel der Entwicklung heuristischer Methoden bestand deshalb darin, plausible Unbestimmtheitsmaße und plausible Verarbeitungsvorschriften einzuführen, mit denen für die betrachteten Anwendungen die erhaltenen Ergebnisse den erwarteten entsprechen. Dabei können die mit der Festlegung der Maßzahlen verbundenen Freiheiten für jede Anwendung so genutzt werden, dass der Verarbeitungsalgorithmus „funktioniert", also das erwartete Ergebnis liefert.

Von besonderem Einfluss auf die Entwicklung derartiger Methoden war die im Expertensystem *MYCIN* eingesetzte Vorgehensweise, die hier vorgestellt und am Beispiel derer diskutiert wird, welche Freiheiten und welche Unbestimmtheiten es bei der Wahl der Maßzahlen, der Verarbeitungsvorschriften und der Interpretation der Ergebnisse bei heuristischen Verfahren gibt.

### 13.2.1 Beschreibung der Unbestimmtheit des Wissens durch Konfidenzfaktoren

Im Folgenden wird wieder angenommen, dass das Wissen in Form aussagenlogischer Ausdrücke formuliert ist. Es werden zwei Maßzahlen $MB$ und $MD$ eingeführt, die den Grad der Gewissheit der Gültigkeit des Sachverhaltes $p$ bzw. des Zweifels an der Gültigkeit von $p$ darstellen. Die Bezeichnungen sind von den englischen Begriffen *measure of belief* (Glaubwürdigkeitsfunktion) und *measure of disbelief* (Fragwürdigkeitsfunktion) abgeleitet. Beide Maßzahlen sind im Intervall $[0, 1]$ vorzugeben. Sie werden entsprechend folgender Vorschrift zum Konfidenzfaktor *CF* (*certainty factor*) zusammengefasst:

$$CF(p) = \frac{MB(p) - MD(p)}{1 - \min\,(MB(p), MD(p))}. \tag{13.12}$$

$CF(p)$ liegt folglich im Intervall $[-1, +1]$, wobei die negativen Werte bedeuten, dass es mehr ablehnende als zustimmende Argumente für die Gültigkeit der Aussage $p$ gibt.

Für das gleichzeitige Auftreten des Ereignisses, das durch die konjunktive Verknüpfung der Aussagen $p_1$ und $p_2$ dargestellt ist, gilt

$$\begin{aligned} MB(p_1 \wedge p_2) &= \min(MB(p_1), MB(p_2)) &(13.13)\\ MD(p_1 \wedge p_2) &= \min(MD(p_1), MD(p_2)). &(13.14)\end{aligned}$$

Von besonderer Bedeutung sind die eingeführten Maßzahlen für die durch Regeln verknüpften Aussagen. Die Regel

WENN Der Sachverhalt $p$ wurde beobachtet.
DANN Der Sachverhalt $q$ kann geschlussfolgert werden.

wird so gedeutet, dass die durch $p$ beschriebene Situation die Gültigkeit der Schlussfolgerung $q$ unterstützt bzw. bekräftigt. Die Regel kann auch als „unsichere Implikation" $p \Rightarrow q$ interpretiert werden. Der Grad der Gültigkeit der Regel wird durch die Maßzahlen $MB(q \mid p)$ und $MD(q \mid p)$ beschrieben. Diese Zahlen geben an, wie groß der Gewinn an Gewissheit bzw. Zweifel an der Gültigkeit von $q$ ist, wenn $p$ beobachtet wurde. Sie müssen für alle Regeln verfügbar sein.

Die Maßzahlen $MB$ und $MD$ wurden formal mit Wahrscheinlichkeiten in Verbindung gebracht, um ihre Bedeutung zu definieren; im praktischen Umgang werden sie jedoch ohne die in der Wahrscheinlichkeitstheorie gemachten Voraussetzungen verwendet. Es gilt

$$MB(q \mid p) = \begin{cases} 1 & \text{für Prob}(q) = 1 \\ \dfrac{\max(\text{Prob}(q \mid p), \text{Prob}(q)) - \text{Prob}(q)}{1 - \text{Prob}(q)} & \text{sonst} \end{cases} \qquad (13.15)$$

$$MD(q \mid p) = \begin{cases} 1 & \text{für Prob}(q) = 0 \\ \dfrac{\text{Prob}(q) - \min(\text{Prob}(q \mid p), \text{Prob}(q))}{\text{Prob}(q)} & \text{sonst.} \end{cases} \qquad (13.16)$$

Daraus erhält man die Beziehungen

$$\begin{aligned} & & MB(\neg q \mid p) &= MD(q \mid p) \\ \text{für } MB(q \mid p) > 0 & \quad \text{gilt} & MD(q \mid p) &= 0 \\ \text{für } 1 - MD(q \mid p) < 1 & \quad \text{gilt} & MB(q \mid p) &= 0 \end{aligned}$$

sowie unter Verwendung von Gl. (13.12) eine wahrscheinlichkeitstheoretische Interpretation von $CF(q \mid p)$:

$$CF(q \mid p) = \begin{cases} \dfrac{\text{Prob}(q \mid p) - \text{Prob}(q)}{1 - \text{Prob}(q)} & \text{für Prob}(q \mid p) \geq \text{Prob}(q),\ \text{Prob}(q) < 1 \\ \dfrac{\text{Prob}(q \mid p) - \text{Prob}(q)}{\text{Prob}(q)} & \text{für Prob}(q \mid p) < \text{Prob}(q),\ \text{Prob}(q) > 0. \end{cases} \qquad (13.17)$$

$CF(q \mid p)$ beschreibt den Zuwachs an Gewissheit, dass $q$ gilt, wenn man weiß, dass die Aussage $p$ wahr ist und folglich die A-priori-Wahrscheinlichkeit $\text{Prob}(q)$ durch die bedingte Wahrscheinlichkeit $\text{Prob}(q \mid p)$ zu ersetzen ist. Im oberen Teil der Formel (13.17) erhöht die Kenntnis von $p$ die A-posteriori-Wahrscheinlichkeit von $q$ auf $\text{Prob}(q \mid p)$; im unteren Teil ist $CF(q \mid p)$ negativ, d. h., die Gewissheit der Gültigkeit nimmt ab. Ein positiver Wert von $CF(q \mid p)$ besagt, dass $p$ ein Argument *für* die Gültigkeit von $q$ darstellt. Anders als bei einer wahrscheinlichkeitstheoretischen Betrachtung gilt

$$CF(q\,|\,p) + CF(\neg q\,|\,p) \leq 1.$$

Im Gegensatz zu Gl. (12.15) betrifft diese Ungleichung aber kein absolutes Unbestimmtheitsmaß, sondern den Zuwachs an Gewissheit.

Für zusammengesetzte Aussagen wurden folgende Verarbeitungsvorschriften für die Konfidenzfaktoren eingeführt:

$$CF(p \vee q) = \begin{cases} CF(p) + CF(q) - CF(p)\,CF(q) & \text{für} \quad CF(p) > 0, CF(q) > 0 \\ CF(p) + CF(q) + CF(p)\,CF(q) & \text{für} \quad CF(p) < 0, CF(q) < 0 \\ \dfrac{CF(p) + CF(q)}{1 - \min\,(|CF(p)|, |CF(q)|)} & \text{sonst} \end{cases} \tag{13.18}$$

(13.19)

$$CF(p \wedge q) = \min\,(CF(p), CF(q)). \tag{13.20}$$

Diese Beziehungen können insbesondere verwendet werden, um die Unbestimmtheiten der Prämissen einer Implikation zusammenzufassen.

### 13.2.2 Verarbeitung der Konfidenzfaktoren bei Ableitungen

Gegeben seien die Implikation $p \Rightarrow q$ mit der Konfidenz $CF(p \Rightarrow q)$ sowie die Gültigkeit der Prämisse $p$ mit der Konfidenz $CF(p)$. Dann kann die Schlussfolgerung $q$ mit dem Konfidenzfaktor $CF(q)$ gefolgert werden, der sich aus den beiden Konfidenzfaktoren der Prämissen ergibt und zu folgender Darstellung der Abtrennregel führt:

$$\begin{array}{l} CF(p \Rightarrow q) = a \\ CF(p) = b \\ \hline CF(q) = \max\,(0, b)\ \cdot a \end{array} \tag{13.21}$$

Ist $CF(p) > 0$, so erhält man den Konfidenzfaktor der Schlussfolgerung $q$ durch Multiplikation mit dem Konfidenzfaktor der Implikation $CF(p \Rightarrow q)$. Auch wenn vor der Anwendung der Abtrennregel die Ungleichung $CF(q) < 0$ galt, ist $CF(q)$ nach der Berücksichtigung von $p$ und $p \Rightarrow q$ nicht mehr negativ.

Für den Fall, dass $q$ aus mehreren Implikationen gleichzeitig gefolgert werden kann, gibt es Vorschriften für die Kombination der aus diesen Implikationen ableitbaren Konfidenzfaktoren. Dies wird hier für die zwei Implikationen

$$\begin{array}{ll} p \Rightarrow q \ \text{mit} & CF(q\,|\,p) = s \\ r \Rightarrow q \ \text{mit} & CF(q\,|\,r) = t \end{array}$$

beschrieben. Es gilt

$$CF(q\,|\,p \wedge r) = \begin{cases} s + t - st & \text{für} \quad s, t > 0 \\ \dfrac{s+t}{1 - \min(|s|, |t|)} & \text{für} \quad st \in (-1, 0), CF(q) < 0 \\ s + t + st & \text{für} \quad st < 0 \\ \text{nicht definiert} & \text{für} \quad s, t < 0. \end{cases} \tag{13.22}$$

**Zusammenfassung und Wertung.** Die angegebene Methode stellt ein Beispiel für viele aus der Literatur bekannte heuristische Darstellungs- und Verarbeitungsregeln dar und weist auf die Merkmale dieser Verfahren hin:

- Sie verwendet plausible Maße für die Unbestimmtheit des Wissens, wobei zwischen den einen Sachverhalt unterstützenden und den widerlegenden Argumenten unterschieden wird.
- Die Verarbeitungsvorschriften sind einfach und überschaubar. Sie wurden jedoch intuitiv so festgelegt, dass für Beispielanwendungen plausible Ergebnisse entstanden. Weder die Berechnungsvorschriften (13.18), (13.20) für den Konfidenzfaktor einer konjunktiven bzw. disjunktiven Verknüpfung noch die Inferenzregeln (13.21), (13.22) können aus wahrscheinlichkeitstheoretischen Betrachtungen oder aus Gl. (13.17) abgeleitet werden. Es gibt aber Parallelen zwischen beiden Betrachtungsweisen, wenn alle Konfidenzfaktoren positiv und $r$ und $p$ stochastisch unabhängig sind. Insbesondere können – im Gegensatz z. B. zu wahrscheinlichkeitstheoretischen Methoden – die Konfidenzwerte zusammengesetzter Aussagen stets aus den Konfidenzwerten der Einzelaussagen berechnet werden. Deshalb ist es ausreichend, für die Einzelaussagen Konfidenzwerte vorzugeben.
- Der wichtigste Mangel dieser Methode besteht in der Tatsache, dass die eingeführten Faktoren keine klare Semantik haben. Da auch die Inferenzregeln empirisch festgelegt wurden, bleibt insbesondere offen, wie die nach einer Kette von Schlussfolgerungen erhaltenen Maßzahlen bezüglich der Unbestimmtheit des Ergebnisses interpretiert werden sollen.

Die Einfachheit und Anschaulichkeit der Unbestimmtheitsmaße ist der entscheidende Grund dafür, dass die im Expertensystem *MYCIN* eingesetzte Methode eine größere Verbreitung gefunden hat, als man es auf Grund der fehlenden mathematischen Grundlage erwarten kann.

**Aufgabe 13.2** *Sicherheitsschaltung mit 2-aus-3-Logik*

Betrachten Sie die im Beispiel 7.2 auf S. 191 beschriebene 2-aus-3-Logik und untersuchen Sie die Unbestimmtheit der Ausgabe der Logikschaltung mit wahrscheinlichkeitstheoretischen Methoden und mit heuristischen Methoden.

1. Stellen Sie die Logikschaltung durch ein Bayesnetz dar, geben Sie A-priori-Wahrscheinlichkeiten für die Zuverlässigkeit der drei Messglieder vor und berechnen Sie die A-posteriori-Wahrscheinlichkeit für die Ausgabe der Logikschaltung, wobei Sie unterschiedliche Messwerte für die drei Messglieder betrachten.
2. Wiederholen Sie die Analyse mit den in diesem Abschnitt beschriebenen heuristischen Verfahren, wobei Sie vergleichbare Werte für die Konfidenzfaktoren vorgeben.
3. Vergleichen Sie beide Ergebnisse sowohl bezüglich der erhaltenen Zahlenwerte als auch in Bezug zur Semantik dieser Werte für die Sicherheitsschaltung. □

## 13.3 Vergleichende Zusammenfassung der Methoden zur Verarbeitung unsicheren Wissens

Dieser Abschnitt fasst die in den Kapiteln 10 – 13 behandelten Methoden zur Darstellung und Verarbeitung von unsicheren Listen zusammen.

**Vergleich von unsicherem und unscharfen Wissen.** Zwischen der Darstellung und Verarbeitung von unsicherem und unscharfem Wissen besteht ein wesentlicher Unterschied, der im Vergleich des wahrscheinlichkeitstheoretischen Verfahrens und der Vorgehensweise unter Verwendung unscharfer Mengen deutlich zu Tage tritt.

Bei unsicherem Wissen wird davon ausgegangen, dass die betrachtete Aussage auf eine Menge von Ereignissen zutrifft, der Wahrheitsgehalt für die einzelnen Ereignisse jedoch schwanken kann. Die Unbestimmtheit ist also statistisch begründet. Der Wahrscheinlichkeitswert der Aussage gibt an, wie gut die Aussage im Mittel den beobachteten Sachverhalt widerspiegelt. Wissen in diesem Sinne als unsicher zu betrachten ist also immer dann zweckmäßig, wenn es sich um eine große Zahl von Fällen handelt, die durch gemeinsame Aussagen beschrieben werden sollen, wobei in Kauf genommen wird, dass die gemeinsamen Aussagen auf den Einzelfall nur in einem bestimmten Grade zutreffen.

Unscharfes Wissen geht demgegenüber davon aus, dass in der Bewertung jedes einzelnen betrachteten Ereignisses eine Unbestimmtheit liegt. Deshalb kann die Unschärfe nicht durch eine Vielzahl von Messungen abgebaut werden. Die Unbestimmtheit liegt im Übergang der (möglicherweise exakten) Messung zur qualitativen Bewertung des Messergebnisses. Die Verwendung von unscharfen Mengen ist deshalb immer dann zweckmäßig, wenn in der Beschreibung der Ereignisse, auf die sich die Wissensbasis bezieht, Unbestimmtheiten enthalten sind. Diese Ereignisse müssen nicht, wie bei wahrscheinlichkeitstheoretischen Verfahren, in großer Zahl auftreten.

**Nichtmonotones Schließen bei unsicherem Wissen.** Die für unsicheres Wissen behandelten Methoden führen auf nichtmonotone Schlussweisen. Bei allen diesen Verfahren verändert sich der Wahrheitswert der Schlussfolgerung, wenn neue Axiome eingeführt und deshalb neue Schlussfolgerungswege zu demselben Ergebnis möglich werden.

Bei der mehrwertigen Logik wird der maximale Wahrheitswert aus alternativen Schlussfolgerungswegen als Wahrheitswert der Schlussfolgerung verwendet (vgl. Gl. (11.19)). In ähnlicher Weise wird in der unscharfen Logik vorgegangen (Gl. (11.41)).

Bei wahrscheinlichkeitstheoretischen Betrachtungen richtet sich die Veränderung des Wahrheitswertes $\mathrm{Bel}\,(q)$ der Schlussfolgerung nach den bedingten Wahrscheinlichkeiten des Ergebnisses $q$ und den Beobachtungen („Axiomen“) $p_i$. Ist zunächst nur die Aussage $p_1$ bekannt, so gilt die Aussage $q$ mit der A-posteriori-Wahrscheinlichkeit $\mathrm{Bel}\,(q) = \mathrm{Prob}\,(q \,|\, p_1)$. Wird anschließend bekannt, dass auch die Aussage $p_2$ gilt, so verändert sich die A-posteriori-Wahrscheinlichkeit von $q$ auf den Wert $\mathrm{Bel}\,(q) = \mathrm{Prob}\,(q \,|\, p_1 \vee p_2)$. Für $\mathrm{Prob}\,(q \,|\, p_1 \vee p_2) < \mathrm{Prob}\,(q \,|\, p_1)$ wird der nichtmonotone Charakter der Schlussfolgerungen besonders deutlich: Das Bekanntwerden des durch die Aussage $p_2$ beschriebenen Sachverhaltes *verringert* den Wahrheitswert der Schlussfolgerung $q$.

**Behandlung von Widersprüchen.** Widersprüche sind bei unsicheren und unscharfen Aussagen nicht so klar definiert wie in der klassischen Logik. Entsprechend Gl. (11.8) können $p$ und $\neg p$ mit einem bestimmten Wahrscheinlichkeitswert gleichzeitig gelten. Ähnliches gilt für die unscharfen Aussagen $p_L$ und $\neg p_L$. Bei der Darstellung der Unbestimmtheit des Wissens entsprechend der Evidenztheorie können Mengen $\mathcal{X}_i$ Wahrscheinlichkeitswerte $m(\mathcal{X}_i)$ zugeordnet werden, die nicht disjunkt sind, so dass auch hier widersprüchliche Aussagen gleichzeitig gelten können. Insbesondere ist es möglich, nicht modellierte Sachverhalte dadurch zu kennzeichnen, dass auch dem Zustandsraum, also der Menge aller möglichen Ereignisse, eine bestimmte Basiswahrscheinlichkeit zugeordnet wird. Damit wird ausgedrückt, dass mit dieser Wahrscheinlichkeit jedes Aussagesymbol als Ergebnis des Experiments in Frage kommt.

In vielen technischen Anwendungen betrachtet man die Tatsache, dass widersprüchliche Aussagen zu einem gewissen Grade gleichzeitig gelten können, nicht als abwegig. Im Gegenteil: Die wahrscheinlichkeitstheoretischen Methoden werden unter anderem deshalb kritisiert, weil bei ihnen mit dem durch $\text{Prob}\,(\mathcal{A}) = 0$ ausgedrückten Nichtzutreffen des Ereignisses $\mathcal{A}$ stets verbunden ist, dass das komplementäre Ereignis $\bar{\mathcal{A}}$ gilt ($\text{Prob}\,(\bar{\mathcal{A}}) = 1$).

**Semantik der Unbestimmtheitsbewertungen.** Von den angegebenen Methoden haben nur die wahrscheinlichkeitstheoretischen Betrachtungen eine präzise definierte Semantik: Die Wahrscheinlichkeit ist die relative Häufigkeit des Auftretens des betrachteten Ereignisses bei (theoretisch) unendlich vielen Experimenten. Je häufiger ein Ereignis auftritt, desto größer ist der „Wahrheitswert" der Aussage, durch die das Auftreten des Ereignisses zum Ausdruck gebracht wird. Dies entspricht den Erfahrungen des Menschen, dessen Eindruck von einer Sache umso klarer und sicherer ist, je häufiger er diese Sache beobachtet hat. Der Mensch merkt sich viele Tatbestände nicht durch Einzelfälle, sondern als „Mittelwerte".

Auf dieser festen theoretischen Basis kann definiert werden, welche Ereignisse unabhängig und welche untereinander abhängig sind. Es können Schlussfolgerungen gezogen werden und deren Unbestimmtheitsmaße aus denen der Axiome berechnet werden. Das wichtigste ist: Die Unbestimmtheitsbewertungen der Ergebnisse lassen sich wiederum eindeutig als relative Häufigkeiten interpretieren.

Demgegenüber haben alle anderen Bewertungen der Unbestimmtheit keine klar definierte Interpretation. Wann ein Wahrheitswert gleich 1/2 gesetzt werden muss, wann der Konfidenzfaktor $CF$ den Wert 0,3 erhalten muss, wann die Zugehörigkeitsfunktion gleich 0,8 ist, ist Ermessenssache. Deshalb sind alle in den Abtrennregeln angegebenen Verrechnungsvorschriften dieser Unbestimmtheitsmaße nicht aus den Annahmen, die der Definition dieser Maße explizit oder implizit zugrunde gelegt wurden, abgeleitet, sondern so festgelegt worden, dass sie für die getesteten Anwendungsfälle erfolgreich waren. Die Konsequenz davon ist, dass die Unbestimmtheitsbewertungen der Schlussfolgerungen schwer interpretierbar sind.

Trotz der Schwierigkeiten, Maßzahlen für die Unbestimmtheit zu interpretieren, ist es besser, die Unbestimmtheit der Wissensbasis bei der Verarbeitung zu berücksichtigen als sie zu ignorieren und entsprechend der klassischen Logik mit festen Wahrheitswerten zu arbeiten. Das Ergebnis einer auf unsicherem Wissen beruhenden Problemlösung ist stets unsicher und bei der Interpretation des Ergebnisses kann man sich täuschen. Es mag sarkastisch klingen: Auch Fehler in der Verarbeitung unsicheren Wissens ahmen das menschliche Verhalten nach, ganz im Sinne der Künstlichen Intelligenz.

**Modularität des Wissens.** Als Gegengewicht zu diesen kritischen Bemerkungen steht die Tatsache, dass die mit der mehrwertigen Logik, der Logik unscharfer Mengen oder heuristischer Verfahren verarbeiteten Wissensbasen eine hohe Modularität aufweisen. Das heißt, jede Implikation steht - wie in der klassischen Logik - für sich und kann unabhängig vom Kontext angewendet werden, sobald die „linke" Seite erfüllt ist. Je mehr Folgerungswege auf dieselbe Schlussfolgerung führen, desto größer ist deren Wahrheitswert.

Wie im Abschn. 12.1.3 ausführlich diskutiert wurde, besitzt die wahrscheinlichkeitstheoretische Betrachtung diese Modularität nicht. Die Untersuchungen zu den Bayesnetzen sind notwendig, um zu erkennen, welche Aussagen unabhängig voneinander sind, so dass bei der Verarbeitung ihrer gegenseitigen Abhängigkeiten andere Aussagen nicht mit einbezogen werden müssen. Eine mit der fehlenden Modularität zusammenhängende Eigenschaft der Folgerungsverfahren ist die weiter oben bereits erwähnte Nichtmonotonie der probabilistischen Logik.

**Anwendungsgebiete der vorgestellten Methoden.** Die Anwendungsgebiete der einzelnen Methoden wurden in den abschließenden Hinweisen der einzelnen Abschnitte bereits ausführlich erläutert. Bei jedem praktischen Problem muss entschieden werden, welche Umstände dominieren und deshalb für die Wahl der Beschreibungsmittel für die Unbestimmtheit und Unschärfe des Wissens entscheidend sind. Bestärkt die Häufigkeit des Auftretens eines Ereignisses den Wahrheitsgehalt, so ist eine Bewertung durch Wahrscheinlichkeiten vorzunehmen. Liegt die Unbestimmtheit in der Definition der Begriffe, so bietet sich die unscharfe Logik an. Heuristische Ansätze und mehrwertige Logiken bieten die Möglichkeit, durch Wahl der Wahrheitswerte, Verrechnungsvorschriften und Schlussfolgerungsregeln den Verarbeitungsalgorithmus auf den konkreten Anwendungsfall „zuzuschneiden". Man kann diese Freiheiten ausnutzen, um die Ergebnisse eines Anwendungsfalles den erwarteten Ergebnissen anzupassen.

## Literaturhinweise

Die Grundlagen der Evidenztheorie wurden von SHAFER 1976 gelegt [110, 111]. In [133] wird der Versuch unternommen, eine Verbindung zwischen der Evidenztheorie und der Theorie der unscharfen Logik herzustellen.

Das Expertensystem *MYCIN*, dessen Behandlungsmethoden für unsicheres Wissen Vorbild für viele weitere Expertensystemanwendungen war, wurde 1972 – 1976 von BUCHANAN und SHORTLIFFE entwickelt und ist z. B. in [112] beschrieben.

Die Verwendung grober Mengen (*rough sets*) ist eine weitere – hier nicht behandelte – Methode, um Wissen durch eine nicht genau bekannte Menge von Aussagen bzw. Ereignissen darzustellen. Bei dieser Methode wird die unbekannte Menge durch eine äußere und eine innere Menge eingeschränkt, so dass bekannt ist, dass die wahre Menge eine Untermenge der ersten und eine Obermenge der zweiten angegebenen Menge ist. Die Grundidee kann in [88] und [89] nachgelesen werden.

Als vergleichende Übersicht über die Methoden zur Darstellung und Verarbeitung unsicheren Wissens sind [62] und [115] zu empfehlen.

# 14 Merkmale und technische Anwendungsgebiete der Wissensverarbeitung

*Dieses Kapitel fasst die Merkmale und Einsatzgebiete der in diesem Buch behandelten Methoden für die Wissensrepräsentation und die Wissensverarbeitung zusammen und zeigt Möglichkeiten und Schwierigkeiten für deren Kombination mit ingenieurtechnischen Methoden auf.*

## 14.1 Struktur wissensbasierter Systeme

Ein wichtiges Merkmal der Methoden der Künstlichen Intelligenz besteht darin, dass sie auf eine Trennung von Wissensrepräsentation und Wissensverarbeitung führen (Abb. 14.1). Wissensbasierte Systeme sind so aufgebaut, dass eine Wissensbasis das über die betrachtete Problemklasse vorhandene Wissen in einer für Rechner verarbeitbaren Form enthält und eine Inferenzmaschine den Algorithmus realisiert, mit dem ein gegebenes Problem gelöst wird. Im Vergleich zu Abb. 4.16 auf S. 128 wird hier zur Vereinfachung der Betrachtungen der Arbeitsspeicher zur Inferenzmaschine gerechnet. Bei dem in der Wissensbasis enthaltenen Wissen spricht man auch von einem *Modell* des Gegenstandsbereiches und die entsprechend Abb. 14.1 strukturierten Methoden heißen *modellbasierte Methoden*.

Die beschriebene Trennung erscheint Ingenieuren auf den ersten Blick nicht als Besonderheit, denn die meisten Lösungsmethoden für die Analyse und Steuerung technischer Systeme sind so aufgebaut, dass ein für die betrachtete Problemklasse generisch implementierter Algorithmus auf einen Datensatz angewendet wird, also die Trennung von Daten und Algorithmen

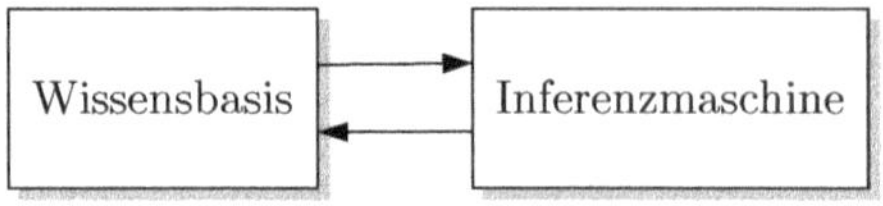


**Abb. 14.1:** Trennung von Wissensrepräsentation und Wissensverarbeitung

in ähnlicher Form vollzogen ist, wie es Abb. 14.1 für die Wissensverarbeitung zeigt. Diese Trennung ist in den ingenieurtechnischen Lösungsalgorithmen aber i. Allg. nur für die numerischen Lösungsschritte realisiert, während das Wissen über die logischen Entscheidungen nicht im Datensatz, sondern im Algorithmus steht. Die logischen Schlüsse führen beispielsweise die Auswahl einer Variante des Algorithmus, die Entscheidung über die Fortsetzung bzw. den Abbruch von Iterationen oder die Parameterwahl. Sie sind als IF-THEN-ELSE-Konstrukte in einer Form im Algorithmus enthalten, die man als Entscheidungsbaum interpretieren kann.

Die hier hervorgehobene Trennung von Wissensrepräsentation und Wissensverarbeitung betrifft aber gerade die logischen Lösungsschritte. Ihre Trennung hat die wichtige Konsequenz, dass die den logischen Entscheidungen zu Grunde liegenden Modelle verändert, erweitert oder gegen andere Modelle ausgetauscht werden können, ohne dass damit der Lösungsalgorithmus für ein bestimmtes Problem verändert werden muss. Andererseits können unterschiedliche Algorithmen auf dieselbe Wissensbasis angewendet werden, wodurch das Wissen ohne eine inhaltliche oder formale Veränderung für unterschiedliche Aufgaben eingesetzt werden kann. Die durch die Inferenzmaschine realisierten Algorithmen sind weitgehend unabhängig von der konkreten Anwendung.

Für den praktischen Einsatz hat dies zur Folge, dass wissensverarbeitende Systeme durch die Wissensbasis an die betrachtete Problemstellung angepasst werden. So können beispielsweise Fehlerdiagnosealgorithmen wie die im Abschn. 10.6 behandelte Methode GDE für Diagnoseprobleme aus vollkommen unterschiedlichen Gebieten verwendet werden, indem man den Lösungsalgorithmus mit unterschiedlichen Wissensbasen kombiniert.

Im Folgenden werden die Methoden der Wissensrepräsentation und der Wissensverarbeitung in getrennten Abschnitten zusammengefasst.

## 14.2 Wissensrepräsentation

### 14.2.1 Modellbildung

Dieser Abschnitt fasst die Methoden der Wissensrepräsentation zusammen, wobei auch zahlreiche, in der KI-Literatur verbreitete Begriffe erläutert werden, die in den bisherigen Kapiteln im Sinne einer klaren und kompakten Darstellung nicht eingeführt wurden. Die Zusammenstellung zeigt, dass unter Nutzung der in diesem Buch behandelten Grundformen der Wissensrepräsentation vielfältige, für bestimmte Anwendungsfelder zugeschnittene Wissensrepräsentationsmodelle entwickelt werden können.

Das Ziel der Wissensrepräsentation besteht in der Überführung von Wissen in eine durch den Rechner verarbeitbare Form. Das darzustellende Wissen betrifft einen Bereich der realen Welt, der durch die gegebene Problemstellung bestimmt ist. In der Logik wird dieser Bereich als

Grundbereich, Gegenstandsbereich oder Individuenbereich bezeichnet. Im Zusammenhang mit der Wissensrepräsentation spricht man häufiger vom *Diskursbereich* (*universe of discourse*). In ingenieurtechnischen Anwendungen verwendet man dafür häufig den Begriff des Systems und meint damit einen klar umgrenzten Teil einer Maschine oder Anlage.

Problemspezifisches Wissen ist zunächst informell, denn es hat die Form von Sätzen, Diagrammen oder Tabellen und erfüllt noch keine Vorgaben bezüglich seiner äußeren Form. Beispiele aus diesem Buch sind

„Wenn der Wasserstand niedrig ist,
dann ist auch der Wasserdruck niedrig.“ (14.1)

„Es gibt eine Kante vom Knoten $N_1$ zum Knoten $N_2$.“ (14.2)

„Der Widerstand vom Typ W1k hat folgende Daten

| | |
|---|---|
| Wert | 1 kΩ |
| Leistung | 0,1 W |
| Norm | DIN 14058 |
| Hersteller | Widerstandswerke GmbH.“ |

(14.3)

Für die Verarbeitung dieses Wissens wurden mehrere formalisierte Darstellungen eingeführt:

WENN „Der Wasserstand ist niedrig.“ DANN „Der Wasserdruck ist niedrig.“ (14.4)

$$\text{Kante}(\text{N}_1, \text{N}_2) \tag{14.5}$$

| WIDERSTAND W1k | |
|---|---|
| WERT | 1 kΩ |
| LEISTUNG | 0,1 W |
| NORM | DIN 14058 |
| HERSTELLER | Widerstandswerke GmbH |

(14.6)

Wie die angegebenen Algorithmen und Programme gezeigt haben, ist Wissen in der Darstellungsweise (14.4) bis (14.6) durch einen Rechner verarbeitbar.

Der Begriff der Wissensrepräsentation wird in zwei Bedeutungen gebraucht. Zum einen bezeichnet er den Prozess der Umformung informellen Wissens (14.1) bis (14.3) in formalisiertes Wissen (14.4) bis (14.6). Wenn diese Bedeutung hervorgehoben werden soll, wird im Folgenden die Bezeichnung *Modellbildung* verwendet (Abb. 14.2). Zum anderen wird mit Wissensrepräsentation das Ergebnis der Modellbildung bezeichnet, also eine Wissensbasis, die z. B. Ausdrücke der Form (14.4) bis (14.6) enthält. Diese Wissensbasis ist ein Modell, das einen Ausschnitt der Wirklichkeit beschreibt, genauso wie es die in den Ingenieurwissenschaften üblichen Modelle in Form von Gleichungen tun.

Auf den Zusammenhang zwischen Form und Inhalt des Wissens wurde bereits im Abschn. 8.4 in Bezug auf die logikbasierte Wissensdarstellung ausführlich eingegangen. Die dort gegebenen Erklärungen der Begriffe Syntax und Semantik gelten sinngemäß auch für alle anderen Wissensrepräsentationsformen. Formalisiertes Wissen besitzt eine genau definierte äußere Gestalt und kann deshalb mit alleinigem Bezug auf seine äußere Form verarbeitet werden. Seinen Inhalt erhält man durch eine Interpretation, bei der den syntaktischen Konstruktionen bestimmte Sachverhalte aus dem Diskursbereich zugeordnet werden.

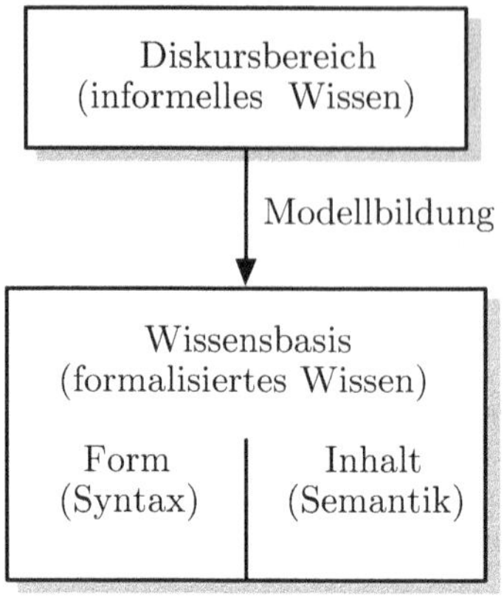


**Abb. 14.2:** Wissensrepräsentation

### 14.2.2 Deklaratives und prozedurales Wissen

Eine wichtige Klassifizierung teilt Wissen in deklaratives und prozedurales Wissen ein.

- **Deklaratives Wissen** beschreibt, *was* über den Diskursbereich bekannt ist. Es bringt Tatsachen (Fakten) zum Ausdruck, die für die Lösung eines gegebenen Problems wichtig sind.

Beispiele für deklaratives Wissen sind durch folgende Aussagen beschrieben:

Es gibt einen Widerstand mit dem Namen $R_1$.
Der Widerstand $R_1$ liegt zwischen den Knoten 1 und 2.
Die Widerstände $R_1$ und $R_2$ liegen parallel.

Deklaratives Wissen sagt aus, dass bestimmte Objekte existieren oder welche Relationen zwischen den Objekten bestehen. Charakteristisch ist, dass dieses Wissen ohne Änderung seiner Darstellungsform für mehrere Problemstellungen gleichermaßen anwendbar ist.

|| Die Künstliche Intelligenz basiert vor allem auf deklarativem Wissen.

In technischen Anwendungen wird deklaratives Wissen nicht nur in Form von Aussagen, sondern häufig auch in Form von Tabellen oder Zeichnungen dargestellt. Dass derartiges Wissen für unterschiedliche Aufgaben gleichermaßen einsetzbar ist, ist dem Ingenieur aus vielen Beispielen bekannt.

- **Prozedurales Wissen** beschreibt, *wie* etwas durch eine Folge von Arbeitsschritten gemacht werden kann.

Es stellt entweder einen Algorithmus, ein Verfahren, eine Berechnungsprozedur bzw. eine Entwurfsstrategie dar oder beschreibt einen dynamischen Prozess, der in einem technischen System abläuft. Charakteristisch ist, dass prozedural dargestelltes Wissen für eine spezifische Aufgabe aufbereitet ist und deshalb nicht ohne Änderung seiner Darstellungsform für andere Aufgaben eingesetzt werden kann.

> Die Lösung technischer Probleme beruht weitgehend auf prozeduralem Wissen, das in numerische Algorithmen überführt wird.

In technischen Anwendungen tritt prozedurales Wissen z. B. als Rechenprogramm, als Rezept, als Gebrauchsanweisung oder als Handlungsanweisung für den Bediener einer Anlage auf.

**Vergleich von deklarativem und prozeduralem Wissen.** Deklarative und prozedurale Wissenselemente sind eng miteinander verknüpft, wie die folgenden Überlegungen zeigen:

- Viele Wissenselemente können sowohl deklarativ als auch prozedural *dargestellt* werden. So kann z. B. die Funktion $y = x^2$ deklarativ durch eine Wertetabelle oder prozedural durch eine Berechnungsvorschrift für $y$ beschrieben werden. Dabei ist die prozedurale Darstellung häufig kompakter, d. h., sie benötigt weniger Speicherplatz.
- Ein gegebenes Wissenselement kann u.U. sowohl deklarativ als auch prozedural *interpretiert* werden. So ist der Implikation $p \Rightarrow q$ sowohl eine deklarative als auch eine prozedurale Semantik zugeordnet. Die deklarative Semantik besagt, dass der logische Ausdruck $p \Rightarrow q$ gilt. Prozedural interpretiert wird die Implikation in der logischen Programmierung (Kap. 9) als Anweisung „Um die Gültigkeit von $q$ zu beweisen, muss die Gültigkeit von $p$ bewiesen werden."
- Unterschiede zwischen beiden Wissensarten liegen vor allem im Anwendungsbereich. Prozedurales Wissen ist stets an eine konkrete Aufgabe gebunden. So ist eine Prozedur für die Berechnung von $y = x^2$ nur einsetzbar, wenn $x$ bekannt ist und $y$ berechnet werden soll. Demgegenüber kann die Wertetabelle dieser Funktion ohne weiteres auch verwendet werden, wenn $y$ bekannt und ein $x$ gesucht ist, so dass zwischen $x$ und $y$ die Beziehung $y = x^2$ gilt. Die deklarative Repräsentation ist in den meisten Fällen einfacher veränderbar und vielfältiger einsetzbar. Demgegenüber ist die prozedurale Darstellung weniger aufwändig bezüglich des Speicherplatzes und schneller in der Anwendung.

### 14.2.3 Anforderungen an die Wissensrepräsentation

Im Gebiet der Künstlichen Intelligenz ist schon sehr zeitig erkannt worden, dass zweckmäßige Formen der Wissensdarstellung für die Beherrschung komplizierter Problemstellungen von großer Bedeutung sind. Es ist jedoch bisher nicht gelungen, eine geschlossene Theorie der Wissensrepräsentation zu schaffen, mit deren Hilfe man für einen gegebenen Diskursbereich eine angemessene Darstellungsform für Wissen ableiten könnte. Statt dessen sind vielfältige Wissensrepräsentationsformen und -sprachen mit unterschiedlichen Anwendungsbereichen entwickelt worden. Im Folgenden werden allgemeingültige Anforderungen und Richtlinien zusammengestellt, die das Verständnis dieser Darstellungsformen erleichtern.

Eine Wissensrepräsentationsform wird durch die Festlegung von Strukturen zur Darstellung von Wissen sowie den dazugehörigen Interpretationsregeln definiert. Dabei sind die folgenden Forderungen zu berücksichtigen:

- **Ausdrucksfähigkeit:** Alle wichtigen Sachverhalte des Diskursbereiches sollen *explizit* formuliert werden.

Beispielsweise ist die Form (14.5) eine explizite Beschreibung der Kante eines Graphen. Gleichzeitig ist implizit dargestellt, dass $N_1$ und $N_2$ zwei Knoten des Graphen sind. Kommt es wie bei der Suche eines Pfades im Abschn. 7.4 vor allem auf die Kanten an, so ist die Darstellungsform (14.5) zweckmäßig. Wäre andererseits ein häufiger Bezug zu den Knoten erforderlich, so wäre die explizite Kennzeichnung der Knoten, z. B. durch die Klauseln Knoten($N_1$), Knoten($N_2$) günstiger.

Wissen lässt sich in expliziter Darstellung leichter lesen und ändern als in impliziter Darstellung. Auf diesen Vorteil kommt es bei Wissensbasen an.

- **Uniformität:** Ähnliche Sachverhalte sollen ähnlich dargestellt werden.

Auf das Beispiel des gerichteten Graphen bezogen, heißt das, dass alle Knoten gleichermaßen in der prädikatenlogischen Form Knoten($N_1$), Knoten($N_2$) usw. aufgeschrieben werden sollen und nicht etwa einige Knoten nur implizit im Verzeichnis der Kanten enthalten sind. Uniformität in der Darstellung führt auf uniforme Lesbarkeit der Wissenselemente und trägt dazu bei, dass bei ähnlichen Problemen ähnliche Lösungsversuche zum Ziel führen.

- **Erhaltung von Strukturen:** Zusammengehörige Wissenselemente sollen bei der Formalisierung zu Einheiten zusammengefasst werden.

In der Wissensdarstellung durch strukturierte Objekte wird darauf besonderer Wert gelegt. Demgegenüber ist die Darstellung von Wissen durch eine ungeordnete Menge von Regeln wenig strukturiert. Die Anordnung der Regeln in Frames ermöglicht eine Zusammenfassung zu Gruppen z. B. entsprechend den Situationen, in denen sie anwendbar sind.

Die Erhaltung von Strukturen ist für die Erarbeitung effektiver Wissensverarbeitungsmechanismen wesentlich. Sie erleichtert den Zugriff auf Wissen, das zum gegebenen Bearbeitungszeitpunkt relevant ist, und lenkt den Lösungsprozess in Richtung auf Erfolg versprechende Versuche.

**Konsistenz und Vollständigkeit der Wissensbasis.** Ein Wissensverarbeitungsproblem kann nur dann gelöst werden, wenn die verwendete Wissensbasis den betrachteten Diskursbereich umfassend beschreibt und keine formalen oder inhaltlichen Widersprüche enthält, denn die Verarbeitungsalgorithmen können nur auf das Wissen zugreifen, das sie in der Wissensbasis vorfinden. Diese Tatsache wird als „Voraussetzung der Abgeschlossenheit der Welt" (*closed-world assumption*) bezeichnet. Aus der Sicht des Verarbeitungsalgorithmus bedeutet sie das Folgende:

> **Voraussetzung der Abgeschlossenheit der Welt:** Alles, was aus der Wissensbasis nicht geschlussfolgert werden kann, ist nicht wahr oder nicht relevant.

Die Überprüfung der Wissensbasis auf Vollständigkeit ist i. Allg. schwierig. Ein Ausweg besteht in einer systematischen Strukturierung des Wissens, durch die der Prozess der Modellbildung übersichtlich gestaltet und die Vollständigkeit der Wissensbasis gefördert wird. Eine ausgiebige Programmtestung kann „Lücken" offenlegen. Oft wird man sich mit unvollständigen

Wissensbasen zufriedengeben, wenn die fehlenden Aussagen die Qualität des wissensbasierten Systems nicht wesentlich mindern.

Eine häufig verwendete Konsequenz der Voraussetzung der Weltabgeschlossenheit ist die Erweiterung der Axiomenmenge, die bei der Defaultlogik üblich ist (Abschn. 10.1.3). Wenn eine Aussage $p$ nicht aus der Axiomenmenge gefolgert werden kann, so fügt man $\neg p$ zur Axiomenmenge hinzu, weil die Aussage $p$ nach Voraussetzung zur Axiomenmenge gehören muss, wenn diese Aussage für die Lösung der betrachteten Problemklasse wichtig ist. Diese Vorgehensweise ist für die logische Programmierung in PROLOG im Prädikat `not` implementiert. Sie ist in technischen Anwendungen plausibel, wenn man beispielsweise bei der Beschreibung einer Schaltung alle Verknüpfungen von Logikblöcken in der Axiomenmenge erfasst, aber nicht explizit aufführt, welche Blöcke nicht miteinander verbunden sind. Aus der Annahme, dass die Schaltungsbeschreibung vollständig ist, und der Tatsache, dass man nicht ableiten kann, dass zwei bestimmte Blöcke miteinander verbunden sind, darf man folgern, dass diese Blöcke nicht verbunden sind.

**Darstellung und Verarbeitung zeitlich veränderlichen Wissens.** Bezieht sich das Wissen auf einen sich zeitlich verändernden Prozess, so muss die Wissensbasis entsprechend dem Prozessgeschehen nachgeführt werden. Nicht alle Angaben über den Betriebszustand, die zu einem früheren Zeitpunkt wahr waren, müssen dann auch zu einem späteren Zeitpunkt noch zutreffen. Sowohl die in der Wissensbasis eingetragenen Elemente als auch die daraus gezogenen Schlussfolgerungen sind ständig dahingehend zu überprüfen, ob sie in der aktuellen Prozesssituation gültig sind. McCarthy formulierte dafür das

> **Frame-Problem:** Es ist zu bestimmen, welches Wissen sich nicht verändert, wenn ein neues Ereignis eintritt.

Mit „Frame“ meinte er – bildlich gesprochen – den feststehenden Rahmen, in dem sich der Prozess bewegt (und nicht die gleichnamige Wissensrepräsentationsform).

### 14.2.4 Wissensrepräsentationsmodelle

Bei der Entwicklung einer Wissensrepräsentationsform wird i. Allg. von einem Wissensrepräsentationsmodell ausgegangen, daraus ein Formalismus entwickelt und dieser schließlich als Wissenrepräsentationssprache implementiert (Abb. 14.3). Unter einem Wissensrepräsentationsmodell wird ein Konzept (*paradigm*, Schema) verstanden, durch das festgelegt wird,

- welche Wissenselemente explizit durch Angabe der Elemente dargestellt werden,
- welche Wissenselemente implizit durch die Angabe von Beziehungen zwischen den Elementen repräsentiert werden,
- welche Operationen mit den Wissenselementen möglich sind,
- durch welche Inferenzmethoden implizit gespeichertes Wissen explizit verfügbar gemacht werden kann.

Die Festlegung der Elemente und Kompositionsregeln wird im Zusammenhang mit der Modellbildung als *Ontologie* bezeichnet. Der Begriff „Ontologie“ steht ursprünglich für die Lehre vom Sein, in der Kategorien und Hypothesen entwickelt werden, mit Hilfe derer Objekte und Erscheinungen der Welt dargestellt werden können. In der Künstlichen Intelligenz steht dieser Begriff für die Beschreibung von Konzepten und Beziehungen in einem Diskursbereich, durch die man die Wissensdarstellung vereinheitlicht. Aus dieser Sicht ist eine Ontologie das Meta-Wissen, das angibt, wie Wissen zu notieren ist, und eine Wissensbasis das instanzierte Wissen.

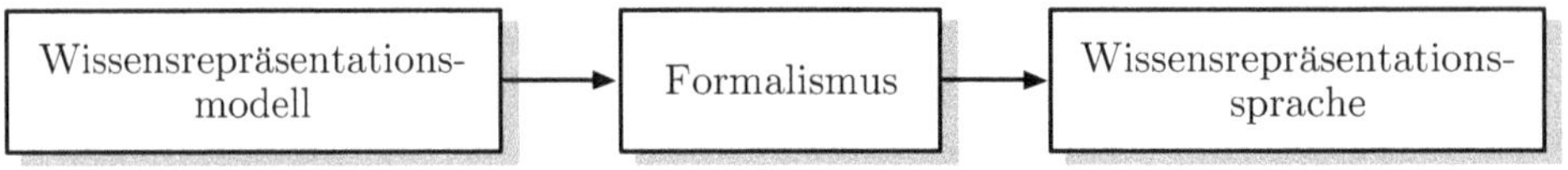


Beispiel:

logikbasiertes Modell — Resolutionssystem — PROLOG

**Abb. 14.3:** Vom Wissensrepräsentationsmodell zur Wissensrepräsentationssprache

In den einzelnen Fachdisziplinen haben sich dafür unterschiedliche Herangehensweisen als zweckmäßig erwiesen, wie die folgenden Beispiele verdeutlichen:

- Elektrotechnik: Das System wird durch Ersatzschaltbilder dargestellt, aus denen die Modellgleichungen abgelesen werden können.
- Verfahrenstechnik: Phasen und Phasengrenzen führen auf Bilanzräume, für die Bilanzgleichungen aufgestellt werden.
- Maschinenbau: Das betrachtete System wird in Teilsysteme zerlegt, die als Feder-Masse-Dämpfer-Systeme interpretiert werden. Für diese Systeme werden Kraft- und Momentengleichungen aufgestellt.

Gemeinsam ist diesen Herangehensweisen, dass das zu modellierende Objekt in gleichartig beschreibbare, miteinander verkoppelte Teile zerlegt wird. Die Modellbildungsmethoden unterscheiden sich in der Art der verwendeten Elemente und in den Kompositionsregeln für diese Elemente. Sie dienen als Grundlage für die Entwicklung fachspezifischer Wissensrepräsentationsmodelle.

Die in der Künstlichen Intelligenz entwickelten Ontologien sind natürlich viel abstrakter. So beruht die Aussagenlogik auf der Einteilung von Objekten, die vorhanden sind bzw. nicht vorhanden sind. Die Prädikatenlogik betrachtet die Welt als eine Ansammlung von Objekten und deren Beziehungen, die durch Prädikate oder Funktionen dargestellt werden. Es ist die Aufgabe der Fachdisziplinen, ihre Modellierungsmethoden mit diesen abstrakteren Betrachtungen zusammen zu bringen.

Die im Wissensrepräsentationsmodell festgelegten Inferenzmethoden beziehen sich nur auf diejenigen Schlussfolgerungen, die auf Grund des gewählten Wissensrepräsentationsmodells und unabhängig vom Diskursbereich gezogen werden können. Ihr Umfang ist sehr unterschiedlich. Während bei der logikbasierten Wissensdarstellung die Resolution eine für die Lösung vieler Probleme gültige und ausreichende Inferenzmethode ist, kann bei hierarchisch gegliederten

Modellen nur ein Verfahren zum Auslesen aller zu einem Objekt gehörenden Informationen angegeben werden. Die weitere Verarbeitung ist nicht vom Wissensrepräsentationsmodell, sondern von der Problemstellung abhängig.

Der Weg vom Wissensrepräsentationsmodell über den Wissensrepräsentationsformalismus zur Wissensrepräsentationssprache (Abb. 14.3) ist in diesem Buch für die logikbasierte Darstellung ausführlich behandelt worden. Das Wissensrepräsentationsmodell legt fest, dass Individuen durch Konstante oder Variablen repräsentiert werden und deren Relationen durch logische Ausdrücke. Als Formalismus kann darauf das Resolutionskalkül angewendet werden. Wenn man diesen Kalkül implementiert, so erhält man eine Inferenzmaschine (z. B. PROLOG), die für beliebige Probleme angewendet werden kann, für die das Wissen logikbasiert dargestellt ist.

Die Überführung des Formalismus in eine Wissensrepräsentationssprache macht es notwendig, Syntax und Semantik der Notierung exakt festzulegen. Dabei kommt es auch auf die Eindeutigkeit der Darstellung, die Wahl einer bequemen Notierungsweise und die Effizienz der Implementierung an. Die Sprachen umfassen außer dem Formalismus häufig eine Vielzahl von Hilfsmitteln, die dem Entwickler beim Aufbau, der Veränderung und der Testung der Wissensbasis unterstützen („Softwareumgebung“).

### 14.2.5 Modularität der Wissensrepräsentation

Eine wichtige Eigenschaft aller hier behandelten Darstellungsformen für Wissen ist die Modularität. Darunter versteht man, dass sich das in einer Wissensbasis dargestellte Wissen aus vielen unabhängigen Wissenselementen, wie z. B. aus Regeln oder logischen Formeln zusammensetzt. „Unabhängigkeit“ bedeutet, dass für die Gültigkeit der Regeln bzw. logischen Formeln keine Vorbedingungen an *andere* Regeln oder logische Formeln gestellt werden. Man sagt auch, die Regeln bzw. logischen Formeln gelten kontextunabhängig.

Die Frage, wie weit die Modularität der Wissenselemente in einer Wissensbasis geht, wurde im Zusammenhang mit der logikbasierten Darstellung und deren Erweiterung für die probabilistische Logik ausführlich diskutiert (Abschn. 12.2.2). Im Folgenden wird diese Eigenschaft aus der Sicht des Anwenders beleuchtet, der sein Wissen so strukturieren muss, dass es so modular wie möglich genutzt werden kann.

Gegeben sei beispielsweise eine Wissensbasis, zu der auch die Ausdrücke

$$a \Rightarrow b$$
$$b \Rightarrow c$$

gehören. Die Modularität der Wissensbasis berechtigt eine Inferenzmaschine dazu, bei der Gültigkeit von $a$ aus der ersten Implikation die Gültigkeit von $b$ zu folgern. Bei diesem logischen Schluss spielen die anderen in der Wissensbasis stehenden Implikationen keine Rolle. Es ist auch vollkommen gleichgültig, ob außer $a$ auch noch die Aussagen $d$ und $\neg e$ gelten oder nicht. Für die Wissensrepräsentation bedeutet dies, dass auf der „linken Seite“ der angegebenen Implikationen alle diejenigen Aussagen berücksichtigt werden müssen, die die Gültigkeit der Folgerungen auf der „rechten Seite“ beeinflussen.

Eine wichtige Konsequenz dieser Modularität ist die *Transitivität* der Schlussfolgerungen. Sind Regeln bzw. logische Ausdrücke bekannt, mit deren Hilfe aus $a$ die Gültigkeit von $b$ und aus $b$ die Gültigkeit von $c$ gefolgert werden kann, so heißt das, dass aus $a$ die Gültigkeit von $c$ folgt. Die Transitivitätseigenschaft wird in regelbasierten und logikbasierten Systemen ausgenutzt, indem ein gegebenes Problem durch eine Folge unabhängiger Folgerungsschritte gelöst wird.

Eine weitere Konsequenz der Modularität besteht in der Tatsache, dass mit einer derartig aufgebauten Wissensbasis nur *monotone Schlüsse* gezogen werden können. Die Gültigkeit einer Aussage muss nicht durch das Bekanntwerden der Gültigkeit einer anderen Aussage in Zweifel gezogen werden. Werden also neue Axiome zu den bereits verwendeten hinzugefügt, so kann sich die Menge der gefolgerten Ausdrücke nur vergrößern. In welchen Situationen nichtmonotones Schließen notwendig ist und welche Erweiterungen der klassischen Logik dafür erforderlich sind, wurde in den Kap. 10 und 12 besprochen. Dort wurde gezeigt, dass Schlussfolgerungen kontextabhängig sein können, so dass an Stelle der beiden angegebenen Implikationen jetzt die Implikation

$$a \wedge b \Rightarrow d$$

gilt und $c$ bei Bekanntwerden von $b$ nicht mehr gefolgert werden kann.

Die Modularität der Wissensbasis ist eine Eigenschaft, die durch das Wissensrepräsentationsmodell vorgegeben ist. Regeln, logische Formeln, Eintragungen in Frames usw. werden unabhängig von den anderen Elementen der Wissensbasis interpretiert und eingesetzt. Dass die Wissensbasis für einen konkreten Anwendungsfall tatsächlich modular ist, dass also die Regeln, Formeln und Filler tatsächlich kontextunabhängig verwendet werden dürfen, muss durch eine geeignete Formalisierung des Wissens gesichert werden.

Diese Forderung zu erfüllen, ist nicht immer einfach. Im Kap. 13 wurde ausführlich diskutiert, wie bei einer wahrscheinlichkeitstheoretischen Erfassung der Unbestimmtheit des Wissens die geforderte Kontextunabhängigkeit der Regeln und damit die Modularität der Wissensbasis erreicht werden kann. Mit der bedingten Wahrscheinlichkeit $P(\mathcal{A} \,|\, \mathcal{B})$ wird nämlich zunächst mit einer Größe gearbeitet, die auf Grund ihrer Definition kontextabhängig ist. $P(\mathcal{A} \,|\, \mathcal{B})$ beschreibt, mit welcher Wahrscheinlichkeit das Ereignis $\mathcal{A}$ auftritt, wenn bekannt ist, dass das Ereignis $\mathcal{B}$ eingetreten und sonst nichts weiter bekannt ist. Diese Aussage gilt aber nur unter einer entscheidenden Bedingung: Es dürfen keine Informationen über das Auftreten anderer Ereignisse als $\mathcal{B}$ vorliegen, es sei denn, diese Ereignisse sind von $\mathcal{B}$ statistisch unabhängig. Auf Grund dieser Einschränkung entsteht eine Wissensbasis, die i. Allg. nicht modular ist. Nur wenn viele der definierten Ereignisse untereinander statistisch unabhängig sind, besitzt die Wissensbasis die angestrebte Modularität.

### 14.2.6 Wissenserwerb

Bei der Behandlung der Wissensrepräsentation wurde stets vorausgesetzt, dass bekannt ist, *welches* Wissen dargestellt und verarbeitet werden soll. Die Wissensrepräsentationsmodelle sagen ja nur aus, *wie* dieses Wissen in eine Wissensbasis abgebildet werden kann. Zwischen der Formulierung der Problemstellung und der formalisierten Darstellung des Wissens liegt jedoch ein Schritt, in dem das problemspezifische Wissen ermittelt und informell notiert wird. Dieser Schritt wird Wissenserwerb (*knowledge acquisition*) genannt.

In der Künstlichen Intelligenz wird das Problem des Wissenserwerbs vor allem für diejenigen Anwendungsfälle untersucht, für die das problemspezifische Wissen von Fachleuten er-

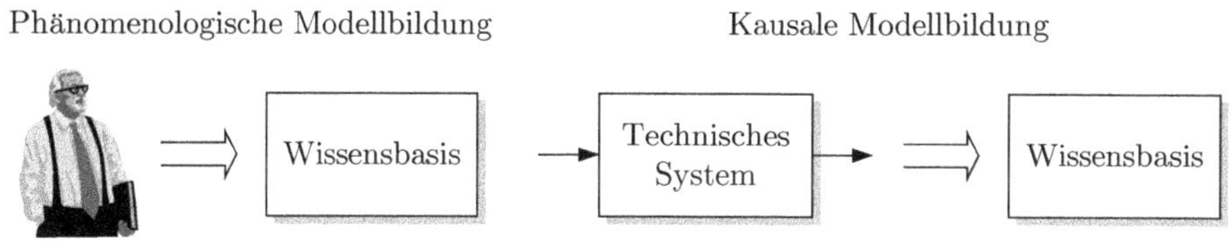


**Abb. 14.4:** Phänomenologische und kausale Modellbildung

fragt werden muss. Wissen entsteht dort als formalisierte Erfahrungen. Die Wissensbasis enthält dann die von einem Fachmann erhaltenen Informationen (Abb. 14.4 (links)) und man spricht von einer *phänomenologischen Modellbildung*. Für ingenieurtechnische Anwendungen soll die Wissensbasis aber vor allem das Wissen der Fachleute über das betrachtete technische System enthalten, so dass die Wissensbasis aus einer *kausalen Modellbildung* entsteht. Der Wissenserwerb ist in der Technik deshalb ein Problem der entsprechenden Fachdisziplin.

Der Wissenserwerb besteht aus zwei Schritten:

- Die **Konzeptualisierung** beinhaltet die Definition der Objekte des Diskursbereiches sowie die Definition der Funktionen und Relationen, die zwischen diesen Objekten bestehen. Das Ergebnis ist eine Menge von Begriffen und Aussagen, die die einzelnen Elemente und deren Beziehungen im Diskursbereich benennt, aber noch informell ist, d. h. in beliebiger Form notiert sein kann.
- Der Schritt der **Formalisierung** beinhaltet die Überführung der Aussagen in eine durch den Rechner verarbeitbare Form. Die Aussagen werden dabei in die Form von Regeln, logischen Ausdrücken, Netzen oder Frames notiert. Das Ergebnis ist eine Menge formalisiert aufgeschriebener Aussagen, die ein Rechner verarbeiten kann.

Für ingenieurtechnische Anwendungen hat der Wissenserwerb durch Lernen eine besondere Bedeutung. Hierbei geht es vor allem um Lernen aus Daten, d. h. um die Anpassung der Wissensbasis an das Verhalten eines technischen Systems. Dabei muss man die Schritte der Konzeptualisierung und Formalisierung bereits erledigt haben und das Lernen betrifft die Frage, ob und wie häufig bestimmte Zusammenhänge zwischen Aussagen tatsächlich auftreten. Lernen wird bei der Wissensrepräsentation durch Bayesnetze besonders offensichtlich: Gesucht sind die bedingten Wahrscheinlichkeiten, die man aus den Experimentdaten ermitteln kann.

## 14.3 Wissensverarbeitung

### 14.3.1 Zusammenfassung der Verarbeitungsmethoden

Aus welchen Schritten die Wissensverarbeitung besteht, hängt vom verwendeten Wissensrepräsentationsmodell und von der Problemstellung ab. Aus der folgenden Zusammenstellung der wichtigsten Inferenzarten, Suchrichtungen und Suchstrategien muss für jeden Anwendungsfall eine problemangepasste Methode ausgewählt werden. Die folgende Aufstellung enthält die „Entwurfsfreiheiten“ eines wissensbasierten Systems.

**Inferenzarten.** Gemeinsam für alle in den vorhergehenden Kapiteln vorgestellten Schlussfolgerungsverfahren ist, dass von einer Wissensbasis ausgegangen wird, deren Inhalt in Bezug auf das zu lösende Problem allgemeingültig ist und die deshalb für unterschiedliche konkrete Problemstellungen eingesetzt werden kann. In der logikbasierten Darstellung umfasst sie allgemeingültige Aussageformen, die unter Verwendung von Individuenvariablen formuliert sind. Die Lösung eines Problems stellt spezielles Wissen dar, das aus dem allgemeingültigen Wissen der Wissensbasis gefolgert wird und das auf die in der Anfrage beschriebene Situation zutrifft. Der Übergang vom allgemeinen zum speziellen Wissen wird bei der logikbasierten Darstellung durch die Bindung von Objekten an die Variablen deutlich. Der Vorgang, bei dem spezielles Wissen aus allgemeingültigem abgeleitet wird, heißt *deduktive Inferenz.* Die Deduktion ist die im ingenieurtechnischen Bereich am häufigsten eingesetzte Inferenzart (unabhängig davon, ob sie durch einen Rechner oder den Menschen ausgeführt wird).

Zu den weiteren Formen der Wissensverarbeitung gehören das induktive und das analoge Schließen. Unter *induktiver Inferenz* versteht man die Zusammenfassung mehrerer spezieller Wissenselemente in einer allgemeingültigen Aussage. Typisch dafür ist der Lernvorgang, bei dem aus vielen Einzelbeispielen auf Gesetzmäßigkeiten geschlossen wird, die die Beispiele als Spezialfälle enthalten.

Problematisch bei dieser Schlussweise ist die Tatsache, dass die Ergebnisse der induktiven Inferenz mit Sicherheit nur auf die Einzelfälle zutreffen, aus denen sie abgeleitet wurden. Im Gegensatz zur Deduktion, bei der die Korrektheit des logischen Schlussfolgerns genau definiert ist, kann die Induktion nur ein plausibles, aber kein nachweislich korrektes Ergebnis liefern. Diese Schwierigkeit ist Ingenieuren von Diagnoseaufgaben bekannt, bei denen ein Fehler $f$ typischerweise das Symptom $s$ hervorruft. Tritt beim nächsten Systemausfall wiederum das Symptom $s$ auf, wird auf den Fehler $f$ geschlossen, obwohl dies nicht logisch aus der Beschreibung des Systems folgt.

*Die analoge Inferenz* nutzt Ähnlichkeiten der gegebenen Problemstellung mit bereits vorher gelösten Problemen aus. Die Lösung des neuen Problems wird dann auf ähnlichem Wege wie die bekannten Lösungen der alten Probleme gesucht. Grundlage dieser Vorgehensweise ist also die Ähnlichkeit zwischen dem speziellen Wissen eines bereits gelösten und eines neu gestellten Problems.

Analoge Inferenz ist bisher nur wenig untersucht worden. Sie hat aber in der Technik eine besondere Bedeutung, denn viele Probleme löst der erfahrene Ingenieur in Analogie zu einer Reihe von Problemen, die er vorher schon erfolgreich bearbeitet hat.

**Inferenzrichtungen.** In Bezug auf die Inferenzrichtung wurde bei regelbasierten Systemen zwischen vorwärtsverkettenden und rückwärtsverkettenden Verfahren unterschieden. Vorwärtsverkettung bedeutet, dass aus dem allgemeingültigen Wissen der Wissensbasis und gegebenen Anfangsbedingungen so lange neues Wissen gefolgert wird, bis eine Zielaussage erreicht ist. Die Inferenz ist von den Tatsachen („von unten") zum Ziel („nach oben") gerichtet (*bottom-up inference*). Sie wird im Zustandsraum als Suche eines Pfades von einem Startzustand zu einem Zielzustand dargestellt.

Rückwärtsverkettung bedeutet, dass das zu lösende Problem solange auf eine Menge von Teilproblemen reduziert wird, bis bereits gelöste Teilprobleme entstehen. Die Inferenz ist vom Ziel („von oben") zu den Tatsachen („nach unten") gerichtet (*top-down inference*). Sie wird entweder in der Zustandsraumdarstellung oder in der Problemreduktionsdarstellung beschrieben, wobei in beiden Fällen die Inferenz einen Suchprozess in den entsprechenden Graphen darstellt.

Bevorzugte Anwendungsgebiete beider Inferenzrichtungen sind im Abschnitt 4.4.2 beschrieben.

**Suchstrategien.** Inferenzverfahren enthalten als wichtiges Element die Suche nach einer Lösung. Eine Klassifizierung der Verfahren ist deshalb auch entsprechend der angewendeten Suchstrategie möglich. Hierzu wurde gezeigt, dass die Tiefe-zuerst-Suche und die Breite-zuerst-Suche zwei grundlegende Strategien sind, die in vielfältiger Weise mit heuristischen Steuerungen kombiniert werden können. Im Zuschnitt des Suchverfahrens auf die Problemstellung unter Verwendung problemspezifischen Wissens liegt ein wichtiger Schritt des Entwurfs wissensbasierter Systeme.

**Architektur wissensbasierter Systeme.** Anhand der regelbasierten Wissensverarbeitung wurde im Abschn. 4.4.2 der Aufbau wissensverarbeitender Systeme erläutert. Wie die Ausführungen zum Theorembeweisen deutlich gemacht haben, ist diese Architektur nicht an die Darstellung des Wissens durch Regeln gebunden. Diese Strukturierung ist durch die Methodik der Wissensverarbeitung begründet und unabhängig von der Implementierung.

### 14.3.2 Problemspezifikation und Algorithmierung

Im Folgenden wird der Weg von einer gegebenen Problemstellung zur Lösung des Problems betrachtet. Dieser Weg gliedert sich in vier Schritte (Abb. 14.5):

1. **Formulierung der Problemstellung.** Probleme, die rechnergestützt gelöst werden sollen, werden i. Allg. so formuliert, dass sie für eine ganze Klasse von Aufgabenstellungen gelten. Voraussetzungen und Zielstellungen sind allgemein gehalten und werden bei der Anwendung des Lösungsalgorithmus durch Daten für das aktuelle Problem spezifiziert. Diese Vorgehensweise ist dem Ingenieur geläufig, wie am Beispiel der Filterung von Messwertreihen deutlich wird. Das entsprechende Problem ist so formuliert, dass es für alle Messreihen anwendbar ist, für die das Rauschen die vorausgesetzten stochastischen Eigenschaften besitzt. Entsprechende Beispiele für die Wissensverarbeitung sind in den vorangegangenen Kapiteln diskutiert worden. Für das Wasserversorgungssystem beschreiben die Regeln das allgemeingültige Wissen und die Wetterangaben und der Behälterfüllstand die aktuellen Daten.
2. **Formalisierung der Problemstellung.** Durch die Formalisierung wird die Problemstellung in eine Problemspezifikation überführt. Allgemeingültiges Wissen über die betrachtete Problemklasse sind Fakten aus dem Diskursbereich und Operationen zur Problemumformung. Richtlinien für die Verwendung der Operationen zur Lösung eines gegebenen Problems sind in der Lösungsstrategie zusammengefasst. Man spricht in diesem Zusammenhang auch von Kontrollwissen – in schlechter Übersetzung des Begriffes *control knowledge*, mit dem Wissen bezeichnet wird, das der Steuerung des Inferenzprozesses dient. Beide Elemente enthalten implizit eine vollständige Beschreibung des Lösungsweges, aber der Lösungsweg ist noch nicht explizit dargestellt.

3. **Algorithmierung.** Bei der Algorithmierung werden die beiden Teile der Problemspezifikation so miteinander verknüpft, dass eine explizite Beschreibung des Lösungsweges entsteht. Das Ergebnis ist ein Algorithmus, also eine eindeutige Beschreibung einer Folge von Lösungsschritten, die auf alle in Betracht kommenden Eingangsdaten anwendbar sind.
4. **Verarbeitung der Daten durch den Algorithmus.** Da die Operationen in einer eindeutigen Folge hintereinander stehen, kann der Algorithmus durch mechanisches Befolgen der Anweisungen ausgeführt werden. Aus den Eingabedaten werden durch den Algorithmus Daten erzeugt, die die Lösung des gegebenen Problems beschreiben.

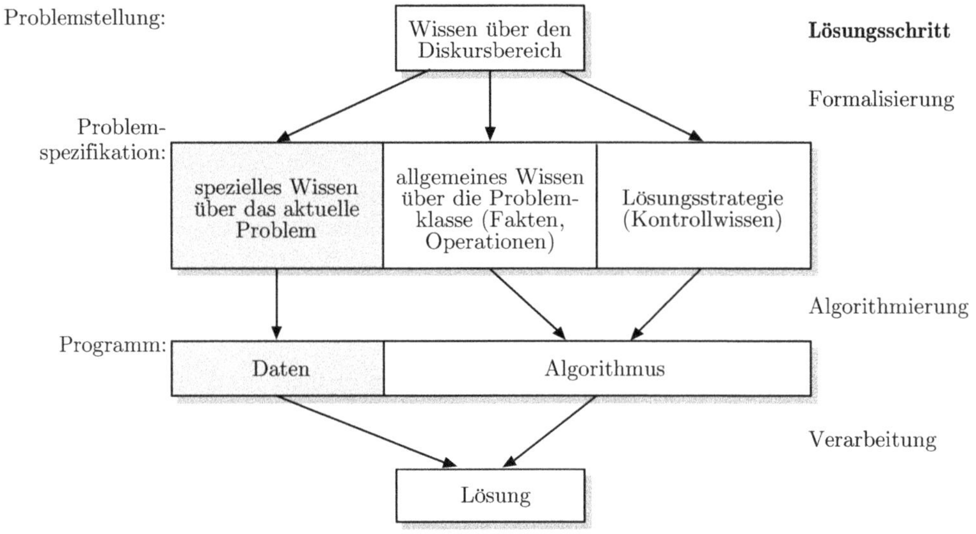


**Abb. 14.5:** Bearbeitungsweg einer Problemstellung

In Abb. 14.5 wird deutlich, dass der Algorithmus die den Problemkreis erfassende logische Beschreibung sowie das Wissen über die Steuerung des Inferenzprosses enthält. Dies wird plakativ in der „Formel"

$$\text{Algorithmus} = \text{Logik} + \text{Steuerung}$$

zusammengefasst. Während die beiden Teile des Algorithmus auf der Ebene der Problemspezifikation noch getrennt sind, sind sie im ausgearbeiteten Algorithmus ineinander verschachtelt.

Die dritte Komponente der Problemspezifikation beinhaltet die spezifischen Angaben, durch die sich das betrachtete Problem innerhalb der betreffenden Problemklasse auszeichnet. Auf der algorithmischen Ebene erscheint dieses Wissen als Eingabedaten für den Algorithmus. Ein vollständiges Rechenprogramm besteht also aus einem Algorithmus in Verbindung mit diesen Daten:

$$\text{Programm} = \text{Algorithmus} + \text{Daten}.$$

Ein Kennzeichen der Wissensverarbeitung ist die Möglichkeit, die Problemstellung bereits auf dem Niveau der Problemspezifikation dem Rechner zu übertragen. Der Algorithmus wird nicht explizit ausgearbeitet, sondern er wird dem Rechner implizit durch die Beschreibung der Problemstellung (z. B. durch Regeln) sowie die Lösungsstrategie (z. B. ein Suchverfahren) übergeben. Welche Operationen auf welche Daten auszuführen sind und in welcher Reihenfolge diese Operationen anzuwenden sind, ermittelt der Rechner selbst.

## 14.4 Ingenieurtechnische Anwendungsgebiete

Die drei wichtigsten Gebiete, in denen die Künstliche Intelligenz die Methodenkompetenz von Ingenieuren erweitert, betreffen Suchalgorithmen mit deren heuristischen Erweiterungen, die Logik zur Darstellung und Verarbeitung von Wissen sowie die Methoden zur systematischen Behandlung von Unbestimmtheiten von Wissen. Überall dort, wo diese Methoden einzeln oder in Kombination für die Lösung ingenieurtechnischer Probleme einsetzbar sind, trägt die Künstliche Intelligenz zu einer Erweiterung der rechnergestützten Ingenieurarbeit bei.

An zahlreichen Beispielen hat dieses Buch derartige Problemfelder charakterisiert. Selbst wenn die Beispiele hier in stark vereinfachter Form behandelt wurden, zeigen sie die Wirksamkeit der KI-Methoden in technischen Anwendungen und verweisen gleichzeitig auf die durch sie repräsentierten Problemklassen:

- Die **Verifikation von Steuerungen** überprüft, ob diskret arbeitende Steuerungen gegebene Spezifikationen einhalten. Die Spezifikationen werden typischerweise durch logische Beziehungen formuliert und nutzen dabei direkt die Methoden der Künstlichen Intelligenz zur rechnergestützten Verarbeitung derartigen Wissens. Die im Beispiel 7.10 aussagenlogisch formulierten Spezifikationen können in erweiterten Verifikationssystemen auch Forderungen in temporaler Logik enthalten.
- Bei der Handlungsplanung von Robotern (Beispiel 1.1, Abschn. 9.5.3) wird nach einer Folge von elementaren Roboterbewegungen gesucht, die nach bestimmten Regeln miteinander verknüpft werden. Wie bei vielen **Planungsaufgaben** und **Ressourcenzuteilungsproblemen** ist hier der diskrete Charakter der betrachteten Aktionen der Grund für den Einsatz von Wissensverarbeitungsmethoden. Im Unterschied dazu entsteht bei der Bahnplanung der diskrete Charakter erst durch die Diskretisierung des Konfigurationsraums (Abschn. 3.5).
- Objektorientierte Darstellungen werden heute überall im Ingenieurbereich verwendet, ohne dass dabei ihr Ursprung in der Künstlichen Intelligenz erkennbar ist. Der Nutzen dieser Darstellungsform ist offensichtlich, beispielsweise in der Leittechnik, in der man von der Listendarstellung von Signalnamen, Signalwerten, Messbereichen usw. zur **objektorientierten Leittechnik** übergegangen ist, bei der die zu einem Signal gehörenden Daten in Schemata, die Frames sehr ähnlich sind, gespeichert werden.
- Die **Fehlerdiagnose** ist ein weiteres typisches Anwendungsgebiet, weil viele Fehler das Systemverhalten deutlich verändern und die Erkennung und die Identifikation von Fehlern sich deshalb auf die Analyse diskreter Ereignisse stützen kann.

- Viele technische Systeme können als **ereignisdiskrete dynamische Systeme** modelliert werden, wobei typischerweise von reellwertigen Signalen abstrahiert und das Systemverhalten als eine Folge diskreter Ereignisse dargestellt wird. Damit wird gleichzeitig der Anschluss an die Methoden der Künstlichen Intelligenz hergestellt, mit denen beispielsweise die logische Struktur derartiger Systeme wiedergegeben und analysiert werden kann.

Dies sind nur Beispiele, die das breite Anwendungsfeld der KI-Methoden zeigen. Diskrete Entscheidungsprobleme sind im Ingenieurbereich in allen Aufgabenfeldern in großer Zahl zu finden, insbesondere dann, wenn sich die Aufgabe nicht auf die Berechnung von numerisch exakten Grenzwerten oder das Durchlaufen genau vorgezeichneter Prozessabläufe bezieht, sondern auf den Vergleich von Situationen, die Erfüllung von diskreten Zielen durch den Einsatz unterschiedlicher Methoden oder Hilfsmittel, die Auswahl von Objekten oder Prozessen entsprechend ihrer Funktion oder ihres Nutzens. Viele dieser Aufgaben sind in der Vergangenheit durch numerisch lösbare Aufgaben ersetzt worden, wobei vor allem die fehlende Erfahrung der Ingenieure mit logischen Verarbeitungsprinzipien eine wichtige Motivation für diesen Schritt gewesen ist.

Dieses Buch soll beitragen, dass Ingenieure die diskreten Entscheidungsprobleme als solche erkennen und mit adäquaten Methoden lösen. Es zeigt, dass bei der Wissensverarbeitung Symbole und Muster verarbeitet werden, die durch Beziehungen zwischen Symbolen gebildet werden. Die Operanden sind in Listen, Bäumen, Netzen oder Frames angeordnet. Während des Inferenzprozesses werden Symbole und Muster durch andere Symbole oder Muster ersetzt. Die Suche nach einem Objekt mit bestimmten Eigenschaften oder der Mustervergleich sind typische Operationen. Mit den Kenntnissen darüber hat der Ingenieur die Wahl:

- Die Wissensverarbeitung dient zur Lösung von *logischen Entscheidungsproblemen* durch Inferenzmethoden.
- Die numerische Datenverarbeitung dient zur Lösung von *Berechnungsaufgaben* durch numerische Algorithmen.

Diskrete Entscheidungsprobleme finden sich typischerweise auf höheren Abstraktionsebenen und sie sind im Ingenieurbereich möglicherweise auf einer unteren Ebene mit numerisch lösbaren Aufgaben verknüpft. Der Schaltkreisentwurf mit seinem über mehrere Betrachtungsebenen reichenden Aufgaben ist dafür ein anschauliches Beispiel.

**Beispiel 14.1** *Schaltkreisentwurf*

Eine ingenieurtechnische Aufgabenstellung, bei der das Denken in unterschiedlichen Abstraktionsebenen besonders gut zum Ausdruck kommt, ist der Schaltkreisentwurf. Der Entwurf erfolgt zunächst auf einer sehr abstrakten Betrachtungsebene, bei der die Funktion des Schaltkreises im Mittelpunkt steht. Das dabei entstehende Ergebnis wird bis zur technischen Realisierung verfeinert. Man spricht deshalb vom *Top-down*-Entwurf, wobei sich „von oben nach unten" auf die Abstraktionsebenen bezieht.

Im ersten Schritt des Schaltkreisentwurfs wird die Funktion des gesamten zu entwerfenden Schaltkreises festgelegt, wobei das „von außen" erkennbare Verhalten fixiert wird. Ziel des darauffolgenden Systementwurfs und des Logikentwurfs ist es, die Hauptbestandteile des Schaltkreises und deren Funktionen so festzulegen, dass der gesamte Schaltkreis die gegebenen Spezifikationen erfüllt. Die Hauptbestandteile auf dieser Betrachtungsebene sind Blöcke mit bestimmten logischen Funktionen wie z. B. der

Funktion NAND $y = \neg(u_1 \wedge u_2)$ (mit $y$ als Ausgang und $u_1$ und $u_2$ als boolesche Eingangsgrößen des Blockes). Die Transistorschaltung der Blöcke spielt erst auf der nächstniedrigen Betrachtungsebene eine Rolle. Auf der untersten Ebene, dem Layoutentwurf, müssen schließlich die geometrischen Formen der dotierten Gebiete und der Leiterbahnen so festgelegt werden, dass die zuvor entworfene Transistorschaltung realisiert wird. Dabei spielt auch die für die Schaltkreisherstellung verwendete Technologie eine wichtige Rolle.

Während beim Layout und auf der Transistorebene quantitative Betrachtungen notwendig sind, um Forderungen an Taktzeiten und Signalpegel einhalten zu können, dominieren auf höheren Ebenen die qualitativen Betrachtungen. Beim Top-down-Entwurf werden qualitative Vorgaben und Entwurfsergebnisse schrittweise zu quantitativen Ergebnissen verfeinert.

Die Abstraktion von Details ist auch typisch für die Interpretation von Schaltungen. Um die Funktionsweise einer elektronischen Schaltung zu erkennen, muss man die Schaltung in bekannte Strukturen (Flip-Flops, Schieberegister, Verstärker usw.) zerlegen. Anstatt die physikalische Wirkung jedes einzelnen Bauelementes zu durchdenken, sucht der erfahrene Ingenieur nach bekannten Bauelementekombinationen, deren Verhalten er kennt. Das Verhalten der Gesamtschaltung erhält er dann aus den Eigenschaften der Teilschaltungen unter Beachtung der Kopplungen. Die wesentlichen Aussagen leitet er also aus der Topologie der Schaltung ab. Im Unterschied dazu dient eine quantitative Netzwerkanalyse nicht zum Verständnis der Schaltung, sondern zur Bestimmung bzw. Überprüfung von Signalpegeln, Anstiegszeiten, Taktfrequenzen oder zur Bemessung der Bauelemente. □

**Charakteristika und Einsatzgebiete von KI-Methoden.** Die wissensbasierten Komponenten unterstützen Aufgaben, die sich auf eine *qualitative Betrachtungsweise* des technischen Systems beziehen. Viele Ingenieuraufgaben lassen sich lösen, ohne dass ein exaktes mathematisches Modell bzw. quantitativ exakte Informationen über Parameter, Messwerte oder Konstruktionsdaten verwendet werden. Der Ingenieur findet den Lösungsweg, indem er die wesentlichen Merkmale der Aufgabe erkennt und anhand dieser Merkmale zweckmäßige Lösungsschritte auswählt, ohne dass dafür präzise Modelle und Zustandsinformationen notwendig sind.

Charakteristisch für die qualitative Betrachtungsweise ist, dass der Ingenieur in erster Linie mit strukturellen Eigenschaften der technischen Anlage sowie mit Konzepten und Theorien für die Modellierung, Analyse und den Entwurf, also mit Kenntnissen über den *Zweck* einzelner Methoden und die *Funktion* von Komponenten arbeitet.

> Der Schlüssel zum Erfolg liegt bei vielen Aufgaben nicht in der Beschaffung und Berücksichtigung möglichst vieler Detailinformationen, sondern im Weglassen der unwichtigen und Heraussuchen der maßgebenden Eigenschaften, Messgrößen, Zielstellungen und Teilaufgaben.

Um den Umfang der rechnergestützten Ingenieurarbeit erweitern zu können, muss deshalb auch Wissen über grundlegende Konzepte, zweckmäßige Voraussetzungen, die Wahl des angemessenen Detailreichtums von Modellen usw. im Rechner dargestellt und verarbeitet werden.

Diese Tatsache liefert den Grund dafür, dass viele in den ingenieurtechnischen Disziplinen untersuchten Problemklassen auch im Gebiet der Künstlichen Intelligenz ausführlich betrachtet werden – dort jedoch auf einem viel höheren Abstraktionsniveau. Beispielsweise werden in der Künstlichen Intelligenz seit mehreren Jahren Arbeiten zu den Themen Modellierung, Diagnose, Monitoring, Planung, Steuerung und Entwurf durchgeführt. Dabei geht es jedoch nicht um eine spezielle Diagnoseaufgabe oder ein (eng begrenztes) Problem des Schalterkreisentwurfs, sondern um grundlegende Herangehensweisen bei der Diagnose oder dem Entwurf. Es wird untersucht, in welchen Schritten eine Diagnoseaufgabe gelöst wird, welche Art von Wissen dabei eine wichtige Rolle spielt und unter welchen Bedingungen die einzelnen Lösungswege anzuwenden sind. Als Ergebnis dessen werden Wissensrepräsentationsformen entwickelt und Interpreter für Wissensrepräsentationssprachen implementiert, mit Hilfe derer Diagnose-, Steuerungs- oder Entwurfsaufgaben gelöst werden können.

Auf Grund der großen Bedeutung, die qualitative Betrachtungen für die Lösung ingenieurtechnischer Aufgaben haben, gibt es bereits seit langem Darstellungsformen technischer Anlagen, die diese Betrachtungsweise unterstützen. Dazu gehören Anlagenschemata, Fließbilder, Blockschaltbilder, Signalflussgraphen, Petrinetze und Bondgraphen. Ein Ziel des Einsatzes von KI-Methoden ist es, diese oder andere Modelle rechnergestützt zu verarbeiten. Dabei kommt es nicht nur darauf an, Anlagenteile in einer der angegebenen Formen darzustellen. Erst wenn auch die Funktion der einzelnen Elemente für den Betrieb der gesamten Anlage in der Wissensbasis beschrieben und in der Lösung Vorschläge für die Hinzunahme neuer bzw. Modifikation bereits verwendeter Anlagenteile gemacht werden, kann man die Rechnerunterstützung der Entwurfs- und Analyseaufgaben als „intelligent“ bezeichnen.

**Schwierigkeiten der ingenieurtechnischen Anwendung von KI-Methoden.** Aus der Sicht der Künstlichen Intelligenz bergen ingenieurtechnische Anwendungen – im Vergleich zu anderen Anwendungsfeldern – mehrere Schwierigkeiten in sich:

- Die zu lösenden Probleme sind sehr komplex. Ingenieurtechnische Aufgaben unterscheiden sich grundlegend von einfachen Demonstrationsbeispielen, die wie die „Klötzchenwelt“ dazu dienen, das Anliegen und die Grundideen der Künstlichen Intelligenz zu illustrieren.
- Sollen Methoden der Künstlichen Intelligenz in der Technik eingesetzt werden, so müssen sie in die heute bereits vorhandenen Methoden der rechnergestützten Arbeitsweise integriert werden. Es ist dann im Regelfall nicht das Ziel, eine völlig neue Lösung durch KI-Methoden anzustreben, sondern die bereits existierenden Produkte, Maschinen und Anlagen bezüglich ihres Funktionsumfanges zu erweitern oder bezüglich ihres Aufbaus, ihrer Erweiterbarkeit oder des Wartungsaufwandes zu verbessern.
- Die Verknüpfung der Wissensverarbeitung mit traditionellen ingenieurtechnischen Methoden betrifft auch die Softwaretechnologie. PROLOG und LISP als typische KI-Sprachen sind für eine Erstimplementierung von wissensbasierten Systemen durchaus geeignet. Für einen Routineeinsatz müssen diese Systeme mit den bisher eingesetzten Programmiersprachen und Programmierumgebungen reimplementiert werden. Der sich ständig vergrößernde Funktionsumfang der heute eingesetzten Programmiersprachen erleichtert diesen Prozess.
- Viele ingenieurtechnische Probleme beschäftigen sich mit dynamischen Systemen, also Systemen, deren Verhalten durch die zeitliche Änderung des Zustands charakterisiert wird. Für Systeme mit diskreten Signalräumen eignen sich die KI-Methoden, obwohl sie in erster Linie auf statische Modellformen führen. Dynamische Modelle diskreter Systeme wie Automaten oder Petrinetze sind in der Theorie ereignisdiskreter Systeme entwickelt. Ihre Verknüpfung mit KI-Methoden ist allerdings bisher nur ansatzweise untersucht worden.
- Die Steuerung technischer Systeme erfolgt unter Echtzeitbedingungen, für die wissensbasierte Systeme i. Allg. zu langsam sind. Allerdings findet man die diskreten Entscheidungs-

probleme, für die sich KI-Methoden eignen, vor allem auf höheren Abstraktionsebenen, in denen entweder die Echtzeitforderungen keine größeren Schwierigkeiten bereiten oder – wie im Falle von Entwurfsaufgaben – gar nicht vorhanden sind.

Diese Probleme können nur in einer engen Zusammenarbeit von Ingenieuren und Informatikern gelöst werden, wobei die Fachleute beider Richtungen ein fachübergreifendes Verständnis für die zu lösenden Probleme und die anzuwendenden Methoden haben müssen. Zu dieser breiten Sichtweise beizutragen, ist ein wichtiges Ziel dieses Lehrbuchs.

# Literaturverzeichnis


1. Baier, C.; Katoen, J.-P.: *Principles of Model Checking*, MIT Press: Cambridge 2008.
2. Barr, A.; Feigenbaum, E. A.: *The Handbook of Artificial Intelligence*, William Kaufman, Los Altos 1982.
3. Barth, G.; Christaller, T.; Cremers, A.B.; Neumann, B.; Radermacher, F.J.; Radig, B.; Richter, M.; Siekmann, J.; von Seelen, W.: Künstliche Intelligenz: Perspektive einer wissenschaftlichen Disziplin und Realisierungsmöglichkeiten, *Informatik-Spektrum* **14** (1991), 201–206.
4. Bayes, T.: An essay towards solving a problem in the doctrine of chances, *Phil. Trans.* **3** (1763), pp. 370–410.
5. Beierle, C.; Kern-Isberner, G.: *Methoden wissensbasierter Systeme*, Vieweg, Wiesbaden 2006.
6. Blanke, M.; Kinnaert, M.; Lunze, J.; Staroswiecki, M.: *Diagnosis and Fault-Tolerant Control* (2nd edition), Springer-Verlag, Heidelberg 2006.
7. Bläsius, K.H.; Bürckert, H.-J. (Hrsg.): *Deduktionssysteme* (2. Aufl.), Oldenbourg-Verlag, München 1992.
8. Bobbio, A.; Codetta-Raiteri, D.; Montani, S.; Portinale, L.: Modeling cascading failure propagation through dynamic Bayesian networks, *2nd IFAC Workshop on Dependable Control of Discrete Systems*, Bari 2009, pp. 239–244.
9. Bobrow, D.G.; Winograd, T.: An overview on KRL, a knowledge representation language, *Computer Science* **1** (1977) No. 1, pp. 3–46.
10. Bobrow, D.G. (Ed.): Special Volume on Artificial Intelligence in Perspective, *Artificial Intelligence* **59** (1993) No. 1–2, 1–450.
11. Bocklisch, S.F.: *Prozeßanalyse mit unscharfen Verfahren*, Berlin: Verlag Technik 1987.
12. Bratko, I.: *Prolog Programming for Artificial Intelligence* (3rd. ed.), Addison-Wesley, Boston 2000.
13. Brownston, L.; Farrell, R.; Kant, E.; Martin, N.: *Programming Expert Systems in OPS5*, Addison-Wesley, Reading 1985.
14. Caines, P. E.; Greiner, R.; Wang, S.: Classical and logic-based dynamic observers for finite automata, *IMA J. of Mathematical Control and Information* **8** (1991), 45–80.
15. Chang, C.-L.; Lee, R.C.-T.: *Symbolic Logic and Mechanical Theorem Proving*, Academic Press, New York 1973.
16. Charniak, E.; Riesbeck, C.K.; McDermott, D.V.; Meehan, J.R.: *Artificial Intelligence Programming*, Lawrence Erlbaum Associates, Hillsdale 1987.
17. Church, A.: An unsolvable problem of number theory, *Amer. J. Math* **58** (1936) pp. 345–363.
18. Clocksin, W.F.; Mellish, C.S.: *Programming in Prolog* (5th ed.), Springer-Verlag, Berlin 2003.
19. Darwiche, A.: *Modeling and Reasoning with Bayesian Networks*, Cambridge University Press, Cambridge 2009.
20. Davis, R.: Diagnostic reasoning based on structure and behavior, *Artificial Intelligence* **24** (1984), 347–410.
21. Davis, R.; Lenat, D.B.: *Knowledge-based Systems in Artificial Intelligence*, New York, McGraw-Hill 1982.
22. Davis, M.; Pumann, H.: A computing procedure for quantification theory, *Journal of the Association for Computing Machinery* **7** (1960) No 3, pp. 201–215.

23. deKleer, J.: An assumption-based truth maintenance system, *Artificial Intelligence* **28** (1986), 127–162.
24. deKleer, J.: Extending the ATMS, *Artificial Intelligence* **28** (1986), 163–196.
25. deKleer, J.: Problem solving with the ATMS, *Artificial Intelligence* **28** (1986), 197–224.
26. deKleer, J.; Williams, B.C.: Diagnosing multiple faults, *Artificial Intelligence* **32** (1987), 97–130.
27. Delahaye, J.-P.: *Formal Methods in Artificial Intelligence*, North Oxford Academic Publ., London 1987.
28. Dijkstra, E. W.: A note on two problems in connexion with graphs, *Numerische Mathematik* **1** (1959), S. 269–271.
29. Doyle, J.: A truth maintenaince system, *Artificial Intelligence* **12** (1979), 231–272.
30. Dreyfus, H.L; Dreyfus, S.E.; *Künstliche Intelligenz: Von den Grenzen der Denkmaschinen und dem Wert der Intuition*, rororo, Hamburg 1987.
31. Elkan, C.: The paradoxical success of fuzzy logic, *Intelligent Systems* **9** (1994), pp. 3–8.
32. Ertel, W.: *Grundkurs Künstliche Intelligenz*, Vieweg, Wiesbaden 2009.
33. Even, S.: *Graph Algorithms*, London 1979
34. Feigenbaum, E.A.; McCorduck, P.: *Die Fünfte Computer-Generation*, Birkhäuser-Verlag, Basel 1983.
35. Feigenbaum, E.; Feldman, J. (Eds.): *Computers and Thoughts*, McGraw-Hill, New York 1963.
36. Fikes, R. E.; Hart, P. E.; Nilsson, N. J.: Learning and executing generalized robot plans, *Artificial Intelligence* **3** (1972), 251–288.
37. Fikes, R. E.; Nilsson, N. J.: STRIPS: A new approach to the application of theorem proving to problem solving, *Artificial Intelligence* **2** (1971), 189–208.
38. Früchtenicht, H.W. (Hrsg.): *Technische Expertensysteme: Wissensrepräsentation und Schlussfolgerungsverfahren*, Oldenbourg-Verlag, München 1988.
39. Genesereth, M.R.; The use of design descriptions in automated diagnosis, *Artificial Intelligence* **24** (1984), 411–436.
40. Genesereth, M.R.; Nilsson, N.J.: *Logische Grundlagen der Künstlichen Intelligenz*, Vieweg, Braunschweig 1989.
41. Ghallab, M.; Nau, D.; Traverso, P.: *Automated Planning: Theory and Practice*, M. Kaufman, San Francisco 2004.
42. Ginsberg, M.: *Essentials of Artificial Intelligence*, Morgan Kaufmann Publ., San Mateo 1993.
43. Gödel, K.: Über formal unentscheidbare Sätze der Principia Mathematica und verwandte Systeme I, *Monatshefte für Mathematik und Physik* **38** (1931), 173–198.
44. Görz, G.; Rollinger, C.-R.; Schneeberger, J. (Hrsg.): *Handbuch der Künstlichen Intelligenz*, Oldenbourg-Verlag, München 2003
45. Goldberg, A.; Robson, D.: *Smalltalk-80*, Addison-Wesley, Reading 1983.
46. Hamscher, W.; deKleer, J.; Console, L. (Eds.): *Readings in Model-Based Diagnosis*, San Mateo: Morgan-Kaufmann 1992.
47. Harmon, P.; King, D.: *Expertensysteme für die Praxis*, Oldenbourg-Verlag, München 1987.
48. Hart, A.: *Knowledge Acquisition for Expert Systems*, Kogan Page, London 1986.
49. Hawkins, J.: *On Intelligence*, Henry Holt and Co., New York 2004.
50. Hayes-Roth, F.; Waterman, D.A.; Lenat, D.B.: *Building Expert Systems*, Addison-Wesley, Reading 1983.
51. Hofstadter D.R.: *Gödel, Escher, Bach*, Klett-Cotta, Stuttgart 1987.
52. Horn, A.: On sentences which are true of direct unions of algebras, *Journal of Symbolic Logic* **16** (1951) No. 1, pp. 14–21.
53. Huhns, M. N.; Singh, M. P. (Eds.): *Readings in Agents*, Morgan Kaufmann Publ., San Francisco 1997.
54. Jackson, P.: *Expertensysteme. Eine Einführung*, Addison-Wesley, Bonn 1987.

55. Jüttner, G.; Faller, H.: *Entscheidungstabellen und wissensbasierte Systeme*, Oldenbourg-Verlag, München 1989.
56. Kiendl, H. u.a.: Fuzzy Control, *Automatisierungstechnik* **41** (1993), A1–A16.
57. Kjaerulff, U. B.; Madsen, A. L.: *Bayesian Networks and Influence Diagrams*, Springer-Verlag, New York 2008.
58. Kober, R. (Hrsg.): *Parallelrechner-Architekturen*, Springer-Verlag, Berlin 1987.
59. Koller, D.; Friedman, N.: *Probabilistic Graphical Models. Principles and Techniques*, The MIT Press, Cambridge 2009.
60. Kowalski, R.: Predicate logic as a programming language, *Proc. IFIP Congress*, 1974, pp. 569–574.
61. Kowalski, R.: *Logic for Problem Solving*, North-Holland, New York 1979.
62. Kruse, S.; Schwecke, E.; Heinsohn, J.: *Uncertainty and Vagueness in Knowledge Based Systems*, Springer-Verlag, Berlin 1991.
63. Lämmel, U.; Cleve, J.: *Künstliche Intelligenz*, Hanser, München 2008
64. Lauritzen, S.: *Graphical Models*, Oxford University Press, New York 1996.
65. Lee, C. C.: Fuzzy logic in control systems: fuzzy logic controllers, *IEEE Trans.* **SMC-20** (1990) No. 2, 404–435.
66. Lozano-Perez, T.; Wesley, M..: An algorithm for planning collision-free paths among polyhedral obstacles, *Commun. ACM* **22** (1979) 10, 560–570.
67. Lozano-Perez, T.: Spatial planning: a configuration space approach, *IEEE Trans.* **C-32** (1983) 2, 108–120.
68. Lunze, J.: Qualitative modelling of linear dynamical systems with quantized state measurements, *Automatica* **30** (1994), 417–431.
69. Lunze, J.: *Künstliche Intelligenz für Ingenieure, Band 1,* (1. Auflage), Oldenbourg-Verlag, München 1994.
70. Lunze, J.: Notion of the state in systems theory and artificial intelligence, *Journal on Intelligent Systems Engineering* **4** (1995), pp 201–210.
71. Lunze, J.: *Automatisierungstechnik*, Oldenbourg-Verlag, München 2012.
72. Lunze, J.: *Ereignisdiskrete Systeme*, Oldenbourg-Verlag, München 2012.
73. Lunze, J.; Lamnabhi-Lagarrigue, F. (Eds.): *Handbook of Hybrid Systems Control.* Cambridge University Press: Cambridge 2009.
74. Mamdani, E. H.; Assilian, S: An experiment in linguistic synthesis with a fuzzy logic controller, *Intern. Journal on Man-Machine Studies* **7** (1975), 1–13.
75. McCarthy, J.: Recursive functions of symbolic expressions and their computation by machine, *Communications of the ACM* **3** (1960) No. 3, 184–195.
76. McCorduck, P.: *Machines Who Think*, Freeman, San Francisco 1979.
77. McRobbie, M.A.; Siekmann, S.H.,: Artificial Intelligence: perspectives and predictions, *Applied Artificial Intelligence* **5** (1991), 187–207.
78. Mertens, P.; Borkowski, V.; Geis, W.: *Betriebliche Expertensystemanwendungen*, Springer-Verlag, Berlin 1990.
79. Minsky, M.: A framework for the representation of knowledge. In: Winston, P. (Ed.): *The Psychology of Computer Vision*, McGraw Hill, New York 1975, pp. 211–277.
80. Moore, R.L.; Hawkinson, L.B.; Knickerbocker, C.G.; Chruchman, L.M.: A real-time expert system for process control, *First Conference on Artificial Intelligence Applications*, Denver 1984, pp. 569–576.
81. Negoita, C. V.: *Expert Systems and Fuzzy Systems*, Menlo Park: The Benjamin Cumming Publ. Co. 1984.
82. Newell A.; Simon, H.: *Human Problem Solving*, Prentice-Hall, Eaglewood Cliffs 1972.
83. Newell, A.; Simon, H. A.: Computer science as empirical inquiry: symbols and search, *Communications of the ACM* **19** (1976), 113–126.

84. Nilsson, N.J.: *Artificial Intelligence: A New Synthesis*, Springer-Verlag, New York 1998.
85. Norvig, P.: *Paradigms of Artificial Intelligence Programming*, Morgan Kaufmann Publ., San Mateo 1992.
86. Paar, C.; Petzl, J.: *Understanding Cryptography*, Springer-Verlag, Heidelberg 2009.
87. Pappas, G.: Bisimilar linear systems, *Automatica* **39** (2003), 2035–2047.
88. Pawlak, Z.: Rough sets, *Intern. Journal of Information and Computer Sciences* **11** (1982), 145–172.
89. Pawlak, Z.; Wong, S. K. M.; Ziarko, W.: Rough sets: probabilistic versus deterministic approach, *Intern. Journal Man-Machine Studies* **29** (1988), 81–95.
90. Pearl, J.: *Heuristics. Intelligent Search Strategies for Computer Problem Solving*, Addison-Wesley, Reading 1984.
91. Pearl, J.: *Probabilistic Reasoning in Intelligent Systems: Networks of Plausible Inference*, Morgan Kaufman, San Francisco 1988.
92. Pearl, J.: *Causality: Models, Reasoning, and Inference*, Cambridge University Press, Cambridge 2001.
93. Pernestal, A.; Warnquist, H.; Nyberg, M.: Modeling and troubleshooting with interventions applied to an auxiliary truck braking system, *2nd IFAC Workshop on Dependable Control of Discrete Systems*, Bari 2009, pp. 285–290.
94. Piaget, J.: *Psychologie der Intelligenz*, Klett-Cotta, Stuttgart 1984.
95. Polya, G.: *Mathematics and Plausible Reasoning (vol. I: Induction and Analogy in Mathematics, vol. II: Patterns of Plausible Inference*, Princeton Univ. Press, Princeton 1954, 12-th Ed. 1990
96. Post, E. L.: Introduction to a general theory of elementary propositions. *American Journal of Mathematics* **43** (1921), pp. 163–185.
97. Post, E. L.: Formal reductions of the general combinatorial decision problem, *American Journal of Mathematics* **65** (1943), 197–215.
98. Quillian, M. R.: Semantic memory. In: Minsky M. (Ed.): *Semantic Information Processing*. MIT Press, Cambridge 1968.
99. Reiter, R.: Theory of diagnosis from first principles, *Artificial Intelligence* **32** (1987), 57–96.
100. Robinson, J. A.: A Machine-oriented logic based on the Resolution principle, *Journal of the ACM* **12** (1965), 23–41.
101. Robinson, J. A.: The generalized resolution principle, in Michie, D. (Ed.): *Machine Intelligence* **3**, Elsevier, New York 1965, pp. 77–94.
102. Russell, S.; Norvig, P.: *Artificial Intelligence: A Modern Approach*, Prentice Hall, Upper Saddel River 2003.
103. Sacerdoti, E. D.: Planning in a hierarchy of abstraction spaces, *Artificial Intelligence* **5** (1974), 115–135.
104. Savory, S.: *Künstliche Intelligenz und Expertensysteme*, Oldenbourg-Verlag, Wien 1985.
105. Schefe, P.: *Künstliche Intelligenz – Überblick und Grundlagen*, Bibliographisches Institut, Mannheim 1987.
106. Schöning, U.: *Theoretische Informatik – kurzgefaßt*, Spektrum Akademischer Verlag, Heidelberg 1999.
107. Schöning, U.: *Logik für Informatiker* (5. Aufl.), Akademie-Verlag, Heidelberg 2000.
108. Schöning, U.: *Algorithmik*, Spektrum Akademischer Verlag, Heidelberg 2001.
109. Schröder, J.: *Modelling, State Observation and Diagnosis of Quantised Systems*, Springer-Verlag, Heidelberg 2003.
110. Shafer, G.: *A Mathematical Theory of Evidence*, Princeton University Press, Princeton 1976.
111. Shafer, G.: *Probabilistic Expert Systems*, SIAM, Philadelphia 1996.
112. Shortliffe, E. H.; Buchanan, B. G.: A model of inexact reasoning in medicine, *Mathematical Biosciences* **23** (1975), 351–379.
113. Sigmund, K.; Dawson, J.; Mühlberger, K.: *Kurt Gödel*, Vieweg 2007.

114. Simon, H.: *The Sciences of the Artificial*, MIT Press, Cambridge 1969.
115. Sombee, L.: *Schließen bei unsicherem Wissen in der Künstlichen Intelligenz*, Braunschweig: Vieweg 1992; englische Originalfassung erschienen in *Intern. Journal of Intelligent Systems* **5** (1990) No. 4, 324–472.
116. Stallman, R.; Sussman, G. J.: Forward reasoning and dependency-directed backtracking in a system for computer-aided circuit analysis, *Artificial Intelligence* **9** (1977), 135–196.
117. Steele, G.L. et al.: *Common LISP. The Language* (2nd ed.), Digital Press, New York 1990.
118. Steinbuch, K.: *Automat und Mensch*, Springer-Verlag, Berlin 1963.
119. Stoyan, H.: *Programmiermethoden der Künstlichen Intelligenz*, Springer-Verlag, Berlin 1988.
120. Stoyan, H.; Wedekind (Hrsg.): *Objektorientierte Software- und Hardware-Architekturen*, B.G. Teubner-Verlag, Stuttgart 1983.
121. Struß, P.; Dreßler, O.: Physical negation – integrating fault models into the general diagnostic engine, *Intern. Joint Conference on Artificial Intelligence* 1989, vol. 2, pp. 1318–1223.
122. Stursberg, O.; Kowalewski, S.; Hoffmann, I.; Preußig, J.: Comparing timed and hybrid automata as approximations of continuous systems, *Hybrid Systems IV*, Springer-Verlag, Berlin 1997.
123. Turing, A.: On computable numbers with an application to the Entscheidungsproblem, *Proc. London Math. Soc.* **2** (1936) pp. 230–265.
124. Walther, H.; Nägler, G.: *Graphen, Algorithmen, Programme*, Fachbuchverlag, Leipzig 1987.
125. Weiss, G.: *Multiagent Systems. A Modern Approach to Distributed Artificial Intelligence*, MIT Press, Cambridge 1999.
126. Whitehead, A.; Russell, B.: *Principia Mathematica*, Cambridge 1925.
127. Whittaker, J.: *Graphical Models in Applied Multivariate Statistics*, J. Wiley and Sons, Chichester 1990.
128. Wiener, N.: *Cybernetics or Control and Communication in the Animal and the Machine*, MIT Press, New York 1948.
129. Winstanley, G. (Ed.): *Artificial Intelligence in Engineering*, Wiley, Chichester 1991.
130. Winston, P.H.; Horn, B.K.P.: *LISP*, Addison-Wesley, Reading 1984.
131. Wos, L.; Carson, D.; Robinson, G. A.: The unit preference strategy in theorem proving, *Proc. AFIPS 1964 Fall Joint Computer Conf.* pp. 616–621.
132. Wos, L., Robinson, G. A., Carson, D. F.: Efficiency and completeness of the set of support strategy in theorem proving, *J. Assoc. Comput. Mach.* **12** (1965) pp. 536–541.
133. Yen, J.: Generalizing the Dempster-Shafer theory to fuzzy sets, *IEEE Trans.* **SMC-20** (1990) No. 3, 553–570.
134. Zadeh, L. A.: Fuzzy sets, *Information and Control* **8** (1965), 338–353.
135. Zadeh, L. A.: A theory of approximate reasoning, in: Hayes, J. E.; Michie, D.; Kulich, L. I. (Eds.): *Machine Intelligence 9*, New York: Wiley 1979, pp. 149–194.

# Anhang 1

# Lösungen von Übungsaufgaben

**Aufgabe 3.3** *Vergleich von Tiefe-zuerst-Suche und Breite-zuerst-Suche*

1. Abbildung A1.1 zeigt, wie der Suchbaum durch die Tiefe-zuerst-Suche in acht Schritten erweitert wird, bis der Zielknoten $B$ gefunden wird. Die Listen markierter und aktiver Knoten sind in Tabelle A1.1 gezeigt, wobei die Variablenbelegungen für den Moment gezeigt werden, in dem der Algorithmus den Suchschritt beginnt (vgl. Abb. 3.10 auf S. 61). Der gefundene Pfad, der nach Abschluss des Algorithmus in der Liste $\mathcal{A}$ steht, besteht aus sieben Knoten einschließlich Start- und Zielknoten. Die Liste der markierten Knoten wächst bis zum Auffinden der Lösung auf acht Knoten an.

**Tabelle A1.1.** Tiefe-zuerst-Suche

| Schritt | $S$ | $\mathcal{A}$ | $\mathcal{M}$ | Bemerkung |
|---|---|---|---|---|
| 0 | $A$ | $\{A\}$ | $\{A\}$ | Initialisierung |
| 1 | 1 | $\{A,1\}$ | $\{A,1\}$ | Vorwärtsschritt |
| 2 | 2 | $\{A,1,2\}$ | $\{A,1,2\}$ | Vorwärtsschritt |
| 3 | 5 | $\{A,1,2,5\}$ | $\{A,1,2,5\}$ | Vorwärtsschritt |
| 4 | 4 | $\{A,1,2,5,4\}$ | $\{A,1,2,5,4\}$ | Vorwärtsschritt |
| 5 | 3 | $\{A,1,2,5,4,3\}$ | $\{A,1,2,5,4,3\}$ | Backtracking |
| 6 | 4 | $\{A,1,2,5,4\}$ | $\{A,1,2,5,4,3\}$ | Vorwärtsschritt |
| 7 | 7 | $\{A,1,2,5,4,7\}$ | $\{A,1,2,5,4,3,7\}$ | Vorwärtsschritt |
| 8 | $B$ | $\{A,1,2,5,4,7,B\}$ | $\{A,1,2,5,4,3,7,B\}$ | Ziel erreicht, Ergebnisausgabe |

Typisch für die Tiefe-zuerst-Suche ist die Tatsache, dass bis zum ersten Backtracking die Listen $\mathcal{A}$ und $\mathcal{M}$ übereinstimmen.

2. Bei einer Breite-zuerst-Suche wird der Suchbaum in neun Schritten erweitert, bis der Zielknoten $B$ gefunden wird. Der gefundene Pfad besteht aus fünf Knoten einschließlich Start- und Zielknoten. Die Liste $\mathcal{M}$ der markierten Knoten wächst bis zum Auffinden der Lösung auf zehn Knoten an.

**Diskussion.** In diesem Beispiel wird für die Tiefe-zuerst-Suche und die Breite-zuerst-Suche eine identische Anzahl von Knoten markiert. Die Anzahl der Suchschritte ist bei der Breite-zuerst-Suche jedoch i. Allg. größer als die der Tiefe-zuerst-Suche, da in der Breite-zuerst-Suche immer alle Verzweigungen

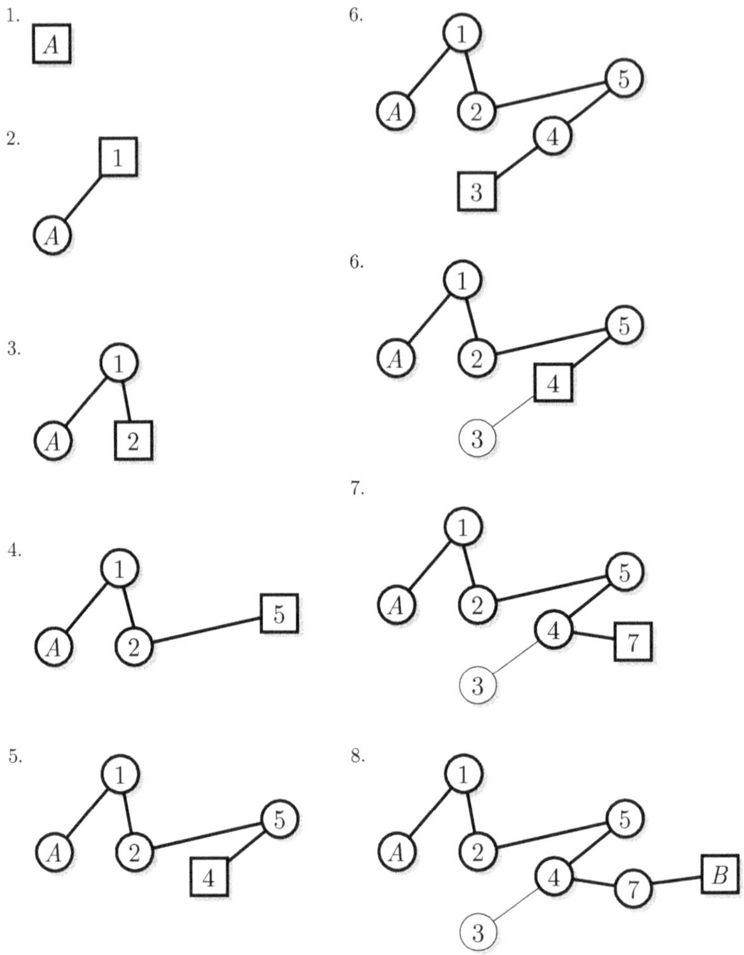


**Abb. A1.1:** Zwischenergebnisse der Tiefe-zuerst-Suche

verfolgt werden, die Tiefe-zuerst-Suche jedoch bis zu einem Backtracking nur in eine Richtung sucht. Dies ist der Preis für den Vorteil der Breite-zuerst-Suche, dass mit dieser Suchstrategie stets ein kürzester Pfad gefunden wird.

## **Aufgabe 3.4** *Anwendung des Dijkstra-Algorithmus (I)*

Die Suchergebnisse sind in Abb. A1.2 aufgezeichnet. Nach dem ersten Suchschritt stehen alle Knoten im Suchgraphen, die vom Anfangsknoten $A$ über eine Kante erreichbar sind. Der Suchgraph wird dann an den Knoten 1 und 3 erweitert und erhält die im Abbildungsteil 2 gezeigte Form. Da jetzt der Knoten 2 mit den geringsten Kosten am Anfang der Liste $\mathcal{A}$ der aktiven Knoten steht, wird der Baum $\mathcal{B}$ an diesem Knoten erweitert. Der vom Knoten 2 aus mit einer Kante verbundene Knoten 5 ist zwar schon markiert. Der neue

Pfad $A \to 2 \to 5$ führt jedoch auf kleinere Kosten als der bisher im Suchgraphen eingetragene Pfad $A \to 3 \to 5$, so dass die Kante $3 \to 5$ gelöscht und die Kante $2 \to 5$ eingetragen wird (Abbildungsteil 3).

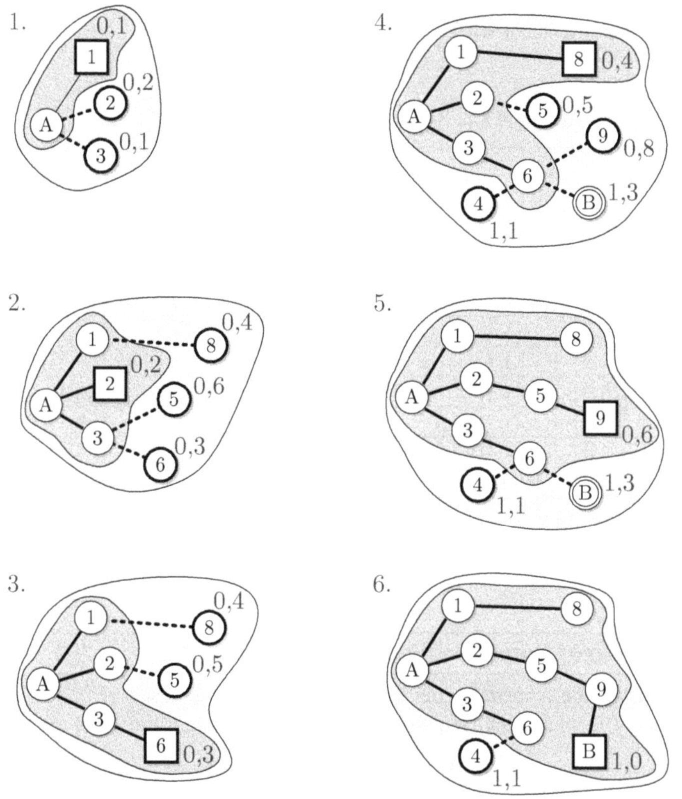


**Abb. A1.2:** Bestimmung eines optimalen Pfades mit dem Dijkstra-Algorithmus

Nachdem der im Abbildungsteil 6 gezeigte Suchgraph erzeugt wurde, ist die Suche beendet, denn in der Liste $\mathcal{A}$ der aktiven Knoten steht jetzt der Zielknoten $B$ mit der geringsten Wichtung. Das Ergebnis lautet

$$P^*(A,B) = ((A,3),(3,6),(6,B)), \quad k^*(A,B) = 1{,}0.$$

**Aufgabe 3.5** *Anwendung des Dijkstra-Algorithmus (II)*

Der Verlauf der Suche ist in Tabelle A1.2 zusammengefasst, wobei die Elemente der Liste $\mathcal{A}$ der aktiven Knoten in abgekürzter Form aufgeschrieben wurde, wobei z. B. $(A/1)$ bedeutet, dass $g(A) = 1$ gilt. Die Lösung

$$P^*(A,B) = ((A,2),(2,B)) \quad \text{mit der Länge} \quad k^*(A,B) = 3$$

ist der im Baum $\mathcal{B}$ enthaltene Pfad. Die Lösung ist nicht eindeutig, denn auch der Pfad $P(A,B) = ((A,3),(3,2),(2,B))$ hat die Länge 3.

Der Algorithmus erzeugt nahezu alle Pfade, bevor er den optimalen Pfad findet. Die vom Algorithmus gefundene Lösung unterscheidet sich von der zweiten angegebenen Lösung nur dadurch, dass entsprechend der Sortierung der Knoten die Kante $(A,2)$ vor der Kante $(A,3)$ im Graphen steht und deshalb vorher vom Algorithmus untersucht wird.

**Tabelle A1.2.** Suche mit dem Dijkstra-Algorithmus

| Schritt | $S$ | $\mathcal{A}$ | $\mathcal{M}$ | $\mathcal{K}$ | $\mathcal{B}$ |
|---|---|---|---|---|---|
| 1 | A | {A} | {(A/0)} | {} | {} |
| 2 | A | {A,1} | {(A/0), (1/1)} | {(A,1)} | {} |
| 3 | A | {A,1,2} | {(A/0), (1/1), (2/2)} | {(A,1), (A,2)} | {} |
| 4 | A | {A,1,2,3} | {(A/0), (1/1), (3/1), (2/2)} | {(A,1), (A,2), (A,3)} | {} |
| 5 | 1 | {A,1,2,3} | {(1/1), (3/1), (2/2) } | {(A,2), (A,3)} | {(A,1)} |
| 6 | 1 | {A,1,2,3,B} | {(1/1), (3/1), (2/2), (B/4)} | {(A,2), (A,3), (1,B)} | {(A,1)} |
| 7 | 3 | {A,1,2,3,B} | {(3/1), (2/2), (B/4)} | {(A,2), (1,B)} | {(A,1), (A,3)} |
| 8 | 2 | {A,1,2,3,B} | {(2/2), (B/4)} | {(1,B)} | {(A,1), (A,3),(A,2)} |
| 9 | 2 | {A,1,2,3,B} | {(2/2), (B/3)} | {(2,B)} | {(A,1), (A,3), (A,2)} |
| 10 | B | {A,1,2,3,B} | {(B/3)} | {} | {(A,1), (A,3), (A,2), (2,B)} |

## **Aufgabe 3.8** *Zulässige Heuristiken für den A*-Algorithmus*

Die gegebene Heuristik überschätzt für die Knoten 2 und die Restkosten ($h(2) > k^*_P(2,B)$) und ist deshalb nicht zulässig. Eine zulässige Heuristik im Sinne des A*-Algorithmus ist die folgende:

| $X$ | A | B | 1 | 2 | 3 |
|---|---|---|---|---|---|
| $h(X)$ | 2 | 0 | 1 | 1 | 3 |

Der A*-Algorithmus findet einen optimalen Pfad nach drei Schritten weniger als der Dijkstra-Algorithmus. Am kürzesten wäre die Laufzeit des Algorithmus, wenn die Funktion $h(X)$ für alle Knoten mit $k^*(X,B)$ übereinstimmen würde.

## **Aufgabe 4.1** *Zustandsraum der „Klötzchenwelt“*

Aus dem gegebenen Anfangszustand kann man die in Abb. A1.3 gezeigten Konfigurationen erzeugen. Da jeder Schritt durch Anwendung der jeweils anderen Regel rückgängig gemacht werden kann, erhält man für alle angegebenen Zustandsübergänge Pfeile in beide Richtungen.

Zum gewünschten Zielzustand kommt man auf unendlich vielen Wegen. Der kürzeste enthält drei Aktionen.

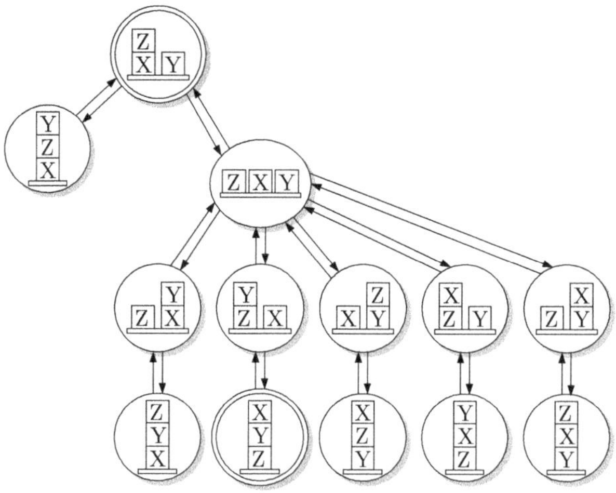

**Abb. A1.3:** Zustandsraum der Klötzchenwelt

## **Aufgabe 4.2** *Dosieren einer Flüssigkeit*

Der Zustand $z$ wird durch die Füllmengen in den drei Behältern beschrieben, die in der Reihenfolge

$$z = \{\text{Menge im 8 l-Behälter, Menge im 5 l-Behälter, Menge im 3 l-Behälter}\}$$

in den Knoten des Zustandsraums angeordnet werden.

**1.** Die Zustandsraumdarstellung ist durch folgende Komponenten beschrieben:
- Anfangsbedingung: $z_0 = \{8, 0, 0\}$
- Operatoren: Beschreibung der in der Aufgabenstellung genannten Möglichkeiten, die Flüssigkeit umzufüllen (mit abgekürzten Bezeichnungen für die Behälter):
  - WENN Der Behälter 8 (B8) ist nicht leer.
    UND Behälter 5 (B5) ist nicht voll.
    DANN Fülle Wasser von B8 in B5 bis B5 voll oder B8 leer ist.
  - WENN B5 ist nicht leer.
    UND B3 ist nicht voll.
    DANN Fülle Wasser von B5 in B3 bis B3 voll oder B5 leer ist.
  - usw. (insgesamt sechs Regeln)
- Zielprädikat: In zwei Behältern sind je 4 l Flüssigkeit. Auf Grund der Behältergröße ist $z_E = \{4, 4, 0\}$ der einzige Zustand, der dieses Prädikat erfüllt.

**2.** Der Zustandsraum ist in Abb. A1.4 zu sehen, wobei der Zustände vereinfachend durch die Angabe der drei Füllstände dargestellt sind.

**3.** Es gibt mehrere Lösungswege, die z. B. mit der Tiefe-zuerst-Suche ermittelt werden können. Der in Abb. A1.4 hervorgehobene kürzeste Lösungsweg enthält 7 Umfüllaktionen.

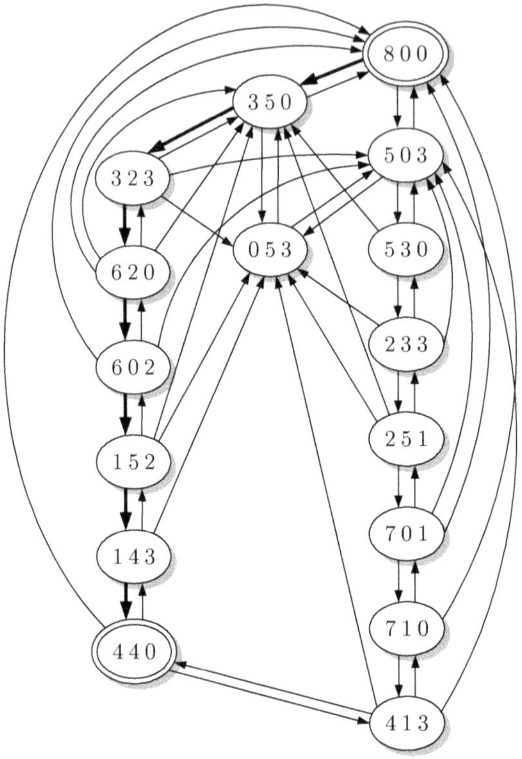


**Abb. A1.4:** Zustandsraum des Dosierproblems

## **Aufgabe 4.6** *Regelbasierte Analyse einer Heckleuchte*

**1.** Aus dem Schaltplan liest man die folgenden Regeln ab:

$R_1$ : WENN Die Spannungsquelle arbeitet fehlerfrei.
DANN Die Spannungsquelle liefert die Betriebsspannung.

$R_2$ : WENN Der Schalter ist geschlossen.
UND Die Spannungsquelle liefert die Betriebsspannung.
UND Die Sicherung funktioniert.
DANN Es liegt die Betriebsspannung an der Glühlampe an.

$R_3$ : WENN Es liegt die Betriebsspannung an der Glühlampe an.
UND Die Glühlampe arbeitet fehlerfrei.
DANN Die Glühlampe leuchtet.

**2.** Beim normalen Betrieb der Heckleuchte beschreiben folgende Aussagen die Anfangsbedingungen:

Die Spannungsquelle arbeitet fehlerfrei.

Der Schalter ist geschlossen.

Die Sicherung funktioniert.

Die Glühlampe arbeitet fehlerfrei.

Dann erhält man durch Vorwärtsverkettung folgende zusätzliche Aussagen:

mit $R_1$: Die Spannungsquelle liefert die Betriebsspannung.
mit $R_2$: Es liegt die Betriebsspannung an der Glühlampe an.
mit $R_3$: Die Glühlampe leuchtet.

Diese Folgerungen sind bei dieser Schaltung sehr einfach zu erhalten. Das Problem wird wesentlich komplizierter, wenn die Schaltung mehrere Schalter, Stecker (die fehlerhaft sein können!) und mehrere Glühlampen enthält.

**3.** Wenn die Aussage „Die Glühlampe brennt." nicht gilt, so muss eine Voraussetzung, die zur Folgerung dieser Aussage aus den Regeln $R_1$ bis $R_3$ führt, nicht erfüllt sein. Im WENN-Teil der Regeln stehen hinreichende Bedingungen, unter denen die Schlussfolgerung aus dem DANN-Teil gilt. Wenn eine dieser Bedingungen, beispielsweise die Aussage „Die Sicherung funktioniert.", nicht erfüllt ist, gilt die im zweiten Aufgabenteil durch Vorwärtsverkettung erhaltene Schlussfolgerungskette nicht mehr. Also kann die defekte Sicherung ein Grund für das Versagen der Heckleuchte sein, aber alle anderen Voraussetzungen für die fehlerfreie Arbeitsweise der Komponenten können gleichfalls als Ursache für den Ausfall in Betracht gezogen werden. Dieses Diagnoseprinzip wird im Beispiel 10.2 behandelt.

## Aufgabe 7.12 *Aussagenlogische Beschreibung einer Heckleuchte*

Mit den Auf S. 141 eingeführten Aussagesymbolen lässt sich die Funktion der Beleuchtung folgendermaßen darstellen:

$$\left.\begin{aligned} okB &\Rightarrow e \\ okF \wedge e \wedge s &\Rightarrow u_L \\ okL \wedge u_L &\Rightarrow h. \end{aligned}\right\} \tag{A1.1}$$

Die für den Beweis der Funktionstüchtigkeit zu verwendenden Axiome erhält man durch eine Umformung dieser Implikationen in Klauselform, die durch die beschriebenen Annahmen zur Fehlerfreiheit der Komponenten ergänzt werden:

$$\begin{aligned} &\neg okB \vee e \\ &\neg okF \vee \neg e \vee \neg s \vee u_L \\ &\neg okL \vee \neg u_L \vee h \\ &okB \\ &okF \\ &okL \\ &s \end{aligned}$$

Nach dem Hinzufügen der negierten Behauptung

$$\neg h$$

verläuft der Beweis folgendermaßen:

$$1.\quad \frac{\begin{array}{l}\neg h\\ \neg okL \vee \neg u_L \vee h\end{array}}{\neg okL \vee \neg u_L}$$

$$2.\quad \frac{\begin{array}{l}\neg okL \vee \neg u_L\\ okL\end{array}}{\neg u_L}$$

$$3.\quad \frac{\begin{array}{l}\neg u_L\\ \neg okF \vee \neg e \vee \neg s \vee u_L\end{array}}{\neg okF \vee \neg e \vee \neg s}$$

$$4.\quad \frac{\begin{array}{l}\neg okF \vee \neg e \vee \neg s\\ okF\end{array}}{\neg e \vee \neg s}$$

$$5.\quad \frac{\begin{array}{l}\neg e \vee \neg s\\ \neg okB \vee e\end{array}}{\neg okB \vee \neg s}$$

$$6.\quad \frac{\begin{array}{l}\neg okB \vee \neg s\\ okB\end{array}}{\neg s}$$

$$7.\quad \frac{\begin{array}{l}\neg s\\ s\end{array}}{\diamond}$$

Führt man die Annahme $\neg okL$ und die negierte Behauptung $\neg(\neg h) = h$ ein, so kann man keinen Widerspruch feststellen, weil das verwendete Modell die Heckleuchte nur für den fehlerfreien Fall, nicht aber für den Fehlerfall darstellt (für eine diesbezügliche Erweiterung siehe Beispiel 10.2 auf S. 342).

## **Aufgabe 7.15** *Vergleich unterschiedlicher Suchstrategien*

**1.** Die Umformung in die Klauselform ergibt folgende Formeln:

$$\begin{array}{l}\neg p \vee q\\ \neg t \vee s\\ \neg r\\ r \vee p \vee \neg s\\ t\end{array}$$

Für den Beweis wird zu dieser Axiomenmenge die negierte Behauptung

$$\neg p$$

hinzugefügt.

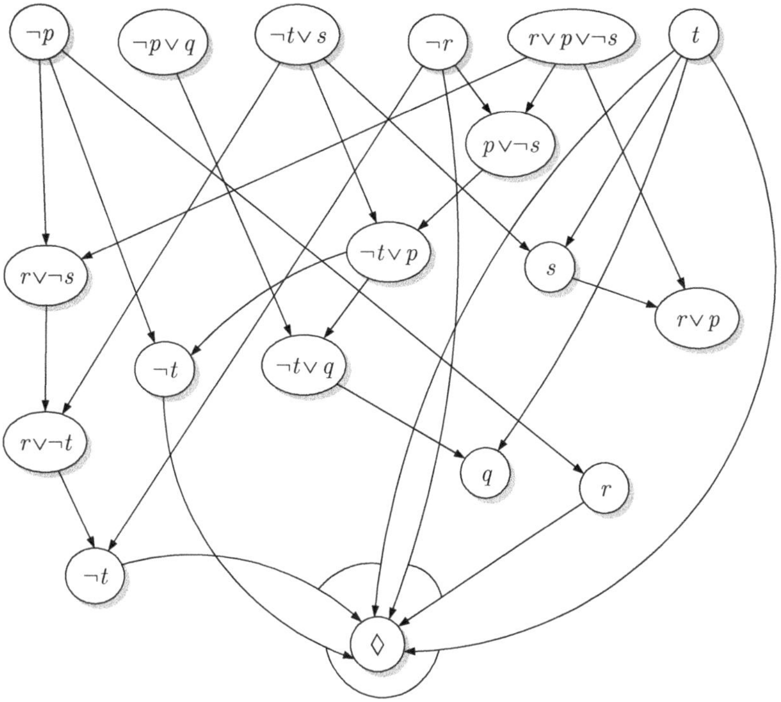


**Abb. A1.5:** Ableitungsgraph für die Aufgabe 7.15

**2.** Abbildung A1.5 zeigt den Ableitungsgraphen (der nicht ganz vollständig ist!). Der Knoten für $\neg p$ stellt die negierte Behauptung dar. Die leere Klausel kann auf mehreren Wegen erzeugt werden.

**3.** Der bei der Set-of-Support-Strategie entstehende Ast des Ableitungsgraphen ist in Abb. A1.5 ganz links gezeichnet. Bei der Input-Präferenz-Strategie werden zuerst Ableitungen mit den Axiomen durchgeführt, bevor abgeleitete Ausdrücke bei der Resolution mit verwendet werden. Bei der Unit-Präferenz-Strategie werden zuerst Ableitungen mit einstelligen Klauseln durchgeführt. Bei beiden Methoden reichen die bevorzugten Ableitungsschritte nicht aus, um die leere Klausel zu bestimmen, aber die anderen Ableitungsschritte sind zugelassen, so dass diese Strategien die Lösbarkeit des Problems nicht beeinträchtigen.

**Aufgabe 7.17** *Verifikation der Steuerung eines Geldautomaten*

Für den Geldautomaten werden folgende Aussagesymbole definiert:

| Aussagesymbol | Bedeutung |
|---|---|
| $Karte\_ok$ | Die Geldkarte ist gültig. |
| $PIN\_unbekannt$ | Die PIN wurde noch nicht angegeben. |
| $PIN\_ok$ | Die Geldkarte ist gültig und PIN wurde richtig eingegeben. |
| $PIN\_12x$ | Die Geldkarte ist gültig, aber die PIN wurde ein- oder zweimal falsch eingegeben. |
| $PIN\_3x$ | Die Geldkarte ist gültig, aber die PIN wurde dreimal falsch eingegeben. |
| $Karte\_zurück$ | Die Geldkarte darf zurückgegeben werden. |
| $Betrag\_ok$ | Der Auszahlbetrag liegt unter dem Maximalbetrag und das Konto ist ausreichend gedeckt. |
| $Geld\_ok$ | Das Geld darf ausgezahlt werden. |

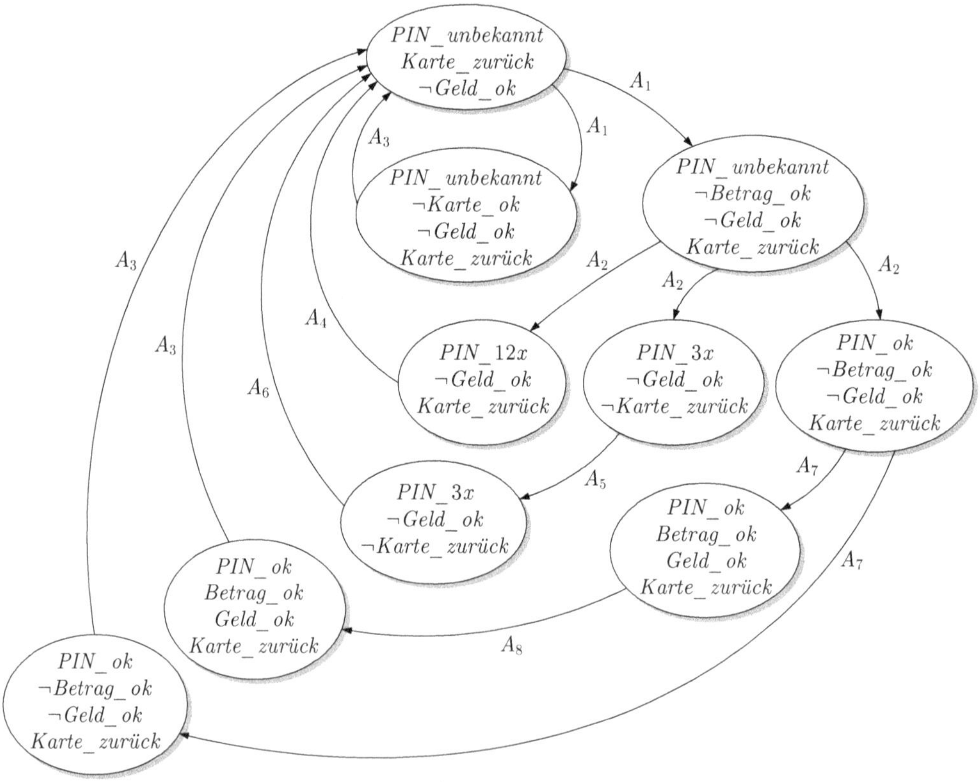


**Abb. A1.6:** Zustandsgraph des Geldautomaten

Damit kann die Funktionsweise durch den in Abb. A1.6 dargestellten Zustandsgraphen beschrieben werden, wobei die Kanten folgende Aktionen darstellen:

| Aktion | Bedeutung |
|---|---|
| $A_1$ | Die Geldkarte wird eingegeben und überprüft. |
| $A_2$ | Die PIN wird eingelesen und überprüft. |
| $A_3$ | Die Geldkarte wird automatisch zurückgegeben. |
| $A_4$ | Die Geldkarte wird auf Anforderung zurückgegeben. |
| $A_5$ | Die Geldkarte wird einbehalten. |
| $A_6$ | Der Geldautomat geht in den Ruhezustand zurück. |
| $A_7$ | Der Betrag wird eingelesen und überprüft. |
| $A_8$ | Das Geld wird ausgezahlt. |

Außer den in den Zuständen angegebenen Aussagesymbolen gelten folgende Beziehungen, die zeigen, dass stets das positive oder negative Literal gilt (z. B. $Karte\_ok$ oder $\neg Karte\_ok$) bzw. dass von den PIN-Aussagen genau eine gilt:

$$
\begin{aligned}
&PIN\_unbekannt \vee PIN\_ok \vee PIN\_12x \vee PIN\_3x \\
&\neg PIN\_unbekannt \vee \neg PIN\_ok \\
&\neg PIN\_unbekannt \vee \neg PIN\_12x \\
&\neg PIN\_unbekannt \vee \neg PIN\_3x \\
&\neg PIN\_ok \vee \neg PIN\_12x \\
&\neg PIN\_ok \vee \neg PIN\_3x \\
&\neg PIN\_12x \vee \neg PIN\_3x
\end{aligned}
$$

Die in Aufg. 1.2 angegebenen Forderungen lassen sich als zwei Spezifikationen aufschreiben:

$$
\begin{aligned}
s_1 &= Geld\_ok \Leftrightarrow \wedge PIN\_ok \wedge Betrag\_ok \\
s_2 &= Karte\_zurück \Leftrightarrow \neg PIN\_3x.
\end{aligned}
$$

Beide Spezifikationen kann man nacheinander überprüfen, indem man ihre Negation in Klauselform überführt

$$
\begin{aligned}
\neg s_1: \quad &\neg Geld\_ok \vee \neg PIN\_ok \vee \neg Betrag\_ok \\
&Geld\_ok \vee PIN\_ok \\
&Geld\_ok \vee Betrag\_ok \\
\neg s_2: \quad &Karte\_zurück \vee \neg PIN\_3x \\
&\neg Karte\_zurück \vee PIN\_3x
\end{aligned}
$$

und zu den o. a. Klauseln und den in den Zuständen stehenden Klauseln hinzufügt, wobei für jeden Knoten die leere Klausel ableitbar sein muss.

Aus der dabei entstehenden Klauselmenge kann die leere Klausel nur dann abgeleitet werden, wenn sowohl die aus dem Zustandsgraphen als auch die von der negierten Spezifikation stammenden Klauseln in die Resolution eingebezogen werden. Diese Klauseln zusammen bilden die Stützmenge im Sinne der Set-of-Support-Strategie.

**Diskussion.** In dem hier verwendeten Zustandsgraphen müssen in allen Knoten alle Aussagesymbole aufgeführt werden, die zum Beweis der Gültigkeit der Spezifikation notwendig sind. Deshalb muss in jedem Knoten etwas über die PIN, die Möglichkeit der Kartenausgabe usw. stehen. Man kann diese Darstellung wesentlich vereinfachen, indem man in die Knoten nur die durch die letzte Aktion neu hinzugekommene

Aussage schreibt und die Spezifikation so formuliert, dass sie sich auf Knotenfolgen bezieht, beispielsweise, indem man fordert, dass die Aussage $Geld\_ok$ in keiner Zustandsfolge hinter der Aussage $PIN\_12x$ oder $PIN\_3x$ steht. Die Verifikation mit temporaler Logik nutzt diese Vereinfachung [1].

## **Aufgabe 8.2** *Sicherheit von Rechnernetzen*

Die Aufgabe kann dadurch gelöst werden, dass die Pfaddefinition (8.10), (8.11) auf S. 236 für sichere Pfade erweitert wird. Diese Pfade dürfen nur aus sicheren Kanten bestehen, also Kanten, deren Knoten sicher sind. Als Knoten fungieren in dem Kommunikationsnetz alle Rechnerknoten und Switches, wobei nicht zwischen dem unterschiedlichen Charakter der Komponenten unterschieden werden muss.

$$
\begin{array}{rl}
\text{Komponenten:} & \text{sicher}(c_1) \\
& \text{sicher}(c_2) \\
& \text{sicher}(c_3) \\
& \text{sicher}(c_4) \\
& \text{sicher}(s_1) \\
& \neg\text{sicher}(s_2) \\
& \text{sicher}(s_3) \\
\text{Kanten:} & \text{Kante}(X,Y) \wedge \text{sicher}(X) \wedge \text{sicher}(X) \Rightarrow \text{sichere\_Kante}(X,Y) \\
\text{Pfad:} & \text{sichere\_Kante}(X,Y) \Rightarrow \text{sicherer\_Pfad}(X,Y) \\
& \text{sicherer\_Pfad}(X,Y) \wedge \text{sichere\_Kante}(Y,Z) \Rightarrow \text{sicherer\_Pfad}(X,Z)
\end{array}
$$

## **Aufgabe 8.6** *Nutzungsüberwachung des Sicherheitsgurtes*

**1.** Die Analyse arbeitet mit den Fakten

$$
\begin{array}{l}
\text{Insasse(karl, gr\_10kg, n\_angeschnallt)} \\
\text{Insasse(hans, kl\_10kg, angeschnallt)} \\
\text{ok(Sensoren)}
\end{array}
$$

und führt auf die Axiomenmenge

$$
\begin{array}{l}
\text{Insasse(karl, gr\_10kg, n\_angeschnallt)} \\
\text{Insasse(hans, kl\_10kg, angeschnallt)} \\
\text{ok(Sensoren)} \\
\neg\text{Insasse(Name, Gewicht, angeschnallt)} \vee \text{Alarm(Name, aus)} \\
\neg\text{Insasse(Name, kl\_10kg, Gurt)} \vee \text{Alarm(Name, aus)} \\
\text{ok(Sensoren)} \vee \text{Alarm(Name, aus)} \\
\neg\text{Insasse(Name, gr\_10kg, n\_angeschnallt)} \vee \neg\text{ok(Sensoren)} \vee \text{Alarm(Name, an)}
\end{array}
$$

**2.** Für die folgenden beiden Teilaufgaben wurde die Set-of-support-Strategie auf die erweiterte Axiomenmenge angewendet, die außer der o. a. Axiomenmenge noch die negierte Behauptung

$$\neg\text{Alarm}(\text{karl}, \text{an})$$

enthält. Die Resolutionsschritte

$$1.\quad \frac{\begin{array}{l}\neg\text{Alarm}(\text{karl}, \text{an})\\ \neg\text{Insasse}(\text{Name}, \text{gr\_10kg}, \text{n\_angeschnallt}) \vee \neg\text{ok}(\text{Sensoren}) \vee \text{Alarm}(\text{Name}, \text{an})\end{array}}{\neg\text{Insasse}(\text{karl}, \text{gr\_10kg}, \text{n\_angeschnallt}) \vee \neg\text{ok}(\text{Sensoren})}$$

mit der Substitution $\sigma_1$ : Name/karl

$$2.\quad \frac{\begin{array}{l}\neg\text{Insasse}(\text{karl}, \text{gr\_10kg}, \text{n\_angeschnallt}) \vee \neg\text{ok}(\text{Sensoren})\\ \text{Insasse}(\text{karl}, \text{gr\_10kg}, \text{n\_angeschnallt})\end{array}}{\neg\text{ok}(\text{Sensoren})}$$

$$3.\quad \frac{\begin{array}{l}\neg\text{ok}(\text{Sensoren})\\ \text{ok}(\text{Sensoren})\end{array}}{\diamond}$$

erzeugen den Widerspruch und beweisen die (unnegierte) Behauptung.

**3.** Die erweiterte Axiomenmenge enthält jetzt die negierte Behauptung

$$\neg\text{Alarm}(\text{hans}, \text{aus})$$

und führt auf die folgenden Resolutionsschritte:

$$1.\quad \frac{\begin{array}{l}\neg\text{Alarm}(\text{hans}, \text{aus})\\ \neg\text{Insasse}(\text{Name}, \text{kl\_10kg}, \text{Gurt}) \vee \text{Alarm}(\text{Name}, \text{aus})\end{array}}{\neg\text{Insasse}(\text{hans}, \text{kl\_10kg}, \text{Gurt})}$$

mit der Substitution $\sigma_1$ : Name/hans

$$2.\quad \frac{\begin{array}{l}\neg\text{Insasse}(\text{hans}, \text{kl\_10kg}, \text{Gurt})\\ \text{Insasse}(\text{hans}, \text{kl\_10kg}, \text{angeschnallt})\end{array}}{\diamond}$$

mit der Substitution $\sigma_2$ : Gurt/angeschnallt

## **Aufgabe 9.3** *Listenverarbeitung in PROLOG*

**1.** Die Programmzeilen haben die folgende Bedeutung:

1. Zeile: Übergibt man `teile_Liste` eine leere Liste `[ ]` , so erhält man zwei leere Listen.

2. Zeile: Übergibt man eine Liste mit einem Element `X`, dann ist die zweite Liste gleich `[X]` und die dritte Liste ist leer.

3. Zeile: Wird `teile_Liste` mit dem ersten Argument `[X,Y|Liste]` aufgerufen, das sich aus dem Listenkopf `[X,Y]` und dem Listenschwanz `Liste` zusammensetzt, so werden die Elemente `X` und `Y` auf die beiden anderen Argumente verteilt und `Liste` wird durch einen rekursiven Aufruf des Prädikats `teile_Liste` auf die beiden Listen `Liste1` und `Liste2` verteilt.

4. Zeile: Diese Zeile zeigt, dass `Liste1` und `Liste2` aus der Aufteilung von `Liste` entstehen. Das Prädikat `teile_Liste` teilt also die Elemente des ersten Argumentes abwechselnd dem zweiten und dritten Argument zu.

**2.** Ausgabe des PROLOG-Interpreters:

```
X = [a,c,e]
Y = [b,d].
```

**3.** Das gesuchte PROLOG-Programm kann beispielsweise folgendermaßen aussehen:

```
eins([] , []).
eins([X], [X]).
eins([X|Liste], [X]).
```

Damit erhält man beim Aufruf

```
?- eins([2 a y 6], Y).
```

die Antwort

```
Y=[2].
```

## Aufgabe 9.12 *Einfache Auswertung von Alarmen*

**1.** Der gegebene Sachverhalt kann beispielsweise folgendermaßen als prädikatenlogische Formeln aufgeschrieben werden:

$$\text{istTank}(\text{tank1}) \tag{A1.2}$$
$$\text{istTank}(\text{tank2}) \tag{A1.3}$$
$$\text{istTank}(\text{tank3}) \tag{A1.4}$$
$$\text{istTank}(\text{tank4}) \tag{A1.5}$$
$$\text{istTank}(X) \wedge \text{hatLeck}(X) \Rightarrow \text{niedrigerFuellstand}(X) \tag{A1.6}$$
$$\text{niedrigerFuellstand}(X) \Rightarrow \text{alarm}(X). \tag{A1.7}$$

Dabei sind Prädikate klein geschrieben (z. B. istTank), Variablen groß geschrieben (z. B. $X$).

**2.** Um die Resolutionsmethode anwenden zu können, müssen die Axiome in Klauselform transformiert werden:

$$\neg\text{istTank}(X) \vee \neg\text{hatLeck}(X) \vee \text{niedrigerFuellstand}(X)$$
$$\neg\text{niedrigerFuellstand}(X) \vee \text{alarm}(X).$$

Zusammen mit den Fakten und der in der Aufgabenstellung gemachten Annahme

$$\text{hatLeck}(\text{tank1}) \tag{A1.8}$$

sowie der negierten Behauptung

$$\neg\text{alarm}(\text{tank1}) \tag{A1.9}$$

kann das Auftreten des Alarms in folgenden Schritten bewiesen werden:

**1.**

$$\frac{\begin{array}{l}\neg\text{niedrigerFuellstand}(X) \vee \text{alarm}(X)\\ \neg\text{alarm}(\text{tank1})\end{array}}{?}$$

Hier muss die Variable $X$ mit dem Objekt tank1 unifiziert werden:

$$\frac{\begin{array}{l}\neg\text{niedrigerFuellstand}(\text{tank1}) \vee \text{alarm}(\text{tank1})\\ \neg\text{alarm}(\text{tank1})\end{array}}{\neg\text{niedrigerFuellstand}(\text{tank1})}$$

**2.**

$$\frac{\begin{array}{l}\neg\text{istTank}(X) \vee \neg\text{hatLeck}(X) \vee \text{niedrigerFuellstand}(X)\\ \neg\text{niedrigerFuellstand}(\text{tank1})\end{array}}{?}$$

$X$ muss durch tank1 instanziiert werden:

$$\frac{\begin{array}{l}\neg\text{istTank}(\text{tank1}) \vee \neg\text{hatLeck}(\text{tank1}) \vee \text{niedrigerFuellstand}(\text{tank1})\\ \neg\text{niedrigerFuellstand}(\text{tank1})\end{array}}{\neg\text{istTank}(\text{tank1}) \vee \neg\text{hatLeck}(\text{tank1})}$$

**3.**

$$\frac{\begin{array}{l}\neg\text{istTank}(\text{tank1}) \vee \neg\text{hatLeck}(\text{tank1})\\ \text{hatLeck}(\text{tank1})\end{array}}{\neg\text{istTank}(\text{tank1})}$$

**4.**

$$\frac{\begin{array}{l}\neg\text{istTank}(\text{tank1})\\ \text{istTank}(\text{tank1})\end{array}}{\diamond}$$

Die leere Klausel wurde erzeugt, also ist die Behauptung wahr.

**5.** Die Formeln (A1.2) – (A1.7) haben in PROLOG-Syntax (mit abgekürzten Bezeichnungen) die folgende Form:

```
istTank(tank1).
istTank(tank2).
istTank(tank3).
istTank(tank4).
niedrFuellst(X) :- istTank(X), hatLeck(X).
alarm(X) :- niedrFuellst(X).
hatLeck(tank1).
```

Als Anfrage wird eingegeben:

```
?- alarm(X).
```

Der PROLOG-Interpreter antwortet mit

```
X=tank1
yes
```

nachdem er die im zweiten Aufgabenteil durchgeführten Resolutionsschritte durchgeführt und dabei die Konstante tank1 an die Variable $X$ gebunden hat.

**Aufgabe 9.13** *Logikbasierte Diagnose eines Behältersystems*

Das Behältersystem kann durch die folgenden PROLOG-Klauseln beschrieben werden:

```
state(k1) :- state(z1), fault(f1).
alarm(m1) :- state(k1).
state(k2) :- state(z3), state(k1).
state(k2) :- state(z3), fault(f3).
alarm(m2) :- state(k2).
state(k4) :- fault(f7).
state(k9) :- fault(f7).
state(k5) :- fault(f7).
state(k2) :- state(z1), state(z3), state(k4).
state(k6) :- state(k9).
state(k6) :- state(k5).
state(k5) :- fault(f8).
alarm(m3) :- state(k6).
state(k6) :- state(k2).
state(k3) :- state(k5).
alarm(m5) :- state(k3).
state(k3) :- fault(f2).
```

Der aktuelle Zustand des Behältersystems wird durch

```
state(z1).
state(z3).
```

beschrieben Um die von den einzelnen Fehlern erzeugten Alarmmeldungen zu bestimmen, fügt man die Fehler einzeln der Wissensbasis hinzu, z. B.

```
fault(f1).
```

und fragt dann nach den Alarmmeldungen

```
?- alarm(X).
```

Der PROLOG-Interpreter erzeugt dann nacheinander alle Alarme, die für den eingegebenen Fehler ausgelöst werden.

## Aufgabe 10.2 *Anwendung des ATMS auf ein Behältersystem*

1. Der ATMS-Graph mit globalen Umgebungen ist in Abb. A1.7 gezeigt.

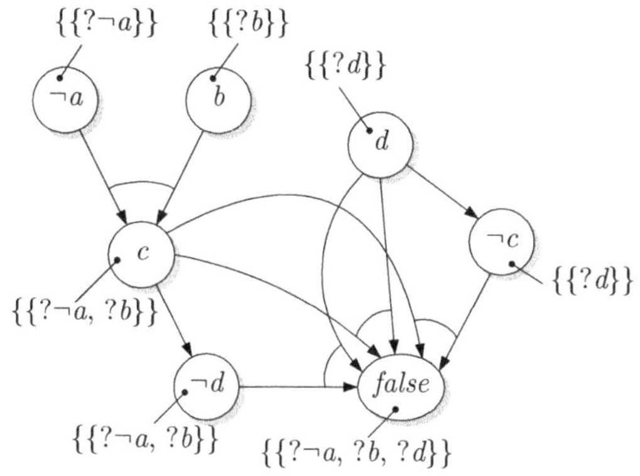


**Abb. A1.7:** ATMS-Graph für das Tanksystem

2. Die Knoten in der zweiten Ebene repräsentieren Schlussfolgerungen aus den Fakten und Annahmen. Wie man sieht, kann man die Aussage $c$ nicht als Annahme formulieren, sondern sie beschreibt die Reaktion des Systems auf die „Eingangsgrößen" $\neg a$ und $b$.

3. Die Annahmen $\neg a$, $b$ und $d$ sind unvereinbar.

4. Die Beobachtung, besagt, dass die Aussagen $\neg a$ und $\neg c$ wahr sind und folglich als Fakten markiert werden müssen (Abb. A1.8 (links)). Da die Aussage $b$ jetzt einzeln in einer globalen Umgebung des Widerspruchsknotens vorkommt, muss $\neg b$ gelten und $\{?b\}$ wird aus allen Umgebungen gestrichen (Abb. A1.8 (rechts)). Damit sind alle Widersprüche beseitigt.

   Als Ergebnis erhält man die Aussage, dass die Aussage „Das Ventil ist offen." falsch ist, was bei Ein-Aus-Ventilen bedeutet, dass das Ventil geschlossen ist. Ob der Behälter TB leer ist oder einen Füllstand zwischen den Positionen der Sensoren $c$ und $d$ besitzt, bleibt unbekannt.

5. Für die zweite Beobachtung kann man den ATMS-Graphen aus Abb. A1.7 in ähnlicher Weise modifizieren, wobei jetzt der Knoten $c$ zum Fakt erklärt wird. Damit entsteht die globale Umgebung $\{\{?d\}\}$ am Widerspruchsknoten, so dass die Aussage $d$ falsch ist. Es können keine Schlussfolgerungen bezüglich der Gültigkeit von $a$ und $b$ gezogen werden.

Für die Fehlerdiagnose müssen explizite Annahmen über die Funktionstüchtigkeit der Komponenten in die logische Darstellung und damit in den ATMS-Graphen eingeführt werden.

## Aufgabe 12.3 *Reifenpanne*

In beiden Aufgabenteilen sind die Fehler-Symptom-Beziehungen beim Vorhandensein des Fehlers eindeutig, denn sowohl ein defekter Schlauch als auch ein defektes Ventil führen mit Sicherheit auf die betrachteten Symptome. Die bedingten Wahrscheinlichkeiten Prob $(s \mid f)$ haben deshalb entweder den Wert eins oder null. Anders sieht es im zweiten Fall aus, wenn der Fehler nicht vorhanden ist.

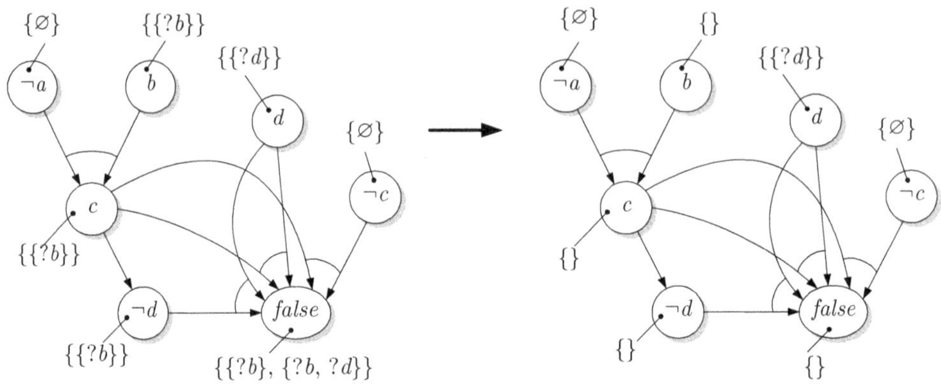


**Abb. A1.8:** ATMS-Graph bei Beobachtung der Fakten $\neg a$ und $\neg c$

1. Bei der ersten Situation kann Abb. 12.7 direkt übernommen werden. Für die bedingten Wahrscheinlichkeiten gilt

$$\begin{aligned} \text{Prob}\,(s\,|\,f) &= 1, \quad \text{Prob}\,(\neg s\,|\,f) = 0 \\ \text{Prob}\,(s\,|\,\neg f) &= 0, \quad \text{Prob}\,(\neg s\,|\,\neg f) = 1. \end{aligned}$$

Deshalb gehen in das Diagnoseergebnis die (häufig unbekannten) A-priori-Wahrscheinlichkeiten $\text{Prob}\,(f)$ und $\text{Prob}\,(\neg f)$ nicht ein:

wenn der Reifen platzt ($s$):

$$\begin{aligned} \text{Bel}\,(f) &= \frac{\text{Prob}\,(s\,|\,f)\text{Prob}\,(f)}{\text{Prob}\,(s\,|\,f)\text{Prob}\,(f) + \text{Prob}\,(s\,|\,\neg f)\text{Prob}\,(\neg f)} \\ &= \frac{\text{Prob}\,(f)}{\text{Prob}\,(f)} \\ &= 1 \\ \text{Bel}\,(\neg f) &= 0 \end{aligned}$$

wenn der Reifen nicht platzt ($\neg s$):

$$\begin{aligned} \text{Bel}\,(f) &= \frac{\text{Prob}\,(\neg s\,|\,f)\text{Prob}\,(f)}{\text{Prob}\,(\neg s\,|\,f)\text{Prob}\,(f) + \text{Prob}\,(\neg s\,|\,\neg f)\text{Prob}\,(\neg f)} \\ &= \frac{0}{\text{Prob}\,(\neg f)} \\ &= 0 \\ \text{Bel}\,(\neg f) &= 1. \end{aligned}$$

2. In der zweiten Situation muss die bayessche Diagnoseregel auf zwei Fehler erweitert werden, indem der Fehler $f$ durch vier Fehlermöglichkeiten $f_1 \wedge f_2$, $f_1 \wedge \neg f_2$, $\neg f_1 \wedge f_2$ und $\neg f_1 \wedge \neg f_2$ ersetzt wird. Damit hat die bedingte Wahrscheinlichkeitsverteilung, die die Fehler-Symptom-Beziehungen beschreibt, acht Werte (Abb. A1.9) und für den Nenner in Gl. (12.19) erhält man

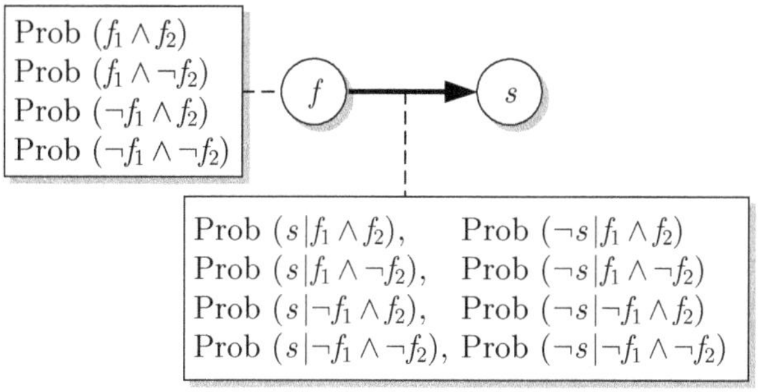


**Abb. A1.9:** Diagnose des Fahrradreifens

$$\begin{aligned}\text{Prob}\,(s) &= \text{Prob}\,(s \mid f_1 \wedge f_2)\,\text{Prob}\,(f_1 \wedge f_2) + \text{Prob}\,(s \mid f_1 \wedge \neg f_2)\,\text{Prob}\,(f_1 \wedge \neg f_2) + \\ &\quad \text{Prob}\,(s \mid \neg f_1 \wedge f_2)\,\text{Prob}\,(\neg f_1 \wedge f_2) + \text{Prob}\,(s \mid \neg f_1 \wedge \neg f_2)\,\text{Prob}\,(\neg f_1 \wedge \neg f_2).\end{aligned}$$

Die Diagnoseregel (12.20) erweitert sich beim Auftreten des Symptoms $s$ dementsprechend zu

$$\text{Bel}\,(f_1 \wedge f_2) = \frac{\text{Prob}\,(s \mid f_1 \wedge f_2)\,\text{Prob}\,(f_1 \wedge f_2)}{\begin{array}{l}\text{Prob}\,(s \mid f_1 \wedge f_2)\,\text{Prob}\,(f_1 \wedge f_2) + \text{Prob}\,(s \mid f_1 \wedge \neg f_2)\,\text{Prob}\,(f_1 \wedge \neg f_2) \\ +\text{Prob}\,(s \mid \neg f_1 \wedge f_2)\,\text{Prob}\,(\neg f_1 \wedge f_2) + \text{Prob}\,(s \mid \neg f_1 \wedge \neg f_2)\,\text{Prob}\,(\neg f_1 \wedge \neg f_2)\end{array}}.$$

Nimmt man an, dass die beiden Fehler stochastisch unabhängig sind, so erhält man für die A-priori-Wahrscheinlichkeiten der vier Fehlerfälle die Beziehungen

$$\begin{aligned}\text{Prob}\,(f_1 \wedge f_2) &= \text{Prob}\,(f_1)\,\text{Prob}\,(f_2) \\ \text{Prob}\,(f_1 \wedge \neg f_2) &= \text{Prob}\,(f_1)\,(1 - \text{Prob}\,(f_2)) \\ \text{Prob}\,(\neg f_1 \wedge f_2) &= (1 - \text{Prob}\,(f_1))\,\text{Prob}\,(f_2) \\ \text{Prob}\,(\neg f_1 \wedge \neg f_2) &= (1 - \text{Prob}\,(f_1))\,(1 - \text{Prob}\,(f_2)).\end{aligned}$$

Die bedingte Wahrscheinlichkeitsverteilung, die den Zusammenhang zwischen den Fehlern im Reifen und dem Symptom $s$ bzw. $\neg s$ beschreibt, hat folgende Werte

$$\begin{array}{rl}\text{Prob}\,(s \mid f_1 \wedge f_2) = 1 & \text{Prob}\,(\neg s \mid f_1 \wedge f_2) = 0 \\ \text{Prob}\,(s \mid f_1 \wedge \neg f_2) = 1 & \text{Prob}\,(\neg s \mid f_1 \wedge \neg f_2) = 0 \\ \text{Prob}\,(s \mid \neg f_1 \wedge f_2) = 1 & \text{Prob}\,(\neg s \mid \neg f_1 \wedge f_2) = 0 \\ \text{Prob}\,(s \mid \neg f_1 \wedge \neg f_2) = 0 & \text{Prob}\,(\neg s \mid \neg f_1 \wedge \neg f_2) = 1,\end{array}$$

wobei man in der letzten Zeile andere Werte einsetzen kann, wenn man weitere Ursachen für einen platten Reifen in Betracht ziehen will. Auf Grund der eindeutigen Ursache-Wirkungsbeziehungen erhält man aus der Diagnoseregel beim Auftreten des Symptoms $s$ das folgende Ergebnis:

$$\begin{aligned}&\text{Bel}\,(f_1 \wedge f_2) \\ &= \frac{\text{Prob}\,(s \mid f_1 \wedge f_2)\,\text{Prob}\,(f_1 \wedge f_2)}{\begin{array}{l}\text{Prob}\,(s \mid f_1 \wedge f_2)\,\text{Prob}\,(f_1 \wedge f_2) + \text{Prob}\,(s \mid f_1 \wedge \neg f_2)\,\text{Prob}\,(f_1 \wedge \neg f_2) \\ +\text{Prob}\,(s \mid \neg f_1 \wedge f_2)\,\text{Prob}\,(\neg f_1 \wedge f_2) + \text{Prob}\,(s \mid \neg f_1 \wedge \neg f_2)\,\text{Prob}\,(\neg f_1 \wedge \neg f_2)\end{array}}\end{aligned}$$

$$= \frac{\text{Prob}\,(f_1 \wedge f_2)}{\text{Prob}\,(f_1 \wedge f_2) + \text{Prob}\,(f_1 \wedge \neg f_2) + \text{Prob}\,(\neg f_1 \wedge f_2)}$$

$$\text{Bel}\,(f_1 \wedge \neg f_2) = \frac{\text{Prob}\,(f_1 \wedge \neg f_2)}{\text{Prob}\,(f_1 \wedge f_2) + \text{Prob}\,(f_1 \wedge \neg f_2) + \text{Prob}\,(\neg f_1 \wedge f_2)}$$

usw.

Das Ergebnis hängt nur von den A-priori-Wahrscheinlichkeiten der vier Fehlerfälle ab. Dies ist zu erwarten, da sich die Fehler nicht in ihrer Wirkung auf das Symptom „platter Reifen" unterscheiden, sondern nur in der Häufigkeit ihres Auftretens.

**Anmerkung zur Schreibweise.** Entsprechend der auf S. 392 erläuterten Schreibweise können die Aussagesymbole in den Wahrscheinlichkeitsangaben auch durch Kommas getrennt werden, so dass die letzte Beziehung

$$\text{Bel}\,(f_1, \neg f_2) = \frac{\text{Prob}\,(f_1, \neg f_2)}{\text{Prob}\,(f_1, f_2) + \text{Prob}\,(f_1, \neg f_2) + \text{Prob}\,(\neg f_1, f_2)}$$

heißt.

## Aufgabe 12.4 *Fehlerdiagnose einer Heckleuchte mit probabilistischer Logik*

**1.** Da der Zusammenhang zwischen $okB$, $okL$ und $h$ untersucht wird, ist für die Beschreibung dieses Zusammenhangs die Wahrscheinlichkeitsverteilung $\text{Prob}\,(h, okB, okL)$ maßgebend. In Ursache-Wirkungsrichtung betrachtet, wird dieses wahrscheinlichkeitstheoretische Modell durch die bedingte Wahrscheinlichkeit $\text{Prob}\,(h \,|\, okB, okL)$ und die A-priori-Wahrscheinlichkeiten $\text{Prob}\,(okB)$ und $\text{Prob}\,(okL)$ dargestellt (Abb. A1.10):

$$\text{Prob}\,(h, okB, okL) = \text{Prob}\,(h \,|\, okB, okL) \cdot \text{Prob}\,(okB) \cdot \text{Prob}\,(okL).$$

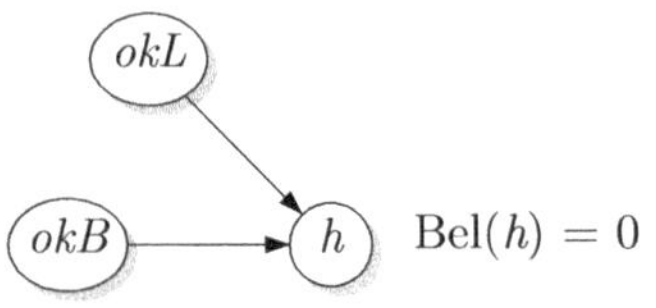


**Abb. A1.10:** Probabilistisches Modell der Heckleuchte

Dabei gilt

$$\begin{aligned}
\text{Prob}\,(h \,|\, okB, okL) &= 0{,}999\\
\text{Prob}\,(h \,|\, \neg okB, okL) &= 0\\
\text{Prob}\,(h \,|\, okB, \neg okL) &= 0\\
\text{Prob}\,(h \,|\, \neg okB, \neg okL) &= 0\\
\text{Prob}\,(\neg h \,|\, okB, okL) &= 0{,}001\\
\text{Prob}\,(\neg h \,|\, \neg okB, okL) &= 1
\end{aligned}$$

$$\begin{aligned}
\text{Prob}\,(\neg h \mid okB, \neg okL) &= 1 \\
\text{Prob}\,(\neg h \mid \neg okB, \neg okL) &= 1 \\
\text{Prob}\,(okL) &= 0{,}9995 \quad \text{Ausfall einmal alle 5 Jahre} \\
\text{Prob}\,(okB) &= 0{,}998 \quad \text{Ausfall einmal im Jahr.}
\end{aligned}$$

Für unmögliche Ereignisse haben die bedingten Wahrscheinlichkeiten den Wert 0 (z. B. brennt die Lampe mit Sicherheit nicht, wenn die Batterie defekt ist: $\text{Prob}\,(h \mid \neg okB, okL) = 0$). Für sichere Ereignisse sind die bedingten Wahrscheinlichkeiten gleich eins.

**2.** Es wird die Situation betrachtet, in der die Lampe nicht brennt: $\text{Bel}\,(h) = 0$, $\text{Bel}\,(\neg h) = 1$. In der bayesschen Diagnoseregel (12.20) muss der Fehler $f$ durch die beiden Fehler $okB$ und $okL$ ersetzt werden. Gleichung (12.20) führt auf

$$\begin{aligned}
\text{Bel}\,(okB, okL) &= \text{Prob}\,(okB, okL \mid \neg h) \\
&= \frac{\text{Prob}\,(\neg h \mid okB, okL) \cdot \text{Prob}\,(okB) \cdot \text{Prob}\,(okL)}{\begin{array}{l}\text{Prob}\,(\neg h \mid okB, okL) \cdot \text{Prob}\,(okB) \cdot \text{Prob}\,(okL) \\ +\text{Prob}\,(\neg h \mid \neg okB, okL) \cdot \text{Prob}\,(\neg okB) \cdot \text{Prob}\,(okL) \\ +\text{Prob}\,(\neg h \mid okB, \neg okL) \cdot \text{Prob}\,(okB) \cdot \text{Prob}\,(\neg okL) \\ +\text{Prob}\,(\neg h \mid \neg okB, \neg okL) \cdot \text{Prob}\,(\neg okB) \cdot \text{Prob}\,(\neg okL)\end{array}} \\
&= \frac{0{,}001 \cdot 0{,}9995 \cdot 0{,}998}{\begin{array}{l}0{,}001 \cdot 0{,}998 \cdot 0{,}9995 \\ +1 \cdot 0{,}002 \cdot 0{,}9995 \\ +1 \cdot 0{,}998 \cdot 0{,}0005 \\ +1 \cdot 0{,}002 \cdot 0{,}0005\end{array}} = \frac{0{,}000997}{0{,}00099 + 0{,}002 + 0{,}0005 + 0} = 0{,}285
\end{aligned}$$

$$\begin{aligned}
\text{Bel}\,(\neg okB, okL) &= \text{Prob}\,(\neg okB, okL \mid \neg h) = 0{,}57 \\
\text{Bel}\,(okB, \neg okL) &= \text{Prob}\,(okB, \neg okL \mid \neg h) = 0{,}143 \\
\text{Bel}\,(\neg okB, \neg okL) &= \text{Prob}\,(\neg okB, \neg okL \mid \neg h) = 0{,}002.
\end{aligned}$$

Aus den vier Fehlerfällen können die gesuchten Wahrscheinlichkeiten, dass die Batterie bzw. die Lampe den Ausfall verursacht, berechnet werden:

$$\begin{aligned}
\text{Prob}\,(\neg okB \mid \neg h) &= \text{Prob}\,(\neg okB, okL \mid \neg h) + \text{Prob}\,(\neg okB, \neg okL \mid \neg h) \\
&= 0{,}57 + 0{,}002 \\
&= 0{,}572 \\
\text{Prob}\,(\neg okL \mid \neg h) &= 0{,}145.
\end{aligned}$$

## Aufgabe 12.5 *Fehleranalyse einer Fertigungszelle*

Die gegebenen Werte können folgendermaßen dargestellt werden

$$\begin{aligned}
\text{Prob}\,(f) &= 0{,}0002 \\
\text{Prob}\,(s \mid f) &= 0{,}999 \\
\text{Prob}\,(s \mid \neg f) &= 0{,}01,
\end{aligned}$$

wobei die Aussage $f$ besagt, dass die Anlage fehlerhaft ist, und das „Symptom" $s$ auftritt, wenn das Überwachungssystem einen Fehler signalisiert. Daraus ergeben sich folgende weitere Daten:

$$\begin{aligned}
\text{Prob}\,(\neg f) &= 1 - 0{,}0002 = 0{,}9998 \\
\text{Prob}\,(\neg s \mid f) &= 1 - 0{,}999 = 0{,}001 \\
\text{Prob}\,(\neg s \mid \neg f) &= 1 - 0{,}01 = 0{,}99.
\end{aligned}$$

Mit Hilfe der Diagnoseformel (12.20) erhält man die A-posteriori-Wahrscheinlichkeit für den Fehler, wenn das Überwachungssystem einen Fehler anzeigt:

$$\text{Bel}\,(f) = \text{Prob}\,(f \mid s) = \frac{\text{Prob}\,(s \mid f) \cdot \text{Prob}\,(f)}{\text{Prob}\,(s \mid f) \cdot \text{Prob}\,(f) + \text{Prob}\,(s \mid \neg f) \cdot \text{Prob}\,(\neg f)}$$

$$= \frac{0{,}999 \cdot 0{,}0002}{0{,}999 \cdot 0{,}0002 + 0{,}01 \cdot 0{,}9998} = 0{,}0196$$

Das heißt, dass nur in 2% der Fälle, in denen das Überwachungssystem einen Fehler anzeigt, die Fertigungszelle tatsächlich fehlerbehaftet ist!

**Interpretation.** Dieses schlechte Ergebnis kommt folgendermaßen zustande. Die gegebenen Daten besagen, dass von 10000 Fertigungszellen im Mittel 2 fehlerhaft und 9998 fehlerfrei sind. Das Überwachungssystem löst bei $10000 \cdot 0{,}01 = 100$ Anlagen einen Fehlalarm aus und erkennt mit 99 %-iger Sicherheit die beiden fehlerhaften Fertigungszellen. Folglich sind unter den 102 Alarmen nur zwei Alarme berechtigt, was dem o. a. Ergebnis entspricht.

Diese Überlegungen zeigen, dass das schlechte Ergebnis nur durch eine Reduzierung der Fehlalarme verbessert werden kann, was man an einer Wiederholung der Rechnung mit Fehlalarmquoten von 0,1% und 0,01% erkennen kann. Die Überlegungen zeigen außerdem, dass die A-priori-Wahrscheinlichkeit für den Fehler das Ergebnis entscheidend mitbestimmt. Wären 0,2% aller Fertigungszellen fehlerhaft, so würde sich das Ergebnis auf 16,7% verbessern, weil es mehr tatsächlich fehlerhafte Anlagen gäbe.

## **Aufgabe 12.6** *Darstellung wahrscheinlichkeitstheoretischer Modelle durch Bayesnetze*

Die durch die drei Netze dargestellten Modelle können entsprechend Gl. (12.29) direkt aus der grafischen Darstellung abgelesen werden:

$$\begin{aligned}
\text{Prob}\,(P, Q, R) &= \text{Prob}\,(R \mid Q) \cdot \text{Prob}\,(Q \mid P) \cdot \text{Prob}\,(P) \\
\text{Prob}\,(P, Q, R) &= \text{Prob}\,(R \mid P, Q) \cdot \text{Prob}\,(Q \mid P) \cdot \text{Prob}\,(P) \\
\text{Prob}\,(P, Q, R, S) &= \text{Prob}\,(R \mid P, Q, S) \cdot \text{Prob}\,(Q \mid P, S) \cdot \text{Prob}\,(P) \cdot \text{Prob}\,(S).
\end{aligned}$$

Die Modelle a) und b) unterscheiden sich nur in der direkten Abhängigkeit der stochastischen Variablen $R$ von der Variablen $Q$ im Modell b), die in der bedingten Wahrscheinlichkeit $\text{Prob}\,(R \mid P, Q)$ zum Ausdruck kommt. Im Modell c) gibt es nicht nur eine Variable mehr, sondern es gibt auch mehr Abhängigkeiten der Variablen untereinander, was man schon an der größeren Anzahl von Kanten sehen kann. Dementsprechend stehen in den Bedingungsteilen der bedingten Wahrscheinlichkeiten mehrere Variablen.

## Aufgabe 12.7 *Abhängige und unabhängige Ereignisse bei der Flaschenabfüllung*

Beispiele für die gesuchten Ereignisse sind für die korrelierten, aber nicht direkt kausal abhängigen Ereignisse

$p$ = „Die Flasche hat die falsche Größe."
$q$ = „Die Abfüllmenge ist nicht der Flaschengröße angepasst."
$r$ = „Das Etikett ist falsch aufgeklebt."

und für die kausale Wirkungskette

$p$ = „Die Flasche hat die falsche Größe."
$q$ = „Die Abfüllmenge ist nicht der Flaschengröße angepasst."
$r$ = „Die Kontrolle der Flasche hat einen Fehler festgestellt."

Im ersten Fall verursacht die falsche Flasche in den beiden unabhängigen Teilprozessen „Abfüllen" und „Etikettieren" jeweils einen Fehler. Diese Fehler treten häufig gemeinsam auf, stehen aber in keiner Ursache-Wirkungsbeziehung zueinander. Im zweiten Fall beschreiben die Aussagen Ereignisse, die nacheinander durch die falsche Flasche hervorgerufen werden.

## Aufgabe 12.9 *Fehleranalyse eines Dieselmotors*

**1.** Das Bayesnetz ist nur gültig, wenn die folgenden bedingten stochastischen Unabhängigkeiten gelten:

$$\text{Prob}\,(m \mid f, s_1, s_2) = \text{Prob}\,(m \mid s_2) \qquad \text{(A1.10)}$$
$$\text{Prob}\,(s_2 \mid f, s_1, m) = \text{Prob}\,(s_2 \mid s_1) \qquad \text{(A1.11)}$$

Gleichung (A1.11) besagt, dass bei Kenntnis über den Wahrheitswert der Aussage $s_2$ Informationen über den Wahrheitswert von $f$ und $s_1$ irrelevant für die Gültigkeit der Aussage $m$ sind. $f$, $s_1$ und $m$ sind dann bedingt stochastisch unabhängig bei der Kenntnis von $s_2$.

**2.** Entsprechend der Aufgabenstellung haben die A-priori-Wahrscheinlichkeiten die folgenden Werte:

$$\begin{aligned} \text{Prob}\,(F = \text{T}) &= 0{,}1 \\ \text{Prob}\,(F = \text{F}) &= 0{,}9 \end{aligned}$$

und die bedingten Wahrscheinlichkeiten die Werte

$$\begin{aligned} \text{Prob}\,(S_1 = \text{T} \mid F = \text{T}) &= 0{,}8 \\ \text{Prob}\,(S_1 = \text{T} \mid F = \text{F}) &= 0{,}3 \\ \text{Prob}\,(S_2 = \text{T} \mid S_1 = \text{T}) &= 0{,}98 \\ \text{Prob}\,(S_2 = \text{T} \mid S_1 = \text{F}) &= 0{,}10 \\ \text{Prob}\,(M = \text{T} \mid S_2 = \text{T}) &= 1 \\ \text{Prob}\,(M = \text{T} \mid S_2 = \text{F}) &= 0{,}05. \end{aligned}$$

Die A-priori Wahrscheinlichkeit $\text{Prob}\,(M = \text{T})$, dass der Antrieb defekt ist, kann wie folgt berechnet werden:

$$\begin{aligned}
\text{Prob}\,(S_1 = \text{T}) &= \sum_{F\in\{\text{T},\text{F}\}} \text{Prob}\,(S_1 = \text{T} \mid F) \cdot \text{Prob}\,(F) \\
&= \text{Prob}\,(S_1 = \text{T} \mid F = \text{T}) \cdot \text{Prob}\,(F = \text{T}) \\
&\quad + \text{Prob}\,(S_1 = \text{T} \mid F = \text{F}) \cdot \text{Prob}\,(F = \text{F}) \\
&= 0{,}8 \cdot 0{,}1 + 0{,}3 \cdot 0{,}9 \\
&= 0{,}35
\end{aligned}$$

$$\begin{aligned}
\text{Prob}\,(S_1 = \text{F}) &= 1 - \text{Prob}\,(S_1 = \text{T}) \\
&= 0{,}65 \\
\text{Prob}\,(S_2 = \text{T}) &= \sum_{S_1\in\{\text{T},\text{F}\}} \text{Prob}\,(S_2 = \text{T} \mid S_1) \cdot \text{Prob}\,(S_1) \\
&= \text{Prob}\,(S_2 = \text{T} \mid S_1 = \text{T}) \cdot \text{Prob}\,(S_1 = \text{T}) \\
&\quad + \text{Prob}\,(S_2 = \text{T} \mid S_1 = \text{F}) \cdot \text{Prob}\,(S_1 = \text{F}) \\
&= 0{,}98 \cdot 0{,}35 + 0{,}1 \cdot 0{,}65 \\
&= 0{,}408 \\
\text{Prob}\,(S_2 = \text{F}) &= 1 - \text{Prob}\,(S_2 = \text{T}) \\
&= 0{,}592 \\
\text{Prob}\,(M = \text{T}) &= \sum_{S_2\in\{\text{T},\text{F}\}} \text{Prob}\,(M = \text{T} \mid S_2) \cdot \text{Prob}\,(S_2) \\
&= \text{Prob}\,(M = \text{T} \mid S_2 = \text{T}) \cdot \text{Prob}\,(S_2 = \text{T}) \\
&\quad + \text{Prob}\,(M = \text{T} \mid S_2 = \text{F}) \cdot \text{Prob}\,(S_2 = \text{F}) \\
&= 1 \cdot 0{,}408 + 0{,}05 \cdot 0{,}592 \\
&= 0{,}4376 \\
\text{Prob}\,(M = \text{F}) &= 1 - \text{Prob}\,(M = \text{T}) \\
&= 0{,}5624.
\end{aligned}$$

Die A-priori-Wahrscheinlichkeit Prob $(M = \text{T})$, dass der Antrieb defekt ist, liegt bei einer Betriebsdauer von 5000 Stunden bei 43,76%. Dass sich diese Wahrscheinlichkeitsangabe auf 5000 Betriebsstunden bezieht, ergibt sich aus den Zahlenangaben in der Aufgabenstellung, die sich ebenfalls auf diese Zeitspanne beziehen.

**3.** Für die A-posteriori-Wahrscheinlichkeit ergibt sich dann mit

$$\begin{aligned}
\text{Bel}(F = \text{T}) &= 1 \\
\text{Bel}(F_2 = \text{F}) &= 0
\end{aligned}$$

die folgende Beziehung

$$\begin{aligned}
\text{Bel}(M = \text{T}) &= \sum_{S_2\in\{\text{T},\text{F}\}} \text{Prob}\,(M = \text{T} \mid S_2) \cdot \text{Bel}(S_2) \\
&= \text{Prob}\,(M = \text{T} \mid S_2 = \text{T}) \cdot \text{Bel}(S_2 = \text{T}) + \text{Prob}\,(M = \text{T} \mid S_2 = \text{F}) \cdot \text{Bel}(S_2 = \text{F})
\end{aligned}$$

Mit den A-posteriori-Wahrscheinlichkeiten

$$\begin{aligned}
\text{Bel}(S_2 = \text{T}) &= 0{,}98 \cdot 0{,}8 + 0{,}1 \cdot 0{,}2 = 0{,}804 \\
\text{Bel}(S_2 = \text{F}) &= 1 - 0{,}804 = 0{,}196,
\end{aligned}$$

die man aus den aus den oben genannten Berechnungsvorschriften bestimmen kann, erhält man für die A-posteriori-Wahrscheinlichkeit des defekten Antriebs

$$\begin{aligned}\mathrm{Bel}(M=\mathrm{T}) &= 1\cdot 0{,}804 + 0{,}05\cdot 0{,}196\\ &= 0{,}8138.\end{aligned}$$

## **Aufgabe 12.11** *Ausfallverhalten der Heckleuchte*

**1.** Aus der Funktionsweise der Schaltung erhält man das Bayesnetz in Abb. A1.11. Es enthält eine Reihe von Annahmen über bedingte stochastische Unabhängigkeiten, beispielsweise die Annahme

$$\mathrm{Prob}\,(U_{\mathrm{L}}\,|\,S, E, OkF, OkB) = \mathrm{Prob}\,(U_{\mathrm{L}}\,|\,S, E, OkF).$$

Aus der Funktionsweise der Schaltung geht hervor, dass es bei bekanntem Wert für die Batteriespannung für Aussagen über die weiteren Elemente der Schaltung gleichgültig ist, in welchem Zustand sich die Batterie befindet.

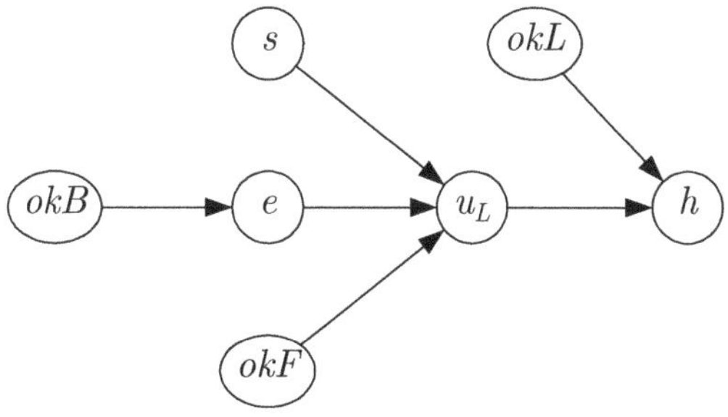


**Abb. A1.11:** Bayesnetz der Heckleuchte

Zu dem gezeigten Bayesnetz gehören die A-priori-Wahrscheinlichkeiten für die „Blattknoten" $okB$, $s$, $okF$ und $okL$ des Netzes sowie die bedingten Wahrscheinlichkeiten für die Aussagen $e$, $u_{\mathrm{L}}$ und $h$ unter den Bedingungen, die durch die Vorgängerknoten des Bayesnetzes beschrieben sind:

$$\mathrm{Prob}\,(E\,|\,OkB),\quad \mathrm{Prob}\,(U_{\mathrm{L}}\,|\,S, E, OkF),\quad \mathrm{Prob}\,(H\,|\,OkL, U_{\mathrm{L}}).$$

**2.** Das Bayesnetz ähnelt dem kausalen Netz in Abb. 5.6 auf S. 142, wobei hier der Darstellungsweise der Bayesnetze entsprechend die Kennzeichnung der gemeinsam wirkenden Kanten weggelassen ist. Da Bayesnetze unsichere Kopplungen darstellen und bei unsicheren Ursache-Wirkungsbeziehungen stets der gesamte Kontext betrachtet werden muss und insbesondere in den oben angegebenen bedingten Wahrscheinlichkeiten alle Vorgängerknoten berücksichtigt werden müssen, gelten in einem Bayesnetz stets alle auf einen Knoten zeigenden Kanten gemeinsam. Ansonsten zeigt der Vergleich des Bayesnetzes mit dem kausalen Netz, dass bedingte stochastische Unabhängigkeiten häufig aus der kausalen Struktur eines Systems abgeleitet werden können.

**3.** In dem hier betrachteten Beispielsszenario ist der Schalter geschlossen, die Batterie und die Sicherung in Ordnung und die Lampe ausgefallen:

$$\text{Bel}\,(okB) = 1, \quad \text{Bel}\,(s) = 1, \quad \text{Bel}\,(okF) = 1, \quad \text{Bel}\,(okL) = 0.$$

Mit dem Algorithmus 12.2 erhält man schrittweise die gesuchten A-posteriori-Wahrscheinlichkeiten. Im ersten Schritt wird der Modus Ponens der Bayesnetze (12.34) auf den in Abb. A1.12 links gezeigten Teilgraphen des Bayesnetzes angewendet:

$$\begin{array}{l}
\text{Bel}\,(OkB = \text{T}) = 1 \\
\text{Bel}\,(OkB = \text{F})) = 0 \\
\text{Prob}\,(E = \text{T} \,|\, OkB = \text{T}) \\
\text{Prob}\,(E = \text{T} \,|\, OkB = \text{F}) \\
\text{Prob}\,(E = \text{F} \,|\, OkB = \text{T}) \\
\text{Prob}\,(E = \text{F} \,|\, OkB = \text{F}) \\
\hline
\end{array}$$

$$\begin{aligned}
\text{Bel}\,(E = \text{T}) = \text{Prob}\,(E = \text{T} \,|\, OkB = \text{T}) \cdot \text{Bel}\,(OkB = \text{T}) \\
+\text{Prob}\,(E = \text{T} \,|\, OkB = \text{F}) \cdot \text{Bel}\,(OkB = \text{F}) \\
\text{Bel}\,(E = \text{F}) = \text{Prob}\,(E = \text{F} \,|\, OkB = \text{T}) \cdot \text{Bel}\,(OkB = \text{T}) \\
+\text{Prob}\,(E = \text{F} \,|\, OkB = \text{F}) \cdot \text{Bel}\,(OkB = \text{F})
\end{aligned}$$

Über dem Strich stehen sechs bekannte Wahrscheinlichkeiten, darunter die Formeln für die beiden gesuchten Wahrscheinlichkeiten. In der Schreibweise, die sich auf die Aussagen bezieht, heißt das Ergebnis

$$\begin{aligned}
\text{Bel}\,(e) &= \text{Prob}\,(e \,|\, okB) \\
\text{Bel}\,(\neg e) &= \text{Prob}\,(\neg e \,|\, okB).
\end{aligned}$$

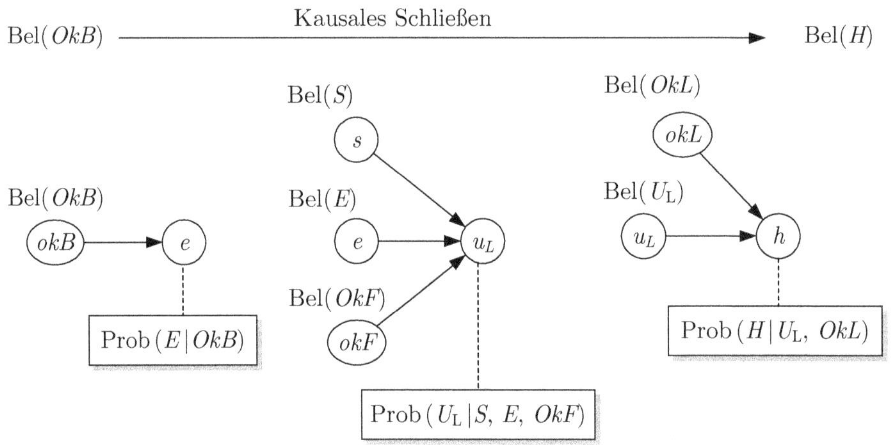


**Abb. A1.12:** Kausales Schließen zur Verhaltensanalyse der Heckleuchte

Im zweiten Schritt wird die A-posteriori-Wahrscheinlichkeit für $u_{\rm L}$ berechnet:

$$\begin{aligned}
\text{Bel}\,(u_{\rm L}) &= \sum_{OkF,\,E,\,S\,\in\,\{\text{T},\text{F}\}} \text{Prob}\,(U_{\rm L}=\text{T}\,|\,OkF,E,S)\cdot \text{Bel}\,(OkF)\cdot \text{Bel}\,(E)\cdot \text{Bel}\,(S)\\
&= \text{Prob}\,(U_{\rm L}=\text{T}\,|\,OkF=\text{T},E=\text{T},S=\text{T})\cdot \text{Bel}\,(E=\text{T})\\
&\quad + \text{Prob}\,(U_{\rm L}=\text{T}\,|\,OkF=\text{T},E=\text{F},S=\text{T})\cdot \text{Bel}\,(E=\text{F})\\
\text{Bel}\,(u_{\rm L}) &= \text{Prob}\,(u_{\rm L}\,|\,okF,e,s)\cdot \text{Bel}\,(e)+\text{Prob}\,(u_{\rm L}\,|\,okF,\neg e,s)\cdot \text{Bel}\,(\neg e)\\
\text{Bel}\,(\neg u_{\rm L}) &= \text{Prob}\,(\neg u_{\rm L}\,|\,okF,e,s)\cdot \text{Bel}\,(e)+\text{Prob}\,(\neg u_{\rm L}\,|\,okF,\neg e,s)\cdot \text{Bel}\,(\neg e).
\end{aligned}$$

Die erste Zeile ist die direkte Anwendung des Modus Ponens der Bayesnetze auf den mittleren Teilgraphen in Abb. A1.12. In der zweiten Zeile stehen dann nur die von eins bzw. null verschiedenen Elemente. Die dritte Zeile übersetzt das Ergebnis in einen direkten Bezug zu den Aussagen und die vierte Zeile gibt das entsprechende Ergebnis für $\neg u_{\rm L}$ an.

Auf dieselbe Weise erhält man im dritten Schritt

$$\begin{aligned}
\text{Bel}\,(h) &= \sum_{OkL,\,U_{\rm L}\,\in\,\{\text{T},\text{F}\}} \text{Prob}\,(H=\text{T}\,|\,OkL,U_{\rm L})\cdot \text{Bel}\,(OkL)\cdot \text{Bel}\,(U_{\rm L})\\
&= \text{Prob}\,(H=\text{T}\,|\,OkL=\text{T},U_{\rm L}=\text{T})\cdot \text{Bel}\,(U_{\rm L}=\text{T})\\
&\quad + \text{Prob}\,(H=\text{T}\,|\,OkL=\text{T},U_{\rm L}=\text{F})\cdot \text{Bel}\,(U_{\rm L}=\text{F})\\
\text{Bel}\,(h) &= \text{Prob}\,(h\,|\,okL,u_{\rm L})\cdot \text{Bel}\,(u_{\rm L})+\text{Prob}\,(h\,|\,okL,\neg u_{\rm L})\cdot \text{Bel}\,(\neg u_{\rm L})\\
\text{Bel}\,(\neg h) &= \text{Prob}\,(\neg h\,|\,okL,u_{\rm L})\cdot \text{Bel}\,(u_{\rm L})+\text{Prob}\,(\neg h\,|\,okL,\neg u_{\rm L})\cdot \text{Bel}\,(\neg u_{\rm L}).
\end{aligned}$$

Abbildung A1.12 zeigt, dass die Ergebnisse in einer strukturierten Vorgehensweise erhalten wurden, bei der in jedem Schritt nur ein Teil des wahrscheinlichkeitstheoretischen Modells verwendet wurde.

## **Aufgabe 12.14** *Zuverlässigkeitsanforderungen an eine Sicherheitsüberwachung*

Die drei Bayesnetze sind in Abb. A1.13 zu sehen. Die unsicheren Verbindungen sind durch die Faktoren $a$ und $b$ gekennzeichnet, deren Bedeutung in der Aufgabenstellung erklärt wurde. Gesucht ist in allen drei Fällen die Wahrscheinlichkeit $\text{Prob}\,(a\,|\,f)$.

**1.** Bei der ersten Anordnung überträgt sich die Messungenauigkeit des Sensors direkt auf das Überwachungsergebnis. Es gilt entsprechend der Aufgabenstellung

$$\begin{aligned}
\text{Prob}\,(a\,|\,s) &= 1\\
\text{Prob}\,(s\,|\,f) &= a,
\end{aligned}$$

so dass man

$$\text{Prob}\,(a\,|\,f)=\text{Prob}\,(s\,|\,f)\cdot\text{Prob}\,(a\,|\,s)=a$$

erhält.

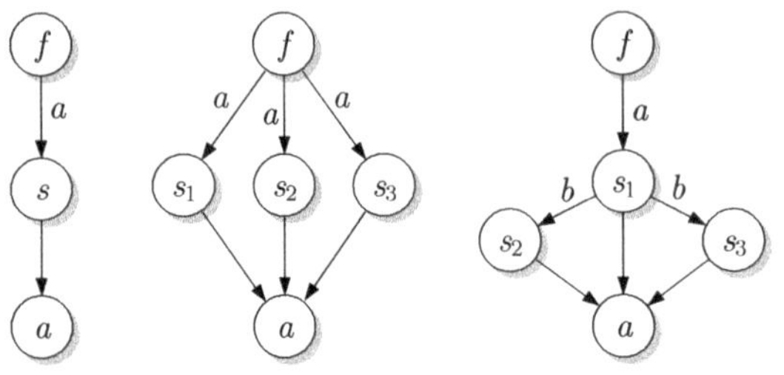


**Abb. A1.13:** Bayesnetze der Sicherheitsüberwachung

**2.** Für das mittlere Bayesnetz gelten entsprechend der Aufgabenstellung folgende Beziehungen:

$$\mathrm{Prob}\,(s_i \,|\, f) = a, \quad i = 1, 2, 3$$

$$\mathrm{Prob}\,(a \,|s_1, s_2, s_3) = 1 \text{ wenn zwei oder drei Aussagen der Menge } \{s_1, s_2, s_3\} \text{ gelten.} \quad \text{(A1.12)}$$

Damit erhält man

$$\begin{aligned}
\mathrm{Prob}\,(a \,|\, f) &= \sum_{s_1, s_2, s_3 \in \{\mathrm{F}, \mathrm{T}\}} \mathrm{Prob}\,(a \,|\, s_1, s_2, s_3) \cdot \mathrm{Prob}\,(s_1 \,|\, f) \cdot \mathrm{Prob}\,(s_2 \,|\, f) \cdot \mathrm{Prob}\,(s_3 \,|\, f) \\
&= \mathrm{Prob}\,(s_1 \,|\, f) \cdot \mathrm{Prob}\,(s_2 \,|\, f) \cdot \mathrm{Prob}\,(\neg s_3 \,|\, f) \\
&\quad + \mathrm{Prob}\,(s_1 \,|\, f) \cdot \mathrm{Prob}\,(\neg s_2 \,|\, f) \cdot \mathrm{Prob}\,(s_3 \,|\, f) \\
&\quad + \mathrm{Prob}\,(\neg s_1 \,|\, f) \cdot \mathrm{Prob}\,(s_2 \,|\, f) \cdot \mathrm{Prob}\,(s_3 \,|\, f) \\
&\quad + \mathrm{Prob}\,(s_1 \,|\, f) \cdot \mathrm{Prob}\,(s_2 \,|\, f) \cdot \mathrm{Prob}\,(s_3 \,|\, f) \\
&= 3a^2(1-a) + a^3 \\
&= a^2(3-2a).
\end{aligned}$$

Dieser Wert ist für $a > 0{,}5$ größer als $a$, d. h., die Nutzung von drei getrennten Sensoren zusammen mit der 2-aus-3-Logik führt zu einem besseren Ergebnis als die Verwendung von nur einem Sensor, wenn die Sensoren in wenigstens 50% der Fälle die Grenzwertüberschreitung des Signals erkennen.

**3.** Wenn nur ein Sensor verwendet wird, entsteht das Bayesnetz im rechten Teil der Abbildung. Der Sensor $s_1$ erkennt die Grenzwertüberschreitung mit der Wahrscheinlichkeit $\mathrm{Prob}\,(s_1 \,|\, f) = a$, während die beiden anderen Auswerteeinheiten die Grenzwertüberschreitung mit der Wahrscheinlichkeit $\mathrm{Prob}\,(s_2 \,|\, s_1) = b$ und $\mathrm{Prob}\,(s_3 \,|\, s_1) = b$ signalisieren. Man benötigt noch die Wahrscheinlichkeit, mit der die Auswerteeinheiten eine Grenzwertüberschreitung anzeigen, obwohl das Sensorsignal unter dem Grenzwert liegt. Es wird angenommen, dass dies mit verschwindender Wahrscheinlichkeit auftritt: $\mathrm{Prob}\,(s_2 \,|\, \neg s_1) = 0$ und $\mathrm{Prob}\,(s_3 \,|\, \neg s_1) = 0$. Für die 2-aus-3-Logik gilt wieder Gl. (A1.12).

Aus dem Bayesnetz liest man folgende Beziehung ab:

$$\begin{aligned}
\mathrm{Prob}\,(a \,|\, f) &= \sum_{s_1, s_2, s_3 \in \{\mathrm{F}, \mathrm{T}\}} \mathrm{Prob}\,(a \,|\, s_1, s_2, s_3) \cdot \mathrm{Prob}\,(s_2 \,|\, s_1) \cdot \mathrm{Prob}\,(s_3 \,|\, s_1) \cdot \mathrm{Prob}\,(s_1 \,|\, f) \\
&= \mathrm{Prob}\,(s_1 \,|\, f) \cdot \mathrm{Prob}\,(s_2 \,|\, s_1) \cdot \mathrm{Prob}\,(\neg s_3 \,|\, s_1) \\
&\quad + \mathrm{Prob}\,(s_1 \,|\, f) \cdot \mathrm{Prob}\,(\neg s_2 \,|\, s_1) \cdot \mathrm{Prob}\,(s_3 \,|\, s_1) \\
&\quad + \mathrm{Prob}\,(\neg s_1 \,|\, f) \cdot \mathrm{Prob}\,(s_2 \,|\, \neg s_1) \cdot \mathrm{Prob}\,(s_3 \,|\, \neg s_1) \\
&\quad + \mathrm{Prob}\,(s_1 \,|\, f) \cdot \mathrm{Prob}\,(s_2 \,|\, s_1) \cdot \mathrm{Prob}\,(s_3 \,|\, s_1) \\
&= 2ab(1-b) + ab^2 \\
&= 2ab - ab^2.
\end{aligned}$$

Für $b = 1$, also die bestmögliche Funktion der zusätzlichen Auswerteeinheiten, gilt $\text{Prob}\,(a\,|\,f) = a$, d. h., die hier betrachtete Anordnung ist höchstens so gut wie die erste Anordnung, bei der nur ein Sensor verwendet wurde. Die zusätzliche Auswertung des Sensorsignals bringt keine Zuverlässigkeitsverbesserung in der Sicherheitsüberwachung. Man fordert deshalb, dass die Signale $s_1$, $s_2$ und $s_3$ von unterschiedlichen „Quellen" stammen müssen; andernfalls hat eine Auswertung mit einer 2-aus-3-Logik keinen Sinn.

## Aufgabe 12.15 *Bayesnetz für das Wasserversorgungssystem*

**1.** Wenn man die Aussagen in der angegebenen Reihenfolge bei der Aufstellung des Bayesnetzes verwendet, sind $Niederschlag$ und $Wetter$ offenbar zwei unabhängige Knoten. Die Aussage $Wasserstand$ ist nur von $Niederschlag$ und die Aussage $Wasserentnahme$ nur von $Wetter$ abhängig. $Wasserdruck$ und $Vorhersage$ sind untereinander unabhängig und beide von $Wasserstand$ und $Wasserentnahme$ abhängig. Damit erhält man das in Abb. A1.14 dargestellte Bayesnetz.

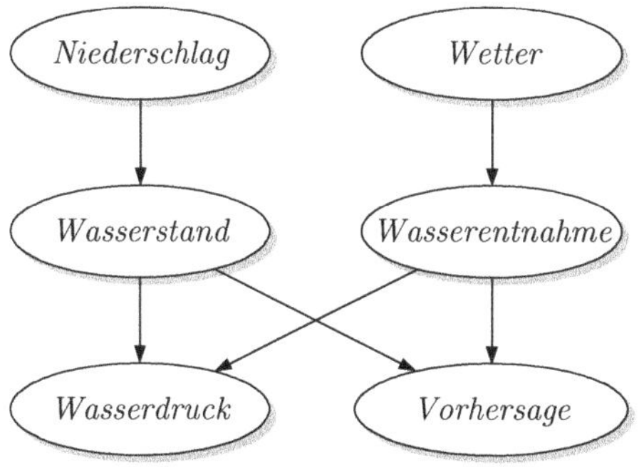


**Abb. A1.14:** Bayesnetz zur Beschreibung des Wasserversorgungssystems

**2.** Aus dem Bayesnetz liest man ab, dass außer den A-priori-Wahrscheinlichkeiten $\text{Prob}\,(Niederschlag)$ und $\text{Prob}\,(Wetter)$ folgende bedingte Wahrscheinlichkeiten bestimmt werden müssen:

$$\text{Prob}\,(Wasserstand\,|\,Niederschlag)$$
$$\text{Prob}\,(Wasserentnahme\,|\,Wetter)$$
$$\text{Prob}\,(Wasserdruck\,|\,Wasserstand, Wasserentnahme)$$
$$\text{Prob}\,(Vorhersage\,|\,Wasserstand, Wasserentnahme).$$

**3.** Bei der Bestimmung der A-posteriori-Wahrscheinlichkeit für $Vorhersage$ kann die Aussage $Wasserdruck$ ignoriert und die Verbundwahrscheinlichkeitsverteilung

$$\begin{aligned}&\text{Prob}\,(Vorhersage, Wasserstand, Wasserentnahme, Niederschlag, Wetter)\\&= \text{Prob}\,(Niederschlag) \cdot \text{Prob}\,(Wetter) \cdot \text{Prob}\,(Wasserstand\,|\,Niederschlag)\\&\quad \cdot \text{Prob}\,(Wasserentnahme\,|\,Wetter)\\&\quad \cdot \text{Prob}\,(Vorhersage\,|\,Wasserstand, Wasserentnahme)\end{aligned}$$

aufgestellt werden. Das gesuchte Ergebnis

$$\mathrm{Bel}\,(Vorhersage) = \mathrm{Prob}\,(Vorhersage \,|\, Wetter)$$

erhält man durch die Bestimmung von Randwahrscheinlichkeiten:

$$\mathrm{Bel}\,(Vorhersage) = \frac{Z}{N}$$

mit

$$Z = \sum_{S, E, N \in \{\mathrm{T}, \mathrm{F}\}} \ldots$$
$$\mathrm{Prob}\,(Vorhersage, Wasserstand = S, Wasserentnahme = E, Niederschlag = N, Wetter)$$

$$N = \sum_{V, S, E, N \in \{\mathrm{T}, \mathrm{F}\}} \ldots$$
$$\mathrm{Prob}\,(Vorhersage = V, Wasserstand = S, Wasserentnahme = E, Niederschlag = N,$$
$$Wetter)$$

# Anhang 2: Grundlagen der Wahrscheinlichkeitsrechnung

Die nachfolgende Zusammenstellung beschränkt sich auf diejenigen Grundbegriffe der Wahrscheinlichkeitsrechnung, die für die Anwendung auf aussagenlogische Beziehungen wichtig sind.

**Zufällige Ereignisse.** Ausgangspunkt der Wahrscheinlichkeitsrechnung ist ein Experiment, dessen Ergebnis $\omega$ nicht vorhergesagt werden kann. Unter dem Stichprobenraum $\Omega = \{\omega_1, \omega_2, ...\}$ versteht man die Menge aller möglichen Ergebnisse des Experiments (Abb. A2.1). Es wird vorausgesetzt, dass jedes Experiment genau auf ein Ergebnis $\omega \in \Omega$ führt. Die Elemente von $\Omega$ heißen deshalb Elementarereignisse.

Bei der Auswertung des Experiments interessiert man sich häufig nicht für die Elementarereignisse, sondern für Mengen von Elementarereignissen, die zufällige Ereignisse genannt werden. Jede Teilmenge $\mathcal{A} \subseteq \Omega$ stellt ein solches Ereignis dar. $\mathcal{A}$ ist eingetreten, wenn das Ergebnis $\omega$ des Experiments zu $\mathcal{A}$ gehört: $\omega \in \mathcal{A}$ (Abb. A2.1).

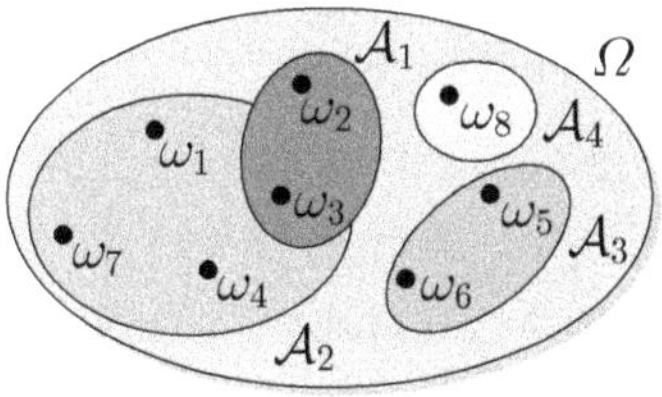


**Abb. A2.1:** Zufällige Ereignisse $\mathcal{A}_i$

Für einen gegebenen Stichprobenraum $\Omega$ stellt die Potenzmenge $2^\Omega$ (die Menge aller Teilmengen von $\Omega$) die Menge aller möglichen Ereignisse dar und heißt deshalb Ereignisraum. Enthält $\Omega$ $n$ Elementarereignisse, so können $2^n$ unterschiedliche Ereignisse definiert werden.

Da Ereignisse Mengen darstellen (und deshalb i. Allg. mit kalligrafischen Buchstaben bezeichnet werden), können Ereignisverknüpfungen mit Hilfe von Mengenoperationen definiert werden:

$$\text{Komplementäres Ereignis:} \quad \bar{\mathcal{A}} = \Omega \backslash \mathcal{A} \tag{A2.1}$$

$$\text{Summe von Ereignissen:} \quad \mathcal{A}_1 \cup \mathcal{A}_2 \tag{A2.2}$$

$$\text{Produkt von Ereignissen:} \quad \mathcal{A}_1 \cap \mathcal{A}_2. \tag{A2.3}$$

Das komplementäre Ereignis ist eingetreten, wenn für das Ergebnis $\omega$ des Experiments die Beziehung $\omega \notin \mathcal{A}$ gilt. Die Summe bzw. das Produkt zweier Ereignisse ist eingetreten, wenn $\omega$ zu einem bzw. zu beiden Mengen $\mathcal{A}_1$ und $\mathcal{A}_2$ gehört.

Zwei Ereignisse $\mathcal{A}_1$ und $\mathcal{A}_2$ heißen unvereinbar, wenn sie nicht gemeinsam auftreten können und folglich der Bedingung $\mathcal{A}_1 \cap \mathcal{A}_2 = \emptyset$ genügen.

Ist gesichert, dass von einer Menge $\{\mathcal{A}_1, \mathcal{A}_2, ..., \mathcal{A}_m\}$ unvereinbarer Ereignisse stets eines der Ereignisse $\mathcal{A}_i$ auftritt, d. h., gelten die Beziehungen

$$\mathcal{A}_i \cap \mathcal{A}_j = \emptyset \quad \text{für alle} \quad i \neq j \tag{A2.4}$$

$$\bigcup_{i=1}^{m} \mathcal{A}_i = \Omega, \tag{A2.5}$$

so nennt man diese Menge ein vollständiges System unvereinbarer Ereignisse (Abb. A2.2). Fasst man die unvereinbaren Ereignisse $\mathcal{A}_i$ als Elementarereignisse auf, so kann ein System unvereinbarer Ereignisse als Stichprobenraum verwendet werden.

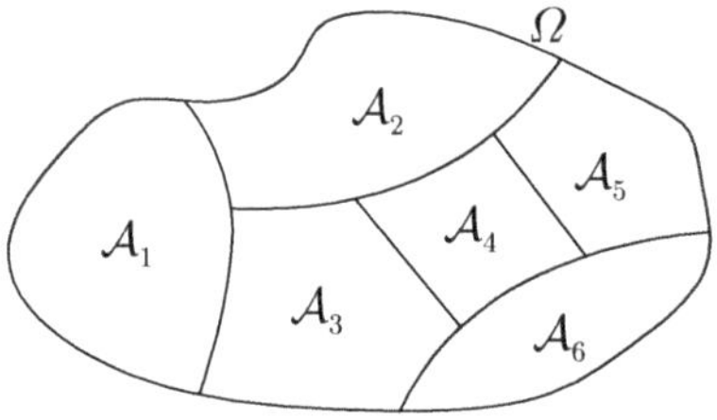


**Abb. A2.2:** Vollständiges System unvereinbarer Ereignisse

Für eine beliebige Menge $\{\mathcal{A}_1, \mathcal{A}_2, ..., \mathcal{A}_m\}$ von $m$ Ereignissen kann man ein vollständiges System unvereinbarer Ereignisse dadurch bilden, dass man die $\bar{m} = 2^m$ Produkte bildet, in denen jedes Ereignis oder dessen Komplement auftritt. Diese Produkte heißen

$$\begin{aligned} \mathcal{P}_1 &= \mathcal{A}_1 \cap \mathcal{A}_2 \cap \ldots \cap \mathcal{A}_m \\ \mathcal{P}_2 &= \bar{\mathcal{A}}_1 \cap \mathcal{A}_2 \cap \ldots \cap \mathcal{A}_m \\ \mathcal{P}_3 &= \mathcal{A}_1 \cap \bar{\mathcal{A}}_2 \cap \ldots \cap \mathcal{A}_m \\ &\vdots \\ \mathcal{P}_{\bar{m}} &= \bar{\mathcal{A}}_1 \cap \bar{\mathcal{A}}_2 \cap \ldots \cap \bar{\mathcal{A}}_m . \end{aligned} \tag{A2.6}$$

Sie erfüllen die Beziehungen (A2.4) und (A2.5):

$$\mathcal{P}_i \cap \mathcal{P}_j = \emptyset \quad \text{für alle} \quad i \neq j \tag{A2.7}$$

$$\bigcup_{i=1}^{m} \mathcal{P}_i = \Omega. \tag{A2.8}$$

Gibt es unter den gegebenen Ereignissen $\mathcal{A}_i$ bereits unvereinbare Ereignisse, so sind einige Produkte $\mathcal{P}_i$ gleich der leeren Menge und müssen aus dem System gestrichen werden.

**Wahrscheinlichkeit.** Die Definition der Wahrscheinlichkeit eines Ereignisses $\mathcal{A}$ entsteht aus der Betrachtung der relativen Häufigkeit, mit der das Ereignis als Ergebnis zahlreicher Experimente auftritt. Tritt das Ereignis $\mathcal{A}$ bei $n$ Versuchen $k_{\mathcal{A}}(n)$-mal auf, so stellt

$$h_{\mathcal{A}} = \frac{k_{\mathcal{A}}(n)}{n}$$

die relative Häufigkeit dieses Ereignisses dar. Die Wahrscheinlichkeit, mit der das Ereignis $\mathcal{A}$ auftritt, ist definiert als der Grenzwert, der sich für die relative Häufigkeit bei einer sehr großen Anzahl von Versuchen, theoretisch bei unendlich vielen Versuchen, einstellt:

$$\text{Prob}\,(\mathcal{A}) = \lim_{n\to\infty} h_{\mathcal{A}}(n). \tag{A2.9}$$

Diese Definition der Wahrscheinlichkeit ist entscheidend für die Bedeutung, die die Wahrscheinlichkeit eines Wahrheitswertes einer Aussage besitzt (Abschn. 12.1.3). Offenbar gilt

$$0 \le \text{Prob}\,(\mathcal{A}) \le 1 \tag{A2.10}$$
$$P(\Omega) = 1 \tag{A2.11}$$
$$P(\emptyset) = 0. \tag{A2.12}$$

In Verallgemeinerung der bisherigen Betrachtung wird untersucht, mit welcher Wahrscheinlichkeit $\text{Prob}\,(\mathcal{A} \cap \mathcal{B})$ zwei Ereignisse $\mathcal{A}$ und $\mathcal{B}$ gemeinsam auftreten. Bezeichnet $k_{\mathcal{A}\cap\mathcal{B}}$ die Häufigkeit des gemeinsamen Auftretens dieser Ereignisse, so gilt

$$\text{Prob}\,(\mathcal{A} \cap \mathcal{B}) = \lim_{n\to\infty} \frac{k_{\mathcal{A}\cap\mathcal{B}}(n)}{n}. \tag{A2.13}$$

Offenbar gilt die Beziehung $\text{Prob}\,(\mathcal{A} \cap \mathcal{B}) \neq 0$ genau dann, wenn $\mathcal{A} \cap \mathcal{B} \neq \emptyset$ gilt.

Für die in den Gln. (A2.1) – (A2.3) eingeführten Ereignisse erhält man

$$\text{Prob}\,(\bar{\mathcal{A}}) = 1 - \text{Prob}\,(\mathcal{A}) \tag{A2.14}$$
$$\text{Prob}\,(\mathcal{A}_1 \cup \mathcal{A}_2) = \text{Prob}\,(\mathcal{A}_1) + \text{Prob}\,(\mathcal{A}_2) - \text{Prob}\,(\mathcal{A}_1 \cap \mathcal{A}_2) \tag{A2.15}$$
$$\text{Prob}\,(\mathcal{A}_1 \cap \mathcal{A}_2) = 0 \quad \text{für} \quad \mathcal{A}_1 \cap \mathcal{A}_2 = \emptyset. \tag{A2.16}$$

**Bedingte Wahrscheinlichkeit.** Die Häufigkeit $k_{\mathcal{A}\cap\mathcal{B}}$ des gemeinsamen Auftretens zweier Ereignisse wird nun in Beziehung zu den Häufigkeiten $k_{\mathcal{A}}(n)$ und $k_{\mathcal{B}}(n)$ des Auftretens der Ereignisse $\mathcal{A}$ und $\mathcal{B}$ gesetzt. Unter der Häufigkeit des Ereignisses $\mathcal{A}$ unter der Bedingung, dass auch das Ereignis $\mathcal{B}$ eingetreten ist, versteht man den Quotienten

$$h_{\mathcal{A}\,|\,\mathcal{B}} = \frac{k_{\mathcal{A}\cap\mathcal{B}}}{k_{\mathcal{B}}} = \frac{\frac{k_{\mathcal{A}\cap\mathcal{B}}}{n}}{\frac{k_{\mathcal{B}}}{n}} = \frac{h_{\mathcal{A}\cap\mathcal{B}}}{h_{\mathcal{B}}}.$$

Durch Grenzwertbildung wird daraus die bedingte Wahrscheinlichkeit für das Auftreten des Ereignisses $\mathcal{A}$ unter der Bedingung, dass bei dem Experiment gleichzeitig das Ereignis $\mathcal{B}$ aufgetreten ist, definiert:

$$\text{Prob}\,(\mathcal{A}\,|\,\mathcal{B}) = \lim_{n\to\infty} h_{\mathcal{A}\,|\,\mathcal{B}}(n).$$

Dafür gilt

$$\text{Prob}\,(\mathcal{A}\,|\,\mathcal{B}) = \frac{\text{Prob}\,(\mathcal{A} \cap \mathcal{B})}{\text{Prob}\,(\mathcal{B})}. \tag{A2.17}$$

$\text{Prob}\,(\mathcal{A}\,|\,\mathcal{B})$ gibt an, wie groß die Wahrscheinlichkeit des Ereignisses $\mathcal{A}$ ist, wenn bekannt ist, dass das Ereignis $\mathcal{B}$ bei dem betrachteten Versuch aufgetreten ist. Offenbar gilt

$$\text{Prob}\,(\mathcal{A}\,|\,\mathcal{B}) \ge \text{Prob}\,(\mathcal{A} \cap \mathcal{B}),$$

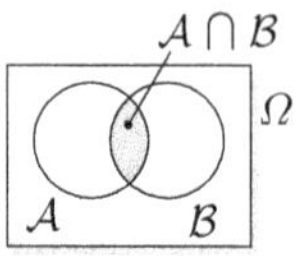


**Abb. A2.3:** Zur Definition der bedingten Wahrscheinlichkeit

d. h., dass die Wahrscheinlichkeit für das Auftreten des Ereignisses $\mathcal{A}$, wenn gleichzeitig das Ereignis $\mathcal{B}$ beobachtet wurde, größer ist als die Wahrscheinlichkeit für das gemeinsame Auftreten dieser beiden Ereignisse.
Wegen Gl. (A2.14) gilt

$$\text{Prob}\,(\mathcal{A}\,|\,\mathcal{B}) + \text{Prob}\,(\neg\mathcal{A}\,|\,\mathcal{B}) = 1. \tag{A2.18}$$

Die Definition (A2.17) lässt sich auf mehr als zwei Ereignisse erweitern, wenn $\mathcal{A} = \mathcal{A}_1$ und $\mathcal{B} = \mathcal{A}_2 \cap \mathcal{A}_3$ gesetzt wird:

$$\text{Prob}\,(\mathcal{A}_1\,|\,\mathcal{A}_2 \cap \mathcal{A}_3) = \frac{\text{Prob}\,(\mathcal{A}_1 \cap \mathcal{A}_2 \cap \mathcal{A}_3)}{\text{Prob}\,(\mathcal{A}_2 \cap \mathcal{A}_3)}.$$

Eine Umformung dieser Gleichung führt unter Verwendung von Gl. (A2.17) mit $\mathcal{A} = \mathcal{A}_2$, und $\mathcal{B} = \mathcal{A}_3$ auf

$$\text{Prob}\,(\mathcal{A}_1 \cap \mathcal{A}_2 \cap \mathcal{A}_3) = \text{Prob}\,(\mathcal{A}_1\,|\,\mathcal{A}_2 \cap \mathcal{A}_3) \cdot \text{Prob}\,(\mathcal{A}_2\,|\,\mathcal{A}_3) \cdot \text{Prob}\,(\mathcal{A}_3).$$

Erweitert auf $n$ Ereignisse folgt daraus die *Kettenregel der bedingten Wahrscheinlichkeit*

$$\begin{aligned} &\text{Prob}\,(\mathcal{A}_1 \cap \mathcal{A}_2 \cap \ldots \cap \mathcal{A}_n) = \\ &\text{Prob}\,(\mathcal{A}_1\,|\,\mathcal{A}_2 \cap \ldots \cap \mathcal{A}_n) \cdot \text{Prob}\,(\mathcal{A}_2\,|\,\mathcal{A}_3 \cap \ldots \cap \mathcal{A}_n) \ldots \text{Prob}\,(\mathcal{A}_{n-1}\,|\,\mathcal{A}_n) \cdot \text{Prob}\,(\mathcal{A}_n). \end{aligned} \tag{A2.19}$$

Demnach kann die Wahrscheinlichkeit des Produktereignisses $\mathcal{A}_1 \cap \ldots \cap \mathcal{A}_n$ als Produkt einer „Kette“ von bedingten Wahrscheinlichkeiten dargestellt werden.

**Stochastische Unabhängigkeit.** Ist die bedingte Wahrscheinlichkeit Prob $(\mathcal{A}\,|\,\mathcal{B})$ gar nicht von der Bedingung, dass das Ereignis $\mathcal{B}$ aufgetreten ist, abhängig, so heißen die Ereignisse $\mathcal{A}$ und $\mathcal{B}$ *stochastisch unabhängig*. Dann gilt

$$\begin{aligned} \text{Prob}\,(\mathcal{A}\,|\,\mathcal{B}) &= \text{Prob}\,(\mathcal{A}) \\ \text{Prob}\,(\mathcal{B}\,|\,\mathcal{A}) &= \text{Prob}\,(\mathcal{B}). \end{aligned} \tag{A2.20}$$

Sind die Ereignisse $\mathcal{A}_1, \mathcal{A}_2, \ldots, \mathcal{A}_n$ in ihrer Gesamtheit unabhängig voneinander, so kann die Kettenregel (A2.19) durch

$$\text{Prob}\,(\mathcal{A}_1 \cap \mathcal{A}_2 \cap \ldots \cap \mathcal{A}_n) = \text{Prob}\,(\mathcal{A}_1)\,\text{Prob}\,(\mathcal{A}_2) \ldots \text{Prob}\,(\mathcal{A}_n) \tag{A2.21}$$

ersetzt werden. Für stochastisch unabhängige Ereignisse kann aus den Wahrscheinlichkeiten der einzelnen Ereignisse die Verbundwahrscheinlichkeit für das gemeinsame Auftreten der Ereignisse berechnet werden.

**Totale Wahrscheinlichkeit.** Im Folgenden wird untersucht, wie groß die Wahrscheinlichkeit des Ereignisses $\mathcal{A}$ ist, wenn $m$ andere Ereignisse $\mathcal{B}_i$ mit bekannten Wahrscheinlichkeiten auftreten und die bedingten Wahrscheinlichkeiten Prob $(\mathcal{A}\,|\,\mathcal{B}_i)$ gegeben sind. Dabei wird vorausgesetzt, dass die Ereignisse $\mathcal{B}_i$ $(i = 1, ..., m)$ ein System unvereinbarer Ereignisse darstellen (vgl. Gln. (A2.4), (A2.5)). Der folgende Satz gestattet die Berechnung der Wahrscheinlichkeit Prob $(\mathcal{A})$:

**Satz A2.1 (Totale Wahrscheinlichkeit)** *Unter der Voraussetzung, dass die Ereignisse* $\mathcal{B}_1,\dots,\mathcal{B}_m$ *die Bedingungen (A2.4) und (A2.5) (mit* $\mathcal{B}_i$ *an Stelle von* $\mathcal{A}_i$*) erfüllen, gilt*

$$\text{Prob}\,(\mathcal{A}) = \sum_{i=1}^{m} \text{Prob}\,(\mathcal{A}\,|\,\mathcal{B}_i) \cdot \text{Prob}\,(\mathcal{B}_i). \tag{A2.22}$$

Besteht der Ereignisraum nur aus den beiden Elementen $\mathcal{B}_1 = \mathcal{B}$ und $\mathcal{B}_2 = \bar{\mathcal{B}}$, so erhält man

$$\begin{aligned}\text{Prob}\,(\mathcal{A}) &= \text{Prob}\,(\mathcal{A}\,|\,\mathcal{B})\ \text{Prob}\,(\mathcal{B}) + \text{Prob}\,(\mathcal{A}\,|\,\bar{\mathcal{B}})\ \text{Prob}\,(\bar{\mathcal{B}}) \\ &= \text{Prob}\,(\mathcal{A}\,|\,\mathcal{B})\ \text{Prob}\,(\mathcal{B}) + \text{Prob}\,(\mathcal{A}\,|\,\bar{\mathcal{B}})\ (1 - \text{Prob}\,(\mathcal{B})). \end{aligned} \tag{A2.23}$$

**Satz von** BAYES**.** Aus der Definitionsgleichung (A2.17) der bedingten Wahrscheinlichkeit folgt die Beziehung

$$\text{Prob}\,(\mathcal{A} \cap \mathcal{B}) = \text{Prob}\,(\mathcal{A}\,|\,\mathcal{B})\ \text{Prob}\,(\mathcal{B}) = \text{Prob}\,(\mathcal{B}\,|\,\mathcal{A})\ \text{Prob}\,(\mathcal{A}),$$

wobei das zweite Gleichheitszeichen wegen $\text{Prob}\,(\mathcal{A} \cap \mathcal{B}) = \text{Prob}\,(\mathcal{B} \cap \mathcal{A})$ und Gl. (A2.17) gilt. Verallgemeinert man diese Beziehung für ein vollständiges System unvereinbarer Ereignisse $\mathcal{B}_i$, so erhält man den folgenden wichtigen Satz:

**Satz A2.2 (Satz von** BAYES **(Bayesregel))** *Unter der Voraussetzung, dass die Ereignisse* $\mathcal{B}_1, \dots, \mathcal{B}_m$ *die Bedingungen (A2.4) und (A2.5) (mit* $\mathcal{B}_i$ *an Stelle von* $\mathcal{A}_i$*) erfüllen sowie* $\text{Prob}\,(\mathcal{A}) > 0$ *ist, gilt*

$$\text{Prob}\,(\mathcal{B}_i\,|\,\mathcal{A}) = \frac{\text{Prob}\,(\mathcal{A}\,|\,\mathcal{B}_i)\,\text{Prob}\,(\mathcal{B}_i)}{\sum_{j=1}^{m} \text{Prob}\,(\mathcal{A}\,|\,\mathcal{B}_j)\,\text{Prob}\,(\mathcal{B}_j)} = \frac{\text{Prob}\,(\mathcal{A}\,|\,\mathcal{B}_i)\,\text{Prob}\,(\mathcal{B}_i)}{\text{Prob}\,(\mathcal{A})}. \tag{A2.24}$$

Dieser Satz stellt einen Zusammenhang zwischen den bedingten Wahrscheinlichkeiten $\text{Prob}\,(\mathcal{A}\,|\,\mathcal{B}_i)$ und $\text{Prob}\,(\mathcal{B}_i\,|\,\mathcal{A})$ $(i = 1, \dots, m)$ her. Er zeigt, dass in die Beziehung zwischen diesen Größen auch die (unbedingten) Wahrscheinlichkeiten $\text{Prob}\,(\mathcal{A})$ und $\text{Prob}\,(\mathcal{B}_i)$ eingehen. Nützlich ist dieser Satz vor allem dann, wenn $\text{Prob}\,(\mathcal{B}_i\,|\,\mathcal{A})$ gebraucht wird, aber nur $\text{Prob}\,(\mathcal{A}\,|\,\mathcal{B}_i)$ bekannt ist (Abschn. 12.1.3).

# Anhang 3

# Aufgaben zur Prüfungsvorbereitung

**Aufgabe A3.1** *Grundbegriffe der Künstlichen Intelligenz*

Wiederholen Sie anhand der folgenden Fragen wichtige Grundbegriffe der Künstlichen Intelligenz und erläutern Sie sie an Beispielen.

1. Was ist die Zielstellung der Künstlichen Intelligenz? Mit welchen grundlegenden Problemen befasst sich dieses Gebiet?
2. Erklären Sie den Unterschied zwischen Wissensverarbeitung und Datenverarbeitung.
3. Was wird durch die Definition eines Wissensrepräsentationsmodells festgelegt? Welche Anforderungen werden an Wissensrepräsentationsmodelle gestellt? Erklären Sie dies beispielsweise anhand des objektorientierten Wissensrepräsentationsmodells.
4. Was versteht man unter Heuristik? Welche Schritte können bei der Graphensuche, bei der regelbasierten bzw. bei der logikbasierten Wissensverarbeitung durch Heuristik beeinflusst werden?
5. Was beinhaltet die Zustandsraumdarstellung von Wissensverarbeitungsproblemen? Für welche Wissensrepräsentationsformen kann man sie anwenden? □

**Aufgabe A3.2** *Entscheidungsbaum*

1. Was repräsentiert und aus welchen Elementen besteht ein Entscheidungsbaum?
2. Warum werden bei regelbasierten Systemen die Regeln nicht in Form eines Entscheidungsbaumes angeordnet, sondern als Wissensbasis eingegeben? □

**Aufgabe A3.3** *Graphensuche*

1. Erläutern Sie anhand der Graphensuche den Begriff „Suche".
2. Was sind die wichtigsten Schritte der Suchalgorithmen?
3. Zeichnen Sie den Aufbau von Suchsystemen.
4. Beschreiben Sie die wichtigsten Schritte der Algorithmen zur Breite-zuerst-Suche und Tiefe-zuerst-Suche sowie des Dijkstra-Algorithmus und des $A^*$-Algorithmus. Für welche Suchprobleme können diese Methoden eingesetzt werden? □

**Aufgabe A3.4** *Regelbasierte Wissensverarbeitung*

1. Geben Sie den allgemeinen Wissensverarbeitungsalgorithmus an, der in regelbasierten Systemen realisiert ist.
2. Erklären Sie, wie mit diesem Algorithmus die Vorwärtsverkettung und die Rückwärtsverkettung von Regeln realisiert werden kann.
3. Führt dieser Algorithmus eine Suche aus?
4. Zeichnen Sie die allgemeine Struktur regelbasierter Systeme und erklären Sie die Komponenten.
5. Was ist ein kommutatives regelbasiertes System?
6. Nennen Sie Aufgaben, die mit einem kommutativen regelbasierten System gelöst werden können. □

**Aufgabe A3.5** *Formale Systeme*

1. Was ist ein formales System?
2. Was versteht man unter dem Aussagenkalkül und unter dem Prädikatenkalkül?
3. Was bedeuten die Eigenschaften „Korrektheit", „Vollständigkeit", „Entscheidbarkeit"?
4. Welche Aussagen zu Eigenschaften des Aussagenkalküls und des Prädikatenkalküls sind richtig?

   □ Die Aussagenlogik ist korrekt, vollständig und entscheidbar.

   □ Die Aussagenlogik ist korrekt, widerspruchsvollständig und nicht entscheidbar.

   □ Die Prädikatenlogik ist korrekt, vollständig und entscheidbar.

   □ Die Prädikatenlogik ist korrekt, vollständig und semi-entscheidbar.

   □ Die Prädikatenlogik ist korrekt, widerspruchsvollständig aber nicht entscheidbar.

5. Welche Aussagen zur Resolutionsmethode sind richtig?

   □ Wird mittels der Resolutionsmethode der Aussagenlogik der Beweis einer falschen Aussage anhand einer widerspruchsfreien Axiomenmenge unternommen, so terminiert der Algorithmus immer nach endlicher Schrittzahl mit dem Ergebnis, dass die Aussage falsch ist.

   □ Die Resolutionsmethode ist nicht von praktischem Nutzen, weil es wahre Aussagen gibt, für die mit Hilfe der Resolution kein Beweis gefunden werden kann.

   □ Die Resolutionsmethode ist korrekt und unvollständig.

   □ Die Resolutionsmethode ist korrekt und widerspruchsvollständig.

   □ Wird mittels der Resolutionsmethode der Beweis einer falschen Aussage anhand einer widerspruchsfreien Axiomenmenge unternommen, so ist nicht gewährleistet, dass der Algorithmus nach endlicher Schrittanzahl terminiert.

   □ Wird mittels der Resolutionsmethode der Beweis einer falschen Aussage anhand einer widerspruchsfreien Axiomenmenge unternommen, so terminiert der Algorithmus nicht.

**Aufgabe A3.6** *Logikbasierte Wissensverarbeitung*

1. Wie wird der allgemeine Wissensverarbeitungsalgorithmus in logikbasierten Systemen verwendet?
2. Zeichnen Sie die allgemeine Struktur logikbasierter Systeme und erklären Sie die Komponenten.
3. Warum beinhaltet die logikbasierte Wissensverarbeitung Suchschritte?
4. Welche spezifischen Eigenschaften hat der PROLOG-Interpreter? □

**Aufgabe A3.7** *Objektorientierte Wissensverarbeitung*

1. Welche Formen der objektorientierten Wissensrepräsentation kennen Sie?
2. In welcher Beziehung stehen diese Wissensdarstellungsformen zu bekannten objektorientierten Programmiersprachen?
3. Was ist eine Taxonomie und wie werden Taxonomien bei der Wissensrepräsentation durch Frames eingesetzt? □

**Aufgabe A3.8** *Verarbeitung unsicheren Wissens*

1. Wodurch entstehen Unbestimmtheiten von Wissensbasen?
2. Welche Methoden gibt es zur Darstellung und zur Verarbeitung von unsicherem Wissen? Worin unterscheiden sich diese Methoden grundsätzlich?
3. Was bedeutet „kontextabhängige Verarbeitung“ von Wissen?
4. Warum kann man mit der probabilistischen Logik keine Schlussfolgerungsketten erzeugen?
5. Unter welchen Bedingungen kann man ein Bayesnetz aufstellen und wie kann man mit ihm die Verbundwahrscheinlichkeit aller vorkommenden Aussagen berechnen?
6. Welche Aufgabenklassen gibt es, die man mit Hilfe von Bayesnetzen lösen kann?
7. Wodurch unterscheiden sich Bayesnetze von kausalen Netzen? □

**Aufgabe A3.9** *Programmiersprachen der Künstlichen Intelligenz*

1. Warum ist die Listenverarbeitung ein typisches Problem der Künstlichen Intelligenz?
2. Wie kann Wissen in LISP dargestellt werden?
3. Erläutern Sie die grundlegende Herangehensweise bei der Listenverarbeitung in der Programmiersprache LISP.
4. Kann man Listen auch mit PROLOG verarbeiten?
5. Welche Suchstrategie ist im PROLOG-Interpreter implementiert? Wie wirkt sie sich auf die prozedurale Semantik der Programme aus? □

**Aufgabe A3.10** *Wissensverarbeitung zur Lösung ingenieurtechnischer Probleme*

1. Worin unterscheiden sich die Methoden der Künstlichen Intelligenz von den Ihnen bekannten Methoden zur Lösung ingenieurtechnischer Probleme?
2. Wo kann die Wissensverarbeitung im Ingenieurbereich eingesetzt werden?
3. Welche Vor- und Nachteile haben Wissensverarbeitungsmethoden im Vergleich zu den Ihnen bekannten Methoden der numerischen Datenverarbeitung? □

**Aufgabe A3.11** *Technische Anwendungen der Künstlichen Intelligenz*

Beschreiben Sie für die folgenden Anwendungsbeispiele die zu lösende Aufgabe und den Lösungsweg. Welche Methoden der Künstlichen Intelligenz eignen sich für diese Aufgaben?

- Handlungsplanung und Bahnplanung von Robotern
- Alarmauswertung und Fehlerdiagnose in technischen Systemen
- Verifikation von Steuerungen
- Sicherheitsüberwachung technischer Systeme
- Analyse elektronischer Schaltungen
- Sichere Kommunikation in Rechnernetzen □

# Anhang 4

# Projektaufgabe: Fahrzeugkonfigurator

Die in diesem Anhang beschriebene Projektaufgabe eignet sich für eine vorlesungsbegleitende Übung, bei der die Studenten die in der Vorlesung erläuterten Methoden an einem praxisnahen Beispiel erproben können. Die Projektaufgabe lässt erkennen, wie sich die unterschiedlichen Methoden der Wissensrepräsentation und der Wissensverarbeitung unter den für das Anwendungsbeispiel charakteristischen Randbedingungen anwenden lassen, und es wird offensichtlich, für welche Aufgabentypen die behandelten Darstellungs- und -verarbeitungsformen zweckmäßig bzw. notwendig sind.

**Aufgabe A4.1** *Realisierung eines Fahrzeugkonfigurators*

Viele Fahrzeugfirmen stellen ihren potenziellen Käufern im Internet Programme zur Verfügung, mit denen sich die Käufer aus der Vielfalt der Ausstattungsvarianten eine ihren Ansprüchen genügende Konfiguration des Fahrzeugs auswählen können. Die Programmierung eines derartigen Konfigurators ist eine typische Aufgabenstellung, bei der logisches Denken formalisiert werden muss. Der Fahrzeugkonfigurator ist überdies ein Beispiel für die Lösung von Konfigurationsaufgaben, die im ingenieurtechnischen Bereich verbreitet sind.

Die unten angegebenen Konfigurationsrichtlinien bestehen aus zwei Teilen, so dass Sie die Aufgabe in zwei Schwierigkeitsstufen lösen können. Mit dem ersten Teil können Sie alle folgenden Teilaufgaben bearbeiten. Der zweite Teil erhöht die Komplexität der Aufgabe, die durch zusätzliche, von Ihnen selbst aufgestellte Konfigurationsrichtlinien noch weiter gesteigert werden kann.

1. **Entscheidungsbaum**: Leiten Sie aus den Konfigurationsrichtlinien einen Entscheidungsbaum ab, bei dessen Abarbeitung die Kunden schrittweise nach ihren Präferenzen für die Fahrzeugausstattung gefragt werden.
2. **Regelbasierter Konfigurator**: Formen Sie die Konfigurationsrichtlinien in Regeln um und zeigen Sie, dass durch unterschiedliche Verkettung der Regeln die Menge aller möglichen Fahrzeugvarianten entsteht.

   Formulieren Sie die Regeln so, dass in den DANN-Teilen Anfragen an die Kunden stehen und sich die Wissensbasis für die Auswahl des Wunschfahrzeugs im Dialog mit dem Nutzer eignet. Welchen Unterschied gibt es in der Funktion des Konfigurators, wenn dieser als Entscheidungsbaum bzw. regelbasiert realisiert ist?

   Wie muss man die Regeln formulieren, damit der Konfigurator ohne einen weiteren Dialog mit dem Kunden Ausstattungsvarianten suchen kann, die allgemeine Anforderungen wie „sportliche Ausstattung“ oder „preiswertes Fahrzeug“ erfüllen?

   Welche Funktionsmerkmale können mit dem regelbasierten Konfigurator nicht realisiert werden?

3. **Aussagenlogischer Konfigurator**: Beschreiben Sie die Konfigurationsrichtlinien durch aussagenlogische Ausdrücke. Wie müssen Konfigurationsaufgaben aussagenlogisch formuliert werden?

   Welche Art von Anfragen sind möglich, welche nicht?

4. **Prädikatenlogischer Konfigurator**: Die Erweiterung zu prädikatenlogischen Ausdrücken soll es ermöglichen, Anfragen zu formulieren, die die Realisierbarkeit vorgegebener Ausstattungsvarianten betreffen bzw. bei denen der Konfigurator eine den Anforderungen entsprechende Ausstattungslinie herausfindet.

   Formulieren Sie die Wissensbasis so, dass der Fahrzeugkonfigurator genutzt werden kann, um Anfragen über Ausstattungsvarianten zu beantworten (z. B.: „Gibt es Fahrzeuge mit Standardkühlergrill und Sportsitzen?", „Alle Fahrzeuge der Ausstattungslinie C haben das Standardfahrwerk."). Welches Wissen muss die Wissensbasis zusätzlich enthalten, damit man Behauptungen über unmögliche Ausstattungsvarianten beweisen kann (z. B.: „Die Fahrzeuge können nicht mit tiefer gelegtem Fahrwerk und seriöser Optik geliefert werden.", „Es gibt keine Fahrzeuge mit Komfortsitzen und Metallicgrill.").

5. **Implementierung des Konfigurators in PROLOG**: Implementieren Sie den Fahrzeugkonfigurator in PROLOG.

6. **Realisierung des Konfigurators durch ein ATMS**: Ein ATMS soll so aufgebaut werden, dass man nach der Vorgabe von Kundenforderungen an die Ausstattung die diese Forderungen erfüllenden Ausstattungsvarianten erhält bzw. feststellen kann, dass es kein Fahrzeug gibt, das diese Anforderungen erfüllt.

7. **Analyse der Fahrzeugflotte mit einem Bayesnetz**: Der Fahrzeughersteller will abschätzen, wie viele Fahrzeuge in welcher Ausstattung im nächsten Jahr zu produzieren sind. Dafür sollen die Konfigurationsrichtlinien in ein Bayesnetz überführt werden. Welche A-priori-Kenntnisse sind für die geforderte Abschätzung notwendig? Welche Ergebnisse erhalten Sie bei einer sinnvollen Vorgabe dieser Wahrscheinlichkeiten?

   Stellen Sie weitere Anfragen an das Bayesnetz und ermitteln Sie die Antworten. Beispielsweise wollen Fahrzeughersteller wissen, wie viel Prozent der Fahrzeuge mit Metallicgrill fahren. Damit dies ein besonderes Kennzeichen des Fahrzeugs bleibt, dürfen dies nicht zu viele Fahrzeuge sein. Welche Änderungen in den Konfigurationsrichtlinien müssen Sie gegebenenfalls vornehmen, um die Exklusivität des Metallicgrills zu garantieren? Wie können Sie durch die Preisgestaltung erreichen, dass diese Ausstattungsvariante nicht zu häufig gewählt wird?

**Konfigurationsrichtlinien.**

- Es gibt drei Ausstattungslinien: Comfortline (C), Sportline (S) und Prestigeline (P).
- Bei C gibt es nur die Grundausstattung, bei S wahlweise die Grundausstattung oder die HighLine-Ausstattung und bei P nur die HighLineAusstattung.
- Die Grundausstattung beinhaltet Standardfahrwerk, Komfortsitze und seriöse Optik des Fahrzeugs. Das Lichtpaket (Zusatznebelscheinwerfer, *ComingHome*-Schaltung der Scheinwerfer) kann auf Wunsch (und Aufpreis) bestellt werden.
- Bei der HighLineAusstattung wird das Fahrzeug mit Sportsitzen, gestylter Optik und Lichtpaket geliefert.
- Die seriöse Optik entsteht durch einen Standardkühlergrill und unlackierte (Kunststoff-)Türschweller.
- Die gestylte Optik zeigt sich am repräsentativen Metallickühlergrill, an einem um 15 mm tiefer gelegten Sportfahrwerk und an lackierten Türschwellern.

**Zusätzliche Konfigurationsrichtlinien.**

- Komfortable Federung verspricht nur das Standardfahrwerk.
- Bei P ist kein Ersatz des Sportfahrwerks durch ein Standardfahrwerk möglich, bei S ist dies möglich und führt zu einer Gutschrift von 128 Euro.
- Für das Standardfahrwerk können nur 16"-Räder verwendet werden.
- Für das Sportfahrwerk können gegen einen Aufpreis von 899 Euro 17"- und 18"-Räder mit Alu-Leichtlauffelgen eingesetzt werden.
- 16"- und 17"-Räder gibt es auch mit Stahlfelge.
- Alufelgen ergeben bei den Ausstattungslinien C und S einen Aufschlag auf den Grundausstattungspreis.
- Wenn man bei S das Standardfahrwerk wählt, müssen die Winterreifen zu einem Aufpreis sofort mit gekauft werden.
- Für nicht tiefer gelegte Fahrwerke gibt es die Sonderausstattung DCDC (*digitally controlled driving comfort*), bei der der Fahrer elektronisch die Härte des Fahrwerks einstellen kann.
- Eine Sitzheizung kann nur bei S und P zu einem Aufpreis von 979 Euro in Sportsitze eingebaut werden, aber nicht in Komfortsitze.
- Die Rückenmassageeinrichtung wird standardmäßig in Sportsitze eingebaut, wenn das Sportfahrwerk mit 18"-Rädern gewählt wird. Ansonsten ist sie bei S mit Sportsitzen nur zu einem Aufpreis von 723 Euro erhältlich.

Mit diesen Zusätzen sind Fragen zu beantworten wie z. B.: „Kann man das Fahrzeug mit 17"-Felgen, Sportfahrwerk und beheizten Sitzen haben?“ oder „In welchen Größen müssen Winterreifen für die Ausstattungslinien C und S angeboten werden?“ □

# Anhang 5

# Fachwörter deutsch – englisch

In diesem Anhang sind die wichtigsten deutschen und englischen Begriffe der Künstlichen Intelligenz einander gegenübergestellt, wobei gleichzeitig auf die Seite verwiesen wird, auf der der deutsche Begriff eingeführt wird. Damit soll den Lesern der Zugriff auf die umfangreiche englischsprachige Literatur erleichtert werden.

| | |
|---|---|
| Ableitung, 205 | *deduction* |
| Ableitungsgraph, 220 | *inference graph* |
| Ableitungsregel, 204 | *deduction rule, inference rule* |
| abduktive Diagnose, 341 | *abductive diagnosis* |
| Agent, 21 | *agent* |
| allgemeingültiger Ausdruck, 196 | *valid formula* |
| allgemeinster Unifikator, 242 | *most general unifier* |
| All-Quantor, 234 | *universal quantifier* |
| Annahme, 314 | *assumption* |
| Annahme der Weltabgeschlossenheit, 350 | *Closed-world assumption (CWA)* |
| Atom, 232 | *atomic sentence* |
| Aussage, 186 | *proposition* |
| Aussagenkalkül, 202 | *propositional calculus* |
| Aussagenlogik, 186 | *propositional logic* |
| Aussagesymbol, 187 | *proposition symbol, propositional letter* |
| Axiom, 208 | *axiom, premise, postulate* |
| Backtracking, 56 | *backtracking* |
| Baum, 47 | *tree* |
| Bayesnetz, 411 | *Bayesian network, belief network* |
| Bayesregel, 525 | *Bayes rule* |
| bedingte Wahrscheinlichkeit, 523 | *conditional probability* |
| bedingte stochastische Unabhängigkeit, 413 | *conditional independence* |
| Begründung, 317 | *justification* |
| Behauptung, 208 | *assertion* |
| Beweis, 208 | *proof* |
| blinde Suche, 73 | *blind search* |
| Breite-zuerst-Suche, 53 | *breath-first search* |
| datengesteuert, 127 | *data-driven* |
| Deduktion, 476 | *deduction* |
| Deduktionssystem, 14 | *deduction system* |
| definite Klausel, 249 | *definite clause* |
| Diagnose, 481 | *diagnosis, troubleshooting* |
| Disjunktion, 188 | *disjunction* |

| | |
|---|---|
| Diskrepanz, 340 | *discrepancy* |
| Diskursbereich, 467 | *universe of discourse* |
| eingebettetes System, 22 | *embedded system* |
| Entscheidbarkeit, 211 | *decidability* |
| Ereignis, 450 | *event* |
| erfüllbarer Ausdruck, 196 | *satisfiable formula* |
| Erreichbarkeitsbaum, 48 | *reachability tree* |
| Existenz-Quantor, 234 | *existential quantifier* |
| Fakt, 314 | *fact* |
| Fehler, 18 | *fault* |
| Fehlererkennung, 339 | *fault detection* |
| Fehleridentifikation, 339 | *fault identification* |
| Fehlerlokalisierung, 339 | *fault isolation* |
| Fehlermodell, 348 | *fault model* |
| Fehlersignaturmatrix, 333 | *fault signature matrix* |
| Folgerung, 203 | *consequence, entailment* |
| Formel, 188 | *formula* |
| Frame, 143 | *frame* |
| Gaußnetz, 447 | *Gaussian network* |
| Geradeaussuche, 49 | *direct search* |
| geschlossener Wirkungskreis, 19 | *closed-loop system* |
| Graph, 46 | *graph* |
| Graphensuche, 45 | *graph search* |
| grobe Menge, 464 | *rough set* |
| Grundklausel, 238 | *ground clause* |
| halbentscheidbar, 264 | *semi-decidable* |
| heuristische Suche, 73 | *heuristic search* |
| Hornklausel, 249 | *Horn clause* |
| Induktion, 476 | *induction* |
| Inferenzregel, 204 | *rule of inference* |
| Interpretation, 191 | *interpretation* |
| irreversible Suche, 52 | *irrevocable search* |
| Junktor, 188 | *logical connective* |
| Kante, 46 | *arc, branch, edge* |
| Klausel, 200 | *clause* |
| Klauselkopf, 249 | *head* |
| Klauselrumpf, 249 | *tail* |
| Knoten, 46 | *vertex, node* |
| Konfigurationsraum, 84 | *configuration space* |
| Konfliktlösung, 127 | *conflict resolution* |
| Konfliktmenge, 113 | *conflict set* |
| Konjunktion, 188 | *conjunction* |
| konjunktive Normalform, 201 | *conjunctive normal form (CNF)* |
| Konklusion, 205 | *conclusion, consequent* |
| konsistenzbasierte Diagnose, 340 | *consistency-based diagnosis* |
| Kontext, 314 | *context* |
| Kontradiktion, 196 | *contradiction* |
| Kontrollwissen, 91 | *control knowledge* |
| Korrektheit, 210 | *soundness* |
| Kybernetik, 29 | *cybernetics* |
| leere Klausel, 215 | *empty clause* |
| Literal, 200 | *literal* |
| Logik, 185 | *logic* |
| Markoveigenschaft, 417 | *Markov property* |
| Markovkette, 22 | *Markov chain* |
| Markovnetz, 447 | *Markov network* |
| Mensch-Maschine-Kommunikation, 4 | *human-machine interface* |
| modellbasierte Diagnose, 339 | *model-based diagnosis* |

| | |
|---|---|
| Modellbildung, 467 | *modelling* |
| Modus Ponens, 205 | *modus ponens, rule of entailment* |
| monotones Schließen, 313 | *monotonous reasoning* |
| Negation, 188 | *negation* |
| offene Wirkungskette, 19 | *open-loop system* |
| Parallelschaltung, 107 | *parallel connection* |
| Pfad, 47 | *path* |
| Prädikatsymbol, 232 | *predicate symbol* |
| Prämisse, 205 | *premise, antecedent* |
| Produktionsregelsystem, 130 | *production system* |
| qualitative Modellierung, 343 | *qualitative modelling* |
| Quantor, 234 | *quantifier* |
| Regelung, 376 | *feedback control* |
| Reihenschaltung, 108 | *series connection* |
| Resolution, 240 | *resolution* |
| Resolutionskalkül, 217 | *resolution calculus* |
| Resolutionsprinzip, 212 | *resolution principle* |
| Resolutionsregel, 213 | *resolution rule of inference* |
| Resolutionswiderlegung, 217 | *resolution refutation* |
| Resolvente, 213 | *resolvent* |
| Rückwärtsverkettung, 122 | *backward chaining* |
| Satz, 188 | *theorem* |
| Schleife, 47 | *cycle, loop* |
| Schlinge, 47 | *self-loop* |
| Schlussfolgerung, 202 | *inference* |
| Semantik, 191 | *semantics* |
| Skolemisierung, 237 | *Skolemizing* |
| Stack, 58 | *stack, LIFO memory* |
| Stelligkeit, 234 | *arity* |
| Stichprobenraum, 521 | *event space* |
| Stützmenge, 221 | *set of support* |
| Suchgraph, 91 | *search graph, search tree* |
| Suchraum, 91 | *search space* |
| Syntax, 191 | *syntax* |
| Tautologie, 196 | *tautology* |
| Tiefe-zuerst-Suche, 56 | *depth-first search* |
| Theorem, 208 | *theorem* |
| Theorembeweisen, 212 | *theorem proving* |
| unerfüllbarer Ausdruck, 196 | *unsatisfiable formula* |
| Unifikation, 241 | *unification* |
| Unifikator, 241 | *unifier* |
| unscharfe Menge, 360 | *fuzzy set* |
| Verbundwahrscheinlichkeitsverteilung, 392 | *joint distribution* |
| Vererbung von Eigenschaften, 134 | *property inheritance* |
| Vollständigkeit, 211 | *completeness* |
| Vorwärtsverkettung, 101 | *forward chaining* |
| Wahrheitstafel, 189 | *truth table* |
| Wahrscheinlichkeit, 522 | *probability* |
| wahrscheinlichkeitstheoretisches Modell, 385 | *probabilistic model* |
| Widerlegung aus der Stützmenge, 221 | *set-of-support refutation* |
| widerrufliche Suche, 52 | *tentative search* |
| Widerspruch, 196 | *contradiction* |
| Widerspruchsbeweis, 215 | *proof by contradiction, refutation* |

| | |
|---|---|
| Wissensbasis, 473 | *knowledge base* |
| Wissensrepräsentation, 466 | *knowledge representation* |
| wohlgeformte Formel, 188 | *well-formed formula (wff)* |
| Wurzelknoten, 47 | *root, root node* |
| Zustand, 93 | *state* |
| Zustandsmenge, 93 | *state set* |
| Zustandsraum, 93 | *state space* |
| Zustandsraumdarstellung von Problemen, 93 | *state space representation of problems* |
| Zyklus, 47 | *cycle* |

# Sachwortverzeichnis